Karl Heinrich Lieser
Einführung in die Kernchemie

Kernchemie in Einzeldarstellungen
Topical Presentations in
Nuclear Chemistry

Herausgegeben von Karl Heinrich Lieser

Band 1: Karl Heinrich Lieser
Einführung in die Kernchemie
2., neubearbeitete und erweiterte Auflage

Band 2: Knut Bächmann
Messung radioaktiver Nuklide

Band 3: Cornelius Keller
The Chemistry of the
Transuranium Elements

Band 4: Mieczyslaw Taube
Plutonium — A General Survey

Band 5: Herbert Sorantin
Determination of Uranium and
Plutonium in Nuclear Fuels

Band 6: Gerhard Erdtmann
Neutron Activation Tables

Band 7: Gerhard Erdtmann · Werner Soyka
The Gamma Rays of the Radionuclides

Karl Heinrich Lieser
Einführung in die Kernchemie

2., neubearbeitete und erweiterte Auflage

Kernchemie in Einzeldarstellungen, Band 1

Verlag Chemie · Weinheim · Deerfield Beach, Florida · Basel · 1980

Prof. Dr. rer. nat. Karl Heinrich Lieser
Fachbereich Anorganische Chemie und
Kernchemie der Technischen Hochschule
Hochschulstraße 4
D-6100 Darmstadt

Verlagsredaktion: Dr. Hans F. Ebel

Dieses Buch enthält 302 Abbildungen und 108 Tabellen.

CIP-Kurztitelaufnahme der Deutschen Bibliothek

Lieser, Karl Heinrich:
Einführung in die Kernchemie/Karl Heinrich
Lieser. – 2., neubearb. u. erw. Aufl. –
Weinheim, Deerfield Beach (Florida), Basel :
Verlag Chemie, 1980.
  (Kernchemie in Einzeldarstellungen; Bd. 1)
  ISBN 3-527-25749-7

© Verlag Chemie, GmbH, D-6940 Weinheim, 1980
Alle Rechte, insbesondere die der Übersetzung in fremde Sprachen, vorbehalten.
Kein Teil dieses Buches darf ohne schriftliche Genehmigung des Verlages in irgendeiner Form – durch Photokopie, Mikrofilm oder irgendein anderes Verfahren – reproduziert oder in eine von Maschinen, insbesondere von Datenverarbeitungsmaschinen, verwendbare Sprache übertragen oder übersetzt werden.
All rights reserved (including those of translation into foreign languages). No part of this book may be reproduced in any form – by photoprint, microfilm, or any other means – nor transmitted or translated into a machine language without written permission from the publishers.
Die Wiedergabe von Warenbezeichnungen, Handelsnamen oder sonstigen Kennzeichen in diesem Buch berechtigt nicht zu der Annahme, daß diese von jedermann frei benutzt werden dürfen. Vielmehr kann es sich auch dann um eingetragene Warenzeichen oder sonstige gesetzlich geschützte Kennzeichen handeln, wenn sie als solche nicht eigens gekennzeichnet sind.
Satz, Druck und Bindung: Passavia GmbH, D-8390 Passau 2
Printed in West Germany

Vorwort zur 2. Auflage

In der 2. Auflage ist die Einteilung des Buches beibehalten. Alle Kapitel sind überarbeitet und ergänzt. Die Werte für die Kerneigenschaften (Nuklidmassen, Halbwertzeiten, Zerfallsdaten) entsprechen dem neuesten Stand der Literatur. Das Internationale Einheitensystem (SI) ist durchweg berücksichtigt. Ältere Einheiten sind erwähnt, soweit dies sinnvoll erscheint. In Anhang IV sind die neuen gesetzlichen Bestimmungen der Strahlenschutzverordnung von 1976 aufgenommen.

Den Herren Professoren H. v. Buttlar und K. E. Zimen bin ich für ausführliche kritische Bemerkungen zu besonderem Dank verpflichtet. Vielen anderen Kollegen danke ich für Kommentare und Anregungen.

Bei der Überarbeitung des Buches wurde ich von Frau E. Breitwieser sehr wirksam unterstützt. Herr Eggers und Fräulein Ohlert besorgten die Neufassung der Nuklidtabelle (Anhang III), Dr. Ilmstädter half bei der Überarbeitung von Anhang IV. Allen genannten Mitarbeitern möchte ich meinen Dank aussprechen.

Für Hinweise und Vorschläge bin ich auch weiterhin dankbar.

Darmstadt, im März 1980 K. H. LIESER

Aus dem Vorwort zur 1. Auflage

Die Kernwissenschaften sind der jüngste Zweig der Naturwissenschaften. Am zweckmäßigsten unterteilt man sie in Kernphysik, Kernchemie und Kerntechnik. Während in der Kernphysik die physikalischen Eigenschaften der Atomkerne im Vordergrund des Interesses stehen, beschäftigt sich die Kernchemie mit den chemischen Aspekten der Kernwissenschaften – d. h. mit allen stofflichen Veränderungen, bei denen die Eigenschaften der Atomkerne (z. B. ihre Umwandlungen) eine wesentliche Rolle spielen. Kernphysik und Kernchemie stehen somit in einem engen Zusammenhang und bilden die Grundlage für die Entwicklung der Kerntechnik.

Die hier benutzte Abgrenzung der Kernchemie hat sich noch nicht allgemein eingebürgert. Oft werden die beiden Bezeichnungen Kernchemie (englisch „nuclear chemistry") und Radiochemie (englisch „radiochemistry") nebeneinander verwendet. Unter Kernchemie im engeren Sinne versteht man die Chemie der Kernreaktionen und unter Radiochemie die Chemie der Radionuklide. Es besteht aber Übereinstimmung, daß diese Teilgebiete sehr eng miteinander verflochten sind.

Verwandt mit der Kernchemie ist das Gebiet der Strahlenchemie (englisch „radiation chemistry" – nicht zu verwechseln mit „radiochemistry"), in der die chemischen Effekte unter dem Einfluß ionisierender Strahlen untersucht werden. Die Strahlenchemie wird im allgemeinen gesondert behandelt.

Die Konzeption dieses Buches geht auf den Wunsch zurück, das gesamte Arbeitsgebiet der Kernchemie im Rahmen einer Einführung in deutscher Sprache darzustellen. Die Grundlagen sind durch einen Vorlesungszyklus gegeben, der seit etwa 10 Jahren an der Technischen Hochschule Darmstadt läuft. Das Buch ist in erster Linie auf die Interessen des Chemikers ausgerichtet, was nicht bedeuten soll, daß es nicht auch für andere Naturwissenschaftler nützlich ist. Bei der Abfassung des Manuskripts wurde großer Wert darauf gelegt, die Arbeitsgebiete der Kernchemie in übersichtlicher und auch für den Anfänger verständlicher Form darzustellen und die Zusammenhänge zwischen den einzelnen Arbeitsgebieten aufzuzeigen. Entsprechend der Betrachtungsweise des Chemikers wird bei der Behandlung des Stoffes bevorzugt von dem experimentell beobachteten Sachverhalt ausgegangen; im Anschluß daran werden die zum Verständnis erforderlichen Ergebnisse der Theorie besprochen.

Ausgangspunkt der Betrachtung ist das Periodensystem der Elemente (Kap. 1). Die für die Beherrschung der Kernchemie notwendigen physikalischen Grundlagen werden in Kapitel 2 behandelt. Kapitel 3 und 4 beschäftigen sich mit dem Einfluß der Massenzahl auf das chemische Verhalten (Isotopieeffekte) und mit den darauf basierenden Verfahren der Isotopentrennung. Einen gewissen Schwerpunkt der Betrachtung bildet Kapitel 5, in dem die Gesetze des radioaktiven Zerfalls behandelt werden, einen zweiten Schwerpunkt Kapitel 8, das sich mit den Kernreaktionen beschäftigt. Die chemischen Effekte von Kernreaktionen sind in einem besonderen Kapitel behandelt (Kap. 9). Die damit teilweise in enger Berührung stehenden strahlenchemischen Reaktionen werden nur kurz besprochen (Kap. 10). In den folgenden Kapiteln kommen die verschiedenen Arbeitsgebiete der Kernchemie zur Sprache. Den für die Kernchemie unentbehrlichen Großgeräten ist ein besonderes Kapitel gewidmet (Kap. 12). In Kapitel 15 sind die vielfältigen Anwendungen zusammengefaßt.

Am Ende eines jeden Kapitels befinden sich Literaturhinweise für den Leser, der sich eingehender über einzelne Abschnitte orientieren möchte, sowei einige Übungen, die ebenfalls in erster Linie den Bedürfnissen des Chemikers Rechnung tragen sollen. Die Literaturhinweise sind nach ihrer Bedeutung für den Leser und nach der Behandlung des Stoffes in den einzelnen Abschnitten geordnet; Darstellungen mehr allgemeinen Charakters ist der Vorrang gegeben vor Arbeiten über ein spezielles Thema. Kritisch ausgewählte Daten für den praktischen Gebrauch sind in der Nuklidtabelle (Anhang III) zusammengestellt.

November 1967   K. H. LIESER

Inhalt

1. Periodensystem der Elemente und Nuklidkarte 1
    1.1. Radioaktive Stoffe in der Natur 1
    1.2. Periodensystem und Isotopie 3
    1.3. Nuklidkarte 8
    1.4. Regeln für die Stabilität der Nuklide 12
    1.5. Regeln für die Umwandlung von Nukliden 14
    1.6. Massenzahl und Nuklidmasse 18
    Literatur zu Kapitel 1 22
    Übungen zu Kapitel 1 22

2. Eigenschaften der Atomkerne 25
    2.1. Kernradius 25
    2.2. Kernkräfte 27
    2.3. Elementarteilchen 31
    2.4. Drehimpuls 36
    2.5 Magnetisches Dipolmoment 39
    2.6. Elektrisches Quadrupolmoment 41
    2.7. Statistik und Parität 41
    2.8. Isospin und Strangeness 43
    2.9. Energiediagramme 45
    2.10. Kernmodelle 48
    Literatur zu Kapitel 2 51
    Übungen zu Kapitel 2 52

3. Isotopieeffekte 53
    3.1. Unterschiede in den Eigenschaften isotoper Nuklide . . . 53
    3.2. Kinetische Isotopieeffekte 59
    3.3. Gleichgewichtsisotopieeffekte 66
    3.4. Spektroskopische Isotopieeffekte 69
    Literatur zu Kapitel 3 74
    Übungen zu Kapitel 3 75

4. Isotopentrennung 77
    4.1. Bedeutung der Isotopentrennung 77
    4.2. Trennfaktor und Trennkaskade 78
    4.3. Gasdiffusion 79
    4.4. Thermodiffusion 80
    4.5. Druckdiffusion 81

	4.6.	Elektromagnetische Trennung	82
	4.7.	Ultrazentrifuge	83
	4.8.	Destillation	84
	4.9.	Elektrolyse	87
	4.10.	Ionenwanderung	88
	4.11.	Austauschverfahren	90
	4.12.	Ionenaustausch	93
	4.13.	Optische Verfahren	94
	Literatur zu Kapitel 4	103
	Übungen zu Kapitel 4	104

5. Radioaktiver Zerfall ... 107

	5.1.	Zerfallsreihen	107
	5.2.	Energetik des radioaktiven Zerfalls	111
	5.3.	Mononukleares Zeitgesetz für den radioaktiven Zerfall	113
	5.4.	Aktivität und Masse	115
	5.5.	Impulsrate	118
	5.6.	Mischung mehrerer unabhängig voneinander zerfallender Nuklide	119
	5.7.	Radioaktives Gleichgewicht	122
	5.8.	Säkulares Gleichgewicht	124
	5.9.	Transientes Gleichgewicht	128
	5.10.	Kurzlebigeres Mutternuklid	130
	5.11.	Ähnliche Halbwertzeiten	131
	5.12.	Mehrere aufeinanderfolgende Umwandlungen	133
	5.13.	Verzweigung (Dualer Zerfall)	136
	Literatur zu Kapitel 5	140
	Übungen zu Kapitel 5	140

6. Radioaktive Strahlung ... 143

	6.1.	Eigenschaften der verschiedenen Strahlungsarten	143
	6.2.	α-Strahlung	144
		6.2.1. Absorption	144
		6.2.2. Energiebestimmung	149
	6.3.	β-Strahlung	150
		6.3.1. Absorption	150
		6.3.2. Energiebestimmung	155
	6.4.	γ-Strahlung	157
		6.4.1. Absorption	157
		6.4.2. Absorptionsmechanismen	160
		6.4.3. Energiebestimmung	163
	6.5.	Messung radioaktiver Strahlung	165
		6.5.1. Ionisationsdetektoren	165
		6.5.2. Szintillationszähler	171
		6.5.3. Halbleiterdetektoren	173
		6.5.4. Vergleichs- und Absolutmessungen	184
		6.5.5. Auswahl von Meßanordnungen	186
		6.5.6. Statistische Zählgenauigkeit	189
	6.6.	Autoradiographie	190
	Literatur zu Kapitel 6	193
	Übungen zu Kapitel 6	194

7. Zerfallsprozesse ... 195

- 7.1. Übersicht ... 195
  - 7.1.1. Emission von Nukleonen ... 195
  - 7.1.2. Emission von Elektronen und Positronen; Elektroneneinfang ... 197
  - 7.1.3. Emission von Photonen und Konversionselektronen ... 201
  - 7.1.4. Spontanspaltung ... 204
- 7.2. α-Zerfall ... 205
  - 7.2.1. Diskussion der Spektren ... 205
  - 7.2.2. Theorie des α-Zerfalls ... 207
- 7.3. β-Zerfall ... 211
  - 7.3.1. Diskussion der Spektren ... 211
  - 7.3.2. Theorie des β-Zerfalls ... 215
- 7.4. γ-Zerfall ... 222
  - 7.4.1. Diskussion der Spektren ... 222
  - 7.4.2. Theorie des γ-Zerfalls ... 224
  - 7.4.3. Isomere Umwandlung ... 226
  - 7.4.4. Innere Konversion ... 228
- 7.5. Spontanspaltung ... 231
- Literatur zu Kapitel 7 ... 237
- Übungen zu Kapitel 7 ... 237

8. Kernreaktionen ... 239

- 8.1. Kernreaktionen als binukleare Reaktionen ... 239
- 8.2. Energetik ... 242
- 8.3. Geschosse ... 245
- 8.4. Übersicht über die Umwandlung von Nukliden durch Kernreaktionen ... 248
- 8.5. Beispiele ... 250
- 8.6. Wirkungsquerschnitt ... 256
- 8.7. Berechnung der Ausbeute ... 261
- 8.8. Niederenergie-Kernreaktionen ... 269
- 8.9. Kernspaltung ... 279
- 8.10. Hochenergie-Kernreaktionen ... 297
- 8.11. Schwerionenreaktionen ... 307
- 8.12. Fusionsreaktionen ... 315
- Literatur zu Kapitel 8 ... 321
- Übungen zu Kapitel 8 ... 323

9. Chemische Effekte von Kernreaktionen ... 325

- 9.1. Übersicht ... 325
- 9.2. Rückstoßeffekte ... 328
- 9.3. Anregungseffekte ... 336
- 9.4. Gase und Flüssigkeiten ... 341
- 9.5. Festkörper ... 346
- 9.6. Szilard-Chalmers-Reaktionen ... 350
- 9.7. Rückstoßmarkierung und Selbstmarkierung ... 353
- Literatur zu Kapitel 9 ... 356
- Übungen zu Kapitel 9 ... 356

10. Strahlenchemische Reaktionen ... 359
    10.1. Primäre und sekundäre Reaktionen ... 359
    10.2. Strahlenquellen ... 360
    10.3. Grundbegriffe der Strahlenchemie ... 361
    10.4. Reaktionen in Gasen ... 365
    10.5. Reaktionen in wäßrigen Lösungen ... 366
    10.6. Reaktionen in organischen Verbindungen ... 367
    10.7. Reaktionen in festen anorganischen Stoffen ... 369
    Literatur zu Kapitel 10 ... 371
    Übungen zu Kapitel 10 ... 371

11. Kernbrennstoffe und Reaktorchemie ... 373
    11.1. Energiegewinnung durch Kernspaltung ... 373
    11.2. Chemische Probleme im Zusammenhang mit dem Betrieb von Kernreaktoren (Überblick) ... 383
    11.3. Kernbrennstoffe ... 385
    11.4. Brennstoffelemente ... 392
    11.5. Reaktortypen ... 401
    11.6. Moderatoren, Kühlmittel und Reaktorwerkstoffe ... 414
    11.7. Chemische Vorgänge in Kernreaktoren ... 416
    11.8. Wiederaufarbeitung der Brennstoffelemente ... 417
    11.9. Weiterverarbeitung und Lagerung der Spaltprodukte ... 429
    11.10. Brutstoffzyklen ... 432
    Literatur zu Kapitel 11 ... 435
    Übungen zu Kapitel 11 ... 436

12. Großgeräte ... 439
    12.1. Kernreaktoren ... 439
        12.1.1. Bestrahlungsmöglichkeiten ... 439
        12.1.2. Zusatzeinrichtungen ... 441
    12.2. Beschleuniger ... 444
        12.2.1. Allgemeine Gesichtspunkte ... 444
        12.2.2. Kaskadengenerator (Cockcroft-Walton-Generator) ... 445
        12.2.3. Van de Graaff-Generator ... 446
        12.2.4. Linearbeschleuniger ... 447
        12.2.5. Zyklotron ... 451
        12.2.6. Synchrozyklotron ... 453
        12.2.7. Betatron ... 454
        12.2.8. Synchrotron ... 455
        12.2.9. Speicherringe ... 459
        12.2.10. Weitere Beschleunigerentwicklungen ... 460
    12.3. Neutronenquellen und Neutronengeneratoren ... 460
    12.4. Massenspektrometer und Massenseparatoren ... 465
    12.5. Einrichtungen zur Handhabung hoher Aktivitäten ... 466
    Literatur zu Kapitel 12 ... 467
    Übungen zu Kapitel 12 ... 469

13. Gewinnung und Chemie der Radionuklide ... 471
    13.1. Gewinnung von Radionukliden in Kernreaktoren ... 471
    13.2. Gewinnung von Radionukliden in Beschleunigern ... 478
    13.3. Trennung von Radionukliden ... 483

13.4.	Trägerfreie Radionuklide	493	
13.5.	Kurzlebige Radionuklide	499	
13.6.	Markierte Verbindungen	504	
	Literatur zu Kapitel 13	514	
	Übungen zu Kapitel 13	515	

14. Künstliche Elemente ... 517

14.1	Natürliche und künstliche Radioelemente	517	
14.2.	Technetium	520	
14.3.	Promethium und die Lanthaniden	522	
14.4.	Gewinnung der Transuranelemente	527	
	14.4.1. Bestrahlung mit Neutronen	527	
	14.4.2. Bestrahlung mit α-Teilchen	530	
	14.4.3. Bestrahlung mit schweren Ionen	532	
	14.4.4. Möglichkeiten der Erweiterung des Periodensystems	536	
14.5.	Eigenschaften der Actiniden	542	
	14.5.1. Kerneigenschaften	542	
	14.5.2. Wertigkeiten und Bindungsverhältnisse	544	
	14.5.3. Eigenschaften der Metalle	546	
	14.5.4. Verbindungen der Actiniden	548	
14.6.	Eigenschaften der Trausactinidenelemente	551	
	Literatur zu Kapitel 14	555	
	Übungen zu Kapitel 14	557	

15. Anwendungen ... 559

15.1.	Allgemeine Gesichtspunkte	559	
15.2.	Analyse auf Grund natürlicher Radioaktivität	561	
15.3.	Indikatormethoden in der Analyse	563	
	15.3.1. Verdünnungsanalyse	563	
	15.3.2. Isotopenaustauschmethoden	565	
	15.3.3. Freisetzung von Radionukliden	566	
	15.3.4. Radiometrische Titration	567	
15.4.	Aktivierungsanalyse	567	
	15.4.1. Aktivierungsgleichung	567	
	15.4.2. Aktivierung mit Reaktorneutronen	568	
	15.4.3. Aktivierung mit den Neutronen eines Spontanspalters	570	
	15.4.4. Aktivierung mit energiereichen Neutronen	570	
	15.4.5. Aktivierung mit geladenen Teilchen	571	
	15.4.6. Aktivierung mit Photonen	573	
	15.4.7. Messung der prompten γ-Strahlung	575	
	15.4.8. Gesichtspunkte für die Anwendung der Aktivierungsanalyse	575	
15.5.	Weitere Indikatormethoden in der Chemie	578	
	15.5.1. Gleichgewichte	578	
	15.5.2. Trennungsvorgänge	579	
	15.5.3. Homogene Reaktionskinetik	580	
	15.5.4. Heterogene Reaktionskinetik	585	
	15.5.5. Diffusion	593	
	15.5.6. Emaniermethode	594	
15.6.	Kernprozesse in der Chemie	598	
15.7.	Altersbestimmungen	604	

XIII

Inhalt

15.8.	Geochemie und Kosmochemie	606
15.9.	Biologie und Medizin	619
15.10.	Technik	621
	15.10.1. Übersicht	620
	15.10.2. Radionuklide als Indikatoren	620
	15.10.3. Absorption und Streuung radioaktiver Strahlung	624
	15.10.4. Nutzung radioaktiver Strahlung	629
	Literatur zu Kapitel 15	635
	Übungen zu Kapitel 15	637

Anhang I. Wichtige Naturkonstanten 639

Anhang II. Umrechnungstabelle für Energieeinheiten 640

Anhang III. Nuklidtabelle 641

Anhang IV. Dosimetrie und Strahlenschutz 694

IV.1.	Strahlendosis und Dosisleistung	694
IV.2.	Äußere Einwirkung	699
IV.3.	Innere Einwirkung	702
IV.4.	Natürliche, zivilisatorische und berufliche Strahlenbelastung	703
IV.5.	Gesetzliche Bestimmungen	708
IV.6.	Richtlinien für kernchemische Laboratorien	718
	Literatur zu Anhang IV.	721

Anhang V. Häufiger verwendete Symbole 723

Anhang VI. Lösungen der Übungsaufgaben 725

Quellenverzeichnis 731

Allgemeine Literaturhinweise 732

Namenregister 737

Sachregister 739

1. Periodensystem der Elemente und Nuklidkarte

1.1. Radioaktive Stoffe in der Natur

Die Radioaktivität ist eine Eigenschaft vieler Stoffe, die in der Natur vorkommen. Sie war allerdings bis zum Jahre 1896 unbekannt, insbesondere deshalb, weil der Mensch kein Sinnesorgan besitzt, das auf radioaktive Stoffe anspricht. Die Radioaktivität wurde 1896 entdeckt, als BECQUEREL feststellte, daß photographische Platten durch Uransalze geschwärzt werden. Kurze Zeit später, 1898, fanden M. CURIE in Frankreich und G. C. SCHMIDT in Deutschland beim Thorium ähnliche Eigenschaften. Mme. CURIE stellte Unterschiede in der Radioaktivität von Uran- und Thoriumverbindungen verschiedener Herkunft fest und schloß daraus, daß diese Stoffe unbekannte radioaktive Elemente enthielten. Zusammen mit PIERRE CURIE entdeckte sie 1898 das Polonium (das sie nach ihrer Heimat Polen benannte) und noch im gleichen Jahre das Radium.

Zum Nachweis der von den radioaktiven Stoffen ausgesandten Strahlung werden heute sog. Detektoren verwendet (z. B. ein Geiger-Müller-Zählrohr) in Verbindung mit einem Anzeigegerät. Eine solche Anordnung (Meßplatz) registriert auch dann eine Strahlung, wenn keine radioaktiven Stoffe in der Nähe sind. Schirmt man den Detektor sorgfältig ab — z. B. durch dicke Wände aus Blei oder Stahl —, so verringert sich die Zahl der pro Zeiteinheit registrierten Impulse (Impulsrate) etwa auf die Hälfte. Bringt man den Detektor in größere Höhen, so findet man erheblich höhere Werte (in 9000 m Höhe etwa die 12fache Impulsrate). Damit ist nachgewiesen, daß ein erheblicher Teil der von dem abgeschirmten Detektor registrierten Strahlung als sog. kosmische Strahlung aus dem Weltraum kommt. Diese kosmische Strahlung besteht primär vorwiegend aus Protonen, die mit sehr hoher Energie in die obersten Schichten der Atmosphäre einfallen. Durch Wechselwirkung mit den Gasmolekülen entsteht sekundär eine Vielzahl von Teilchen, z. T. in Kaskaden von aufeinanderfolgenden Reaktionen. Man findet Protonen, Photonen, Elektronen, Positronen, μ-Mesonen und Neutronen. Diese Teilchen sind durch ihre Spuren nachweisbar, die sie in photographischen Schichten hinterlassen, welche zu größeren Paketen zusammengepackt und in die Atmosphäre gebracht werden.

Die kosmische Strahlung ist somit ein Bestandteil der Strahlung, der wir ständig ausgesetzt sind. Sie bewirkt im wesentlichen den sog. Untergrund, den alle Detektoren für radioaktive Strahlung zeigen. Der andere Bestandteil des Untergrundes ist die Strahlung der radio-

1. Periodensystem der Elemente und Nuklidkarte

aktiven Stoffe in unserer Umgebung. Einige radioaktive Stoffe sind in der Natur weit verbreitet und kommen vor allen Dingen in den Gesteinen und damit auch im Mauerwerk von Gebäuden vor.

Die wichtigsten in der Natur vorkommenden radioaktiven Stoffe sind: Uranerze, Thoriumerze und Kaliumsalze. Die Uran- und Thoriumerze enthalten neben den radioaktiven Elementen Uran und Thorium deren Folgeprodukte, die ebenfalls radioaktiv sind.

Uran und Thorium sind in der Natur verhältnismäßig häufig anzutreffen. Dies beruht im Falle des Urans z. T. darauf, daß dieses Element als U^{VI} aufgelöst und an anderen Stellen wieder abgeschieden wird. Im Granit findet man im Mittel etwa 4 ppm Uran und 13 ppm Thorium.*) Das wichtigste Uranmineral ist die Pechblende (Joachimsthal in Böhmen, Kongo, Kanada, Colorado in den USA); sie besteht im wesentlichen aus U_3O_8. Verhältnismäßig häufig findet man die aus einem Schichtgitter aufgebauten Uranglimmer, die Uranylionen (UO_2^{++}) enthalten.

Das wichtigste Thoriummineral ist der Monazit (Brasilien, Indien, UdSSR, Norwegen, Madagaskar); er ist meist als Monazitsand abgelagert und besteht aus Phosphaten (z. T. auch Silicaten) des Thoriums und der Seltenen Erden. Der Thoriumgehalt des Monazits bewegt sich zwischen 0,1 und 15%. In Tab. 1.1 sind einige Minerale aufgeführt, die Uran und Thorium enthalten.

Kalium besteht aus zwei stabilen und einer radioaktiven Atomart (^{40}K), die mit einer Häufigkeit von 0,0118% vertreten ist. Sie bewirkt die natürliche Radioaktivität aller Kaliumsalze, die zur quantitativen Bestimmung des Kaliums dienen kann.

In Tab. 1.2 sind die in der Natur vorkommenden radioaktiven Atomarten mit Halbwertzeiten $t_{1/2} > 1$ Tag zusammengestellt. (Halbwertzeit ist die Zeit, nach der die Aktivität auf die Hälfte abgefallen ist, vgl. Kap. 5.) Die Tabelle läßt erkennen, daß die Radioaktivität bei den schweren Elementen besonders häufig auftritt. Bei den leichteren Elementen ist sie eine Ausnahme, z. B. beim Rubidium (^{87}Rb) und Kalium (^{40}K).

Die natürliche Radioaktivität der Minerale ist von großer Bedeutung für die Bestimmung ihres Alters („radioaktive Uhren"). Diese Datierungsmethoden, die insbesondere von PANETH entwickelt wurden, beruhen auf der Bestimmung des Verhältnisses von zwei Atomarten, die in genetischem Zusammenhang stehen (z. B. ^4He in Uran, ^{206}Pb neben Uran, ^{208}Pb neben Thorium, ^{40}Ar neben ^{40}K, ^{87}Sr neben ^{87}Rb). Man benötigt dazu sehr empfindliche Meßanordnungen (vgl. Abschnitt 15.7).

Kohlenstoff–14 (^{14}C) und Tritium (^3H) entstehen unter dem Einfluß der kosmischen Strahlung durch Kernreaktionen.**) Sie sind überall in sehr kleinen Mengen vorhanden. Ihre Konzentration hängt von der Vorgeschichte der betreffenden Substanzen ab. ^{14}C besitzt eine Halbwertzeit von 5736 a. In einer abgeschlossenen Probe klingt der ^{14}C-Gehalt mit dieser Halbwertzeit ab. Die Messung des ^{14}C-Ge-

---

*) 1 ppm = 1 part per million = 10^{-6} Gewichtsteile.
**) 2,4 Atome ^{14}C pro s und cm^2 Erdoberfläche.

Tabelle 1.1
Minerale, die Uran und Thorium enthalten

Mineral	Zusammensetzung	Gehalt an Uran in %	Gehalt an Thorium in %	Vorkommen
Pechblende	U_3O_8	60—90		Böhmen, Kongo, Colorado (USA)
Becquerelit	$2\,UO_3 \cdot 3\,H_2O$	74		Bayern, Kongo
Uraninit		65—75	0,5—10	Japan, USA, Kanada, Karelien
Broeggerit	$UO_2 \cdot UO_3$	48—75	6—12	Norwegen
Cleveit		48—66	3,5—4,5	Norwegen, Japan, Texas
Autunit	$Ca(UO_2)_2(PO_4)_2 \cdot nH_2O$	50—60		Frankreich, Madagaskar, Portugal, USA
Carnotit	$K(UO_2)(VO_4) \cdot nH_2O$	≈ 45		USA, Kongo, UdSSR, Australien
Casolit	$PbO \cdot UO_3 \cdot SiO_2 \cdot H_2O$	≈ 40		Kongo
Liebigit	Carbonate des U und Ca	≈ 30		Österreich, UdSSR
Thorianit	$(Th, U)O_2$	4—28	60—90	Ceylon, Madagaskar
Thorit	$ThSiO_4 \cdot H_2O$	1—19	40—70	Norwegen, USA
Monazit	Phosphate des Th und der Seltenen Erden		0,1—15	Brasilien, Indien, UdSSR, Norwegen, Madagaskar

haltes kann deshalb zu Altersbestimmungen in kohlenstoffhaltigen (insbesondere organischen) Substanzen herangezogen werden. Auch aus dem Tritium-Gehalt (Halbwertzeit 12,346 a) kann man auf das Alter einer Probe (bis zu etwa 100 Jahren) schließen. Da in Kernreaktoren und durch nukleare Explosionen ^{14}C und T zusätzlich erzeugt werden, sind diese Altersbestimmungen zum Teil gestört. So wurden insbesondere durch die Explosion von Wasserstoffbomben größere Mengen Tritium in Freiheit gesetzt.

1.2. Periodensystem und Isotopie

Heute sind 107 chemische Elemente bekannt. Die Mannigfaltigkeit ihrer Eigenschaften kann am besten überblickt werden, wenn man das Periodensystem der Elemente zu Hilfe nimmt, das sich sowohl für praktische als auch für theoretische Überlegungen des Chemikers außerordentlich gut bewährt hat. Das Periodensystem der Elemente (Abb. (1–1)) wurde im Jahre 1869 von L. MEYER und D. MENDELEJEW unabhängig voneinander aufgestellt, um die verwandtschaftlichen Beziehungen der Elemente deutlich zu machen. Zunächst waren noch viele freie Felder vorhanden für solche Elemente, deren Entdeckung noch ausstand. Es waren aber wichtige Voraussagen möglich über die

1. Periodensystem der Elemente und Nuklidkarte

Tabelle 1.2
In der Natur vorkommende radioaktive Atomarten (Radionuklide) mit Halbwertzeiten $t_{1/2} > 1$ Tag. (Die verschiedenen Arten der radioaktiven Strahlung werden in Kap. 6 näher erklärt.)

Atomart	Halbwertzeit	Strahlung	Isotopen-häufigkeit in %	Bemerkungen
^{238}U (U I = Uran I)	$4{,}47 \cdot 10^9$ a	α, γ, e^- (sf)	99,276	Uran-Familie $A = 4n+2$
^{234}U (U II)	$2{,}44 \cdot 10^5$ a	α, γ, e^- (sf)	0,0055	
^{234}Th (UX$_1$)	24,1 d	β^-, γ, e^-		
^{230}Th (Ionium)	$7{,}7 \cdot 10^4$ a	α, γ (sf)		
^{226}Ra (Radium)	1600 a	α, γ		
^{222}Rn (Radon)	3,82 d	α, γ		
^{210}Po (RaF)	138,4 d	α, γ		
^{210}Bi (RaE)	5,0 d	$\beta^-, \gamma (\alpha)$		
^{210}Pb (RaD)	22,3 a	$\beta^-, \gamma, e^- (\alpha)$		
^{235}U (AcU = Actinouran)	$7{,}04 \cdot 10^8$ a	α, γ (sf)	0,720	Actinium-Familie $A = 4n+3$
^{231}Th (UY)	25,5 h	β^-, γ		
^{231}Pa (Protactinium)	3,28	α, γ		
^{227}Th (RdAc = Radioactinium)	18,72 d	α, γ, e^-		
^{227}Ac (Actinium)	21,6 a	$\beta^-, \gamma, e^- (\alpha)$		
^{223}Ra (AcX = Actinium X)	11,43 d	α, γ		
^{232}Th (Thorium)	$1{,}405 \cdot 10^{10}$ a	α, γ, e^- (sf)	100	Thorium-Familie $A = 4n$
^{228}Th (RdTh = Radiothorium)	1,91 a	α, γ, e^-		
^{228}Ra (MsTh$_1$ = Mesothorium 1)	5,75 a	β^-, γ, e^-		
^{224}Ra (ThX = Thorium X)	3,66 d	α, γ		
^{204}Pb	$1{,}4 \cdot 10^{17}$ a	α	1,4	
^{190}Pt	$6{,}1 \cdot 10^{11}$ a	α	0,0127	
^{186}Os	$2{,}0 \cdot 10^{15}$ a	α	1,6	
^{187}Re	$5 \cdot 10^{10}$ a	β^-	62,60	
^{174}Hf	$2{,}0 \cdot 10^{15}$ a	α	0,18	
^{176}Lu	$3{,}6 \cdot 10^{10}$ a	β^-, γ, e^-	2,60	
^{152}Gd	$1{,}1 \cdot 10^{14}$ a	α	0,20	
^{147}Sm	$1{,}05 \cdot 10^{11}$ a	α	15,0	
^{148}Sm	$7 \cdot 10^{15}$ a	α	11,2	
^{144}Nd	$2{,}1 \cdot 10^{15}$ a	α	23,9	
^{138}La	$1{,}35 \cdot 10^{11}$ a	$\varepsilon, \beta^-, \gamma$	0,09	
^{123}Te	$1{,}24 \cdot 10^{13}$ a	ε	0,87	
^{115}In	$5{,}1 \cdot 10^{15}$ a	β^-	95,7	
^{113}Cd	$9 \cdot 10^{15}$ a	β^-	12,3	
^{87}Rb	$4{,}7 \cdot 10^{10}$ a	β^-	27,83	
^{40}K	$1{,}28 \cdot 10^9$ a	$\beta^-, \varepsilon, \beta^+, \gamma$	0,012	
^{14}C	5736 a	β^-		entstehen in der Atmosphäre durch kosmische Strahlung
^{10}Be	$1{,}6 \cdot 10^6$ a	β^-		
^{7}Be	53,4 d	ε, γ		
^{3}H	12,346 a	β^-		

1.2. Periodensystem und Isotopie

GRUPPE →	I	II	III	IV	V	VI	VII	VIII	0	SCHALE
max. Wertigkeit zu Wasserstoff →	1	2	3	4	3	2	1		0	
max. Wertigkeit zu Sauerstoff →	1	2	3	4	5	6	7	8		
PERIODE ↓ 1	1,00797 1 H								4,0026 2 He	K
2	6,939 3 Li	9,0122 4 Be	10,811 5 B	12,01115 6 C	14,0067 7 N	15,9994 8 O	18,9984 9 F		20,183 10 Ne	L
3	22,9898 11 Na	24,312 12 Mg	26,9815 13 Al	28,086 14 Si	30,9783 15 P	32,064 16 S	35,453 17 Cl		39,948 18 Ar	M
4	39,102 19 K	40,08 20 Ca	44,956 21 Sc	47,90 22 Ti	50,942 23 V	51,996 24 Cr	54,9380 25 Mn	55,847 26 Fe / 58,9332 27 Co / 58,71 28 Ni		N
	63,54 29 Cu	65,37 30 Zn	69,72 31 Ga	72,59 32 Ge	74,9216 33 As	78,96 34 Se	79,909 35 Br		83,80 36 Kr	
5	85,47 37 Rb	87,62 38 Sr	88,905 39 Y	91,22 40 Zr	92,906 41 Nb	95,94 42 Mo	(99) 43 Tc	101,07 44 Ru / 102,905 45 Rh / 106,4 46 Pd		O
	107,870 47 Ag	112,40 48 Cd	114,82 49 In	118,69 50 Sn	121,75 51 Sb	127,60 52 Te	126,9044 53 J		131,30 54 Xe	
6	132,905 55 Cs	137,34 56 Ba	138,91 57 La	178,49 72 Hf	180,948 73 Ta	183,85 74 W	186,2 75 Re	190,2 76 Os / 192,2 77 Ir / 195,09 78 Pt		P
	196,967 79 Au	200,59 80 Hg	204,37 81 Tl	207,19 82 Pb	208,98 83 Bi	210 84 Po	(210) 85 At		222 86 Rn	
7	(223) 87 Fr	226,05 88 Ra	227 89 Ac	104	105	106	107			Q

LANTHANIDEN	140,12 58 Ce	140,907 59 Pr	144,24 60 Nd	(145) 61 Pm	150,35 62 Sm	151,96 63 Eu	157,25 64 Gd	158,924 65 Tb	162,50 66 Dy	164,930 67 Ho	167,26 68 Er	168,934 69 Tm	173,04 70 Yb	174,97 71 Lu
ACTINIDEN	232,038 90 Th	231 91 Pa	238,03 92 U	(237) 93 Np	(244) 94 Pu	(243) 95 Am	(248) 96 Cm	(247) 97 Bk	(249) 98 Cf	(252) 99 Es	(253) 100 Fm	(256) 101 Md	(253) 102 No	(257) 103 Lr

Abb. (1–1) Periodensystem der Elemente.

Eigenschaften dieser noch nicht bekannten Elemente. Für die genaue Einordnung der Elemente nach ihren Ordnungszahlen leistete die später von MOSELEY (1913) aufgefundene Gesetzmäßigkeit wichtige Dienste. Danach ist die Wurzel aus der Frequenz v einer bestimmten Serie von Röntgenstrahlen proportional der Ordnungszahl Z,

$$\sqrt{v} = a(Z - b). \tag{1.1}$$

(a und b sind Konstanten; b ist für alle Linien einer gegebenen Serie gleich, z. B. b = 1,0 für die K_α-Linien). Das Moseleysche Gesetz ist in Abb. (1–2) dargestellt.

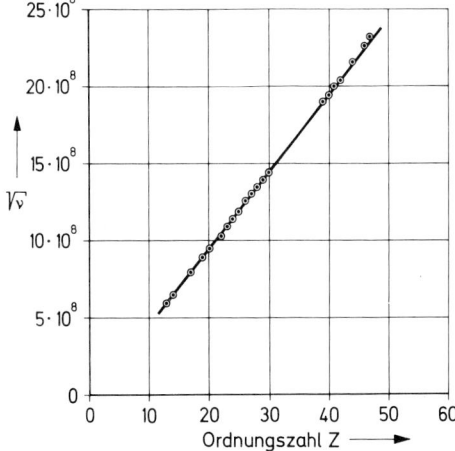

Abb. (1–2) Moseleysches Gesetz: Abhängigkeit der Frequenz v der K_α-Röntgenlinie von der Kernladungszahl Z.

1. Periodensystem der Elemente und Nuklidkarte

Die nach der Aufstellung des Periodensystems in verstärktem Maße einsetzende Entdeckung neuer Elemente kann in 3 Abschnitte eingeteilt werden, die sich zeitlich überlagern.

1. Abschnitt: Entdeckung stabiler Elemente

Ein großer Teil der zunächst noch vorhandenen Lücken im Periodensystem konnte — meist noch im vergangenen Jahrhundert — durch die Entdeckung weiterer Elemente aufgefüllt werden. Dadurch wurden insgesamt 83 Elemente bekannt, die in meßbarer Konzentration auf der Erde anzutreffen sind. Es handelt sich um die Elemente mit den Ordnungszahlen 1 (Wasserstoff) bis 83 (Wismut), ausgenommen die Elemente 43 und 61, außerdem die Elemente 90 (Thorium) und 92 (Uran). Von den stabilen Elementen wurden zuletzt das Hafnium (1922) und das Rhenium (1925) aufgefunden.

2. Abschnitt: Entdeckung der in der Natur vorkommenden radioaktiven Elemente

Die Elemente Uran und Thorium waren bereits seit längerer Zeit bekannt (KLAPROTH 1789 bzw. BERZELIUS 1828). Mit der Aufklärung des radioaktiven Zerfalls dieser Elemente, die vor allen Dingen mit dem Namen des Ehepaars MARIE und PIERRE CURIE verknüpft ist, konnte um die Jahrhundertwende eine Reihe von weiteren Lücken im Periodensystem geschlossen werden. Die neu entdeckten Elemente waren meist nur durch ihre Strahlung nachweisbar; es handelte sich im allgemeinen um sehr geringe, nicht wägbare Mengen. Durch diese Untersuchungen wurden in den Zerfallsprodukten des Urans und des Thoriums die Elemente 84 (Po = Polonium), 86 (Rn = Radon), 87 (Fr = Francium), 88 (Ra = Radium), 89 (Ac = Actinium) und 91 (Pa = Protactinium) aufgefunden.

3. Abschnitt: Entdeckung künstlicher Elemente

Nach Abschluß der zweiten Entdeckungsperiode waren noch Lücken bei den Ordnungszahlen 43 und 61 vorhanden. Diese noch fehlenden Elemente konnten künstlich durch Kernreaktionen hergestellt werden. Ebenso wurde das Element 85 (At = Astat) zunächst durch Kernreaktionen gewonnen; später wurde es auch in den Zerfallsreihen des Urans und des Thoriums aufgefunden. Besondere Bedeutung hat die Darstellung der auf das Uran folgenden Glieder der Actiniden erlangt. Bisher konnten folgende Elemente durch Kernreaktionen dargestellt werden: 93 (Np = Neptunium), 94 (Pu = Plutonium), 95 (Am = Americium), 96 (Cm = Curium), 97 (Bk = Berkelium), 98 (Cf = Californium), 99 (Es = Einsteinium), 100 (Fm = Fermium), 101 (Md = Mendelevium), 102 (No = Nobelium), 103 (Lr = Lawrencium), 104 (Vorschlag aus Dubna, UdSSR: Kurtschatovium, Vorschlag aus Berkeley, USA: Rutherfordium), 105 (Vorschlag aus Dubna, UdSSR: Nielsbohrium, Vorschlag aus Berkeley, USA: Hahnium), 106, 107. Die meisten dieser Transuranelemente wurden in Berkeley, Kalifornien, von SEABORG und seinen Mitarbeitern erstmals hergestellt und beschrieben, die ersten Meldungen über die Entdeckung der Elemente 104 bis 107 kamen aus Dubna, UdSSR. Man darf damit rechnen, daß in den kommenden Jahren noch einige weitere Elemente bekannt werden, obgleich ihre Darstellung mit immer größeren Schwierigkeiten verknüpft ist und die Halbwertzeiten sehr klein sind.

Die im zweiten Abschnitt aufgeführten, in der Natur vorkommenden radioaktiven Elemente und die im dritten Abschnitt erwähnten künstlichen Elemente faßt man unter dem Oberbegriff Radioelemente zusammen. Man spricht dann von einem Radioelement, wenn es von diesem Element nur radioaktive, aber keine stabilen Atomarten gibt. Zur Zeit sind 26 Radioelemente bekannt mit den Ordnungszahlen $Z=43$, $Z=61$ und $Z > 83$ (84 bis 107).

Möglicherweise waren auch die künstlichen Elemente bei Entstehung der Erde vorhanden und sind dann im Laufe der Zeit wieder zerfallen. Das Alter der Erde beträgt nach unseren bisherigen Kenntnissen etwa $5 \cdot 10^9$ Jahre. Würde man genügend lange warten (etwa 10^6 Jahre), so würde die Gruppe der künstlichen Elemente infolge ihres radioaktiven Zerfalls wieder von der Erde verschwunden sein. Erst nach einer sehr viel längeren Zeit (etwa 10^{12} Jahre) wären auch die Elemente Uran und Thorium nebst ihren Folgeprodukten — d. h. alle in der zweiten Gruppe genannten natürlich vorkommenden radioaktiven Elemente — praktisch vollständig zerfallen, und das Periodensystem würde beim Element 83 (Wismut) aufhören.

Die Untersuchung der natürlich vorkommenden radioaktiven Elemente führte zu der wichtigen Erkenntnis, daß die Elemente in Form von verschiedenen Atomarten auftreten können, die sich durch ihre

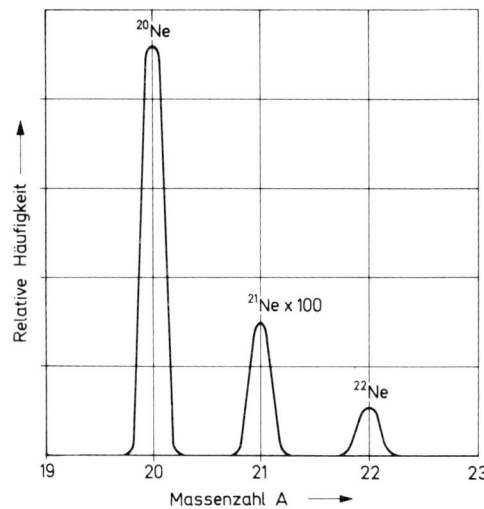

Abb. (1–3) Massenspektrum der Neon-Isotope.

Massenzahlen unterscheiden. Bei der Untersuchung der Zerfallsprodukte des Urans und des Thoriums hatte man nämlich 40 verschiedene radioaktive Atomarten gefunden, die unterschiedliche Halbwertzeiten besaßen. Für diese 40 Atomarten standen aber auf Grund ihres chemischen Verhaltens nur 12 Plätze des Periodensystems zur Verfügung. Das Problem wurde im Jahre 1913 durch SODDY gelöst, der vorschlug, jeweils mehrere dieser Atomarten auf dem gleichen Platz des Periodensystems unterzubringen. Damit war der Begriff der Isotopie eingeführt (Isotop = auf dem gleichen Platz). Die isotopen Atomarten unterscheiden sich durch ihre Massenzahlen (d. h. durch ihr Gewicht), nicht aber durch ihre chemischen Eigenschaften. Daß es solche isotopen Atomarten gibt, konnte bald darauf im Massenspektrographen nachgewiesen werden. In Abb. (1–3) ist als Beispiel das Massenspektrum der Neonisotope wiedergegeben.

Man kennt heute von vielen Elementen eine große Zahl von Isotopen, so beim Zinn 10 stabile und 18 instabile (d. h. radioaktive) Isotope, insgesamt also 28. Bei einigen Elementen tritt nur eine stabile Atomart auf, z. B. bei Be, F, Na, Al, P, J, Cs (Reinelemente). Von allen Elementen, außer Wasserstoff, sind aber mehrere instabile Isotope bekannt, die durch Kernreaktionen erzeugt werden können.

Die verschiedenen Atomarten, die sich durch ihre Ordnungszahl oder Massenzahl unterscheiden, werden allgemein als Nuklide bezeichnet. Zu ihrer Charakterisierung muß außer dem chemischen Symbol die Massenzahl angegeben werden. Auf Grund einer Empfehlung der Internationalen Union für Reine und Angewandte Chemie (IUPAC) ist es gebräuchlich, die Ordnungszahl Z links unten und die Massenzahl A links oben an das Symbol (z. B. S) zu setzen: ^A_ZS oder ^{A}S. Die Angabe der Ordnungszahl ist nicht erforderlich, weil diese durch das chemische Symbol eindeutig definiert ist. Manchmal findet man auch die Massenzahl rechts oben neben dem Symbol; diese Schreibweise ist jedoch für den Chemiker unzweckmäßig, weil in vielen Fällen die Ladung eines Ions rechts oben angegeben werden muß. Im fortlaufenden Text ist es vorteilhaft, die Massenzahl mit einem Bindestrich hinter das Symbol zu setzen, z. B. C–12 an Stelle von ^{12}C.

Zur vollständigen Charakterisierung von radioaktiven Nukliden (oder Radionukliden) sind noch Angaben über die Halbwertzeit sowie über die Art und die Energie der von dem Radionuklid ausgesandten Strahlung erforderlich, z. B.

$$^3H \xrightarrow[12{,}346a]{\beta^- (0{,}018 \text{ MeV})} {}^3He.$$

Es liegt auf der Hand, daß das Schema des Periodensystems unzureichend ist, um alle Nuklide einzutragen. Man geht deshalb zur Nuklidkarte über.

1.3. Nuklidkarte

Die Nuklidkarte basiert auf dem Proton-Neutron-Modell der Atomkerne. Die ältere Vorstellung, daß der Kern aus Protonen und Elektronen besteht (Proton-Elektron-Modell) wurde wieder aufgegeben, weil sie nicht in Übereinstimmung stand mit dem Platzbedarf und dem Spin der Elektronen.

Das Atom besteht aus Kern und Hülle. Die Bestandteile des Kernes — Protonen und Neutronen — werden als Nukleonen bezeichnet. Für die Bindung zwischen diesen Nukleonen gibt es noch keine restlos befriedigende Theorie. Der positiv geladene Kern ist von der negativ geladenen Elektronenhülle umgeben. Der Durchmesser eines Atoms ist von der Größenordnung 10^{-8} cm. Der Durchmesser eines Atomkerns aber beträgt nur 10^{-12} bis 10^{-13} cm. Die Dichte der Atomkerne ist somit von der Größenordnung 10^{14} g/cm^3 (das sind 10^8 Tonnen/cm^3); diese Dichte ist unvorstellbar hoch.

Durch Kombination einer verschiedenen Anzahl von Neutronen und Protonen erhält man verschiedene Atomarten (Nuklide). In Tab. 1.3 sind einige einfache Kombinationsmöglichkeiten angegeben. P ist

1.3. Nuklidkarte

Tabelle 1.3
Proton-Neutron-Modell als Grundlage für den Aufbau der Nuklide
(P = Zahl der Protonen; N = Zahl der Neutronen)

P	N	Nuklid	Bemerkungen
1	—	^{1}H	stabil
1	1	^{2}H = D	stabil
1	2	^{3}H = T	instabil
2	1	^{3}He	stabil
2	2	^{4}He	stabil
2	3	^{5}He	instabil
2	4	^{6}He	instabil
2	5	^{7}He	instabil
3	2	^{5}Li	instabil
3	3	^{6}Li	stabil
3	4	^{7}Li	stabil
3	5	^{8}Li	instabil
3	6	^{9}Li	instabil
4	3	^{7}Be	instabil
4	4	^{8}Be	instabil
4	5	^{9}Be	stabil
4	6	^{10}Be	instabil
4	7	^{11}Be	instabil
5	3	^{8}B	instabil
5	4	^{9}B	instabil
5	5	^{10}B	stabil
5	6	^{11}B	stabil
5	7	^{12}B	instabil
5	8	^{13}B	instabil
6	4	^{10}C	instabil
6	5	^{11}C	instabil
6	6	^{12}C	stabil
6	7	^{13}C	stabil
6	8	^{14}C	instabil
6	9	^{15}C	instabil
6	10	^{16}C	instabil

1. Periodensystem der Elemente und Nuklidkarte

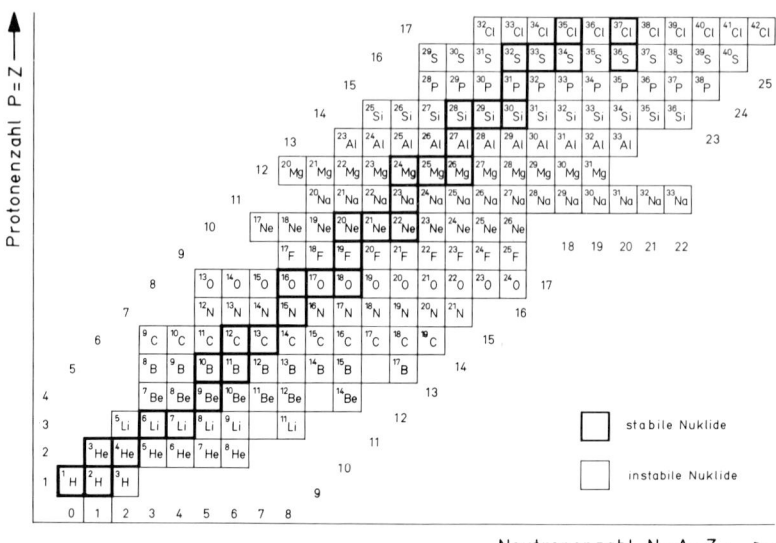

Abb. (1-4) Auszug aus der Nuklidkarte.

die Anzahl der Protonen im Kern, die gleich der Ordnungszahl Z ist (P=Z); N ist die Zahl der Neutronen. Die Summe P+N ist gleich der Massenzahl A (P+N=A; bzw. N=A-Z). In der Nuklidkarte (Abb. (1-4)) sind als Ordinate die Zahl der Protonen und als Abszisse die Zahl der Neutronen aufgetragen. In diese Nuklidkarte lassen sich alle bekannten Nuklide eintragen. Man findet, daß die Nuklide im Bereich der leichteren Elemente dann stabil sind, wenn die Anzahl der Protonen und der Neutronen etwa gleich ist. Zur Zeit sind insgesamt etwa 1900 Nuklide bekannt, die sich auf 107 verschiedene Elemente verteilen. Es gibt 267 stabile Nuklide und 66[*] natürlich vorkommende radioaktive Nuklide. Von den letzteren treten 46 in den Zerfallsreihen des Urans und des Thoriums auf; 20[*] sind über das Periodensystem verteilt und zum Teil sehr langlebig.

Man kann jeweils bestimmte Nuklide zu Gruppen zusammenfassen und unterscheidet isotope Nuklide, isotone Nuklide und isobare Nuklide. Die Nuklide mit gleicher Protonenzahl (P bzw. Z gleich) heißen Isotope (isotope Nuklide; vgl. Abschn. 1.2). Die Bezeichnung „Isotope" oder „Radioisotope" wird sehr häufig nicht im ursprünglichen strengen Sinne gebraucht, sondern an Stelle der exakten Bezeichnung „Radionuklide" oder „radioaktive Nuklide". Die isotopen Nuklide stehen in der Nuklidkarte in waagerechten Reihen nebeneinander (vgl. Abb. (1-5)).

Beispiele:

^1H, ^2H, ^3H

$^{106}Sn, \ldots, ^{114}Sn, ^{115}Sn, ^{116}Sn, ^{117}Sn, ^{118}Sn, ^{119}Sn, ^{120}Sn, \ldots, ^{133}Sn$

$^{226}U, \ldots, ^{232}U, ^{233}U, ^{234}U, ^{235}U, ^{236}U, ^{237}U, ^{238}U, ^{239}U, ^{240}U$

---

[*] Bei einigen weiteren Nukliden ist die Radioaktivität noch nicht mit Sicherheit nachgewiesen.

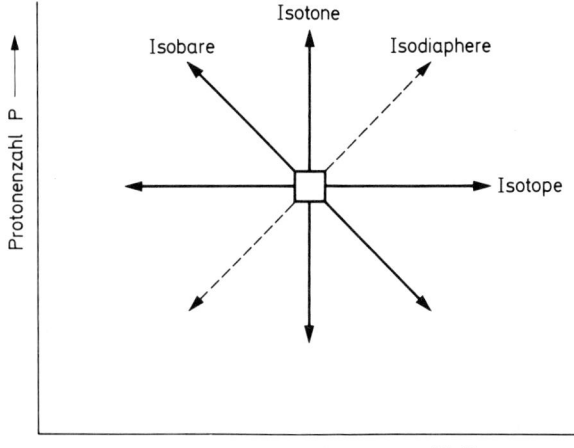
Abb. (1–5) Isotope, Isotone, Isobare (und Isodiaphere) in der Nuklidkarte.

Die Nuklide mit gleicher Massenzahl (A bzw. P + N gleich) heißen Isobare (isobare Nuklide). Diese isobaren Nuklide stehen in Diagonalreihen der Nuklidkarte (vgl. Abb. (1–5)).
Beispiele:
^{40}S, ^{40}Cl, ^{40}Ar, ^{40}K, ^{40}Ca, ^{40}Sc
^{138}I, ^{138}Xe, ^{138}Cs, ^{138}Ba, ^{138}La, ^{138}Ce, ^{138}Pr, ^{138}Nd, ^{138}Pm, ^{138}Sm

Die Nuklide mit gleicher Neutronenzahl (N bzw. A–Z gleich) heißen Isotone (isotone Nuklide). Diese isotonen Nuklide stehen in senkrechten Reihen in der Nuklidkarte (vgl. Abb. (1–5)).
Beispiele:
^{11}Li, ^{12}Be, ^{13}B, ^{14}C, ^{15}N, ^{16}O, ^{17}F, ^{18}Ne
^{35}P, ^{36}S, ^{37}Cl, ^{38}Ar, ^{39}K, ^{40}Ca, ^{41}Sc, ^{42}Ti

Unter Isodiapheren (isodiaphere Nuklide) versteht man Nuklide mit gleichem Neutronenüberschuß ($A - 2Z = N - Z$ gleich); sie stehen ebenfalls in Diagonalreihen (vgl. Abb. (1–5)).

Außerdem besteht die Möglichkeit, daß man bei dem gleichen Nuklid — d. h. bei gleicher Anzahl von Protonen und Neutronen — unterschiedliche physikalische Eigenschaften findet (verschiedene Halbwertzeit und Energie der Strahlung). In diesem Fall spricht man von isomeren Zuständen oder kurz von Isomeren (Kernisomerie). Es handelt sich dabei um verschiedene Energiezustände desselben Nuklids (vgl. Abb. (1–6)). Der Übergang vom angeregten Zustand des Atomkerns (höhere Energie) zum Grundzustand ist „verboten" (ähnlich wie bei Atomspektren im sichtbaren Bereich); deshalb hat der angeregte Zustand eine gewisse Halbwertzeit, die zwischen dem Bruchteil einer Sekunde und vielen Jahren liegen kann. Oft ist die Halbwertzeit des angeregten Zustandes größer als die des Grundzustandes. Der isomere Kern kann entweder durch Aussendung eines γ-Quants in den Grundzustand übergehen (isomere Umwandlung) oder direkt durch α- oder β-Zerfall in ein anderes Nuklid. Der angeregte (metastabile) Zustand wird durch den Index m hinter der Massenzahl gekennzeichnet, z. B. ^{110m}Ag bzw. Ag–110m. Sind mehrere metastabile

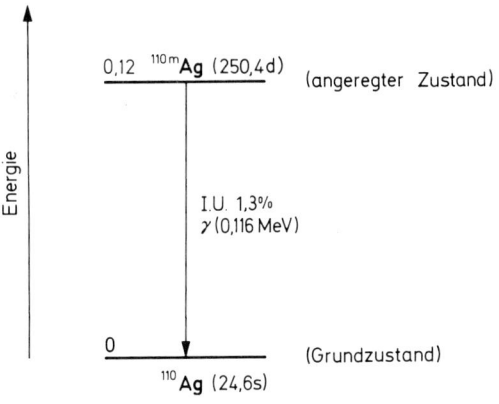

Abb. (1–6) Kernisomerie.

Zustände vorhanden, so unterscheidet man diese durch die Indizes m_1, m_2. Es sind etwa 400 Fälle der Kernisomerie bekannt.
Beispiele für Isomere:
^{137m}Ba ($t_{1/2} = 2{,}55$ min), ^{137}Ba (stabil)
^{234m}Pa (UX$_2$, $t_{1/2} = 1{,}17$ min), ^{234}Pa (UZ, $t_{1/2} = 6{,}70$ h)
^{124m2}Sb ($t_{1/2} = 20{,}2$ min), ^{124m1}Sb ($t_{1/2} = 1{,}55$ min), ^{124}Sb ($t_{1/2} = 60{,}2$d)

1.4. Regeln für die Stabilität der Nuklide

Man unterscheidet stabile Nuklide und instabile (radioaktive) Nuklide oder Radionuklide. Wie bereits in Abschnitt 1.1. dargelegt wurde, kommt eine große Zahl von Radionukliden in der Natur vor. Man findet bei ihnen sehr unterschiedliche Halbwertzeiten. Beispiele für sehr langlebige Radionuklide sind: ^{232}Th ($t_{1/2} = 1{,}41 \cdot 10^{10}$ a), ^{238}U ($t_{1/2} = 4{,}47 \cdot 10^9$ a), ^{40}K ($t_{1/2} = 1{,}28 \cdot 10^9$ a). Bei ihnen kann man auch in langen Versuchszeiten keine nennenswerte Änderung der Menge oder der Aktivität feststellen. Man nennt sie deshalb auch quasistabil und kann mit ihnen in ähnlicher Weise umgehen wie mit stabilen Nukliden. Beispiele für kurzlebige Nuklide sind: ^{212}Pb ($t_{1/2} = 10{,}64$ h), ^{223}Fr ($t_{1/2} = 22$ min), ^{216}Po ($t_{1/2} = 0{,}15$ s). Ihre Menge und damit auch ihre Aktivität ändern sich sehr rasch; dies muß man bei chemischen Reaktionen beachten.

Vergleicht man die Protonenzahlen P und Neutronenzahlen N der stabilen Nuklide, so findet man bei den leichteren Nukliden für das Verhältnis N/P Werte von etwa 1, bei den schwereren Nukliden dagegen N/P > 1 (vgl. Abb. (1–7)). Mit steigender Ordnungszahl (Protonenzahl) ist ein immer größerer Neutronenüberschuß erforderlich, damit die Nuklide stabil sind. Als Neutronenüberschuß bezeichnet man den Wert A (Massenzahl) $-$ 2 Z. Er beträgt z. B. 0 für ^{4}He, 3 für ^{45}Sc, 11 für ^{89}Y, 25 für ^{139}La und 43 für ^{209}Bi. Verbindet man in der Nuklidkarte die stabilen Nuklide durch eine gemittelte Linie, so steigt diese zunächst unter einem Winkel von 45° an; bei höheren Ordnungszahlen verläuft sie aber erheblich flacher (vgl. Abb. (1–7)). Man nennt diese Linie „Linie der β-Stabilität".

1.4. Regeln für die Stabilität der Nuklide

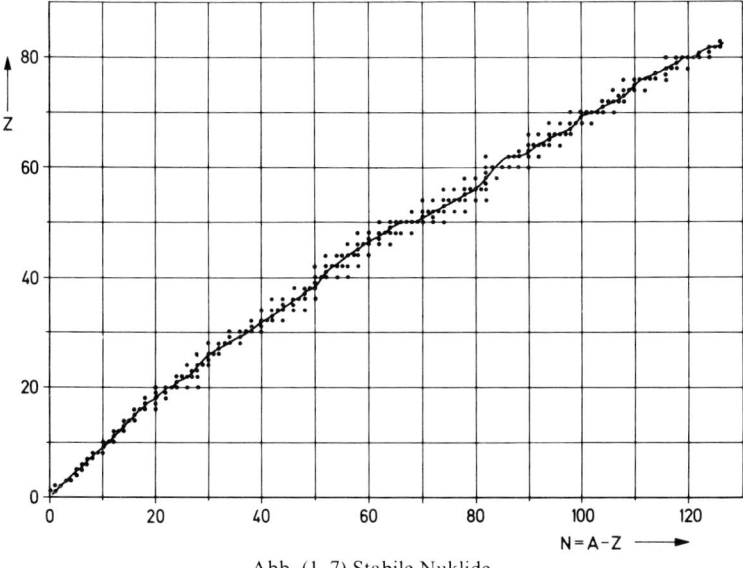

Abb. (1–7) Stabile Nuklide.

Wie bereits in Abschnitt 1.3 erwähnt, sind insgesamt 267 stabile Nuklide bekannt. Betrachtet man sie entsprechend dem Proton-Neutron-Modell der Atomkerne etwas näher, so kann man folgende Kombinationen unterscheiden:

P gerade, N gerade (g,g-Kerne) — sehr häufig — 158 Nuklide
P gerade, N ungerade (g,u-Kerne) — häufig — 53 Nuklide
P ungerade, N gerade (u,g-Kerne) — häufig — 50 Nuklide
P ungerade, N ungerade (u,u-Kerne) — selten — nur 6 Nuklide
($^{2}_{1}$H, $^{6}_{3}$Li, $^{10}_{5}$B, $^{14}_{7}$N, $^{50}_{23}$V, $^{180}_{73}$Ta)

Diese ungleichmäßige Verteilung von Protonen und Neutronen widerspricht den Gesetzen der Statistik; aus der großen Häufigkeit von Nukliden mit gerader Protonenzahl P und gerader Neutronenzahl N (g,g-Kerne) muß man schließen, daß diese Kombination besonders stabil ist. Die Nuklide mit ungerader Protonenzahl P und ungerader Neutronenzahl N (u,u-Kerne) kann man als Ausnahmen ansehen. (Einige Nuklide mit dieser Kombination haben wir als Radionuklide kennengelernt, die in der Natur vorkommen, z. B. $^{40}_{19}$K, $^{138}_{57}$La, $^{176}_{71}$Lu). Beim Studium der Nuklidkarte fällt ferner auf, daß bei den Protonenzahlen bzw. Neutronenzahlen P bzw. N = 2, 8, 20, 28, 50, 82, (126) besonders stabile, z. T. auch besonders viele stabile Nuklide auftreten. Diese Zahlen werden auch als magische Zahlen bezeichnet. Die große Häufigkeit dieser Protonen- und Neutronenzahlen wird erklärt durch einen schalenförmigen Aufbau der Atomkerne (den man sich ähnlich vorzustellen hat wie den schalenförmigen Aufbau der Elektronenhülle). Die Eigenschaften (Häufigkeit, Stabilität, Neutroneneinfang) der Nuklide mit Werten von P bzw. N in unmittelbarer Nähe der magischen Zahlen sprechen ebenfalls für das Schalenmodell des Atomkerns (vgl. Abschn. 2.10).

Im einzelnen kann man waagerechte Reihen und Diagonalreihen der Nuklidkarte näher diskutieren und kommt dabei zu folgenden Ergebnissen:

a) **Waagerechte Reihen (isotope Nuklide)**

P gerade $\begin{cases} \text{N gerade (g, g-Kerne)} & \text{— mehrere stabile Isotope} \\ \text{N ungerade (g, u-Kerne)} & \text{— höchstens 2 stabile Isotope} \end{cases}$

(eine Ausnahme bildet das Zinn: hier finden wir 3 stabile Isotope, ^{115}Sn, ^{117}Sn, ^{119}Sn).

P ungerade $\begin{cases} \text{N gerade (u, g-Kerne)} & \text{— höchstens 2 stabile Isotope} \\ \text{N ungerade (u, u-Kerne)} & \text{— keine stabilen Isotope} \end{cases}$

(eine Ausnahme bilden die bereits oben genannten Nuklide $^{2}_{1}$H, $^{6}_{3}$Li, $^{10}_{5}$B, $^{14}_{7}$N, $^{50}_{23}$V, $^{180}_{73}$Ta).

Dieser Befund wird als gerade-ungerade Regel („odd-even rule") bezeichnet.

b) **Diagonalreihen (isobare Nuklide)**

A ungerade $\begin{cases} \text{P gerade, N ungerade} \\ \text{P ungerade, N gerade} \end{cases}$ — nur ein stabiles Nuklid

d. h. diese Nuklide besitzen keine stabilen Isobaren (Ausnahmen liegen vor bei den Massenzahlen A = 50 und A = 180).

A gerade (P gerade, N gerade) — hier treten zwei stabile Isobare auf (ausnahmsweise auch 3 bei den Massenzahlen A = 50, 96, 124, 130, 136, 180).

Dieser Befund wird als Isobarenregel bezeichnet.

Am einfachsten lassen sich die aus der Nuklidkarte erkennbaren Besonderheiten in der Mattauchschen Regel zusammenfassen. Sie lautet: Es gibt keine benachbarten stabilen Isobaren. (Ausnahmen von dieser Regel treten auf bei den Massenzahlen A = 50, 180.) Die Mattauchsche Regel besaß große Bedeutung für die Auffindung der natürlich radioaktiven Nuklide. So ist z. B. in den folgenden natürlich vorkommenden Isobaren-Tripeln das mittlere Nuklid radioaktiv:

^{40}Ar – ^{40}K – ^{40}Ca
^{138}Ba – ^{138}La – ^{138}Ce
^{176}Yb – ^{176}Lu – ^{176}Hf

1.5. Regeln für die Umwandlung von Nukliden

α-Aktivität wird vorwiegend bei Ordnungszahlen Z = P > 83 (Bi) gefunden. Unterhalb dieser Ordnungszahl findet man mit wenigen Ausnahmen nur β-aktive Nuklide (bzw. Elektroneneinfang, Symbol ε). Die Bevorzugung der α-Aktivität bei den schweren Kernen wird verständlich, wenn man bedenkt, daß diese durch α-Zerfall einen Teil ihrer überschüssigen Masse (2 Protonen und 2 Neutronen) abstoßen können. Die α-Strahler sind in den meisten Fällen verhältnismäßig langlebig.

Ein β-Zerfall führt zu einem isobaren Nuklid; d. h. es tritt keine Änderung der Massenzahl A auf. Dabei wird entweder ein Neutron in ein Proton umgewandelt (β⁻-Aktivität) oder ein Proton in ein Neutron (β⁺-Aktivität oder Elektroneneinfang). u,u-Kerne (A gerade) gehen dabei über in isobare g,g-Kerne; d. h. die weniger stabile Kombination ungerade-ungerade wird ersetzt durch die stabilere Anordnung gerade-gerade. Diese Umwandlungen werden z. B. auch bei den natürlich radioaktiven Nukliden $^{40}_{19}$K, $^{138}_{57}$La, $^{176}_{71}$Lu beobachtet.

1.5. Regeln für die Umwandlung von Nukliden

Zur näheren Diskussion der β-Umwandlung von radioaktiven Nukliden ist es zweckmäßig, auf eine halbempirische Formel für die Bindungsenergie BE von Atomkernen zurückzugreifen (Weizsäcker-Formel):

$$BE = E_v + E_c + E_f + E_s + E_\delta. \qquad (1.2)$$

Diese Formel basiert auf dem Tröpfchen-Modell des Atomkerns, wobei die Nukleonen die „Moleküle" dieses Tröpfchens sind, die sich gegenseitig anziehen. Ein solches Tröpfchen hat eine Volumenenergie E_v und eine Oberflächenenergie E_f. Die gegenseitige Abstoßung der Protonen wird durch eine Coulombenergie E_c berücksichtigt. Darüber hinaus enthält die Formel noch eine Symmetrieenergie E_s und einen Energieterm E_δ (auch Paarungsenergie genannt), welcher der hohen Stabilität der g,g-Kerne und der niedrigen Stabilität der u,u-Kerne Rechnung trägt. Die Besonderheiten der magischen Zahlen, die zum Schalenmodell des Atomkerns führten, sind in der Weizsäcker-Formel nicht berücksichtigt.

Der wichtigste Term ist die Volumenenergie E_v. Sie beruht auf der gegenseitigen Anziehung der Nukleonen und steigt mit deren Zahl — d. h. mit der Massenzahl A — an. Rechnet man freiwerdende Energiebeträge mit positivem Vorzeichen, so folgt

$$E_v = +a_v A. \qquad (1.3)$$

Die gegenseitige Abstoßung der Protonen bewirkt eine Verringerung der Bindungsenergie um den Betrag

$$E_c = -a_c \frac{Z(Z-1)}{A^{1/3}}. \qquad (1.4)$$

Z (Ordnungszahl) ist die Zahl der positiven Ladungen des Atomkerns, $A^{1/3}$ ein Maß für den Radius; d. h. es wird angenommen, daß das Volumen des Kerns mit der Zahl der Nukleonen anwächst — ebenso wie das Volumen eines Flüssigkeitströpfchens mit der Zahl der Moleküle.

Die an der Oberfläche des Kerns befindlichen Nukleonen sind nicht so fest gebunden — ebenso wie die Moleküle an der Oberfläche eines Tröpfchens. Die Oberfläche ist proportional $A^{2/3}$. Die Bindungsenergie verringert sich somit um die Oberflächenenergie

$$E_f = -a_f A^{2/3}. \qquad (1.5)$$

Sieht man von der elektrischen Abstoßung der Protonen ab, so findet man, daß Kerne mit gleicher Zahl an Protonen und Neutronen (N = Z) am stabilsten sein sollten. Tatsächlich ist aber bei höheren Ordnungszahlen ein immer größerer Neutronenüberschuß $A - 2Z$ erforderlich. Dieser Neutronenüberschuß bewirkt aber eine zusätzliche Verminderung der Bindungsenergie um einen Betrag, der als Symmetrieenergie bezeichnet wird:

$$E_s = -a_s \frac{(A-2Z)^2}{A}. \tag{1.6}$$

Die hohe Stabilität der g,g-Kerne wird durch einen positiven Beitrag zur Bindungsenergie berücksichtigt, die niedrige Stabilität der u,u-Kerne durch einen negativen Beitrag. Für u,g-Kerne und g,u-Kerne wird der Wert Null eingesetzt:

$$E_\delta = \begin{cases} +\delta(A,Z) & \text{für g, g-Kerne} \\ 0 & \text{für g, u- und u, g-Kerne} \\ -\delta(A,Z) & \text{für u, u-Kerne} \end{cases} \tag{1.7}$$

Näherungsweise ist $\delta \approx \frac{a_\delta}{A}$.

Aus den experimentell bestimmten Nuklidmassen ergeben sich für die Konstanten folgende Zahlenwerte: $a_v \approx 14{,}1$ MeV, $a_c \approx 0{,}585$ MeV, $a_f \approx 13{,}1$ MeV, $a_s \approx 19{,}4$ MeV, $a_\delta \approx 33$ MeV.

Die Kurve für die Bindungsenergie *BE* bei einer bestimmten Massenzahl A als Funktion der Ordnungszahl Z hat die Form einer Parabel. Wenn die Massenzahl ungerade ist, erhält man jeweils eine Kurve ($E_\delta = 0$), wenn die Massenzahl gerade ist, jeweils 2 Kurven. Die Öffnung der Parabeln steigt mit wachsender Massenzahl an; d. h. die Unterschiede hinsichtlich der Bindungsenergie zwischen benachbarten Isobaren werden kleiner. Aus den experimentellen Werten folgt als Näherungsformel für die Berechnung des Scheitelpunktes Z_A der Parabeln

$$Z_A = \frac{A}{1{,}98000 + 0{,}01493\, A^{2/3}}. \tag{1.8}$$

Der stabilste Kern der betreffenden Isobarenreihe besitzt die Ordnungszahl, die diesem Wert am nächsten liegt. Trägt man die Werte für Z_A als Funktion der Massenzahl A in die Nuklidkarte ein, so erhält man die Linie der β-Stabilität („Tal der stabilen Kerne").

In Abb. (1–8) ist als Beispiel die Bindungsenergie für die Massenzahl A = 73 aufgezeichnet. Da freiwerdende Energiebeträge positiv gerechnet werden, entspricht bei dieser Aufzeichnung das Minimum (höchste Bindungsenergie) dem stabilsten Zustand. Das stabilste Nuklid in dieser Isobarenreihe ist das $^{73}_{32}\text{Ge}$. Die Nuklide mit Ordnungszahlen $Z > 32$ wandeln sich durch β^+-Zerfall bzw. durch Elektroneneinfang (Symbol ε) in ^{73}Ge um, die Nuklide mit Ordnungszahlen Z < 32 gehen durch β^--Zerfall in ^{73}Ge über. Je weiter die Nuklide vom tiefsten Punkt der Energie-Parabel entfernt sind, um so kürzer ist im allgemeinen die Halbwertzeit der Umwandlung.

In Abb. (1–9) ist die Bindungsenergie für die Massenzahl A = 64 aufgetragen. Es ergeben sich 2 Kurven, die untere Kurve für g,g-Kerne und die obere für u,u-Kerne. Die stabilsten Nuklide in dieser Isobarenreihe sind ^{64}Ni und ^{64}Zn. Die Art der Umwandlungen ist in Abb. (1–9) eingezeichnet. Für das ^{64}Cu ergeben sich zwei Möglichkeiten: Es

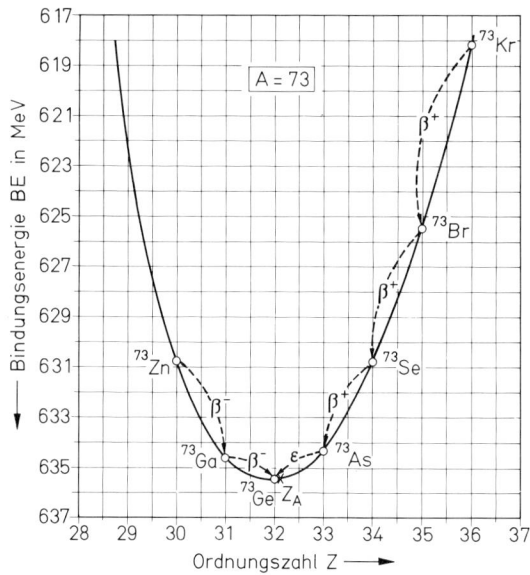

Abb. (1–8) Bindungsenergien und radioaktiver Zerfall für Nuklide mit ungerader Massenzahl (A = 73).

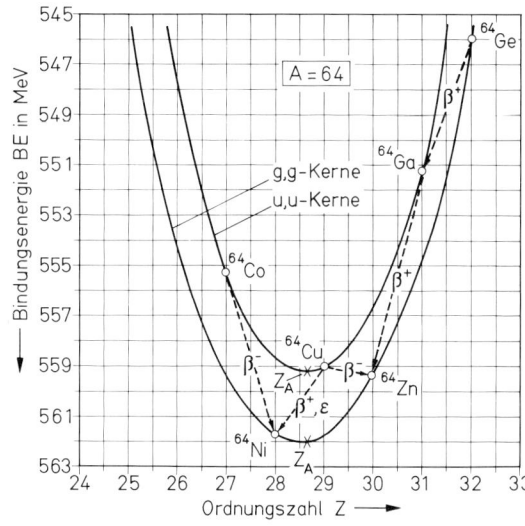

Abb. (1–9) Bindungsenergien und radioaktiver Zerfall für Nuklide mit gerader Massenzahl (A = 64).

1. Periodensystem der Elemente und Nuklidkarte

kann durch β^+-Umwandlung bzw. Elektroneneinfang in ^{64}Ni übergehen oder durch β^--Umwandlung in ^{64}Zn. In ähnlicher Weise findet man für alle u,u-Kerne, die sich auf der Linie der β-Stabilität — d. h. im Tal der Kurve für die Bindungsenergie — befinden, eine gewisse Wahrscheinlichkeit für eine β^--Umwandlung und eine gewisse Wahrscheinlichkeit für eine β^+-Umwandlung bzw. Elektroneneinfang (z. B. ^{40}K, ^{64}Cu, ^{74}As, ^{102}Rh u. a.).

1.6. Massenzahl und Nuklidmasse

Die Massenzahl A gibt die Zahl der Nukleonen an (A = N + P); d. h. sie ist stets eine ganze Zahl. Die Nuklidmasse M dagegen ist die genaue Masse der Nuklide in atomaren Masseneinheiten (u).

Früher bestand ein Unterschied zwischen der physikalischen und der chemischen Atomgewichtsskala. Die physikalische Einheit wurde auf das Sauerstoffisotop ^{16}O bezogen (Masse ^{16}O = 16,000000 Einheiten), die chemische Einheit auf das natürliche Gemisch der Sauerstoffisotope. Das chemische Atomgewicht des Sauerstoffs entsprach in der physikalischen Atomgewichtsskala der Summe der Häufigkeiten der einzelnen Sauerstoffisotope, multipliziert mit der jeweiligen Masse: $0{,}99759 \cdot 16{,}000000 + 0{,}00037 \cdot 17{,}004507 + 0{,}00204 \cdot$
$\cdot\; 18{,}004875 = 16{,}004462$ u (atomare Masseneinheiten). Der Umrechnungsfaktor von der physikalischen Atomgewichtsskala in chemische Atomgewichte betrug somit $16{,}000000 : 16{,}004462 =$
$= 0{,}999721 \pm 0{,}000005$ (der Fehler beruhte auf der Unsicherheit hinsichtlich der Isotopenzusammensetzung des Sauerstoffs).

1960 bzw. 1961 wurde eine neue Atomgewichtsskala eingeführt, die auf dem Kohlenstoffisotop ^{12}C basiert (Masse ^{12}C = 12,000000 Einheiten). Die Vorteile dieser neuen Festlegung sind: In der Physik und in der Chemie wird nunmehr die gleiche Skala verwendet; die durch die Schwankungen der Isotopenzusammensetzung des natürlichen Sauerstoffs verursachte Unsicherheit hinsichtlich der früheren chemischen Atomgewichte ist beseitigt. Der Unterschied zwischen der alten chemischen Atomgewichtsskala und der neuen Skala ist sehr gering; die alten chemischen Atomgewichte sind nur um etwa 0,005% kleiner als die neuen Nuklidmassen, während die alten physikalischen Atomgewichte etwa um 0,0318% größer sind. Es ist 1 u (^{12}C) =
= 1,000317936 Masseneinheiten (^{16}O); daraus folgt für den Umrechnungsfaktor M (bezogen auf ^{12}C) = 0,999 682 165 M (bezogen auf ^{16}O).

In Tab. 1.4 sind einige Nuklidmassen in alten und in neuen Einheiten zusammengestellt. In der Nuklidmasse ist stets auch die Masse der Elektronen des neutralen Atoms enthalten, d. h. Nuklidmasse = Masse des Kerns + Masse der Elektronen. Eine atomare Masseneinheit (u) entspricht $(1{,}660566 \pm 0{,}000009) \cdot 10^{-24}$ g.

Die genauesten Massenbestimmungen sind mit einem Massenspektrographen oder einem Massenspektrometer möglich. Im Massenspektrographen wird eine photographische Platte zur Aufnahme des Massenspektrums benutzt. Im Massenspektrometer wird der Ionenstrom aufgefangen und gemessen. Die Nuklidmassen lassen sich heute mit einer Genauigkeit von 10^{-8} bis 10^{-5} u bestimmen.

Tabelle 1.4
Nuklidmassen in atomaren Masseneinheiten, Massendefekt und mittlere Bindungsenergie pro Nukleon

1.6. Massenzahl und Nuklidmasse

Nuklid	Neue Skala (Basis ^{12}C)	Alte physikalische Skala (Basis ^{16}O)	Massendefekt δM [u]	BE/A = mittlere Bindungsenergie pro Nukleon [MeV]
^{1}H	1,007825037	1,00814546		
n	1,008664967	1,00898566		
e^{-} *)	0,000548580	0,000548754		
^{2}H	2,014101787	2,01474214	0,00238822	1,112
^{3}H	3,016049286	3,01700820	0,00910569	2,827
^{3}He	3,016029297	3,01698820	0,00828574	2,572
^{4}He	4,00260325	4,00387582	0,03037676	7,074
^{6}He	6,0188910	6,0208046	0,03141894	4,877
^{6}Li	6,0151232	6,0170356	0,03434681	5,332
^{7}Li	7,0160045	7,0182351	0,04213048	5,606
^{8}Li	8,0224872	8,0250378	0,04431275	5,160
^{9}Li	9,0267899	9,0296598	0,04867501	5,038
^{7}Be	7,0169297	7,0191606	0,04036535	5,371
^{8}Be	8,00530515	8,0078503	0,06065487	7,063
^{9}Be	9,0121825	9,0150478	0,06244248	6,463
^{10}Be	10,0135347	10,0167184	0,06975525	6,498
^{11}Be	11,021660	11,025164	0,07029492	5,953
^{8}B	8,0246075	8,0271588	0,04051259	4,717
^{10}B	10,0129380	10,0161215	0,06951202	6,475
^{11}B	11,0093053	11,0128056	0,08180969	6,928
^{12}B	12,0143526	12,0181724	0,08542735	6,631
^{13}B	13,017780	13,021919	0,09066492	6,497
^{10}C	10,0168576	10,0200423	0,06475249	6,032
^{11}C	11,0114331	11,0149340	0,07884196	6,676
^{12}C	12,000000	12,00381523	0,09894002	7,680
^{13}C	13,00335484	13,00748907	0,10425019	7,470
^{14}C	14,00324199	14,00769412	0,11302796	7,520
^{15}C	15,0105993	15,0153717	0,11433562	7,100
^{16}C	16,014700	16,019792	0,11889989	6,922
^{12}N	12,0186130	12,0224342	0,07948709	6,170
^{13}N	13,0057387	13,0098737	0,10102636	7,239
^{14}N	14,00307401	14,00752609	0,11235602	7,476
^{15}N	15,00010898	15,00487805	0,12398602	7,700
^{16}N	16,0060994	16,0111883	0,12666056	7,374
^{17}N	17,008449	17,013856	0,13297593	7,286
^{14}O	14,0085972	14,0130510	0,10599289	7,052
^{15}O	15,0030654	15,0078354	0,12018967	7,464
^{16}O	15,99491464	16,000000	0,13700539	7,976
^{17}O	16,9991306	17,0045352	0,14145440	7,751
^{18}O	17,99915939	18,00488197	0,15009057	7,767
^{19}O	19,0035764	19,0096183	0,15433853	7,567
^{20}O	20,004078	20,010438	0,16250190	7,569

*) Zum Vergleich hier aufgeführt

Bei solchen Teilchen, die sich mit sehr hoher Geschwindigkeit bewegen, muß man zwischen der „bewegten Masse" m und der „Ruhemasse" m_o unterscheiden. Aus der speziellen Relativitätstheorie folgt für ein Teilchen, das sich mit der Geschwindigkeit v bewegt:

$$m = \frac{m_o}{\sqrt{1 - \frac{v^2}{c^2}}}; \qquad (1.9)$$

c ist die Lichtgeschwindigkeit.

Nach EINSTEIN besteht eine Äquivalenz zwischen Masse m und Energie E:

$$E = mc^2. \qquad (1.10)$$

Dies folgt ebenfalls aus der speziellen Relativitätstheorie. Gleichung (1.10) ist von fundamentaler Bedeutung für die Kernwissenschaften. Sie gibt an, welche Energiebeträge durch Kernreaktionen (z. B. Kernspaltung, Kernfusion) — d. h. durch Umwandlung von Materie — in Freiheit gesetzt werden können. Da $1 u = 1,660566 \cdot 10^{-24}$ g und $c = 2,997925 \cdot 10^8$ m s^{-1}, folgt $1 u \simeq 1,49244 \cdot 10^{-10}$ J. Verschiedene Energieeinheiten und ihre Umrechnungsfaktoren sind in Anhang II zusammengestellt. In den Kernwissenschaften rechnet man vorzugsweise mit der Energieeinheit 1 eV. Dies ist die Energie, die ein Elektron beim Durchlaufen einer Potentialdifferenz von 1 Volt im Vakuum gewinnt; $1 eV = 1,60219 \cdot 10^{-19}$ J. Größere Energieeinheiten sind $1 keV = 10^3$ eV und $1 MeV = 10^6$ eV. Damit ist

$$1 u = (931{,}502 \pm 0{,}003) \text{ MeV} \approx 931{,}5 \text{ MeV}. \qquad (1.11)$$

Entsprechend dem Proton-Neutron-Modell des Atomkerns ist die Nuklidmasse (M) gleich der Summe der Masse der Protonen einschließlich der Masse der in der Hülle der neutralen Atome befindlichen Elektronen (M_H = Masse eines Protons + Masse eines Elektrons) und der Masse der Neutronen (M_N) abzüglich eines kleinen Betrages δM, welcher der Bindungsenergie der Nukleonen im Kern entspricht,[*]

$$M = ZM_H + NM_N - \delta M; \qquad (1.12)$$

δM bezeichnet man als Massendefekt,

$$\delta M = \frac{BE}{c^2} = ZM_H + NM_N - M. \qquad (1.13)$$

Dividiert man die Bindungsenergie BE durch die Massenzahl A, so erhält man die mittlere Bindungsenergie pro Nukleon

$$\frac{BE}{A} = c^2 \frac{ZM_H + NM_N - M}{A}. \qquad (1.14)$$

---

[*] Die Bindungsenergie der Elektronen beträgt näherungsweise $15{,}73 \; Z^{7/3}$ eV und kann im allgemeinen vernachlässigt werden.

1.6. Massenzahl und Nuklidmasse

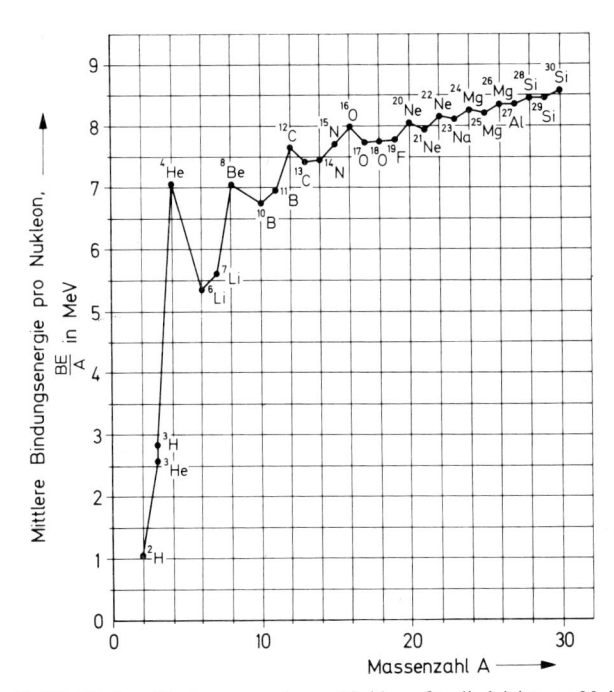

Abb. (1–10) Mittlere Bindungsenergie pro Nukleon für die leichteren Nuklide.

Diese ist für die leichten Kerne in Tab. 1.4 angegeben und in Abb. (1–10) als Funktion der Massenzahl aufgezeichnet, für die mittelschweren und schweren Kerne in Abb. (1–11). Man erhält eine im wesentlichen stetig verlaufende Kurve. Bei den leichten Kernen findet man einige Unregelmäßigkeiten. So liegt die mittlere Bindungsenergie pro Nukleon für Deuterium (^{2}H) besonders niedrig und für $^4_2$He, $^{12}_6$C, $^{16}_8$O besonders hoch. Die letztgenannten Nuklide, insbesondere das $^4_2$He, zeichnen sich somit durch eine besonders große Stabili-

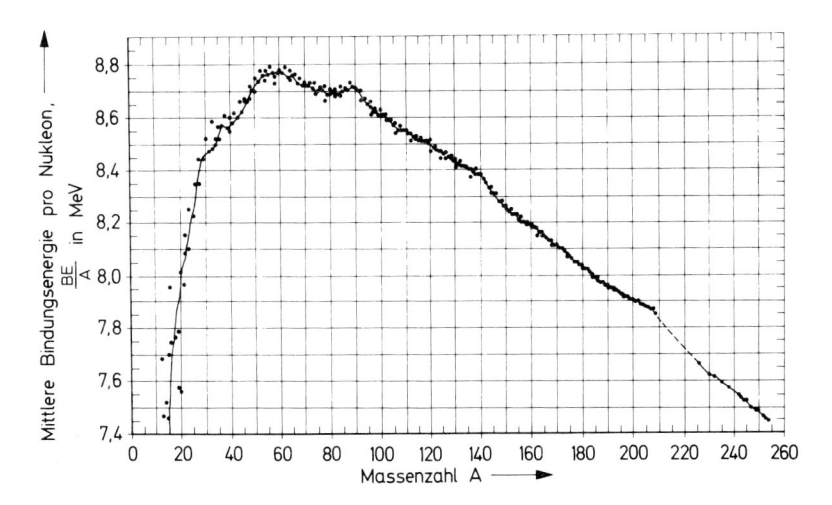

Abb. (1–11) Mittlere Bindungsenergie pro Nukleon für mittelschwere und schwere Nuklide.

tät aus. Die hohe Bindungsenergie von $^{8}_{4}$Be, $^{12}_{6}$C, $^{16}_{8}$O und $^{20}_{10}$Ne wird verständlich, wenn man sich diese Kerne aus α-Teilchen (^{4}He-Kernen) zusammengesetzt denkt (α-cluster-Modell). Es ist deshalb auch nicht überraschend, daß $^{8}_{4}$Be praktisch momentan in 2 α-Teilchen zerfällt. Bei den mittelschweren und schweren Kernen bewegt sich die mittlere Bindungsenergie pro Nukleon zwischen etwa 7,5 und 8,8 MeV. Sie steigt bis zur Massenzahl A ≈ 60 an (Eisenmetalle) und fällt dann allmählich ab.

Die gerade-ungerade-Regeln, die in Abschnitt 1.4. behandelt wurden, treten sehr deutlich in Erscheinung, wenn die partielle Bindungsenergie δBE des „letzten" Protons oder Neutrons berechnet wird. Diese erhält man aus den folgenden Beziehungen:

$$\delta BE \text{ (Proton)} = (^{A-1}_{Z-1}M + M_H - ^{A}_{Z}M) c^2$$
$$\delta BE \text{ (Neutron)} = (^{A-1}_{Z}M + M_N - ^{A}_{Z}M) c^2 \quad (1.15)$$

Beim Übergang von einem u,g- bzw. g,u-Kern zu einem g,g-Kern ist die partielle Bindungsenergie des „letzten" Protons bzw. Neutrons stets verhältnismäßig hoch und beim Übergang von einem g,g-Kern zu einem u,g- bzw. g,u-Kern verhältnismäßig niedrig. Sprunghafte Änderungen in δBE treten bei den magischen Zahlen auf. In ähnlicher Weise kann man auch die partielle Bindungsenergie eines $^{4}_{2}$He-Kerns (α-Teilchens) berechnen und so den Kern auf seine Stabilität hinsichtlich eines α-Zerfalls prüfen.

Als Maß für die Stabilität der Nuklide wurde früher auch der von Aston eingeführte Packungsanteil $f = \dfrac{M - A}{A}$ verwendet. Die Kurve für den Packungsanteil f als Funktion der Massenzahl geht bei Verwendung der neuen Skala der Nuklidmassen bei ^{12}C durch Null, durchläuft etwa bei der Massenzahl 60 (Eisenmetalle) ein Minimum und steigt dann wieder schwach an.

Literatur zu Kapitel 1

1. W. Seelmann-Eggebert, G. Pfennig, H. Münzel: Karlsruher Nuklidkarte, 4. Aufl. 1974. Verlag Gersbach u. Sohn, München.
2. A. H. Wapstra and K. Bos: The 1977 Atomic Mass Evaluation, Atomic Data and Nuclear Data Tables, Vol. 19, 176 (1977). Academic Press, New York and London.
3. I. Kaplan: Nuclear Physics, 2. Aufl. Addison-Wesley Publ. Comp., Reading, Mass., 1964. Kap. 9 u. 12.

Übungen zu Kapitel 1

1. Mit Hilfe der Nuklidkarte suche man die Isotope der Ordnungszahl Z = 20, die Isotone mit der Neutronenzahl N = A − Z = 28 und die Isobaren mit der Massenzahl A = 96 heraus und schreibe jeweils die stabilen und die instabilen Nuklide auf.

2. Wie viele Isotone der Neutronenzahl N = 82 sind bekannt? Wie viele davon sind stabil? Wie viele von diesen stabilen Isotonen ent-

stehen aus Uran-Spaltprodukten? Welche Umwandlungen erleiden diese Spaltprodukte? Wie viele Isotone mit N = 82 sind instabil und in welche stabilen Endprodukte zerfallen sie? Welche Arten von Kernumwandlungen finden dabei statt und wie ändern sich die Massenzahlen? Welches bekannte Isoton mit N = 82 hat die kleinste Halbwertzeit und welches sendet die energiereichste γ-Strahlung aus?

3. Welche stabilen Isotope der Elemente mit den Ordnungszahlen 60 und 62 sind bekannt? Man diskutiere die Möglichkeit für die Existenz eines stabilen Isotops des Elements mit der Ordnungszahl 61.

4. Aus der Nuklidkarte suche man die Isomeren direkt oberhalb und unterhalb der magischen Zahlen N = 28,50 und 82 heraus und vergleiche ihre Anzahl.

5. 1947 wurde unter den langlebigen radioaktiven Produkten der Uranspaltung ein neues Element entdeckt. Es bildet ein flüchtiges Oxid, dessen Dampfdichte 9,69mal so groß ist wie die des Sauerstoffs bei gleichem Druck und gleicher Temperatur, und enthält 36,2 Gewichtsprozent Sauerstoff. Wie groß ist das Molekulargewicht des Oxids? An welcher Stelle des Periodensystems ist das Element einzuordnen? Welchem Element wird es in seinen chemischen Eigenschaften ähnlich sein? Wie groß ist das Atomgewicht des neuen Elements ungefähr?

6. Mit Hilfe der Weizsäcker-Formel (1.2) und der in Abschn. 1.5. angegebenen Koeffizienten zeichne man die Bindungsenergie als Funktion der Ordnungszahl für die Massenzahl A = 126 auf, trage die Zerfallsarten ein und vergleiche die Ergebnisse mit der Nuklidkarte.

7. Mit Hilfe der Funktion $Z = f(A)$, die durch Differenzieren der Weizsäcker-Formel nach Z erhalten wird, bestimme man jeweils das stabilste Nuklid für die Massenzahlen A = 27, 127 bzw. 204 und vergleiche mit der Nuklidkarte.

8. Für präzise Massenbestimmungen mit einer Genauigkeit von 10^{-5} bis 10^{-6} verwendet man die sog. Dublettmethode. Dabei wird an Stelle der absoluten Massen die Differenz zwischen zwei nahezu gleichen Massen bestimmt. Der Bequemlichkeit halber benutzt man die Massen von H–1, H–2 und O–16 als Sekundärstandard. Folgende Dubletts wurden sorgfältig gemessen $(^{12}C^1H_4)^+ - (^{16}O)^+$ = 0,036378 u bei m/e = 16; $(^2H_3)^+ - (^{12}C)^{++}$ = 0,042285 u bei m/e = 6; $(^1H_2)^+ - (^2H)^+$ = 0,0015478 u bei m/e = 2. Aus diesen Werten berechne man die Massen von H–1, H–2 und O–16 (Basis C–12 = 12,000000).

9. Um welchen Faktor ist die bewegte Masse größer als die Ruhemasse a) für ein Proton von 1 MeV, b) für ein Elektron von 1 MeV?

10. Wie groß ist die Bindungsenergie pro Nukleon a) für ein Deuteron, b) für ein α-Teilchen?

11. Wie groß ist die partielle Bindungsenergie des letzten Protons für C–12, Ne–20 und Ca–40 sowie die des letzten Neutrons für Cl–37? Man vergleiche die Ergebnisse mit der mittleren Bindungsenergie pro Nukleon.

12. Wie groß ist die partielle Bindungsenergie eines α-Teilchens für Ce–140?

2. Eigenschaften der Atomkerne

2.1. Kernradius

Nachdem THOMSON das Elektron entdeckt hatte (1897), entwickelte er die Vorstellung, daß die Atome kugelförmige Teilchen seien mit einer gleichmäßigen Verteilung der positiven Elektrizität und der negativen Elektronen (Thomsonsches Atommodell 1910). Dieses Modell stand jedoch nicht im Einklang mit der Streuung von α-Teilchen in Metallfolien, die von RUTHERFORD untersucht wurde. Insbesondere traten mehr gestreute α-Teilchen unter hohen Winkeln auf, als nach dem Thomsonschen Atommodell zu erwarten war. Auf Grund dieser Versuche gelang es RUTHERFORD 1911 zu zeigen, daß die positive Ladung der Atome in einem sehr kleinen Bereich, dem Atomkern, konzentriert sein mußte (Rutherfordsches Atommodell). Durch die über das gesamte Atom verteilten Elektronen wurde die Streuung der α-Teilchen nicht beeinflußt. Die Rutherfordsche Streuformel erlaubte die quantitative Deutung der Versuchsergebnisse. Sie lautet

$$n(\vartheta) = n_o \frac{Nd}{16\, a^2} \left(\frac{2\, Ze^2}{\frac{1}{2}\, m_\alpha v_\alpha^2} \right)^2 \frac{1}{\sin^4(\vartheta/2)}. \tag{2.1}$$

$n(\vartheta)$ ist die Zahl der unter dem Winkel ϑ gestreuten α-Teilchen, die im Abstand a von der Streufolie auf die Flächeneinheit des Detektors auftrifft. n_o ist die Zahl der einfallenden α-Teilchen, d die Dicke der streuenden Substanz, N die Zahl der Kerne pro Volumeneinheit der streuenden Substanz und m_α bzw. v_α die Masse bzw. Anfangsgeschwindigkeit der α-Teilchen.
$\frac{Ze \cdot 2e}{r^2} = \frac{2Ze^2}{r^2}$ ist die Coulombsche Wechselwirkung zwischen einem α-Teilchen (Ladung $2e$) und einem Kern mit der Ladung Ze in einem bestimmten Abstand r. Ein α-Teilchen beschreibt im Kraftfeld eines Kerns die Bahn einer Hyperbel. Die Rutherfordsche Streuformel wurde 1913 Punkt für Punkt von GEIGER und MARSDEN geprüft: Die Abhängigkeit vom Streuwinkel ϑ, von der Dicke d der streuenden Substanz, von der Energie bzw. Geschwindigkeit v_α der α-Teilchen und von der Kernladung Ze. In allen Fällen wurde Übereinstimmung erzielt.

Während bei der Ableitung der Rutherfordschen Streuformel der Atomkern zunächst als punktförmig angenommen wurde, erhob sich nun die Frage nach dem tatsächlichen Radius des Kerns. Um Aussagen darüber zu gewinnen, prüfte man unter Verwendung von energiereichen α-Teilchen, bis zu welchem Abstand r vom Kern das $1/r^2$-Gesetz für die Coulombsche Abstoßung gültig war. Beim Aluminium zeigte sich, daß unterhalb $r \approx 6 \cdot 10^{-15}$ m die Abstoßung kleiner war, als man auf Grund der Coulombschen Wechselwirkung erwartete. Durch diese Versuche gelang es erstmals, den Bereich der Kernkräfte festzulegen und damit auch den Kernradius. Eine große Zahl von weiteren Streuversuchen erlaubte die Aufstellung der folgenden Beziehung zwischen dem Kernradius r_K und der Massenzahl A:

$$r_K = r_o A^{1/3}. \qquad (2.2)$$

Aus den Streuversuchen mit α-Teilchen ergab sich $r_o = 1{,}4 \cdot 10^{-15}$ m. Genauere Rechnungen führten zu dem Wert $r_o = (1{,}28 \pm 0{,}05) \cdot 10^{-15}$ m, während aus Versuchen mit schnellen Elektronen und mit μ-Mesonen $r_o = (1{,}2 \pm 0{,}1) \cdot 10^{-15}$ m resultierte $[10^{-15}$ m = 1 Femtometer (fm)$]$.

Die unterschiedlichen Ergebnisse beruhen darauf, daß z. B. die Streuung der Elektronen von der Ladungsverteilung im Kern abhängt, nicht aber von der Verteilung der Kernkräfte, während für die Wechselwirkung des Kerns mit Neutronen die Kernkräfte verantwortlich sind. Um die Ladungsverteilung im Kern näher zu untersuchen, muß man sehr energiereiche Elektronen verwenden, deren de Broglie-Wellenlänge kleiner ist als der Kerndurchmesser (Energie > 100 MeV). Im Innern des Kerns ist die Ladungsverteilung konstant und fällt dann innerhalb eines verhältnismäßig großen Bereiches kontinuierlich ab. Die Ladungsverteilung wird charakterisiert durch den Halbwertradius c und die Hautdicke d (vgl. Abb.(2–1)). Für alle Kerne mit Kernladungszahlen $Z > 10$ gilt $c = 1{,}07 \cdot 10^{-15} \cdot A^{1/3}$ m und $d \approx 2{,}4 \cdot 10^{-15}$ m. Die Verteilung der Neutronen im Kern ist experimentell weniger gut zugänglich als die Verteilung der Protonen (Ladungsverteilung). Man darf näherungsweise annehmen, daß die Neutronen die gleiche Verteilungskurve zeigen wie die Protonen; dann ist aber auch die Massenverteilung im Kern gleich der Ladungsverteilung (vgl. Abb. (2–1)).

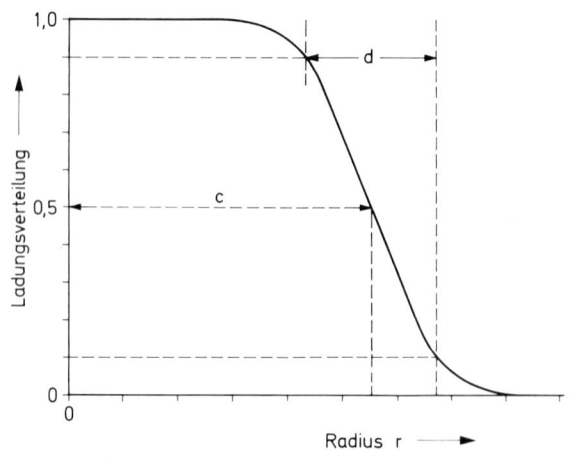

Abb. (2–1) Ladungsverteilung in einem Kern (c = Halbwertradius, d = Hautdicke).

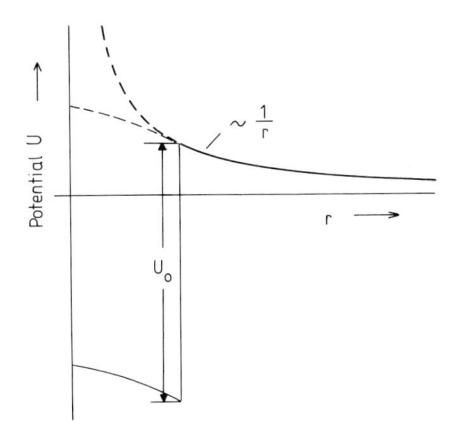

Abb. (2–2) Potentialkurve für die Reichweite der Kernkräfte (Potentialtopf).

Die Reichweite der Kernkräfte kann durch eine Potentialkurve wiedergegeben werden (Abb.(2–2)). Verständlicherweise ist der durch die Reichweite der Kernkräfte bestimmte Wert für den Kernradius etwas größer als der aus der Ladungs- bzw. Massenverteilung erhaltene Wert.

Wichtig ist der aus diesen Ergebnissen resultierende Befund, daß die Dichte der Atomkerne praktisch konstant ist, d. h. unabhängig von der Massenzahl A. Aus der Beziehung zwischen Radius und Massenzahl berechnet man für die Dichte

$$\rho_{Kern} \approx \frac{A}{\frac{4}{3}\pi r_K^3 N_{Av}} = \frac{1}{\frac{4}{3}\pi r_o^3 N_{Av}} \approx 2 \cdot 10^{14} \, g/cm^3. \qquad (2.3)$$

(N_{Av} = Avogadro Konstante = $(6,022094 \pm 0,000006) \cdot 10^{23} \, mol^{-1}$, früher in der deutschen Literatur meist Loschmidtsche Zahl genannt).

2.2. Kernkräfte

Aus den Rutherfordschen Streuversuchen folgt, daß die Kernkräfte nur eine sehr kurze Reichweite besitzen und mit wachsender Entfernung vom Kern sehr rasch abfallen. Wenn man den Potentialverlauf für die Annäherung von zwei Nukleonen aufzeichnet (Abb. (2–3)), so erhält man ein ähnliches Bild wie für die chemische Bindung zwischen zwei Atomen (vgl. Morse-Funktion); jedoch sind die Abstände um etwa 5 Größenordnungen kleiner und die Energien um mehr als 6 Größenordnungen höher. Erst bei einem Abstand der Nukleonen, der kleiner ist als etwa $2,4 \cdot 10^{-15}$ m, werden die Kernkräfte wirksam. Dann findet eine Anziehung statt, wobei das Potential sehr hohe negative Werte annimmt. Bei kleineren Abständen (etwa $0,4 \cdot 10^{-15}$ m) tritt eine sehr starke Abstoßung der Nukleonen ein; das Potential erreicht sehr hohe positive Werte.

2. Eigenschaften der Atomkerne

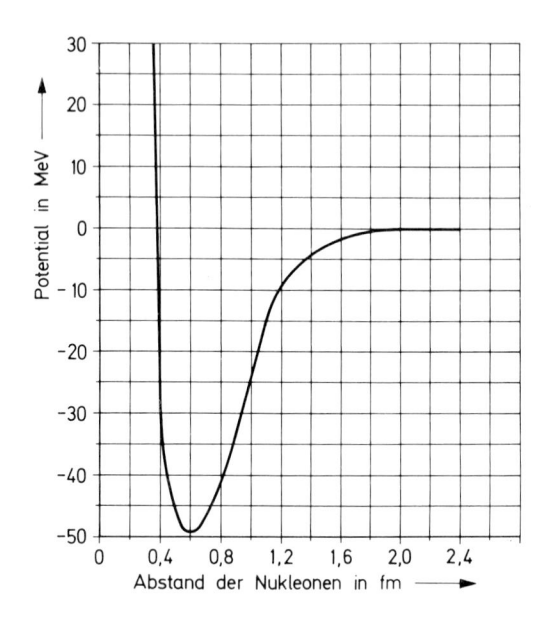

Abb. (2–3) Potentialverlauf bei der Annäherung von zwei Nukleonen (ohne Berücksichtigung der Ladung).

Innerhalb des Kerns sind die Kernkräfte erheblich größer als die elektrostatischen Abstoßungskräfte zwischen den Protonen, fallen aber mit wachsendem Abstand vom Kern sehr rasch ab, so daß z. B. ein α-Teilchen (Heliumkern), das den Kern verläßt (α-Zerfall), mit großer Kraft abgestoßen wird, sobald es sich außerhalb des Wirkungsbereiches der Kernkräfte befindet.

Die Bindungsenergie pro Nukleon ist — von kleineren Schwankungen abgesehen — unabhängig von der Massenzahl, d. h. der Zahl der Nukleonen (vgl. Abb. (1–11)). Das bedeutet, daß jedes Nukleon nur mit einer beschränkten Anzahl von anderen Nukleonen in Wechselwirkung tritt. Wenn alle Nukleonen miteinander in Wechselwirkung stünden — ähnlich wie geladene Teilchen der Coulombschen Wechselwirkung unterliegen —, würde die Bindungsenergie pro Nukleon mit der Zahl der Nukleonen ansteigen. Die Bindungsenergie der Nukleonen im Kern läßt somit eine gewisse Analogie zur chemischen Bindung zwischen Atomen erkennen. Auch im Falle der chemischen Bindung tritt immer nur eine beschränkte Zahl von Nachbaratomen miteinander in Wechselwirkung, sei es durch kovalente Bindung oder durch van der Waalssche Kräfte. Man spricht deshalb von einer Absättigung der chemischen Bindungskräfte und in Analogie dazu auch von einer Absättigung der Kernkräfte. Als Modell eines Atomkerns kann ein Flüssigkeitströpfchen dienen, dessen Moleküle durch van der Waalssche Kräfte zusammengehalten werden (Tröpfchen-Modell des Atomkerns).

Die Coulombsche Abstoßungsenergie E_c zwischen zwei Protonen ist verhältnismäßig gering; sie beträgt (Elementarladung e, elektrische Feldkonstante ε_o, Abstand $r \approx 3 \cdot 10^{-15}$ m) $E_c = \dfrac{e^2}{4\pi\varepsilon_o r} \approx 0{,}5$ MeV und ist damit klein gegenüber der Bindungsenergie pro Nukleon (≈ 8 MeV). Für eine größere Anzahl von Protonen Z steigt die gesamte Coulombsche Abstoßung aber an nach der Gleichung

$$E_c = \frac{3}{5} Z(Z-1) \frac{e^2}{4\pi \varepsilon_0 r_K}, \tag{2.4}$$

(Kernradius r_K), während die Kernkräfte eine Absättigung zeigen. Die Coulombsche Abstoßung bewirkt somit, daß schwere Kerne nicht stabil sind.

Zur Erklärung der Absättigung der Kernkräfte kann man ähnliche Überlegungen anstellen wie im Falle der chemischen Bindung. Als einfaches Beispiel dient das Wasserstoffmolekülion H_2^+, das aus 2 Protonen und einem Elektron besteht. Die rechnerische Behandlung der chemischen Bindung zwischen den beiden Protonen führt zu einer Beziehung, in der normale Kräfte und Austauschkräfte auftreten. Diese Austauschkräfte beruhen darauf, daß das Elektron sich entweder bei dem einen oder dem anderen Proton aufhalten, d. h. seine Position austauschen kann. Austauschkräfte können anziehenden oder abstoßenden Charakter haben, je nach dem Zustand, in dem sich die Teilchen befinden. Zur Deutung und mathematischen Behandlung der Kernkräfte nimmt man an, daß auch zwischen Nukleonen Austauschkräfte wirksam sind. Unmittelbar nach der Entdeckung des Neutrons (1932 durch CHADWICK) nahm HEISENBERG bereits an, daß die elektrische Ladung zwischen einem Proton und einem Neutron hin- und herspringen kann (ähnlich wie das Elektron zwischen zwei Protonen im Wasserstoffmolekülion). Dieses Bild versagte jedoch bei der quantitativen Behandlung; es ergaben sich viel zu kleine Werte für die Kernkräfte. Deshalb sagte YUKAWA 1935 die Existenz eines neuen Teilchens voraus, das er Meson nannte, weil seine Masse zwischen der Ruhemasse eines Elektrons und eines Nukleons liegen sollte. Auf diesem Teilchen baute er die Mesonentheorie der Kernkräfte auf. Später wurden verschiedene Arten von Mesonen entdeckt. Die quantitative Behandlung der Kernkräfte ist jedoch noch nicht gelungen.

Betrachtet man die möglichen Kombinationen von jeweils zwei Nukleonen, so stellt man fest, daß nur das Deuteron stabil ist (Bindungsenergie 2,224 MeV), nicht aber das Dineutron oder das Diproton. Dies kann damit erklärt werden, daß das System n, p (Deuteron) im Singulett- oder im Triplettzustand auftreten kann, wobei der letztere eine festere Bindung aufweist, während die Systeme n,n und p,p wegen des Pauli-Prinzips für L = 0 nur ein Singulett bilden können.

Über die Kräfte zwischen zwei Nukleonen in den Atomkernen können auch aus der Nuklidkarte einige Aussagen gewonnen werden. Das Vorhandensein einer etwa gleichen Anzahl von Protonen und Neutronen in den stabilen leichten Kernen legt die Vermutung nahe, daß zwischen einem Neutron und einem Proton eine besonders starke Anziehung besteht (n-p-Kräfte). Geht man davon aus, daß ähnliche Anziehungskräfte zwischen jeweils zwei Protonen und zwei Neutronen wirksam sind (p-p- bzw. n-n-Kräfte), so müssen diese etwa gleich groß sein (abgesehen von der Coulombschen Abstoßung zwischen zwei Protonen); sie können aber nicht größer sein als die Anziehungskraft zwischen einem Proton und einem Neutron; denn sonst würden die stabilen leichten Kerne einen Überschuß an Protonen oder Neutronen enthalten. Der Neutronenüberschuß bei den schwereren Kernen ist zur Kompensation der etwa mit dem Quadrat der Ordnungszahl ansteigenden Coulombschen Abstoßung zwischen den Protonen erforderlich. Da jedes Nukleon nur mit einer begrenzten Zahl von anderen Nukleonen in Wechselwirkung treten kann, muß bei schwereren Kernen in steigendem Maße eine Wechselwirkung zwischen Neutronen (n-n-Kräfte) in Betracht gezogen werden.

Die nähere Untersuchung der Energiezustände isobarer Kerne spricht für die Ladungsunabhängigkeit der Kernkräfte, d.h. n-p-Kräfte ≈ n-n-Kräfte ≈ p-p-Kräfte. Zu dem gleichen Ergebnis führen die Streuexperimente mit Protonen und Neutronen.

Die Kernkräfte, welche die Neutronen und Protonen im Atomkern zusammenhalten, sind auf die starke Wechselwirkung zurückzuführen, der alle Baryonen und Mesonen unterworfen sind. Diese Teilchen werden deshalb auch unter dem Sammelbegriff Hadronen zusammengefaßt (vgl. Tabelle 2.1). Durch starke Wechselwirkung können alle Arten von Hadronen bei energiereichen Zusammenstößen von Protonen mit Nukleonen gebildet werden. Die starke Wechselwirkung ist somit verantwortlich für die Bindung im Kern sowie für die Nukleon-Nukleon- und die Meson-Nukleon-Wechselwirkung. Die starke Wechselwirkung ist unabhängig von der Ladung, wie bereits oben erwähnt.

Das Potential der starken Wechselwirkung ist nicht genau bekannt. Es hängt sehr stark vom Abstand ab. Die Reichweite der starken Wechselwirkung ist auf wenige Femtometer (10^{-15} m) beschränkt (vgl. Abb. (2–3)). Als „Feldquanten" der starken Wechselwirkung sind die Mesonen anzusehen. Sie können in beliebiger Anzahl entstehen oder verschwinden, d.h. ihre Zahl ist keinem Erhaltungssatz unterworfen. Außerdem gehören sie zu den Bosonen, d.h. sie gehorchen der Bose-Einstein-Statistik (vgl. Abschn. 2.7).

Neben der starken Wechselwirkung sind für den Atomkern und die Elementarteilchen die elektromagnetische Wechselwirkung und die schwache Wechselwirkung wichtig. Auch die schwache Wechselwirkung ist auf eine Reichweite von einigen Femtometern beschränkt. Sie ist für den β-Zerfall verantwortlich und außerdem für die Zerfallsprozesse, bei denen sich die Strangeness S ändert (vgl. Abschn. 2.8) oder Teilchen ohne starke oder elektromagnetische Wechselwirkung auftreten. Da die Leptonen (Elektronen, Myonen, Neutrinos, vgl. Tabelle 2.1) nicht der starken Wechselwirkung unterliegen, ist für diese Teilchen die schwache Wechselwirkung besonders wichtig. Zerfallsprozesse der schwachen Wechselwirkung zeichnen sich durch verhältnismäßig lange Halbwertzeiten aus ($\geq 10^{-10}$ s). Als „Feldquant" der schwachen Wechselwirkung nimmt man ein „intermediäres Boson" mit einer Lebensdauer $< 10^{-17}$ s an.

Der elektromagnetischen Wechselwirkung unterliegen alle Teilchen, die ein elektromagnetisches Feld mit sich führen. Das sind in erster Linie alle geladenen Teilchen, aber auch elektrisch neutrale Teilchen

Antwortkarte

**Verlag Chemie
Postfach 1260 / 1280
D-6940 Weinheim**

Absender:

Kundennummer

Name: _____

Straße: _____

Ort: _____

Ihrem Fachgebiet unterrichten. Kreuzen Sie bitte die entsprechenden Felder an.

01 CHEMIE

- 01 ☐ Allgemeine Chemie
- 02 ☐ Anorganische Chemie
- 03 ☐ Analytische Chemie
- 04 ☐ Physikalische Chemie
- 05 ☐ Spektroskopie
- 06 ☐ Theoretische Chemie
- 07 ☐ Kernchemie
- 08 ☐ Organische Chemie
- 09 ☐ Makromolekulare Chemie
- 10 ☐ Biochemie
- 11 ☐ Lebensmittelchemie
- 12 ☐ Klinische Chemie
- 13 ☐ Umwelt Chemie
- 14 ☐ Wasserchemie
- 15 ☐ Technische Chemie
- 16 ☐ Werkstoffchemie
- 98 ☐ Sonstige
- 99 ☐ Gesamtes Gebiet

02 PHYSIK

- 01 ☐ Mechanik
- 02 ☐ Akustik
- 03 ☐ Wärmelehre
- 04 ☐ Elektromagnetismus
- 05 ☐ Optik / Strahlung
- 06 ☐ Atom- und Kernphysik
- 07 ☐ Festkörper
- 08 ☐ Theoretische Physik
- 09 ☐ Angewandte Physik
- 98 ☐ Sonstige
- 99 ☐ Gesamtes Gebiet

03 BIOLOGIE

- 01 ☐ Allgemeine Biologie
- 02 ☐ Mikrobiologie
- 03 ☐ Cytologie
- 04 ☐ Genetik
- 05 ☐ Biophysik
- 06 ☐ Ökologie
- 98 ☐ Sonstige
- 99 ☐ Gesamtes Gebiet

04 MEDIZIN

- 01 ☐ Experimentelle Medizin
- 02 ☐ Innere Medizin
- 03 ☐ Physiologie
- 04 ☐ Immunologie
- 05 ☐ Virologie
- 06 ☐ Hygiene
- 07 ☐ Toxikologie
- 08 ☐ Nuklearmedizin / Radiologie
- 09 ☐ Medizinische Physik
- 10 ☐ Laboratoriumsmedizin
- 98 ☐ Sonstige
- 99 ☐ Gesamtes Gebiet

05 PHARMAZIE

- 01 ☐ Pharmazeut. Chemie
- 02 ☐ Pharmazeut. Technologie
- 03 ☐ Pharmazeut. Biologie
- 98 ☐ Sonstige
- 99 ☐ Gesamtes Gebiet

06 MATHEMATIK

- 01 ☐ Allgemeine Mathematik
- 02 ☐ Angewandte Mathematik
- 03 ☐ Mathematik für Naturwissenschaftler und Mediziner
- 98 ☐ Sonstiges
- 99 ☐ Gesamtes Gebiet

07 INGENIEURWISSENSCHAFTEI

- 01 ☐ Verfahrenstechnik
- 02 ☐ Umwelt-Ingenieurwissenschaft
- 98 ☐ Sonstige Ingenieurwissenschaft
- 99 ☐ Gesamtes Gebiet

08 SONSTIGE GEBIETE

- 01 ☐ Geschichte der Naturwissenschaften + Medizin
- 02 ☐ Patent- und Urheberrecht

Bemerkungen:

mit einem magnetischen Dipolmoment oder einem Moment höherer Multipolordnung. So besitzt z. B. das Neutron ein magnetisches Dipolmoment und ist demzufolge auch zur elektromagnetischen Wechselwirkung befähigt. Die „Feldquanten" der elektromagnetischen Wechselwirkung sind die Photonen. Alle Vorgänge, bei denen Photonen beteiligt sind, gehören damit in den Bereich der elektromagnetischen Wechselwirkung, ebenso alle Formen der chemischen Bindung.

Außer den drei erwähnten Wechselwirkungen kennt man noch eine vierte, die Gravitations-Wechselwirkung, die zwar extrem schwach ist, aber sehr große Reichweite besitzt und für die Planetenbewegung verantwortlich ist. Die „Feldquanten" der Gravitations-Wechselwirkung, „Gravitonen" genannt, konnten bisher noch nicht nachgewiesen werden. Sie sollten ebenso wie die Photonen die Ruhemasse 0 haben.

In der Physik ist es üblich, die Stärke der Wechselwirkung durch dimensionslose Kopplungskonstanten zu charakterisieren. Diese Kopplungskonstanten stehen in dem folgenden Verhältnis zueinander: 1 (starke Wechselwirkung): 10^{-2} (elektromagnetische Wechselwirkung): 10^{-14} (schwache Wechselwirkung): 10^{-38} (Gravitations-Wechselwirkung).

2.3. Elementarteilchen

Noch vor einigen Jahrzehnten glaubte man, daß die Elemente und damit auch die gesamte Materie aus einer verhältnismäßig kleinen Anzahl von verschiedenen Elementarteilchen aufgebaut sei. Elektronen sind schon seit 1858 in Form von Kathodenstrahlen bekannt; der Name „Elektron" wurde 1881 eingeführt. Protonen sind ebenfalls schon verhältnismäßig lange bekannt, zunächst in Form von Kanalstrahlen (seit 1886); sie wurden 1914 als Bestandteile der Wasserstoffatome erkannt. Die Entdeckung des Neutrons im Jahre 1932 durch CHADWICK hatte eine stürmische Entwicklung der Kernwissenschaften zur Folge. Im gleichen Jahre (1932) beobachtete ANDERSON Teilchen, die sich wie Elektronen verhielten, aber im Magnetfeld in entgegengesetzter Richtung abgelenkt wurden; sie wurden Positronen (positive Elektronen) genannt. In Analogie dazu bezeichnet man das Elektron auch als Negatron.

Bald nachdem YUKAWA zur Deutung der Kernkräfte seine Theorie von der Existenz mittelschwerer Teilchen (Mesonen) aufgestellt hatte (1935), wurden verschiedene Arten von derartigen Teilchen entdeckt. Die Mesonen und Myonen sind alle sehr instabil; ihre Halbwertzeit beträgt maximal etwa 1 μs. Sie spielen deshalb für chemische Untersuchungen nur eine untergeordnete Rolle. Das gleiche gilt für die sog. Hyperonen, deren Masse größer ist als die Masse der Nukleonen. Sie sind im allgemeinen noch kurzlebiger als die Mesonen bzw. Myonen (Halbwertzeiten von der Größenordnung 10^{-10} s). Mesonen, Myonen und Hyperonen treten bei Reaktionen von hochenergetischen Teilchen in Erscheinung.

Nach der Neutrinohypothese von FERMI (1934) sollte bei der β-Umwandlung von radioaktiven Nukliden ein sehr leichtes ungeladenes Teilchen auftreten. Die Existenz solcher Teilchen wurde auch von

PAULI sowie in der Theorie von YUKAWA gefordert. Das Neutrino konnte aber erst 1956 mit einem relativ großen experimentellen Aufwand nachgewiesen werden. Seine Wechselwirkung mit Materie ist außerordentlich gering. Einige Jahre später stellte man fest, daß die Neutrinos, die mit Elektronen auftreten, nicht identisch sind mit denen, die sich zusammen mit Myonen bilden. Man unterscheidet die Neutrinos deshalb durch die Bezeichnungen Elektronneutrinos oder elektronische Neutrinos (v_e) und Myonneutrinos oder myonische Neutrinos (v_μ). Letztere werden gelegentlich auch Neutrettos genannt.

Interessant ist die Tatsache, daß man von fast allen Elementarteilchen sog. Antiteilchen gefunden hat, welche die gleiche Masse, die gleiche mittlere Lebensdauer, den gleichen Drehimpuls und Isospin haben aber entgegengesetzte Richtung des Drehimpulses (Spin) und des magnetischen Momentes sowie gegebenenfalls auch entgegengesetzte Ladung besitzen. So ist das Positron das Antiteilchen des Elektrons. Das Antiproton (negative Ladung, magnetisches Moment negativ, d. h. antiparallel zum Spin) ist das Antiteilchen des Protons (magnetisches Moment positiv, d. h. parallel zum Spin), und das Antineutron (magnetisches Moment positiv, d. h. parallel zum Spin) ist das Antiteilchen des Neutrons (magnetisches Moment negativ, d. h. antiparallel zum Spin). Teilchen und Antiteilchen können nicht nebeneinander existieren. Sobald sie zusammentreffen, findet eine sog. Zerstrahlung statt; d. h. die Teilchen verschwinden, und an ihrer Stelle tritt eine Vernichtungsstrahlung auf. Aus einem Elektron (Negatron) und einem Positron bildet sich intermediär ein Positronium, und zwar entweder im Singulettzustand (antiparalleler Spin, Drehimpuls Null, mittl. Lebensdauer $1{,}25 \cdot 10^{-10}$ s) oder im Triplettzustand (paralleler Spin, Drehimpuls $h/2\pi$, mittl. Lebensdauer $1{,}39 \cdot 10^{-7}$ s). Wegen der Impuls-, Drehimpuls- und Paritätserhaltung entstehen aus dem Singulettzustand zwei γ-Quanten, aus dem Triplettzustand drei. Die Gesamtenergie E der beiden γ-Quanten, die aus dem Singulettzustand des Positroniums hervorgehen, ist äquivalent der Summe der Massen des Elektrons und des Positrons:

$$E = 2mc^2 \qquad (2.5)$$

(m = Masse des Teilchens bzw. Antiteilchens). Durch Einsetzen der Zahlenwerte für c^2 und die Masse eines Elektrons ($1/1836$ u) erhält man

$$\begin{aligned} E = 2h\nu &= \frac{2 \cdot 931{,}5}{1836} \text{ MeV} = 1{,}02 \text{ MeV} \\ h\nu &= 0{,}51 \text{ MeV}. \end{aligned} \qquad (2.6)$$

Als Vernichtungsstrahlung von Nukleonen treten mehrere Mesonen auf. Ob ein beliebiges System aus Materie oder Antimaterie besteht, hängt davon ab, welche Teilchen im Überschuß vorhanden sind. So sind grundsätzlich auch Sterne denkbar, die aus Antimaterie bestehen.

Tab. 2.1 gibt eine Übersicht über die zur Zeit bekannten Elementarteilchen. Man teilt sie ein in Leptonen (leichte Teilchen), Mesonen (mittelschwere Teilchen) und Baryonen (schwere Teilchen). Teilchen, die zu starker Wechselwirkung befähigt sind, heißen Hadronen, wie

2.3. Elementarteilchen

Tabelle 2.1 Übersicht über die wichtigsten Elementarteilchen*)

Name		Symbol		Elektr. Ladung	Spin I	Parität P	Isospin τ	Isospin z-Komp. τ_z	Strangeness S	Ruhemasse u	Ruhemasse MeV	Mittlere Lebensdauer in s	Häufigste Zerfallsarten
		Teilchen	Antiteilchen										
Photon		γ		0	1	−				0	0	∞	stabil
Leptonen	Neutrinos Elektron-neutrino Myonn-neutrino	ν_e ν_μ	$\bar{\nu}_e$ $\bar{\nu}_\mu$	0 0	1/2 1/2					0 0	0 0	∞ ∞	stabil stabil
Leptonen	Elektronen Elektron Myon	e^- μ^-	e^+ μ^+	−1 −1	1/2 1/2					0,0005486 0,11343	0,5110 105,66	∞ $2{,}2 \cdot 10^{-6}$	stabil $e^- + \bar{\nu}_e + \nu_\mu$
Hadronen / Mesonen	Pionen Pi+ Pi0	π^+ π^0	π^-	+1 0	0 0	− −	1 1	1 0	0 0	0,14985 0,14491	139,58 134,98	$2{,}6 \cdot 10^{-8}$ $0{,}89 \cdot 10^{-16}$	$\mu^+ + \nu_\mu$ $\gamma + \gamma$
Hadronen / Mesonen	Kaonen Ka+ Ka0	K^+ K^0	K^- $\overline{K^0}$	+1 0	0 0	− −	1/2 1/2	1/2 −1/2	+1 +1	0,5301 0,5344	493,8 497,8	$1{,}24 \cdot 10^{-8}$ $K_1^0\colon 0{,}86 \cdot 10^{-10}$ $K_2^0\colon 5{,}4 \cdot 10^{-8}$	$\mu^+ + \nu_\mu; \pi^+ + \pi^0; \pi^+ + \pi^+ + \pi^-$ $\pi^+ + \pi^-; \pi^0 + \pi^0$ $\pi^0 + \pi^0 + \pi^0; \pi^- + e^+ + \nu_e$
Hadronen / Baryonen	Nukleonen Proton Neutron	p n	$\bar{p}$ $\bar{n}$	+1 0	1/2 1/2	+ +	1/2 1/2	1/2 −1/2	0 0	1,007276 1,008665	938,26 939,57	∞ 932	stabil $p + e^- + \bar{\nu}_e$
Hadronen / Baryonen	Hyperonen Lambda 0 Sigma + Sigma 0 Sigma − Xi0 Xi − Omega −	Λ^0 Σ^+ Σ^0 Σ^- Ξ^0 Ξ^- Ω^-	$\overline{\Lambda^0}$ $\overline{\Sigma^-}$ $\overline{\Sigma^0}$ $\overline{\Sigma^+}$ $\overline{\Xi^0}$ $\overline{\Xi^+}$ $\overline{\Omega^+}$	0 +1 0 −1 0 −1 −1	1/2 1/2 1/2 1/2 1/2 1/2 3/2	+ + + + + + +	0 1 1 1 1/2 1/2 0	0 1 0 −1 1/2 −1/2 0	−1 −1 −1 −1 −2 −2 −3	1,1977 1,2769 1,2802 1,2854 1,4114 1,4185 1,7955	1115,6 1189,4 1192,5 1197,3 1314,7 1321,3 1672,5	$2{,}5 \cdot 10^{-10}$ $0{,}80 \cdot 10^{-10}$ $\approx 10^{-20}$ $1{,}5 \cdot 10^{-10}$ $3{,}0 \cdot 10^{-10}$ $1{,}7 \cdot 10^{-10}$ $1{,}3 \cdot 10^{-10}$	$p + \pi^-; n + \pi^0$ $p + \pi^0; n + \pi^+$ $\Lambda^0 + \gamma$ $n + \pi^-$ $\Lambda^0 + \pi^0$ $\Lambda^0 + \pi^-$ $\Xi^0 + \pi^-; \Xi^- + \pi^0; \Lambda^0 + \overline{K^-}$

*) Die Antiteilchen haben dieselben Massen, Spins, Isospins und Lebensdauern, aber entgegengesetzt gleiche Ladung, entgegengesetztes Vorzeichen der z-Komponente des Isospins und der Strangeness.

bereits oben erwähnt. Die Photonen (Lichtquanten bzw. γ-Quanten) kann man auf Grund der Dualität zwischen Wellen und Teilchen ebenfalls in diese Tabelle aufnehmen. Die Energie E der Photonen ist proportional ihrer Frequenz v bzw. umgekehrt proportional ihrer Wellenlänge:

$$E = hv = \frac{hc}{\lambda} \qquad (2.7)$$

(h = Plancksches Wirkungsquantum = $6{,}6262 \cdot 10^{-34}$ Js = $4{,}1357 \cdot 10^{-21}$ MeV s). Die Photonen können im allgemeinen zu den leichten Teilchen gezählt werden. Ihre bewegte Masse steigt direkt proportional mit ihrer Energie an:

$$m = \frac{E}{c^2} = \frac{hv}{c^2} \qquad (2.8)$$

(c = Lichtgeschwindigkeit). Ihre Ruhemasse ist Null.

Man unterteilt die Elementarteilchen auch in zwei größere Gruppen, die Bosonen und die Fermionen. Erstere besitzen einen ganzzahligen Spin und gehorchen der Bose-Einstein-Statistik, letztere haben einen halbzahligen Spin und folgen der Fermi-Dirac-Statistik (vgl. Abschnitt 2.7). Für die Fermionen, zu denen die Baryonen und die Leptonen zählen, gilt das Pauli-Prinzip.

Außerdem gibt es für die Baryonen und die Leptonen Teilchenerhaltungssätze. Bezeichnet man die Baryonenzahl mit B und setzt für die Baryonen B = +1, für alle Antiteilchen der Baryonen B = −1 und für alle anderen Elementarteilchen B = 0, so lautet der Erhaltungssatz für die Baryonen: B = const. Die Baryonenzahl B ist eine Quantenzahl. Im Falle der Leptonen erhält man zwei Erhaltungssätze: l_e = const. (für die Elektronen) bzw. l_μ = const. (für die Myonen). Dabei gilt für e^- und v_e: l_e = +1, für e^+ und $\bar{v}_e$: l_e = −1, ferner für μ^- und v_μ: l_μ = +1, für μ^+ und $\bar{v}_\mu$: l_μ = −1. Für alle übrigen Elementarteilchen ist die Leptonenzahl Null. Die Leptonenzahl ist ebenfalls eine Quantenzahl. Mit Hilfe dieser Teilchenerhaltungssätze kann man z. B. erklären, daß das Proton stabil ist: es ist das leichteste Baryon, und ein Zerfall in Leptonen würde die Baryonenerhaltung verletzen. Außerdem verlangt die Erhaltung der Baryonen- bzw. Leptonenzahl, daß diese Teilchen nur gemeinsam mit einer gleichen Anzahl Antiteilchen erzeugt oder vernichtet werden können. Für die Bosonen (Mesonen und Photonen) gibt es keine Teilchenerhaltungssätze.

Alle Erhaltungssätze sind ein Ergebnis der Erfahrung. Die Erhaltung des Impulses und des Drehimpulses ist aus der Mechanik bekannt, der Satz von der Erhaltung der Ladung aus der Elektrodynamik. Weitere Erhaltungssätze, die speziell im Bereich der Kernphysik gelten, werden in den folgenden Abschnitten besprochen.

Durch die Untersuchung der Höhenstrahlung und der Reaktionen hochenergetischer Teilchen, die in Beschleunigern gewonnen werden, sind viele neue Elementarteilchen bekannt geworden, die sich hinsichtlich Gesamtenergie, Lebensdauer und elektromagnetischer Eigenschaften unterscheiden. Man hat herausgefunden, daß sich die Elementarteilchen in Gruppen zusammenfassen und als ein Spektrum von

Grundzuständen und angeregten Zuständen beschreiben lassen, wobei die einzelnen Zustände durch Quantenzahlen charakterisiert werden. Diese Quantenzahlen, z.B. Drehimpuls, Parität, Leptonenzahl und Baryonenzahl, Isospin, Strangeness und außerdem die Statistik beschreiben die Symmetrieeigenschaften dieser Teilchenzustände. Die Eigenschaften der verschiedenen Wechselwirkungen (vgl. Abschnitt 2.2) bestimmen die Änderung der Teilchenzustände bei einem Zusammenstoß oder beim spontanen Zerfall.

Die gruppentheoretische Einordnung der Elementarteilchen in „Supermultipletts" gelang 1961. Danach sind z.B. die beiden Nukleonen, das Λ°-, die drei Σ- und die beiden Ξ-Hyperonen verschiedene Ladungs- und Strangenesszustände desselben „Superteilchens", das die Spinquantenzahl $\frac{1}{2}$ besitzt. Die physikalische Deutung dieser mathematischen Theorie wäre die Existenz von drei „Quarks", aus denen alle Hadronen zusammengesetzt sind. Bisher gelang es allerdings nicht, „Quark"-Teilchen nachzuweisen.

Die Mehrzahl der Elementarteilchen ist kurzlebig. Die meisten werden mit Energien $\geq 10^9$ eV erzeugt. Nach der Heisenbergschen Unschärferelation ergibt sich bei dieser Energie eine Unschärfe hinsichtlich der Zeit von $\Delta t \approx h/\Delta E \approx 0{,}4 \cdot 10^{-23}$ s; d.h. etwa 10^{-23} s ist die untere Grenze für die experimentell beobachtbare Lebensdauer von Teilchen dieser Energie. Teilchen mit einer Lebensdauer $\leq 10^{-23}$ s sind zwar nicht direkt erfaßbar, sie machen sich aber als Resonanzen im Wirkungsquerschnitt bei der Untersuchung von hochenergetischen Reaktionen bemerkbar und werden deshalb als Resonanzzustände oder Resonanzteilchen bezeichnet. Solche angeregten Zustände von sehr kleiner Lebensdauer hat man inzwischen bei den meisten Hadronen gefunden.

Wenn Atome anstelle eines Elektrons ein anderes negativ geladenes Elementarteilchen einfangen, z.B. μ^-, π^-, K^-, $\bar{p}^-$, Σ^- oder Ω^-, so erhält man sog. exotische Atome. Das Studium dieser exotischen Atome ist ein interessantes Forschungsgebiet, weil daraus Aussagen über die Eigenschaften des Kerns und der Atomhülle möglich sind. So erzeugt man durch Beschießen von Be mit hochenergetischen Protonen von einigen Hundert MeV π-Mesonen:

$$p + Be \rightarrow n + Be + \pi^+ + \pi^+ + \pi^- \qquad (2.9)$$

Der π^--Strahl reichert sich durch Zerfall zu etwa 10% mit Myonen an

$$\pi^- \rightarrow \mu^- + \bar{\nu}_\mu \qquad (2.10)$$

Diese Myonen werden durch einen Ablenkungsmagneten vom π-Mesonenstrahl getrennt und treffen auf einen Absorber, der die zu untersuchenden Atomkerne enthält. Dort werden sie abgebremst und in der Atomhülle eingefangen. Man erhält so myonische Atome, wobei sich die Myonen zunächst in einem angeregten Zustand befinden. Da das Myon von einem Elektron verschieden ist, ist das Pauli-Prinzip nicht wirksam, und das System kann wie ein Zweikörperproblem behandelt werden, ähnlich wie das H-Atom. In schwereren myonischen Atomen erreicht das Myon aus dem hohen angeregten Zustand vorzugsweise durch strahlungslose Übergänge und Aussendung von Hüllenelektronen innerhalb einiger 10^{-13} s den Grundzustand (1 s-Zustand). Wegen der größeren Masse hat es einen um den Faktor 207 kleineren Bahnradius als ein Elektron. Bei Ordnungszahlen $Z > 45$ verläuft die 1 s-Bahn des μ^- praktisch innerhalb des Kerns. Damit läßt sich das μ^- als eine Sonde für die Ladungsverteilung in Kernen verwenden. Die natürliche Lebensdauer des Myons beträgt $2{,}2 \cdot 10^{-6}$ s. Im myonischen Atom verschwindet es entweder durch natürlichen Zerfall

$$\mu^- \to e^- + v_\mu + \bar{v}_e \qquad (2.11)$$

oder durch Kerneinfang

$$\mu^- + p \to n + v_\mu \qquad (2.12)$$

Die Wahrscheinlichkeit für den Kerneinfang hängt von der Ordnungszahl Z des Atoms ab. Da sich die Wahrscheinlichkeiten für beide Vorgänge addieren, ist die Lebensdauer des Myons kleiner als die natürliche Lebensdauer. Die Analyse der γ-Spektren myonischer Atome liefert wichtige Aussagen über Kerneigenschaften. So sind Kernradienbestimmungen hoher Genauigkeit möglich.

Beim Einfang stark wechselwirkender Elementarteilchen durch Atomkerne entstehen sog. Hyperkerne. Z. B. kann ein Neutron durch ein Λ°-Teilchen ersetzt werden. Die Lebensdauer solcher Hyperkerne ist vergleichbar mit der der freien Elementarteilchen.

2.4. Drehimpuls

Bei der genaueren Untersuchung der Atomspektren der Elemente unter der Einwirkung eines äußeren Magnetfeldes findet man neben der Feinstruktur der Spektrallinien, die durch die Wechselwirkung zwischen Bahndrehimpuls und Eigendrehimpuls der Elektronen hervorgerufen wird, eine weitere Aufspaltung, die als Hyperfeinstruktur bezeichnet wird und auf der Wechselwirkung zwischen der Elektronenhülle und dem Atomkern beruht. Diese Hyperfeinstruktur kann zwei Ursachen haben: Wenn die Elemente aus zwei oder mehr Isotopen bestehen, macht sich der Einfluß der verschiedenen Masse der Kerne bemerkbar (Isotopieeffekt, vgl. Abschn. 3.1). Da die Hyperfeinstruktur aber auch bei Reinelementen gefunden wird, folgt, daß auch eine Wechselwirkung zwischen dem magnetischen Moment der Elektronenhülle und dem magnetischen Moment des Kerns stattfindet, d. h., daß die Kerne auch einen Drehimpuls haben können. Je nach der Orientierung des Kerndrehimpulses zum Gesamtdrehimpuls der Elektronen ergeben sich kleine Energieunterschiede, die sich in der Hyperfeinstruktur der Spektrallinien bemerkbar machen.

Der Kerndrehimpuls kann aus der Multiplizität und dem Abstand der Spektrallinien in den sog. Hyperfeinmultipletts berechnet werden. Neuere Untersuchungsmethoden sind: Radiofrequenz-Spektroskopie, Mikrowellen-Spektroskopie und Ablenkung von Molekularstrahlen im magnetischen Feld.

Ebenso wie der Drehimpuls der Elektronen*⁾ hat auch der Kerndrehimpuls quantenmechanische Eigenschaften und wird ebenfalls in Einheiten von $\frac{h}{2\pi}$ gemessen. Der Kerndrehimpuls $\vec{I}$ ist ein Vektor vom Betrag $\sqrt{I(I+1)}\,\frac{h}{2\pi}$; I ist die Quantenzahl für den Kerndrehimpuls und wird meist als „Kernspin" bezeichnet. Die Komponente in Feldrichtung beträgt maximal $I\,\frac{h}{2\pi}$. Für Kerne mit gerader Massenzahl A ist $I = 0, 1, 2, 3 \ldots$, für Kerne mit ungerader Massenzahl $I = \frac{1}{2}, \frac{3}{2}, \frac{5}{2} \ldots$ Alle g,g-Kerne haben im Grundzustand den Kernspin $I = 0$. u,u-Kerne besitzen einen ganzzahligen Kernspin, der im allgemeinen von Null verschieden ist. g,u- und u,g-Kerne haben einen halbzahligen Kernspin mit Werten zwischen $\frac{1}{2}$ und $\frac{11}{2}$. Aus der Tatsache, daß alle g,g-Kerne im Grundzustand den Kernspin $I = 0$ besitzen, folgt, daß sowohl die Protonen als auch die Neutronen sich hinsichtlich ihres Drehimpulses paarweise absättigen können. Es liegt nahe anzunehmen, daß der Drehimpuls bei den u,g- und g,u-Kernen im wesentlichen durch das letzte ungepaarte Nukleon bestimmt wird.

Zur anschaulichen Erklärung des Kerndrehimpulses nimmt man an, daß die Nukleonen (Protonen und Neutronen) ähnlich wie die Elektronen um eine Achse rotieren, die durch ihren Schwerpunkt geht, und

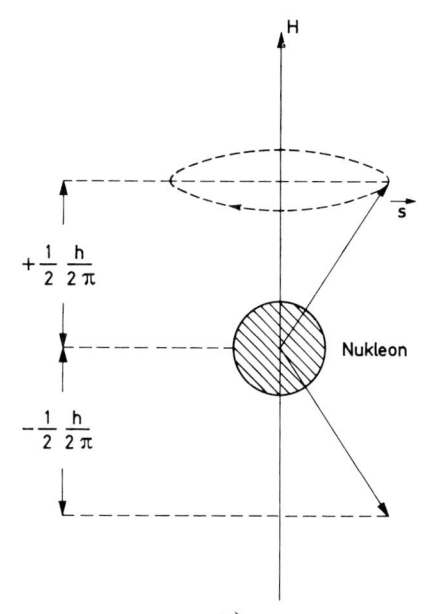

Abb. (2–4) Richtungsquantelung des Spins $\vec{s}$ eines Nukleons in einem äußeren Magnetfeld H.

---

*⁾ Der Drehimpuls (Spin) eines Elektrons beträgt $\frac{1}{2}\frac{h}{2\pi} = \frac{1}{2}\hbar$, ebenso der Drehimpuls eines Protons oder eines Neutrons.

sich außerdem innerhalb des Kerns auf bestimmten Bahnen bewegen. Infolge ihrer Rotation besitzen alle Nukleonen einen Eigendrehimpuls $\vec{s}$ (Spin); dies ist ein Vektor vom Betrag $\sqrt{s(s+1)}\,\dfrac{h}{2\pi}$, wobei s den Wert $\dfrac{1}{2}$ hat. Die Komponente in Feldrichtung beträgt maximal $\dfrac{1}{2}\dfrac{h}{2\pi}$. Unter dem Einfluß eines äußeren Magnetfeldes führt das Nukleon eine Präzessionsbewegung aus, deren Achse mit der Richtung des Magnetfeldes übereinstimmt (vgl. Abb. (2–4)). Dabei tritt eine sog. Richtungsquantelung auf, derart, daß die Komponente des Spinvektors in Richtung des Magnetfeldes entweder $+\dfrac{1}{2}\dfrac{h}{2\pi}$ oder $-\dfrac{1}{2}\dfrac{h}{2\pi}$ beträgt. Die Komponente des Spinvektors in Feldrichtung ist meßbar, während man den Betrag des Spins aus theoretischen Überlegungen herleiten muß. Infolge ihrer Bewegung auf bestimmten Bahnen innerhalb des Kerns besitzen die Nukleonen auch einen Bahndrehimpuls. Dies ist ein Vektor vom Betrag $\sqrt{l(l+1)}\,\dfrac{h}{2\pi}$ (Quantenzahl l). Der Eigendrehimpuls $\vec{s}$ und der Bahndrehimpuls $\vec{l}$ setzen sich vektoriell zusammen zum Gesamtdrehimpuls $\vec{j}$:

$$\vec{j} = \vec{l} + \vec{s}. \tag{2.13}$$

Der Betrag des Gesamtdrehimpulses ist $\sqrt{j\left(j+\dfrac{1}{2}\right)}\,\dfrac{h}{2\pi}$. Die Quantenzahl j kann aus den Quantenzahlen l und s berechnet werden ($j = \dfrac{1}{2}, \dfrac{3}{2}, \dfrac{5}{2}, \ldots$). Die Komponenten von $\vec{j}$ in einer vorgegebenen Richtung sind ungerade halbzahlige Vielfache von $\dfrac{h}{2\pi}$.

Wenn man ein einzelnes Nukleon betrachtet, das nur einen Eigendrehimpuls (Spin) besitzt, so ist die Bezeichnung Kernspin korrekt. Der Begriff Kernspin hat sich aber auch eingebürgert zur Kennzeichnung des Gesamtdrehimpulses $\vec{I}$ eines aus mehreren Nukleonen bestehenden Kerns bzw. der Quantenzahl I dieses Gesamtdrehimpulses. Der Gesamtdrehimpuls $\vec{I}$ eines Kernes setzt sich vektoriell aus den Bahndrehimpulsen und den Eigendrehimpulsen der Nukleonen zusammen. Die Wechselwirkung zwischen den Bahndrehimpulsen $\vec{l_i}$ und den Eigendrehimpulsen $\vec{s_i}$ der Nukleonen ist stärker als die Wechselwirkung zwischen den $\vec{l_i}$ und den $\vec{s_i}$ untereinander. Man spricht deshalb von einer starken Kopplung (jj-Kopplung, im Gegensatz zur schwachen Kopplung, die auch LS oder Russell-Saunders-Kopplung genannt wird). Durch Vektoraddition erhält man

$$\vec{j_i} = \vec{l_i} + \vec{s_i} \tag{2.14}$$

und

$$\vec{I} = \Sigma \vec{j_i} \tag{2.15}$$

Relativ zu einer bestimmten Richtung, z.B. der Richtung eines äußeren Magnetfeldes, kann der Kerndrehimpuls $2I + 1$ Einstellungen annehmen, die durch die magnetische Quantenzahl m_I beschrieben werden $(m_I = I, I-1, \ldots -I)$.

Für den Gesamtdrehimpuls (Kernspin) $\vec{I}$ gilt ebenso wie in der Mechanik ein Erhaltungssatz: Bei allen Veränderungen innerhalb eines Systems (z. B. Kernreaktionen) bleibt der Gesamtdrehimpuls erhalten. Wendet man diesen Erhaltungssatz auf die Proton-Elektron-Hypothese vom Aufbau der Atomkerne an, so ergeben sich bei einer Reihe von Nukliden (z. B. den u,u-Kernen ^2_1H, ^6_3Li, $^{10}_5B$, $^{14}_7N$) Widersprüche, woraus folgt, daß diese Hypothese nicht richtig sein kann.

2.5. Magnetisches Dipolmoment

Die Rotation eines geladenen Teilchens bewirkt ein magnetisches Moment (Dipolmoment). Das magnetische Moment eines Elektrons beträgt nach der Theorie

$$\mu_B = \frac{\mu_o e h}{4\pi m_e} = 1{,}1653 \cdot 10^{-29} \text{ Vsm} \tag{2.16}$$

(e ist die elektrische Elementarladung, m_e die Masse des Elektrons und $\mu_o = 4\pi \cdot 10^{-7} \text{ VsA}^{-1}\text{m}^{-1}$ die magnetische Feldkonstante). μ_B wird als Bohrsches Magneton bezeichnet. Der experimentell bestimmte Wert für das magnetische Moment eines Elektrons stimmt sehr gut mit dem berechneten Wert für μ_B überein.

Das magnetische Moment der Atomkerne ist viel geringer. Als Einheit dient 1 Kernmagneton:

$$\mu_K = \frac{\mu_o e h}{4\pi m_p} = 6{,}3466 \cdot 10^{-33} \text{ Vsm} \tag{2.17}$$

(m_p Masse des Protons). Ein Kernmagneton ist somit um den Faktor $m_e/m_p = 1/1836$ kleiner als ein Bohrsches Magneton. Die Werte für das magnetische Moment der Atomkerne bewegen sich zwischen 0 und 5 Kernmagnetonen. Das magnetische Moment des Protons stimmt allerdings nicht mit dem berechneten Wert überein; es beträgt $\mu_p = +2{,}7926 \mu_K$ (das positive Vorzeichen zeigt an, daß Spin und magnetisches Moment parallel gerichtet sind). Die mangelnde Übereinstimmung führt man darauf zurück, daß die Protonen eine innere Struktur besitzen, die noch unbekannt ist. Überraschenderweise besitzen auch die ungeladenen Neutronen ein magnetisches Moment $\mu_n = -1{,}9135 \mu_K$ (das negative Vorzeichen zeigt an, daß Spin und magnetisches Moment entgegengesetzt gerichtet sind). Zur Deutung des magnetischen Moments der Neutronen nimmt man ebenfalls eine innere Struktur an, etwa derart, daß diese an der Oberfläche eine negative, im Inneren aber eine positive Ladung tragen. Für die mangelnde Übereinstimmung der theoretisch berechneten und der experimentell gefundenen magnetischen Momente der Atomkerne gibt es noch keine befriedigende Theorie.

Zur experimentellen Bestimmung der Kernmomente dienen die bereits in Abschnitt 2.3 erwähnten Verfahren: Untersuchung der Hyperfeinstruktur der Atomspektren, Mikrowellen-Spektroskopie, Radiofrequenz-Spektroskopie, Ablenkung von Molekularstrahlen in einem inhomogenen magnetischen Feld sowie der Mössbauereffekt.

Tab. 2.2 gibt eine Übersicht über die Eigenschaften von Nukliden mit gerader und ungerader Anzahl von Protonen bzw. Neutronen.

Tabelle 2.2
Übersicht über die Kerneigenschaften von g, g-, u, u-, g, u- und u, g-Kernen

Art der Kerne	Massenzahl A	Kernspin I	Magnetisches Dipolmoment μ	Statistik
g, g-Kerne	gerade	0	keine Aussage	Bose-Einstein
u, u-Kerne	gerade	1, 2, 3, 4, 6	meist positiv	Bose-Einstein
g, u-Kerne	ungerade	$\frac{1}{2}, \frac{3}{2}, \frac{5}{2}, \frac{7}{2}, \frac{9}{2}$	meist klein oft negativ	Fermi-Dirac
u, g-Kerne	ungerade	$\frac{1}{2}, \frac{3}{2}, \frac{5}{2}, \frac{7}{2}, \frac{9}{2}$	meist groß und positiv	Fermi-Dirac

Das magnetische Moment $\vec{\mu}_I$ eines Kerns ist ebenso wie der Drehimpuls ein Vektor; es wird oft angegeben durch das gyromagnetische Verhältnis oder den Kern-g-Faktor g_I:

$$\vec{\mu}_I = g_I \vec{I} \mu_K. \tag{2.18}$$

g_I kann positiv oder negativ sein, je nachdem ob Spin und magnetisches Dipolmoment gleich oder entgegengesetzt gerichtet sind.

Die magnetischen und elektrischen Eigenschaften der Atomkerne sind wichtig für die Deutung der Kerneigenschaften und für den Ablauf von Kernreaktionen. Sie gestatten außerdem Aussagen über die Struktur der Kerne. So gilt z. B. für g,g-Kerne $I=0$ und somit auch $\mu_I=0$; d. h. ein g,g-Kern besitzt kein magnetisches Moment.

Wenn der Drehimpuls und damit das magnetische Moment eines Kerns von Null verschieden sind, so führt der Kern unter dem Einfluß eines äußeren Magnetfeldes eine Präzessionsbewegung aus, deren Frequenz v_o (Larmor-Frequenz) proportional zum Kern-g-Faktor und zur Stärke des Magnetfeldes ist

$$v_o = \frac{g_I \mu_K}{h} B_o. \tag{2.19}$$

B_o ist die magnetische Flußdichte (Einheit 1 Vsm^{-2} = 1 Tesla (T)). Die Larmorfrequenz v_o für Protonen ($g_I = 5{,}5855$) beträgt in einem Magnetfeld von der Feldstärke 1 Tesla $42{,}6 \cdot 10^6$ s^{-1}, d. h. sie liegt im Gebiet der Radiofrequenzen. Berücksichtigt man die räumliche Quantisierung des Kernspins und damit des magnetischen Momentes, so ergeben sich $2I+1$ verschiedene Energieniveaus, die durch die magnetische Quantenzahl m_I charakterisiert werden. Benachbarte Niveaus sind um $\Delta m_I = \pm 1$ voneinander verschieden. Ihre Energiedifferenz beträgt

$$hv = g_I \mu_K B_o. \tag{2.20}$$

Durch Absorption oder Emission von Photonen der Frequenz

$$v = \frac{g_I \mu_K}{h} B_o ,\qquad (2.21)$$

die der Larmor-Frequenz entspricht, geht der Kern in ein benachbartes Niveau niedrigerer bzw. höherer Energie über. Der Vorgang ist unter dem Namen magnetische Kernresonanz bekannt. Die Messung der Kernresonanzspektren von Verbindungen hat eine sehr breite Anwendung gefunden und spielt für chemische Untersuchungen eine wichtige Rolle.

2.6. Elektrisches Quadrupolmoment

Das elektrische Quadrupolmoment der Kerne ist ein Maß für die Abweichung der Ladungsverteilung von der Kugelsymmetrie und erlaubt somit Aussagen über ihre Gestalt. Geht man davon aus, daß der Atomkern die Form eines Rotationsellipsoids mit den Durchmessern $2a$ (längs der Symmetrieachse) und $2b$ (senkrecht zur Symmetrieachse) hat, in dem die elektrische Ladung gleichmäßig verteilt ist, so erhält man für das elektrische Quadrupolmoment

$$Q = \frac{2}{5} Z (a^2 - b^2) = \frac{4}{5} Z \bar{r}^2 \frac{\Delta r}{\bar{r}} \qquad (2.22)$$

$\bar{r}$ ist der mittlere Radius, $\Delta r = a - b$, $\Delta r / \bar{r}$ ist der Deformationsparameter. Das Vorzeichen von Q kann positiv oder negativ sein, je nachdem ob die Gestalt des Atomkerns mehr einem Ei oder einem flachen Kreisel ähnelt.

Nuklide mit dem Kernspin $I = 0$ oder $\frac{1}{2} \frac{h}{2\pi}$ können kein elektrisches Quadrupolmoment besitzen. Für viele andere Nuklide ist das elektrische Quadrupolmoment bekannt. Es beträgt beispielsweise für ^{2}H : $Q = +0{,}00274 \cdot 10^{-24}$ cm^2 und für ^{176}Lu : $Q = +7 \cdot 10^{-24}$ cm^2.

Die Methoden zur Bestimmung des elektrischen Quadrupolmoments sind die gleichen wie diejenigen zur Bestimmung des magnetischen Dipolmoments (vgl. Abschnitt 2.5.). Sie beruhen auf der Wechselwirkung des elektrischen Quadrupolmoments des Atomkerns mit dem Gradienten des elektrischen Feldes der Elektronen in der Atomhülle.

2.7. Statistik und Parität

Die Eigenschaften einer Gruppe von Photonen oder Elektronen, Protonen, Neutronen oder Atomkernen können nicht durch die klassische Statistik beschrieben werden. Durch Anwendung der Gesetze der Quantenmechanik, die für diese Teilchen gültig sind, können zwei neue Statistiken abgeleitet werden, die Fermi-Dirac-Statistik und die Bose-Einstein-Statistik. Diese unterscheiden sich durch den Einfluß, den eine Koordinatenänderung für identische Teilchen auf die Wellenfunktion ausübt. Alle Teilchen werden durch 4 Koordinaten (3 Raumkoordinaten und ihren Spin) charakterisiert.

In der Fermi-Dirac-Statistik ändert die Wellenfunktion ihr Vorzeichen, wenn alle Koordinaten von zwei identischen Teilchen vertauscht werden (antisymmetrische Wellenfunktion). Dies bedeutet, daß jeder Quantenzustand nur durch ein Teilchen besetzt werden kann; d. h. es gilt das Pauli-Prinzip. Aus dem Experiment ergibt sich, daß folgende Teilchen der Fermi-Dirac-Statistik gehorchen (antisymmetrische Wellenfunktion): Elektronen, Protonen, Neutronen sowie alle Kerne mit ungerader Massenzahl A.

In der Bose-Einstein-Statistik ändert die Wellenfunktion ihr Vorzeichen nicht, wenn alle Koordinaten von zwei identischen Teilchen vertauscht werden (symmetrische Wellenfunktion). Das bedeutet, daß sich zwei oder mehr Teilchen im gleichen Quantenzustand befinden können; das Pauli-Prinzip gilt in diesem Falle nicht. Das Experiment zeigt, daß Photonen sowie Kerne mit gerader Massenzahl A der Bose-Einstein-Statistik, Kerne mit ungerader Massenzahl dagegen der Fermi-Dirac-Statistik gehorchen.

Damit besteht auch ein Zusammenhang zwischen dem Kernspin und der Statistik (vgl. Abschnitt 2.5): Nuklide, die der Fermi-Dirac-Statistik gehorchen, besitzen einen ungeraden halbzahligen Kernspin, Nuklide, die der Bose-Einstein-Statistik gehorchen, einen ganzzahligen Kernspin.

Die Feststellung, welcher Statistik die Nuklide gehorchen, ist wichtig für die Diskussion von Kernmodellen. Die Statistik kann aus den Intensitäten der Rotationsbanden in den Spektren von solchen zweiatomigen Molekülen ermittelt werden, die aus identischen Nukliden bestehen (z. B. H_2, D_2). Im Falle der Gültigkeit der Fermi-Dirac-Statistik sind die ungeradzahligen Rotationszustände stärker besetzt, im Falle der Gültigkeit der Bose-Einstein-Statistik die geradzahligen.

Die Parität bezieht sich ebenfalls auf die Symmetrieeigenschaft der Wellenfunktion des Kerns. Die Wellenfunktion ψ eines Teilchens ist eine Funktion der Raumkoordinaten x, y, z und der Spinquantenzahl s. Die Wahrscheinlichkeit, das Teilchen an einer bestimmten Stelle (x, y, z) und mit einem bestimmten Spin s zu finden, ist gegeben durch $|\psi|^2$. Diese Wahrscheinlichkeit darf sich nicht ändern, wenn man von einem rechtshändigen Koordinatensystem in ein linkshändiges übergeht, d. h. eine Spiegelung der Koordinaten an einer Ebene vornimmt. Da sich diese Spiegelung an einer Ebene zusammensetzen läßt aus einer Inversion (Spiegelung im Nullpunkt, d.h. die Koordinaten x, y, z, s gehen über in $-x, -y, -z, s$) und einer Drehung im Raum, genügt es, das Verhalten bei der Inversion zu betrachten; denn die Invarianz gegenüber der Drehung ist durch die Drehimpulserhaltung garantiert. Bei der Inversion muß die Wellenfunktion ψ unverändert bleiben, oder sie darf höchstens ihr Vorzeichen ändern, damit $|\psi|^2$ sich nicht ändert, d. h. damit die oben angegebene Bedingung erfüllt ist. Die Wellenfunktion ψ kann dargestellt werden als Produkt aus einer Teilfunktion der Raumkoordinaten $\psi_1(x, y, z)$ und einer Teilfunktion des Spins $\psi_2(s)$. Ändert die erste Teilfunktion ihr Vorzeichen nicht, wenn das Vorzeichen aller Raumkoordinaten geändert wird, so spricht man von gerader Parität, im anderen Falle von ungerader Parität:

$$\begin{aligned}\psi_1(-x,-y,-z) &= \psi_1(x,y,z) \quad \text{gerade Parität} \\ \psi_1(-x,-y,-z) &= -\psi_1(x,y,z) \quad \text{ungerade Parität}\end{aligned} \quad (2.23)$$

Die „innere" Parität eines Elektrons wird willkürlich als gerade definiert. Aus experimentellen Daten folgt, daß die „innere" Parität des Protons, des Neutrons und des Neutrinos ebenfalls gerade ist, während die Parität eines Photons (γ-Quants) ungerade ist.

Die Parität eines Kerns steht in Beziehung zu seinem Bahndrehimpuls. Ist die Quantenzahl des Bahndrehimpulses L eine gerade Zahl, so ist die Parität gerade; ist L eine ungerade Zahl, so ist die Parität ungerade. Ein System von Teilchen besitzt gerade Parität, wenn die Summe der Werte von L für alle Teilchen eine ganze Zahl ist, und ungerade Parität, wenn diese Summe eine ungerade halbe Zahl ist. Das bedeutet beispielsweise, daß ein System aus zwei Teilchen mit ungerader (oder gerader) Parität stets auch gerade Parität hat, während ein System aus einem Teilchen mit gerader Parität und einem Teilchen mit ungerader Parität ungerade Parität besitzt. Die Parität wird durch ein hochgestelltes + oder −Zeichen am Kerndrehimpuls angegeben.

Für die Parität gilt ähnlich wie für den Drehimpuls ein Erhaltungssatz: Bei starker Wechselwirkung und elektromagnetischer Wechselwirkung bleibt die Parität des Systems erhalten. Bei schwacher Wechselwirkung kann sich die Parität ändern (vgl. Abschn. 7.3.2). Ob ein bestimmter Kern bei einer Kernreaktion oder beim Übergang von einem Energiezustand in einen anderen seine Parität ändert, wird durch die Auswahlregeln „ja" oder „nein" angegeben. „Ja" bedeutet, daß der betreffende Kern seine Parität ändert.

2.8. Isospin und Strangeness

Die in Abschnitt 2.2 erwähnte Ladungsunabhängigkeit der Kernkräfte, die sich aus Streuexperimenten mit Nukleonen ergibt, führt zu der Vorstellung, daß das Proton und das Neutron als zwei verschiedene Zustände ein und desselben Teilchens aufgefaßt werden können. Der jeweilige Zustand des Nukleons wird durch eine Quantenzahl, den Isospin τ mit der Multiplizität $2\tau + 1$, gekennzeichnet. Für das Nukleonendublett (Proton und Neutron) gilt $\tau = \frac{1}{2}$. Diese Isospinquantenzahl ist vergleichbar mit der Spinquantenzahl, welche die Orientierung des Elektronenspins angibt. Der zugehörige Isospinvektor wird durch drei Komponenten charakterisiert, wobei die Komponente τ_z eine Aussage über die Ladung liefert. Für ein Proton gilt $\tau_z = +\frac{1}{2}$, für ein Neutron $\tau_z = -\frac{1}{2}$. Die Ladung eines Nukleons ist dann $\frac{1}{2} + \tau_z$. (In einem Teil der kernphysikalischen Literatur werden entgegengesetzte Vorzeichen für τ_z (Proton) und τ_z (Neutron) verwendet.)

Neben den Nukleonen gibt es im Spektrum der Baryonen und der Mesonen mit starker Wechselwirkung noch mehrere Gruppen von Teilchenzuständen nahezu gleicher Masse, aber verschiedener Ladung. Diese Ladungsmultipletts werden ebenfalls durch eine Isospinquantenzahl τ charakterisiert, wobei die Multiplizität, d.h. die Zahl der

Ladungszustände, ebenso wie bei den Nukleonen durch $2\tau + 1$ gegeben ist. Im Baryonenspektrum erhält man Singuletts ($\tau = 0$), Dubletts $\left(\tau = \frac{1}{2}\right)$ Tripletts ($\tau = 1$) und Quadrupletts $\left(\tau = \frac{3}{2}\right)$, im Mesonenspektrum Singuletts, Dubletts und Tripletts (vgl. Tabelle 2.1).

Auch für Systeme, die aus mehreren Nukleonen bestehen (Atomkerne), läßt sich der Isospinformalismus anwenden. Der Gesamt-Isospin eines Kerns ist gleich der Vektorsumme der Isospins der Nukleonen $\vec{T} = \Sigma \vec{\tau}_i$. Am wichtigsten ist auch hier wiederum die Komponente T_z, die der Beobachtung zugänglich ist. Für ein bestimmtes T gibt es $(2T + 1)$ mögliche Werte von T_z. Da τ_z nur die Werte $+\frac{1}{2}$(Proton) oder $-\frac{1}{2}$(Neutron) annehmen kann, folgt

$$T_z = \Sigma \tau_z = \frac{1}{2}(Z - N) \qquad (2.24)$$

$|T_z|$ ist damit gleich dem halben Neutronenüberschuß. Benachbarte isobare Kerne unterscheiden sich um eine Einheit in T_z voneinander. Deshalb erhielt T ursprünglich den Namen „Isobarenspin", der dann zu „Isospin" verkürzt wurde.

Im Falle des Deuterons ist $T_z = 0$, und der Grundzustand ist ein Spin-Triplett-Zustand mit $I = 1$. Für die Massenzahl A = 3 gibt es zwei Möglichkeiten: ^{3}H mit $T_z = -\frac{1}{2}$ und ^{3}He mit $T_z = +\frac{1}{2}$. Hohe Symmetrie und damit auch hohe Stabilität besitzt das ^{4}He mit $T_z = 0$ und $I = 0$. Isobare Kerne, die ineinander übergehen, wenn man die Zahl der Protonen und die Zahl der Neutronen miteinander vertauscht, heißen Spiegelkerne. Spiegelkerne 1. Ordnung sind z. B. $^3_1$H und $^3_2$He. Für sie gilt $T_z = \mp \frac{1}{2}$. Für Spiegelkerne 2. Ordnung (z. B. $^8_3$Be, $^8_5$B) ist $T_z = \pm 1$.

Hinsichtlich des Isospins gelten folgende Erhaltungssätze: Im Falle der starken Wechselwirkung bleibt der Isospin erhalten ($\Delta T = 0$), bei der elektromagnetischen Wechselwirkung ist die Erhaltung des Isospins nicht erforderlich ($\Delta T = 0, 1$), lediglich die Komponente T_z bleibt erhalten ($\Delta T_z = 0$), und im Falle der schwachen Wechselwirkung ist weder die Erhaltung des Isospins erforderlich $\left(\Delta T = 0, \frac{1}{2}, 1 \ldots\right)$, noch die Erhaltung der Komponente T_z ($\Delta T_z = \pm 1, 0$).

Bei hochenergetischen Reaktionen der starken Wechselwirkung beobachtet man, daß zwei Baryonen oder Mesonen gleichzeitig erzeugt werden. Dies weist auf eine weitere Symmetriegröße hin, die man Strangeness oder Seltsamkeit S nennt. Sie wird festgelegt durch die Beziehung

$$S = 2(Q - \tau_z) - B \qquad (2.25)$$

Q ist die Ladungszahl in Einheiten der Elementarladung, B die Baryonenzahl und τ_z die z-Komponente des Isospins. Für die Nukleonen und die π-Mesonen ergibt sich damit die Strangeness 0. Λ- und Σ-Hyperonen haben die Strangeness $S = -1$ und die gleichzeitig erzeugten K-Mesonen die Strangeness $S = +1$. Da Ladungszahl und Baryonenzahl immer erhalten bleiben, die Isospinkomponente τ_z aber nur im Falle der starken und der elektromagnetischen Wechselwirkung (s. oben), bleibt die Strangeness ebenfalls nur im Falle der starken und der elektromagnetischen Wechselwirkung erhalten, nicht notwendigerweise im Falle der schwachen Wechselwirkung ($\Delta S = 0, \pm 1$).

Eine Konsequenz der Erhaltung der Strangeness bei starker und elektromagnetischer Wechselwirkung ist, daß Λ-Teilchen sowie Σ-, Ξ- und Ω-Hyperonen nur durch schwache Wechselwirkung in einen Zustand mit anderer Strangeness zerfallen können, da der Massenunterschied nicht ausreicht, um mit starker Wechselwirkung ein K-Meson mit $S = -1$ zu erzeugen (Beispiel: $\Lambda \xrightarrow{2,5 \cdot 10^{-10}\,s} p + \pi^-, n + \pi^\circ$).

Für die Beschreibung der Multipletts im Baryonenspektrum erscheint es ausreichend, wenn man von drei Basiszuständen ausgeht, von denen zwei ein Isospindublett bilden und die Strangeness $S = 0$ haben, während der dritte Basiszustand ein Isospinsingulett ist und die Strangeness $S = -1$ besitzt. Diese drei Basiszustände werden auch als Quarks bezeichnet (s. oben). Jedes dieser Quarks ist durch einen Satz von Quantenzahlen charakterisiert. Die Multipletts des Baryonenspektrums lassen sich durch Kombinationen dieser Quarks darstellen, beispielsweise durch das Produkt von drei Quarks. Die Multipletts des Bosonenspektrums können gebildet werden durch das Produkt von einem Quark und einem Antiquark.

2.9. Energiediagramme

Zur Beschreibung der Energiezustände und der Energieübergänge von Atomkernen sowie zur Beschreibung der Energieänderungen bei Kernreaktionen benutzt man Energiediagramme. Da Energie und Masse äquivalent sind, geben diese Diagramme auch die Massenänderungen an. Bei geladenen Teilchen sind die Elektronen der Atomhülle stets mitgerechnet. Nuklide mit verschiedener Ordnungszahl werden nebeneinander angeordnet, und zwar in der Reihenfolge steigender Ordnungszahlen. Aus solchen Diagrammen können die Energiebeträge, die beim Übergang eines Nuklids vom angeregten Zustand in den Grundzustand oder beim radioaktiven Zerfall frei werden, direkt abgelesen werden (Zerfallschema).

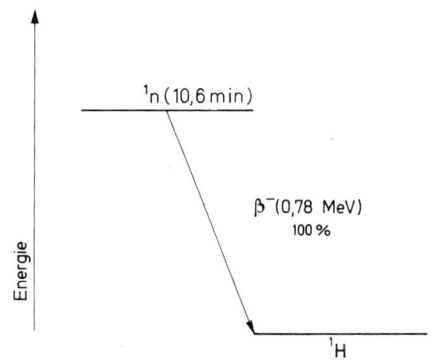

Abb. (2–5) Energiediagramm für den Zerfall eines in Ruhe befindlichen Neutrons (Schwerpunktsystem).

2. Eigenschaften der Atomkerne

Als einfaches Beispiel ist in Abb. (2–5) der Zerfall eines Neutrons in einem Energiediagramm aufgezeichnet. Die Energiedifferenz wird beim Übergang eines Neutrons in ein Proton frei; das Proton wird als Wasserstoffatom gerechnet (d. h. Proton + Elektron). Als weiteres Beispiel sind in Abb.(2–6) die Energien für verschiedene Kombinationen von 2 Protonen und 2 Neutronen angegeben. Die obere Bezugslinie entspricht einem System von 2 Wasserstoffatomen und 2 freien Neutronen. Geht man davon zu zwei Deuteriumatomen über,

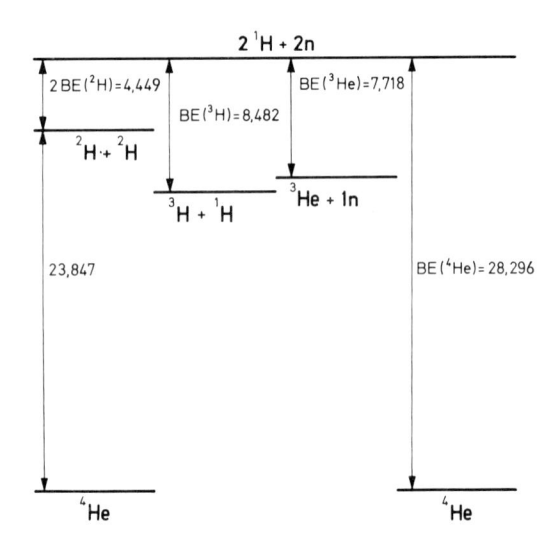

Abb. (2–6) Energiediagramm für verschiedene Kombinationen von 2 Protonen und 2 Neutronen (Energien in MeV).

so findet man für die Bindungsenergie $2\,BE\,(^2\text{H}) = 4{,}449$ MeV. Ein besonders hoher Energiebetrag wird frei, wenn ein Heliumatom entsteht (28,296 MeV). Außerdem kann man aus diesem Diagramm direkt ablesen, daß bei der Bildung eines Heliumatoms aus 2 Deuteriumatomen ein Energiebetrag von 23,847 MeV frei wird. Derartige Reaktionen spielen bei der Kernfusion eine wichtige Rolle.

In Abb. (2–7) sind neben den Grundzuständen des C–12 und seiner benachbarten Isobaren auch einige angeregte Zustände eingezeichnet. Der β^--Zerfall des B–12 führt entweder zum Grundzustand des C–12 oder zu einem angeregten Zustand. Im letzteren Falle wird die Anregungsenergie in einer Stufe oder in mehreren Stufen durch Aussendung von γ-Quanten abgegeben. Die Energie dieser γ-Quanten kann aus dem Energiediagramm abgelesen werden.

In den Energiediagrammen der Nuklide sind häufig auch der Kernspin und die Parität eingetragen. So bedeuten $I = 2+$: Kernspin 2, gerade Parität; $I = \frac{5}{2}-$: Kernspin $\frac{5}{2}$, ungerade Parität.

In Abb. (2–8) ist ein einfaches Beispiel für ein Energiediagramm aufgezeichnet. Solche Energiediagramme sind für die Diskussion von

2.9. Energiediagramme

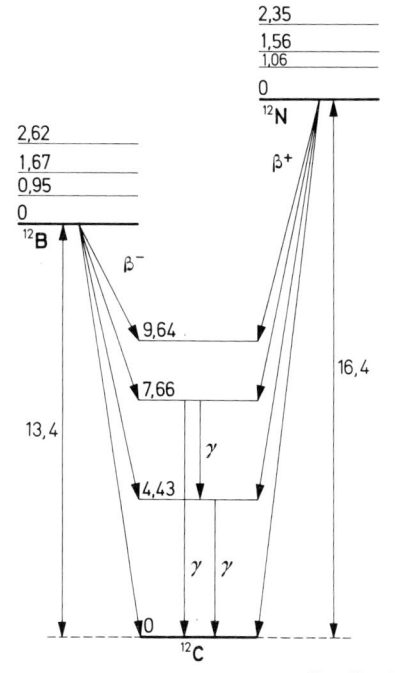

Abb. (2–7) Energiediagramm für die isobaren Nuklide ^{12}B, ^{12}C, ^{12}N (Energien in MeV).

Kernreaktionen wichtig. Neben der Art der Umwandlung ist die Energie bzw. Maximalenergie der Strahlung angegeben, beim Elektroneneinfang die Zerfallsenergie ΔE, die im wesentlichen an ein Neutrino abgegeben wird (vgl. Abschn. 7.1.2). Beim α-, β- und γ-Zerfall setzt sich die Zerfallsenergie ΔE aus der Energie bzw. Maximalenergie der Strahlung und der Rückstoßenergie des Kerns zusammen; beim β^+-

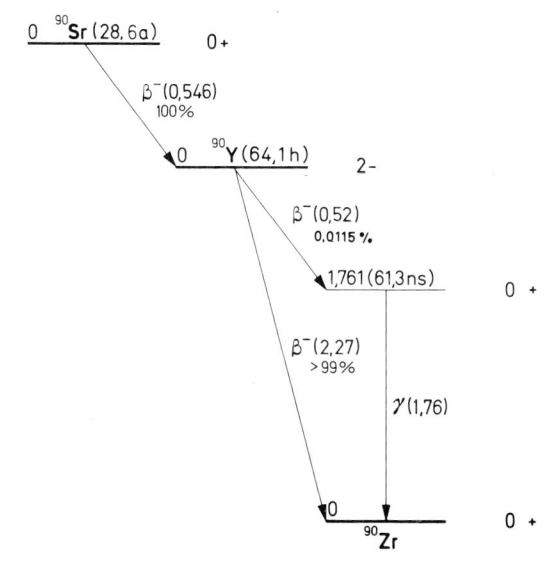

Abb. (2–8) Energiediagramm (mit Kernspin und Parität) für den Zerfall des ^{90}Sr (Energien in MeV).

Zerfall ist die Zerfallsenergie außerdem um $2\,m_e c^2 = 1{,}022$ MeV größer als die Maximalenergie der Strahlung. Die Einzelheiten werden in Kapitel 7 erläutert.

2.10. Kernmodelle

Da es noch nicht gelang, eine befriedigende Theorie von der Struktur der Atomkerne aufzustellen, wurden verschiedene Modellvorstellungen entwickelt. Jedes Modell erlaubt die Deutung und zum Teil auch die quantitative Beschreibung einiger Eigenschaften der Atomkerne, aber kein Modell ermöglicht die Erklärung aller Eigenschaften.

Zwei Modelle wurden bereits in Kapitel 1 erwähnt, das Schalenmodell und das Tröpfchenmodell. Das Schalenmodell erlaubt es, die Beobachtung zu beschreiben, daß bei bestimmten Protonenzahlen Z und Neutronenzahlen N besonders stabile bzw. besonders viele stabile Nuklide auftreten. Diese Zahlen sind (vgl. Nuklidkarte) 2, 8, 20, 50, 82, 126 (magische Zahlen). Die besondere Stabilität der Nuklide, bei denen sowohl Z als auch N magische Zahlen sind (z. B. $^{4}_{2}$He, $^{16}_{8}$O), wird einerseits durch sehr hohe Bindungsenergien angezeigt (vgl. Tab. 1.4), andererseits durch große Häufigkeit in der Natur. Blei ($Z = 82$) tritt als stabiles Endprodukt in den radioaktiven Zerfallsreihen des Urans und Thoriums auf. Radionuklide mit 126 Neutronen zeigen lange Halbwertzeiten und niedrige Zerfallsenergien (z. B. At–211, Po–210). Benachbarte Nuklide, die durch radioaktiven Zerfall $N = 126$ erreichen können, haben besonders kurze Halbwertzeiten und hohe Zerfallsenergien (z. B. At–213, Po–212); Bi–209, das ebenfalls 126 Neutronen besitzt, ist stabil. Außerdem zeigen die Nuklide mit den Neutronenzahlen $N = 2, 8, 20, 50, 82, 126$ sehr kleine Einfangquerschnitte für thermische Neutronen, und die Bindungsenergien für ein zusätzliches Neutron sind verhältnismäßig klein. Auch mit dem Auftreten isomerer Kerne besteht ein Zusammenhang: Dicht unterhalb der magischen Zahlen 50, 82 und 126 treten besonders häufig isomere Zustände auf. Dicht oberhalb der magischen Zahlen dagegen werden keine Kernisomere gefunden.

Diese Beobachtungen führten zu der Auffassung, daß die Protonen und die Neutronen innerhalb der Kerne in Schalen angeordnet sind, ähnlich wie die Elektronen in der Atomhülle. Es wird angenommen, daß die Nukleonen sich auf bestimmten Bahnen bewegen, die durch das von der Gesamtheit der Nukleonen erzeugte Potential bestimmt sind; die Wechselwirkung zwischen den einzelnen Nukleonen sollte dabei von untergeordneter Bedeutung sein. Dieses Modell wird als Modell der unabhängigen Teilchen oder als Schalenmodell bezeichnet. Die Analogie zum Verhalten der Elektronen im Kraftfeld des Kerns kommt in diesem Modell deutlich zum Ausdruck: Das von den Nukleonen erzeugte Kraftfeld im Kern entspricht dem Coulombschen Kraftfeld in der Atomhülle, der Quantenzustand des Nukleons dem Quantenzustand eines Elektrons in der Hülle. Um Übereinstimmung mit den experimentellen Ergebnissen zu erhalten, ist es zusätzlich notwendig anzunehmen, daß die Energie eines Nukleons verschieden ist, je nachdem, ob sein Eigendrehimpuls und sein Bahndrehimpuls parallel oder antiparallel gerichtet sind (starke Spin-Bahn-Kopplung). Dies ist zwar theoretisch noch nicht verständlich, die Rechnung ergibt jedoch die richtigen Werte. Mit 2, 8, 20, 50, 82 und 126 Teilchen sind die Schalen aufgefüllt. Die Ergebnisse einer solchen Behandlung sind in Abb. (2–9) aufgezeichnet.

Das Schalenmodell liefert auch richtige Werte für den Gesamtdrehimpuls der Kerne mit ungerader Nukleonenzahl im Grundzustand. Die magnetischen Dipolmomente und die elektrischen Quadrupolmomente können ebenfalls auf Grund des Schalenmodells gedeutet werden. So sind die Quadrupolmomente bei den Ordnungszahlen $Z = 2, 8, 20, 50$ und 82 sehr klein oder Null. Beginnt die Auffüllung einer neuen Schale, so ist das Quadrupolmoment zunächst negativ; es wird dann mit steigender Protonenzahl positiv, erreicht einen Maximalwert, wenn die Schale etwa zu zwei Drittel gefüllt ist, und fällt dann wieder ab. In manchen Fällen ist das Quadrupolmoment aller-

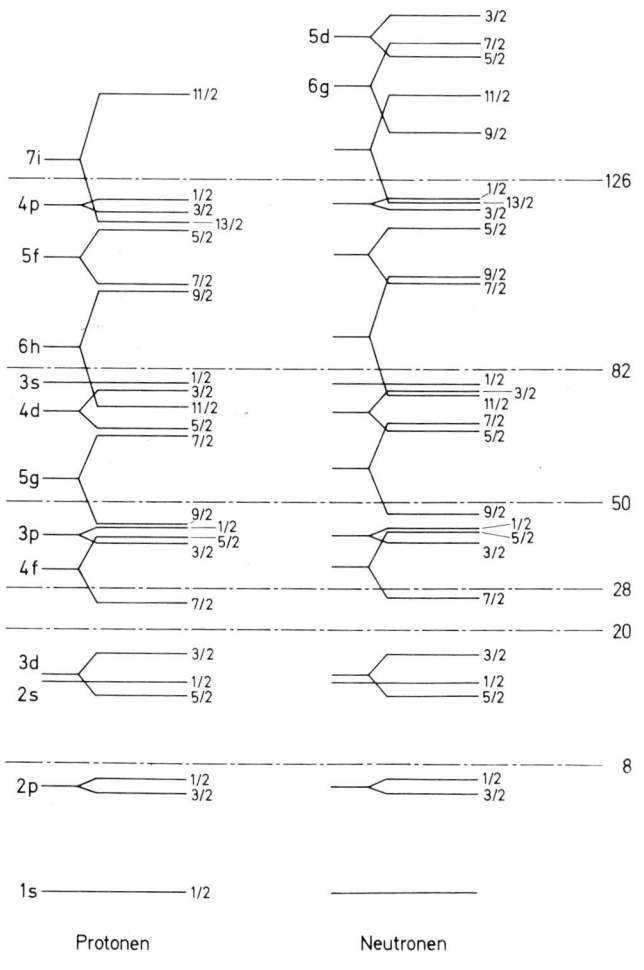

Abb. (2–9) Schalenmodell des Atomkerns (Modell der unabhängigen Teilchen). Aus P. E. A. KLINKENBURG: Rev. mod. Physics **24** (1952) 63.

dings sehr hoch; man nimmt an, daß dann der gesamte Kern (d. h. auch die aufgefüllten Schalen) unter dem Einfluß der Nukleonen der nicht aufgefüllten Schale deformiert wird.

Auf das Tröpfchenmodell des Atomkerns wurde bereits in den Abschnitten 1.5 und 2.2 Bezug genommen, insbesondere zur Erläuterung der Kernkräfte. Dieses Modell erlaubt die Deutung einer Reihe von Kerneigenschaften, die auf Grund des Schalenmodells nicht erklärt werden können. Zu diesen Eigenschaften gehören: die nahezu konstante Dichte der Atomkerne, die nahezu konstante Bindungsenergie pro Nukleon, die systematische Änderung der Energie der α-Strahlen mit N und Z, die Instabilität der schweren Kerne, die Spaltbarkeit des U–235 und anderer Nuklide mit ungerader Neutronenzahl durch thermische Neutronen.

Das Tröpfchenmodell unterscheidet sich deutlich von dem Modell der unabhängigen Teilchen (Schalenmodell). Bei dem Schalenmodell wird nur eine schwache Wechselwirkung der Nukleonen angenommen, beim Tröpfchenmodell dagegen eine starke Wechselwirkung. Das Tröpfchenmodell führt zur Aufstellung der Weizsäckerschen Formel für die Bindungsenergie der Nukleonen im Kern (Abschnitt 1.5). Es entspricht außerdem der von BOHR entwickelten Vorstellung vom Compound-Kern bei Kernreaktionen (vgl. Abschnitt 8.1). Das Tröpfchenmodell kann allerdings nur einen Teil der auftretenden angeregten Zustände eines Kerns (Schwingungen des Tropfens) befriedigend erklären; daneben gibt es Einteilchenanregungen, die aus dem Schalenmodell verständlich sind. Als recht brauchbar für die Deutung der Kernspaltung erweist sich das Bild von einem oszillierenden Tropfen, der sich mit wachsender Größe (wachsender Nukleonenzahl) immer stärker deformieren kann, besonders dann, wenn von außen eine Anregungsenergie zugeführt wird (z. B. durch Einfang eines Neutrons).

Das Tröpfchenmodell beschreibt das Verhalten der Gesamtheit der Nukleonen. Die individuellen Eigenschaften der Nukleonen im Kern werden besser durch das Schalenmodell erfaßt. Deshalb sucht man nach einem übergeordneten Modell, das sowohl das Gesamtverhalten als auch die Eigenschaften der einzelnen Nukleonen im Kern richtig beschreibt. Ein solches Modell ist das Kollektivmodell. Nach diesem Modell besitzt der Atomkern einen kugelsymmetrischen Rumpf, der in Wechselwirkung mit den äußeren Nukleonen („Valenznukleonen") steht. Das kollektive Modell hat sich besonders bewährt für die Behandlung angeregter Zustände bis etwa 1 MeV. Es wird angenommen, daß die angeregten Energiezustände durch Rotation und Schwingung des Rumpfes sowie durch Einteilchenzustände der äußeren Nukleonen zustande kommen. Die Anregung unterscheidet sich somit deutlich von den Einnukleonenzuständen des Schalenmodells. Um nach dem letzteren Modell ein Nukleon von einem Einteilchenzustand in den nächst höheren zu bringen, bedarf es einer Energie von etwa 1 MeV. Die Anregungsenergien von Kollektivzuständen schwererer Kerne liegen jedoch in der Größenordnung von 0,1 MeV. Das kollektive Modell wurde in den vergangenen Jahren durch eine Reihe von Untersuchungen ausgebaut und verfeinert. So wurden mit Hilfe der elektromagnetischen Wechselwirkung die Oberflächenschwingungen von sphärischen Kernen studiert, ferner kollektive Bewegungen sowie Rotationen und Schwingungen von deformierten Kernen.

Bei höheren Anregungsenergien erweist sich das Modell der unabhängigen Teilchen (Schalenmodell) als völlig unzureichend. Ein Teilchen, das auf den Kern auftrifft, tritt im allgemeinen mit allen Nukleonen des Kerns in Wechselwirkung; die Anregungsenergie wird aufgeteilt. Für die Behandlung von Kernreaktionen und Streuprozessen bis zu Energien von etwa 100 MeV ist das optische Modell nützlich. Man nimmt dabei an, daß der Kern einerseits eine gewisse Durchlässigkeit für ein einfallendes Teilchen besitzt, daß andererseits aber die Nukleonen des Kerns mit dem einfallenden Teilchen in Wechselwirkung treten. Da in der Optik die Wechselwirkungen von Licht mit Materie in ähnlicher Weise beschrieben werden, spricht man vom optischen Modell. So zeigt z. B. die Winkelverteilung von Nukleonen, die an schweren Kernen gestreut werden, eine Beugungsstruktur.

Literatur zu Kapitel 2

1. W. FINKELNBURG: Einführung in die Atomphysik. Springer-Verlag, Berlin–Heidelberg–New York, 11./12. Aufl. 1976.
2. H. BUCKA: Atomkerne und Elementarteilchen, W. de Gruyter Berlin/New York 1973.
3. H. LINDNER: Grundriß der Atom- und Kernphysik, 11., verb. Aufl., Fachbuchverlag, Leipzig 1975.
4. P. HUBER: Einführung in die Physik, Bd. III/2 Kernphysik, Ernst Reinhardt Verlag, München–Basel 1972.
5. T. MAYER-KUCKUK: Physik der Atomkerne, 2. Aufl., B.G. Teubner, Stuttgart 1974.
6. R.D. EVANS: The Atomic Nucleus. McGraw-Hill Book Comp., New York 1955.
7. H. v. BUTTLAR: Einführung in die Grundlagen der Kernphysik, Akademische Verlagsgesellschaft, Frankfurt a.M. 1964.
8. E. BODENSTEDT: Experimente der Kernphysik und ihre Deutung, Bd. I bis III, Bibliogr. Inst. Mannheim–Wien–Zürich 1972–73.
9. M. EISENBERG, W. GREINER: Microscopic Theory of the Nucleus, North Holland Publish. Comp. Amsterdam 1972.
10. C.N. YANG: Elementarteilchen, W. de Gruyter, Berlin/New York 1972.
11. G.L. WICK: Elementarteilchen, Verlag Chemie, Weinheim 1974.
12. C.S. WU, L. WILETS: Ann. Rev. Nucl. Sci. **19**, 527 (1969).
13. N.Y. KIM: Mesic Atoms and Nuclear Structure, North Holland Publish. Comp., Amsterdam 1971.
14. LANDOLT-BÖRNSTEIN: Zahlenwerte und Funktionen aus Physik, Chemie, Astronomie, Geophysik und Technik. 6. Aufl. Bd. I: Atom- und Molekularphysik. Tl. 5: Atomkerne und Elementarteilchen. Hrsg. K. H. HELLWEGE. Springer-Verlag, Berlin–Göttingen–Heidelberg 1952.
15. LANDOLT-BÖRNSTEIN: Zahlenwerte und Funktionen aus Naturwissenschaften und Technik. Neue Serie. Gruppe I: Kernphysik und Kerntechnik. Bd. I: Energie-Niveaus der Kerne $A = 5$ bis $A = 257$. Hrsg. A. M. HELLWEGE u. K. H. HELLWEGE. Springer-Verlag, Berlin–Göttingen–Heidelberg 1961.
16. Table of Isotopes, Hrsg. C.M. LEDERER and V.S. SHIRLEY, John Wiley and Sons, New York, 7. Auflage 1978.

Übungen zu Kapitel 2

2. Eigenschaften der Atomkerne

1. Unter Verwendung des Wertes $r_o = 1{,}4$ fm zeichne man den effektiven Durchmesser der Atomkerne als Funktion der Massenzahl A.

2. Wie groß ist die Quantenzahl T_z im Grundzustand für den Isospin von O–16, J–127 und U–238?

3. Wie groß ist das Massenäquivalent eines Photons mit einer Energie von 1 MeV?

4. Wie groß ist der Kernspin (Quantenzahl für den Kerndrehimpuls) von S–32 und Ca–40 im Grundzustand?

5. Man zeige mit Hilfe des Erhaltungssatzes für den Kernspin am Beispiel des N–14, daß die Proton-Elektron-Hypothese vom Aufbau der Atomkerne nicht richtig sein kann.

6. Welches Verhältnis der Hauptachsen berechnet man für den $+7 \cdot 10^{-24}$ cm^2? (In erster Näherung rechne man mit $a = r_o \cdot A^{1/3}$, $r_o = 1{,}4$ fm).

7. Man zeichne das Energiediagramm für den radioaktiven Zerfall des Na–24.

3. Isotopieeffekte

3.1. Unterschiede in den Eigenschaften isotoper Nuklide

Bei der Einführung des Begriffes der Isotopie definierte SODDY (1913) die Isotope als Atomarten, die den gleichen Platz im Periodensystem besetzen (d. h. chemisch identisch sind) und sehr wahrscheinlich auf Grund ihrer physikalischen Eigenschaften nicht getrennt werden können. Tatsächlich sind aber Unterschiede in den Eigenschaften vorhanden, die um so deutlicher in Erscheinung treten, je größer der relative Massenunterschied ist. Beim Element Wasserstoff benutzt man sogar verschiedene Bezeichnungen für die einzelnen Isotope: $^2H = D$ (Deuterium), $^3H = T$ (Tritium).

Die Unterschiede im Verhalten isotoper Nuklide lassen sich in zwei Gruppen einteilen:
1. Unterschiede, die auf speziellen Kerneigenschaften beruhen (z. B. Kernspin, Statistik, Wirkungsquerschnitt, Energiezustände),
2. Unterschiede, die ausschließlich auf die verschiedene Masse zurückzuführen sind. In diesem Fall spricht man von Isotopieeffekten.

1. Unterschiede auf Grund verschiedener spezieller Kerneigenschaften

Die Unterschiede in den Kerneigenschaften einzelner Isotope sind oft sehr ausgeprägt, insbesondere hinsichtlich des Wirkungsquerschnitts für Kernreaktionen. Davon wird in Abschnitt 4.1 etwas ausführlicher die Rede sein. Diese Unterschiede spielen eine wichtige Rolle für den Betrieb von Kernreaktoren und geben deshalb Veranlassung zum Aufbau großtechnischer Anlagen für die Isotopentrennung.

Sehr deutliche Unterschiede findet man auch bei Ortho- und Parawasserstoff. In Orthowasserstoff (o–H_2) ist der Kernspin der beiden Wasserstoffatome parallel, in Parawasserstoff (p–H_2) antiparallel gerichtet. Daraus ergeben sich Unterschiede in der Rotationsenergie und den Rotationsspektren, der spezifischen Wärme, der Wärmeleitfähigkeit und der Viskosität. Bei tiefer Temperatur ist im Gleichgewicht vorwiegend p–H_2 vorhanden, der die Rotationsenergie 0 besitzt ($J = 0$). Bei Raumtemperatur ist das Verhältnis Orthowasserstoff : Parawasserstoff ≈ 3 für H_2 und ≈ 2 für D_2. Die Umwandlungsgeschwindigkeit Orthowasserstoff → Parawasserstoff ist für H_2 etwa 2- bis 4mal größer als für D_2. Die Umwandlung kann entweder durch Temperaturerhöhung oder durch Wechselwirkung mit paramagnetischen Substanzen beschleunigt werden.

Bei Helium treten ebenfalls Unterschiede auf, aber von anderer Art als bei Wasserstoff. He–4 gehorcht der Bose-Einstein-Statistik,

He–3 dagegen der Fermi-Dirac-Statistik. He–4 zeigt eine allotrope Umwandlung bei 2,18 K. Die unterhalb dieser Temperatur beständige He(II)-Modifikation besitzt sehr ungewöhnliche Eigenschaften (Supraleitfähigkeit und Superfluidität). Bei He–3 tritt diese Modifikation nicht auf.

2. Unterschiede auf Grund verschiedener Masse (Isotopieeffekte)

Die Unterschiede, die auf der verschiedenen Masse beruhen, sind im allgemeinen recht klein, sie können aber zur Trennung dienen. So findet man Unterschiede in den physikalischen Eigenschaften (z. B. Schmelzpunkt, Siedepunkt, Dichte, Dampfdruck), in den Schwingungs- und Rotationsspektren von Molekülen, in einzelnen Fällen auch in der Struktur fester Verbindungen.

Die Unterschiede in den physikalischen Eigenschaften (Dichte, Schmelzpunkt, Siedepunkt u. a.) sind am stärksten ausgeprägt bei Wasserstoff und seinen Verbindungen. In Tab. 3.1 sind die physikalischen Eigenschaften von Wasserstoff zusammengestellt, in Tab. 3.2 die des Wassers.

Das Dampfdruckverhältnis der aus verschiedenen Isotopen bestehenden Moleküle kann durch folgende empirische Beziehung beschrieben werden:

$$\lg \frac{p_1}{p_2} = \frac{a}{T} + b. \qquad (3.1)$$

Für H_2O und D_2O gilt: $a = 55{,}32$; $b = -0{,}1267$; für $H_2^{16}O$ und $H_2^{18}O$ gilt: $a = 3{,}20$; $b = -0{,}0068$.

Tabelle 3.1
Physikalische Eigenschaften von Wasserstoff

Eigenschaften	H_2	HD	D_2	T_2
Siedepunkt in K	20,39	22,13	23,67	25,04
Gefrierpunkt in K	13,95	16,60	18,65	–
Verdampfungswärme beim Siedepunkt in J mol^{-1}	904	–	1226	1394
Schmelzwärme in J mol^{-1}	117	155	197	–
Kritische Temperatur in K	32,99	35,41	38,96	–
Kritischer Druck in bar	12,94	14,83	16,49	–
Kritisches Volumen in cm^3 mol^{-1}	65,5	62,3	60,3	–
Tripelpunkt in K	13,96	16,6	18,73	20,62
Druck beim Tripelpunkt in mbar	72,0	123,7	171,4	215,5
Dichte im flüssigen Zustand in g cm^{-3}	0,08	–	0,170	0,182
Enthalpie $\Delta H°$ bei 25°C in kJ mol^{-1}	0	+0,63	0	0
Freie Enthalpie $\Delta G°$ in kJ mol^{-1}	0	−1,51	0	0
Entropie $S°$ in kJ mol^{-1} K^{-1}	130,7	143,9	144,9	164,9

Werte aus:
  E. R. Grilly: J. Amer. chem. Soc. **73** (1951) 843, 5307.
  H. J. Hoge, R. D. Arnold: J. Res. natl. Bur. Standards **47** (1951) 63.
  H. J. Hoge, J. W. Lassiter: J. Res. natl. Bur. Standards **47** (1951) 75.
  A. H. Kimball, H. C. Urey, J. Kirshenbaum: Bibliography on Heavy Hydrogen Compounds. McGraw-Hill Book Comp., New York 1949.

Tabelle 3.2
Physikalische Eigenschaften von H_2O und D_2O

Eigenschaften	H_2O	D_2O
Siedepunkt in °C	100	101,42
Gefrierpunkt in °C	0	3,8
Temperatur des Dichtemaximums in °C	3,96	11,6
Verdampfungswärme bei 25 °C in kJ mol^{-1}	44,011	45,388
Schmelzwärme in kJ mol^{-1}	6,010	6,341
Dichte bei 20 °C in g cm^{-3}	0,99823	1,10530
Maximale Dichte in g cm^{-3}	1,000 bei 4 °C	1,106 bei 11,6 °C
Dielektrizitätskonstante bei 25 °C	78,54	77,936
Kryoskopische Konstante in K · g · mol^{-1}	1,859	2,050
Viskosität bei 25 °C in Pa · s	$8,91 \cdot 10^{-4}$	$10,99 \cdot 10^{-4}$
Ionenprodukt bei 25 °C in mol^2 l^{-2}	$1,01 \cdot 10^{-14}$	$0,195 \cdot 10^{-14}$
Nullpunktsenergie in J mol^{-1}	55,328	40,449
Elektrodenpotential H_2/H^+ bei 25 °C in Volt	0	−0,0035 in D_2O
Ionenbeweglichkeit H_3O^+ bzw. D_3O^+ bei 18 °C in Ohm^{-1} cm^2 mol^{-1}	315,2	213,7
Ionenbeweglichkeit OH^- bzw. OD^- bei 25 °C in Ohm^{-1} cm^2 mol^{-1}	197,6	119,0

	H_2O gasförmig	H_2O flüssig	D_2O gasförmig	D_2O flüssig
$\Delta H°$ in kJ mol^{-1}	−241,92	−285,95	−247,99	−294,66
$\Delta G°$ in kJ mol^{-1}	−228,65	−237,23	−233,30	−243,97
Entropie in J mol^{-1} K^{-1}	188,89	69,77	198,31	75,67

Werte aus:

J. Kirshenbaum: The Physical Properties of Heavy Water. McGraw-Hill Book Comp., New York 1954.

A. I. Brodsky: Isotopenchemie. Akademie der Wissenschaften, Moskau 1957 (russ.).

In schwerem Wasser (D_2O) ist die Löslichkeit vieler Salze und organischer Verbindungen niedriger als in normalem Wasser (H_2O); die Unterschiede betragen bis zu 30%. Außerdem ist die Ionenbeweglichkeit und damit die Leitfähigkeit von Elektrolyten in D_2O geringer als in H_2O; auch die Dissoziationskonstanten der Säuren und Basen sind in D_2O kleiner.

Wenn feste Verbindungen Wasserstoffatome enthalten, so ist es für die Struktur manchmal von großer Bedeutung, ob H-Atome oder D-Atome vorhanden sind. So zeigt KD_2PO_4 eine andere Struktur als KH_2PO_4. In organischen Verbindungen wurde bei der Substitution von H durch D eine meßbare optische Aktivität gefunden, z. B. in α-Deuteroethylbenzol, $C_6H_5CHDCH_3$, $[\alpha]_D^{25} = -0,30°$.

Im Bereich sehr tiefer Temperaturen zeigen Mischungen von H_2 und D_2 bzw. He–4 und He–3 Abweichungen vom Raoultschen Gesetz und vom Verhalten idealer Lösungen. Dies ist nach PRIGOGINE auf eine zusätzliche Mischungswärme zurückzuführen, die auf den Massenunterschieden beruht. Bei 0 K ist der stabilste Zustand dadurch gegeben, daß die Isotope getrennt vorliegen.

Auch bei mittelschweren und schweren Elementen treten mannigfache Isotopieeffekte auf. Am bekanntesten ist die Isotopenverschiebung der Spektrallinien. Ein Beispiel ist in Tab. 3.3 angegeben.

Tabelle 3.3
Verschiebung der Spektrallinien bei Uranisotopen

Uranisotop	Wellenlänge λ der Spektrallinie in nm	Verschiebung $\Delta\lambda$ gegenüber ^{238}U in nm
^{238}U	424,4373	—
^{236}U	424,4226	0,0147 ± 0,0010
^{235}U	424,4122	0,0251 ± 0,0002
^{234}U	424,4075	0,0298 ± 0,0003
^{233}U	424,3977	0,0396 ± 0,0005

Werte aus:
D. D. SMITH, G. L. STUKENBROEKER, J. R. MCNALLY jr.: Physic. Rev. **84** (1951) 383.

Die Unterschiede in den Schwingungsspektren von Molekülen, die verschiedene Isotope enthalten, sind verhältnismäßig gut erfaßbar. So beträgt die Schwingungsenergie eines zweiatomigen Moleküls AB

$$E_s = \left(v + \frac{1}{2}\right)hv - \left(v + \frac{1}{2}\right)^2 hxv. \qquad (3.2)$$

v ist die Schwingungsquantenzahl (v=0, 1, 2....), h die Plancksche Konstante und v die Schwingungsfrequenz. Der erste Term auf der rechten Seite berücksichtigt den harmonischen, der zweite Term den nicht-harmonischen Schwingungsanteil; x ist die Konstante für den nicht-harmonischen Schwingungsanteil. Die Schwingungsfrequenz v ist gegeben durch

$$v = \frac{1}{2\pi}\sqrt{\frac{k}{\mu}}; \qquad (3.3)$$

k ist die Kraftkonstante und μ die reduzierte Masse,

$$\mu = \frac{M_A \cdot M_B}{M_A + M_B}. \qquad (3.4)$$

Tritt anstelle des Isotops mit der Masse M_A das Isotop mit der Masse M_A' (reduzierte Masse μ'), so gilt für die Schwingungsfrequenz v'

$$\frac{v'}{v} = \sqrt{\frac{\mu}{\mu'}}. \qquad (3.5)$$

Berücksichtigt man nur den harmonischen Anteil der Schwingungsenergie, so ist

$$\frac{E'_s}{E_s} = \sqrt{\frac{\mu}{\mu'}}, \qquad (3.6)$$

d. h., das Molekül mit dem schwereren Isotop besitzt eine niedrigere Schwingungsenergie. Auch die Nullpunktsenergien sind verschieden. Sie sind gegeben durch

$$E_o = \frac{1}{2} h\nu_o. \qquad (3.7)$$

(Schwingungsquantenzahl $v = 0$). In Tab. 3.4 sind Grundfrequenzen, Nullpunktsenergien und Dissoziationsenergien für einige Moleküle AB zusammengestellt, die verschiedene Isotope enthalten. Die Unterschiede in der Dissoziationsenergie entsprechen ungefähr den Unterschieden in der Schwingungsenergie.

Auch die Rotationsspektren von Molekülen mit verschiedenen Isotopen zeigen Unterschiede, allerdings in geringerem Umfang als die Schwingungsspektren. Für die Rotationsenergie gilt

$$E_r = \frac{h^2}{8\pi^2 I} J(J+1); \qquad (3.8)$$

J ist die Rotationsquantenzahl. Da das Trägheitsmoment I der reduzierten Masse μ proportional ist, gilt

$$\frac{E'_r}{E_r} = \frac{\mu}{\mu'}. \qquad (3.9)$$

Die in diesem Abschnitt aufgeführten Unterschiede in den Eigenschaften isotoper Nuklide sind auch von Bedeutung für das chemische Verhalten; d.h. die verschiedenen Massenzahlen isotoper Nuklide bedingen kleine Unterschiede in der Reaktionsgeschwindigkeit und im chemischen Gleichgewicht, die auf die verschiedenen Schwingungs-

Tabelle 3.4
Grundfrequenzen, Nullpunktsenergien und Dissoziationsenergien von zweiatomigen Molekülen

Molekül	Grundschwingung in cm^{-1}	Nullpunktsenergie E_o in kJ mol^{-1}	Dissoziationsenergie E_D in kJ mol^{-1}
H$_2$	4405,3	26,00	432,2
HD	3817,1	22,56	435,6
D$_2$	3118,8	18,46	439,7
HT	3608,4	21,23	436,9
DT	2845,6	16,87	441,3
T$_2$	2553,8	15,08	443,1
NaH	1170,8	6,74	216,0
NaD	845,3	5,03	217,7
H^{35}Cl	2989,0	17,73	427,3
D^{35}Cl	2143,5	12,82	432,4
H^{37}Cl	2987,5	17,72	427,3
D^{37}Cl	2139,5	12,80	432,4
HJ	2309,5	13,70	299,7
DJ	1639,5	9,75	303,4

Werte aus:
A. I. BRODSKY: Isotopenchemie. Akademie der Wissenschaften, Moskau 1957.

3.1. Unterschiede in den Eigenschaften isotoper Nuklide

frequenzen und Nullpunktsenergien isotoper Nuklide zurückgeführt werden können. Auf Grund der vorausgehenden Betrachtung kann man folgende Regeln aufstellen:

a) Die Energie der Bindung mit einem schwereren Isotop ist etwas größer (vgl. Tab. 3.4); z.B. gilt für die Bindungsfestigkeit von C–C-Bindungen folgende Reihenfolge:

$$^{14}C - {}^{12}C > {}^{13}C - {}^{12}C > {}^{12}C - {}^{12}C. \tag{3.10}$$

b) Die Reaktionsgeschwindigkeit des schwereren Isotops ist etwas geringer. So beobachtet man bei der Zersetzung von ^{13}C- bzw. ^{14}C-markierter Malonsäure folgende Geschwindigkeitskonstanten

$$\begin{array}{c}^{12}\text{COOH} \xrightarrow{k_{12}} {}^{12}\text{CO}_2 + {}^{12}\text{CH}_3\,{}^{13}\text{COOH} \\ | \\ ^{12}\text{CH}_2 \\ | \\ ^{13}\text{COOH} \xrightarrow{k_{13}} {}^{13}\text{CO}_2 + {}^{12}\text{CH}_3\,{}^{12}\text{COOH}\end{array} \qquad \frac{k_{12}}{k_{13}} \approx 1{,}03$$

$$\begin{array}{c}^{12}\text{COOH} \xrightarrow{k_{12}} {}^{12}\text{CO}_2 + {}^{12}\text{CH}_3\,{}^{14}\text{COOH} \\ | \\ ^{12}\text{CH}_2 \\ | \\ ^{14}\text{COOH} \xrightarrow{k_{14}} {}^{14}\text{CO}_2 + {}^{12}\text{CH}_3\,{}^{12}\text{COOH}\end{array} \qquad \frac{k_{12}}{k_{14}} \approx 1{,}06$$

(3.11)

c) In einem chemischen Gleichgewicht tritt das schwerere Isotop bevorzugt in der chemischen Form auf, welche die höhere Bildungswärme besitzt; z. B. ist in dem Gleichgewicht

$$\text{HD(g.)} + \text{H}_2\text{O(fl.)} \rightleftharpoons \text{HDO(fl.)} + \text{H}_2\text{(g.)} \tag{3.12}$$

das Deuterium im Wasser angereichert; ebenso findet man in dem Gleichgewicht

$$^{15}\text{NH}_3\text{(g.)} + {}^{14}\text{NH}_4^+\text{(aq.)} \rightleftharpoons {}^{14}\text{NH}_3\text{(g.)} + {}^{15}\text{NH}_4^+\text{(aq.)} \tag{3.13}$$

das schwerere Isotop N–15 vorzugsweise in Form des Ammoniumions.

Man unterscheidet kinetische Isotopieeffekte und Gleichgewichtsisotopieeffekte. Kinetische Isotopieeffekte sind durch das Verhältnis der Geschwindigkeitskonstanten für zwei gleichartige Reaktionen gegeben, bei denen Moleküle oder Ionen beteiligt sind, die verschiedene Isotope enthalten (z. B. (3.11)). Gleichgewichtsisotopieeffekte werden durch die Gleichgewichtskonstante einer Austauschreaktion bestimmt (z. B. (3.12)).

Wenn die isotopen Nuklide nicht selbst an der Reaktion teilnehmen, spricht man von einem „sekundären" Isotopieeffekt. Ein Beispiel ist der kinetische Isotopieeffekt bei den Austauschreaktionen

$$\text{RCH}_2\text{Cl}/{}^*\text{Cl}^- \quad \text{und} \quad \text{RCD}_2\text{Cl}/{}^*\text{Cl}^-.$$

„Sekundäre" Isotopieeffekte sind im allgemeinen kleiner als „primäre" Isotopieeffekte.

Bei der Messung von Isotopieeffekten mit inaktiven Isotopen ist man meist auf das Massenspektrometer bzw. den Massenspektrographen oder auf spektroskopische Methoden angewiesen. Im Massenspektrometer und im Massenspektrographen werden die Atome oder Moleküle ionisiert und im Magnetfeld nach ihrer Masse sortiert. Im Massenspektrometer werden die Teilchen aufgefangen und gezählt; im Massenspektrographen werden sie auf einer Photoplatte registriert. Bei Wasserstoff und Deuterium ist der relative Massenunterschied so groß, daß diese Isotope auch auf Grund ihres verschiedenen Infrarotspektrums unterschieden und gemessen werden können; außerdem sind andere Untersuchungsmethoden möglich, z. B. Dichtemessungen und Messungen des Brechungsindex von Wasser.

Die Messung radioaktiver Nuklide ist zwar im allgemeinen sehr viel empfindlicher als die Messung inaktiver Nuklide; die Messung von Isotopieeffekten mit radioaktiven Nukliden ist aber nicht genauer als diejenige mit inaktiven Nukliden und erfordert ebenfalls einen verhältnismäßig großen Aufwand, wenn es sich nicht gerade um sehr leichte Atome (z. B. Wasserstoff) handelt.

3.2. Kinetische Isotopieeffekte

Die Geschwindigkeitskonstante k einer chemischen Reaktion kann durch die Beziehung

$$k = k_o e^{-E/RT} \qquad (3.14)$$

dargestellt werden. k_o ist gegeben durch die Zahl der Zusammenstöße pro Zeiteinheit $\dot{n}$ (Frequenzfaktor) und einen für die betreffende Reaktion charakteristischen Faktor P, $k_o = \dot{n} \cdot P$; E ist die Aktivierungsenergie. Alle Größen können sich beim Ersatz eines Nuklids durch ein isotopes Nuklid ändern. Genaue Voraussagen über die Größe kinetischer Isotopieeffekte sind deshalb sehr schwierig.

Die Zahl der Zusammenstöße pro Zeiteinheit $\dot{n}$ zwischen zwei Molekülen mit den Massen M_1 und M_2 ist nach der kinetischen Gastheorie

$$\dot{n} \sim \sqrt{\frac{M_1 + M_2}{M_1 M_2}}. \qquad (3.15)$$

Sie ist außerdem proportional dem Wirkungsquerschnitt der Moleküle, von dem man aber annehmen darf, daß er für isotope Nuklide gleich groß ist. Diese Ergebnisse können in erster Näherung auch auf Reaktionen in Lösung übertragen werden. Enthält das Molekül 1 ein isotopes Nuklid und hat nunmehr die Masse M_1', so gilt

$$\dot{n}' \sim \sqrt{\frac{M_1' + M_2}{M_1' M_2}} \qquad (3.16)$$

bzw.

$$\frac{\dot{n}'}{\dot{n}} = \sqrt{\frac{M_1(M_1' + M_2)}{M_1'(M_1 + M_2)}} = \sqrt{\frac{1 + M_2/M_1'}{1 + M_2/M_1}}. \quad (3.17)$$

Daraus folgt, daß das Molekül mit der größeren Masse eine geringere Zahl von Zusammenstößen hat und auch einen kleineren Wert für den Faktor k_o besitzen sollte. Handelt es sich z. B. um eine Reaktion von Wasserstoff mit einem schweren Molekül ($M_1 \ll M_2$), so wird

$$\frac{k_{oH}}{k_{oD}} = \frac{\dot{n}_H}{\dot{n}_D} = \sqrt{2}. \quad (3.18)$$

Die Größe P wird dabei zunächst als unabhängig von der Massenzahl angenommen. Reagieren zwei schwere Moleküle miteinander, so ist der Einfluß der Massenzahl auf $\dot{n}$ sehr gering. Er verschwindet ganz für den Fall, daß $M_2 \approx M_1$ ist.

Einen größeren Einfluß auf den kinetischen Isotopieeffekt übt im allgemeinen der Unterschied in der Aktivierungsenergie aus. Die Aktivierungsenergie ist gleich der Differenz zwischen dem Energieniveau des Übergangszustandes und dem Energieniveau des Anfangszustandes (vgl. Abb. (3–1)). Sowohl im Anfangszustand als auch im Über-

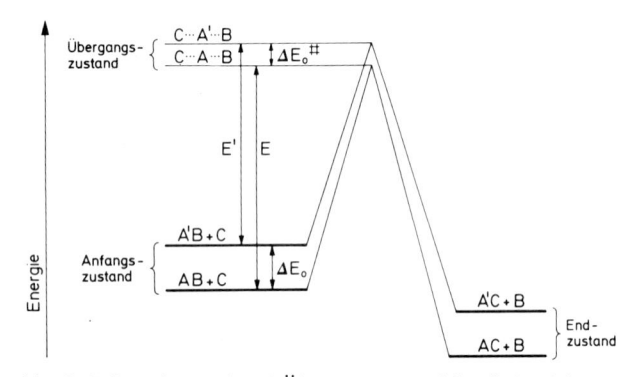

Abb. (3–1) Grundzustand und Übergangszustand für die Reaktionen
AB + C → AC + B (Aktivierungsenergie E)
A'B + C → A'C + B (Aktivierungsenergie E')
($M_{AB} > M_{A'B}$)
Differenz der Nullpunktsenergie im Grundzustand ΔE_o, im angeregten Zustand $\Delta E_o^\#$.
Aus $E + \Delta E_o^\# = E' + \Delta E_o$ folgt
$\Delta E = E' - E = \Delta E_o^\# - \Delta E_o$

gangszustand ist der Unterschied zwischen dem Energieniveau des Moleküls mit dem schwereren Isotop und dem Energieniveau des Moleküls mit dem leichteren Isotop durch die Differenz der Nullpunktsenergien ΔE_o bzw. $\Delta E_o^\#$ gegeben. Dabei hat das Molekül mit dem schwereren Isotop jeweils die niedrigere Nullpunktsenergie (vgl. Abschn. 3.1). Die Differenz der Aktivierungsenergien ΔE beträgt somit (vgl. Abb. (3–1))

$$\Delta E = \Delta E_o^\# - \Delta E_o. \quad (3.19)$$

Im Übergangszustand sind die Bindungen mehr oder weniger stark gelockert; d. h. die Kraftkonstante k in Gleichung (3.3) ist klein und damit auch die Schwingungsfrequenz v sowie die Differenz der Nullpunktsenergien im angeregten Zustand; daraus folgt

$$\Delta E_o^{\#} < \Delta E_o. \tag{3.20}$$

Die größte Schwierigkeit bei der Berechnung der kinetischen Isotopieeffekte besteht darin, daß über den Übergangszustand und infolgedessen auch über $\Delta E_o^{\#}$ keine genaueren Aussagen gemacht werden können. Im Grenzfall sind im Übergangszustand die Bindungen stark gelockert, so daß $\Delta E_o^{\#} = 0$ wird. Dann ist die Differenz der Aktivierungsenergien nur durch die Differenz der Nullpunktsenergien im Anfangszustand gegeben:

$$\Delta E = -\Delta E_o. \tag{3.21}$$

Die vorausgehende Betrachtung zeigt, daß die Aktivierungsenergie für das schwerere Isotop im allgemeinen größer ist; d. h., das schwerere Isotop reagiert langsamer. Bei den Wasserstoffisotopen müssen zusätzlich die Unterschiede in den Rotationsenergien berücksichtigt werden.

Genauere Berechnungen des Isotopieeffektes wurden von EYRING (1935) und von BIGELEISEN (1949) ausgeführt unter Anwendung der Methoden zur Absolutberechnung von Reaktionsgeschwindigkeiten („absolute rate theory"). Nach dieser Theorie, auf die hier nicht näher eingegangen werden kann, gilt für die Geschwindigkeitskonstante

$$k = \chi \frac{k_B T}{h} K^{\#}. \tag{3.22}$$

χ ist der Transmissionskoeffizient; er ist gleich der Wahrscheinlichkeit für die Bildung der Endprodukte aus dem Übergangszustand und wird im allgemeinen gleich 1 gesetzt. $k_B T/h$ ist der Frequenzfaktor und $K^{\#}$ die Gleichgewichtskonstante für die Bildung des Übergangszustandes aus den Reaktionspartnern. Wendet man die bekannten Gesetze der Thermodynamik an, so ist

$$-RT \ln K^{\#} = \Delta H^{\#} - T\Delta S^{\#}. \tag{3.23}$$

$\Delta H^{\#}$ ist die Bildungsenthalpie des Übergangszustandes aus den Reaktionspartnern und kann somit mit der Aktivierungsenergie E gleichgesetzt werden. Damit folgt

$$k = \chi \frac{k_B T}{h} e^{\Delta S^{\#}/R} e^{-E/RT} \tag{3.24}$$

und durch Vergleich mit Gl. (3.14) ergibt sich

$$k_o = \chi \frac{k_B T}{h} e^{\Delta S^{\#}/R}. \tag{3.25}$$

χ ändert sich nicht, wenn ein isotopes Nuklid eingesetzt wird. Für das Verhältnis der Geschwindigkeitskonstanten gilt dann

3.2. Kinetische Isotopieeffekte

$$\frac{k'}{k} = \frac{K^{\#\,\prime}}{K^{\#}}. \tag{3.26}$$

Daraus folgt durch Einführung der Zustandssummen Z (vgl. dazu die Lehrbücher der Physikalischen Chemie)

$$\frac{k'}{k} = \left(\frac{\mu}{\mu'}\right)^{1/2} \frac{Z}{Z'} \frac{Z^{\#\,\prime}}{Z^{\#}}; \tag{3.27}$$

μ bzw. μ' sind die reduzierten Massen der Gruppen, zwischen denen die bei der Reaktion aufbrechende Bindung vorliegt. Die Berechnung der kinetischen Isotopieeffekte aus dieser Gleichung erfordert Kenntnisse über die Struktur und die Frequenzen des Übergangszustandes. Da diese Kenntnisse im allgemeinen fehlen, ist man auf Näherungsrechnungen angewiesen. Eine häufig befriedigende Näherung besteht in der Annahme, daß im Übergangszustand die von der Reaktion betroffene Bindung praktisch schon gelöst ist, während alle anderen Bindungen gegenüber dem Anfangszustand unverändert bleiben. (Diese Annahme ist gleichbedeutend mit der oben gemachten Annahme, daß $\Delta E_o^{\#\,\prime} = 0$ wird.) Dann ist $Z^{\#\,\prime} = Z^{\#}$ und

$$\frac{k'}{k} = \left(\frac{\mu}{\mu'}\right)^{1/2} \frac{Z}{Z'}. \tag{3.28}$$

In diesem Falle verläuft die Reaktion mit dem leichteren Isotop immer rascher als mit dem schwereren Isotop. Dies ergab sich auch bereits aus der vorausgehenden Betrachtung.

Der umgekehrte Fall, daß das leichtere Isotop langsamer reagiert als das schwerere, ist dann möglich, wenn freie isotope Atome an der Reaktion teilnehmen oder wenn im Übergangszustand die an der Reaktion beteiligten Bindungen stärker sind als im Anfangszustand; in beiden Fällen ist $\Delta E_o < \Delta E_o^{\#}$.

BIGELEISEN unterscheidet zwischen intermolekularen und intramolekularen Isotopieeffekten. Bei den intermolekularen Isotopieeffekten wird das kinetische Verhalten von zwei verschiedenen Molekülen verglichen, während bei den intramolekularen Isotopieeffekten das Verhältnis der Geschwindigkeitskonstanten am gleichen Molekül gemessen wird. Ein Beispiel ist die Decarboxylierung der Malonsäure. Der intermolekulare Isotopieeffekt ist gegeben durch das Verhältnis der Geschwindigkeitskonstanten k_{12}/k_{13} für die beiden Reaktionen

$$\begin{array}{c} {}^{12}\text{COOH} \\ | \\ {}^{12}\text{CH}_2 \\ | \\ {}^{13}\text{COOH} \end{array} \xrightarrow{k_{12}} {}^{12}\text{CH}_3\, {}^{13}\text{COOH} + {}^{12}\text{CO}_2$$

und

$$\begin{array}{c} {}^{13}\text{COOH} \\ | \\ {}^{12}\text{CH}_2 \\ | \\ {}^{12}\text{COOH} \end{array} \xrightarrow{k_{13}} {}^{12}\text{CH}_3\, {}^{12}\text{COOH} + {}^{13}\text{CO}_2$$

(3.29)

Der intramolekulare Isotopieeffekt dagegen wird gemessen durch das Verhältnis k_{12}/k_{13} bei dem gleichen Molekül:

$$\begin{array}{c} ^{13}\text{COOH} \xrightarrow{k_{13}} {}^{12}\text{CH}_3\,{}^{12}\text{COOH} + {}^{13}\text{CO}_2 \\ | \\ ^{12}\text{CH}_2 \\ | \\ ^{12}\text{COOH} \xrightarrow{k_{12}} {}^{12}\text{CH}_3\,{}^{13}\text{COOH} + {}^{12}\text{CO}_2 \end{array} \qquad (3.30)$$

Die Indizes 12 und 13 beziehen sich auf die Massenzahlen der Isotope.

Im Falle intramolekularer Isotopieeffekte ist die Übereinstimmung zwischen Theorie und Experiment im allgemeinen besser als im Falle intermolekularer Isotopieeffekte. Das liegt vor allen Dingen daran, daß im ersten Falle die Berechnung etwas einfacher ist. Nach BIGELEISEN kann bei intramolekularen Isotopieeffekten von leichten Atomen (Wasserstoff) die Nullpunktsenergie vernachlässigt werden, und es resultiert die vereinfachte Beziehung

$$\frac{k'}{k} = S\left(\frac{\mu}{\mu'}\right)^{1/2}, \qquad (3.31)$$

worin S einen Symmetriefaktor bedeutet. Unter diesen Bedingungen ist der Isotopieeffekt von der Temperatur unabhängig und kann verhältnismäßig leicht berechnet werden.

In Tab. 3.5 sind einige von BIGELEISEN berechnete maximale Isotopieeffekte zusammengestellt. Man erkennt aus dieser Tabelle, daß die Isotopieeffekte mit abnehmendem Massenverhältnis sehr rasch kleiner werden.

Messungen des kinetischen Isotopieeffekts wurden vor allen Dingen mit leichten Atomen ausgeführt, insbesondere mit Wasserstoff und Kohlenstoff. Die Tabellen 3.6, 3.7 und 3.8 enthalten einige Versuchsergebnisse. Bei mittelschweren und schweren Elementen sind die

Tabelle 3.5
Berechnete maximale kinetische Isotopieeffekte bei 25 °C

Isotope	k_1/k_2
H/D	18
H/T	60
^{10}B/^{11}B	1,3
^{12}C/^{13}C	1,25
^{12}C/^{14}C	1,50
^{14}N/^{15}N	1,14
^{16}O/^{18}O	1,19
^{22}Na/^{23}Na	1,03
^{31}P/^{32}P	1,02
^{32}S/^{35}S	1,05
^{40}Ca/^{45}Ca	1,08
^{127}J/^{131}J	1,02

Werte aus:
J. BIGELEISEN: Science [New York] **110** (1949) 14.

Tabelle 3.6
Kinetische Isotopieeffekte für Gasreaktionen beim Ersatz von H durch D

Reaktion		Temperatur in K	k_H/k_D
H + H	D + D	298	1,36
H + p–H_2	D + p–D_2	880	2,5
H + HCl	H + DCl	298	2,3
H + HCl	D + HCl	298	3
H_2 + Cl_2	D_2 + Cl_2	300	3
H_2 + Cl_2	HT + Cl_2	273	3,7
H_2 + Br_2	D_2 + Br_2	850	3,3
H_2 + J_2	D_2 + J_2	703	2,0
H_2 + O_2	D_2 + O_2	833	1,6
H_2 + C_2H_4	D_2 + C_2H_4	825	2,5

Werte aus:
K. B. WIBERG: Chem. Reviews **55** (1955) 713.

Isotopieeffekte allerdings so klein, daß sie nur unter beträchtlichem experimentellem Aufwand mit hinreichender Genauigkeit gemessen werden können.

Tabelle 3.7
Verhältnis der Geschwindigkeitskonstanten für die Säure-Base-Katalyse in H_2O und D_2O

Reaktion	Temperatur in °C	Katalysator	k_H/k_D
Säure-Katalyse			
Rohrzuckerinversion	25	H_3O^+	0,50
Mutarotation der Glucose	25	H_3O^+	1,37
Bromierung von Aceton	25	H_3O^+	0,5
Hydrolyse von			
Orthoameisensäureäthylester	18	H_3O^+	0,73
Essigsäuremethylester	15	H_3O^+	0,63
Essigsäureäthylester	15	H_3O^+	0,5
Ameisensäureäthylester	15	H_3O^+	0,45
Zersetzung von Diazoessigester	0	H_3O^+	0,35
Base-Katalyse			
Mutarotation der Glucose	25	H_2O	3,8
Bromierung von Aceton	25	CH_3COO^-	1,1
Acetylaceton	25	H_2O	1,9
Nitromethan	25	CH_3COO^-	1,15
Hydrolyse von			
Monochloressigsäure	45	OH^-	0,8
Essigsäureäthylester	15	OH^-	0,75
Acetamid	25	OH^-	1,10
Acetonitril	35	OH^-	0,8
Zersetzung von Nitramid	25	H_2O	5,3

Werte aus:
K. B. WIBERG: Chem. Reviews **55** (1955) 713.
O. REITZ in: Handbuch der Katalyse, hrsg. v. G. M. SCHWABE. Bd. 2: Katalyse in Lösungen, S. 272. Springer-Verlag, Wien 1940.

Kinetische Isotopieeffekte sind von großer Bedeutung für die chemische Reaktionskinetik, insbesondere für die Aufklärung des Mechanismus einer Reaktion. So macht sich z. B. ein Isotopieeffekt nur dann in der Geschwindigkeit einer Gesamtreaktion bemerkbar, wenn er in dem geschwindigkeitsbestimmenden Teilschritt eine Rolle spielt. Auf Grund dessen ist es möglich, durch Messung von kinetischen Isotopieeffekten den geschwindigkeitsbestimmenden Schritt einer chemischen Reaktion festzustellen. Außerdem läßt das Auftreten eines Isotopieeffekts erkennen, ob eine bestimmte Bindung während der Reaktion aufgebrochen wird oder nicht. Auf diese Weise kann z. B. zwischen einem radikalischen und einem molekularen Mechanismus unterschieden werden.

3.2. Kinetische Isotopieeffekte

Tabelle 3.8
Kinetische Isotopieeffekte bei verschiedenen Reaktionen

Reaktion	Temp. in °C	Verhältnis der Geschwindigkeitskonstanten gemessen	berechnet
Decarboxylierung der Essigsäure $CH_3{}^{14}COOH \rightarrow {}^{14}CO_2 + CH_4$	—	$k_{12}/k_{14} = 1{,}06$	—
Decarboxylierung der Mesitylencarbonsäure $(CH_3)_3C_6H_2{}^{13}COOH \rightarrow {}^{13}CO_2 + (CH_3)_3C_6H_3$	60	$k_{12}/k_{13} = 1{,}037$	1,041
$(CH_3)_3C_6H_2{}^{14}COOH \rightarrow {}^{14}CO_2 + (CH_3)_3C_6H_3$	60	$k_{12}/k_{14} = 1{,}101$	1,078
Decarboxylierung der Oxalsäure $COOH{}^{14}COOH \rightarrow {}^{14}CO_2 + CO + H_2O$	100	$k_{12}/k_{14} = 1{,}033$	—
Hydrolyse von Benzoesäureethylester $C_6H_5{}^{14}COOC_2H_5 + OH^- \rightarrow C_6H_5{}^{14}COOH + C_2H_5O^-$	20	$k_{12}/k_{14} = 1{,}16$	1,15
Hydrolyse von Harnstoff $NH_2{}^{13}CONH_2 + H_2O \rightarrow 2\,NH_3 + {}^{13}CO_2$	100	$k_{12}/k_{13} = 1{,}055$	1,043
$NH_2{}^{14}CONH_2 + H_2O \rightarrow 2\,NH_3 + {}^{14}CO_2$	100	$k_{12}/k_{14} = 1{,}10$	1,08
Cannizzarosche Reaktion $2\,H{}^{14}CHO + OH^- \rightarrow H{}^{14}COO^- + {}^{14}CH_3OH$	60	$k_{12}/k_{14} = 1{,}00$	1,03
Zersetzung von Nickeltetracarbonyl $Ni({}^{14}CO)_4 \rightarrow Ni + 4\,{}^{14}CO$	30	$k_{12}/k_{14} = 1{,}022$	1,020
Zersetzung von Ammoniumnitrat $NH_4N{}^{18}O_3 \rightarrow N_2{}^{18}O + 2\,H_2{}^{18}O$	220	$k_{16}/k_{18} = 1{,}023$	1,026

Werte aus:
E.A. Evans, I.L. Huston: J. chem. Physics **19** (1951) 1214.   A.A. Bothner-By, J. Bigeleisen: J. chem. Physics **19** (1951) 755.   W.H. Stevens, J.M. Pepper, M. Lounsburg: J. chem. Physics **20** (1952) 196.   R.B. Bernstein: J. physic. Chem. **56** (1952) 893 u. J. chem. Physics **22** (1954) 710.   G.A. Ropp, V.F. Raaen: J. chem. Physics **20** (1952) 1823 u. **21** (1953) 1902.   A.M. Downes, G.M. Harris: J. chem. Physics **20** (1952) 196. J.G. Lindsay, D.E. McElcheran, H.G. Thode: J. chem. Physics **17** (1949) 589. J.A. Schmitt, A.A. Myerson, F. Daniels: J. phys. Chem. **56** (1950) 917.   L. Friedmann, J. Bigeleisen: J. chem. Physics **18** (1950) 1325. (Vgl. auch M. Haissinsky: Nuclear Chemistry and its Applications. Addison-Wesley Publ. Comp., London 1964, S. 256.)

3.3. Gleichgewichtsisotopieeffekte

Ein chemisches Gleichgewicht, bei dem zwischen den Reaktionspartnern nur isotope Nuklide ausgetauscht werden, nennt man ein Isotopenaustauschgleichgewicht. Zunächst würde man erwarten, daß sich die Isotope dabei gleichmäßig auf die verschiedenen Reaktionspartner verteilen, d. h., daß die Gleichgewichtskonstante K solcher Isotopenaustauschreaktionen 1 beträgt. Tatsächlich findet man aber, daß die Gleichgewichtskonstante mehr oder weniger stark von dem Wert 1 abweicht, d. h., daß die Isotope im chemischen Gleichgewicht ungleichmäßig auf die Reaktionspartner verteilt sind. Dies bezeichnet man als Gleichgewichtsisotopieeffekt.

Ein praktisch wichtiges Beispiel für ein Isotopenaustauschgleichgewicht ist die Reaktion

$$HD(g.) + H_2O(fl.) \rightleftharpoons H_2(g.) + HDO(fl.). \tag{3.32}$$

Dies ist eine heterogene Isotopenaustauschreaktion; der Austausch der Wasserstoffatome zwischen gasförmigem Wasserstoff und flüssigem Wasser wird durch Nickel oder Platin katalysiert. Die Gleichgewichtskonstante dieser Austauschreaktion,

$$K = \frac{[HDO][H_2]}{[H_2O][HD]}, \tag{3.33}$$

ist sehr stark von 1 verschieden (bei 80 °C: $K \approx 3$); d. h., das Deuterium wird im Wasser angereichert. Derartige Gleichgewichtsisotopieeffekte bei Isotopenaustauschgleichgewichten besitzen eine große Bedeutung für die Isotopentrennung (vgl. Abschn. 4.11).

Allgemein lautet die Gleichung für ein Isotopenaustauschgleichgewicht

$$AX + BX' \rightleftharpoons AX' + BX \tag{3.34}$$

Chemisch tritt bei einer solchen Reaktion keine Änderung ein. Für die thermodynamischen Größen gilt: $\Delta H \approx 0$, $\Delta S \neq 0$, $\Delta G \approx -T\Delta S$. Die Gleichgewichtskonstante ist gegeben durch

$$K = \frac{[AX'][BX]}{[AX][BX']}. \tag{3.35}$$

Häufig benutzt man zur Charakterisierung des Isotopenaustausches den Austauschkoeffizienten (Verteilungskoeffizienten)

$$\alpha = \left(\frac{[X']}{[X]}\right)_{AX} : \left(\frac{[X']}{[X]}\right)_{BX}. \tag{3.36}$$

Bei einfachen Isotopenaustauschreaktionen (Gl. (3.34)) ist $\alpha = K$; wenn die Moleküle dagegen mehrere austauschfähige Atome oder Ionen enthalten, ist $\alpha \neq K$.

Die Gleichgewichtsisotopieeffekte, d. h. die Abweichungen vom Wert $\alpha = 1$, müssen auf Unterschieden des chemischen Potentials der gleichartigen Verbindungen beruhen, die isotope Nuklide enthalten. Die Gleichgewichtskonstanten können mit Hilfe der statistischen Thermodynamik berechnet werden. Die Rechnung ist in diesem Falle (Isotopenaustauschgleichgewichte) verhältnismäßig einfach, weil einige Parameter herausfallen, die von der Massenzahl unabhängig sind. So kann man die Kraftfelder, die Potentialfunktionen und die geometrischen Abmessungen von gleichartigen Molekülen, die isotope Nuklide enthalten, als gleich ansehen; es genügt, die Größen zu berücksichtigen, die direkt von der Massenzahl abhängen (Trägheitsmomente, Schwingungsfrequenzen, Nullpunktsenergien).

Die statistische Thermodynamik liefert für die Gleichgewichtskonstante K des obigen Isotopenaustauschgleichgewichts den Ausdruck

$$K = \frac{Z(AX')\,Z(BX)}{Z(AX)\,Z(BX')}. \tag{3.37}$$

Die Zustandssummen Z treten dabei an die Stellen der Konzentrationen in Gleichung (3.35). Sie geben die Wahrscheinlichkeit dafür an, daß sich die Moleküle in einem bestimmten Energiezustand befinden, und sind gegeben durch das Produkt der einzelnen Faktoren, die den Energiezustand des Moleküls bestimmen (Translation, Rotation, Schwingung, Elektronenenergie und Kernspin):

$$Z = Z_{\text{trans}}\,Z_{\text{rot}}\,Z_{\text{schwing}}\,Z_{\text{el}}\,Z_{\text{sp}} = \Sigma g_i e^{-E_i/k_B T}. \tag{3.38}$$

g_i ist das statistische Gewicht eines Zustandes mit der Energie E_i und gibt die Zahl der Möglichkeiten an, nach denen der betreffende Energiezustand durch verschiedene Kombinationen der Quantenzahlen realisiert werden kann. Die Werte von Z können aus spektroskopischen Daten ermittelt werden und sind in vielen Fällen angegeben, vor allen Dingen für leichte Moleküle.

Vergleicht man zwei Moleküle, die sich nur dadurch unterscheiden, daß sie isotope Nuklide enthalten, so vereinfachen sich die Verhältnisse sehr. Es gehen dann praktisch nur noch die Unterschiede in der Schwingungs- und Rotationsenergie ein (vgl. Abschn. 3.1). Für zweiatomige Moleküle beträgt das Verhältnis der Zustandssummen

$$\frac{Z'}{Z} = \frac{S}{S'}\left(\frac{M'}{M}\right)^{3/2}\left[\frac{I'(1-e^{-u})\,e^{-u'/2}}{I(1-e^{-u'})\,e^{-u/2}}\right]. \tag{3.39}$$

M ist die Molmasse, I das Trägheitsmoment und S die Symmetriezahl. Zur Abkürzung ist $2E_o/k_B T = u$ gesetzt; E_o ist die Nullpunktsenergie (Gl. (3.7)). Die Symmetriezahl ist die Zahl der nicht unterscheidbaren Lagen, die durch Rotation des Moleküls um alle Symmetrieachsen erreicht werden können. So ist für H_2: $S = 2$, für HD: $S = 1$. Für mehratomige nicht-lineare Moleküle ergibt sich

3.3. Gleichgewichtsisotopieeffekte

$$\frac{Z'}{Z} = \frac{S}{S'} \left(\frac{M'}{M}\right)^{3/2} \left(\frac{A'B'C'}{ABC}\right)^{1/2} \prod \left[\frac{(1-e^{-u})e^{-u'/2}}{(1-e^{-u'})e^{-u/2}}\right]. \quad (3.40)$$

Hier steht auf der rechten Seite das Produkt der u-Funktionen für die $3n-6$ Schwingungen des n-atomigen Moleküls. A, B und C sind die Hauptträgheitsmomente. Diese sind in den meisten Fällen nicht bekannt; außerdem fehlen für mehratomige Moleküle auch häufig die spektroskopischen Daten. In diesen Fällen ist die Produktregel von TELLER und REDLICH (1935) nützlich; danach ist

$$\left(\frac{M'}{M}\right)^{3/2} \left(\frac{A'B'C'}{ABC}\right)^{1/2} = \prod \left(\frac{u'}{u}\right). \quad (3.41)$$

Damit vereinfacht sich die Gleichung (3.40):

$$\frac{Z'}{Z} = \frac{S}{S'} \prod \left[\frac{u'(1-e^{-u})e^{-u'/2}}{u(1-e^{-u'})e^{-u/2}}\right]. \quad (3.42)$$

In dieser Gleichung steht auf der rechten Seite nur noch der Symmetriefaktor (S-Term) und der Faktor für die freie Energie (u-Term). Sie ist sowohl für zwei- als auch für mehratomige Moleküle anwendbar. Zur Vereinfachung setzt man $u'=u+\Delta u$ und erhält durch Reihenentwicklung

$$\frac{Z'}{Z} = \frac{S}{S'} e^{-\Sigma G(u)\Delta u} \quad (3.43)$$

mit

$$G(u) = \frac{1}{2} - \frac{1}{u} + \frac{1}{e^u - 1}. \quad (3.44)$$

Die Werte von $G(u)$ sind tabelliert (BIGELEISEN und MAYER 1947); sie liegen zwischen 0 ($u=0$) und 0,5 ($u=\infty$). Mit steigender Temperatur gehen die Werte von u gegen 0 und der u-Term gegen 1, so daß die Gleichgewichtskonstante nur noch von dem Verhältnis der Symmetriezahlen abhängt. So betragen für das Isotopenaustauschgleichgewicht

$$H_2 + D_2 \rightleftharpoons 2 HD \quad (3.45)$$

die Symmetriezahlen S: 2   2   1.
Daraus folgt für den Grenzwert der Gleichgewichtskonstanten bei hoher Temperatur

$$K_o = \frac{Z(HD)^2}{Z(H_2) Z(D_2)} = \frac{S_{H_2} S_{D_2}}{S_{HD}^2} = 4. \quad (3.46)$$

Bei diesem Grenzwert K_o führt die Isotopenaustauschreaktion nicht mehr zu einer Trennung der Isotope. Daher dient der Quotient K/K_o als Maß für den Trenneffekt bei Isotopenaustauschreaktionen.

In Tab. 3.9 sind einige Gleichgewichtskonstanten für Isotopenaustauschreaktionen zusammengestellt. Die Übereinstimmung zwischen den berechneten und den experimentellen Werten ist gut.

3.4. Spektroskopische Isotopieeffekte

In Abschnitt 3.1 wurde auf die Isotopieverschiebungen in den optischen Spektren hingewiesen, d. h. auf die Unterschiede in den Spektren von Atomen bzw. Molekülen, die durch die verschiedene Masse von Isotopen bedingt sind. Diese Isotopieverschiebungen beruhen auf den Unterschieden in der Wechselwirkung zwischen den Elektronen und den Atomkernen gleicher Protonenzahl, aber verschiedener Neutronenzahl, und machen sich in der Hyperfeinstruktur der Spektrallinien bemerkbar. Zunächst werden die Isotopieeffekte in den Atomspektren behandelt, dann die Isotopieeffekte in den Molekülspektren. Freie Atome können nur elektronisch angeregt werden, Moleküle sind zusätzlich zu Schwingungen und Rotationen befähigt.

Atomspektren

Die Hyperfeinstruktur in den Atomspektren kann verschiedene Ursachen haben. Man unterscheidet den Masseneffekt oder Mitbewegungseffekt, den Kernvolumeneffekt und den Kernspineffekt. Nur bei

Tabelle 3.9
Gleichgewichtskonstanten von Austauschreaktionen

Reaktionen					Temp. in °C	K exp.	K berechnet
H_2	+ D_2	$\rightleftharpoons$ 2 HD			25	3,28	3,33
H_2	+ T_2	$\rightleftharpoons$ 2 HT			25	2,5 – 2,9	2,56
$H_2O_{(g.)}$	+ $D_2O_{(g.)}$	$\rightleftharpoons$ 2 $HDO_{(g.)}$			25	—	3,27
$H_2O_{(g.)}$	+ $T_2O_{(g.)}$	$\rightleftharpoons$ 2 $HTO_{(g.)}$			25	—	3,42
$HD_{(g.)}$	+ $H_2O_{(g.)}$	$\rightleftharpoons$ $HDO_{(g.)}$	+ $H_{2(g.)}$		25	3,2	3,57
$HT_{(g.)}$	+ $H_2O_{(g.)}$	$\rightleftharpoons$ $HTO_{(g.)}$	+ $H_{2(g.)}$		25	6,26	6,19
$H_{2(g.)}$	+ $DCl_{(g.)}$	$\rightleftharpoons$ $HCl_{(g.)}$	+ $HD_{(g.)}$		17	1,45	1,53
$PH_2D_{(g.)}$	+ $H_2O_{(g.)}$	$\rightleftharpoons$ $PH_{3(g.)}$	+ $HDO_{(g.)}$		25	1,52	1,46
$^{12}CO_2$	+ ^{13}CO	$\rightleftharpoons$ $^{13}CO_2$	+ ^{12}CO		25	—	1,086
$^{12}CO_3^{2-}{}_{(aq.)}$	+ $^{13}CO_{2(g.)}$	$\rightleftharpoons$ $^{13}CO_3^{2-}{}_{(aq.)}$	+ $^{12}CO_{2(g.)}$		0	1,017	1,016
$^{12}CO_3^{2-}{}_{(aq.)}$	+ $^{14}CO_{2(g.)}$	$\rightleftharpoons$ $^{14}CO_3^{2-}{}_{(aq.)}$	+ $^{12}CO_{2(g.)}$		0	—	1,024
$H^{12}CN_{(g.)}$	+ $^{13}CN^-{}_{(aq.)}$	$\rightleftharpoons$ $H^{13}CN_{(g.)}$	+ $^{12}CN^-{}_{(aq.)}$		18	1,026	1,030
$^{15}NH_{3(g.)}$	+ $^{14}NH_4^+{}_{(aq.)}$	$\rightleftharpoons$ $^{14}NH_{3(g.)}$	+ $^{15}NH_4^+{}_{(aq.)}$		25	1,034	1,035
$^{15}NO_2^-$	+ $^{14}NO_3^-$	$\rightleftharpoons$ $^{14}NO_2^-$	+ $^{15}NO_3^-$		25	—	1,09
$\frac{1}{2}C^{16}O_2$	+ $H_2^{18}O_{(aq.)}$	$\rightleftharpoons$ $\frac{1}{2}C^{18}O_2$	+ $H_2^{16}O_{(aq.)}$		0	1,046	1,044
$^{34}SO_{2(g.)}$	+ $H^{32}SO_3^-{}_{(aq.)}$	$\rightleftharpoons$ $^{32}SO_{2(g.)}$	+ $H^{34}SO_3^-{}_{(aq.)}$		25	—	1,019
$^{36}SO_{2(g.)}$	+ $H^{32}SO_3^-{}_{(aq.)}$	$\rightleftharpoons$ $^{32}SO_{2(g.)}$	+ $H^{36}SO_3^-{}_{(aq.)}$		25	1,043	1,039
$^{37}ClO_3^-$	+ $^{35}ClO_4^-$	$\rightleftharpoons$ $^{35}ClO_3^-$	+ $^{37}ClO_4^-$		25	—	1,035
$^{35}Cl^{37}Cl_{(g.)}$	+ $^{35}ClO_3^-{}_{(aq.)}$	$\rightleftharpoons$ $^{35}Cl^{35}Cl_{(g.)}$	+ $^{37}ClO_3^-{}_{(aq.)}$		25	—	1,077
$^{79}Br^{81}Br$	+ $^{79}BrO_3^-$	$\rightleftharpoons$ $^{79}Br^{79}Br$	+ $^{81}BrO_3^-$		25	—	1,007
$^{127}I^{129}I$	+ $^{127}IO_3^-$	$\rightleftharpoons$ $^{127}I^{127}I$	+ $^{129}IO_3^-$		25	—	1,0028
$^{127}I^{131}I$	+ $^{127}IO_3^-$	$\rightleftharpoons$ $^{127}I^{127}I$	+ $^{131}IO_3^-$		25	—	1,005

Werte aus:
M. Haissinsky: Nuclear Chemistry and ist Applications. Addison-Wesley Publ. Comp., London 1964, S. 250.
H. Zeise: Thermodynamik, Bd. III/1. S. Hirzel Verlag, Leipzig 1954.   H. C. Urey: J. chem. Soc. [London] 1947, 561.

dem ersteren handelt es sich um einen Isotopieeffekt, d. h. um einen direkten Einfluß der Masse (vgl. Abschn. 3.1). Die Effekte überlagern sich und erschweren die Aufklärung der Hyperfeinstruktur. Wenn die Effekte sehr klein sind, können sie von der natürlichen Linienbreite der Spektrallinien überdeckt werden, so daß die Isotopieverschiebungen im Spektrum nicht erkennbar sind. Die natürliche Linienbreite ist vom Auflösungsvermögen des Spektrometers unabhängig. Sie hängt bei Gasen von der thermischen Bewegung (und damit von der Temperatur) sowie von der Wechselwirkung mit anderen Molekülen (und damit vom Druck) ab. Die thermische Bewegung führt zu einem Dopplereffekt, die dadurch verursachte Linienbreite Δv steigt mit der Wurzel aus der Temperatur an, $\Delta v \sim \sqrt{T}$. Bei höherem Druck wird die Lebensdauer τ angeregter Zustände, die im allgemeinen etwa 10^{-8} s beträgt, durch Zusammenstöße verringert, woraus sich nach der Heisenbergschen Ungenauigkeitsrelation eine Energieunschärfe $\Delta E \approx h/\tau$ und damit eine Verbreiterung der Absorptionslinien ergibt. Die Wechselwirkung mit Nachbaratomen oder -molekülen macht sich besonders stark in Flüssigkeiten und Festkörpern bemerkbar, so daß die Spektren dieser Aggregatzustände im allgemeinen sehr breite Linien bzw. Banden zeigen.

Die Frequenzverschiebung in den Atomspektren infolge des **Masseneffekts** ist proportional der Differenz der Nuklidmassen der Isotope ΔM.

$$\frac{\Delta v}{v} \sim \frac{\Delta M}{M^2} \qquad (3.47)$$

Dieser Isotopieeffekt kann dadurch erklärt werden, daß sich die Elektronen und der Kern um ihren gemeinsamen Schwerpunkt bewegen. Infolgedessen hängen die Rydberg-Konstante und somit auch die Wellenlängendifferenz konnte UREY 1932 erstmals schweren Wasserman beispielsweise in einem Wasserstoffatom das Proton durch ein Deuteron, so ergibt sich aus der Rechnung eine Wellenlängenänderung der ersten Linien der Balmer-Serie von 0,179 nm. Aufgrund dieser Wellenlängendifferenz konnte UREY 1932 erstmals schweren Wasserstoff nachweisen. Die Isotopieverschiebung gemäß Gl. (3.47) ist nur für leichte Kerne von Bedeutung. Bei schwereren Kernen mit Massenzahlen $A > 40$ wird der Effekt wegen des Einflusses von M^2 in Gl. (3.47) so klein, daß er von der natürlichen Linienbreite der Spektrallinien überdeckt wird.

In Abb. (3-2) ist die Isotopieverschiebung der Absorptionslinien von Atomen in Abhängigkeit von der Neutronenzahl aufgezeichnet. Man erkennt den Abfall der Isotopieverschiebung mit steigender Massenzahl A bzw. Neutronenzahl N im Bereich bis $N \approx 20$ ($A \approx 40$). Bei schwereren Kernen steigt die Isotopieverschiebung jedoch wieder deutlich an. Sie beruht jetzt auf dem **Kernvolumeneffekt**: Bei Kernen mit nicht aufgefüllten Schalen (vgl. Abschn. 2.10) ändert sich die Anordnung der Protonen im Kern mit der Zahl der Nukleonen. Damit ändert sich auch das elektrostatische Feld zwischen Kern und Elektronenhülle, und infolgedessen sind die Frequenzen der Spektral-

3.4. Spektroskopische
Isotopieeffekte

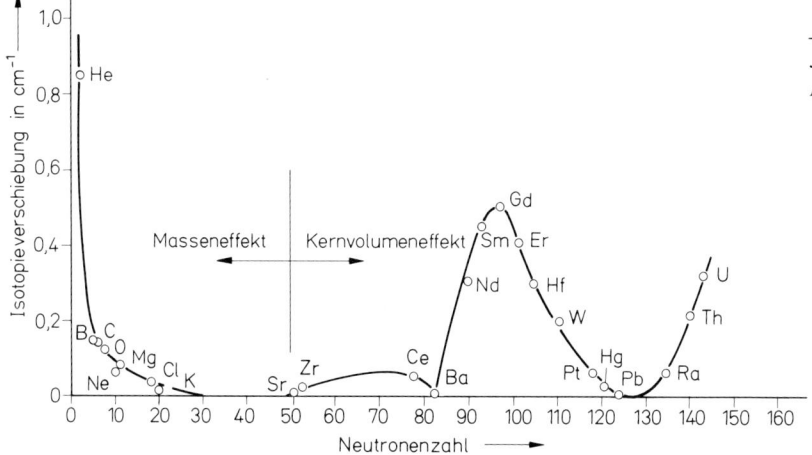

Abb. (3–2) Isotopieverschiebung der Absorptionslinien von Atomen in Abhängigkeit von der Neutronenzahl (Nach R.C. STERN und B.B. SNAVELY, Annals New York Acad. Sciences **267** (1976) 71)

linien für die einzelnen Isotope ein wenig verschieden. Es handelt sich hierbei um einen Unterschied, der auf speziellen Kerneigenschaften beruht, d.h. nicht um einen Isotopieeffekt im Sinne von Abschnitt 3.1. Aus Abb. (3–2) entnimmt man, daß der Kernvolumeneffekt bei schwereren Elementen dann zu beträchtlichen Isotopieverschiebungen der Spektrallinien führt, wenn die Zahl der Neutronen deutlich von den magischen Zahlen $N = 82$ und $N = 126$ abweicht.

Der **Kernspineffekt** macht sich bei Nukliden mit einem Kernspin $I \neq 0$ bemerkbar (vgl. Tabelle 2.2), die Spektrallinien spalten in ein Hyperfeinmultiplett auf (vgl. Abschn. 2.4). Diese Hyperfeinstrukturaufspaltung kann durch ein äußeres Magnetfeld verstärkt werden (Zeemann-Effekt), so daß eine bessere Auflösung der Spektrallinien möglich wird.

Molekülspektren

Moleküle können nicht nur ihren elektronischen Zustand ändern, sondern auch ihre Schwingungszustände und Rotationszustände. In Abb. (3–3) sind Potentialkurven für ein zweiatomiges Molekül im Grundzustand, in einem elektronisch angeregten Zustand und im dissoziierten Zustand schematisch dargestellt, außerdem sind Schwingungszustände gemäß Gl. (3.2) eingezeichnet. Die Rotationszustände, die sich nach Gl. (3.8) berechnen lassen, haben eine feinere Struktur als die Schwingungszustände, d.h. die Energieunterschiede sind geringer. Aus dem Grundzustand und den elektronisch angeregten Zuständen, den Schwingungszuständen und den Rotationszuständen, erhält man das Termschema der Moleküle. Die Übergänge entsprechen den Linien im Rotationsschwingungsspektrum des Grundzustands und der elektronisch angeregten Zustände.

Die Isotopieeffekte in den Molekülspektren werden durch die Än-

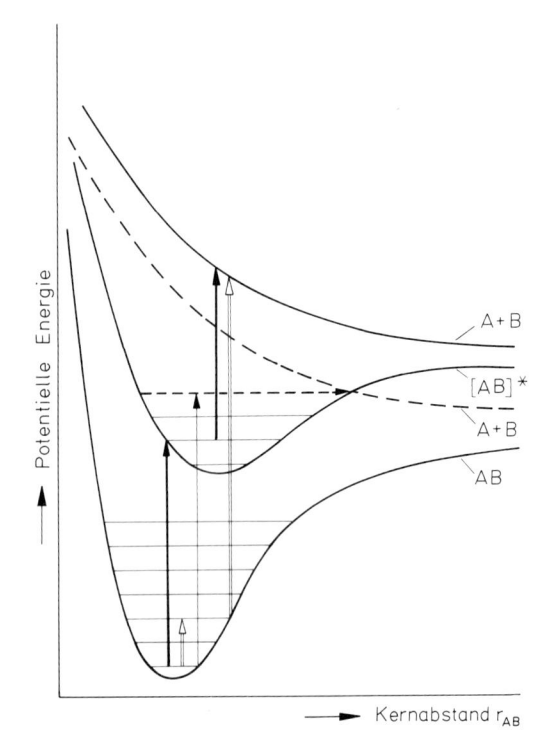

Abb. (3-3) Potentialkurven für ein zweiatomiges Molekül im Grundzustand, in einem elektronisch angeregten Zustand und im dissoziierten Zustand. In dieser Abbildung ist auch der Fall berücksichtigt, daß die Potentialkurve des dissoziierten Zustandes (gestrichelte Kurve) die Potentialkurve eines elektronisch angeregten Zustandes schneidet. Dann ist eine Prädissoziation möglich (durch gestrichelten waagerechten Pfeil angedeutet).

derung der reduzierten Masse bzw. des Trägheitsmoments beim Einbau eines anderen Isotops in das Molekül hervorgerufen. Für die relative Isotopieverschiebung einer Linie im Schwingungsspektrum eines zweiatomigen Moleküls AB, die durch das Auswechseln des Isotops mit der Nuklidmasse M_A gegen das Isotop mit der Nuklidmasse $M_A + \Delta M$ verursacht wird, berechnet man:

$$\frac{\Delta v_s}{v_s} = \frac{M_B \Delta M}{2(M_A + M_B)(M_A + \Delta M)} . \qquad (3.48)$$

Diese Gleichung erhält man durch Differenzierung der Beziehung $E_s \sim 1/\sqrt{\mu}$ für den harmonischen Oszillator (vgl. Gl. (3.6)) nach M_A. Analog folgt für die relative Isotopieverschiebung einer Linie im Rotationsspektrum aus der Beziehung $E_r \sim 1/\mu$ (vgl. Gl. (3.9))

$$\frac{\Delta v_r}{v_r} = \frac{M_B \Delta M}{(M_A + M_B)(M_A + \Delta M)} . \qquad (3.49)$$

Da die Energiedifferenzen der Rotationszustände kleiner sind als die Energiedifferenzen der Schwingungszustände, gilt für die Frequenzen $v_r < v_s$ und für die Isotopieverschiebungen $\Delta v_r < \Delta v_s$.

Die Isotopieverschiebungen im sichtbaren Bereich bewegen sich im Falle der Atomspektren in der Größenordnung zwischen etwa $10^7\,\text{s}^{-1}$ und $10^{11}\,\text{s}^{-1}$ (d. h. zwischen etwa $10^{-4}\,\text{cm}^{-1}$ und $1\,\text{cm}^{-1}$) und im Falle der Molekülspektren in der Größenordnung zwischen etwa $10^9\,\text{s}^{-1}$ und $10^{12}\,\text{s}^{-1}$ (d. h. zwischen etwa $10^{-2}\,\text{cm}^{-1}$ und $10\,\text{cm}^{-1}$). Die Messung dieser Isotopieverschiebungen ist nur mit Geräten hoher Auflösung möglich und außerdem nur in der Gasphase, weil in kondensierten Phasen die Isotopieverschiebungen durch die Breite der Absorptionslinien bzw. Absorptionsbanden überdeckt werden, wie bereits oben erläutert. Eine Ausnahme bilden Moleküle, die in einer Matrix von Edelgasen oder inerten Gasen bei sehr tiefen Temperaturen eingebettet sind. Unter diesen Bedingungen sind die Rotationen der Moleküle eingefroren, so daß durch Absorption von Lichtquanten nur noch elektronisch angeregte und schwingungsangeregte Zustände besetzt werden können. Neben den anderen spektroskopischen bzw. spektrographischen Methoden hat sich in den vergangenen Jahren die Laser-Spektroskopie sehr gut für die Untersuchung von Isotopieverschiebungen bewährt, wobei eine Auflösung von der Größenordnung $10^9\,\text{s}^{-1}$ ($\approx 3 \cdot 10^{-2}\,\text{cm}^{-1}$) erreicht wird.

Wenn eine Energiequelle zur Verfügung steht, die es gestattet, Energiebeträge zu übertragen, die sehr genau dosiert werden können, so ist eine Isotopen-selektive Anregung von Atomen und Molekülen möglich. Dabei wird angestrebt, nur eine Isotopenart anzuregen bzw. nur Moleküle, die eine bestimmte Isotopenart enthalten. Für diese Aufgabe sind Laser[*] geeignet, weil sie streng monochromatisches Licht aussenden. Mit Farbstoff-Lasern kann man einen größeren Wellenlängenbereich überstreichen, d. h. man kann sie innerhalb dieses Bereiches sehr genau auf eine beliebige Wellenlänge einstellen. Leider ist die Leistung, die ein solcher Farbstoff-Laser bei kontinuierlichem Betrieb abgeben kann, begrenzt. Andere Laser zeichnen sich durch hohe Leistung aus, man ist aber auf die Nutzung der Spektrallinien angewiesen, die im Spektrum eines solchen Lasers vorkommen.

Impulsübertragung

Bereits 1933 hat FRISCH nachgewiesen, daß ein Atomstrahl durch den Impuls eines Lichtstrahls abgelenkt werden kann. Der Impuls eines Photons beträgt $h\nu/c$, wenn h das Plancksche Wirkungsquantum ist, ν die Frequenz und c die Lichtgeschwindigkeit. Für den Bereich des sichtbaren Spektrums (Wellenlänge etwa 400–700 nm) erhält man $h\nu/c \approx 1{,}3 \cdot 10^{-27}\,\text{Jsm}^{-1}$. Atome der Massenzahl 100 besitzen im Mittel bei 1000 K aufgrund der Maxwellschen Geschwindigkeitsverteilung im Gaszustand einen Impuls von etwa $2 \cdot 10^{-22}\,\text{Jsm}^{-1}$. Durch Absorption eines Photons erfährt ein solches Atom somit eine Impulsänderung von rund 0,001 %. Diese entspricht einer Geschwindigkeitsänderung

$$\Delta v = \frac{h\nu}{cm} = \frac{1{,}3 \cdot 10^{-27}}{100 \cdot 1{,}66 \cdot 10^{-27}} \approx 8 \cdot 10^{-3}\,\text{ms}^{-1}$$

---

[*] Laser = Abkürzung für „light amplification by stimulated emission of radiation".

(m ist die Masse der Atome). Das absorbierte Photon wird nach etwa 10^{-8} s wieder emittiert, und zwar ohne Bevorzugung einer Richtung. Verwendet man einen gut kollimierten Atomstrahl und bestrahlt diesen senkrecht zu seiner Richtung mit Photonen, so tritt im Mittel eine kleine seitliche Ablenkung des Atomstrahls auf. Wenn die Lichtquelle so intensiv ist, daß die Atome im Mittel nicht nur ein Photon absorbieren, sondern etwa 10 bis 100 (je nach der Masse der Atome und der Energie der Lichtquanten), so wird die Ablenkung größer als die Divergenz des Atomstrahls. Strahlt man Laserlicht ein, das selektiv von Atomen einer bestimmten Massenzahl absorbiert wird, so werden nur diese Atome abgelenkt und können dann abgetrennt werden.

Die Anwendung von Lasern für die Isotopentrennung wird in Abschnitt 4.13 behandelt. Bei diesen Verfahren werden die hier betrachteten optischen (spektroskopischen) oder mechanischen Effekte ausgenutzt.

Literatur zu Kapitel 3

1. J. BIGELEISEN, M. WOLFSBERG: Isotope Effects in Chemical Kinetics. Advances in Chemical Physics, Bd. 1. Hrsg. I. PRIGOGINE. Interscience Publ., London 1958.
2. A. E. BRODSKY: Isotopenchemie. Akademie-Verlag, Berlin 1961.
3. S. S. ROGINSKI: Theoretische Grundlagen der Isotopenchemie. Deutscher Verlag der Wissenschaften, Berlin 1962.
4. L. MELANDER: Isotope Effects on Reaction Rates. The Ronald Press Comp., New York 1960.
5. J. F. DUNCAN u. C. B. COOK: Isotope in der Chemie, Das Wissenschaftliche Taschenbuch, Abt. Naturwissenschaften, Goldmann, München 1971.
6. P. KRUMBIEGEL: Isotopieeffekte, F. Vieweg u. Sohn, Braunschweig 1970.
7. A. J. SHATENSHTEIN: Isotopic Exchange and the Replacement of Hydrogen in Organic Compounds. Consult. Bureau Enterpr., New York 1962.
8. M. HAISSINSKY: Nuclear Chemistry and its Applications. Addison-Wesley Publ. Comp., Reading 1964, Kap. 9. (Franz. Originalausgabe: La Chimie Nucléaire et ses Applications. Masson et Cie., Paris 1957).
9. S. GLASSTONE, K. J. LAIDLER, H. EYRING: The Theory of Rate Processes. McGraw-Hill Book Comp., New York 1941.
10. K. J. LAIDLER: Reaktionskinetik I, Bibliogr. Inst. Mannheim–Wien–Zürich (HTB 290) 1970.
11. K. H. HOMANN: Reaktionskinetik, Bd. IV der Grundzüge der Physikalischen Chemie, Hrsg. R. HAASE, Aachen, Steinkopff-Verlag, Darmstadt 1975.
12. A. A. FROST u. R. G. PEARSON: Kinetik und Mechanismen homogener chemischer Reaktionen, Verlag Chemie, Weinheim 1973.
13. E. HÁLA, T. BOUBLIK: Einführung in die statistische Thermodynamik, Vieweg u. Sohn, Braunschweig 1970.
14. G. KORTÜM: Einführung in die Chemische Thermodynamik, Verlag Chemie, Weinheim 1966.
15. V. GOLD: Advances in Physical Organic Chemistry. Academic Press, New York. Vol. 1–4 (1963–1966).
16. W. FINKELNBURG: Einführung in die Atomphysik, Springer-Verlag, Berlin–Heidelberg–New York, 11./12. Aufl. 1976.
17. Einführung in die Photochemie, Autorenkollektiv, VEB Deutscher Verlag der Wissenschaften, Berlin 1976.

18. H. BLUME u. H. GÜSTEN in J. KIEFER (Hrsg.), Ultraviolette Strahlen, Kap. 7, W. de Gruyter Berlin 1977.
19. W. DEMTRÖDER: Grundlagen und Techniken der Laser-Spektroskopie, Springer-Verlag, Berlin–Heidelberg–New York 1977.
20. R. V. AMBARTZUMIAN and V. S. LETOKHOV: Isotopically selective photochemistry, Laser Focus **11**, 48 (1975).

Übungen zu Kapitel 3

1. Welchen Wert berechnet man für das Dampfdruckverhältnis von D_2O und H_2O bei 20 °C und bei 100 °C?

2. Wie groß ist das Verhältnis der Schwingungsfrequenzen in H_2 und HD bzw. in $H^{35}Cl$ und $H^{37}Cl$?

3. Man berechne näherungsweise das Verhältnis der Geschwindigkeitskonstanten bei 25 °C für die Isotopenaustauschreaktionen
$$H^{35}Cl + D_2 \underset{}{\overset{k_1}{\rightleftharpoons}} D^{35}Cl + HD$$
$$H^{37}Cl + D_2 \underset{}{\overset{k_1'}{\rightleftharpoons}} D^{37}Cl + HD$$
unter der Annahme, daß die Bindungen im Übergangszustand stark gelockert sind.

4. Man berechne näherungsweise die Gleichgewichtskonstante bei 25 °C für die beiden in der dritten Übung angegebenen Reaktionen. Die Trägheitsmomente betragen:

für HD	$0{,}6127 \cdot 10^{-40}$	g cm²
für D_2	$0{,}9198 \cdot 10^{-40}$	g cm²
für $H^{35}Cl$	$2{,}6421 \cdot 10^{-40}$	g cm²
für $H^{37}Cl$	$2{,}6477 \cdot 10^{-40}$	g cm²
für $D^{35}Cl$	$5{,}1371 \cdot 10^{-40}$	g cm²
für $D^{37}Cl$	$5{,}1521 \cdot 10^{-40}$	g cm²

5. Für das ^{138}Ba, dessen Resonanzlinie bei 553,5 nm liegt, berechne man die Änderung der Geschwindigkeit bei der Absorption eines Photons dieser Wellenlänge.

4. Isotopentrennung

4.1. Bedeutung der Isotopentrennung

Die verschiedenen Kerneigenschaften von Isotopen sind von großer praktischer Bedeutung. Dies sei an einigen Beispielen erläutert: Das U–235, welches mit einer Häufigkeit von 0,72% im natürlichen Uran vorkommt, wird im Gegensatz zum U–238 mit hoher Ausbeute durch thermische Neutronen gespalten; d. h. U–235 ist ein Kernbrennstoff, U–238 nicht. (Thermische Neutronen sind solche, deren Energien normalen Temperaturen entsprechen, $E \ll 1$ eV). Der Aufbau und der Betrieb eines Kernreaktors hängen deshalb entscheidend von dem Gehalt des verwendeten Urans an U–235 ab, und es ist verständlich, daß die technische Entwicklung in erster Linie auf die Gewinnung von angereichertem Uran ausgerichtet ist.

D_2O hat einen sehr viel kleineren Einfangquerschnitt für thermische Neutronen als H_2O ($\sigma_D = 0,00053$ b, $\sigma_H = 0,33$ b). D_2O ist deshalb als Kühlmittel und Bremsmittel für Neutronen (Moderator) sehr viel besser geeignet als H_2O. Aus diesem Grunde erzeugt man für den Betrieb von Reaktoren D_2O in technischem Maßstab tonnenweise.

Das natürliche Lithium besteht zu 7,5% aus Li–6 und zu 92,5% aus Li–7. Diese Isotope zeigen ebenfalls sehr verschiedene Kerneigenschaften. Li–6 besitzt einen sehr großen Einfangquerschnitt für thermische Neutronen ($\sigma = 940$ b), wobei mit hoher Ausbeute Tritium entsteht, das für die Durchführung von Fusionsreaktionen sehr wichtig ist:

$${}^{6}_{3}\text{Li} + {}^{1}_{0}\text{n} \longrightarrow {}^{3}_{1}\text{H} + {}^{4}_{2}\text{He} \text{ (Erzeugung von Tritium)}; \qquad (4.1)$$

$${}^{3}_{1}\text{H} + {}^{2}_{1}\text{H} \longrightarrow {}^{4}_{2}\text{He} + {}^{1}_{0}\text{n} \text{ (Fusion von Tritium und Deuterium)}. \qquad (4.2)$$

Beide Reaktionen laufen ab, wenn man LiD (Lithiumdeuterid) verwendet. Damit ist die Grundlage für die Entwicklung der Wasserstoffbombe gegeben. Das Li–7 besitzt im Gegensatz zum Li–6 einen sehr kleinen Einfangquerschnitt für thermische Neutronen ($\sigma = 0,037$ b). Aus diesem Grunde und wegen seiner günstigen thermischen Eigenschaften ist Li–7 als Kühlmittel für Hochleistungsreaktoren geeignet.

Thermische Neutronen werden von N–15 ($\sigma = 0,000\,024$ b) in sehr viel geringerem Umfang absorbiert als von N–14 ($\sigma = 1,81$ b). Wegen des hohen Einfangquerschnitts des N–14 verwendet man in homogenen Reaktoren an Stelle von Uranylnitrat gelöstes Uranylsulfat, obgleich dieses Salz schwer löslich ist. Will man das günstigere Uranylnitrat einsetzen, so muß man zunächst eine Anreicherung von N–15 durchführen.

In reiner Form abgetrennte oder angereicherte stabile Nuklide haben als Indikatoren bei kinetischen Untersuchungen große Bedeutung, insbesondere dann, wenn geeignete radioaktive Isotope nicht existieren oder nicht anwendbar sind (z. B. O–18, C–13 u. a.). Der Anwendung in größerem Umfang stehen lediglich die verhältnismäßig hohen Kosten der Isotopentrennung entgegen.

Die Isotopentrennung ist eine der schwierigsten, aber auch eine der interessantesten Aufgaben der präparativen Chemie. Die Abtrennung bzw. Reindarstellung von U–235 und von D_2O sind bereits wichtige Bestandteile der Großtechnik geworden, die einen umfangreichen industriellen Aufwand erfordern. Viele andere stabile Nuklide werden in großem Maßstab hergestellt und sind im Handel erhältlich.

4.2. Trennfaktor und Trennkaskade

Die Methoden der Isotopentrennung basieren auf den in Kapitel 3 besprochenen Unterschieden im physikalischen und chemischen Verhalten der Isotope. Oft wird die gewünschte Anreicherung eines bestimmten Isotops nur durch wiederholte Ausnutzung des Einzeleffekts unter sorgfältig ausgewählten Bedingungen erzielt. Die Aufgabe einer Trennoperation besteht darin, den Molenbruch x_1 eines Isotops auf den Molenbruch x_1' zu erhöhen. Die charakteristische Größe einer solchen einzelnen Trennoperation ist der (elementare) Trennfaktor α. Dieser ist gegeben durch den Quotienten

$$\alpha = \frac{x_1'}{1-x_1'} \bigg/ \frac{x_1}{1-x_1} = \frac{x_1'(1-x_1)}{x_1(1-x_1')}. \tag{4.3}$$

In vielen praktischen Fällen kann man, wenn der Gehalt der anzureichernden Komponente klein ist, die folgende Näherungsformel benutzen:

$$\alpha = \frac{x_1'}{x_1}. \tag{4.4}$$

Die Größe

$$\alpha - 1 = \frac{x_1' - x_1}{x_1(1-x_1')} \tag{4.5}$$

wird Anreicherungsfaktor genannt. Da die Trennfaktoren im allgemeinen nur wenig größer als 1 sind, muß man mehrere Trennoperationen stufenweise hintereinanderschalten, um eine brauchbare Isotopentrennung zu erzielen. Verwendet man s Stufen, so erreicht man einen Gesamttrennfaktor

$$A = \alpha^s, \tag{4.6}$$

der auch als Gesamtanreicherung bezeichnet wird.

Am zweckmäßigsten baut man Trenneinheiten gleicher Größe, die nebeneinander und hintereinander geschaltet werden (vgl. Abb. (4–1)). Da der Stoffdurchsatz mit wachsender Anreicherung geringer wird,

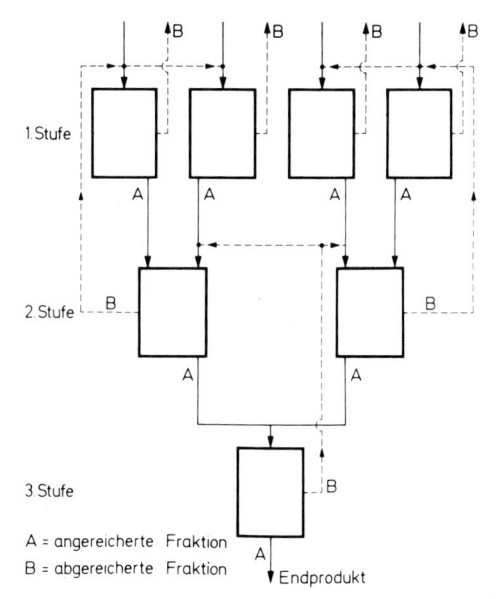

Abb. (4–1) Anordnung mehrerer Trenneinheiten zu einer Trennkaskade (schematisch).

muß man in den ersten Stufen viele Trenneinheiten nebeneinanderschalten, in den letzten Stufen nur noch wenige. Dadurch ergibt sich eine kaskadenförmige Anordnung der Trenneinheiten (Trennkaskade).

Die Gesamtheit der Isotopentrennverfahren kann man einteilen in solche Verfahren, bei denen die physikalischen Unterschiede der Isotope ausgenutzt werden (physikalische Trennverfahren), und solche, bei denen die chemischen Unterschiede im Vordergrund stehen (chemische Trennverfahren). Im folgenden werden zuerst die physikalischen, dann die chemischen Verfahren besprochen. Die optischen Verfahren, die in den vergangenen Jahren im Zusammenhang mit der Laserentwicklung großes Interesse gefunden haben, werden im letzten Abschnitt behandelt.

4.3. Gasdiffusion

Die Diffusionsgeschwindigkeit von Gasmolekülen durch eine Membran ist umgekehrt proportional der Quadratwurzel aus ihrer Molmasse

$$D \sim \frac{1}{\sqrt{M}}. \qquad (4.7)$$

Der Trennfaktor, der in einer Diffusionsanlage maximal erreicht werden kann, beträgt

$$\alpha_{max} = \sqrt{\frac{M_2}{M_1}} \qquad (M_2 > M_1). \qquad (4.8)$$

Voraussetzung für die Anwendbarkeit dieser Gleichung ist, daß die mittlere freie Weglänge der Moleküle größer ist als der Porendurchmesser der Membran; das bedeutet, daß bei kleinen Drucken gearbeitet werden muß.

Die Methode der Gasdiffusion wurde erstmals im Jahre 1932 von HERTZ für die Trennung der Neonisotope angewendet. Im zweiten Weltkrieg bauten die USA eine Großanlage zur Trennung der Uranisotope auf. Weitere Anlagen dieser Art befinden sich in der UdSSR und in Frankreich. Eine europäische Anlage der EURODIF soll etwa 1980 mit der Produktion beginnen. Das Uran wird in Form des leicht flüchtigen Uranhexafluorids (Sublimationspunkt 56°C) eingesetzt. Aus den Molmassen des $^{235}UF_6$ (M = 349) und des $^{238}UF_6$ (M = 352) errechnet sich der maximale Trennfaktor einer Trennstufe zu $\alpha_{max} = 1,0043$. Daraus ersieht man, daß sehr viele Trennstufen hintereinandergeschaltet werden müssen, um eine Gesamtanreicherung des U–235 auf 90% zu erhalten, wie sie für manche Reaktoren benötigt wird. Dementsprechend sind diese Anlagen dimensioniert, die den Umfang sehr großer Fabriken besitzen und mehrere Hektar Bodenfläche beanspruchen.

4.4. Thermodiffusion

Bei der Thermodiffusion arbeitet man in einem Temperaturgefälle, das zwischen einer heißen und einer kalten Wand aufrechterhalten wird. Der schwerere Bestandteil reichert sich im kälteren Gebiet an. Bei Verwendung eines längeren Rohres wird der Effekt der Thermodiffusion durch die Konvektionsströmung verstärkt. Dabei erzeugt man im allgemeinen das Temperaturgefälle durch einen in der Achse des Rohres befindlichen Draht, während die Außenwand durch Wasser gekühlt werden kann (Abb. (4–2)). Diese Anordnung ist als Trennrohr von CLUSIUS und DICKEL seit 1939 bekannt und wird für die Trennung von Gasgemischen verwendet. Zwischen dem heißen und dem kalten Bereich besteht eine Thermodiffusion. Außerdem strömt die Substanz durch Konvektion an der heißen Wand nach oben und an der kalten

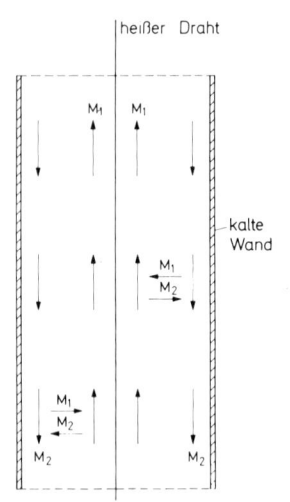

Abb. (4–2) Trennrohr (Ausschnitt), Molekulargewicht $M_2 > M_1$.

Wand nach unten. Die schwerere Komponente reichert sich somit unten im Trennrohr an und die leichtere Komponente oben. Wichtig ist, daß die Geschwindigkeit der Konvektionsströmung mit der des Thermodiffusionsstromes vergleichbar ist. Das bedeutet, daß der Querschnitt der Rohre begrenzt ist (für Gastrennungen etwa 0,5 bis 0,7 cm).

Die theoretische Behandlung eines Trennrohres kann in ähnlicher Weise erfolgen wie die einer Füllkörperkolonne. Die Gesamtanreicherung ist gegeben durch den elementaren Trennfaktor und die Zahl der „theoretischen Böden" des Trennrohres. Die Berechnung des Trennfaktors α ist kompliziert. Näherungsweise gilt

$$\ln \alpha = R_T \frac{105}{118} \frac{M_2 - M_1}{M_2 + M_1} \ln \frac{T_2}{T_1} \; . \qquad (4.9)$$

Der Thermodiffusionsfaktor R_T hängt von der Gasart ab und schwankt zwischen 0 und 0,75. Die Höhe eines theoretischen Bodens beträgt etwa 2 cm. Der stationäre Zustand eines Trennrohres ist erreicht, wenn die Rückdiffusion infolge des Konzentrationsgefälles ebenso groß ist wie die Thermodiffusion.

Im allgemeinen liefern Trennrohre auch bei einfacher Konstruktion recht gute Trennungen. Sie können nicht nur für die Trennung leichter Moleküle, sondern auch für mittelschwere und schwere Moleküle verwendet werden. Z. B. kann man vom unteren Ende eines 2 m langen, mit Luft gefüllten Rohres nach einigen Stunden etwa 70%igen Sauerstoff abnehmen. Mehrere Trennrohre lassen sich leicht zu einer wirksamen Trennanlage hintereinanderschalten.

Die Thermodiffusion im Trennrohr hat hauptsächlich als Laboratoriumsmethode für die Isotopentrennung von Gasen Bedeutung gewonnen. CLUSIUS konnte mit Hilfe des Trennrohrs die Neonisotope in reiner Form darstellen und viele ^{13}C-Verbindungen, z. B. $^{13}CH_4$, gewinnen. Für Trennungen in der flüssigen Phase ist die Thermodiffusion weniger wirksam und deshalb von weit geringerem Interesse. Dies liegt vor allen Dingen daran, daß der Abstand zwischen der kalten und der heißen Wand auf etwa 0,1 mm reduziert werden müßte, um in Flüssigkeiten günstige Trenneffekte zu erzielen. Im zweiten Weltkrieg wurde das Verfahren auch auf flüssiges UF_6 angewandt, wegen seiner Unwirtschaftlichkeit aber wieder aufgegeben. Für spezielle Trennaufgaben besitzt die Anwendung der Thermodiffusion auf flüssige Phasen allerdings Vorteile.

4.5. Druckdiffusion

Dieses Verfahren wurde in Deutschland vor allen Dingen von BECKER (Karlsruhe) entwickelt. Das gasförmige Isotopengemisch tritt aus einer Düse mit Schallgeschwindigkeit in einen evakuierten Raum aus (Abb. (4–3)). Durch die Zusammenstöße der Moleküle in dem Gasstrahl werden bevorzugt die leichteren Moleküle aus ihrer Richtung abgelenkt; sie reichern sich deshalb im Mantel des Gasstrahles an und werden durch eine Blende abgestreift. So wird eine partielle Trennung der schwereren Komponente von der leichteren Komponente erreicht.

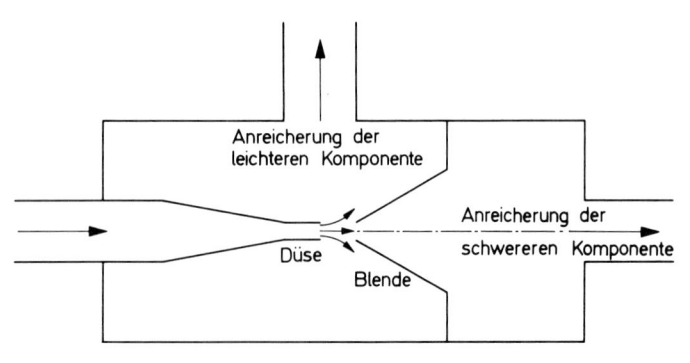

Abb. (4–3) Druckdiffusion (Trenndüse).

Diese Anordnung wird als Trenndüse bezeichnet. Der wesentliche Nachteil des Verfahrens besteht darin, daß bei sehr niedrigem Druck gearbeitet werden muß. Dementsprechend ist auch der Durchsatz bei verhältnismäßig großem Volumen gering. In den vergangenen Jahren wurde das Trenndüsenverfahren erheblich verbessert. Eine Prototyp-Trennstufe ist seit 1970 in Betrieb, kommerzielle Anlagen befinden sich in der Entwicklung.

4.6. Elektromagnetische Trennung

Das Prinzip der elektromagnetischen Trennung ist das gleiche wie im Massenspektrometer (Abb. (4–4)). Der aus der Ionenquelle austretende Ionenstrom wird im elektrischen Feld beschleunigt und im magnetischen Feld abgelenkt. Hier beschreiben die Ionen eine Kreisbahn mit dem Radius

$$r = \frac{1}{B} \sqrt{\frac{2mU}{Z \cdot e}}. \qquad (4.10)$$

B ist die magnetische Flußdichte im Magnetfeld von der Feldstärke H ($B = \mu_o \cdot H$), m die Masse der Ionen, $Z \cdot e$ ihre Ladung und U die Beschleunigungsspannung. Im Massenspektrometer kann man Mikrogramm-Mengen von Substanzen trennen. Beim Einsatz größerer Mengen müssen die Schwierigkeiten überwunden werden, die sich aus den hohen Ionenströmen und den Elektronenraumladungen ergeben.

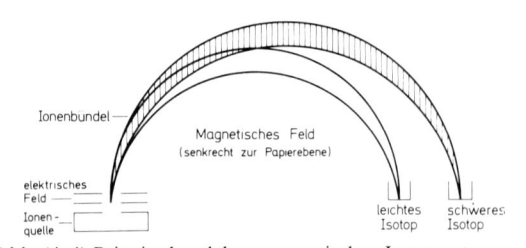

Abb. (4–4) Prinzip der elektromagnetischen Isotopentrennung.

Die Trennung größerer Substanzmengen gelang zuerst im Jahre 1944 im sogenannten Calutron („California University Cyclotron"), das dann zu den heute gebräuchlichen Separatoren weiterentwickelt wurde. In diesen Maschinen werden Milligramm-Mengen von Isotopen der verschiedensten Elemente innerhalb von Stunden getrennt. Die Isotope gelangen durch Schlitze auf die einzelnen Auffänger. Die Anordnung erinnert an ein System von Briefkästen.

Durch elektromagnetische Separatoren getrennte stabile Nuklide vieler Elemente sind im Handel erhältlich, wegen des großen Aufwandes allerdings relativ teuer. Besondere Bedeutung besitzen die Separatoren für schwere Elemente, in denen z. B. die Isotope des Plutoniums getrennt werden; das Pu–242 kann dann für die Darstellung von Transplutoniumelementen Verwendung finden. Solche Separatoren stehen wegen der hohen Radiotoxizität des Plutoniums in dicht abgeschlossenen Räumen.

4.7. Ultrazentrifuge

Das Prinzip der Ultrazentrifuge wird am besten an Hand der barometrischen Höhenformel verständlich. Danach beträgt das Verhältnis der Partialdrucke von zwei Gasen in einer Höhe h

$$\frac{p_1(h)}{p_2(h)} = \frac{p_1(0)}{p_2(0)} e^{-(M_1-M_2)\frac{gh}{RT}}. \qquad (4.11)$$

M_1 und M_2 sind die Molmassen, g ist die Erdbeschleunigung und R die Gaskonstante. Analog gilt für eine Zentrifuge mit dem Radius r und der Winkelgeschwindigkeit ω

$$\frac{p_1(r)}{p_2(r)} = \frac{p_1(0)}{p_2(0)} e^{-(M_1-M_2)\frac{\omega^2 r^2}{2RT}}. \qquad (4.12)$$

Mit Hilfe einer Ultrazentrifuge vom Radius r (etwa 20 cm) und einer hohen Winkelgeschwindigkeit ω ist somit ebenfalls eine Isotopentrennung möglich. Die Besonderheit der Ultrazentrifuge besteht darin, daß hier die Differenz der Massen eingeht. Dieses Verfahren ist deshalb bei großen Massenzahlen besonders vorteilhaft. Für eine Massendifferenz $M_2 - M_1 = 1$, $\omega r = 300$ m/s und 25 °C berechnet man

$$\alpha_{max} = \frac{p_1(r)}{p_2(r)} \bigg/ \frac{p_1(0)}{p_2(0)} = 1{,}0183. \qquad (4.13)$$

Die Hauptschwierigkeiten bei der Verwendung der Ultrazentrifuge sind technischer Natur; denn man muß im kontinuierlichen Betrieb in der schnell rotierenden Zentrifuge laufend an verschiedenen Stellen Gas zuführen und abnehmen.

Die Verwendung der Ultrazentrifuge zur Isotopentrennung wurde 1939 von BEAMS vorgeschlagen; in Deutschland beschäftigte sich

GROTH mit der Entwicklung dieser Methode. Die besondere Eignung für die Trennung der Isotope schwerer Elemente wurde bereits hervorgehoben. Die meisten Vorteile bietet die Methode dann, wenn eine mit dem leichten Isotop angereicherte Fraktion gewonnen werden soll. Die zu trennende Substanz kann dann als leicht flüchtige Verbindung axial eingeführt werden und verdampft dort, während das gewünschte Produkt an der Peripherie abgenommen wird. Mehrere Versuchsanlagen mit Ultrazentrifugen sind in Betrieb, der Bau von großtechnischen Anlagen ist geplant.

4.8. Destillation

Die Isotopentrennung durch Destillation beruht auf den Unterschieden in den Dampfdrucken. Durch das Dampfdruckverhältnis ist der maximal erreichbare Trennfaktor gegeben. Für Wasser erhält man beispielsweise

$$\alpha_{max} = \frac{p_{H_2O}}{p_{HDO}} = 1,076 \,(20\,°C). \tag{4.14}$$

(Der Unterschied im Siedepunkt von H_2O und D_2O beträgt 1,4 Grad, vgl. Tab. 3.2.) Um die kleinen Unterschiede im Dampfdruck auszunutzen, sind wirksame Spezialkolonnen mit einer großen Bodenzahl erforderlich.

Für die Trennung einer idealen Mischung auf Grund der unterschiedlichen Flüchtigkeit ihrer Komponenten gilt die Rayleigh-Formel

$$\frac{x_1}{x_1^o} \left(\frac{1 - x_1^o}{1 - x_1}\right)^{1/\alpha} = \left(\frac{V_o}{V}\right)^{\frac{\alpha - 1}{\alpha}}. \tag{4.15}$$

x_1^o ist der Molenbruch der schwerer flüchtigen Komponente in der Mischung zu Beginn der Trennoperation, x_1 der Molenbruch dieser Komponente nach Einengen der Mischung vom Volumen V_o auf das Volumen V; α ist der Trennfaktor. Ideales Verhalten — d. h. Konstanz des Trennfaktors α im gesamten Konzentrationsbereich — kann bei Mischungen, die sich nur durch ihre isotope Zusammensetzung unterscheiden, vorausgesetzt werden.

Tabelle 4.1
Anreicherung von ^{18}O durch Destillation von Wasser bei 60 °C ($\alpha = 1,006$) und bei 100 °C ($\alpha = 1,003$) in Kolonnen mit verschiedener Zahl an theoretischen Böden

Temperatur in °C	Trennfaktor α	Molenbruch an ^{18}O bei folgender Zahl an theoretischen Böden			
		100	500	1000	1500
60	1,006	0,0037	0,0384	0,442	0,940
100	1,003	0,0027	0,0073	0,0385	0,128

Aus Gl. (4.15) ist erkennbar, daß eine völlige Abtrennung der schwereren Komponente ($x_1 \to 1$) durch eine einfache Verdampfung nur asymptotisch ($V_o/V \to \infty$) erreicht werden kann. Um beispielsweise durch einfache Verdampfung bei einem Trennfaktor $\alpha = 1{,}006$ 1 Milligramm Wasser mit dem doppelten Gehalt an O–18 zu erhalten (Anreicherung des O–18 von $x_1^o = 0{,}002$ auf $x_1 = 0{,}004$), müßte man 10^{34} Tonnen Wasser auf 1 μl einengen. Die Anwendung von Fraktionierkolonnen mit einer möglichst großen Zahl von theoretischen Böden ist deshalb nicht zu umgehen. In Tab. 4.1 ist die Anreicherung von O–18 durch Destillation von Wasser bei zwei verschiedenen Temperaturen als Funktion der Zahl der theoretischen Böden angegeben. In Tab. 4.2 sind einige Dampfdruckverhältnisse zusammengestellt; die Trennfaktoren sind oberhalb $0\,°C$ im allgemeinen verhältnismä-

Tabelle 4.2
Dampfdruckverhältnisse

Stoffpaar	Temperatur in K	Dampfdruckverhältnisse $p_\text{leicht}/p_\text{schwer}$
H_2/HD	23	1,60
H_2O/HDO	273,2	1,12
	293,2	1,076
	313,2	1,059
	333,2	1,046
	353,2	1,035
	373,2	1,026
H_2O/D_2O	373,2	1,052
NH_3/ND_3	330,3	1,11
$^{10}BF_3/^{11}BF_3$	≈ 173	0,993
$^{12}CH_4/^{13}CH_4$	90,2	1,005
	156,2	1,003
$^{12}CO/^{13}CO$	68,2	1,011
	81,2	1,0069
$C^{16}O/C^{18}O$	68,2	1,0081
	81,2	1,0050
$^{16}O^{16}O/^{16}O^{18}O$	90,2	1,0054

Werte aus:
J. Kirshenbaum: Physical Properties and Analysis of Heavy Water. McGraw-Hill Book Comp., New York 1951, S. 25 ff.
Hydrocarbon Research Inc., Report NYO–889 USAEC, 15. März 1951.
I. Mühlenpfordt, H. Kronberger, P. T. Nettley: Isis 1957.
T. F. John: Isis 1957.
W. Groth, H. Ihle, A. Murrenhoff: Z. Naturforsch. **9a** (1954) 805.
(Vgl. auch W. Riezler, W. Walcher: Kerntechnik. B. G. Teubner Verlagsgesellschaft, Stuttgart 1958.)
J. Kirshenbaum, H. C. Urey: J. chem. Physics **10** (1942) 706.

ßig klein. Das Verfahren der Wasserdestillation zur Gewinnung von D_2O ist inzwischen durch die Austauschverfahren verdrängt worden. Für die Darstellung von $H_2^{18}O$ besitzt die Wasserdestillation jedoch auch heute noch Bedeutung.

Thermodynamisch erheblich günstiger als die Destillation bei normaler Temperatur ist die Tieftemperaturdestillation von Wasserstoff oder Sauerstoff. Für das Dampfdruckverhältnis findet man (Tab. 4.2)

$$\frac{p_{H_2}}{p_{HD}} = 1{,}6\,(23\,\text{K}). \tag{4.16}$$

Infolge des bedeutend höheren Trennfaktors (gegeben durch das Dampfdruckverhältnis) führt die Tieftemperaturdestillation des Wasserstoffs sehr viel rascher zum Ziel als die Wasserdestillation. Es genügt die Verwendung einer größeren Kolonne als erste Stufe und einer kleineren Kolonne als zweite Stufe (Abb. (4–5)). Dabei muß ein Kata-

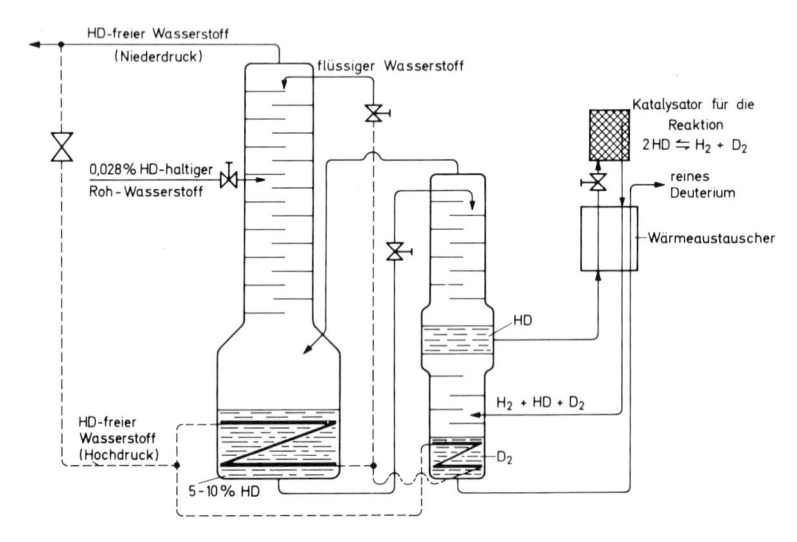

Abb. (4–5) Tieftemperaturdestillation von Wasserstoff. Nach K. CLUSIUS u. K. STARKE: Z. Naturforsch. **4**a (1949) 549.

lysator eingeschaltet werden, weil bei tiefer Temperatur die Austauschreaktion

$$2\,HD \rightleftharpoons H_2 + D_2 \tag{4.17}$$

nur sehr langsam abläuft. Das durch Destillation gewonnene Deuterium wird anschließend katalytisch verbrannt. Dabei wird schweres Wasser mit einem D_2O-Gehalt von etwa 99,9% gewonnen. Die Kosten für D_2O betragen zur Zeit etwa DM 400,— pro kg. Am wirtschaftlichsten ist die Destillation von Wasserstoff an solchen Stellen, an denen er in größeren Mengen für synthetische Zwecke (z. B. für die Ammoniaksynthese) produziert wird.

4.9. Elektrolyse

Die Elektrolyse wurde erstmals 1933 von Lewis und McDonald zur Trennung von Wasserstoff und Deuterium angewandt. Wenn man eine verdünnte Lösung eines Alkalihydroxids sehr lange elektrolysiert, so reichert sich das Deuterium im zurückbleibenden Wasser merklich an. Dies ist folgendermaßen zu erklären: Die Wanderungsgeschwindigkeit der leichteren H^+-Ionen ist bedeutend größer als die Wanderungsgeschwindigkeit der Deuteriumionen; deshalb ist der an der Kathode gebildete Wasserstoff ärmer an Deuterium als der Elektrolyt.

Im natürlichen Wasser besteht der Wasserstoff zu 0,0156 Atomprozent aus Deuterium. Der elementare Trennfaktor ist näherungsweise gegeben durch das Verhältnis

$$\alpha = \left(\frac{x_D}{x_H}\right)_{fl.} : \left(\frac{x_D}{x_H}\right)_{g.} \quad (4.18)$$

und wird durch die relative Geschwindigkeit der Abscheidung bestimmt. Je nach den Arbeitsbedingungen bewegt sich α zwischen 3 und 12. Der Mittelwert liegt bei technischen Anlagen im allgemeinen in der Nähe von 5. In Gl. (4.18) steht der Quotient aus dem Molverhältnis x_D/x_H in der flüssigen Phase und in der gerade entstehenden Gasphase. Bei einer kurzfristigen Elektrolyse ändern sich beide Größen nicht merklich; sie steigen im Verlaufe einer längeren Elektrolyse kontinuierlich an. Der Gesamttrennfaktor $A = \alpha^S$, der dabei in der flüssigen Phase erreicht werden kann, ergibt sich durch Integration über den gesamten Vorgang der Elektrolyse. In Abb. (4–6) ist der Gehalt an Deuterium im Elektrolyten als Funktion der Volumenreduktion durch Elektrolyse aufgezeichnet. Aus dieser Abbildung entnimmt man, daß zur Gewinnung von 1 l „schwerem Wasser" mit 99 Atomprozent Deuterium ($x'_D = 0,99$) aus gewöhnlichem Wasser ($x_D = 1,56 \cdot 10^{-4}$) bei einem Trennfaktor $\alpha = 5$ eine Menge von $1,65 \cdot 10^5$ l (165 t) Wasser auf 1 l elektrolysiert werden muß. Die Ausbeute an

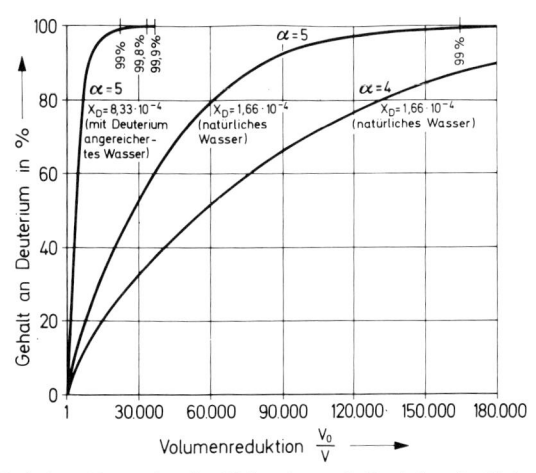

Abb. (4–6) Gehalt an Deuterium im Elektrolyten als Funktion der Volumenreduktion durch Elektrolyse. Aus E. W. Washburn u. H. C. Urey: Proc. nat. Acad. Sci. USA **18** (1932) 496.

Deuterium beträgt dabei nur 3,6%. Es liegt auf der Hand, daß eine derartige Elektrolyse nicht in einem Ansatz durchgeführt werden kann; die Konzentration des Elektrolyten würde sich viel zu stark erhöhen. Man elektrolysiert deshalb stufenweise in Zellen mit immer kleinerem Fassungsvermögen und trennt das Wasser anschließend durch Destillation vom Elektrolyten. So kann man in jeder Stufe das Volumen durch Elektrolyse auf etwa 1/10 einengen und erreicht dabei jeweils einen Gesamttrennfaktor $A = \alpha^s \approx 6{,}5$; d. h. es sind 5 bis 7 Stufen erforderlich, um hochprozentiges D_2O zu gewinnen.

Bei der Isotopentrennung von Deuterium und Wasserstoff durch Elektrolyse kann sich der Isotopenaustausch

$$H_2O + HD \rightleftharpoons HDO + H_2 \qquad (4.19)$$

störend bemerkbar machen. Spielt dieses Isotopenaustauschgleichgewicht, das eine Gleichgewichtskonstante von etwa 3 hat, eine wichtige Rolle, dann wird die Trennwirkung entsprechend herabgesetzt. So findet man bei der Elektrolyse an Platin, das die Einstellung dieses Gleichgewichts katalysiert, nur einen Trennfaktor von etwa 3.

Die Elektrolyse ist verhältnismäßig teuer. Sie kommt hauptsächlich dort in Frage, wo billiger Strom zur Verfügung steht (z. B. in Norwegen). Für die Trennung der Isotope anderer Elemente ist die Elektrolyse noch unwirtschaftlicher.

Durch Elektrolyse von Lithiumsalzen an Amalgamelektroden wurden Trennfaktoren von etwa 1,02 bis 1,05 erzielt; dabei reichert sich ^7Li in der Lösung an. Auch durch Schmelzflußelektrolyse ist eine Trennung der Lithiumisotope möglich.

4.10. Ionenwanderung

Die unterschiedlichen Wanderungsgeschwindigkeiten von isotopen Ionen in einer Lösung oder einer Salzschmelze können ebenfalls als Grundlage einer Isotopentrennung dienen. Bei der Elektrolyse wird das beweglichere Ion das weniger bewegliche auf dem Weg zur Elektrode überholen. Die Anreicherung ist gegeben durch den Ausdruck

$$\frac{x_1}{x_1^o} = 1 + \frac{2\Delta u\, t}{\sqrt{\pi D t}}. \qquad (4.20)$$

Δu ist der Unterschied in den Ionenbeweglichkeiten, D der Diffusionskoeffizient und t die Zeit. Die Anreicherung wächst mit der Stromdichte an. Zu Beginn der Elektrolyse ist der Trenneffekt verhältnismäßig groß; dann macht sich in immer stärkerem Maße eine Rückvermischung infolge Diffusion bemerkbar. Wirksame Trennungen können nur durch lange Versuchszeiten erreicht werden. Um extrem lange Rohre zu vermeiden, arbeitet man im Gegenstrom. Dabei wird die Wanderung der Ionen kompensiert durch einen Transport von Elektrolytlösung in entgegengesetzter Richtung derart, daß nur das leichtere Ion sich in Richtung auf die Elektrode bewegt. Konvektions-

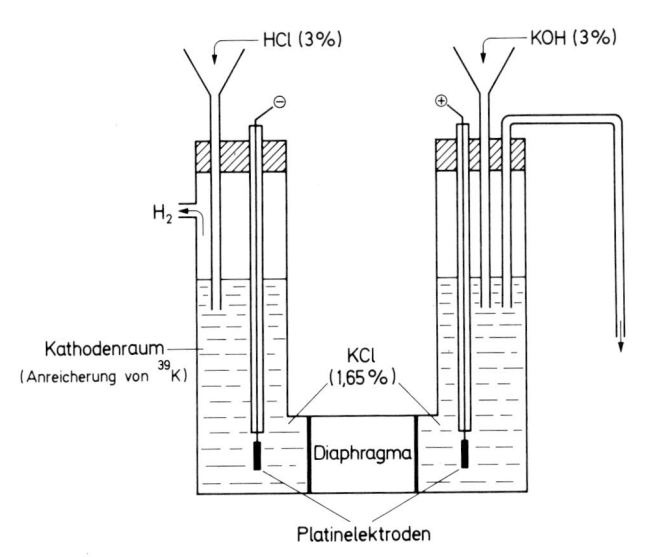

Abb. (4–7) Trennung der Kaliumisotope auf Grund der unterschiedlichen Wanderungsgeschwindigkeiten im elektrischen Feld. Nach A. K. BREWER, S. L. MADORSKY u. J. W. WESTHAVER: Science [New York] **104** (1946) 156.

ströme werden durch Verwendung eines mit porösem Material (z. B. Glaswolle oder gesintertem Glas) gefüllten Rohres verhindert; dieses Rohr entspricht der Trennsäule in einer Füllkörperkolonne.

In Abb. (4–7) ist ein Gerät zur Trennung der Kaliumisotope durch Elektrolyse einer Kaliumchloridlösung dargestellt. Die an der Kathode entstehende Lauge wird kontinuierlich durch Zugabe von Salzsäure neutralisiert, ebenso die an der Anode entstehende Säure durch Zugabe von Lauge. Nach einer Betriebsdauer von 19 Tagen bei einer Stromstärke von 0,5 A wurde eine Erhöhung des Verhältnisses K–39 : K–41 von 14,2 auf 24,0 festgestellt. Dies entspricht bei einem elementaren Trennfaktor $\alpha = 1,0038$ einer Zahl von etwa 50 theoretischen Böden pro cm Trennsäule. Ähnliche Trennungen wurden mit Rubidiumsalzen und mit Chloriden ausgeführt.

Von praktischer Bedeutung ist die unterschiedliche Ionenwanderung isotoper Ionen bei der Schmelzflußelektrolyse. Der Isotopieeffekt ist gegeben durch das Verhältnis

$$\mu = \frac{\Delta u}{u} \bigg/ \frac{\Delta M}{M}. \qquad (4.21)$$

u ist die Ionenbeweglichkeit und M die Masse der Ionen in atomaren Masseneinheiten. Für den Isotopieeffekt gilt auch die experimentell gefundene Beziehung

$$\mu = -0,5 \, \frac{2,1 \, M^-}{2,1 \, M^- + M^+}. \qquad (4.22)$$

Die Methode der Schmelzflußelektrolyse wurde erstmals zur Trennung der Isotope des Kupfers, Silbers und Zinks angewendet (KLEMM 1951). Später wurden auf diese Art die Lithiumisotope getrennt, wobei man eine Lithiumchloridschmelze bei 650 °C zwischen Kohleelektroden elektrolysierte. Nach 8 Tagen (300 Amperestunden) war die Konzentration des Li–6 im Kathodenraum von 7,4 auf 20 Atomprozent angestiegen.

4.11. Austauschverfahren

Die Austauschverfahren beruhen auf den Isotopieeffekten bei Isotopenaustauschgleichgewichten (vgl. Abschn. 3.3). Bei den Austauschverfahren ist der Trennfaktor gegeben durch den Austauschkoeffizienten α (vgl. Gl. (3.36)), der bei einfachen Isotopenaustauschreaktionen mit der Gleichgewichtskonstanten identisch ist. Ebenso wie in den vorausgehenden Fällen ist der Trennfaktor von der Temperatur abhängig. Für das praktisch wichtige Isotopenaustauschgleichgewicht

$$HD(g.) + H_2O(fl.) \rightleftharpoons H_2(g.) + HDO(fl.), \qquad (4.23)$$

das sich bei 80 °C an Nickel- oder Platinkatalysatoren hinreichend rasch einstellt, beträgt die Gleichgewichtskonstante $K = \alpha \approx 3$.

Um kontinuierliche Verfahren zu ermöglichen, arbeitet man entweder mit einer sogenannten Phasenumkehr oder bei zwei verschiedenen Temperaturen.

a) Methode der Phasenumkehr oder chemischen Umwandlung: Diese Methode sei am Beispiel des Isotopenaustauschgleichgewichtes (Gl. (4.23)) zwischen gasförmigem Wasserstoff und flüssigem Wasser erläutert (Abb. (4–8)). Am Boden der Kolonne wird Wasser

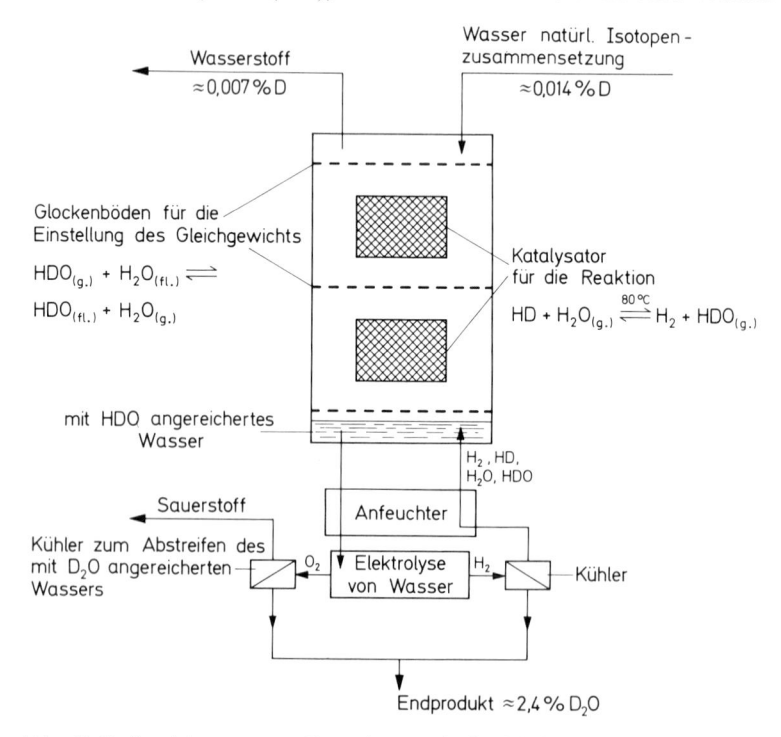

Abb. (4–8) Anreicherung von Deuterium nach der Methode der Phasenumkehr.

zum Sieden erhitzt; gleichzeitig wird durch Elektrolyse Wasserstoff erzeugt. Am Kopf der Kolonne kondensiert der Wasserdampf; der Wasserstoff wird wieder zu Wasser verbrannt. Die Kolonne ist mit einem geeigneten Katalysator beschickt, an dem der Isotopenaustausch zwischen Wasserstoff und Wasserdampf stattfindet. Im Gegenstromverfahren kommen der aufsteigende, mit Wasserdampf gesättigte Wasserstoff und das von oben zurücklaufende Wasser miteinander in Kontakt. Die Anreicherung ist durch die Zahl der theoretischen Böden bestimmt.

b) Energetisch günstiger als die chemische Umwandlung ist das Arbeiten bei zwei verschiedenen Temperaturen („Heiß-Kalt"-System). Dabei wird die Temperaturabhängigkeit des Gleichgewichtsisotopieeffektes ausgenutzt. Im Falle des Isotopenaustauschgleichgewichts (Gl. (4.23)) zwischen gasförmigem Wasserstoff und flüssigem Wasser arbeitet das „Heiß-Kalt"-System noch nicht wirtschaftlich. Sehr viel bessere Ergebnisse werden erzielt bei dem Isotopenaustauschgleichgewicht zwischen gasförmigem Schwefelwasserstoff und flüssigem Wasser:

$$HDS + H_2O \rightleftharpoons H_2S + HDO. \qquad (4.24)$$

Für die Gleichgewichtskonstante

$$K = \frac{[H_2S][HDO]}{[HDS][H_2O]} \qquad (4.25)$$

wurden folgende Werte gefunden:

T: 5   10   25   100 °C
K: 2,52   2,48   2,34   1,92

Die Gleichgewichtskonstante ist also ziemlich stark von der Temperatur abhängig. In Abb. (4-9) ist das Schema des Verfahrens angegeben. In einem Reaktionsgefäß wird das Gleichgewicht bei

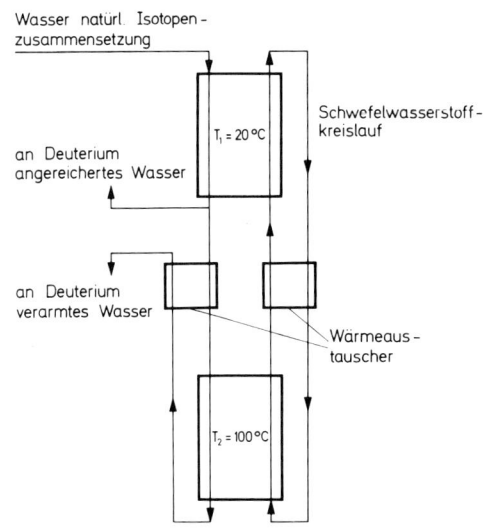

Abb. (4-9) Anreicherung von Deuterium in einem „Heiß-Kalt"-System.

20 °C eingestellt, in einem zweiten Reaktionsgefäß bei 100 °C. Der Schwefelwasserstoff wird im Kreislauf herumgeführt. Wasser normaler Isotopenzusammensetzung tritt in das Reaktionsgefäß ein, das auf 20 °C temperiert ist; aus dem gleichen Gefäß wird Wasser mit höherer Deuteriumkonzentration entnommen, während aus dem auf 100 °C erhitzten Gefäß Wasser mit niedrigerer Deuteriumkonzentration abgeführt wird.

Für die Trennung der Wasserstoffisotope sind eine Reihe von weiteren Systemen von Interesse. So kann man den heterogenen Isotopenaustausch in den Systemen HX (X = Halogen)/H_2O bzw. HX_1/HX_2, Mercaptan/H_2O, Phosphin/H_2O, NH_3/H_2O, Amine/H_2O für die Anreicherung von Deuterium ausnutzen. Dabei ergeben sich jeweils besondere Probleme hinsichtlich der Auswahl geeigneter Katalysatoren und der Verhinderung der Korrosion. Beispielsweise beträgt in dem System

$$HCl + DBr \rightleftharpoons DCl + HBr \qquad (4.26)$$

der elementare Trennfaktor $\alpha = K = 1{,}22$ bei 25 °C.

Die Austauschverfahren sind auch für die Trennung anderer Isotope geeignet. Allerdings sind die Trennfaktoren erheblich niedriger. Für die Anreicherung von N-15 kann folgende heterogene Isotopenaustauschreaktion dienen:

$$^{15}NH_3\,(g.) + {}^{14}NH_4^+\,(aq.) \rightleftharpoons {}^{14}NH_3\,(g.) + {}^{15}NH_4^+\,(aq.). \qquad (4.27)$$

Der elementare Trennfaktor hat bei 25 °C den Wert $\alpha = K = 1{,}034$. Zur Ausnutzung des Gleichgewichtsisotopieeffekts kann man folgendermaßen verfahren: Ein großer Überschuß an Ammoniak wird in einer Ammoniumsalzlösung aufgelöst und nach der Gleichgewichtseinstellung wieder ausgetrieben. Das Ammoniumsalz, das nunmehr um den Faktor 1,034 (25 °C) an N-15 angereichert ist, wird mit Lauge zersetzt. Das entstehende Ammoniakgas wird wiederum im Überschuß mit einer Ammoniumsalzlösung ins Gleichgewicht gesetzt usw. Nach s-maliger Wiederholung der Operation beträgt die Gesamtanreicherung an N-15: $A = (1{,}034)^s$. Am zweckmäßigsten arbeitet man nach dem Gegenstromprinzip in Füllkörperkolonnen unter Verwendung mehrerer Stufen.

Die Anreicherung des N-15 kann auch auf Grund der Austauschreaktion zwischen gasförmigem Stickoxid und einer Salpetersäurelösung erfolgen:

$$^{15}NO\,(g.) + H^{14}NO_3\,(aq.) \rightleftharpoons {}^{14}NO\,(g.) + H^{15}NO_3\,(aq.). \qquad (4.28)$$

Für die Trennung von C-13 und C-12 ist folgende Austauschreaktion geeignet:

$$H^{12}CN\,(g.) + {}^{13}CN^-\,(aq.) \rightleftharpoons H^{13}CN\,(g.) + {}^{12}CN^-\,(aq.). \qquad (4.29)$$

Hier wird das schwerere Isotop im gasförmigen Cyanwasserstoff angereichert. Die Gleichgewichtskonstante für diese Austauschreaktion beträgt

$$K = \frac{[H^{13}CN][^{12}CN^-]}{[H^{12}CN][^{13}CN^-]} = 1{,}026\,(18\,°C). \qquad (4.30)$$

Zur technischen Ausführung der Trennung wird im Boden einer Kolonne Natriumcyanidlösung mit Schwefelsäure gemischt. Dem aufsteigenden Cyanwasserstoff entgegen strömt Natronlauge, die mit dem Cyanwasserstoff Natriumcyanidlösung bildet. Der stationäre Zustand wird nach etwa einer Woche erreicht. Dann kann am Kopf der Kolonne kontinuierlich der an C–13 angereicherte Cyanwasserstoff entnommen werden. Die Nachteile des Verfahrens sind die Giftigkeit des Cyanwasserstoffs und seine Neigung zur Bildung fester Polymere. Deshalb ist der Austausch zwischen Kohlensäure und einer Hydrogencarbonatlösung von Interesse

$$^{13}CO_2(g.) + H^{12}CO_3^-(aq.) \rightleftharpoons {}^{12}CO_2(g.) + H^{13}CO_3^-(aq.), \quad (4.31)$$

obwohl sich das Austauschgleichgewicht verhältnismäßig langsam einstellt und der Trennfaktor bedeutend niedriger ist ($\alpha = 1{,}017$).

Weitere Austauschreaktionen, die im Hinblick auf Isotopentrennungen untersucht wurden, sind z. B.:

$$C^{16}O_2(g.) + H_2^{18}O(fl.) \rightleftharpoons C^{16}O^{18}O(g.) + H_2^{16}O(fl.) \qquad (4.32)$$

(elementarer Trennfaktor $\alpha = 1{,}046$ bei 25 °C);

$$^{34}SO_2(g.) + H^{32}SO_3^-(aq.) \rightleftharpoons {}^{32}SO_2(g.) + H^{34}SO_3^-(aq.) \qquad (4.33)$$

(elementarer Trennfaktor $\alpha = 1{,}012$ bei 25 °C);

$$^{6}Li^+(aq.) + {}^{7}Li(Hg) \rightleftharpoons {}^{7}Li^+(aq.) + {}^{6}Li(Hg). \qquad (4.34)$$

Bei dieser Reaktion wird das Lithium zwischen einer wässrigen Lithiumchloridlösung und Lithiumamalgam ausgetauscht.

4.12. Ionenaustausch

Der Austausch in einem Harzaustauscher, in einem anorganischen Ionenaustauscher oder in einer chromatographischen Säule ist ein Spezialfall einer Austauschreaktion. Ionenaustauschverfahren werden im Laboratorium gelegentlich zur Isotopentrennung eingesetzt.

Der elementare Trennfaktor in einer mit einem Ionenaustauscher gefüllten Trennsäule hängt von der Gleichgewichtskonstanten des Austauschgleichgewichts der betreffenden isotopen Ionen ab, z. B.

$$^{7}Li^+ + \overline{{}^{6}Li} \rightleftharpoons {}^{6}Li^+ + \overline{{}^{7}Li}. \qquad (4.35)$$

Die überstrichenen Symbole bedeuten, daß die Ionen am Austauscher gebunden sind. Solche Austauschgleichgewichte werden häufig durch den Verteilungskoeffizienten charakterisiert, der mit der Gleichgewichtskonstanten der Austauschreaktion (Gl. (4.35)) identisch ist.

Mit einem geeigneten Ionenaustauscher kann man in hinreichend langen Trennsäulen eine partielle Trennung der Isotope erreichen; dabei erscheint im Eluat zunächst die schneller wandernde Komponente fast in reiner Form.

TAYLOR und UREY versuchten als erste 1938 die Isotopentrennung durch Ionenaustausch; sie verwendeten eine mit synthetischem Zeolith gefüllte Trennsäule für die Trennung der Isotope des Lithiums, Kaliums und Stickstoffs (in Form von Ammoniumionen). Eine bessere Trennung der Lithiumisotope erreichten GLÜCKAUF und Mitarbeiter (1949) mit einem Harzaustauscher und Lithiumacetat.

4.13. Optische Verfahren

Bereits kurz nach der Entdeckung der Isotopieverschiebungen in den Atom- und Molekülspektren wurde die Möglichkeit diskutiert, Isotope durch Isotopen-selektive optische Anregung von Atomen oder Molekülen anzureichern. Alle optischen Verfahren der Isotopentrennung nutzen die Isotopieverschiebungen in den Spektren (vgl. Abschn. 3.4) und beruhen auf den folgenden Voraussetzungen:

1. Die Substanz muß in ihrem Spektrum Absorptionslinien enthalten, die für eine Isotopen-selektive Anregung geeignet sind; d.h. die Absorptionslinien der Isotope bzw. der die Isotope enthaltenden Moleküle dürfen sich nicht überlagern.
2. Das anregende Licht muß streng monochromatisch sein.
3. Die Wellenlänge des anregenden Lichts muß der Wellenlänge einer der unter 1. genannten, für die Isotopen-selektive Anregung geeigneten Linien im Absorptionsspektrum der Substanz entsprechen.
4. Die Selektivität muß bei den auf die Anregung folgenden Prozessen erhalten bleiben.

Die unter 1. genannte Voraussetzung ist, wie bereits in Abschn. 3.4 ausgeführt und begründet, im allgemeinen nur für gasförmige Substanzen erfüllt. Druck und Temperatur dürfen dabei nicht zu hoch sein, weil sowohl höherer Druck als auch höhere Temperatur zu einer Verbreiterung der Absorptionslinien führen. Moleküle, die bei sehr tiefen Temperaturen in einer inerten Matrix eingebettet sind, lassen zwar die Isotopieverschiebungen der Spektrallinien zum Teil noch erkennen (vgl. Abschn. 3.4), sie eignen sich aber in den meisten Fällen nicht für eine Isotopentrennung, weil die selektive Anregung bei der Aufwärmung verloren geht (vgl. Voraussetzung 4).

Moleküle haben gegenüber Atomen den Vorteil, daß man flüchtige Verbindungen herstellen kann, die sich leichter in die Gasphase überführen lassen als die Elemente. So bieten sich im Falle des Urans das Uranhexafluorid UF_6 oder das Dicyclooctatetraenuran $U(C_8H_8)_2$ als flüchtige Verbindungen an.

Die Auswahl geeigneter Absorptionslinien für eine Isotopen-selektive Anregung (Voraussetzung 1) ist bei Atomen verhältnismäßig einfach, auch noch bei zweiatomigen Molekülen. Kleine Moleküle, die aus wenigen Atomen bestehen, zeigen im nahen UV- und im sichtbaren Bereich gut aufgelöste Isotopieverschiebungen. Wenn die Moleküle dagegen aus vielen Atomen bestehen, sind die Schwingungsrotationsbanden sehr linienreich, so daß bereits die Aufklärung der Spektren und die Zuordnung der Isotopieverschiebungen schwierig ist. Vielatomige Moleküle sind deshalb für die Isotopentrennung durch optische Verfahren weniger gut geeignet.

Streng monochromatisches Licht (Voraussetzung 2) ist durch die Laser verfügbar geworden. Die Entwicklung der optischen Verfahren der Isotopentrennung ist deshalb eng gekoppelt mit der Laserentwicklung. Heute stehen viele leistungsstarke Laser zur Verfügung, z. B. Gas- und Festkörper-Laser. Tabelle 4.3 gibt eine Übersicht über die Eigenschaften verschiedener Lasersysteme. Gaslaser, Festkörper-Laser und Halbleiter-Laser liefern je nach aktivem Medium eine mehr oder weniger große Anzahl von Linien bestimmter Wellenlängen, mit denen nur solche Atome und Moleküle selektiv angeregt werden können, deren Absorptionslinien mit den Emissionslinien der Laser übereinstimmen. Bei den Farbstoff-Lasern kann man die Wellenlänge in einem durch die optischen Eigenschaften des Farbstoffs gegebenen Bereich variieren und damit einer gegebenen Aufgabe anpassen (abstimmbare Laser).

Der Wellenlängenbereich, der von den Lasern überdeckt wird, reicht vom Ultraviolett bis in das ferne Infrarot. Im Millimeterbereich schließen die Laser an die Hochfrequenzgeneratoren an. IR-Laser zeichnen sich durch einen hohen Wirkungsgrad aus. So werden beim CO_2-Laser etwa 10 % der aufgenommenen elektrischen Energie in Lichtenergie umgesetzt. Diese Laser sind deshalb besonders wirtschaftlich. Die Frequenz von Lasern kann zwar durch einen Kunstgriff verdoppelt werden (Frequenzverdoppelung), aber die Erfüllung der Voraussetzung 3 bereitet im allgemeinen recht große Schwierigkeiten, weil nur ganz bestimmte Wellenlängen für die Anregung zur Verfügung stehen. Es fehlen zur Zeit noch leistungsstarke Laser mit hohem Wirkungsgrad, die man auf die gewünschte, für die Isotopen-selektive Anregung erforderliche Wellenlänge einstellen kann. Mit derartigen Lasern möchte man nicht nur im sichtbaren Bereich arbeiten, wie mit den Farbstoff-Lasern, sondern auch im IR- und im UV-Bereich, weil im IR-Bereich die meisten Molekülschwingungen und im UV-Bereich elektronische Niveaus der Moleküle angeregt werden können. Mit Fortschritten in dieser Richtung ist zu rechnen, da an der Laserentwicklung intensiv gearbeitet wird.

Die Erhaltung der Selektivität bei den auf die Anregung folgenden Prozessen (Voraussetzung 4) ist für alle Verfahren der Isotopentrennung wichtig, bei denen nach der ersten Anregung weitere Anregungsprozesse oder chemische Folgereaktionen erforderlich sind, um eine Abtrennung zu ermöglichen. Die Erhaltung der Selektivität spielt somit bei den photochemischen Reaktionen eine entscheidende Rolle. Das Isotopen-selektiv angeregte Atom oder Molekül soll in der Zeit bis zum folgenden Prozeß seine Anregungsenergie nicht durch Relaxation, d.h. durch Emission von Photonen, Umwandlung in andere Energieformen oder durch Zusammenstöße mit anderen Molekülen verlieren.

Die zur Zeit bekannten optischen Verfahren der Isotopenanreicherung bzw. Isotopentrennung sind in Tabelle 4.4 zusammengestellt.

Tabelle 4.3
Übersicht über die zur Zeit wichtigsten Lasersysteme

Lasersystem	Aktives Medium	Häufigste Anregung	Betriebsart	Mittlere Ausgangsleistung in J s^{-1}		Wellenlängenbereich
				kontinuierlich	gepulst	
Gaslaser	Edelgase (z. B. He/Ne oder Ar) Moleküle (z. B. CO$_2$) Metalldämpfe (z.B. He/Cd)	Gasentladung	kontinuierlich oder gepulst	bis 10^4	bis 10^5	je nach Medium UV–IR (300–10600 nm)
Festkörper-Laser	Kristalle und Gläser, dotiert mit Metallionen (z. B. Rubin, Neodym-Glas)	Optisches Pumpen	gepulst	–	bis 10^9	je nach Medium VIS (694 nm) und nahes IR (1060 nm)
Halbleiter-Laser	Halbleiterkristalle, dotiert mit Elementen niedrigerer oder höherer Ordnungszahl (z. B. GaAs)	elektrischer Strom	kontinuierlich oder gepulst	bis 10^2	bis 10^4	je nach Betriebsbedingungen UV–IR (320–31800 nm)
Flüssigkeits-Laser	Organische Farbstoffe in Lösungsmitteln (Farbstoff-Laser) oder Ionen Seltener Erden in Lösungsmitteln	optisches Pumpen	gepulst oder kontinuierlich	≈ 0,1	bis 10^4	je nach Farbstoff VIS–IR (400–10600 nm)

4.13. Optische Verfahren

Tabelle 4.4
Überblick über optische Verfahren der Isotopentrennung

Anregung von	Methode			Trennung	Verfahren
Atome	Impulsübertragung			Auffangen des abgelenkten Strahls	Photophysikalische Verfahren
	Photoionisation (zweistufig) $A \xrightarrow{h\nu_1} A^* \xrightarrow{h\nu_2} A^+ + e^-$			Elektrische oder magnetische Abtrennung der Ionen	
Molekülen	Elektronische Anregung (einstufig) $A \xrightarrow{h\nu} A^*$ bzw. $M \xrightarrow{h\nu} M^*$				Photochemische Verfahren
	Nur Schwingungsanregung (ein- oder mehrstufig) $M \xrightarrow{h\nu} M^*$			Folgereaktionen und Trennung der Produkte	
	Photodissoziation	zweistufig	$M \xrightarrow{h\nu_1} M^* \xrightarrow{h\nu_2} M_1 + M_2$		
		über Prädissoziation	$M \xrightarrow{h\nu} M^* \rightarrow M_1 + M_2$		
		mehrfache Infrarot-Schwingungsanregung	$M \xrightarrow{h\nu} M^* \xrightarrow{h\nu} \ldots \rightarrow M_1 + M_2$		

Bei den photophysikalischen Verfahren erfolgt die Trennung auf physikalischem Wege, bei den photochemischen Verfahren werden chemische Bindungen gelöst bzw. geknüpft. Photochemische Reaktionen eignen sich deshalb gut zur Isotopentrennung, weil sich Atome bzw. Moleküle im angeregten Zustand und im Grundzustand in ihrer Reaktionsfähigkeit deutlich unterscheiden. Durch Isotopen-selektive Folgereaktionen im Anschluß an die Anregung entstehen Reaktionsprodukte, die bevorzugt das betreffende Isotop enthalten und abgetrennt werden können. Als Folgereaktionen bieten sich alle Arten von Reaktionen an, die in der Gasphase ablaufen können, z. B. Zersetzungsreaktionen, Substitutionsreaktionen, Additionsreaktionen, Redoxreaktionen. Ein Spezialfall der Substitutionsreaktionen sind Isotopenaustauschreaktionen (vgl. Abschn. 15.5.3).

Zur näheren Erläuterung der erhöhten Reaktionsfähigkeit angeregter Atome bzw. Moleküle kann man von der Geschwindigkeitskonstanten einer chemischen Reaktion ausgehen (Gl. 3.14)

$$k = k_o e^{-E/RT} = k_o e^{-E_a/k_B T} \qquad (4.36)$$

E ist die Aktivierungsenergie pro Mol, E_a die Aktivierungsenergie für den Einzelprozeß und k_B die Boltzmann-Konstante. Nach Anregung eines Atoms oder Moleküls durch Absorption eines Lichtquants der Energie $h\nu$ vermindert sich die Aktivierungsenergie auf den Wert $E_a - h\nu$. Damit erhöht sich die Geschwindigkeitskonstante auf den Wert

$$k = k_o e^{-(E_a - h\nu)/k_B T} = e^{h\nu/k_B T} \cdot k_o e^{-E_a/k_B T}, \qquad (4.37)$$

d.h. die Geschwindigkeitskonstante erhöht sich um den Faktor $f = e^{h\nu/k_B T}$. Bei 25 °C und einer Wellenlänge $\lambda = 520$ nm (sichtbarer Bereich) beträgt dieser Faktor $f \approx 10^{40}$, bei einer Wellenlänge $\lambda = 10,5\ \mu m$ (IR-Bereich, CO_2-Laser) $f \approx 100$. Wie diese Rechnung zeigt, ist die Erhöhung der Reaktionsgeschwindigkeit bereits bei einstufiger selektiver Anregung, d.h. bei Absorption eines Photons im IR-Bereich erheblich. Im elektronisch angeregten Zustand ändern sich zum Teil die Bindungsabstände und damit auch das Reaktionsverhalten; d.h. Reaktionen aus elektronisch angeregten Zuständen können anders verlaufen als thermisch angeregte Reaktionen aus dem Grundzustand.

Impulsübertragung auf Atome

Die Grundlagen dieses Verfahrens wurden bereits in Abschnitt 3.4 besprochen. In der Praxis ergeben sich einige Schwierigkeiten: Mit zunehmender Ablenkung wächst die Dopplerverschiebung, so daß Laserstrahlen mit einer sehr kleinen Linienbreite nicht mehr absorbiert werden. Um dies zu vermeiden, arbeitet man mit einem konvergenten Laserstrahl, wobei die Richtung des Laserstrahls immer senkrecht auf der Richtung des abgelenkten Atomstrahls steht. Außerdem wird in den meisten Fällen nach einer Reihe von Absorptions- und Emissionsprozessen nicht mehr der Grundzustand besetzt, sondern ein metastabiler angeregter Zustand, wodurch die Zahl der Anregungsvorgänge begrenzt wird. Um eine bessere Lichtausbeute zu erreichen und die Ablenkung zu verstärken, läßt man den Laserstrahl zwischen zwei Spiegeln hin- und herlaufen. Bei hoher Laserintensität sind die angeregten Zustände weitgehend besetzt, und es wird auch die Emission stimuliert, so daß man einen zusätzlichen Ablenkungseffekt erhält. Die Impulsübertragung durch Absorption und Emission der reflektierten Strahlung bewirkt eine Winkelauffächerung der absorbierenden Isotope nach zwei Richtungen. In Berkeley, Californien, wurden nach diesem Verfahren 1974 Bariumisotope getrennt.

Photoionisation von Atomen

Eine einfache (einstufige) Photoionisation ist im allgemeinen kein selektiver Vorgang, da der ionisierte Zustand keine diskreten Energieniveaus aufweist, sondern ein Kontinuum darstellt. Deshalb werden selbst mit extrem monochromatischem Licht hinreichend hoher Energie alle Isotope ionisiert. Aus diesem Grunde muß eine Isotopenselektive Ionisation mindestens in zwei Stufen erfolgen (sofern man nicht den Weg über eine Prädissoziation wählt):

$$A \overset{h\nu_1}{\to} [A]^* \overset{h\nu_2}{\to} A^+ + e^- \qquad (4.38)$$

Das Zeichen * steht für die selektive Anregung. In der ersten Stufe wird nur das gewünschte Isotop selektiv durch Einstrahlung von Laserlicht geeigneter Frequenz in ein elektronisch angeregtes Niveau befördert. Dieses Niveau muß so hoch liegen, daß es nicht bereits thermisch besetzt wird. In der zweiten Stufe werden die Isotopen-selektiv angeregten Atome mit einem zweiten Laser oder mit einer Quecksilber-Hochdrucklampe ionisiert. Die Energie der zweiten Strahlungsquelle kann beliebig gewählt werden mit zwei Einschränkungen: sie muß groß genug sein, um die elektronisch angeregten Atome zu ionisieren, sie darf aber nicht so hoch sein, daß auch die nicht angeregten Atome ionisiert werden. Bei der ersten Stufe handelt es sich um einen Resonanz-Prozeß, der mit sehr guter Ausbeute abläuft, bei der zweiten Stufe ist die Lichtausbeute im allgemeinen um den Faktor 10^7 bis 10^{10} kleiner, so daß die Leistung der zweiten Lichtquelle verhältnismäßig hoch sein muß. Wenn für die erste Stufe ein gepulster Laser verwendet wird, muß die zweite Lichtquelle synchron geschaltet werden. Die ionisierten Atome können in einem elektrischen Feld an einer Elektrode abgesaugt oder, bei Verwendung eines Atomstrahls, in einem Magnetfeld abgelenkt und getrennt aufgefangen werden.

Die ersten erfolgreichen Versuche zur zweistufigen Photoionisation wurden 1971 aus Rußland berichtet. Dabei gelang es mit Hilfe eines Farbstoff-Lasers und eines Rubin-Lasers, Rubidiumisotope zu trennen. 1974 gelang in Köln die Trennung von Calciumisotopen. Dabei wurde mit einem Argon-Laser in zweiter Stufe eine resonante Anregung von zwei Außenelektronen erreicht. Durch Zusammenstöße der zweifach elektronisch angeregten Atome erfolgte die Ionisation. Diese Auto-Ionisation bewirkte eine sehr viel bessere Lichtausbeute in der zweiten Stufe. Auch im Hinblick auf die Trennung der Uranisotope wurden Erfolge erzielt. In Berkeley, Californien, wurde 1974 ein Atomstrahl von Uranatomen, erzeugt durch Aufheizen von URe_2 auf 2400 K, in erster Stufe mit Photonen der Wellenlänge 591,5 nm aus einem Farbstoff-Laser angeregt und gleichzeitig mit einer 2,5 kW Quecksilber-Dampflampe bestrahlt, um in zweiter Stufe die Ionisation zu erreichen. Strahlung der Wellenlänge $\lambda < 210$ nm wurde mit einem Filter zurückgehalten, um die direkte Ionisation aus dem Grundzustand zu unterbinden. Die Absorptionslinie für ^{235}U liegt bei 16900,097 cm^{-1}, diejenige für ^{238}U bei 16900,378 cm^{-1}. Die Isotopieverschiebung ist ausreichend für die Isotopen-selektive Anregung. Allerdings ist die Lichtausbeute für die Anregung in der ersten Stufe ($7s^2 \rightarrow 7s\,7p$) sehr klein (Wirkungsquerschnitt $\approx 10^{-13}$ cm^2). Etwa 10^6 Atome wurden pro Sekunde in einem Quadrupolmassenfilter abgetrennt. Durch Verwendung eines Xenon-Lasers zur Anregung in der ersten Stufe mit 378,1 nm und eines Krypton-Lasers für die Anregung in der zweiten Stufe mit 350,0 nm konnte die Ausbeute um etwa den Faktor 10^7 gesteigert werden. Ähnliche Ergebnisse wurden von einer Arbeitsgruppe der Exxon Nuclear bereits 1972 erhalten. Diese Arbeitsgruppe verbesserte auch die elektromagnetische Abtrennung und entwickelte das Verfahren zur technischen Reife, so daß größere Anlagen für die Trennung der Uranisotope gebaut werden können. Hohe Dampfdichte von Uranatomen wird am besten durch Aufheizung des Metalls mit gepulsten Lasern erreicht.

Elektronische Anregung von Atomen oder Molekülen

Bei diesem Verfahren werden Atome A oder Moleküle M einstufig Isotopen-selektiv angeregt und dadurch zu Folgereaktionen befähigt:

$$A(M) \xrightarrow{h\nu} A^*(M^*) \xrightarrow{X} AX(MX) \qquad (4.39)$$

Das Reaktionsprodukt der photochemischen Reaktion wird abgetrennt.

Mehrere Untersuchungen beschäftigten sich mit der Trennung der Quecksilberisotope. 1963 wurde ein Gemisch von Quecksilberdampf natürlicher Isotopenzusammensetzung und HCl mit einer Quecksilber-Dampflampe bestrahlt, die isotopenreines ^{202}Hg enthielt. Die Hg-Resonanzlinie bei 253,7 nm regte nur das ^{202}Hg elektronisch an, das mit HCl reagierte. Das entstehende $^{202}Hg_2Cl_2$ setzte sich an der Wand ab. Allerdings ging die Selektivität zum Teil durch Nebenreaktionen verloren. Der Anteil der Nebenreaktionen konnte durch Zusatz von Inertgasen oder Radikalfängern herabgesetzt werden. Es gelang auf diese Weise, die Häufigkeit des ^{202}Hg von 29,7% (natürliche Häufigkeit) auf 95% zu steigern, was nach Gl. (4.3) einem Trennfaktor $\alpha = 45$ entspricht.

Mit der Entwicklung der Laser ergaben sich neue Möglichkeiten zur photochemischen Isotopentrennung. Z.B. ist durch selektive elektronische Anregung von $I^{35}Cl$ bzw. $I^{37}Cl$ die Anreicherung der Chlorisotope auf verschiedenen Wegen möglich. In einer Arbeit ist die selektive Anregung von $I^{37}Cl$ mit Hilfe eines Farbstoff-Lasers durch Einstrahlung von Licht der Wellenlänge 605,3 nm beschrieben, wobei das selektiv angeregte ICl mit trans-1,2-Dichlorethylen unter Bildung von cis-1,2-Dichlorethylen reagiert:

$$[I^{37}Cl]^* + \begin{array}{c} Cl \\ \\ H \end{array}\!\!C=C\!\!\begin{array}{c} H \\ \\ Cl \end{array} \xrightarrow{} \begin{array}{c} ^{37}Cl \\ \\ H \end{array}\!\!C=C\!\!\begin{array}{c} Cl \\ \\ H \end{array} + ICl. \quad (4.40)$$

Die cis-Verbindung kann in einem Gaschromatographen abgetrennt werden. Mit einem Farbstoff-Laser selektiv angeregtes $[I^{35}Cl]^*$ reagiert mit ungesättigten chlorierten Kohlenwasserstoffen unter Isotopenaustausch, wobei ^{35}Cl in den chlorierten Kohlenwasserstoffen angereichert wird

$$[I^{35}Cl]^* + C_2H_nCl_{4-n} \rightarrow C_2H_nCl_{3-n}{}^{35}Cl + ICl. \quad (4.41)$$

Daneben findet auch eine Isotopen-selektive Addition statt

$$[I^{35}Cl]^* + C_2H_nCl_{4-n} \rightarrow C_2H_nCl_{4-n}{}^{35}ClI. \quad (4.42)$$

Die Produkte können gaschromatographisch getrennt werden. Isotopen-selektiv angeregtes ICl reagiert auch mit Acetylen unter Addition:

$$[I^{37}Cl]^* + C_2H_2 \rightarrow \begin{array}{c} H \\ \\ I \end{array}\!\!C=C\!\!\begin{array}{c} H \\ \\ ^{37}Cl \end{array}. \quad (4.43)$$

Der Trennfaktor ist abhängig von den Partialdrucken und erreicht Werte bis zu $\alpha = 48$.

Infrarot-Anregung von Molekülen

Wie oben dargelegt, führt bereits eine einstufige Anregung im IR-Bereich, bei der nur Schwingungsrotationszustände im Grundzustand angeregt werden, zu einer stark erhöhten Reaktionsgeschwindigkeit von Molekülen:

$$M(v=0) \xrightarrow{hv} M^*(v=n) \xrightarrow{X} MX \quad (4.44)$$

(v ist die Schwingungsquantenzahl). Die selektive „Aufheizung" gelingt mit Hilfe von leistungsstarken Infrarot-Lasern, die Licht der gewünschten Wellenlänge ausstrahlen. Wichtig ist auch hier, daß die selektive Anregung nicht durch Zusammenstöße mit anderen Molekülen (Löschreaktionen) oder andere Relaxationsprozesse (z.B. Umwandlung in Rotationsenergie oder kinetische Energie) verlorengeht.

Mit Hilfe einer IR-Laseranregung gelang 1970 die Trennung von H und D. In ein Gemisch von CH_3OH, CD_3OD und Brom wurde das Licht eines HF-Lasers eingestrahlt. Eine Emissionslinie des HF-Lasers bei 3649 cm^{-1} regte selektiv die O-H-Valenzschwingung des CH_3OH an, das mit Br_2 reagierte:

$$CH_3OH + Br_2 \rightarrow 2\,HBr + HCHO \quad (4.45)$$

$$2\,HCHO + 2\,HBr \rightarrow BrCH_2-O-CH_2Br + H_2O \quad (4.46)$$

Der 1,1' Dibromdimethylether kondensierte an der Gefäßwand, und das zurückbleibende CD_3OD, das unter diesen Bedingungen nicht angeregt wurde, konnte abgetrennt werden.

Photodissoziation von Molekülen

Für die Photodissoziation gelten ähnliche Überlegungen wie für die Photoionisation; auch hier ist im allgemeinen eine zweistufige Anregung erforderlich. Der zweite Anregungsschritt führt in den dissoziierten Zustand. Dabei ist wichtig, daß die Lichtquelle für die Dissoziation so intensiv ist, daß die angeregten Moleküle dissoziieren, bevor ein energieübertragender Stoß stattfindet.

Die zweistufige Photodissoziation von UF_6 wird intensiv bearbeitet, da UF_6 bereits bei 25 °C einen Dampfdruck von $15 \cdot 10^3$ Pa (0,15 bar) besitzt und großtechnisch für die Isotopentrennung nach anderen Verfahren hergestellt wird. Als hochsymmetrisches oktaedrisches Molekül hat das UF_6 Grundschwingungen im fernen Infrarot bei 16 μm, die bis jetzt noch nicht mit leistungsstarken Lasern angeregt werden können.

Die zweistufige Anregung von Iodmonochlorid mit einem Farbstoff-Laser und einer Xenon-Entladungslampe führt zur Isotopenselektiven Dissoziation des ICl

$$I^{35}Cl \stackrel{hv_1}{\rightarrow} [I^{35}Cl]^* \stackrel{hv_2}{\rightarrow} I + {}^{35}Cl. \qquad (4.47)$$

Durch Isotopenaustausch mit organischen Halogeniden kann das ^{35}Cl in diesen Halogeniden angereichert werden.

$$^{35}Cl + RCl \rightarrow Cl + R^{35}Cl. \qquad (4.48)$$

Bedingt durch Nebenreaktionen ist die Anreicherung verhältnismäßig gering.

Die Prädissoziation ist ein Spezialfall der Dissoziation. Die Anregung führt dabei nicht direkt in den dissoziierten Zustand, sondern in einen gebundenen, elektronisch angeregten Zustand, von dem aus ein strahlungsloser Übergang in den dissoziierten Zustand möglich ist, und zwar dadurch, daß sich die Wellenfunktionen des gebundenen und des freien (dissoziierten) Zustands überlappen, so daß im Schnittpunkt das Molekül ohne Energie- oder Impulsänderung von einer Potentialkurve zur anderen überwechseln kann (vgl. Abb. (3–3)):

$$M \stackrel{hv}{\rightarrow} M^* \rightarrow M_1 + M_2. \qquad (4.49)$$

Der Vorteil der Prädissoziation ist, daß die gebundenen, elektronisch angeregten Zustände diskontinuierlich sind, während der ungebundene (dissoziierte) Zustand ein Kontinuum darstellt. Wenn die Lebensdauer der betreffenden elektronisch angeregten Zustände nicht zu kurz ist, sind die Absorptionsbanden noch hinreichend scharf, und die Isotopieverschiebung ist auflösbar, d.h. die Zustände können durch Isotopen-selektive Anregung in einer Stufe erreicht werden.

Für die Prädissoziation sind viele Verbindungen geeignet, z. B. Br_2, ICl, NH_3, $COCl_2$, HCHO, halogenierte Kohlenwasserstoffe, Diazomethan. In einer der ersten experimentellen Arbeiten über die Isotopen-selektive Prädissoziation wird die Trennung von H und D durch Bestrahlung von Formaldehyd mit Licht der Wellenlänge 325,03 nm beschrieben. Dabei wird nur HCHO in den Zustand der Prädissoziation befördert, nicht die Deuterium-haltige Verbindung.

$$\text{HCHO} \overset{h\nu}{\to} [\text{HCHO}]^* \to \text{H}_2 + \text{CO} \qquad (4.50)$$

Ein weiteres Beispiel ist die Trennung der Stickstoffisotope ^{14}N und ^{15}N durch zweistufige selektive Dissoziation von NH_3.

Praktisches Interesse besitzt neben der zweistufigen Photodissoziation und der Prädissoziation schließlich noch die Dissoziation von Molekülen durch mehrfache IR-Anregung. Sie ist dann möglich, wenn ein leistungsstarker IR-Laser zur Verfügung steht, so daß die Isotopenselektiv angeregten Moleküle noch viele weitere Lichtquanten absorbieren können, bevor sie ihre Energie durch Zusammenstöße verlieren. Sie klettern dabei die „Schwingungsleiter" hinauf, bis sie die Dissoziationsgrenze erreichen,

$$M \overset{h\nu}{\to} M^* \overset{h\nu}{\to} \ldots \to M_1 + M_2. \qquad (4.51)$$

Ein SF_6-Molekül muß für diesen Vorgang etwa 30 Photonen aus einem CO_2-Laser absorbieren. Wird ein Gemisch von SF_6 und H_2 mit einem hinreichend intensiven CO_2-Laser bestrahlt, so wird das $^{32}\text{SF}_6$ durch Absorption von Licht der Wellenzahl 947 cm^{-1} selektiv gespalten. Die abgespaltenen Fluoratome werden durch zugesetzten Wasserstoff abgefangen. Die Konzentration des in der Gasphase verbleibenden $^{34}\text{SF}_6$ konnte so von 4,2 auf 99 % angereichert werden.

Die Isotopen-selektive Photodissoziation durch vielfache IR-Anregung wird zur Zeit in vielen Instituten untersucht. Neben den Arbeiten über die Trennung der Schwefelisotope durch Dissoziation von SF_6 sind Untersuchungen über Isotopentrennungen an BCl_3 (^{10}B/^{11}B), CCl_4 (^{12}C/^{13}C), CF_2Cl_2 (^{12}C/^{13}C), MoF_6 (^{92}Mo/^{98}Mo) und OsO_4 (^{187}Os/^{192}Os) zu nennen. Dabei werden jeweils die Bestrahlungsbedingungen (Laserfrequenz, Pulsenergie, Pulsdauer, Pulsfrequenz) und die Bedingungen im Reaktionsgefäß (Partialdruck, Reaktionspartner, Partialdruckverhältnis) variiert, um möglichst hohe Anreicherungsfaktoren zu erreichen. Besonders attraktiv sind die bereits oben erwähnten Vorteile der IR-Laser: hohe Leistung und Wirtschaftlichkeit. Nachteilig ist, daß es noch keine IR-Laser mit abstimmbarer Frequenz gibt. Deshalb gelang auch bisher die Isotopen-selektive Photodissoziation von UF_6 durch vielfache IR-Anregung noch nicht.

Literatur zu Kapitel 4

1. W. Riezler, W. Walcher: Kerntechnik. B. G. Teubner Verlagsgesellschaft, Stuttgart 1958, Kap. 2.3.
2. K. Cohen: The Theory of Isotope Separation. McGraw-Hill Book Comp., New York 1951.
3. A. E. Brodsky: Isotopenchemie. Akademie-Verlag, Berlin 1961, Kap. 3.
4. M.J. Higatsberger, F.P. Viehböck: Electromagnetic Separation of Radioactive Isotopes, Springer-Verlag, Berlin–Heidelberg–New York 1961.
5. K. Treml: Isotopentrennung, Tl. 1: Klassische Methoden, Physik in uns. Zeit **6**, 110 (1975).
6. G. M. Murphy, H. C. Urey, J. Kirshenbaum: Production of Heavy Water. McGraw Hill Book Comp., New York 1955.
7. E. W. Becker: Heavy Water Production. IAEA, Wien 1962. Review Series Nr.21.

8. Proceedings of the Second United Nations International Conference on the Peaceful Uses of Atomic Energy. Bd. 4: Production of Nuclear Materials and Isotopes. Session C – 14 und C – 15: Methods of Separating Isotopes. United Nations Publication. Genf 1958.
9. U. EHRFELD: Urananreicherung – Prognosen, Prozesse, Planungen, Atomwirtschaft **20**, 259 (1975).
10. E. W. BECKER: Die Technik der Urananreicherung, Atomwirtschaft **21**, 402 (1976).
11. J. FRICKE: Isotopentrennung, Tl. 2: Optische Verfahren. Physik in uns. Zeit **6**, 118 (1975).
12. C. P. ROBINSON: Laser Isotope Separation, p. 275 in Proceedings of the 2nd International Conference on Laser Spectroscopy, 23.–28. Juni 1975 Megeve, France, Ed. S. HAROCHE et al., Springer-Verlag, Berlin 1975.
13. V. S. LETOKHOV u. C. B. MOORE: Laser Isotope Separation, in „Chemical and Biological Applications of Lasers", Edt. by C. B. MOORE, Academic Press, New York 1977.

Übungen zu Kapitel 4

1. Aus natürlichem Uran (0,72 Molprozent U–235) soll durch Gasdiffusion der Hexafluoride ein auf 90 Molprozent U–235 angereichertes Uran hergestellt werden. Wie groß ist die Mindestzahl der erforderlichen Stufen? Wie groß ist die Gesamtanreicherung?

2. Wie groß ist der maximale Trennfaktor für die Trennung von H_2 und HD bzw. $^{12}CH_4$ und $^{13}CH_4$ durch Gasdiffusion?

3. In einem Dempsterschen Massenspektrometer werden einfach positiv geladene Ionen mit den Massenzahlen 12 und 14 durch eine Potentialdifferenz von 1 000 V beschleunigt und dann durch ein Magnetfeld mit der magnetischen Flußdichte 0,09 Tesla auf eine Kreisbahn gebracht. Wo müssen die Sammelplatten für die zwei verschiedenen Ionensorten aufgestellt werden, d. h. wie groß sind die Radien der Kreisbahnen?

4. Wie groß ist der Abstand, mit dem die Plutoniumisotope Pu–239 und Pu–242 in einem elektromagnetischen Separator auftreffen, wenn ihre Ladung +1, die Beschleunigungsspannung 3 000 V und die magnetische Flußdichte 0,2 Tesla betragen?

5. Welcher maximale Trennfaktor wird für U–235 und U–238 bei 100 °C in einer Ultrazentrifuge erreicht, wenn das Uran als UF_6 eingesetzt wird und $\omega r = 400$ m/s beträgt? Wie vielen Stufen einer Gasdiffusionsanlage entspricht diese Ultrazentrifuge? (Anleitung: In Gl. (4.12) führe man an Stelle der Partialdrucke die Molenbrüche x_1 und x_1' der Komponente (1) vor und nach der Trennoperation ein. Aus der so erhaltenen Gleichung leite man einen allgemeinen Ausdruck $\alpha = f(M_1, M_2, \omega r, T)$ für den Trennfaktor der Ultrazentrifuge ab.)

6. Wieviele Stufen benötigt man für die Anreicherung von HD bzw. HDO von 0,015 auf 10 Molprozent a) durch Destillation von Wasser bei 100 °C, b) durch Destillation von Wasserstoff bei 23 K?

7. Gegeben ist flüssiges Ammoniak mit 1 Molprozent ND_3. Durch Druckdestillation bei $T = 330$ K soll ND_3 im Sumpf der Kolonne bis auf 20 Molprozent angereichert werden. Das Dampfdruckverhältnis der reinen Komponenten bei dieser Temperatur ist $p°(NH_3)/p°(ND_3) = 1{,}11$. Wie groß ist die erforderliche Stufenzahl s (Zahl der theoretischen Böden)?

8. Wie groß muß die Zahl der Stufen sein, um N–15 bei 25 °C durch das Austauschgleichgewicht (Gl. (4.27)) vom natürlichen Gehalt auf 20 % anzureichern?

9. Zur Gewinnung von Deuterium nach dem „Heiß-Kalt-Verfahren" nutzt man folgendes Austauschgleichgewicht aus

$$HDS(g.) + H_2O(fl.) \rightleftharpoons H_2S(g.) + HDO(fl.).$$

Die Reaktionsenthalpie beträgt $\Delta H = -2{,}5$ kJ mol^{-1} (zwischen 0 °C und 100 °C). Bei 100 °C ist die Gleichgewichtskonstante $K = 1{,}92$. Man berechne die Temperatur, bei welcher der Trennfaktor um 20 % höher ist als bei 100 °C.

5. Radioaktiver Zerfall

5.1. Zerfallsreihen

Wie bereits in Abschnitt 1.1 erwähnt, wurde die Aufklärung der natürlich radioaktiven Zerfallsreihen eingeleitet durch die Beobachtung von BECQUEREL (1896), daß photographische Platten durch Uransalze geschwärzt werden. Das gleiche beobachtete G. C. SCHMIDT (1898) an Thoriumpräparaten. Die chemische Untersuchung der Pechblende, des wichtigsten Uranminerals, durch M. CURIE führte bereits 1898 zur Entdeckung des Poloniums und des Radiums. Durch weitere Untersuchungen wurde dann sehr bald eine große Anzahl der radioaktiven Folgeprodukte des Urans und des Thoriums aufgefunden. Die radioaktiven Nuklide erhielten zunächst Namen wie UX_1, UX_2, UZ, die ihre chemische Zuordnung noch nicht erkennen ließen. Erst später, nachdem SODDY (1913) den Begriff der Isotopie eingeführt hatte, wurde es üblich, neben dem chemischen Symbol die Massenzahl zu verwenden (UX_1 = Th–234; UX_2 = Pa–234m; UZ = Pa–234). In Abb. (5–1) sind die Glieder der radioaktiven Zerfallsreihen eingetragen (Ausschnitt aus der Nuklidkarte). Diese Abbildung läßt erkennen, daß innerhalb der einzelnen Zerfallsreihen jeweils α- und β^--Umwandlungen aufeinanderfolgen. Für diese Umwandlungen gelten die radioaktiven Verschiebungssätze von FAJANS und SODDY (1913):

1. Beim α-Zerfall nimmt die Massenzahl um 4 Einheiten ab, die Ordnungszahl um 2 Einheiten ($A' = A - 4$; $Z' = Z - 2$).
2. Beim β^--Zerfall ändert sich die Massenzahl nicht; die Ordnungszahl nimmt um eine Einheit zu ($A' = A$; $Z' = Z + 1$).

Diejenigen radioaktiven Nuklide, die in einem genetischen Zusammenhang stehen, gehören einer Zerfallsreihe oder „Familie" an. Die Glieder einer Familie besitzen auf Grund der Verschiebungssätze entweder die gleiche Massenzahl, oder ihre Massenzahl unterscheidet sich um 4 Einheiten. Es sind somit insgesamt 4 verschiedene Zerfallsreihen oder Familien möglich (wie auch Abb. (5–1) erkennen läßt), deren Massenzahlen den Formeln $A = 4n$, $A = 4n + 1$, $A = 4n + 2$ und $A = 4n + 3$ gehorchen (n ist eine ganze Zahl). Drei Zerfallsreihen wurden bei der Aufklärung der natürlichen Radioaktivität des Urans und des Thoriums gefunden. Die Zerfallsreihe mit den Massenzahlen $A = 4n$ leitet sich von Th–232 ab. Dies ist das einzige in größeren Mengen in der Natur vorkommende Thoriumisotop; d. h. das Thorium ist praktisch ein Reinelement. Die Zerfallsreihe mit den Massenzahlen $A = 4n + 2$ leitet sich vom U–238 ab und die Zerfallsreihe mit den Massenzahlen $A = 4n + 3$ vom U–235. U–238 und U–235 sind die bei-

5. Radioaktiver Zerfall

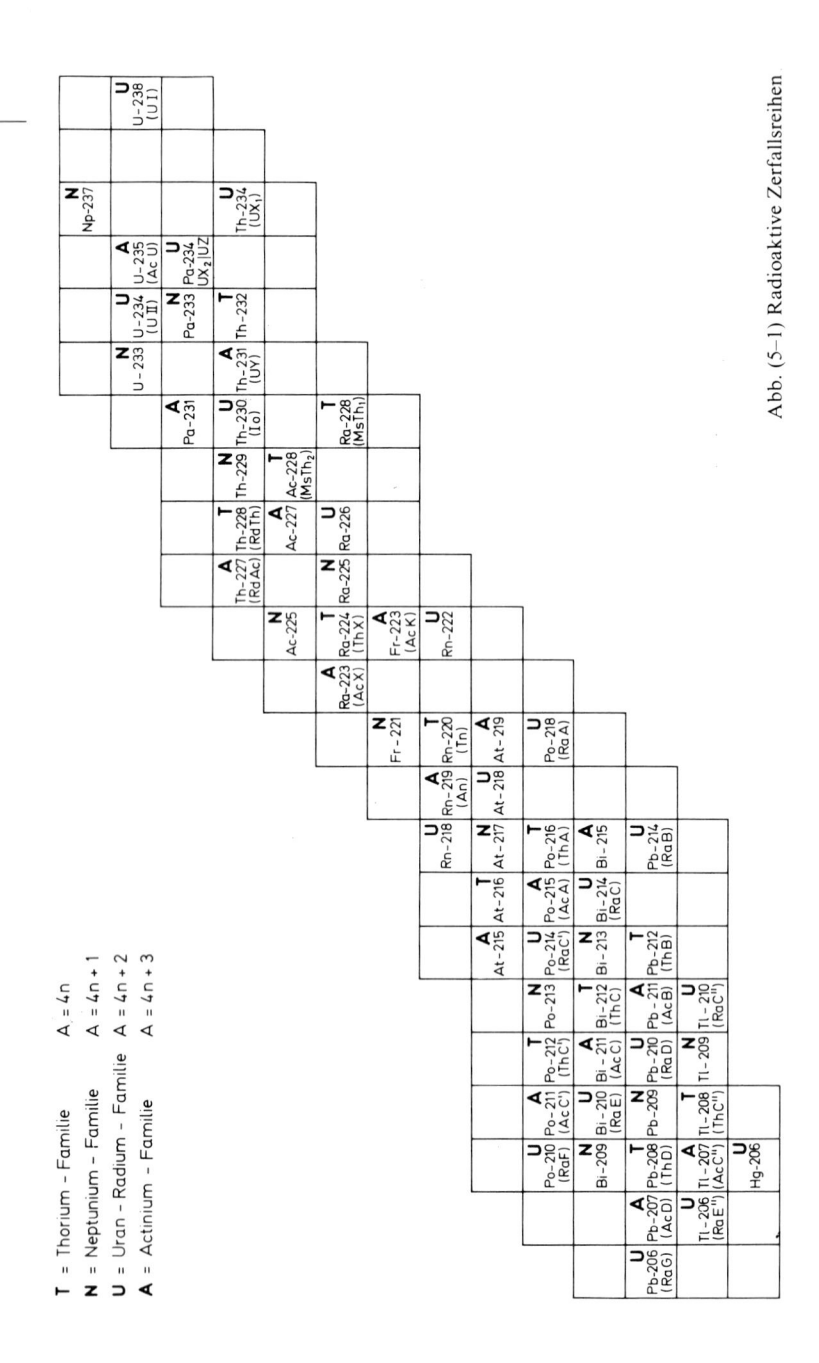

T = Thorium - Familie $A = 4n$
N = Neptunium - Familie $A = 4n + 1$
U = Uran - Radium - Familie $A = 4n + 2$
A = Actinium - Familie $A = 4n + 3$

Abb. (5–1) Radioaktive Zerfallsreihen

den in größeren Mengen in der Natur vorkommenden Uranisotope (99,2740% U–238 und 0,7205% U–235); daneben ist in sehr geringen Mengen als Folgeprodukt des U–238 (U I) noch das U–234 (U II) vorhanden (0,0055%). Das U–235 führt auch den Namen Actinouran, weil unter seinen Folgeprodukten das wichtigste und langlebigste Actiniumisotop Ac–227 (Halbwertzeit 21,6 a) auftritt. Die Zerfallsreihen werden nach ihren Mutternukliden oder anderen wichtigen Gliedern der Zerfallsreihen benannt. So unterscheidet man die Thorium-Familie, die Uran-Radium-Familie und die Actinium-Familie.

Tabelle 5.1
Thorium-Familie ($A = 4n$)

Nuklid	Halbwertzeit	Zerfallsart	Maximale Energie der Strahlung in MeV
^{232}Th	$1{,}41 \cdot 10^{10}$ a	α	4,01
^{228}Ra (MsTh$_1$)	5,75 a	β^-	0,014
^{228}Ac (MsTh$_2$)	6,13 h	β^-	2,11
^{228}Th (RdTh)	1,91 a	α	5,42
^{224}Ra (ThX)	3,66 d	α	5,69
^{220}Rn (Tn)	55,6 s	α	6,29
^{216}Po (ThA)	0,15 s	α	6,78
^{212}Pb (ThB)	10,64 h	β^-	0,57
^{212}Bi (ThC)	60,6 min	α, β^-	$\alpha: 6{,}09; \beta: 2{,}25$
^{212}Po (ThC′)	$3{,}05 \cdot 10^{-7}$ s	α	8,79
^{208}Tl (ThC″)	3,07 min	β^-	1,80
^{208}Pb (ThD)		stabil	

Tabelle 5.2
Neptunium-Familie ($A = 4n + 1$)

Nuklid	Halbwertzeit	Zerfallsart	Maximale Energie der Strahlung in MeV
^{237}Np	$2{,}14 \cdot 10^6$ a	α	4,87
^{233}Pa	27,0 d	β^-	0,25
^{233}U	$1{,}59 \cdot 10^5$ a	α	4,82
^{229}Th	$7{,}34 \cdot 10^3$ a	α	4,89
^{225}Ra	14,8 d	β^-	0,32
^{225}Ac	10,0 d	α	5,83
^{221}Fr	4,8 min	α	6,34
^{217}At	0,032 s	α	7,07
^{213}Bi	45,65 min	$\alpha^{1)}, \beta^-$	$\alpha: 5{,}87; \beta^-: 1{,}42$
^{213}Po	$4{,}2 \cdot 10^{-6}$ s	α	8,38
^{209}Tl	2,2 min	β^-	1,83
^{209}Pb	3,3 h	β^-	0,64
^{209}Bi		stabil	

[1)] 2,2%

Tabelle 5.3
Uran-Radium-Familie (A = 4n + 2)

Nuklid	Halbwertzeit	Zerfallsart	Maximale Energie der Strahlung in MeV
^{238}U (U I)	$4,47 \cdot 10^9$ a	α	4,20
^{234}Th (UX$_1$)	24,1 d	β^-	0,199
^{234m}Pa (UX$_2$)	1,17 min	β^-	2,30
^{234}Pa (UZ)	6,7 h	β^-	1,2
^{234}U (U II)	$2,44 \cdot 10^5$ a	α	4,78
^{230}Th (Io)	$7,7 \cdot 10^4$ a	α	4,69
^{226}Ra	1600 a	α	4,78
^{222}Rn	3,82 d	α	5,49
^{218}Po (RaA)	3,05 min	$\alpha, \beta^{-\,1)}$	α: 6,00
^{214}Pb (RaB)	26,8 min	β^-	1,02
^{218}At	≈ 2 s	$\alpha, \beta^{-\,1)}$	α: 6,76
^{218}Rn	0,035 s	α	7,13
^{214}Bi (RaC)	19,8 min	$\alpha^{1)}, \beta^-$	α: 5,51; β^-: 3,27
^{214}Po (RaC')	$1,64 \cdot 10^{-4}$ s	α	7,69
^{210}Tl (RaC'')	1,3 min	β^-	2,34
^{210}Pb (RaD)	22,3 a	$\alpha^{1)}, \beta^-$	α: 3,72; β^-: 0,061
^{206}Hg	8,15 min	β^-	1,31
^{210}Bi (RaE)	5,01 d	$\alpha^{1)}, \beta^-$	α: 4,69; β^-: 1,16
^{206}Tl (RaE'')	4,2 min	β^-	1,53
^{210}Po (RaF)	138,4 d	α	5,31
^{206}Pb (RaG)		stabil	

1) < 0,1 %

Tabelle 5.4
Actinium-Familie (A = 4n + 3)

Nuklid	Halbwertzeit	Zerfallsart	Maximale Energie der Strahlung in MeV
^{235}U (AcU)	$7,04 \cdot 10^8$ a	α	4,60
^{231}Th (UY)	25,5 h	β^-	0,31
^{231}Pa	$3,28 \cdot 10^4$ a	α	5,03
^{227}Ac	21,6 a	$\alpha^{1)}, \beta^-$	α: 4,95; β^-: 0,046
^{227}Th (RdAc)	18,72 d	α	6,04
^{223}Fr (AcK)	22 min	$\alpha^{1)}, \beta^-$	α: 5,34; β^-: 1,15
^{223}Ra (AcX)	11,43 d	α	5,75
^{219}At	0,9 min	$\alpha, \beta^{-\,1)}$	α: 6,28
^{219}Rn (An)	4,0 s	α	6,82
^{215}Bi	7 min	β^-	2,2
^{215}Po (AcA)	$1,78 \cdot 10^{-3}$ s	$\alpha, \beta^{-\,1)}$	α: 7,38
^{211}Pb (AcB)	36,1 min	β^-	1,38
^{215}At	$\approx 10^{-4}$ s	α	8,01
^{211}Bi (AcC)	2,13 min	$\alpha, \beta^{-\,1)}$	α: 6,62; β^-: 0,29
^{211m}Po	25,5 s	α	8,87
^{211}Po (AcC')	0,56 s	α	7,45
^{207}Tl (AcC'')	4,77 min	β^-	1,44
^{207}Pb (AcD)		stabil	

1) < 5 %

Die vierte mögliche Zerfallsreihe, deren Massenzahlen der Formel A=4n +1 gehorchen, kommt nicht in der Natur vor. Diese Zerfallsreihe wurde erst nach der künstlichen Darstellung der Transuranelemente aufgeklärt. Das langlebigste Glied dieser künstlichen Zerfallsreihe ist das Np–237 (Halbwertzeit $2{,}14 \cdot 10^6$ a). Man spricht deshalb von der Neptunium-Familie. Als die Elemente entstanden, waren wahrscheinlich auch alle Glieder der Neptunium-Familie in der Natur vorhanden. Die Neptunium-Familie ist jedoch inzwischen auf der Erde zerfallen.

In den Tabellen 5.1 bis 5.4 sind die Glieder der vier Zerfallsreihen eingetragen. Als Endprodukt der natürlichen Zerfallsreihen entsteht jeweils ein stabiles Bleiisotop (Pb–208 = ThD; Pb–206 = RaG; Pb–207 = AcD); als Endprodukt der Neptunium-Zerfallsreihe entsteht das Bi–209. In allen Zerfallsreihen treten Verzweigungen auf. In einem Ast der Verzweigung finden die Umwandlungen in der Reihenfolge α-Zerfall – β^--Zerfall, in dem anderen Ast in der Reihenfolge β^--Zerfall – α-Zerfall statt. In den meisten Fällen ist eine dieser beiden Möglichkeiten sehr stark vor der anderen bevorzugt.

Die einzelnen Glieder der Zerfallsreihen zeigen sehr verschiedene Halbwertzeiten, die im Bereich zwischen 10^{10} a (Th–232) und 0,3 μs (Po–212) liegen. Je kürzer die Halbwertzeit, um so energiereicher ist im allgemeinen die Strahlung.

5.2. Energetik des radioaktiven Zerfalls

Beim Studium der Zerfallsreihen ergeben sich die beiden folgenden Fragen:
a) Worin ist die Ursache für den radioaktiven Zerfall zu sehen?
b) Weshalb besitzen die instabilen Nuklide so unterschiedliche Halbwertzeiten?

Zur Beantwortung der Frage a) betrachtet man am besten die allgemeine Reaktionsgleichung für den radioaktiven Zerfall

$$A \longrightarrow B + x + \Delta E. \tag{5.1}$$

Diese Gleichung besagt: ein Nuklid A zerfällt in ein Nuklid B unter Aussendung eines Teilchens x; dabei wird die Energie ΔE frei. Gleichung (5.1) wird auch als mononukleare Reaktion bezeichnet in Anlehnung an die Klassifizierung chemischer Reaktionen in der Kinetik.

An Hand der Reaktionsgleichung (5.1) läßt sich die Frage a) folgendermaßen beantworten: Ein Nuklid kann dann spontan zerfallen, wenn die Masse der Reaktionsprodukte niedriger ist als die Masse des Ausgangsnuklids. Die freiwerdende Energie ΔE wird entsprechend dem Impulssatz zwischen dem Nuklid B und dem Teilchen x aufgeteilt; dabei bekommt das Teilchen x einen erheblich größeren

Energiebetrag mit als das Nuklid B, sofern es eine sehr viel geringere Masse besitzt. Im Falle einer β^--Umwandlung kann man auch die Gleichung für die Bindungsenergie heranziehen (vgl. Abschn. 1.5). Die allgemeine Reaktionsgleichung (5.1) gilt auch für den Fall, daß nur ein γ-Quant ausgesandt wird (x=γ-Quant). Dann unterscheiden sich A und B nur durch ihren Energieinhalt, d. h. A und B sind isomere Nuklide; es findet eine isomere Umwandlung (abgekürzt I.U.) statt.

Die bei der radioaktiven Umwandlung freiwerdende Energie ΔE ergibt sich nach der Einsteinschen Beziehung

$$\Delta E = \Delta M \cdot c^2 \tag{5.2}$$

aus der Differenz ΔM der Nuklidmassen M (vgl. Abschn. 1.6):

$$\Delta M = M_A - (M_B + M_x). \tag{5.3}$$

An Stelle der Nuklidmassen kann man auch mit den Massendefekten δM rechnen, die ebenfalls tabelliert sind (vgl. Tab. 1.4), und die Differenz zwischen der Summe der Massen der Nukleonen und der Nuklidmasse angeben (vgl. Abschn. 1.6, Gl. (1.13)):

$$\delta M = Z \cdot M_H + (A-Z) M_N - M. \tag{5.4}$$

Setzt man in diese Gleichung die Nuklidmassen für das Wasserstoffatom (M_H) und für das Neutron (M_N) ein, so ist

$$\delta M = 1{,}00782504\, Z + 1{,}00866497\, (A-Z) - M. \tag{5.5}$$

Führt man in Gl. (5.3) die Massendefekte δM ein, so folgt

$$\Delta M = (\delta M_B + \delta M_x) - \delta M_A. \tag{5.6}$$

Diese Gleichung kann ebenso wie Gl. (5.3) zur Berechnung von ΔM dienen. Für die Berechnung der Energie ΔE aus ΔM nach Gl. (5.2) ist es wichtig zu wissen, daß eine atomare Masseneinheit (1 u) 931,5 MeV entspricht (vgl. Abschn. 1.6).

Zur Beantwortung der Frage b), weshalb die instabilen Nuklide nicht sofort zerfallen, kann man ähnliche Überlegungen heranziehen, wie sie aus der chemischen Reaktionskinetik bekannt sind. Betrachtet man die Potentialkurve, die der instabile Kern beim Zerfall durchlaufen sollte, so ergibt sich folgendes Bild (Abb. (5–2)): Der Energieinhalt des instabilen Kerns A ist um den Betrag ΔE höher als der Energieinhalt der Reaktionsprodukte B + x (Gl. 5.1). Der Kern A kann ganz bestimmte angeregte Energiezustände annehmen. Der radioaktive Zerfall nach Gl. (5.1) ist aber erst dann möglich, wenn seine Energie größer ist als eine bestimmte Schwellenenergie E_S. Diese Schwellenenergie entspricht der Aktivierungsenergie einer chemischen Reaktion. Je größer die Schwellenenergie E_S für den Zerfall ist, um so kleiner ist die Wahrscheinlichkeit des Zerfalls.

Diese von der chemischen Reaktionskinetik geläufige Betrachtungsweise ist für den radioaktiven Zerfall allerdings in vielen Fällen nicht anwendbar. So zeigt sich beim α-Zerfall, daß der Kern nicht durch Erreichen der in Abb. (5–2) angedeuteten Schwellenenergie zerfällt, son-

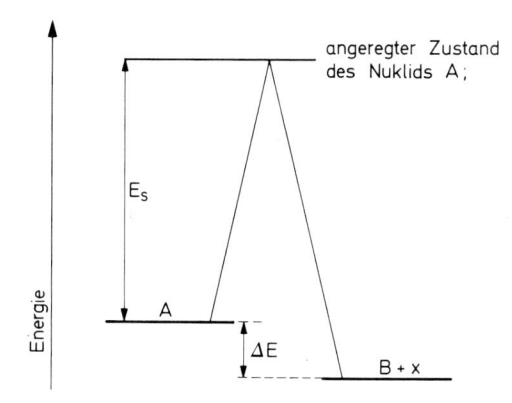

Abb. (5–2) Potentialkurve bei einer mononuklearen Reaktion.

dern dadurch, daß das α-Teilchen durch den Potentialberg hindurch-„tunnelt" (Tunneleffekt). Dies ist offenbar der leichtere, d. h. energetisch bevorzugte Weg. Für die Wahrscheinlichkeit dieses Hindurch-Tunnelns ist die Energie des α-Teilchens maßgebend, d. h. die Energiedifferenz ΔE abzüglich der Rückstoßenergie des Kerns. Je größer die Energiedifferenz ΔE, desto größer ist auch die Wahrscheinlichkeit für den Zerfall. Nähere Einzelheiten werden in Abschnitt 7.2.2 besprochen.

5.3. Mononukleares Zeitgesetz für den radioaktiven Zerfall

Der radioaktive Zerfall gehorcht den Gesetzen der Statistik. Wenn hinreichend viele radioaktive Atome vorliegen und sich die Beobachtung auf ein größeres Zeitintervall erstreckt, findet man für die mononukleare Reaktion (5.1) das Zeitgesetz

$$-\frac{dN}{dt} = \lambda N; \qquad (5.7)$$

N ist die Zahl der Atome des betreffenden Radionuklids. Die Zerfallsrate dN/dt — d. h. die Zahl der pro Zeiteinheit zerfallenden radioaktiven Atome — ist proportional der Zahl der Atome N. Der Proportionalitätsfaktor λ heißt Zerfallskonstante, Dimension s^{-1}. Die Zerfallskonstante ist ein Maß für die im vorausgehenden Abschnitt erwähnte Wahrscheinlichkeit des Zerfalls.

Das Zeitgesetz (Gl. (5.7)) ist aus der chemischen Reaktionskinetik bekannt; der radioaktive Zerfall ist das wichtigste Beispiel für eine mono-„molekulare" Reaktion. Durch Integration der Gl.(5.7) erhält man

$$N = N_o e^{-\lambda t};\qquad(5.8)$$

N_o ist die Zahl der radioaktiven Atome des betreffenden Radionuklids zur Zeit $t=0$.

In der Kernchemie benutzt man an Stelle der Zerfallskonstanten λ vorzugsweise die Halbwertzeit $t_{1/2}$, die eine anschaulichere Größe darstellt; die Halbwertzeit ist die Zeit, nach der die Hälfte der radioaktiven Atome des betreffenden Nuklids zerfallen ist: $N = \dfrac{N_o}{2}$.

Daraus folgt mit Gl. (5.8):

$$t_{1/2} = \frac{\ln 2}{\lambda} = \frac{0{,}693\,15}{\lambda}.\qquad(5.9)$$

Führt man in Gl. (5.8) die Halbwertzeit ein, so erhält man

$$N = N_o \left(\frac{1}{2}\right)^{t/t_{1/2}}.\qquad(5.10)$$

Aus dieser Gleichung ersieht man sofort, daß die Zahl der radioaktiven Nuklide nach einer Halbwertzeit auf die Hälfte, nach zwei Halbwertzeiten auf ein Viertel, nach 7 Halbwertzeiten auf 1/128 (d. h. auf etwas weniger als 1%) und nach 10 Halbwertzeiten auf 1/1024 (d. h. auf etwa 1‰) abgesunken ist.

Zur Erläuterung der vorstehenden Gesetzmäßigkeit für den radioaktiven Zerfall sei als Beispiel die Altersbestimmung nach der ^{14}C-Methode angeführt: Die ^{14}C-Datierung beruht auf der natürlichen Bildung von C–14 in der Atmosphäre durch die Einwirkung der Höhenstrahlung. Man nimmt an, daß die Bildungsrate des C–14 über lange Zeiträume hinweg konstant geblieben ist. Das C–14 verteilt sich infolge der Assimilation der ^{14}C-markierten Kohlensäure aus der Atmosphäre und infolge der Nahrungsaufnahme gleichmäßig auf alle Lebewesen. Es besitzt eine Halbwertzeit von 573 a; mit dieser Halbwertzeit klingt der ^{14}C-Gehalt in altem Material ab, das von der Nachlieferung aus der Atmosphäre ausgeschlossen ist. Bei der ^{14}C-Datierung vergleicht man den ^{14}C-Gehalt in einem frischen und einem alten Material. So fand man z. B. in einer ägyptischen Mumie nur 58% des ^{14}C-Gehalts in frischem Material. Unter Verwendung von Gl. (5.10) erhält man

$$\frac{N}{N_o} = \left(\frac{1}{2}\right)^{t/t_{1/2}} = 0{,}58$$

bzw. für das Alter der Mumie:

$$t = t_{1/2} \cdot \frac{\lg 0{,}58}{\lg 0{,}5} = 4508 \text{ a}.$$

Wenn die Zeit t sehr klein ist im Vergleich zur Halbwertzeit ($t \ll t_{1/2}$), empfiehlt sich die Anwendung der folgenden Näherungsformel zur Berechnung der e-Funktion in Gl. (5.8):

$$\begin{aligned}e^{-\lambda t} &= 1 - \lambda t + \frac{(\lambda t)^2}{2} - \cdots \\ &= 1 - \ln 2 \frac{t}{t_{1/2}} + \frac{(\ln 2)^2}{2}\left(\frac{t}{t_{1/2}}\right)^2 - \cdots\end{aligned} \quad (5.11)$$

In vielen Fällen wird auch der Begriff der mittleren Lebensdauer τ benutzt. Diese ist entsprechend der üblichen Definition eines Mittelwertes folgendermaßen definiert:

$$\tau = \frac{1}{N_o} \int_0^\infty N \, dt; \quad (5.12)$$

mit Gl. (5.8) folgt daraus

$$\tau = \int_0^\infty e^{-\lambda t} \, dt = \frac{1}{\lambda}. \quad (5.13)$$

Setzt man diesen Wert in Gl. (5.8) ein $\left(t = \tau = \frac{1}{\lambda}\right)$, so wird $N = N_o \frac{1}{e}$; d. h. die mittlere Lebensdauer ist die Zeit, nach der die Zahl der Atome eines Radionuklids auf den e-ten Teil abgesunken ist. Sie beträgt das 1,443fache der Halbwertzeit.

Die Halbwertzeit bzw. Zerfallskonstante oder mittlere Lebensdauer eines Radionuklids ist im allgemeinen nicht abhängig von den äußeren Bedingungen wie Druck, Temperatur, Aggregatzustand oder Bindungszustand; Ausnahmen werden in Abschnitt 15.6 besprochen.

5.4. Aktivität und Masse

Der radioaktive Zerfall eines Nuklids bedingt die Aktivität der betreffenden Substanz. Die Aktivität A ist identisch mit der Zerfallsrate

$$A = -\frac{dN}{dt} = \lambda N. \quad (5.14)$$

Man gibt die Zerfallsrate an als Zahl der Kernumwandlungen (Transmutationen) pro Sekunde, abgekürzt tps, Dimension s^{-1}. Für den zeitlichen Abfall der Aktivität gilt das gleiche Gesetz wie für den zeitlichen Abfall der Zahl der Atome des betreffenden Nuklids:

$$A = A_o \cdot e^{-\lambda t} = A_o \left(\frac{1}{2}\right)^{t/t_{1/2}}. \tag{5.15}$$

Die SI-Einheit der Radioaktivität ist s^{-1}. Diese Einheit wird auch Becquerel (abgekürzt Bq) genannt (1 Bq = 1 s^{-1}). In der Praxis wird die Einheit der Aktivität meistens noch auf das Radium bezogen, das als Zerfallsprodukt des U–238 auftritt (Ra–226). Die Aktivität von einem Gramm Radium wurde als 1 Curie bezeichnet und zu $3{,}7 \cdot 10^{10}\,s^{-1}$ gemessen. Spätere genauere Messungen lieferten etwas abweichende Werte für die Aktivität von 1 g Radium (Ra–226), so daß man, um die Schwankungen dieser Einheit infolge der Meßungenauigkeiten zu vermeiden, definiert hat:

$$1 \text{ Curie (1 Ci)} = 3{,}700 \cdot 10^{10}\,s^{-1}\; (= 37 \text{ GBq}). \tag{5.16}$$

Kleinere Einheiten sind:

1 Millicurie (1 mCi) =	$3{,}700 \cdot 10^7\,s^{-1}$	(= 37 MBq)
1 Mikrocurie (1 µCi) =	$3{,}700 \cdot 10^4\,s^{-1}$	(= 37 kBq)
1 Nanocurie (1 nCi) =	37 s^{-1}	(= 37 Bq)
1 Picocurie (1 pCi) =	0,037 s^{-1}	(= 0,037 Bq)

1 Curie ist eine sehr hohe Aktivität, die in den meisten Fällen in einem sogenannten heißen Laboratorium gehandhabt werden muß. Für die Anwendung der Radioaktivität bei chemischen Untersuchungen sind Aktivitäten von 1 µCi oder weniger völlig ausreichend, in vielen Fällen sogar Aktivitäten von der Größenordnung 1 nCi. Aktivitäten von der Größenordnung 1 nCi sind noch ohne besonderen Aufwand meßbar; 10 bis 100 nCi können mit den üblichen Detektoren, z. B. einem Geiger-Müller-Zähler, mit großer Genauigkeit bestimmt werden. Um Aktivitäten von der Größenordnung 1 pCi zu messen, bedarf es jedoch eines größeren technischen Aufwandes.

Gl. (5.14) enthält eine Beziehung zwischen der Zahl der vorhandenen radioaktiven Atome, ihrer Halbwertzeit und ihrer Aktivität; diese Beziehung erlaubt es z. B., aus der Aktivität und der Halbwertzeit die Zahl der radioaktiven Atome N bzw. ihre Masse m zu bestimmen:

$$N = \frac{A}{\lambda} = \frac{A}{\ln 2} \cdot t_{1/2} \tag{5.17}$$

bzw.

$$m = \frac{N \cdot M}{N_{Av}} = \frac{A \cdot M}{N_{Av} \cdot \ln 2} \cdot t_{1/2}; \tag{5.18}$$

M ist die Nuklidmasse und N_{Av} die Avogadro-Konstante. Beispielsweise erhält man für die Zahl der Atome N und für die Masse m von 1 Ci P–32 ($t_{1/2} = 14{,}3$ d):

$$N = \frac{3{,}7 \cdot 10^{10}}{\ln 2} \cdot 14{,}3 \cdot 24 \cdot 3600 = 6{,}6 \cdot 10^{16}$$

bzw.

$$m = \frac{32 \cdot 6{,}6 \cdot 10^{16}}{6{,}02 \cdot 10^{23}} = 3{,}5 \cdot 10^{-6}\, g\, (3{,}5\,\mu g).$$

Eine weitere wichtige Größe ist die spezifische Aktivität A_S. Diese ist auf die Masseneinheit des betreffenden Elements bezogen, d. h. auf die Summe der Massen an radioaktiven und inaktiven Isotopen des Elementes:

$$A_S = \frac{A}{m} \left[\frac{Ci}{g}\right]. \tag{5.19}$$

In manchen Fällen bezieht man auch auf die Zahl der Mole der betreffenden chemischen Verbindung:

$$A_S = \frac{A}{n} \left[\frac{Ci}{mol}\right]; \tag{5.20}$$

so wird beispielsweise die spezifische Aktivität von ^{14}C-markiertem Benzol meist in der Einheit mCi/mmol = Ci/mol angegeben.

Für den zeitlichen Abfall der spezifischen Aktivität gilt in Analogie zur Gl. (5.15)

$$A_S = A_{S_o} \cdot e^{-\lambda t} = A_{S_o} \left(\frac{1}{2}\right)^{t/t_{1/2}}. \tag{5.21}$$

Die spezifische Aktivität hat für den Chemiker große praktische Bedeutung. Je nach der Aufgabenstellung werden Substanzen mit einer bestimmten spezifischen Aktivität benötigt; nur in Ausnahmefällen sind sehr hohe spezifische Aktivitäten erforderlich. Dies muß bei der Produktion radioaktiver Nuklide durch Kernreaktionen und bei der Darstellung markierter Verbindungen berücksichtigt werden.

Während in der Chemie im allgemeinen Angaben über die Menge eines Elementes oder einer Verbindung genügen, sind in der Kernchemie und bei den Anwendungen der Radioaktivität zusätzlich Angaben über die Aktivität wichtig. Durch gleichzeitige Messung der Masse und der Aktivität können Aussagen über stoffliche Vorgänge gewonnen werden. Weitere interessante Möglichkeiten ergeben sich durch Mehrfachmarkierung einer Verbindung, z. B. mit C–14 und mit H–3 (T); in diesem Falle muß man zwei oder mehr verschiedene spezifische Aktivitäten unterscheiden (z. B. die spezifische Aktivität des C–14 und des T), die sich bei einer stofflichen Umsetzung unabhängig voneinander verändern können.

5.5. Impulsrate

Die Aktivität ist eine Stoffeigenschaft, die mit einem Detektor (Meßplatz) gemessen werden kann. Die dazugehörige Meßgröße ist die Impulsrate I, die über die Zählausbeute η mit der Aktivität verknüpft ist:

$$I = \eta \cdot A \qquad (\eta \leqslant 1). \tag{5.22}$$

Die Zählausbeute η gibt an, welcher Bruchteil der Zerfallsprozesse gemessen wird. Sie ist abhängig von der Art der Strahlung, ihrer Energie, der Art des Detektors, der geometrischen Anordnung, der Selbstabsorption der Strahlung im Präparat und der Rückstreuung der Strahlung. Außerdem geht die Häufigkeit des vom Detektor erfaßten Zerfallsprozesses ein, die aus dem Zerfallsschema entnommen werden kann, z. B. die Häufigkeit einer bestimmten γ-Linie oder die Häufigkeit des β-Zerfalls, bezogen auf die Summe der Zerfallsprozesse des betreffenden Nuklids. In den meisten Fällen bewegt sich die Zählausbeute innerhalb der Grenzen $0,01 < \eta < 1$. Zur Bestimmung von η verwendet man Standardpräparate, deren Aktivität genau bekannt ist (vgl. Abschn. 6.5.3). Die vom Detektor registrierte Impulsrate I' setzt sich zusammen aus der Impulsrate I des Präparats und dem Untergrund u,

$$I' = I + u = \eta \cdot A + u \tag{5.22a}$$

In der Kernchemie begnügt man sich aus Gründen der Zweckmäßigkeit im allgemeinen mit Vergleichsmessungen; d. h. man mißt die Präparate stets mit dem gleichen Detektor und bei der gleichen Meßanordnung, so daß η konstant ist. Zur Kontrolle der Zählausbeute — d. h. zur Prüfung auf ihre Konstanz — genügt ein Vergleichspräparat, das bei gleicher Meßanordnung stets die gleiche Impulsrate liefert und bei einer Änderung der Zählausbeute η eine Umrechnung der Impulsraten ermöglicht.

Die gebräuchlichste Einheit der Impulsrate ist 1 Impuls pro Minute = 1 ipm, weil die Meßdauer meist in Minuten gerechnet wird. Bei der Umrechnung von der Impulsrate auf die Aktivität muß man die verschiedene Zeiteinheit beachten:

$$I(\text{ipm}) = 60\eta \cdot A(\text{s}^{-1}). \tag{5.23}$$

Für die zeitliche Abhängigkeit der Impulsrate gilt analog Gl. (5.15):

$$I = I_0 \cdot e^{-\lambda t} = I_0 \left(\frac{1}{2}\right)^{t/t_{1/2}}, \tag{5.24}$$

sofern bei konstanter Zählausbeute η gemessen wird.

Zeichnet man auf halblogarithmischem Papier die Impulsrate oder die Aktivität als Funktion der Zeit auf, so erhält man eine Gerade (Abb. (5–3)). An dieser Geraden kann man die Halbwertzeit des betreffenden Nuklids abgreifen. Diese graphische Methode zur Bestimmung einer Halbwertzeit wird häufig angewendet. Die Kurve (Abb. (5–3)) nennt man die Zerfallskurve des Radionuklids.

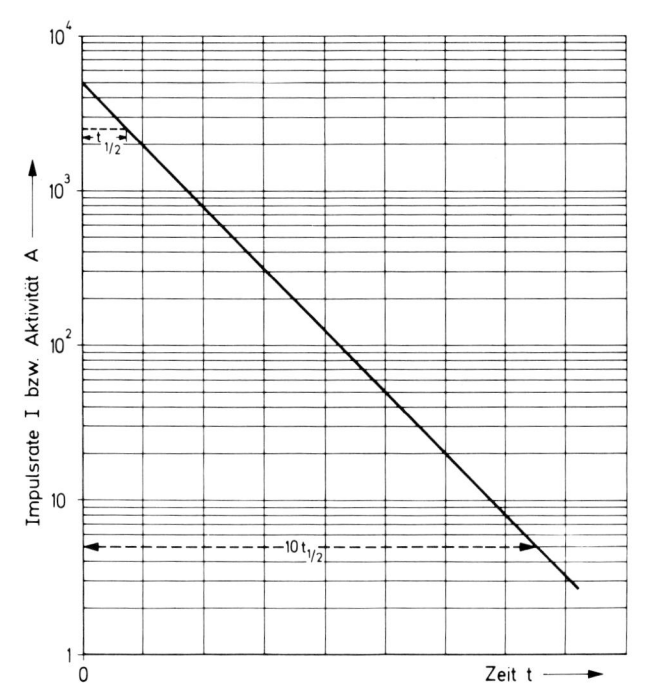

Abb. (5–3) Impulsrate I bzw. Aktivität A als Funktion der Zeit—Bestimmung einer Halbwertzeit.

5.6. Mischung mehrerer unabhängig voneinander zerfallender Nuklide

Enthält ein radioaktives Präparat eine Mischung mehrerer unabhängig voneinander zerfallender Nuklide, so gilt für die Impulsrate:

$$I = I_1 + I_2 + \ldots = \eta_1 A_1 + \eta_2 A_2 + \ldots \\ = \eta_1 \lambda_1 N_1 + \eta_2 \lambda_2 N_2 + \ldots . \quad (5.25)$$

Sofern nicht zuviele verschiedene Radionuklide vorhanden sind, ist auf rechnerischem oder graphischem Wege eine Auftrennung und Bestimmung der Halbwertzeiten möglich. In Abb.(5–4) ist als Beispiel der zeitliche Verlauf der Impulsrate I für ein Gemisch aus zwei Radionukliden aufgetragen. Nach einer gewissen Zeit ist das Nuklid 1 praktisch zerfallen; dann wird nur noch der Abfall der Aktivität des Nuklids 2 mit der Halbwertzeit $t_{1/2}$ (2) beobachtet. Extrapoliert man die

Kurve für den Zerfall des Nuklids 2, so erhält man I_2 als Funktion der Zeit. Subtrahiert man nun I_2 von der Gesamtimpulsrate I, so erhält man nach Gl. (5.25) I_1 als Funktion der Zeit. Auf diese Weise kann in vielen praktisch wichtigen Fällen eine komplexe Zerfallskurve zerlegt werden.

Die Aufzeichnung der Impulsrate nach Abb. (5–3) bzw. Abb. (5–4) ist auch wichtig, wenn man ein Präparat auf seine Radionuklidreinheit prüfen will. Ist das Präparat radionuklidrein, so erhält man eine Kurve nach Abb. (5–3); d. h. die Zerfallskurve folgt über viele Größenordnungen einer Geraden. Ist das Präparat nicht radionuklidrein, so erhält man eine Kurve nach Abb. (5–4); die Zerfallskurve läßt dann

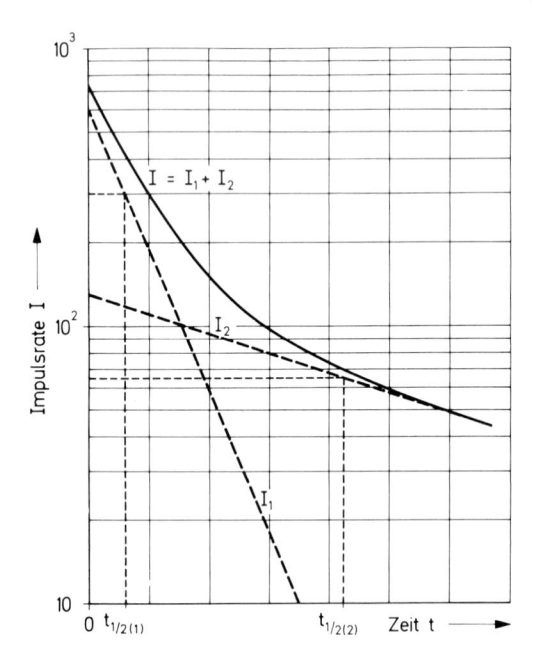

Abb. (5–4) Überlagerung der Impulsraten von zwei Radionukliden.

die Überlagerung mehrerer Geraden erkennen. Im Falle der Verunreinigung durch ein Nuklid mit kurzer Halbwertzeit beobachtet man eine kurzlebige Aktivität am Anfang der Zerfallskurve (Abb. (5–5)); liegt ein langlebiges Nuklid als Verunreinigung vor (dies ist in der Praxis der wichtigere Fall), so beobachtet man eine langlebige Aktivität am Ende der Zerfallskurve (Abb. (5–6)).

Wenn das radioaktive Präparat viele verschiedene Radionuklide enthält, ist es meistens nicht mehr möglich, die Zerfallskurve auf graphischem Wege zu zerlegen. Dann ist eine vorausgehende chemische Trennung erforderlich. Im Anschluß an die chemische Trennung können die Zerfallskurven für die einzelnen Fraktionen getrennt aufgenommen werden.

5.6. Mischung mehrerer unabhängig voneinander zerfallender Nuklide

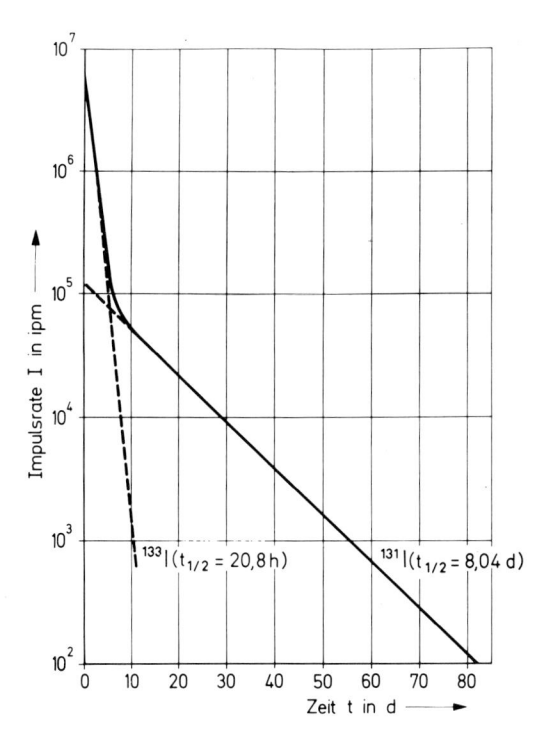

Abb. (5–5) Verunreinigung durch ein kurzlebiges Radionuklid (Beispiel: ^{133}I in ^{131}I).

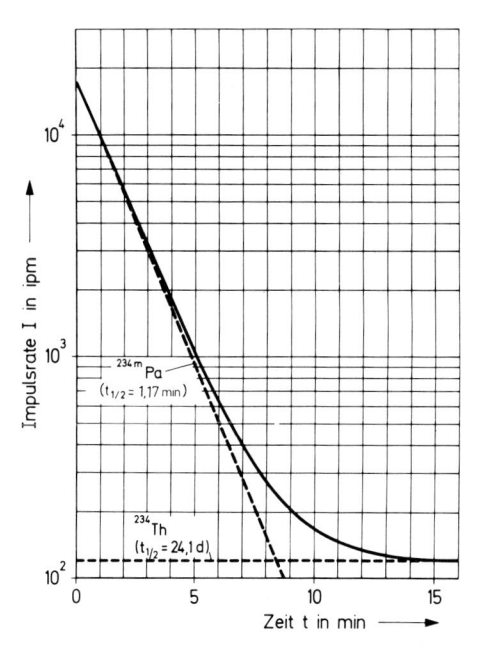

Abb. (5–6) Verunreinigung durch ein langlebiges Radionuklid (Beispiel: ^{234}Th in ^{234m}Pa).

5.7. Radioaktives Gleichgewicht

In diesem und in den folgenden Abschnitten wird der wichtige Fall besprochen, daß mehrere radioaktive Nuklide in einer genetischen Beziehung stehen:

$$\text{Nuklid 1} \to \text{Nuklid 2} \to \text{Nuklid 3}. \tag{5.26}$$

Um diese genetische Beziehung zu charakterisieren, spricht man von Mutternuklid und Tochternuklid (kurz „Mutter" und „Tochter").

Für die Nettobildungsrate des Tochternuklids gilt:

$$\frac{dN_2}{dt} = -\frac{dN_1}{dt} - \lambda_2 N_2 = \lambda_1 N_1 - \lambda_2 N_2. \tag{5.27}$$

Der erste Term auf der rechten Seite ist die Bildungsrate des Nuklids 2, die gleich der Zerfallsrate des Nuklids 1 ist. Der zweite Term auf der rechten Seite ist die Zerfallsrate des Nuklids 2. Führt man das Zerfallsgesetz für das Nuklid 1 ein,

$$N_1 = N_1^o e^{-\lambda_1 t}, \tag{5.28}$$

so erhält man die Gleichung

$$\frac{dN_2}{dt} + \lambda_2 N_2 - \lambda_1 N_1^o e^{-\lambda_1 t} = 0. \tag{5.29}$$

Dies ist eine lineare Differentialgleichung 1. Ordnung; sie beschreibt die Beziehung zwischen einem Mutternuklid 1 und einem Tochternuklid 2. Die Lösung dieser Differentialgleichung lautet

$$N_2 = \frac{\lambda_1}{\lambda_2 - \lambda_1} N_1^o (e^{-\lambda_1 t} - e^{-\lambda_2 t}) + N_2^o e^{-\lambda_2 t}; \tag{5.30}$$

N_2^o ist die Zahl der zur Zeit $t=0$ vorhandenen Atome des Nuklids 2. $e^{-\lambda_1 t}$ beschreibt die Bildung des Tochternuklids aus dem Mutternuklid, $e^{-\lambda_2 t}$ den Zerfall der aus dem Mutternuklid entstehenden Atome des Tochternuklids und $N_2^o \cdot e^{-\lambda_2 t}$ den Zerfall der zur Zeit $t=0$ vorhandenen Atome des Tochternuklids. Geht man davon aus, daß zur Zeit $t=0$ eine quantitative Trennung stattgefunden hat, so ist $N_2^o = 0$, und man erhält die vereinfachte Gleichung

$$N_2 = \frac{\lambda_1}{\lambda_2 - \lambda_1} N_1^o (e^{-\lambda_1 t} - e^{-\lambda_2 t}). \tag{5.31}$$

Klammert man $e^{-\lambda_1 t}$ aus, so folgt

$$N_2 = \frac{\lambda_1}{\lambda_2 - \lambda_1} N_1^o e^{-\lambda_1 t} [1 - e^{-(\lambda_2 - \lambda_1)t}] \tag{5.32}$$

bzw. mit Gl. (5.28)

5.7. Radioaktives Gleichgewicht

$$N_2 = \frac{\lambda_1}{\lambda_2 - \lambda_1} N_1 [1 - e^{-(\lambda_2 - \lambda_1)t}]. \quad (5.33)$$

Diese Gleichung beschreibt die Einstellung des radioaktiven Gleichgewichts als Funktion der Zeit im Anschluß an eine quantitative Abtrennung des Tochternuklids vom Mutternuklid. Das radioaktive Gleichgewicht ist erreicht, wenn

$$N_2 = \frac{\lambda_1}{\lambda_2 - \lambda_1} N_1 \quad (5.34)$$

ist — d. h. wenn das Verhältnis der Zahl der Atome N_2/N_1 konstant geworden ist. Führt man an Stelle der Zerfallskonstanten die Halbwertzeiten ein,

$$\lambda_2 - \lambda_1 = \ln 2 \left(\frac{1}{t_{1/2}(2)} - \frac{1}{t_{1/2}(1)} \right) = \ln 2 \frac{t_{1/2}(1) - t_{1/2}(2)}{t_{1/2}(1) \cdot t_{1/2}(2)}, \quad (5.35)$$

so geht Gl. (5.33) über in

$$N_2 = \frac{\frac{t_{1/2}(2)}{t_{1/2}(1)}}{1 - \frac{t_{1/2}(2)}{t_{1/2}(1)}} N_1 \left[1 - \left(\frac{1}{2}\right)^{\left(1 - \frac{t_{1/2}(2)}{t_{1/2}(1)}\right) \frac{t}{t_{1/2}(2)}} \right]. \quad (5.36)$$

Die Einstellung des radioaktiven Gleichgewichtes ist in Abb. (5–7) in Abhängigkeit von der Zeit für verschiedene Quotienten der Halbwertzeiten dargestellt; als Einheit der Zeitskala ist die Halbwertzeit des Tochternuklids gewählt. Man erkennt, daß einerseits für die Einstellung des radioaktiven Gleichgewichts die Halbwertzeit des

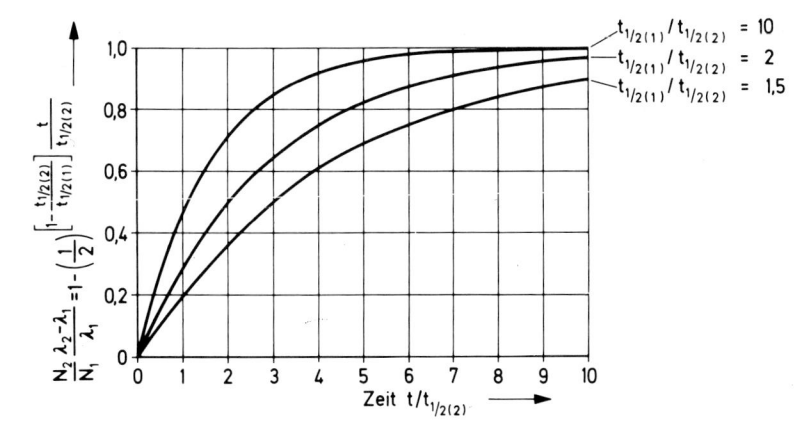

Abb. (5–7) Einstellung des radioaktiven Gleichgewichts als Funktion der Zeit nach Gl. (5.36).

Tochternuklids wichtig ist, daß sich andererseits aber das Gleichgewicht um so langsamer einstellt, je ähnlicher die Halbwertzeiten sind.

Die Bezeichnung radioaktives Gleichgewicht hat sich eingebürgert zur Charakterisierung der Tatsache, daß ein gesetzmäßiger Zusammenhang zwischen der Menge bzw. der Aktivität eines Tochternuklids und eines Mutternuklids besteht; und zwar ist das Verhältnis der Mengen bzw. der Aktivitäten konstant. An dieser Stelle sei darauf hingewiesen, daß es sich bei dem radioaktiven Gleichgewicht nicht um ein Gleichgewicht im Sinne der Thermodynamik bzw. Reaktionskinetik handelt. Das radioaktive Gleichgewicht ist nicht reversibel; d. h. es kann nicht von beiden Seiten erreicht werden. Außerdem handelt es sich im allgemeinen nicht um einen stationären Zustand; eine Ausnahme bildet der Grenzfall, daß die Halbwertzeit des Mutternuklids sehr viel größer ist als die Halbwertzeit des Tochternuklids (säkulares Gleichgewicht, Abschn. 5.8).

Für die weitere Behandlung des radioaktiven Gleichgewichts unterscheidet man zweckmäßigerweise vier verschiedene Fälle:
a) $t_{1/2}(1) \gg t_{1/2}(2)$ — Die Halbwertzeit des Mutternuklids ist sehr viel größer als die Halbwertzeit des Tochternuklids (säkulares Gleichgewicht).
b) $t_{1/2}(1) > t_{1/2}(2)$ — Die Halbwertzeit des Mutternuklids ist zwar größer als die Halbwertzeit des Tochternuklids; der Zerfall des Mutternuklids kann aber nicht vernachlässigt werden (transientes Gleichgewicht).
c) $t_{1/2}(1) < t_{1/2}(2)$ — Die Halbwertzeit des Mutternuklids ist kleiner als die Halbwertzeit des Tochternuklids; in diesem Falle stellt sich kein radioaktives Gleichgewicht ein.
d) $t_{1/2}(1) \approx t_{1/2}(2)$ — Die Halbwertzeiten des Mutternuklids und des Tochternuklids sind ähnlich.

Diese verschiedenen Möglichkeiten werden in den folgenden Abschnitten behandelt.

Wenn das Tochternuklid stabil ist, so folgt mit $\lambda_2 = 0$ aus Gl. (5.31)

$$N_2 = N_1^0 (1 - e^{-\lambda_1 t}) \tag{5.37}$$

und daraus mit Gl. (5.28)

$$N_2 = N_1^0 - N_1 = N_1 (e^{\lambda_1 t} - 1). \tag{5.38}$$

Diese Gleichungen beschreiben das Anwachsen eines stabilen Tochternuklids durch Zerfall eines radioaktiven Mutternuklids als Funktion der Zeit.

5.8. Säkulares Gleichgewicht

Die Halbwertzeit des Mutternuklids sei sehr viel größer als die Halbwertzeit des Tochternuklids, $t_{1/2}(1) \gg t_{1/2}(2)$ bzw. $\lambda_1 \ll \lambda_2$; zur Zeit

$t = 0$ sei eine quantitative Trennung erfolgt. In diesem Falle folgt aus Gl. (5.33)

$$N_2 = \frac{\lambda_1}{\lambda_2} N_1 (1 - e^{-\lambda_2 t}). \tag{5.39}$$

5.8. Säkulares Gleichgewicht

Da die Zerfallskonstante des Nuklids 1 sehr viel kleiner ist als die Zerfallskonstante des Nuklids 2, ist die Zahl der Atome des Nuklids 1 praktisch konstant, d. h. $N_1^0 = N_1$. Für die Einstellung des radioaktiven Gleichgewichts ist nur die Halbwertzeit des Tochternuklids maßgebend. Wie Abb. (5–8) zeigt, bildet sich das Tochternuklid 2 mit der gleichen Gesetzmäßigkeit in dem Mutternuklid 1 nach, mit der es

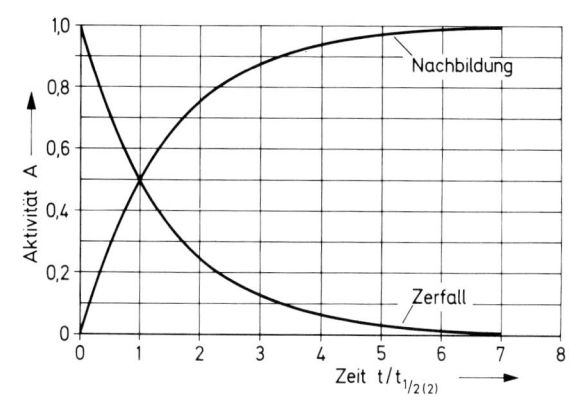

Abb. (5–8) Zerfall des abgetrennten Tochternuklids und Nachbildung des Tochternuklids aus dem Mutternuklid im Falle des säkularen Gleichgewichts.

zerfällt, wenn es von dem Mutternuklid isoliert wird — vgl. die Gln. (5.39) und (5.8). Zeichnet man den Verlauf der Gesamtaktivität $A = A_1 + A_2$ und der Einzelaktivitäten A_1, A_2 (abgetrennt) sowie A_2 (in 1) in einem halblogarithmischen Diagramm auf, so erhält man Abb. (5–9). Die Gesamtaktivität $A = A_1 + A_2$ und die Einzelaktivität A_2 können nach der Trennung als Funktion der Zeit gemessen werden. Daraus werden durch Differenzbildung die Einzelaktivität A_1 und das Anwachsen der Tochteraktivität A_2 in (1) berechnet.

Nach hinreichend langer Zeit — praktisch nach etwa 10 Halbwertzeiten des Tochternuklids — ist das radioaktive Gleichgewicht eingestellt; dann gilt

$$\frac{N_2}{N_1} = \frac{\lambda_1}{\lambda_2} \text{ bzw. } \frac{N_2}{N_1} = \frac{t_{1/2}(2)}{t_{1/2}(1)}. \tag{5.40}$$

Daraus folgt mit Gl. (5.14) für die Aktivitäten

$$A_1 = A_2; \tag{5.41}$$

das heißt, im radioaktiven Gleichgewicht werden innerhalb eines bestimmten Zeitintervalls ebensoviele Atome des Nuklids 2 nachgebildet wie zerfallen. Die Zahl der Atome und die Aktivität des Mutter-

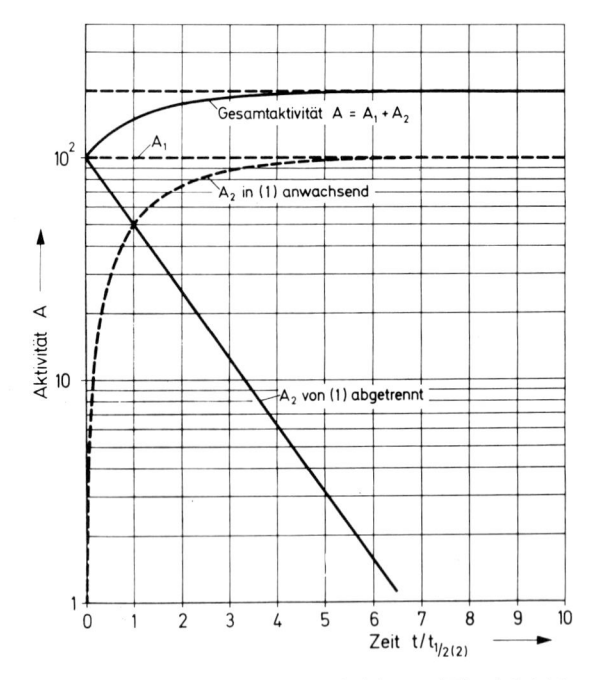

Abb. (5–9) Säkulares Gleichgewicht — Gesamtaktivität und Einzelaktivitäten als Funktion der Zeit.

nuklids sowie des Tochternuklids bleiben konstant. Man spricht deshalb von einem säkularen — d. h. über Jahrhunderte andauernden — Gleichgewicht.

Die Gln. (5.40) und (5.41) ermöglichen einige wichtige Anwendungen. Dabei ist es von großer praktischer Bedeutung, daß diese Gleichungen nicht nur für das unmittelbar folgende Tochternuklid (2) gelten, sondern auch für ein beliebiges radioaktives Folgeprodukt in der Zerfallsreihe, allerdings immer unter der Voraussetzung, daß ein säkulares radioaktives Gleichgewicht vorliegt (die allgemeine Beziehung wird in Abschn. 5.12 abgeleitet). In den folgenden Beispielen werden einige Anwendungen besprochen:

a) Bestimmung großer Halbwertzeiten aus dem Mengenverhältnis der beiden Radionuklide und der Halbwertzeit des Tochternuklids. Zum Beispiel findet man pro Kilogramm Uran im radioaktiven Gleichgewicht 0,34 mg Ra–226 ($t_{1/2} = 1600\,a$); daraus berechnet man die Halbwertzeit des U–238 zu

$$t_{1/2}(1) = \frac{N_1}{N_2} \cdot t_{1/2}(2) = \frac{10^6}{0.34} \cdot \frac{226}{238} \cdot 1600 = 4{,}5 \cdot 10^9\,\text{a}. \quad (5.42)$$

Große Halbwertzeiten können nur auf diesem Wege bestimmt werden, weil der zeitliche Abfall der Aktivität nicht verfolgt werden kann. Die Halbwertzeit des Ra–226 kann in ähnlicher Weise ermittelt werden, z. B. durch Messung der im radioaktiven Gleichgewicht vorhandenen Menge des Tochternuklids Rn–222 in einer Ionisationskammer.

b) Berechnung des Mengenverhältnisses von Radionukliden, die im radioaktiven Gleichgewicht nebeneinander vorliegen:

$$\frac{m_2}{m_1} = \frac{M_2 \cdot N_2}{M_1 \cdot N_1} = \frac{M_2}{M_1} \frac{t_{1/2}(2)}{t_{1/2}(1)} \qquad (5.43)$$

(M_1 bzw. M_2 sind die Nuklidmassen). Zum Beispiel erhält man für die Menge des Ra–228 in 1 g Th–232

$$m_2 = m_1 \frac{M_2}{M_1} \frac{t_{1/2}(2)}{t_{1/2}(1)} = \frac{228}{232} \frac{5{,}75}{1{,}41 \cdot 10^{10}} = 4{,}01 \cdot 10^{-10} \text{ g}.$$

Diese Berechnungen sind von Bedeutung bei der chemischen Aufbereitung von Uranerzen und Thoriumerzen; sie ermöglichen Angaben über die Mengen der anfallenden radioaktiven Abfallprodukte.

c) Berechnung der Menge der Muttersubstanz aus der Aktivität eines Folgeproduktes (bei bekannten Halbwertszeiten). Zum Beispiel kann man den Urangehalt in einem Mineral bestimmen, indem man die Aktivität des Th–234 oder Pa–234m mißt; oder man kann mit sehr hoher Empfindlichkeit den Radiumgehalt einer Probe bestimmen durch Messung der Aktivität der im Gleichgewicht vorhandenen Emanation (^{226}Ra $\xrightarrow{\alpha}$ ^{222}Rn). Findet man beispielsweise nach der chemischen Trennung in der Fraktion, die das Protactinium enthält, eine Aktivität an Pa–234m von 1 nCi, so berechnet man daraus für die Menge des U–238 in der Analysenprobe mit Hilfe der Gln. (5.14) und (5.41)

$$m_1 = \frac{M_1}{N_{Av}} \cdot \frac{A_2}{\ln 2} t_{1/2}(1) \qquad (5.44)$$

bzw.

$$m_1 = \frac{238 \cdot 37 \cdot 4{,}47 \cdot 10^9 \cdot 365 \cdot 24 \cdot 3600}{6{,}022 \cdot 10^{23} \cdot 0{,}693} = 3{,}0 \text{ mg U–238}.$$

Auf der Anwendung dieser Überlegungen beruht eine Reihe von Analysenverfahren zur Bestimmung von Uran, Radium oder Thorium.

d) Durch Einwiegen einer bestimmten Menge einer langlebigen Muttersubstanz kann die absolute Aktivität eines Tochternuklids vorgegeben werden. Dies stellt eine Umkehrung der unter c) beschriebenen Anwendung dar. Wiegt man z. B. 1 mg U–238 ein (das natürliche Uran besteht zu 99,27% aus U–238, zu 0,72% aus U–235 und zu 0,0055% aus U–234), so erhält man ein Standardpräparat, dessen Aktivität an Pa–234m bekannt ist. Wie man aus Gl. (5.40) berechnen kann, sendet dieses Präparat 740 β^--Teilchen pro Minute aus; die β^--Strahlung von Pa–234m läßt sich besonders gut nachweisen, weil sie sehr energiereich ist (2,30 MeV). Die α-Strahlung des U–238, des U–235 und des U–234 sowie die schwache β^--

Strahlung des Th–234 können durch ein dünnes Aluminiumblech herausgefiltert werden. Mit Hilfe solcher Standardpräparate kann die Zählausbeute η einer Zählanordnung nach Gl. (5.22) bestimmt werden.

5.9. Transientes Gleichgewicht

Von einem transienten radioaktiven Gleichgewicht spricht man dann, wenn der Zerfall des Mutternuklids nicht mehr vernachlässigt werden kann, so wie beim säkularen radioaktiven Gleichgewicht. In diesem Falle ist $t_{1/2}(1) > t_{1/2}(2)$ bzw. $\lambda_1 < \lambda_2$.

Zur Zeit $t=0$ sei wiederum eine quantitative Trennung erfolgt; dann gilt für die Einstellung des radioaktiven Gleichgewichtes als Funktion der Zeit Gl. (5.31) bzw. (5.32)

$$N_2 = \frac{\lambda_1}{\lambda_2 - \lambda_1} N_1^0 \, e^{-\lambda_1 t} \left(1 - e^{-(\lambda_2 - \lambda_1)t}\right).$$

Der Ausdruck vor der Klammer beschreibt den Zerfall des Mutternuklids. Für die Einstellung des radioaktiven Gleichgewichts ist nun nicht mehr die Halbwertzeit des Tochternuklids allein maßgebend, sondern die Differenz der Zerfallskonstanten. Das radioaktive Gleichgewicht ist erreicht, wenn der Ausdruck in der Klammer gleich 1 ist — praktisch nach der Zeit $t > 10 \cdot \frac{t_{1/2}(1) \cdot t_{1/2}(2)}{t_{1/2}(1) - t_{1/2}(2)}$ (vgl. dazu Gl. (5.36) und Abb. (5–7)).

Der Verlauf der Gesamtaktivität $A = A_1 + A_2$, der Einzelaktivitäten A_1 und A_2 nach der Trennung sowie der Anstieg der Aktivität des Tochternuklids A_2 im Mutternuklid (1) sind für den Fall des transienten radioaktiven Gleichgewichts in Abb. (5–10) aufgezeichnet.

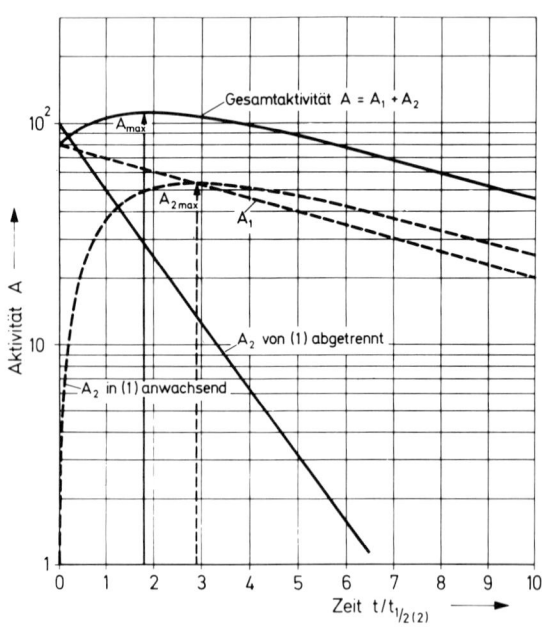

Abb. (5–10) Transientes Gleichgewicht – Gesamtaktivität und Einzelaktivitäten als Funktion der Zeit $(t_{1/2(1)}/t_{1/2(2)} = 5)$.

Sobald das radioaktive Gleichgewicht eingestellt ist, gilt

5.9. Transientes Gleichgewicht

$$N_2 = \frac{\lambda_1}{\lambda_2 - \lambda_1} N_1^o e^{-\lambda_1 t} \tag{5.45}$$

bzw. unter Berücksichtigung von Gl. (5.8)

$$N_2 = \frac{\lambda_1}{\lambda_2 - \lambda_1} N_1. \tag{5.46}$$

Gl. (5.45) besagt, daß das Gemisch der beiden Nuklide im radioaktiven Gleichgewicht mit der Halbwertzeit des langlebigeren Mutternuklids zerfällt. Das Verhältnis der Zahl der Atome des Tochternuklids zur Zahl der Atome des Mutternuklids beträgt

$$\frac{N_2}{N_1} = \frac{\lambda_1}{\lambda_2 - \lambda_1} \tag{5.47}$$

bzw.

$$\frac{N_2}{N_1} = \frac{t_{1/2}(2)}{t_{1/2}(1) - t_{1/2}(2)}. \tag{5.48}$$

Während im säkularen radioaktiven Gleichgewicht die Aktivitäten des Mutternuklids und des Tochternuklids gleich groß sind ($A_1 = A_2$), ist im transienten radioaktiven Gleichgewicht die Aktivität des Mutternuklids kleiner als die Aktivität des Tochternuklids:

$$\frac{A_1}{A_2} = \frac{\lambda_1 N_1}{\lambda_2 N_2} = 1 - \frac{\lambda_1}{\lambda_2} = 1 - \frac{t_{1/2}(2)}{t_{1/2}(1)}. \tag{5.49}$$

In der gleichen Weise wie beim säkularen radioaktiven Gleichgewicht ergeben sich auch im Falle des transienten radioaktiven Gleichgewichts eine Reihe von praktischen Anwendungen. An Stelle von Gl. (5.42) gilt

$$t_{1/2}(1) = t_{1/2}(2)\left(\frac{N_1}{N_2} + 1\right), \tag{5.50}$$

an Stelle von Gl. (5.43)

$$\frac{m_2}{m_1} = \frac{M_2 N_2}{M_1 N_1} = \frac{M_2}{M_1} \cdot \frac{t_{1/2}(2)}{t_{1/2}(1) - t_{1/2}(2)} \tag{5.51}$$

und an Stelle von Gl. (5.44)

$$m_1 = \frac{M_1 A_2}{N_{Av} \ln 2}(t_{1/2}(1) - t_{1/2}(2)). \tag{5.52}$$

5.10. Kurzlebigeres Mutternuklid

Wenn das Mutternuklid kurzlebiger ist als das Tochternuklid — $t_{1/2}(1) < t_{1/2}(2)$ bzw. $\lambda_1 > \lambda_2$ —, so stellt sich kein radioaktives Gleichgewicht ein. In diesem Falle ist die Muttersubstanz aufgezehrt, bevor das Tochternuklid zerfallen ist. Der Verlauf der Gesamtaktivität $A = A_1 + A_2$, der Einzelaktivitäten A_1 und A_2 nach der Trennung sowie der Anstieg der Aktivität des Tochternuklids A_2 im Mutternuklid (1) sind in Abb. (5–11) aufgezeichnet.

Berücksichtigt man, daß $\lambda_1 > \lambda_2$ ist, so erhält man durch Umformung der Gl. (5.31)

$$N_2 = \frac{\lambda_1}{\lambda_1 - \lambda_2} N_1^o e^{-\lambda_2 t} [1 - e^{-(\lambda_1 - \lambda_2)t}]. \tag{5.53}$$

Wenn $e^{-(\lambda_1 - \lambda_2)t}$ sehr klein geworden ist ($e^{-(\lambda_1 - \lambda_2)t} \ll 1$), wird nur noch der Zerfall des Tochternuklids beobachtet ($e^{-\lambda_2 t}$); die Zahl der Atome des Tochternuklids N_2 ist auch hier proportional der Zahl N_1^o der nach der Trennung vorhandenen Atome des Mutternuklids. Ein Gleichgewicht wird nicht erreicht.

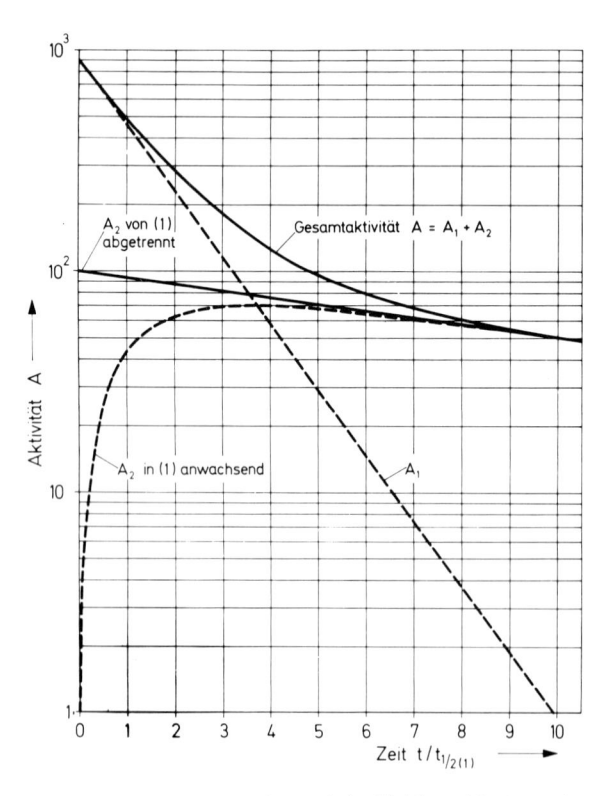

Abb. (5–11) Mutternuklid ist kurzlebiger — kein Gleichgewicht ($t_{1/2(1)}/t_{1/2(2)} = 0{,}1$).

5.11. Ähnliche Halbwertzeiten

Bei der Kernspaltung tritt unter den Spaltprodukten häufig der Fall auf, daß das Mutternuklid und das Tochternuklid ähnliche Halbwertzeiten besitzen — $t_{1/2}(1) \approx t_{1/2}(2)$ bzw. $\lambda_1 \approx \lambda_2$. Ist die Halbwertzeit des Mutternuklids größer als die Halbwertzeit des Tochternuklids ($t_{1/2}(1) > t_{1/2}(2)$), so stellt sich allmählich das transiente radioaktive Gleichgewicht ein (vgl. Abschn. 5.9). Der Aktivitätsverlauf ist für das Beispiel des radioaktiven Gleichgewichts zwischen Zr-95 ($t_{1/2} = 64$ d) und Nb-95 ($t_{1/2} = 35$ d) in Abb. (5-12) aufgezeichnet. Die Zerfallskurve des langlebigeren Nuklids wird nur sehr langsam erreicht — d. h. dann, wenn die Gesamtaktivität schon weitgehend abgeklungen ist. Ist die Halbwertzeit des Mutternuklids kleiner als die Halbwertzeit des Tochternuklids ($t_{1/2}(1) < t_{1/2}(2)$), so wird kein radioaktives Gleichgewicht erreicht (vgl. Abschn. 5.10).

In diesem Abschnitt sollen die beiden folgenden praktisch wichtigen Fragen beantwortet werden:

a) Wie lange muß man nach der Trennung warten, bis die Zerfallskurve des langlebigeren Nuklids beobachtet wird?
b) Zu welchem Zeitpunkt nach der Trennung wird die maximale Aktivität des Tochternuklids erreicht?

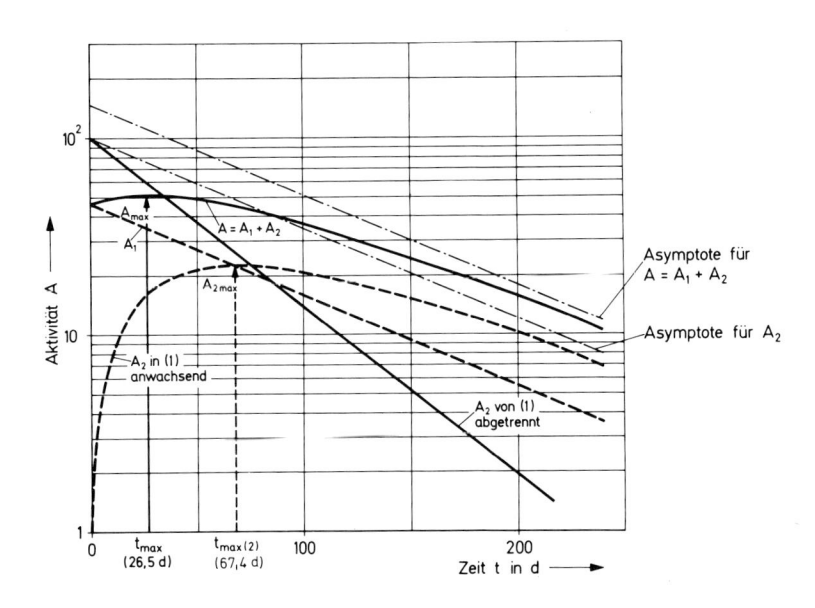

Abb. (5-12) Ähnliche Halbwertzeiten — Einstellung des radioaktiven Gleichgewichts

$$^{95}_{40}\text{Zr} \xrightarrow[64\text{ d}]{\beta^-} {}^{95}_{41}\text{Nb} \xrightarrow[35\text{ d}]{\beta^-} {}^{95}_{42}\text{Mo} \quad (t_{1/2(1)}/t_{1/2(2)} = 1{,}83).$$

Zu Frage a): Aus den Gln. (5.32) bzw. (5.53) folgt, daß $e^{-(\lambda_1-\lambda_2)t}$ den Wert Null erreicht haben muß, wenn man die Zerfallskurve des langlebigeren Nuklids messen will. In der Praxis möchte man nicht beliebig lange warten, sondern man wird einen Fehler ε in Kauf nehmen, der gegeben ist durch die Beziehungen

$$\varepsilon = e^{-(\lambda_2-\lambda_1)t} \text{ für } \lambda_1 < \lambda_2$$

bzw. (5.54)

$$\varepsilon = e^{-(\lambda_1-\lambda_2)t} \text{ für } \lambda_1 > \lambda_2.$$

Nach Gl. (5.35) ist

$$e^{-(\lambda_2-\lambda_1)t} = \left(\frac{1}{2}\right)^{\frac{t_{1/2}(1)-t_{1/2}(2)}{t_{1/2}(1)\cdot t_{1/2}(2)}\cdot t}$$

Damit folgt aus Gl. (5.54) für die Zeit nach der Trennung, zu der die Zerfallskurve des langlebigeren Nuklids mit einem Fehler $\leq \varepsilon$ beobachtet werden kann:

$$t \geq \frac{\lg 1/\varepsilon}{\lg 2} \cdot \frac{t_{1/2}(1)\cdot t_{1/2}(2)}{t_{1/2}(1)-t_{1/2}(2)} \text{ für } t_{1/2}(1) > t_{1/2}(2) \text{ (Mutternuklid langlebiger)}$$

bzw. (5.55)

$$t \geq \frac{\lg 1/\varepsilon}{\lg 2} \cdot \frac{t_{1/2}(1)\cdot t_{1/2}(2)}{t_{1/2}(2)-t_{1/2}(1)} \text{ für } t_{1/2}(1) < t_{1/2}(2) \text{ (Tochternuklid langlebiger)}.$$

Z. B. zerfällt das –135, das in den Spaltprodukten des Urans vorkommt, in folgender Weise:

$$^{135}\text{I} \xrightarrow[6,6\,\text{h}]{\beta^-} {}^{135}\text{Xe} \xrightarrow[9,1\,\text{h}]{\beta^-} {}^{135}\text{Cs};$$

d. h. I–135 und Xe–135 besitzen ähnliche Halbwertzeiten. Fragt man nach der Zeit, die man warten muß, bis die Zerfallskurve des Xe–135 (bei gleicher Zählausbeute für Xe–135 und I–135) mit einem Fehler von 1% beobachtet werden kann, so folgt aus Gl. (5.55)

$$t = \frac{\lg 100}{\lg 2} \cdot \frac{6,6\cdot 9,1}{2,5}\,\text{h} = 160\,\text{h}.$$

Dies ist im Hinblick auf die Halbwertzeit des Xe–135 eine sehr lange Zeit; denn nach 160 h ist die Aktivität des Xe–135 bereits um etwa 5 Größenordnungen abgesunken.

Zu Frage b): Zur Beantwortung der Frage, wann die maximale Aktivität des Tochternuklids nach der Trennung erreicht wird, differenziert man Gl. (5.31) nach der Zeit t und setzt den Differentialquotienten gleich Null. Auf diese Weise erhält man

$$t_{max}(2) = \frac{1}{\lambda_2 - \lambda_1} \ln \frac{\lambda_2}{\lambda_1} \qquad (5.56)$$

bzw.

$$t_{max}(2) = 3{,}32 \frac{t_{1/2}(1) \cdot t_{1/2}(2)}{t_{1/2}(1) - t_{1/2}(2)} \lg \frac{t_{1/2}(1)}{t_{1/2}(2)}. \qquad (5.57)$$

In diesem Maximum schneidet die Kurve für A_1 die Kurve für A_2 (vgl. Abbn. (5–10) bis (5–12)). Für das obige Beispiel (Zerfall des I–135) resultiert

$$t_{max}(2) = 3{,}32 \frac{6{,}6 \cdot 9{,}1}{-2{,}5} \lg \frac{6{,}6}{9{,}1} = 11{,}1 \text{ h};$$

d. h. die maximale Aktivität des Tochternuklids Xe–135 wird nach 11,1 h erreicht.

5.12. Mehrere aufeinanderfolgende Umwandlungen

In den vorausgehenden Abschnitten (5.7 bis 5.11) wurde das radioaktive Gleichgewicht behandelt, das sich nach Gl. (5.26) zwischen einem Mutternuklid (1) und einem Tochternuklid (2) einstellt. Diese Betrachtung kann verallgemeinert und auf eine größere Zahl von Nukliden ausgedehnt werden, die in einem genetischen Zusammenhang stehen:

$$(1) \to (2) \to (3) \to (4) \ldots \to (n). \qquad (5.58)$$

Das radioaktive Gleichgewicht, das sich zwischen einer Vielzahl von radioaktiven Nukliden durch aufeinanderfolgende Kernumwandlungen einstellt, kann ebenso behandelt werden wie das radioaktive Gleichgewicht zwischen zwei Nukliden. In Analogie zu den in

Abschnitt 5.7 abgeleiteten Beziehungen erhält man folgende Differentialgleichungen:

$$\frac{dN_1}{dt} = -\lambda_1 N_1$$

$$\frac{dN_2}{dt} = \lambda_1 N_1 - \lambda_2 N_2$$

$$\frac{dN_3}{dt} = \lambda_2 N_2 - \lambda_3 N_3 \quad (5.59)$$

$$\ldots\ldots$$
$$\ldots\ldots$$

$$\frac{dN_n}{dt} = \lambda_{n-1} N_{n-1} - \lambda_n N_n.$$

Löst man diese Differentialgleichungen für die Anfangsbedingungen, daß zur Zeit $t = 0$

$$N_1 = N_1^0 \text{ und } N_2^0 = N_3^0 = \ldots = N_n^0 = 0 \quad (5.60)$$

ist, so erhält man für die Zahl $N_n(t)$ der Atome des n-ten Gliedes der Kette zur Zeit t:

$$N_n(t) = c_1 e^{-\lambda_1 t} + c_2 e^{-\lambda_2 t} + c_3 e^{-\lambda_3 t} + \ldots + c_n e^{-\lambda_n t}. \quad (5.61)$$

Die konstanten Koeffizienten in dieser Gleichung sind:

$$c_1 = \frac{\lambda_1 \lambda_2 \ldots \lambda_{n-1}}{(\lambda_2 - \lambda_1)(\lambda_3 - \lambda_1) \ldots (\lambda_n - \lambda_1)} N_1^0$$

$$c_2 = \frac{\lambda_1 \lambda_2 \ldots \lambda_{n-1}}{(\lambda_1 - \lambda_2)(\lambda_3 - \lambda_2) \ldots (\lambda_n - \lambda_2)} N_1^0 \quad (5.62)$$

$$\ldots\ldots$$

$$c_n = \frac{\lambda_1 \lambda_2 \ldots \lambda_{n-1}}{(\lambda_1 - \lambda_n)(\lambda_2 - \lambda_n) \ldots (\lambda_{n-1} - \lambda_n)} N_1^0.$$

Mit Hilfe dieser Beziehungen kann man eine beliebige Kette von Radionukliden behandeln, die durch mehrere aufeinanderfolgende Umwandlungen entstehen.

Für das Tochternuklid (2) erhält man aus den Gln. (5.61) und (5.62) mit dem Wert $n=2$ die bereits bekannte Gl. (5.31).

Für manche praktische Aufgaben sind auch die Beziehungen nützlich, die für die „Enkeltochter" ($n=3$) resultieren:

$$N_3 = \lambda_1 \lambda_2 N_1^o \left[\frac{e^{-\lambda_1 t}}{(\lambda_2 - \lambda_1)(\lambda_3 - \lambda_1)} + \frac{e^{-\lambda_2 t}}{(\lambda_1 - \lambda_2)(\lambda_3 - \lambda_2)} \right. \tag{5.63}$$
$$\left. + \frac{e^{-\lambda_3 t}}{(\lambda_2 - \lambda_3)(\lambda_1 - \lambda_3)} \right].$$

Ist die „Enkeltochter" stabil ($\lambda_3 \to 0$), so folgt für das Anwachsen von N_3 die Gleichung

$$N_3 = N_1^o \left[1 - \frac{\lambda_2}{\lambda_2 - \lambda_1} e^{-\lambda_1 t} - \frac{\lambda_1}{\lambda_1 - \lambda_2} e^{-\lambda_2 t} \right] \tag{5.64}$$

bzw.

$$N_3 = N_1^o \left[1 - e^{-\lambda_1 t} - \frac{\lambda_1}{\lambda_2 - \lambda_1} (e^{-\lambda_1 t} - e^{-\lambda_2 t}) \right] \tag{5.65}$$

und daraus unter Berücksichtigung der Gln. (5.28) und (5.31)

$$N_3 = N_1^o - N_1 - N_2. \tag{5.66}$$

Gl. (5.66) besagt nichts anderes, als daß die Zahl der Atome des stabilen Endprodukts gleich ist der Zahl der ursprünglich vorhandenen Atome des radioaktiven Mutternuklids N_1^o, abzüglich der noch vorhandenen Zahl N_1 und der Zahl der Atome des Zwischenprodukts N_2.

Ist die Halbwertzeit des Mutternuklids sehr viel größer als die Halbwertzeiten der genetisch folgenden Radionuklide (säkulares Gleichgewicht), so vereinfacht sich die für das n-te Folgeprodukt gültige Beziehung (5.62) sehr stark, wenn radioaktives Gleichgewicht vorliegt. Weil in diesem Falle $\lambda_1 \ll \lambda_2, \lambda_3 \ldots \lambda_n$ ist, werden im radioaktiven Gleichgewicht (d. h. nach verhältnismäßig langer Zeit t) alle Terme gegenüber dem ersten vernachlässigbar klein. Dann ist

$$N_n = c_1 e^{-\lambda_1 t}. \tag{5.67}$$

Außerdem folgt aus Gl. (5.62)

$$c_1 = \frac{\lambda_1}{\lambda_n} N_1^o \tag{5.68}$$

und damit

$$\frac{N_n}{N_1} = \frac{\lambda_1}{\lambda_n} \text{ bzw. } \frac{N_n}{N_1} = \frac{t_{1/2}(n)}{t_{1/2}(1)}. \tag{5.69}$$

Ferner gilt

$$A_n = A_1. \tag{5.70}$$

Die gleichen Beziehungen wurden bereits im Abschnitt 5.8 für das säkulare Gleichgewicht zwischen einem Mutternuklid (1) und einem Tochternuklid (2) hergeleitet, siehe Gln. (5.40) und (5.41); d. h. im säkularen Gleichgewicht gelten die in Abschnitt 5.8 abgeleiteten Gesetzmäßigkeiten nicht nur für das unmittelbar folgende Tochternuklid, sondern ebenso für alle weiteren radioaktiven Folgeprodukte. Von dieser Tatsache haben wir bereits bei den Anwendungen der für das säkulare Gleichgewicht gültigen Gesetzmäßigkeiten in Abschnitt 5.8 Gebrauch gemacht.

Als Beispiel für mehrere aufeinanderfolgende Umwandlungen sei der Zerfall von Po–218 (RaA) gewählt (Abb. (5–13)). Aus dem Po–218 entsteht durch α-Zerfall verhältnismäßig rasch Pb–214 (RaB), dessen Menge nach etwa 10 Minuten ein steiles Maximum durchläuft. Durch

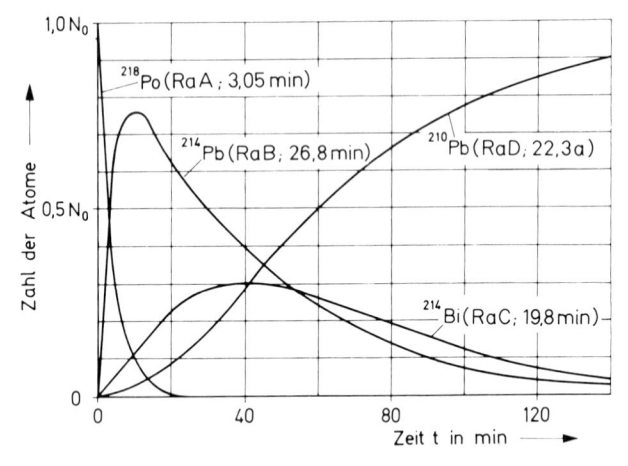

Abb. (5–13) Mehrere aufeinanderfolgende Umwandlungen — Zerfall des ^{218}Po. Nach E. RUTHERFORD, J. CHADWICK u. C. D. ELLIS: Radiations from Radioactive Substances. Cambridge University Press, London 1930.

β^--Zerfall des Pb–214 (RaB) entsteht Bi–214 (RaC); die Menge des Bi–214 erreicht nach etwa 40 Minuten ein flaches Maximum. Nach 2 Stunden sind nur noch geringe Mengen an Pb–214 und Bi–214 vorhanden. Der Großteil dieser Nuklide hat sich in das langlebige Pb–210 (RaD) umgewandelt, das mit einer Halbwertzeit von 22,3 a zerfällt.

5.13. Verzweigung (Dualer Zerfall)

Der Fall, daß ein Radionuklid mehrere Zerfallsmöglichkeiten hat, kommt verhältnismäßig häufig vor, und zwar bevorzugt bei solchen u,u-Kernen, die sich auf der Linie der β-Stabilität befinden (z. B. K–40, Cu–64 — vgl. Abschn. 1.5 und Abb. (1–9)). So zeigt das in der Natur vorkommende K–40 zwei verschiedene Zerfallsarten, die in Abb. (5–14) aufgezeichnet sind. Zu 89,3% geht es unter Aussendung von β^--Strahlung in Ca–40 über, zu 10,5% unter Elektroneneinfang in Ar–40.

5.13. Verzweigung (Dualer Zerfall)

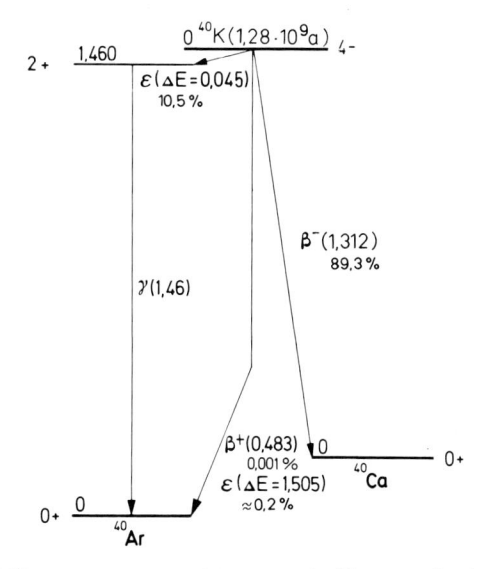

Abb. (5–14) Dualer Zerfall — Beispiel ^{40}K (Energien in MeV).

Verzweigungen — d. h. verschiedene Zerfallsmöglichkeiten eines Radionuklids — werden auch in den Zerfallsreihen des Urans und des Thoriums mehrfach beobachtet (Tab. 5.1, 5.3 und 5.4). Im allgemeinen ist dabei die eine Umwandlung sehr stark vor der anderen bevorzugt. Lediglich im Falle des Bi–212 (ThC) sind die Wahrscheinlichkeiten für den β^--Zerfall (64,0%) und für den α-Zerfall (36,0%) vergleichbar (vgl. Abb. (5–15)). Stets aber zerfallen die aus der Verzweigung hervorgegangenen Tochternuklide in der Weise, daß das gleiche Nuklid entsteht (vgl. Abb. (5–15)); d. h. die Verzweigung schließt sich wieder.

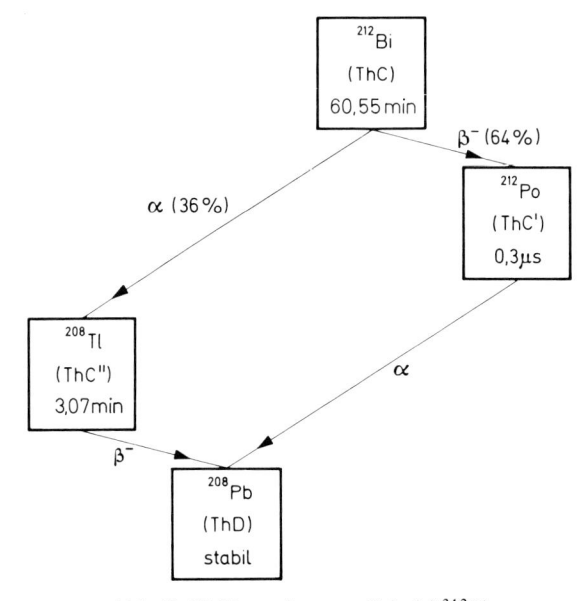

Abb. (5–15) Verzweigung — Beispiel ^{212}Bi.

Eine Verzweigung (dualer Zerfall) kann durch folgendes Schema beschrieben werden:

$$\begin{array}{c} A \\ \lambda_b \swarrow \quad \searrow \lambda_c \\ B \qquad C \end{array} \qquad (5.71)$$

λ_b ist gegeben durch die Wahrscheinlichkeit, daß sich das Nuklid A in das Nuklid B umwandelt, λ_c durch die Wahrscheinlichkeit, daß es sich in das Nuklid C umwandelt. Da die beiden Zerfallsmöglichkeiten voneinander unabhängig sind, addieren sich die beiden Zerfallswahrscheinlichkeiten, und die Zerfallsrate des Nuklids A ist gleich der Summe der beiden Umwandlungsraten:

$$-\frac{dN_A}{dt} = \lambda_b N_A + \lambda_c N_A = (\lambda_b + \lambda_c) N_A = \lambda_A N_A. \qquad (5.72)$$

Durch Integration folgt daraus

$$N_A = N_A^o \, e^{-(\lambda_b + \lambda_c)t}. \qquad (5.73)$$

Im Falle einer Verzweigung kann man also die verschiedenen Zerfallswahrscheinlichkeiten unterscheiden. Im Gegensatz dazu gibt es aber nur eine Halbwertzeit:

$$t_{1/2}(A) = \frac{\ln 2}{\lambda_A} = \frac{\ln 2}{\lambda_b + \lambda_c}. \qquad (5.74)$$

Für die Bildungsrate der Nuklide B und C gilt:

$$\frac{dN_B}{dt} = \lambda_b N_A \text{ bzw. } \frac{dN_C}{dt} = \lambda_c N_A, \qquad (5.75)$$

für ihre Zerfallsrate

$$-\frac{dN_B}{dt} = \lambda_B N_B \text{ bzw. } -\frac{dN_C}{dt} = \lambda_C N_C. \qquad (5.76)$$

Die Nettobildungsrate des Nuklids B beträgt

$$\frac{dN_B}{dt} = \lambda_b N_A - \lambda_B N_B. \qquad (5.77)$$

Mit Gl. (5.73) folgt

$$\frac{dN_B}{dt} + \lambda_B N_B - \lambda_b N_A^o \, e^{-(\lambda_b + \lambda_c)t} = 0. \qquad (5.78)$$

Die Integration dieser Gleichung liefert mit der Anfangsbedingung $N_B = 0$ zur Zeit $t = 0$

$$N_B = \frac{\lambda_b}{\lambda_B - (\lambda_b + \lambda_c)} N_A^o (e^{-(\lambda_b + \lambda_c)t} - e^{-\lambda_B t}). \tag{5.79}$$

Diese Gleichung entspricht der für den einfachen Zerfall gültigen Gleichung (5.31). Für das Nuklid C erhält man eine ähnliche Gleichung. Ist das Mutternuklid sehr langlebig ($\lambda_b + \lambda_c \ll \lambda_B$), so folgt

$$N_B = \frac{\lambda_b}{\lambda_B} N_A (1 - e^{-\lambda_B t}). \tag{5.80}$$

Dann gilt im radioaktiven Gleichgewicht

$$\frac{N_B}{N_A} = \frac{\lambda_b}{\lambda_B} \text{ bzw. } \frac{N_C}{N_A} = \frac{\lambda_c}{\lambda_C}. \tag{5.81}$$

Unter diesen Bedingungen kann man formal partielle Halbwertzeiten definieren:

$$t_{1/2}(A)_b = \frac{\ln 2}{\lambda_b} \text{ bzw. } t_{1/2}(A)_c = \frac{\ln 2}{\lambda_c} \tag{5.82}$$

und erhält damit die der Gleichung (5.40) analogen Beziehungen

$$\frac{N_B}{N_A} = \frac{t_{1/2}(B)}{t_{1/2}(A)_b} \text{ bzw. } \frac{N_C}{N_A} = \frac{t_{1/2}(C)}{t_{1/2}(A)_c}. \tag{5.83}$$

Sind dagegen die Tochternuklide sehr viel langlebiger oder entstehen stabile Tochternuklide (wie beim Zerfall von K–40), so folgt

$$N_B = \frac{\lambda_b}{\lambda_b + \lambda_c} N_A^o (1 - e^{-(\lambda_b + \lambda_c)t}) \tag{5.84}$$

und daraus mit Gl. (5.73)

$$N_B = \frac{\lambda_b}{\lambda_b + \lambda_c} N_A (e^{(\lambda_b + \lambda_c)t} - 1)$$

bzw.

$$N_C = \frac{\lambda_c}{\lambda_b + \lambda_c} N_A (e^{(\lambda_b + \lambda_c)t} - 1). \tag{5.85}$$

Für das Verhältnis der Zahl der Atome gilt

$$\frac{N_B}{N_C} = \frac{\lambda_b}{\lambda_c}. \tag{5.86}$$

5.13. Verzweigung (Dualer Zerfall)

Wenn die Zeit t sehr klein gegenüber der Halbwertzeit des Radionuklids A ist ($t \ll t_{1/2}(A)$), so folgt aus Gl. (5.85):

$$\frac{N_B}{N_A} = \lambda_b t \quad \text{bzw.} \quad \frac{N_C}{N_A} = \lambda_c t. \tag{5.87}$$

Literatur zu Kapitel 5

1. R. D. EVANS: The Atomic Nucleus. McGraw-Hill Book Comp., New York 1955, Kap. 15.
2. R. T. OVERMAN, H. M. CLARK: Radioisotope Techniques. McGraw-Hill Book Comp., New York 1960.
3. L. HERFORTH, H. KOCH: Praktikum der angewandten Radioaktivität, 3. Aufl. VEB Deutscher Verlag der Wissenschaften, Berlin 1975.
4. E. SEGRÈ (Hrsg.): Radioactive Decay. In: Experimental Nuclear Physics, Bd. III, Tl. VIII. John Wiley and Sons, New York 1959, S. 1.
5. LANDOLT-BÖRNSTEIN: Zahlenwerte und Funktionen aus Naturwissenschaften und Technik. Neue Serie. Bd. 1: Energie-Niveaus der Kerne A = 5 bis A = 257. Hrsg. K. H. HELLWEGE. Springer-Verlag, Berlin–Heidelberg 1961.
6. Table of Isotopes, Hrsg. C. M. LEDERER, V. S. SHIRLEY, John Wiley and Sons, New York, 7. Auflage 1978.
7. H. GRAEWE: Tabelle der stabilen und Radio-Nuklide, Verlag Dümmler, Berlin 1965.
8. H. BATEMAN: The Solution of a System of Differential Equations Occuring in the Theory of Radio-active Transformations. Proc. Cambridge philos. Soc. 15 (1910) 423.

Übungen zu Kapitel 5

1. Aus der Differenz der Nuklidmassen berechne man die Energien für folgende Zerfallsprozesse

$$^{8}\text{Be} \longrightarrow 2\alpha$$

$$^{238}\text{U} \xrightarrow{\alpha} {}^{234}\text{Th}$$

2. Aus der Halbwertzeit des U–238 berechne man die Zahl der Atome U–238, die in 1 mg des natürlichen Urans pro Minute zerfallen.

3. Wie groß ist die Menge von 1 Ci der folgenden Radionuklide: H–3, C–14, Na–24, S–35, I–131?

4. Wie groß ist die spezifische Aktivität (Ci/g) von U–238, Th–234, Pa–234 m und U–234?

5. Für das jeweils langlebigste Nuklid der Elemente Polonium, Astat, Francium, Technetium und Uran berechne man die Aktivität von je 1 mg in Curie.

6. Welche Impulsrate (ipm) liefert a) 1 µCi Na–24 bei einer Zählausbeute von 5%, b) 1 nCi C–14 bei einer Zählausbeute von 30%?

7. Bei der Messung zweier unabhängig voneinander zerfallender Nuklide wurden folgende Impulsraten gefunden

Zeit (h)	Impulsrate	Zeit (h)	Impulsrate
0	20 000	5	2 210
0,5	13 100	6	1 640
1	9 360	7	1 210
1,5	7 190	8	900
2	5 820	10	495
3	4 120	12	270
4	3 000		

   Beide Nuklide sind β^--Strahler und lassen sich mit Silbernitrat ausfällen. Welche Halbwertzeit besitzen die Nuklide? Wie groß ist das Verhältnis ihrer Impulsraten zu Beginn der Messung? Um welche Nuklide handelt es sich?

8. Wie groß ist die Halbwertzeit des Th–232, wenn 1 kg Th–232 $4{,}74 \cdot 10^{-4}$ mg Ra–228 enthält? (Halbwertzeit des Ra–228 = 5,75 a)

9. Wieviel Ac–227 befindet sich in 1 kg Pechblende (U_3O_8)?

10. Die Aktivität des im radioaktiven Gleichgewicht gebildeten Rn–222 beträgt 10 nCi; wie groß ist die Menge des vorhandenen Ra–226?

11. Wie groß ist das Mengenverhältnis und das Aktivitätsverhältnis von Ba–140 und La–140 im radioaktiven Gleichgewicht?

12. Nb–95 wird chemisch von Zr–95 abgetrennt. Wie verläuft die Aktivität der ^{95}Zr-Fraktion als Funktion der Zeit (aufzeichnen)? Zu welchem Zeitpunkt nach der Trennung kann in der ^{95}Zr-Fraktion die Halbwertzeit des Zr–95 mit einem Fehler von 2% bestimmt werden? Wann wird in dieser Fraktion die maximale Aktivität des Nb–95 erreicht?

13. Welche Zeit ist zur Einstellung der folgenden radioaktiven Gleichgewichte erforderlich, wenn ein Fehler von 1% zugelassen wird?

    a) $^{238}\text{U} \xrightarrow[4{,}47 \cdot 10^9 \text{ a}]{\alpha} {}^{234}\text{Th} \xrightarrow[24{,}1 \text{ d}]{\beta^-} {}^{234m}\text{Pa}$

    b) $^{83}\text{Br} \xrightarrow[2{,}39 \text{ h}]{\beta^-} {}^{83m}\text{Kr} \xrightarrow[1{,}83 \text{ h}]{\text{I.U.}} {}^{83}\text{Kr}$

14. Gegeben ist frisch abgetrenntes Pb–210 (RaD). Man zeichne die Aktivität der daraus gebildeten Radionuklide Bi–210 (RaE) und Po–210 (RaF) als Funktion der Zeit auf.

5. Radioaktiver Zerfall

15. Bi–212 (ThC) zerfällt unter Aussendung von α-Strahlung (36,0%) und β^--Strahlung (64,0%); die Halbwertzeit beträgt 60,55 min. Wie groß sind die partiellen Zerfallskonstanten für den α-Zerfall und den β^--Zerfall? Wieviele α- und β^--Teilchen pro Minute entstehen in einem Präparat, das frisch hergestellt wurde und 10^{-7} Ci Bi–212 enthält? Wieviele α- und β^--Teilchen pro Minute entstehen in dem gleichen Präparat nach 3 Stunden?

16. Man berechne die Menge an Fr–223 im radioaktiven Gleichgewicht mit Ac–227 (Ac–227 geht zu 1,38% in Fr–223 über) und das Aktivitätsverhältnis Fr–223 : Ra–223.

6. Radioaktive Strahlung

6.1. Eigenschaften der verschiedenen Strahlungsarten

Kenntnisse über die Eigenschaften der radioaktiven Strahlung sind wichtig im Hinblick auf die Messung und Identifizierung von Radionukliden sowie für den Strahlenschutz. Dabei stehen folgende Gesichtspunkte im Vordergrund: die Wechselwirkung der Strahlung mit Materie — d. h. ihre Absorption — und die Methoden der Energiebestimmung. Genaue Energiebestimmungen sind notwendig zur Aufstellung von Energiediagrammen (Zerfallsschemata) für die verschiedenen Zerfallsprozesse, die in Kapitel 7 näher behandelt werden.

β-Strahlung besitzt im Gegensatz zur α-Strahlung und zur γ-Strahlung eine kontinuierliche Energieverteilung; d. h. die Energie der Elektronen oder Positronen (β^-- bzw. β^+-Strahlung) bewegt sich zwischen Null und einer Maximalenergie E_{max}, die durch die Zerfallsenergie gegeben ist. Die Ursache dieser kontinuierlichen Energieverteilung wird in den Abschnitten 7.3.1 und 7.3.2 besprochen.

Alle geladenen Teilchen höherer Energie (α-Strahlen, Protonen, Elektronen, Positronen) lösen in gasförmigen, flüssigen und festen Stoffen Ionisationsvorgänge aus, wobei sie einen Teil ihrer Energie verlieren. So werden beim Auftreffen der Strahlung auf Gasmoleküle M Ionen und Elektronen erzeugt:

$$M \rightsquigarrow M^+ + e^- \qquad (6.1)$$

Der Pfeil $\rightsquigarrow$ deutet an, daß es sich um eine Reaktion unter der Einwirkung von ionisierender Strahlung handelt. Außerdem können auch angeregte Moleküle M* entstehen:

$$M \rightsquigarrow M^*. \qquad (6.2)$$

Diese Reaktionen und die dadurch ausgelösten Folgereaktionen werden in der Strahlenchemie näher untersucht. Wenn die geladenen Teilchen — insbesondere α-Strahlen und Protonen — hinreichend hohe Energie besitzen, können sie auch Kernreaktionen auslösen. Elektronen werden abgebremst, wenn sie in das Kraftfeld der Atomkerne kommen, und geben dabei einen Teil ihrer Energie in Form von Photonen ab (Bremsstrahlung). Wenn die Elektronen Energien von der Größenordnung 1 MeV besitzen (z. B. β-Strahlung), wird eine harte Röntgenstrahlung (Röntgenbremsstrahlung) ausgesandt; beim Abbremsen von hochenergetischen Elektronen (> 10 MeV) entstehen Photonen, deren Energie etwa der Energie von γ-Quanten entspricht.

Ungeladene Teilchen (Neutronen) können entweder durch Zusammenstöße einen Teil ihrer Energie an andere Teilchen übertragen oder Kernreaktionen auslösen. Photonen geben im Gegensatz zu Partikeln ihre Energie meist auf einmal ab.

Das Verhalten der verschiedenen Strahlungsarten in einem Magnetfeld ist in Abb. (6–1) angegeben. γ-Strahlung erfährt keine Ablenkung.

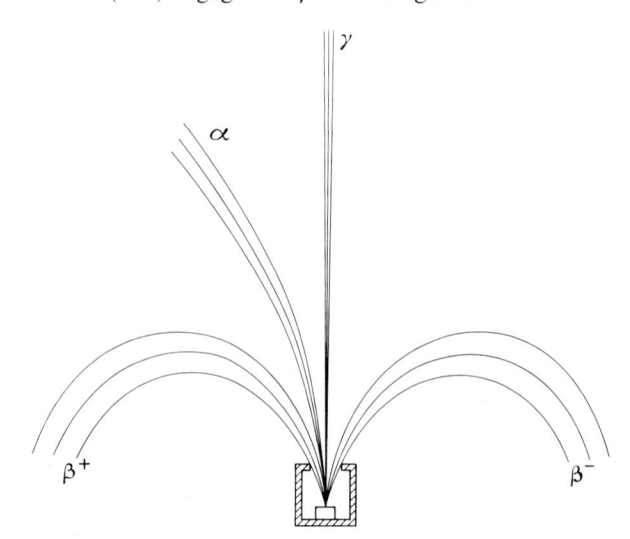

Abb. (6–1) Verhalten der verschiedenen Strahlungsarten in einem Magnetfeld.

β^--Strahlen werden in entgegengesetzter Richtung abgelenkt wie β^+-Strahlen und α-Strahlen. Die α-Strahlen werden wegen ihrer größeren Masse sehr viel weniger beeinflußt als die Elektronen; die Ablenkung ist abhängig von dem Quotienten $\dfrac{e}{m}$ (e = Ladung, m = Masse).

α-Strahlung kann sehr leicht absorbiert werden (z. B. durch ein Blatt Papier). β-Strahlung ist durchdringender; sie kann im allgemeinen erst durch Aluminiumbleche von mehreren Millimetern Dicke quantitativ absorbiert werden. γ-Strahlung besitzt wegen ihrer geringen Wechselwirkung mit Materie das größte Durchdringungsvermögen; zu ihrer Absorption sind Bleiwände oder dicke Wände aus Beton erforderlich. Bei gleicher Energie verhalten sich die Absorptionskoeffizienten für α-, β- und γ-Strahlung etwa wie $10^4 : 10^2 : 1$. Dabei ist wichtig, daß α- und β-Strahlen quantitativ absorbiert werden können, weil es sich um Teilchen handelt, γ-Quanten jedoch immer nur zu einem gewissen Bruchteil, so daß ihre Absorption einem echten Exponentialgesetz folgt.

6.2. α-Strahlung

6.2.1. Absorption

Wie bereits erwähnt, können α-Strahlen sehr leicht absorbiert werden; d. h. ihre Wechselwirkung mit Materie ist sehr stark. Ein Stück Papier, eine Aluminiumfolie mit einer Stärke von etwa 0,04 mm oder einige

Zentimeter Luft genügen, um eine quantitative Absorption zu erreichen. Die geringe Reichweite der α-Strahlung in Gasen kann man auch in der Nebelkammer erkennen (Abb. (6–2)): Die Bahn der α-Teilchen ist kurz; sie wird nur wenig beeinflußt durch die Zusammenstöße mit den Elektronen der Atomhülle. Nur in sehr seltenen Fällen findet ein Zusammenstoß mit einem Atomkern statt. Dann erfährt das α-Teilchen eine starke Ablenkung, oder es wird vom Atomkern eingefangen (Kernreaktion).

6.2. α-Strahlung

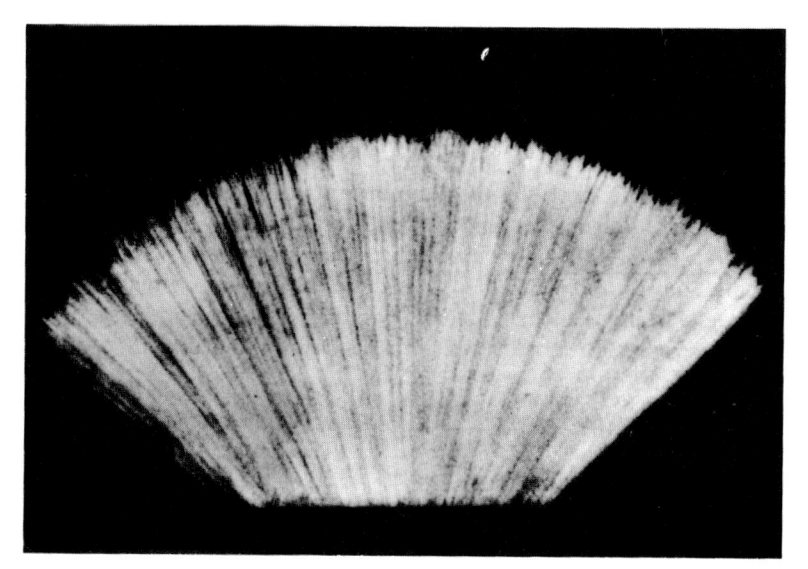

Abb. (6–2) α-Strahlen in einer Nebelkammer. Aus K. PHILIPP: Naturwissenschaften **14** (1926) 1203.

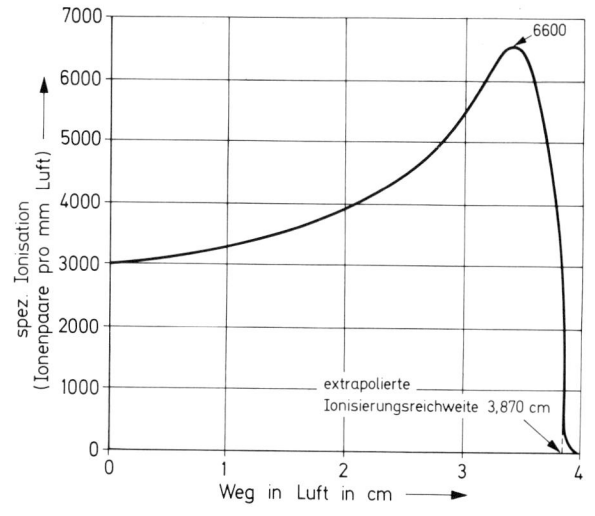

Abb. (6–3) Spezifische Ionisation von α-Strahlen (Po–210) in Luft als Funktion des Weges. Nach E. RUTHERFORD, J. CHADWICK u. C. D. ELLIS: Radiations from Radioactive Substances. Cambridge University Press, London 1930; G. STETTER u. W. JENTSCHKE: Physik. Z. **36** (1935) 441.

Ihre Energie verlieren die α-Teilchen durch Ionisationsvorgänge längs ihres Weges. Ein Maß für die Wechselwirkung ist die spezifische Ionisation; dies ist die Zahl der pro Millimeter Weg gebildeten Ionenpaare. Sie ist abhängig von der Geschwindigkeit der α-Teilchen und beträgt in Luft am Anfang etwa 3000, am Ende etwa 7000. Der Verlauf der spezifischen Ionisation als Funktion des Weges ist für die α-Strahlung des ^{210}Po (RaF) in Abb. (6–3) aufgezeichnet. Die spezifische Ionisation steigt in dem gleichen Maße an, in dem das α-Teilchen an Geschwindigkeit verliert. Bei jedem Ionisationsvorgang wird ein Elektron und ein Ion erzeugt (Ionenpaar); im Mittel werden dafür in Luft etwa 35 eV verbraucht (für andere Gase gelten ähnliche Werte). Ein α-Teilchen mit einer Anfangsenergie von 3,5 MeV erzeugt somit insgesamt längs seines Weges etwa 10^5 Ionenpaare. Schließlich entsteht aus dem α-Teilchen ein neutrales Heliumatom.

In Abb. (6–4) ist die Zahl der α-Teilchen als Funktion des Weges aufgezeichnet, ebenfalls für ^{210}Po (RaF). Alle α-Teilchen legen etwa den gleichen Weg zurück; d. h. sie besitzen ungefähr die gleiche Reich-

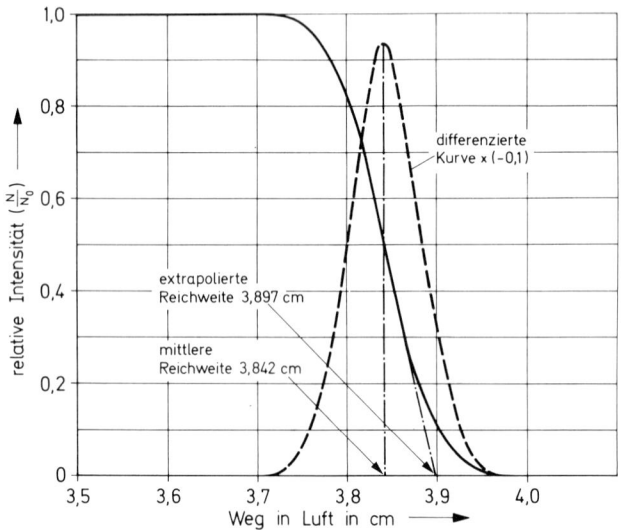

Abb. (6–4) Zahl der α-Teilchen als Funktion des Weges (Po-210). Nach M. G. HOLLOWAY u. M. ST. LIVINGSTON: Physic. Rev. **54** (1938) 18.

weite (vgl. die Nebelkammeraufnahme, Abb. (6–2)). Da die Zahl der Zusammenstöße gewissen statistischen Schwankungen unterworfen ist, wird eine kleine Streuung hinsichtlich der Reichweite beobachtet. Um die Reichweite genau festzulegen, bedient man sich verschiedener Methoden:

a) Die „extrapolierte Reichweite" erhält man durch Extrapolation des geradlinigen Teils der Kurve für die Teilchenzahl (Abb. (6–4)).

b) Die „mittlere Reichweite" entspricht dem Maximum der 1. Ableitung der Kurve für die Teilchenzahl (Abb. (6–4)).

c) Die „extrapolierte Ionisierungsreichweite" erhält man durch Extrapolation des geradlinigen Teils der Kurve für die spezifische Ionisation (Abb. (6–3)).

Die auf diese Weise festgelegten verschiedenen Reichweiten sind für einige α-Strahler in Tab. 6.1 angegeben.

6.2. α-Strahlung

Tabelle 6.1
Reichweite von α-Strahlen

α-Strahler	Energie in MeV	Mittlere Reichweite in Luft in cm	Extrapolierte Reichweite in cm	Mittlere Ionisierungsreichweite in cm
^{211}Bi (AcC)	6,278	4,984	5,053	5,015
	6,622	5,429	5,503	5,462
^{212}Bi (ThC)	6,051	4,730	4,796	4,778
^{210}Po (RaF)	5,305	3,842	3,897	3,870
^{212}Po (ThC′)	8,785	8,570	8,676	8,616
	9,492	9,724	9,841	9,780
	10,543	11,580	11,713	11,643
^{214}Po (RaC′)	7,687	6,907	6,997	6,953
	8,277	7,793	7,891	7,839
	9,065	9,04	9,15	9,09
	10,506	11,51	11,64	11,57
^{216}Po (ThA)	6,778	5,638	5,714	5,672
^{218}Po (RaA)	6,003	4,657	4,722	4,685
^{219}Rn (An)	6,55	5,240	5,312	5,272
	6,82	5,692	5,769	5,727

Werte aus:
M. G. HOLLOWAY, M. S. LIVINGSTON: Physic. Rev. **54** (1938) 36.
G. H. BRIGGS: Rev. mod. Physics **26** (1954) 4.

Die praktische Bestimmung der Reichweite von α-Strahlen in Luft ist mit Hilfe einer einfachen Vorrichtung (Abb. (6–5)) möglich: Der α-Strahler wird mit einer Mikrometerschraube langsam von einem Zinksulfidschirm fortbewegt. Solange die α-Teilchen auf den Zinksul-

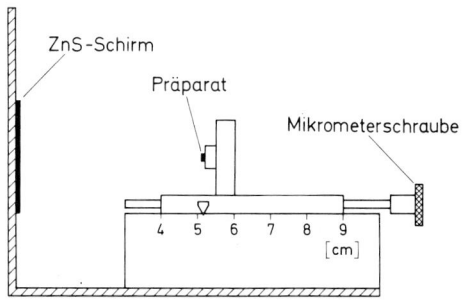

Abb. (6–5) Vorrichtung zur Bestimmung der Reichweite von α-Strahlen in Luft.

fidschirm auftreffen, bleibt die Zahl der Szintillationen konstant. Wenn der Abstand des Präparats vom Zinksulfidschirm der Reichweite entspricht, fällt die Zahl der Szintillationen sehr rasch auf Null ab. Auf diese Weise kann eine Kurve nach Abb. (6–4) aufgenommen werden.

Die Reichweite von α-Strahlen in verschiedenen Stoffen ist aus Tab. 6.2 ersichtlich. Multipliziert man die Reichweite (in 10^{-3} cm) mit der Dichte der Stoffe, so erhält man die Reichweite in mg/cm² (Flächengewicht). Man erkennt, daß die Reichweite in erster Linie vom Flächengewicht der als Absorber benutzten Stoffe abhängig ist. Mit zunehmender Ordnungszahl der Stoffe treten jedoch ziemlich starke Abweichungen auf.

Zur Charakterisierung der Absorptionseigenschaften eines Stoffes für geladene Teilchen benutzt man häufig das sogenannte Bremsvermögen B („stopping power"); dies wird definiert durch den Energieverlust des Teilchens pro Einheit des Weges

$$B(E) = -\frac{dE}{dx}. \qquad (6.3)$$

Das Bremsvermögen ist abhängig von der Energie des Teilchens, ähnlich wie die spezifische Ionisation. Die Reichweite R ist gegeben durch

$$R = \int_0^{E_0} \frac{dE}{B(E)}, \qquad (6.4)$$

wenn E_0 die Anfangsenergie des α-Teilchens ist. Das Bremsvermögen $B(E)$ kann nach Gleichung (6.3) berechnet werden, wenn die Reichweite als Funktion der Energie bekannt ist; es kann aber auch experi-

Tabelle 6.2
Reichweite von α-Strahlen (^{214}Po, $E = 7{,}69$ MeV) in verschiedenen Stoffen

Stoff	Extrapolierte Reichweite in cm	Dichte in g/cm³	Reichweite in mg/cm²
Luft	6,95	0,001 226	8,5
Glimmer	0,0036	2,8	10,1
Lithium	0,01291	0,534	6,9
Aluminium	0,00406	2,702	11,0
Zink	0,00228	7,14	16,3
Eisen	0,00187	7,86	14,7
Kupfer	0,00183	8,92	16,3
Silber	0,00192	10,50	20,2
Gold	0,00140	19,32	27,0
Blei	0,00241	11,34	27,3

Werte für die extrapolierte Reichweite aus:
E. RUTHERFORD, J. CHADWICK, C. D. ELLIS: Radiations from Radioactive Substances. Cambridge University Press, London 1951.

mentell bestimmt werden aus dem Energieverlust von α-Teilchen verschiedener Energie beim Durchtritt durch Stoffe bestimmter Dicke.

6.2.2. Energiebestimmung

Zwischen der Reichweite der α-Teilchen in Luft und ihrer Energie besteht eine eindeutige Beziehung, so daß man auf Grund der experimentell bestimmten Reichweite eine Energiebestimmung durchführen kann. Die Abhängigkeit zwischen der mittleren Reichweite in Luft und der Energie der α-Teilchen ist in Abb. (6-6) aufgezeichnet. Für Reichweiten von etwa 3 bis 7 cm gilt angenähert die Beziehung R (cm) $= 0{,}318\, E^{3/2}$ (E in MeV).

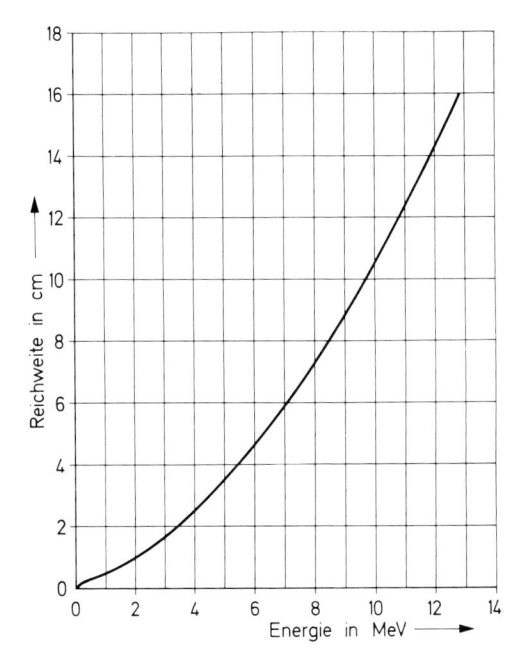

Abb. (6-6) Reichweite von α-Strahlen in Luft bei 15 °C und 1,01 bar als Funktion der Energie. Nach W. P. Jesse u. J. Sadanskis: Physic. Rev. 78 (1950) 1.

Heute benutzt man zur Energiebestimmung oder zur Identifizierung von α-Strahlen meistens ein Alpha-Spektrometer, das mit einem Halbleiterdetektor ausgerüstet ist; der Impuls ist proportional der Energie der α-Teilchen (Abb. (6-7)). Die Eichung erfolgt mit α-Strahlen bekannter Energie.

Die genauesten Energiebestimmungen von α-Teilchen (und ebenso von Protonen und Deuteronen) sind mit Hilfe eines magnetischen Spektrographen möglich. Geladene Teilchen beschreiben im magnetischen Feld eine Kreisbahn. Zwischen der magnetischen Flußdichte B, der Geschwindigkeit v der α-Teilchen und dem Bahnradius r besteht die Beziehung

$$v = Br\frac{Ze}{m}. \qquad (6.5)$$

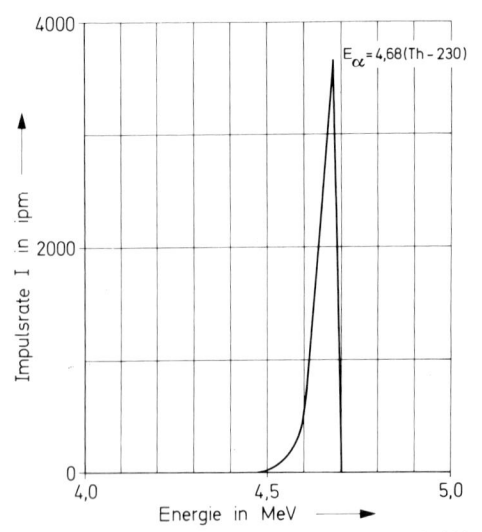

Abb. (6–7) Spektrum eines α-Strahlers (Th–230).

Ze ist die Ladung und m die Masse der Teilchen. Setzt man B in Tesla (kg s^{-2}A^{-1}), e in As, m in kg und r in m ein, so erhält man die Geschwindigkeit in m s^{-1}. Für die Energie der α-Strahlen folgt daraus

$$E = \frac{m}{2}v^2 = \frac{2e^2}{m}B^2r^2. \qquad (6.6)$$

Für genaue Bestimmungen oder bei hohen Energien ist eine relativistische Korrektur erforderlich; dann tritt an Stelle von Gl. (6.5) die Gleichung

$$v = Br\frac{Ze}{m_o}\sqrt{1-\left(\frac{v}{c}\right)^2}. \qquad (6.7)$$

In entsprechender Weise ändert sich dann auch Gl. (6.6). Die Genauigkeit der Energiebestimmung nach dieser Methode beträgt ≈ 1%.

6.3. β-Strahlung

6.3.1. Absorption

β-Strahlung wird durch Luft kaum absorbiert; ihre Wechselwirkung mit Materie ist wesentlich geringer als die der α-Strahlung. Während ein α-Teilchen mit einer Energie von 3 MeV in Luft eine Reichweite von etwa 1,7 cm besitzt und einige Tausend Ionenpaare pro Millimeter Weg erzeugt, legt ein β-Teilchen der gleichen Energie in Luft einen Weg von etwa 10 m zurück und erzeugt dabei nur etwa 4 Ionenpaare pro Millimeter Weg. Andererseits werden die Elektronen bei der Wechselwirkung mit anderen Elektronen sehr viel stärker abgelenkt als die schwereren α-Teilchen; sie bewegen sich deshalb auf einer Zickzackbahn. Die geringe spezifische Ionisation und die Ablenkung bei Zusammenstößen kann man auch aus der Spur in einer Nebelkammer erkennen (Abb. (6–8)).

Abb. (6–8) β-Strahlen in einer Nebelkammer. Aus D. S. Baley u. H. R. Crane: Physic. Rev. **52** (1937) 604.

Als Absorber für β-Strahlung benutzt man meist feste Stoffe, vorzugsweise Aluminium. Die Schichtdicke der Aluminiumbleche gibt man durch das Flächengewicht an (mg/cm²). Die Absorptionskurve (Abb. (6–9)) zeigt annähernd einen exponentiellen Verlauf:

$$I = I_o e^{-\mu d}; \tag{6.8}$$

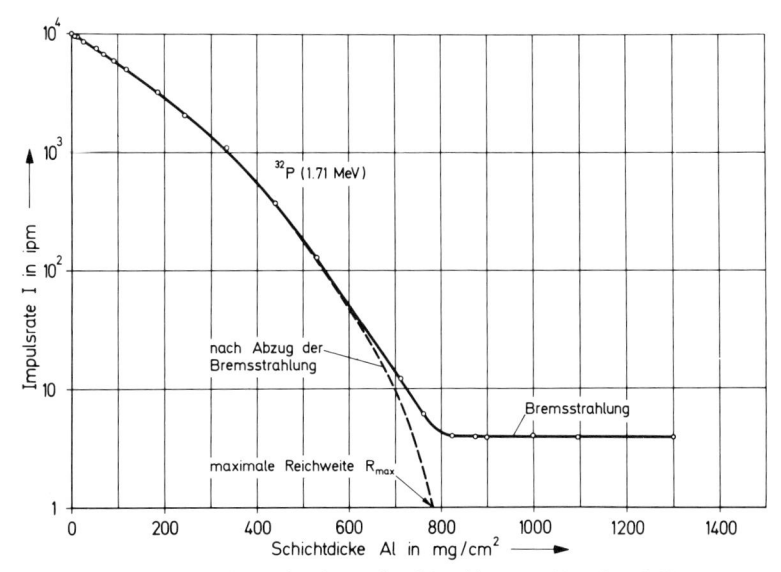

Abb. (6–9) Absorptionskurve für β-Strahlung (P–32; 1,71 MeV).

I ist die Intensität der Strahlung bzw. die Impulsrate, μ der Absorptionskoeffizient und d die Schichtdicke. Dieser exponentielle Verlauf ist zufälliger Natur; er ist bedingt durch die kontinuierliche Energieverteilung und die Streuung der β-Strahlung im Absorber. Die Absorptionskurve geht über in einen nahezu konstanten Endwert, der durch die Bremsstrahlung hervorgerufen wird. Durch Extrapolation der Absorptionskurve (Abb. (6–9)) ermittelt man die maximale Reichweite R_{max} in Aluminium. Diese Extrapolation wird meist so ausgeführt, daß man die Absorptionskurve nach Abzug des Anteils für die Bremsstrahlung bis zum Schnittpunkt mit der Geraden $I = 10^{-4} \cdot I_o$ verlängert. Diese Methode führt im allgemeinen zu ebenso guten Ergebnissen wie rechnerische oder andere graphische Auswerteverfahren. β^+- und β^--Strahlung liefern ungefähr die gleichen Absorptionskurven. Mit Hilfe einer Eichkurve (Abb. (6–10)) kann man dann aus der Reichweite R_{max} die Energie E_{max} der β-Strahlung bestimmen.

Die monoenergetischen Elektronen, die bei der inneren Konversion ausgesandt werden (Konversionselektronen), zeigen im Gegensatz zur β-Strahlung einen annähernd linearen Verlauf der Absorptionskurve, sofern ihre Energie größer ist als etwa 0,2 MeV (Abb. (6–11));

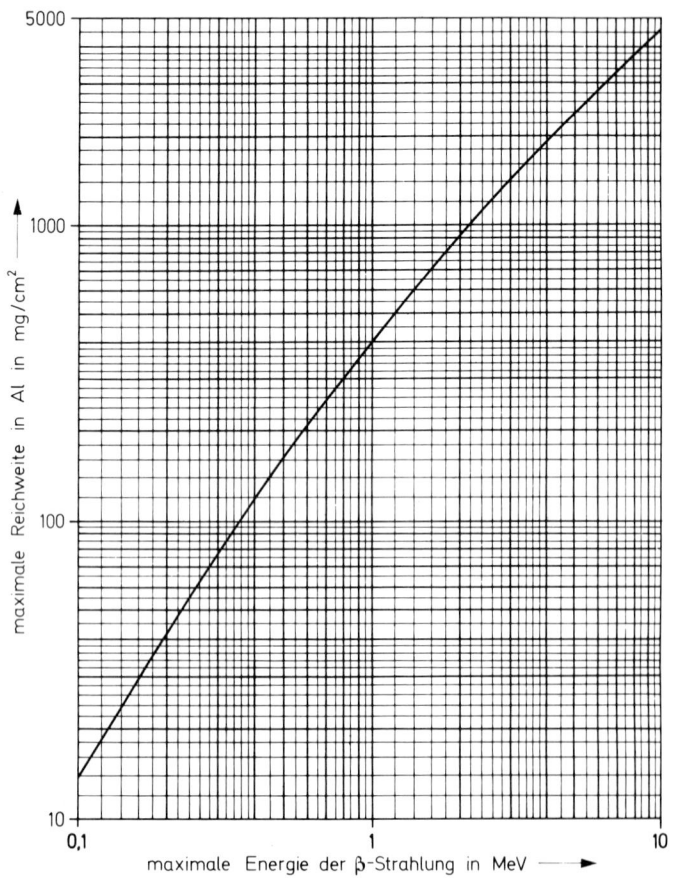

Abb. (6–10) Reichweite von β-Strahlen in Aluminium als Funktion der Energie. Nach L. KATZ u. A. S. PENFOLD: Rev. mod. Physics **24** (1952) 28.

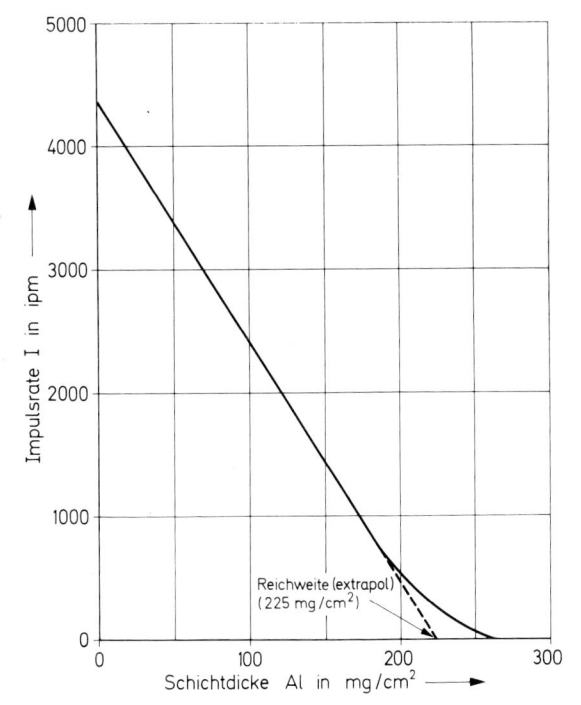

Abb. (6–11) Absorptionskurve für Konversionselektronen (Ba–137m).

man beachte, daß in dieser Abbildung die Impulsrate in einem linearen Maßstab aufgetragen ist. Um die „effektive" Reichweite dieser monoenergetischen Elektronen zu erhalten, extrapoliert man den linearen Teil der Kurve auf $I=0$. Bei Energien $< 0{,}2$ MeV findet man zunehmend stärkere Abweichungen vom linearen Verlauf.

Bei der Wechselwirkung der β-Strahlung mit Materie unterscheidet man mehrere Vorgänge:

a) Wechselwirkung mit Elektronen: Dabei findet eine Anregung der Elektronenhülle und eine Ionisation der Atome im Absorber statt. Für diese Art der Wechselwirkung ist nur die Elektronendichte des Absorbers wichtig; d. h. die Absorptionseigenschaften einer Substanz sind in erster Linie von dem Quotienten Z/A abhängig (Elektronenzahl pro Masseneinheit; $Z=$ Ordnungszahl, $A=$ Massenzahl). Das wird durch den Vergleich der maximalen Reichweite von 1 MeV β-Strahlung in Aluminium und in Gold deutlich (Tab. 6.3).

Tabelle 6.3
Maximale Reichweite von β-Strahlen in verschiedenen Stoffen

Energie der Strahlung in MeV	Absorber	Z/A	R_{max} in mg/cm^2
1	Aluminium	$13/27 = 0{,}48$	400
1	Gold	$79/197 = 0{,}40$	500
0,156 (^{14}C)	Wasser	$8/18 = 0{,}44$	34
	Aluminium	0,48	28
1,71 (^{32}P)	Wasser	0,44	810
	Aluminium	0,48	800

b) Wechselwirkung mit Atomkernen: Sie ist vor allen Dingen bei energiereicher β-Strahlung von Bedeutung. Im elektrischen Feld eines Atomkerns senden energiereiche Elektronen eine kontinuierliche Röntgenstrahlung aus (Bremsstrahlung) und verlieren dabei Energie.

Der Energieverlust durch Bremsstrahlung ist proportional der Ordnungszahl der Atomkerne und der Energie der β-Strahlung. Für das Verhältnis Energieverlust durch Bremsstrahlung zu Energieverlust durch Ionisation gilt näherungsweise folgende Beziehung:

$$\frac{\Delta E_{\text{Bremsstr.}}}{\Delta E_{\text{Ionis.}}} = \frac{EZ}{800} \qquad (6.9)$$

(E = Energie in MeV; Z = Ordnungszahl).

c) Rückstreuung: Wählt man die in Abb. (6–12) skizzierte Anordnung, wobei die β-Strahlung nicht direkt ins Zählrohr gelangen kann, so beobachtet man eine Impulsrate, die in erster Linie von der Ordnungszahl des Materials, außerdem von der Energie der β-Strahlung abhängig ist. Diese Erscheinung bezeichnet man als Rückstreuung. Die Abhängigkeit der Rückstreuung von der Ordnungszahl und von der Energie der β-Strahlung ist in Abb. (6–13) aufgezeichnet. Diese Abbildung läßt erkennen, daß die Rückstreuung bei hohen Ordnungszahlen des rückstreuenden Materials beträchtliche Werte annehmen kann.

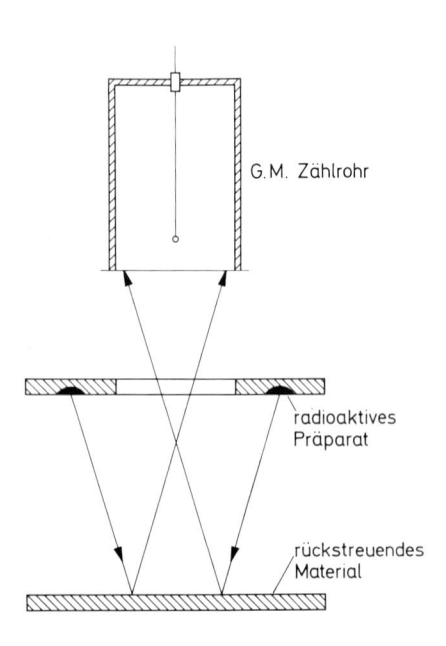

Abb. (6–12) Anordnung zur Messung der Rückstreuung.

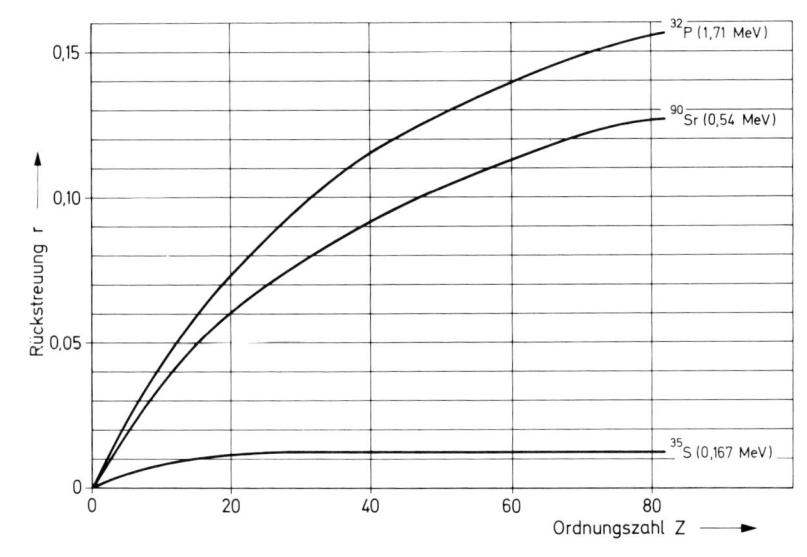

Abb. (6–13) Rückstreuung von β-Strahlung verschiedener Energie als Funktion der Ordnungszahl.

Bei der Wechselwirkung der β^+-Strahlung mit Materie ist zu beachten, daß die Positronen nach Verlust ihrer kinetischen Energie mit Elektronen reagieren, wobei zwei γ-Quanten mit einer Energie von je 0,511 MeV entstehen, die sich in entgegengesetzter Richtung bewegen (Vernichtungsstrahlung, vgl. Abschn. 2.3). Auf Grund dieser Vernichtungsstrahlung kann die β^+-Strahlung nachgewiesen werden.

6.3.2. Energiebestimmung

Eine einfache Methode zur Bestimmung der Maximalenergie E_{max} von β-Strahlung ist die Aufnahme einer Absorptionskurve und die Ermittlung von E_{max} aus der durch Extrapolation gefundenen maximalen Reichweite R_{max}. Dabei wird meistens die in Abb. (6–10) wiedergegebene Eichkurve benutzt; manchmal werden auch Näherungsformeln verwendet. Wegen der Fehler bei der Bestimmung von R_{max} sind die Ergebnisse im allgemeinen nicht allzu genau; sie sind mit einem Fehler von etwa 1 bis zu einigen Prozent behaftet.

Genauere Werte liefert auch in diesem Fall ein magnetischer Spektrograph. Dabei arbeitet man jedoch wegen der größeren e/m-Werte mit erheblich kleineren Feldstärken als bei α-Strahlen. Elektronen bzw. Positronen besitzen aber bei gleicher Energie sehr viel höhere Geschwindigkeit als α-Teilchen; deshalb ist bei den β-Strahlen stets eine relativistische Korrektur erforderlich. Die Geschwindigkeit der β-Teilchen ergibt sich aus der Beziehung

$$v = B\, r\, \frac{e}{m_o}\, \sqrt{1 - \left(\frac{v}{c}\right)^2}, \qquad (6.10)$$

vgl. Gl. (6.7). Die kinetische Energie beträgt

$$E = \frac{m_0 v^2}{2\sqrt{1-\left(\frac{v}{c}\right)^2}} = mc^2 - m_0 c^2 = m_0 c^2 \left[\frac{1}{\sqrt{1-\left(\frac{v}{c}\right)^2}} - 1\right]; \quad (6.11)$$

m_0 ist die Ruhemasse des Elektrons, e die elektrische Elementarladung, B die magnetische Flußdichte und r der Bahnradius im magnetischen Spektrographen. Auf der photographischen Platte des Spektrographen wird wegen der kontinuierlichen Energieverteilung eine kontinuierliche Schwärzung erhalten, die im Bereich höherer Energie verhältnismäßig diffus ausläuft, so daß eine genaue Bestimmung der Maximalenergie schwierig ist. Deshalb benutzt man zweckmäßigerweise ein magnetisches Spektrometer, in dem die Zahl der Elektronen,

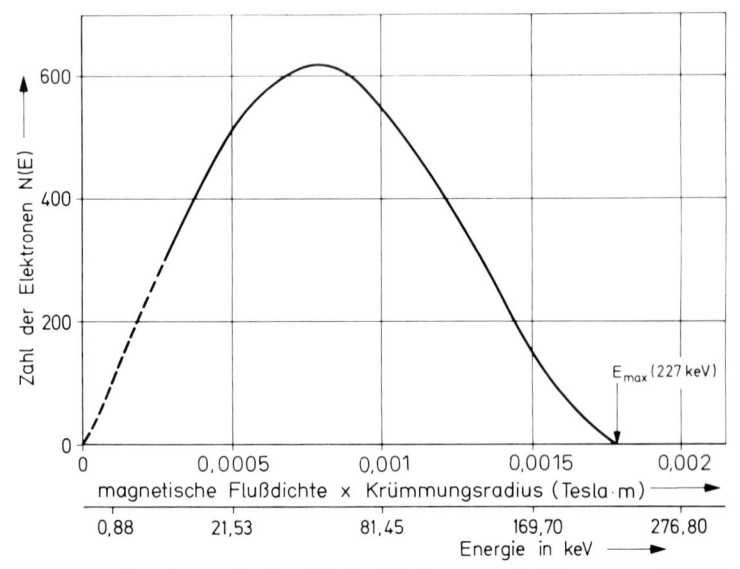

Abb. (6–14) β-Spektrum des Pm–147. Nach L. LIDOFSKY, P. MACKLIN u. C. S. WU: Physic. Rev. **76** (1949) 1888.

die eine bestimmte Energie besitzen, mit einem Zähler gemessen wird. Man erhält dann eine Kurve, wie sie in Abb. (6–14) wiedergegeben ist. Aus dieser Kurve wird die Maximalenergie E_{max} direkt abgelesen.

Wenn β-Strahlung sich in einer durchsichtigen Substanz (z. B. Wasser oder Plexiglas) ausbreitet, beobachtet man Čerenkov-Strahlung. Diese tritt immer dann auf, wenn sich geladene Teilchen mit einer höheren Geschwindigkeit v bewegen, als der Lichtgeschwindigkeit in der betreffenden Substanz entspricht:

$$v \geq \frac{c}{n}; \quad (6.12)$$

c ist die Lichtgeschwindigkeit im Vakuum und n der Brechungsindex der Substanz. Für β-Teilchen ist die Beziehung (6.12) bereits bei verhältnismäßig niedriger Energie erfüllt, im Gegensatz zu Protonen und α-Teilchen. Die Čerenkov-Strahlung ist intensiv blau und wird auf einem Kegel ausgesandt. Das geladene Teilchen ist vergleichbar mit einer Schallquelle, die sich schneller als mit Schallgeschwindigkeit bewegt und einen „Machschen Kegel" hinter sich herzieht. Für den Öffnungswinkel α des Kegels gilt

$$\sin \alpha = \frac{c}{nv}. \tag{6.13}$$

Die Messung des Winkels α mit Hilfe eines Čerenkov-Zählers erlaubt somit eine Bestimmung der Geschwindigkeit und damit auch der Energie von Elektronen und anderen geladenen Teilchen.

6.4. γ-Strahlung

6.4.1. Absorption

Zwischen γ-Strahlung und Röntgenstrahlung besteht kein Unterschied prinzipieller Natur. Man unterscheidet diese beiden Strahlungsarten nur nach ihrer Herkunft. Die Röntgenstrahlung kommt aus der Elektronenhülle. Sie wird ausgesandt, wenn bei Elementen mittlerer bzw. höherer Ordnungszahl in den inneren Elektronenschalen Elektronen von Zuständen höherer Energie in Zustände niedrigerer Energie übergehen (charakteristische Röntgenstrahlung) oder wenn energiereiche Elektronen im Kraftfeld der Atomkerne abgebremst werden (Bremsstrahlung). Die γ-Strahlung kommt aus dem Atomkern. Sie wird ausgesandt, wenn der Atomkern von einem angeregten Zustand in einen Zustand niedrigerer Energie übergeht. Der Energiebereich der Röntgenstrahlung ist etwa 100 eV bis 0,1 MeV, der Wellenlängenbereich etwa 10 nm bis 0,01 nm. Der Energiebereich der γ-Strahlung ist etwa 10 keV bis 10^4 MeV, der Wellenlängenbereich etwa 0,1 nm bis 10^{-7} nm. Wenn sehr energiereiche Elektronen ($E > 10$ MeV) auf Stoffe mit höherer Ordnungszahl auftreffen, so entsteht eine sehr energiereiche („harte") Bremsstrahlung, die wegen ihrer hohen Energie ebenfalls als γ-Strahlung bezeichnet wird. Diese harte Bremsstrahlung wird häufig in Beschleunigern erzeugt und für Kernreaktionen oder für andere kernchemische bzw. kernphysikalische Untersuchungen verwendet. Sie hat jedoch im Gegensatz zu der monoenergetischen γ-Strahlung aus den Atomkernen eine kontinuierliche Energieverteilung.

Die Absorption von γ-Strahlung und Röntgenstrahlung verläuft grundsätzlich anders als die Absorption von Partikeln. Letztere verlieren ihre Energie in einer Vielzahl von aufeinanderfolgenden Zusammenstößen. Die γ-Quanten besitzen keine Ladung. Ihre Wechselwirkung mit Materie ist deshalb sehr gering. In den meisten Fällen verschwinden sie bei einem einzigen Absorptionsprozeß. Deshalb kann man für γ-Strahlung keine maximale Reichweite angeben. Ihre Absorption erfolgt nach einem echten exponentiellen Gesetz:

$$I = I_o e^{-\mu d} \tag{6.14}$$

(μ = Absorptionskoeffizient, d = Schichtdicke). Dieses Gesetz gilt streng nur für eine monoenergetische γ-Strahlung, ein schmales Strahlenbündel und dünne Absorber. Für Absorptionsmessungen mit γ-Strahlen verwendet man meistens Blei als Absorber. Die Absorptionskurve für Cs–137 ist in Abb. (6–15) aufgezeichnet.

Der Zusammenhang zwischen der Energie der γ-Strahlung und ihrer Absorption wird meist durch die Halbwertsdicke $d_{1/2}$ charakterisiert. Dies ist die Schicht eines Absorbers, welche die Intensität der γ-Strahlung auf die Hälfte herabsetzt. Aus Gl. (6.14) folgt

$$d_{1/2} = \frac{\ln 2}{\mu}. \tag{6.15}$$

Oft rechnet man mit dem Massenabsorptionskoeffizienten μ/ϱ (Dimension cm^2/g). Dann hat das Absorptionsgesetz die Form

$$I = I_o e^{-\frac{\mu}{\varrho} d} \tag{6.16}$$

und d hat die Dimension eines Flächengewichts [g/cm^2]. Die Halbwertsdicke ist in Abb. (6–15) eingezeichnet. 7 Halbwertsdicken ver-

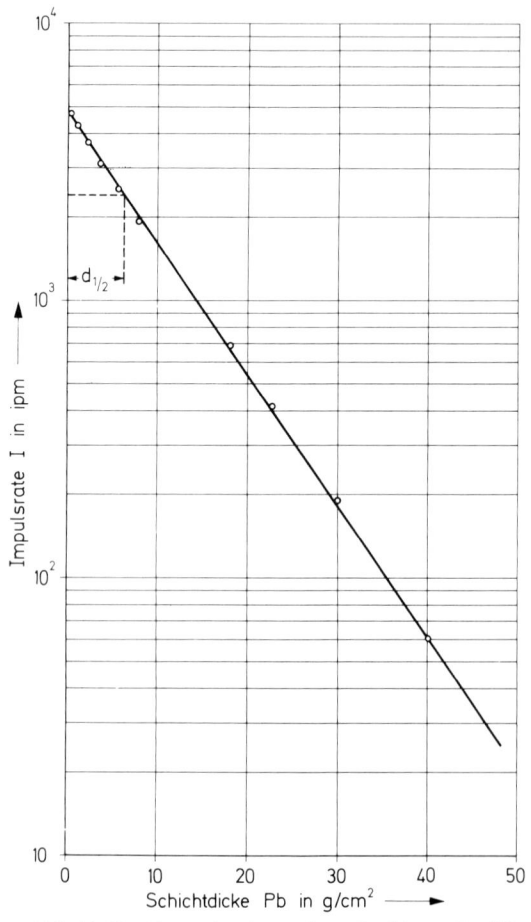

Abb. (6–15) Absorptionskurve für γ-Strahlung (Cs–137).

mindern die Anfangsintensität der γ-Strahlung etwa auf 1 %, 10 Halbwertsdicken auf etwa 1⁰/₀₀. Für den praktischen Strahlenschutz ist es zweckmäßig, sich zu merken, daß die Intensität einer γ-Strahlung von 1 MeV Energie durch 5 cm Blei oder durch 25 cm Beton auf etwa 1 % herabgesetzt wird.

Interessant ist eine Gegenüberstellung der Absorption der verschiedenen Strahlungsarten: α-Strahlung von 1 MeV wird durch einen Absorber mit einer Schichtdicke von 0,8 mg/cm² quantitativ absorbiert (das entspricht etwa einem Blatt Papier). β-Strahlung von 1 MeV wird durch einen Absorber mit einer Schichtdicke von 450 mg/cm² ebenfalls quantitativ absorbiert (das entspricht einem dünnen Buch); die Bremsstrahlung wird durch diesen Absorber allerdings nicht vollständig zurückgehalten. γ-Strahlung von 1 MeV wird durch einen Absorber mit einer Schichtdicke von 220 g/cm² auf den 10^{-6}-ten Teil der Anfangsintensität abgeschwächt, aber nicht vollständig absorbiert. (Somit ist auch die „Schichtdicke" eines 24-bändigen Lexikons zur vollständigen Absorption der γ-Strahlung unzureichend.)

Die Halbwertsdicke dient als Maß für die Energie der γ-Strahlung. Aus einer Eichkurve (Abb. (6–16)) kann die Energie abgelesen wer-

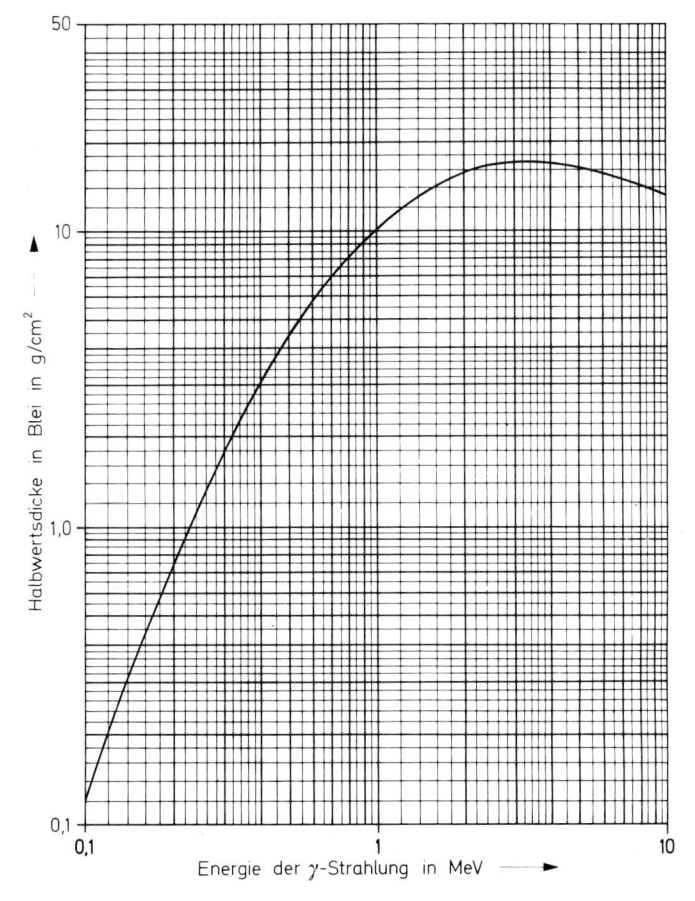

Abb. (6–16) Halbwertsdicke der γ-Strahlung als Maß für die Energie. Nach C. M. DAVISSON u. R. D. EVANS: Rev. mod. Physics **24** (1952) 79.

den. Für größere Halbwertsdicken ist diese Eichkurve zweideutig. Diese Besonderheit beruht auf der Überlagerung verschiedener Absorptionsmechanismen.

6.4.2. Absorptionsmechanismen

Die Absorption der γ-Strahlung ist — ähnlich wie die Absorption der α-Strahlung und der β-Strahlung — in erster Linie abhängig von der Dichte des Absorbers. Dies geht aus Tab. 6.4 hervor, in welcher der Massenabsorptionskoeffizient μ/ρ für verschiedene Absorber und verschiedene γ-Energien angegeben ist.

Für die Absorption der γ-Strahlung sind in erster Linie drei Vorgänge verantwortlich.

a) Der photoelektrische Effekt: Das γ-Quant trifft auf ein Atom und gibt seine Energie vollständig ab. Ein Elektron wird abgespalten und die Energie des γ-Quants nach dem Impulssatz auf das Elektron und das entstehende Ion übertragen, wobei wegen des Massenverhältnisses das Elektron, das als Photoelektron bezeichnet wird, praktisch die gesamte Energie des γ-Quants erhält (Abb. (6–17)).

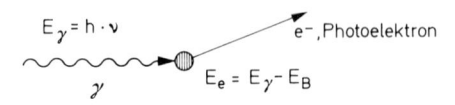

Abb. (6–17) Photoeffekt.

Die Energie E_e des Photoelektrons ist gleich der Energie des γ-Quants, abzüglich der Bindungsenergie E_B des Elektrons

$$E_e = E_\gamma - E_B. \tag{6.17}$$

Letztere ist im allgemeinen klein gegenüber der Energie eines γ-Quants.

b) Der Compton-Effekt: Das γ-Quant trifft auf ein Elektron und gibt dabei gemäß Energie- und Impulserhaltungssatz nur einen Teil seiner Energie an das Elektron ab, das abgespalten wird. Auf das entstehende Ion wird kein Impuls übertragen. Das γ-Quant erfährt eine Änderung in seiner Frequenz und seiner Richtung (Abb. (6–18)).

Tabelle 6.4
Massenabsorptionskoeffizienten für γ-Strahlen verschiedener Energie (μ/ρ in cm²/g)

$E\gamma$ in MeV	Stickstoff	Wasser	Kohlenstoff	Natrium	Aluminium	Eisen	Kupfer	Blei
0,1022	0,1498	0,165	0,1487	0,1532	0,1643	0,3589	0,4427	5,30
0,2554	0,1128	0,1255	0,1127	0,1086	0,1099	0,1186	0,1226	0,558
0,5108	0,0862	0,096	0,0862	0,0827	0,0833	0,0824	0,0814	0,149
1,022	0,0629	0,0697	0,0629	0,0603	0,0607	0,0590	0,0580	0,0682
2,043	0,0439	0,0488	0,0438	0,0422	0,0427	0,0420	0,0414	0,0442
5,108	0,0270	0,0298	0,0266	0,0271	0,0286	0,0312	0,0315	0,0434
10,22	—	0,0216	—	—	0,0226	—	—	0,0537

Berechnet aus Werten von: CH. M. DAVISSON, R. D. EVANS: Rev. mod. Physics **24** (1952) 79.

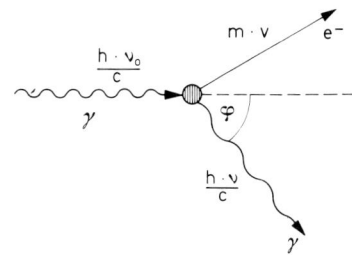

Abb. (6–18) Compton-Effekt.

Nach dem Impulssatz folgt:

$$\frac{h\nu_o}{c} = \frac{h\nu}{c} + \frac{m_o v}{\sqrt{1-\left(\frac{v}{c}\right)^2}}; \qquad (6.18)$$

$\frac{h\nu_o}{c}$ ist der Impuls des auftreffenden γ-Quants, $\frac{h\nu}{c}$ der Impuls des gestreuten γ-Quants und $mv = \frac{m_o v}{\sqrt{1-\left(\frac{v}{c}\right)^2}}$ der Impuls des Elektrons (die relativistische Massenzunahme des Elektrons bei hoher Geschwindigkeit ist in diesem Ausdruck enthalten). Berücksichtigt man die Winkelabhängigkeit der Streuung, so erhält man für die Energie E des gestreuten Photons

$$E = E_o \frac{1}{1+qE_o}, \qquad (6.19)$$

worin $q = \frac{1-\cos\varphi}{m_o c^2}$ ist; die kinetische Energie E_e des Elektrons beträgt

$$E_e = E_o \frac{qE_o}{1+qE_o}. \qquad (6.20)$$

c) Die Paarbildung: Im elektrischen Feld eines Atomkerns kann aus einem γ-Quant ein Elektron und ein Positron entstehen, sofern die Energie des γ-Quants gleich oder größer ist, als der Ruhmasse der beiden Teilchen (Elektron und Positron) entspricht: $E \geq 2m_o c^2 =$ = 1,02 MeV. Die Paarbildung ist somit die Umkehrung der Vernichtungsstrahlung (vgl. Abschn. 6.3.1). Die Wahrscheinlichkeit der Paarbildung steigt oberhalb 1,02 MeV sehr stark mit der Energie der γ-Strahlung an und macht bei höherer Energie (oberhalb von etwa 10 MeV) den Hauptteil der Absorptionsvorgänge aus. Die Paarbildung ist außerdem dem Quadrat der Ordnungszahl des Absorbers proportional.

Der Gesamtabsorptionskoeffizient μ läßt sich darstellen als Summe der partiellen Absorptionskoeffizienten infolge des Photoeffekts μ_{Ph}, des Compton-Effekts μ_C und der Paarbildung μ_P:

$$\mu = \mu_{Ph} + \mu_C + \mu_P. \qquad (6.21)$$

Die Beiträge dieser einzelnen Effekte zum Absorptionskoeffizienten μ der γ-Strahlung in Blei sind aus Abb. (6–19) ersichtlich. Der starke Anstieg des Absorptionskoeffizienten bei höheren γ-Energien auf

6. Radioaktive Strahlung

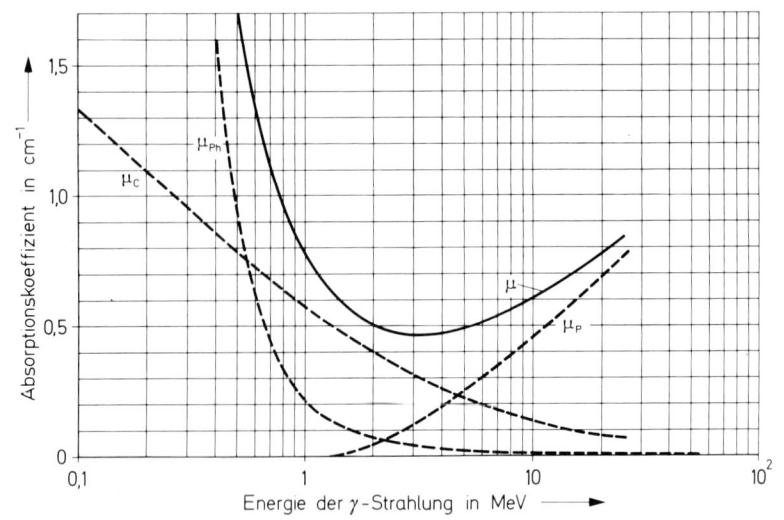

Abb. (6–19) Absorptionskoeffizienten für γ-Strahlung in Blei. Nach C. M. DAVISSON u. R. D. EVANS: Rev. mod. Physics **24** (1952) 79.

Grund der Paarbildung bewirkt das Umbiegen der Kurve in Abb. (6–16). In Abb. (6–20) ist der Gesamtabsorptionskoeffizient der γ-Strahlung in verschiedenen Stoffen als Funktion der Energie aufgezeichnet. Der starke Einfluß der Ordnungszahl tritt in dieser Abbildung deutlich hervor, insbesondere der Rückgang des Anteils der Paarbildung in Absorbern mit kleinerer Ordnungszahl.

Außer den unter a), b) und c) besprochenen Vorgängen spielen die folgenden Wechselwirkungen der γ-Strahlung mit dem Absorber nur eine untergeordnete Rolle:

d) Bei niedriger Energie der γ-Strahlung findet eine kohärente Streuung durch die Atome oder Moleküle des Absorbers statt — ähnlich wie bei der Röntgenstrahlung.

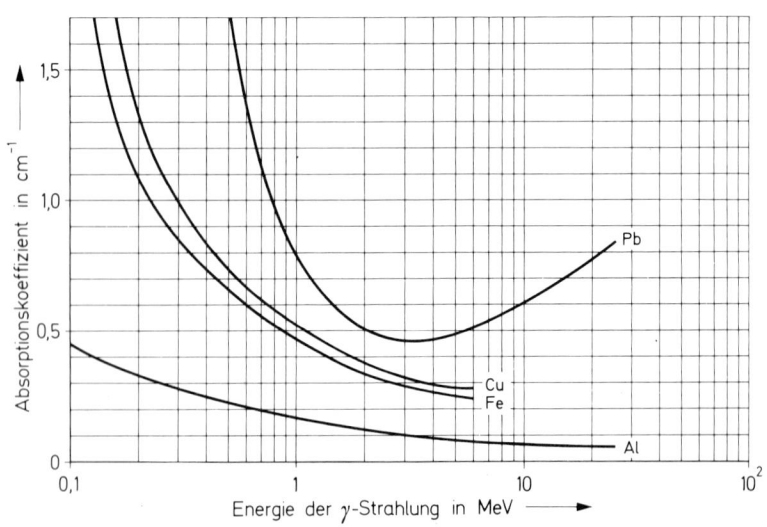

Abb. (6–20) Gesamtabsorptionskoeffizient für γ-Strahlung in verschiedenen Stoffen als Funktion der Energie. Nach C. M. DAVISSON u. R. D. EVANS: Rev. mod. Physics **24** (1952) 79.

e) Bei hoher Energie der γ-Strahlung werden in steigendem Maße Kernreaktionen ausgelöst (nuklearer photoelektrischer Effekt, Kernphotoreaktionen wie (γ, n)-Reaktionen, vgl. Kap. 8).
f) Außerdem tritt an den Atomkernen in geringem Umfang Thomson- und Compton-Streuung ein.

Diese Wechselwirkungen werden nicht näher diskutiert, weil sie in diesem Zusammenhang nur geringe Bedeutung besitzen.

6.4.3. Energiebestimmung

Die Energiebestimmung von γ-Strahlen aus der Halbwertsdicke (Abb. (6–16)) durch Aufnahme einer Absorptionskurve (vgl. Abb. (6–15)) liefert nur verhältnismäßig ungenaue Werte, die mit einem Fehler von etwa 10% behaftet sein können. Außerdem findet man in bestimmten Energiebereichen zwei verschiedene Werte (Abb. (6–16)).

Eine sehr viel benutzte Methode zur Messung und Identifizierung von Radionukliden ist die γ-Spektrometrie mit Hilfe von Halbleiterdetektoren. Manchmal verwendet man auch noch Szintillationszähler für die γ-Spektrometrie. Mehrkanalspektrometer haben gegenüber Einkanalspektrometern den Vorteil, daß sie sofort das gesamte Spektrum, verteilt auf eine bestimmte Zahl von Kanälen, liefern. Bei einer Eichung mit γ-Strahlen bekannter Energie können die Energiewerte verhältnismäßig genau abgelesen werden (mit einem Fehler von etwa 1%). Beispiele solcher γ-Spektren sind in den Abbn. (6–21) und (6–22) wiedergegeben. Charakteristisch für die γ-Spektren sind die „Photopeaks"; denn nur beim Photoeffekt wird die gesamte Energie der γ-Quanten in einem Schritt abgegeben. Das „Compton-Kontinuum", das bei niedrigerer Energie beobachtet wird, beruht auf dem Compton-Effekt. Bei Cs–137 tritt nur ein Photopeak auf (Abb. (6–21)), bei

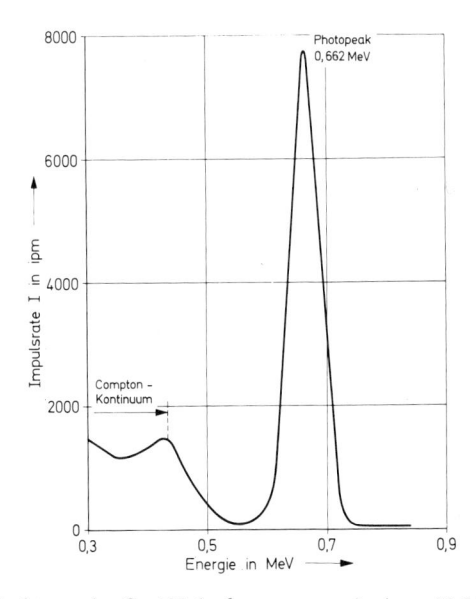

Abb. (6–21) γ-Spektrum des Cs–137 (aufgenommen mit einem NaI-Kristall); die γ-Quanten stammen aus der isomeren Umwandlung des kurzlebigen Ba–137 m ($t_{1/2}$ = 2,55 min), das aus Cs–137 entsteht.

Co–60 zwei (Abb. (6–22)); d. h. die γ-Strahlung ist im ersten Fall monoenergetisch ($E = 0{,}66$ MeV), während Co–60 γ-Quanten verschiedener Energie aussendet (1,17 und 1,33 MeV). Abb. (6–22) läßt deutlich erkennen, daß mit einem Halbleiterdetektor Spektren mit wesentlich geringerer Linienbreite erhalten werden. Die bessere Auflösung ist dann besonders wichtig, wenn die Energien der γ-Quanten nahe beieinander liegen. Dafür ist die Zählausbeute in einem Halbleiterdetektor im allgemeinen niedriger.

Sehr genaue Energiemessungen sind mit einem Kristall- oder einem Gitterspektrometer möglich, wobei die γ-Strahlen in dem Kristall bzw. Gitter gebeugt werden. Ebenso wie bei Röntgenstrahlung wird aus dem Beugungswinkel φ die Wellenlänge λ der γ-Strahlung nach der Braggschen Gleichung

$$\lambda = 2d \sin \varphi \qquad (6.22)$$

berechnet (d ist der Abstand der Netzebenen im Kristall bzw. im Gitter). Diese Methode liefert allerdings oberhalb von etwa 1 MeV nur noch verhältnismäßig ungenaue Werte. Außerdem sind sehr hohe Aktivitäten erforderlich.

Bei hohen γ-Energien kann man mit einem Paarspektrometer genaue Energiebestimmungen ausführen. Dabei werden die in einer dünnen Absorberfolie gebildeten Elektronen und Positronen im magnetischen Feld abgelenkt, und ihre Energie wird bestimmt. Durch eine Koinzidenzschaltung werden nur die Positronen und Elektronen gemessen, die gleichzeitig entstehen. Die Energie der γ-Quanten ergibt sich aus der Summe der Energien des Elektrons und des Positrons — die aus dem Bahnradius im Magnetfeld bestimmt werden — und der Ruhemasse m_o der beiden Teilchen:

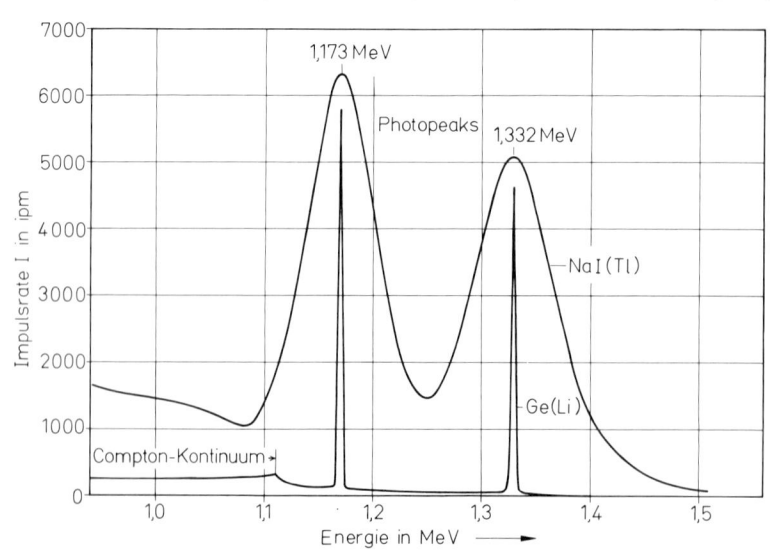

$$E\gamma = E_{e^-} + E_{e^+} + 2 m_o c^2. \qquad (6.23)$$

Abb. (6–22) γ-Spektrum des Co–60 (aufgenommen mit einem NaI-Kristall und mit einem Ge(Li)-Detektor).

6.5. Messung radioaktiver Strahlung

6.5.1. Ionisationsdetektoren

In den vorausgehenden Abschnitten wurden im Zusammenhang mit der Frage der Energiebestimmung bereits einige Detektoren für radioaktive Strahlung erwähnt. Der Nachweis der radioaktiven Strahlung beruht entweder auf den Ionisations- oder auf den Anregungsprozessen, die in Gasen bzw. in festen Stoffen durch die Strahlung ausgelöst werden. Bei folgenden Strahlungsdetektoren wird die Ionisation in

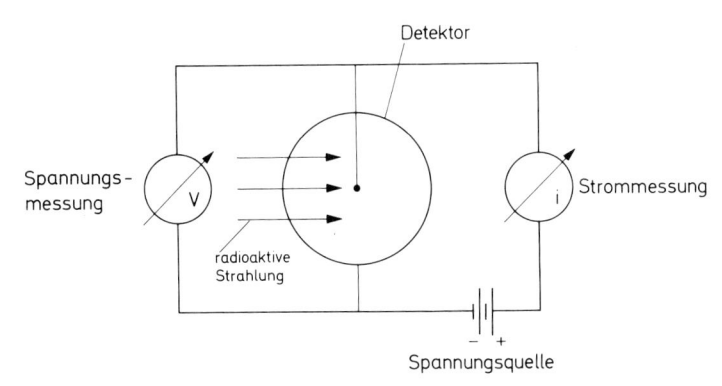

Abb. (6–23) Meßanordnung für Ionisationsdetektoren.

Gasen ausgenutzt: Geiger-Müller-Zähler, Proportionalzähler und Ionisationskammer. In diesen Detektoren werden durch die radioaktive Strahlung im Gasraum Ionen und Elektronen erzeugt und an den Elektroden gesammelt. Die Anordnung ist schematisch in Abb. (6–23) wiedergegeben. Legt man an die Elektroden eine langsam ansteigende Spannung, so gelangen die unter dem Einfluß der radioaktiven Strahlung gebildeten Ionen in wachsendem Umfang an die Elektroden. Schließlich wird ein Sättigungsstrom erreicht, wenn alle Ionen an den Elektroden gesammelt werden. Dies ist in Abb. (6–24) aufgezeichnet; in dieser Abbildung ist die Größe des von der Anordnung registrierten Impulses, der von einem α-Teilchen, β-Teilchen oder einem γ-Quant erzeugt wird, als Funktion der Feldstärke angegeben. Im Bereich des Sättigungsstromes arbeitet die Ionisationskammer. Da die spezifische Ionisation im Falle der α-Teilchen erheblich höher ist als im Falle der β-Teilchen, erzeugt ein α-Teilchen im Gasraum der Ionisationskammer einen erheblich höheren Impuls als ein β-Teilchen.

Geht man davon aus, daß das α-Teilchen seine Energie E in der Ionisationskammer vollständig abgibt, so erzeugt es dabei insgesamt $N = E_\alpha/E_I$ Ionen. E_I ist die Energie, die für einen Ionisationsvorgang — d. h. für die Bildung eines Ionenpaares — verbraucht wird ($E_I \approx$ 35 eV). Ein α-Teilchen mit einer Energie von $E_\alpha = 3{,}5$ MeV erzeugt somit etwa 10^5 Ionenpaare. Dies entspricht einem Stromstoß von der Stärke

$$i = Ne = 10^5 \cdot 1{,}602 \cdot 10^{-19} \approx 10^{-14} \text{ A s}. \qquad (6.24)$$

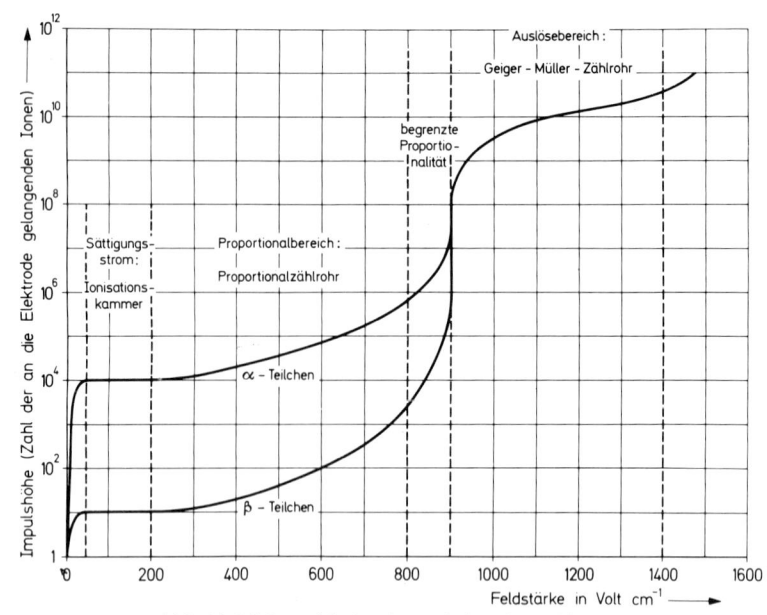

Abb. (6–24) Impulshöhe als Funktion der Feldstärke.

Solche kleinen Stromstöße können nur mit Hilfe eines leistungsfähigen Verstärkers gemessen werden. Wichtig ist dabei, daß die Elektroden der Ionisationskammer sehr gut gegeneinander isoliert sind (z. B. durch eine Teflon-Isolierung und einen geerdeten Schutzring). Die Verstärkung kann mit Hilfe einer Elektrometerröhre oder eines Gleichstromverstärkers erfolgen; vorzugsweise verwendet man aber einen Schwingkondensatormeßverstärker, der die Vorteile der Wechselstromverstärkung aufweist. β-Strahlen liefern in einer Ionisationskammer so geringe Stromstärken, daß sie kaum nachweisbar sind. Man benutzt deshalb Ionisationskammern ausschließlich für die Messung von α-Strahlen, und zwar vor allen Dingen für gasförmige Substanzen (z. B. Radon), wobei man auch im strömenden System (Durchfluß-Ionisationskammer) arbeiten kann.

Erhöht man die Feldstärke bei der in Abb. (6–23) skizzierten Anordnung, so tritt ein neuer Effekt auf: Elektronen werden auf ihrem Weg zur Anode so stark beschleunigt, daß sie durch „Stoßionisation" sekundär weitere Ionenpaare erzeugen. Auf diese Weise entsteht aus einem primär durch die radioaktive Strahlung erzeugten Ionenpaar eine Vielzahl von Ionenpaaren. Dies ist der Arbeitsbereich des Proportionalzählers. Um hohe Feldstärken zu erreichen, verwendet man als Anode einen möglichst dünnen Zähldraht (z. B. Molybdändraht oder Wolframdraht mit einem Durchmesser von 20 bis 50 μm). Der durch die Stoßionisation bedingte Multiplikationsfaktor ist von der Spannung bzw. Feldstärke abhängig und bewegt sich zwischen 10^3 und 10^5. Dadurch werden durch die von den α- oder β-Teilchen ausgelösten Ionisationsprozesse jeweils kleine Impulse von einigen mV erzeugt. Da die spezifische Ionisation der α-Teilchen erheblich größer ist, liefern α-Teilchen bei gleicher äußerer Spannung (d. h. bei gleichem Multiplikationsfaktor) erheblich größere Impulse als β-Teilchen. Man kann

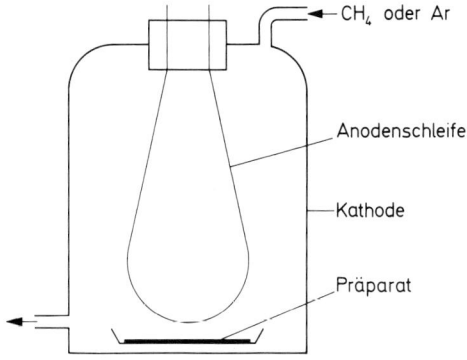

Abb. (6–25) Durchflußzähler.

6.5. Messung
radioaktiver Strahlung

also im Proportionalzähler ebenfalls α- und β-Strahlen unterscheiden (Messung im α-Plateau — d. h. bei niedriger Spannung — bzw. Messung im β-Plateau — d. h. bei höherer Spannung). Die Impulse sind (bei gegebener Spannung) der Energie der α- bzw. β-Teilchen proportional. Energiebestimmungen sind somit möglich.

Proportionalzähler werden meist als „Durchflußzähler" gebaut (Abb. (6–25)); d. h. während des Betriebes strömt ein „Zählgas" durch den Zähler. Als Zählgas wird im allgemeinen Methan oder ein Gemisch aus Argon und Methan verwendet. Die Probe wird in den Zähler eingeschleust. Von der Art und dem Druck des Zählgases hängt die Betriebsspannung des Proportionalzählers ab. Sie bewegt sich zwischen etwa 2000 und 4000 V. Proportionalzähler eignen sich besonders zur Messung von α-Strahlen oder β-Strahlen. Sehr vorteilhaft ist die hohe geometrische Ausbeute, die in Durchflußzählern erreicht werden kann; Abb. (6–26) zeigt einen 2π-Zähler und einen 4π-Zähler im Schnitt. Der 4π-Zähler besitzt zwei Zähldrähte, so daß die gesamte vom Präparat ausgehende Strahlung gemessen werden kann; im 2π-Zähler wird nur die nach oben austretende Strahlung registriert. Wenn man extrem dünne Präparate verwendet, in denen keine Selbstabsorption stattfindet, kann man in 4π-Zählern eine Zählausbeute von 100% erreichen (Zählausbeute $\eta = 1$) und somit Absolutbestimmungen von Aktivitäten durchführen.

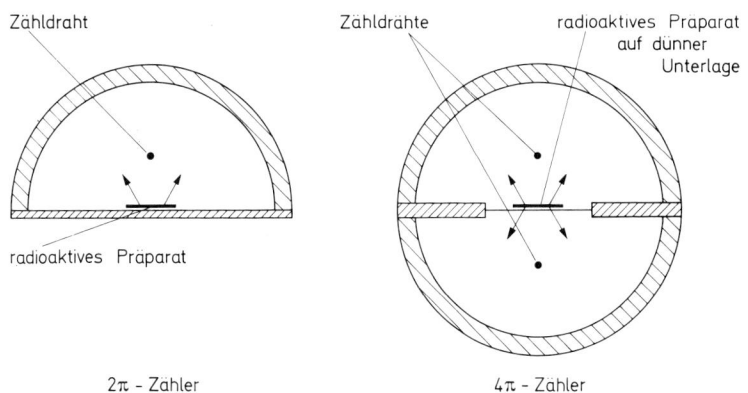

Abb. (6–26) „2π-Zähler" und „4π-Zähler" im Schnitt.

In Abb. (6–27) ist ein Blockschaltbild für einen Meßplatz mit einem Proportionalzähler als Detektor aufgezeichnet. Der Breitbandverstärker dient zur Verstärkung der verhältnismäßig schwachen Impulse, der Diskriminator zur Unterdrückung unerwünschter kleiner Impulse (Störimpulse), zur Unterscheidung der von α- und β-Teilchen ausgelösten Impulse oder zur Sortierung der Impulse nach der Energie der Strahlen.

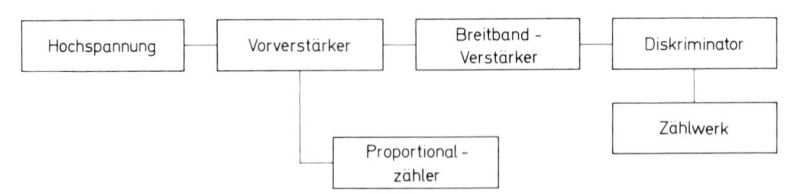

Abb. (6–27) Blockschaltbild für einen Meßplatz mit einem Proportionalzähler als Detektor.

Erhöhen wir die Spannung in der Anordnung nach Abb. (6–23) noch weiter, so erreichen wir zunächst den „Bereich beschränkter Proportionalität" und schließlich den „Auslösebereich". In diesem Bereich breitet sich eine lawinenartige Entladung über das Zählrohr aus, gleichgültig ob durch die radioaktive Strahlung primär nur ein oder viele Ionisationsprozesse ausgelöst werden. Dies ist der Arbeitsbereich des Geiger-Müller-Zählrohrs.

Die lawinenartige Entladung im Geiger-Müller-Zählrohr kann folgendermaßen beschrieben werden: Die Elektronen werden infolge der hohen Feldstärke in der Nähe des Zähldrahtes (Anode, positive Hochspannung) so stark beschleunigt, daß sie durch Stoßionisation eine Vielzahl von Ionisationsvorgängen im Gasraum auslösen. Sie können außerdem Moleküle des Zählgases elektronisch anregen, die dann unter Emission von Photonen wieder in den Grundzustand zurückkehren:

$$M \xrightarrow{e^-} M^* \rightarrow M + h\nu \qquad (6.25)$$

Die Photonen erzeugen im Zählgas neue Ionenpaare:

$$M \xrightarrow{h\nu} M^+ + e^-. \qquad (6.26)$$

Die Elektronen werden wiederum in Richtung auf die Anode beschleunigt, setzen wieder Photonen frei usw. Außerdem bildet sich schlauchartig um die Anode eine Ionenwolke, weil die Ionen sich sehr viel langsamer bewegen als die Elektronen.

Diese Entladungserscheinungen müssen beseitigt („gelöscht") werden, bevor ein neues Teilchen gezählt werden kann. Bei den nicht selbstlöschenden Zählrohren wird deshalb die Spannung am Zählrohr für eine kurze Zeit (z. B. 500 μs) durch eine elektronische Einheit („Totzeiteinheit") abgeschaltet, damit sich das Zählrohr „erholen" kann. Bei den selbstlöschenden Zählrohren setzt man dem „Zählgas" (z. B. 100 mbar Argon) eine kleine Menge eines „Löschgases" zu (z. B. 10 mbar Methanoldampf oder 0,1 mbar Brom); dieses beseitigt („löscht") die kontinuierliche Entladung und die Ionenwolke, indem es die Photonen einfängt und durch Ladungsübertragung zur Neutralisierung der Ionenwolke beiträgt. Als Löschgase sind solche Gase geeignet, die durch Photonen leicht angeregt werden können. Das Geiger-Müller-Zählrohr ist somit nach einem Entladungsvorgang für eine gewisse Zeit unwirksam, es besitzt eine „Totzeit". Nach Ablauf der Totzeit kann das nächste Teilchen gezählt werden, aber erst nach Ablauf der „Erholungszeit" ist das ursprüngliche Potential am Zähldraht wieder erreicht.

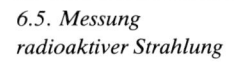

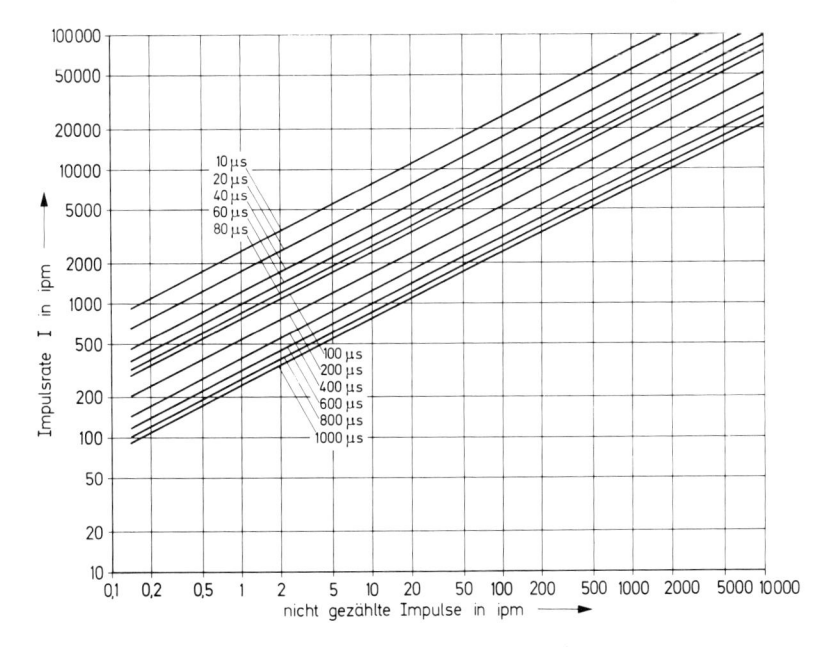

Abb. (6–28) Zahl der nicht gezählten Impulse pro Minute für verschiedene Impulsraten und Totzeiten.

Die Totzeit beträgt bei Alkohol-gelöschten Zählrohren etwa 200 bis 400 μs, bei Halogen-gelöschten Zählrohren etwa 100 μs; sie hängt auch von den äußeren Bedingungen ab. Bei höheren Impulsraten bedingt die Totzeit t merkliche Korrekturen für nicht gezählte Impulse. Bezeichnet man die wahre Impulsrate mit I und die gemessene mit I', so beträgt die Zahl der nicht gezählten Impulse

$$I - I' = \frac{I'^2 t}{1 - I' t}. \tag{6.27}$$

In Abb. (6–28) ist die Zahl der nicht gezählten Impulse als Funktion der Impulsrate für verschiedene Totzeiten aufgetragen. Man erkennt daraus, daß die Korrekturen bei Impulsraten $I > 10^4$ ipm recht hoch werden, was zu erheblichen Fehlern führen kann, wenn die Totzeit nicht genau bekannt ist.

Die Totzeit von Geiger-Müller-Zählrohren kann auf verschiedene Weise bestimmt werden, z. B. aus dem Aktivitätsabfall eines kurzlebigen Radionuklids (Abb. (6–29)). Die Differenz zwischen dem geradlinigen Verlauf der Zerfallskurve und den gemessenen Werten ist

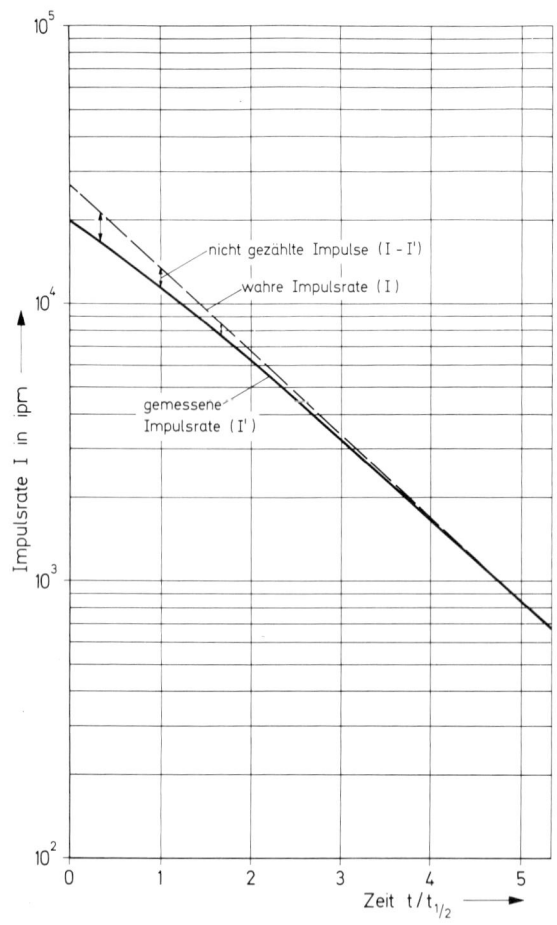

Abb. (6–29) Bestimmung der Totzeit aus der Zerfallskurve eines kurzlebigen Radionuklids.

gleich der Zahl der nicht gezählten Impulse. Daraus ergibt sich nach Gl. (6.27) die Totzeit. Eine andere Methode zur Totzeitbestimmung ist die Zweiquellenmethode. Man mißt unter den gleichen Bedingungen zunächst die Impulsrate I_1 eines Präparates 1, dann die Impulsrate I_2 des Präparates 2 und schließlich gleichzeitig die Impulsrate der beiden Präparate $I_{1,2}$. Aus diesen Messungen läßt sich die Totzeit t mit Hilfe der Gleichung

$$\frac{I_1}{1 - I_1 t} + \frac{I_2}{1 - I_2 t} = \frac{I_{1,2}}{1 - I_{1,2} t} \qquad (6.28)$$

berechnen.

Proportionalzähler und Szintillationszähler besitzen im Gegensatz zu Geiger-Müller-Zählrohren nur sehr kleine Totzeiten (etwa 10 µs bzw. 0,01 bis 1 µs); man kann deshalb mit diesen Detektoren viel höhere Impulsraten zählen.

Wie bereits erwähnt, ist die Entladung im Geiger-Müller-Zählrohr unabhängig von der Zahl der primär durch die Strahlung hervorgerufenen Ionisationsvorgänge. Man kann deshalb α-, β- und γ-Strahlen nicht voneinander unterscheiden und auch keine Energiebestimmungen durchführen. Dafür liefern Geiger-Müller-Zählrohre verhältnismäßig starke Impulse (einige Volt), die ohne Verstärkung einem Registriergerät (z. B. einer Zähleinheit) zugeleitet werden können.

Geiger-Müller-Zählrohre gibt es in verschiedenen Ausführungsformen: als Endfensterzählrohr zur Messung von festen Präparaten, als Tauchzählrohr, Flüssigkeitszählrohr oder Gaszählrohr (Abb. (6–30)). Die Endfensterzählrohre sind mit einem dünnen Fenster versehen (im allgemeinen Glimmer, etwa 1,5 bis 3 mg/cm²). Bei hinreichend dünnem Fenster können α-Strahlen noch gemessen werden, aber mit kleiner und schlecht reproduzierbarer Zählausbeute. Das Gleiche gilt für schwache β-Strahler (z. B. C–14). Am besten eignen sich Geiger-Müller-Zählrohre für die Messung energiereicher β-Strahlung ($E_{max} \geq 1$ MeV). γ-Strahlen werden nur mit kleiner innerer Zählausbeute registriert, weil nur etwa 1% der γ-Quanten, die das Zählrohr passieren, einen Ionisationsvorgang auslösen.

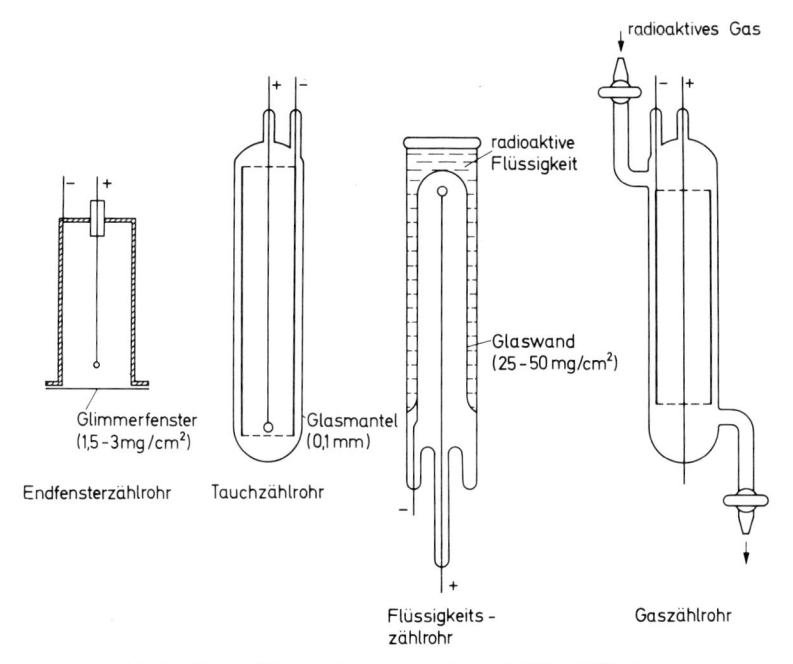

Abb. (6–30) Ausführungsformen von Geiger-Müller-Zählrohren.

6.5.2. Szintillationszähler

Die wesentlichen Bestandteile eines Szintillationszählers sind (Abb. (6–31)): der Kristall, die Photokathode und der Sekundärelektronenvervielfacher (SEV, angelsächsisch „multiplier"). Im Kristall wird die Strahlung absorbiert und löst durch Anregungsprozesse Lichtquanten aus. Diese treffen auf die Photokathode und erzeugen dort Elektronen, die im SEV zu Impulsen von einigen mV verstärkt werden. Szintilla-

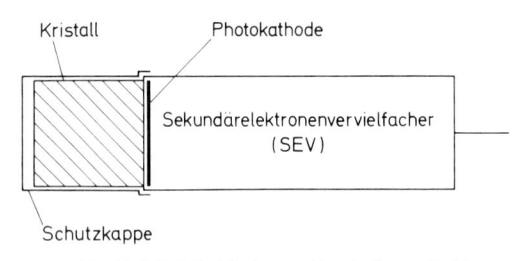

Abb. (6–31) Szintillationszähler (schematisch).

tionszähler sind besonders vorteilhaft zur Messung von γ-Strahlen; um einen möglichst großen Anteil der γ-Strahlung zu absorbieren, verwendet man dickere Kristalle höherer Dichte, vorzugsweise Natriumiodid-Kristalle, die durch Zusatz kleiner Mengen Thallium aktiviert sind. Man erzielt dabei (je nach der Dicke der Kristalle) eine innere Zählausbeute von 15 bis 30% für γ-Strahlen; d. h. die innere Zählausbeute eines Szintillationszählers für γ-Strahlung ist sehr viel höher als die eines Geiger-Müller-Zählrohres. Besondere Vorteile für die Messung der γ-Strahlung in flüssigen Proben bieten Bohrlochkristalle, bei denen man die Probe in den Kristall einführen kann.

Flüssige Szintillatoren eignen sich sehr gut für die Messung energiearmer β-Strahlung (z. B. des T oder C–14). Man löst die Probe in einem geeigneten Lösungsmittel, das einen Szintillator enthält, und setzt diese Mischung an Stelle eines festen Kristalls in einen Szintillationszähler ein (Messung mit flüssigen Szintillatoren). Der Szintillator wird durch die Strahlung angeregt und liefert Lichtquanten, die wiederum auf eine Photokathode treffen.

In Tab. 6.5 sind die Eigenschaften von einigen festen und flüssigen Szintillatoren aufgeführt.

Tabelle 6.5
Eigenschaften von festen und flüssigen Szintillatoren

	Szintillator	Dichte	λ_{max} in nm	Relative Impulshöhe	Halbwertzeit des anger. Zustands in μs	geeignet für
Anorg. Kristalle	NaI(Tl)-Einkristall	3,67	410	210	0,175	γ-Strahlung
	CsI(Tl)-Einkristall	4,51	500	55	0,770	γ-Strahlung
	ZnS(Ag)	4,09	450	100	7	α-Strahlung
Org. Kristalle	Anthracen	1,25	440	100	0,022	β-Strahlung
	trans-Stilben	1,16	410	60	0,004	
	p-Terphenyl	1,23	400	40	0,004	
Org. Lösungen	5 g p-Terphenyl pro 1 Toluol	—	355	35	0,0015	schwache β-Strahlung
	3 g 2,5-Diphenyl-oxazol pro 1 Toluol	—	382	40	0,0021	

Die Photokathode befindet sich am oberen Ende des Sekundärelektronenvervielfachers. Sie muß einen guten Lichtkontakt zum Kristall bzw. zur Szintillatorlösung haben, den man z. B. durch Siliconöl erreichen kann. Die Empfindlichkeit der Photokathode muß auf die Wellenlänge des Szintillators abgestimmt sein. Bei flüssigen Szintillatoren kann man gegebenenfalls durch Zusätze die Wellenlänge der ausgesandten Lichtquanten zu höheren Werten verschieben. Die in der Photokathode durch die auftreffenden Lichtquanten erzeugten Elektronen werden im SEV in mehreren Stufen verstärkt (Verstärkungsfaktor 10^5 bis 10^8), so daß ein meßbarer Impuls entsteht. Dieser ist der Zahl der primär erzeugten Lichtquanten und damit der Energie der Strahlung proportional. Mit einem Szintillationszähler können somit Energiebestimmungen durchgeführt werden, z. B. in einem γ-Spektrometer (vgl. Abschn. 6.4.3). Das Blockschaltbild eines einfachen Meßplatzes mit einem Szintillationszähler als Detektor ist ähnlich wie bei Verwendung eines Proportionalzählers. Bei einem Einkanal- oder Mehrkanal-Spektrometer sind zusätzlich Antikoinzidenzschaltungen erforderlich, um die Impulse nach der Energie sortieren zu können. Diese Schaltungen werden hier nicht näher besprochen.

6.5.3. Halbleiterdetektoren

Die Funktionsweise eines Halbleiterdetektors ist ähnlich der einer Ionisationskammer oder eines Proportionalzählers. Auch hier dient die Gesamtzahl der von der Primärstrahlung erzeugten Ladungsträgerpaare zur Messung dieser Strahlung. Als Detektorvolumen wird jedoch kein Gas verwendet, sondern ein Halbleiterkristall, der sich zwischen zwei Elektroden befindet, an die eine Spannung angelegt wird. Ionisierende Strahlung schlägt gebundene Elektronen heraus und erzeugt somit im Kristall längs ihrer Bahn paarweise freie Elektronen und Defektelektronen (Löcher). Die freien Elektronen können ihrerseits wieder weitere Elektronen-Defektelektronen-Paare bilden, sofern ihre Energie hinreichend groß ist. Dieser kaskadenartige Prozeß der Energieübertragung dauert etwa 1–10 ps. Er läuft solange, bis alle Elektronen ihre Energie soweit abgegeben haben, daß keine weiteren Ionisierungsvorgänge möglich sind. Somit hängt die Anzahl der entstandenen Elektronen-Defektelektronen-Paare von der Energie ab, welche von der einfallenden Primärstrahlung an den Kristall abgegeben wird. Das Ergebnis der Anregung durch die ionisierende Strahlung sind Elektronen im Leitfähigkeitsband und eine äquivalente Zahl von Defektelektronen im Valenzband. Durch das von außen angelegte elektrische Feld zwischen den Elektroden werden die Elektronen und die Defektelektronen getrennt und an den Elektroden gesammelt. Dort erzeugen sie einen Impuls, der am Arbeitswiderstand des Detektors als Spannungsimpuls abgegriffen wird.

Die in den Kristall einfallenden ionisierenden Teilchen verlieren ihre Energie zum Teil durch die oben erwähnte Wechselwirkung mit den Elektronen, die dabei vom Valenzband in das Leitfähigkeitsband befördert werden, und zum Teil durch die Anregung von Gitterschwingungen im Kristall. Die für die Erzeugung eines Elektron-Defektelektron-Paares erforderliche Energie ist durch den Abstand zwischen Valenzband und Leitfähigkeitsband gegeben, der bei Zimmertemperatur für Silicium 1,09 eV und für Germanium 0,79 eV beträgt. Insgesamt werden für beide Prozesse im Mittel bei Zimmertemperatur in Silicium etwa 3,6 eV verbraucht, in Germanium etwa 2,8 eV (bei 77 K jeweils etwa 0,2 eV mehr). Im Gegensatz dazu werden für die Bildung eines Ionenpaares in einem Ionisationsdetektor etwa 35 eV benötigt (vgl. Abschn. 6.5.1) und für die Ablösung eines Photoelektrons an der Photokathode eines Sekundärelektronenvervielfachers mindestens 300 eV. Dies bedeutet, daß die Zahl der Ladungsträger, die von ionisierender Strahlung einer bestimmten Energie in einem Halbleiterdetektor erzeugt wird, erheblich höher ist als in den anderen Detektoren. Demzufolge ist auch die statistische Schwankung in der Höhe der Ausgangsimpulse viel kleiner und das Energieauflösungsvermögen der Halbleiterdetektoren größer. Halbleiterdetektoren eignen sich deshalb besonders gut für die Energiebestimmung von allen Arten radioaktiver Strahlung und von geladenen Teilchen, die bei Kernreaktionen entstehen. Neben der hohen Energieauflösung ist auch die hohe Zeitauflösung der Halbleiterdetektoren hervorzuheben. Diese hängt im Einzelfall von den Eigenschaften und der Größe des jeweiligen Kristalls ab, sie liegt bei kleinen bis mittleren Kristallen zwischen 0,1 ns und 1 µs.

Im Vergleich zu Ionisationskammern ist die Dichte des Detektormediums bei Halbleiterdetektoren etwa um den Faktor 10^3 größer, so daß auch geladene Teilchen höherer Energie in einem Halbleiterdetektor vollständig abgebremst werden können. In der Praxis bedeutet dies, daß man in vielen Fällen mit verhältnismäßig kleinen Detektoren auskommt. Für die Messung von γ-Strahlung benötigt man allerdings wegen der niedrigen spezifischen Ionisation große Kristalle, und zwar bevorzugt solche aus Germanium, weil dieses eine höhere Dichte und damit einen höheren Absorptionskoeffizienten für γ-Strahlung besitzt. Z. B. ist die Wahrscheinlichkeit für die Absorption eines γ-Quants von 100 keV in Ge etwa 40mal größer als in Si. Anderer-

Tabelle 6.6
Eigenschaften einiger Halbleiter

Halbleiter	Dichte in g/cm^3	Abstand zwischen Valenzband und Leitfähigkeitsband in eV	Beweglichkeit in cm^2 V^{-1} s^{-1}		Mittlere Lebensdauer der Ladungsträger in s	
			Elektronen	Defektelektronen	Elektronen im p-Typ	Defektelektronen im n-Typ
Silicium	2,33	1,10	1300	500	10^{-3}	10^{-3}
Germanium	5,33	0,66	3800	1800	10^{-3}	10^{-3}
Diamant	3,51	8,0	—	—	—	—
Siliciumcarbid	3,22	3,0	100	10	—	—
Galliumantimonid	5,62	0,7	4000	1000	$<10^{-6}$	$<10^{-6}$
Galliumarsenid	5,3	1,4	8500	1000	10^{-7}	10^{-7}
Galliumphosphid	—	2,4	110	75	10^{-8}	10^{-8}
Indiumphosphid	4,79	1,3	4600	700	—	—
Cadmiumsulfid	4,82	2,4	500	—	10^{-3}	—
Cadmiumtellurid	6,20	1,4	500	100	10^{-7}	10^{-7}

seits kann mit sehr dünnen Halbleiterdetektoren der spezifische Energieverlust dE/dx bestimmt werden. Durch Hintereinanderschalten eines sehr dünnen und eines dickeren Halbleiterdetektors ist es verhältnismäßig leicht möglich, geladene Teilchen zu identifizieren.

Die Halbleiterdetektoren, die in den vergangenen Jahren wegen ihrer vorteilhaften Eigenschaften eine sehr breite Verwendung gefunden haben, werden vorzugsweise aus Silicium- oder Germanium-Einkristallen hergestellt. Tabelle 6.6 gibt eine Übersicht über die Eigenschaften verschiedener Halbleiter. Silicium- oder Germanium-Einkristalle hoher Reinheit werden nach dem Zonenschmelzverfahren erhalten und durch Zersägen in Stücke passender Größe zerlegt.

In idealen, d. h. absolut reinen und perfekten Halbleiterkristallen ist bei tiefer Temperatur das Valenzband voll besetzt und das Leitfähigkeitsband leer, d. h. es enthält keine Ladungsträger. Ein solcher Kristall würde eine sehr niedrige Eigenleitfähigkeit besitzen. In der Praxis sind jedoch immer kleine Mengen an Verunreinigungen vorhanden. Ein Atom eines Elements aus der V. Hauptgruppe, wie Phosphor, Arsen oder Antimon, das sich im Gitter des vierwertigen Siliciums oder Germaniums befindet, wirkt als ein Donor, weil es ein zusätzliches Elektron mitbringt. Die Energieniveaus, die durch die Donoratome eingebracht werden, liegen im allgemeinen sehr nahe beim Leitfähigkeitsband, wie in Abb. (6–32) veranschaulicht ist. Die überschüssigen

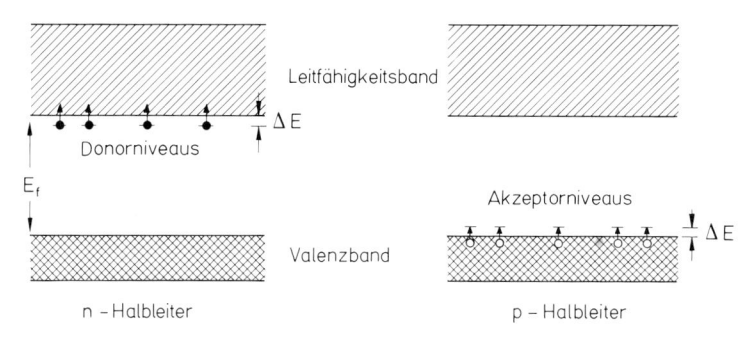

Abb. (6–32) n-Halbleiter und p-Halbleiter

Elektronen, die diese Energiezustände besetzen, gelangen deshalb schon durch Zufuhr thermischer Energie ins Leitfähigkeitsband. Wegen der negativen Ladung der überschüssigen Elektronen werden Kristalle, die Donor-Verunreinigungen enthalten, als n-Halbleiter bezeichnet. Ein Atom eines Elements aus der III. Hauptgruppe, wie Bor, Aluminium, Gallium oder Indium, wirkt dagegen im Gitter des Siliciums oder des Germaniums als ein Akzeptor, weil ein Valenzelektron fehlt. Das fehlende Elektron (Defektelektron) ist äquivalent einem positiv geladenen Loch. Deshalb werden Kristalle, die Akzeptor-Verunreinigungen enthalten, p-Halbleiter genannt. Die Energieniveaus, die durch die Akzeptoratome eingebracht werden, liegen im allgemeinen ziemlich dicht oberhalb des Valenzbandes und können deshalb ebenfalls durch Zufuhr thermischer Energie besetzt werden (vgl. Abb. (6–32)), so daß die positive Überschußladung der p-Halbleiter in ähnlicher Weise transportiert werden kann wie die negative Überschußladung der n-Halbleiter.

Mit Hilfe des Zonenschmelzverfahrens gelingt es, Einkristalle aus Si oder Ge herzustellen, deren Gehalt an Verunreinigungen in der Größenordnung von etwa 10^{13} Fremdatomen pro cm³ und darunter liegt. Dieser Wert entspricht einem Verhältnis von Fremdatomen zu Si- bzw. Ge-Atomen von etwa $1:10^{10}$. Silicium-Einkristalle, die nach dem Zonenschmelzverfahren hergestellt werden, enthalten im allgemeinen Bor als Verunreinigung, weil dieses Element einen Verteilungskoeffizienten > 1 besitzt und deshalb nicht durch das Zonenschmelzverfahren abgetrennt werden kann. Si-Einkristalle sind aus diesem Grunde meistens p-Halbleiter. Si-Einkristalle vom n-Typ können nur durch Zusatz von Donoratomen erhalten werden. Eine elegante Methode der Dotierung von Silicium mit Phosphor ist die Bestrahlung in einem Kernreaktor. Durch die Kernreaktion ^{30}Si(n, γ) ^{31}Si und den β^--Zerfall des ^{31}Si (Halbwertzeit 2,62 h) entsteht ^{31}P. Man erhält auf diese Weise Kristalle, in denen die Phosphoratome gleichmäßig verteilt sind. Außerdem kann man durch die Bestrahlungszeit den Gehalt an Phosphor sehr genau dosieren.

Der Gehalt an Fremdatomen hat zur Folge, daß die Kristalle eine von der Temperatur abhängige Konzentration an beweglichen Ladungsträgern (Elektronen oder Defektelektronen) enthalten, die eine meßbare Leitfähigkeit bedingen, welche man auch als Störleitfähigkeit bezeichnet. Für den Grenzfall, daß sich alle Elektronen aus den Donorniveaus im Leitfähigkeitsband befinden bzw. alle Akzeptorniveaus besetzt sind, berechnet man für die Störleitfähigkeit eines Kristalls von 1 cm² Querschnitt und 1 cm Schichtdicke bei einem Gehalt von 10^{13} Fremdatomen pro cm³

$$\sigma = n \cdot u \cdot e \approx 10^{13} \text{ cm}^{-3} \cdot 2 \cdot 10^{3} \text{ cm}^{2} \text{s}^{-1} \text{V}^{-1} \cdot 1{,}6 \cdot 10^{-19} \text{ As}$$
$$\approx 3 \cdot 10^{-3} \text{ Siemens cm}^{-1} = 3 \cdot 10^{-5} \text{ Siemens m}^{-1} \quad (6.29)$$

(n ist die Zahl der beweglichen Ladungsträger, u ihre Beweglichkeit und e die elektrische Elementarladung). Diese Störleitfähigkeit entspricht einem elektrischen Widerstand von $\approx 3 \cdot 10^{5} \, \Omega$m. Da die Energieunterschiede zwischen den Energieniveaus der Fremdatome und dem Leitfähigkeitsband bzw. dem Valenzband sehr gering sind (0,01 bis 0,1 eV), nimmt die Störleitfähigkeit auch bei Kühlung auf tiefere Temperatur (z. B. mit flüssigem Stickstoff auf 77 K) nur sehr langsam ab.

Zusätzliche Akzeptor- oder Donorniveaus können in einem Kristall auch durch Fehlstellen oder Kristallbaufehler (z. B. Versetzungen) hervorgerufen werden. Fehlstellen und Kristallbaufehler spielen deshalb hinsichtlich der elektrischen Eigenschaften eine ähnliche Rolle wie Verunreinigungen. Da sie als Fallen für freie Ladungsträger wirken, machen sie sich im allgemeinen durch eine Verschlechterung der Energieauflösung und eine Verringerung der Impulshöhe bemerkbar.

Neben der durch Fremdatome, Fehlstellen oder Kristallbaufehler bedingten Störleitfähigkeit ist die Eigenleitfähigkeit der Kristalle zu berücksichtigen. Sie kommt dadurch zustande, daß durch thermische Anregung Elektronen aus dem Valenzband in das Leitfähigkeitsband gelangen. Diese Eigenleitfähigkeit beträgt bei Zimmertemperatur im Falle von Silicium etwa $4 \cdot 10^{-4}$ Siemens m^{-1} und im Falle von Germanium etwa $1 \cdot 10^{-2}$ Siemens m^{-1}. Bei der Temperatur des flüssigen Stickstoffs ist diese Eigenleitfähigkeit vernachlässigbar klein im Gegensatz zu der durch die Fremdatome hervorgerufenen Störleitfähigkeit.

Wenn von einem ionisierenden Teilchen insgesamt ein Energiebetrag von 1 MeV abgegeben wird und die für die Erzeugung eines Elektron-Defektelektron-Paares erforderliche Energie etwa 3 eV beträgt (s. oben), entstehen etwa $3 \cdot 10^5$ bewegliche Ladungsträger in der Spur des Teilchens, die einen Durchmesser von ungefähr 0,1 μm hat. Die freien Elektronen und die Defektelektronen können durch Rekombination für die Messung verloren gehen, wenn sie nicht möglichst rasch voneinander getrennt werden. Die Lebensdauer bis zur Rekombination beträgt im Mittel etwa 1 μs. Bei hoher Ionisationsdichte (z. B. bei der Messung von α-Teilchen) ist die Wahrscheinlichkeit der Rekombination der Ladungsträgerpaare größer als bei niedriger Ionisationsdichte. Die Ladungsträger können außerdem in den oben erwähnten Fallen eingefangen werden und dadurch ebenfalls verlorengehen. Im elektrischen Feld werden die beweglichen Ladungsträger getrennt und bilden eine negative und eine positive Raumladung, welche bei hoher Ladungsträgerkonzentration die Wirkung des äußeren elektrischen Feldes weitgehend kompensieren kann. Die Raumladungen werden in diesem Fall nur sehr langsam durch Diffusion der Ladungsträger abgebaut, bis schließlich ihr Einfluß bei niedrigerer Konzentration der Ladungsträger geringer wird, so daß diese nun unter dem Einfluß des äußeren elektrischen Feldes schneller getrennt und zu den Elektroden transportiert werden. Die Verzögerung der Ladungsträgertrennung kann bis zu etwa 10 ns betragen und zu erhöhten Ladungsträgerverlusten durch Rekombination führen.

Die mittlere Stromstärke i, die in einem äußeren Stromkreis gemessen wird, ist gegeben durch die Zahl n der Ladungsträgerpaare, die Elementarladung e und die Zeit t, in der die Ladungsträger an den Elektroden gesammelt werden

$$i = \frac{2\,\mathrm{n} \cdot e}{t} \tag{6.30}$$

Die Zeit t hängt von der Beweglichkeit der Ladungsträger, dem Abstand der Elektroden und der angelegten Spannung ab; sie erreicht bei einer elektrischen Feldstärke von etwa 10^5 Vm^{-1} und einem Elektrodenabstand von etwa 1 cm die Größenordnung 10^{-7} s und kann auch durch höhere Feldstärken nicht wesentlich gesteigert werden, da die Grenzgeschwindigkeit der Elektronen im Halbleiter etwa 10^5 ms^{-1} beträgt. Mit dem oben berechneten Wert n ≈ $3 \cdot 10^5$ folgt aus Gl. (6.30) $i \approx 10^{-6}$ A. Damit ein Stromstoß dieser Stärke gut meßbar ist, muß er um mindestens zwei Größenordnungen stärker sein als der Strom, der durch die Eigenleitfähigkeit und die Störleitfähigkeit des Halbleiters bedingt ist und den Untergrund verursacht, oder anders ausgedrückt, der Widerstand des Halbleiters muß größer sein als $10^2 \cdot U/i = 10^2 \cdot 10^3/10^{-6} = 10^{11}\,\Omega$ (U ist die Spannung). Wenn der Halbleiter einen Querschnitt von 1 cm² und eine Dicke von 1 cm hat, entspricht dies $10^9\,\Omega$m bzw. einer Leitfähigkeit von 10^{-9} Siemens m^{-1}. Verglichen mit diesem Wert ist die durch Verunreinigung bedingte Störleitfähigkeit viel zu hoch (vgl. oben). Die Eigenleitfähigkeit kann durch Abkühlen auf die Temperatur des flüssigen Stickstoffs unterdrückt werden, wie bereits oben erwähnt, nicht aber die Störleitfähigkeit.

Es gibt zwei Möglichkeiten, die Störleitfähigkeit auszuschalten: Kompensation der überschüssigen Ladungsträger oder Erhöhung des Widerstandes durch eine p-n-Sperrschicht. Z.B. können die positiven Ladungen in einem p-Halbleiter durch Einbringen von Donoratomen vollständig kompensiert (neutralisiert) werden, so daß praktisch keine beweglichen Ladungsträger, weder freie Elektronen, noch Defektelektronen, übrigbleiben. Im Falle einer p-n-Sperrschicht neutralisieren sich die Ladungsträger innerhalb der Sperrschicht gegenseitig, was zu einer Zone sehr hohen Widerstandes führt (bis zu etwa $10^{10}\,\Omega$). Halbleiterdetektoren ohne Sperrschicht (Leitfähigkeitsdetektoren) werden für die Meßung radioaktiver Strahlung z.Z. kaum mehr verwendet und deshalb hier auch nicht näher besprochen. Die Sperrschichtdetektoren lassen sich in drei Gruppen unterteilen: Lithiumgedriftete Sperrschichtzähler, durch Eindiffundieren anderer Elemente hergestellte Sperrschichtzähler und Oberflächen-Sperrschichtzähler. Bei den Lithium-gedrifteten Sperrschichtzählern handelt es sich um eine Kombination der beiden oben genannten Möglichkeiten, Kompensation der überschüssigen Ladungsträger in Verbindung mit einer p-n-Sperrschicht.

Ein Sperrschichtzähler ist eine Diode mit einem p-n-Übergang, d.h. er enthält einen Bereich vom p-Typ und einen Bereich vom n-Typ. Er kann hergestellt werden durch Eindiffundieren von Donoratomen in einen Kristall vom p-Typ (z.B. Phosphoratome in p-leitendes Silicium) oder durch Veränderungen an der Oberfläche (Oberflächen-Sperrschicht). In Abb. (6–33) sind die Konzentrationen an Donor- bzw. Akzeptoratomen, die Konzentrationen an Elektronen bzw. Defektelektronen und die Raumladung in der p-n-Grenzschicht aufgezeichnet. Die Wechselwirkungen zwischen den entgegengesetzten Ladungen bewirken, daß in der Grenzschicht Elektronen von den Donoratomen abgezogen werden, um die Akzeptorniveaus zu besetzen. Dadurch entsteht eine positive Raumladung im Bereich des n-Typs und eine negative Raumladung im Bereich des p-Typs. Wichtig für die Detektoreigenschaften ist, daß sich in der Grenzschicht eine Verarmungszone an Ladungsträgern bildet, in der weder Elektronen noch Defektelektronen vorhanden sind. Wenn eine äußere Spannung angelegt wird, die der Raumladung gleichgerichtet ist (negativer Pol am p-Typ), werden die Ladungsträger von der Grenzschicht abgezogen mit dem Erfolg, daß sich die Raumladungszone und die Verarmungszone vergrößern. Man nennt diese von außen angelegte Spannung auch Sperrspannung. Da die Verarmungszone keine Ladungsträger enthält, wirkt sie wie ein Isolator mit dem Unterschied, daß alle beweglichen

6.5. Messung radioaktiver Strahlung

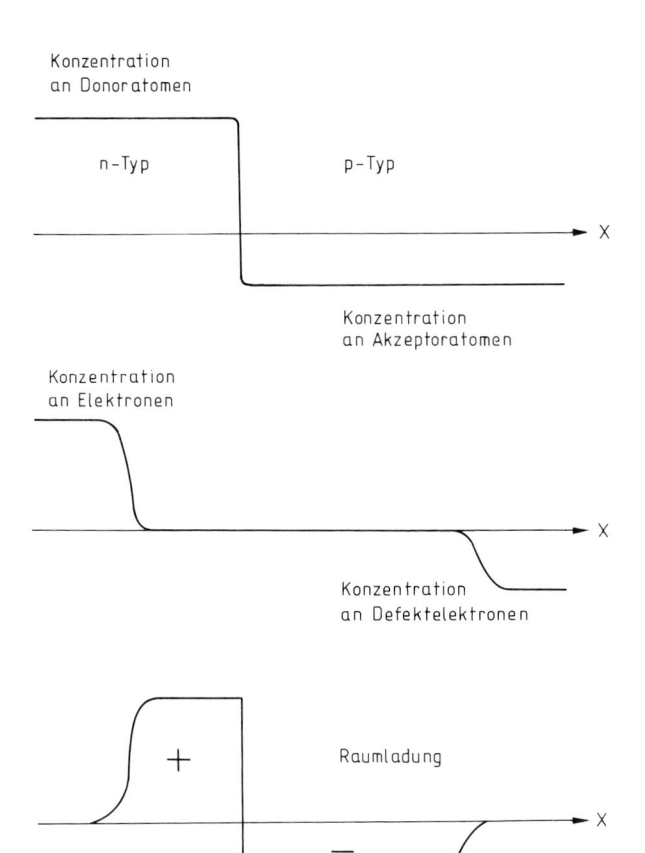

Abb. (6–33) Grenzschicht eines p-n-Detektors (Sperrschichtdetektors)

Ladungsträger, die durch ionisierende Strahlung in der Verarmungszone entstehen, sehr leicht abgezogen werden. Diese Verarmungszone ist der empfindliche Bereich des Detektors.

Sehr viel größere Verarmungszonen können durch Kompensation der Ladungsträger erhalten werden. Die gebräuchlichste Kompensationstechnik ist das Driften mit Lithium. Man geht dabei von p-Halbleitern aus. Zunächst wird Lithium auf eine Kristalloberfläche durch Aufdampfen oder eine andere geeignete Methode aufgebracht, und der Kristall wird kurzfristig aufgeheizt (z. B. Silicium-Einkristalle einige Minuten auf 400–500 °C), wobei das Lithium wegen seines kleinen Ionenradius rasch etwa ein Zehntelmillimeter in das Kristallgitter eindiffundiert. Die Menge des eindiffundierten Lithiums kann durch Leitfähigkeitsmessungen kontrolliert werden. Dann beginnt das Driften: An den Kristall wird ein elektrisches Feld angelegt, und das Lithium wandert nun unter dem Einfluß dieses Feldes tiefer in den Kristall hinein. Im Falle von Silicium-Einkristallen kann man bei Temperaturen von 100 bis 150 °C arbeiten und erreicht innerhalb eines Tages Eindringtiefen von einigen Millimetern. Germanium-Einkristalle müssen bei niedrigeren Temperaturen (z. B. 50–80 °C) mehrere Wochen gedriftet werden. Die Akzeptorverunreinigungen des Halbleiters werden durch die mit dem Lithium eingebrachten Elektronen kompensiert, der Widerstand des Kristalls steigt an und damit auch die elektrische Feldstärke in dem kompensierten Bereich. Dies wiederum führt zu einer erhöhten Geschwindigkeit der Lithiumionen und damit zu einer Verringerung ihrer Konzentration in diesem Bereich, so daß sich der Kompensationsprozeß in gewissem Umfang selbst reguliert. Nach einer gewissen Zeit wird der in Abbildung (6–34) auf-

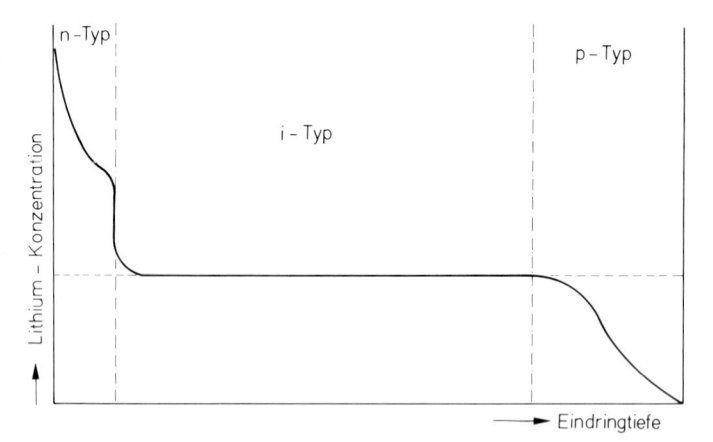

Abb. (6–34) Lithium-Konzentration in einem gedrifteten Halbleiter-Kristall

gezeichnete Konzentrationsverlauf erhalten. Auf der Seite, auf der Lithium thermisch eindiffundiert ist, liegt ein Überschuß an Lithium vor (n-Typ). In dem Bereich, in dem die ursprünglich vorhandenen Defektelektronen durch das Driften gerade kompensiert sind, wird nur noch die Eigenleitfähigkeit (innere Leitfähigkeit) beobachtet (i-Typ). Diese Zone enthält praktisch keine beweglichen Ladungsträger mehr. Dort, wo die Kompensation nicht vollständig ist, liegt noch ein Überschuß an Defektelektronen vor (p-Typ). Der gesamte Kristall stellt einen p-i-n-Halbleiter dar. Die Lithiumionen bilden mit den Akzeptoratomen (z.B. Bor, Indium oder Gallium) Komplexe vom Typ A^-Li^+, die eine wesentlich geringere Beweglichkeit haben als die Lithiumionen. Die Dissoziation dieser Komplexe steigt mit der Temperatur an. Aus diesem Grunde und wegen der mit der Temperatur ansteigenden Beweglichkeit der freien Lithiumionen müssen Lithium-gedriftete Detektoren bei niedrigen Temperaturen aufbewahrt und verwendet werden.

Lithium-gedriftete Germanium-Detektoren haben in der γ-Spektroskopie eine besonders breite Anwendung gefunden. Der Bereich des Driftens kann über den ganzen Kristall ausgedehnt werden, so daß die Schicht vom p-Typ verschwindet. Man kann die äußeren Schichten vom n-Typ und p-Typ auch mechanisch entfernen, wodurch man homogene Kristalle vom i-Typ erhält, die als Leitfähigkeitsdetektoren verwendet werden können. Beim heutigen Stand der Technik werden Schichtdicken der homogenen Kristallbereiche vom i-Typ erreicht, die etwa 1–2 cm betragen. Die Stirnfläche der Detektoren ist durch die Größe der Einkristalle gegeben, aus denen sie hergestellt werden, und beträgt zur Zeit bis zu etwa 30 cm². In der γ-Spektroskopie verwendet man vorzugsweise diese planaren Lithium-gedrifteten Germanium-Detektoren. Noch größere empfindliche Detektorvolumina von etwa 100 cm³ lassen sich durch das Koaxial-Driftverfahren herstellen, bei dem Lithium von den Außenflächen eines zylinderförmigen Einkristalls eindiffundiert wird. Nachteile dieser großen Koaxial-Detektoren sind ihre hohe Kapazität und verhältnismäßig schlechte Zeitauflösung.

Alle Lithium-gedrifteten Halbleiterdetektoren müssen sorgfältig gekapselt werden, um eine Oxidation des Lithiums zu vermeiden. Die Kapselung muß außerdem so beschaffen sein, daß die Detektoren bequem auf die Temperatur des flüssigen Stickstoffs gekühlt werden können. Die Detektoren können entweder in ein Detektorgehäuse gekapselt werden, das in den Kryostaten eingesetzt wird, oder unmittelbar in den Kryostaten eingebaut werden.

Die Tendenz geht heute zunehmend dahin, Kristalle hoher Reinheit mit möglichst niedriger Störleitfähigkeit herzustellen und die Lithium-gedrifteten Germanium-Detektoren durch hochreine Germanium-Detektoren zu ersetzen. Der wesentliche Vorteil wäre darin zu sehen, daß die aufwendige Kühlung der Detektoren mit flüssigem Stickstoff entfallen könnte.

Wegen der hohen Kosten des Kompensationsverfahrens (Driftens) werden Lithium-gedriftete Detektoren nur dann verwendet, wenn ein großes empfindliches Volumen benötigt wird, wie z. B. für die Messung von γ-Strahlung. Wenn ein kleines empfindliches Volumen genügt, benutzt man die einfachen p-n-Sperrschichtzähler. Der p-n-Übergang befindet sich an der Stelle, wo Donor- und Akzeptorkonzentration gleich groß sind. Der Abstand dieses Übergangs von der Kristalloberfläche liegt in der Größenordnung von 0,1 bis 1 μm, die Verarmungszone erreicht unter günstigen Bedingungen bei angelegter Sperrspannung eine Ausdehnung von etwa 1 bis 4 mm. Den rückseitigen Kontakt kann man z. B. durch Aufdampfen von Aluminium herstellen, das in das Silicium eindiffundiert und eine sehr hoch dotierte p-leitende Schicht bildet, die im wesentlichen aus einer Aluminium-Silicium-Legierung besteht. Die durch das Eindiffundieren von Phosphor entstandene n-leitende Schicht, durch welche die ionisierende Strahlung in das empfindliche Detektorvolumen eintritt, ist für die Zählung unwirksam („tot") und wird auch als „Fenster" bezeichnet. Um den Energieverlust geladener Teilchen in dem Fenster möglichst klein zu halten und eine gute Energieauflösung zu erreichen, muß das Fenster möglichst dünn sein. Zum Schutz vor äußeren Einflüssen werden die p-n-Detektoren ebenso wie die Lithium-gedrifteten p-i-n-Detektoren gekapselt. Die größte Schwierigkeit bei der Kapselung ist die Herstellung dichter Verbindungen mit einem schützenden Gehäuse, ohne daß die Eigenschaften der Verarmungszone beeinflußt werden.

Sperrschichtzähler dieser Art sind gut geeignet für die Messung von geladenen Teilchen, die in der Verarmungszone vollständig absorbiert werden, z. B. α-Strahlen. Sie sind nicht geeignet für die Messung von γ-Strahlen, und auch weniger gut geeignet für die Messung von Röntgenstrahlen, weil die Verarmungszone verhältnismäßig klein ist, so daß

6.5. Messung radioaktiver Strahlung

die Strahlen nicht quantitativ absorbiert werden. Durch Eindiffundieren von Fremdatomen hergestellte Sperrschichtzähler sind auch nicht gut geeignet für die Messung von Rückstoßkernen, weil die Fenster zu dick sind. Dünnere Fenster kann man bei den Oberflächen-Sperrschichtzählern erreichen.

Die Herstellung von Oberflächen-Sperrschichtdetektoren ist verhältnismäßig einfach. Zunächst wird auf die Halbleiteroberfläche im allgemeinen eine dünne Metallschicht aus Gold, Platin oder Chrom aufgedampft, die als Elektrode dient. Sauerstoff diffundiert durch diese Metallschicht hindurch, wobei die Sperrschicht langsam aufgebaut wird. Eine wichtige Rolle für die Bildung der Sperrschicht spielt das Potential an der Grenzfläche zwischen Metall und Halbleiter. Dieses Potential soll selbst nicht sperrend wirken. Alterungsprozesse können die Eigenschaften verändern. Die Massenbelegung der auf der Frontseite aufgedampften Goldschicht liegt zwischen etwa 10 und 100 $\mu g\, cm^{-2}$, was einer Schichtdicke von etwa 0,01 bis 0,1 μm entspricht. Die Dicke des Fensters eines Oberflächen-Sperrschichtzählers ist gegeben durch die Dicke der Goldschicht und die Dicke des Grundmaterials bis zur Verarmungsschicht, die bis zu maximal etwa 0,1 μm beträgt. Die rückseitige Elektrode wird ebenfalls bevorzugt durch Aufdampfen von Aluminium erhalten. Die Schichtdicke des empfindlichen Volumens bewegt sich bei Oberflächen-Sperrschichtzählern in verhältnismäßig weiten Grenzen. Üblich sind Schichtdicken zwischen etwa 0,05 und 2 mm bei angelegter Sperrspannung. Wegen des dünnen Fensters eignen sich Oberflächen-Sperrschichtzähler insbesondere zur Messung von schweren geladenen Teilchen, z. B. Rückstoßkernen.

Verarmungsschichten können sich auch von selbst an der Oberfläche von reinen Silicium- und Germanium-Einkristallen bilden; denn an der Oberfläche sind die Bindungen der Atome nicht abgesättigt, ungepaarte Valenzelektronen wirken wie Akzeptoren, so daß auf der reinen Oberfläche eine Schicht vom p-Typ vorliegt. Wenn das Grundmaterial n-Typ-Eigenschaften besitzt, entsteht eine Diode mit einem p-n-Übergang. Man spricht in diesem Fall auch von einer Inversionsschicht.

Eine besondere Gruppe sind die Oberflächen-Sperrschichtzähler mit durchgehender Sperrschicht. Sie bestehen meistens aus dünnen Silicium-Einkristallen von etwa 0,05 mm Dicke, die auf der Frontseite mit Gold und auf der Rückseite mit Aluminium bedampft sind (Schichtdicke jeweils etwa 0,03 μm). Geladene Teilchen verlieren in diesen Zählern nur einen Teil ihrer Energie, so daß der spezifische Energieverlust dE/dx bestimmt werden kann.

Oberflächen-Sperrschichtdetektoren aus Germanium müssen wegen des geringen Abstandes zwischen Valenz- und Leitfähigkeitsband stets gut gekühlt werden (z. B. mit flüssigem Stickstoff auf 77 K). Oberflächen-Sperrschichtdetektoren sind haltbar, sofern sie an trockener Luft aufbewahrt und vor Verunreinigungen geschützt werden. Sie sind weniger robust als die durch Eindiffundieren von Fremdatomen hergestellten Sperrschichtzähler.

Der wichtigste Vorteil der Halbleiterdetektoren ist ihre hohe Energieauflösung, auf die bereits oben hingewiesen wurde. Dies wird vor allen Dingen in der γ-Spektroskopie ausgenutzt (Ge(Li)-Detektoren), aber auch in der Röntgenspektroskopie (Si(Li)-Detektoren), in der β-Spektroskopie (Si-Sperrschicht- bzw. Oberflächen-Sperrschicht- und Si(Li)-Detektoren) und in der α-Spektroskopie (Si-Sperrschicht- bzw. Oberflächen-Sperrschichtzähler). Die mit verschiedenen Detektoren bzw. Methoden erreichbare Energieauflösung für γ-Strahlen ist in Abb. (6–35) aufgezeichnet. Auch für die Neutronenspektroskopie lassen sich Halbleiterdetektoren verwenden (z. B. ^{6}LiF zwischen zwei Sperrschichtzählern in „sandwich"-Anordnung). Zur Messung und Identifizierung von Rückstoßkernen und anderen schwereren Ionen sind die Oberflächen-Sperrschichtzähler am besten geeignet. Ein weiterer Vorteil der Halbleiterdetektoren ist ihre niedrige Totzeit.

6.5. Messung radioaktiver Strahlung

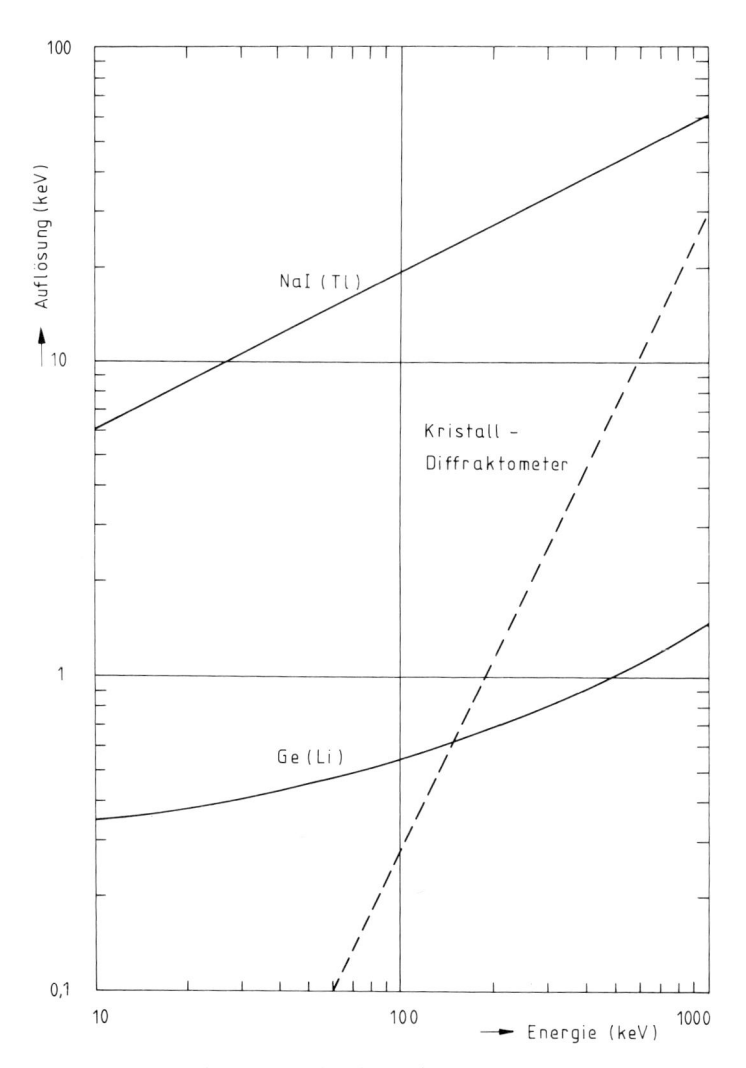

Abb. (6–35) Energieauflösung von Ge(Li)-Detektoren, NaI(Tl)-Detektoren und Kristallspektrometern in Abhängigkeit von der Energie der γ-Strahlung.

6.5.4. Vergleichs- und Absolutmessungen

Die von einem Detektor registrierte Impulsrate I' steigt mit der Aktivität A des Radionuklids an (vgl. Abschn. 5.5):

$$I' = \eta A + u. \tag{6.31}$$

Zerlegt man die Gesamtzählausbeute η in die einzelnen Faktoren, so erhält man folgende Gleichung:

$$I' = A\,H\,\eta_D(1-a)g(1-s)(1+r)(1-t) + u. \tag{6.32}$$

Darin bedeuten H die Häufigkeit des Zerfallsprozesses, die aus dem Zerfallsschema entnommen werden kann, η_D die innere Zählausbeute des Detektors, a die Absorption der Strahlung im Fenster des Detektors (Zählrohres), g den Geometriefaktor, s die Selbstabsorption der Strahlung im Präparat, r die Rückstreuung der Strahlung durch das Präparat, die Unterlage und die Umgebung, t die Totzeitkorrektur und u den Untergrund.

Die innere Zählausbeute η_D ist gleich der Zahl der Impulse, die der Detektor pro Teilchen oder Quant liefert, das in den Detektor eintritt. Für α-Strahlung und β-Strahlung ist η_D in allen Ionisationsdetektoren annähernd 1, für γ-Strahlung aber nur von der Größenordnung 0,01. In Szintillationszählern beträgt η_D für γ-Strahlung etwa 0,15 bis 0,30 (vgl. Abschn. 6.5.2).

Der Geometriefaktor g hängt von der geometrischen Anordnung des Präparats zum Detektor ab (Abb. (6–36)). Bei einem Geiger-

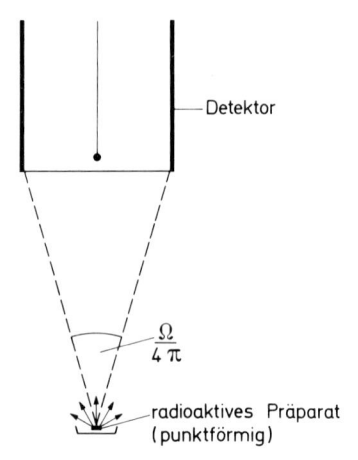

Abb. (6–36) Einfluß des Geometriefaktors g.

Müller-Zähler und einem Szintillationszähler mit normalem Kristall liegt g im allgemeinen in der Nähe von 0,1. In einem 2π-Durchflußzähler beträgt $g \approx 0{,}5$, in einem 4π-Durchflußzähler ist $g = 1$. In einem Bohrlochkristall wird ebenfalls $g \approx 1$ erreicht.

Die Selbstabsorption s hängt sehr stark von der Art der Strahlung und außerdem von der Schichtdicke des radioaktiven Präparats ab. Für γ-Strahlung kann man in fast allen praktischen Fällen $s = 0$ setzen. Bei β-Strahlung hoher Energie macht sich die Selbstabsorption

6.5. Messung radioaktiver Strahlung

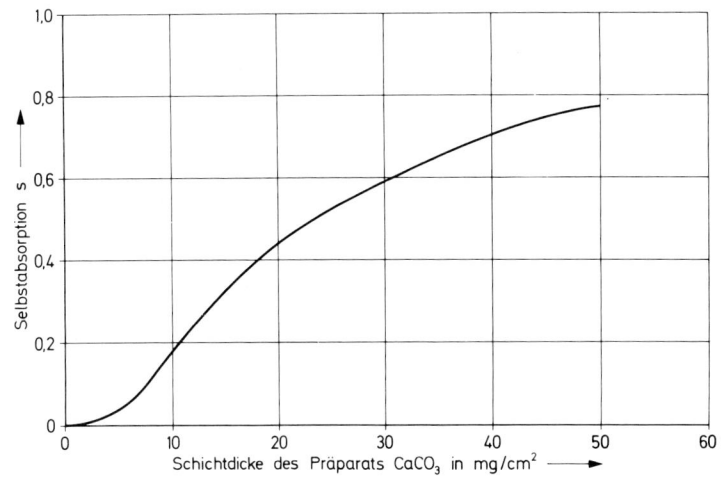

Abb. (6–37) Selbstabsorption s als Funktion der Schichtdicke des Präparats für Ca–45 in $CaCO_3$.

wenig bemerkbar, so lange die Präparate dünn sind. β-Strahlung niedriger Energie und α-Strahlung werden dagegen auch in dünnen Präparaten merklich absorbiert. In Abb. (6–37) ist die Selbstabsorption s als Funktion der Schichtdicke des Präparats aufgezeichnet. Man kann eine Kurve für $1-s$ aufnehmen, indem man jeweils die gleiche Menge eines Radionuklids mit steigenden Mengen inaktiver Substanz (als „Träger") versetzt und dann durch Fällung Präparate mit verschiedener Schichtdicke herstellt, in denen jeweils die gleiche Aktivität homogen verteilt ist. Man unterscheidet als Grenzfälle eine „unendlich dünne" Schicht ($s = 0$) und eine „unendlich dicke" Schicht; im letzteren Falle wird die Strahlung aus dem unteren Teil des Präparats quantitativ absorbiert (Abb. (6–38)).

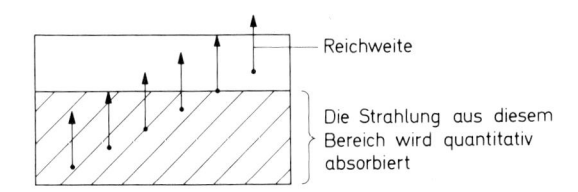

Abb. (6–38) Absorption der Strahlung in einem „unendlich dicken" Präparat.

Der Einfluß der Rückstreuung ist aus Abb. (6–13) ersichtlich. Die Rückstreuung r kann bei energiereicher β-Strahlung und Unterlagen mit hoher Ordnungszahl beträchtliche Werte annehmen.

Die Totzeitkorrektur t ist in Abb. (6–28) aufgetragen. Sie spielt bei Geiger-Müller-Zählrohren eine Rolle, bei anderen Detektoren nur im Falle sehr hoher Impulsraten. Der Untergrund u wird getrennt bestimmt.

Bei Vergleichsmessungen mit derselben Meßanordnung sind η_D, g und r konstant. Änderungen dieser Größen können durch Überprüfung der Impulsrate eines für diese Zwecke hergestellten Vergleichspräparates festgestellt werden. Mit Hilfe eines solchen Vergleichspräparates ist auch die Umrechnung der Impulsraten möglich, wenn sich der Geometriefaktor g geändert hat. Die Totzeitkorrektur t kann für jede Messung aus einem Diagramm (Abb. (6–28)) entnommen werden. Wichtig bei Vergleichsmessungen von α- oder β-Strahlern ist jedoch die Berücksichtigung der Selbstabsorption s. Verschiedene Selbstabsorption in den Präparaten kann zu erheblichen Fehlern führen. Man strebt deshalb bei festen Präparaten im allgemeinen den Grenzfall der „unendlich dünnen" Schicht an.

Absolutmessungen sind möglich, wenn die in Gl. (6.32) enthaltenen Faktoren genau bekannt sind. Am einfachsten sind die Verhältnisse bei der Messung der α- oder β-Strahlung eines „unendlich dünnen" Präparates in einem Proportionalzähler mit 4π-Geometrie (Abb. (6–26)); dann nehmen alle Faktoren (mit Ausnahme des Untergrundes u) den Wert 1 an. In allen anderen Fällen müssen diese Faktoren im einzelnen ermittelt werden, was im allgemeinen mit einem verhältnismäßig großen Fehler behaftet ist. Eine andere Möglichkeit ist die Verwendung eines geeichten Standardpräparates möglichst gleicher Energie. Wenn man dafür sorgt, daß Selbstabsorption und Rückstreuung vernachlässigbar klein oder aber konstant sind, kann man für eine gegebene Meßanordnung den Wert der in Gl. (6.32) enthaltenen Faktoren bestimmen und Absolutmessungen ausführen.

6.5.5. Auswahl von Meßanordnungen

In Tab. 6.6 sind geeignete Meßanordnungen für verschiedene Strahlungsarten zusammengestellt; diese ergeben sich aus der Diskussion in den vorausgehenden Abschnitten. Die Messung von anderen Strahlungsarten wie Protonen, Deuteronen oder Neutronen wurde bisher nicht näher besprochen. Für Protonen und Deuteronen gelten ähnliche Überlegungen wie für die Messung von α-Teilchen. Sie bewirken ebenfalls eine verhältnismäßig hohe spezifische Ionisation, haben aber bei gleicher Energie eine größere Reichweite. Die Messung von Neutronen muß auf indirektem Wege erfolgen, weil sie elektrisch neutral sind. Man macht sich dabei vor allen Dingen die Kernreaktion mit ^{10}B zunutze

$$^{10}_{5}B + ^{1}_{0}n \longrightarrow ^{7}_{3}Li + ^{4}_{2}He, \qquad (6.33)$$

wobei α-Teilchen frei werden. Die Reaktion verläuft mit sehr guter Ausbeute (Wirkungsquerschnitt 3836 barn). Bor wird entweder als Wandbelag oder als gasförmiges BF_3 in einen Proportionalzähler oder eine Ionisationskammer eingebracht; die nach Gl. (6.33) gebildeten Reaktionsprodukte werden gemessen. Bei energiereichen Neutronen kann man auch die Rückstoßprotonen messen, die beim Auftreffen der Neutronen auf wasserstoffhaltige Substanzen entstehen.

Die Strahlung gasförmiger Präparate wird man in einer Ionisationskammer (nur α-Strahlung), einem Proportionalzähler oder einem Gaszählrohr messen; man kann die gasförmige Probe entweder in diese Detektoren einfüllen oder im Strömungsverfahren durch eine Ionisationskammer bzw. einen Durchflußproportionalzähler leiten. γ-Strahler können auch in einem abgeschlossenen Rohr mit einem Szintillationszähler gemessen werden (z. B. in einem Bohrlochkristall).

Flüssige Präparate (Lösungen) werden zweckmäßigerweise mit flüssigen Szintillatoren gemessen, sofern es sich um α-Strahlung oder β-Strahlung niedriger Energie handelt. β-Strahlung höherer Energie und γ-Strahlung können in einem Geiger-Müller-Flüssigkeitszählrohr gemessen werden (vgl. Abb. (6–30)). Die Messung von γ-Strahlen in flüssigen Proben geschieht jedoch wegen der höheren Zählausbeute vorteilhafter mit einem Szintillationszähler, vorzugsweise in einem Bohrlochkristall. Für Energiebestimmungen sind Halbleiterdetektoren vorteilhaft.

Feste Präparate schließlich werden entweder mit einem Geiger-Müller-Endfenster-Zählrohr gemessen, wenn es sich um β-Strahlung höherer Energie handelt, oder in einem Proportionalzähler (Methandurchflußzähler), sofern es sich um α- oder β-Strahlung handelt. Bei allen Messungen der α- und der β-Strahlung in festen Präparaten muß der Selbstabsorption besondere Beachtung geschenkt werden. Für die Messung der γ-Strahlung in festen Präparaten kann man Szintillationszähler oder Halbleiterdetektoren verwenden, je nachdem ob man auf eine hohe Zählausbeute oder eine gute Energieauflösung Wert legt.

In vielen Fällen ist es zweckmäßig, sofort im Anschluß an eine Trennoperation zu messen. So kann die Aktivitätsmessung in einem Proportionalzähler oder in einer Ionisationskammer direkt an eine gaschromatographische Trennung angeschlossen werden. Wichtig dabei ist der Zusatz eines geeigneten Zählgases. Besonders einfach gestal-

Tabelle 6.7
Geeignete Meßanordnungen für verschiedene Strahlungsarten

Art der Strahlung	Ionisations-kammer	Proportional-zähler	Geiger-Müller-Zähler	Szintillations-zähler	Halbleiter-detektoren
α-Strahlung	günstig	sehr günstig (Methandurchflußzähler	ungünstig	geeignet (ZnS) günstig (flüss. Szintillatoren)	günstig (Si-Sperrschichtzähler)
Energiereiche β-Strahlung (>1 MeV)	ungeeignet	geeignet	sehr günstig	günstig (organ. Kristalle)	günstig (Si-Sperrschichtzähler)
Energiearme β-Strahlung (<0,5 MeV)	ungeeignet	günstig	ungünstig	sehr günstig (flüssige Szintillatoren)	günstig (Si-Sperrschichtzähler)
Energiereiche γ-Strahlung (>0,1 MeV)	ungeeignet	ungeeignet	ungünstig	sehr günstig (NaI, CsI)	sehr günstig (Ge(Li)-Zähler)
Energiearme γ-Strahlung (<0,1 MeV)	ungeeignet	ungeeignet	geeignet (Röntgenzählrohr)	günstig (NaI, CsI)	sehr günstig (Si(Li)-Zähler)

tet sich die radiogaschromatographische Messung mit einem Durchfluß-Proportionalzähler, wenn Methan als Trägergas für die gaschromatographische Trennung und gleichzeitig als Zählgas verwendet wird. Nach einer Trennung von Substanzen durch Papierchromatographie oder Dünnschichtchromatographie kann die Strahlung direkt auf dem Papier oder auf der Dünnschicht gemessen werden, am einfachsten in der Weise, daß das Papier oder die Dünnschicht direkt an einem Zähler (z. B. einem Proportionalzähler) vorbei oder durch einen solchen Zähler hindurch geführt wird. In Abb. (6–39) ist eine solche Meßanordnung schematisch dargestellt; sie eignet sich auch zur quan-

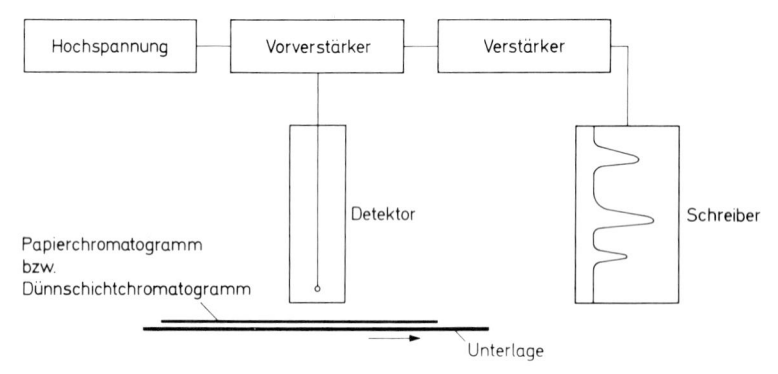

Abb. (6–39) Radiopapier- bzw. Radiodünnschicht-Chromatographie.

titativen Bestimmung von β-Strahlern geringer Energie (z. B. T, C–14). Die Verteilung der Aktivität auf dem Papierchromatogramm oder in der Dünnschicht als Funktion der Laufstrecke kann mit einem Schreiber registriert werden.

Für die Identifizierung von Radionukliden auf Grund der Strahlung eignet sich die γ-Spektroskopie mit Ge(Li)-Detektoren (vgl. Abschn. 6.4) bzw. die α-Spektroskopie mit Si-Halbleiterdetektoren. Ein Blockschaltbild für die γ-Spektroskopie ist in Abb. (6–40) aufgezeichnet.

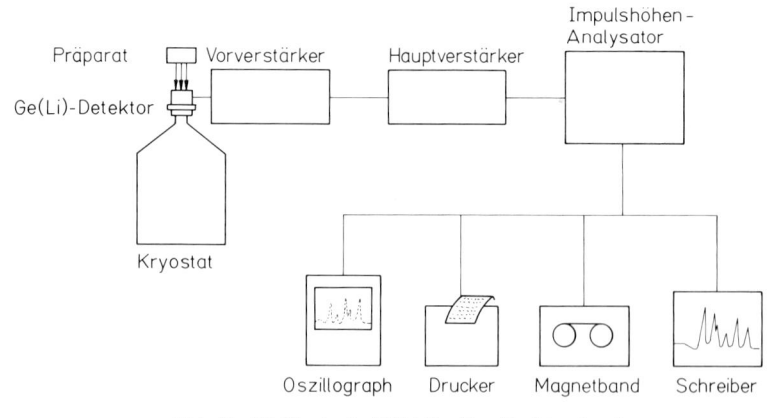

Abb. (6–40) Blockschaltbild für die γ-Spektroskopie

6.5.6. Statistische Zählgenauigkeit

Für den radioaktiven Zerfall gelten die Gesetze der Statistik. Von einem einzelnen Atom kann man nicht voraussagen, wann es zerfällt. Jede gemessene Impulsrate ist mit einem statistischen Fehler behaftet, der um so kleiner ist, je mehr Impulse man zählt. Mißt man bei hinreichend langlebigen Radionukliden (Halbwertzeit $\gg$ Meßzeit) den Wert x für die Impulsrate mehrmals hintereinander, so findet man eine Häufigkeitsverteilung um einen Mittelwert $\bar{x}$, der gegeben ist durch die Beziehung

$$\bar{x} = \frac{x_1 + x_2 + x_3 + \ldots x_n}{n} = \frac{1}{n}\sum x_i. \qquad (6.34)$$

Die Breite der Verteilung wird durch die Standardabweichung σ charakterisiert, die folgendermaßen definiert ist:

$$\sigma^2 = \frac{\sum (x - \bar{x})^2}{n - 1}. \qquad (6.35)$$

Die Größe σ^2 wird auch als Varianz bezeichnet. Ist die Zahl der Messungen hinreichend groß ($n \gg 1$), so gilt

$$\sigma^2 = \frac{\sum (x - \bar{x})^2}{n} = \overline{x^2} - \bar{x}^2. \qquad (6.36)$$

Für $n \to \infty$ geht die Verteilung in eine Wahrscheinlichkeitsverteilung über, die nach POISSON gegeben ist durch

$$W(x) = \frac{(\bar{x})^x}{x!} e^{-\bar{x}} \quad \text{(Poisson-Verteilung)}. \qquad (6.37)$$

Diese Verteilung ist in Abb. (6–41) für den Wert $\bar{x} = 5$ aufgezeichnet. Bei großen Werten von x ($x \gg 1$) fällt die unsymmetrische Poisson-Verteilung praktisch zusammen mit der symmetrischen Gauß-Verteilung

$$W(x) = \frac{1}{\sigma\sqrt{2\pi}} e^{\frac{(x-\bar{x})^2}{2\sigma^2}} \quad \text{(Gauß-Verteilung)}. \qquad (6.38)$$

Nach der Gauß-Verteilung besteht eine Wahrscheinlichkeit von 68,3% dafür, daß das Ergebnis einer Messung innerhalb der Standardabweichung σ liegt ($|x - \bar{x}| \leq \sigma$). Fordert man eine höhere Sicherheit, so muß man eine größere Variationsbreite zulassen: So liegt das Ergebnis mit einer Wahrscheinlichkeit von 95,5% innerhalb von 2σ ($|x - \bar{x}| \leq 2\sigma$) und mit einer Wahrscheinlichkeit von 99,9% innerhalb von 3σ ($|x - \bar{x}| \leq 3\sigma$).

Aus den Gleichungen (6.36) und (6.37) folgt für die Standardabweichung

$$\sigma = \pm\sqrt{\bar{x}}. \qquad (6.39)$$

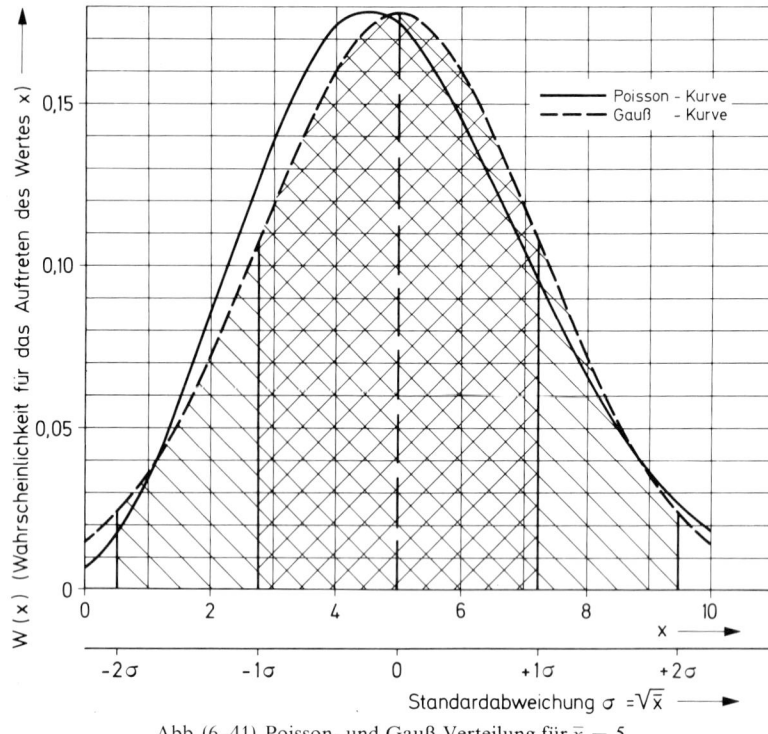

Abb. (6–41) Poisson- und Gauß-Verteilung für $\bar{x} = 5$.

Werden bei einer Einzelmessung x Impulse gezählt, so gilt näherungsweise ($x \approx \bar{x}$)

$$\sigma \approx \pm \sqrt{x}.$$

So beträgt die Standardabweichung etwa 1% vom Meßergebnis, wenn 10^4 Impulse gezählt werden. Diese Standardabweichung sucht man nach Möglichkeit zu erreichen oder zu unterschreiten.

6.6. Autoradiographie

Ein besonderer Vorteil der radioaktiven Strahlung ist, daß sie eine sehr genaue Lokalisierung der betreffenden Radionuklide gestattet. Das gilt besonders für α-Strahlen und β-Strahlen. Zur Lokalisierung kann man einen photographischen Film oder eine photographische Platte verwenden, die durch ihre Schwärzung den Ort anzeigen, an dem sich das Radionuklid befindet (Autoradiographie).

Die Anfertigung einer Autoradiographie erfordert eine glatte Oberfläche des Präparates. Es kann sich dabei um eine Metalloberfläche, die angeschliffene Oberfläche eines Minerals, ein Papierchromatogramm, einen dünnen Gesteinsschliff oder einen Gewebeschnitt handeln. In Abb. (6–42) ist die Autoradiographie einer Eisenoberfläche wiedergegeben, auf der sich infolge Korrosion aus einer mit ^{59}Fe markierten Lösung eine mit dem Auge nicht wahrnehmbare Menge von Eisenhydroxid abgeschieden hat. Zur Lokalisierung von radio-

6.6. Autoradiographie

Abb. (6–42) Autoradiographie einer Eisenoberfläche, auf der sich infolge von Korrosion kleine Mengen Eisenhydroxid abgeschieden haben, die mit anderen Methoden nicht erkennbar sind. Nach K. H. Lieser, O. Kalvenes u. S. Compostella: Corrosion Science **4** (1964) 51.

aktiven Stoffen in Gesteinsschliffen ist die Autoradiographie sehr gut geeignet. Besonders häufig wird die Methode in der Biologie und Medizin zur Untersuchung von Gewebeschnitten verwendet. Die Aufnahme von Radionukliden in verschiedenen Gewebeteilen kann auf diese Weise sehr genau untersucht werden und Aufschluß über die Ablagerung bestimmter Verbindungen oder die Funktionstüchtigkeit eines Organs geben.

Die mit einer Autoradiographie erreichbare Auflösung hängt von der Dicke des Präparates ab, in dem sich das Radionuklid befindet, und von dem Abstand zwischen Präparat und photographischer Schicht. Das wird aus Abb. (6–43) deutlich. Von großer Bedeutung ist auch die Korngröße und die Dicke der photographischen Schicht. Letztere sollte nicht mehr als 10 μm betragen. Feinkörnigere photographische Schichten ergeben zwar eine bessere Auflösung, erfordern andererseits aber auch längere Belichtungszeit. Durch Rückstreuung der radioaktiven Strahlung auf der Unterlage wird das Auflösungsvermögen verschlechtert.

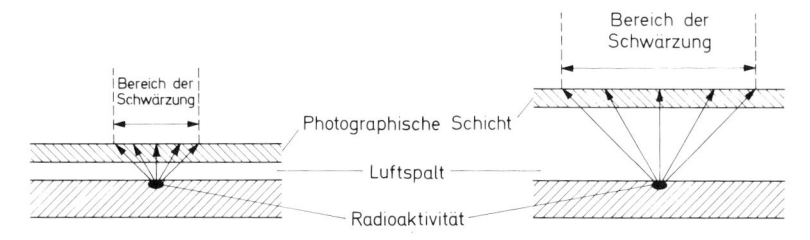

Abb. (6–43) Einfluß des Abstandes zwischen Präparat und photographischer Schicht bei der Autoradiographie.

Bei der Kontaktmethode wird das Präparat auf den photographischen Film bzw. die photographische Platte aufgelegt und angepreßt. Gegebenenfalls wird eine dünne Folie dazwischengelegt, z. B. bei Gewebeschnitten. Für viele Zwecke genügt feinkörniger Röntgenfilm. Das Auflösungsvermögen (Abstand von zwei Punkten, die noch getrennt erkennbar sind) schwankt bei dieser Methode zwischen 20 und 100 μm. Filme, die nur aus einer Emulsionsschicht und einer Gelatineschicht bestehen, eignen sich ausgezeichnet zur Herstellung von Autoradiographien, weil sich diese Schichten der Oberfläche besonders gut anschmiegen („stripping-film"). Der Film wird dabei in trockenem Zustand von der Glasunterlage abgezogen und mit der nach unten gekehrten Emulsionsschicht auf Wasser gelegt; dann wird das Präparat von unten herangeführt, zusammen mit dem Film aus dem Wasser herausgehoben und getrocknet. Das Auflösungsvermögen beträgt etwa 10 μm. Auch flüssige Emulsionen werden verwendet; sie ergeben ebenfalls ein gutes Auflösungsvermögen. Bei diesen Methoden werden Emulsion und Präparat nach der Belichtung meist nicht voneinander getrennt. Die Emulsion kann nach dem Entwickeln und Fixieren mit oder ohne Präparat auf einen Objektträger aufgelegt und im Mikroskop betrachtet werden.

Die Belichtungszeit hängt ab von der Aktivität, der Energie und dem Verteilungszustand des Radionuklids sowie von der Empfindlichkeit des Films. Bei einer Aktivität von der Größenordnung μCi/cm^2 sind Belichtungszeiten von einigen Stunden üblich. Die günstigste Belichtungszeit muß allerdings für jede praktische Aufgabe gesondert ermittelt werden. Die Empfindlichkeit ist bei der Autoradiographie verhältnismäßig groß. Präparate, die bei einer Oberfläche von einigen cm^2 in einem Geiger-Müller-Endfensterzählrohr im Abstand von 1 bis 2 cm eine Impulsrate von der Größenordnung 10 ipm liefern, lassen sich noch durch Autoradiographie nachweisen. Allerdings sind dann oft Belichtungszeiten von mehreren Wochen erforderlich. Mit der Belichtungszeit wächst aber auch der Anteil der Schwärzung an, der durch Umgebungsstrahlung und kosmische Strahlung hervorgerufen wird.

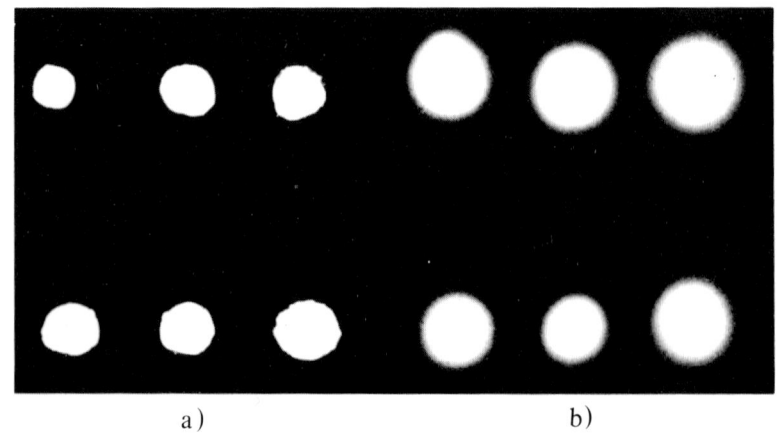

a) b)

Abb. (6-44) Autoradiographie von zwei β-Strahlern verschiedener Energie
a) S-35; 0,167 MeV   b) P-32; 1,71 MeV

Strahlen mit kurzer Reichweite — α-Strahlen und β-Strahlen niedriger Energie — ergeben kontrastreichere Aufnahmen, weil sie nur in ihrer unmittelbaren Nähe eine Schwärzung hervorrufen. Abb. (6–44) zeigt die Autoradiographie von zwei punktförmig verteilten β-Strahlern verschiedener Energie. Der energiereichere β-Strahler gibt sich durch einen größeren Bereich diffuser Schwärzung zu erkennen.

Literatur zu Kapitel 6

1. E. RUTHERFORD, J. CHADWICK, C. D. ELLIS: Radiations from Radioactive Substances. Cambridge University Press 1930.
2. K. SIEGBAHN: Alpha-, Beta- and Gamma-Ray Spectroscopy, 2 Bde., North-Holland Publishing Company, Amsterdam 1966.
3. M. RICH, R. MADEY: Range-Energy Tables. University of California Radiation Laboratory Report UCRL–2301 (1954).
4. W. WHALING: The Energy Loss of Charged Particles in Matter. Handbuch der Physik. Hrsg. S. FLÜGGE. Bd. 34: Korpuskeln und Strahlung in Materie II. Springer-Verlag, Berlin–Göttingen–Heidelberg 1958, S. 193.
5. H.-W. THÜMMEL: Durchgang von Elektronen- und Betastrahlung durch Materieschichten. Streuabsorptionsmodelle, Akademie-Verlag, Berlin 1974.
6. G.D. O'KELLEY: Detection and Measurement of Nuclear Radiation. In: Nuclear Science Series NAS–NS 3105. Hrsg. W.W. MEINKE, Subcommittee on Radiochemistry, National Academy of Sciences, National Research Council 1962.
7. K. BÄCHMANN: Messung radioaktiver Nuklide, „Kernchemie in Einzeldarstellungen" Bd. 2, Verlag Chemie, Weinheim 1970.
8. L. HERFORTH, H. KOCH: Praktikum der Angewandten Radioaktivität, 3. Aufl. VEB Deutscher Verlag der Wissenschaften, Berlin 1975.
9. R.T. OVERMAN, H.M. CLARK: Radioisotope Techniques. McGraw-Hill Book Comp., New York 1960.
10. H. NEUERT: Kernphysikalische Meßverfahren zum Nachweis von Teilchen und Quanten, Verlag G. Braun, Karlsruhe 1966.
11. B.B. ROSSI, H.H. STAUB: Ionization Chambers and Counters. National Nuclear Energy Series, Div. V – Vol. 2. McGraw-Hill Book Comp., New York 1949.
12. D.H. WILKINSON: Ionization Chambers and Counters. Cambridge University Press 1950.
13. J. KRÜGER Ed.: Instrumentation in Applied Nuclear Chemistry, Plenum Press, New York–London 1973.
14. K.D. NEAME, C.A. HOMEWOOD: Liquid Scintillation Counting, John Wiley and Sons, New York 1974.
15. J.B. BIRKS: The Theory and Practice of Scintillation Counting, Pergamon Press, Oxford–London 1964.
16. H. BÜCKER: Theorie und Praxis der Halbleiterdetektoren für Kernstrahlung, „Technische Physik in Einzeldarstellungen", Bd. 17, Springer-Verlag, Berlin 1971.
17. O.C. ALLKOFER: Teilchendetektoren, Thiemig-Taschenbücher Bd. 41, K. Thiemig-Verlag, München 1971.
18. Handbuch der Physik. Hrsg. S. FLÜGGE, E. CREUTZ. Bd. 45: Instrumentelle Hilfsmittel der Kernphysik II. Springer-Verlag, Berlin–Göttingen–Heidelberg 1958.
19. E. KOWALSKI: Nuclear Electronics, Springer-Verlag, Berlin–Heidelberg–New York 1970.
20. H.A. FISCHER, G. WERNER: Autoradiographie, W. de Gruyter-Verlag, Berlin 1971.
21. C.E. CROUTHAMEL: Applied Gamma-Ray Spectroscopy, Pergamon Press, Oxford 1970.
22. S. DEME: Semiconductor Detectors for Nuclear Radiation Measurement, Hilger, London 1971.
23. P. QUITTNER: Gamma-Ray Spectroscopy with Particular Reference to Detector and Computer Evaluation Techniques, Hilger, London 1972.
24. G. ERDTMANN, W. SOYKA: The Gamma Rays of the Radionuclides, Kernchemie in Einzeldarstellungen Vol. 7, Verlag Chemie, Weinheim–New York 1979.

Übungen zu Kapitel 6

1. Wie groß ist die maximale Reichweite der β^--Strahlung von P–32, Sr–90/Y–90 und Pa–234 m in Aluminium?

2. Für die Halbwertsdicke der γ-Strahlung eines Radionuklids in Blei wurde der Wert $d_{1/2} = 6{,}7\,\text{g/cm}^2$ gefunden. Handelt es sich bei dem betreffenden Radionuklid um Co–60 oder Cs–137?

3. Die Maximalenergie der β^--Strahlung des P–32 beträgt 1,71 MeV. Wie groß ist die maximale Anfangsgeschwindigkeit der aus den Kernen austretenden β^--Teilchen?

4. Wie groß ist der Massenzuwachs (bezogen auf die Ruhemasse) von Teilchen, die mit der Hälfte der Lichtgeschwindigkeit von einem radioaktiven Kern ausgesandt werden?

5. In welchem Verhältnis stehen die Energieverluste durch Bremsstrahlung und durch Ionisation, wenn die β^--Strahlung von P–32 auf einen Goldabsorber und auf einen Aluminiumabsorber trifft?

6. Die Halbwertzeit des Po–210 beträgt 138,38 d. Dieses Radionuklid zerfällt praktisch zu 100% durch Aussendung von 5,305 MeV α-Strahlung in das stabile Pb–206. Wie groß ist die thermische Leistung in Watt pro 100 mg dieses Radionuklids, wenn die α-Strahlung vollständig absorbiert wird?

7. Nach der Zweiquellenmethode wurden mit einem Geiger-Müller-Zählrohr folgende Impulsraten gemessen: $I_1 = 11\,630$ ipm, $I_2 = 14\,560$ ipm, $I_{1,2} = 23\,196$ ipm. Wie groß ist die Totzeit des Zählrohres?

8. Wie groß ist die Gesamtzählausbeute η bei Messung eines punktförmigen Präparats mit einem Geiger-Müller-Zählrohr von 20 mm Fensterdurchmesser in 5 cm Abstand, wenn die Selbstabsorption, die Rückstreuung sowie die Totzeitkorrektur vernachlässigbar klein sind, 10% der Strahlung im Fenster absorbiert werden und die innere Zählausbeute des Detektors 95% beträgt?

9. Welche Meßanordnungen kommen in Frage:
   a) für die Messung von Tritium in organischen Verbindungen?
   b) für die Messung von $^{14}CO_2$?
   c) für die Messung von Ca–45?
   d) für die Messung von I–131?

10. Wie groß ist die Standardabweichung σ und der wahrscheinliche relative Fehler bei der Messung von 10^2, 10^3, 10^4 und 10^5 Impulsen?

7. Zerfallsprozesse

7.1. Übersicht

Beim radioaktiven Zerfall können vier Gruppen von Zerfallsprozessen unterschieden werden; sie sind schematisch in Tab. 7.1 zusammengestellt.

7.1.1. Emission von Nukleonen

An erster Stelle ist der α-Zerfall zu nennen, der bevorzugt bei schweren Kernen auftritt und z. B. in den Zerfallsreihen des Urans und des Thoriums beobachtet wird. Beim α-Zerfall werden Heliumkerne ausgestoßen: $^4_2$He. (Die Heliumkerne werden manchmal auch als Helionen bezeichnet.) Die Massenzahl des Kerns nimmt dabei um 4 Einheiten ab, die Ordnungszahl um zwei Einheiten (1. radioaktiver Verschiebungssatz von SODDY und FAJANS, vgl. Abschn. 5.1).

Ob ein Atomkern gegen α-Zerfall stabil ist, kann man prüfen, indem man die Energie ΔE der Umwandlung

$$A \longrightarrow B + {}^4_2\text{He} + \Delta E \qquad (7.1)$$

aus der Differenz der Nuklidmassen der beiden Nuklide A und B berechnet $\Delta E = (M_A - M_B - M_\alpha) \cdot c^2$. Die Rechnung zeigt, daß alle schwereren Kerne mit Massenzahlen $A > \approx 140$ im Hinblick auf einen α-Zerfall instabil sind. Bei kleinen positiven ΔE-Werten ist aber die Umwandlungsgeschwindigkeit so extrem klein, daß sie nicht beobachtet werden kann (vgl. Abschn. 5.2). Das bedeutet, daß diese Kerne zwar energetisch instabil, kinetisch aber stabil sind (ähnlich wie ein Gemisch von Sauerstoff und Wasserstoff bei Zimmertemperatur).

Die gleichen Überlegungen kann man auch hinsichtlich der Aussendung von Protonen anstellen. Es erscheint zunächst überraschend, daß Protonenaktivität — d. h. Zerfall unter Aussendung von Protonen — im Gegensatz zur α-Aktivität praktisch nicht beobachtet wird. Berechnet man für protonenreiche Nuklide die Energie ΔE der Umwandlung

$$A \longrightarrow B + {}^1_1\text{H} + \Delta E, \qquad (7.2)$$

so stellt man fest, daß in der Nähe der Linie der β-Stabilität der Protonenzerfall nicht eintreten kann, weil ΔE negativ ist. Dies beruht auf der verhältnismäßig hohen Bindungsenergie des „letzten" Protons

7. Zerfallsprozesse

Tabelle 7.1
Übersicht über die verschiedenen Zerfallsprozesse

Zerfallsart	Symbol	Art der ausgesandten Strahlung	Zerfallsvorgang	Bemerkungen
α-Zerfall	α	Heliumkerne $^4_2\text{He}^{2+}$	$^A Z \rightarrow {}^{A-4}(Z-2) + {}^4_2\text{He}^{2+}$	bevorzugt bei Kernen mit $Z > 83$
β-Zerfall	β^-	Elektronen (Negatronen) $^{0}_{-1}e^-$	$^1_0 n \rightarrow {}^1_1 p + {}^{0}_{-1}e^- + {}^0_0\bar{\nu}_e$ $^A Z \rightarrow {}^A(Z+1)$	unterhalb der Linie der β-Stabilität
β-Zerfall	β^+	Positronen $^0_1 e^+$	$^1_1 p \rightarrow {}^1_0 n + {}^0_1 e^+ + {}^0_0 \nu_e$ $^A Z \rightarrow {}^A(Z-1)$	oberhalb der Linie der β-Stabilität
Elektroneneinfang (K-Strahlung)	ε	charakteristische Röntgenstrahlung	$^1_1 p_{(\text{Kern})} + {}^{0}_{-1}e^-_{(\text{Hülle})} \rightarrow {}^1_0 n + {}^0_0 \nu_e$ $^A Z \rightarrow {}^A(Z-1)$	
γ-Zerfall	γ	Photonen $(h \cdot \nu)$	Abgabe von Anregungsenergie	etwa 10^{-16} bis 10^{-13} s nach α- oder β-Zerfall
Isomere Umwandlung	I. U.	Photonen $(h \cdot \nu)$	Verzögerte Abgabe von Anregungsenergie $^{Am}Z \rightarrow {}^A Z$	bevorzugt unterhalb der magischen Zahlen; angeregter Zustand metastabil
Konversionselektronen	e^-	Elektronen und charakterist. Röntgenstrahlung	Anregungsenergie wird auf ein Elektron der Hülle übertragen	bevorzugt bei niedriger Anregungsenergie ($< 0{,}2$ MeV)
Spontanspaltung	sf	Neutronen n	$^A Z \rightarrow {}^{A'}Z' + {}^{A-A'-\nu}(Z-Z') + \nu \cdot n$	bevorzugt bei Kernen mit $A > 245$

(einige MeV). Im Gegensatz dazu ist die Bindungsenergie eines α-Teilchens im Kern verhältnismäßig klein, weil sich hier die hohe Bindungsenergie der 4 Nukleonen innerhalb des α-Teilchens bemerkbar macht. Weit entfernt von der Linie der β-Stabilität allerdings werden die Nuklide instabil im Hinblick auf Protonenzerfall. In diesem Bereich machen sich die Terme für die Coulombenergie und die Symmetrieenergie in der Weizsäcker-Formel (Gl. (1.2) in Abschn. 1.5) stark bemerkbar. Bei dem großen Abstand von der Linie der β-Stabilität wird jedoch die Halbwertzeit für den $β^+$-Zerfall bzw. den Elektroneneinfang (K-Strahlung) so kurz, daß diese Umwandlungen im allgemeinen bei weitem überwiegen.

Gelegentlich werden Nukleonen im Anschluß an einen vorausgehenden Zerfallsprozeß ausgesandt, wenn dieser zu einem angeregten Zustand führt, der energetisch so hoch liegt, daß der Zerfall in einen anderen Kern und ein Proton bzw. ein Neutron möglich ist. Dann kann z.B. an Stelle der isomeren Umwandlung in den Grundzustand ein Proton oder ein Neutron emittiert werden. Man spricht in diesem Falle von verzögerten Protonen („delayed protons") bzw. Neutronen („delayed neutrons"); auch verzögerte α-Emission ist möglich. Verzögerte Protonen treten auf beim $β^+$-Zerfall von C–9, O–13, Ne–17, Mg–21, Si–25, S–29, Ar–33 u. a., verzögerte Neutronen beim $β^-$-Zerfall von Li–9, C–16, N–17 u. a. Auch bei der Kernspaltung werden verzögerte Neutronen emittiert (vgl. Abschn. 8.9).

7.1.2. Emission von Elektronen und Positronen; Elektroneneinfang

Die negativ geladenen Elektronen (Negatronen, Elektronen im engeren Sinne) und die positiv geladenen Elektronen (Positronen = Posi-(tive) (Elek)tronen) werden in der Kernphysik zur Gruppe der Leptonen („leichte" Elementarteilchen) gerechnet (vgl. Tab. 2.1). Die Ruhemasse eines Elektrons beträgt $0{,}548580 \cdot 10^{-3}$ u (atomare Masseneinheiten).

Elektronen e^- treten bei einem $β^-$-Zerfall auf. Sie entstehen im Kern durch Umwandlung eines Neutrons in ein Proton:

$$_0^1 n \rightarrow {}_1^1 p + {}_{-1}^0 e + \bar{\nu}_e. \tag{7.3}$$

Dabei bildet sich außer dem Elektron ein Antineutrino $\bar{\nu}_e$. Die Massenzahl ändert sich nicht; die Ordnungszahl nimmt um eine Einheit zu (2. radioaktiver Verschiebungssatz). $β^-$-Zerfall wird bei solchen radioaktiven Nukliden beobachtet, die sich in der Nuklidkarte unterhalb der Linie der β-Stabilität befinden, d.h. einen Neutronenüberschuß besitzen. Demzufolge findet man $β^-$-aktive Nuklide in den Zerfallsreihen des Urans und des Thoriums (Tab. 5.1, 5.3 und 5.4) und den Produkten der Kernspaltung (vgl. Abschn. 8.9). Auch ein doppelter $β^-$-Zerfall — d.h. gleichzeitige Aussendung von zwei Elektronen — findet gelegentlich statt.

Bei einem $β^+$-Zerfall treten Positronen e^+ auf. Sie entstehen im Kern durch Umwandlung eines Protons in ein Neutron:

$$_1^1 p \rightarrow {}_0^1 n + {}_1^0 e + \nu_e. \tag{7.4}$$

Hierbei entsteht außer dem Positron ein Neutrino v_e. Die Massenzahl ändert sich nicht; die Ordnungszahl nimmt um eine Einheit ab (3. radioaktiver Verschiebungssatz, SODDY 1953). β^+-Zerfall wird bei solchen radioaktiven Nukliden beobachtet, die sich in der Nuklidkarte oberhalb der Linie der β-Stabilität befinden, d. h. einen Protonenüberschuß (Neutronenunterschuß) besitzen. β^+-aktive Nuklide treten weder in den radioaktiven Zerfallsreihen noch in den Produkten der Kernspaltung auf. Sie können in Beschleunigern durch Bestrahlung mit Protonen, Deuteronen oder energiereichen γ-Quanten erzeugt werden.

Wenn ein instabiler Kern einen Protonenüberschuß besitzt, kann er diesen auch durch Elektroneneinfang (Symbol ε, Angelsächsisch „electron capture") kompensieren (Abb. (7–1)). Dabei wird vorzugsweise

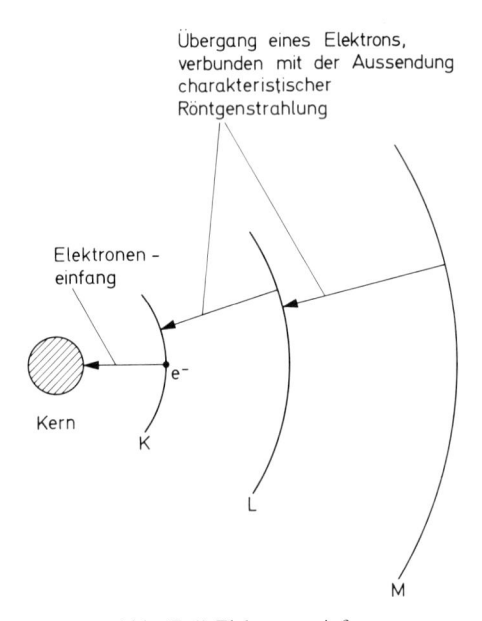

Abb. (7–1) Elektroneneinfang.

ein Elektron aus der K-Schale eingefangen; es findet folgende Reaktion statt:

$$_1^1\text{p} + _{-1}^0\text{e (Hülle)} \longrightarrow {}_0^1\text{n} + v_e. \qquad (7.5)$$

Das Ergebnis ist somit das gleiche wie bei einem β^+-Zerfall: Die Massenzahl ändert sich nicht; die Ordnungszahl nimmt um eine Einheit ab. Man würde die Umwandlung nicht beobachten, wenn nicht die Lücke in der Elektronenhülle durch andere Elektronen, die sich auf höheren Energieniveaus befinden, aufgefüllt würde. Dabei wird eine charakteristische Röntgenstrahlung ausgesandt, und zwar eine K-Strahlung, wenn der Kern ein Elektron der K-Schale einfängt. Deshalb nennt man die beim Elektroneneinfang auftretende Strahlung K-Strahlung. Der Elektroneneinfang wird ebenfalls oberhalb der Linie der β-Stabilität beobachtet.

Die Zerfallsenergie ΔE für den β^--Zerfall ergibt sich aus der Gleichung

$$A \longrightarrow B + e^- + \bar{\nu}_e + \Delta E. \quad (7.6)$$

ΔE ist proportional der Differenz der Kernmassen m, die hier ebenso wie die Nuklidmassen in atomaren Masseneinheiten u gerechnet werden sollen:

$$\Delta E = (m_A - m_B - m_e)c^2. \quad (7.7)$$

Setzt man die Nuklidmassen

$$M = m + Z m_e \quad (7.8)$$

ein (vgl. Abschn. 1.6), so folgt

$$\Delta E = (M_A - Z m_e - M_B + (Z+1)m_e - m_e)c^2 = (M_A - M_B)c^2; \quad (7.9)$$

d. h. die Masse des Elektrons fällt in der Gleichung heraus, weil sie in der Differenz der Nuklidmassen bereits berücksichtigt ist. (Die Ruhemasse des Neutrinos bzw. Antineutrinos ist Null.)

Für den β^+-Zerfall gilt analog

$$A \longrightarrow B + e^+ + \nu_e + \Delta E \quad (7.10)$$

und für die Energie

$$\begin{aligned}\Delta E &= (m_A - m_B - m_e)c^2 \\ &= (M_A - Z m_e - M_B + (Z-1)m_e - m_e)c^2 \\ &= (M_A - M_B - 2m_e)c^2;\end{aligned} \quad (7.11)$$

d. h. beim β^+-Zerfall sind zwei Elektronenmassen zu berücksichtigen. Dies bedeutet aber, daß ein β^+-Zerfall nur dann eintreten kann, wenn

$$M_A \geq M_B + 2m_e \quad (7.12)$$

ist, d. h. wenn die Nuklidmasse von A um mindestens 2 Elektronenmassen größer ist als die Nuklidmasse von B. Für den Elektroneneinfang gilt die Gleichung

$$A + e^- \longrightarrow B + \nu_e + \Delta E. \quad (7.13)$$

Die Energie ergibt sich zu

$$\begin{aligned}\Delta E &= (m_A + m_e - m_B)c^2 \\ &= (M_A - Z m_e + m_e - M_B + (Z-1)m_e)c^2 \\ &= (M_A - M_B)c^2;\end{aligned} \quad (7.14)$$

Elektroneneinfang kann somit immer stattfinden, wenn

$$M_A \geq M_B \quad (7.15)$$

ist. Er ist also auch bei kleinen Differenzen der Nuklidmassen möglich, wenn ein β^+-Zerfall nicht eintreten kann. Das Verhältnis Elektroneneinfang zu β^+-Zerfall nimmt mit steigender Zerfallsenergie ΔE ab und für eine gegebene Zerfallsenergie mit steigender Ordnungszahl zu.

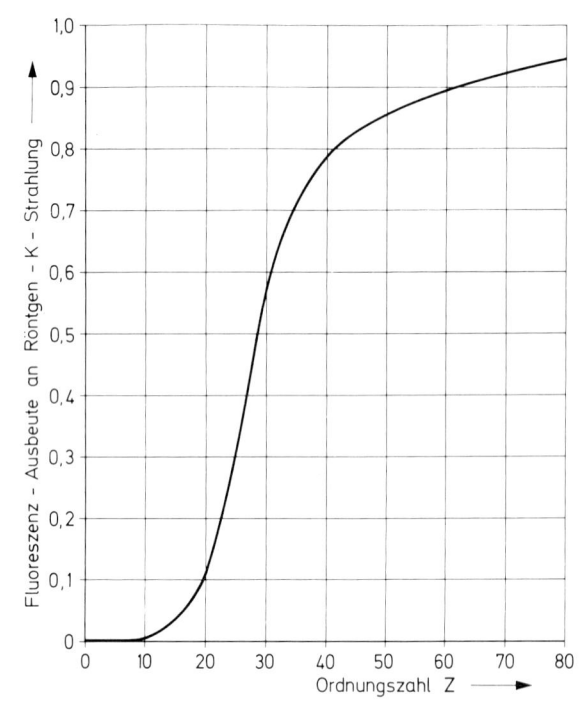

Abb. (7–2) Fluoreszenz-Ausbeute an Röntgen-K-Strahlung als Funktion der Ordnungszahl. (Nach C.D. BROYLES, D.A. THOMAS u. S.K. HAYNES: Physic. Rev. **89**, 715 (1953))

Die nach dem Elektroneneinfang vorhandene Lücke wird meist durch ein Elektron aus der nächst höheren Schale aufgefüllt. An Stelle der charakteristischen Röntgenstrahlung kann auch durch sog. inneren Photoeffekt ein Elektron ausgesandt werden, dessen kinetische Energie gleich der Energie der charakteristischen Röntgenstrahlung abzüglich der Bindungsenergie des betreffenden Elektrons ist. Diese Elektronen, die durch inneren Photoeffekt entstehen, werden „Auger-Elektronen" genannt. Man unterscheidet die Auger-Ausbeute und die Fluoreszenz-Ausbeute. Als Fluoreszenz-Ausbeute der K-Schale bezeichnet man den Quotienten ω_K = Zahl der nach außen emittierten K-Röntgenquanten, dividiert durch die Zahl der Lücken in der K-Schale, als Auger-Ausbeute der K-Schale die Differenz $1 - \omega_K$; entsprechend werden die Fluoreszenz-Ausbeute und die Auger-Ausbeute der L-Schale definiert. Die Fluoreszenz-Ausbeute steigt mit der Ordnungszahl an (Abb. (7–2)). Die Kenntnis der Fluoreszenz-Ausbeute ist wichtig für die Messung der K-Strahler.

Außerdem wird beim Elektroneneinfang eine elektromagnetische Strahlung sehr geringer Intensität ausgesandt, die als „innere Bremsstrahlung" bezeichnet wird. Durch Messung der Maximalenergie der inneren Bremsstrahlung kann man die beim Elektroneneinfang freiwerdende Energie ΔE bestimmen. Die Zahl der Photonen, die pro Elektroneneinfang als innere Bremsstrahlung auftreten, beträgt etwa $7{,}4 \cdot 10^{-4} \, \Delta E^2$ (Energie ΔE in MeV).

7.1.3. Emission von Photonen und Konversionselektronen

Oft verbleibt der Kern nach Aussendung eines α-Teilchens, nach einem β^-- oder β^+-Zerfall oder nach einem Elektroneneinfang in einem angeregten Zustand. Die Anregungsenergie wird dann in Form von einem oder mehreren γ-Quanten mit der Energie $E = h\nu$ abgegeben (Abbn. (7–3) und (7–4)); dabei geht der Kern in einer oder in mehreren Stufen in den Grundzustand über. Die Lebensdauer eines angeregten Zustandes beträgt im allgemeinen nur etwa 10^{-16} bis 10^{-13} s; d. h. sie ist verhältnismäßig klein. Die Energiezustände werden in einem Energiediagramm aufgezeichnet (vgl. Abbn. (7–3) und (7–4)). Die γ-Spektren der Atomkerne sind den optischen Spektren vergleichbar, die beim Übergang der Elektronen von höheren in niedrigere Energiezustände beobachtet werden.

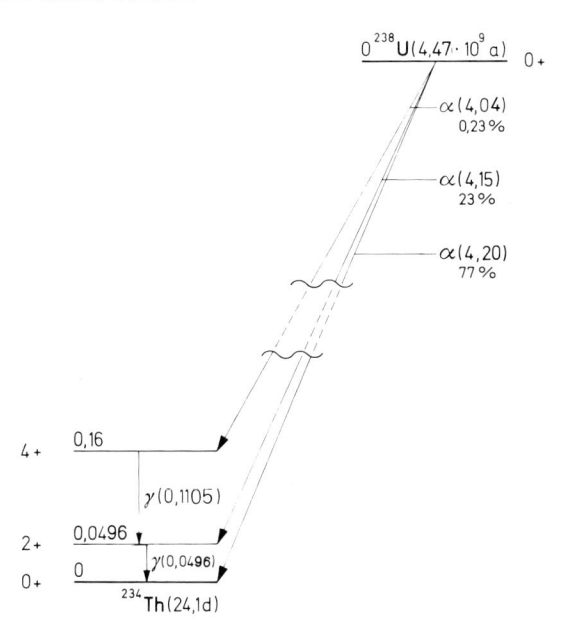

Abb. (7–3) Energiediagramm des U–238; γ-Strahlung nach α-Zerfall (Energien in MeV).

In manchen Fällen treten an Stelle von γ-Quanten auch Elektronen auf, die man als Konversionselektronen bezeichnet. Der Kern gibt dann seine Anregungsenergie nicht in Form von γ-Quanten ab, sondern er überträgt diese Anregungsenergie durch eine direkte Wechselwirkung auf ein Hüllenelektron, vorzugsweise auf ein Elektron der K-Schale (innere Konversion). Dies ist in Abb. (7–5) schematisch aufgezeichnet. Früher nahm man an, daß auch hier zunächst ein γ-Quant auftritt, das dann seine Energie auf ein Elektron überträgt (innerer

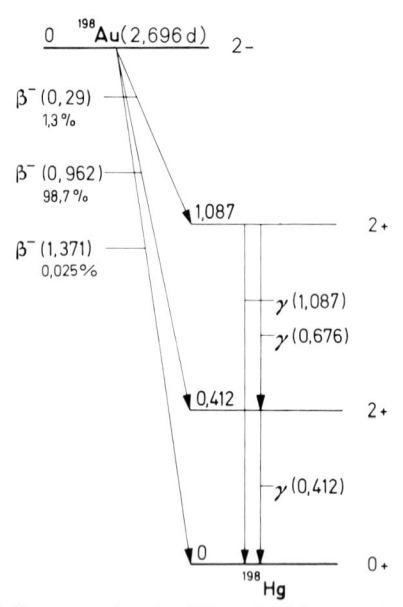

Abb. (7–4) Energiediagramm des Au–198; γ-Strahlung nach β⁻-Zerfall (Energien in MeV).

Photoeffekt). Es ist jedoch inzwischen sichergestellt, daß eine direkte Wechselwirkung zwischen dem Kern und einem Hüllenelektron vorliegt. Diese Wechselwirkung ist verständlich, da die s-Elektronen eine gewisse Aufenthaltswahrscheinlichkeit am Kernort haben. Als Symbol für die Konversionselektronen benutzt man die Abkürzung e^-. Nach dem Ausstoß eines Konversionselektrons bleibt — ähnlich wie beim Elektroneneinfang — eine Lücke in der Elektronenschale des betreffenden Atoms, die durch Elektronen aus höheren Energiezuständen aufgefüllt wird. Dabei tritt — ebenso wie beim Elektroneneinfang — charakteristische Röntgenstrahlung auf.

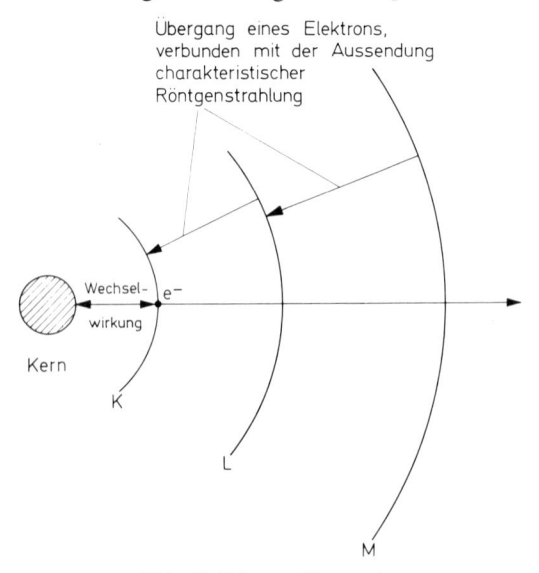

Abb. (7–5) Innere Konversion.

Auf Grund der charakteristischen Röntgenstrahlung kann man nachprüfen, in welcher zeitlichen Reihenfolge die Teilchen vom Kern ausgesandt werden. Zum Beispiel beobachtet man beim Zerfall des ^{214}Pb (RaB) folgende Strahlungsarten: β^-, γ;

$$^{214}_{82}\text{Pb} \xrightarrow[26{,}8 \text{ min}]{\beta^-, \gamma} {}^{214}_{83}\text{Bi}.$$

Die charakteristische Röntgenstrahlung, die eine Folge der Aussendung der Konversionselektronen ist, stammt vom Element 83. Damit ist nachgewiesen, daß die Konversion erst nach der β^--Umwandlung stattfindet.

Konversionselektronen werden häufiger beobachtet, wenn die Ordnungszahl relativ groß und die Anregungsenergie der Kerne relativ klein ist ($< 0{,}2$ MeV). Der Konversionskoeffizient α gibt das Verhältnis der Zahl der pro Zeiteinheit emittierten Elektronen $\dfrac{dN_e}{dt}$ zu der Zahl der pro Zeiteinheit emittierten γ-Quanten $\dfrac{dN_\gamma}{dt}$ an:

$$\alpha = \frac{dN_e}{dt} \bigg/ \frac{dN_\gamma}{dt} = \frac{\lambda_e}{\lambda_\gamma}; \qquad (7.16)$$

λ_e ist die partielle Zerfallskonstante für die Aussendung von Konversionselektronen, λ_γ die partielle Zerfallskonstante für die Aussendung von γ-Quanten. Der Konversionskoeffizient bewegt sich auf Grund dieser Definition zwischen 0 und ∞. Für die innere Konversion in der K-Schale, L-Schale usw. werden partielle Konversionskoeffizienten α_K, α_L usw. angegeben.

In manchen Fällen findet der Übergang vom angeregten Zustand in den Grundzustand nicht unmittelbar im Anschluß an die Umwandlung statt, sondern weitgehend unabhängig von der vorausgehenden α- oder β-Umwandlung. Man spricht dann von einem isomeren (metastabilen) Zustand des betreffenden Nuklids (Kernisomerie, vgl. Abschnitt 1.3). Den Übergang in den Grundzustand nennt man isomere Umwandlung, abgekürzt I.U. (im Angelsächsischen IT = „isomeric transition"). Die Lebensdauer des isomeren Zustandes kann so groß sein, daß man Halbwertzeiten für die isomere Umwandlung findet, die Stunden oder auch Jahre betragen können (vgl. Abb. (7–6)). In der Praxis spricht man oft nur dann von isomerer Umwandlung, wenn die Lebensdauer des metastabilen angeregten Zustands $\geq 0{,}1$ s ist. Nur im Falle der isomeren Umwandlung ist die γ-Strahlung nicht von einer anderen Strahlen (α- oder β-Strahlung) begleitet, die zu dem angeregten Zustand führt.

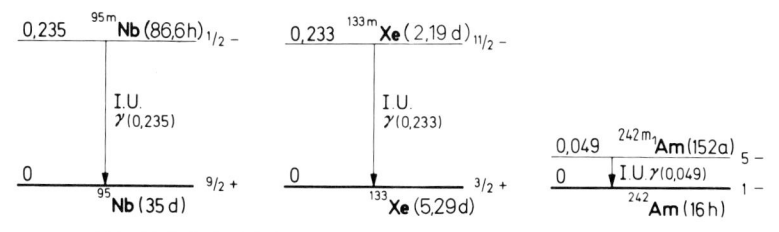

Abb. (7–6) Beispiele für isomere Umwandlungen (Energien in MeV).

7.1.4. Spontanspaltung

Während die bisher besprochenen Zerfallsarten zu einem großen Teil bei der Untersuchung der natürlichen Radioaktivität des Urans bzw. des Thoriums und ihrer Folgeprodukte aufgeklärt werden konnten, wurde die Spontanspaltung von Atomkernen erst sehr viel später beobachtet. 1938 entdeckten HAHN und STRASSMANN die Spaltung des Urans durch thermische Neutronen; 1940 fanden FLEROV und PETRZHAK, daß die Kerne des Urans sich auch spontan — d. h. ohne Einwirkung von Neutronen — spalten. Die partielle Halbwertzeit des U–238 für Spontanspaltung beträgt $9 \cdot 10^{15}$ a, die partielle Halbwertzeit für den α-Zerfall $4{,}47 \cdot 10^9$ a. Auf etwa 10^6 α-Zerfälle kommt somit etwa eine Spontanspaltung (Symbol sf für „spontaneous fission").

Bei schweren Nukliden tritt die Spontanspaltung immer mehr in den Vordergrund (vgl. Tab. 7.2). Bei sehr schweren neutronenreichen Nukliden überwiegt schließlich die Wahrscheinlichkeit der Spontanspaltung die des α-Zerfalls. So beträgt die Wahrscheinlichkeit für die Spontanspaltung bei dem Californiumisotop Cf–254 99% und bei dem Fermiumisotop Fm–256 92%.

Die Bildung ungleicher Bruchstücke (asymmetrische Spaltung) ist sehr stark bevorzugt. Außerdem werden ein oder mehrere Neutronen frei (vgl. Tab. 7.2).

Tabelle 7.2 Halbwertzeiten für Spontanspaltung

Nuklid	Halbwertzeit der Spontanspaltung	Mittlere Zahl der freiwerdenden Neutronen	Nuklid	Halbwertzeit der Spontanspaltung	Mittlere Zahl der freiwerdenden Neutronen
^{230}Th	$\geq 1{,}5 \cdot 10^{17}$ a		^{249}Cf	$6{,}5 \cdot 10^{10}$ a	
^{232}Th	$> 10^{21}$ a		^{250}Cf	$1{,}7 \cdot 10^4$ a	$3{,}53 \pm 0{,}09$
^{232}U	$\approx 8 \cdot 10^{13}$ a		^{252}Cf	85 a	3,764
^{233}U	$1{,}2 \cdot 10^{17}$ a		^{254}Cf	60 d	$3{,}88 \pm 0{,}14$
^{234}U	$1{,}6 \cdot 10^{16}$ a		^{253}Es	$6{,}4 \cdot 10^5$ a	
^{235}U	$3{,}5 \cdot 10^{17}$ a		^{254}Es	$> 2{,}5 \cdot 10^7$ a	
^{236}U	$2 \cdot 10^{16}$ a		^{255}Es	2440 a	
^{238}U	$9 \cdot 10^{15}$ a	$2{,}00 \pm 0{,}08$	^{244}Fm	$\geq 3{,}3$ ms	
^{237}Np	$> 10^{18}$ a		^{246}Fm	≈ 20 s	
^{236}Pu	$3{,}5 \cdot 10^9$ a	$2{,}22 \pm 0{,}2$	^{248}Fm	≈ 60 h	
^{238}Pu	$5 \cdot 10^{10}$ a	$2{,}28 \pm 0{,}08$	^{250}Fm	≈ 10 a	
^{239}Pu	$5{,}5 \cdot 10^{15}$ a		^{252}Fm	115 a	
^{240}Pu	$1{,}4 \cdot 10^{11}$ a	$2{,}16 \pm 0{,}02$	^{254}Fm	246 d	$3{,}99 \pm 0{,}20$
^{242}Pu	$7 \cdot 10^{10}$ a	$2{,}15 \pm 0{,}02$	^{255}Fm	$1{,}2 \cdot 10^4$ a	
^{244}Pu	$6{,}6 \cdot 10^{10}$ a	$2{,}30 \pm 0{,}19$	^{256}Fm	2,63 h	$3{,}83 \pm 0{,}18$
^{241}Am	$2{,}3 \cdot 10^{14}$ a		^{257}Fm	120 a	$4{,}02 \pm 0{,}13$
^{242m1}Am	$9{,}5 \cdot 10^{11}$ a		^{258}Fm	380 μs	
^{243}Am	$3{,}3 \cdot 10^{13}$ a		^{257}Md	≥ 30 h	
^{240}Cm	$1{,}9 \cdot 10^6$ a		^{252}No	$\approx 7{,}5$ s	
^{242}Cm	$6{,}5 \cdot 10^6$ a	$2{,}59 \pm 0{,}09$	^{254}No	$\geq 9 \cdot 10^4$ s	
^{244}Cm	$1{,}3 \cdot 10^7$ a	$2{,}76 \pm 0{,}07$	^{256}No	≈ 1500 s	
^{246}Cm	$1{,}8 \cdot 10^7$ a	$3{,}00 \pm 0{,}20$	^{258}No	1,2 ms	
^{248}Cm	$4{,}2 \cdot 10^6$ a	$3{,}15 \pm 0{,}06$	^{256}Lr	$> 10^5$ s	
^{250}Cm	$1{,}4 \cdot 10^4$ a	$3{,}31 \pm 0{,}08$	^{257}Lr	$> 10^5$ s	
^{249}Bk	$1{,}7 \cdot 10^9$ a	$3{,}64 \pm 0{,}16$	^{258}Lr	≥ 20 s	
^{246}Cf	$2{,}0 \cdot 10^3$ a	$2{,}85 \pm 0{,}19$	^{261}104	≥ 650 s	
^{248}Cf	$3{,}2 \cdot 10^4$ a		^{261}105	8 s	

Werte aus R. VANDENBOSCH, J. R. HUIZENGA: „Nuclear Fission", Academic Press, New York and London 1973.

Energetische Überlegungen zeigen, daß alle Kerne mit Massenzahlen A > ≈ 100 im Hinblick auf Spontanspaltung instabil sind; d. h. für alle diese Nuklide ist die Energie ΔE der Reaktion

$$A \longrightarrow B + C + \nu n + \Delta E \qquad (7.17)$$

positiv. (B und C sind die Spaltbruchstücke, ν ist die Zahl der bei der Spaltung freiwerdenden Neutronen n). Daß diese Kerne existenzfähig sind und keine nachweisbare Spontanspaltung zeigen, beruht auf der hohen Energieschwelle für die Spaltung (vgl. Abschn. 8.9). Sie ist dafür verantwortlich, daß das Periodensystem der Elemente nicht etwa bei der Ordnungszahl 46 aufhört.

7.2. α-Zerfall

7.2.1. Diskussion der Spektren

Die α-Spektren kann man in folgende Gruppen einteilen:
a) Spektren mit nur einer Gruppe oder „Linie" (Beispiele: ^{218}Po(RaA), ^{210}Po(RaF)). In Spektren dieser Nuklide wird praktisch nur eine einzige Linie — d. h. nur eine Energie — beobachtet (Abb. (7–7)).

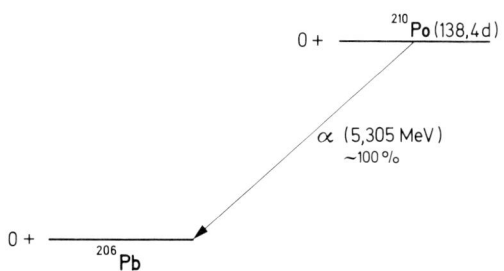

Abb. (7–7) Energiediagramm für den Zerfall des Po–210.

b) Spektren mit zwei oder mehr diskreten Gruppen oder „Linien" nahe benachbarter Energiewerte (Beispiele: ^{212}Bi(ThC), ^{223}Ra (AcX), ^{224}Ra(ThX), ^{227}Th(RdAc), ^{231}Pa). In Abb. (7–8) ist das Energiediagramm (Zerfallschema) für den Zerfall des ^{212}Bi(ThC) aufgezeichnet, das 7 α-Linien mit nahe benachbarten Energiewerten zeigt. Die verschiedenen α-Linien kommen dadurch zustande, daß das ^{212}Bi beim α-Zerfall in verschiedene angeregte Zustände des Tochternuklids ^{208}Tl(ThC″) übergehen kann.

c) Spektren mit einer Hauptgruppe und Nebengruppen sehr viel höherer Energie. Der Anteil der Nebengruppen beträgt dabei nur 10^{-4} bis 10^{-7}, d. h. die Intensität der Linien der Nebengruppen ist um den Faktor 10^4 bis 10^7 kleiner als die Intensität der Linien der Hauptgruppe (Beispiele: ^{214}Po (RaC′), ^{212}Po (ThC′)). Das Energiediagramm für den Zerfall des ^{212}Po ist in Abb. (7–9) aufgezeichnet. Das ^{212}Po entsteht durch β^--Umwandlung aus ^{212}Bi(ThC). Dabei werden verschiedene angeregte Zustände des ^{212}Po bevölkert, darunter auch ein metastabiler Zustand (^{212m}Po). In den meisten Fällen geht das ^{212}Po zuerst in den Grundzustand über, bevor es sich durch α-Zerfall weiter umwandelt. In sehr seltenen Fällen können aber auch die angeregten Zustände des ^{212}Po durch α-Zerfall direkt in ^{208}Pb übergehen. Auf diese Weise kommen die Nebengruppen mit höheren Energiewerten zustande.

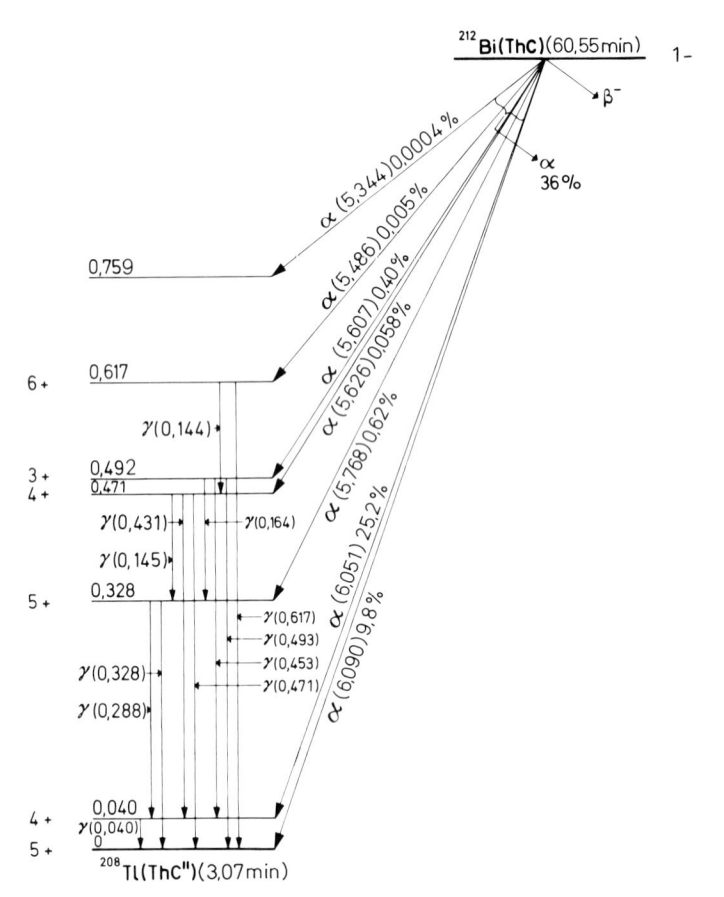

Abb. (7–8) Energiediagramm für den Zerfall des Bi–212 (Energien in MeV). (Übergänge mit Wahrscheinlichkeiten $<0{,}0001\%$ sind nicht berücksichtigt.)

Der α-Zerfall ist in vielen Fällen von einer γ-Strahlung begleitet Abb. (7–8)), und zwar immer dann, wenn der Kern beim Zerfall nicht in den Grundzustand, sondern in einen angeregten Zustand des Tochternuklids übergeht.

Die α-Teilchen besitzen stets eine diskrete Energie E_α. Diese Energie ist etwas kleiner als die beim α-Zerfall freiwerdende Energie ΔE, weil der Kern des Tochternuklids eine Rückstoßenergie E_K erhält. Somit gilt für die Gesamtenergie des α-Zerfalls

$$\Delta E = E_\alpha + E_K. \tag{7.18}$$

Nach dem Impulssatz ist

$$m_\alpha \cdot v_\alpha = m_K \cdot v_K, \tag{7.19}$$

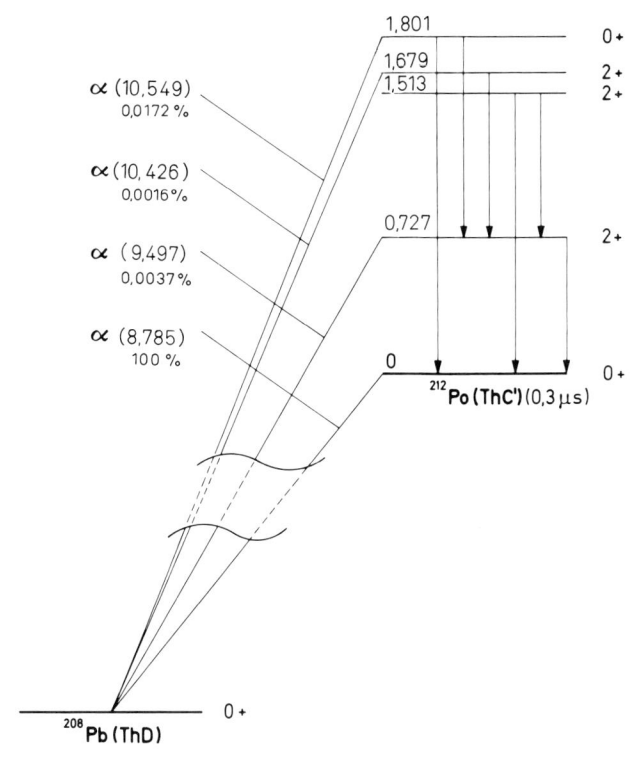

Abb. (7–9) Energiediagramm für den Zerfall des Po–212 (Energien in MeV). (Der metastabile Zustand ^{212m}Po ist nicht berücksichtigt.)

wenn m die Massen und v die Geschwindigkeiten des α-Teilchens bzw. des Tochternuklids sind. Vernachlässigt man die relativistische Massenänderung, so wird

$$\Delta E = \frac{1}{2} m_\alpha v_\alpha^2 + \frac{1}{2} m_K v_K^2 \qquad (7.20)$$

bzw.

$$\Delta E = \frac{1}{2} m_\alpha v_\alpha^2 \left(1 + \frac{m_\alpha}{m_K}\right) \qquad (7.21)$$

Die Energie des α-Zerfalls ist somit um den Faktor

$$\left(1 + \frac{m_\alpha}{m_K}\right)$$

höher als die Energie der α-Teilchen, die im Energiediagramm (Abbn. (7–7) bis (7–9)) eingetragen wird.

7.2.2. Theorie des α-Zerfalls

In Tab. 7.3 sind die Energie, die Halbwertzeit und die Zerfallskonstante von α-aktiven Radionukliden aus den Zerfallsreihen des Urans und des Thoriums eingetragen. Die Energie des α-Zerfalls variiert zwi-

Tabelle 7.3
Energien, Halbwertzeiten und Zerfallskonstanten von natürlich
α-aktiven Radionukliden

Nuklid	Zerfallsenergie in MeV	Halbwertzeit	Zerfallskonstante in s^{-1}
^{232}Th	4,01	$1{,}41 \cdot 10^{10}$ a	$1{,}56 \cdot 10^{-18}$
^{238}U	4,20	$4{,}47 \cdot 10^{9}$ a	$4{,}92 \cdot 10^{-18}$
^{235}U	4,60	$7{,}04 \cdot 10^{8}$ a	$3{,}12 \cdot 10^{-17}$
^{234}U	4,78	$2{,}44 \cdot 10^{5}$ a	$9{,}01 \cdot 10^{-14}$
^{226}Ra	4,78	$1{,}600 \cdot 10^{3}$ a	$1{,}37 \cdot 10^{-11}$
^{228}Th	5,42	1,91 a	$1{,}15 \cdot 10^{-8}$
^{222}Rn	5,49	3,82 d	$2{,}10 \cdot 10^{-6}$
^{224}Ra	5,69	3,66 d	$2{,}19 \cdot 10^{-6}$
^{218}Po	6,00	3,05 min	$3{,}79 \cdot 10^{-3}$
^{220}Rn	6,29	55,6 s	$1{,}25 \cdot 10^{-2}$
^{216}Po	6,78	0,15 s	4,62
^{215}Po	7,38	$1{,}78 \cdot 10^{-3}$ s	$3{,}89 \cdot 10^{2}$
^{214}Po	7,69	$1{,}64 \cdot 10^{-4}$ s	$4{,}23 \cdot 10^{3}$
^{212}Po	8,79	$3{,}05 \cdot 10^{-7}$ s	$2{,}27 \cdot 10^{6}$

schen 4 und 9 MeV, aber die Halbwertzeit bzw. die Zerfallskonstante um etwa 24 Zehnerpotenzen. Die Zerfallskonstante ist um so größer, je höher die Energie des α-Zerfalls ist. Da die Reichweite der α-Teilchen in Luft mit ihrer Energie ansteigt (vgl. Abschn. 6.2.2), gilt zwischen der Zerfallskonstanten und der Reichweite R eine Beziehung, die folgendermaßen formuliert werden kann:

$$\lg \lambda = a \lg R + b. \tag{7.22}$$

Diese Gesetzmäßigkeit wurde erstmals von GEIGER und NUTTALL (1911) festgestellt. In Abb. (7–10) ist diese Beziehung für die α-aktiven Radionuklide der natürlichen Zerfallsreihen des Urans, Thoriums und Actiniums graphisch dargestellt. Alle α-aktiven Nuklide der einzelnen Zerfallsreihen liegen jeweils auf Geraden, die parallel verlaufen; d. h. für jede Zerfallsreihe sind a und b konstant. Für die Zerfallskonstante als Funktion der Energie des α-Zerfalls gilt eine ähnliche Beziehung:

$$\lg \lambda = a' \lg E + b'. \tag{7.23}$$

Diese Beziehung besagt, daß die Wahrscheinlichkeit des α-Zerfalls nur von der Energiedifferenz ΔE zwischen dem Anfangszustand (Nuklid A) und dem Endzustand (Nuklid B + α-Teilchen) abhängt (Gl. (6.1)).

Die Deutung des α-Zerfalls stieß zunächst auf erhebliche Schwierigkeiten. Zum Beispiel zeigten die Streuversuche mit α-Teilchen an ^{238}U, daß auch bei relativ hoher Energie (8,79 MeV für die α-Strahlung des ^{212}Po) die Coulombsche Abstoßung des Kerns wirksam ist. Dieses Abstoßungspotential läßt sich durch die Gleichung

$$U(r) = \frac{2Ze^2}{r} \tag{7.24}$$

beschreiben; es ist in Abb. (7–11) aufgetragen. Der Eintritt eines α-Teilchens in den Kern wird somit durch eine verhältnismäßig hohe Poten-

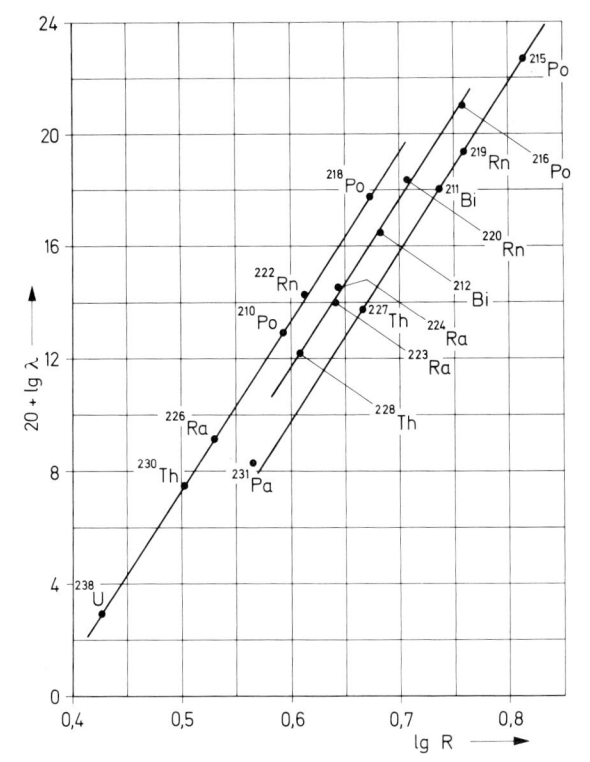

Abb. (7–10) Zusammenhang zwischen Reichweite (in cm) und Zerfallskonstante (in s^{-1}) (Geiger-Nuttallsche Regel). Nach H. GEIGER: Z. Physik **8**, 45 (1921).

tialschwelle (> 9 MeV) verhindert. Innerhalb des Kerns sind anziehende Kräfte wirksam, die das α-Teilchen mit einer gewissen Bindungsenergie festhalten. Der Potentialverlauf im Innern des Kerns ist nicht genau bekannt; er kann durch einen konstanten Wert U_o angenähert werden (Abb. (7–11)). Dieses Potential U_o ist innerhalb des sogenannten effektiven Kernradius r_K wirksam (Potentialtopf von der

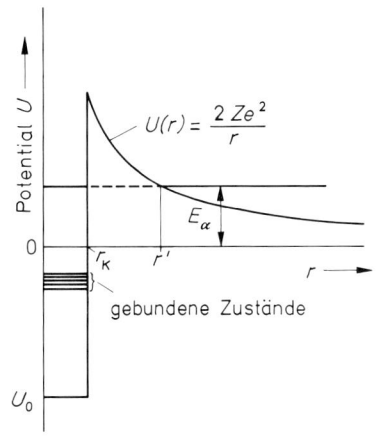

Abb. (7–11) Potentialverlauf für die Wechselwirkung zwischen einem Kern und einem α-Teilchen.

Tiefe U_0 und dem Durchmesser $2 r_K$). Nach den Gesetzen der klassischen Mechanik müßte ein α-Teilchen, das den Kern verläßt, eine kinetische Energie besitzen, die mindestens so groß ist wie die Potentialschwelle; d. h. im vorliegenden Falle müßte $E_\alpha > 9$ MeV sein. Die α-Teilchen, die den Urankern verlassen, besitzen aber nur eine Energie von etwa 4 MeV; sie können also nicht über die Potentialschwelle hinweggekommen sein.

Die Lösung dieses Problems ergab sich erst aus der Wellenmechanik, die von GAMOW sowie unabhängig davon von CONDON und GURNEY 1928 auf den α-Zerfall angewendet wurde. Dabei zeigte sich, daß das α-Teilchen eine gewisse Wahrscheinlichkeit hat, durch die Potentialschwelle „hindurchzutunneln" (Tunneleffekt). Die Durchlässigkeit P einer einfachen Potentialschwelle ist gegeben durch den Ausdruck

$$P = \exp\left[-\frac{2\sqrt{2 m_\alpha}}{\hbar}\int\sqrt{U(r) - E_\alpha}\,dr\right] \qquad (7.25)$$

Darin sind $\hbar = \frac{h}{2\pi}$, m_α die Masse des α-Teilchens, $U(r)$ das Potential und E_α die Energie des α-Zerfalls; integriert wird über den gesamten Bereich, in dem $U(r) > E_\alpha$ ist. Näherungsweise folgt aus Gl. (7.25) für die Zerfallskonstante λ

$$\lg \lambda = \lg \frac{v_\alpha}{r_K} - \frac{4\pi e^2 (Z-2)}{2{,}3\,\hbar v_\alpha} + \frac{8e}{2{,}3\,\hbar}\sqrt{(Z-2) r_K\, m_\alpha} + \ldots \qquad (7.26)$$

v_α und r_K sind verhältnismäßig klein; deshalb ist der erste Term auf der rechten Seite nahezu konstant. Der dritte Term und alle höheren Glieder sind verhältnismäßig klein und können mit dem ersten Term zu einer Konstanten zusammengefaßt werden:

$$\lg \lambda \approx a - b\frac{(Z-2)}{v_\alpha} \qquad (7.27)$$

oder

$$\lg \lambda \approx a - b\frac{(Z-2)}{\sqrt{\dfrac{2 E_\alpha}{m_\alpha}}}. \qquad (7.28)$$

Diese Gleichungen haben eine gewisse Ähnlichkeit mit der Geiger-Nuttallschen Regel (Gl. (7.22)) und zeigen gute Übereinstimmung mit dem Experiment, sofern es sich um Nuklide mit gerader Ordnungszahl und gerader Massenzahl (g,g-Kerne) handelt (vgl. Abb. (7-12)).

Aus der Halbwertzeit und der Energie des α-Zerfalls kann mit Hilfe von Gl. (7.26) der effektive Radius r_K des Kerns (effektiv hinsichtlich des α-Zerfalls) berechnet werden. Dieser gehorcht für alle g,g-Kerne recht gut der Beziehung

$$r_K = r_0 A^{1/3} \qquad (7.29)$$

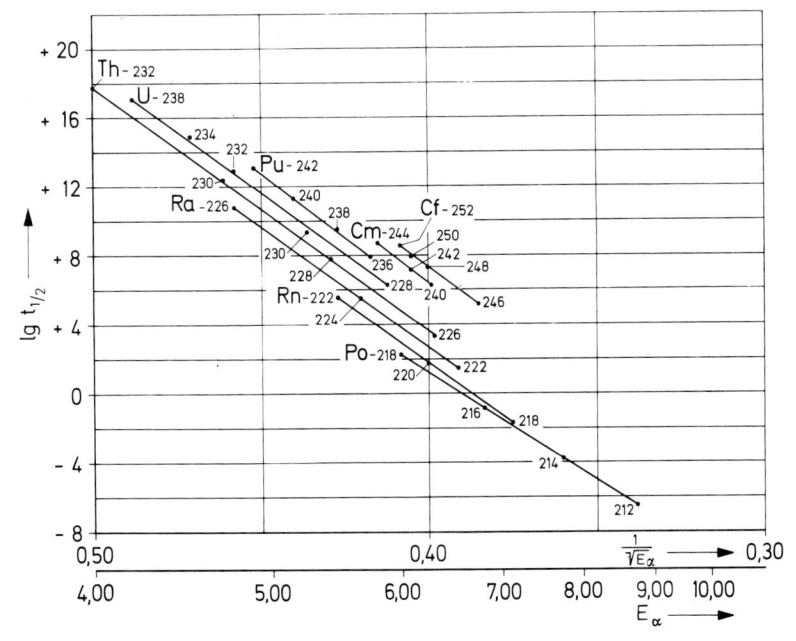

Abb. (7–12) Zusammenhang zwischen Halbwertzeit (in s) und Energie (in MeV) des α-Zerfalls für g, g-Kerne.

(vgl. Gl. (2.2) in Abschn. 2.1), wobei r_0 nur sehr wenig um den Mittelwert $1,53 \cdot 10^{-15}$ m schwankt.

Wie bereits erwähnt, besteht nur bei g, g-Kernen Übereinstimmung mit der Theorie, und auch dann nur bei Umwandlungen in den Grundzustand oder in den ersten angeregten Zustand. Der Grundzustand der g, g-Kerne hat den Kernspin Null und gerade Parität; der erste angeregte Zustand hat den Kernspin 2 und gerade Parität. In allen anderen Fällen ist die Halbwertzeit für den α-Zerfall meist größer, als sich aus den vorausgehenden theoretischen Überlegungen ergibt, und zwar sind die Werte bis um den Faktor 10^4 höher. Diese Behinderung des α-Zerfalls muß auf die Änderung des Drehimpulses oder des Quadrupolmomentes (Abweichungen von der Kugelsymmetrie) zurückgeführt werden. Eine befriedigende theoretische Deutung liegt noch nicht vor.

7.3. β-Zerfall

7.3.1. Diskussion der Spektren

Die β-Spektren zeigen im Gegensatz zu den α-Spektren keine „Linien", die einer bestimmten Energie entsprechen, sondern eine kontinuierliche Energieverteilung (Abb. (6–14)). Weitere Beispiele für β-Spektren sind in den Abbn. (7–13) und (7–14) wiedergegeben; in diesen Abbildungen ist $N(E)$, die Zahl der Elektronen mit einer bestimmten Energie E, als Funktion der Energie E aufgezeichnet. Das β-Spektrum des Cl–36 (Abb. (7–13)) entspricht einem einzigen Übergang in

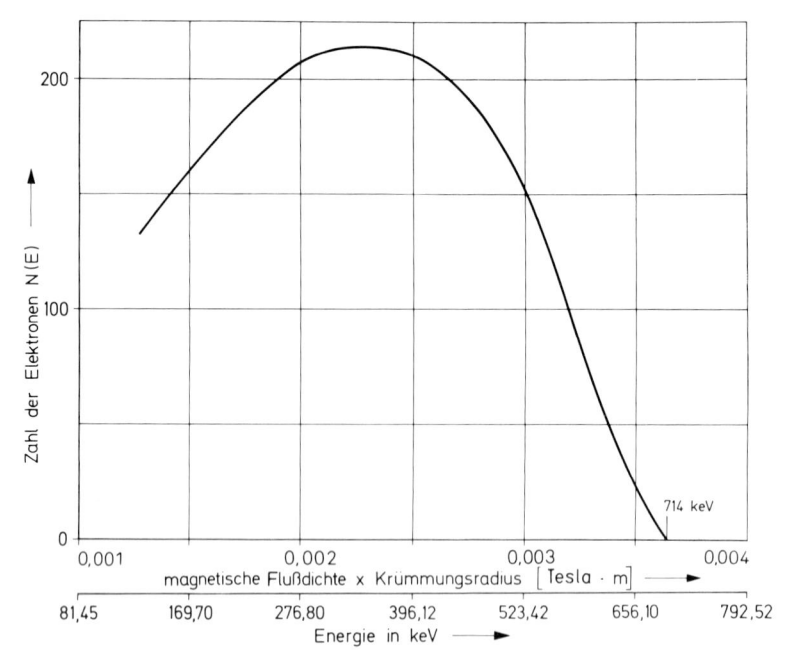

Abb. (7–13) β-Spektrum des Cl–36. (Nach C.S.Wu u. L. Feldman: Physic. Rev. **76**, 693 (1949); L. Feldman u. C.S.Wu: Physic. Rev. **87**, 1091 (1952))

den Grundzustand des Ar–36; das β-Spektrum des Cl–38 (Abb. (7–14)) kommt durch die Überlagerung von drei Übergängen zustande (ein Übergang in den Grundzustand und zwei Übergänge in angeregte Zustände des Ar–38). Die zugehörigen Zerfallschemata sind in den Abbn. (7–15) und (7–16) aufgezeichnet.

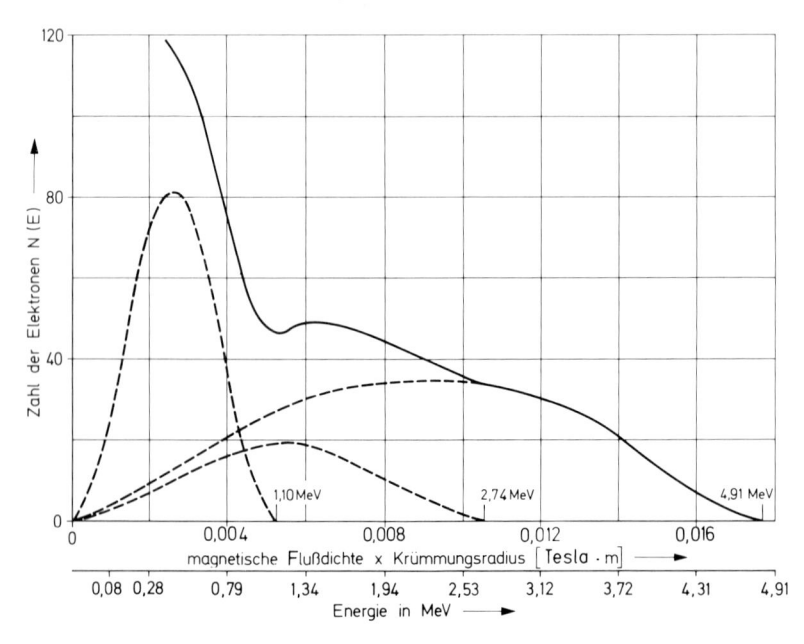

Abb. (7–14) β-Spektrum des Cl–38. (Nach L.M. Langer: Physic. Rev. **77**, 50 (1950))

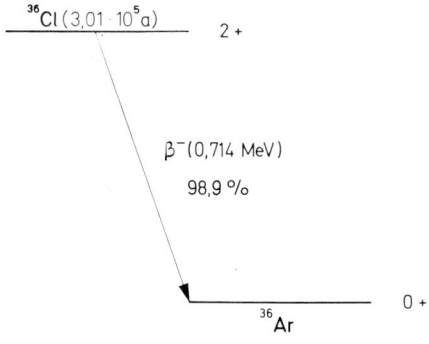

Abb. (7–15) Energiediagramm für den Zerfall des Cl–36.

Die kontinuierliche Energieverteilung bedeutet scheinbar einen Verstoß gegen das Energieprinzip: Der Kern des Mutternuklids befindet sich in einem definierten Energiezustand, ebenso der Kern des Tochternuklids. Die Energie der ausgesandten Elektronen ist jedoch nicht gleich der Differenz dieser beiden Energiezustände. Sie schwankt vielmehr zwischen Null und einer Maximalenergie E_{max}. Diese Maximalenergie entspricht der Differenz der Energiezustände im Energiediagramm. Die mittlere Energie der Elektronen beträgt nur etwa ein Drittel der Maximalenergie. Die kontinuierliche Energieverteilung der β-Spektren beruht darauf, daß gleichzeitig mit jedem Elektron bzw. Positron ein Antineutrino bzw. Neutrino ausgesandt wird, das einen Teil der Zerfallsenergie erhält. Die Summe der Energien der Elektronen bzw. Positronen und der Antineutrinos bzw. Neutrinos ist gleich der Maximalenergie:

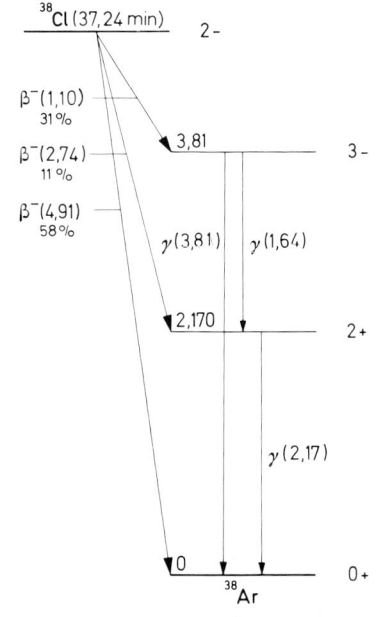

$$E_e + E_\nu = E_{max}. \qquad (7.30)$$

Abb. (7–16) Energiediagramm für den Zerfall des Cl–38 (Energien in MeV).

7. Zerfallsprozesse

Abb. (7-17) Energiediagramme für den Zerfall von
a) C-14 b) F-20 c) O-14 d) La-140 e) Cu-64 (Energien in MeV).
(Übergänge mit Häufigkeiten <0,1% sind nicht berücksichtigt.)

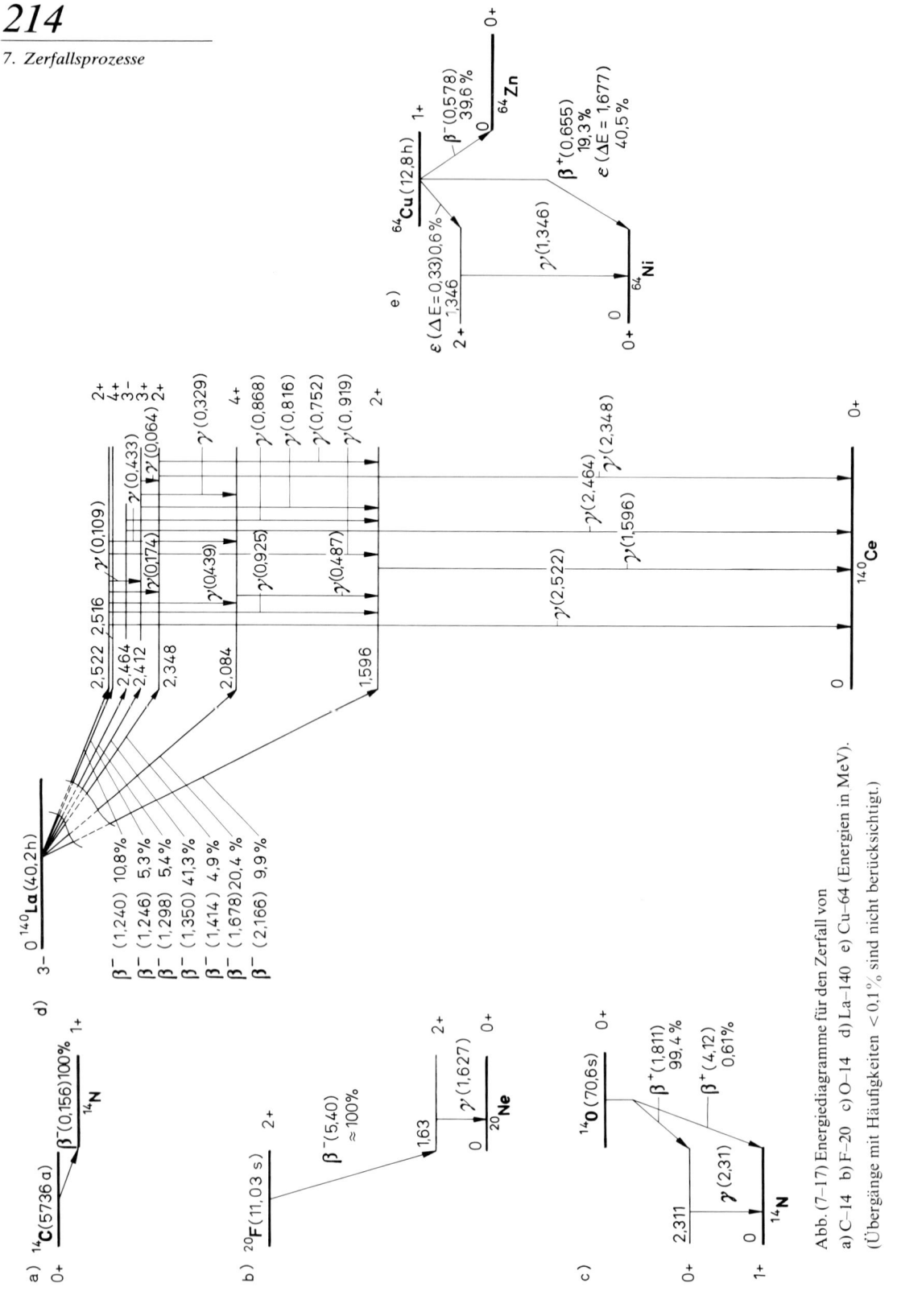

Man unterscheidet einfache β-Spektren, die nur eine Maximalenergie zeigen (Abb. (7–13)), und komplexe β-Spektren mit mehreren Maximalenergien (Abb. (7–14)). In Abb. (7–17) sind einige weitere Energiediagramme für β-aktive Radionuklide aufgezeichnet. C–14 und F–20 besitzen ein einfaches Energiediagramm (einfaches β-Spektrum). C–14 ist ein reiner β-Strahler; F–20 sendet zusätzlich γ-Strahlen aus. O–14, La–140 und Cu–64 zeigen mehrere β-Übergänge. Cu–64 sendet sowohl Elektronen als auch Positronen aus und fängt außerdem Elektronen ein (K-Strahlung).

Im Gegensatz zu den Elektronen bzw. Positronen, die beim β-Zerfall auftreten, sind die Konversionselektronen monoenergetisch. Bei der Konversion wird die Energie nicht auf Elektronen und Neutrinos aufgeteilt, sondern die Konversionselektronen erhalten die gesamte Energie des angeregten Zustandes, abzüglich der Bindungsenergie der Elektronen. Da die Bindungsenergien der K-, L-, M-... Elektronen verschieden sind, beobachtet man im Spektrum mehrere Konversionslinien und außerdem die Linien, die mit der Emission von Auger-Elektronen verknüpft sind (vgl. Abschn. 9.3).

7.3.2. Theorie des β-Zerfalls

Das theoretische Verständnis des β-Zerfalls bereitete vor Einführung der Neutrinohypothese einige Schwierigkeiten. Zunächst stand die kontinuierliche Energieverteilung — wie bereits erwähnt — im Widerspruch zum Energieprinzip. Nach dem Impulserhaltungssatz sollte der Gesamtdrehimpuls eines Systems konstant bleiben. Der Kern B, der aus dem Kern A durch β-Zerfall hervorgeht,

$$A \longrightarrow B + e^-, \tag{7.31}$$

hat die gleiche Massenzahl wie der Kern A und muß deshalb entweder den gleichen Gesamtbahndrehimpuls haben wie der Kern A oder einen Wert, der sich davon um ein ganzzahliges Vielfaches von $\frac{h}{2\pi}$ unterscheidet (vgl. Abschn. 2.4). Auch der Gesamtspin des Kerns B kann höchstens um ein ganzzahliges Vielfaches von $\frac{h}{2\pi}$ von dem des Kerns A verschieden sein. Der Spin des Elektrons beträgt aber $\frac{1}{2}\frac{h}{2\pi}$. Nach dem Impulserhaltungssatz fehlt also ein Betrag von der Größe $\frac{1}{2}\frac{h}{2\pi}$ (oder ein anderes ungeradzahliges Vielfaches davon). Schließlich müßte sich nach Gl. (7.31) auch die Statistik ändern (entweder von der Fermi-Dirac-Statistik zur Bose-Einstein-Statistik oder umgekehrt), weil die Zahl der Teilchen sich um eins ändert. Durch die Neutrinohypothese (Fermi 1934) wurden diese Schwierigkeiten beseitigt. Dem Neutrino (Symbol ν) wurden die Eigenschaften zugeschrieben, die im Einklang mit der Theorie standen: Keine Ladung, sehr kleine Masse oder Masse Null ($m_\nu < \frac{1}{1000} m_e$), kein elektromagnetisches Feld (im

Gegensatz zu den Lichtquanten), Spin $\frac{1}{2}\frac{h}{2\pi}$, gehorcht der Fermi-Dirac-Statistik.

Unter Berücksichtigung des Elektronneutrinos v_e bzw. des Elektronantineutrinos $\bar{v}_e$ gelten für den β-Zerfall die folgenden Reaktionsgleichungen:

$$\beta^- : {}_0^1 n (\text{Kern}) \rightarrow {}_1^1 p (\text{Kern}) + {}_{-1}^0 e + {}_0^0 \bar{v}_e, \quad (7.32)$$

$$\beta^+ : {}_1^1 p (\text{Kern}) \rightarrow {}_0^1 n (\text{Kern}) + {}_1^0 e + {}_0^0 v_e. \quad (7.33)$$

Der Elektroneneinfang (Symbol ε) muß durch folgende Gleichung beschrieben werden:

$${}_1^1 p (\text{Kern}) + {}_{-1}^0 e (\text{Hülle}) \longrightarrow {}_0^1 n (\text{Kern}) + {}_0^0 v_e \quad (7.34)$$

Die aus der Massendifferenz berechenbare Zerfallsenergie ΔE ist gleich der Energie des Neutrinos E_v, zuzüglich der Bindungsenergie des Hüllenelektrons E_e und der Rückstoßenergie des Kerns E_K

$$\Delta E = E_v + E_e + E_K. \quad (7.35)$$

Im allgemeinen ist ΔE von der Größenordnung 1 MeV, d. h. sehr viel größer als E_e; außerdem ist die Rückstoßenergie E_K des Kerns sehr viel kleiner als die Energie E_v des Neutrinos. Daraus folgt

$$\Delta E \approx E_v; \quad (7.36)$$

d. h. die beim Elektroneneinfang freiwerdende Energie wird praktisch vollständig auf das Neutrino übertragen.

Der Nachweis der Neutrinos bzw. Antineutrinos ist sehr schwierig, weil sie nur eine außerordentlich geringe Wechselwirkung mit Materie besitzen (Wirkungsquerschnitt für die Reaktion mit Protonen $\approx$ $\approx 10^{-43}$ cm^2). Er gelang auf Grund der Reaktion mit den Protonen des Wassers in einem Tank, der mit sehr großen Szintillationszählern ausgerüstet war (1956). Die Antineutrinos stammten aus einem Kernreaktor; sie reagierten nach folgender Gleichung:

$${}_0^0 \bar{v}_e + {}_1^1 p \rightarrow {}_0^1 n + {}_1^0 e. \quad (7.37)$$

Diese Reaktion kann als eine Umkehrung der Reaktion (7.32) angesehen werden. Die gleichzeitige Entstehung eines Neutrons und eines Positrons wurde durch Koinzidenzmessungen nachgewiesen. Das Positron reagiert sofort mit einem Elektron unter Bildung von zwei γ-Quanten (Vernichtungsstrahlung). Das Neutron wird durch Zusammenstoß mit Wasserstoffatomen abgebremst und von gleichzeitig anwesenden Cadmiumatomen in einer (n, γ)-Reaktion eingefangen. Die dabei auftretenden γ-Quanten erscheinen einige μs später als die Vernichtungsstrahlung.

Ähnlich wie für α-Strahlen in der Geiger-Nuttallschen Regel lassen sich zwischen der Maximalenergie der β-Strahlung und der Zerfallswahrscheinlichkeit des betreffenden Nuklids empirische Beziehungen aufstellen (SARGENT 1933):

$$\lg \lambda = a + b \lg E_{\max}. \quad (7.38)$$

Für leichte, mittelschwere und schwere Nuklide erhält man getrennte Kurven (Sargent-Diagramme).

FERMI behandelte den β-Zerfall quantenmechanisch (in ähnlicher Weise wie die Aussendung elektromagnetischer Strahlung) und erhielt für die Energieverteilung folgende Formel:

$$P(E_K) \, dE_K =$$
$$= G^2 |M|^2 F(Z,E_K)(E_K + m_0 c^2)(E_K^2 + 2m_0 c^2 E_K)^{1/2}(E_0 - E_K)^2 \, dE_K$$
(7.39)

P ist der Bruchteil der Kerne, die pro Zeiteinheit zerfallen und dabei ein β-Teilchen mit der kinetischen Energie E_K aussenden; der Faktor $G^2|M|^2$ ist die relative Wahrscheinlichkeit für den β-Zerfall (M ist eine quantenmechanische Größe, die auch als Matrixelement bezeichnet wird); F ist eine Funktion, die den Einfluß der Coulomb-Kräfte des Kerns auf das β-Teilchen beschreibt: Elektronen werden durch die positive Ladung des Kerns abgebremst, Positronen werden beschleunigt. Dadurch verschiebt sich das Spektrum insbesondere im Bereich niedriger Energie: Es werden verhältnismäßig mehr β^--Teilchen nied-

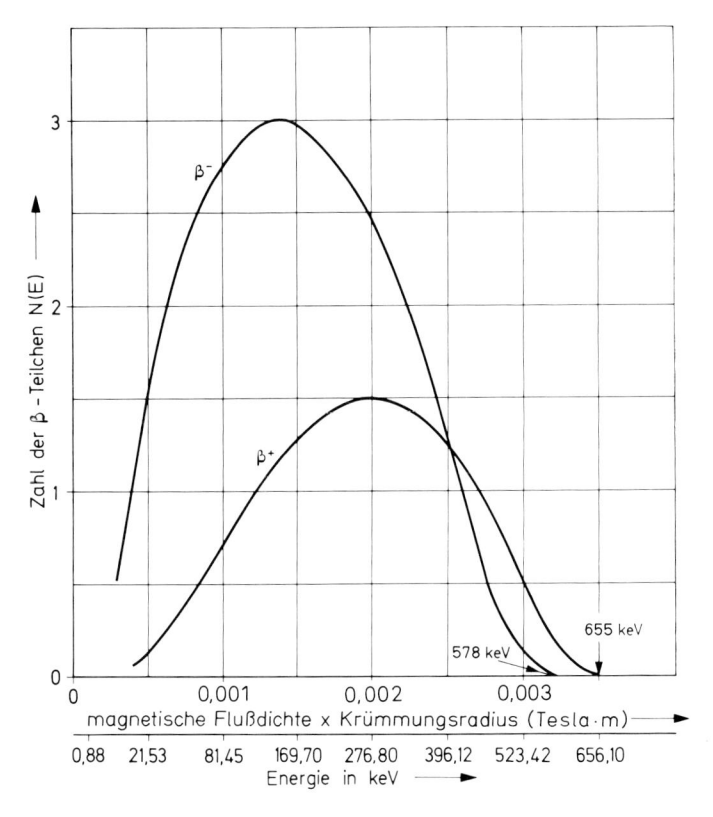

Abb. (7–18) Energieverteilung der Elektronen und Positronen beim Zerfall des Cu–64. (Nach C. S. COOK u. L. M. LANGER: Physic. Rev. **73**, 601 (1948))

riger Energie gefunden als β^+-Teilchen (vgl. Abb. (7–18)). Die anderen Größen auf der rechten Seite von Gl. (7.39) stellen einen statistischen Faktor dar, der angibt, welcher Bruchteil der Zerfallsenergie E_o auf das Elektron übertragen wird. m_o ist die Ruhemasse des Elektrons.

Häufig rechnet man auch mit der Verteilung des Impulses p_e der Elektronen. Da die Zahl der Prozesse in beiden Fällen (Verteilung der kinetischen Energie E_K oder Verteilung des Impulses p_e) gleich ist, gilt $P(E_K)\,dE_K = P(p_e)\,dp_e$. Die Größe $(E_K^2 + 2 m_o c^2 E_K)^{1/2}$ ist bei relativistischer Betrachtung gleich $p_e c$. Man erhält anstelle der Gl. (7.39)

$$P(p_e)\,dp_e = c\,G^2\,|M|^2\,F(Z, p_e)\,p_e^2 (E_o - E_K)^2\,dp_e. \quad (7.40)$$

Zur genaueren Prüfung dieser Beziehung führt man eine „Fermi-Aufzeichnung" oder „Curie-Aufzeichnung" durch. Dabei wird die Größe M in Gl. (7.40) als konstant angenommen. Die Funktion

$$\left[\frac{P(p_e)}{p_e^2\,F(Z, p_e)}\right]^{1/2} \sim (E_o - E_K) \quad (7.41)$$

wird in Abhängigkeit von E_K aufgezeichnet. Abb. (7–19) zeigt als Beispiel eine solche „Curie-Aufzeichnung" für Tritium. Dabei wird eine Gerade erhalten, die einen verhältnismäßig genauen Wert für die Maximalenergie E_{max} liefert. Für alle „erlaubten" β-Umwandlungen ist die Übereinstimmung mit der Theorie gut. Bei den „verbotenen" β-Umwandlungen sind die Halbwertzeiten verhältnismäßig groß; außerdem kann das Spektrum von der „erlaubten" Form abweichen, d.h. einfach „verbotene" Spektren können den „erlaubten" Verlauf zeigen.

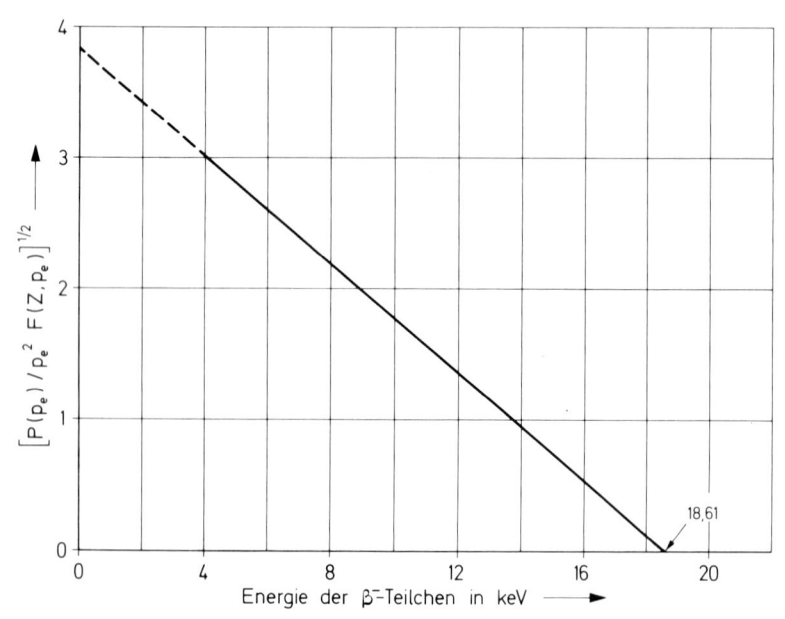

Abb. (7–19) Curie-Aufzeichnung für Tritium. (Nach F. T. PORTER: Physic. Rev. **115**, 450 (1959))

Theoretische Werte für die Zerfallskonstante λ können durch Integration der Gl. (7.39) erhalten werden:

$$\lambda = \int_0^{E_o} P(E_K)\,dE_K. \tag{7.42}$$

Für den Fall des „erlaubten" β-Zerfalls und verhältnismäßig hoher Zerfallsenergie E_o können bei Nukliden mit niedriger Ordnungszahl die Faktoren $G^2|M|^2 F(Z, E_K)$ durch eine Konstante G'^2 ersetzt werden; die Integration liefert als Näherungswert

$$\lambda \approx k E_o^5 \quad \text{bzw.} \quad \lg \lambda \approx \lg k + 5 \lg E_o. \tag{7.43}$$

Die Steigung 5 stimmt recht gut mit dem Verlauf der Kurven in den Sargent-Diagrammen überein. Bei höheren Ordnungszahlen Z kann $F(Z, E_K)$ nicht mehr als konstant angesehen werden. Zieht man die konstanten Größen und das Matrixelement M vor das Integral, so wird

$$\lambda = G^2|M|^2 \int_0^{E_o} F(Z, E_K)(E_K + m_o c^2)(E_K^2 + 2m_o c^2 E_K)^{1/2} (E_o - E_K)^2\, dE_K \tag{7.44}$$

oder

$$\lambda = G^2|M|^2 f, \tag{7.45}$$

wenn man die Größe f zur Abkürzung für das Integral in Gl. (7.44) einführt. Da $\lambda = \dfrac{\ln 2}{t_{1/2}}$ ist, sollte

$$f t_{1/2} = \frac{\ln 2}{G^2|M|^2} \tag{7.46}$$

für alle Nuklide mit ähnlichem Matrixelement M gleich sein. Der $ft_{1/2}$-Wert, der meist kurz als ft-Wert bezeichnet wird, dient deshalb zur Klassifizierung des β-Zerfalls. „Erlaubte" Umwandlungen besitzen niedrige ft-Werte, „verbotene" Umwandlungen hohe ft-Werte. Durch Auswertung des Integrals in Gl. (7.44) erhält man folgende Näherungswerte für f:

$$\lg f(\beta^-) = 4{,}0 \lg E_o + 0{,}78 + 0{,}02 Z - 0{,}005 (Z-1) \lg E_o, \tag{7.47}$$

$$\lg f(\beta^+) = 4{,}0 \lg E_o + 0{,}79 - 0{,}007 Z - 0{,}009 (Z+1) \left(\lg \frac{E_o}{3}\right)^2, \tag{7.48}$$

$$\lg f(\varepsilon) = 2{,}0 \lg E_o - 5{,}6 + 3{,}5 \lg (Z+1); \tag{7.49}$$

E_o ist die Zerfallsenergie in MeV und Z die Ordnungszahl des entstehenden Nuklids.

Das Verhältnis Elektroneneinfang zu β^+-Strahlung ist für ein bestimmtes Nuklid annähernd gegeben durch $f(\varepsilon)/f(\beta^+)$; es wächst mit der Ordnungszahl Z an und ist bei geringerer Zerfallsenergie E_o höher. In den meisten Fällen werden K-Elektronen eingefangen, weil diese im Vergleich zu den Elektronen der anderen Schalen die größte Aufenthaltswahrscheinlichkeit am Kernort besitzen. Wenn die Zerfallsenergie jedoch geringer ist als die Bindungsenergie der K-Elektronen, dann ist nur der Einfang von Elektronen aus höheren Bahnen möglich.

In Tab. 7.4 sind ft-Werte und Auswahlregeln für „erlaubte" und „verbotene" β-Umwandlungen angegeben. Die Einteilung ist im wesentlichen an die Klassifizierung von FERMI angelehnt; die Klassifizierung von GAMOW und TELLER weicht ein wenig davon ab. Besonders niedrige ft-Werte zeigen die Nuklide, die durch β-Umwandlung in ein sogenanntes Spiegelbild-Nuklid übergehen — d. h. in ein Nuklid,

Tabelle 7.4.
ft-Werte und Auswahlregeln für β-Umwandlungen

Klassifizierung der Umwandlung	Änderung der Bahndrehimpulsquantenzahl ΔL	Änderung des Kernspins ΔI	Änderung der Parität	lg ft	Beispiele
Erlaubt (begünstigt)	0	0	nein	2,7–3,7	n, ^{3}H, ^{6}He ($\Delta I = 1$!), ^{11}C, ^{13}N, ^{15}O, ^{17}F, ^{19}Ne, ^{21}Na, ^{23}Mg, ^{25}Al, ^{27}Si, ^{29}P, ^{31}S, ^{33}Cl, ^{35}Ar, ^{37}K, ^{39}Ca, ^{41}Sc, ^{43}Ti
Erlaubt (normal)	0	0 oder 1	nein	4–7	^{12}B, ^{12}N, ^{35}S, ^{64}Cu, ^{69}Zn, ^{114}In
Erlaubt (l-verboten)	2	1	nein	6–9	^{14}C, ^{32}P
Einfach verboten	1	0 oder 1	ja	6–10	^{111}Ag, ^{143}Ce, ^{115}Cd, ^{187}W
Einfach verboten (Sonderfälle)	1	2	ja	7–10	^{38}Cl, ^{90}Sr, ^{97}Zr, ^{140}Ba
Zweifach verboten	2	2	nein	11–14	^{36}Cl, ^{99}Tc, ^{135}Cs, ^{137}Cs
Zweifach verboten (Sonderfälle)	2	3	nein	≈ 14	^{10}Be, ^{22}Na
Dreifach verboten	3	3	ja	17–19	^{87}Rb
Dreifach verboten (Sonderfälle)	3	4	ja	≈ 18	^{40}K
Vierfach verboten	4	4	nein	≈ 23	^{115}In

bei dem die Zahl der Neutronen und der Protonen gegenüber dem Ausgangsnuklid vertauscht ist — z. B.

$$^{17}_{9}F \longrightarrow {}^{17}_{8}O + {}^{0}_{1}e^{+} + {}^{0}_{0}\nu_{e}. \qquad (7.50)$$

Das F–17 besitzt 9 Protonen und 8 Neutronen, das O–17 8 Protonen und 9 Neutronen. Eine solche Umwandlung wird als „begünstigt" bezeichnet.

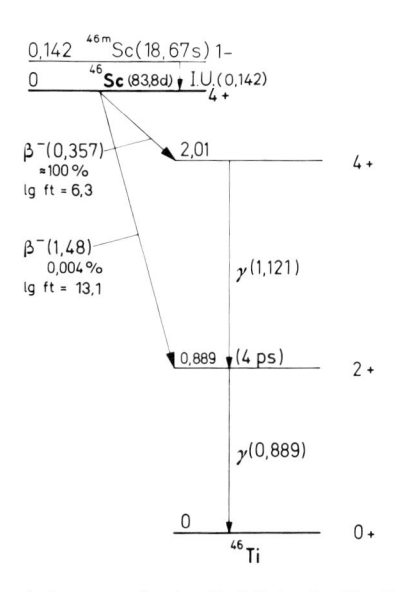

Abb. (7–20) Energiediagramm für den Zerfall des Sc–46m (Energien in MeV).

Als Beispiel für die Anwendung der in Tab. 7.4 aufgeführten Auswahlregeln sei das Zerfallsschema des Sc–46 ausgewählt (Abb. (7–20)). Dieses Radionuklid geht zu nahezu 100% in den zweiten angeregten Zustand des Tochternuklids Ti–46 über. Die Halbwertzeit beträgt 83,8 d = 7,24 · 10⁶ s; aus Gl. (7.47) folgt lg f = − 0,52 und daraus lg ft = 6,3. Dieser Wert stimmt gut mit dem in Tab. 7.4 für eine „erlaubte normale" Umwandlung angegebenen Wert überein (4 + → 4 +, $\Delta I = 0$, keine Änderung der Parität). Der Übergang in den ersten angeregten Zustand findet sehr viel seltener statt, und zwar nur zu 0,004%; d. h. t ist um den Faktor 100/0,004 größer. Daraus folgt $t = 1,81 \cdot 10^{11}$ s und lg $ft = 13,1$. Auch dieser Wert stimmt mit Tab. 7.4 überein (2-fach „verbotene" Umwandlung, 4 + → 2 +, $\Delta I = 2$, keine Änderung der Parität). Für den Übergang in den Grundzustand, der 4-fach verboten ist, berechnet man eine Wahrscheinlichkeit von etwa $2 \cdot 10^{-12}$%; diese ist so gering, daß sie praktisch nicht beobachtet werden kann.

Beim β-Zerfall tritt noch eine weitere Besonderheit auf, die erstmals 1957 von Wu am Co–60 nachgewiesen wurde: Die Parität muß beim β-Zerfall nicht erhalten bleiben. Wie in Abschnitt 2.2 ausgeführt, wird der β-Zerfall zu den „schwachen Wechselwirkungen" gerechnet. Zu den „starken Wechselwirkungen" gehören die Kräfte zwischen Protonen und Neutronen (Kernkräfte, Kopplungskonstante $f^2 \left/ \dfrac{h}{2\pi} c \approx 1 \right.$), ferner die Kräfte zwischen geladenen Teilchen, die auch für die Aussendung elektromagnetischer Strahlung verantwortlich sind (Kopplungskonstante $e^2 \left/ \dfrac{h}{2\pi} c = \dfrac{1}{137} \approx 10^{-2} \right.$). Die beim β-Zerfall wirksamen Kräfte zwischen Neutron, Proton, Elektron und Elektronneutrino bzw. Elektronantineutrino sind dagegen nur sehr schwach (Kopplungskonstante $g^2 \left/ \dfrac{h}{2\pi} c \approx 10^{-13} \right.$). LEE und YANG wiesen 1956 als erste darauf hin, daß bei diesen schwachen Wechselwirkungen das Gesetz von der Erhaltung der Parität nicht gilt.

7.4. γ-Zerfall

7.4.1. Diskussion der Spektren

Wie bereits in Abschn. 7.1.3 erläutert, versteht man unter einem γ-Zerfall den Übergang eines Nuklids von einem angeregten Zustand in den Grundzustand (oder in einen tiefer gelegenen angeregten Zustand). Dieser Übergang kann durch Aussendung eines γ-Quants erfolgen, durch Energieübertragung an ein Konversionselektron (innere Konversion) oder gleichzeitige Aussendung eines Elektrons und eines Positrons. Die letztere Möglichkeit ist nur dann gegeben, wenn die Zerfallsenergie größer ist als die Energie, die zur Paarbildung (Erzeugung eines Elektrons und Positrons) erforderlich ist (1,02 MeV); die innere Paarbildung tritt beim γ-Zerfall verhältnismäßig selten auf.

Im Gegensatz zu den β-Spektren sind die γ-Spektren monoenergetisch: d.h. bei radioaktiven Zerfallsprozessen werden immer nur γ-Quanten bestimmter Energie ausgesandt ($E = h \cdot v$). Diese Energie entspricht fast genau (bis auf Rückstoßeffekte) der Energiedifferenz ΔE zwischen dem angeregten Zustand und dem Grundzustand — oder zwischen zwei angeregten Zuständen. Die Messung der γ-Spektren hat deshalb große Bedeutung für die Aufstellung von Energiediagrammen. Dabei ist zu beachten, daß das γ-Spektrum in der Nuklidkarte und in Tabellen nicht bei dem Nuklid aufgeführt wird, das dieses Spektrum aussendet, sondern bei dem Mutternuklid, aus dem der angeregte Zustand des Tochternuklids durch α- oder β-Umwandlung hervorgeht. Beispiele für γ-Spektren haben wir bereits in Abschnitt 6.4.3 kennengelernt (Abbn. (6–21) und (6–22)); die dazugehörigen Energiediagramme (Zerfallsschemata) sind in den Abbn. (7–21) und (7–22) aufgezeichnet.

7.4. γ-Zerfall

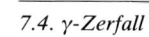

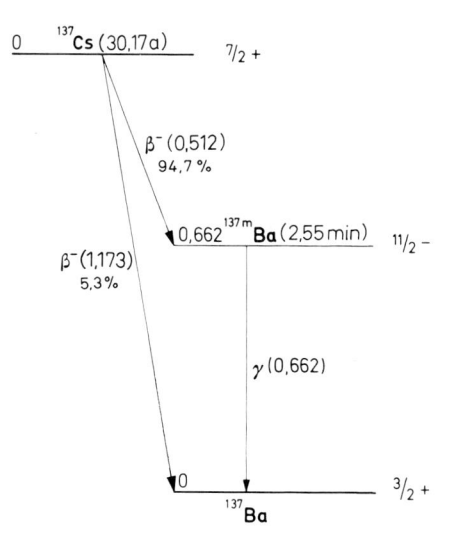

Abb. (7–21) Energiediagramm für den Zerfall des Cs–137 (Energien in MeV).

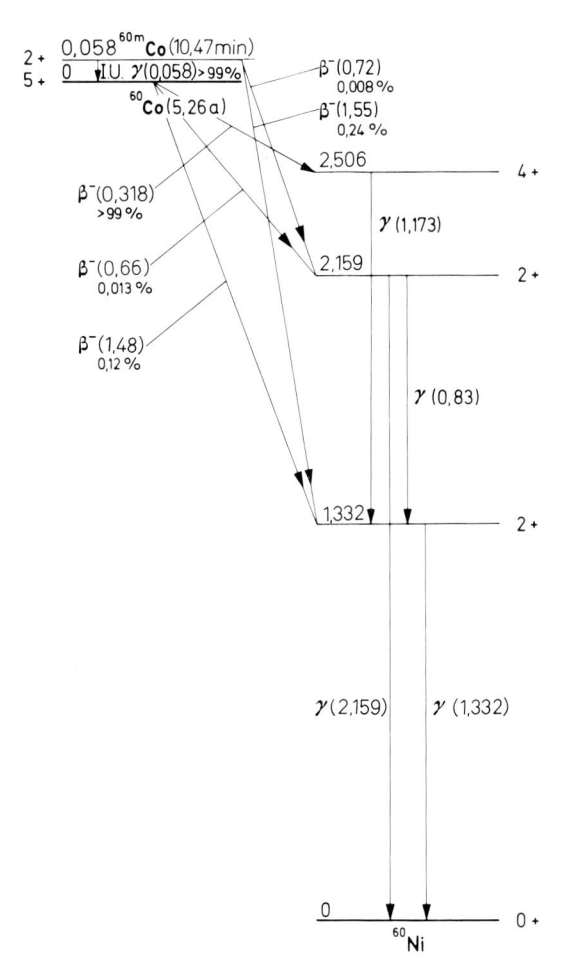

Abb. (7–22) Energiediagramm für den Zerfall des Co–60m (Energien in MeV).

7.4.2. Theorie des γ-Zerfalls

Die Theorie des γ-Zerfalls basiert auf dem Modell eines elektromagnetischen Multipols. Ein solcher Multipol kann sein elektrisches oder sein magnetisches Moment durch Aussendung elektromagnetischer Strahlung ändern. Man unterscheidet deshalb elektrische Multipolstrahlung (E) und magnetische Multipolstrahlung (M). In beiden Fällen kann sich die Drehimpulsquantenzahl des Kerns um eine oder mehrere Einheiten ändern, wobei das γ-Quant wegen des Impulserhaltungssatzes einen entsprechenden Drehimpuls $L \cdot \frac{h}{2\pi}$ mitnimmt.

L ist eine ganze Zahl ($L = 1, 2, 3 \ldots$); der Wert $L = 0$ ist ausgeschlossen. Die vom Multipol ausgesandte Strahlung wird durch die Zahl L charakterisiert; 2^L gibt die Ordnung der Strahlung an ($L = 1$ ist die Strahlung eines Dipols, $L = 2$ die eines Quadrupols, $L = 3$ die eines Oktupols usw.). Die elektrischen und magnetischen Multipolstrahlungen unterscheiden sich hinsichtlich ihrer Parität. Elektrische Multipolstrahlung besitzt gerade Parität, wenn L gerade ist, magnetische Multipolstrahlung gerade Parität, wenn L ungerade ist. Da es sich bei der Aussendung elektromagnetischer Strahlung um eine elektromagnetische Wechselwirkung handelt, gilt der Satz von der Erhaltung der Parität; d. h. die Parität des gesamten Systems, bestehend aus dem Kern und dem γ-Quant, bleibt erhalten.

Die Wahrscheinlichkeit für den γ-Zerfall ist gleich der Summe der Einzelwahrscheinlichkeiten für die Aussendung von γ-Quanten der verschiedenen Multipolordnungen. Diese Einzelwahrscheinlichkeiten nehmen aber mit steigenden L-Werten sehr stark ab (um etwa den Faktor 10^3 bis 10^9 beim Übergang von L zu $L + 1$); außerdem ist für einen bestimmten Multipol die Wahrscheinlichkeit der elektrischen Multipolstrahlung um etwa zwei Größenordnungen höher als die der magnetischen Multipolstrahlung. Dies hat zur Folge, daß aus der Reihe der Einzelwahrscheinlichkeiten die erste überwiegt, die nicht durch die Auswahlregeln ausgeschlossen ist.

Legt man das Schalenmodell des Atomkerns zugrunde, so folgt nach WEISSKOPF für die Zerfallskonstanten λ bei Aussendung elektrischer Multipolstrahlung:

$$\lambda_E = 2{,}4 \, S (r_o A^{1/3})^{2L} \left(\frac{E}{197}\right)^{2L+1} 10^{21} \, \text{s}^{-1} \tag{7.51}$$

und bei Aussendung magnetischer Multipolstrahlung

$$\lambda_M = 0{,}55 \, S \, A^{-2/3} (r_o A^{1/3})^{2L} \left(\frac{E}{197}\right)^{2L+1} 10^{21} \, \text{s}^{-1}. \tag{7.52}$$

In diesen Gleichungen bedeuten: $r_o A^{1/3} = r_K$ den Kernradius in fm ($r_o = 1,4$ fm; A = Massenzahl), E die Energie der γ-Quanten in MeV und

$$S = \frac{2(L+1)}{L[1\cdot 3 \cdot 5 \cdot \ldots \cdot (2L+1)]^2} \left(\frac{3}{L+3}\right)^2. \quad (7.53)$$

Für $L = 1$ ist $S = 0,25$
$L = 2 \quad S = 4,8 \cdot 10^{-3}$
$L = 3 \quad S = 6,25 \cdot 10^{-5}$
$L = 4 \quad S = 5,3 \cdot 10^{-7}$

Die nach diesen Gleichungen für die Massenzahl $A = 100$ berechneten Halbwertzeiten sind in Tab. 7.5 angegeben. Da in dem Modell nicht

Tabelle 7.5
Berechnete Werte für die Halbwertzeit des γ-Zerfalls nach dem Modell der Multipolstrahlung

Art der Strahlung	Änderung der Quantenzahl L für den Bahndrehimpuls	Änderung der Parität	Halbwertzeit in s bei einer Energie der Strahlung von		
			1 MeV	0,2 MeV	0,05 MeV
E_1	1	ja	$2\cdot 10^{-16}$	$3\cdot 10^{-14}$	$2\cdot 10^{-12}$
M_1	1	nein	$2\cdot 10^{-14}$	$2\cdot 10^{-12}$	$2\cdot 10^{-10}$
E_2	2	nein	$1\cdot 10^{-11}$	$3\cdot 10^{-8}$	$3\cdot 10^{-5}$
M_2	2	ja	$9\cdot 10^{-10}$	$3\cdot 10^{-6}$	$3\cdot 10^{-3}$
E_3	3	ja	$7\cdot 10^{-7}$	$6\cdot 10^{-2}$	$9\cdot 10^{2}$
M_3	3	nein	$7\cdot 10^{-5}$	5	$8\cdot 10^{4}$
E_4	4	nein	$8\cdot 10^{-2}$	$2\cdot 10^{5}$	$4\cdot 10^{10}$
M_4	4	ja	7	$1\cdot 10^{7}$	$4\cdot 10^{12}$

alle Eigenschaften des Atomkerns berücksichtigt sind, können die Werte nur als Näherungswerte angesehen werden.

Die Auswahlregeln für den γ-Zerfall lassen sich in der folgenden Gleichung zusammenfassen:

$$I_a + I_e \geq L \geq |I_a - I_e|. \quad (7.54)$$

I_a ist der Kernspin im Anfangszustand, I_e der Kernspin im Endzustand. Darüber hinaus gilt der Satz von der Erhaltung der Parität. Er besagt, daß elektrische Multipole mit geraden L-Werten und magnetische Multipole mit ungeraden L-Werten erlaubt sind, wenn Anfangs- und Endzustand gleiche Parität besitzen; andererseits sind nur elektrische Multipole mit ungeraden L-Werten und magnetische Multipole mit geraden L-Werten erlaubt, wenn Anfangs- und Endzustand verschiedene Parität besitzen. Da Photonen die Spinquantenzahl 1 haben, können Übergänge $I_a = 0 \rightarrow I_e = 0$ nicht durch Aussendung von einem γ-Quant stattfinden. Wenn sich bei diesem Übergang die Parität nicht ändert, kann an Stelle eines γ-Quants ein Konversionselektron ausgesandt werden (z. B. bei Ge–72) oder, wenn die Anregungsenergie ΔE genügend hoch ist ($\Delta E > 1{,}02$ MeV), ein Elektron und ein Positron (z. B. bei Po–214).

Die auf Grund dieser Auswahlregeln nach den Gln. (7.51) und (7.52) berechneten Werte stimmen im allgemeinen hinsichtlich der Größenordnung mit den beobachteten Werten überein; Abweichungen um den Faktor 10^2 oder mehr sind selten. Dies ist gleichzeitig eine Stütze für das Schalenmodell des Atomkerns, das bei der Berechnung der Gln. (7.51) und (7.52) zu Grunde gelegt ist. Nach dem Schalenmodell sind bei den Nukliden kurz vor Erreichen der magischen Zahlen Z bzw. N = 50, 82 und 126 angeregte Energiezustände mit niedrigen Anregungsenergien zu erwarten, die sich in ihrem Kernspin sehr stark vom Grundzustand unterscheiden und infolgedessen sehr hohe Halbwertzeiten für den γ-Zerfall zeigen sollten. Tatsächlich wurden in diesen Bereichen die „Inseln der Kernisomerie" gefunden, d. h. Nuklide mit meßbaren Halbwertzeiten für den γ-Zerfall.

7.4.3. Isomere Umwandlung

Der erste Fall der Kernisomerie wurde 1921 von HAHN aufgefunden, der auf chemischem Wege nachwies, daß das ^{234}Pa in zwei isomeren Zuständen auftritt, die als UX$_2$ und UZ bezeichnet wurden. Das Zerfallsschema ist in Abb. (7–23) aufgezeichnet. Beide Isomere entstehen aus ^{234}Th (UX$_1$). UX$_2$ ($t_{1/2} = 1{,}17$ min) befindet sich im höheren Anregungszustand (Pa–234m) und geht zu annähernd 100% direkt in ^{234}U (U II) über. UZ hat eine längere Halbwertzeit ($t_{1/2} = 6{,}70$ h).

Erst die Herstellung „künstlicher" Radionuklide durch Kernreaktionen führte zur Entdeckung vieler weiterer Beispiele der Kernisomerie. So wurden beim Br–80 zwei isomere Zustände gefunden, die ebenfalls auf chemischem Wege getrennt werden konnten; das Zerfallsschema ist in Abb. (7–24) wiedergegeben. Zwei weitere Beispiele sind in Abb. (7–25) enthalten. Aus der Änderung des Kernspins und der Parität können mit Hilfe der in Gl. (7.54) zusammengefaßten Auswahlregeln und der Gln. (7.51) bzw. (7.52) theoretische Werte für die Zerfallskonstante berechnet werden.

Insgesamt sind heute etwa 400 Fälle von Kernisomerie bekannt — d. h. von Nukliden, bei denen die Halbwertzeit des γ-Zerfalls größer ist als 0,1 s. Die Kernisomerie wurde erstmals von WEIZSÄCKER 1936 auf die relativ große Änderung des Kernspins beim Übergang vom angeregten Zustand in den Grundzustand zurückgeführt. Während die Mehrzahl der γ-Übergänge verhältnismäßig rasch abläuft — d. h. mit Halbwertzeiten $< 10^{-11}$ s — ist bei größeren Unterschieden im Kernspin mit längeren Halbwertzeiten zu rechnen. Wie Tab. 7.5 zeigt, sind sehr verschiedene Halbwertzeiten zu erwarten: je größer die Änderung

7.4. γ-Zerfall

Abb. (7–23) Energiediagramm für den Zerfall des Pa–234m bzw. Pa–234 (Energien in MeV).

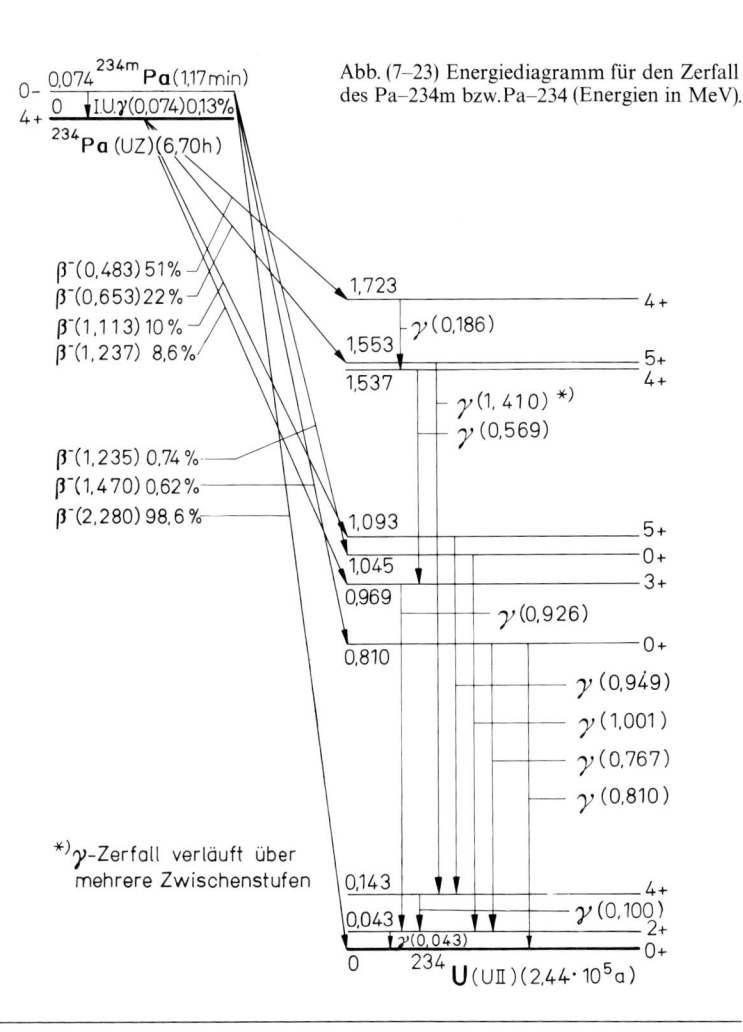

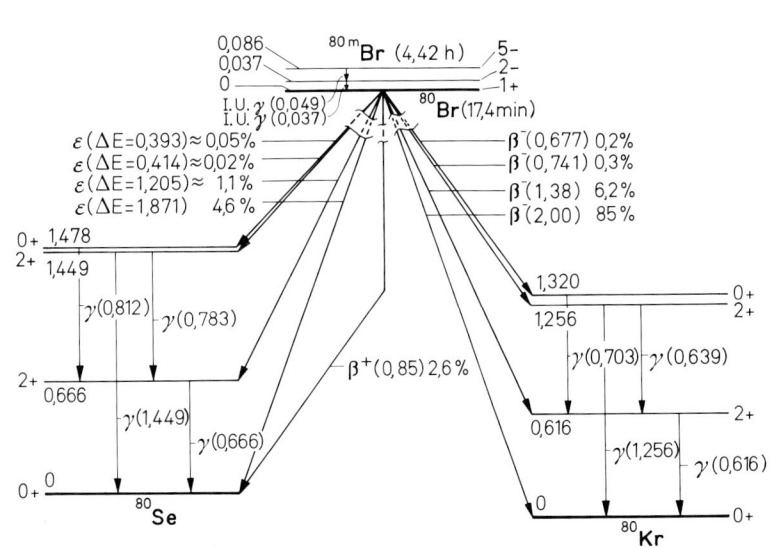

Abb. (7–24) Energiediagramm für den Zerfall des Br–80m (Energien in MeV).

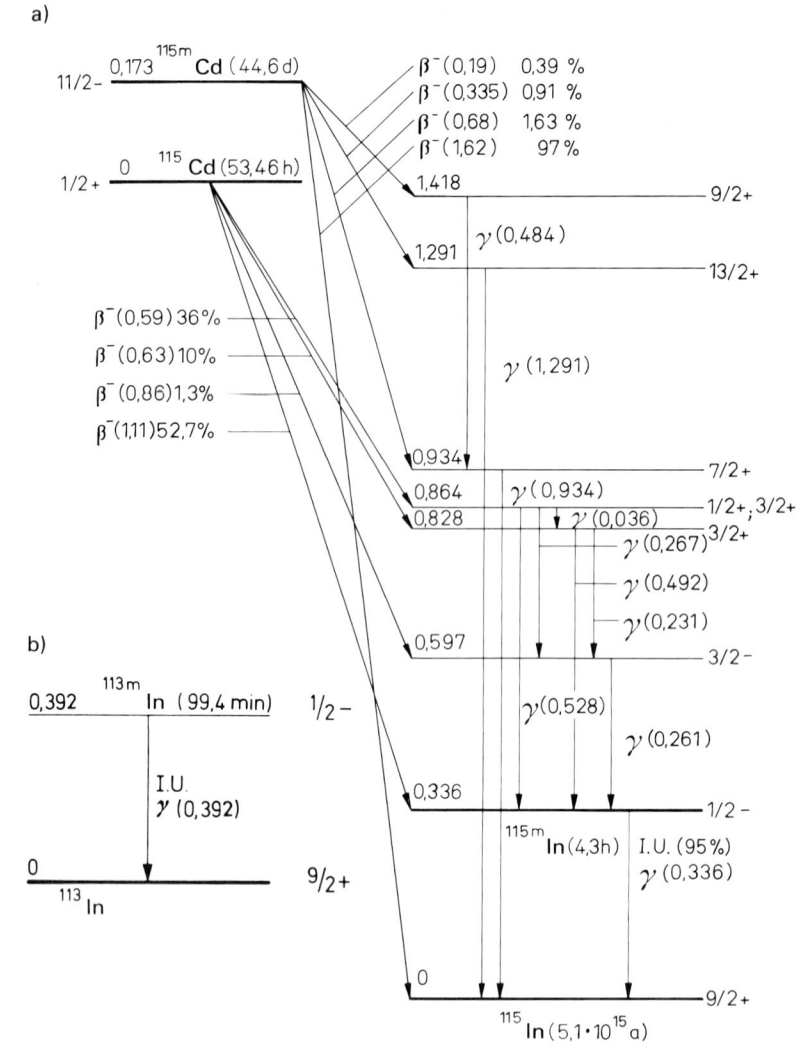

Abb. (7–25) Energiediagramm für den Zerfall von a) Cd–115m bzw. Cd–115 b) In–113m (Energien in MeV).

des Kernspins, desto größer die Halbwertzeit. In Tab. 7.6 sind einige Beispiele von isomeren Umwandlungen zusammengestellt. Die Halbwertzeiten entsprechen annähernd den nach den Gln. (7.51) und (7.52) berechneten Werten. Die meisten langlebigen isomeren Zustände senden γ-Strahlung vom Typus M 4 aus.

Die Untersuchung der isomeren Zustände hat in den vergangenen Jahren große Bedeutung für die Vorstellungen vom Aufbau der Atomkerne gewonnen und wichtige Beiträge für das Kollektiv-Modell (vgl. Abschn. 2.10) geliefert.

7.4.4. Innere Konversion

Wie bereits erwähnt (Abschn. 7.1.3), kann ein Nuklid, das sich in einem angeregten Zustand befindet, seine Anregungsenergie auch an

Tabelle 7.6
Beispiele für isomere Umwandlungen (I.U.)

Radionuklid	Halbwertzeit	Energie der I.U. in MeV
^{24m}Na	20 ms	0,472
^{34m}Cl	32 min	0,146
^{38m}Cl	0,72 s	0,67
^{44m}Sc	2,44 d	0,271
^{46m}Sc	18,7 s	0,142
^{60m}Co	10,5 min	0,058
^{79m}Se	3,9 min	0,096
^{81m}Se	57,3 min	0,103
^{80m}Br	4,42 h	0,049; 0,037
^{87m}Y	12,7 h	0,381; 0,384; 0,389
^{90m}Zr	0,81 s	2,32
^{109m}Ag	39,6 s	0,088
^{110m}Ag	250,4 d	0,116
^{111m}Cd	48,7 min	0,151; 0,245
^{113m}In	1,66 h	0,392
^{133m}Xe	2,19 d	0,233
^{135m}Ba	28,7 h	0,268
^{137m}Ba	2,55 min	0,662
^{192m_1}Ir	1,44 min	0,058
^{192m_2}Ir	241 a	0,161
^{199m}Hg	42,6 min	0,374; 0,158
^{197m}Tl	0,54 s	0,222; 0,385
^{207m}Pb	0,8 s	1,06; 0,57
^{234m}Pa	1,17 min	0,074

7.4. γ-Zerfall

ein Elektron der Atomhülle abgeben (innere Konversion). Die Gesamtwahrscheinlichkeit für den Übergang eines Nuklids in den Grundzustand (oder in einen anderen angeregten Zustand) ist somit gegeben durch

$$\lambda = \lambda_\gamma + \lambda_e, \qquad (7.55)$$

wenn λ_γ die partielle Zerfallskonstante für die Aussendung von γ-Quanten und λ_e die partielle Zerfallskonstante für die Aussendung von Konversionselektronen ist. Der Konversionskoeffizient α ist gleich dem Verhältnis dieser beiden Zerfallskonstanten (vgl. Abschn. 7.1.3):

$$\alpha = \frac{\lambda_e}{\lambda_\gamma}. \qquad (7.56)$$

Die partiellen Konversionskoeffizienten für die innere Konversion von Elektronen der K-Schale, L-Schale usw. sind

$$\alpha_K = \frac{\lambda_{e(K)}}{\lambda_\gamma}, \; \alpha_L = \frac{\lambda_{e(L)}}{\lambda_\gamma} \text{ usw.} \qquad (7.57)$$

Der Gesamtkonversionskoeffizient beträgt:

$$\alpha = \alpha_K + \alpha_L + \dots \qquad (7.58)$$

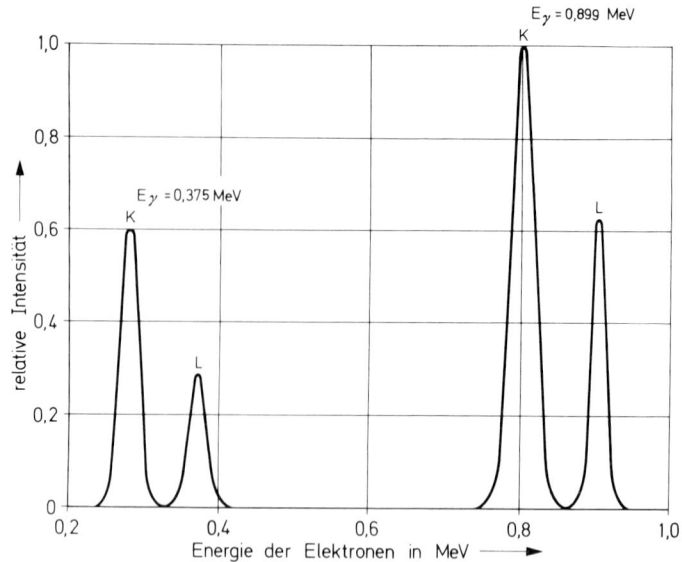

Abb. (7–26) Linienspektrum von Konversionselektronen (Pb–204m$_2$).

Die Elektronen, die bei der inneren Konversion auftreten, zeigen ein Linienspektrum (vgl. Abb. (7–26)) — im Gegensatz zum β-Zerfall. Die Energie E_e der Elektronen ist gleich der Zerfallsenergie $\Delta E (= E_\gamma)$, abzüglich der Bindungsenergie E_K bzw. E_L der Elektronen:

$$E_{e(K)} = \Delta E - E_K \quad \text{bzw.} \quad E_{e(L)} = \Delta E - E_L. \tag{7.59}$$

Die Unterschiede der Elektronenenergien, z. B.

$$E_{e(L)} - E_{e(K)} = E_K - E_L, \tag{7.60}$$

sind charakteristisch für das betreffende Element (Ordnungszahl Z) und können deshalb zur Identifizierung dienen.

Im Anschluß an die Aussendung eines Konversionselektrons wird charakteristische Röntgenstrahlung emittiert (ebenso wie beim Elektroneneinfang), wobei die vorhandene Lücke ebenfalls meist durch ein Elektron aus der nächst höheren Schale aufgefüllt wird (z. B. K_α-Strahlung nach Aussendung eines Konversionselektrons aus der K-Schale). Auch im Anschluß an die innere Konversion können durch inneren Photoeffekt Auger-Elektronen entstehen.

Bei der Berechnung der Konversionskoeffizienten gehen die Amplituden der Wellenfunktionen der Elektronen innerhalb des Kerns ein. Die Konversionskoeffizienten steigen mit der Ordnungszahl und der Änderung ΔI des Kernspins beim Übergang vom angeregten Zustand in den Grundzustand (bzw. einen tiefer gelegenen angeregten Zustand) an und werden mit zunehmender Energiedifferenz kleiner. In Tab. 7.7 sind einige Werte angegeben, die durch Rechnung erhalten wurden.

Die experimentelle Bestimmung der Konversionskoeffizienten ist schwierig, weil die genauen Zählausbeuten für die Konversionselektronen und die γ-Quanten bekannt sein müssen. Einfacher ist die Bestimmung des Verhältnisses α_K/α_L aus den relativen Intensitäten, z. B.

Tabelle 7.7
Konversionskoeffizienten für die K- und L-Schale

Z	Übergangstyp	$E_\gamma = 0{,}07665$ MeV		$E_\gamma = 0{,}551$ MeV	
		α_K	α_L	α_K	α_L
25	E_1	$7{,}76 \cdot 10^{-2}$	$6{,}81 \cdot 10^{-3}$	$2{,}98 \cdot 10^{-4}$	$2{,}57 \cdot 10^{-5}$
	M_1	$5{,}52 \cdot 10^{-2}$	$4{,}98 \cdot 10^{-3}$	$5{,}04 \cdot 10^{-4}$	$4{,}38 \cdot 10^{-5}$
	E_2	$1{,}11$	$1{,}12 \cdot 10^{-1}$	$1{,}01 \cdot 10^{-3}$	$8{,}87 \cdot 10^{-5}$
	M_2	$7{,}18 \cdot 10^{-1}$	$7{,}45 \cdot 10^{-2}$	$1{,}58 \cdot 10^{-3}$	$1{,}39 \cdot 10^{-4}$
	E_3	$13{,}1$	$1{,}88$	$3{,}04 \cdot 10^{-3}$	$2{,}76 \cdot 10^{-4}$
	M_3	$8{,}90$	$1{,}15$	$4{,}66 \cdot 10^{-3}$	$4{,}26 \cdot 10^{-4}$
	E_4	$1{,}48 \cdot 10^{2}$	$34{,}1$	$8{,}75 \cdot 10^{-3}$	$8{,}29 \cdot 10^{-4}$
	M_4	$1{,}11 \cdot 10^{2}$	$18{,}6$	$1{,}36 \cdot 10^{-2}$	$1{,}29 \cdot 10^{-3}$
70	E_1	$5{,}54 \cdot 10^{-1}$	$9{,}35 \cdot 10^{-2}$	$4{,}91 \cdot 10^{-3}$	$6{,}94 \cdot 10^{-4}$
	M_1	$6{,}32$	$8{,}75 \cdot 10^{-1}$	$3{,}37 \cdot 10^{-2}$	$4{,}66 \cdot 10^{-3}$
	E_2	$1{,}52$	$5{,}81$	$1{,}33 \cdot 10^{-2}$	$2{,}79 \cdot 10^{-3}$
	M_2	$59{,}9$	$21{,}7$	$1{,}00 \cdot 10^{-1}$	$1{,}81 \cdot 10^{-2}$
	E_3	$2{,}53$	$2{,}11 \cdot 10^{2}$	$3{,}38 \cdot 10^{-2}$	$1{,}23 \cdot 10^{-2}$
	M_3	$2{,}02 \cdot 10^{2}$	$4{,}94 \cdot 10^{2}$	$2{,}52 \cdot 10^{-1}$	$5{,}78 \cdot 10^{-2}$
	E_4	$3{,}50$	$4{,}45 \cdot 10^{3}$	$9{,}37 \cdot 10^{-2}$	$5{,}13 \cdot 10^{-2}$
	M_4	$4{,}65 \cdot 10^{2}$	$9{,}99 \cdot 10^{3}$	$6{,}22 \cdot 10^{-1}$	$1{,}87 \cdot 10^{-1}$

Werte aus:
M. E. Rose: International Conversion Coefficients. North Holland Publ. Comp., Amsterdam 1958.

in einem Elektronenspektrograph. Bei Kenntnis dieses Verhältnisses sind Aussagen über die Ordnung des Multipols und damit über ΔI und die Änderung der Parität möglich. Im Hinblick darauf sind auch die Messungen der Quotienten α_{LI}/α_{LII}, $\alpha_{LI}/\alpha_{LIII}$, α_L/α_M usw. von großem Interesse. (Die Indizes L_I, L_{II}, L_{III} entsprechen den $2s_{1/2}$ bzw. $2p_{1/2}$ bzw. $2p_{3/2}$ Elektronen). Bei schweren Nukliden sind die Zerfallsenergien oft kleiner als die Bindungsenergie der Elektronen der K-Schale, sodaß nur Konversionselektronen aus der L-Schale und höheren Schalen beobachtet werden.

7.5. Spontanspaltung

Die Spontanschaltung kann formal in verschiedene Abschnitte aufgeteilt werden (Abb. (7–27)):
a) Der Kern mit der Massenzahl A und der Ordnungszahl Z schnürt sich ein. Dabei wird angenommen, daß zumindest in einem Teil eine magische Zahl von Protonen oder Neutronen bevorzugt wird.
b) Der Kern trennt sich in 2 Spaltstücke. Findet diese Trennung an der Stelle A statt, so entstehen zwei Spaltstücke von etwa gleicher Masse (symmetrische Spaltung), wobei das linke (annähernd kugelförmige) Bruchstück nur eine geringe Anregungsenergie besitzt, das rechte Bruchstück jedoch eine hohe Anregungsenergie. Am wahrscheinlichsten ist eine Trennung an der Stelle B, wobei zwei asymmetrische Spaltstücke etwa gleicher Anregungsenergie entstehen. Eine Spaltung an der Stelle C schließlich bedeutet die Bildung

7. Zerfallsprozesse

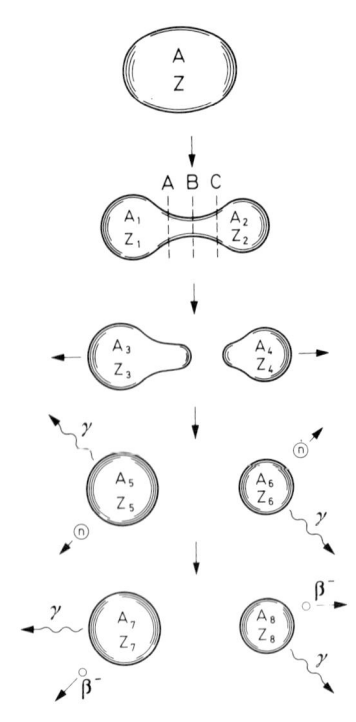

Abb. (7–27) Schema der Spontanspaltung.

von zwei Spaltstücken sehr verschiedener Masse, wobei das linke Spaltstück die größere Anregungsenergie besitzt. Während die Nukleonen vor Beginn der Teilung durch die Kernkräfte zusammengehalten wurden, macht sich nun die Coulombsche Abstoßung der beiden Bruchstücke bemerkbar, die eine sehr viel größere Reichweite besitzt als die Kernkräfte. Die Coulombsche Abstoßung bewirkt, daß sich die Spaltstücke mit hoher kinetischer Energie voneinander entfernen.

c) Die Spaltstücke geben den Großteil ihrer Anregungsenergie durch „Verdampfen" von Neutronen ab. Gelegentlich werden auch geladene Teilchen emittiert. Die restliche Anregungsenergie wird schließlich in Form von Photonen abgegeben.

d) Die Spaltstücke, die noch einen hohen Neutronenüberschuß besitzen, wandeln sich durch eine Kette von aufeinanderfolgenden β^--Zerfällen um. Während die vorausgehenden Prozesse nicht im einzelnen verfolgt werden können, weil sie sehr rasch ablaufen ($< 10^{-15}$ s), kann der β^--Zerfall der Spaltstücke im allgemeinen gemessen werden.

Abb. (7–28) gibt eine Übersicht über die Ausbeute bei der Spontanspaltung von Cm–242 als Funktion der Massenzahl. Dabei tritt deutlich hervor, daß die Spaltung asymmetrisch verläuft; gleich schwere Bruchstücke treten nur selten auf.

Zur Deutung der Spaltung wird bevorzugt das Tröpfchenmodell des Atomkerns benutzt, auf dem auch die halbempirische Weizsäcker-Formel basiert (vgl. Abschn. 1.5). Der erste Term in der Weizsäcker-

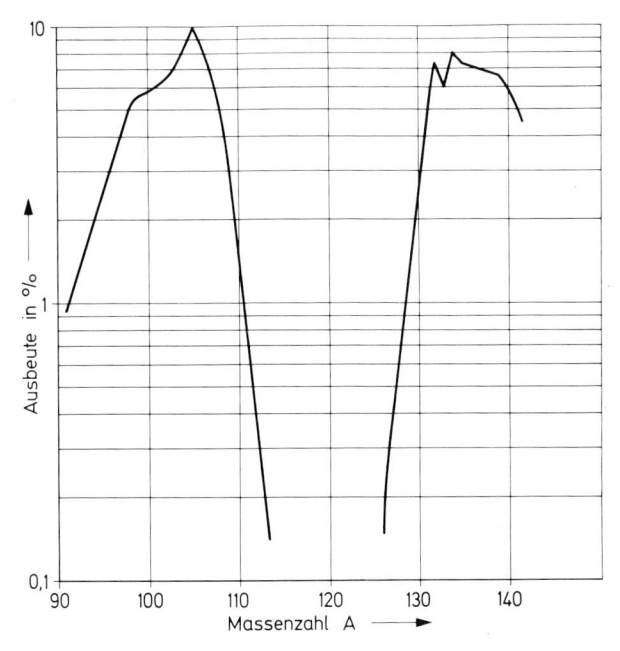

Abb. (7–28) Ausbeute als Funktion der Massenzahl bei der Spontanspaltung des Cm–242. (Nach E. P. STEINBERG u. L. E. GLENDENIN: Physic. Rev. **95**, 431 (1954))

Formel (Gl. (1.2)) ist unabhängig von der Verformung des Atomkerns, ebenso der vierte Term. Der zweite Term berücksichtigt die Abstoßungskräfte zwischen den Protonen, die insgesamt mit wachsender Verformung des Atomkerns geringer werden. Der dritte Term wächst proportional mit der Oberfläche an. Die Änderungen in der Coulomb-Energie und in der Oberflächenenergie als Folge der Verformung sind von entgegengesetzten Vorzeichen, aber nahezu gleich groß. Deshalb können andere Einflüsse von untergeordneter Bedeutung, die in der Weizsäcker-Formel nicht berücksichtigt sind, bei der Verformung des Atomkerns eine entscheidende Rolle spielen. Als Spaltbarkeitsparameter x bezeichnet man den Quotienten

$$x = \frac{E_c^0}{2E_f^0} = \frac{a_c}{a_f} \frac{Z(Z-1)}{2A} \approx \frac{a_c}{a_f} \frac{Z^2}{2A}, \qquad (7.61)$$

worin E_c^0 die Coulomb-Energie und E_f^0 die Oberflächenenergie des kugelförmigen Kerns sind. Für schwere Kerne ($Z \gg 1$) kann man $Z(Z-1) = Z^2$ setzen. Ist $x < 1$, so ist der Kern nach dem Tröpfchenmodell gegen kleinere Verformungen stabil. Wenn dagegen $x \geq 1$ ist, dann ist eine spontane Spaltung des Kerns zu erwarten. Mit den in Abschnitt 1.5 angegebenen Werten berechnet man $x = 2{,}23 \cdot 10^{-2} \frac{Z^2}{A}$ und erhält für ^{238}U: $x = 0{,}79$ und für ^{252}Cf: $x = 0{,}85$. Kerne mit Ordnungszahlen $Z > \approx 120$ sollten nach dieser einfachen Betrachtung sofort zerfallen. Eine Reihe von verfeinerten Rechnungen dient dem Ziel, genauere Aussagen über die Energieschwelle zu gewinnen, die schwere Kerne bei der Spaltung überwinden müssen (Sattelpunktsenergie). Dabei wird auch das Schalenmodell in die Betrachtung einbezogen, um die Ergebnisse zu verbessern. Viel Interesse hat in diesem Zusammenhang das Hybridmodell von STRUTINSKY gefunden, bei dem die Schalenstruktur der Atomkerne durch Korrekturglieder neben dem Tröpfchenmodell berücksichtigt wird. Dieses Modell erlaubt auch Voraussagen über die Energieschwelle für die Spaltung von superschweren Elementen.

Ein Atomkern kann nach den Vorstellungen der Quantenmechanik aus seinem Grundzustand auch durch die Energieschwelle für die Spaltung hindurchtunneln, ähnlich wie beim α-Zerfall, wobei die Wahrscheinlichkeit für das Tunneln exponentiell von der Quadratwurzel aus der Höhe der Energieschwelle abhängt. Für Elemente mit Ordnungszahlen $Z < 90$ (Thorium) sind die Energieschwellen so hoch, daß keine Spontanspaltung beobachtet wird. Bei schweren Elementen mit Ordnungszahlen $Z \geq 100$ hingegen wird die Spontanspaltung zu einer bevorzugten Zerfallsart.

Nach dem Tröpfchenmodell ist eine Abhängigkeit der Spaltbarkeit von Z^2/A zu erwarten (Gl. (7.61)). Dementsprechend ist in Abb. (7–29) der Logarithmus für die Halbwertzeit der Spontanspaltung als Funktion von Z^2/A aufgetragen. Dabei sind nur die g,g-Kerne berücksichtigt. Es fällt auf, daß bei jedem Element in der Reihe der g,g-Kerne die Halbwertzeit mit steigender Massenzahl der Isotope (kleinere Z^2/A-Werte) deutlich abfällt. Für alle g,u-, u,g- und u,u-Kerne liegen die

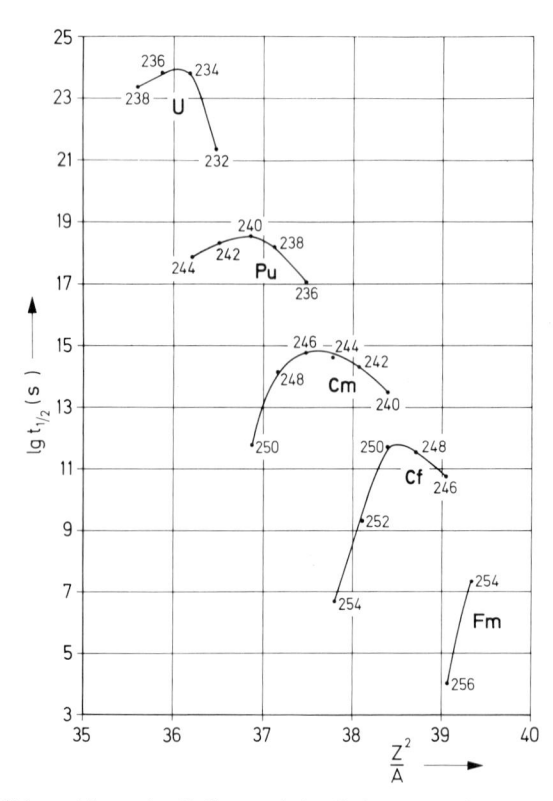

Abb. (7–29) Logarithmus der Halbwertzeit für die Spontanspaltung (in s) als Funktion von Z^2/A für g,g-Kerne.

Halbwertzeiten für die Spontanspaltung, sofern sie bekannt sind, sehr viel höher als für die g,g-Kerne. Vergleicht man die Halbwertzeiten für die Spontanspaltung mit den Nuklidmassen der Kerne im Grundzustand, so findet man eine Parallele: Kerne mit besonders niedriger Energie im Grundzustand (relativ hohe Nuklidmasse) haben eine kürzere Halbwertzeit der Spontanspaltung. Wenn man nach SWIATECKI $\log t_{1/2}(\text{sf}) + 5\,\delta M$ als Funktion eines Spaltbarkeitsparameters x' aufzeichnet, der zusätzlich zu dem nach Gl. (7.61) berechneten Wert noch ein Korrekturglied enthält, das proportional $(N-Z)/A^2$ ist, so erhält man praktisch eine Gerade (Abb. (7–30)). δM ist der Unterschied der Nuklidmasse gegenüber einem durch Interpolation erhaltenen Wert. Auch bei dieser Art der Darstellung liegen die Werte für g,u-, u,g- und u,u-Kerne immer noch verhältnismäßig hoch. Bei diesen Nukliden müssen andere Einflüsse maßgebend sein. Offenbar wird die Spontanspaltung durch eine ungerade Zahl von Protonen bzw. Neutronen behindert.

Extrapoliert man die in Abb. (7–29) aufgezeichneten Daten für größere Z^2/A-Werte, so folgt, daß Halbwertzeiten für die Spontanspaltung von ungefähr 10^{-20} s bei $Z^2/A \approx 50$ erreicht werden. Diese Zeit ist als ein Grenzwert anzusehen, weil sie etwa einer Kernschwingung entspricht. Dann ist bei der Spaltung keine Potentialschwelle mehr zu überwinden bzw. zu durchdringen; der Kern spaltet sich sofort. Das bedeutet aber, daß Elemente mit Ordnungszahlen $Z > 130$ nicht mehr existenzfähig sein sollten. Die Theorie liefert Grenzwerte für Z^2/A, die zwischen etwa 44 und 47 liegen. Es fragt sich allerdings, inwieweit diese Extrapolationen zulässig sind, insbesondere in der Nähe von magischen Zahlen.

Zur Messung der Spontanspaltung werden Ionisationskammern, Durchflußzähler oder Halbleiterdetektoren verwendet. Wegen der hohen Energie der Spaltprodukte spielt das Problem des Untergrundes kaum eine Rolle. Wichtig ist die Radionuklidreinheit, um andere Spontanspalter mit Sicherheit ausschließen zu können.

Bemerkenswert kurze Halbwertzeiten für die Spontanspaltung findet man bei einer Reihe von Isomeren, Beispiel: $^{242\text{m}2}\text{Am}$ ($t_{1/2} = 0{,}014$ s). Diese kurzen Halbwertzeiten lassen sich nicht in eine Systematik einordnen, wie sie in den Abbildungen (7–29) und (7–30) dargestellt ist. Um solche kurzlebigen isomeren Zustände zu untersuchen, sind spezielle experimentelle Techniken erforderlich. In vielen Fällen verwendet man mechanische Transporteinrichtungen, z.B. ein sich bewegendes Band oder ein sich drehendes Rad, um die Reaktionsprodukte, die aus einem dünnen Target durch Rückstoß herausgeschleudert werden, zu einem Detektor zu befördern. Der Detektor kann ein photographischer Film sein, eine Folie aus Glimmer bzw. Kunststoff oder ein Halbleiterdetektor. Er registriert die Spaltprodukte, die durch Spaltung der durch Rückstoßeffekte abgetrennten Reaktionsprodukte entstehen. Die Halbwertzeit für die Spontanspaltung kann durch Messung der Spaltprozesse als Funktion des Abstandes oder als Funktion der Transportgeschwindigkeit ermittelt werden. Bei einer anderen Methode mißt man elektronisch den zeitlichen Abstand zwischen dem Auftreffen eines gepulsten Strahls auf das Target und der Spontanspaltung des Reaktionsproduktes. Eine

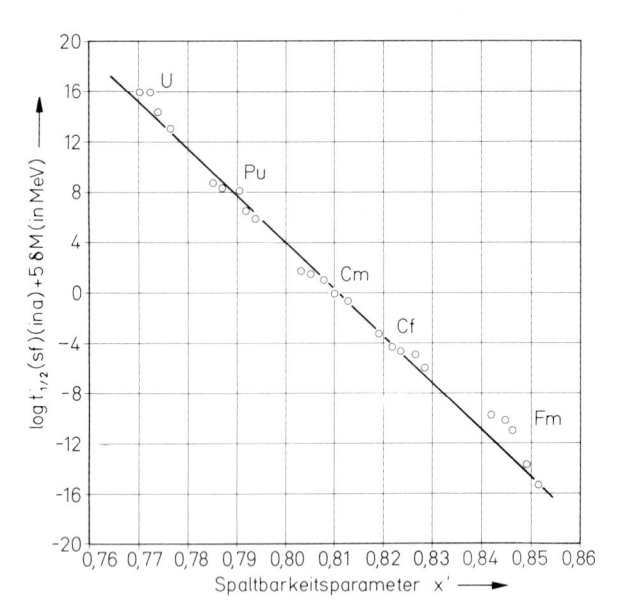

Abb. (7–30) Halbwertzeiten für die Spontanspaltung von g,g-Kernen, korrigiert nach der Methode von SWIATECKI (vgl. W.J. SWIATECKI: Physic. Rev. **100**, 937 (1955) und W.D. MYERS u. W.J. SWIATECKI: Proc. Int. Symp. Lysekill, Schweden, 1966, S. 343).

dritte Methode besteht darin, entlang des Weges der durch Rückstoß aus dem Target herausgeschleuderten Reaktionsprodukte Detektoren anzuordnen und diese so abzuschirmen, daß sie vom Target aus nicht direkt erreicht werden können. Die Reaktionsprodukte zerfallen dann auf ihrem Fluge, und die entstehenden Spaltprodukte werden von den Detektoren registriert. Als Detektoren kommen, ebenso wie bei der ersten Methode, photographische Filme, Folien aus Glimmer bzw. Kunststoff oder Halbleiterdetektoren in Frage. Mit Hilfe dieser Methode können noch Nuklide oder isomere Zustände mit Halbwertzeiten im Bereich von 1 ns bis 1 μs untersucht werden. Bei einem großen Prozentsatz der bisher beobachteten spontanspaltenden Isomeren liegen die Halbwertzeiten zwischen 10^{-7} und 10^{-9} s. Dabei liegt die

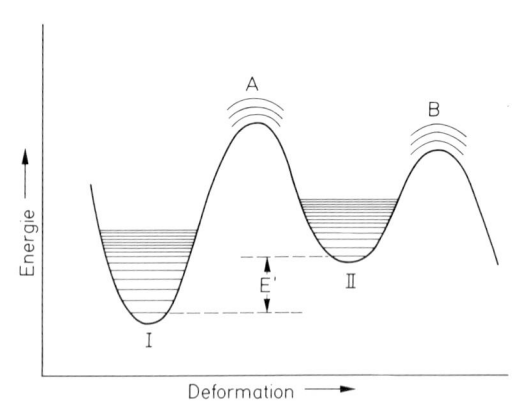

Abb. (7–31) Grundzustand (I) und isomerer Zustand des spontanspaltenden Isomeren (II).

Grenze der experimentellen Nachweisbarkeit bei etwa 10^{-9} s. In manchen Fällen treten auch mehrere Isomere auf.

Die Anregungsenergie dieser Isomeren mit sehr kurzen Halbwertzeiten für die Spontanspaltung liegt etwa 2 bis 4 MeV über dem Grundzustand. Eine Reihe von Untersuchungen berechtigen zu der Vorstellung, daß es sich um eine stark deformierte Form des Grundzustandes handelt. Die Isomeren geben deshalb auch ihre Anregungsenergie nicht vorzugsweise durch Emission von γ-Quanten ab, wie man es sonst erwarten würde.

Um den Grundzustand und den isomeren Zustand zu beschreiben, benutzt man Potentialkurven, wie sie in Abb. (7–31) als Funktion der Deformation aufgezeichnet sind. Der Grundzustand entspricht dem ersten Minimum in der Potentialkurve (I), der angeregte Zustand, in dem der Kern stark deformiert ist, dem zweiten Minimum (II). Die Spontanspaltung aus dem Grundzustand führt über die Potentialschwellen A und B, die Spaltung aus dem angeregten Zustand über die Potentialschwelle B, die in vielen Fällen niedriger ist. Beim Übergang in den Grundzustand muß das Nuklid die Potentialschwelle A überwinden.

Literatur zu Kapitel 7

1. I. Kaplan: Nuclear Physics, 2. Aufl., Addison-Wesley Publ. Comp., Reading 1964.
2. R.D. Evans: The Atomic Nucleus. McGraw-Hill Book Comp., New York 1955.
3. G.C. Hanna: Alpha Radioactivity. In: Experimental Nuclear Physics. Bd. III. Hrsg. E. Segrè. John Wiley and Sons, New York 1959, S. 54.
4. K. Siegbahn: Alpha-, Beta- and Gamma-Ray Spectroscopy, 2 Bde., North-Holland Publishing Comp., Amsterdam 1966.
5. E.J. Konopinski: The Theory of Beta Radioactivity, Oxford University Press, London 1966.
6. J.H. Hamilton, Ed.: Radioactivity in Nuclear Spectroscopy. Modern Techniques and Applications Vol. I and II, Gordon and Breach, Science Publ. New York–London–Paris 1972.
7. W. Donner: Einführung in die Theorie der Kernspektren, Bd. I u. II, Bibliogr. Inst., Mannheim 1974.
8. M. Goldhaber, A.W. Sunyar: Classification of Nuclear Isomers. Physic. Rev. **83** (1951) 906.
9. R. Vandenbosch, J.R. Huizenga: Nuclear Fission, Academic Press, New York and London 1973.
11. Table of Isotopes, Hrsg. C.M. Lederer and V.S. Shirley, John Wiley and Sons, New York, 7. Auflage 1978.
12. Nuclear Data, Section A, Academic Press, New York–London **1** (1965) – **4** (1968); Section B, Academic Press, New York–London **1** (1966) – **2** (1968) – Nuclear Data Sheets, Section B, Academic Press, New York–London **3** (1969) – **8** (1972); Nuclear Data Sheets, Academic Press, New York–London **9** (1973)ff.
13. G. Erdtmann, W. Soyka: The Gamma Rays of the Radionuclides, Kernchemie in Einzeldarstellungen (Hrsg. K.H. Lieser), Vol. 7, Verlag Chemie, Weinheim 1979.

Übungen zu Kapitel 7

1. Ist bei folgenden Radionukliden β^+-Zerfall möglich: Be–7, Ar–37, Ca–41, V–50, Cr–51, Mn–54, Fe–55, Ni–59?

2. Die Energie der von Nd–144 ausgesandten α-Teilchen beträgt 1,903 MeV. Wie groß ist die Zerfallsenergie?

3. Co–60 zerfällt unter Aussendung von β^--Strahlung (0,31 MeV) und γ-Strahlung (1,17 MeV und 1,33 MeV). Man zeichne das Zerfallsschema auf. Wie groß ist die durchschnittliche Anfangsgeschwindigkeit der β^--Teilchen im Verhältnis zur Lichtgeschwindigkeit? Wie groß sind die Wellenlängen der γ-Strahlung?

4. Wie groß ist der *ft*-Wert für die β^--Umwandlung folgender Radionuklide: H–3, C–14, P–32 und S–35? Um welche Art von Umwandlungen handelt es sich?

5. Welche Näherungswerte berechnet man für das Verhältnis von Elektroneneinfang zu β^+-Strahlung für folgende Radionuklide: Co–58, Cu–64, Cs–130 und Sm–143?

6. Man berechne Näherungswerte für die Zerfallskonstante der isomeren Umwandlung von Br–80 m, Rb–81 m und Ce–139 m. Die Übergänge sind:

$$\text{Br–80 m}: 5- \xrightarrow{0{,}049 \text{ MeV}} 2- \xrightarrow{0{,}037 \text{ MeV}} 1+ (100\%)$$

$$\text{Rb–81 m}: 9/2+ \xrightarrow{0{,}085 \text{ MeV}} 3/2- (50\%)$$

$$\text{Ce–139 m}: 11/2- \xrightarrow{0{,}746 \text{ MeV}} 3/2+$$

7. Cf–252 zeigt neben dem α-Zerfall auch Spontanspaltung; 3,1% aller Zerfälle sind Spontanspaltungen. Die Halbwertzeit des Cf–252 ist 2,64 a. Wie groß sind die partiellen Zerfallskonstanten für die Spontanspaltung und den α-Zerfall?

8. Kernreaktionen

8.1. Kernreaktionen als binukleare Reaktionen

Die Untersuchung von Kernreaktionen und die Gewinnung von Radionukliden sind wichtige Arbeitsgebiete der Kernchemie. Jeder Kernchemiker muß deshalb die Grundlagen für die Herstellung der gewünschten radioaktiven oder stabilen Nuklide durch Kernreaktionen in einem Reaktor oder in einem Beschleuniger kennen. Die erforderlichen Überlegungen und Berechnungen muß er selbst ausführen.

Der einfachste Fall einer Kernreaktion ist der radioaktive Zerfall, der in Kapitel 5 behandelt wurde. Dieser erfolgt spontan mit einer bestimmten Wahrscheinlichkeit, die durch die Zerfallskonstante λ gegeben ist. Die allgemeine Reaktionsgleichung für den radioaktiven Zerfall lautet (vgl. Gl. (5.1))

$$A \longrightarrow B + x + \Delta E. \tag{8.1}$$

Diese Gleichung besagt: Ein Nuklid A zerfällt in ein Nuklid B und ein Teilchen x; dabei wird die Energie ΔE frei, die nach der Einsteinschen Beziehung $\Delta E = \Delta M \cdot c^2$ aus der Differenz der Nuklidmassen ΔM berechnet werden kann. Der radioaktive Zerfall ist eine mononukleare Reaktion (Reaktion 1. Ordnung). Wenn man von Kernreaktionen spricht, meint man jedoch im allgemeinen nicht den spontan ablaufenden radioaktiven Zerfall, sondern binukleare Reaktionen, die unter der Einwirkung anderer Teilchen stattfinden. Auch wenn die Kernreaktionen durch γ-Quanten ausgelöst werden, spricht man von binuklearen Reaktionen.

Die erste künstliche Kernumwandlung wurde 1919 von RUTHERFORD beschrieben. Er verwendete die α-Strahlen des Po–214 (RaC') als Geschosse und konnte die Umwandlung von N–14 in O–17 durch die Bildung von Protonen nachweisen; die Reaktion wurde in der Nebelkammer beobachtet. In sehr viel größerem Umfange konnten künstliche Kernumwandlungen durchgeführt werden, nachdem CHADWICK im Jahre 1932 das Neutron entdeckt hatte; das Neutron kann nämlich sehr viel leichter in einen Atomkern eindringen als ein geladenes Teilchen — z. B. ein Proton oder ein α-Teilchen —, weil es durch den positiv geladenen Atomkern nicht abgestoßen wird. Deshalb sind die Ausbeuten von Kernreaktionen bei Verwendung von Neutronen verhältnismäßig hoch.

Die allgemeine Formulierung für eine Kernreaktion lautet

$$A + x \longrightarrow B + y + \Delta E. \tag{8.2}$$

Diese Gleichung besagt: Ein Nuklid A wird mit einem Strahl von Teilchen bzw. Quanten x beschossen; dabei entsteht ein Nuklid B und ein Teilchen oder ein Quant y. Die Energie ΔE wird frei; ist ΔE negativ, so muß Energie aufgewendet werden. Diese binukleare Reaktion kann ebenso wie eine mononukleare Reaktion im Sinne einer chemischen Reaktionsgleichung geschrieben werden. Dabei müssen die Summen der Massenzahlen und der Ordnungszahlen auf beiden Seiten gleich sein. Die oben erwähnte Kernumwandlung, die von RUTHERFORD beobachtet wurde, lautet in ausführlicher Schreibweise

$$^{14}_{7}N + ^{4}_{2}He \longrightarrow ^{17}_{8}O + ^{1}_{1}H. \tag{8.3}$$

Für Kernreaktionen ist auch eine Kurzschreibweise üblich, z. B. an Stelle von Gl. (8.3)

$$^{14}N\,(\alpha, p)\,^{17}O, \tag{8.4}$$

oder statt der allgemeinen Gleichung für (binukleare) Kernreaktionen (8.2)

$$A\,(x, y)\,B. \tag{8.5}$$

Dabei benutzt man für die Geschosse x oder die entstehenden Teilchen y die Symbole n (Neutron), p (Proton), d (Deuteron), α (Alphateilchen) usw. Die Energie ΔE kann aus der Differenz der Nuklidmassen berechnet werden; nähere Angaben über die Energetik von Kernreaktionen sind im Abschn. 8.2 enthalten. Bei Kernreaktionen bleiben folgende Größen erhalten (Erhaltungssätze, vgl. Kapitel 2): Zahl der Nukleonen, elektrische Ladung, Energie (unter Einbeziehung der Ruhemasse), Impuls, Drehimpuls, Parität. Im Falle der starken Wechselwirkung bleibt auch der Isospin erhalten.

Das Nuklid A, das bei einer Kernreaktion beschossen wird bzw. die Substanz, die das Nuklid A enthält, werden in Form eines „Targets" vorgelegt. Diese Bezeichnung ist aus dem Angelsächsischen entnommen; eine passende deutsche Bezeichnung hat sich noch nicht eingebürgert. Bei der praktischen Durchführung von Kernreaktionen ist zu beachten, ob ein Reinelement oder ein Mischelement vorgelegt wird. Handelt es sich um ein Mischelement — d. h. um mehrere Isotope — so müssen alle Kernreaktionen berücksichtigt werden, die mit den verschiedenen Isotopen ablaufen können. Wenn man nicht ein Element, sondern eine chemische Verbindung vorlegt, so sind alle Kernreaktionen der einzelnen Isotope der in der Verbindung vorhandenen Elemente in Betracht zu ziehen. Der Produktkern B einer Kernreaktion kann stabil oder instabil (radioaktiv) sein. Stabile Produktkerne lassen sich sehr viel schwieriger nachweisen als instabile, die auf Grund ihrer Radioaktivität mit hoher Empfindlichkeit gemessen werden können.

Die wesentlichen Unterschiede zwischen einer chemischen Reaktion und einer Kernreaktion lassen sich in folgenden Punkten zusammenfassen:

a) Bei chemischen Reaktionen wird der Umsatz von wägbaren Stoffmengen betrachtet (z. B. 1 mol), bei Kernreaktionen dagegen die Umwandlung einzelner Atome. Dementsprechend werden bei chemischen Reaktionen die Reaktionsgrößen (z. B. die Reaktionsenthalpie) im allgemeinen auf 1 mol bezogen, bei Kernreaktionen aber auf 1 Atom.
b) Bei chemischen Reaktionen bleiben die Nuklide, und damit auch die Atome der einzelnen Elemente, erhalten; bei Kernreaktionen dagegen entstehen andere (isotope oder nicht-isotope) Nuklide.
c) Für chemische Reaktionen gilt das Gesetz von der Erhaltung der Masse; d.h. es wird keine Materie erzeugt oder aufgebraucht ($\Sigma m = $ const). Bei Kernreaktionen wird Materie in Energie umgewandelt oder umgekehrt; es gilt das Gesetz von der Erhaltung der Summe von Masse und Energie ($\Sigma (mc^2 + E) = $ const).
d) Die Energiebeträge, die bei chemischen Reaktionen umgesetzt werden, sind verhältnismäßig klein; sie sind von der gleichen Größenordnung wie die Energie der chemischen Bindungen, die bei der Reaktion gespalten oder geknüpft werden (1 bis einige eV). Die Energiebeträge, die bei Kernreaktionen auftreten, sind im Mittel um etwa 6 Größenordnungen höher; sie entsprechen den Kernkräften, die zwischen den Nukleonen wirksam sind (einige MeV).

Ähnlich wie man in der chemischen Reaktionskinetik als Zwischenstufe einen Übergangszustand (aktivierten Komplex) annimmt, formuliert man auch bei Kernreaktionen in vielen Fällen eine instabile Zwischenstufe, die nur eine verhältnismäßig kurze Zeit ($< 10^{-13}$ s) existiert. Diese instabile Zwischenstufe wird als Compound-Kern (angelsächsisch „compound nucleus") bezeichnet. Berücksichtigt man diesen Compound-Kern (Symbol C), so erhält man an Stelle der Gl. (8.2):

$$A + x \longrightarrow (C) \longrightarrow B + y + \Delta E. \tag{8.6}$$

Während die Wahrscheinlichkeit für eine mononukleare Reaktion (d. h. für den radioaktiven Zerfall) durch die Zerfallskonstante λ gegeben ist, sind für den Ablauf einer binuklearen Reaktion zwei Wahrscheinlichkeiten maßgebend, und zwar

a) die Wahrscheinlichkeit für den ersten Teilschritt der Reaktion (8.6), d.h. dafür, daß das Teilchen x in das Nuklid A eindringt und den Compound-Kern C bildet, und
b) die Wahrscheinlichkeit für den zweiten Teilschritt der Reaktion (8.6), d.h. dafür, daß der Compound-Kern C in dem gewünschten Sinne unter Bildung des Nuklids B zerfällt.

Zu den Kernreaktionen werden auch die Streuprozesse an Atomkernen gerechnet. Man unterscheidet elastische Streuung

$$A + x \longrightarrow A + x \tag{8.7}$$

und unelastische Streuung

$$A + x \longrightarrow A^* + x. \tag{8.8}$$

Bei der elastischen Streuung wird keine Anregungsenergie übertragen. Bei der unelastischen Streuung dagegen nimmt das Nuklid A einen Energiebetrag ΔE auf, den es für den Übergang in einen angeregten Zustand benötigt. Die Messung der Energiedifferenz ΔE der Teilchen x vor und nach der unelastischen Streuung erlaubt somit die Aufstellung eines Energiediagrammes für das Nuklid A, in dem die angeregten Zustände aufgezeichnet sind. Deshalb ist die Untersuchung von Streuprozessen für die Kernphysik von großer Bedeutung. In der Kernchemie spielen diese Vorgänge nur eine untergeordnete Rolle; sie werden deshalb hier nicht näher betrachtet.

Alle experimentellen Ergebnisse werden in einem Koordinatensystem gewonnen, in dem sich der Beobachter in Ruhe befindet, und das als Laborsystem (L-Koordinaten) bezeichnet wird. Die Bewegung des Schwerpunktes des Systems ist jedoch für die rechnerische Behandlung der Kernreaktionen ohne Bedeutung. Deshalb rechnet man häufig die beobachteten Werte in das Schwerpunktsystem (S-Koordinaten) um (vgl. dazu Abb. (8-2)).

Die Zeitdauer einer Kernreaktion hängt vom Reaktionsmechanismus ab. Sie bewegt sich zwischen etwa 10^{-23} s und 10^{-13} s. Der untere Grenzwert ist gegeben durch die Zeit, die ein nahezu mit Lichtgeschwindigkeit fliegendes Teilchen benötigt, um einen Kern zu durchqueren. Der obere Grenzwert gilt für langsame Reaktionen, wie sie z. B. beim Einfang eines thermischen Neutrons ablaufen.

8.2. Energetik

Kernreaktionen können ähnlich behandelt werden wie chemische Reaktionen. Der Reaktionsenthalpie ΔH entspricht die Energie ΔE, die bei einer Kernreaktion frei wird und häufig auch als Q-Wert bezeichnet wird. Die Reaktionsenthalpie ΔH wird aus der Differenz der Bildungsenthalpien der Reaktionspartner berechnet, die Energie ΔE einer Kernreaktion aus der Massendifferenz. Bezeichnet man die Massen der an der Kernreaktion (8.2) beteiligten Atomkerne mit m, so folgt aus der Einsteinschen Beziehung

$$\Delta E = (m_A + m_x - m_B - m_y)c^2 \tag{8.9}$$

(c ist die Lichtgeschwindigkeit). Führt man die Nuklidmassen M ein,

$$M = m + Z \cdot m_e, \tag{8.10}$$

so ist

$$\Delta E = (M_A + M_x - M_B - M_y)c^2. \tag{8.11}$$

Die Elektronenmassen m_e heben sich heraus, weil die Summe der Ordnungszahlen auf beiden Seiten gleich ist. Nur im Falle der β^+-Umwandlung treten bei der Berechnung von ΔE neben den Nuklidmassen noch zwei Elektronenmassen m_e auf (vgl. Abschn. 7.1.2). Setzt man die Nuklidmassen in atomaren Masseneinheiten (u) ein, dann ist

$$\Delta E = (M_A + M_x - M_B - M_y) \cdot 931{,}5 \text{ MeV}. \tag{8.12}$$

Wenn bei einer chemischen Reaktion Wärme frei wird (ΔH negativ), spricht man von einer exothermen Reaktion; in Analogie dazu nennt man eine Kernreaktion, bei der Energie frei wird (ΔE positiv), eine exoenergetische oder exoergische Reaktion. Umgekehrt spricht man von einer endothermen Reaktion, wenn bei einer chemischen Reaktion Wärme verbraucht wird (ΔH positiv), und von einer endoenergetischen oder endoergischen Reaktion, wenn bei einer Kernreaktion Energie aufgewendet werden muß (ΔE negativ).

Bei endoergischen Reaktionen muß eine Anregungsenergie aufgebracht werden. Geht man davon aus, daß die Atome A im Target keine kinetische Energie besitzen, so muß die Anregungsenergie von dem Geschoßteilchen x mitgebracht werden. Im allgemeinen ist aber nicht die gesamte kinetische Energie des Geschoßteilchens x als Anregungsenergie für den Kern A verfügbar; wenn sich ein Compound-Kern bildet, wird ein Teil der kinetischen Energie als Impuls auf ihn übertragen und an die Reaktionsprodukte weitergegeben. Aus dem Impulserhaltungssatz folgt für den Impuls, den der Compound-Kern C erhält:

$$M_C \cdot v_C = M_x \cdot v_x \qquad (8.13)$$

und daraus für den Energiebetrag, der als Anregungsenergie E^* auf den Compound-Kern entfällt,

$$E^* = E_x\left(1 - \frac{M_x}{M_C}\right) = E_x\left(\frac{M_A}{M_A + M_x}\right). \qquad (8.14)$$

(Die gesamte Anregungsenergie des Compound-Kerns setzt sich zusammen aus E^* und der Bindungsenergie E_B des Teilchens x im Kern.) E^* muß mindestens ebenso groß sein wie die für die Kernreaktion benötigte Energie $-\Delta E$ (Minuszeichen, weil bei endoergischen Reaktionen ΔE negativ ist):

$$E^* \geq -\Delta E. \qquad (8.15)$$

Die Mindestenergie der Teilchen x, die zur Auslösung der Kernreaktion erforderlich ist, beträgt somit

$$E_{x(S)} = -\Delta E\left(1 + \frac{M_x}{M_A}\right). \qquad (8.16)$$

Diese Energie wird als Schwellenenergie bezeichnet. Nur solche Teilchen, die mindestens diese Schwellenenergie besitzen, können die Kernreaktion auslösen.

Bei einem Experiment ist die Energie der Geschoßteilchen x im allgemeinen bekannt; die kinetische Energie der Reaktionsprodukte kann bestimmt werden, z. B. für den Produktkern B aus der Reichweite und für das Teilchen y mit Hilfe eines Detektors. Der Produktkern B kann außer seiner kinetischen Energie E_B auch Anregungsenergie E_B^* besitzen. Die Anfangsenergien der Reaktionspartner (Nuklid A und Geschoß x) und die frei werdende Energie ΔE (Q-Wert) verteilen sich auf die Reaktionsprodukte B und y:

$$E_B + E_B^* + E_y = E_A + E_x + \Delta E. \qquad (8.17)$$

Geht man wiederum davon aus, daß sich das Nuklid A in Ruhe befindet, so ist

$$E_B + E_B^* + E_y = E_x + \Delta E. \tag{8.18}$$

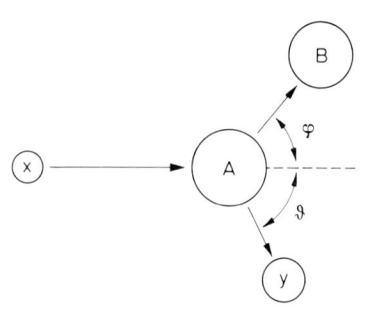

Abb. (8–1) Winkelverteilung bei einer Kernreaktion.

Für die Berechnung von ΔE aus E_B und E_y ist die Kenntnis der Winkelabhängigkeit notwendig (Abb. (8–1)). Aus dem Impulserhaltungssatz folgt

$$\Delta E = E_y\left(1 + \frac{M_y}{M_B}\right) - E_x\left(1 - \frac{M_x}{M_B}\right) - \frac{2}{M_B}\sqrt{E_x E_y M_x M_y}\cos\vartheta + E_B^*. \tag{8.19}$$

Treten die Teilchen y unter dem Winkel $\vartheta = 90°$ zu dem einfallenden Strahl der Teilchen x aus, so ist

$$\Delta E = E_y\left(1 + \frac{M_y}{M_B}\right) - E_x\left(1 - \frac{M_x}{M_B}\right) + E_B^*. \tag{8.20}$$

Wenn M_x und M_y sehr viel kleiner sind als die Nuklidmassen M_A und M_B, so gilt näherungsweise

$$\Delta E \approx E_y - E_x + E_B^*. \tag{8.21}$$

Ein Beispiel für eine exoergische Reaktion ist die Erzeugung von Neutronen durch Einwirkung von α-Strahlen auf Beryllium

$$^{9}_{4}\text{Be} + ^{4}_{2}\text{He} \longrightarrow ^{12}_{6}\text{C} + ^{1}_{0}\text{n}. \tag{8.22}$$

Nach Gl. (8.12) folgt für die Energie (Q-Wert):
$\Delta E = (9{,}012\,183 + 4{,}002\,603 - 12{,}000\,000 - 1{,}008\,665) \cdot 931{,}5 =$
$= 5{,}70$ MeV. Diese Energie wird nach Gl. (8.17) auf die Reaktionsprodukte aufgeteilt:

$$E_n + E_{C-12} + E_{C-12}^* = E_\alpha + E_{Be-9} + \Delta E. \tag{8.23}$$

Die kinetische Energie E_n, die z. B. das Neutron erhält, ist winkelabhängig (vgl. Abb. (8–1)) und kann aus Gl. (8.19) berechnet werden. Im Gegensatz dazu ist folgende Reaktion endoergisch:

$$^{12}_{6}\text{C} + ^{4}_{2}\text{He} \longrightarrow ^{15}_{7}\text{N} + ^{1}_{1}\text{H}. \tag{8.24}$$

Die Energie ΔE (Q-Wert) für diese Reaktion beträgt
$\Delta E = (12{,}000\,000 + 4{,}002\,603 - 15{,}000\,109 - 1{,}007\,825) \cdot 931{,}5 =$
$= -4{,}97$ MeV und die Schwellenenergie nach Gl. (8.16)

$$E_{x(S)} = 4{,}97 \left(1 + \frac{4{,}002\,603}{12}\right) = 6{,}63 \text{ MeV}.$$

8.3. Geschosse

Als Geschosse für Kernreaktionen haben die Neutronen die größte Bedeutung gewonnen. Das hat zwei Ursachen:
a) Da die Neutronen keine Ladung besitzen, können sie unbehindert von Coulombschen Abstoßungskräften in den Kern eindringen.
b) Neutronen stehen in Kernreaktoren in verhältnismäßig großen Mengen zur Verfügung. Außerdem können Strahlen von monoenergetischen Neutronen in fast allen Energiebereichen (von etwa 10^{-4} bis 10^7 eV) für die Untersuchung von Kernreaktionen eingesetzt werden.

Neutronen sind instabil; sie zerfallen mit einer Halbwertzeit von 10,6 min:

$$n \longrightarrow p + e^- + \bar{\nu}. \qquad (8.25)$$

„Neutronengas" kann also nicht länger aufbewahrt werden. Die Zerfallsenergie beträgt $\Delta E = 0{,}782$ MeV.

Man unterteilt die Neutronen nach ihrer Energie in

thermische Neutronen:	0 — 0,1	eV
langsame Neutronen:	0,1 — 100	eV
mittelschnelle Neutronen:	0,1 — 100	keV
schnelle Neutronen:	0,1 — 10	MeV
ultraschnelle Neutronen:	> 10	MeV

Die kinetische Energie der thermischen Neutronen entspricht dem Bereich normaler Temperaturen (etwa $0 - 10^3$ K).

Bei Energien von der Größenordnung 1 eV spricht man auch von Resonanzneutronen, weil viele Atomkerne in diesem Bereich Absorptionsmaxima für Neutronen zeigen. Langsame bzw. thermische Neutronen entstehen aus schnellen Neutronen durch elastische Zusammenstöße. Dabei verlieren die Neutronen einen Teil ihrer Energie. Das Verhältnis der Energie E' nach einem Zusammenstoß zur Energie E vor diesem Zusammenstoß ist winkelabhängig (vgl. Abb. (8–2)):

$$\frac{E'}{E} = \frac{m_A^2 + m_n^2 + 2 m_A m_n \cos \varphi}{(m_A + m_n)^2}; \qquad (8.26)$$

m_A ist die Masse des getroffenen Kerns und m_n die Masse des Neutrons. Bei einem zentralen Zusammenstoß ($\varphi = 180°$) wird die meiste Energie übertragen. Im Mittel verlieren die Neutronen bei einem Zusammenstoß mit einem Proton die Hälfte und bei einem Zusammenstoß mit einem Kohlenstoffatom 14% ihrer Energie.

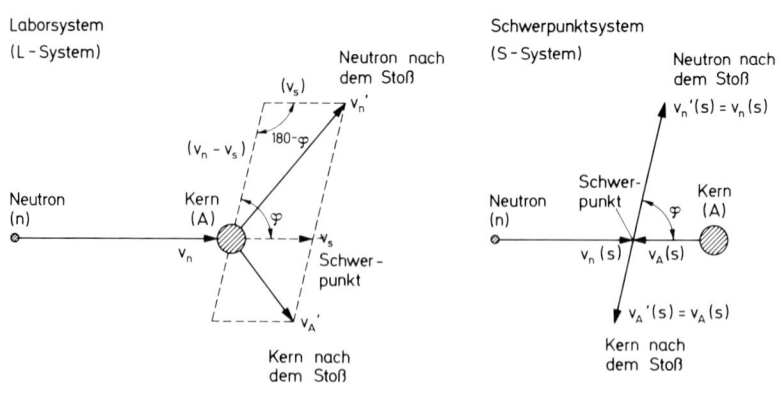

Abb. (8–2) Elastische Streuung von Neutronen, links im Laborsystem, rechts im Schwerpunktsystem (Vorteil des Schwerpunktsystems: Nur die Richtung der Geschwindigkeiten ändert sich, nicht der Betrag; Übergang vom Laborsystem zum Schwerpunktsystem durch Subtraktion des Geschwindigkeitsvektors v_S für den Schwerpunkt).

Geladene Teilchen (Protonen, Deuteronen, α-Teilchen, mittelschwere und schwere Ionen) werden als Geschosse für Kernreaktionen meistens aus einem Beschleuniger entnommen. Sie müssen eine Mindestenergie besitzen, damit sie die Coulombsche Abstoßung überwinden können. Die Höhe der Potentialschwelle U beträgt näherungsweise (für kleine Werte von Z_A bzw. Z_x)

$$U \approx \frac{Z_A Z_x e^2}{4\pi\varepsilon_0 r} \approx \qquad (8.27)$$

$$\approx \frac{Z_A Z_x}{A_A^{1/3} + A_x^{1/3}} \cdot \frac{(1{,}602 \cdot 10^{-19})^2 \cdot 10^{-6}}{4\pi \cdot 8{,}854 \cdot 10^{-12} \cdot 1{,}4 \cdot 10^{-15} \cdot 1{,}602 \cdot 10^{-19}} \text{ MeV} \approx$$

$$\approx \frac{Z_A \cdot Z_x}{A_A^{1/3} + A_x^{1/3}} \text{ MeV};$$

Z_A und A_A sind die Ordnungszahl bzw. Massenzahl des Kerns A, Z_x und A_x die des Geschosses x, e ist die Elementarladung, ε_0 die elektrische Feldkonstante und r der Abstand, in dem die Kernkräfte wirksam werden; dieser Abstand wurde zu

$$r = r_o(A_A^{1/3} + A_x^{1/3}) \qquad (8.28)$$

eingesetzt mit $r_o = 1{,}4 \cdot 10^{-15}$ m. Die Ladungen sind punktförmig angenommen; für schwerere Kerne ergibt sich der effektive Abstand durch Aufsummieren der Abstoßungskräfte zwischen den einzelnen Protonen der beiden Kerne. Man berechnet mit der Näherungsgleichung (8.27) für die Reaktion zwischen einem Proton und einem Kohlenstoffatom $U \approx 1{,}8$ MeV, für die Reaktion zwischen einem Proton und einem Urankern $U \approx 13$ MeV, für die Reaktion zwischen einem α-Teilchen und einem Urankern $U \approx 24$ MeV, für die Reaktion zwischen einem Kohlenstoffkern und einem Urankern $U \approx 130$ MeV und für die Reaktion zwischen zwei Urankernen $U \approx 700$ MeV. Bei höheren Ordnungszahlen treten aus den obengenannten Gründen erhebliche Abweichungen auf. Ein genauerer Wert für die Coulombsche Abstoßung zwischen zwei Urankernen ist $U \approx 1500$ MeV.

Wenn kein zentraler Zusammenstoß stattfindet, muß bei den Kernreaktionen mit geladenen Teilchen auch der Bahndrehimpuls berücksichtigt werden, der ein ganzzahliges Vielfaches von $\frac{h}{2\pi}$ beträgt (vgl. Abschn. 2.4). Die Wechselwirkungen werden durch die Buchstaben s, p, d, f gekennzeichnet, in Anlehnung an die Bezeichnung der Elektronenzustände. s entspricht dem Wert $l = 0$ (l = relativer Bahndrehimpuls zwischen Teilchen und Kern), p dem Wert $l = 1$ usw. Ist $l > 0$ (nicht-zentraler Stoß), so tritt eine zusätzliche Potentialschwelle auf, die als Zentrifugalschwelle bezeichnet wird. Sie beträgt

$$V = \frac{h^2 \, l\,(l+1)}{8\pi^2 \mu r_o^2 (A_A^{1/3} + A_x^{1/3})^2} \qquad (8.29)$$

($\mu = \frac{m_A \cdot m_x}{m_A + m_x}$ ist die reduzierte Masse des Systems). Diese Zentrifugalschwelle addiert sich zu der Coulombschen Potentialschwelle; im Falle des zentralen Stoßes ($l = 0$) ist $V = 0$.

Bei einer Kernreaktion besteht auch die Möglichkeit eines Tunneleffektes (ähnlich wie beim α-Zerfall), so daß nach den Gesetzen der Quantenmechanik auch solche Teilchen reagieren können, die eine kinetische Energie $E < U + V$ besitzen.

Von den geladenen Teilchen werden Protonen am häufigsten als Geschosse für Kernreaktionen verwendet, daneben Deuteronen und α-Teilchen, in seltenen Fällen auch ^{3}He-Kerne. Eine große Bedeutung für die Kernchemie besitzen leichte, mittelschwere und schwere Ionen als Geschosse für Kernreaktionen, weil mit ihnen in einem Schritt Transuranelemente mit sehr viel höherer Ordnungszahl dargestellt werden können. Im Hinblick auf die Durchführung derartiger Reaktionen sind Schwerionenbeschleuniger besonders interessant, welche die Herstellung von sog. superschweren Elementen mit Ordnungszahlen Z > 110 ermöglichen sollen. In diesem Zusammenhang ist auch die Reaktion zwischen zwei Urankernen von Interesse, wobei allerdings sehr hohe Energien aufgewendet werden müssen, wie die obige Rechnung zeigt.

Photonen (γ-Quanten) können — ebenso wie Neutronen — ungehindert in den Kern eindringen. Wenn sie genügend hohe kinetische Energie mitbringen, die größer ist als die Bindungsenergie eines Protons, Neutrons oder α-Teilchens, kann eine Kernreaktion stattfinden. Die Schwellenenergie für solche Reaktionen ist somit durch die Bindungsenergie dieser Teilchen gegeben. Reaktionen, die durch Photonen (γ-Quanten) ausgelöst werden, bezeichnet man als Kernphotoreaktionen. Ein einfaches Beispiel einer Kernphotoreaktion ist die Spaltung des Deuterons durch γ-Quanten

$$d + \gamma \longrightarrow p + n. \qquad (8.30)$$

Die Schwellenenergie der Photonen für diese Reaktion beträgt 2,225 MeV; sie entspricht der Bindungsenergie zwischen Proton und Neutron. Messungen der Schwellenenergie für Kernphotoreaktionen sind von großer Bedeutung für die genaue Bestimmung von Bindungsenergien. Ein anderes Beispiel ist die Erzeugung von Neutronen durch Bestrahlung von Beryllium mit γ-Strahlen (Neutronenquelle)

$$^9_4\text{Be} + \gamma \longrightarrow {}^4_2\text{He} + {}^4_2\text{He} + {}^1_0\text{n}. \tag{8.31}$$

Die Schwellenenergie für diese Reaktion ist gegeben durch die Bindungsenergie des „letzten" (fünften) Neutrons im Be–9; sie beträgt 1,665 MeV.

Elektronen und Positronen sind nur in seltenen Fällen für Kernreaktionen wichtig. Elektronen werden zwar ebenfalls auf hohe Energien beschleunigt, dienen aber in den meisten Fällen zur Erzeugung von γ-Strahlen, die beim Abbremsen der hochenergetischen Elektronen in einem Target entstehen (vgl. Abschn. 6.4.1).

8.4. Übersicht über die Umwandlung von Nukliden durch Kernreaktionen

Durch Verwendung verschiedener Geschosse und Variation der Energie kann eine Vielzahl von Kernreaktionen ausgelöst werden. Eine Übersicht über die Möglichkeiten für die Umwandlung von Nukliden durch Kernreaktionen kann man sich am besten an Hand der Nuklidkarte verschaffen. Ein Ausschnitt aus der Nuklidkarte ist in Abb. (8–3) wiedergegeben. Betrachten wir zunächst die Reaktionen, die durch Neutronen ausgelöst werden können: Legt man die Vorstellung von der Bildung eines Compound-Kerns (vgl. Abschn. 8.1, Gl. (8.6)) zu Grunde, so entsteht in jedem Falle zunächst als Compound-Kern ein isotopes Nuklid, das dann je nach seiner Struktur und seinem Anregungszustand in verschiedener Weise zerfallen kann. Bei

Abb. (8–3) Übersicht über die Umwandlungen von Nukliden durch Kernreaktionen.

einer (n, γ)-Reaktion entsteht ein isotopes Nuklid, das seine Anregungsenergie in Form eines γ-Quants abgibt. Bei einer (n, p)-Reaktion erhält man ein isobares Nuklid. Bei einer (n, α)-Reaktion bildet sich ein Nuklid, das zwei Protonen und ein Neutron weniger enthält (Schema eines „Rösselsprungs"). Bei einer (n, 2n)-Reaktion entsteht wiederum ein isotopes, aber neutronenärmeres Nuklid.

In gleicher Weise kann man die Kernreaktionen diskutieren, die mit Protonen als Geschossen ablaufen und ebenfalls in Abb. (8-3) eingezeichnet sind, zum Beispiel (p, γ)-, (p, n)- und (p, α)-Reaktionen. Die wichtigsten Reaktionen mit Deuteronen sind: (d, p)-, (d, n)- und (d, α)-Reaktionen. Auch einige Reaktionen mit α-Teilchen als Geschossen sind in Abb. (8-3) eingetragen. Bei den durch γ-Quanten ausgelösten Kernreaktionen (Kernphotoreaktionen) ist der Compound-Kern identisch mit dem im Target vorgelegten Nuklid; er unterscheidet sich von diesem nur durch seine Anregungsenergie. Welche der in Abb. (8-3) angegebenen Reaktionen bevorzugt abläuft, ist in starkem Maße von der Energie der einfallenden Strahlung abhängig.

Eine Kernreaktion kann zu stabilen oder instabilen (radioaktiven) Reaktionsprodukten führen. Wird ein stabiles Nuklid im Target vorgelegt, so erhält man im allgemeinen durch (n, γ)-, (n, p)- und (d, p)-Reaktionen $β^-$-aktive Nuklide bzw. durch (p, n)-, (d, 2n)-, (n, 2n)-, (γ, n)-, (d, n)- und (p, γ)-Reaktionen $β^+$-aktive Nuklide oder K-Strahler. Ob die Reaktionsprodukte $β^-$- oder $β^+$-Aktivität zeigen, hängt von ihrer Position relativ zur Linie der β-Stabilität ab (vgl. Abschn. 1.4).

8.4. Übersicht über die Umwandlung von Nukliden durch Kernreaktionen

Tabelle 8.1
Bevorzugte Kernreaktionen für verschiedene Energiebereiche

Einfallende Strahlen im Energiebereich	Mittelschwere Nuklide (25 < A < 80)				Schwere Nuklide (80 < A < 250)			
	n	p	d	α	n	p	d	α
0 – 1 keV	n, γ	—	—	—	n, γ	—	—	—
1 – 500 keV	n, γ	p, n	d, p	α, n	n, γ			
		p, γ	d, n	α, γ				
		p, α		α, p				
0,5 – 10 MeV	n, α	p, n	d, p	α, n	n, p	p, n	d, p	α, n
	n, p	p, α	d, n	α, p	n, γ	p, γ	d, n	α, p
			d, pn				d, pn	α, γ
			d, 2n				d, 2n	
10 – 50 MeV	n, 2n	p, 2n	d, p	α, 2n	n, 2n	p, 2n	d, p	α, 2n
	n, p	p, n	d, 2n	α, n	n, p	p, n	d, 2n	α, n
	n, np	p, np	d, pn	α, p	n, pn	p, np	d, np	α, p
	n, 2p	p, 2p	d, 3n	α, np	n, 2p	p, 2p	d, 3n	α, np
	n, α	p, α	d, t	α, 2p	n, α	p, α	d, t	α, 2p

Für die Kernreaktionen mit leichten Nukliden (A < 25) lassen sich keine allgemeinen Regeln aufstellen. Bei mittelschweren und schweren Nukliden dagegen sind einige allgemeine Aussagen möglich, die von BLATT und WEISSKOPF 1952 zusammengestellt wurden und in Tabelle 8.1 wiedergegeben sind. Bei höheren Energien finden in steigendem Maße solche Kernreaktionen statt, bei denen (infolge der hohen Anregungsenergie) zwei und mehr Nukleonen emittiert werden. Das gleiche gilt auch für Kernphotoreaktionen, die in Tabelle 8.1 nicht aufgeführt sind. Mit wachsender Energie der γ-Quanten tritt die Emission mehrerer Nukleonen immer stärker in den Vordergrund. So findet man bei hohen γ-Energien neben (γ, n)-Reaktionen (γ, 2n)-, (γ, 3n)- und (γ, 4n)-Reaktionen. Bei größeren Energien ist auch die Vorstellung von der Bildung eines Compound-Kerns nicht mehr brauchbar. Unter diesen Bedingungen tritt die direkte Wechselwirkung zwischen den einfallenden Teilchen und den einzelnen Nukleonen immer stärker in den Vordergrund. Um ein anschauliches Bild zu benutzen: Durch hochenergetische Geschosse, die mit sehr hohen Geschwindigkeiten auf den Kern treffen, wird nicht mehr die Gesamtheit der Nukleonen angeregt, sondern einzelne Nukleonen werden direkt „herausgeschossen".

Bemerkenswert ist die Tatsache, daß die meisten Nuklide durch verschiedene Kernreaktionen hergestellt werden können. Auf diese Weise ist auch die Identifizierung von Radionukliden durch Kreuzbombardierung (englisch „cross bombardment") möglich. Man wählt mehrere Kernreaktionen zur Erzeugung des betreffenden Radionuklids aus und prüft, ob die Reaktionsprodukte identisch sind.

Isotope Nuklide erhält man durch (n, γ)-, (d, p)-, (n, 2n)- und (γ, n)-Reaktionen. In diesen Fällen sind die Reaktionsprodukte mit dem im Target vorgelegten Nuklid chemisch identisch; eine chemische Trennung ist im allgemeinen nicht möglich, wenn man nicht die chemischen Effekte der Kernreaktionen ausnutzt, die in Kapitel 9 besprochen werden. (n, p)-Reaktionen, (p, n)-Reaktionen und (d, 2n)-Reaktionen führen zu isobaren Nukliden.

8.5. Beispiele

In diesem Abschnitt werden einige Beispiele von Kernreaktionen besprochen, und zwar bevorzugt solche, die praktische Bedeutung besitzen. Die erste Beobachtung einer künstlichen Kernumwandlung unter dem Einfluß von α-Strahlen (RUTHERFORD 1919) wurde bereits erwähnt:

$$^{14}_{7}\text{N} + ^{4}_{2}\text{He} \longrightarrow (^{18}_{9}\text{F}) \longrightarrow ^{17}_{8}\text{O} + ^{1}_{1}\text{H}, \qquad (8.32)$$

Kurzschreibweise: $^{14}\text{N}(\alpha, p)^{17}\text{O}$.

Von großer Bedeutung war die Entdeckung des Neutrons durch CHADWICK (1932) beim Beschuß von Beryllium mit α-Strahlen:

$$^{9}_{4}\text{Be} + ^{4}_{2}\text{He} \longrightarrow (^{13}_{6}\text{C}) \longrightarrow ^{12}_{6}\text{C} + ^{1}_{0}\text{n}, \qquad (8.33)$$

Kurzschreibweise: $^{9}\text{Be}(\alpha, n)\,^{12}\text{C}$.

Li–7 kann mit Protonen unter Bildung von zwei α-Teilchen reagieren (weitere Reaktionen siehe Gln. (8.37) und (8.38)):

$$^{7}_{3}\text{Li} + ^{1}_{1}\text{H} \longrightarrow (^{8}_{4}\text{Be}) \longrightarrow ^{4}_{2}\text{He} + ^{4}_{2}\text{He}, \qquad (8.34)$$

Kurzschreibweise: $^{7}\text{Li}(p, \alpha)\,\alpha$.

Dabei wird der hohe Energiebetrag von 17,35 MeV frei, der sich auf die beiden α-Teilchen verteilt. In ähnlicher Weise reagiert auch B–11:

$$^{11}_{5}\text{B} + ^{1}_{1}\text{H} \longrightarrow (^{12}_{6}\text{C}) \longrightarrow ^{8}_{4}\text{Be} + ^{4}_{2}\text{He} \longrightarrow 3\,^{4}_{2}\text{He}, \qquad (8.35)$$

Kurzschreibweise: $^{11}\text{B}(p, \alpha)\,2\,\alpha$.

Be–8 ist instabil und zerfällt praktisch momentan ($t_{1/2} = 2 \cdot 10^{-16}$ s) in zwei α-Teilchen. Der gleiche Compound-Kern bildet sich auch bei einer (p, n)-Reaktion aus B–11:

$$^{11}_{5}\text{B} + ^{1}_{1}\text{H} \longrightarrow (^{12}_{6}\text{C}) \longrightarrow ^{11}_{6}\text{C} + ^{1}_{0}\text{n}, \qquad (8.36)$$

Kurzschreibweise: $^{11}\text{B}(p, n)\,^{11}\text{C}$.

(p, n)-Reaktionen sind meist endoergisch. Bei einer (p, γ)-Reaktion mit Li–7 entstehen wiederum zwei α-Teilchen:

$$^{7}_{3}\text{Li} + ^{1}_{1}\text{H} \longrightarrow (^{8}_{4}\text{Be}) \longrightarrow ^{8}_{4}\text{Be} + \gamma \longrightarrow 2\,^{4}_{2}\text{He} + \gamma, \qquad (8.37)$$

Kurzschreibweise: $^{7}\text{Li}(p, \gamma)\,2\,\alpha$.

Die hohe Anregungsenergie des Compound-Kerns Be–8 wird dabei in Form eines γ-Quants abgegeben. Eine (p, d)-Reaktion führt von Li–7 zu Li–6:

$$^{7}_{3}\text{Li} + ^{1}_{1}\text{H} \longrightarrow (^{8}_{4}\text{Be}) \longrightarrow ^{6}_{3}\text{Li} + ^{2}_{1}\text{H}, \qquad (8.38)$$

Kurzschreibweise: $^{7}\text{Li}(p, d)\,^{6}\text{Li}$.

Ein Beispiel für eine (d, α)-Reaktion ist

$$^{6}_{3}\text{Li} + ^{2}_{1}\text{H} \longrightarrow (^{8}_{4}\text{Be}) \longrightarrow 2\,^{4}_{2}\text{He}, \qquad (8.39)$$

Kurzschreibweise: $^{6}\text{Li}(d, \alpha)\,\alpha$.

(d, α)-Reaktionen sind meist exoergisch. Bei allen drei vorgenannten Reaktionen bildet sich der gleiche Compound-Kern.

Recht interessante Kernreaktionen sind die (d, p)- und (d, n)-Reaktionen, weil dabei von den beiden Nukleonen des Deuterons nur jeweils eines an den Produktkern übertragen wird. Deshalb nennt man diese Reaktionen auch Abstreifreaktionen (englisch „stripping reactions"). Beispiele sind

$$^{12}_{6}\text{C} + ^{2}_{1}\text{H} \longrightarrow ^{13}_{6}\text{C} + ^{1}_{1}\text{H}, \tag{8.40}$$

Kurzschreibweise: ^{12}C (d, p) ^{13}C;

und

$$^{12}_{6}\text{C} + ^{2}_{1}\text{H} \longrightarrow ^{13}_{7}\text{N} + ^{1}_{0}\text{n}, \tag{8.41}$$

Kurzschreibweise: ^{12}C (d, n) ^{13}N.

Auffallend ist die Tatsache, daß (d, p)-Reaktionen auch dann stattfinden, wenn die Energie des Deuterons nicht ausreicht, um die Coulombsche Abstoßung durch den Kern zu überwinden. Nach OPPENHEIMER und PHILLIPS macht man sich folgendes Bild vom Reaktions-

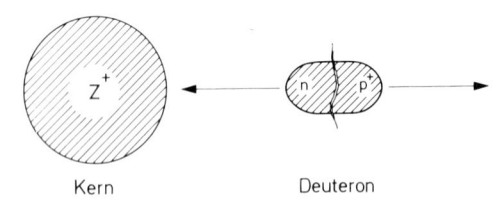

Abb. (8-4) Oppenheimer-Phillips-Reaktion.

ablauf (Abb. (8-4)): Wenn sich das Deuteron dem Kern nähert, wird es unter dem Einfluß der Coulombkräfte so orientiert, daß das Neutron dem Kern zugewandt ist. So gelangt das Neutron in den Bereich der Kernkräfte, während das Proton abgestoßen wird. Dabei trennt sich das Neutron von dem Proton verhältnismäßig leicht, da die Bindungsenergie mit 2,23 MeV klein ist gegenüber der mittleren Bindungsenergie eines Nukleons im Kern (≈ 8 MeV). Man bezeichnet diesen Reaktionstyp auch als Oppenheimer-Phillips-Reaktion. Mit D_2O sind folgende Abstreifreaktionen möglich (zum Beispiel durch Bestrahlung von festem D_2O mit Deuteronen aus einem Beschleuniger):

$$^{2}_{1}\text{H} + ^{2}_{1}\text{H} \longrightarrow ^{3}_{1}\text{H} + ^{1}_{1}\text{H}, \tag{8.42}$$

Kurzschreibweise: d (d, p) t;

$$^{2}_{1}\text{H} + ^{2}_{1}\text{H} \longrightarrow ^{3}_{2}\text{He} + ^{1}_{0}\text{n}, \tag{8.43}$$

Kurzschreibweise: d (d, n) ^{3}He.

Diese Reaktionen können zur Erzeugung von Tritium bzw. ^{3}He dienen.

Große praktische Bedeutung besitzen die Kernreaktionen mit Neutronen. Diese stehen in Kernreaktoren in großen Mengen zur Verfügung, weil sie bei der Kernspaltung entstehen; sie können aber auch aus Spontanspaltern oder durch Kernreaktionen gewonnen werden. Z.B. findet Cf–252 als Neutronenquelle Verwendung. 1 µg dieses Radionuklids liefert $2{,}3 \cdot 10^6$ Neutronen pro Sekunde.

Eine Möglichkeit für die Erzeugung von Neutronen durch binukleare Reaktionen ist die Einwirkung radioaktiver Strahlung auf geeignete Nuklide. So liefert eine Mischung von Beryllium mit einem α-Strahler oder einem γ-Strahler genügend hoher Energie Neutronen:

$$^9\text{Be}\,(\alpha, n)\,^{12}\text{C}, \qquad (8.44)$$

$$^9\text{Be}\,(\gamma, n)\,2\,\alpha. \qquad (8.45)$$

Solche Mischungen dienen ebenfalls als Neutronenquellen. Als α-Strahler kommen vor allen Dingen langlebige Radionuklide in Frage, zum Beispiel die in der Natur vorkommenden Nuklide Ra–226 oder Po–210. Man spricht dann von einer Radium-Beryllium- bzw. Polonium-Beryllium-Neutronenquelle. Von den künstlichen Radionukliden haben die Plutonium- und Curiumisotope eine gewisse Bedeutung gewonnen. Als γ-Strahler kommen nur solche in Frage, deren γ-Energie größer ist als die Schwellenenergie der Kernreaktion (8.45), die 1,665 MeV beträgt. Geeignet sind Sb–124 ($t_{1/2}$ = 60 d), Na–24 ($t_{1/2}$ = 15,0 h), Mn–56 ($t_{1/2}$ = 2,6 h) und La–140 ($t_{1/2}$ = 40,2 h); die Halbwertzeiten dieser γ-Strahler sind jedoch verhältnismäßig gering. Derartige Neutronenquellen werden auch als Photoneutronenquellen bezeichnet. Eine andere Kernreaktion zur Erzeugung von Neutronen durch Bestrahlung mit γ-Quanten ist (vgl. Gl. (8.30))

$$d\,(\gamma, n)\,p. \qquad (8.46)$$

Die Schwierigkeit besteht in diesem Falle darin, das Deuterium in geeigneter Form als Target vorzulegen. Die Ausbeuten an Neutronen, die man mit den verschiedenen Neutronenquellen erzielt, sind verhältnismäßig niedrig; sie hängen von der Menge (Aktivität) des Radionuklids ab. So werden in einer Radium-Beryllium-Neutronenquelle, die 1 Ci Ra–226 enthält, etwa 10^7 Neutronen pro Sekunde erzeugt, die radial ausgestrahlt werden.

Eine andere Möglichkeit zur Erzeugung von Neutronen besteht darin, geladene Teilchen aus einem Beschleuniger auf ein geeignetes Target einwirken zu lassen. Vorzugsweise werden Deuteronen verwendet, die auf Beryllium auftreffen:

$$^9\text{Be}\,(d, n)\,^{10}\text{B}. \qquad (8.47)$$

Auch die Reaktion

$$d\,(d, n)\,^3\text{He} \qquad (8.48)$$

ist geeignet. Aber in diesem Falle bereitet die Auswahl eines geeigneten Deuterium-haltigen Targets wiederum gewisse Schwierigkeiten. Die Neutronenausbeute, die man bei Verwendung eines Beschleunigers erzielen kann, ist der Intensität der Strahlung proportional. Energiereiche Neutronen können in einem sogenannten Neutronengenerator durch folgende Reaktion erzeugt werden

$$t(d, n)\alpha; \tag{8.49}$$

Deuteronen werden beschleunigt (z. B. in einem van de Graaff-Generator) und wirken auf ein Tritium-haltiges Target ein. Die Energie der Neutronen, die bei dieser Reaktion entstehen, beträgt etwa 14 MeV.

Eine technisch sehr wichtige Reaktion, die mit thermischen Neutronen und sehr hoher Ausbeute abläuft, ist die Erzeugung von Tritium

$$^{6}_{3}\text{Li} + ^{1}_{0}\text{n} \longrightarrow (^{7}_{3}\text{Li}) \longrightarrow ^{3}_{1}\text{H} + ^{4}_{2}\text{He}, \tag{8.50}$$

Kurzschreibweise: $^{6}\text{Li}(n, \alpha)\,t$.

Diese Reaktion ist im Gegensatz zu den meisten anderen (n, α)-Reaktionen exoergisch. Von großer praktischer Bedeutung ist ferner die Gewinnung von C–14 aus Stickstoff:

$$^{14}_{7}\text{N} + ^{1}_{0}\text{n} \longrightarrow (^{15}_{7}\text{N}) \longrightarrow ^{14}_{6}\text{C} + ^{1}_{1}\text{H}, \tag{8.51}$$

Kurzschreibweise: $^{14}\text{N}(n, p)\,^{14}\text{C}$.

Auch diese Reaktion verläuft ausnahmsweise mit thermischen Neutronen. Fast alle anderen (n, p)-Reaktionen sind endoergisch; d. h. sie erfordern Neutronen höherer Energie. Verhältnismäßig stark endoergisch sind alle (n, 2n)-Reaktionen, bei denen der Compound-Kern zwei Neutronen aussendet, zum Beispiel:

$$^{27}_{13}\text{Al} + ^{1}_{0}\text{n} \longrightarrow (^{28}_{13}\text{Al}) \longrightarrow ^{26}_{13}\text{Al} + 2\,^{1}_{0}\text{n}, \tag{8.52}$$

Kurzschreibweise: $^{27}\text{Al}(n, 2n)\,^{26}\text{Al}$.

(n, 2n)-Reaktionen sind nur mit energiereichen Neutronen möglich (Energie größer als etwa 10 MeV). Da die Schwellenenergie für (n, 2n)-Reaktionen höher ist als diejenige für (n,p)-Reaktionen, können durch Bestimmung der Ausbeute Aussagen über die Energie der Neutronen gewonnen werden.

Die größte praktische Bedeutung besitzen die (n, γ)-Reaktionen, die zur Herstellung einer Vielzahl der im Handel befindlichen Radionuklide dienen. Beispiele sind

$$^{23}_{11}\text{Na} + ^{1}_{0}\text{n} \longrightarrow (^{24}_{11}\text{Na}) \longrightarrow ^{24}_{11}\text{Na} + \gamma, \tag{8.53}$$

Kurzschreibweise: $^{23}\text{Na}(n, \gamma)\,^{24}\text{Na}$;

$$^{59}_{27}\text{Co} + ^1_0\text{n} \longrightarrow (^{60}_{27}\text{Co}) \longrightarrow ^{60}_{27}\text{Co} + \gamma, \qquad (8.54)$$

Kurzschreibweise: $^{59}\text{Co}(n,\gamma)\,^{60}\text{Co}$;

$$^{197}_{79}\text{Au} + ^1_0\text{n} \longrightarrow (^{198}_{79}\text{Au}) \longrightarrow ^{198}_{79}\text{Au} + \gamma, \qquad (8.55)$$

Kurzschreibweise: $^{197}\text{Au}(n,\gamma)\,^{198}\text{Au}$.

(n, γ)-Reaktionen sind mit fast allen Nukliden möglich und verlaufen im allgemeinen mit verhältnismäßig hohen Ausbeuten.

Faßt man ein bestimmtes Radionuklid ins Auge, so kann dieses im allgemeinen auf verschiedenen Wegen entstehen. Als Beispiel sei die Bildung von Na–24 angeführt:

$$\begin{array}{l}
^{23}\text{Na}\ (n,\gamma)\ ^{24}\text{Na}\\
^{24}\text{Mg}\ (n,p)\ ^{24}\text{Na}\\
^{27}\text{Al}\ (n,\alpha)\ ^{24}\text{Na}\\
^{23}\text{Na}\ (d,p)\ ^{24}\text{Na}\\
^{26}\text{Mg}\ (d,\alpha)\ ^{24}\text{Na}\\
^{27}\text{Al}\ (d,p\alpha)\ ^{24}\text{Na}\\
^{25}\text{Mg}\ (\gamma,p)\ ^{24}\text{Na}\\
^{27}\text{Al}\ (\gamma,2pn)\ ^{24}\text{Na}\\
^{27}\text{Al}\ (p,3pn)\ ^{24}\text{Na}
\end{array} \qquad (8.56)$$

Andererseits kann man aus den gleichen Reaktionspartnern verschiedene Endprodukte erhalten, z. B.

$$^{27}_{13}\text{Al} + ^2_1\text{H} \longrightarrow (^{29}_{14}\text{Si}) \begin{cases} \longrightarrow ^{25}_{12}\text{Mg} + ^4_2\text{He} \\ \longrightarrow ^{28}_{13}\text{Al} + ^1_1\text{H} \\ \longrightarrow ^{28}_{14}\text{Si} + ^1_0\text{n} \\ \longrightarrow ^{24}_{11}\text{Na} + ^1_1\text{H} + ^4_2\text{He} \end{cases} \qquad (8.57)$$

Welche Reaktion bevorzugt eintritt, hängt im wesentlichen von der Energie der Strahlung ab. Man stellt sich dabei vor, daß der Compound-Kern, der sich intermediär bildet, je nach seinem Anregungszustand in verschiedener Weise zerfallen kann.

Bisher haben wir nur Kernreaktionen mit leichten Teilchen betrachtet (n, p, d, α, γ). Wenn man schwerere Ionen auf hinreichend hohe Energien beschleunigt, so daß sie die Coulombsche Abstoßung überwinden können (vgl. Abschn. 8.3), ist es möglich, eine Vielzahl von weiteren Kernreaktionen auszuführen. Man unterteilt die Kernreaktionen nach verschiedenen Gesichtspunkten: nach der Art der Geschoßteilchen (ungeladene Teilchen, leichte Ionen, schwere Ionen), nach ihrer Energie (Niederenergie-Kernreaktionen, Hochenergie-Kernreaktionen), nach der Art der Kernreaktionen (z. B. Kernreaktionen, bei denen nur einzelne Nukleonen oder α-Teilchen emittiert werden, Kernspaltung, Kernfusion) und nach dem Mechanismus der Kernreaktionen (z. B. Compound-Kern-Reaktionen, direkte Reaktionen). Diese Gesichtspunkte sind nicht unabhängig voneinander. So sind Kernreaktionen mit schweren Ionen wegen der Coulombschen Abstoßung nur bei hohen Energien möglich (vgl. Abschn. 8.3), einige schwere Nuklide lassen sich bei niedrigen Energien spalten (Niederenergie-Kernspaltung), andere nur bei hohen Energien (Hochenergie-Kernspaltung), Compound-Kern-Reaktionen treten bevorzugt bei niedrigen Energien auf, direkte Reaktionen bevorzugt bei höheren Energien. Niederenergie-Kernreaktionen werden in Abschnitt 8.8 behandelt, Hochenergie-Kernreaktionen in Abschnitt 8.10. Kernspaltung wird bei schweren Nukliden beobachtet. Da sie viele interessante Besonderheiten aufweist und sowohl bei niedrigen als auch bei hohen Energien eine wichtige Rolle spielt, wird ihr im Anschluß an den Abschnitt über Niederenergie-Kernreaktionen ein gesonderter Abschnitt (8.9) gewidmet. Schwerionenreaktionen (Abschn. 8.11) und Kernfusion (Abschn. 8.12) vervollständigen das Kapitel über Kernreaktionen.

8.6. Wirkungsquerschnitt

Der Wirkungsquerschnitt σ einer Kernreaktion ist vergleichbar mit der Geschwindigkeitskonstanten k einer chemischen Reaktion, zum Beispiel

$$\frac{dc}{dt} = k \cdot c_1 \cdot c_2, \tag{8.58}$$

wenn c die Konzentration eines Reaktionsproduktes und c_1 bzw. c_2 die Konzentrationen der beiden Reaktionspartner sind. Reaktionspartner bei einer Kernreaktion sind nach der allgemeinen Gleichung

$$A + x \longrightarrow B + y \tag{8.59}$$

das Nuklid A (im Target) und der Strahl der Teilchen x. Da wir — wie bereits in Abschnitt 8.1 hervorgehoben — bei Kernreaktionen die einzelnen Atome betrachten, setzen wir an Stelle der Konzentration der Nuklide A und B die Zahl der Atome N_A bzw. N_B ein und an Stelle der Konzentration der Teilchen x ihre Zahl pro s und m². Diese Größe nennt man die Flußdichte Φ der Teilchen x — meist kurz den „Fluß" Φ. Für eine Kernreaktion gilt dann analog Gl. (8.58):

$$\frac{dN_B}{dt} = \sigma \cdot \Phi \cdot N_A. \tag{8.60}$$

Der Wirkungsquerschnitt σ ist somit (ähnlich wie die Geschwindigkeitskonstante k) ein Maß für die Wahrscheinlichkeit, daß die Reaktion eintritt. Die Dimension des Wirkungsquerschnitts σ ist m². Aus Gl. (8.60) ergibt sich die allgemeine Definition des Wirkungsquerschnitts: Zahl der betrachteten Ereignisse pro Atom und Sekunde, dividiert durch die Flußdichte der einfallenden Teilchen pro m² und Sekunde.

Der Wirkungsquerschnitt ist eine sehr wichtige Größe. Kennt man ihn sowie die Flußdichte Φ, so kann die Ausbeute von Kernreaktionen vorausberechnet werden. Die experimentelle Bestimmung des Wirkungsquerschnitts erfolgt durch Messung der Ausbeute für die betreffende Kernreaktion als Funktion der Energie der Geschosse. Insbesondere die Wirkungsquerschnitte für Neutronen verschiedener Energie wurden von vielen Arbeitsgruppen sehr eingehend untersucht, aber bis zur ersten Genfer Atomkonferenz im Jahre 1955 in den USA, in England und der UdSSR streng geheim gehalten. Auf der ersten Genfer Atomkonferenz wurden die Werte dann erstmals verglichen. Sie sind in umfangreichen Handbüchern als Funktion der Energie der Neutronen aufgezeichnet.

Anschaulich kann man sich den Wirkungsquerschnitt folgendermaßen vorstellen (Abb. (8–5)): Der Strahl der Teilchen x trifft mit einer bestimmten Flußdichte Φ auf das Target auf, das die Atome des Nuklids A enthält. Die Atomkerne sind als kleine Zielscheiben mit

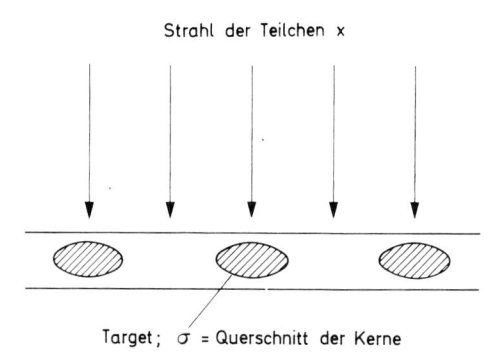

Abb. (8–5) Zur Erläuterung des Wirkungsquerschnitts einer Kernreaktion.

dem Querschnitt σ dargestellt. Je größer diese Zielscheiben sind, desto größer ist die Wahrscheinlichkeit eines Treffers. Auch die Proportionalität zur Zahl N_A der Atome A und zur Flußdichte Φ der einfallenden Strahlung geht aus dieser Darstellung hervor. Die Größe der Zielscheiben sollte nach diesem Bild vergleichbar sein mit dem Querschnitt der Atomkerne. Der Durchmesser der Atomkerne ist von der Größenordnung 10^{-14} m, ihr Querschnitt somit von der Größenordnung 10^{-28} m². Diese Fläche wird als Einheit für den Wirkungsquerschnitt von Kernreaktionen gewählt und als 1 barn bezeichnet:

$$1 \text{ barn (abgekürzt 1 b)} = 10^{-28} \text{ m}^2. \qquad (8.61)$$

Die Bezeichnung „barn" kommt aus dem Angelsächsischen und bedeutet „Scheunentor". Als die ersten Wirkungsquerschnitte experimentell bestimmt wurden, fand man verhältnismäßig hohe Werte („as big as a barn"). Dieses anschauliche Bild, in dem die Atome als Zielscheiben gedacht sind, kann nur als eine sehr grobe Näherung angesehen werden, weil die Kernkräfte und die Coulombschen Wechselwirkungen mit geladenen Teilchen nicht berücksichtigt sind. Deshalb können die Wirkungsquerschnitte im allgemeinen nicht nach dieser

Vorstellung berechnet werden; sie weichen oft um viele Größenordnungen von dem Querschnitt der Atomkerne ab. Außerdem findet man für verschiedene Reaktionen an demselben Nuklid oft sehr unterschiedliche Werte. Die Wirkungsquerschnitte für die Streuung von Neutronen hoher Energie (> 10 MeV) stimmen allerdings recht gut mit dem einfachen Modell der Zielscheiben überein.

Der Wirkungsquerschnitt bezieht sich jeweils auf eine bestimmte Reaktion, zum Beispiel auf eine (n, γ)-Reaktion oder eine (n, p)-Reaktion mit einem bestimmten Nuklid A. Dies wird durch entsprechende Indizes angegeben, zum Beispiel $\sigma_{n,\gamma}^A$. Summiert man die Wirkungsquerschnitte aller Reaktionen auf, bei denen die betreffenden Geschosse (zum Beispiel Neutronen) durch das Nuklid A absorbiert werden, so erhält man den Wirkungsquerschnitt σ_a^A (Absorptions- oder Einfangsquerschnitt). Entsprechend ist der Wirkungsquerschnitt σ_s^A für die Streuung definiert. Der totale Wirkungsquerschnitt (Gesamtwirkungsquerschnitt) σ_t^A ist die Summe aller partiellen Wirkungsquerschnitte σ_i^A des Nuklids A:

$$\sigma_t^A = \sum_i \sigma_i^A. \tag{8.62}$$

Er kann in einer einfachen Versuchsanordnung bestimmt werden, die in Abbildung (8–6) skizziert ist: Ein Strahlenbündel durchdringt das Target, das nur das Nuklid A enthält. Die Abnahme der Flußdichte Φ, die durch Absorptions- und Streuprozesse im Target hervorgerufen

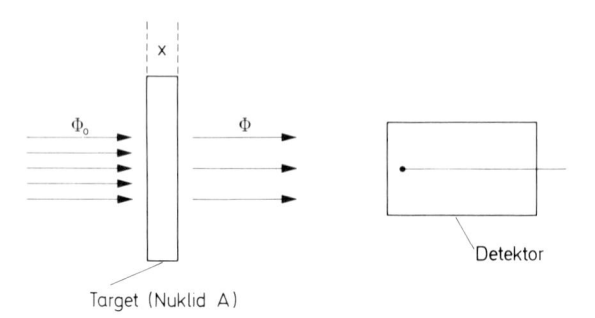

Abb. (8–6) Versuchsanordnung zur Bestimmung des Gesamtwirkungsquerschnitts σ_t^A.

wird, kann beispielsweise durch Aktivierung von sehr dünnen Folien bestimmt werden und ist ein Maß für den totalen Wirkungsquerschnitt. Beim Durchgang durch eine Schicht des Targets von der Dicke dx ändert sich die Flußdichte der Teilchen um den Betrag

$$-d\Phi = \sigma_t^A \Phi N_A dx. \tag{8.63}$$

N_A ist die Zahl der Atome des Nuklids A pro m^3. Wenn die Änderung von σ_t^A innerhalb des Targets (z. B. infolge der Energieabhängigkeit von σ_t) vernachlässigt werden kann, liefert die Integration der Gl. (8.63)

$$\Phi = \Phi_o \cdot e^{-\sigma_t^A N_A x}. \tag{8.64}$$

Daraus folgt

$$\sigma_t^A = \frac{\ln(\Phi_0/\Phi)}{N_A \cdot x}. \quad (8.65)$$

Sind außer dem Nuklid A noch andere Nuklide vorhanden, die ebenfalls zu Reaktionen befähigt sind, so gilt an Stelle von Gl. (8.63)

$$-d\Phi = \Phi \sum_j \sigma_t^j \cdot N_j \, dx. \quad (8.66)$$

In einem „dicken" Target tritt eine merkliche Absorption der Geschoßteilchen ein. Diese muß für genaue Rechnungen entsprechend den Gln. (8.63) bis (8.66) berücksichtigt werden. In vielen praktischen Fällen genügt es jedoch, mit einem konstanten Mittelwert für die Flußdichte Φ zu rechnen und Gl. (8.60) zu verwenden; dies gilt insbesondere für „dünne" Targets.

Die Summe, die in Gl. (8.66) auftritt, berücksichtigt alle Prozesse mit allen Nukliden des Targets. Betrachtet man einen bestimmten Prozeß i, dann bezeichnet man die Größe

$$\Sigma_i = \sum_j \sigma_i^j \cdot N_j \quad (8.67)$$

als makroskopischen Wirkungsquerschnitt für den Prozeß i (Dimension m^{-1}). So ist der makroskopische Wirkungsquerschnitt für die Absorption

$$\Sigma_a = \sum_j \sigma_a^j N_j \quad (8.68)$$

oder, wenn das Target nur das Nuklid A enthält,

$$\Sigma_a = \sigma_a^A \cdot N_A. \quad (8.69)$$

Läßt man die Streuprozesse außer Betracht, so ist der makroskopische Wirkungsquerschnitt für die Absorption Σ_a gleich dem Absorptionskoeffizienten μ für die betreffenden Teilchen bzw. Strahlen. Berücksichtigt man Streuung und Absorption, so ist der Absorptionskoeffizient μ gegeben durch Σ_t, den totalen makroskopischen Wirkungsquerschnitt. Der makroskopische Wirkungsquerschnitt Σ_i für den Prozeß i ist gleich dem partiellen Absorptionskoeffizienten μ_i auf Grund dieses Prozesses.

Wenn nur Absorptionsvorgänge stattfinden, ist der Reziprokwert $\frac{1}{\Sigma_a}$ gleich der mittleren freien Weglänge der Teilchen im Target. Beispielsweise berechnet man für die mittlere freie Weglänge von thermischen Neutronen in Wasser bis zur Absorption durch Wasserstoffatome

$$\frac{1}{\Sigma_a} = \frac{1}{\sigma_a^H \cdot N_H} \approx \frac{1}{0{,}33 \cdot 10^{-28} \, m^2 \cdot 0{,}67 \cdot 10^{29} \, m^{-3}} \approx 0{,}45 \, m. \quad (8.70)$$

8. Kernreaktionen

Die Wirkungsquerschnitte hängen verhältnismäßig stark von der Energie der einfallenden Strahlung ab; d.h. die Wahrscheinlichkeit für den Ablauf einer bestimmten Kernreaktion ist eine Funktion der Energie, die von den Teilchen als kinetische Energie mitgebracht und als Anregungsenergie auf den Compound-Kern übertragen wird. Man bezeichnet die Energieabhängigkeit der Wirkungsquerschnitte deshalb auch als Anregungsfunktion („excitation function"). Beispiele für die Energieabhängigkeit von Wirkungsquerschnitten sind in den Abbn. (8–7) und (8–8) aufgezeichnet. In Abb. (8–7) ist der Wirkungsquerschnitt für den Neutroneneinfang des Silbers als Funktion der Energie der Neutronen dargestellt. Da die Neutronen keine Coulombsche Abstoßung erfahren, können sie im Bereich niedriger Energie mit hohem Wirkungsquerschnitt reagieren. Je höher die Geschwindigkeit der Neutronen ist, desto kürzere Zeit halten sie sich in der Nähe eines Kerns auf und desto geringer sollte der Wirkungsquerschnitt des Neutroneneinfangs sein; d.h. er sollte umgekehrt proportional zur Geschwindigkeit der Neutronen abfallen (l/v-Gesetz).

$$\sigma_n \sim \frac{1}{v_n}. \qquad (8.71)$$

Diese Bedingung ist bei niedriger Energie weitgehend erfüllt, wie die Gerade in Abb. (8–7) anzeigt. Bei höherer Energie treten Maxima auf

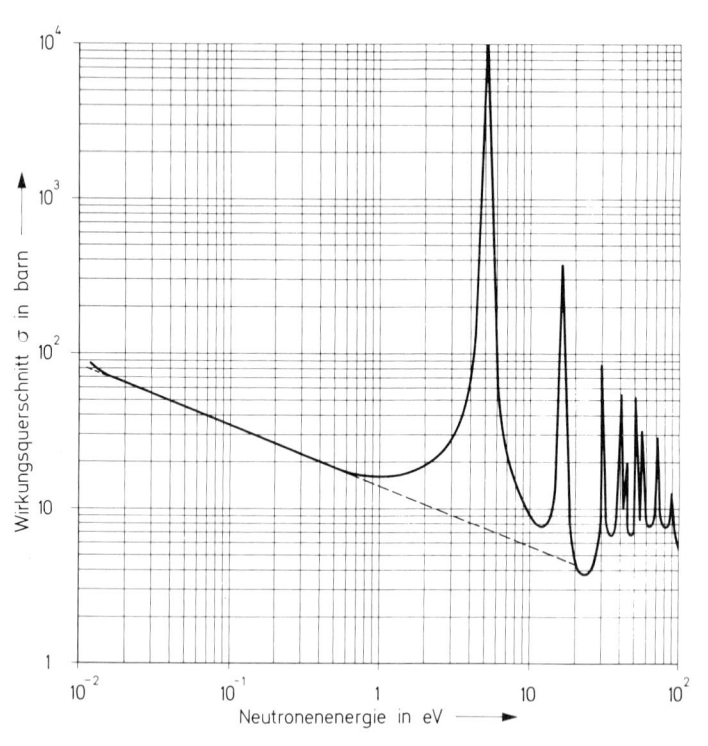

Abb. (8–7) Wirkungsquerschnitt für den Neutroneneinfang des Silbers als Funktion der Energie der Neutronen. Nach AECU–2040 and its supplement.

(Resonanzstellen). An diesen Resonanzstellen entspricht die kinetische Energie der Neutronen jeweils bestimmten bevorzugten Anregungsenergien; die Kernreaktion findet deshalb mit besonders guten Ausbeuten statt. In Abb. (8–8) ist der Wirkungsquerschnitt für einige

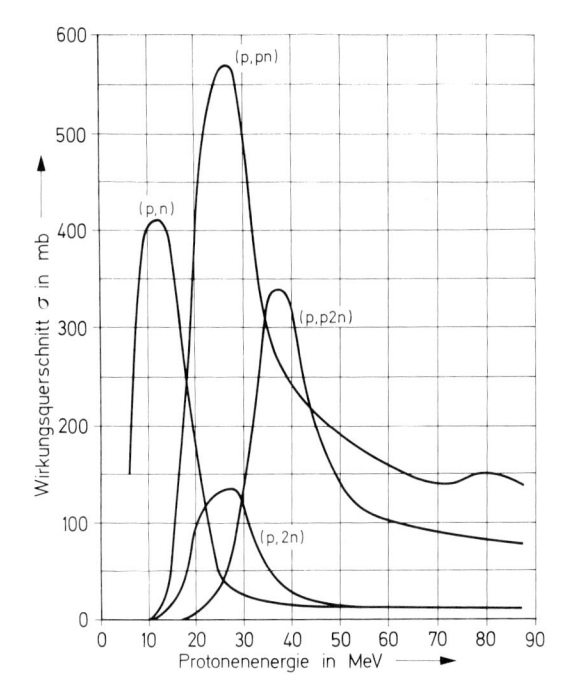

Abb. (8–8) Wirkungsquerschnitte für einige Kernreaktionen in Cu–63 mit Protonen als Funktion der Energie (Anregungsfunktionen). Nach J. W. Meadows: Physic. Rev. **91**, 885 (1953).

durch Protonen in Cu–63 ausgelöste Reaktionen aufgezeichnet. Man erkennt aus dieser Abbildung, wie die einzelnen Reaktionen miteinander konkurrieren. Welche Reaktion vorherrscht, ist in hohem Maße von der Energie der Protonen abhängig.

8.7. Berechnung der Ausbeute

Die Ausbeute einer Kernreaktion läßt sich berechnen, wenn der Wirkungsquerschnitt σ und die Flußdichte Φ bekannt sind. Umgekehrt kann man die Flußdichte Φ einer Strahlung oder den Wirkungsquerschnitt σ einer Kernreaktion bestimmen, wenn man die Ausbeute mißt. Wir gehen aus von der allgemeinen Gleichung für eine Kernreaktion

$$A + x \longrightarrow B + y. \tag{8.72}$$

Für die Bildungsrate des Nuklids B setzen wir an (Gl. (8.60)):

$$\frac{dN_B}{dt} = \sigma \cdot \Phi \cdot N_A; \tag{8.73}$$

N_A ist die Zahl der Atome des Nuklids A. Wir nehmen an, daß die Flußdichte Φ innerhalb des Targets konstant ist (dünnes Target); dann ist auch die Bildungsrate des Nuklids B an allen Stellen des Targets gleich. Außerdem setzen wir voraus, daß N_A konstant ist, d. h., daß sich die Zahl der Atome des Nuklids A infolge von Kernreaktionen nicht merklich ändert. Wenn das Nuklid B radioaktiv ist, müssen wir seine Zerfallsrate berücksichtigen

$$-\frac{dN_B}{dt} = \lambda \cdot N_B. \tag{8.74}$$

Die Nettobildungsrate (Bruttobildungsrate minus Zerfallsrate) beträgt dann

$$\frac{dN_B}{dt} = \sigma \cdot \Phi \cdot N_A - \lambda N_B. \tag{8.75}$$

Die Integration dieser Gleichung zwischen den Grenzen $t = 0$ und t liefert

$$N_{B(t)} = \frac{\sigma \cdot \Phi \cdot N_A}{\lambda}(1 - e^{-\lambda t}). \tag{8.76}$$

Dies ist die Zahl der Atome des Radionuklids B, die nach der Bestrahlungszeit t vorhanden ist. Die Aktivität des Nuklids B ist durch seine Zerfallsrate gegeben:

$$A = -\frac{dN_{B(t)}}{dt} = \lambda N_{B(t)} = \sigma \cdot \Phi \cdot N_A (1 - e^{-\lambda t}). \tag{8.77}$$

Nach dieser Gleichung erhalten wir die Aktivität in der Dimension s^{-1}. Für praktische Rechnungen ist es zweckmäßig, die Aktivität in Curie (1 Ci = $3{,}7 \cdot 10^{10}$ s^{-1}) anzugeben und auf 1 g einer Substanz zu beziehen. Die Zahl der Atome des Nuklids A in 1 g Substanz ist gegeben durch

$$N_A \text{ (in 1 g)} = \frac{N_{Av}}{M} \cdot H. \tag{8.78}$$

N_{Av} ist die Avogadro-Konstante, M die Molmasse oder Atommasse der Substanz und H die Häufigkeit des Nuklids A in dem betreffenden Element. Damit folgt für die Aktivität pro Gramm Substanz (spezifische Aktivität A_S des Nuklids B)

$$A_S = 1{,}63 \cdot 10^{13} \frac{\sigma \cdot \Phi \cdot H}{M}(1 - e^{-\lambda t}) \left[\frac{Ci}{g}\right]. \tag{8.79}$$

Bei Aktivierungen in Reaktoren mit thermischen Neutronen ist es vorteilhaft, den Wirkungsquerschnitt in barn (1 b = 10^{-28} m^2) einzusetzen, weil die Wirkungsquerschnitte in dieser Einheit tabelliert sind, und (zur Eliminierung der Zehnerpotenzen) den Faktor f für den Neutronenfluß einzuführen: $f = \Phi/10^{15}$. Dann erhält man die Beziehung

$$A_S = \frac{1{,}63 \cdot \sigma \cdot f \cdot H}{M}(1 - e^{-\lambda t})\left[\frac{Ci}{g}(\sigma \text{ in barn})\right]. \qquad (8.80)$$

Rechnet man mit der Halbwertzeit $t_{1/2}$, so gilt

$$A_S = \frac{1{,}63 \cdot \sigma \cdot f \cdot H}{M}\left(1 - \left(\frac{1}{2}\right)^{\frac{t}{t_{1/2}}}\right)\left[\frac{Ci}{g}(\sigma \text{ in barn})\right]. \qquad (8.81)$$

Man erkennt aus dieser Gleichung, daß bei gegebener Flußdichte nach einer Bestrahlungsdauer von einer Halbwertzeit die Hälfte der maximal erreichbaren Aktivität erhalten wird. Mit wachsender Bestrahlungszeit nähert sich die Aktivität asymptotisch der Sättigungsaktivität (vgl. Abb. (8–9)). Bestrahlungszeiten, die größer sind als etwa 10 Halbwertzeiten des gebildeten Radionuklids, führen nicht mehr zu einer merklichen Erhöhung der Aktivität und sind deshalb sinnlos.

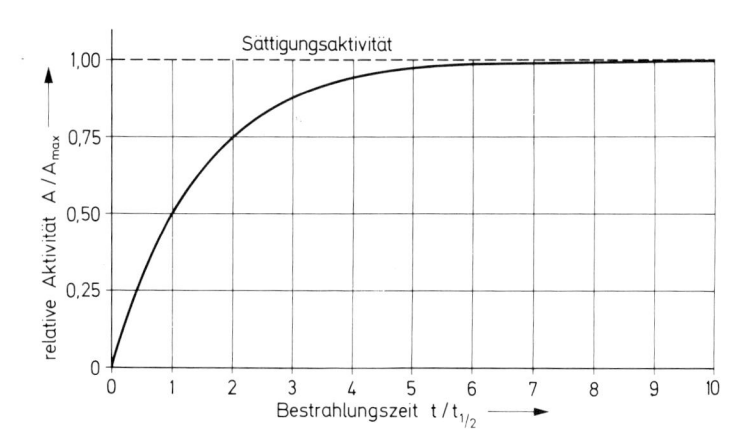

Abb. (8–9) Aktivität als Funktion der Bestrahlungszeit.

Der Umsatz bei einer Kernreaktion ist gegeben durch das Verhältnis $N_{B(t)}/N_A = \frac{\sigma \Phi}{\lambda}(1 - e^{-\lambda t})$; dies folgt aus Gl. (8.76). Er ist umso höher, je größer das Verhältnis $\sigma \Phi/\lambda$ und je kleiner $e^{-\lambda t}$ sind. Für die Herstellung größerer Mengen eines Radionuklids ist deshalb das Verhältnis $\sigma \Phi/\lambda$ von entscheidender Bedeutung. Dies ergibt sich auch aus Gl. (8.75): Die Nettobildungsrate ist nur dann positiv, wenn $\sigma \Phi > \lambda \frac{N_B}{N_A}$ ist. Soll $N_B \approx N_A$ werden, so muß $\sigma \Phi > \lambda$ sein. Da die Werte für σ und λ gegeben sind, kommt es in erster Linie auf die Flußdichte Φ an.

Zur Erläuterung sollen drei praktische Beispiele von Aktivierungen behandelt werden:

1. Aktivierung von Kupfer durch Bestrahlung in einem Kernreaktor (Neutronenfluß $\Phi = 10^{16}\,\text{m}^{-2}\,\text{s}^{-1}$, Bestrahlungszeit 1 Tag). Das natürliche Kupfer besteht aus zwei Isotopen, Cu–63 (Häufigkeit 69,09%) und Cu–65 (Häufigkeit 30,91%). Durch Neutroneneinfang entsteht aus Cu–63 das Cu–64

$$^{63}\text{Cu}\,(n,\gamma)\,^{64}\text{Cu} \quad (\sigma = 4,50\,\text{b}) \tag{8.82}$$

und aus Cu–65 das Cu–66

$$^{65}\text{Cu}\,(n,\gamma)\,^{66}\text{Cu} \quad (\sigma = 2,17\,\text{b}). \tag{8.83}$$

Die Halbwertzeit des Cu–64 beträgt 12,8 h, die des Cu–66 5,1 min. Aus Gl. (8.81) folgt

$$A_S(\text{Cu-64}) = \frac{1{,}63 \cdot 4{,}50 \cdot 10 \cdot 0{,}6909}{63{,}546}\left[1-\left(\frac{1}{2}\right)^{24/12{,}8}\right] = 0{,}580\,\text{Ci/g}$$

und

$$A_S(\text{Cu-66}) = \frac{1{,}63 \cdot 2{,}17 \cdot 10 \cdot 0{,}3091}{63{,}546}\left[1-\left(\frac{1}{2}\right)^{1440/5{,}1}\right] = 0{,}172\,\text{Ci/g}.$$

2. Gewinnung von C–14 durch Bestrahlung von AlN in einem Kernreaktor (Neutronenfluß $\Phi = 10^{16}\,\text{m}^{-2}\,\text{s}^{-1}$, Bestrahlungszeit 1 Jahr). Der natürliche Stickstoff besteht zu 99,635% aus N–14. Hier interessiert nur die Kernreaktion

$$^{14}\text{N}\,(n,p)\,^{14}\text{C} \quad (\sigma = 1{,}81\,\text{b}). \tag{8.84}$$

Die Halbwertzeit des C–14 beträgt 5736 a. Für die Aktivität des C–14 pro g AlN berechnet man nach Gl. (8.81)

$$A(\text{C-14}) = \frac{1{,}63 \cdot 1{,}81 \cdot 10 \cdot 0{,}99635}{40{,}99}\left[1-\left(\frac{1}{2}\right)^{1/5736}\right] = 86{,}7\,\mu\text{Ci/g}.$$

Diese Aktivität ist verhältnismäßig niedrig. Der Ausdruck in der Klammer beträgt $1{,}208 \cdot 10^{-4}$ (für solche kleinen Werte von $\frac{t}{t_{1/2}}$, d. h. $\frac{t}{t_{1/2}} < 0{,}001$, rechnet man zweckmäßigerweise nach der Näherungsformel $1-\left(\frac{1}{2}\right)^{t/t_{1/2}} \approx \frac{t}{t_{1/2}} \ln 2$).

Im Falle der Herstellung von C–14 wird auch nach der verhältnismäßig langen Bestrahlungszeit von 1 Jahr nur ein kleiner Bruchteil der Sättigungsaktivität erreicht.

3. Gewinnung von Tritium durch Bestrahlung von Lithium in einem Kernreaktor (Neutronenfluß $\Phi = 10^{16}\,\text{m}^{-2}\,\text{s}^{-1}$, Bestrahlungszeit 1 Jahr). Das natürliche Lithium besteht aus zwei Isotopen, Li–6

(Häufigkeit 7,5%) und Li-7 (Häufigkeit 92,5%). Bei diesem Beispiel interessiert nur die Kernreaktion

$$^6\text{Li}(n,\alpha)t \quad (\sigma = 940\,\text{b}). \tag{8.85}$$

Die Halbwertzeit des Tritium beträgt 12,346 a. Für die Ausbeute an Tritium erhält man pro g Li nach Gl. (8.81)

$$A(\text{T}) = \frac{1{,}63 \cdot 940 \cdot 10 \cdot 0{,}075}{6{,}94}\left[1 - \left(\frac{1}{2}\right)^{1/12,346}\right] = 9{,}04\,\text{Ci/g}.$$

Am Anfang dieses Abschnittes hatten wir angenommen, daß die Flußdichte der Teilchen innerhalb des Targets konstant ist. Wenn eine merkliche Absorption oder Streuung der Strahlen im Target stattfindet, so kann man mit der mittleren Flußdichte Φ_m rechnen, die sich aus Gl. (8.63) bzw. (8.65) ermitteln läßt (vgl. Abb. (8–10)). Für ein plat-

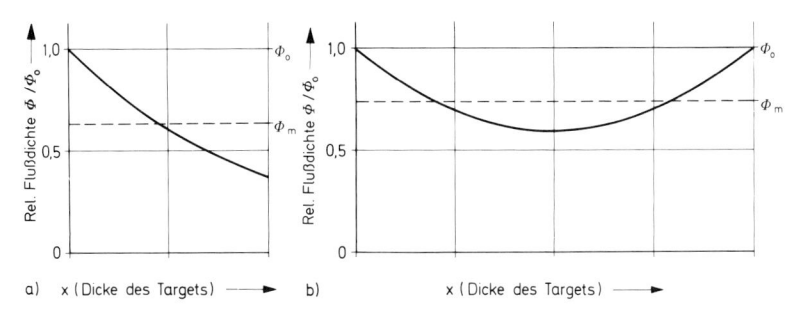

Abb. (8–10) Flußdichte in einem „dicken" Target a) bei einem aus einer Richtung einfallenden Strahl, b) in einem Strahlenfeld.

tenförmiges Target (Schichtdicke x bzw. $2x$) erhält man

$$\Phi_m = \frac{1}{x}\int_0^x \Phi\,dx = \frac{\Phi_o}{x}\int_0^x e^{-\Sigma_t x}\,dx = \frac{\Phi_o}{\Sigma_t x}(1 - e^{-\Sigma_t x}). \tag{8.86}$$

Σ_t ist der totale makroskopische Wirkungsquerschnitt.

Die unterschiedlichen Eigenschaften von dicken und dünnen Targets sind in der Praxis sehr wichtig. Von dünnen Targets spricht man dann, wenn im Target keine merkliche Absorption oder Streuung der einfallenden Strahlung stattfindet, d.h. wenn die Flußdichte Φ innerhalb des Targets als konstant angesehen werden kann. Bei dicken Targets ändert sich die Flußdichte Φ innerhalb des Targets merklich, wie in Abb. (8–10) aufgezeichnet ist. Diese Änderung von Φ muß unbedingt berücksichtigt werden. In vielen Fällen ändert sich in dicken Targets nicht nur die Flußdichte Φ, sondern auch die Energieverteilung der Strahlung infolge inelastischer Streuung. Da die Wirkungsquerschnitte ihrerseits zum Teil sehr stark von der Energie der Strahlung abhängen, wie die Abbn. (8–7) und (8–8) deutlich machen, kann sich die Ausbeute einer Kernreaktion auch infolge der Änderung der Energieverteilung der Strahlung ändern, und zwar in einer sehr schwer kalkulierbaren Weise. Im folgenden wird deshalb immer davon ausgegangen, daß die Targets dünn sind.

Die Flußdichte einer Strahlung kann auch zeitlich variieren. Um diesen Einfluß auszuschalten, rechnet man mit dem integralen Fluß $\int_0^t \Phi \, dt$, Dimension m^{-2}. Der zeitliche Mittelwert der Flußdichte ist dann gegeben durch

$$\Phi_t = \frac{1}{t} \int_0^t \Phi \, dt$$

Bei zeitlichen Schwankungen der Flußdichte ist dieser Wert anstelle von Φ einzusetzen.

Wir behandeln nun noch einige etwas kompliziertere, aber ebenfalls praktisch wichtige Beispiele für die Berechnung der Ausbeute von Kernreaktionen. Zunächst wollen wir den Fall betrachten, daß sich während der Bestrahlung aus dem Reaktionsprodukt durch Zerfall ein weiteres Radionuklid bildet, wie es in der folgenden Gleichung angegeben ist:

$$(A) \xrightarrow{\text{binukleare Reaktion}} (1) \xrightarrow{\text{Zerfall}} (2). \qquad (8.87)$$

Gesucht ist die Zahl der Atome des Nuklids (2), die während der Bestrahlungszeit t gebildet wird. Die Nettobildungsrate von (2) ist gleich der Zerfallsrate von (1), abzüglich der Zerfallsrate von (2)

$$\frac{dN_2}{dt} = \lambda_1 N_1 - \lambda_2 N_2 \qquad (8.88)$$

(vgl. Gl. (5.27)). Das Nuklid (1) entsteht durch eine binukleare Reaktion aus dem Nuklid A; die Anwendung von Gl. (8.76) führt zu der Gleichung

$$\frac{dN_2}{dt} = \sigma \Phi N_A (1 - e^{-\lambda_1 t}) - \lambda_2 N_2. \qquad (8.89)$$

Wir setzen voraus, daß N_A konstant ist und zur Zeit $t = 0$ sowohl $N_1 = 0$ als auch $N_2 = 0$ sind; dann erhalten wir durch Integration

$$N_2 = \sigma \Phi N_A \left[\frac{1 - e^{-\lambda_2 t}}{\lambda_2} + \frac{e^{-\lambda_1 t} - e^{-\lambda_2 t}}{\lambda_1 - \lambda_2} \right]. \qquad (8.90)$$

Nach Beendigung der Bestrahlung wandelt sich zwar weiterhin das Nuklid (1) in das Nuklid (2) um, (1) wird aber nicht mehr durch die Kernreaktion aus A nachgebildet. Wir müssen deshalb unterscheiden zwischen der Bestrahlungszeit t_b und der Abklingzeit t_a nach Bestrahlungsende und erhalten unter Berücksichtigung von Gl. (5.31)

$$N_2 = \sigma \Phi N_A \left[\frac{1-e^{-\lambda_2 t_b}}{\lambda_2} + \frac{e^{-\lambda_1 t_b} - e^{-\lambda_2 t_b}}{\lambda_1 - \lambda_2} \right] e^{-\lambda_2 t_a}$$
$$+ \frac{\lambda_1}{\lambda_2 - \lambda_1} N_1^o (e^{-\lambda_1 t_a} - e^{-\lambda_2 t_a}).$$
(8.91)

N_1^o ist die Zahl der Atome des Nuklids (1) nach Bestrahlungsende. Setzen wir diese nach Gl. (8.76) ein, so folgt

$$N_2 = \sigma \Phi N_A \left[\frac{1-e^{-\lambda_2 t_b}}{\lambda_2} + \frac{e^{-\lambda_1 t_b} - e^{-\lambda_2 t_b}}{\lambda_1 - \lambda_2} \right] e^{-\lambda_2 t_a}$$
$$+ \frac{\sigma \Phi N_A}{\lambda_2 - \lambda_1} (1 - e^{-\lambda_1 t_b})(e^{-\lambda_1 t_a} - e^{-\lambda_2 t_a}).$$
(8.92)

Ziehen wir die Möglichkeit in Betracht, daß sich das Nuklid (2) zusätzlich auch direkt durch eine Kernreaktion aus einem anderen Nuklid B bildet, so gilt das Reaktionsschema

$$\begin{array}{ccc} (A) & & (B) \\ \downarrow & & \downarrow \\ \text{binukleare} & & \text{binukleare} \\ \text{Reaktion 1} & & \text{Reaktion 2} \\ \downarrow & \text{Zerfall} & \downarrow \\ (1) & \longrightarrow & (2) \end{array}$$
(8.93)

Für die Zahl der Atome des Nuklids (2), die am Ende der Bestrahlung vorliegt, erhalten wir an Stelle von Gl. (8.90)

$$N_2 = \sigma_2 \Phi_2 N_B \frac{1-e^{-\lambda_2 t}}{\lambda_2} + \sigma_1 \Phi_1 N_A \left[\frac{1-e^{-\lambda_2 t}}{\lambda_2} + \frac{e^{-\lambda_1 t} - e^{-\lambda_2 t}}{\lambda_1 - \lambda_2} \right].$$
(8.94)

Dabei ist angenommen, daß N_A und N_B konstant und zur Zeit $t=0$ sowohl $N_1 = 0$ als auch $N_2 = 0$ sind.

Bei der Ableitung der Gln. (8.76), (8.90) und (8.94) hatten wir vorausgesetzt, daß die Zahl N_A der im Target vorhandenen Atome des Nuklids A als konstant angesehen werden kann. Diese Voraussetzung ist nicht erfüllt, wenn sich N_A durch Kernreaktionen und durch radioaktiven Zerfall in merklichem Umfang ändert. Wir müssen dann ansetzen

$$-\frac{dN_A}{dt} = \lambda N_A + \sigma \Phi N_A = (\lambda + \sigma \Phi) N_A = \Lambda N_A. \quad (8.95)$$

In dieser Gleichung ist zur Abkürzung $\lambda + \sigma \Phi = \Lambda$ eingeführt; d.h. der Einfluß der mononuklearen und der binuklearen Reaktionen ist in einer Konstanten zusammengefaßt. Durch Integration erhalten wir in Analogie zu Gl. (5.8)

$$N_A = N_A^o e^{-\Lambda t}. \quad (8.96)$$

8.7. Berechnung der Ausbeute

Erweitern wir diese Betrachtung auf eine Gruppe von Nukliden, die in genetischem Zusammenhang stehen,

$$
\begin{array}{ccc}
(1) \xrightarrow{\text{Zerfall}} & (2) \xrightarrow{\text{Zerfall}} & (3) \\
\downarrow \text{binukleare Reaktion 1} & \downarrow \text{binukleare Reaktion 2} &
\end{array} \quad (8.97)
$$

so gilt für das Nuklid (2)

$$\frac{dN_2}{dt} = \lambda_1 N_1 - \lambda_2 N_2 - \sigma_2 \Phi_2 N_2 = \lambda_1 N_1 - \Lambda_2 N_2. \quad (8.98)$$

Unter Berücksichtigung von Gl. (8.96) folgt

$$\frac{dN_2}{dt} = \lambda_1 N_1^o e^{-\Lambda_1 t} - \Lambda_2 N_2. \quad (8.99)$$

Diese Differentialgleichung entspricht Gl. (5.29). Die Lösung lautet für die Anfangsbedingung $N_2 = 0$

$$N_2 = \frac{\lambda_1}{\Lambda_2 - \Lambda_1} N_1^o (e^{-\Lambda_1 t} - e^{-\Lambda_2 t}). \quad (8.100)$$

Wir gehen nun noch einen Schritt weiter und betrachten den Fall, daß die Radionuklide (2) bzw. (3) nicht nur durch Zerfall, sondern auch durch binukleare Reaktionen aus den vorausgehenden Nukliden entstehen, wie dies in dem folgenden Schema angegeben ist:

$$
\begin{array}{ccc}
(1) \xrightarrow[\text{binukleare Reaktion 12}]{\text{Zerfall}} & (2) \xrightarrow[\text{binukleare Reaktion 23}]{\text{Zerfall}} & (3) \\
\downarrow \text{binukleare Reaktion 1} & \downarrow \text{binukleare Reaktion 2} &
\end{array} \quad (8.101)
$$

Dann gilt für die Nettobildungsrate des Nuklids (2)

$$\frac{dN_2}{dt} = \lambda_1 N_1 + \sigma_{12} \Phi_{12} N_1 - \lambda_2 N_2 - \sigma_2 \Phi_2 N_2 - \sigma_{23} \Phi_{23} N_2 \quad (8.102)$$

bzw.

$$\frac{dN_2}{dt} = \Lambda_1^* N_1 - \Lambda_2 N_2. \quad (8.103)$$

Nach Gl. (8.96) ist

$$N_1 = N_1^o e^{-\Lambda_1 t}. \quad (8.104)$$

Man beachte, daß Λ_1^* und Λ_1 nicht identisch sind. Für das Reaktionsschema (8.101) gilt

$$\Lambda_1^* = \lambda_1 + \sigma_{12}\Phi_{12} \qquad (8.105)$$

$$\Lambda_1 = \lambda_1 + \sigma_1\Phi_1 + \sigma_{12}\Phi_{12}; \qquad (8.106)$$

In Λ_1^* sind nur diejenigen Kernreaktionen berücksichtigt, die zur Bildung des Nuklids (2) aus dem Nuklid (1) führen, in Λ_1 aber alle Kernreaktionen, die eine Abnahme von N_1 bewirken.

Erweitert man diese Betrachtung, so kann man allgemein für ein beliebiges Nuklid i in einer Kette von Umwandlungen ansetzen

$$\frac{dN_i}{dt} = \Lambda_{i-1}^* N_{i-1} - \Lambda_i N_i. \qquad (8.107)$$

Diese Differentialgleichung hat die gleiche Form wie die Gln. (5.59) in Abschn. 5.12. Die allgemeine Lösung lautet für die Anfangsbedingungen $N_1 = N_1^o$, $N_2^o = N_3^o = \ldots = N_n^o = 0$:

$$N_n(t) = C_1 e^{-\Lambda_1 t} + C_2 e^{-\Lambda_2 t} + \ldots + C_n e^{-\Lambda_n t}. \qquad (8.108)$$

Die Koeffizienten C_i entsprechen den Koeffizienten c_i in den Gln. (5.62):

$$C_1 = \frac{\Lambda_1^* \Lambda_2^* \ldots \Lambda_{n-1}^*}{(\Lambda_2 - \Lambda_1)(\Lambda_3 - \Lambda_1) \ldots (\Lambda_n - \Lambda_1)} N_1^o \qquad (8.109)$$

usw.

Entsprechend dem oben Gesagten gilt, daß in den Λ_i alle Terme enthalten sind, die zur Abnahme des Nuklids i führen, in den Λ_i^* aber nur die Terme, die zur Bildung des folgenden Nuklids i + 1 in der Reaktionskette führen. Die Gleichungen sind für alle Ausbeuteberechnungen anwendbar.

8.8. Niederenergie-Kernreaktionen

Die Beispiele in den vorausgehenden Abschnitten dieses Kapitels beziehen sich im wesentlichen auf Niederenergie-Kernreaktionen, d.h. Kernreaktionen, die durch Teilchen mit Energien bis zu etwa 100 MeV ausgelöst werden. Im einzelnen ergeben sich bei der Untersuchung von Kernreaktionen folgende Teilaufgaben:
1. Identifizierung der Reaktionsprodukte,
2. Messung von Wirkungsquerschnitten,
3. Messung der Energie der Reaktionsprodukte (Teilchen und Produktkerne),
4. Messung der Winkelverteilung der Reaktionsprodukte,
alle Angaben bzw. Größen in Abhängigkeit von der Energie der einfallenden Strahlung.

Die wichtigste Aufgabe ist die Bestimmung von Wirkungsquerschnitten als Funktion der Energie (Anregungsfunktionen, vgl. Abbn. (8–7) und (8–8)). Dies kann auf verschiedene Weise erfolgen, entweder durch Messung der gemäß Gl. (8.2) gebildeten Menge an Produktkernen B oder an Teilchen y, oder aber durch Messung der Änderung der Flußdichte Φ infolge der im Target stattfindenden Kernreaktionen. Wenn die Produktkerne B radioaktiv sind, kann man für die Bestimmung der Wirkungsquerschnitte die in Abschnitt 8.7 angegebenen Gleichungen benutzen, im einfachsten Fall Gl. (8–76). Wichtig bei der Anwendung dieser Methode, die auch als Aktivierungsmethode bezeichnet wird, ist, daß die Halbwertzeit des Nuklids B eine bequeme Messung der Aktivität gestattet. Außerdem muß das Targetmaterial hinreichend rein sein, damit die Erzeugung des Nuklids B aus Verunreinigungen auf dem Wege über andere Kernreaktionen ausgeschlossen werden kann.

Bei der Untersuchung von Kernreaktionen mit Hilfe der Aktivierungsmethode spielen chemische Verfahren eine wichtige Rolle. Der Vorteil chemischer Verfahren besteht darin, daß die Reaktionsprodukte voneinander getrennt und hinsichtlich ihrer Ordnungszahl eindeutig identifiziert werden können. Ferner können in einem Experiment die Wirkungsquerschnitte aller im Target ablaufenden Kernreaktionen ermittelt werden, vorausgesetzt, daß die Reaktionsprodukte quantitativ bestimmt werden können, entweder durch eine Aktivitätsmessung oder massenspektrometrisch. Radioaktive Reaktionsprodukte lassen sich durch eine Aktivitätsmessung mit hoher Empfindlichkeit bestimmen, wenn die Halbwertzeit günstig ist. Kurze Halbwertzeiten erfordern eine schnelle Trennung. „On-line"-Trennungen sind besonders vorteilhaft. Die Entwicklung schneller Trennmethoden ist ein interessantes und wichtiges Arbeitsgebiet der Kernchemie. Mit steigender Halbwertzeit der Reaktionsprodukte nimmt die Empfindlichkeit ab, wie auch aus Gl. (5.18) hervorgeht. Langlebige und stabile Reaktionsprodukte können mit einem empfindlichen Massenspektrometer nachgewiesen werden, wenn ihre Menge hinreichend groß ist. Die massenspektrometrische Bestimmung kann ebenfalls im Anschluß an eine chemische Trennung erfolgen. Dabei kann man sich zwar Zeit nehmen, muß aber sehr darauf achten, daß keine inaktiven Verunreinigungen eingeschleppt werden, welche die Ergebnisse verfälschen könnten. Zur Bestimmung der Ausbeute bei einer chemischen Trennung benutzt man am vorteilhaftesten das Prinzip der Verdünnungsanalyse (vgl. Abschn. 15.3.1). Nach einer chemischen Trennung können auch solche Reaktionsprodukte bestimmt werden, die neben anderen nur mit verhältnismäßig kleiner Ausbeute entstehen.

Die Anwendung von Gl. (8.76) oder der anderen in Abschn. 8.7 angegebenen Gleichungen zur Berechnung des Wirkungsquerschnitts einer Kernreaktion nach der Aktivierungsmethode erfordert die genaue Kenntnis der Flußdichte Φ im Target. Zur Messung von Φ verwendet man einen sogenannten Monitor, meist in Form einer Monitorfolie, worin eine Monitorreaktion abläuft, deren Wirkungsquerschnitt genau bekannt ist. Monitor und Probe müssen unter den gleichen Bedingungen bestrahlt werden. Z.B. kann man die Probe in die Monitorfolie einwickeln. Aber auch dann können bei dicken Targets erhebliche Fehler auftreten, wenn die Strahlung in der Probe merklich absorbiert wird. Wenn die Bestrahlung in einem Beschleuniger erfolgt, ist es zweckmäßig, ein möglichst dünnes Target zwischen zwei Monitorfolien in „sandwich"-Anordnung zu verwenden. Durch Messung der Aktivität in beiden Monitorfolien nach der Bestrahlung kann man feststellen, ob sich die Flußdichte im Strahl beim Durchgang durch die Probe ändert und ggf. den Mittelwert einsetzen. Bei der Bestrahlung in einem Reaktor ist es sicherer, ein Paket zusammenzustellen, das z. B. aus den folgenden möglichst dünnen Schichten besteht: MPMPM oder MPMPMPM (M = Monitorfolie, P = Probe). Durch Messung der Aktivität in den einzelnen Schichten eines solchen Pakets kann man prüfen, ob die aus allen Richtungen einfallenden Neutronen in der Probe oder im Monitor merklich absorbiert werden.

Bei allen Kernreaktionen tritt ein Rückstoßeffekt auf, der bei der Emission von Nukleonen oder α-Teilchen recht erheblich sein kann. Dieser Rückstoßeffekt wird in Kapitel 9 eingehender besprochen. Er kann bei dünnen Targets dazu führen, daß ein größerer Anteil der Produktkerne aus dem Target herausgeschleudert wird. Um diese Rückstoßkerne aufzufangen, benutzt man Fängerfolien („catcher") aus Metall oder Kunststoff. Z. B. kann man bei der Bestrahlung eines dünnen Targets in einem Beschleuniger folgende Anordnung verwenden: F'MF'FPFF'MF' (F und F' = Fänger, M = Monitor, P = Probe). In den Fängern kann man den Anteil der Rückstoßatome bestimmen, die aus dem Monitor bzw. der Probe herausgeschleudert werden.

Fängerfolien werden auch verwendet, um die Winkelverteilung der Reaktionsprodukte und – über die Reichweiten – auch ihre Energie zu bestimmen. Eine Anordnung dieser Art ist in Abb. (8–11) skizziert.

8.8. Niederenergie-Kernreaktionen

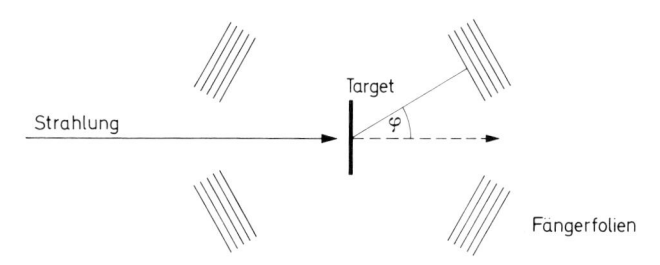

Abb. (8–11) Verwendung von Fängerfolien bei der Untersuchung von Kernreaktionen (schematisch).

Target und Fängerfolien befinden sich in einer Vakuumkammer. Die Schichtdicke einer Fängerfolie muß kleiner sein als die Reichweite der Rückstoßkerne. Nach der Bestrahlung werden die Fängerfolien einzeln untersucht. Sie können auch chemisch aufgearbeitet werden, um verschiedene Reaktionsprodukte voneinander zu trennen. Die Verteilung der Produktkerne in den einzelnen Paketen von aufeinanderliegenden Folien ist ein Maß für die Energieverteilung. Genauere Angaben über die Energie sind möglich, wenn die Beziehung zwischen Energie und Reichweite bekannt ist.

Die Bestimmung von Wirkungsquerschnitten durch Messung der während der Bestrahlung emittierten Teilchen y wird insbesondere bei solchen Kernreaktionen angewendet, in denen Neutronen freigesetzt werden. Allerdings ist es ohne Anwendung von Koinzidenzmessungen schwierig zu entscheiden, ob die Neutronen z. B. aus einer (p, n)- oder einer (p, 2n)-Reaktion stammen. Die Zahl der emittierten Teilchen y muß wegen einer möglichen Winkelabhängigkeit in verschiedenen Richtungen zum einfallenden Strahl gemessen werden, um genaue Aussagen zu erhalten.

Die Messung der Änderung der Flußdichte infolge der im Target ablaufenden Kernreaktionen liefert im Unterschied zu den anderen Methoden nur den totalen Wirkungsquerschnitt für alle Kernreaktionen, die unter dem Einfluß der betreffenden Strahlung ablaufen. Flußdichtemessungen werden vor allen Dingen für die Bestimmung der Neutronenabsorption angewendet. Grundlage ist die Anwendung der Gln. (8.64) bzw. (8.65). Schwierigkeiten ergeben sich bei geladenen Teilchen, weil diese auch durch Ionisierungsprozesse Energie verlieren. Man muß deshalb bei geladenen Teilchen mit dünnen Targets arbeiten. Dann ist $\sigma_t^A N_A x \ll 1$ und man erhält anstelle von Gl. (8.64)

$$\frac{\Phi_0 - \Phi}{\Phi_0} = \sigma_t^A N_A x. \tag{8.110}$$

Die Messung kleiner Differenzen der Flußdichte, wie sie auf Grund dieser Gleichung erforderlich ist, ist jedoch mit verhältnismäßig großen Fehlern behaftet.

Die meisten Niederenergie-Kernreaktionen verlaufen nach dem Compound-Kern-Mechanismus, der in Abschnitt 8.1 kurz erläutert wurde, um die Analogie zu chemischen Reaktionen aufzuzeigen. In dem Energiebereich der Niederenergie-Kernreaktionen sind aber auch direkte Reaktionen bekannt. Auf beide Reaktionsmechanismen soll hier etwas näher eingegangen werden.

Das Modell des Compound-Kerns geht auf BOHR (1936) zurück. Von einem Compound-Kern spricht man, wenn sich die Energie des einfallenden Teilchens und dessen Bindungsenergie mehr oder weniger gleichmäßig auf alle Nukleonen des getroffenen Kerns verteilen. Die Kernreaktion kann dann in zwei Schritten formuliert werden, Bildung des Compound-Kerns C und Zerfall des Compound-Kerns:

$$A + x \rightarrow (C) \rightarrow B + y. \tag{8.111}$$

Die Anregungsenergie des Compound-Kerns beträgt insgesamt (vgl. Abschn. 8.2)

$$E' = E_B + E_x - E_C = E_B + E_x \left(\frac{M_A}{M_A + M_x}\right). \tag{8.112}$$

E_B ist die Bindungsenergie des Teilchens x im Kern, E_x seine kinetische Energie und E_C die kinetische Energie des Compound-Kerns. Der Compound-Kern kann viele verschiedene Konfigurationen (Anregungszustände) annehmen, deren Bildungswahrscheinlichkeit durch die Gesetze der Statistik bestimmt ist. Wenn dabei Konfigurationen auftreten, bei denen ein hinreichend hoher Energiebetrag auf ein Nukleon oder eine Gruppe von Nukleonen entfällt, kommt es zur Emission dieses Nukleons bzw. dieser Gruppe von Nukleonen, z. B. eines α-Teilchens. Die Lebensdauer eines Compound-Kerns ist groß im Vergleich zu der Zeit, die ein Nukleon benötigt, um durch einen Kern hindurchzufliegen. Die Lebensdauer τ der angeregten Zustände eines Compound-Kerns läßt sich nach der Heisenbergschen Unschärferelation aus der Halbwertsbreite Γ der Resonanzlinien in den Anregungsfunktionen berechnen:

$$\tau \approx \frac{h}{2\pi\Gamma}. \qquad (8.113)$$

Da sich die Werte von Γ zwischen etwa 0,01 und 10 eV bewegen, liegen die Lebensdauern der angeregten Zustände zwischen etwa 10^{-16} und 10^{-13} s. Zum Durchqueren eines Kerns benötigt ein Nukleon mit einer Energie von 1 MeV etwa $0,5 \cdot 10^{-22} A^{1/3}$ s, wenn A die Massenzahl ist und die Wechselwirkungen mit den Nukleonen unberücksichtigt bleiben. Wegen der Fluktuationen zwischen vielen verschiedenen Konfigurationen „weiß der Compound-Kern nicht mehr", auf welche Weise er entstanden ist, d. h. sein Zerfall ist unabhängig von der Art seiner Entstehung, er ist nur abhängig von der Anregungsenergie.

In Anlehnung an diese Überlegungen (vgl. auch Abschn. 8.1) kann man den Wirkungsquerschnitt für eine Kernreaktion, die nach dem Compound-Kern-Mechanismus verläuft, in zwei Faktoren zerlegen:

$$\sigma_{(x, y)} = \sigma_C G_B. \qquad (8.114)$$

σ_C ist der Wirkungsquerschnitt für die Bildung des Compound-Kerns, und G_B ist die Wahrscheinlichkeit, daß der Compound-Kern unter Bildung von B zerfällt. Beide Faktoren hängen von der Energie der Teilchen x ab. Auch in Gl. (8.114) kommt zum Ausdruck, daß Bildung und Zerfall des Compound-Kerns voneinander unabhängig sind.

Ein bestimmter Compound-Kern kann auf verschiedene Weise entstehen und in verschiedener Weise zerfallen (vgl. Abschn. 8.5):

$$\begin{array}{rcl}
A_1 + x_1 \searrow & & \nearrow B_1 + y_1 \\
A_2 + x_2 \longrightarrow & (C) \longrightarrow & B_2 + y_2 \\
A_3 + x_3 \nearrow & & \searrow B_3 + y_3 \\
\text{usw.} & & \text{usw.}
\end{array} \qquad (8.115)$$

$A_1, A_2, A_3 \ldots$ sind verschiedene Targetkerne, $B_1, B_2, B_3 \ldots$ verschiedene Produktkerne, $x_1, x_2, x_3 \ldots$ und $y_1, y_2, y_3 \ldots$ verschiedene Teilchen bzw. Quanten. Außerdem kann der Compound-Kern verschiedene Anregungsenergien E' besitzen. Die Reaktionsmöglichkeiten werden auch als Kanäle bezeichnet. Man unterscheidet Eingangskanäle und Ausgangskanäle (Zerfallskanäle). Jeder Zerfallskanal i läßt sich charakterisieren durch eine bestimmte Zerfallswahrscheinlichkeit des Compound-Kerns, die von seiner jeweiligen Anregungsenergie E' abhängt und durch eine Zerfallskonstante $\lambda_i(E')$ gegeben ist. Der Zerfallskonstanten entspricht eine Lebensdauer $\tau_i = 1/\lambda_i$ des angeregten Zustandes und diese wiederum nach der Heisenbergschen Unschärferelation, Gl. (8.113), einer Linienbreite

$$\Gamma_i \approx \frac{h}{2\pi\tau_i} = \frac{h}{2\pi}\,\lambda_i. \qquad (8.116)$$

Die Linienbreite eines Zerfallskanals ist somit ein Maß für die Wahrscheinlichkeit des betreffenden Zerfalls. Die gesamte Linienbreite ist gegeben durch

$$\Gamma = \Gamma_{y_1} + \Gamma_{y_2} + \Gamma_{y_3} + \dots \qquad (8.117)$$

Anstelle von Gl. (8.114) kann man nunmehr schreiben

$$\sigma_{(x,y)} = \frac{\Gamma_y}{\Gamma}. \qquad (8.118)$$

Wenn der Zerfall des Compound-Kerns unabhängig ist von der Art seiner Entstehung, so müssen bei gleicher Anregungsenergie E' Beziehungen der folgenden Form gelten:

$$\frac{\sigma_{(x_1,y_1)}}{\sigma_{(x_1,y_2)}} = \frac{\Gamma_{y_1}}{\Gamma_{y_2}} = \frac{\sigma_{(x_2,y_1)}}{\sigma_{(x_2,y_2)}}. \qquad (8.119)$$

Dies wurde von GHOSHAL (1950) erstmals überprüft.

Die Reaktionen, die nach dem Compound-Kern-Mechanismus verlaufen, können in zwei Gruppen eingeteilt werden: Resonanzreaktionen und statistische Reaktionen. Charakteristisch für den Resonanzbereich sind die scharfen Resonanzstellen in den Anregungsfunktionen, wie sie auch in Abb. (8–7) erkennbar sind. Scharfe Resonanzen in den Anregungsfunktionen treten nur bei Compound-Kern-Reaktionen auf. Am besten untersucht sind die Wirkungsquerschnitte für den Neutroneneinfang. Die Resonanzstellen liegen hier in den meisten Fällen bei Neutronenenergien zwischen 1 eV und 10 keV. (Es gibt aber auch Nuklide mit Resonanzlinien deutlich unterhalb 1 eV.) Der Einfang von Neutronen, deren kinetische Energie diesen Resonanzen entspricht, führt zu diskreten angeregten Zuständen des Compound-Kerns, die gut aufgelöst sind. Die Resonanzlinien haben verschiedene Halbwertsbreiten Γ, aus denen die Lebensdauer τ der angeregten Zustände nach Gl. (8.113) berechnet werden kann. Im Energiebereich oberhalb von etwa 10 keV überlagern sich die Energiezustände des Compound-Kerns, so daß keine diskreten Resonanzlinien mehr auftreten, die einzelnen angeregten Zuständen zugeordnet werden könnten.

Im Resonanzbereich sind die Anregungsenergien klein, und die Zahl der Zerfallskanäle des Compound-Kerns ist deshalb ebenfalls klein. Z. B. sind bei Neutronen-induzierten Reaktionen die beiden wichtigsten Zerfallsprozesse des Compound-Kerns die Emission von Neutronen und von γ-Quanten. Im ersteren Fall handelt es sich im Ergebnis meist um eine elastische Streuung. Die Wahrscheinlichkeit für die Emission von geladenen Teilchen wie Protonen oder α-Teilchen ist bei den niedrigen Anregungsenergien der Compound-Kerne im Resonanzbereich sehr niedrig.

8.8. Niederenergie-Kernreaktionen

Die Wirkungsquerschnitte von Kernreaktionen im Resonanzbereich lassen sich nach der Resonanztheorie von BREIT und WIGNER (1936) berechnen. Für eine isolierte Resonanz gilt

$$\sigma_{(x,y)} = \frac{\lambda^2}{4\pi} \frac{2 I_C + 1}{(2 I_A + 1)(2 I_x + 1)} \frac{\Gamma_x \Gamma_y}{(E - E_o)^2 + (\Gamma/2)^2}; \quad (8.120)$$

λ ist die de Broglie-Wellenlänge des einfallenden Teilchens:

$$\lambda = \frac{h}{m \cdot v} = \frac{h}{\sqrt{2mE}}. \quad (8.121)$$

I_C, I_A und I_x sind die Drehimpulse der Reaktionspartner. E ist die Energie der Teilchen x, E_o die Resonanzenergie. Die Wahrscheinlichkeit für die Bildung des Compound-Kerns ist nach der Wellenmechanik proportional λ^2. $[(E - E_o)^2 + (\Gamma/2)^2]^{-1}$ ist der „Resonanzfaktor"; er hat den größten Wert für $E = E_o$ (Resonanzlinie). Γ_y und Γ_x sind die partiellen Linienbreiten für den Zerfall unter Emission der Teilchen x bzw. y. Wenn ein Teilchen mit dem Drehimpuls 0 eingefangen wird, hat der Faktor, der die Drehimpulse enthält, den Wert 1. Diese für die Resonanzlinie gültige Form der Breit-Wigner-Formel (8.120) genügt für viele praktische Fälle. Wenn mehrere Resonanzen zum Wirkungsquerschnitt beitragen, müssen die entsprechenden Breit-Wigner-Terme hinzugefügt werden.

Für die (n, γ)-Reaktionen mit thermischen Neutronen gibt Gl. (8.120) die Energieabhängigkeit des Wirkungsquerschnitts richtig wieder. Wir betrachten den Bereich, in dem die Energie E sehr viel kleiner ist als die Energie der ersten Resonanzlinie ($E \ll E_o$). $\Gamma_y = \Gamma_\gamma$ ist praktisch konstant, weil (n, γ)-Reaktionen exoergisch sind und die Wahrscheinlichkeit für die Emission eines γ-Quants mit einer Energie von der Größenordnung 1 MeV sich nicht ändert, wenn die Neutronenenergie um einige eV variiert. $\Gamma_x = \Gamma_n$ ist porportional der Geschwindigkeit v der Neutronen. Mit Gl. (8.121) folgt:

$$\sigma_{(n,\gamma)} \sim \frac{1}{v}. \quad (8.122)$$

Im Bereich mittlerer Energie (etwa 1 MeV) kann man über mehrere Resonanzen mitteln und erhält dann aus der Breit-Wigner-Formel für den mittleren Wirkungsquerschnitt von (n, γ)-Reaktionen:

$$\bar{\sigma}_{(n,\gamma)} = \frac{\lambda^2}{2}\frac{\Gamma_\gamma}{D}, \qquad (8.123)$$

wenn D der Abstand der Resonanzlinien ist. Bei den Nukliden mit den Neutronenzahlen 50, 82 oder 126 (magische Zahlen) ist der Abstand der Resonanzen besonders groß und demzufolge der mittlere Wirkungsquerschnitt für (n,γ)-Reaktionen in diesem Energiebereich besonders niedrig.

Für (p, n)- und (α, n)-Reaktionen sagt die Theorie voraus, daß sie bevorzugt vor anderen Reaktionen ablaufen, wenn die Energie der einfallenden Strahlen genügend hoch ist (> 1 MeV), weil dann von dem angeregten Compound-Kern vorwiegend Neutronen emittiert werden. Der Wirkungsquerschnitt dieser Reaktionen ist dann gegeben durch den Einfangsquerschnitt für die Protonen bzw. α-Teilchen:

$$\sigma_{(p,n)} \approx \sigma_{(p)}; \quad \sigma_{(\alpha,n)} \approx \sigma_{(\alpha)}. \qquad (8.124)$$

Die statistische Theorie wird dort angewendet, wo die Energiezustände des angeregten Compound-Kerns sich überlagern. Der Compound-Kern ist nun nicht mehr durch diskrete Energiezustände beschreibbar, sondern durch eine Vielzahl von Energiezuständen, die miteinander in Wechselwirkung stehen. Diese Vielzahl von Energiezuständen wird nach den Gesetzen der Statistik behandelt. Die statistische Theorie liefert eine Voraussage über die Emission eines Teilchens mit der Energie E von einem Compound-Kern mit der Anregungsenergie E' und damit auch über den Wirkungsquerschnitt einer bestimmten Kernreaktion.

Direkte Reaktionen unterscheiden sich von Compound-Kern-Reaktionen in folgenden Punkten: Es kommt nicht zur Bildung eines Compound-Kerns aus dem Targetkern und dem Geschoßkern. Die Anregungsenergie wird nicht auf die Gesamtheit der Nukleonen verteilt. Die Winkelverteilung der Reaktionsprodukte ist unsymmetrisch; im allgemeinen fliegen die Reaktionsprodukte bevorzugt in Vorwärtsrichtung (bezogen auf den einfallenden Strahl). Der Anteil energiereicher Teilchen in den Reaktionsprodukten ist höher. Die Anregungsfunktionen zeigen keine Einzelresonanzen. Direkte Reaktionen verlaufen sehr viel schneller als Compound-Kern-Reaktionen. Der Zeitbedarf ist gegeben durch die Zeit, die das einfallende Teilchen benötigt, um in den Kern einzudringen, und die Zeit, welche die Teilchen nach dem Zusammenstoß (bzw. den Zusammenstößen) benötigen, um den Kern zu verlassen. Wenn die direkten Reaktionen nur an der Oberfläche des Targetkerns stattfinden, verlaufen sie sehr rasch ($\leq 10^{-23}$ s), wenn das Innere des Kerns beteiligt ist, dauern die Reaktionen bis zu etwa 10^{-21} s.

Man unterscheidet zwei Arten von direkten Reaktionen, die Stoßreaktionen („knock-on reactions") und die Transferreaktionen. Stoßreaktionen können in verschiedener Weise verlaufen, z.B. indem das einfallende Teilchen einen Teil seiner Energie auf ein einzelnes Nukleon des getroffenen Kerns überträgt und mit verminderter Energie weiterfliegt (unelastische Streuung); der Kern verbleibt dabei in einem angeregten Zustand. Das einfallende Teilchen kann auch eine kollektive Bewegung des getroffenen Kerns (Schwingung oder Rotation) anregen. Es kann schließlich vom Kern eingefangen werden und seine Energie auf ein Nukleon oder mehrere Nukleonen übertragen, die den Kern verlassen. Im Niederenergiebereich finden im allgemeinen nur wenige Nukleon-Nukleon-Zusammenstöße statt. Bei höheren Energien können dagegen viele Zusammenstöße erfolgen.

Bei einer Transferreaktion werden ein oder mehrere Nukleonen von dem Geschoßkern auf den Targetkern übertragen oder umgekehrt. Im ersten Fall spricht man von einer Abstreifreaktion („stripping reaction"), im zweiten Fall von einer Aufpickreaktion („pick-up reaction"). Der einfachste Fall einer Abstreifreaktion wurde bereits in Abschn. 8.5 besprochen

$$^{A}Z + d \rightarrow {}^{A+1}Z + p. \tag{8.125}$$

Dabei wird das Neutron des vorbeifliegenden Deuterons vom Targetkern eingefangen, während das Proton ohne wesentliche Impulsänderung weiterfliegt. Diese Reaktion kann auch bei verhältnismäßig niedriger Energie stattfinden, weil die Coulomb-Schwelle nicht überwunden werden muß. Bei hinreichend hoher Energie der Deuteronen kann auch ein Proton übertragen werden

$$^{A}Z + d \rightarrow {}^{A+1}Z + 1 + n. \tag{8.126}$$

Die Reaktionen (8.125) und (8.126) stehen dann miteinander in Konkurrenz. Bevorzugt wird das Nukleon eingefangen (Neutron oder Proton), das zuerst in den Bereich der Kernkräfte gelangt. Die Bindungsenergie des betreffenden Nukleons im Targetkern ist in den meisten Fällen sehr viel größer (> 6 MeV) als die schwache Bindungsenergie zwischen dem Neutron und dem Proton im Deuteron (2,22 MeV).

Ein einfaches Beispiel einer Aufpickreaktion ist die folgende Kernreaktion

$$^{A}Z + {}^{3}He \rightarrow {}^{A-1}Z + {}^{4}He. \tag{8.127}$$

Dabei wird ein Neutron aus dem Targetkern abgelöst.

Weitere typische Beispiele von Transferreaktionen sind (d, t)-, (d, ^{3}He)-, (t, α)-, (^{3}He, d)-, (p, α)- und (d, α)-Reaktionen. Bei den Transferreaktionen können einzelne Nukleonen übertragen werden, wie in den Reaktionen (8.125) bis (8.127) (Ein-Nukleon-Transferreaktionen), oder ein „cluster" von mehreren Nukleonen (Multi-Nukleon-Transferreaktionen).

Der Anteil direkter Reaktionen steigt mit der Energie der einfallenden Teilchen an. Die Wahrscheinlichkeit für eine direkte Reaktion ist ferner bei streifendem Einfall größer als bei einem zentralen Stoß. Im ersten Fall ist die Wahrscheinlichkeit sehr groß, daß das einfallende Teilchen nur mit einem Nukleon zusammenstößt, zumal die Dichte der Nukleonen an der Oberfläche des Kerns geringer ist als im Inneren (vgl. Abb. 2-1). Im zweiten Fall wird das Teilchen mit vielen

Nukleonen zusammenstoßen, und die Bildung eines Compound-Kerns ist sehr viel wahrscheinlicher. Dies kommt auch in der Bedingung zum Ausdruck, daß direkte Reaktionen begünstigt sind, wenn die mittlere freie Weglänge λ des einfallenden Teilchens sehr viel größer ist als seine de Broglie Wellenlänge

$$\lambda \gg \frac{h}{mv} = \frac{h}{\sqrt{2mE}}. \tag{8.128}$$

Bei schweren Kernen ($A \geq 200$) steigt der Anteil der direkten Reaktionen im Vergleich zu den Compound-Kern-Reaktionen deutlich an.

Im Falle von direkten Reaktionen ist die Wahrscheinlichkeit für die Emission geladener Teilchen sehr viel höher als im Falle von Compound-Kern-Reaktionen. Dies beruht darauf, daß durch den direkten Zusammenstoß sehr viel mehr Energie übertragen wird als bei der Reaktion über einen Compound-Kern, so daß die Coulomb-Schwelle für den Austritt geladener Teilchen leichter überschritten werden kann.

Bei der Diskussion der Mechanismen von Kernreaktionen greift man auf die Kernmodelle (vgl. Abschn. 2.10) zurück. Für die quantitative Beschreibung von Streu- und Absorptionsprozessen hat das optische Modell Bedeutung gewonnen. Die Bezeichnung beruht auf der Analogie zum Verhalten eines Lichtstrahls in einer trüben Glaskugel. Der Lichtstrahl entspricht der einfallenden Strahlung, die trübe Glaskugel dem Kern. Das Licht kann in der Glaskugel reflektiert werden und wieder austreten (Streuung). Es kann aber auch absorbiert werden (Bildung des Compound-Kerns). Der Zerfall des Compound-Kerns wird bei dem optischen Modell nicht behandelt. Das Modell ist deshalb wichtig für die Berechnung der Wirkungsquerschnitte für die Absorption und Streuung, insbesondere auch der Winkelabhängigkeit der Streuung. Der Kern wird ersetzt durch ein Potential mit der Tiefe $V_o + iW_o$ und dem Radius R (Abb. (8-12)). Der Imaginärteil iW_o ist eingeführt, um den Absorptionseigenschaften des Kerns — d.h. der Bildung eines Compound-Kerns — Rechnung zu tragen. Das einfallende Teilchen wird durch eine Wellenfunktion dargestellt. Das Verhalten im Kern wird beschrieben durch die Lösungen der Wellen-

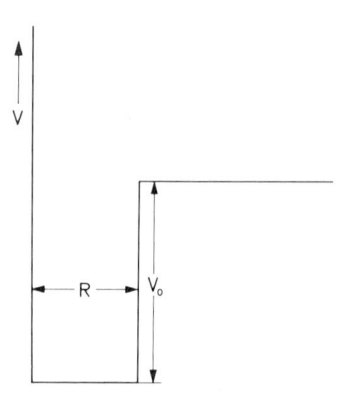

Abb. (8–12) Potentialverlauf beim optischen Modell.

funktion innerhalb des Potentials. Das Teilchen wird mehrmals im Kern reflektiert, bevor es wieder austritt oder absorbiert wird; d.h. nach dem optischen Modell bildet sich der Compound-Kern erst nach einer gewissen Verzögerungszeit und nur mit einer gewissen Wahrscheinlichkeit. Aus den Absorptionseigenschaften ergibt sich die mittlere freie Weglänge Λ für das einfallende Teilchen

$$\Lambda = \frac{h}{4\pi\sqrt{\mu}} \frac{1}{\sqrt{[(E+V_o)^2 + W_o^2]^{\frac{1}{2}} - (E+V_o)}}. \quad (8.129)$$

μ ist die reduzierte Masse, E die kinetische Energie des Systems. Die mittlere freie Weglänge ist bestimmt durch den mittleren Wirkungsquerschnitt $\bar{\sigma}$ für die Wechselwirkung des einfallenden Teilchens mit den Nukleonen des Kerns und die Zahl N der Nukleonen pro m³; daraus folgt

$$\bar{\sigma} = \frac{1}{\Lambda N}. \quad (8.130)$$

8.9. Kernspaltung

Wie bereits in Abschnitt 7.1.4 erwähnt, sind die schwereren Kerne instabil im Hinblick auf Spaltung. Die Spontanspaltung tritt aber erst bei verhältnismäßig großen Massenzahlen in den Vordergrund. Durch Einwirkung geeigneter Strahlen auf schwere Nuklide kann die Spaltung der Atomkerne ausgelöst werden. Diese „künstliche" Spaltung wird kurz als Kernspaltung bezeichnet. Bei Ordnungszahlen oberhalb von etwa $Z = 90$ ist sie in vielen Fällen die bevorzugte Kernreaktion.

Die Möglichkeit, Atomkerne künstlich zu spalten, wurde erstmals 1938 von den Chemikern O. HAHN und F. STRASSMANN entdeckt, und zwar bei dem Versuch, Transuranelemente durch Einwirkung von Neutronen auf Uran herzustellen. Dabei fanden sie Radionuklide, die erheblich leichter waren als Uran und deshalb nur durch eine Kernspaltung entstanden sein konnten.

Die Kurzschreibweise für die Kernspaltung ist (x, f); f steht für „fission". Zum Beispiel bedeutet die Gleichung

$$^{235}U(n, f)^{140}Ba, \quad (8.131)$$

daß bei der Kernspaltung des U-235 mit Neutronen Ba–140 entsteht. Als Geschosse x für die Kernspaltung kommen in Frage: Neutronen, Protonen, Deuteronen, α-Teilchen und schwere Ionen.

Zweckmäßigerweise unterscheidet man zwischen Niederenergie-Kernspaltung und Hochenergie-Kernspaltung. Von Niederenergie-Kernspaltung spricht man, wenn die Geschosse, welche die Kernreaktion auslösen, eine Energie bis zu etwa 10 MeV besitzen. Am wichtigsten ist die Kernspaltung mit thermischen Neutronen (thermische Kernspaltung), die als Kettenreaktion in Kernreaktoren abläuft. Da die thermische Kernspaltung große praktische und theore-

8. Kernreaktionen

tische Bedeutung besitzt, wird sie in diesem Abschnitt ausführlicher behandelt.

In Anlehnung an die allgemeine Gleichung für eine Kernreaktion (Gl. (8.2)) können wir die Niederenergie-Kernspaltung mit Neutronen folgendermaßen formulieren

$$A + n \longrightarrow B + D + v \cdot n + \Delta E. \qquad (8.132)$$

Durch Spaltung des schweren Nuklids A entstehen zwei mittelschwere Nuklide B und D und außerdem mehrere Neutronen ($v = 2,4$ bei der

Tabelle 8.2
Wirkungsquerschnitte für die Kernspaltung mit thermischen Neutronen
(Energie der Neutronen 0,025 eV)

Nuklid	$\sigma_{n,f}$ in barn	Durchschnittliche Zahl der pro Spaltung freiwerdenden Neutronen v	Nuklid	$\sigma_{n,f}$ in barn	Durchschnittliche Zahl der pro Spaltung freiwerdenden Neutronen v
Th–227	≈ 200		Am–241	3,15	
228	< 0,3		242	2900	3,22 ± 0,04
229	31		242m$_1$	6600	
230	≤ 0,0012	2,08 ± 0,02	243	< 0,07	3,26 ± 0,02
232	0,00004		244	2300	
233	15		244m	1600	
234	< 0,001				
			Cm–242	< 5	2,65 ± 0,09
Pa–230	1500		243	600	
231	≈ 0,010		244	1,2	3,43 ± 0,05
232	≈ 700		245	2020	
233	< 0,1		246	170	3,83 ± 0,03
234	< 5000		247	90	
234m	500		248	340	
			249	1,6	
U–230	≈ 25				
231	≈ 400		Bk-250	960	
232	75				
233	531	3,13 ± 0,06	Cf–249	1660	
235	582	2,432 ± 0,066	250	< 350	
238	< 0,0005		251	4300	
239	≈ 14		252	32	3,86 ± 0,07
			253	1300	
Np–234	≈ 900				
236	2500		Es–254	2900	
237	0,019		254m	1840	
238	2070				
239	< 1		Fm–255	3400	
			257	2950	
Pu–236	165	2,30 ± 0,19			
237	2400				
238	17	2,33 ± 0,08			
239	743	2,874 ± 0,138			
240	≈ 0,03	2,884 ± 0,007			
241	1009	2,969 ± 0,023			
242	< 0,2	2,91 ± 0,02			
243	196				

Spaltung des U–235 und $v = 2,9$ bei der Spaltung des Pu–239); die Energie ΔE wird frei. Diese Energie ist verhältnismäßig groß ($\Delta E \approx 200$ MeV), da die Bindungsenergie pro Nukleon für mittelschwere Kerne höher ist als für schwere Kerne (vgl. Abb. (1–11)). Darauf basiert die Energieproduktion in den Kernreaktoren.

Die Bindungsenergie eines zusätzlichen Neutrons ist für g, u-Kerne wie U-233, U-235, Pu-239 und Pu-241 besonders groß, so daß die Energieschwelle für die Spaltung beim Einfang eines Neutrons leicht überschritten wird. Die genannten Nuklide zeichnen sich deshalb durch hohe Wirkungsquerschnitte für die Kernspaltung mit thermischen Neutronen aus, vgl. Tabelle 8.2. Infolge der hohen Wirkungsquerschnitte $\sigma_{n,f}$ ist die Durchführung einer Kettenreaktion möglich, wobei die bei der Spaltung entstehenden Neutronen immer wieder neue Kernspaltungen auslösen. Auf dieser Grundlage beruht die Entwicklung von Kernreaktoren und Kernwaffen. Praktische Bedeutung haben vor allem die Radionuklide U-233, U-235 und Pu–239, weil sie in größeren Mengen zugänglich sind. Sie werden deshalb als Kernbrennstoffe bezeichnet. In Tab. 8.2 sind die Wirkungsquerschnitte einiger Nuklide für die Spaltung mit thermischen Neutronen zusammengestellt. Der Wirkungsquerschnitt für die Spaltung hängt sehr stark von der Energie der Teilchen ab. Mit energiereichen Neutronen, Protonen, Deuteronen, α-Teilchen und schweren Ionen ist es auch möglich, andere schwere Kerne zu spalten.

Den Ablauf der Kernspaltung durch thermische Neutronen kann man sich ähnlich vorstellen wie die Spontanspaltung (vgl. Abb. (7–27)). Der Spaltvorgang wird in diesem Falle durch Einfangen eines Neutrons ausgelöst; die Bindungsenergie des eingefangenen Neutrons verteilt sich als Anregungsenergie auf den Kern, der sich infolgedessen ziemlich stark deformiert und mit sehr hoher Wahrscheinlichkeit in zwei Spaltbruchstücke und einige Neutronen zerfällt.

Die einzelnen Phasen der Kernspaltung sind in Abb. (8–13) aufgezeichnet. Der schwere Kern, z. B. ein Urankern, ist im Grundzustand ein wenig eiförmig deformiert. Bei der Absorption eines Neutrons wird dessen Bindungsenergie in Höhe von etwa 6 MeV frei, die als Anregungsenergie des Kerns in Erscheinung tritt (1. Phase). Es bildet sich ein Compound-Kern, ähnlich wie bei anderen Niederenergie-Kernreaktionen (vgl. Abschn. 8.8). Der angeregte Kern führt Deformationsschwingungen aus und ändert seine Gestalt, ähnlich wie ein schwingender Wassertropfen. Anregungsenergie und Drehimpuls werden dabei in verschiedener Weise im Kern verteilt. Die Kernkräfte, deren Wirkung mit der Oberflächenspannung eines Wassertropfens vergleichbar ist, veranlassen den Kern immer wieder, in seine ursprüngliche Form zurückzukehren. Erst wenn eine bestimmte kritische Deformation erreicht wird, was nach Absorption des Neutrons etwa 10^{-15} s dauert, wird der Kern instabil. Er befindet sich jetzt am Sattelpunkt (2. Phase). Die weiteren Vorgänge laufen sehr rasch ab. Eine geringe zusätzliche Deformation führt innerhalb von etwa 10^{-20} s zum Zerreißpunkt, an dem sich zwei stark angeregte Spaltfragmente gebildet haben, die sich eben noch berühren (3. Phase). Sie stoßen sich infolge ihrer hohen Kernladung sehr stark ab und fliegen mit steil an-

8. Kernreaktionen

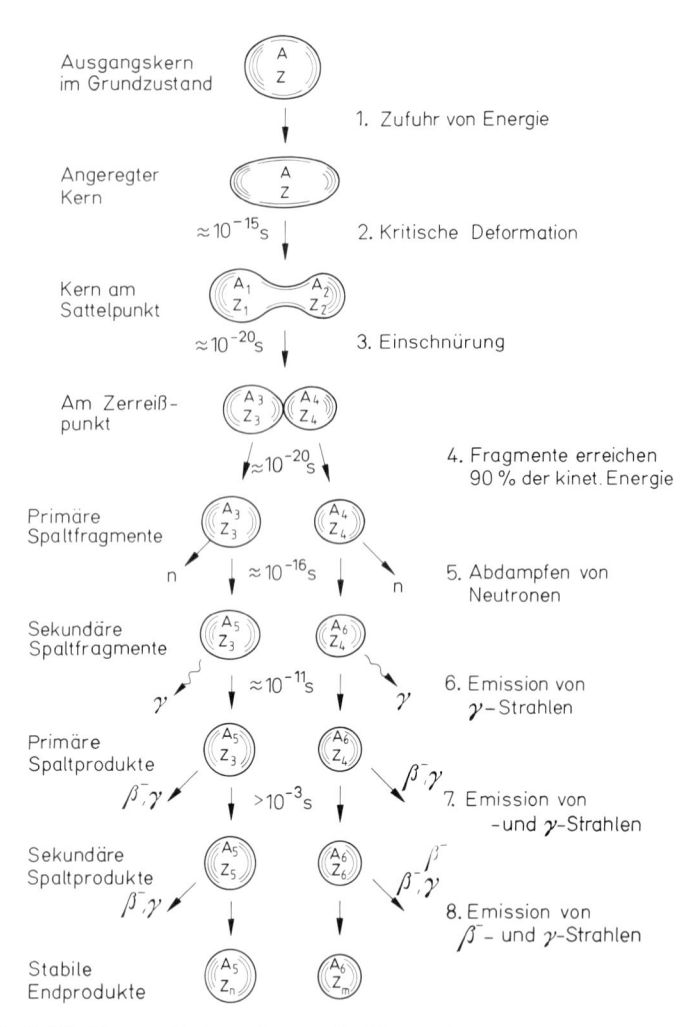

Ausgangskern im Grundzustand	(A, Z)	
	↓	1. Zufuhr von Energie
Angeregter Kern	(A, Z)	
	≈ 10^{-15} s ↓	2. Kritische Deformation
Kern am Sattelpunkt	(A_1, Z_1)(A_2, Z_2)	
	≈ 10^{-20} s ↓	3. Einschnürung
Am Zerreißpunkt	(A_3, Z_3)(A_4, Z_4)	
	≈ 10^{-20} s ↙ ↘	4. Fragmente erreichen 90% der kinet. Energie
Primäre Spaltfragmente	(A_3, Z_3) (A_4, Z_4)	
	n ↙ ≈ 10^{-16} s ↓ ↘ n	5. Abdampfen von Neutronen
Sekundäre Spaltfragmente	(A_5, Z_3) (A_6, Z_4)	
	γ ↙ ≈ 10^{-11} s ↓ ↘ γ	6. Emission von γ-Strahlen
Primäre Spaltprodukte	(A_5, Z_3) (A_6, Z_4)	
	β^-, γ ↙ > 10^{-3} s ↓ ↘ β^-, γ	7. Emission von β^-- und γ-Strahlen
Sekundäre Spaltprodukte	(A_5, Z_5) (A_6, Z_6)	
	β^-, γ ↙ ↓ ↘ β^-, γ	8. Emission von β^-- und γ-Strahlen
Stabile Endprodukte	(A_5, Z_n) (A_6, Z_m)	

Abb. (8–13) Die verschiedenen Phasen der Kernspaltung (Diese Abbildung enthält mehr Details als Abb. (7–27)).

steigender Geschwindigkeit auseinander. Bereits nach weiteren 10^{-20} s haben sie etwa 90% ihrer vollen kinetischen Energie erreicht (4. Phase). Ihre Anregungsenergie geben die Spaltfragmente in zwei Stufen ab, zunächst nach etwa 10^{-16} s durch Emission (Abdampfen) von Neutronen (5. Phase), dann nach etwa 10^{-11} s durch Aussenden von γ-Strahlen (6. Phase). Man spricht auch von prompten Neutronen und prompten γ-Strahlen, um sie von den als Folge von β-Umwandlungen auftretenden verzögerten Neutronen und γ-Strahlen zu unterscheiden. Die Spaltfragmente vor Aussenden der prompten Neutronen nennt man primäre Spaltfragmente, die Spaltfragmente vor Emission der prompten γ-Strahlen sekundäre Spaltfragmente. Alle Spaltfragmente befinden sich in hochangeregten Zuständen. Nach Emission der prompten Neutronen und der prompten γ-Quanten liegen die neu gebildeten Nuklide im Grundzustand vor und werden jetzt als primäre Spaltprodukte bezeichnet. Durch β^-- und γ-Zerfall wandeln sie sich in sekundäre Spaltprodukte um (7. Phase). Am Ende einer solchen Folge von Umwandlungen stehen stets stabile Kerne.

Ein kleiner Bruchteil der frei werdenden Neutronen wird erst nach einer gewissen Verzögerungszeit emittiert, die zwischen etwa 0,1 und 100 s liegt; der Bruchteil dieser verzögerten Neutronen, die im Anschluß an eine β-Umwandlung auftreten, beträgt bei der Spaltung des U–233 0,0026, für U–235 0,0065 und für Pu–239 0,0021.

Ein wichtiges Charakteristikum der thermischen Kernspaltung ist, daß bevorzugt unsymmetrische Spaltprodukte entstehen, die einen hohen Neutronenüberschuß besitzen und durch β^--Zerfall in stabile Nuklide übergehen. Beispielsweise können bei der Spaltung des U–235 folgende Spaltketten auftreten:

$$^{235}_{92}U + ^{1}_{0}n \longrightarrow (^{236}_{92}U) \longrightarrow ^{90}_{36}Kr + ^{143}_{56}Ba + 3\,^{1}_{0}n$$

$$\beta^- \downarrow 32{,}3\,s \qquad \beta^- \downarrow 20\,s$$

$$^{90}_{37}Rb \qquad\qquad ^{143}_{57}La$$

$$\beta^- \downarrow 2{,}2\,min \qquad \beta^- \downarrow 14\,min$$

$$^{90}_{38}Sr \qquad\qquad ^{143}_{58}Ce \qquad\qquad (8.133)$$

$$\beta^- \downarrow 28{,}6\,a \qquad \beta^- \downarrow 33\,h$$

$$^{90}_{39}Y \qquad\qquad ^{143}_{59}Pr$$

$$\beta^- \downarrow 64{,}1\,h \qquad \beta^- \downarrow 13{,}6\,d$$

$$^{90}_{40}Zr \qquad\qquad ^{143}_{60}Nd$$

Als „Spaltkette" bezeichnet man eine bei der Kernspaltung entstehende Reihe von isobaren Nukliden, die sich durch β^--Zerfall in Richtung auf die Linie der β-Stabilität umwandeln.

Der hohe Neutronenüberschuß der Spaltprodukte rührt von dem Neutronenüberschuß der schweren Kerne her. Dies ist in Abb. (8–14) veranschaulicht. Da sich bei den β-Umwandlungen die Massenzahl nicht ändert, ist es sinnvoll, die Spaltausbeute als Funktion der Massenzahl aufzutragen; dabei wird jede Spaltkette durch Angabe einer Spaltausbeute charakterisiert. Für die Spaltung des U–235 durch thermische Neutronen erhält man die in Abb. (8–15) aufgezeichnete Kurve. Die Spaltausbeute gibt an, in wieviel Prozent der Kernspaltungen Nuklide mit der betreffenden Massenzahl entstehen. Da aus einer Kern-

8. Kernreaktionen

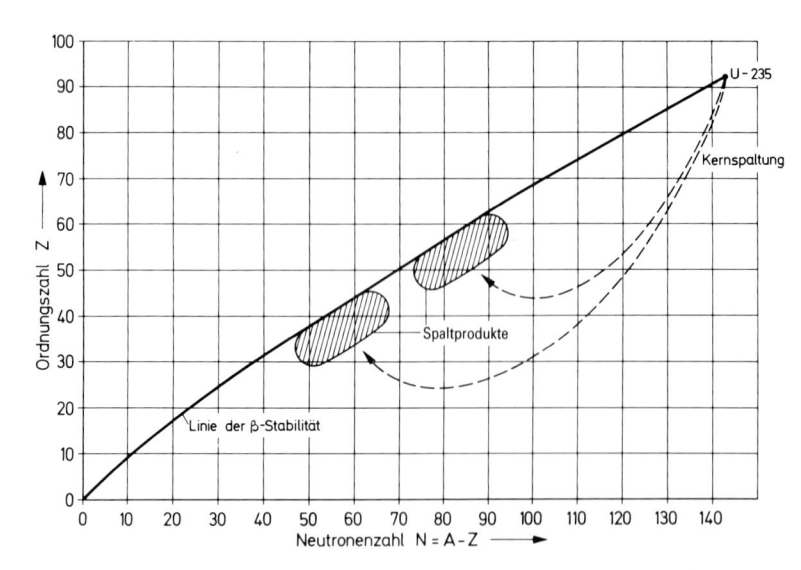

Abb. (8–14) Neutronenüberschuß der Spaltprodukte bei der Kernspaltung (schematisch).

spaltung jeweils zwei Spaltprodukte hervorgehen, beträgt die Summe der Spaltausbeuten, über alle Massenzahlen aufsummiert, 200%.

In Abb. (8–15) ist der Logarithmus der Spaltausbeute aufgetragen. Man erkennt daraus, wie stark die asymmetrische Spaltung bevorzugt ist. Die Maxima der Kurve liegen im Bereich der Massenzahlen A = 90–100 und 133–143. Die Ausbeuten für diese Massenzahlen betragen jeweils etwa 6%. Eine symmetrische Spaltung (A = 236/2) findet nur in 10^{-2} % aller Fälle statt. Bei der Spaltung des U–233 und des Pu–239 erhält man ähnliche Spaltausbeuten (Abb. (8–16)).

Die Massenausbeute bei der Kernspaltung wurde zunächst fast ausschließlich durch radiochemische und massenspektrometrische Methoden bestimmt. Am eingehendsten wurden die Spaltausbeuten bei der Spaltung von U–233, U–235 und Pu–239 mit thermischen Neutronen untersucht (vgl. Abbn. (8–15) und (8–16)). Auf Grund der großen Fortschritte in der Halbleitertechnik werden heute die Massenausbeuten in wachsendem Umfang durch kombinierte Energie- und Geschwindigkeitsmessung einzelner Bruchstücke ermittelt. Aus diesen Untersuchungen ergibt sich, daß sowohl bei den primären Spaltfragmenten als auch bei den primären Spaltprodukten, d. h. vor und nach Emission der prompten Neutronen, eine Feinstruktur in der Kurve für die Spaltausbeute als Funktion der Massenzahl (Massendispersion) auftritt. So beobachtet man bei der Spaltung von U–235 mit thermischen Neutronen eine Spitze in der Massendispersionskurve bei A = 134 und eine weniger ausgeprägte Spitze bei A = 100 (vgl. Abbn. (8–15) und (8–17)). Diese Feinstruktur wird damit erklärt, daß die Bildung von g,g-Bruchstücken aus g,g-Compound-Kernen (wie U–236) bevorzugt ist.

Bemerkenswert bei der asymmetrischen Kernspaltung ist die Tatsache, daß der Kurvenast für die schweren Massen sich kaum verschiebt, wenn man von U–233 zu Pu–239 übergeht, wie Abb. (8–16)

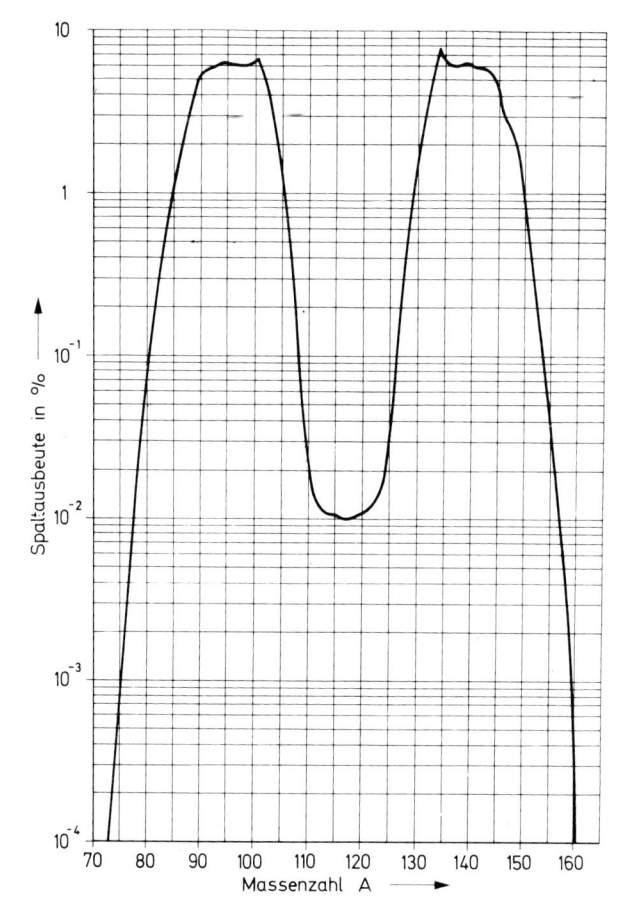

Abb. (8–15) Spaltausbeute für die Spaltung des U–235 durch thermische Neutronen. Nach AECl–1054.

erkennen läßt. Die Mitte dieses Astes liegt immer in der Nähe der Massenzahl A = 140. Mit wachsender Massenzahl des spaltenden Nuklids rückt der Kurvenast der leichten Massen näher an den Kurvenast der schweren Massen heran. Bei Fm–258 fließen schließlich beide Kurvenäste ineinander.

Mit steigender Energie der Neutronen steigt der Anteil der symmetrischen Spaltung an, wie Abb. (8–17) zeigt.

Während bei Ordnungszahlen $Z \geq 92$ die asymmetrische Kernspaltung vorherrscht, überwiegt bei Ordnungszahlen $Z \leq 85$ die symmetrische Spaltung. Dazwischen treten beide Formen der Spaltung nebeneinander in Erscheinung, was zu drei Maxima führen kann. So sind beim Ac–227 (Z = 89) symmetrische und asymmetrische Spaltung etwa gleich häufig, und man beobachtet demzufolge drei Maxima. Auch bei der Spaltung von Ra–226 (Z = 88) mit 11 MeV Protonen und mit γ-Quanten treten drei Maxima in der Massendispersionskurve auf. Man vermutet, daß sich bei diesen Kernen zwei Mechanismen überlagern, die zu einer symmetrischen und einer asymmetrischen Spaltung führen.

8. Kernreaktionen

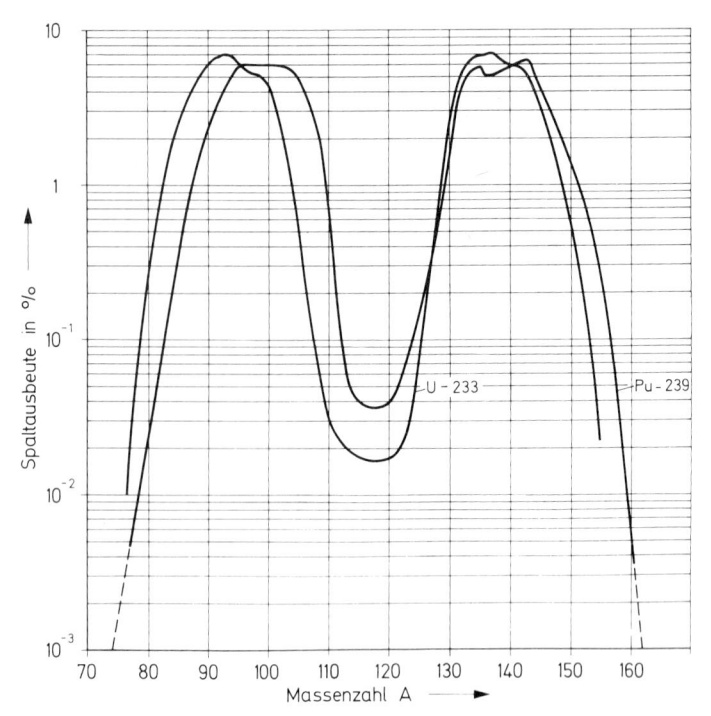

Abb. (8–16) Spaltausbeute für die Spaltung des U–233 und Pu–239 durch thermische Neutronen. (Nach S. KATCOFF: Nucleonics [New York] **16/4**, 78 (1958)).

Mit der Aufzeichnung der Spaltausbeute als Funktion der Massenzahl (Massendispersion) sind die Angaben über die Kernspaltung noch nicht vollständig. Es interessiert noch die Ausbeute der primär gebildeten Spaltprodukte einer isobaren Reihe als Funktion der Ordnungszahl (Ladungsdispersion, Abb. (8–18)). Die Bestimmung dieser Werte ist erheblich schwieriger, weil die Ausbeute an primären Spaltprodukten nur dann gemessen werden kann, wenn das isobare Nachbarnuklid niedrigerer Ordnungszahl stabil oder langlebig ist. Die derart durch stabile oder langlebige Isobare geschützten Nuklide liegen zudem sehr nahe an der Linie der β-Stabilität und entstehen deshalb mit sehr kleinen Ausbeuten. Man unterscheidet die unabhängige Spaltausbeute und die kumulative Spaltausbeute. Erstere ist gegeben durch den Anteil, der direkt durch die Kernspaltung entsteht (d. h. ohne den Anteil, der durch β^--Zerfall gebildet wird), letztere durch die unabhängige Spaltausbeute des betreffenden Nuklids, zuzüglich der durch β^--Umwandlung aus den vorangehenden Isobaren mit niedrigeren Ordnungszahlen gebildeten Menge. Die Summe der Ausbeute an allen Isobaren bezeichnet man als Isobarenausbeute; diese ist gleich der in den Abbn. (8–15) und (8–16) aufgezeichneten Spaltausbeute.

Trotz der oben geschilderten Schwierigkeiten konnten in einer Reihe von Fällen die unabhängigen Spaltausbeuten für mehrere Isobarenreihen bestimmt werden. Z. B. wurden für A = 93 die unabhängigen Ausbeuten an Rb–93, Sr–93 und Y–93 sowie die kumulative Ausbeute an Kr–93 gemessen. Die Ausbeuten zeigen eine Gauß-Verteilung um die wahrscheinlichste Ladung (Ordnungszahl)

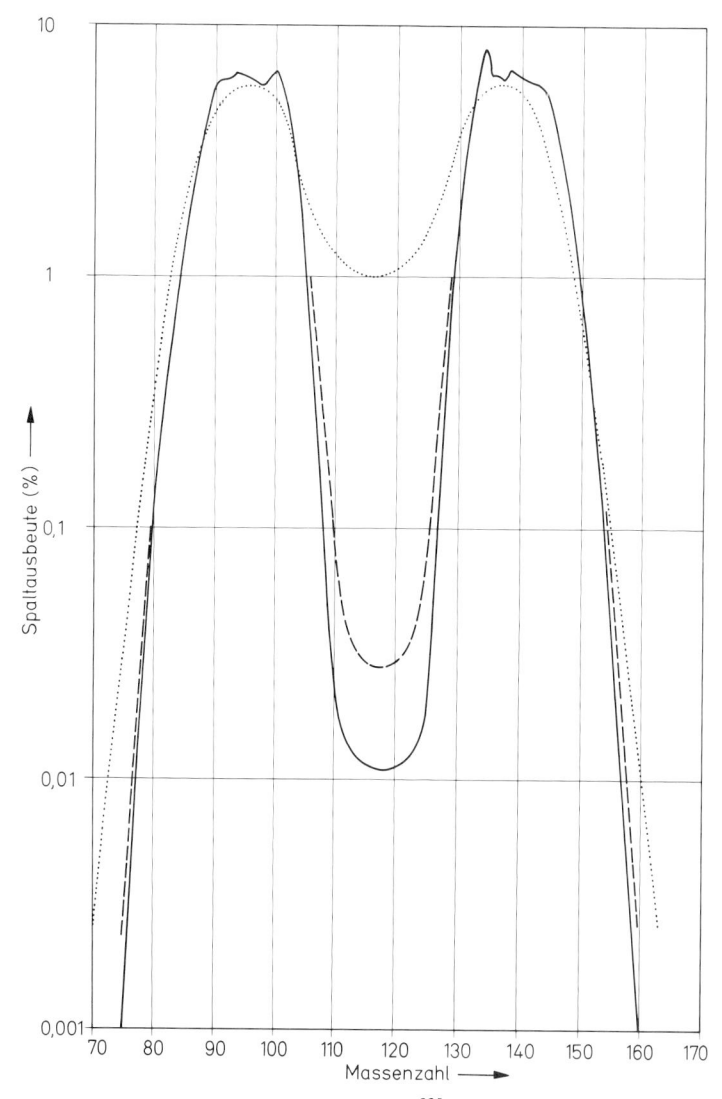

Abb. (8–17) Spaltausbeute für die Spaltung von ^{235}U durch Neutronen verschiedener Energie:
— ausgezogene Kurve: thermische Neutronen
— gestrichelte Kurve: Neutronen aus der Kernspaltung
— punktierte Kurve: 14 MeV Neutronen
(Nach K. F. FLYNN u. L. E. GLENDENIN, Rep. ANL-7749 Argonne Nat. Lab., Argonne, Ill. 1970)

$Z_p = 37{,}30$. Auf Grund der vorliegenden Versuchsergebnisse nimmt man an, daß die Verteilung der unabhängigen Spaltausbeuten einer Isobarenreihe im allgemeinen einer Gauß-Verteilung entspricht, und charakterisiert diese Ladungsverteilung durch zwei Parameter, die wahrscheinlichste Ordnungszahl und die Breite der Verteilung. Die wahrscheinlichste Ordnungszahl Z_p ist um etwa 3 bis 4 Einheiten geringer als die stabilste Ordnungszahl Z_A der jeweiligen Isobarenreihe. Z_A kann aus Gl. (1.8) berechnet werden. Etwa 50% der Gesamtausbeute entfällt auf die Ordnungszahl Z_p, je etwa 25% auf die

8. Kernreaktionen

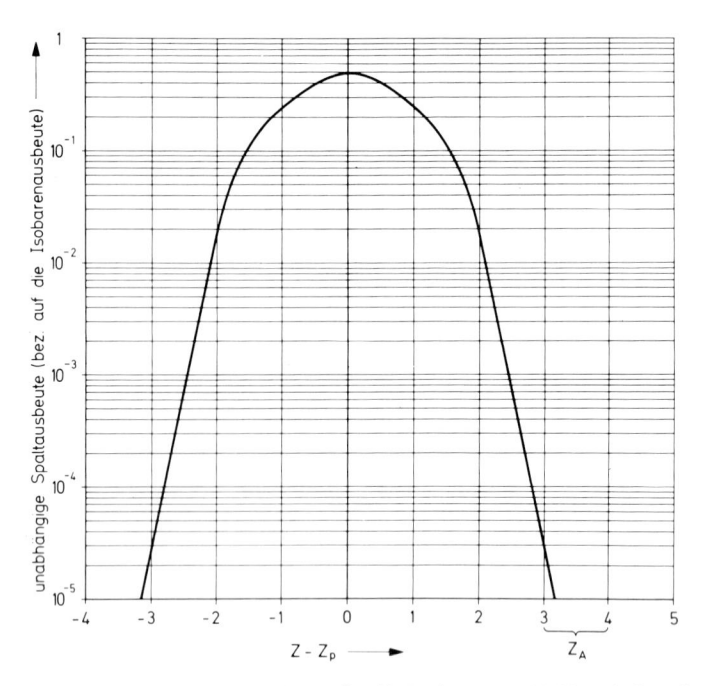

Abb. (8–18) Unabhängige Spaltausbeute für die Spaltung von U–235 mit thermischen Neutronen (Ladungsverteilung).

Ordnungszahlen $Z = Z_p \pm 1$, und je etwa 2% auf $Z = Z_p \pm 2$ (vgl. Abb. (8–18)). Für höhere bzw. niedrigere Ordnungszahlen ist die Ausbeute sehr gering.

Untersucht man die Verteilung der Ladung auf die beiden Spaltprodukte, so stellt man fest, daß das leichtere Bruchstück im allgemeinen einen etwas größeren Anteil der Ladung erhält, als einer unveränderten Ladungsverteilung, d.h. einem konstanten Verhältnis Z/A in dem sich spaltenden Kern und in den beiden Spaltfragmenten entsprechen würde. Die Ladungsverteilung erfolgt so, daß man von einer konstanten Ladungsverschiebung sprechen kann, d.h. die Differenz $Z_A - Z_p$ ist in dem leichten und dem schweren Bruchstück nahezu gleich. Dieser Befund weist darauf hin, daß vor der Spaltung eine Ladungsverschiebung zwischen den sich bildenden Bruchstücken stattfinden muß; denn sonst würde man ein konstantes Verhältnis Z/A erwarten. Da bei der Spaltung des U–235 im Mittel 2,4 Neutronen emittiert werden, ist in diesem Falle

$$Z_A - Z_p = Z_{233,6-A} - (92 - Z_p) \tag{8.134}$$

bzw.

$$Z_p = 46 + \frac{1}{2}(Z_A - Z_{233,6-A}). \tag{8.135}$$

Die Breite der Ladungsverteilung ändert sich auch bei höheren Anregungsenergien bis zu etwa 40 MeV nicht wesentlich.

Die Gauß-Verteilung, d.h. der funktionale Zusammenhang zwischen der unabhängigen Spaltausbeute und der Ordnungszahl Z wird oft in der Form dargestellt

$$P(Z) = \frac{1}{\sqrt{\pi C}} e^{-\frac{(Z-Z_p)^2}{C}} \qquad (8.136)$$

P ist die relative unabhängige Ausbeute, und C ist eine Konstante, die im Mittel $0{,}80 \pm 0{,}14$ beträgt. Die annähernde Konstanz in der Breite der Ladungsverteilung gibt die Möglichkeit, in erster Näherung für jede Massenzahl A die Ladungsverteilung anzugeben, wenn nur eine einzige Ladungsverteilung bekannt ist. In dieser Weise wird auch Z_p für die Spaltung von U–235 in den Fällen ermittelt, in denen nur ein Wert für die unabhängige Spaltausbeute in einer isobaren Reihe vorliegt.

Neben chemischen Untersuchungsmethoden werden auch physikalische Methoden angewendet, um die Ladungsverteilung bei der Kernspaltung zu bestimmen. Eine Methode besteht darin, die mittlere Zahl der β-Teilchen zu messen, die von den Nukliden einer bestimmten Massenzahl nach der Trennung in einem Massenspektrometer emittiert werden. Eine andere Methode ist die Messung der charakteristischen Röntgenstrahlung in Koinzidenz mit der Messung der primären Spaltprodukte. Die charakteristische Röntgenstrahlung entsteht im wesentlichen bei der inneren Konversion, die beim Übergang der sekundären Spaltfragmente in primäre Spaltprodukte, d.h. beim Übergang von einem angeregten Zustand in den Grundzustand, auftritt.

Für die detaillierte Diskussion der Kernspaltung ist die Kenntnis der Energiezustände im stark deformierten Übergangszustand wichtig. Aussagen darüber erhält man aus der Winkelverteilung der Spaltprodukte und den Wirkungsquerschnitten der Kernspaltung, die für g, g-, g, u-, u, g- und u, u-Kerne mit monoenergetischen Neutronen und γ-Quanten eingehend untersucht wurden.

Die potentielle Energie eines schweren Kerns ist in Abb. (8–19) als Funktion der Deformation aufgezeichnet. Im Grundzustand befindet sich der Kern in einer Energiemulde und ist nur wenig deformiert. Die Spaltbarriere, die aus den beiden Energieschwellen A und B besteht, liegt nur etwa 6 MeV höher als der Grundzustand. Zwischen dem Grundzustand und dem Sattelpunkt liegt eine zweite kleinere Energiemulde, die einem metastabilen Zustand starker Deformation entspricht, wie wir ihn bei den spontanspaltenden Isomeren kennengelernt haben (vgl. Abschn. 7.5 und Abb. (7.31)). Die Bindungsenergie eines Neutrons reicht bei den mit thermischen Neutronen spaltbaren Kernen wie U–233, U–235 und Pu–239 aus, um den Kern über die Spaltbarriere, d.h. über beide Energieschwellen A und B, hinwegzuheben. Bei schweren Elementen ist die Energieschwelle A größer als die Energieschwelle B, so daß ein Kern, der aus dem Grundzustand durch Zufuhr von Anregungsenergie über die Schwelle A angehoben wird, auch glatt über den Sattelpunkt B hinwegkommt und sich prompt spaltet. Nach dem Tröpfchenmodell würde man nur ein Maximum in der Spaltbarriere erwarten. Das Auftreten von zwei Energieschwellen ist jedoch inzwischen durch die Untersuchungen mit spontanspaltenden Isomeren gesichert (vgl. Abschn. 7.5). Die Energie-

8. Kernreaktionen

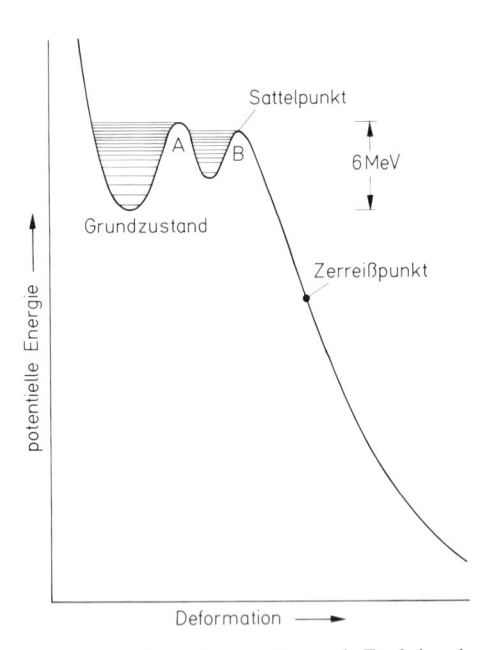

Abb. (8–19) Potentielle Energie eines schweren Kerns als Funktion der Deformation. Die Spaltbarriere mit den beiden Energieschwellen A und B ist eingezeichnet.

schwelle A bleibt mit wachsender Ordnungszahl vom Thorium bis zum Californium nahezu konstant (etwa 6 MeV), während die Energieschwelle B von etwa 6,5 MeV auf 4,0 MeV absinkt. Auch die starke Deformation der Kerne in der zweiten Mulde ist durch die Untersuchungen an spontanspaltenden Isomeren belegt. Aus den hohen Werten für das elektrische Quadrupolmoment folgt, daß das Achsenverhältnis eines Kerns bei elliptischem Querschnitt in diesem Zustand etwa 2:1 beträgt. Bei der Spontanspaltung tunnelt der Kern durch die Spaltbarriere hindurch. Diese wird mit wachsender Ordnungszahl niedriger, so daß die Wahrscheinlichkeit der Spontanspaltung anwächst. Die kurzlebigen spontanspaltenden Isomere dagegen, die sehr stark deformiert und durch Schaleneffekte stabilisiert sind, befinden sich in der zweiten Mulde und können von dort sehr viel leichter die Spaltbarriere überwinden, weil sie nur durch die niedrigere Energieschwelle B durchtunneln müssen. Somit ergibt sich für die Spontanspaltung und die Spaltung mit thermischen Neutronen ein einheitliches Bild vom Ablauf der Kernspaltung. Die durch andere Teilchen, z. B. γ-Quanten oder geladene Teilchen ausgelösten Kernspaltungen verlaufen in derselben Weise wie die Kernspaltung mit thermischen Neutronen. In allen Fällen entsteht ein Compound-Kern, der nach dem in Abb. (8–13) aufgezeichneten Schema zerfällt.

Resonanzen in den Wirkungsquerschnitten für die Kernspaltung mit Neutronen beobachtet man im Energiebereich >1 eV. Für die Einzelresonanzen läßt sich wiederum die Breit-Wigner-Formel anwenden (vgl. Gl. (8.120), $I_x = I_n = 1/2$)

$$\sigma_{(n,f)} = \frac{\lambda^2}{4\pi} \frac{2I_C + 1}{2(2I_A + 1)} \frac{\Gamma_n \Gamma_f}{(E - E_o)^2 - (\Gamma/2)^2} \qquad (8.137)$$

I_C ist der Drehimpuls des betreffenden angeregten Zustandes, I_A der Drehimpuls des Targetkerns, Γ_n die partielle Linienbreite für die Emission eines Neutrons, Γ_f die Linienbreite für die Spaltung und Γ die gesamte Linienbreite des angeregten Zustands.

Auch durch direkte Reaktionen kann die Spaltung schwerer Kerne ausgelöst werden. Vermutlich läuft die Gesamtreaktion dann in zwei voneinander unabhängigen Teilschritten ab. Im ersten Schritt werden durch die direkte Kernreaktion (Stoßreaktion oder Transferreaktion) einzelne Energiezustände des Kerns angeregt. Im zweiten Schritt wird ein angeregter Compound-Kern gebildet, der durch Spaltung und Emission von Neutronen bzw. γ-Quanten zerfällt. Anregungsenergien von 5 bis 7 MeV, die in die Nähe der Potentialschwelle für die Spaltung führen, sind dabei erforderlich. Man mißt die Energie der bei direkten Reaktionen emittierten Teilchen in Koinzidenz mit den Spaltbruchstücken und die Winkelverteilung der Spaltbruchstücke. Die Anregung durch direkte Reaktionen erlaubt die Bestimmung der Übergangszustände und der Potentialschwelle für die Spaltung. Gebräuchlich sind (d, pf)-, (t, df)-, $(\alpha, \alpha'f)$- und $(p, p'f)$-Reaktionen.

Wenn sich ein Compound-Kern bildet, ist zu erwarten, daß die Winkelverteilung der Spaltprodukte im Schwerpunktsystem symmetrisch zu einer Ebene ist, die senkrecht zum Strahl steht; denn während seiner Lebensdauer rotiert der Compound-Kern um seine Drehimpulsachse. Wird jedoch durch die Geschoßteilchen ein höherer Energiebetrag und ein genügend hoher Drehimpuls auf den Targetkern übertragen, dann kann die Spaltung sofort erfolgen, ohne daß ein Compound-Kern gebildet wird. Man spricht in diesem Fall auch von einer direkten Spaltung. Diese findet innerhalb von etwa 10^{-21} s statt, d.h. sehr viel rascher als die Spaltung über einen Compound-Kern, die etwa 10^{-15} s benötigt (vgl. oben). Im Falle der direkten Spaltung ist zu erwarten, daß das schwere Bruchstück bevorzugt in Vorwärtsrichtung fliegt.

Die Tatsache, daß vorzugsweise Bruchstücke ungleicher Masse entstehen, hat viele Wissenschaftler beschäftigt. Es fehlt zwar nicht an Vorschlägen für die Deutung dieser asymmetrischen Kernspaltung, aber es gibt noch kein restlos befriedigendes Modell, mit dessen Hilfe alle experimentellen Befunde erklärt werden können. In diesem Zusammenhang werden die Vorgänge im Kern während des Übergangs vom Sattelpunkt (Punkt B in Abb. (8.19) bis zur Spaltung sehr eingehend diskutiert, ohne daß bis heute eindeutige Aussagen möglich sind. Bei den theoretischen Überlegungen wird im wesentlichen das Tröpfchenmodell des Kerns zugrunde gelegt, und Schaleneffekte werden durch Korrekturen berücksichtigt.

Von der Gesamtenergie, die bei der Spaltung frei wird, erscheint der weitaus größte Betrag als kinetische Energie der Spaltprodukte. Für die Niederenergie-Kernspaltung gilt die einfache empirische Beziehung

$$E \sim \frac{Z^2}{A^{1/3}} \qquad (8.138)$$

(Z ist die Ordnungszahl, A die Massenzahl des spaltenden Kerns). Diese Beziehung legt die Vermutung nahe, daß die Energie aus der

Coulombschen Abstoßung der Spaltprodukte herrührt. Nimmt man der Einfachheit halber eine symmetrische Spaltung in zwei Bruchstücke mit den Ordnungszahlen $Z/2$ und der Ladung $Ze/2$ an sowie einen Abstand der beiden Bruchstücke, der durch den Abstand der Mittelpunkte zweier sich berührender Kugeln gegeben ist, so erhält man für die Abstoßungsenergie

$$E = \frac{Z^2 e^2}{4(r_1 + r_2)} = \frac{Z^2 e^2}{8(^1/_2)^{1/3} r_o A^{1/3}} \qquad (8.139)$$

$r_1 = r_2 = r(^1/_2)^{1/3}$ ist der Radius der Spaltprodukte. Der Radius r des sich spaltenden Kerns ist nach Gl. (2.2) zu $r_o A^{1/3}$ eingesetzt. Gl. (8.139) stimmt mit der empirischen Gl. (8.138) überein und liefert recht gute Näherungswerte. Bei der Spaltung von ^{233}U, ^{235}U und ^{239}Pu mit thermischen Neutronen wurde eine starke Abhängigkeit der kinetischen Energie der Spaltprodukte von der Massenzahl gefunden. Die Bruchstücke, die bei der asymmetrischen Spaltung entstehen, haben kinetische Energien, die um etwa 20 MeV höher sind als die Bruchstücke aus der symmetrischen Spaltung (vgl. Abb. (8–20)). So haben Bruchstücke mit der Massenzahl $A \approx 132$ besonders hohe kinetische Energie. Dies wird auf Schaleneffekte zurückgeführt.

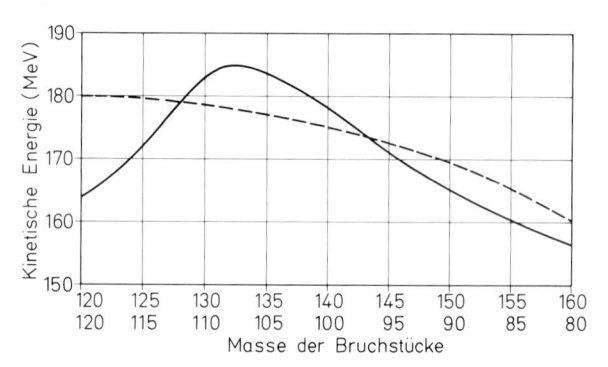

Abb. (8–20) Kinetische Energie der Spaltbruchstücke als Funktion ihrer Masse für die Spaltung von ^{239}Pu mit thermischen Neutronen. Die nach der Gl. $Z^2 e^2/4 (r_1 + r_2)$ berechnete Kurve ist gestrichelt eingezeichnet. (Nach J. H. Neiler, F. J. Walter u. H. W. Schmitt, Phys. Rev. **149**, 894 (1966))

Die Energie der Kernspaltung, die nicht als kinetische Energie der Spaltprodukte in Erscheinung tritt, wird hauptsächlich durch Emission von Neutronen abgegeben. Die Zahl der emittierten Neutronen hängt somit in erster Linie von der Anregungsenergie ab, die in den Spaltfragmenten direkt nach der Spaltung gespeichert ist. Mit der Anregungsenergie des sich spaltenden Kerns wächst die Neutronenausbeute an. Der Anstieg entspricht etwa dem Erwartungswert, wenn man die Neutronenbindungsenergie zugrundelegt; z. B. findet man im Mittel für den Compound-Kern (^{240}Pu): $d\nu/dE_n = 1/7{,}5$ MeV, d.h. pro 7,5 MeV mehr an Anregungsenergie wird im Mittel ein promptes Neutron mehr emittiert.

Die mittlere Zahl der Neutronen pro Spaltung ist für eine große Anzahl von Nukliden bekannt. Werte für die Spontanspaltung sind in Tabelle 7.2 angegeben, Werte für die Kernspaltung mit thermischen Neutronen in Tabelle 8.2. Die allgemeine Tendenz, wonach die mittlere Zahl der emittierten Neutronen mit der Massenzahl ansteigt, ist deutlich zu erkennen. Die Zahl der im Einzelfall emittierten Neutronen schwankt um die Mittelwerte mit einer Varianz von etwa ± 1.

Bei der Niederenergie-Kernspaltung beobachtet man, daß die prompten Neutronen bevorzugt in der Richtung ausgesandt werden, in der sich die Spaltbruchstücke bewegen. Diese ausgeprägte Richtungsabhängigkeit läßt darauf schließen, daß die Neutronen in den meisten Fällen die primären Spaltfragmente erst dann verlassen, wenn diese die Phase der Beschleunigung infolge der Coulombschen Abstoßung schon hinter sich haben. Da die Beschleunigungsphase etwa 10^{-20} s dauert, werden die meisten prompten Neutronen erst nach dieser Zeit emittiert (vgl. Abb. (8–13)). Genauere Untersuchungen der Winkelabhängigkeit der Neutronenemission zeigen, daß ein gewisser Prozentsatz (etwa 10%) der Neutronen bereits im Augenblick der Spaltung emittiert wird, der Rest später, wenn die Spaltfragmente ihre Endgeschwindigkeit erreicht haben, wahrscheinlich nach etwa 10^{-18} s. Bei höheren Anregungsenergien ist eine Verkürzung der Zeitspanne bis zur Neutronenemission zu erwarten. Die obere Grenze für die Emission der prompten Neutronen liegt bei etwa 10^{-14} s.

Wie bereits oben erwähnt, wird ein kleiner Bruchteil der Neutronen sehr viel später emittiert, und zwar im Bereich von etwa 0,1 bis 100 s nach der Spaltung. Diese verzögerten Neutronen treten in den verhältnismäßig seltenen Fällen auf, in denen die β-Zerfallsenergie des Mutternuklids größer ist als die Neutronenbindungsenergie des Tochternuklids. Dann ist die Reihenfolge β^--Zerfall–Neutronenemission vor der üblichen Reihenfolge Neutronenemission–β^--Zerfall bevorzugt.

Interessant ist die Abhängigkeit der Neutronenausbeute von der Masse der Bruchstücke. Weil die Neutronen vorzugsweise von Kernen emittiert werden, die ihre Endgeschwindigkeit erreicht haben,

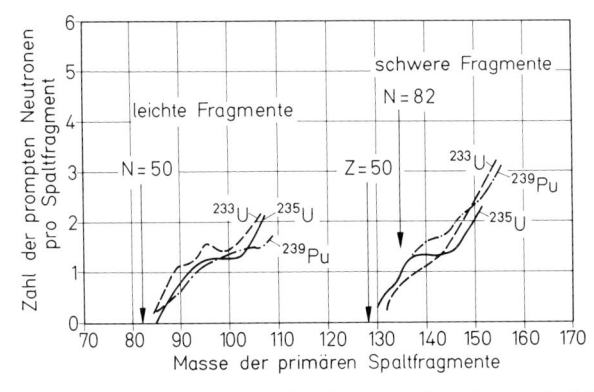

Abb. (8–21) Neutronenausbeute als Funktion der Masse der primären Spaltfragmente (Nach J. TERRELL, Proc. IAEA Symp. Phys. Chem. Fission Salzburg 1965, IAEA Wien, Bd. 2, 3)

besteht eine strenge Winkelkorrelation zwischen den Neutronen und den primären Spaltfragmenten, aus denen diese Neutronen stammen. Auf Grund dieser Korrelation ist die experimentelle Bestimmung der Neutronenausbeute als Funktion der Masse der Bruchstücke möglich. Die Abhängigkeit der Neutronenausbeute von der Masse der Spaltbruchstücke läßt sich außerdem aus der Differenz der Masse der Bruchstücke vor und nach der Emission der prompten Neutronen ermitteln. In Abb. (8–21) ist die Neutronenausbeute als Funktion der Massenzahl der primären Spaltfragmente aufgezeichnet. Man erkennt aus dieser Abbildung, daß in der Nähe von abgeschlossenen Schalen (vgl. Abschnitt 2.10) besonders niedrige Neutronenausbeuten gefunden werden und daß die Neutronenausbeuten sowohl im Bereich der leichten als auch im Bereich der schweren Spaltfragmente mit der Massenzahl A ansteigen. Dieser Befund führt zu dem Schluß, daß die Neutronenausbeuten von der Deformierbarkeit der Spaltfragmente abhängen. Kerne mit abgeschlossenen Schalen sind wenig deformiert und emittieren kaum Neutronen. Das komplementäre Spaltfragment ist weit entfernt von einer abgeschlossenen Schale, demzufolge stark deformiert und emittiert verhältnismäßig viele Neutronen. Wahrscheinlich tritt die Anregungsenergie des Kerns bevorzugt als Deformationsenergie der Spaltfragmente in Erscheinung, und zwar entweder vorwiegend in einem der beiden Spaltfragmente (z. B. bei der Spaltung des ^{235}U durch thermische Neutronen in Fragmente mit den Massenzahlen A = 89 und A = 147) oder aber gleichmäßiger verteilt in beiden Spaltfragmenten (z. B. bei der Spaltung des ^{235}U in Fragmente mit den Massenzahlen A = 100 und A = 136). Ähnliche Unterschiede in den Neutronenausbeuten werden auch bei der Niederenergie-Kernspaltung mit Protonen und α-Teilchen gefunden.

Die mittlere kinetische Energie der prompten Neutronen beträgt im Laborsystem ungefähr 2 MeV. Da die meisten Neutronen von den in Bewegung befindlichen Spaltfragmenten emittiert werden, setzt sich diese Energie zusammen aus der Austrittsenergie im Schwer-

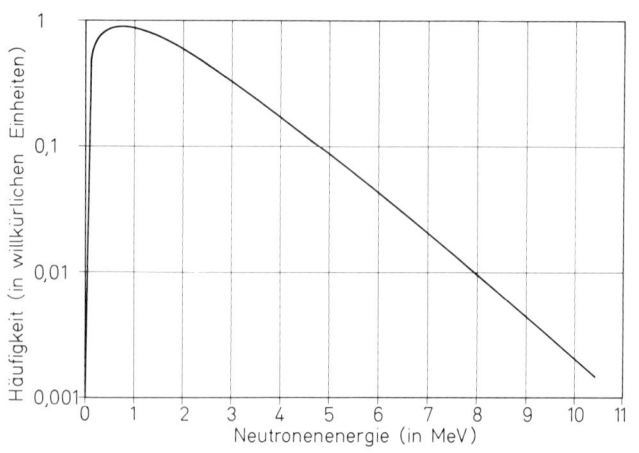

Abb. (8–22) Spektrum der kinetischen Energie der Neutronen bei der thermischen Kernspaltung des ^{235}U im Laborsystem (Nach R. B. LEACHMAN, Proc. Int. Conf. Peaceful Uses At. Energy 1956, United Nations, N.Y. Bd. 2, 193)

punktsystem und der kinetischen Energie der Spaltfragmente. Der Anteil der letzteren entspricht im Mittel etwa 0,7 MeV. Die Energieverteilung im Laborsystem für die bei der Kernspaltung von U–235 mit thermischen Neutronen emittierten Neutronen ist in Abb. (8–22) aufgetragen.

Einen Teil ihrer Anregungsenergie geben die Spaltfragmente in Form von prompten γ-Quanten ab (vgl. Abb. (8–13)). Die prompte γ-Strahlung kann man von der als Folge von β^--Umwandlungen auftretenden γ-Strahlung aufgrund einer zeitlichen Analyse unterscheiden. Die kürzesten Halbwertzeiten der Spaltprodukte für den β^--Zerfall liegen in der Größenordnung von 1 ms. Man kann deshalb annehmen, daß alle γ-Quanten, die innerhalb von 0,1 ms nach der Spaltung emittiert werden, aus den sekundären Spaltfragmenten stammen. Im Durchschnitt werden von den Spaltfragmenten 7,5 Photonen pro Spaltung mit einer mittleren Energie von etwa 1 MeV emittiert. Das entspricht einer Gesamtenergie an prompter γ-Strahlung von etwa 7,5 MeV pro Spaltung. Mehr als die Hälfte dieser prompten γ-Quanten werden mit Halbwertzeiten $<10^{-10}$ s emittiert. Die mittlere Zahl und die mittlere Energie der Photonen hängen von der Masse der Spaltfragmente ab.

Bei Übergängen mit niedriger Energiedifferenz tritt auch innere Konversion auf, d.h. es werden Konversionselektronen und charakteristische Röntgenstrahlung emittiert, und zwar ungefähr 10^{-10} bis 10^{-9} s nach der Spaltung. Die Ausbeute an charakteristischer Röntgenstrahlung beträgt etwa 1 Röntgenquant pro Spaltung.

Bei der Kernspaltung treten gelegentlich α-Teilchen mit großer Reichweite auf, und zwar etwa ein α-Teilchen auf 300 bis 500 Spaltungen. Diese α-Teilchen werden vorzugsweise unter einem rechten Winkel zu den Spaltbruchstücken beobachtet, d.h. sie werden nicht von den durch die Coulombsche Abstoßung beschleunigten Spaltfragmenten emittiert, sondern zu einer Zeit, wenn die Spaltfragmente noch sehr nahe beieinander sind. Wahrscheinlich bilden sie sich in dem Bereich des „Halses" zwischen den beiden Spaltfragmenten, und zwar zur gleichen Zeit wie die letzteren. Man spricht deshalb von einer ternären Kernspaltung im Gegensatz zur binären Kernspaltung, bei der neben den beiden Spaltfragmenten nur Neutronen emittiert werden. Bei der ternären Kernspaltung unterscheidet man zweckmäßigerweise zwischen den Fällen, in denen leichte Teilchen als drittes Spaltprodukt entstehen und den Fällen, in denen sich drei schwerere Bruchstücke bilden.

Neben α-Teilchen werden manchmal auch andere leichte Teilchen bei der Kernspaltung emittiert, aber mit sehr viel kleineren Ausbeuten, z. B. t, p, ^{6}He, d, ^{10}Be, ^{7}Li, ^{8}He, ^{9}Be, ^{8}Li, ^{9}Li sowie B-, C-, N- und O-Isotope.

Die Möglichkeit der Bildung von drei schwereren Bruchstücken bei der Kernspaltung wurde ebenfalls sehr eingehend untersucht. Solche ternären Kernspaltungen treten bei der Spaltung mit thermischen Neutronen sehr selten auf, etwa im Verhältnis $1:10^5$ bis $1:10^6$ binären Spaltungen. Wegen der geringen Zahl der Ereignisse sind genauere experimentelle Untersuchungen sehr schwierig.

Bei höheren Anregungsenergien steigt der Anteil der ternären Spaltungen stark an. So wird bei der Hochenergie-Kernspaltung von ^{232}Th mit 400 MeV Argonionen ein Verhältnis von ternärer Spaltung zu binärer Spaltung von 0,03:1 beobachtet. Allgemein treten bei Schwerionenreaktionen dieser Art häufiger ternäre Spaltungen auf.

Eine ternäre Spaltung in drei etwa gleich große Bruchstücke kann nach zwei verschiedenen Mechanismen verlaufen, die in Abb. (8–23)

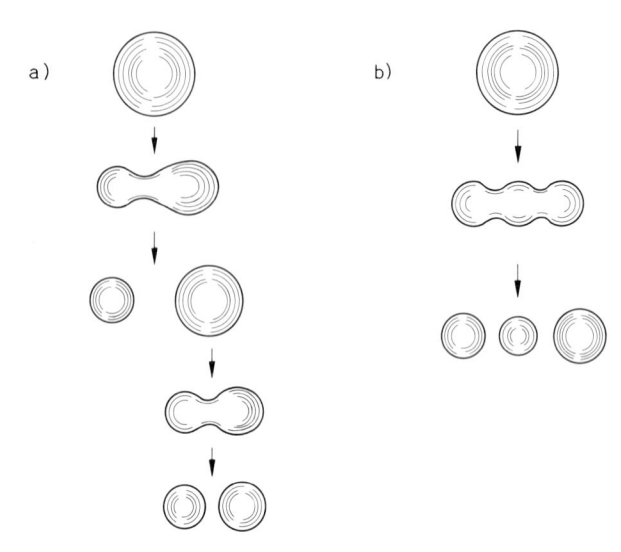

Abb. (8–23) Die beiden möglichen Wege für die Spaltung in drei Bruchstücke (schematisch) a) Kaskadenspaltung, b) ternäre Spaltung.

veranschaulicht sind. Im einen Fall handelt es sich um eine echte ternäre Spaltung, bei der sich der Kern an zwei Stellen einschnürt, so daß drei Spaltfragmente entstehen können. Im anderen Falle findet zunächst eine binäre Spaltung statt, wobei das eine der beiden Spaltbruchstücke noch so viel Anregungsenergie enthält, daß es sich anschließend noch einmal spalten kann. Man spricht in diesem Fall von einer Kaskadenspaltung. Aus theoretischen Überlegungen folgt, daß alle ternären Spaltungen am besten nach dem Mechanismus der Kaskadenspaltung erklärt werden können, mit Ausnahme der ternären Spaltung bei niedrigen Z^2/A-Werten und niedriger Anregungsenergie.

Das Bild der Kernspaltung ändert sich erheblich, wenn Neutronen oder andere Geschosse höherer Energie verwendet werden (Hochenergie-Kernspaltung). Dann wird dem Kern so viel Anregungsenergie zugeführt, daß die Wahrscheinlichkeit für eine symmetrische Spaltung zunimmt; das Minimum verschwindet allmählich (Abb. (8–24)). An die Stelle der beiden Maxima tritt ein flaches Maximum, und zwar etwas unterhalb der halben Massenzahl des Targetnuklids. Außerdem entstehen im Gegensatz zur Spaltung bei niedriger Energie auch neutronenarme Nuklide, vor allen Dingen im Bereich hoher Massenzahlen; bei den leichten und schweren Spaltstücken wird etwa das gleiche Verhältnis von Protonen zu Neutronen beobachtet. Dies wird damit

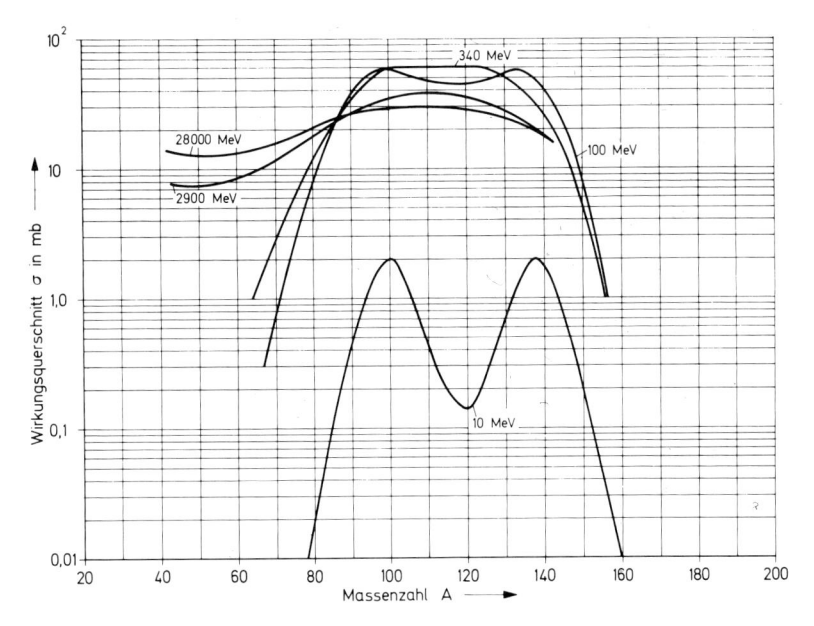

Abb. (8–24) Spaltausbeute für die Spaltung des U–238 mit Protonen verschiedener Energie. (Die Coulomb-Schwelle für die Spaltung mit Protonen liegt bei 12,3 MeV; daraus erklären sich die verhältnismäßig niedrigen Wirkungsquerschnitte für 10 MeV Protonen.) Nach P. C. STEVENSON: Physic. Rev. 111 (1958) 886; G. FRIEDLANDER: BNL 8858 (1965).

erklärt, daß die hohe Anregungsenergie bevorzugt durch „Verdampfen" von Neutronen abgegeben wird und daß die Spaltung so rasch erfolgt, daß eine Abstimmung des Proton-Neutron-Verhältnisses nicht möglich ist. Wenn sehr hochenergetische Protonen verwendet werden (E einige GeV), verschiebt sich das Bild wiederum (Abb. (8–24)); die Ausbeute an mittelschweren Nukliden geht zurück, die Ausbeute an leichten und schweren Nukliden steigt an.

Bei der Hochenergie-Kernspaltung, z.B. mit 350 MeV-Protonen, werden praktisch die gleichen Reichweiten und damit die gleichen kinetischen Energien der Spaltprodukte gefunden wie bei der Spaltung mit thermischen Neutronen. Diese Ergebnisse zeigen, daß die zusätzliche Anregungsenergie nicht in kinetische Energie der Spaltprodukte umgewandelt wird; außerdem legen sie die Vermutung nahe, daß der Abstand zwischen den Spaltprodukten im Augenblick der Spaltung praktisch unabhängig ist von der Anregungsenergie.

Die Hochenergie-Kernspaltung wird zusammen mit anderen Hochenergie-Kernreaktionen im folgenden Abschnitt noch etwas näher besprochen.

8.10. Hochenergie-Kernreaktionen

Tab. 8.1 läßt erkennen, daß bei höherer Energie der einfallenden Strahlung von einem Kern mehrere Teilchen emittiert werden. So treten oberhalb 10 MeV (x, 2n)-, (x, np)- und (x, 2p)-Reaktionen in den

Vordergrund (x = n, p, d, α). Mit steigender Energie werden auch drei und noch mehr Teilchen ausgesandt, weil die zugeführte Energie größer ist als die Bindungsenergie mehrerer Nukleonen; die hohe Anregungsenergie wird dadurch abgegeben, daß mehrere Nukleonen — bevorzugt Neutronen — „verdampfen", d.h. emittiert werden.

Die Abgrenzung der Hochenergie-Kernreaktionen gegenüber den Niederenergie-Kernreaktionen ist recht willkürlich. Im allgemeinen spricht man dann von Hochenergie-Kernreaktionen, wenn die Energie der Geschoßteilchen größer ist als etwa 100 MeV. Die meisten Untersuchungen wurden mit Protonen als Geschoßteilchen durchgeführt, weil entsprechende Beschleuniger für Protonenenergien bis etwa 30 GeV seit längerer Zeit in Betrieb sind. Daneben gewinnen Untersuchungen mit mittelschweren und schweren Ionen in wachsendem Maße an Bedeutung, nachdem entsprechende Beschleuniger zur Verfügung stehen. Wenn man die obige Einteilung beibehält, fallen die Reaktionen mit mittelschweren und schweren Ionen deshalb in das Gebiet der Hochenergie-Kernreaktionen, weil eine Mindestenergie zur Überwindung der Coulombschen Abstoßung erforderlich ist (vgl. Abschn. 8.3), die bereits beim Beschuß von Uran mit Kohlenstoffkernen den Wert von 100 MeV überschreitet. Die Schwerionenreaktionen werden in dem folgenden Abschnitt (8.11) behandelt, weil sie viele Besonderheiten aufweisen.

Die meisten Untersuchungen von Hochenergie-Kernreaktionen haben zum Ziel, Beiträge zum Verständnis von Kerneigenschaften und Reaktionsmechanismen zu liefern. Darüber hinaus spielen Hochenergie-Kernreaktionen aber auch eine wichtige Rolle bei der Einwirkung von kosmischer Strahlung auf Materie, d.h. im Bereich der Kosmochemie, der Meteoritenforschung und der Astrophysik, wo man zum Teil mit hohen Flüssen hochenergetischer Teilchen zu rechnen hat.

Auch für die Untersuchung von Hochenergie-Kernreaktionen sind chemische Methoden wichtig. Neben den Ausführungen in Abschnitt 8.8 sind bei Hochenergie-Kernreaktionen folgende Gesichtspunkte zu berücksichtigen: Die Reaktionsprodukte sind im Vergleich zu Niederenergie-Kernreaktionen vielfältiger. Durch Spallation und Fragmentierung (diese Vorgänge werden weiter unten näher erklärt) entstehen Produkte mit sehr viel niedrigeren Ordnungszahlen. Bei schweren Kernen tritt zusätzlich Kernspaltung auf, die zu einer sehr großen Zahl von verschiedenen Reaktionsprodukten führt.

Einige Radionuklide, die bei Hochenergie-Kernreaktionen entstehen, haben so charakteristische Eigenschaften, daß sie ohne chemische Trennung direkt nachweisbar sind. Z.B. können die Nuklide ^{9}Li, ^{16}C, ^{17}N, die verzögerte Neutronen aussenden, mit Neutronenzählern gemessen werden. Die Nuklide ^{11}Be, ^{12}B, ^{15}C, ^{12}N, ^{16}N, ^{24}Al und ^{28}P senden so energiereiche β^-- bzw. β^+-Strahlung aus, daß sie mit geeigneten Detektoren auch in Anwesenheit anderer Radionuklide bestimmt werden können.

Bei Hochenergie-Kernreaktionen wird im Gegensatz zu Niederenergie-Kernreaktionen der einfallende Strahl in den meisten Fällen nur sehr wenig geschwächt, sofern es sich um leichte Teilchen (z.B. Protonen) handelt. Der Strahl kann deshalb sehr oft durch ein Target hindurchtreten, ohne daß ein merklicher Energieverlust eintritt (z. B. in einem Zyklotron). Die Targets können dann im Vergleich zu der Reichweite der Strahlung als sehr dünn angesehen werden, was für die praktische Auswertung der Experimente sehr vorteilhaft ist.

Für die Bestimmung von Wirkungsquerschnitten hochenergetischer Protonen werden häufig die beiden folgenden Monitor-Reaktionen verwendet: ^{12}C(p, pn)^{11}C und ^{27}Al(p, 3pn)^{24}Na. Werte für die Wirkungsquerschnitte dieser Kernreaktionen sind in Tabelle 8.3 für Protonenenergien im Bereich von 50 MeV bis 30 GeV angegeben. Die Anwendung der ^{12}C(p, pn)^{11}C-Reaktion ist durch die kurze Halbwertzeit des ^{11}C (20,4 min) begrenzt. C–12 läßt sich bequem in Form von Plastikfolien als Monitor einsetzen. Die β^+-Aktivität des C-11 ist gut meßbar. Jedoch muß man berücksichtigen, daß in dünnen Plastikfolien etwa 10% der ^{11}C-Aktivität durch das Herausdiffundieren gasförmiger ^{11}C-Verbindungen verlorengehen können. In Al-Folien wird durch die Kernreaktion ^{27}Al(p, 3pn)^{24}Na das im Vergleich zu C-11 verhältnismäßig langlebige Na-24 erzeugt ($t_{1/2} \approx 15$ h), das innerhalb eines Zeitraumes von etwa 1 bis 5 Tagen die Hauptaktivität des mit hochenergetischen Protonen bestrahlten Al ausmacht. Ein Nachteil dieser Monitorreaktion ist, daß das Na-24 aus Al-27 auch durch die Kernreaktion ^{27}Al(n, α)^{24}Na erzeugt wird. Die Schwellenenergie der Neutronen für diese Kernreaktion beträgt $\approx 5,5$ MeV. Da Neutronen mit Energien von einigen MeV bei Hochenergie-Kernreaktionen häufig auftreten, ist es sinnvoll, die Monitor-Reaktion ^{27}Al(p, 3pn)^{24}Na nur in Verbindung mit dünnen Targets zu verwenden. Sonst können Fehler von einigen Prozent auftreten. Als Monitor-Reaktionen für hochenergetische Protonen können auch andere Kern-

Tabelle 8.3
Wirkungsquerschnitte für die Monitor-Reaktionen ^{12}C(p, pn)^{11}C und ^{27}Al(p, 3pn)^{24}Na für verschiedene Protonen-Energien (Nach J. B. CUMMING, Ann. Rev. Nucl. Sci. **13**, 261 (1963))

Protonen-Energie in MeV	σ für ^{12}C(p, pn)^{11}C in mb	σ für ^{27}Al(p, 3pn)^{24}Na in mb
50	86,4	6,2
60	81,1	8,7
80	70,5	10,0
100	61,3	10,2
150	45,0	9,4
200	39,0	9,3
300	35,8	10,1
400	33,6	10,5
600	30,8	10,8
1 000	28,5	10,5
2 000	27,2	9,5
3 000	27,1	9,1
6 000	27,0	8,7
10 000	26,9	8,6
28 000	26,8	8,6

8.10. Hochenergie-Kernreaktionen

reaktionen dienen, z. B. die Bildung von F–18 oder C–11 aus Al–27, die Bildung von ^{7}Be aus ^{12}C oder die Bildung von ^{149}Tb durch eine Spallationsreaktion aus Au-197. Im letzten Fall mißt man die Aktivität der aus einer Goldfolie austretenden α-Strahlung des Tb-149.

Für die Untersuchung von Hochenergie-Kernreaktionen sind dünne Metallfolien als Targets besonders gut geeignet, weil sie hohe Temperaturen vertragen und gegen mechanische Beanspruchung widerstandsfähig sind. Sehr dünne Metallschichten können auf ein Trägermaterial aufgedampft oder elektrolytisch auf einem anderen Metall abgeschieden werden. Salze werden meist in „sandwich"-Anordnung zwischen Metall- oder Plastikfolien eingepackt oder aus einer Suspension auf eine Folie als Unterlage aufgebracht. Um sicherzustellen, daß keine Rückstoßprodukte verlorengehen, kann man entweder hinreichend dicke Targets verwenden oder die dünnen Targets in „sandwich"-Anordnung zwischen anderen Folien anordnen, z. B. die Targetfolie zwischen zwei 50 µm dicken Kupferfolien und die Monitorfolie zwischen zwei 25 µm dicken Aluminiumfolien. Das ganze Paket wird zusammen bestrahlt, nach der Bestrahlung auseinandergenommen und getrennt untersucht, ähnlich wie in Abschn. 8.8 beschrieben.

Zur Untersuchung von Hochenergie-Kernreaktionen werden auch häufig sogenannte Kernemulsionen verwendet. Dies sind photographische Emulsionen, die eine hohe Empfindlichkeit für spezielle ionisierende Strahlung besitzen. So gibt es Kernemulsionen, die vorzugsweise Rückstoßkerne sowie mehrfach geladene Ionen registrieren, die eine hohe spezifische Ionisation bewirken, und andere, die bevorzugt für Teilchen mit niedriger spezifischer Ionisation geeignet sind, z. B. Protonen und hochenergetische α-Teilchen. Mit Hilfe der Kernemulsionen können die Ladung, die Masse, die kinetische Energie und die Richtung geladener Teilchen bestimmt werden. Diese Daten sind sehr nützlich zur Ergänzung der durch chemische Methoden erhaltenen Ergebnisse. Ein Vorteil der Kernemulsionstechnik ist, daß ein verhältnismäßig niedriger integraler Fluß ausreichend ist. Der Hauptnachteil ist der Zeitaufwand zur Auswertung der Ergebnisse. Außerdem ist eine umfangreiche Erfahrung Voraussetzung für die richtige Interpretation.

Eine wichtige Rolle für die Untersuchung von Hochenergie-Kernreaktionen spielen auch Festkörperdetektoren aus Glas, Glimmer oder Kunststoff. In diesen Detektoren können die Spuren hochgeladener Teilchen studiert werden, entweder direkt in einem Elektronenmikroskop oder nach Ätzen in einem Lichtmikroskop. Durch das Ätzen (z. B. HF für Glas und Glimmer, NaOH für Plastikfolien) werden die Spuren der Teilchen verbreitert. Ein großer Vorteil dieser Festkörperdetektoren ist, daß nur Teilchen, die ein Mindestmaß an spezifischer Ionisation bewirken, eine Spur hinterlassen. Z. B. sind Teilchen, die leichter sind als Si, im allgemeinen in Glimmer nicht sichtbar, während α-Teilchen niedriger Energie (< 3 MeV) noch in Folien aus Cellulosenitrat nachgewiesen werden können. Glimmerfolien eignen sich auch sehr gut zur Untersuchung der Hochenergie-Kernspaltung (z. B. von U, Bi, Au, Ag bei Protonenenergien bis 30 GeV). Das Targetmaterial kann in dünner Schicht (5 bis 100 µg/cm^2) auf Glimmer aufgedampft werden. Bei Verwendung einer „sandwich"-Anordnung können die Spuren beider Spaltbruchstücke näher untersucht werden.

Auch bei der Untersuchung von Hochenergie-Kernreaktionen leistet die Massenspektrometrie wertvolle Dienste, insbesondere dann, wenn die entstehenden Nuklide stabil oder langlebig sind. Hochempfindliche Massenspektrometer oder Massenseparatoren werden deshalb zur Bestimmung der Massenzahl der Reaktionsprodukte häufig eingesetzt, zum Teil in „on-line"-Anordnung, d. h. so, daß die aus dem Target austretenden Reaktionsprodukte direkt einem Massenspektrometer zugeführt werden. Massenspektrometrie und chemische Trennung der Reaktionsprodukte ergänzen sich bei vielen Untersuchungen vorzüglich.

In Abb. (8–25) ist die Massendispersion bei Kernreaktionen von Protonen mit mittelschweren Nukliden für verschiedene Energien der einfallenden Strahlung aufgezeichnet. Im Energiebereich bis zu etwa 50 MeV finden Kernreaktionen statt, bei denen ein oder mehrere Teilchen emittiert werden. Die Massenzahl A ändert sich dabei nicht we-

8.10. Hochenergie-Kernreaktionen

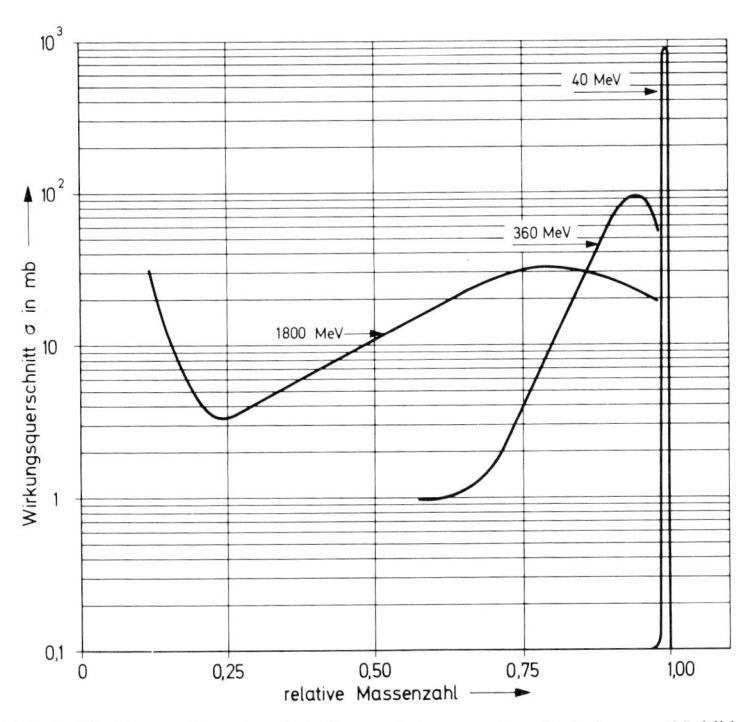

Abb. (8–25) Massendispersion bei Kernreaktionen mit mittelschweren Nukliden (Beispiel: Einwirkung von Protonen verschiedener Energie auf Kupfer). Nach J. M. MILLER u. J. HUDIS: Ann. Rev. Sci. **9**, 159 (1959).

sentlich. Bei noch höheren Energien ($E > 100$ MeV) entstehen Produkte, die zum Teil sehr viel geringere Massenzahlen besitzen, weil sehr viele Nukleonen und außerdem Kernbruchstücke, die mehrere Nukleonen enthalten, aus dem Kern herausgeschlagen werden. Man spricht von einer Spallation oder Kernsplitterung. Wenn die Energien die Größenordnung GeV (1000 MeV) erreichen, bilden sich immer mehr leichte und mittelschwere Bruchstücke (Abb. (8–25)); der Kern „zersplittert" in größerem Umfange, die Zahl der Spallationsprodukte wird größer. An Stelle der Gl. (8.2) müssen wir zur Beschreibung dieser Hochenergie-Kernreaktionen die folgende allgemeine Formulierung wählen

$$A + x \longrightarrow B + D + F + \ldots + v_1 n + v_2 p + \ldots + \Delta E. \quad (8.140)$$

Die Zahl der Kernbruchstücke B, D, F usw. erhöht sich mit steigender Energie, ebenso die Zahl v_1 bzw. v_2 der Nukleonen. Die Kurzschreibweise für Spallationsreaktionen lautet (x, s).

Bei schweren Nukliden ($Z > 70$) ist das Bild dadurch etwas verändert, daß zusätzlich Kernspaltung eintreten kann. Die Massendispersion ist in Abb. (8–26) für verschiedene Protonenenergien aufgezeichnet. Die bei etwa 40 MeV ablaufenden Kernreaktionen führen im allgemeinen nicht zu einer wesentlichen Änderung der Massenzahl. Nur die verhältnismäßig leicht spaltbaren Nuklide wie die Uranisotope U–233, U–235, U–238, die Plutoniumisotope Pu–239, Pu–242 und andere erfahren in diesem Energiebereich eine Kernspaltung, wobei Produkte niedrigerer Massenzahl auftreten. Bei höherer Energie (etwa 400 MeV) werden alle schweren Nuklide in merklichem Umfange gespalten. Neben den Spallationsprodukten mit Massenzahlen $A > 0{,}75\, A_o$ treten die Spaltprodukte mit Massenzahlen in der Umgebung von etwa $0{,}5\, A_o$ auf. Während die Spallationsprodukte und die Spaltprodukte bei etwa 400 MeV noch deutlich unterscheidbar

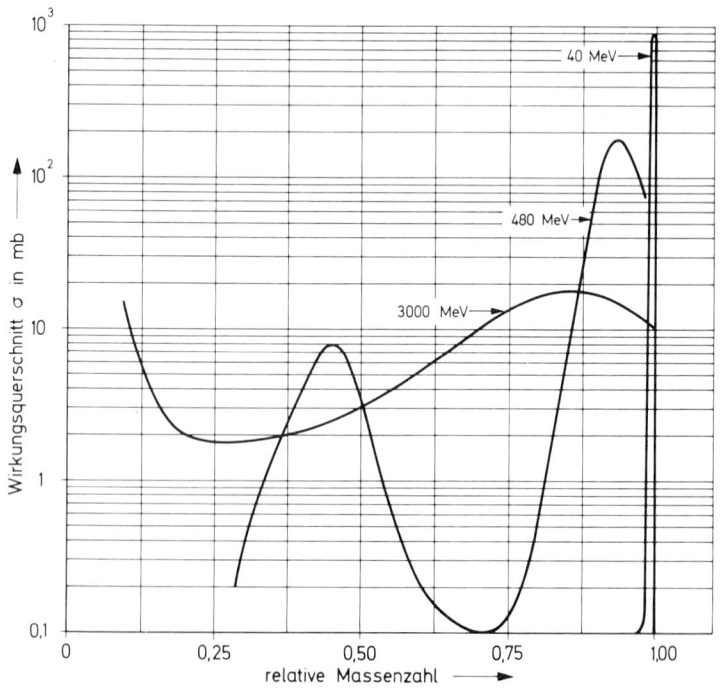

Abb. (8–26) Massendispersion bei Kernreaktionen mit schweren Nukliden (Beispiel: Einwirkung von Protonen verschiedener Energie auf Wismut). Nach J. M. MILLER u. J. HUDIS: Ann. Rev. Nucl. Sci. **9**, 159 (1959).

sind, verwischt sich der Unterschied oberhalb von etwa 1 GeV; d. h. bei sehr hoher Energie ist in Abb. (8–26) kein grundsätzlicher Unterschied zwischen Spallation und Kernspaltung festzustellen.

Das breite Spektrum der Reaktionsprodukte, wie es bei Hochenergie-Kernreaktionen beobachtet wird (vgl. Abbn. (8–25) und (8–26)) kann nicht mit dem Compound-Kern-Mechanismus erklärt werden, der für Niederenergie-Kernreaktionen anwendbar ist, und auch das einfache Modell der direkten Reaktionen versagt. Bei hohen Energien (3 GeV) sind die Ausbeuten an allen Massen innerhalb einer Größenordnung etwa gleich groß. Außerdem zeigen die Wirkungsquerschnitte für die Bildung leichterer Produkte bei Hochenergie-Kernreaktionen einen ganz anderen Verlauf, als das von Compound-Kern-Reaktionen bekannt ist (vgl. Abb. (8–8)). Als Reaktionsprodukte findet man Teilchen mit verhältnismäßig niedrigen Energien, die hauptsächlich unter einem Winkel von 90° zum einfallenden Strahl ausgesandt werden und Teilchen mit hohen Energien, die vorzugsweise in Vorwärtsrichtung fliegen. Aus dieser Winkelverteilung kann man schließen, daß die niederenergetischen Teilchen in erster Linie durch Verdampfungsprozesse entstehen, während die hochenergetischen Teilchen durch eine besondere Art von direkten Reaktionen gebildet werden. Zur Erklärung der Hochenergie-Kernreaktionen nimmt man einen zweistufigen Prozeß an: In der ersten Stufe stößt das einfallende Teilchen mit einzelnen Nukleonen des getroffenen Kerns zusammen, die ihrerseits wieder auf andere Nukleonen stoßen, so daß sich eine Kaskade von Stoßreaktionen ausbildet (vgl. Abb. (8–27)). Bei hohen Energien werden auch Pionen gebildet, die zu weiteren Reaktionen befähigt sind. Das einfallende Teilchen fliegt nach einem oder mehreren Stößen wieder aus dem Kern heraus, ebenso eine größere Zahl der getroffenen Nukleonen bzw. der gebildeten Pionen, und zwar bevorzugt diejenigen Teilchen, die durch den Stoß eine hohe Energie erhalten oder sich in der Nähe der Kernoberfläche befinden. Die hochenergetischen Teilchen verlassen den Kern hauptsächlich in Richtung des einfallenden

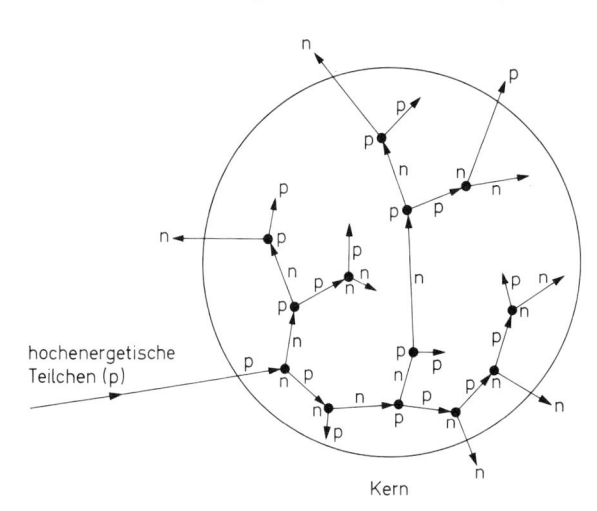

Abb. (8–27) Schema einer durch hochenergetische Teilchen in einem Kern ausgelösten Kaskade (p = Proton, n = Neutron).

Strahls. Man nimmt an, daß der Gesamtprozeß der Stoßkaskade etwa 10^{-22} bis 10^{-21} s dauert. Nach Beendigung der Kaskade befindet sich der Kern in einem stark angeregten Zustand. Die kinetische Energie der bei der Kaskade getroffenen Nukleonen, die im Kern verblieben sind, verteilt sich auf andere Nukleonen, und die Löcher in der Schalenstruktur des Kerns werden aufgefüllt. Nun beginnt die zweite Stufe des Prozesses: Der angeregte Kern gibt seine Anregungsenergie ab durch Verdampfen von Neutronen, Protonen, α-Teilchen, Deuteronen, Tritonen u. a., eventuell auch schwereren Teilchen, oder es kann Kernspaltung eintreten. Der Zeitbedarf für diese zweite Stufe hängt von der Anregungsenergie und der Masse des Kerns ab. Wahrscheinlich dauert dieser Prozeß (Verdampfung, gegebenenfalls Spaltung) bei mäßigen Anregungsenergien von 100 bis 200 MeV etwa 10^{-20} bis 10^{-18} s. Bei sehr hohen Anregungsenergien von einigen 100 MeV verläuft der Vorgang vermutlich schneller ($\approx 10^{-20}$ s), so daß es nicht zu einer gleichmäßigen Verteilung der Anregungsenergie im Kern kommt. Die zweite Stufe hat somit eine gewisse Ähnlichkeit mit dem Compound-Kern-Mechanismus bei Niederenergie-Kernreaktionen. Wegen der hohen Anregungsenergien sind die Verhältnisse jedoch komplizierter, und im allgemeinen entstehen sehr viel mehr Produkte.

Die Zahl der in einer Kaskade emittierten Nukleonen steigt mit der Energie der Geschoßteilchen an und ist nur wenig abhängig von der

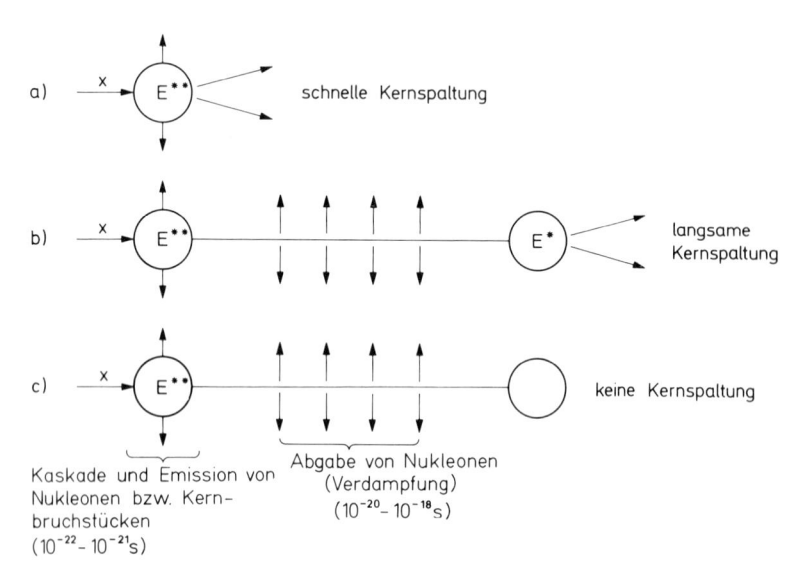

Abb. (8–28) Schema der verschiedenen Möglichkeiten nach dem Auftreffen hochenergetischer Geschoßteilchen x auf schwere Kerne (Z > 70) – Spallation und Kernspaltung.

      a) „schnelle" Kernspaltung;
      b) „langsame" Kernspaltung;
      c) keine Kernspaltung.
         (E^{**} = sehr hohe Anregungsenergie
         E^* = mäßige Anregungsenergie)

Masse der Targetkerne. Das Verhältnis der in einer Kaskade emittierten Neutronen und Protonen ist unabhängig von der Energie, wie es für einen statistischen Prozeß zu erwarten ist, und steigt mit dem Neutronenüberschuß der Kerne an. Bei leichten Kernen ist dieses Verhältnis etwa 1:1, bei schweren Kernen etwa 2:1. Bei einer Protonenenergie von 1 GeV werden aus Al, Cu und U je etwa 5 Nukleonen in einer Kaskade herausgeschlagen, bei einer Energie von 2 GeV etwa 7 bzw. 8 bzw. 9 Nukleonen. Auch α-Teilchen können in der Kaskade emittiert werden, wahrscheinlich bevorzugt aus der Kernoberfläche.

Die nach der Kaskadenreaktion verbleibenden Kerne zeigen ein breites Spektrum von Massen, Ladungen und Anregungsenergien. Bei höheren Energien der Geschoßteilchen (z.B. bei Protonenenergien > 400 MeV) spielt die Produktion und Absorption der Pionen eine wichtige Rolle.

Den Gesamtprozeß, bestehend aus Kaskade (1. Stufe) und Verdampfung (2. Stufe) bezeichnet man als Spallation, die nach dem Prozeß verbleibenden Kerne nennt man Spallationsprodukte. In vielen Fällen unterscheidet man auch zwischen Spallation (1. Stufe) und Verdampfung (2. Stufe), bezeichnet dann aber wiederum in nicht konsequenter Weise die aus der 1. und 2. Stufe resultierenden Produkte als Spallationsprodukte, da man die in der 1. Stufe gebildeten Produkte nicht experimentell erfassen kann. Die verschiedenen Möglichkeiten von Spallationsreaktionen sind in Abb. (8–28) schematisch dargestellt.

Zeichnet man die Wirkungsquerschnitte für die Bildung von Spallationsprodukten als Funktion der Energie der die Spallation auslösenden Teilchen auf, so fällt folgendes auf: Die Wirkungsquerschnitte für

8.10. Hochenergie-Kernreaktionen

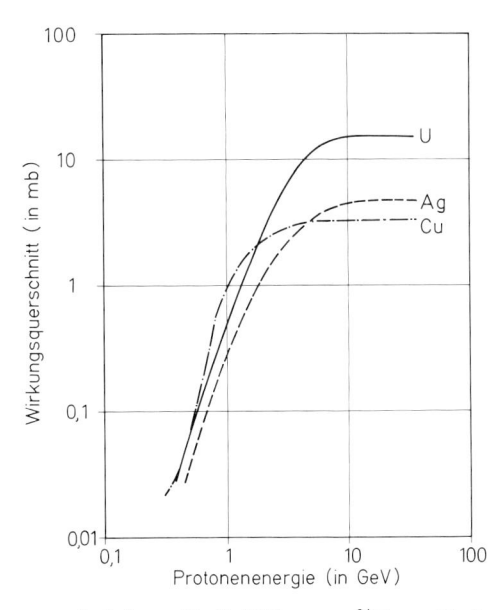

Abb. (8–29) Anregungsfunktionen für die Bildung von ^{24}Na aus U, Ag und Cu bei Bestrahlung mit Protonen hoher Energie (Nach L. YAFFE: Nuclear Chemistry. Academic Press, New York und London 1968, Bd. I, S. 192).

die Bildung von Spallationsprodukten, die durch verhältnismäßig einfache Kernreaktionen entstehen (z. B. ^{52}Mn aus einem Cu-Target), erreichen bei niedrigen Energien ein Maximum und fallen dann mit steigender Energie langsam ab oder bleiben nahezu konstant. Die Wirkungsquerschnitte für die Bildung von Spallationsprodukten, die durch komplizierte Kernreaktionen entstehen (z. B. ^{24}Na aus einem Cu-Target) steigen nur langsam mit steigender Energie an, um dann nahezu konstant zu bleiben oder nach Durchlaufen eines flachen Maximums etwas abzufallen. Im Bereich von Protonenenergien zwischen 10 und 30 GeV sind die Wirkungsquerschnitte fast unabhängig von der Energie (vgl. Abb. (8–29)).

Eine empirische Gleichung zur Beschreibung der Massenausbeute von Hochenergie-Kernreaktionen mit Protonen im Energiebereich bis 25 GeV ist von RUDSTAM aufgestellt worden. Diese Rudstam-Formel wird häufig zur Vorausberechnung von Ausbeuten benutzt.

In der 2. Stufe von Hochenergie-Kernreaktionen konkurrieren Verdampfungsprozesse und Kernspaltung miteinander, wie bereits oben erwähnt. Bei hohen Energien ist es sehr schwierig, Spallationsprodukte und Spaltprodukte experimentell voneinander zu unterscheiden. Die Wirkungsquerschnitte für die Hochenergie-Kernspaltung von schweren Elementen werden mit verschiedenen Methoden untersucht. Z. B. beträgt der Wirkungsquerschnitt σ_f für die Kernspaltung von U-238 mit Protonen im Energiebereich 100 bis 300 MeV etwa 1,5 b und nimmt bei höheren Energien allmählich ab. Trägt man das Verhältnis σ_f/σ_t als Funktion von Z^2/A auf (Abb. (8–30)), so stellt man

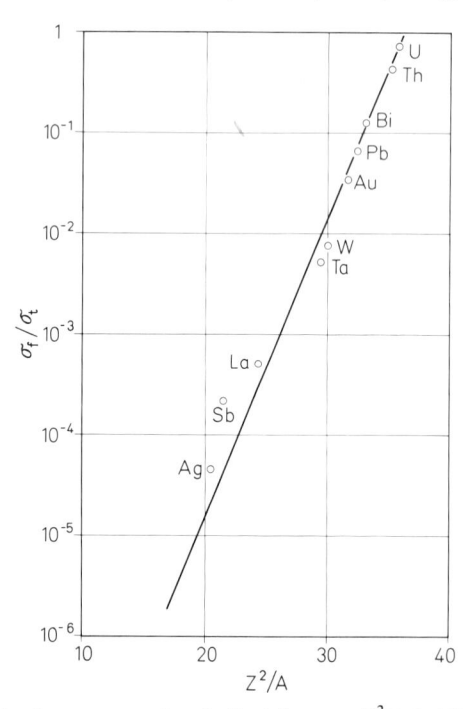

Abb. (8–30) Maximalwerte von σ_f/σ_t als Funktion von Z^2/A bei Protonenenergien zwischen etwa 400 und 600 MeV (Nach E. HYDE: The Nuclear Properties of the Heavy Elements. Prentice-Hall, Englewood Cliffs, New Jersey 1964, Bd. III, S. 401–485).

fest, daß der Anteil der Kernspaltung bei leichteren Nukliden sehr viel geringer ist als bei U-238.

Mit Hilfe der bisher beschriebenen Mechanismen (Stoßkaskade, Verdampfung, Spaltung) lassen sich die meisten experimentellen Ergebnisse von Hochenergie-Kernreaktionen bis zu Teilchen-Energien von 500 MeV aufwärts qualitativ recht gut erklären. Bei noch höheren Energien treten neue Erscheinungen auf, die auf der Grundlage dieser Mechanismen nicht verständlich sind. So beobachtet man bei Energien von 1 GeV aufwärts Teilchen mit Ordnungszahlen $Z \geq 3$, die eine sehr hohe kinetische Energie besitzen und bevorzugt in Vorwärtsrichtung emittiert werden. Diese Befunde sind durch die Stoßkaskade mit den Nukleonen im Kern oder durch Verdampfungsprozesse nicht zu erklären. Außerdem treten bei hohen Energien in wachsendem Umfang neutronenarme Spaltprodukte mit Massenzahlen zwischen 10 und 32 auf, deren Entstehung mit den beschriebenen Mechanismen ebenfalls nicht gedeutet werden kann. Deshalb wurde noch ein weiterer Mechanismus für Hochenergie-Kernreaktionen vorgeschlagen, der Fragmentierung genannt wird. Bei diesem Prozeß, der bei höheren Energien eine Rolle spielt, werden während der Stoßkaskade größere Bruchstücke aus dem Kern herausgeschlagen. Die Fragmentierung erfolgt im Vergleich zur Spaltung sehr rasch. Die Abspaltung von ^{18}F, ^{22}Na, ^{24}Na, ^{28}Mg, ^{32}P und anderen Nukliden aus schweren Kernen beim Beschuß mit Protonen, die eine Energie von einigen GeV besitzen, wird auf Fragmentierung zurückgeführt.

8.11. Schwerionenreaktionen

Bisher wurden vornehmlich Kernreaktionen behandelt, die durch leichte Teilchen wie Neutronen, Protonen, α-Teilchen oder γ-Quanten ausgelöst werden. Ganz neue Möglichkeiten ergeben sich durch die Entwicklung von Schwerionenbeschleunigern, in denen Ionen höherer Kernladungszahl Z auf so hohe Energien beschleunigt werden, daß sie die Coulombsche Abstoßung anderer schwerer Kerne überwinden können. Damit stehen als Geschoßteilchen (Projektile) für Kernreaktionen alle Kerne zur Verfügung, vom Proton bis zum Uran. Durch Variation der Targetkerne ergibt sich eine Vielzahl von Kernreaktionen, die näher untersucht werden können; d.h. das Arbeitsgebiet „Kernreaktionen" wird durch die Verwendung von schweren Ionen als Geschoßteilchen sehr stark erweitert. Von besonders großem Interesse ist die Frage, ob durch Schwerionenreaktionen sog. superschwere Elemente hergestellt werden können. Auf diese Frage wird in Kapitel 14 näher eingegangen.

Auch der Begriff „schwere Ionen" hat sich seit etwa 1960 gewandelt. Damals galten diejenigen Ionen, die schwerer waren als α-Teilchen, als schwere Ionen. Heute spricht man in der Schwerionenforschung oft von „leichten Ionen" und versteht darunter z.B. Kohlenstoff- oder Sauerstoffionen, von „schweren Ionen" und „sehr schweren Ionen" (z.B. Uranionen).

Die allgemeine Formulierung einer Schwerionenreaktion lautet:

$$A + B \rightarrow D + F + G + \ldots + \nu_1 n + \nu_2 p + \ldots + \Delta E \quad (8.141)$$

Durch Schwerionenreaktionen werden bevorzugt neutronenarme Nuklide erhalten. Das kann man sich leicht anhand des Verlaufes der Linie der β-Stabilität klarmachen. Geht man von Targetkernen aus, die sich in der Nähe der Linie der β-Stabilität befinden, so führt ein Beschuß mit mittelschweren oder mit schweren Ionen, die sich ebenfalls in der Nähe der Linie der β-Stabilität befinden, immer zu Compound-Kernen im neutronenarmen Gebiet, weil die Krümmung der Linie der β-Stabilität mit wachsender Massenzahl zunimmt. Durch Neutronenverdampfung gehen die angeregten Compound-Kerne in noch neutronenärmere Kerne über. Auf diese Weise kann man viele Radionuklide im neutronenarmen Bereich erhalten.

Schwere Ionen haben verhältnismäßig kurze Reichweiten, so daß es schwierig ist, mit dünnen Targets zu arbeiten, d.h. mit Targets, die dünn sind im Vergleich zur Reichweite der schweren Ionen. Man ist deshalb häufig darauf angewiesen, dicke Targets zu verwenden und muß dann die Energie-Reichweite-Beziehungen berücksichtigen. Die Verwendung von Folienpaketen ist nicht zweckmäßig, da in jeder Folie ein erheblicher Energieverlust eintritt.

Auch bei der Untersuchung von Schwerionenreaktionen kann man zwischen chemischen und physikalischen Methoden unterscheiden. Die chemischen Methoden können diskontinuierlich („off-line") oder kontinuierlich („on-line") erfolgen. Diskontinuierliche Methoden sind besser entwickelt als kontinuierliche Methoden. Bei den ersteren wird das Target nach einer bestimmten Bestrahlungszeit aufgearbeitet und gegebenenfalls durch chemische Trennung in einzelne Fraktionen zerlegt. Wenn die Reaktionsprodukte kurzlebig sind, kommt es sehr auf die Schnelligkeit der Trennung an; „on-line"-Verfahren sind dann im Prinzip besser geeignet.

Der Hauptvorteil chemischer Methoden besteht darin, daß radioaktive Produkte von einem großen Überschuß an anderen stabilen oder instabilen Reaktionsprodukten abgetrennt und nachgewiesen werden können. Die physikalischen Methoden sind nützlich für die genaue Bestimmung von Teilchenenergien und Winkelverteilungen. Am häufigsten werden Oberflächen-Sperrschichtzähler verwendet. Günstig ist die Kombination eines dünnen Zählers zur Bestimmung von dE/dx und eines dickeren Zählers zur Bestimmung der Energie E. Der dünne Zähler kann auch ein Proportionalzähler oder eine Ionisationskammer sein. dE/dx hängt bei gegebener Geschwindigkeit v nur von der Ordnungszahl Z, nicht von der Massenzahl A ab. Die Geschwindigkeit v kann aus der Flugzeit bestimmt werden, die für eine feste Meßstrecke benötigt wird. Die Massenzahl A ergibt sich aus der kinetischen Energie E und der Geschwindigkeit v. Bei modernen Experimenten werden die Daten für jedes in den Zählern registrierte Teilchen sofort mit einem Rechner ausgewertet, und die Ergebnisse können unmittelbar auf einem Bildschirm sichtbar gemacht werden, z.B. die Energieverteilung als Funktion von E/dx, d.h. von Z.

Schwerionenreaktionen zeichnen sich durch folgende Besonderheiten aus:

a) Die Ionen benötigen eine verhältnismäßig hohe Mindestenergie zur Überwindung der Coulombschen Abstoßung der Targetkerne. Diese Mindestenergie beträgt für Schwerionenreaktionen mit Uran etwa 6 MeV pro Nukleon (vgl. auch Abschn. 8.3). Schwerionenreaktionen gehören daher zur Gruppe der Hochenergie-Kernreaktionen.

b) Kerne schwerer Ionen bestehen aus einem mehr oder weniger diffusen Paket von Nukleonen. Es ist deshalb zu erwarten, daß bei Schwerionenreaktionen im Vergleich zu Kernreaktionen mit einzelnen Protonen oder Neutronen neue Mechanismen ins Spiel kommen und daß Schwerionenreaktionen sehr viel komplizierter ablaufen.

c) Außerdem bringen die Kerne schwerer Ionen im allgemeinen einen großen Bahndrehimpuls mit, wodurch der Ablauf der Reaktionen beeinflußt wird.

In Abb. (8–31) sind mehrere Teilchenbahnen aufgezeichnet, die bei Schwerionenreaktionen unterschieden werden können. Die schweren Ionen und der Targetkern sind dabei nicht als harte Kugeln dargestellt, sondern als kugelförmige Wolken von Nukleonen mit diffuser Oberfläche. Die Kugelform ist eine Vereinfachung, die nur für Kerne mit dem Kernspin $I = 0$ zutrifft (vgl. Abschn. 2.6). Der innere Radius r in Abb. (8–31) entspricht dem Halbwertradius c in Abb. (2–1), der äußere Radius $r' = r + d$ der unscharfen Begrenzung der diffusen Oberfläche, d. h. dem Wert, bei dem die Verteilungskurve in Abb. (2–1) gegen Null geht. Man kann folgende Fälle unterscheiden:

1. Die äußeren diffusen Begrenzungen der Kerne kommen nicht miteinander in Berührung, Abstand $R > r'_1 + r'_2$ (Bahn 1). In diesem Falle wird elastische Streuung und Coulomb-Anregung der Kerne beobachtet. Auch die Möglichkeit der Übertragung einzelner Nukleonen von einem Kern zum andern wird diskutiert. Bei Energien unterhalb der Coulomb-Schwelle ist ein Tunneleffekt möglich.

8.11. Schwerionenreaktionen

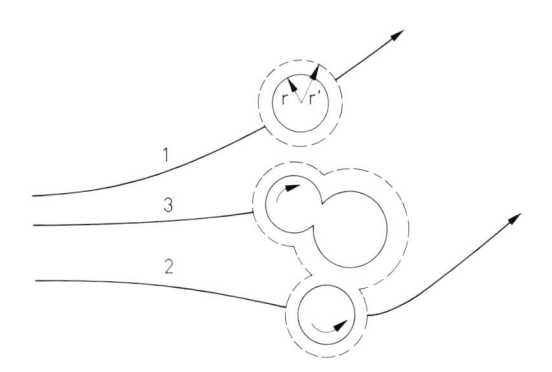

Abb. (8–31) Verschiedene Bahnen bei Schwerionenreaktionen
1) Keine Berührung, Coulomb-Streuung
2) Streifender Stoß, quasielastische Prozesse
3) Frontaler Stoß, tief-inelastische Prozesse.

2. Streifende Stöße: $r_1 + r_2 < R < r'_1 + r'_2$ (Bahn 2). In diesem Falle werden die Kernkräfte voll wirksam. Neben elastischer Streuung (d. h. Streuung ohne Anregung der Kerne) tritt unelastische Streuung auf, bei der angeregte Kernzustände bevölkert werden, und außerdem Übertragung von Nukleonen (Transferreaktionen). Die bei solchen streifenden Stößen auftretenden Vorgänge werden oft unter der Bezeichnung „quasielastische" Prozesse zusammengefaßt. Durch die Untersuchung von Reaktionen dieser Art ergab sich viel experimentelles Material über Transferreaktionen.

3. Frontale Stöße: $R < r_1 + r_2$ (Bahn 3). Dabei treffen nicht nur die diffusen Außenbezirke, sondern auch die Bereiche hoher Dichte beider Kerne aufeinander. Die kinetische Energie des einfallenden Kerns wird zu einem großen Teil in Anregungsenergie umgewandelt. Man spricht deshalb auch von gedämpften Stößen („damped collisions"). Es kommt zur Übertragung von vielen Nukleonen („multinucleon transfer") und zu Fragmentierungsprozessen, zur Verschmelzung der Kerne (Fusion) mit unmittelbar folgender Spaltung („fusion-fission"), zur Bildung hochangeregter Compound-Kerne, zur Verdampfung von Nukleonen und zur Spaltung der Compound-Kerne. Das Gesamtbild ist recht komplex. Die Vorgänge werden unter verschiedenen Stichworten zusammengefaßt, z. B. tief-inelastische Stöße („deeply inelastic collisions"), stark gedämpfte Stöße („strongly damped collisions") und Quasi-Spaltung („quasi-fission"). Die nähere experimentelle und theoretische Untersuchung der tief-inelastischen Stöße führte zu neuen Erkenntnissen über den Ablauf von Schwerionenreaktionen.

Bei den Transferreaktionen wird ein Teil der Kernmasse von dem einen auf den anderen Kern oder auch wechselseitig übertragen. Die einfachsten Fälle von Transferreaktionen sind somit die bereits in den Abschnitten 8.5 und 8.8 behandelten Abstreifreaktionen bzw. Aufpickreaktionen, die bei sehr leichten Geschoßteilchen beobachtet werden, z. B. (d, p)-, (d, ^{3}He) oder (p, d)-Reaktionen. Die Möglichkeiten für Transferreaktionen sind bei schwereren Geschoßteilchen allerdings sehr viel größer. Dabei spielt die Oberflächenbeschaffenheit der schwereren Kerne eine wichtige Rolle. Durch die diffuse Oberfläche wird die Wahrscheinlichkeit von Transferreaktionen erhöht. Man unterscheidet Einnukleon- und Multinukleon-Transferreaktionen. Zu den ersteren gehören z. B. die Reaktionen (^{14}N, ^{13}N), (^{14}N, ^{15}N), (^{14}N, ^{13}C), (^{14}N, ^{15}O), zu den letzteren (^{14}N, ^{18}F), (^{14}N, ^{16}O). Oft ist es nicht möglich zu entscheiden, ob Nukleonen nur von einem Kern zum anderen oder aber wechselseitig übertragen werden. Wenn eine wechselseitige Übertragung von Nukleonen stattfindet, spricht man von Austausch-Transferreaktionen. Ein einfaches Beispiel ist die Reaktion ^{27}Al(^{14}N, ^{14}O)^{27}Mg, bei der vom ^{14}N ein Neutron auf das ^{27}Al und vom ^{27}Al ein Proton auf das ^{14}N übertragen wird.

Die einfachste und auch die wahrscheinlichste Transferreaktion bei streifenden Stößen und Energien in der Nähe der Coulomb-Schwelle ist die Übertragung eines Nukleons. Die Wirkungsquerschnitte für diese Einnukleon-Transferreaktionen erreichen kurz oberhalb der

Coulomb-Schwelle einen Maximalwert und bleiben dann bei höheren Energien nahezu konstant. Die Maximalwerte der Wirkungsquerschnitte für den Transfer eines Protons oder eines Neutrons nehmen mit der Massenzahl des Targetkerns zu und liegen im Bereich von etwa 5 bis 20 mb. Bei höheren Energien steigt die Wahrscheinlichkeit für Multinukleon-Transferreaktionen an.

8.11. Schwerionenreaktionen

Viele Beispiele von Schwerionenreaktionen sind bisher untersucht worden unter Verwendung von Ionen wie ^{40}Ar, ^{136}Xe, ^{238}U u. a. als Geschoßteilchen. Quasi-elastische und tief-inelastische Prozesse sind oft experimentell schwer zu unterscheiden. In Abb. (8–32) ist die Massenverteilung aufgezeichnet, die beim Beschuß von ^{238}U mit ^{40}Ar erhalten wird. Die Kurve wird auf die Überlagerung verschiedener Prozesse zurückgeführt:

a) Quasi-elastische Prozesse führen zur Übertragung von wenigen Nukleonen. Die Produkte gruppieren sich um die Massen des Targetkerns und des Geschoßkerns.
b) In tief-inelastischen Prozessen werden viele Nukleonen übertragen. Die Produkte zeigen eine breite Verteilung um den Targetkern und den Produktkern. Allerdings fehlt oberhalb der Masse des Targetkerns der Kurvenast mit höheren Massenzahlen, weil diese Produkte sofort durch Spaltung zerfallen.
c) Durch tief-inelastische Stöße werden in einem Prozeß der Verschmelzung und Spaltung („fusion-fission") Produkte mit einer breiten symmetrischen Verteilung gebildet, deren Maximum etwas

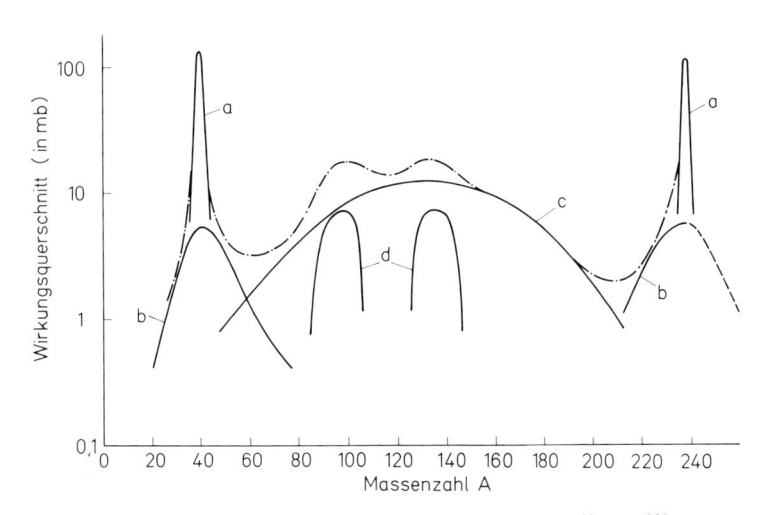

Abb. (8–32) Wirkungsquerschnitte bei der Schwerionenreaktion ^{40}Ar + ^{238}U als Maß für die Massenausbeute
a) quasielastische Prozesse
b) Multinukleon-Transfer
c) Verschmelzung und Spaltung
d) Spaltung der schweren Produkte, die durch Transferreaktionen aus ^{238}U entstehen.
— · — · — · — Experimentelle Werte, dickes Target, chemische Trennung
(Nach J.V. KRATZ, J.O. LILJENZIN, A.E. NORRIS, G.T. SEABORG, Phys. Rev. C 13 2347 (1976).

unterhalb $\frac{1}{2}(A_1 + A_2)$ liegt, wenn A_1 und A_2 die Massenzahlen des Targetkerns und des Geschoßkerns sind.

d) Die Spaltung der schweren Produkte, die durch Transferreaktionen aus ^{238}U entstehen, liefert eine asymmetrische Verteilung, die auf eine niedrige Anregungsenergie der sich spaltenden Kerne schließen läßt.

Ähnlich verläuft die Reaktion zwischen zwei Urankernen, nur entfallen dann die Äste a und b bei der Massenzahl A = 40.

Bei einem streifenden Stoß werden die Kerne kurzzeitig durch die Kernkräfte zusammengehalten. Während der Kontaktzeit von 10^{-22} bis 10^{-21} s ist ein Transfer von Nukleonen möglich. Durch Reibungskräfte wird der Geschoßkern einseitig gebremst und der Targetkern einseitig beschleunigt. Dadurch kommt es zur Rotation des Systems, Rotationszustände werden angeregt. Nach der Trennung rotieren die Stoßpartner weiter. Wie rotierende Moleküle können sie ihre Rotationsenergie wieder abgeben. Dabei wird γ-Strahlung von größenordnungsmäßig einigen Hundert keV emittiert, und zwar bevorzugt elektrische Quadrupolstrahlung, wobei jedes γ-Quant den Drehimpuls $2\hbar$ abführt. Auch bei einem frontalen, d.h. tief-inelastischen Stoß, der nicht zentral verläuft, kommt es zur Rotation des Systems. Zu stark rotierende Systeme können wegen der hohen Zentrifugalkraft nicht verschmelzen; d.h. Kernverschmelzung ist nicht möglich, wenn ein bestimmter kritischer Drehimpuls überschritten wird.

Die große Zahl der Reaktionsmöglichkeiten (Reaktionskanäle) bei den tief-inelastischen Stößen läßt sich etwa folgendermaßen ordnen: Primär werden meistens zwei schwerere Produkte gebildet, außerdem eine mehr oder weniger große Anzahl von leichten Teilchen. Sekundär können die primär gebildeten Bruchstücke dann weiter zerfallen, z.B. durch Spaltung, Verdampfung von Nukleonen oder Emission von γ-Quanten. Die Prozesse sind in Abb. (8–33) schematisch aufgezeich-

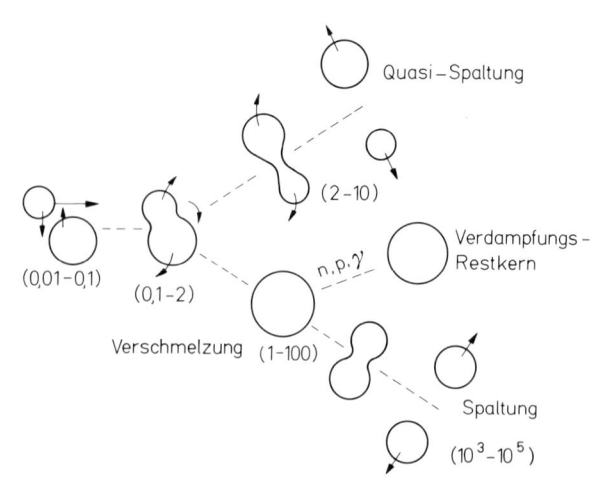

Abb. (8–33) Tief-inelastische Prozesse (schematisch) In Klammern: Zeiten in 10^{-21} s (Nach M. Lefort, J. Phys. (Paris) **37**, C 5 57 (1976)).

net. Der Targetkern nimmt den Impuls des Geschoßteilchens auf, und beide fliegen zunächst vereinigt und bei nicht-zentralem Stoß um eine Achse senkrecht zur Strahlrichtung rotierend in Strahlrichtung weiter. Dann kommt es entweder wieder zur Trennung (Quasi-Spaltung), wobei die Kerne im allgemeinen mit veränderter Zusammensetzung auseinanderfliegen, oder zur Verschmelzung. Besonders interessant ist die Beobachtung, daß die mittlere kinetische Energie der bei der Trennung (Quasi-Spaltung) gebildeten Produkte etwa dem Wert entspricht, den man aus der Coulombschen Abstoßung kugelförmiger Teilchen berechnet (vgl. Abschn. 8.9). Das bedeutet, daß die kinetische Energie des einfallenden Teilchens bei dem Zusammenstoß weitgehend aufgezehrt, d. h. in Anregungsenergie umgesetzt wird. Man kann dieses für die tief-inelastischen Stöße charakteristische Ergebnis mit dem Verlust kinetischer Energie durch Reibung vergleichen. Die von dem einfallenden Teilchen abgegebene kinetische Energie wird in Anregungs- und Deformationsenergie der Stoßpartner umgesetzt. Das bei einem tief-inelastischen Stoß primär entstehende hochangeregte Gebilde kann man auch als Compound-Kern beschreiben, wenn die Anregungsenergie ziemlich gleichmäßig verteilt ist. Für theoretische Überlegungen legt man die Vorstellung von hochviskosen Tröpfchen zugrunde, die aufeinanderstoßen. Neben dem Tröpfchenmodell wird auch das optische Modell herangezogen.

8.11. Schwerionenreaktionen

Während der Zeit, in der die beiden Kerne miteinander zusammenhängen, können die Nukleonen über die Berührungsfläche von einem Kern zum andern überwechseln; d.h. es stellt sich eine Diffusion von Nukleonen ein, die zu einem Ausgleich des Verhältnisses Z/A zwischen den beiden Kernen führt. Dieser Ausgleich durch Diffusion sollte sich vor allen Dingen bei längerer Kontaktzeit bemerkbar machen. Ein interessanter Aspekt dieses Diffusionsprozesses ist die Möglichkeit, in neutronenreiche schwere Kerne Protonen „hinüberfließen" zu lassen, z. B. durch Kontakt mit einem mittelschweren Kern, in dem das Verhältnis Z/A hoch ist, um so Elemente höherer Ordnungszahl zu gewinnen.

Die Kernverschmelzung führt zu einem stark angeregten Compound-Kern, der seine Anregungsenergie durch Verdampfung von Nukleonen und Emission von γ-Quanten abgeben oder sich spalten kann. Die hochangeregten Compound-Kerne, die bei Schwerionenreaktionen entstehen, verhalten sich somit ähnlich wie die Compound-Kerne, die sich bei anderen Hochenergie-Kernreaktionen bilden (vgl. Abschn. 8.10). Eine Besonderheit der Schwerionenreaktionen besteht darin, daß schwere Ionen große Drehimpulsbeträge übertragen. Durch Verdampfung von Nukleonen wird Anregungsenergie abgegeben, aber nur wenig Drehimpuls, da Protonen und Neutronen jeweils nur den Drehimpuls $\hbar/2$ mitnehmen. Der restliche Drehimpuls wird dann durch Emission von γ-Quanten abgegeben. Dies führt dazu, daß im Vergleich zu anderen Hochenergie-Kernreaktionen der Anteil an γ-Quanten größer ist.

Interessante Arbeitsgebiete und Entwicklungsrichtungen der Schwerionenforschung sind:

– Untersuchung von Schwerionenreaktionen mit dem Ziel, ein vertieftes Verständnis für das Verhalten zusammenhängender Kernmaterie zu gewinnen. Schwerionenphysik und Elementarteilchenphysik sind damit zwei verschiedene zentrale Bereiche der Kernphysik, die sich ergänzen.

– Grundlegende Untersuchungen über den Ablauf von Fusionsreaktionen, die für die Energieerzeugung durch Verschmelzung von Kernen wichtig sind. Die Energiegewinnung durch Fusionsreaktionen wird im folgenden Abschnitt 8.12 behandelt. Außerdem erscheint es möglich, Fusionsreaktionen durch Beschuß mit schweren Ionen zu zünden (Schwerionen-induzierte Fusion).

– Synthese von superschweren Elementen. Dieses für die Kernchemie besonders wichtige Arbeitsgebiet wird in Abschnitt 14.4 näher behandelt.

– Herstellung und Untersuchung von Nukliden weitab von der Linie der β-Stabilität („exotische Kerne"). Wie bereits oben ausgeführt, entstehen bei Schwerionenreaktionen bevorzugt neutronenarme Kerne. Deshalb ist es möglich, durch Beschuß mit schweren Ionen viele neue Radionuklide weitab von der Linie der β-Stabilität herzustellen und ihre Eigenschaften zu untersuchen, um damit die Nuklidkarte zu erweitern und zu vervollständigen.

– Anwendungen von schweren Ionen in verschiedenen Bereichen der Naturwissenschaften und der Technik. Hier gibt es bisher nur wenige Ansätze, z.B. die Erzeugung von Löchern mit definiertem Querschnitt in Folien.

Die Tendenzen in der Schwerionenforschung gehen außerdem dahin, relativistische Ionen mit Energien bis zu etwa 10 GeV pro Nukleon (10 GeV/u) zu erzeugen und ihre Reaktionen zu untersuchen (Hochenergie-Schwerionenforschung). Die Bezeichnung „relativistische schwere Ionen" besagt, daß ihre Geschwindigkeit mit der Lichtgeschwindigkeit vergleichbar wird (vgl. Gl. (1.9)). Dabei wird gleichzeitig angestrebt, daß die Relativgeschwindigkeit des Kerns größer ist als die Geschwindigkeit der Nukleonen im Kern. Geht man davon aus, daß die Geschwindigkeit der Kerne $> 0{,}3\,c$ (c = Lichtgeschwindigkeit) sein soll, so muß die Energie > 40 MeV/u betragen. Bei Energien ≥ 300 MeV/u sind die Atome vollständig ionisiert; bei Energien von einigen GeV/u rechnet man damit, daß die Kerne beim Zusammenstoß so stark komprimiert werden, daß erheblich höhere Dichten der Kernmaterie erreichbar sind ($\varrho/\varrho_0 \approx 5$ bei 3 GeV). Dabei wird die Frage aufgeworfen, ob es unter diesen Bedingungen einen weiteren stabilen Zustand der Kernmaterie gibt. Im Mittelpunkt steht das Interesse an dem Verhalten der Kernmaterie bei hohen Dichten und hohen Temperaturen, d.h. unter Bedingungen, wie sie in Sternen vorliegen können.

8.12. Fusionsreaktionen

Im vorausgehenden Abschnitt wurde auch die Verschmelzung (Fusion) von schweren Kernen besprochen als eine Reaktionsmöglichkeit von schweren Ionen. Wenn man von Fusionsreaktionen spricht, so versteht man darunter jedoch meistens die Verschmelzung sehr leichter Kerne, die unter Energiegewinn abläuft und deshalb von besonders großem praktischem Interesse ist. Die Fusionsreaktionen leichter Kerne sollen in diesem Abschnitt näher behandelt werden.

Wie die Kurve für die Bindungsenergie als Funktion der Massenzahl zeigt (Abb. (1–10)), werden bei der Fusion leichter Kerne, wie Wasserstoff, erhebliche Energiebeträge in Freiheit gesetzt. Solche Fusionsreaktionen führen ebenso wie die Kernspaltung in Richtung auf das Gebiet mittelschwerer Kerne, die sich durch die höchste Bindungsenergie auszeichnen.

Die allgemeine Formulierung von Fusionsreaktionen lautet:

$$A + B \rightarrow D + \Delta E. \tag{8.142}$$

Mehrere Beispiele solcher Fusionsreaktionen haben wir bereits in Abschnitt 8.5 kennengelernt, zum Beispiel Gl. (8.49); dabei entsteht aus einem Deuteron und einem Triton ein Heliumkern. Helium zeichnet sich durch eine besonders hohe Bindungsenergie der Nukleonen aus (vgl. Abb. (1–10)). Deshalb besitzt die Umsetzung von Wasserstoff zu Helium besondere Bedeutung. Diese Fusionsreaktion kann folgendermaßen formuliert werden:

$$4p \longrightarrow {}^4He + 2e^+ + 2\nu_e + \Delta E. \tag{8.143}$$

Für die freiwerdende Energie berechnet man

$$\Delta E = (4m_p - m_{He} - 2m_e)c^2 \tag{8.144}$$

bzw.

$$\Delta E = (4M_H - M_{He} - 4m_e)c^2 \tag{8.145}$$

(m ist die Kernmasse und M die Nuklidmasse). Durch Einsetzen der Zahlenwerte folgt:

$$\Delta E = 931{,}5\,(4 \cdot 1{,}007825037 - 4{,}00260325 - 4 \cdot 0{,}00054858)\text{ MeV}$$
$$\Delta E = 24{,}69 \text{ MeV}.$$

Zu diesem Energiebetrag kommt noch die aus der Reaktion $e^+ + e^- \rightarrow 2h\nu$ (Vernichtungsstrahlung) herrührende Energie ($2 \cdot 1{,}02$ MeV), während andererseits die Energie, die von den Neutrinos mitgenommen wird (etwa 2% von ΔE), infolge der geringen Wechselwirkung der Neutrinos dem System verlorengeht. Die insgesamt freiwerdende Energie beträgt somit 26,2 MeV. Bezogen auf die Mengeneinheit der umgesetzten Nuklide ist dies ein sehr hoher Energiebetrag ($\approx 6{,}5$ MeV pro u). Er ist erheblich höher als die bei der Kernspaltung pro Masseneinheit freiwerdende Energie ($\approx 0{,}8$ MeV pro u). Man hat berechnet, daß die Energie, die in der Sonne und in Fixsternen produziert wird, nicht durch die Spaltung schwerer Nuklide aufgebracht werden kann, weil der Gehalt an schweren Nukliden viel zu gering ist. Für die Energieproduktion müssen deshalb Fusionsreaktionen verantwortlich sein, vorzugsweise die Verschmelzung von Protonen zu Helium nach Gl. (8.143). Für diese Hypothese spricht auch die Häufigkeit dieser beiden Elemente in der Sonne.

Im Hinblick auf die Bildung von Helium aus Wasserstoff in der Sonne und den Sternen werden zwei Reaktionszyklen diskutiert:

a) Deuterium-Zyklus (Salpeter 1952)

$$p + p \longrightarrow d + e^+ + \nu_e \quad \text{(langsam)} \tag{8.146}$$

$$d + p \longrightarrow {}^3He + \gamma \quad \text{(rasch)} \tag{8.147}$$

$$^3He + {}^3He \longrightarrow {}^4He + 2p \quad \text{(rasch);} \tag{8.148}$$

b) Kohlenstoff-Stickstoff-Zyklus (Bethe 1938)

$$^{12}C + p \longrightarrow {}^{13}N + \gamma$$
$$\longrightarrow {}^{13}C + e^+ + \nu_e \tag{8.149}$$

$$^{13}C + p \longrightarrow {}^{14}N + \gamma \tag{8.150}$$

$$^{14}N + p \longrightarrow {}^{15}O + \gamma$$
$$\longrightarrow {}^{15}N + e^+ + \nu_e \tag{8.151}$$

$$^{15}N + p \longrightarrow {}^{12}C + {}^4He. \tag{8.152}$$

Die Bruttoreaktion ist bei beiden Zyklen gegeben durch Gl. (8.143).

Voraussetzung für den Ablauf dieser Reaktionen ist, daß die Reaktionspartner genügend hohe kinetische Energie besitzen, um die Coulombsche Abstoßung überwinden zu können. Diese beträgt nach Abschnitt 8.3, Gl. (8.27), für die Reaktion zwischen zwei Protonen (Zyklus a) $\approx 0{,}5$ MeV und für die Reaktion zwischen einem ^{12}C-Kern und einem Proton (Zyklus b) $\approx 1{,}8$ MeV. Nach der kinetischen Gastheorie besteht zwischen der mittleren kinetischen Energie $\bar{E}_{kin}$ von Gasmolekülen und ihrer Temperatur die Beziehung:

$$\bar{E}_{kin} = \frac{m}{2}\overline{v^2} = \frac{3}{2}k_B T \,(T \text{ in K}). \tag{8.153}$$

Die wahrscheinlichste Geschwindigkeit v, die dem Maximum der Maxwellschen Geschwindigkeitsverteilung entspricht, beträgt

$$v = \sqrt{\frac{2}{3}\overline{v^2}}.\qquad(8.154)$$

Damit erhält man für die wahrscheinlichste kinetische Energie:

$$E_{\text{kin}} = \frac{m}{2}v^2 = k_B T.\qquad(8.155)$$

Legt man diese Beziehung einer Temperaturberechnung zu Grunde, so folgt, daß eine Energie von 1 eV einer Temperatur von $1{,}16 \cdot 10^4$ K entspricht.

Die Temperatur auf der Sonnenoberfläche beträgt ≈ 6000 K, im Sonneninnern etwa $1{,}5 \cdot 10^7$ K; die letztgenannte Temperatur entspricht einer kinetischen Energie von 1,3 keV. Wie bereits erwähnt, sind etwa 500 keV erforderlich, damit der Deuterium-Zyklus ablaufen kann; d. h. es muß ein Proton hoher Energie (etwa 500 keV) mit einem Proton mittlerer Energie (1,3 keV) zusammentreffen, oder zwei Protonen hoher Energie (je etwa 250 keV) müssen aufeinanderstoßen, damit der erste Teilschritt des Deuterium-Zyklus möglich ist. Der Kohlenstoff-Stickstoff-Zyklus erfordert etwa viermal so hohe Energien bzw. Temperaturen. Obwohl die mittlere kinetische Energie der Atome erheblich niedriger ist als die für den Deuterium-Zyklus erforderliche Energie, können diese Fusionsreaktionen doch in geringem Umfang ablaufen; denn infolge der Maxwellschen Energieverteilung besitzt ein sehr kleiner Prozentsatz der Atome auch Energien, die erheblich höher sind als die mittlere oder die wahrscheinlichste Energie.

Da die Fusionsreaktionen in einem abgeschlossenen System nur dann stattfinden können, wenn dieses System sehr hohe Temperaturen besitzt, spricht man von thermonuklearen Reaktionen. Es wird angenommen, daß thermonukleare Reaktionen nach dem Deuterium-Zyklus bevorzugt in der Sonne und in kälteren Sternen ablaufen, während in heißeren Sternen der Kohlenstoff-Stickstoff-Zyklus überwiegt.

Im Innern der Sterne rechnet man mit Dichten von der Größenordnung 10^5 g/cm^3 und mit Temperaturen von der Größenordnung 10^8 bis 10^9 K. Unter diesen extremen Bedingungen sind noch andere thermonukleare Reaktionen denkbar, z. B. Fusionsreaktionen mit Helium. Im Gleichgewicht wird aus Helium eine kleine Menge an Beryllium gebildet:

$$^4\text{He} + {}^4\text{He} \rightleftharpoons {}^8\text{Be}.\qquad(8.156)$$

Die niedrige Konzentration von Be–8 reicht aus, damit Fusionsreaktionen mit Helium stattfinden können, die zum Aufbau höherer Elemente führen:

$$^8\text{Be} + {}^4\text{He} \longrightarrow {}^{12}\text{C} + \gamma,\qquad(8.157)$$

$$^{12}\text{C} + {}^4\text{He} \longrightarrow {}^{16}\text{O} + \gamma.\qquad(8.158)$$

Bei Temperaturen von etwa 10^9 K können auch Fusionsreaktionen zwischen C–12 oder O–16 eintreten, z. B.

$$^{12}\text{C} + {}^{12}\text{C} \longrightarrow {}^{24}\text{Mg} + \gamma \qquad (8.159)$$

$$^{12}\text{C} + {}^{12}\text{C} \longrightarrow {}^{23}\text{Na} + p \qquad (8.160)$$

$$^{12}\text{C} + {}^{12}\text{C} \longrightarrow {}^{20}\text{Ne} + {}^{4}\text{He} \qquad (8.161)$$

$$^{12}\text{C} + {}^{16}\text{O} \longrightarrow {}^{28}\text{Si} + \gamma \qquad (8.162)$$

$$^{12}\text{C} + {}^{16}\text{O} \longrightarrow {}^{24}\text{Mg} + {}^{4}\text{He} \qquad (8.163)$$

$$^{16}\text{O} + {}^{16}\text{O} \longrightarrow {}^{32}\text{S} + \gamma \qquad (8.164)$$

$$^{16}\text{O} + {}^{16}\text{O} \longrightarrow {}^{28}\text{Si} + {}^{4}\text{He} \qquad (8.165)$$

Die hochenergetischen α-Teilchen, die zum Teil bei diesen Kernreaktionen entstehen, sind befähigt, (α, γ)-Reaktionen auszulösen, z. B.

$$^{32}\text{S} + {}^{4}\text{He} \longrightarrow {}^{36}\text{Ar} + \gamma. \qquad (8.166)$$

Man stellt sich vor, daß auf diese Weise durch exoergische thermonukleare Reaktionen allmählich Elemente höherer Ordnungszahl aufgebaut wurden. Die schweren Elemente werden wahrscheinlich durch Neutroneneinfang und β^--Zerfall gebildet.

Die Durchführung kontrollierter thermonuklearer Reaktionen im Laboratorium stößt auf erhebliche Schwierigkeiten, insbesondere deshalb, weil ein abgeschlossenes System auf sehr hohe Temperaturen von der Größenordnung 10^8 K aufgeheizt werden muß. Unter diesen Bedingungen sind die Elemente niedriger Ordnungszahl vollständig ionisiert. Ein solches System, das aus Ionen und Elektronen besteht, nennt man ein Plasma. Die Handhabung, Begrenzung und Aufheizung eines Plasmas sind wichtige technische Voraussetzungen für die Durchführung kontrollierter thermonuklearer Reaktionen. Die Gesetzmäßigkeiten eines Plasmas, das man oft auch als vierten Aggregatzustand bezeichnet, werden in der Plasmaphysik näher untersucht. Typisch für ein Plasma sind die hohen Werte für die elektrische Leitfähigkeit und die Wärmeleitfähigkeit.

Fusionsreaktionen zwischen Deuteronen (D-D-Reaktionen) bzw. zwischen Deuteronen und Tritonen (D-T-Reaktionen) haben erheblich höhere Wirkungsquerschnitte als Fusionsreaktionen zwischen Protonen (P-P-Reaktionen). Sie besitzen aus diesem Grunde besondere Bedeutung:

$$d + d \longrightarrow t + p + 4{,}03 \text{ MeV} \qquad (8.167)$$

$$d + t \longrightarrow {}^{4}\text{He} + n + 17{,}6 \text{ MeV} \qquad (8.168)$$

bzw.
$$d + d \longrightarrow {}^3He + n + 3{,}27\,\text{MeV} \qquad (8.1\ )$$

$$d + {}^3He \longrightarrow {}^4He + p + 18{,}3\,\text{MeV} \qquad (8.170)$$

Die Bruttoreaktion besteht in jedem Falle darin, daß aus drei Deuteronen ein He–4, ein Proton und ein Neutron gebildet werden. Die dabei freiwerdende Energie beträgt 21,6 MeV oder etwa 3,5 MeV pro u. Da Deuterium im Wasser in nahezu unerschöpflichen Mengen zur Verfügung steht, sind diese Reaktionen von großem praktischem Interesse für die Energieversorgung in der Zukunft. Die Wirkungsquerschnitte für die D-D- und die D-T-Reaktion sind in Abb. (8–34) als Funktion der Energie der Deuteronen aufgezeichnet. Aus dieser Abbildung kann man entnehmen, daß ein Plasma aus Deuteronen auf etwa 10^8 K (entsprechend etwa 10 keV) aufgeheizt werden muß, damit die thermonuklearen D-D- bzw. D-T-Reaktionen in Gang kommen und soviel Energie produzieren, daß die Temperatur aufrechterhalten und die in einem solchen thermonuklearen Reaktor freiwerdende Energie nach außen abgeführt werden kann.

Abb. (8–34) läßt auch erkennen, daß die Reaktion (8.168) einen höheren Wirkungsquerschnitt hat als die Reaktion (8.167). Man hat berechnet, daß für die D-D-Reaktion eine Zündtemperatur von etwa $4{,}7 \cdot 10^8$ K erforderlich ist, für die D-T-Reaktion eine solche von etwa $0{,}5 \cdot 10^8$ K. Das D-T-Gemisch bietet damit die besten Voraussetzungen für eine kontrollierte thermonukleare Energieerzeugung. Das für die Herstellung eines solchen Gemisches erforderliche Tritium kann verhältnismäßig leicht aus Lithium durch die Kernreaktion ${}^6Li(n,\alpha)t$ erzeugt werden, z. B. im Mantel eines Fusionsreaktors mit Hilfe der bei dem thermonuklearen Prozeß freiwerdenden Neutronen.

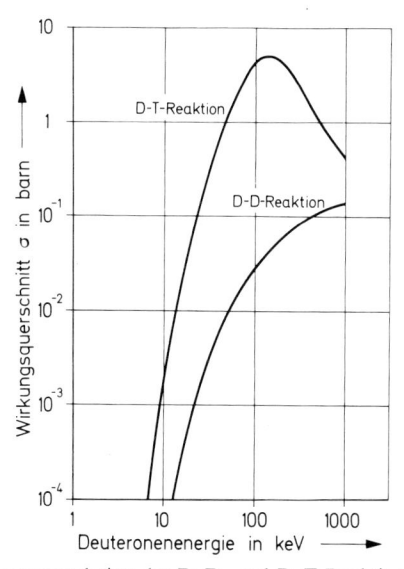

Abb. (8–34) Wirkungsquerschnitte der D–D- und D–T-Reaktionen als Funktion der Energie der Deuteronen. Nach A. S. Bishop: Project Sherwood — The U.S. Program in Controlled Fusion. Addison-Wesley Publ. Comp., Reading, Mass., 1958.

Ein hoch erhitztes Plasma gibt laufend Energie durch Strahlung ab. Der Hauptanteil dieser Strahlung ist die Bremsstrahlung der Elektronen, die im Energiebereich der Röntgenstrahlung liegt. Verunreinigungen an schwereren Ionen bewirken eine intensivere Strahlung, d. h. einen höheren Energieverlust. Neutrale Atome, die als Verunreinigungen aus der Wand in das Plasma gelangen, führen zu einem weiteren Energieverlust des Plasmas, weil die Ionen des Plasmas durch Ladungsübertragung neutralisiert werden und dann aus dem Plasma entweichen. Das Plasma wird durch ein Magnetfeld zusammengehalten und von der Wand isoliert. Die Elektronen bewegen sich in dem Magnetfeld auf spiralförmigen Bahnen und emittieren dabei die sog. Synchrotronstrahlung. Letztere liegt im IR- und Mikrowellenbereich und wird zum großen Teil wieder im Plasma absorbiert. Für die Aufheizung des Plasmas ergeben sich mehrere Möglichkeiten: Die wichtigste Methode ist die Plasmakompression durch eine zeitlich ansteigende Magnetfeldstärke; das Plasma wird dadurch radial zusammengedrückt und erhitzt. Die Injektion von neutralen Deuteriumtröpfchen führt ebenfalls zu einer raschen Aufheizung. Besonders attraktiv ist die Aufheizung mit Lasern.

Fordert man, daß der Leistungsgewinn aus der Freisetzung der Fusionsenergie größer ist als der Leistungsverlust durch Abstrahlung und der Aufwand für die Heizung, so erhält man eine Beziehung zwischen der Plasmadichte n (in Teilchen pro cm^3), der mittleren Aufenthaltsdauer t eines Kerns im reaktionsfähigen Volumen und der Plasmatemperatur T (Lawson-Kriterium). Man berechnet daraus

für die D-T-Reaktion: $n \cdot t > 2 \cdot 10^{14} \, cm^{-3} \, s$ bei $6 \cdot 10^8$ K
für die D-D-Reaktion: $n \cdot t > 6 \cdot 10^{15} \, cm^{-3} \, s$ bei $12 \cdot 10^9$ K.

Bei den angegebenen Temperaturen müßten somit Teilchendichten von 10^{16} Teilchen pro cm^3 in dem D-T-Gemisch mindestens 0,02 s und in dem D-D-Gemisch mindestens 0,6 s aufrechterhalten werden, um die thermonukleare Reaktion mit Energiegewinn auszulösen. Bei diesen Teilchendichten würde man etwa die gleichen Leistungsdichten erhalten wie in Kernreaktoren ($\approx 10^8$ W/m^3).

Verschiedene Anlagen zur Untersuchung der thermonuklearen Fusionsreaktionen sind in Betrieb. Am bekanntesten sind „Stellarator" und „Tokamak". Die wichtigsten Gesichtspunkte sind die Einschließung und die Aufheizung des Plasmas. In allen bisher verwendeten Versuchsanordnungen beobachtete man, daß das heiße Plasma wesentlich rascher aus dem Bereich des Magnetfeldes entweicht, als man nach den Gesetzen der Magnetohydrodynamik erwartet hatte. Man führt diesen raschen Teilchenverlust auf Instabilitäten des Plasmas zurück. Da die Teilchen nicht hinreichend lange im Magnetfeld blieben, war es bisher nicht möglich, das Plasma in der gewünschten Weise auf die notwendigen hohen Temperaturen zu heizen. Der Wert für $n \cdot t$ liegt damit zur Zeit noch etwa 2 Größenordnungen unter dem errechneten Grenzwert für eine thermonukleare Fusionsreaktion, die mit Energiegewinn abläuft.

Auch im Bereich der Werkstoffe für Fusionsreaktoren gibt es noch viele Probleme. Die aus dem Magnetfeld ausbrechenden Wasserstoffionen reagieren mit der Wand, die sich mit Wasserstoff (Tritium) belädt. Der Austritt von Atomen aus der Wand führt zu unerwünschten Verunreinigungen des Plasmas. Die Strahlenbelastung des Materials ist erheblich. Es wird außerdem durch die bei den Fusionsreaktionen freiwerdenden Neutronen aktiviert.

Neuere Entwicklungen konzentrieren sich auf die Laser-induzierte und die Schwerionen-induzierte Fusion. Mit Hilfe eines leistungsstarken Lasers kann man einem System sehr rasch hohe Energiebeträge zuführen. Auch durch Beschuß mit schweren Ionen hofft man, zur Fusion befähigte Anordnungen zünden zu können. Besonders problematisch ist dabei die Herstellung geeigneter „pellets", in denen durch die mit hoher Energie auftreffenden schweren Ionen Fusionsreaktionen ausgelöst werden sollen.

Zum Vergleich werden einige wichtige Gesichtspunkte der Kernspaltung und der Fusion einander gegenübergestellt.

Kernspaltung: Die Energiegewinnung durch Spaltung von 1 kg Kernbrennstoff entspricht der Verbrennung von $2 \cdot 10^6$ kg Kohle. Dabei entstehen große Mengen hochradioaktiver Spaltprodukte.

Fusion: Die Energiegewinnung durch Fusion von 1 kg Deuterium entspricht der Verbrennung von $8 \cdot 10^6$ kg Kohle. Bezogen auf Wasser folgt daraus: Die Fusion des in 1 Liter Wasser enthaltenen Deuteriums entspricht der Verbrennung von 120 kg Kohle. Bei der Fusion entstehen keine hochradioaktiven Spaltprodukte, aber Aktivierungsprodukte durch Neutroneneinfang im Wandmaterial.

Unkontrollierte Fusionsreaktionen wurden bei der Explosion der Wasserstoffbombe realisiert. Dabei spielen die D-T-Reaktion (8.168), eventuell auch die D-D-Reaktion (8.167) und die T-T-Reaktion, eine Rolle:

$$t + t \longrightarrow {}^4He + 2n + 11{,}3 \, MeV. \qquad (8.171)$$

Tritium kann durch eine (n, α)-Reaktion aus ^{6}LiD in der Wasserstoffbombe erzeugt werden, vgl. Gl. (8.50). Auch andere Waffenentwicklungen beruhen auf der Anwendung von Fusionsreaktionen. Z.B. soll in der Neutronenbombe ebenfalls von der Reaktion (8.168) Gebrauch gemacht werden.

Literatur zu Kapitel 8

1. I. Kaplan: Nuclear Physics, 2. Aufl., Addison-Wesley Publ. Comp., Reading 1964.
2. R.D. Evans: The Atomic Nucleus. McGraw-Hill Book Comp., New York 1955.
3. G. Friedlander, J.W. Kennedy, J.M. Miller: Nuclear and Radiochemistry, 2. Aufl., John Wiley and Sons, New York 1964.
4. P. Huber: Einführung in die Physik, Bd. III/2 Kernphysik. Ernst Reinhardt Verlag, München–Basel 1972.
5. H. v. Buttlar: Einführung in die Grundlagen der Kernphysik. Akademische Verlagsgesellschaft, Frankfurt a.M. 1964.
6. Nuclear Chemistry, Hrsg. L. Yaffe: Academic Press, New York 1968.

7. B.B. Kinsey: Nuclear Reaction, Levels and Spectra of Heavy Nuclei. Handbuch der Physik. Hrsg. S. Flügge. Bd. 40: Kernreaktionen I. Springer-Verlag, Berlin–Göttingen–Heidelberg 1957, S. 202; J. Rainwater: Resonance Processes by Neutrons, ibid., S. 373.
8. P. Morrison: A Survey of Nuclear Reactions. In: Experimental Nuclear Physics, Bd. II. Hrsg. E. Segrè. John Wiley and Sons, New York 1953, S. 1.
9. D.J. Hughes, J.A. Harvey: Neutron Cross Sections. United States Atomic Energy Commission. McGraw-Hill Book Comp., New York 1955.
10. R. Rubinson: The Equations of Radioactive Transformation in a Neutron Flux. J. Chem. Physics **17**, 542 (1949).
11. F.L. Friedman, V.F. Weisskopf: The Compound Nucleus. In: Niels Bohr and the Development of Physics. Hrsg. W. Pauli. McGraw-Hill Book Comp., New York 1955, S. 134.
12. R. Huby: Stripping Reactions. In: Progress in Nuclear Physics, Bd. III. Hrsg. O. Frisch. Pergamon Press, London 1953, S. 177.
13. F.W.K. Firk: Low-Energy Photonuclear Reactions, Ann. Rev. Nucl. Sci. **20**, 39 (1970).
14. K. Bethge: Alpha-Particle Transfer Reactions, Ann. Rev. Nucl. Sci. **20**, 255 (1970).
15. R. Klapisch: Mass Separation for Nuclear Reaction Studies, Ann. Rev. Nucl. Sci. **19**, 33 (1969).
16. G. Herrmann: 25 Jahre Kernspaltung, Radiochim. Acta **3**, 169 (1964) u. **4**, 173 (1965).
17. G. Herrmann: Kernspaltung gestern und heute, Chemiker-Zeitung **102**, 409 (1978).
18. D.C. Aumann: Was wissen wir heute über die Kernspaltung? Angew. Chemie **87**, 77 (1975); Angew. Chem. Int. Ed. Engl. **14**, 117 (1975).
19. R. Vandenbosch, J.R. Huizenga: Nuclear Fission, Academic Press, New York and London 1973.
20. J.R. Nix: Calculation of Fission Barriers for Heavy and Superheavy Nuclei. Ann. Rev. Nucl. Sci. **22**, 65 (1972).
21. H.J. Specht: Nuclear Fission. Rev. Mod. Phys. **46**, 773 (1974).
22. D.C. Hoffman, M.M. Hoffman: Post-Fission Phenomena. Ann. Rev. Nucl. Sci. **24**, 151 (1974).
23. G. Herrmann, H.O. Denschlag: Rapid Chemical Separations. Ann. Rev. Nucl. Sci. **19**, 1 (1969).
24. H. Dreisvogt: Spaltprodukt-Tabellen. Bibliograph. Institut, Mannheim–Wien–Zürich 1974.
25. G. Erdtmann: Neutron Activation Tables, Kernchemie in Einzeldarstellungen (Hrsg. K.H. Lieser), Vol. 6. Verlag Chemie, Weinheim–New York 1976.
26. P.E. Hodgson: Nuclear Heavy Ion Reactions. Clarendon Press, Oxford 1978.
27. W.U. Schröder, J.R. Huizenga: Damped Heavy Ion Collisions. Ann. Rev. Nucl. Sci. **27**, 465 (1977).
28. P. Brix: Reaktionen zwischen schweren Atomkernen. Physik in unserer Zeit **9**, 133 (1978).
29. A.S. Goldhaber, H.H. Heckman: High Energy Interactions of Nuclei. Ann. Rev. Nucl. Sci. **28**, 161 (1978).
30. R. Bass: Nuclear Reactions with Heavy Ions, Springer-Verlag, Berlin–Heidelberg–New York 1979.
31. R.F. Post: Controlled Fusion Research and High Energy Plasmas. Ann. Rev. Nucl. Sci. **20**, 509 (1970).
32. D.M. Gruen: The Chemistry of Fusion Technology, Plenum Press, New York 1972.

Übungen zu Kapitel 8

1. Die folgenden Kernreaktionen sollen zunächst in der Kurzschreibweise vervollständigt und anschließend in vollständiger Schreibweise mit Angabe der Massenzahlen und Ordnungszahlen formuliert werden:

   a) $^1H(n,\gamma)$ e) $^9Be(p,d)$ i) $^{12}C(d,n)$
   b) $^2H(n,\gamma)$ f) $^9Be(d,p)$ k) $^{14}N(\alpha,p)$
   c) $^7Li(p,n)$ g) $^9Be(p,\alpha)$ l) $^{15}N(p,\alpha)$
   d) $^7Li(p,\alpha)$ h) $^{11}B(d,\alpha)$ m) $^{16}O(d,n)$

2. Wie groß ist die Energie ΔE (Q-Wert) der folgenden Kernreaktionen

   $^{34}S(n,\gamma)^{35}S$ $^{11}B(d,\alpha)^9Be$
   $^{35}Cl(n,p)^{35}S$ $^{16}O(d,n)^{17}F$
   $^{19}F(n,2n)^{18}F$ $^{12}C(\gamma,n)^{11}C$
   $^7Li(p,n)^7Be$ $^{12}C(\alpha,n)^{15}O$
   $^9Be(p,d)^8Be$ $^{16}O(t,n)^{18}F$

3. Man formuliere 10 verschiedene Kernreaktionen mit C–12 als Target und wähle eine exoergische und eine endoergische Reaktion aus.

4. Man formuliere verschiedene Kernreaktionen zur Darstellung von F–18 und diskutiere diese Reaktionen.

5. Man wähle geeignete Kernreaktionen aus zur Darstellung der folgenden Nuklide: Cl–36, Co–58, Co–60, Rb–83, Pm–147, Hg–197.

6. Man berechne die de Broglie-Wellenlänge und die absolute Temperatur für Neutronen der folgenden Energien: a) 0,025 eV (thermisch), b) 10 keV (mittelschnell), c) 10 MeV (schnell).

7. Wie groß ist die Schwellenenergie der folgenden Kernreaktionen:

   $^{11}B(p,n)^{11}C$; $^{23}Na(\gamma,n)^{22}Na$;
   $^{18}O(p,n)^{18}F$; $^{59}Co(\gamma,n)^{58}Co$;
   $^{23}Na(p,n)^{23}Mg$; $^{23}Na(n,2n)^{22}Na$;
   $^{12}C(\gamma,n)^{11}C$; $^{55}Mn(n,2n)^{54}Mn$;

8. Welchen Wert berechnet man näherungsweise für die Potentialschwelle U bei der Reaktion eines α-Teilchens mit N–14 bzw. mit Bi–209?

9. Zur Darstellung von Co–60 wird Kobaltmetall in einem Kernreaktor mit thermischen Neutronen bestrahlt.
   a) Welche beiden Kernreaktionen mit thermischen Neutronen müssen berücksichtigt werden?

b) Welche Aktivität ist zu erwarten, wenn 10 g Kobaltblech 1 Jahr lang bei einem Neutronenfluß $\Phi = 10^{12}\,\text{cm}^{-2}\,\text{s}^{-1}$ bestrahlt werden?

c) Wie groß ist die Sättigungsaktivität?

d) Wie lange muß das Kobaltblech bestrahlt werden, wenn eine spezifische Aktivität an Co–60 von 1 Ci/g erreicht werden soll? ($\sigma_{n,\gamma}$ für die Bildung von Co–60: 17 b, für die Bildung von Co–60m: 20 b)

10. Eine Goldfolie von 0,02 cm Dicke wird 5 min lang mit thermischen Neutronen bestrahlt. Dabei entsteht Au–198. Der Neutronenfluß beträgt $10^{12}\,\text{cm}^{-2}\,\text{s}^{-1}$. Die Dichte von Gold ist 19,3 g cm^{-3}. Mit einer Zählanordnung, deren Gesamtzählausbeute 35% beträgt, wird die Aktivität an Au–198 zu 0,98 mCi/cm^2 Folie bestimmt. Man berechne den Einfangquerschnitt von Au–197 für thermische Neutronen.

11. Wie groß ist die Menge und die Aktivität an Pm–147, die durch Bestrahlung von 1 g Neodym natürlicher Isotopenzusammensetzung mit Neutronen bei einem Fluß $\Phi = 10^{14}\,\text{cm}^{-2}\,\text{s}^{-1}$ innerhalb einer Woche erhalten wird? Wie groß ist die Menge und die Aktivität an Pm–147 eine Woche nach Beendigung dieser Bestrahlung? ($\sigma_{n,\gamma}$ (Nd–146) = 1,3 b)

12. Welche Menge und Aktivität an Ru–106 wird durch Bestrahlung von 1 g Ruthenium natürlicher Isotopenzusammensetzung bei einem Neutronenfluß $\Phi = 2 \cdot 10^{15}\,\text{cm}^{-2}\,\text{s}^{-1}$ und einer Bestrahlungszeit von 1 Woche erhalten? ($\sigma_{n,\gamma}$ (Ru–104) = 0,47 b; $\sigma_{n,\gamma}$ (Ru–105) = 0,2 b; $\sigma_{n,\gamma}$ (Ru–106) = 0,15 b)

13. Wie groß sind die Energien ΔE für die einzelnen Schritte des Deuterium-Zyklus und des Kohlenstoff-Stickstoff-Zyklus?

9. Chemische Effekte von Kernreaktionen

9.1. Übersicht

In den vorausgehenden Kapiteln haben wir nur die Vorgänge ins Auge gefaßt, die bei Kernreaktionen innerhalb der Atomkerne stattfinden. Von einem radioaktiven Zerfall oder einer anderen Kernreaktion wird aber nicht nur der Atomkern betroffen, sondern auch die Elektronenhülle und damit die chemische Bindung. Die Energiebeträge, die bei Kernreaktionen umgesetzt werden, sind verhältnismäßig hoch, im allgemeinen von der Größenordnung 1 MeV. Bruchteile dieser Energie können in Form von kinetischer Energie oder in Form von Anregungsenergie auf die Atome übertragen werden. Danach unterscheidet man Rückstoßeffekte und Anregungseffekte.

Hohe kinetische Energie einzelner Atome bedeutet noch keine hohe Temperatur; denn der Temperaturbegriff ist mit der mittleren kinetischen Energie $\bar{E}_{kin}$ einer Vielzahl von Atomen oder Molekülen verknüpft. Nach der kinetischen Gastheorie gilt (vgl. Abschn. 8.12)

$$\bar{E}_{kin} = \frac{1}{2}m\overline{v^2} = \frac{3}{2}k_B T \text{ (3 Freiheitsgrade)}.$$

T ist die absolute Temperatur (K). Die einzelnen Moleküle besitzen verschiedene Geschwindigkeiten v und somit auch verschiedene kinetische Energien. $\overline{v^2}$, das mittlere Geschwindigkeitsquadrat, ist ein Maß für die Temperatur. Die wahrscheinlichste Geschwindigkeit v, die dem Maximum der Maxwellschen Geschwindigkeitsverteilung entspricht, beträgt $v = \sqrt{\frac{2}{3}\overline{v^2}}$. In Abweichung von dem durch die obige Gleichung festgelegten Temperaturbegriff kann man im übertragenen Sinne auch einem einzelnen Atom eine „Temperatur" zuordnen, indem man feststellt, welcher Temperatur die kinetische Energie des Atoms entspricht. Man setzt die Geschwindigkeit des Atoms gleich der wahrscheinlichsten Geschwindigkeit und erhält

$$E_{kin.} = \frac{1}{2}mv^2 \simeq k_B T \tag{9.1}$$

bzw.

$$T \simeq \frac{E_{kin.}}{k_B} = 0{,}72436 \cdot 10^{23} \cdot E_{kin.}[K/J]$$
$$= 1{,}16049 \cdot 10^4 \cdot E_{kin.}[K/eV]. \tag{9.2}$$

Eine kinetische Energie von 1 eV entspricht somit einer Temperatur von rund 10^4 K und eine kinetische Energie von 1 MeV einer Temperatur von rund 10^{10} K. Da bei Kernreaktionen die betroffenen Atome Rückstoß- oder Anregungsenergien von der Größenordnung 1 eV bis 1 MeV erhalten können, erscheint die Bezeichnung „heiße Atome" gerechtfertigt. Man spricht deshalb auch von der „Chemie heißer Atome" („hot atom chemistry"), wenn man die chemischen Effekte von Kernreaktionen behandelt. Gelegentlich wird auch die Bezeichnung Rückstoßchemie („recoil chemistry") benutzt. Die heißen Atome sind zu ungewöhnlichen Reaktionen befähigt, die im Bereich normaler Temperaturen — wie sie bei chemischen Reaktionen erreicht werden — nicht auftreten. Die Untersuchung der chemischen Effekte von Kernreaktionen ist somit ein neuartiges und sehr interessantes Arbeitsgebiet der Chemie.

Wenn man die bei Kernreaktionen auftretenden Energiebeträge mit der Energie der chemischen Bindung vergleichen will, so ist es nützlich, daran zu erinnern, daß wir bei Kernreaktionen die Energie auf ein einzelnes Atom beziehen, bei chemischen Reaktionen jedoch auf eine größere Stoffmenge, im allgemeinen auf 1 mol. Wir rechnen deshalb die Energie 1 eV auf 1 mol um:

$$1\text{ eV} = 1{,}602 \cdot 10^{-19}\text{ J}$$
$$\cong 1{,}602 \cdot 10^{-19} \cdot 10^{-3} \cdot 6{,}022 \cdot 10^{23}\text{ kJ/mol}$$
$$\cong 96{,}5\text{ kJ/mol}.$$

Die Bindungsenergien zwischen Atomen bewegen sich zwischen etwa 40 und 400 kJ/mol. Das entspricht etwa 0,4 bis 4 eV.

Chemische Effekte von Kernreaktionen wurden erstmals von SZILARD und CHALMERS 1934 bei der Bestrahlung von Ethyliodid mit Neutronen gefunden. Die dabei auftretenden Reaktionen werden in Abschnitt 9.4 besprochen. Kurze Zeit später wurde festgestellt, daß auch beim β^--Zerfall von Pb-210, das in Form von Bleitetramethyl vorlag, chemische Veränderungen auftreten. Untersuchungen über die chemischen Effekte von Kernreaktionen in Festkörpern wurden von FERMI aufgenommen. LIBBY befaßte sich mit sauerstoffhaltigen Verbindungen wie Permanganaten, SEGRÈ beobachtete eine Änderung des Bindungszustandes beim Übergang von Br–80m in Br–80. Heute liegt eine große Zahl von Untersuchungen mit gasförmigen, flüssigen und festen Stoffen vor, so daß sich das Studium der chemischen Effekte von Kernreaktionen zu einem eigenen Arbeitsgebiet entwickelt hat.

Es ist sinnvoll, die bei Kernreaktionen auftretenden chemischen Effekte zu unterteilen in primäre Effekte, sekundäre Effekte und Folgereaktionen. Die primären Effekte finden innerhalb eines einzelnen Atoms statt, die sekundären Effekte im Bereich eines Atomverbandes. Diese Effekte treten unmittelbar nach der Kernreaktion auf (innerhalb von etwa 10^{-11} s). Im Anschluß daran finden Folgereaktionen der Reaktionsprodukte statt.

Die primären Effekte können in einem Rückstoß oder in einer Anregung des betreffenden Atoms bestehen. Infolge des Rückstoßes erhält der Kern eine gewisse kinetische Energie. Die Anregung betrifft die Elektronenhülle des Kerns; sie kann zum Beispiel durch eine Änderung der Ordnungszahl verursacht werden. Starke Rückstoßeffekte bedingen meist auch eine starke Anregung des Atoms, weil nicht alle Elektronen dem mit hoher kinetischer Energie davonfliegenden Kern folgen können; d. h. es tritt eine mehr oder weniger starke Ionisierung ein.

Die sekundären Effekte im Bereich des Atomverbandes hängen sehr stark von der chemischen Bindung und von dem Aggregatzustand ab. Die chemische Bindung kann als Folge des Rückstoßes oder der Anregung gesprengt werden. In Gasen und in Flüssigkeiten sind zunächst nur die Bindungen innerhalb des Moleküls betroffen. In Gasen ist die Reichweite der Rückstoßatome verhältnismäßig groß, in Flüssigkeiten und Festkörpern verhältnismäßig klein.

Das weitere Schicksal der heißen Atome wird erst durch die Folgereaktionen bestimmt. Molekülbruchstücke, die infolge von Kernreaktionen entstehen, können sich in Gasen und Flüssigkeiten gleichmäßig verteilen, während sie in Festkörpern oft auf Zwischengitterplätzen festgehalten werden und erst beim Erwärmen weiterreagieren können. Insbesondere bei der Untersuchung der interessanten und vielfältigen chemischen Effekte von Kernreaktionen in festen Körpern ist es wichtig, die Umgebung des von der Kernreaktion betroffenen Atoms — d.d. das Kristallgitter mit seinen Zwischengitterplätzen und Fehlstellen — in die Betrachtung einzubeziehen.

Eine weitere Möglichkeit der Einteilung der Reaktionen, die durch ein heißes Atom hervorgerufen werden, ergibt sich auf Grund der Energie. Man unterscheidet heiße Reaktionen, epithermische Reaktionen und thermische Reaktionen. Heiße Reaktionen werden durch Atome sehr hoher Energie hervorgerufen; sie verlaufen statistisch — d. h. ohne Bevorzugung bestimmter Reaktionspartner oder Bindungen. Epithermische Reaktionen laufen nicht mehr nach den Gesetzen der Statistik ab; sie sind aber im Vergleich zu normalen chemischen Reaktionen ungewöhnlich. Thermische Reaktionen finden bei verhältnismäßig niedrigen Energien statt (< 1 eV) und entsprechen hinsichtlich ihres Verlaufes den bekannten chemischen Reaktionen. Bei heißen und epithermischen Reaktionen werden Ionen und Radikale erzeugt; sie besitzen deshalb große Ähnlichkeit mit den Reaktionen, die unter dem Einfluß ionisierender Strahlung ablaufen (strahlenchemische Reaktionen, vgl. Kapitel 10).

Rückstoß- oder Anregungsenergie bzw. Ionisierungsgrad der als Folge von Kernreaktionen entstehenden heißen Atome entsprechen oft sehr hohen Temperaturen. Diese Atome sind zu heißen Reaktionen befähigt. Weitere Reaktionen im epithermischen und thermischen Bereich sind möglich. Die heißen Atome, die eine hohe Rückstoßenergie besitzen und deshalb unter Sprengung der Bindung fortfliegen, können durch Zusammenstöße eine Kaskade von Reaktionen auslösen, bis ihre kinetische Energie verbraucht ist. Dann können sie im thermischen Bereich weiterreagieren und z. B. nach Substitutionsreaktionen wieder in Form der ursprünglichen chemischen Verbindung vorliegen. Die thermischen Reaktionen sind entscheidend für den chemischen Zustand, in dem das heiße Atom schließlich vorgefunden wird.

Den Bruchteil der durch eine bestimmte Kernreaktion erzeugten Atome, der in Form der vorgelegten chemischen Verbindung wiedergefunden wird, nennt man Retention. Der Begriff der Retention ist für die praktische Behandlung der chemischen Effekte von Kernreaktionen wichtig. Die Retention kann nach dem oben Gesagten entweder dadurch zustande kommen, daß die chemische Bindung bei der Kernreaktion erhalten bleibt (primäre Retention), oder dadurch, daß das heiße Atom nach Spaltung der Bindung durch Substitution oder Rekombination wieder eine neue Bindung eingeht (sekundäre Retention). Die Summe „primäre Retention" + „sekundäre Retention" wird auch als „Gesamtretention" bezeichnet.

9.2. Rückstoßeffekte

Eine mononukleare Reaktion (radioaktiver Zerfall oder Spontanspaltung),

$$A \longrightarrow B + y + \Delta E, \tag{9.3}$$

ist ebenso wie eine binukleare Reaktion,

$$A + x \longrightarrow (C) \longrightarrow B + y + \Delta E, \tag{9.4}$$

oder eine Kernspaltung stets von einem Rückstoßeffekt begleitet. Die Gesamtenergie ΔE der Kernreaktion, die nach den Gln. (5.2) und (5.3) bzw. (8.12) ermittelt werden kann, verteilt sich auf die beiden Reaktionsprodukte:

$$\Delta E = E_1 + E_2. \tag{9.5}$$

Das Nuklid B, das den Rückstoß erhält, geht beim radioaktiven Zerfall direkt aus dem Nuklid A hervor, bei der binuklearen Reaktion

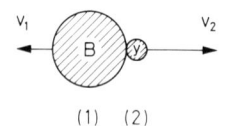

Abb. (9–1) Zerfall eines Nuklids bzw. eines Compound-Kerns (Rückstoßeffekt beim radioaktiven Zerfall).

im allgemeinen aus dem Compound-Kern C. In Abb. (9–1) ist dieser Zerfallsprozeß schematisch aufgezeichnet. Durch Anwendung des Impulssatzes folgt

$$m_1 v_1 = m_2 v_2. \tag{9.6}$$

Wird bei dem Zerfall ein Teilchen emittiert, so erhält man durch Quadrieren und Einsetzen der kinetischen Energie $E = \dfrac{m}{2} v^2$

bzw.
$$m_1 E_1 = m_2 E_2 \qquad (9.7)$$

$$E_1 = \frac{m_2}{m_1} E_2; \qquad (9.8)$$

d. h. die kinetischen Energien verhalten sich umgekehrt wie die Massen.

Wenn die Geschwindigkeit v_2 des Teilchens sehr hoch ist, muß man nach der Relativitätstheorie den Unterschied zwischen seiner bewegten Masse m_2 und seiner Ruhemasse m_2^0 berücksichtigen:

$$m_2 = \frac{m_2^0}{\sqrt{1 - \left(\frac{v_2}{c}\right)^2}}. \qquad (9.9)$$

Die kinetische Energie E_2 von solchen relativistischen Teilchen erhält man aus der Differenz der Gesamtenergie $m_2 c^2$ und der potentiellen Energie, wobei die letztere durch die Ruheenergie $m_2^0 c^2$ gegeben ist:

$$E_2 = m_2 c^2 - m_2^0 c^2. \qquad (9.10)$$

Für nicht relativistische Teilchen geht diese Gleichung über in $E_2 = \frac{m_2}{2} v_2^2$. Aus dem Impulssatz, Gl. (9.6), folgt durch Quadrieren und Einsetzen der kinetischen Energie $E_1 = \frac{m_1}{2} v_1^2$ anstelle von Gl. (9.7) zunächst

$$2 m_1 E_1 = m_2^2 v_2^2.$$

Quadrieren von Gl. (9.9) und Ausmultiplizieren ergibt

$$m_2^2 v_2^2 = m_2^2 c^2 - m_2^{0^2} c^2$$

und Einsetzen in die vorausgehende Gleichung

$$2 m_1 E_1 = m_2^2 c^2 - m_2^{0^2} c^2. \qquad (9.11)$$

Durch Quadrieren von Gl. (9.10) und Auflösen nach $m_2^2 c^2$ erhält man

$$m_2^2 c^2 = \frac{E_2^2}{c^2} + 2 m_2^0 E_2 + m_2^{0^2} c^2$$

und schließlich durch Einsetzen in Gl. (9.11) und Auflösen nach E_1

$$E_1 = \frac{E_2^2}{2 m_1 c^2} + \frac{m_2^0}{m_1} E_2. \qquad (9.12)$$

Rechnet man in Nuklidmassen und setzt die Zahlenwerte für Elektronen ein, so folgt

$$E_1 \text{ (in eV)} = 537 \frac{E_2^2}{M_1} + 549 \frac{E_2}{M_1} = (537 E_2 + 549) \frac{E_2}{M_1}. \qquad (9.13)$$

$$(M_1 \text{ in u}, E_2 \text{ in MeV}).$$

Wird beim radioaktiven Zerfall oder bei einer binuklearen Reaktion ein γ-Quant emittiert, so gilt nach dem Impulssatz

$$m_1 v_1 = \frac{E_\gamma}{c}. \qquad (9.14)$$

Daraus erhält man durch Quadrieren und Einsetzen der kinetischen Energie E_1

$$E_1 = \frac{E_\gamma^2}{2 m_1 c^2} = 537 \frac{E_\gamma^2}{M_1} \text{ eV } [M_1 \text{ in u}, E_\gamma \text{ in MeV}]. \qquad (9.15)$$

Diese Gleichung hat Ähnlichkeit mit Gl. (9.8), wenn man berücksichtigt, daß $\frac{E_\gamma}{c^2} = m_\gamma$ das Massenäquivalent des Photons ist; der Faktor $\frac{1}{2}$ tritt auf, weil das Photon keine Ruhemasse, sondern nur bewegte Masse besitzt.

Um die Anwendung der vorstehenden Gleichungen zu erläutern, werden einige Beispiele behandelt.

1. Beispiel: α-Zerfall

$$^{212}\text{Po (Th C')} \xrightarrow[0,3\,\mu s]{\alpha\,(8,785)} {}^{208}\text{Pb} \qquad (9.16)$$

Die Energie E_2 der emittierten α-Teilchen beträgt $E_2 = 8,785$ MeV. Das Massenäquivalent der Energie der α-Teilchen ist

$$\frac{E_2}{c^2} = \frac{8,785}{931,5} = 0,943 \cdot 10^{-2} \text{ u};$$

das sind nur 0,24% der Ruhemasse. Es genügt deshalb, nach Gl. (9.8) zu rechnen:

$$E_1 \approx \frac{4}{208} \cdot 8,785 = 0,169 \text{ MeV}. \qquad (9.17)$$

Diese Rückstoßenergie ist um viele Größenordnungen höher als die Energie einer chemischen Bindung. Da die Energie des α-Zerfalls im allgemeinen größer ist als 1 MeV, werden primär alle chemischen Bindungen gesprengt.

2. Beispiel: β^--Zerfall

$$^{90}\text{Sr} \xrightarrow[28,6\,a]{\beta^-\,(0,546)} {}^{90}\text{Y} \qquad (9.18)$$

Die Energie der emittierten β^--Teilchen schwankt zwischen dem Wert 0 und der Maximalenergie 0,546 MeV. Gleichzeitig mit dem β^--Teilchen wird ein Antineutrino ausgesandt ($E_{\beta^-} + E_{\bar{v}} = 0,546$ MeV). Die Rückstoßenergie, die das entstehende Y–90 erhält, hängt ab von der Energie des β^--Teilchens und des Antineutrinos sowie von dem Winkel, unter dem beide emittiert werden (vgl. Abb. (9–2)). Die Grenzfälle, daß der Kern keine Rückstoßenergie oder die maximale Rück-

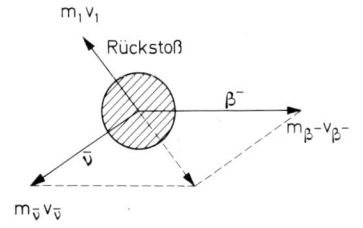

Abb. (9–2) Emission eines β^--Teilchens und eines Antineutrinos beim β^--Zerfall.

stoßenergie $E_1(\text{max})$ erhält, treten sehr selten ein. Das Massenäquivalent der Energie ist für Elektronen verhältnismäßig hoch und kann im allgemeinen nicht vernachlässigt werden. Es beträgt im vorliegenden Fall $E_2(\text{max})/c^2 = 0{,}546/931{,}5 = 0{,}586 \cdot 10^{-3}$ u; das sind 107% der Ruhemasse des Elektrons. Aus Gl. (9.13) folgt für die maximale Rückstoßenergie

$$E_1(\text{max}) = 5{,}11 \text{ eV}. \qquad (9.19)$$

Dieser Wert ist größer als die Energie einer chemischen Bindung. In den meisten Fällen erhält der Kern allerdings nur einen Bruchteil die-

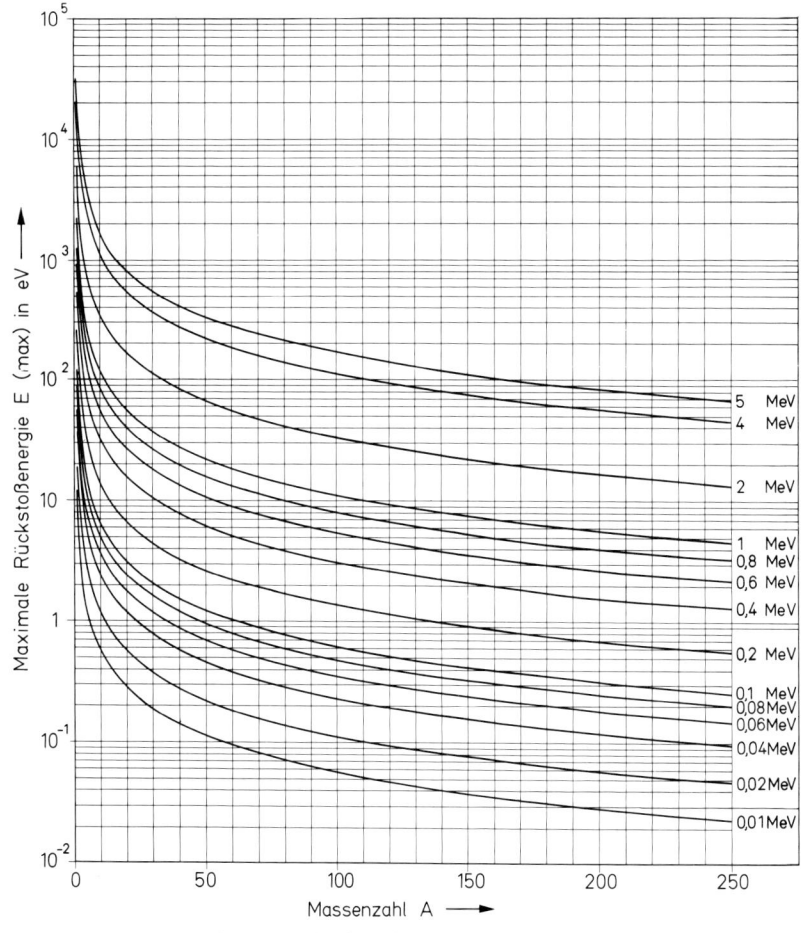

Abb. (9–3) Rückstoßenergie beim β-Zerfall als Funktion der Massenzahl für verschiedene Energien der β-Teilchen.

ser Energie. Wenn β-Strahlung hoher Energie ausgesandt wird, geht deshalb im allgemeinen primär die chemische Bindung entzwei. Besitzt die β-Strahlung dagegen niedrige Energie, so reicht die Rückstoßenergie — insbesondere bei schweren Kernen — nicht zur Spaltung der chemischen Bindung aus.

In Abb. (9–3) ist die maximale Rückstoßenergie beim β-Zerfall als Funktion der Massenzahl A für verschiedene Zerfallsenergien aufgezeichnet.

3. Beispiel: γ-Zerfall — isomere Umwandlung

$$^{80m}Br \xrightarrow[4,4\,h]{I.\,U.\,(0,049;\,0,037)} {}^{80}Br. \qquad (9.20)$$

Wir betrachten nur den Rückstoß infolge der Emission eines γ-Quants mit der Energie 0,049 MeV. Die Rückstoßenergie beträgt in diesem Fall nach Gl. (9.15)

$$E_1 = \frac{(0{,}049)^2}{2 \cdot 79{,}9 \cdot 931{,}5} = 0{,}016 \text{ eV}. \qquad (9.21)$$

Sie reicht nicht zur Spaltung einer chemischen Bindung aus. Dies gilt für alle isomeren Umwandlungen mit geringer Zerfallsenergie.

Wenn der γ-Zerfall in unmittelbarem Anschluß an einen α-Zerfall oder einen β-Zerfall erfolgt, so überlagern sich die Rückstoßeffekte. Dabei addieren sich die Impulse, die der Kern infolge des α-Zerfalls

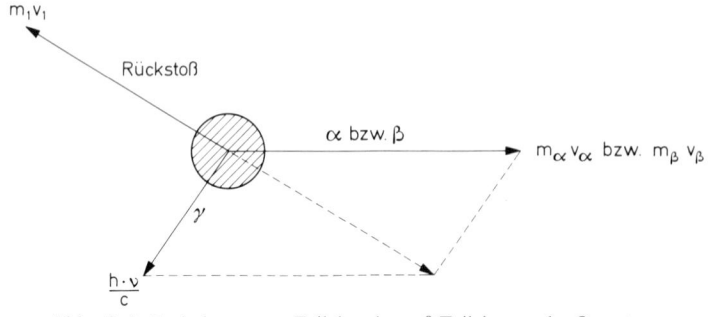

Abb. (9–4) Emission von α-Teilchen bzw. β-Teilchen und γ-Quanten.

bzw. β-Zerfalls und der Emission eines γ-Quants erhält, vektoriell (vgl. Abb. (9–4)). Dasselbe gilt für den Fall, daß mehrere γ-Quanten emittiert werden. Die Überlagerung der Rückstoßeffekte kann zu einer Vergrößerung oder einer Verminderung der infolge des α- bzw. β-Zerfalls auftretenden Rückstoßenergie führen, je nachdem, unter welchen Winkeln die Teilchen bzw. Quanten ausgesandt werden.

In Abb. (9–5) ist die Rückstoßenergie, die ein Kern bei Aussendung eines γ-Quants erhält, als Funktion der Massenzahl aufgetragen. Bei leichten Kernen und hoher Energie der γ-Quanten ist die Rückstoßenergie im allgemeinen größer als die Energie der chemischen Bindung.

4. Beispiel: (n, γ)-Reaktionen

$$^{37}Cl\,(n,\,\gamma)\ ^{38}Cl \qquad (9.22)$$

Die Energie, die bei dieser Kernreaktion frei wird, ist gleich der Bindungsenergie des Neutrons und kann nach Gl. (8.12) bestimmt werden:

$$\Delta E = (36{,}965903 + 1{,}008665 - 37{,}968011) \cdot 931{,}5 \text{ MeV}$$
$$= 6{,}11 \text{ MeV}. \tag{9.23}$$

(Bei Verwendung thermischer Neutronen ist die Energie der Neutronen vernachlässigbar klein.) Die Anregungsenergie wird in Form von einem oder mehreren γ-Quanten abgegeben. Den wesentlichen Teil der Energie erhalten die γ-Quanten; nur ein sehr geringer Anteil wird als Rückstoßenergie auf den Kern übertragen: $E_1 \ll E_\gamma \approx \Delta E$. Nach Gl. (9.15) folgt für die maximale Rückstoßenergie

$$E_1 = \frac{(6{,}11)^2}{2 \cdot 37{,}968 \cdot 931{,}5} = 528 \text{ eV}. \tag{9.24}$$

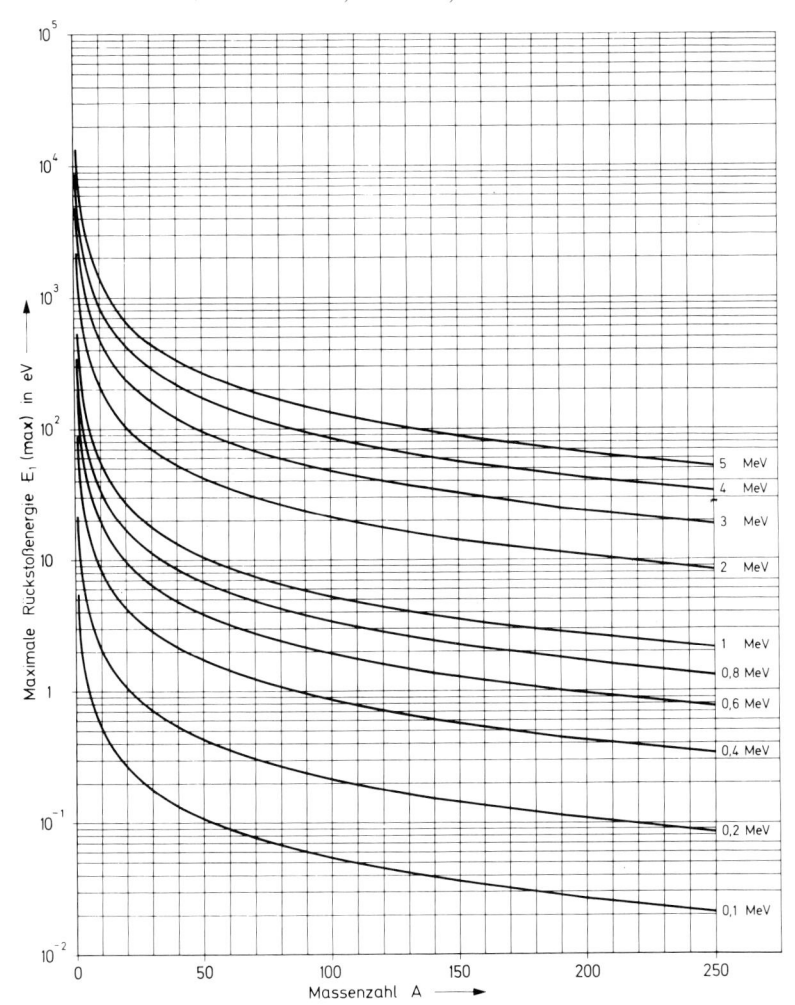

Abb. (9–5) Rückstoßenergie bei der Emission von γ-Quanten verschiedener Energie als Funktion der Massenzahl.

Die Rückstoßenergie ist kleiner, wenn mehrere γ-Quanten in verschiedenen Richtungen emittiert werden. Sie ist jedoch im allgemeinen größer als die Energie einer chemischen Bindung. Man darf also damit rechnen, daß in den meisten Fällen die chemische Bindung primär gesprengt wird. Dies gilt für die meisten (n, γ)-Reaktionen.

Der Rückstoßeffekt bei (n, γ)-Reaktionen hat große praktische Bedeutung. Der Produktkern hat in diesem Falle die gleiche Ordnungszahl wie das vorgelegte Nuklid. Wenn infolge der Emission des γ-Quants die chemische Bindung entzwei geht, ist bei der Aufarbeitung in günstigen Fällen eine Abtrennung des Produktkerns möglich. Reaktionen dieser Art werden als Szilard-Chalmers-Reaktionen bezeichnet; sie werden in Abschnitt 9.6 besprochen.

5. Beispiel: (n, p)-Reaktionen

$$^{14}N\,(n, p)\,^{14}C \qquad (9.25)$$

Nach Gl. (8.12) beträgt die Energie, die bei dieser Kernreaktion frei wird

$$\Delta E = (14{,}003\,074 + 1{,}008\,665 - 14{,}003\,242 - 1{,}007\,825) \cdot 931{,}5\,\text{MeV}$$

$$= 0{,}626\,\text{MeV}. \qquad (9.26)$$

(Die Energie der thermischen Neutronen, welche diese Kernreaktion auslösen, wird wiederum vernachlässigt.) Die Energie ΔE verteilt sich auf die beiden Reaktionsprodukte: $\Delta E = E_1 + E_2$. Aus Gl. (9.8) folgt

$$E_1 = \frac{m_2}{m_1}(\Delta E - E_1) \qquad (9.27)$$

bzw.

$$E_1 = \frac{\Delta E}{\frac{m_1}{m_2} + 1} = \frac{0{,}626}{\frac{14{,}003\,242}{1{,}007\,825} + 1} = 0{,}042\,\text{MeV}$$

$$E_2 = 0{,}584\,\text{MeV}. \qquad (9.28)$$

Das Massenäquivalent der kinetischen Energie des Protons ist $E_2/c^2 = 0{,}584/931{,}5 = 0{,}63 \cdot 10^{-3}\,\text{u}$; das sind nur etwa 0,06% seiner Ruhemasse. Der Unterschied zwischen bewegter Masse und Ruhemasse ist somit vernachlässigbar klein. Die Rückstoßenergie des C–14 (42 keV) ist sehr hoch; ihr hält keine chemische Bindung stand.

In Tabelle 9.1 sind die Rückstoßenergien bei der Emission von α-Teilchen, Protonen, Neutronen, β-Teilchen und γ-Quanten für verschiedene Massenzahlen und verschiedene Energien der emittierten Teilchen zum Vergleich zusammengestellt. Bei der Emission schwerer Teilchen (α-Teilchen, Protonen, Neutronen) ist die Rückstoßenergie stets recht hoch und größer als die Energie der chemischen Bindung.

Tabelle 9.1
Rückstoßenergie bei der Emission von α-Teilchen, Protonen, Neutronen, Elektronen und γ-Quanten

9.2. Rückstoßeffekte

Energie des emittierten Teilchens in MeV	Massenzahl A	Rückstoßenergie			
		α	p bzw. n	β	γ
0,1	10	40 keV	10 keV	6,0 eV	0,54 eV
	50	8 keV	2 keV	1,2 eV	0,11 eV
	100	4 keV	1 keV	0,6 eV	0,05 eV
	200	2 keV	0,5 keV	0,3 eV	0,03 eV
0,3	10	120 keV	30 keV	21,3 eV	4,83 eV
	50	24 keV	6 keV	4,3 eV	0,97 eV
	100	12 keV	3 keV	2,1 eV	0,48 eV
	200	6 keV	1,5 keV	1,1 eV	0,24 eV
1,0	10	400 keV	101 keV	109 eV	53,7 eV
	50	80 keV	20 keV	22 eV	10,7 eV
	100	40 keV	10 keV	11 eV	5,4 eV
	200	20 keV	5 keV	5 eV	2,7 eV
3,0	10	1201 keV	302 keV	648 eV	483 eV
	50	240 keV	60 keV	130 eV	97 eV
	100	120 keV	30 keV	65 eV	48 eV
	200	60 keV	15 keV	32 eV	24 eV
10,0	10	4003 keV	1008 keV	5,92 keV	5,4 keV
	50	800 keV	202 keV	1,18 keV	1,1 keV
	100	400 keV	101 keV	0,59 keV	0,5 keV
	200	200 keV	50 keV	0,30 keV	0,3 keV

Bei der Emission leichter Teilchen (Elektronen, Positronen, γ-Quanten) ist sie um einige Größenordnungen niedriger; sie kann größer oder kleiner sein als die Energie der chemischen Bindung.

Wenn Teilchen hoher Energie als Geschosse für Kernreaktionen verwendet werden, so wird außerdem durch den Einfang dieser Teilchen auf die Kerne des Targets ein Impuls übertragen, dessen Größe nach Gl. (8.13) berechnet werden kann. Die kinetische Energie, die der Kern durch den Einfang des Geschoßteilchens erhält, ergibt sich in Übereinstimmung mit Gl. (8.14) zu

$$E_1 = E_x \left(\frac{M_x}{M_A + M_x} \right) = E_x - E^*. \tag{9.29}$$

So wird beim Einfang eines Neutrons von 1 MeV durch ein N–14-Atom eine kinetische Energie von

$$E_1 \approx \frac{1}{14 + 1} \approx 67 \text{ keV} \tag{9.30}$$

übertragen, die weit größer ist als die Energie einer chemischen Bindung.

9.3. Anregungseffekte

Im folgenden betrachten wir die Anregung, welche die Elektronenhülle als Folge von Kernreaktionen erfährt. Sie kommt durch die Überlagerung verschiedener Effekte zustande. Zum besseren Verständnis kann man diese Effekte folgendermaßen unterteilen:
a) Anregungseffekte infolge des Rückstoßes;
b) Anregungseffekte infolge Änderung der Ordnungszahl;
c) Anregungseffekte infolge von Elektroneneinfang oder innerer Konversion.

Diese Effekte führen zur Ionisierung, Aussendung von Elektronen aus der Elektronenhülle („Auger-Elektronen") und zu Fluoreszenzerscheinungen. Infolge der Anregung sind sekundäre Reaktionen innerhalb des betreffenden Atomverbandes und vielfältige Folgereaktionen der Ionen oder angeregten Moleküle möglich.

Erfährt ein Atomkern infolge einer Kernreaktion einen Rückstoß, so erhebt sich die Frage nach dem Verhalten der Elektronenhülle. Die Elektronen der inneren Schalen werden bevorzugt den Kern begleiten; die Elektronen der äußeren Schalen dagegen — insbesondere die Valenzelektronen — können in mehr oder weniger großem Umfang zurückbleiben. Dies führt zu einer Ionisierung des betreffenden Rückstoßatoms. Auch infolge der Wechselwirkung mit Nachbaratomen kann das Rückstoßatom Elektronen verlieren. Der Umfang der Ionisierung hängt ab von der Rückstoßenergie, der Bindungsfestigkeit der Elektronen, dem Bindungszustand des betreffenden Atoms und dem Aggregatzustand der Substanz. So ist bei hoher Rückstoßenergie auch eine höhere Ionisierung zu erwarten; außerdem wird in einer festen Substanz die Ionisierung eines Rückstoßatoms im allgemeinen höher sein als in einem Gas. Experimentell hat man etwa 1- bis 20-fach positiv geladene Ionen gefunden.

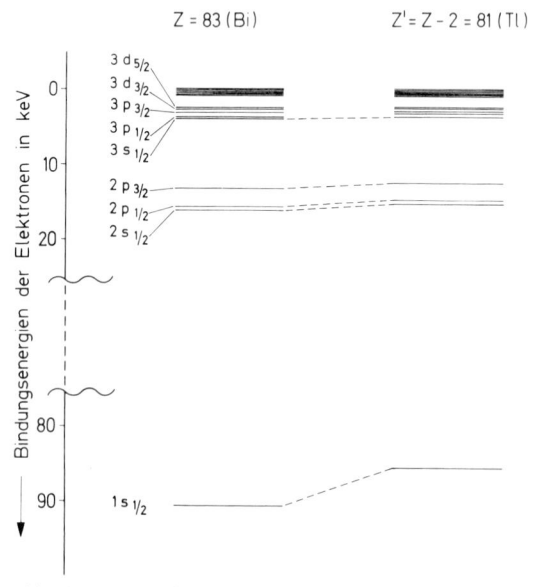

Abb. (9–6) Expansion der Elektronenhülle beim α-Zerfall.

Die Änderung der Ordnungszahl führt ebenfalls zu Anregungseffekten. Beim α-Zerfall erniedrigt sich die Ordnungszahl um 2 Einheiten: $Z' = Z - 2$. Dies bedingt eine Expansion der Elektronenhülle (vgl. Abb. (9–6)), die sich vor allen Dingen im Bereich der inneren Schalen bemerkbar macht. Außerdem sind zwei Elektronen überflüssig geworden. Wie wir in Abschnitt 9.2 feststellten, ist die Rückstoßenergie beim α-Zerfall so hoch, daß primär alle chemischen Bindungen zwischen dem Rückstoßatom und seinen Nachbaratomen gesprengt werden. Die Anregungseffekte infolge Änderung der Ordnungszahl sind deshalb beim α-Zerfall von untergeordneter Bedeutung. Beim β-Zerfall können die Anregungseffekte dagegen eine wesentliche Rolle spielen, insbesondere dann, wenn die Energie der β-Strahlung verhältnismäßig gering ist. Der $β^-$-Zerfall führt zu einer Erhöhung der Ordnungszahl um eine Einheit: $Z' = Z + 1$; dies bedingt eine Kontraktion der Elektronenhülle (vgl. Abb. (9–7)). Außerdem fehlt ein Elektron. Der $β^+$-Zerfall bewirkt die Erniedrigung der Ordnungszahl um eine Einheit: $Z' = Z - 1$, was zu einer Expansion der Elektronenhülle führt.

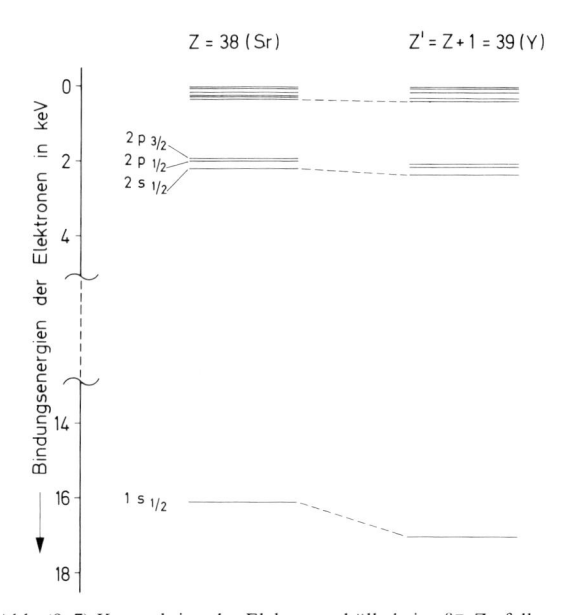

Abb. (9–7) Kontraktion der Elektronenhülle beim $β^-$-Zerfall.

Bei der Expansion der Elektronenhülle (α-Zerfall, $β^+$-Zerfall) müssen die Elektronen aus ihrer Umgebung Energie aufnehmen, um die Energieniveaus des neu entstandenen Atoms zu besetzen. Dieser Fall ist weniger interessant. Bei der Kontraktion der Elektronenhülle dagegen ($β^-$-Zerfall) wird Energie abgegeben; denn die Elektronen befinden sich unmittelbar nach dem $β^-$-Zerfall auf Zuständen höherer Energie, als der neuen Ordnungszahl entspricht — d. h. sämtliche Elektronen der Elektronenhülle sind angeregt. Diese Anregungsenergie der Elektronenhülle ist verhältnismäßig groß. Unmittelbar nach dem $β^-$-Zerfall eines Zinnisotops ($Z = 50$) beträgt sie beispielsweise etwa 107 eV. Sie wird durch Emission von Elektronen aus der Elektronenhülle abgegeben; d. h. als Folge der $β^-$-Umwandlung findet eine

Ionisierung statt. Die aus den verschiedenen Elektronenzuständen emittierten Elektronen werden als „Auger"-Elektronen bezeichnet, in Anlehnung an die Arbeiten des Franzosen AUGER. Nach der Elektronenemission werden die Lücken in den inneren Schalen wieder aufgefüllt. Dabei werden Lichtquanten (charakteristische Röntgenstrahlung oder sichtbare Strahlung) ausgesandt.

Beim β-Zerfall entsteht ein isobares Nuklid, dessen chemische Eigenschaften im allgemeinen von denen des Mutternuklids verschieden sind. (Eine Ausnahme bilden die Lanthaniden und ein Teil der Actiniden.) Wenn die Bindung zu den Nachbaratomen durch den Rückstoß nicht entzweigegangen ist, so befindet sich das Tochternuklid zwar noch am gleichen Ort, aber in einem Bindungszustand, der ihm meistens „chemisch fremd" ist. Beispiele dafür sind

$$^{14}CH_3 - CH_3 \xrightarrow[5736a]{\beta^- (0,156)} (^{14}NH_3 - CH_3)^+$$

$$\swarrow \text{oder} \searrow \quad (9.31)$$

$$^{14}NH_3 + CH_3^+ \qquad ^{14}NH_2^+ + CH_4$$

$$^{35}SO_2Cl_2 \xrightarrow[87,2\,d]{\beta^- (0,167)} (^{35}ClO_2Cl_2)^+$$

$$\swarrow \text{oder} \searrow \quad (9.32)$$

$$^{35}ClO_2^+ + Cl_2 \qquad ^{35}ClO_2 + Cl_2^+$$

Nur selten befindet sich das durch β^--Zerfall entstandene Tochternuklid in einem chemisch stabilen Zustand:

$$^{212}Pb^{2+} \xrightarrow{\beta^-} {}^{212}Bi^{3+} \qquad (9.33)$$

$$^{14}CO \xrightarrow{\beta^-} {}^{14}NO^+ \qquad (9.34)$$

Hinsichtlich der Lebensdauer des durch Änderung der Ordnungszahl verursachten angeregten Zustandes kann man den isothermen und den adiabatischen Zerfall diskutieren. Beim isothermen Zerfall würde die Anpassung der Elektronen an die neue Ordnungszahl so rasch erfolgen, daß die chemische Bindung nicht beeinflußt wird; d.h. es entstünde praktisch momentan ein Tochternuklid im Grundzustand. Beim adiabatischen Zerfall wird die Anregungsenergie auf alle Elektronen übertragen; d.h. es entsteht ein Tochternuklid im angeregten Zustand, der eine endliche Lebensdauer hat. Alle bisherigen experimentellen Ergebnisse sprechen für den adiabatischen Zerfall. So wurden in chemisch inerten Systemen (Edelgase) etwa 10^{-6} s nach dem radioaktiven Zerfall Röntgenstrahlen oder sichtbares Licht gemessen. Diese Zeit entspricht der Lebensdauer des angeregten Zustandes. Beim Zerfall von Kr–85 wurden 79,2% des entstandenen

Rb–85 als Rb$^+$-Ionen, 10,9% als Rb^{2+}-Ionen und außerdem höhere Ionen bis Rb^{10+} gefunden. Dies spricht ebenfalls für den adiabatischen Zerfall. Beim Zerfall von ^{3}HH entsteht zu 90% ^{3}HeH$^+$. Für die Bildung dieser Ionen können Rückstoßeffekte nicht verantwortlich sein; denn die maximale Rückstoßenergie beträgt nur 0,82 eV, die Ionisierungsenergie des ^{3}HeH aber etwa 2 eV. Durch diese Versuchsergebnisse ist sichergestellt, daß die Änderung der Ordnungszahl tatsächlich zur Bildung von Ionen bzw. angeregten Zuständen führt.

Die hier beschriebenen Effekte, die durch die Änderung der Ordnungszahl verursacht werden, treten bei der Emission neutraler Teilchen (z. B. γ-Quanten) nicht auf.

Im Falle des Elektroneneinfangs (Symbol ε) und der inneren Konversion findet ebenfalls eine Anregung statt. In beiden Fällen verschwindet ein Elektron aus einer inneren Schale; die entstehende Lücke wird unter Aussendung charakteristischer Röntgenstrahlung durch ein Elektron aus einer höheren Schale aufgefüllt. Durch inneren Photoeffekt können weitere Elektronen emittiert werden. Im Endergebnis fehlt mindestens ein Elektron. Dies kann zum Bruch der chemischen Bindung führen. Der Elektroneneinfang ist stets mit einer Änderung der Ordnungszahl verknüpft: $Z' = Z - 1$; man kann deshalb nicht unterscheiden, ob die beobachteten chemischen Effekte auf der Expansion der Elektronenhülle infolge Änderung der Ordnungszahl oder auf dem Verschwinden eines Elektrons beruhen. Bei der inneren Konversion dagegen bleibt die Ordnungszahl erhalten. Die in diesem Falle beobachteten chemischen Effekte beruhen entweder auf dem Rückstoß oder auf dem Verschwinden eines Elektrons. Ein eingehend untersuchtes Beispiel ist die isomere Umwandlung des ^{80m}Br:

$$^{80m}\text{Br} \xrightarrow{\text{I. U. } (0{,}049;\, 0{,}037)} {}^{80}\text{Br} . \tag{9.35}$$

Die Energie dieser Umwandlung beträgt nur 49 bzw. 37 keV. Im ersten Fall beträgt der Konversionskoeffizient etwa 1,6, im zweiten Fall etwa 300. Die Rückstoßenergie bei der Aussendung eines γ-Quants von 49 keV haben wir bereits im vorausgehenden Abschnitt berechnet (Gl. (9.21)); sie beträgt nur 0,016 eV. Diese Energie reicht zum Beispiel nicht aus zur Sprengung einer C–Br-Bindung (247 kJ/mol $\mathrel{\hat=}$ $\mathrel{\hat=}$ 2,6 eV). Für die Rückstoßenergie bei der Aussendung eines K-Elektrons berechnet man 0,43 eV und bei der Aussendung eines L-Elektrons 0,58 eV. Auch diese Energiebeträge genügen nicht zur Spaltung einer C–Br-Bindung. Tatsächlich beobachtet man aber, daß diese Bindung bei der isomeren Umwandlung des ^{80m}Br aufbricht. Schüttelt man nämlich beispielsweise Butylbromid, das ^{80m}Br enthält, mit Wasser, so findet man den Hauptteil des ^{80}Br ($t_{1/2} = 17$ min) — frei von dem isomeren ^{80m}Br ($t_{1/2} = 4{,}4$ h) — in der wässrigen Phase. Ähnliche Experimente wurden mit anderen Verbindungen ausgeführt; dabei wurden die in Tabelle 9.2 zusammengestellten Werte erhalten. Daraus muß man schließen, daß die innere Konversion zum Bruch der Bindung führt. Interessant ist, daß im Falle des festen Ammoniumhexabromoplatinat(IV) die Bindung erhalten bleibt. Bei dieser Kom-

Tabelle 9.2
Spaltung der Bindung bei der inneren Konversion des ^{80m}Br

Bestrahlte Substanz	Anteil an freiem Brom in %	Retention in %
HBr (Gas)	75	25
CF_3Br (Gas)	99	1
CH_3Br (Gas)	94	6
$CH_3Br + Br_2$ (fl.)	94	6
CCl_3Br (Gas)	93	7
$CCl_3Br + Br_2$ (fl.)	87	13
$C_6H_5Br + Br_2$ (fl.)	87	13
$[Co(NH_3)_5Br]^{++}$ (aq.)	100	0
$[Co(NH_3)_5Br](NO_3)_2$ (fest)	86	14
$[PtBr_6]^{--}$ (aq.)	47	53
$(NH_4)_2[PtBr_6]$ (fest)	0	100

plexverbindung wird im festen Zustand vermutlich das fehlende Elektron genügend rasch ergänzt.

Wie wir gesehen haben, treten bei folgenden Umwandlungen Lücken in den inneren Elektronenschalen auf: β^--Zerfall, Elektroneneinfang und innere Konversion. Die Lücken werden durch Elektronen aus einer höheren Schale aufgefüllt; dabei wird charakteristische

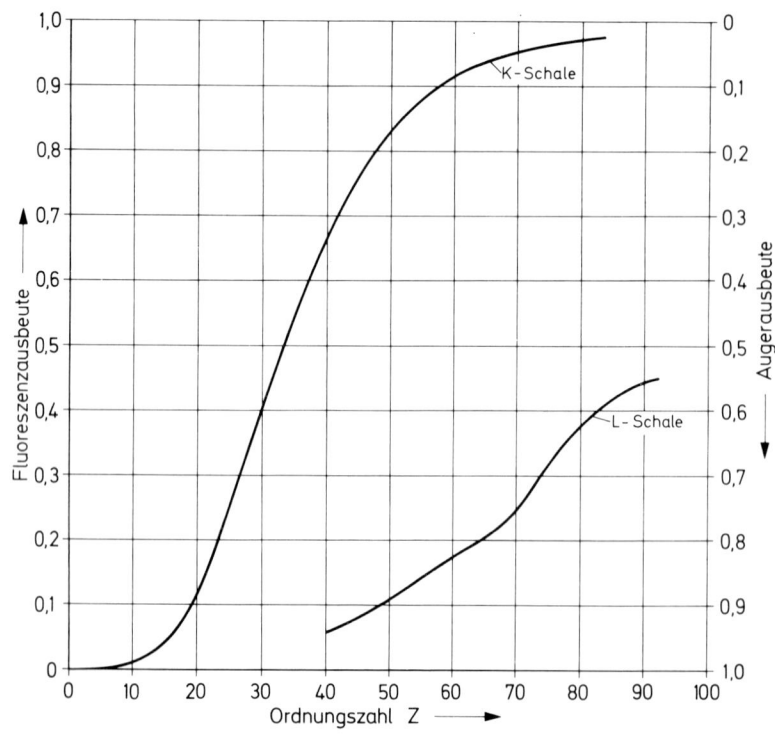

Abb. (9–8) Fluoreszenzausbeute ω und „Auger"-Ausbeute $1-\omega$ als Funktion der Ordnungszahl für die K- und L-Schale. Nach E. H. S. BURSHOP: The Auger Effect and other Radiationless Transitions. Cambridge University Press, London 1952.

Röntgenstrahlung ausgesandt. Die Photonen mit der Energie $E = h\nu$ können durch einen inneren Photoeffekt bzw. Comptoneffekt ihre Energie bzw. einen Teil ihrer Energie an Elektronen in einer höheren Schale abgeben. Diese Elektronen verlassen als „Auger"-Elektronen das Atom. Die entstandene Lücke wird durch ein Elektron aus einer höheren Schale besetzt; dabei wird ein Photon ausgesandt. Diese Emission von Photonen bezeichnet man als innere Fluoreszenz. Das Photon kann wiederum durch einen Photoeffekt ein „Auger"-Elektron freimachen usw. Das Verhältnis der Anzahl der „Auger"-Elektronen zu der Anzahl der Photonen ist abhängig von der Ordnungszahl. Als Fluoreszenzausbeute ω_K der K-Schale bezeichnet man die Anzahl der K-Röntgen-Quanten, die pro Elektronenlücke der K-Schale emittiert werden, und als „Auger"-Ausbeute die Differenz $1 - \omega_K$ (vgl. Abschnitt 7.1.2). Fluoreszenzausbeute und „Auger"-Ausbeute sind als Funktion der Ordnungszahl in Abb. (9–8) aufgezeichnet. Das Ergebnis des „Auger"-Effekts ist stets eine Ionisierung des betreffenden „heißen" Atoms. Zum Beispiel findet man als Folge der isomeren Umwandlung von Xe–131m Ionen, die im Mittel eine 8,5fache positive Ladung tragen.

9.4. Gase und Flüssigkeiten

Sowohl in Gasen als auch in Flüssigkeiten sind die Moleküle frei beweglich. In Gasen ist der Abstand zu den Nachbarmolekülen verhältnismäßig groß (sofern der Druck nicht zu hoch ist), so daß wir nur die Bindungskräfte innerhalb des Moleküls berücksichtigen müssen. In Abb. (9–9) ist schematisch ein Molekül dargestellt, das aus dem von

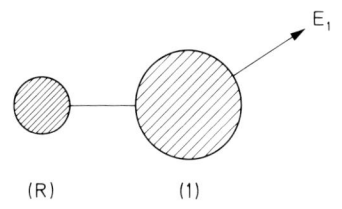

Abb. (9–9) Beanspruchung der Bindung zwischen einem Rückstoßatom (1) und einem Rest (R).

der Kernreaktion betroffenen Atom 1 und dem Rest R besteht. Die Wirkung des Rückstoßes auf die Bindung ist abhängig von seiner Richtung und der Trägheit des Restes R. Wir betrachten den einfacheren Fall, daß der Rückstoß nicht in Richtung auf den Rest R erfolgt, und teilen die Rückstoßenergie E_1 des Atoms 1 auf in die kinetische Energie, die das Molekül erhält, und in die Beanspruchung der Bindung E_B:

$$E_1 = E_B + \frac{m_1 + m_R}{2} v_s^2. \quad (9.36)$$

v_s ist die Geschwindigkeit des Molekülschwerpunktes. Nach dem Impulssatz ist

$$(m_1 + m_R) v_s = m_1 v_1. \quad (9.37)$$

Daraus folgt

$$v_s^2 = \frac{(m_1 v_1)^2}{(m_1 + m_R)^2} = \frac{2 m_1 E_1}{(m_1 + m_R)^2} \qquad (9.38)$$

und durch Einsetzen in Gl. (9.36)

$$E_1 = E_B + \frac{m_1 E_1}{m_1 + m_R} \qquad (9.39)$$

bzw.

$$E_B = E_1 \left(1 - \frac{m_1}{m_1 + m_R}\right) = E_1 \frac{m_R}{m_1 + m_R}. \qquad (9.40)$$

Die Beanspruchung der Bindung ist also um so größer, je größer die Masse des Restes R ist. Ein leichter Rest besitzt geringe Trägheit und fliegt eher mit dem Rückstoßatom mit.

Diese modellmäßige Behandlung läßt sich näherungsweise auch auf Flüssigkeiten übertragen. Für eine genauere Rechnung muß jedoch die Wechselwirkung des Restes R mit den Nachbarmolekülen (z. B. mit Solvatmolekülen) berücksichtigt werden, die zu einer scheinbaren Vergrößerung von m_R, d. h. zu einer größeren Trägheit des Restes führt. Das bedeutet aber eine größere Beanspruchung der Bindung, als man nach Gl. (9.40) berechnet. Im Grenzfall ist der Rest R durch Bindungskräfte so stark in der Umgebung verankert, daß $m_R \gg m_1$ wird. Dann wirkt sich die gesamte Rückstoßenergie auf die chemische Bindung aus: $E_B \approx E_1$. Dieser Grenzfall liegt näherungsweise in den meisten Festkörpern vor.

Erfolgt der Rückstoß in Richtung auf den Rest R, so kann durch unelastischen Stoß ein Teil der kinetischen Energie E_1 des Rückstoßatoms in Anregungsenergie des Atoms 1 und des Restes R (E_1^* bzw. E_R^*) umgewandelt und ein weiterer Teil in Form von kinetischer Energie an den Rest R übertragen werden, so daß nunmehr gilt

$$E_1' + E_R = E_1 - E_1^* - E_R^*. \qquad (9.41)$$

(E_1' und E_R sind die kinetischen Energien des Atoms 1 bzw. des Restes R nach dem Stoß). Für die Beanspruchung der Bindung durch den Rückstoßeffekt ist es wichtig, wie groß E_1' und E_R nach dem Zusammenstoß sind.

Hinsichtlich der Anregungseffekte gelten die allgemeinen Überlegungen des vorausgehenden Abschnitts; exakte Berechnungen sind in den meisten Fällen nicht möglich.

Untersuchungen über die chemischen Effekte von Kernreaktionen in Gasen werden bevorzugt mit einem Massenspektrometer ausgeführt, in dem die Bruchstücke der Moleküle sortiert werden können. Zum Beispiel findet man beim radioaktiven Zerfall von Tritium in Ethan zu etwa 80% Ethylionen:

$$C_2H_5T \xrightarrow[12{,}346\,a]{\beta^-\,(0{,}0186)} (C_2H_5\,{}^3He)^+ \longrightarrow C_2H_5^+ + {}^3He. \qquad (9.42)$$

In etwa 20% der Zerfallsprozesse entstehen andere Bruchstücke des Ethanmoleküls. Die Rückstoßenergie reicht zur Spaltung der chemischen Bindung nicht aus. Die Bildung der Molekülbruchstücke muß deshalb auf die Anregungsenergie infolge des Zerfalls zurückgeführt werden.

Die isomere Umwandlung des Br–80m in Methylbromid führt einerseits zu einem Spektrum von positiv geladenen Bromionen (Br^+ bis Br^{13+}, Maximum der Ladung bei Br^{7+}) und andererseits zu verschiedenen Bruchstücken des Methylbromids (25% CH_3Br^+, 50% CH_3^+, 4% CH_2^+, 5% CH^+, 6% C^+ und andere).

In Abb. (9–10) ist die Ladungsverteilung aufgezeichnet, die beim β^--Zerfall des Xe–133

$$^{133}Xe \xrightarrow[5{,}3\,d]{\beta^-\,(0{,}35)} {}^{133}Cs \qquad (9.43)$$

9.4. Gase und Flüssigkeiten

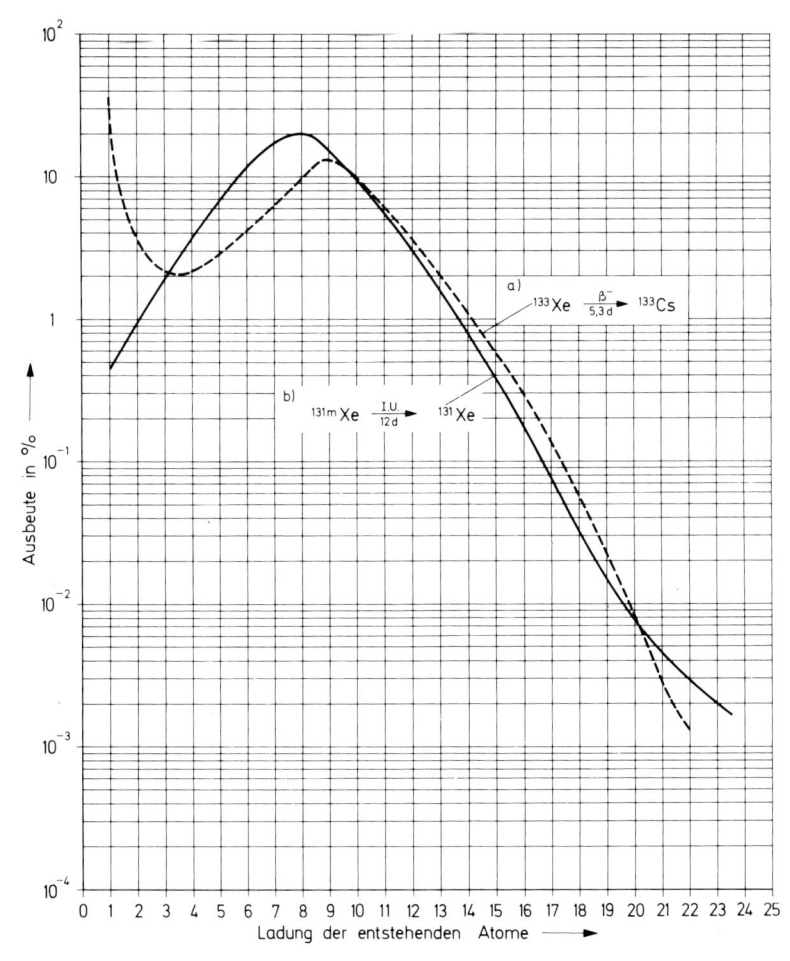

Abb. (9–10) Ladungsverteilung a) beim β^--Zerfall des Xe–133 b) bei der isomeren Umwandlung des Xe–131m. Nach A. H. SNELL, F. PLEASONTON u. T. A. CARLSON: Proceedings Series, Chemical Effects of Nuclear Transformations, Vol. I. IAEA Vienna 1961, S. 147.

und bei der isomeren Umwandlung des Xe–131m

$$^{131m}Xe \xrightarrow[12\,d]{I.\,U.\,(0{,}164)} {}^{131}Xe \qquad (9.44)$$

gefunden wird. β^--Zerfall und isomere Umwandlung führen zu einem ähnlichen Spektrum von Ionen; die Bildung dieser Ionen ist in erster Linie auf die Anregungsenergie zurückzuführen.

Interessant ist auch die Beobachtung, daß beim Zerfall des an der Seitenkette tritierten Toluols einerseits und des am Kern tritierten Toluols andererseits sehr ähnliche Spektren erhalten werden; dies deutet man durch die Annahme, daß in beiden Fällen intermediär ein angeregtes Tropyliumion entsteht:

$$\begin{array}{c} \text{(Reaktionsschema Toluol} \to \text{Tropyliumion} \to C_7H_5^+ + H_2,\ C_5H_5^+ + C_2H_2,\ C_4H_4^+ + C_3H_3,\ C_3H_3^+ + C_4H_4 + {}^3He) \end{array} \qquad (9.45)$$

Die chemischen Effekte von Kernreaktionen in Flüssigkeiten wurden insbesondere an Alkylhalogeniden eingehend untersucht. Das erste Beispiel beschrieben bereits 1934 SZILARD und CHALMERS. Sie bestrahlten Ethyliodid mit Neutronen und konnten durch Extraktion mit wässeriger schwefliger Säure etwa die Hälfte des durch die Kernreaktion

$$^{127}I\,(n,\gamma)\,{}^{128}I \qquad (9.46)$$

gebildeten ^{128}I ($t_{1/2} = 25$ min) abtrennen. Varianten dieser Reaktionen sind (d, p)-, $(n, 2n)$- und (γ, n)-Reaktionen, die etwa zu dem gleichen Ergebnis führen; stets kann durch Extraktion mit Wasser ein wesentlicher Teil des radioaktiven Iods abgetrennt werden. Bei den (n, γ)-Reaktionen entsteht primär ein ^{128}I-Rückstoßatom, das infolge des Rückstoßes und der Anregung als heißes Atom das Ethyliodidmolekül, in dem es gebunden war, verläßt:

$$C_2H_5{}^{127}I\,(n,\gamma) \xrightarrow[\text{und Anregung}]{\text{Rückstoß}} [C_2H_5{}^{128}I] \longrightarrow \cdot C_2H_5 + {}^{128}I \qquad (9.47)$$

Die Folgereaktionen bestehen darin, daß das heiße Atom durch Zusammenstöße verschiedene Molekülbruchstücke erzeugt und dabei schrittweise seine hohe Energie verliert, bis es sich schließlich „abgekühlt" hat und im thermischen Bereich mit Molekülen oder Molekülbruchstücken reagieren kann. Die infolge der Zusammenstöße gebildeten Molekülbruchstücke sind sehr schwer nachweisbar, da sie nur in kleinen Konzentrationen vorliegen und nicht markiert sind. Die Reaktionsprodukte, die das radioaktive ^{128}I enthalten, können dagegen mit großer Empfindlichkeit bestimmt werden. Als Folgereaktionen des weitgehend „abgekühlten" Rückstoßatoms kommen in erster Linie die folgenden Reaktionen in Betracht:

$$C_2H_5{}^{127}I + {}^{128}I\cdot \longrightarrow C_2H_5\cdot + {}^{128}I\cdot + {}^{127}I\cdot \quad (9.48)$$
$$^{127}I\cdot + {}^{128}I\cdot \longrightarrow {}^{127}I{}^{128}I \quad (9.49)$$
$$C_2H_5\cdot + {}^{128}I\cdot \longrightarrow C_2H_5{}^{128}I \quad (9.50)$$
$$C_2H_5{}^{127}I + {}^{128}I\cdot \longrightarrow C_2H_5{}^{128}I + {}^{127}I\cdot \quad (9.51)$$

Andere mögliche Folgereaktionen sind weniger wahrscheinlich, z. B.

$$C_2H_5{}^{127}I + {}^{128}I\cdot \longrightarrow CH_2{}^{128}ICH_2{}^{127}I + H\cdot \quad (9.52)$$
$$C_2H_5{}^{127}I + {}^{128}I\cdot \longrightarrow CH_3CH{}^{127}I{}^{128}I + H\cdot \quad (9.53)$$

Die Reaktion (9.49) führt zur Bildung von freiem Iod, das extrahiert werden kann, während bei den Reaktionen (9.50) und (9.51) ^{128}I-markiertes Ethyliodid entsteht. Diesen Anteil bezeichnet man als Retention (vgl. Abschn. 9.1). Die Reaktionen (9.52) und (9.53) liefern verschiedene Substitutionsprodukte, die gaschromatographisch getrennt werden können. Als Folge einer Kernreaktion entsteht im allgemeinen eine Vielzahl von Reaktionsprodukten, die zwar identifiziert, hinsichtlich ihrer Entstehung aber nicht im einzelnen verfolgt werden können. Aussagen über die Folgereaktionen sind nur auf Grund der gefundenen Reaktionsprodukte möglich.

Die von SZILARD und CHALMERS beschriebene Reaktion mit Ethyliodid hat große praktische Bedeutung gewonnen, weil damit erstmals die Möglichkeit der Abtrennung eines durch (n, γ)-Reaktion erzeugten isotopen Radionuklids demonstriert wurde. Solche Abtrennungen isotoper Nuklide auf der Grundlage chemischer Effekte von Kernreaktionen werden deshalb als Szilard-Chalmers-Reaktionen bezeichnet. Die Besonderheit dieser Szilard-Chalmers-Reaktionen besteht darin, daß das abgetrennte Radionuklid eine sehr viel höhere spezifische Aktivität besitzt als die bestrahlte Substanz. Man nutzt deshalb diese Effekte aus zur Gewinnung von Radionukliden hoher spezifischer Aktivität (vgl. Abschn. 9.6). In Tab. 9.3 sind weitere Beispiele für die chemischen Effekte von Kernreaktionen in organischen Halogeniden aufgeführt.

Bei der Untersuchung der Folgereaktionen, die durch heiße Atome ausgelöst werden, besitzt die Methode der Radikalfänger (Scavenger-Technik) große Bedeutung. Man setzt in diesem Falle kleine Mengen reaktionsfähiger Verbindungen zu, die bevorzugt mit den infolge der Kernreaktion freigesetzten Atomen oder Radikalen reagieren können. Die heißen Reaktionen werden durch solche Radikalfänger wenig beeinflußt, weil diese Reaktionen wegen der hohen Energie ohne Rücksicht auf die chemischen Eigenschaften der Reaktionspartner nach den

Bestrahlte Substanz	Mit H$_2$O extrahiert	In der org. Phase	Retention	Substitutions-produkte
CH$_3$I (15 °C)	43%	57%	46%	11% als CH$_2$I$_2$
CH$_3$I (−195 °C)	44%	49%*)	45%	11% als CH$_2$I$_2$
CH$_2$Br$_2$	43%	64%*)	43%	14% als CHBr$_3$
CHBr$_3$	34%	69%*)	47%	19% als CBr$_4$
C$_6$H$_5$Cl	50%	50%	35%	15% als C$_6$H$_4$Cl$_2$

*) Abweichung von 100% in der Summe durch Meßfehler bedingt.

Werte aus:
E. Glückauf, J. Fay: J. chem. Soc. [London] **1936**, 390.

Gesetzen der Statistik ablaufen. Im Bereich der thermischen Reaktionen kommt die Selektivität des Radikalfängers dagegen voll zur Geltung. Auf diese Weise kann man heiße Reaktionen und thermische Reaktionen unterscheiden. Ein Beispiel ist die Bestrahlung von Brombenzol in Gegenwart von kleinen Zusätzen an Anilin (Tab. 9,4). Bereits kleine Mengen an Anilin bewirken eine deutliche Erhöhung der Ausbeute an abtrennbarem radioaktivem Brom.

Tabelle 9.4
Einfluß von Anilin als Radikalfänger (Scavenger) bei der Bestrahlung von C$_6$H$_5$Br

Anilinzusatz in %	Ausbeute an ^{80}Br bei der Extraktion mit 1,5 n HCl in %
0	30
0,25	45
1	63
4	76

Werte aus:
C. Lu, S. Sugden: J. chem. Soc. [London] **1939**, 1273.

9.5. Festkörper

Die Besonderheiten der Festkörper im Hinblick auf die chemischen Effekte bei Kernreaktionen bestehen darin, daß die Moleküle bzw. Ionen nicht frei beweglich sind. Sie sind meistens so fest in dem Kristallgitter verankert, daß die Masse m_R des Restes, der durch chemische Bindungen mit dem Rückstoßatom verknüpft ist, gegenüber m_1 als unendlich groß angesehen werden kann. Dann wirkt sich nach Gl. (9.40) die gesamte Rückstoßenergie E_1 des Rückstoßatoms auf die chemische Bindung aus:

$$E_B \approx E_1. \tag{9.54}$$

Im Verlauf der Folgereaktionen erzeugt das heiße Rückstoßatom durch Zusammenstöße Fehlstellen; Ionen, Atome oder Molekülbruchstücke werden auf Zwischengitterplätze befördert. Schließlich kommt das Rückstoßatom auf einem Gitterplatz oder einem Zwischengitterplatz zur Ruhe. Diese Folgereaktionen sind für einen einfachen Kristall (z. B. ein Metall) in Abb. (9–11) schematisch darge-

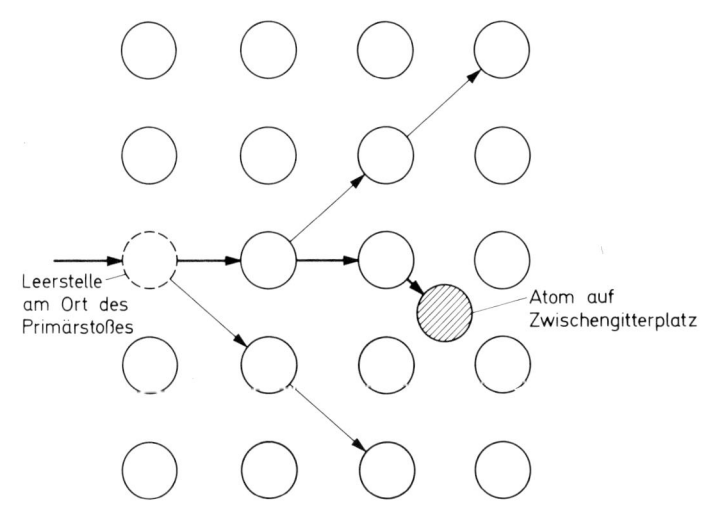

Abb. (9–11) Erzeugung von Fehlstellen durch ein Rückstoßatom (schematisch).

stellt. Die Reichweite der Rückstoßatome hängt von der Energie und der Masse der Rückstoßkerne sowie der Dichte der Substanz ab. In Abb. (9–12) ist die Reichweite in Aluminium aufgetragen. Bei (n, γ)-Reaktionen ist die Rückstoßreichweite sehr klein (etwa 0,5–5 nm); bei (n, α)-, (n, p)-, (d, p)- und (γ, n)-Reaktionen ist sie sehr viel größer (etwa 50–1000 nm). Durch die Fehlstellen werden Veränderungen im Festkörper hervorgerufen (z. B. erhöhte Leitfähigkeit, Volumenvergrößerung, erhöhte chemische Reaktionsfähigkeit). Aus diesem Grunde besitzen die Effekte von Kernreaktionen in Festkörpern großes Interesse.

Nach der Erzeugung von Fehlstellen im Festkörper sind die Folgereaktionen zunächst unterbrochen. Reaktionsfähige Atome oder Molekülbruchstücke können erst dann weiterreagieren, wenn sie infolge von Diffusionsvorgängen mit anderen reaktionsfähigen Teilchen zusammentreffen oder wenn der Festkörper aufgelöst wird. Die sekundäre Retention ist damit in hohem Maße abhängig von der Nachbehandlung des Festkörpers. So kann durch Erwärmen (erhöhte Diffusionsgeschwindigkeit) die Rekombination der Bruchstücke beschleunigt werden; man spricht in diesem Falle von einer thermischen Ausheilung. Die Ausheilung (englisch „annealing") kann aber auch durch Aufbewahrung bei Raumtemperatur oder durch Belichtung bzw. Bestrahlung mit γ-Quanten oder Elektronen erfolgen (Strahlungsausheilung). Sie führt meist zu einem Anstieg der Retention, manchmal

9. Chemische Effekte von Kernreaktionen

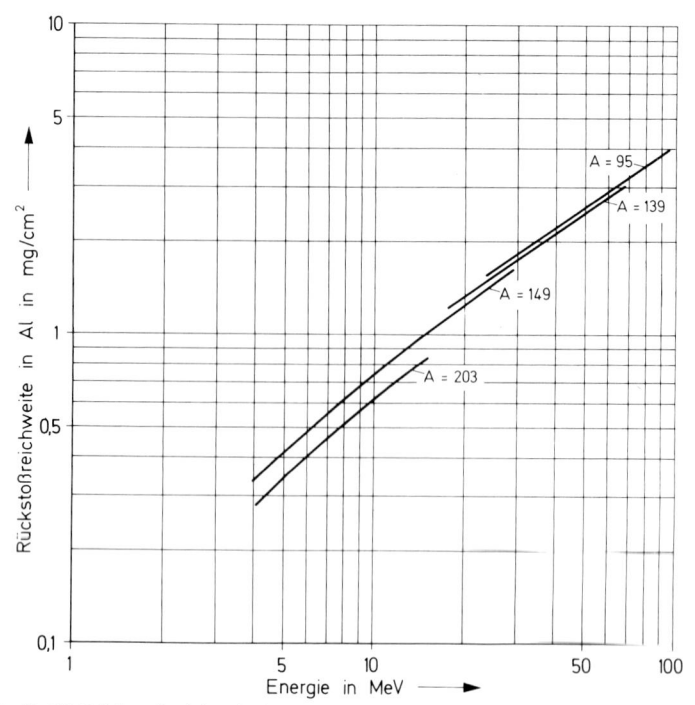

Abb. (9–12) Rückstoßreichweite in Aluminium als Funktion der Energie und Massenzahl. Nach J. ALEXANDER u. M.F. GAZDIK: Phys. Rev. **120**, 874 (1960); B.G. HARVEY: Ann. Rev. Nucl. Sci. **10**, 235 (1960).

auch zu einer Abnahme. In Abb. (9–13) ist als Beispiel die thermische Ausheilung von Ammoniumsulfat als Funktion der Zeit aufgetragen.

Bei der Auflösung eines bestrahlten Festkörpers können die reaktionsfähigen Atome oder Molekülbruchstücke sowohl untereinander als auch mit dem Lösungsmittel reagieren. Durch Analyse der Reaktionsprodukte stellt man stets nur die Endprodukte der Folgereaktionen fest. Aussagen über die Zwischenprodukte, die als Folge der Kern-

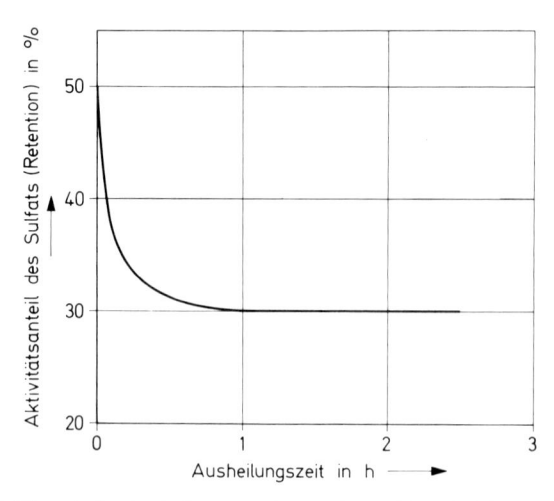

Abb. (9–13) Thermische Ausheilung von Ammoniumsulfat; Aktivitätsanteil an Sulfat (Retention) als Funktion der Ausheilungszeit (180 °C).

reaktionen entstehen, sind recht unsicher, solange die Zwischenprodukte nicht direkt identifiziert werden können. Da die Zwischenprodukte im allgemeinen nur in sehr niedrigen Konzentrationen vorliegen, versagen auch die meisten spektroskopischen Methoden. Erfolgversprechend ist in bestimmten Fällen die Anwendung des Mössbauer-Effekts auf die Untersuchung des chemischen Zustandes der durch Kernreaktionen erzeugten Rückstoßkerne, weil sich diese Methode durch hohe Empfindlichkeit auszeichnet.

Tabelle 9.5
Übersicht über die bei Kernreaktionen gefundenen radioaktiven Reaktionsprodukte

Bestrahlte Substanz	Kernreaktion	Reaktionsprodukte
Perchlorate	$^{37}Cl(n,\gamma)^{38}Cl$	ClO_3^-, Cl^-
Periodate	$^{127}I(n,\gamma)^{128}I$	I^-, IO_3^-
Chlorate	$^{37}Cl(n,\gamma)^{38}Cl$	Cl^-
Bromate	$^{79}Br(n,\gamma)^{80m}Br$ $^{81}Br(n,\gamma)^{82}Br$	Br^-, Br_2
Iodate	$^{127}I(n,\gamma)^{128}I$	I^-
Sulfate	$^{34}S(n,\gamma)^{35}S$	S, SO_3^{--}, S^{--}
Phosphate	$^{31}P(n,\gamma)^{32}P$	PO_3^- u. a.
Permanganate	$^{55}Mn(n,\gamma)^{56}Mn$	Mn^{2+} (MnO_2)
Chromate	$^{50}Cr(n,\gamma)^{51}Cr$	Cr^{3+} (mono-, bi- und polynuklear)
Ferrocen	$^{58}Fe(n,\gamma)^{59}Fe$ $^{54}Fe(n,\gamma)^{55}Fe$	Fe^{2+}
Kupferphthalocyanin	$^{63}Cu(n,\gamma)^{64}Cu$	Cu^{2+}
Kobalthexaminkomplexe	$^{59}Co(n,\gamma)^{60}Co$	Co^{2+} und Kobaltaminkomplexe
Arsenate	$^{75}As(n,\gamma)^{76}As$	AsO_3^{3-}
Chloride	$^{35}Cl(n,p)^{35}S$	S, S^{--}, SO_3^{--}, SO_4^{--}

Werte aus:
H. MÜLLER: Angew. Chem. **79**, 132 (1967)

Besonders interessant im Hinblick auf die Möglichkeit der chemischen Trennung ist das Verhalten von solchen Atomen, die in verschiedenen Wertigkeitsstufen vorkommen können oder als stabile Komplexverbindungen vorliegen. Man findet stets nach der Bestrahlung und Aufarbeitung einen wesentlichen Teil der durch Kernreaktionen entstandenen Radionuklide in einer anderen (meist niedrigeren) Oxidationsstufe bzw. nicht mehr in Form der vorgelegten Komplexverbindung. Tab. 9.5 gibt eine Übersicht über einige derartige Reaktionen.

Zum Verständnis der chemischen Effekte von Kernreaktionen in festen Körpern sind Modellvorstellungen entwickelt worden. Das älteste Modell stammt von LIBBY (1947) und wird als Billardkugel-Modell bezeichnet. Dabei werden elastische Zusammenstöße des Rückstoßatoms mit den Atomen bzw. Molekülen der Umgebung angenommen. Die maximale Energie wird bei einem zentralen Stoß übertragen; sie beträgt:

$$E_2 = 4 E_1 \frac{m_1 \cdot m_2}{(m_1 + m_2)^2}. \qquad (9.55)$$

(E_1 ist die Energie des Rückstoßkerns; m_1 und m_2 sind die Massen der Stoßpartner). Im Mittel wird etwa die Hälfte dieser Energie abgegeben. Wenn die angestoßenen Atome genügend hohe Energiebeträge E_2 erhalten, wird die Bindung in dem betreffenden Molekül gesprengt. Das Rückstoßatom, das durch die Zusammenstöße schrittweise seine Energie verliert, kann sich nach dem letzten Zusammenstoß aus dem Bereich der Reaktionsprodukte („Reaktionskäfig") entfernen, wenn es noch genügend hohe Energie besitzt; dann entsteht ein freies Rückstoßatom. Im anderen Falle bleibt das Rückstoßatom im Bereich der Reaktionsprodukte und kann zum Ausgangsprodukt zurückreagieren (sekundäre Retention). Das Billardkugel-Modell gibt auf diese Weise zwar eine qualitative Deutung der Retention; die quantitativen Ergebnisse stehen aber mit diesem Modell nicht im Einklang. Außerdem werden die Substitutionsreaktionen in organischen Verbindungen nicht erklärt.

Neuere Modelle sind das Modell der heißen Zone (HARBOTTLE 1958) und das Fehlordnungsmodell. Bei dem Modell der heißen Zone („hot spot") wird angenommen, daß die Energie des Rückstoßatoms sich durch eine Folge von Zusammenstößen verhältnismäßig rasch auf die Nachbaratome verteilt, so daß kurzfristig (etwa 10^{-11} s) ein Bereich von etwa 1000 Atomen über den Schmelzpunkt erhitzt wird (heiße Zone). Während dieser Zeit finden chemische Reaktionen statt (z. B. Austausch- oder Substitutionsreaktionen). Die heiße Zone kühlt sich sehr rasch wieder ab und enthält deshalb eine größere Anzahl von Fehlstellen. Diese können durch Erwärmen ausgeheilt werden. Das Fehlordnungsmodell (MÜLLER 1965) besitzt speziell für Ionenkristalle Bedeutung und lehnt sich an die Modellbetrachtungen von VINEYARD (1960) an (vgl. Abb. 9–11)). Nach diesem Modell kommt es nicht zur Ausbildung einer heißen Zone, sondern lediglich zur Bildung von Fehlstellen in unmittelbarer Umgebung des Rückstoßatoms. Grundlage für die Entwicklung dieses Modells waren Untersuchungen mit Mischkristallen.

9.6. Szilard-Chalmers-Reaktionen

Das wesentliche Merkmal einer Szilard-Chalmers-Reaktion haben wir bereits in Abschnitt 9.4 besprochen. Es besteht darin, daß nach einer Kernreaktion infolge der dabei auftretenden chemischen Effekte eine Abtrennung der isotopen Produktkerne erfolgen kann. Im Target wird eine bestimmte chemische Verbindung vorgelegt. Infolge der chemischen Effekte ändert sich der Oxidations- bzw. Bindungszustand des Produktes, das durch Fällung, Extraktion, Ionenaustausch oder andere Verfahren isoliert werden kann. Der Produktkern liegt oft in einer anderen chemischen Form hoher spezifischer Aktivität vor. Diese hängt in erster Linie davon ab, in welchem Umfange durch die Bestrahlung Zersetzungsreaktionen ausgelöst werden, die ebenfalls zu einer Änderung des Oxidations- bzw. Bindungszustandes des betreffenden Atoms führen. Die Möglichkeit der Abtrennung isotoper Produktkerne hoher spezifischer Aktivität wird in der Praxis vielfach ausgenutzt, und zwar vorzugsweise bei (n, γ)-Reaktionen, aber auch bei (γ, n)-, (n, 2n)- und (d, p)-Reaktionen. Wenn das Radionuklid nach der Abtrennung frei von inaktiven Isotopen vorliegt, spricht man von einer „trägerfreien" Substanz.

Szilard-Chalmers-Reaktionen lassen sich verhältnismäßig einfach mit solchen Elementen ausführen, die in verschiedenen beständigen Oxidationsstufen existieren oder in Form substitutionsinerter Komplexverbindungen erhalten werden können. Diese Bedingungen sind bei einer großen Zahl der Elemente erfüllbar. Wichtig ist, daß zwischen den verschiedenen Oxidationsstufen bzw. in der Komplexverbindung während der Bestrahlung und der Trennung keine Austauschreaktionen stattfinden; denn durch solche Austauschreaktionen würde eine Rückvermischung der Isotope eintreten. Aus diesem Grunde sind substitutionslabile Komplexverbindungen für Szilard-Chalmers-Reaktionen ungeeignet.

Eine Szilard-Chalmers-Reaktion kann durch zwei Größen charakterisiert werden.
1. Anreicherungsfaktor: Dieser ist das Verhältnis der spezifischen Aktivität des Radionuklids nach der Trennung zu seiner mittleren spezifischen Aktivität in dem gesamten System vor der Trennung.
2. Ausbeute: Diese ist gegeben durch das Verhältnis der Aktivität in der abgetrennten Fraktion zur Gesamtaktivität des betreffenden Radionuklids.

Bei vielen Szilard-Chalmers-Reaktionen werden Anreicherungsfaktoren von der Größenordnung 1000 oder höher erreicht. Die Ausbeute liegt in den praktisch interessanten Fällen meistens bei 50 bis 100%. Sie ist um so höher, je geringer die Retention und die Bildung von Nebenprodukten sind.

Beispiele für Szilard-Chalmers-Reaktionen sind in Tab. 9.6. zusammengestellt. Trägerfreie radioaktive Halogene können durch Bestrahlung von Alkyl- oder Arylhalogeniden mit Neutronen und Extraktion des gebildeten freien Halogens gewonnen werden. Ein wichtiges Beispiel dafür ist die von SZILARD und CHALMERS 1934 beschriebene Abtrennung von ^{128}I aus Ethyliodid nach einer (n, γ)-Reaktion (vgl. Abschn. 9.4). Außerdem können die radioaktiven Halogene auch aus anorganischen Verbindungen abgetrennt werden, z.B. nach Bestrahlung von Verbindungen, in denen die Halogene in höheren Oxidationsstufen vorliegen, wie Chloraten, Perchloraten und Iodaten, mit Neutronen. Wenn Fällungsreaktionen benutzt werden, ist der Zusatz eines „Trägers" erforderlich, weil die extrem kleinen Mengen an Radionukliden sonst nicht ausgefällt werden können. Bei den Chalkogenen bietet sich ebenfalls die Ausnutzung der Änderung der Oxidationsstufe an. So bilden sich bei der Bestrahlung von Telluraten mit Neutronen radioaktive Tellurite, die mit Schwefeldioxid sehr viel rascher reduziert werden als Tellurate. Änderungen in der Oxidationsstufe treten ferner bei der Bestrahlung von Phosphaten, Arsenaten und Antimonaten mit Neutronen auf. Aber auch andere Bindungen werden gespalten; zum Beispiel liegt der radioaktive Phosphor nach der Bestrahlung von Aryl- oder Alkylphosphaten in größerem Umfange in Form von Phosphorsäure vor, die extrahiert werden kann. In einfacher Weise lassen sich auch Szilard-Chalmers-Reaktionen mit den Übergangselementen durchführen. In Permanganaten und ähnlichen Verbin-

Tabelle 9.6
Übersicht über Szilard-Chalmers-Reaktionen

Bestrahlte Substanz	Radionuklid	Retention in %
Li_2CrO_4	^{51}Cr	66
$Li_2Cr_2O_7$		54,5
Na_2CrO_4		73,6
$Na_2Cr_2O_7$		79,9
K_2CrO_4		60,8
$K_2Cr_2O_7$		89,9
$K_2Cr_3O_{10}$		69
$(NH_4)_2CrO_4$		17,5
$(NH_4)_2Cr_2O_7$		31,9
$MgCrO_4$		55,3
$ZnCrO_4$		34,6
$LiMnO_4$	^{56}Mn	8,8
$NaMnO_4$		9,1
$KMnO_4$		22,5
$AgMnO_4$		8,0
$Ca(MnO_4)_2$		6,0
$Ba(MnO_4)_2$		12,8
$LiIO_3$	^{128}I	66
$NaIO_3$		67
KIO_3		67
HIO_3		60
NH_4IO_3		22
$NaBrO_3$	^{82}Br	10
$KBrO_3$		9
$RbBrO_3$		12
$CsBrO_3$		10
$NaClO_3$	^{38}Cl	1,5
$NaClO_3$	^{34}Cl	9
$Na_4P_2O_7$	^{32}P	58
Na_2HPO_4		45
Na_3PO_4		50
H_3AsO_4	^{76}As	75–90
Na_2HAsO_4		60
Na_3AsO_3		90

Nach G. HARBOTTLE, N. SUTIN, in: Advances in Inorganic Chemistry and Radiochemistry, Bd. 1. Hrsg. H. J. EMELÉUS u. A. G. SHARPE. Academic Press, New York 1959, S. 273.

dungen ändert sich die Oxidationsstufe; so liegt das radioaktive Mangan nach der Bestrahlung mit Neutronen und Auflösung der Kristalle bevorzugt als Mangan(IV) vor. Vielfältige Szilard-Chalmers-Reaktionen sind mit Komplexverbindungen möglich. Zum Beispiel kann Fe–59 höherer spezifischer Aktivität durch Bestrahlung von Hexacyanoferraten oder Ferrocen mit Neutronen gewonnen werden; in beiden Fällen entstehen Eisenionen, die nicht komplex gebunden sind. Hinsichtlich substitutionsinerter Komplexverbindungen für Szilard-Chalmers-Reaktionen besteht bei den Übergangselementen eine verhältnismäßig große Auswahl, nicht aber bei den anderen Metallen. So kann man für die Gewinnung von Kupfer höherer spezifischer Aktivität das Kupfer-salicylaldehyd-o-phenylendiamin oder das Kupferphthalocyanin verwenden, während beim Silber die Herstellung ähnlicher geeigneter Komplexverbindungen erhebliche Schwierigkeiten bereitet; Szilard-Chalmers-Reaktionen für Alkali- und Erdalkalimetalle sind noch nicht beschrieben.

Besondere Bedeutung besitzen die Szilard-Chalmers-Reaktionen für die Abtrennung von Kernisomeren; denn die Ausnutzung der chemischen Effekte, die bei der isomeren Umwandlung auftreten (vgl. Abschn. 9.3), ist die einzige Möglichkeit zur Trennung und damit auch die Voraussetzung für die getrennte Untersuchung isomerer Kerne.

9.7. Rückstoßmarkierung und Selbstmarkierung

Die chemischen Effekte, die bei Kernreaktionen auftreten, führen nicht nur zur Sprengung bestehender Bindungen, sondern es können auch neue Bindungen entstehen. Dies ist für präparative Aufgaben wichtig, insbesondere für die Herstellung von markierten Verbindungen. Unter markierten Verbindungen versteht man solche, in denen bestimmte Atome durch isotope radioaktive oder stabile Atome substituiert sind (vgl. Abschn. 13.6).

Bei einer Szilard-Chalmers-Reaktion interessiert der Vorgang, daß ein Radionuklid aus einem gegebenen Molekül oder Bindungszustand herausfliegt. Bei der Rückstoßmarkierung interessiert man sich dafür, daß ein Rückstoßatom in ein gegebenes Molekül eintritt. Somit sind bei der Rückstoßmarkierung im allgemeinen zwei Komponenten erforderlich: eine Komponente, in der das Rückstoßatom durch Kernreaktion erzeugt wird, und eine zweite Komponente, in die das Rückstoßatom eintreten soll. Beide Komponenten können auch identisch sein.

Über die erste Rückstoßmarkierung berichtete REID (1934): Er bestrahlte Ethyliodid in Gegenwart von Pentan mit Neutronen und fand Amyliodid. Nach den Ausführungen in Abschnitt 9.4 ist es verständlich, daß die heißen ^{128}I-Atome, die bei der (n,γ)-Reaktion aus ^{127}I entstehen, auch an Pentan Substitutionsreaktionen auslösen können.

Für die organische Chemie besitzen Verbindungen, die mit C–14 oder Tritium markiert sind, besondere Bedeutung. Diese Nuklide können durch folgende Kernreaktionen erzeugt werden:

$$^6\text{Li}(n,\alpha)\,^3\text{H}; \quad \sigma = 940\text{ b}; \tag{9.56}$$

$$\text{Rückstoßenergie (T)} = 2{,}74\text{ MeV}$$

$$^3\text{He}(n,p)\,^3\text{H}; \quad \sigma = 5327\text{ b}; \tag{9.57}$$

$$\text{Rückstoßenergie (T)} = 0{,}190\text{ MeV}$$

$$^{14}\text{N}(n,p)\,^{14}\text{C}; \quad \sigma = 1{,}81\text{ b}; \tag{9.58}$$

$$\text{Rückstoßenergie (C–14)} = 0{,}042\text{ MeV}$$

Die nach Gl. (9.56) erzeugten Tritium-Atome besitzen eine verhältnismäßig hohe Energie und wegen ihrer niedrigen Ladung und Masse auch eine verhälnismäßig große Reichweite (in organischen Verbindungen etwa 40 μm). In diesem Falle genügt somit eine Mischung der betreffenden organischen Substanz mit einer feinkörnigen Lithiumverbindung. Reaktion (9.57) ist für Tritiummarkierungen in der Gasphase geeignet. Die nach Reaktion (9.58) erzeugten ^{14}C-Atome besitzen nur eine sehr geringe Reichweite, so daß eine homogene Mischung beider Komponenten erforderlich ist (z. B. Anilin + Benzol).

Von großem Nachteil bei dem Verfahren der Rückstoßmarkierung ist, daß stets eine Vielzahl von Reaktionsprodukten entsteht. Außerdem treten in den Verbindungen Strahlenschäden ein, die durch die Rückstoßatome sowie elastische und unelastische Streuung der einfallenden Strahlung verursacht werden. Diese Strahlenschäden sind in aromatischen organischen Verbindungen geringer als in aliphatischen. Das nach der Bestrahlung vorliegende Reaktionsgemisch muß chemisch aufgearbeitet werden. Außerdem ist die Ausbeute an dem gewünschten Produkt meistens verhältnismäßig klein. So werden beispielsweise bei der Rückstoßmarkierung mit C-14 Substitutionsprodukte gefunden, in denen ein beliebiges C-Atom durch ein ^{14}C-Atom ersetzt ist, außerdem Additionsprodukte, die ein zusätzliches C-Atom enthalten. Diese Produkte von Substitutions- und Additionsreaktionen enthalten zusammen etwa 0,1 bis 10% der entstandenen ^{14}C-Atome. Der Rest liegt in Form anderer Reaktionsprodukte (Abbauprodukte, polymere Verbindungen) vor. Bei der Rückstoßmarkierung mit Tritium findet man stets einen großen Teil des Tritiums in Form einfacher Moleküle (Wasserstoff, Methan). Die spezifische Aktivität ist durch die Strahlenschäden begrenzt. Bei der Rückstoßmarkierung mit Tritium werden spezifische Aktivitäten von etwa 1 bis 10 mCi/mg erreicht, bei der Rückstoßmarkierung mit C–14 etwa 1 bis 10 μCi/mg.

Zur Erläuterung der Selbstmarkierung möge die Beschreibung des folgenden Versuches dienen: Eine organische Verbindung wird zusammen mit Tritiumgas in einem abgeschlossenen Glasrohr etwa eine Woche aufbewahrt. Bei der Untersuchung der Substanz wird festgestellt, daß ein Teil des Tritiums von der organischen Verbindung aufgenommen wird. Die Aufarbeitung und Trennung zeigt, daß einerseits in der Ausgangsverbindung Wasserstoff durch Tritium substituiert wird und andererseits neue Tritium-markierte Verbindungen entstehen.

Die Selbstmarkierung organischer Verbindungen mit Tritium ist von WILZBACH eingehend untersucht worden und wird deshalb auch als Wilzbach-Markierung bezeichnet. Sie erfolgt zum Teil durch Reaktionen der beim Zerfall von Tritiummolekülen entstehenden Ionen $^3HeT^+$ bzw. T^+. Zum Teil verläuft sie in der Weise, daß unter dem Einfluß der β^--Strahlung strahlenchemische Reaktionen (Anregung, Ionisation und Radikalbildung) in der organischen Verbindung stattfinden. Die Reaktionsprodukte (angeregte Moleküle, Ionen, Radikale) können mit dem Tritiumgas reagieren, wobei Tritium-markierte Verbindungen entstehen. Für die Selbstmarkierung sind wichtig: der Verteilungszustand der zur markierenden Substanz, die Konzentration der radioaktiven Komponente und die Intensität der ionisierenden Strahlung. Die Anregung bzw. Ionisation und Radikalbildung kann durch Anwendung von β^--Strahlung, durch Zusatz von inerten β^--aktiven Radionukliden (z. B. Kr–85) oder durch elektrische Entladung erhöht werden. Wichtig ist, daß die angeregten bzw. ionisierten Moleküle Gelegenheit haben, sofort mit dem Radionuklid oder der radioaktiven Verbindung zu reagieren. In diesem Falle handelt es sich allerdings nicht mehr um eine Selbstmarkierung im eigentlichen Sinne, sondern um eine Markierung unter dem Einfluß ionisierender Strahlung.

Über die Selbstmarkierung mit Tritium liegen viele Untersuchungen vor (Wilzbach-Methode). Günstig sind hohe Partialdrucke an Tritium (einige Hundert Torr) und die Verwendung von gasförmigen Verbindungen oder festen Verbindungen mit großer spezifischer Oberfläche. Die Reaktionsprodukte werden meist gaschromatographisch oder durch Papier- bzw. Dünnschichtchromatographie getrennt. Die spezifischen Aktivitäten liegen im allgemeinen in der Größenordnung 10 bis 100 mCi/mg.

Sehr viel geringere praktische Bedeutung als die Markierung mit Tritium nach der Wilzbach-Methode hat die Selbstmarkierung mit C–14, die mit $^{14}CO_2$ oder $^{14}C_2H_2$ durchgeführt werden kann. Wegen der niedrigen Aktivität des C–14 (lange Halbwertzeit) ist es günstig, zusätzliche Strahlenquellen anzuwenden (z. B. Zugabe von 1 Ci Kr–85). Die spezifischen Aktivitäten, die dabei erreicht werden, sind sehr niedrig (Größenordnung μCi/g). Da verhältnismäßig viele Nebenprodukte entstehen, sind die Ausbeuten gering. Außerdem sind sehr sorgfältige Trennungen erforderlich, um die gewünschten Verbindungen in reinem Zustand zu erhalten.

Die Selbstmarkierung gehört bereits in das Gebiet der Strahlenchemie; denn es handelt sich um chemische Reaktionen unter dem Einfluß ionisierender Strahlung. Sie wird an dieser Stelle behandelt, da sie als Folge des radioaktiven Zerfalls beobachtet wird und als praktisch wichtige Methode neben der Rückstoßmarkierung erwähnt werden muß. Auch die Rückstoßmarkierung und viele andere chemische Effekte von Kernreaktionen haben Berührungspunkte mit der Strahlenchemie, weil in diesen Fällen die angeregten Atome bzw. Moleküle, Ionen und Radikale, die infolge von Kernreaktionen entstehen, eine wichtige Rolle spielen.

9.7. Rückstoßmarkierung und Selbstmarkierung

Literatur zu Kapitel 9

1. G. Stöcklin: Chemie heißer Atome. Chemische Taschenbücher, Bd. 6, Verlag Chemie, Weinheim 1969.
2. G.W.A. Newton: Chemical Effects of Nuclear Transformations, in: Radiochemistry Vol. 1, Specialist Periodical Report. The Chemical Society, London 1972.
3. D.S. Urch: Nuclear Recoil Chemistry in Gases and Liquids, in: Radiochemistry Vol. 2, Specialist Periodical Report. The Chemical Society, London 1975.
4. P. Glentworth, A. Nath: Recoil Chemistry of Solids, in: Radiochemistry. Vol. 2, Specialist Periodical Report. The Chemical Society, London 1975.
5. J.E. Willard: Chemical Effects of Nuclear Transformations. Ann. Rev. Nucl. Sci. **3**, 193 (1953).
6. G. Harbottle, N. Sutin: The Szilard-Chalmers Reaction in Solids. Advances in Inorganic Chemistry and Radiochemistry, Bd. 1. Hrsg. H.J. Eméleus, A.G. Sharpe. Academic Press, New York 1959, S. 267.
7. G. Harbottle: Chemical Effects of Nuclear Transformations in Inorganic Solids. Ann. Rev. Nucl. Sci. **15**, 89 (1965).
8. R. Wolfgang: Hot Atom Chemistry. Ann. Rev. Phys. Chem. **16**, 15 (1965).
9. H. Müller: Chemische Folgen von Kernumwandlungen in Festkörpern. Angew. Chem. **79**, 128 (1967).
10. B.G. Harvey: Recoil Techniques in Nuclear Reaction and Fission Studies. Ann. Rev. Nucl. Sci. **10**, 235 (1960).
11. H.A.C. McKay: The Szilard-Chalmers Process. In: Progress in Nuclear Physics. Bd. I. Hrsg. O. Frisch. Pergamon Press, London 1950.
12. F. Baumgärtner, D.R. Wiles: Radiochemical Transformations and Rearrangements in Organometallic Compounds, Fortschr. Chem. Forsch. **32**, 63 (1972).
13. J. Dubrin: Reactions of High Kinetic Energy Species, Ann. Rev. Phys. Chem. **24**, 97 (1973).
14. M.L. Perlman, J.A. Miskel: Average Charge on the Daughter Atom Produced in the Decay of Ar-37 and Xe-131m. Physic. Rev. **91**, 899 (1953).
15. E.H.S. Burhop: The Auger Effect. Cambridge University Press, London 1952.
16. M. Wenzel, P.E. Schulze: Tritium-Markierung, Darstellung, Messung und Anwendung nach Wilzbach ^{3}H-markierter Verbindungen. Walter de Gruyter u. Co. Berlin 1962.

Übungen zu Kapitel 9

1. Wie groß ist die Rückstoßenergie beim α-Zerfall des U–238?

2. Wie groß ist die maximale Rückstoßenergie beim β^--Zerfall des C–14? Reicht diese Energie zur Sprengung einer C–C-Bindung (Bindungsenergie 343 kJ/mol)?

3. Wie groß ist die maximale Rückstoßenergie bei der isomeren Umwandlung des Se–79?

4. Wie groß ist die maximale Rückstoßenergie bei der Kernreaktion ^{58}Fe(n, γ)^{59}Fe mit thermischen Neutronen?

5. Welchen Wert besitzt die Rückstoßenergie bei der Kernreaktion ^{35}Cl(n, p)^{35}S mit thermischen Neutronen?

6. Welche kinetische Energie wird auf die Nuklide Al–26 bzw. Au–197 durch Einfang eines 14 MeV-Neutrons übertragen?

7. Man diskutiere die chemischen Effekte beim β^--Zerfall des in Form von Tellurationen vorliegenden Te–132.

8. Man diskutiere die Möglichkeiten der Gewinnung von S–35 höherer spezifischer Aktivität durch Bestrahlung verschiedener Verbindungen mit Neutronen.

9. Bei der Bestrahlung von Ammoniumsulfat mit thermischen Neutronen finden u. a. folgende Kernreaktionen statt: $^{34}S(n,\gamma)^{35}S$ und $^{14}N(n,p)^{14}C$. Man berechne die Energien der Rückstoßkerne S–35 und C–14 und diskutiere die Möglichkeiten für eine Sprengung der chemischen Bindungen im Sulfation und im Ammoniumion. Welchen Temperaturen entsprechen die Energien der Rückstoßkerne?

10. Zur Durchführung einer Szilard-Chalmers-Reaktion werden 100 g Ethyliodid 1 Stunde lang bei einem Neutronenfluß von $2 \cdot 10^4$ cm^{-2} s^{-1} bestrahlt. Das radioaktive Iod, das durch die Kernreaktion $^{127}I(n,\gamma)^{128}I$ entsteht, wird als Silberiodid ausgefällt und gemessen. Wie groß ist die Impulsrate der Silberiodidprobe, wenn die Retention 20% beträgt, die Zählausbeute der Meßanordnung 10% und die Abtrennung des Iodids 5 min nach dem Bestrahlungsende erfolgt? ($\sigma_{n,\gamma}$(I–128) = 6,2 b)

11. Fe–59 höherer spezifischer Aktivität kann durch Bestrahlung von Kaliumhexacyanoferrat im Reaktor hergestellt werden. Die infolge des Rückstoßeffekts entstehenden freien Eisenionen können durch Hydroxidfällung abgetrennt werden; die Ausbeute beträgt 50%. Wie lange muß man 1 g Kaliumhexacyanoferrat(II) in einem Reaktor bei einem Neutronenfluß von 10^{12} cm^{-2} s^{-1} bestrahlen, um 50 μCi Fe–59 zu erhalten? ($\sigma_{n,\gamma}$(Fe–59) = 1,15 b)

10. Strahlenchemische Reaktionen

10.1. Primäre und sekundäre Reaktionen

Die Strahlenchemie beschäftigt sich mit den chemischen Reaktionen, die durch ionisierende Strahlen ausgelöst werden. Mit der Strahlenchemie eng verwandt ist das schon längere Zeit bekannte Gebiet der Photochemie. Die Photochemie befaßt sich mit den stofflichen Veränderungen unter der Einwirkung von Licht, insbesondere im sichtbaren und im UV-Bereich; sie kann heute als ein Teilgebiet der Strahlenchemie angesehen werden. Die Lichtquanten besitzen Energien von der Größenordnung 1 eV ($\lambda \approx 1240$ nm) bis 10 eV ($\lambda \approx 124$ nm) und können deshalb im allgemeinen höchstens eine Primärreaktion auslösen. Diese Primärreaktion besteht in einer Anregung oder Spaltung von Molekülen, z. B.

$$Br_2 \xrightarrow{h\nu} 2\,Br. \tag{10.1}$$

Die Zahl der Prozesse pro absorbiertem Lichtquant bezeichnet man als Quantenausbeute.

Im Gegensatz dazu werden durch γ-Quanten und energiereiche Elementarteilchen, wie Elektronen (β-Strahlen) und Protonen, sowie durch α-Teilchen sehr viele Primärreaktionen ausgelöst. Da sich die Energie dieser Teilchen zwischen etwa 100 eV und 10 MeV bewegt, können auch Ionisationsprozesse stattfinden; man spricht deshalb von ionisierender Strahlung. Ein γ-Quant oder ein hochenergetisches Teilchen kann je nach seiner Energie viele Tausend Atome bzw. Moleküle ionisieren oder anregen. Ionisation und Anregung sind die wichtigsten Primärreaktionen der Strahlenchemie:

$$M \rightsquigarrow M^+ + e^- \quad \text{(Ionisation)} \tag{10.2}$$

$$M \rightsquigarrow M^* \quad \text{(Anregung)} \tag{10.3}$$

Die geschlängelten Pfeile deuten an, daß die Reaktionen durch ionisierende Strahlen ausgelöst werden. Die Reaktionsprodukte häufen sich in einer „Spur" an, deren Durchmesser etwa 2 nm beträgt. Bei hoher spezifischer Ionisation (α-Teilchen, Protonen) ist die Konzentration der Reaktionsprodukte in der Spur sehr groß.

Die Ionen M^+ und die angeregten Atome bzw. Moleküle M^* können in verschiedener Weise weiterreagieren. Diese sekundären Reaktionen können in der Gasphase näher untersucht werden. Wichtige Reaktionen der Ionen sind:

$$M^+ \longrightarrow R^+ + R\cdot \quad \text{(Dissoziation)} \quad (10.4)$$
$$M^+ + e^- \longrightarrow M^* \quad \text{(Rekombination)} \quad (10.5)$$
$$M^+ + X \longrightarrow Y^+ \quad \text{(Chem. Reaktion)} \quad (10.6)$$
$$M^+ + X \longrightarrow M + X^+ \quad \text{(Umladung)} \quad (10.7)$$

Reaktion (10.5) ist verhältnismäßig häufig. Außerdem können die nach Gl. (10.2) gebildeten Ionen gelegentlich Auger-Elektronen aussenden:

$$M^+ \longrightarrow M^{n+} + (n-1)e^- \quad (10.8)$$

Diese Reaktion verläuft im Vergleich zu den Reaktionen (10.4) bis (10.7) sehr rasch. Auch für die angeregten Atome bzw. Moleküle ergeben sich viele Reaktionsmöglichkeiten:

$$M^* \longrightarrow M + h\nu \quad \text{(Fluoreszenz)} \quad (10.9)$$
$$M^* \longrightarrow 2R\cdot \quad \text{(Dissoziation in Radikale)} \quad (10.10)$$
$$M^* \longrightarrow R^+ + R^- \quad \text{(Dissoziation in Ionen)} \quad (10.11)$$
$$M^* + X \longrightarrow Y \quad \text{(Chem. Reaktion)} \quad (10.12)$$
$$M^* + X \longrightarrow M + X + E_{kin.} \quad \text{(Stoß 2. Art)} \quad (10.13)$$
$$M^* + X \longrightarrow M + X^* \quad \Big\} \quad \text{(Übertragung der} \quad (10.14)$$
$$M^* + M \longrightarrow M + M^* \quad \text{Anregungsenergie)} \quad (10.15)$$

Bevorzugt finden die Reaktionen (10.9) und (10.10) statt, seltener die Reaktion (10.11). Reaktion (10.15) bezeichnet man auch als Excitonenwanderung, weil in diesem Falle die Anregungsenergie an gleichartige Atome bzw. Moleküle weitergegeben wird. Viele dieser sekundären Reaktionen verlaufen außerordentlich rasch (innerhalb von etwa 10^{-10} bis 10^{-7} s), so daß zu ihrer Untersuchung Spezialmethoden erforderlich sind. Die Reaktionsprodukte können zum Teil im Massenspektrometer nachgewiesen werden.

In Flüssigkeiten ist die Rekombination der Ionen begünstigt, weil die Ionen und die Elektronen nur selten dem Bereich ihrer gegenseitigen Anziehung entkommen; deshalb spielen die primär erzeugten oder durch Rekombination nach Gl. (10.5) gebildeten angeregten Atome bzw. Moleküle in Flüssigkeiten eine sehr viel größere Rolle als in Gasen.

10.2. Strahlenquellen

Als Strahlenquellen kommen Radionuklide, Beschleuniger und Kernreaktoren in Frage. In der Medizin wurde früher häufig der α-Strahler Ra–226 verwendet. Er spielt in der Strahlenchemie kaum mehr eine Rolle. Dagegen haben die γ-Strahler Co–60 und Cs–137 sowohl in der Strahlenchemie als auch in der Medizin große Bedeutung als Strahlenquellen. Co–60 wird durch Bestrahlung von Kobaltmetall in Kernreaktoren durch (n, γ)-Reaktionen erzeugt; seine Halbwertzeit beträgt 5,26 a, die Energie der γ-Strahlung 1,17 und 1,33 MeV. Kleinere Strahlenquellen enthalten etwa 100 Ci Co–60, große Bestrahlungsanlagen bis zu etwa 10^5 Ci. Das Kobalt wird in großen Bleibehältern, Betonzellen oder in großen Wassertanks untergebracht. In ähnlicher Weise wird Cs–137 verwendet, das aus Spaltprodukten gewonnen wird und eine größere Halbwertzeit besitzt ($t_{1/2} = 30$ a); von Nachteil ist für viele Zwecke die geringe Energie der γ-Strahlung (0,662 MeV), die von dem Tochternuklid ^{137m}Ba ($t_{1/2} = 2,55$ min) ausgesandt wird.

Sehr häufig verwendet werden Elektronenbeschleuniger, z. B. van de Graaff-Generatoren, die Elektronen mit einer Energie von etwa 1 bis 10 MeV liefern. Gepulste Elektronenbeschleuniger, z. B. Linearbeschleuniger, die innerhalb von 1 μs oder einiger ns einen Impuls hoher Stromstärke mit einer Energie von 1 bis 100 MeV liefern, sind für die Pulsradiolyse von großer Bedeutung. Bei dieser Methode werden die durch den Elektronenimpuls erzeugten solvatisierten Elektronen oder kurzlebigen Radikale durch spektroskopische Verfahren erfaßt; die der Konzentration proportionale Absorption bei einer bestimmten Wellenlänge wird als elektrisches Signal weitergeleitet und auf dem Bildschirm eines Kathodenstrahloszillographen registriert. Gleichzeitig kann man die Änderung der elektrischen Leitfähigkeit verfolgen. Auch andere Beschleuniger sowie Röntgenröhren können für strahlenchemische Untersuchungen eingesetzt werden.

In Kernreaktoren sind die Substanzen im allgemeinen sowohl der intensiven γ-Strahlung als auch dem Neutronenfluß ausgesetzt. Infolgedessen überlagern sich die durch die γ-Strahlen ausgelösten strahlenchemischen Reaktionen und die chemischen Effekte der Kernreaktionen, die durch die Einwirkung der Neutronen stattfinden. Die energiereichen Kerne, die durch elastische und unelastische Zusammenstöße sowie durch (n,γ)-Reaktionen und Kernspaltung entstehen, führen ebenfalls zu Ionisierungsvorgängen und lösen dadurch, ähnlich wie α-Teilchen, strahlenchemische Reaktionen aus. Die Wechselwirkung dieser energiereichen Kerne („Rückstoßkerne") mit Materie ist sehr groß, die spezifische Ionisation infolgedessen sehr hoch und die Reichweite gering.

Für technische Zwecke verwendbare Strahlenquellen sind die abgebrannten Brennstoffelemente, die infolge ihres hohen Gehaltes an Spaltprodukten γ-Strahlen großer Intensität aussenden. Sie können nach der Entnahme aus einem Kernreaktor für die Dauer von mehreren Monaten als Strahlenquellen dienen und zu diesem Zweck in großen Wassertanks gelagert werden. In dieser Zeit klingt ihre Aktivität sehr stark ab, so daß sie anschließend der Wiederaufarbeitung zugeführt werden können.

10.3. Grundbegriffe der Strahlenchemie

Als quantitatives Maß für ionisierende Strahlung verwendet man in der Strahlenchemie die Energiedosis D. Diese ist gegeben durch den Energiebetrag, der durch die ionisierende Strahlung auf die Masseneinheit der betreffenden Substanz übertragen wird. In differentieller Schreibweise erhält man

$$D = \frac{dE}{dm} = \frac{dE}{\rho \, dV}; \qquad (10.16)$$

dE ist der Energiebetrag, der auf ein kleines Massenelement dm entfällt; letzteres ist gleich dem entsprechenden Volumenelement dV multipliziert mit der Dichte ρ. Die Einheit der Energiedosis ist das Rad („Radiation absorbed dose", Kurzzeichen rd), die SI-Einheit ist J/kg. Das Rad wurde eingeführt durch die Festlegung

$$1 \text{ rd} = 100 \text{ erg/g}.$$

Daraus folgt:

$$1 \text{ rd} = 100 \cdot 10^{-7} \text{ J/g} = 10^{-5} \text{ J/g} = 10^{-2} \text{ J/kg}.$$

Eine andere Dosisgröße stammt aus der Medizin, speziell aus der Radiologie. Obwohl diese Dosisgröße in der Strahlenchemie im allgemeinen nicht benutzt wird, soll sie hier der Vollständigkeit halber mit aufgeführt werden. Es handelt sich dabei nicht um eine Energiedosis, sondern um eine Ionendosis, die durch die Menge der erzeugten Ionen festgelegt ist. Der Vorteil der Ionendosis ist, daß sie experimentell leichter bestimmt werden kann als die Energiedosis. Der Nachteil besteht darin, daß sie im Gegensatz zur Energiedosis von der Art der absorbierenden Substanz abhängig ist. Die Einheit der Ionendosis ist das Röntgen (Kurzzeichen R), definiert als diejenige Strahlendosis an Röntgen- oder γ-Strahlung, die in 1 cm^3 Luft unter Normalbedingungen Ionen und Elektronen mit einer Ladung von je 1 elektrostatischen Einheit (esE) erzeugt. Da 1 esE = 3,3356 · 10^{-10} C ist und die Dichte der Luft unter Normalbedingungen 0,001 293 g/cm^3 beträgt, folgt

$$1 \text{ R} = \frac{3,3356 \cdot 10^{-10}}{0,001\,293} = 2,580 \cdot 10^{-7} \text{ C/g} = 2,580 \cdot 10^{-4} \text{ C/kg}.$$

Coulomb pro Kilogramm ist die SI-Einheit der Ionendosis. Zur Erzeugung eines Ionenpaares (Ion + Elektron) in Luft sind 34 eV erforderlich. Die Ionendosis 1 R entspricht somit einer Energieabsorption von $2,580 \cdot 10^{-7} \cdot 34 = 0,877 \cdot 10^{-5}$ J (87,7 erg) pro g Luft.

Die Dosisleistung ist gegeben durch die Dosis pro Zeiteinheit. Für die Energiedosisleistung DL gilt

$$\text{Energiedosisleistung} = \frac{dD}{dt} \left[\frac{\text{rd}}{\text{h}} \text{ oder } \frac{\text{rd}}{\text{s}} \text{ bzw. } \frac{\text{J}}{\text{s kg}} \right]. \qquad (10.17)$$

Bei einer punktförmigen γ-Strahlenquelle ist die Dosisleistung proportional der Intensität der Strahlung bzw. der Aktivität A des Radionuklids, das die Strahlen aussendet, und umgekehrt proportional dem Quadrat des Abstandes r von der Strahlenquelle:

$$DL = k_\gamma \frac{A}{r^2}; \qquad (10.18)$$

10.3. Grundbegriffe der Strahlenchemie

k_γ wird als Gammastrahlenkonstante (Dosisleistungskonstante für γ-Strahlung) bezeichnet. Sie hängt von der Energie der γ-Strahlung ab und beträgt z.B. für eine ^{60}Co-Strahlenquelle $k_\gamma = 1,2 \frac{\text{rd m}^2}{\text{Ci h}} = 9,0 \cdot 10^{-17} \frac{\text{J m}^2}{\text{kg}}$ (wenn man $1\,\text{Ci} = 3,7 \cdot 10^{10}\,\text{s}^{-1}$ einsetzt). Die Dosisleistung einer punktförmigen β-Strahlenquelle läßt sich nicht so einfach berechnen, da β-Strahlung nur eine begrenzte Reichweite hat (vgl. Abschn. 6.3). Dies hat zur Folge, daß man zwar eine ähnliche Gleichung benutzen kann wie Gl. (10.18), daß an Stelle der Konstanten k_γ aber eine Funktion $k_\beta(r)$ eingeht, die stark vom Abstand abhängt und als Punktquellendosisfunktion bezeichnet wird.

Zur Charakterisierung von strahlenchemischen Reaktionen dient der G-Wert. Dieser gibt die Zahl der umgesetzten oder gebildeten Moleküle pro 100 eV absorbierter Energie an. So bedeuten $G(-H_2O) = 11$: pro 100 eV absorbierter Energie werden 11 Moleküle Wasser zersetzt, $G(H_2) = 3$: pro 100 eV absorbierter Energie werden 3 Moleküle Wasserstoff gebildet. Die strahlenchemische Zersetzung von Stoffen bezeichnet man als Radiolyse.

Für gasförmige Stoffe kann auch die absorbierte Energie pro Ionenpaar bestimmt werden (vgl. Tab. 10.1). Da diese Energie ungefähr doppelt so groß ist wie die Ionisierungsenergie, folgt, daß etwa die Hälfte der absorbierten Energie zur Erzeugung angeregter Moleküle oder Radikale verbraucht wird.

Die Konzentration der Reaktionsprodukte in einer Spur ist pro-

Tabelle 10.1
Energieverbrauch W bei der Bildung eines Ionenpaares

Gas	W in eV/Ionenpaar für α-Teilchen	für Elektronen	Ionisierungsenergie in eV
He	44,4	41,4	24,6
Ne	36,8	36,0	21,6
Ar	26,4	26,1	15,8
Kr	24,1	24,5	14,0
Xe	21,9	22,1	12,1
H_2	36,7	36,3	15,4
N_2	36,5	34,7	15,6
O_2	32,4	31,1	12,1
CO_2	34,4	32,8	13,8
CH_4	29,3	27,1	13,0
C_2H_6	26,6	24,5	11,7
C_2H_4	28,0	26,1	10,5
C_2H_2	27,5	25,7	11,4
Luft	35,1	34,0	—

portional dem Energieverlust pro Wegeinheit. Dieser wird als LET-Wert („linear energy transfer") bezeichnet (vgl. auch Bremsvermögen, Abschn. 6.2.1):

$$\mathrm{LET} = -\frac{\mathrm{d}E}{\mathrm{d}x}. \qquad (10.19)$$

So beträgt z. B. der LET-Wert in Wasser für 1 MeV-Elektronen nur 0,2 eV/nm, für 1 MeV-α-Teilchen dagegen 190 eV/nm; d. h. die Konzentration der Reaktionsprodukte in der Spur ist bei den α-Teilchen um etwa drei Größenordnungen höher als bei den Elektronen. Die LET-Werte sind von der Art der Substanz und von der Energie der Strahlen abhängig.

Zur Bestimmung einer Dosis können physikalische und chemische Verfahren herangezogen werden. Eine direkte und verhältnismäßig genaue Methode ist die Bestimmung der Energieabsorption in einem Kalorimeter; sie ist recht aufwendig und wird zur Eichung anderer Verfahren benutzt. Eine weitere Methode ist die Messung der Ionisation in einem bekannten Volumen Luft mit Hilfe einer Ionisationskammer. Da zur Erzeugung eines Ionenpaares in Luft 34 eV erforderlich sind, kann die Energieabsorption berechnet werden. Die absorbierte Dosis läßt sich auch aus der Aktivität des Radionuklids berechnen, wenn der Absorptionskoeffizient für die Strahlung genau bekannt ist. Bei chemischen Dosimetern wird die Dosis aus dem Umsatz bestimmt. Wichtig ist, daß der G-Wert der Reaktion bekannt und möglichst unabhängig von der Dosisleistung und der Gesamtdosis ist.

Tabelle 10.2
Strahlenchemische Reaktionen in Gasen

Gas	Prim. Zersetzungs-reaktionen	Folgereaktionen	Haupt-reaktions-produkt	weitere Folgereaktionen	weitere Reaktions-produkte
N_2/O_2-Gemisch	$N_2 \rightsquigarrow 2N$ $O_2 \rightsquigarrow 2O$	$N + O_2 \rightarrow NO + O$ $2NO + O_2 \rightarrow 2NO_2$	NO_2	$NO_2 + N \rightarrow N_2O + O$	N_2O
NO_2	$NO_2 \rightsquigarrow NO + O$ $NO_2 \rightsquigarrow N + O + O$	$O + NO_2 \rightarrow NO + O_2$ $2NO + O_2 \rightarrow 2NO_2$ $NO_2 + N \rightarrow 2NO$ $2NO + O_2 \rightarrow 2NO_2$	NO_2	$NO_2 + N \rightarrow N_2O + O$ $NO \rightarrow N_2 + O$ $NO_2 + N \rightarrow N_2 + 2O$ $2O \rightarrow O_2$	N_2O N_2 und O_2
N_2O	$N_2O \rightsquigarrow N_2 + O$ (80%) $N_2O \rightsquigarrow N + NO$ (20%)		N_2 (durch prim. Zer-setzungs-reaktion)	$2NO + O_2 \rightarrow 2NO_2$ $O + O \rightarrow O_2$	NO_2 und O_2
CO_2	$CO_2 \rightsquigarrow CO + O$ $CO_2 \rightsquigarrow C + O + O$	$CO + C \rightarrow C_2O$ $\rightarrow C_2O + CO \rightarrow C_3O_2$ $C_3O_2 + O \rightarrow CO_2 + C_2O$	CO_2	Reaktionen von C_2O und C_3O_2	O_2 und polymere Produkte

10.4. Reaktionen in Gasen

Bei der Einwirkung ionisierender Strahlen auf Luft entstehen Stickoxide. Die dabei ablaufenden Reaktionen wurden von HARTECK näher untersucht (vgl. Tab. 10.2). Diese Reaktionen sind wichtig, wenn Kernreaktoren mit Luft gekühlt werden. Verhältnismäßig hohe Ausbeuten an Stickoxiden können durch direkte Einwirkung der bei der Kernspaltung entstehenden Rückstoßkerne bei etwa 20 bar erreicht werden: $G(NO_2) = 5$, $G(N_2O) = 3$. Kohlendioxid wird häufig als Kühlgas für Kernreaktoren verwendet; deshalb sind die strahlenchemischen Reaktionen des Kohlendioxids eingehend untersucht worden (vgl. Tab. 10.2).

Die strahlenchemische Zersetzung von Wasserdampf hängt sehr stark von Beimengungen ab. Ionisation und Anregung führen zu einer recht lebhaften Zersetzung:

$$H_2O \rightsquigarrow \cdot H + \cdot OH; \qquad G(-H_2O) = 11{,}7. \qquad (10.20)$$

Diese kann durch die Bildung von HD in H_2O/D_2-Gemischen nachgewiesen werden:

$$\cdot H + D_2 \longrightarrow HD + \cdot D. \qquad (10.21)$$

Die Rekombination der $\cdot H$- und $\cdot OH$-Radikale erfolgt in Abwesenheit von Verunreinigungen sehr rasch, so daß nur kleine Mengen an Wasserstoffmolekülen entstehen: $G(H_2) = 0{,}02$. In Gegenwart von Beimengungen wird die Rekombination verhindert, so daß die effektive Zersetzung des Wassers erheblich ansteigt.

Die in Wasserstoff gebildeten Ionen

$$H_2 \rightsquigarrow H_2^+ + e^-, \qquad (10.22)$$

können im Massenspektrometer nachgewiesen werden. Die Ladung kann auch auf andere Atome übertragen werden, z. B. auf Kr und Xe, weil deren Ionisationspotential niedriger ist als das des Wasserstoffs:

$$H_2^+ + Xe \longrightarrow H_2 + Xe^+. \qquad (10.23)$$

10.5. Reaktionen in wäßrigen Lösungen

Bereits 1901 wurde in Lösungen von Radiumsalzen eine Gasentwicklung festgestellt (CURIE, SODDY). Dies war eine der ersten Beobachtungen einer strahlenchemischen Reaktion; als Reaktionsprodukte wurden H_2, O_2 und H_2O_2 gefunden.

Radiolyse des Wassers tritt immer ein, wenn radioaktive Stoffe gelöst sind oder ionisierende Strahlen von außen einwirken. Sie spielen eine wichtige Rolle in wassergekühlten Kernreaktoren. Heute nimmt man folgende Primärreaktionen als die wichtigsten an:

$$H_2O \rightsquigarrow H_2O^+ + e^- \quad \text{(Ionisation)} \qquad (10.24)$$
$$H_2O \rightsquigarrow H_2O^* \quad \text{(Anregung)} \qquad (10.25)$$

Die primären Reaktionsprodukte können in mannigfaltiger Weise weiterreagieren. In reinem Wasser sind folgende sekundäre Reaktionen wichtig, die zum Teil auch experimentell nachgewiesen werden konnten:

$$H_2O^+ + H_2O \longrightarrow H_3O^+ + \cdot OH \qquad (10.26)$$
$$2 \cdot OH \longrightarrow H_2O_2 \qquad (10.27)$$
$$H_2O^+ + e^- \longrightarrow H_2O^* \qquad (10.28)$$
$$H_2O^* \longrightarrow \cdot H + \cdot OH \qquad (10.29)$$
$$\cdot H + \cdot H \longrightarrow H_2 \qquad (10.30)$$
$$\cdot H + \cdot OH \longrightarrow H_2O \qquad (10.31)$$

Als Reaktionsprodukte entstehen Wasserstoff und Wasserstoffperoxid; letzteres kann leicht nachgewiesen werden.

In wäßrigen Lösungen kann einerseits die reduzierende Wirkung der $\cdot$H-Radikale und andererseits die oxidierende Wirkung der $\cdot$OH-Radikale zur Geltung kommen. So sind in Abwesenheit von gelöstem Sauerstoff folgende Reaktionen möglich:

$$\cdot H + Ce^{4+} \longrightarrow H^+ + Ce^{3+} \qquad (10.32)$$
$$\cdot OH + Fe^{2+} \longrightarrow OH^- + Fe^{3+} \qquad (10.33)$$

In Anwesenheit von gelöstem Sauerstoff wird außerdem das Hydroperoxyradikal $HO_2\cdot$ gebildet:

$$\cdot H + O_2 \longrightarrow HO_2\cdot \qquad (10.34)$$

Dieses kann ebenfalls reduzierend oder oxidierend wirken:

$$HO_2\cdot + Ce^{4+} \longrightarrow H^+ + O_2 + Ce^{3+} \qquad (10.35)$$
$$HO_2\cdot + Fe^{2+} \longrightarrow HO_2^- + Fe^{3+} \qquad (10.36)$$
$$HO_2^- + H_2O \longrightarrow H_2O_2 + OH^- \qquad (10.37)$$

Die Oxidation des Fe^{II} zu Fe^{III} in saurer lufthaltiger Lösung (z. B. 10^{-3} M $Fe(NH_4)_2(SO_4)_2$ in 0,1 N H_2SO_4) dient häufig zur Dosimetrie (Fricke-Dosimeter). Der G-Wert des Fricke-Dosimeters ist in Abb. (10–1) als Funktion des LET-Wertes aufgezeichnet. Bei den niedrigen LET-Werten der γ- und Elektronenstrahlung ist $G(\text{Fe}^{\text{III}}) = 15{,}5 \pm 0{,}5$.

10.6. Reaktionen in organischen Verbindungen

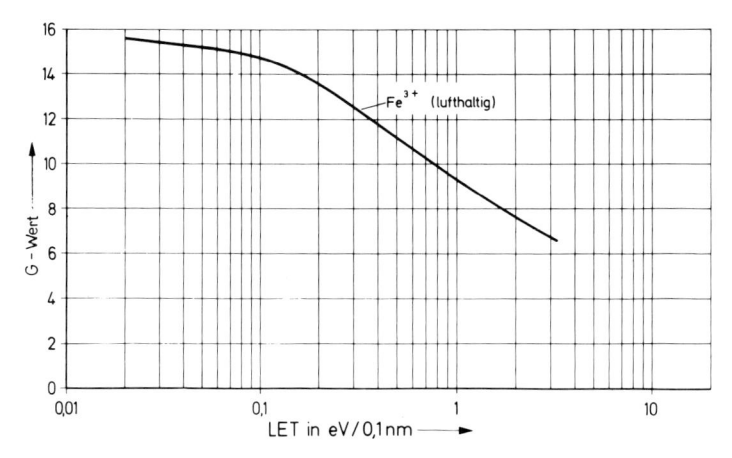

Abb. (10–1) G-Wert des Fricke-Dosimeters als Funktion des LET-Wertes. Nach A. O. ALLEN: The Radiation Chemistry of Water and Aqueous Solutions. D. van Nostrand Comp., London 1961.

10.6. Reaktionen in organischen Verbindungen

Zur Untersuchung der Reaktionsprodukte, die bei der Einwirkung ionisierender Strahlen auf organische Verbindungen entstehen, werden massenspektrometrische, gaschromatographische und spektroskopische Methoden benutzt. Zum Nachweis von Radikalen werden oft Radikalfänger zugesetzt, z. B. radioaktives Iod.

Die bei der Radiolyse des Methans gefundenen Reaktionsprodukte sind in Tabelle 10.3 zusammengestellt. Das wichtigste Zwischenpro-

Tabelle 10.3
Reaktionsprodukte bei der Radiolyse des Methans

Reaktionsprodukt	G-Werte		
	α-Strahlen (Rn)	Elektronen (aus Beschleuniger)	γ-Strahlen
H_2	4,8	5,7	6,4
C_2H_6	1,9	2,1	2,1
C_2H_4	0	0,05	0,13
C_3H_8	0,35	0,14	0,26
C_4H_{10}	0	0,04	0,13

Werte aus:
R. E. HONIG, C. W. SHEPPARD: J. physic. Chem. **50**, 119 (1946).
F. W. LAMPE: J. Amer. chem. Soc. **70**, 1055 (1957).
K. YANG, P. J. MANNO: J. Amer. chem. Soc. **81**, 3507 (1959).

dukt ist das Methylradikal, das wahrscheinlich nach folgender Gleichung entsteht:

$$CH_4 \rightsquigarrow CH_4^* \longrightarrow \cdot CH_3 + \cdot H. \qquad (10.38)$$

Die Radiolyse höherer gesättigter Kohlenwasserstoffe verläuft ähnlich wie die des Methans. In allen Fällen entsteht ein verhältnismäßig großer Anteil an Wasserstoff. Bei höheren Kohlenwasserstoffen tritt allerdings die Spaltung von C–C-Bindungen gegenüber der Spaltung von C–H-Bindungen mehr in den Vordergrund. In Gegenwart von Sauerstoff entstehen Ketone, Alkohole, Peroxide, Säuren und Wasser, allerdings in verhältnismäßig geringen Ausbeuten. In Gegenwart von Halogenen oder Sulfurylchlorid findet eine Halogenierung oder Sulfochlorierung statt. Da diese Reaktionen als Kettenreaktionen ablaufen, werden G-Werte von der Größenordnung 10^5 bis 10^6 erreicht.

Ungesättigte Kohlenwasserstoffe liefern bei der Bestrahlung geringere Mengen an Wasserstoff und größere Mengen an höhermolekularen Produkten (Polymeren). Außerdem wird eine cis-trans-Isomerisierung beobachtet. Auch aus Acetylen entstehen bei der Bestrahlung höhermolekulare Substanzen, u. a. etwa 15 bis 20% Benzol. Die strahlenchemische Polymerisation von ungesättigten Verbindungen, wie Ethylen, Vinylchlorid oder Styrol, besitzt technisches Interesse. Während Polyethylen, Polyvinylchlorid, Polystyrol und andere Polymere sich unter dem Einfluß ionisierender Strahlung zusätzlich vernetzen, erleiden Polymethacrylate („Plexiglas") einen Abbau bei gleichzeitiger Verfärbung.

Strahlenchemische Reaktionen an Halogen-Verbindungen führen meist zur Spaltung der Kohlenstoff-Halogen-Bindung, weil diese die geringste Bindungsenergie besitzt. So entsteht bei der Bestrahlung von Chloroform Chlorwasserstoff:

$$CHCl_3 \rightsquigarrow \cdot CHCl_2 + \cdot Cl \qquad (10.39)$$
$$\cdot Cl + CHCl_3 \longrightarrow HCl + \cdot CCl_3 \qquad (10.40)$$
$$\cdot CCl_3 + \cdot CCl_3 \longrightarrow CCl_3 - CCl_3 \qquad (10.41)$$

In Gegenwart von freien Halogenen finden strahlenchemisch induzierte Austauschreaktionen statt, die zur Halogenmarkierung dienen können:

$$RI \rightsquigarrow R\cdot + I\cdot \qquad (10.42)$$
$$R\cdot + {}^{131}I_2 \longrightarrow R{}^{131}I + {}^{131}I\cdot \qquad (10.43)$$

Bei Alkoholen, Aldehyden, Ketonen, Carbonsäuren und Ethern werden bevorzugt die der funktionellen Gruppe benachbarten Bindungen aufgespalten, z. B.

$$R-COOH \rightsquigarrow RH + CO_2. \qquad (10.44)$$

Für aromatische Verbindungen ist charakteristisch, daß sie strahlenchemisch verhältnismäßig stabil sind. So ist der G-Wert für die Bildung von Radikalen bei n-Hexan 7,6, bei Cyclohexan 6,2, bei Benzol 0,66 und bei Toluol 2,4. Hauptprodukt bei der Bestrahlung von Benzol sind polymere Verbindungen; daneben entstehen etwas Wasserstoff und Acetylen.

In hochpolymeren Verbindungen finden nebeneinander Vernetzungsreaktionen und Abbaureaktionen statt; dabei wird auch etwas Wasserstoff abgespalten. Durch die Bestrahlung wird meistens zunächst eine Erhöhung der Festigkeit oder der Viskosität erreicht, was für technische Zwecke von Interesse ist. Bei sehr hoher Dosis tritt die Zersetzung in den Vordergrund, wobei Sauerstoff eine wichtige Rolle spielt.

10.7. Reaktionen in festen anorganischen Stoffen

In festen anorganischen Stoffen werden neben Änderungen der physikalischen Eigenschaften auch chemische Reaktionen beobachtet.

γ-Quanten und Elektronen rufen in Metallen im allgemeinen keine merklichen physikalischen Veränderungen hervor, wohl aber in Halbleitern bzw. Ionenkristallen.

Neutronen, Protonen, α-Teilchen und andere Ionen erzeugen sowohl in Metallen als auch in Halbleitern physikalische Veränderungen. Diese werden in Metallen hauptsächlich durch Zusammenstöße oder Reaktionen mit den Atomkernen hervorgerufen, in Halbleitern außerdem durch Ionisations- oder Anregungsprozesse in den Elektronenhüllen. Durch Impulsübertragung entsteht längs des Weges eine Vielzahl von Fehlstellen (Leerstellen oder Atome auf Zwischengitterplätzen). Diese können Änderungen der Leitfähigkeit, der Dichte und der optischen Eigenschaften zur Folge haben.

In Ionenkristallen gelangt ein Teil der durch die ionisierende Strahlung nach Gl. (10.2) erzeugten Elektronen in das Leitfähigkeitsband und trägt zur Leitfähigkeit bei. Auch die Defektelektronen, die durch das Herausschlagen der Elektronen entstehen, können beweglich sein. Die freien Elektronen können entweder mit den Elektronendefektstellen rekombinieren oder in Fehlstellen eingefangen werden. Ein Elektron auf einer Anionenleerstelle bildet ein F-Zentrum, ein Defektelektron auf einer Kationenleerstelle ein V-Zentrum. Diese F- und V-Zentren verursachen die Färbung bestrahlter Kristalle. Durch Erwärmen kann meist eine Ausheilung erreicht werden.

Molekülkristalle, z. B. organische feste Stoffe, und nichtkristalline feste Verbindungen nehmen in ihrem Verhalten eine Zwischenstellung ein zwischen Ionenkristallen und Flüssigkeiten. Auch bei diesen Stoffen werden infolge der Abspaltung von Elektronen eine Erhöhung der Leitfähigkeit und eine Verfärbung beobachtet.

Chemische Reaktionen in Festkörpern können von γ-Quanten oder Elektronen durch Anregungs- oder Ionisationsprozesse ausgelöst werden, von Nukleonen außerdem durch Zusammenstöße oder Reaktionen mit den Atomkernen. Die chemischen Effekte von Kernreaktionen in Festkörpern wurden bereits in Abschnitt 9.5 behandelt.

10. Strahlenchemische Reaktionen

Beim Aufprall von Neutronen, Protonen, α-Teilchen oder anderen Ionen auf Atomkerne werden Rückstoßatome erzeugt, die sich ähnlich verhalten wie die durch (n, γ)-Reaktionen entstehenden Rückstoßatome.

Die Bildung von · H- und · OH-Radikalen kann durch Bestrahlung von Eis bei tiefer Temperatur (etwa 77 K) auf Grund der paramagnetischen Resonanz nachgewiesen werden. Bei höherer Temperatur (115 K) verschwinden die Radikale durch Rekombination.

Wenn ein Kristall von Silbernitrat mit γ-Quanten, Elektronen oder Neutronen bestrahlt wird, so verfärbt er sich schwarz. Diese Verfärbung beruht nicht auf der Bildung von elementarem Silber, sondern auf der Erzeugung von Fehlstellen; denn beim Erwärmen der Kristalle verschwindet die Färbung wieder. Neben diesen physikalischen Veränderungen finden aber auch chemische Reaktionen statt; ein Teil des Nitrats wird in Nitrit und Sauerstoff zersetzt:

$$NO_3^- \rightsquigarrow NO_2^- + O. \qquad (10.45)$$

Durch Erwärmen kann eine Ausheilung — d. h. eine partielle Rekombination von Sauerstoff und Nitritionen — erreicht werden (vgl. Abb. (10–2)). Die chemischen Effekte von Kernreaktionen und strahlenchemische Reaktionen führen somit in Festkörpern zu ähnlichen Produkten.

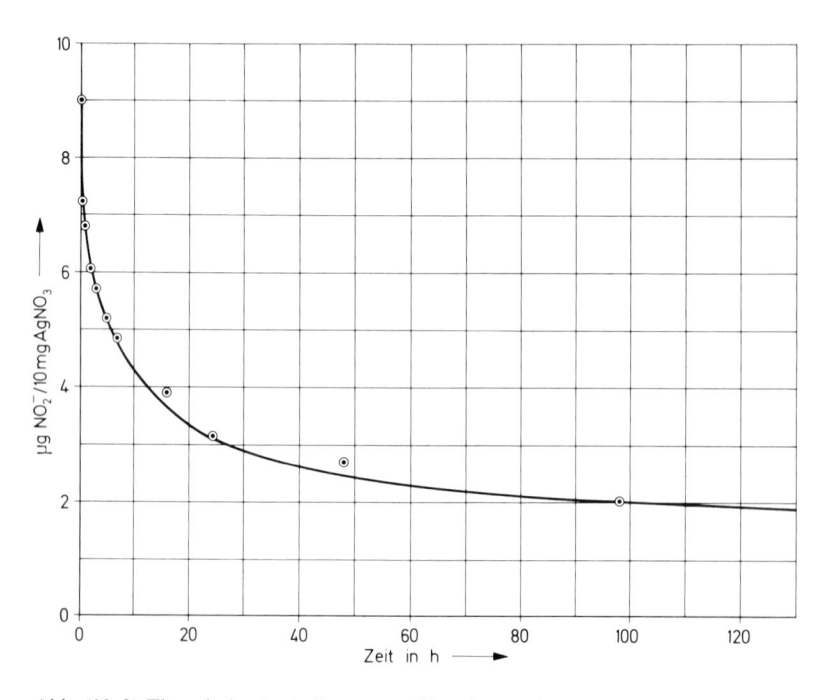

Abb. (10–2) Thermische Ausheilung von Silbernitrat-Kristallen: Nitritkonzentration als Funktion der Ausheilungszeit (170 °C).

Literatur zu Kapitel 10

1. A. Henglein, W. Schnabel, J. Wendenburg: Einführung in die Strahlenchemie. Verlag Chemie, Weinheim 1969.
2. A. R. Denaro, G. G. Jayson: Fundamentals of Radiation Chemistry. Butterworths, London 1972.
3. K. Kaindl in H. Graul (Herausgeber): Strahlenchemie, Grundlagen–Technik–Anwendung. Dr. A. Hüthig Verlag, Heidelberg 1967.
4. J. W. T. Spinks, R. J. Woods: An Introduction to Radiation Chemistry. John Wiley and Sons, New York 1964.
5. H. Mohler: Chemische Reaktionen ionisierender Strahlen (Radiation Chemistry). Verlag H. R. Sauerländer & Co., Aarau u. Frankfurt am Main 1958.
6. A. O. Allen: The Radiation Chemistry of Water and Aqueous Solutions. D. Van Nostrand Company, London 1961.
7. A. J. Swallow: Radiation Chemistry of Organic Compounds. Pergamon Press, Oxford 1960.
8. R. O. Bolt, J. G. Carroll: Radiation Effects on Organic Materials. Academic Press, New York 1963.
9. A. Chapiro: Radiation Chemistry of Polymeric Systems. Interscience Publishers, London 1962.
10. A. Charlesby: Atomic Radiation and Polymers. Pergamon Press, Oxford 1960.
11. S. C. Lind: Radiation Chemistry of Gases. Reinhold Publ. Corp., New York 1961.
12. G. J. Dienes, G. H. Vineyard: Radiation Effects in Solids. Interscience Publishers, London 1957.
13. D. W. Billington, J. H. Crawford: Radiation Damage in Solids. Princeton University Press, Princeton 1961.
14. M. Ebert, J. P. Keene, A. J. Swallow, J. H. Baxendale: Pulse Radiolysis. Academic Press, New York 1965.
15. H. Drawe: Angewandte Strahlenchemie. Dr. A. Hüthig Verlag, Heidelberg 1973.
16. H. Drawe: Strahlensynthesen, Chem.-Ztg. **100**, 212 (1976).
17. P. J. Dyne, D. R. Smith, J. A. Stone: Radiation Chemistry. Ann. Rev. Phys. Chem. **14**, 313 (1963).
18. H. A. Schwarz: Radiation Chemistry. Ann. Rev. Phys. Chem. **16**, 347 (1965).
19. L. M. Dorfman, R. F. Firestone: Radiation Chemistry, Ann. Rev. Phys. Chem. **18**, 177 (1967).
20. G. Czapski: Radiation Chemistry of Oxygenated Aqueous Solutions, Ann. Rev. Phys. Chem. **22**, 171 (1971).

Übungen zu Kapitel 10

1. Wie groß ist die Dosisleistung einer punktförmigen ^{60}Co-Strahlenquelle von 1000 Ci in 1 m Abstand?

2. 10 g Hexan werden mit einer Dosis von 10 Mrd (10^5 J/kg) γ-Strahlung bestrahlt. Dabei werden 0,414 mmol H_2 gebildet. Wie groß ist der G-Wert für die Bildung von Wasserstoff $G(H_2)$?

3. Mit dem Fricke-Dosimeter wurden bei einer Bestrahlungszeit von 10 min 3,2 μg Fe^{III}/ml gefunden. Wie groß ist die Dosisleistung der γ-Strahlung?

11. Kernbrennstoffe und Reaktorchemie

11.1. Energiegewinnung durch Kernspaltung

Die allgemeine Gleichung für die Kernspaltung durch Neutronen lautet

$$A + n \longrightarrow B + D + \nu n + \Delta E. \qquad (11.1)$$

Für die Energiegewinnung in Kernreaktoren sind zwei Besonderheiten der Kernspaltung von entscheidender Bedeutung:
1. Bei der Spaltung schwerer Kerne ist die Energie ΔE sehr groß.
2. Da bei der Spaltung eines schweren Kerns mehrere Neutronen frei werden ($\nu \approx 2$ bis 3), ist eine Kettenreaktion möglich.

Die Energie ΔE kann näherungsweise aus der Kurve für die Bindungsenergie (Abb. (1–11)) entnommen werden: Die mittlere Bindungsenergie pro Nukleon beträgt für Atomkerne mit den Massenzahlen A = 230 bis 240 rund 7,5 MeV, für Atomkerne mit den Massenzahlen 80 bis 150, die als Spaltprodukte auftreten (vgl. Abb. (8–15) bzw. (8–16)) jedoch ungefähr 8,4 MeV. Die Differenz — etwa 0,9 MeV pro Nukleon — wird bei der Spaltung der schweren Kerne frei. Da ein spaltbarer Kern etwa 230 bis 240 Nukleonen enthält, beträgt die pro Kernspaltung in Freiheit gesetzte Energie etwa 200 MeV. Werte in dieser Größe erhält man auch, wenn man die Energie der Kernspaltung für bestimmte Spaltprodukte berechnet. Im Mittel teilt sich die Energie der Kernspaltung für U–235 folgendermaßen auf:

Kinetische Energie der Spaltprodukte	167 MeV
Kinetische Energie der bei der Spaltung entstehenden Neutronen	5 MeV
Bei der Kernspaltung auftretende γ-Strahlung (prompte γ-Strahlung)	6 MeV
Energie des β-Zerfalls der Spaltprodukte	8 MeV
Energie des γ-Zerfalls der Spaltprodukte (verzögerte γ-Strahlung)	6 MeV
Energie der Neutrinos	12 MeV
zusammen	204 MeV

In der folgenden Reaktionsgleichung sind diese Werte angegeben (mit Ausnahme des Wertes für die Neutrinos); die Abkürzung S.P. steht für Spaltprodukte

$$^{235}\text{U} + {}^1\text{n} \longrightarrow \underset{(167\,\text{MeV})}{\text{S.P.}} + \underset{(5\,\text{MeV})}{\nu n} + \underset{(6\,\text{MeV})}{\gamma(\text{prompt})}$$
$$\hookrightarrow \underset{(8\,\text{MeV})}{\beta\text{-Strahlung}} + \underset{(6\,\text{MeV})}{\gamma(\text{verzögert})} \qquad (11.2)$$

Die Summe der kinetischen Energie der Spaltprodukte und der Energie des β-Zerfalls kann kalorimetrisch bestimmt werden. Diese Energiebeträge werden in unmittelbarer Nähe des Spaltprozesses in Wärme umgesetzt. Die Energie der Neutronen und der γ-Strahlung kann nur in dem Umfang ausgenutzt werden, in dem diese Strahlen in dem betreffenden Medium absorbiert werden. Die Energie der Neutrinos geht praktisch verloren, weil diese Teilchen einen außerordentlich kleinen Wirkungsquerschnitt besitzen ($\sigma \approx 10^{-20}$ b) und deshalb nicht absorbiert werden. Sieht man von der Energie der Neutrinos ab, so ist pro Spaltung eines Atoms U–235 eine Energie von 192 MeV nutzbar. Dazu kommt die Bindungsenergie, die beim Einfang der Neutronen innerhalb des Kernreaktors freigesetzt und im wesentlichen in Form von γ-Quanten abgegeben wird. Rechnet man mit $v = 2{,}43$ (vgl. Abschn. 8.9) und einem Mittelwert von 5,0 MeV pro Neutron, dann beträgt der zusätzliche Beitrag durch Absorption der Neutronen rund 12 MeV, und die nutzbare Energie pro Spaltung eines Atoms U–235 erhöht sich auf 204 MeV.

Um auszurechnen, welche Energie aus einer bestimmten Menge an Spaltstoffen gewonnen werden kann, muß man berücksichtigen, daß von dem in einen Reaktor eingebrachten spaltbaren Material nur ein Teil gespalten wird, während der Rest bevorzugt durch (n, γ)-Reaktionen in weniger leicht spaltbare Nuklide umgewandelt wird. Der Bruchteil der gespaltenen Kerne ist durch das Verhältnis der Wirkungsquerschnitte für die Spaltung und für die Absorption der Neutronen gegeben (Σ_f/Σ_a, vgl. Abschn. 8.6). Für U–235 und thermische Neutronen beträgt dieses Verhältnis 0,839. Da 1 eV einer Energie von 96,5 kJ/mol entspricht, kann man aus 1 kg U–235 maximal die Energie

$$E = \frac{204 \cdot 10^6 \cdot 10^3 \cdot 96{,}5 \cdot 0{,}839}{235} = 7{,}03 \cdot 10^{10}\,\text{kJ} = 1{,}95 \cdot 10^7\,\text{kW h}$$

gewinnen. Dabei ist vorausgesetzt, daß die Gesamtenergie der γ-Strahlung ($6 + 6 + 12 = 24$ MeV) genutzt werden kann. Das ist in der Praxis nicht möglich. Man muß damit rechnen, daß ungefähr 60% der γ-Energie verlorengeht. Dann erhält man als realistische Werte für die nutzbare Energie pro Spaltung rund 190 MeV und für die Energiegewinnung durch quantitative Umsetzung von 1 kg U–235

$$E' = 6{,}55 \cdot 10^{10}\,\text{kJ} = 1{,}82 \cdot 10^7\,\text{kW h} = 758\,\text{MW d}$$
$$\text{oder} \quad 7{,}58 \cdot 10^5\,\text{MW d pro t U–235.}$$

Bei der Verbrennung von 1 kg Kohlenstoff oder Kohle wird eine Energie von $34 \cdot 10^3$ kJ oder 9,4 kW h frei. Somit ist die Energie, die durch Spaltung von Kernbrennstoffen gewonnen werden kann, etwa um den Faktor $2 \cdot 10^6$ größer als die Energie, die durch Verbrennung der gleichen Menge Kohle gewonnen wird. Diese Berechnungen sind von grundlegender Bedeutung für die Entwicklung von Kernkraftwerken. Vergleicht man mit der Energie von Sprengstoffen, so folgt, daß die Spaltung von 1 kg U–235 ebensoviel Energie liefert wie die Explosion von 20000 t Trinitrotuluol (TNT).

Die zweite wichtige Besonderheit der Kernspaltung ist die Tatsache, daß die Zahl der Neutronen vervielfacht wird: Ein Neutron wird eingefangen und löst die Kernspaltung aus; dabei werden im Mittel 2 bis 3

Neutronen frei. Dies ermöglicht den Ablauf einer Kettenreaktion, die schematisch in Abb. (11–1) dargestellt ist. Als Beispiel betrachten wir

11.1. Energiegewinnung durch Kernspaltung

thermische Neutronen
(Anzahl N)

Brennstoffelemente

schnelle Neutronen
(Anzahl $N\nu \dfrac{\Sigma_f(U)}{\Sigma_a(U)} \varepsilon = N\eta\varepsilon$)

Verluste

schnelle Neutronen
(Anzahl $N\eta\varepsilon(1-l_f)$)

Moderator

thermische Neutronen
(Anzahl $N\eta\varepsilon(1-l_f)p$)

Verluste

(Anzahl $N\eta\varepsilon(1-l_f)p(1-l_t)f$)

Brennstoffelemente

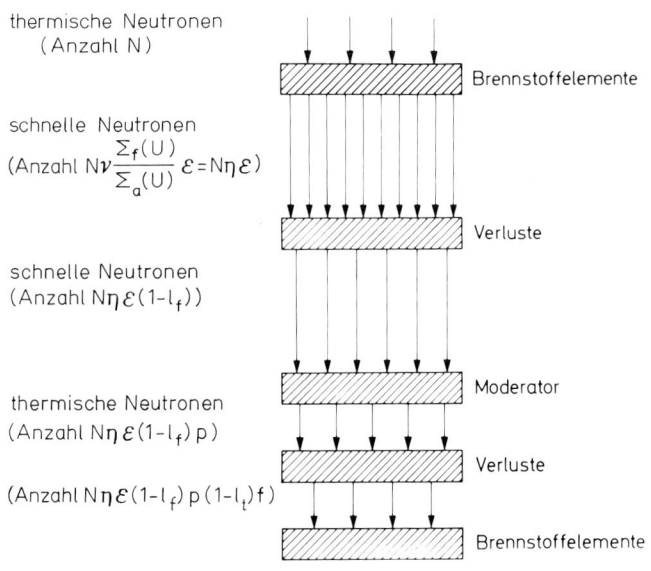

Abb. (11–1) Der effektive Multiplikationsfaktor k_{eff} für Neutronen bei einer Kettenreaktion (schematisch).

die Spaltung von Uran. Ob eine Kettenreaktion abläuft, hängt ab von der Größe des effektiven Multiplikationsfaktors k_{eff}, der durch folgende Beziehung gegeben ist:

$$k_{\text{eff}} = \nu\varepsilon(1-l_f)p(1-l_t)f\frac{\Sigma_f(U)}{\Sigma_a(U)} = \eta\varepsilon(1-l_f)p(1-l_t)f. \quad (11.3)$$

Ein Teil der vom Uran absorbierten thermischen Neutronen führt zur Spaltung, ein anderer Teil nicht. Σ_f bzw. Σ_a sind die makroskopischen Wirkungsquerschnitte für die Spaltung und die Absorption (vgl. Abschn. 8.6). Der Bruchteil $\alpha = \dfrac{\Sigma_f(U)}{\Sigma_a(U)}$ der von den Uranatomen eingefangenen thermischen Neutronen löst eine neue Kernspaltung aus; der Rest, der durch $\dfrac{\Sigma_a(U) - \Sigma_f(U)}{\Sigma_a(U)}$ gegeben ist, führt zu anderen Kernreaktionen, z. B. ^{238}U(n, γ)^{239}U oder ^{235}U(n, γ)^{236}U. Für reine Nuklide (z. B. für reines U–235) ist $\Sigma_f/\Sigma_a = \sigma_f/\sigma_a$ (vgl. Abschn. 8.6). ν ist die Zahl der Neutronen, die im Mittel bei der Spaltung eines ^{235}U-Kerns mit thermischen Neutronen entstehen.

$$\nu \frac{\Sigma_f(U)}{\Sigma_a(U)} = \eta \quad (11.4)$$

ist die Zahl der Spaltneutronen, bezogen auf die Zahl der im Uran absorbierten thermischen Neutronen, und wird auch Vermehrungsfaktor oder Neutronenvermehrungszahl genannt. ε, der Faktor für die Spaltung durch schnelle Neutronen (Schnellvermehrungsfaktor) gibt an, in welchem Umfang durch die Spaltung des U–238 die Zahl der Neutronen erhöht wird. ε bewegt sich zwischen 1,0 und 1,1. In Graphit-moderierten Natururan-Reaktoren ist ε = 1,03. Von den schnellen Neutronen geht der Bruchteil l_f verloren. Der verbleibende Rest, der durch den Faktor $(1 - l_f)$ gegeben ist, wird in einem Moderator abgebremst. Als Moderatoren sind solche Stoffe geeignet, die einen möglichst kleinen Einfangsquerschnitt für Neutronen und eine niedrige Massenzahl besitzen; bei niedriger Massenzahl des Moderators ist der Energieverlust des Neutrons beim Zusammenstoß hoch. Geeignete Moderatoren sind H_2O, D_2O und Graphit. Während des Abbremsvorganges wird von den energiereichen Neutronen der Bruchteil $(1 - p)$ im Resonanzbereich von U–238 eingefangen und löst die Kernreaktion $^{238}U(n,\gamma)^{239}U$ aus, die zur Bildung von ^{239}Np und ^{239}Pu führt. p nennt man auch Resonanzdurchlaß-Wahrscheinlichkeit oder Bremsnutzung. Die verbleibenden Neutronen sind thermische Neutronen; davon entweicht der Bruchteil l_t aus dem System; von dem Rest wird der Bruchteil f von Uranatomen eingefangen, der Bruchteil $(1 - f)$ von anderen Stoffen. f bezeichnet man als thermischen Nutzfaktor.

Entscheidend wichtig für die Entwicklung der Kernreaktoren war die Beobachtung, daß der Multiplikationsfaktor durch eine heterogene Anordnung von Uran und Graphit wesentlich vergrößert werden kann. Bei der heterogenen Anordnung wird der Resonanzeinfang der Neutronen durch das U–238 sehr stark vermindert, weil die Neutronen im Graphit auf thermische Energien abgebremst werden. Der Wert für p wird dadurch erheblich größer. Zwar ist die thermische Nutzung f bei der heterogenen Anordnung etwas kleiner, aber das Produkt pf ist größer als bei homogener Anordnung.

In den Abbn. (11–2), (11–3) und (11–4) sind die Wirkungsquerschnitte für die Kernspaltung σ_f, das Verhältnis $\frac{\sigma_f}{\sigma_a}$ und η sowohl für U–235 als auch für U–238 als Funktion der Neutronenenergie aufgezeichnet.

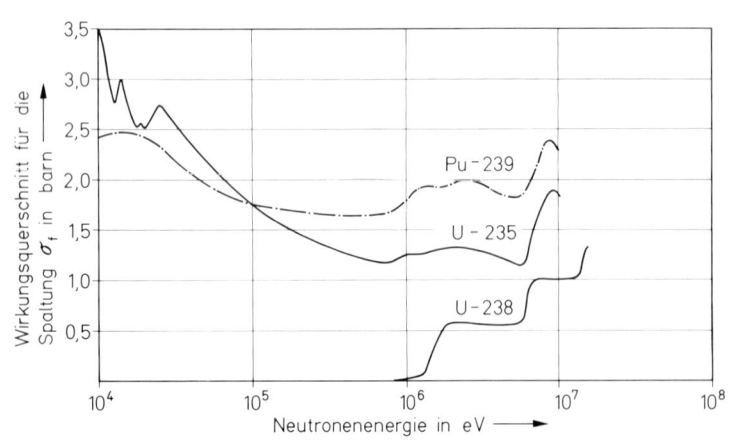

Abb. (11–2) Wirkungsquerschnitt für die Spaltung des U–235, U–238 und Pu–239 als Funktion der Energie der Neutronen.

Man unterscheidet folgende Möglichkeiten:
$k_{\text{eff}} < 1$ — das System ist unterkritisch; d. h. die Kettenreaktion kann nicht ablaufen.
$k_{\text{eff}} = 1$ — das System ist kritisch; d. h. die Kettenreaktion ist möglich.

$k_{\text{eff}} > 1$ — das System ist überkritisch.

Die Größe $k_{\text{eff}} - 1 = \delta$ wird als Überschußreaktivität bezeichnet. Häufig rechnet man auch mit der Größe $(k_{\text{eff}} - 1)/k_{\text{eff}}$, die man Reaktivität des Reaktors nennt. Da das spaltbare Material durch die Kettenreaktion laufend verbraucht wird und die Spaltprodukte Neutronen absorbieren, ist eine gewisse Überschußreaktivität erforderlich, um einen Reaktor zu betreiben. Sie wird durch Kontrollstäbe kompensiert, in denen die überschüssigen Neutronen absorbiert werden. Die Kontrollstäbe enthalten Bor, Cadmium oder Seltene Erden, d. h. Elemente mit hoher Neutronenabsorption. Zum Teil wird die Überschußreaktivität auch durch Beimengungen im Kühlmittel ausgeglichen, z. B. durch Zusatz von Borsäure im Primärkreislauf von Leistungsreaktoren.

Mit zunehmendem Verbrauch an Kernbrennstoff ändert sich vor allen Dingen der Quotient $\alpha = \Sigma_f(U)/\Sigma_a(U)$ und damit der Wert von η. Da für den Betrieb eines Reaktors stets die Bedingung $k_{\text{eff}} \geq 1$ erfüllt sein muß, ist es deshalb nicht möglich, den eingesetzten Kernbrennstoff restlos zu verbrauchen. In der Praxis hängt die Energiegewinnung pro Tonne Brennstoff (Abbrand) sehr stark von der Zusammensetzung des Brennstoffs und den Betriebsbedingungen in dem betreffenden Reaktor ab. Bei den heute üblichen Siedewasser- und Druckwasserreaktoren wird als Brennstoff Uran verwendet, dessen Gehalt an U–235 auf etwa 3% angereichert ist (vgl. Abschn. 11.3). Die „abgebrannten" Brennstoffelemente enthalten noch etwa 0,8% U–235. Etwa die Hälfte der gewonnenen Energie stammt aus der Spaltung des U–235, die andere Hälfte aus der Spaltung des U–238 bzw. des daraus nach Gl. (11.11) gebildeten Pu–239.

Die Neutronenverluste im Reaktor können durch einen Reflektor herabgesetzt werden. Dieser besteht häufig aus Graphit oder Beryllium und reflektiert einen Teil der Neutronen, die den Reaktor verlassen wollen.

In einem unendlich ausgedehnten System können keine Verluste auftreten. Der Multiplikationsfaktor beträgt dann

$$k_\infty = \eta \, \varepsilon \, p \, f. \qquad (11.5)$$

Diese Formel wird als Vier-Faktoren-Formel bezeichnet und spielt für die Berechnung von Reaktoren eine wichtige Rolle. η hängt nur von den Eigenschaften des verwendeten Kernbrennstoffs ab, ε außerdem von seiner Form und Anordnung. p und f sind von den Eigenschaften, der Menge und Anordnung aller Stoffe abhängig, die im Reaktor zugegen sind. ε ist etwas größer als 1 (vgl. oben), p und f sind etwas kleiner als 1; für Näherungsrechnungen kann man daher für das Produkt $\varepsilon p f \approx 1$ setzen. Der Vermehrungsfaktor η spielt eine

378

11. Kernbrennstoffe und Reaktorchemie

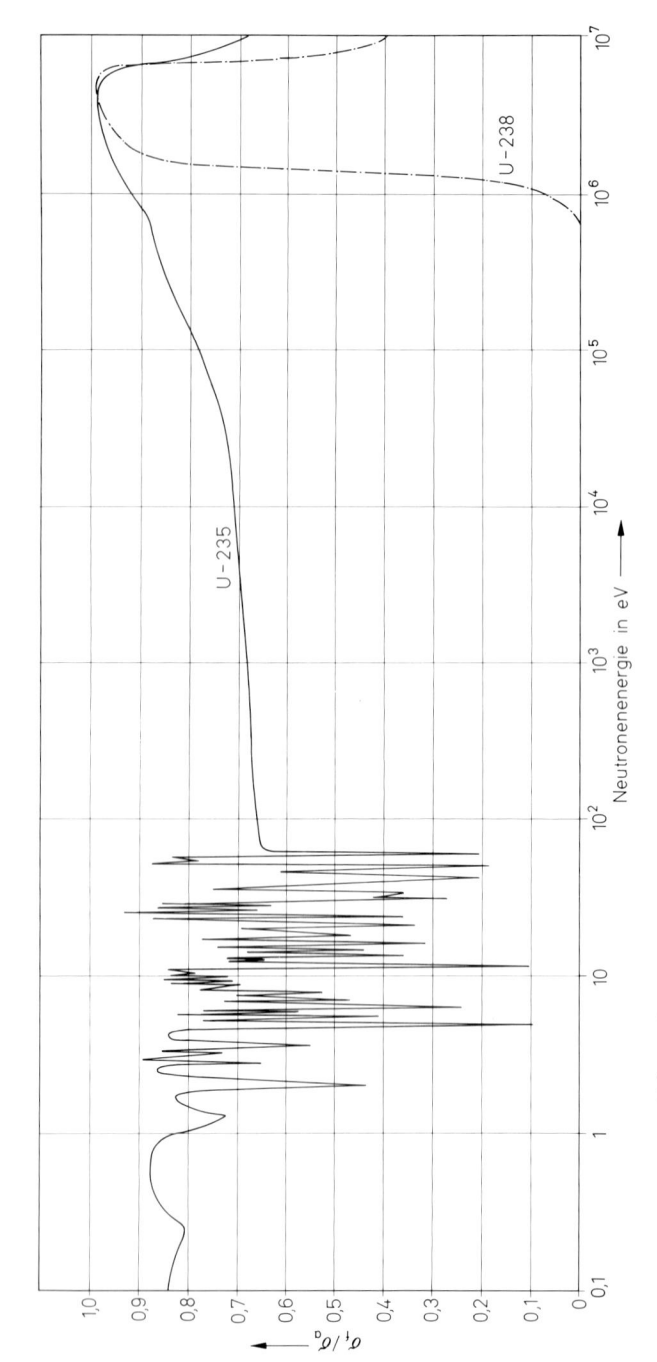

Abb. (11-3) Das Verhältnis σ_f/σ_a für U-235 und U-238 als Funktion der Energie der Neutronen.

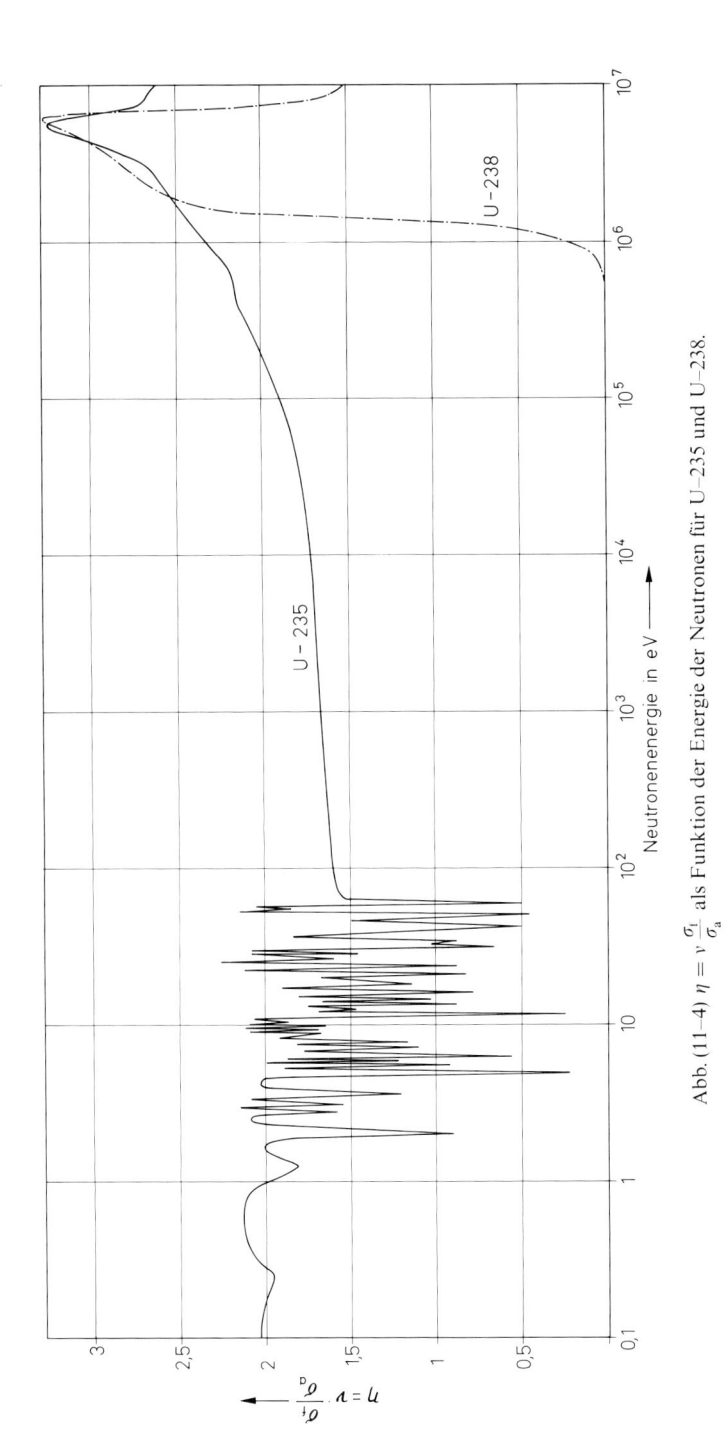

11.1. Energiegewinnung durch Kernspaltung

Abb. (11-4) $\eta = \nu \dfrac{\sigma_f}{\sigma_a}$ als Funktion der Energie der Neutronen für U–235 und U–238.

besonders wichtige Rolle. Er hängt sehr stark von der Energie der Neutronen ab. Für thermische Neutronen ($E = 0{,}025$ eV) erhält man $\eta = 2{,}07$ (U–235), $\eta = 2{,}10$ (Pu–239), $\eta = 2{,}29$ (U–233), und für schnelle Neutronen (1 MeV) $\eta = 2{,}33$ (U–235), $\eta = 2{,}93$ (Pu–239), $\eta = 2{,}43$ (U–233).

Die Neutronenverluste in einem Reaktor von endlichen Dimensionen können näherungsweise durch einen Faktor $L_S^2 + L^2$ berücksichtigt werden. L_S ist die mittlere Weglänge der Spaltneutronen, bis sie thermische Energie erreichen, und L die mittlere Weglänge der thermischen Neutronen. Für einen kugelförmigen Kernreaktor vom Radius R erhält man als Näherung die folgende Beziehung

$$k_\infty - k_{\text{eff}} = \pi^2 \frac{L_S^2 + L^2}{R^2} \qquad (11.6)$$

bzw.

$$R = \pi \sqrt{\frac{L_S^2 + L^2}{k_\infty - k_{\text{eff}}}}. \qquad (11.7)$$

L_S ist von der Größenordnung 10 cm (H_2O : 5,7 cm, D_2O : 11,0 cm; Be : 9,9 cm; C : 18,7 cm); außerdem gilt in den meisten praktisch wichtigen Fällen $L^2 \ll L_S^2$. Mit Hilfe dieser Näherungsgleichung kann die kritische Größe von kugelförmigen Kernreaktoren abgeschätzt werden ($k_{\text{eff}} = 1$).

Die verzögerten Neutronen (vgl. Abschn. 8.9) spielen für den praktischen Betrieb eines Reaktors eine wichtige Rolle, weil sie eine erhebliche Erhöhung der Zeit bewirken, die zur Regelung zur Verfügung steht. Der Multiplikationsfaktor der prompten Neutronen allein ist gegeben durch $k_{\text{eff}}(1 - \beta)$, wenn β der Anteil der verzögerten Neutronen ist. Solange $k_{\text{eff}}(1 - \beta) < 1$ ist, sind die verzögerten Neutronen für die Aufrechterhaltung der Kettenreaktion unentbehrlich. Bezeichnet man die mittlere Zeit zwischen zwei aufeinanderfolgenden Neutronengenerationen mit $\bar{\tau}$ (Verzögerungszeit), so nimmt innerhalb einer Zeitspanne dt die Anzahl der Neutronen um den Wert

$$dn = n\delta \frac{dt}{\bar{\tau}} \qquad (11.8)$$

zu. $\delta = k_{\text{eff}} - 1$ ist die Überschußreaktivität. Durch Integration dieser Gleichung erhält man für den Zeitpunkt t

$$n = n_0 \, e^{\frac{\delta t}{\bar{\tau}}}. \qquad (11.9)$$

Die Zeit T für die Vermehrung der Neutronenzahl um den Faktor e nennt man die Reaktorperiode. Aus Gl. (11.9) folgt mit $n = n_0 e$

$$T = \frac{\bar{\tau}}{\delta}. \qquad (11.10)$$

Bei der Spaltung von U–235 werden 0,65% der Spaltneutronen verzögert emittiert, und zwar von solchen neutronenreichen Spaltprodukten, die nach einem β-Zerfall so stark angeregt sind, daß die Emission eines Neutrons möglich ist (vgl. Abschn. 8.9). Beispiele sind Kr–87 und Xe–137. Die mittlere Verzögerungszeit beträgt für U–235 unter Mitberücksichtigung der prompten Neutronen $\bar{\tau} \approx 0{,}1$ s. Bei einer Überschußreaktivität $\delta = 0{,}005$ ergibt sich aus Gl. (11.10)

$T \approx 20$ s. Die mittlere Verzögerungszeit für die prompten Neutronen allein beträgt nur etwa 1 ms. Wenn $k_{\text{eff}}(1-\beta) > 1$ ist, können die prompten Neutronen allein die Kettenreaktion aufrechterhalten. Nun gilt $\bar{\tau} \approx 10^{-3}$, und die maßgebende Überschußreaktivität δ' für die prompten Neutronen ist gegeben durch den Wert, der $k_{\text{eff}}(1-\beta) - 1$ übersteigt, $\delta' = k_{\text{eff}}(1-\beta) - 1$. Die Reaktorperiode wird dann sehr kurz. Man unterscheidet dementsprechend drei Arbeitsbereiche eines Reaktors:

$1 < k_{\text{eff}} < \dfrac{1}{1-\beta}$ überkritisch, aber prompt unterkritisch

$k_{\text{eff}} = \dfrac{1}{1-\beta}$ prompt kritisch

$k_{\text{eff}} > \dfrac{1}{1-\beta}$ prompt überkritisch

Von großer praktischer Bedeutung ist die Frage, welche Nuklide durch thermische Neutronen gemäß Gl. (11.1) gespalten werden können. Dies wird nur dann möglich sein, wenn die Bindungsenergie des Neutrons größer ist als die Energiebarriere für die Spaltung (vgl. Abschn. 8.9). In Tabelle 11.1 sind diese Größen für einige schwere

Tabelle 11.1
Energiebarrieren für die Spaltung und Bindungsenergien für ein zusätzliches Neutron für einige schwere Kerne (nach W. RIEZLER, W. WALCHER: Kerntechnik. B.G. Teubner Verlagsges., Stuttgart 1958).

Nuklid	Energiebarriere für die Spaltung [MeV]	Bindungsenergie für ein zusätzliches Neutron [MeV]
^{232}Th	7,5	5,4
^{233}U	6,0	7,0
^{235}U	6,5	6,8
^{238}U	7,0	5,5
^{239}Pu	5,0	6,6

Kerne angegeben. Man erkennt daraus, daß die g,u-Kerne U–233, U–235 und Pu–239, die durch Einfang eines Neutrons in einen g,g-Compound-Kern übergehen, durch thermische Neutronen spaltbar sind, nicht aber die g,g-Kerne Th–232 und U–238. U–235, Pu–239 und U–233 sind die wichtigsten Kernbrennstoffe. Von diesen kommt nur das U–235 in der Natur vor, und zwar in geringer Konzentration neben U–238 (1 : 140). Die Anreicherung des U–235 durch Isotopentrennung ist verhältnismäßig aufwendig (vgl. Kap. 4). Die anderen Nuklide, Pu–239 und U–233, entstehen durch folgende Kernreaktionen:

$$^{238}\text{U}(n,\gamma)^{239}\text{U} \xrightarrow[23,5 \text{ min}]{\beta^-} {}^{239}\text{Np} \xrightarrow[2,35 \text{ d}]{\beta^-} {}^{239}\text{Pu}, \quad (11.11)$$

$$^{232}\text{Th}(n,\gamma)^{233}\text{Th} \xrightarrow[22,3 \text{ min}]{\beta^-} {}^{233}\text{Pa} \xrightarrow[27,0 \text{ d}]{\beta^-} {}^{233}\text{U}. \quad (11.12)$$

Durch die Reaktionsfolge (11.11) wird in allen Kernreaktoren, die U–238 enthalten, Plutonium gebildet.

Die technische Durchführung dieser Kernreaktionen in sog. Brutreaktoren ist von großem praktischem Interesse, da der Vorrat an Kernbrennstoffen in der Natur begrenzt ist. Dabei ist wichtig, daß pro Kernspaltung im Mittel mehr als 2 Neutronen entstehen. Eines dieser beiden Neutronen wird für die Kettenreaktion benötigt. Wenn die Neutronenverluste im Reaktor so niedrig gehalten werden können, daß ein weiteres Neutron für eine der beiden Kernreaktionen (11.11) bzw. (11.12) zur Verfügung steht, dann entsteht pro gespaltenem Atom ein neues spaltbares Atom. Dies ist das Prinzip eines Brüters.

Das Verhältnis der Zahl der neu gebildeten spaltbaren Atome zu der Zahl der gespaltenen Atome nennt man Brutrate bzw. Konversionsfaktor. Wenn dieses Verhältnis >1 ist, spricht man von einem Brüter (Nettogewinn an spaltbarem Material), wenn es <1 ist, von einem Konverter (Nettoverbrauch an spaltbarem Material).

Die beiden wichtigen Bestandteile eines Brutreaktors sind der Spaltstoff und der Brutstoff. Als Kombinationen kommen in Frage: U–238 (Brutstoff)/Pu–239 (Spaltstoff) oder Th–232 (Brutstoff)/U–233 (Spaltstoff). Für den Betrieb eines Brutreaktors ist der Vermehrungsfaktor η entscheidend, der angibt, wie viele Spaltneutronen entstehen, wenn ein Neutron absorbiert wird. Verwendet man Plutonium als Spaltstoff und thermische Neutronen, so ist $\eta = 2{,}10$. Dieser Wert überschreitet die Zahl 2 so wenig, daß der zusätzlich zu berücksichtigende Verlust an Neutronen nicht ausgeglichen wird. Im Falle von Plutonium ist deshalb ein thermischer Brüter nicht realisierbar. Der Wert von η steigt deutlich an, wenn schnelle Neutronen verwendet werden: $\eta = 2{,}93$. U–238 als Brutstoff und Pu–239 als Spaltstoff bieten die günstigsten Voraussetzungen für eine Brutreaktion mit schnellen Neutronen, d.h. für einen schnellen Brüter. Für eine Brutreaktion mit thermischen Neutronen, d.h. einen thermischen Brüter, ist die Kombination Th–232 (Brutstoff)/U–233 (Spaltstoff) mit $\eta = 2{,}29$ günstiger als die Kombination U–238/Pu–239. Auf der Grundlage von Th–232/U–233 ist ein thermischer Brüter möglich, wenn auch verhältnismäßig schwierig zu realisieren. Die Verwendung von schnellen Neutronen bringt für die Kombination Th–232/U–233 keine wesentlichen Vorteile, weil für schnelle Neutronen der Wert für η nur ein wenig höher liegt: $\eta = 2{,}43$.

Vor einigen Jahren wurde offenkundig, daß vor geraumer Zeit auf der Erde auch natürliche Kernreaktoren „in Betrieb waren". In der Uranmine von Oklo (Gabun, Westafrika) stellte man fest, daß das Isotopenverhältnis $^{235}U : ^{238}U$ geringer war als in allen übrigen Uranerzlagerstätten. Aus der Änderung des Isotopenverhältnisses und der Untersuchung der gebildeten stabilen Spaltprodukte schloß man, daß dort in den Uransedimenten an drei Stellen vor etwa $2 \cdot 10^9$ Jahren längere Zeit eine natürliche Kettenreaktion ablief. Zur Aufrechterhaltung der Kettenreaktion war neben einem hohen Gehalt an U–235 auch die Anwesenheit von Wasser als Moderator erforderlich. Der Urangehalt beträgt hier auch heute noch bis zu etwa 70% U_3O_8. Vor $2 \cdot 10^9$ Jahren war der Anteil an ^{235}U im natürlichen Uran etwa zehnmal so groß wie heute (7,2% gegenüber 0,72% heute). Außerdem waren die Erzlagerstätten durch Sedimentation entstanden, so daß auch Wasser zugegen war. Somit waren alle Voraussetzungen für eine natürliche Kettenreaktion gegeben.

11.2. Chemische Probleme im Zusammenhang mit dem Betrieb von Kernreaktoren (Überblick)

Im Hinblick auf den Betrieb von Kernreaktoren ergeben sich sehr viele chemische Probleme, die in einer Übersicht (Abb. (11-5)) zusammengestellt sind. Der Weg des Kernbrennstoffs Uran beginnt bei den Uranerzen, aus denen chemisch reine Uranverbindungen gewonnen werden. Diese können entweder in der natürlichen Isotopenzusammensetzung verwendet oder nach Überführung in eine geeignete chemische Form einer Isotopentrennanlage zugeführt werden. Plutonium entsteht nach Gl. (11.11) in den Reaktoren aus U–238.

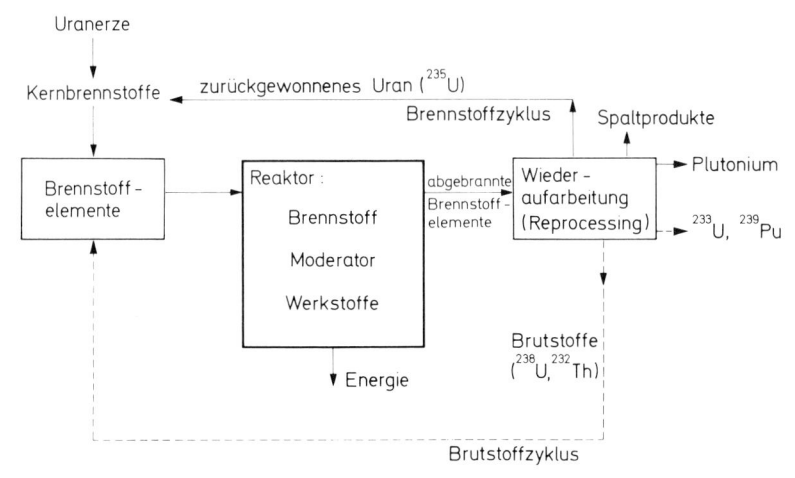

Abb. (11-5) Übersicht über die stofflichen Probleme im Zusammenhang mit dem Betrieb eines Reaktors.

Die Kernbrennstoffe werden zu Brennstoffelementen verarbeitet, die zum Teil verhältnismäßig kompliziert aufgebaut sind, weil sie den Betriebsanforderungen in einem Kernreaktor entsprechen müssen. Deshalb sind die Kosten für die Anfertigung der Brennstoffelemente im Mittel etwa ebenso hoch wie die Kosten für die Gewinnung der Kernbrennstoffe. Die Herstellung der Kernbrennstoffe und der Brennstoffelemente erfordert hochentwickelte metallurgische und technische Erfahrungen.

Im Reaktor findet eine Vielzahl von chemischen Vorgängen statt, die sowohl die Kernbrennstoffe als auch den Moderator und die Reaktorwerkstoffe betreffen. Die Brennstoffelemente bleiben im allgemeinen längere Zeit im Reaktor — meist mehrere Jahre. Während dieser Zeit ändert sich die chemische Zusammensetzung sehr stark. Der Kernbrennstoff wird gespalten; dabei entsteht eine Vielzahl von hochradioaktiven Spaltprodukten. Der Multiplikationsfaktor wird während dieses sog. Abbrandes der Brennstoffelemente kleiner, weil die

Konzentration des Kernbrennstoffs im Brennstoffelement abnimmt und die Spaltprodukte Neutronen absorbieren. Besonders hohe Absorptionsquerschnitte besitzen z. B. das ^{135}Xe (Spaltausbeute 6,4%, $\sigma_a = 2,7 \cdot 10^6$ b) und eine größere Zahl der Lanthaniden. Diese hohe Neutronenabsorption kann nur durch einen entsprechenden Überschuß an Kernbrennstoffen ausgeglichen werden. Bei einem bestimmten Abbrand wird die weitere Verwendung der Brennstoffelemente unwirtschaftlich. Die Grenze ist abhängig von der Art des Reaktors und der Brennstoffelemente; etwa 10 bis 80% des ursprünglichen Gehalts an spaltbarem Material können umgesetzt werden (vgl. oben). Dann werden die Brennstoffelemente aus dem Reaktor entfernt und zur Abschirmung und Kühlung mehrere Monate unter Wasser gelagert, bis die kurzlebigen Spaltprodukte zerfallen sind.

Da die Brennstoffelemente noch spaltbares Material enthalten, werden sie im allgemeinen einer Wiederaufarbeitung („reprocessing") zugeführt. Auch im Hinblick auf die langfristige Lagerung der hochradioaktiven Spaltprodukte ist die Wiederaufarbeitung der Brennstoffelemente zweckmäßig. Diese kann entweder auf nassem oder trockenem Wege erfolgen. In der Technik sind nasse Verfahren gebräuchlich; die Anwendbarkeit trockener Verfahren wird untersucht.

Ziel der Wiederaufarbeitung ist stets die Trennung der spaltbaren Stoffe und der Spaltprodukte. In den meisten Fällen besteht die Aufgabe darin, eine Trennung Uran/Plutonium/Spaltprodukte durchzuführen. Der abgetrennte Kernbrennstoff kann wieder für die Herstellung von Brennstoffelementen verwendet werden; damit ist der Brennstoffzyklus geschlossen (vgl. Abb. (11–5)). In Brutreaktoren erweitern sich die chemischen Aufgaben, sofern Spaltstoff und Brutstoff als Gemisch eingesetzt werden. Dann ist bei der Wiederaufbereitung die Trennung Spaltstoff/Brutstoff/Spaltprodukte notwendig. Wenn Uran–238 als Brutstoff verwendet wird, ist die Wiederaufarbeitung ähnlich wie bei normalen Uran-haltigen Brennstoffen. Liegt dagegen eine Mischung von Uran als Spaltstoff und Thorium als Brutstoff vor, so ist bei der Wiederaufarbeitung die Trennung Uran/Thorium/Plutonium/Spaltprodukte erforderlich. Der Brutstoff kann nach der Aufarbeitung ebenfalls wieder verwendet werden; dadurch wird der Brutstoffzyklus geschlossen (vgl. Abb. (11–5)).

Die hochradioaktiven Abfälle der Wiederaufarbeitung enthalten die Spaltprodukte und daneben zum Teil künstliche Elemente, die durch (n, γ)-Reaktionen entstehen, z. B. Np–237. Die Radioaktivität dieser Spaltproduktgemische ist nach einer Lagerung von einigen Monaten ungefähr von der Größenordnung 1 kCi pro g Kernbrennstoff. Die Jahresproduktion an Spaltproduktgemischen in Kernreaktoren wird in der Welt in absehbarer Zeit die Größenordnung 10^{12} Ci/Jahr erreichen. Die Weiterverarbeitung der hochradioaktiven Spaltproduktgemische ist deshalb eine Aufgabe von großer praktischer Bedeutung. Sicherheitsfragen stehen dabei im Vordergrund.

Die Verfahren der Entsorgung, d.h. der Weiterverarbeitung und Lagerung der radioaktiven Abfälle, spielen in der gesamten Kerntechnik eine wichtige Rolle. Neben den hochradioaktiven Abfällen (HAW = „high active waste") entstehen bei der Wiederaufarbeitung auch größere Mengen an festen und flüssigen Abfällen mittlerer Aktivität (MAW = „medium active waste") und niedriger Aktivität (LAW = „low active waste"). Radioaktive Abfälle fallen außerdem an bei der Verarbeitung von Uranerzen, bei der Herstellung von Brennstoffen und beim Betrieb von Kernreaktoren. Wegen der hohen Toxizität des Plutoniums erfordern alle Abfälle, die bei der Produktion von Brennstoffen aus Plutonium entstehen („α-waste"), eine besonders sorgfältige Behandlung.

In der Kerntechnik sind folgende Gesichtspunkte von großer praktischer Bedeutung: Wegen der hohen Radioaktivität müssen die meisten Verfahren fernbedient in geschlossenen Anlagen durchgeführt werden. Die Anlagen müssen sich durch Wartungsfreiheit sowie lange Standzeit auszeichnen und dürfen nicht störanfällig sein. Die Übertragung von bekannten oder neu entwickelten Verfahren in kerntechnische Anlagen ist deshalb im allgemeinen sehr aufwendig.

11.3. Kernbrennstoffe

Die wichtigsten Daten der Kernbrennstoffe U–235, U–233 und Pu–239 sind in Tab. 11.2 zusammengestellt.

Als Brennstoffe werden verwendet
— Natururan
— schwach angereichertes Uran
— hoch angereichertes Uran
— Mischungen aus Uran und Plutonium
— Mischungen aus Uran und Thorium

Natururan enthält 0,72% U–235 und kann nur in Kombination mit Graphit oder schwerem Wasser als Moderator verwendet werden. In normalem (leichtem) Wasser ist die Neutronenabsorption so hoch, daß ein Reaktor mit Natururan nicht kritisch werden kann. Die ersten Kernreaktoren und auch die erste Serie von Leistungsreaktoren in England (Calder-Hall-Typ) sind mit Natururan und Graphit ausgestattet. Die Energieerzeugung pro Tonne Brennstoff (Abbrand) liegt in der Größenordnung von etwa 10^4 MW d/t. Das entspricht nach Abschn. 11.1 der Spaltung von rund 13 kg spaltbarem Material pro Tonne. Der größere Anteil entfällt auf die Spaltung von Pu–239, das nach Gl. (11.11) aus U–238 entsteht, ein kleinerer Anteil auf die Spal-

Tabelle 11.2
Die wichtigsten Daten der Kernbrennstoffe

	U–233	U–235	Pu–239
Halbwertzeit $t_{1/2}$ in a	$1,59 \cdot 10^5$	$7,04 \cdot 10^8$	$2,41 \cdot 10^4$
Wirkungsquerschnitt $\sigma_{n,\gamma}$ für therm. Neutronen in barn	48	99	269
Wirkungsquerschnitt $\sigma_{n,f}$ für therm. Neutronen in barn	531	582	743
Zahl der Neutronen v, die bei der Spaltung mit therm. Neutronen frei werden	3,13	2,43	2,87

tung von U–235, dessen Gehalt im Kernbrennstoff dadurch wesentlich unter den natürlichen Gehalt absinkt. Nur die Wiedergewinnung des Plutoniums ist wirtschaftlich interessant.

Schwach angereichertes Uran wird in Leistungsreaktoren neuerer Bauart (Siedewasserreaktoren und Druckwasserreaktoren) vorzugsweise als Brennstoff verwendet. Die Anreicherung liegt bei etwa 3% (3% U–235, 97% U–238). Der maximale Abbrand beträgt 3 bis $4 \cdot 10^4$ MW d/t. Üblich sind 34000 MW d/t. Das entspricht nach Abschn. 11.1 der Spaltung von etwa 45 kg spaltbarem Material. Ungefähr die Hälfte davon ist U–235, dessen Gehalt von etwa 3% auf etwa 0,8% abfällt, d. h. ungefähr auf den natürlichen Gehalt. Der Gehalt an langlebigen Plutoniumisotopen steigt auf etwa 0,9% an, der Gehalt an Spaltprodukten auf etwa 3,4%. (Letzteren erhält man näherungsweise in Prozent durch Multiplikation des Abbrandes in MW d/t mit dem Faktor 10^{-4}.)

Hoch angereichertes Uran (>90% U–235) wird praktisch nur in Forschungsreaktoren verwendet, gelegentlich auch in kompakten Leistungsreaktoren, die für Spezialzwecke eingesetzt werden. Die Neubildung von spaltbarem Material ist in hoch angereichertem Uran vernachlässigbar klein. Der maximal erreichbare Abbrand liegt in der Größenordnung von 10^5 MW d/t. Dies entspricht nach Abschn. 11.1 einem Verbrauch von etwa 13% des eingesetzten U–235. Die Wiedergewinnung des angereicherten U–235 ist wirtschaftlich wichtig.

Mischungen aus Uran und Plutonium werden als Brennstoffe in den in der Entwicklung befindlichen schnellen Brütern verwendet (vgl. Abschn. 11.5 und 11.10). Als Spaltstoff dient Pu–239, das aus U–238 nachgebildet wird. Im schnellen Brüter werden Brutraten >1 erreicht (Nettogewinn von Pu–239). Für einen schnellen Brutreaktor mit 2000 MW elektrischer Leistung werden etwa 6 t Plutonium und 100 t Uran benötigt, wobei abgereichertes Uran (<0,7% U–235) aus Isotopentrennanlagen Verwendung finden kann. Der Abbrand beträgt etwa 10^5 MW d/t. Plutonium und Uran werden bei der Wiederaufarbeitung der Brennstoffelemente abgetrennt und können wieder als Brennstoff eingesetzt werden.

Mischungen aus angereichertem Uran und Thorium werden vor allem in Hochtemperaturreaktoren verwendet. Diese Reaktoren arbeiten als Thorium-Konverter. Nach der Reaktionsfolge (11.12) entsteht aus Th–232 das U–233, das als Spaltstoff dient. Der Konversionsfaktor beträgt etwa 0,65. Unter günstigen Bedingungen werden Werte bis zu 0,95 erreicht, d. h. es wird beinahe ebensoviel Spaltstoff erzeugt, wie verbraucht wird. Man bevorzugt Mischungen aus hoch angereichertem Uran (>90% U–235) und Thorium, etwa im Mengenverhältnis 1 : 10. Der erreichbare Abbrand wird voraussichtlich größer sein als 10^5 MW d/t. Bei der Aufarbeitung werden Uran, Thorium und die verhältnismäßig geringen Mengen des aus U–238 gebildeten Plutoniums voneinander getrennt. Die Uranfraktion enthält neben U–238 und U–235 auch das aus Th–232 gebildete U–233 und wird wieder zur Brennstoffherstellung verwendet.

Hochtemperaturreaktoren können auch mit angereichertem Uran als Brennstoff beschickt werden. Man benötigt Uran mit einem Gehalt von etwa 10% U–235, das zunächst allein als Spaltstoff dient. Während des Betriebes wird nach der Reaktionsfolge (11.11) aus U–238 das Pu–239 gebildet. Die Ausnutzung des Brennstoffs ist jedoch wesentlich geringer als bei Verwendung von Mischungen aus angereichertem Uran und Thorium, weil der Konversionsfaktor kleiner ist. Der Nettospaltstoffverbrauch, gegeben durch die Differenz zwischen dem eingesetzten und dem wiedergewonnenen Spaltstoff, ist um etwa 25% höher als bei der Kombination angereichertes Uran/Thorium.

In einem Salzschmelzenreaktor kann man für Uran-Thorium-Mischungen auch Brutraten >1 erreichen. Die Weiterentwicklung solcher Reaktoren wird aber z. Z. nicht diskutiert.

Der Weg von den Uranerzen zu den Kernbrennstoffen besteht aus den folgenden Teilschritten:

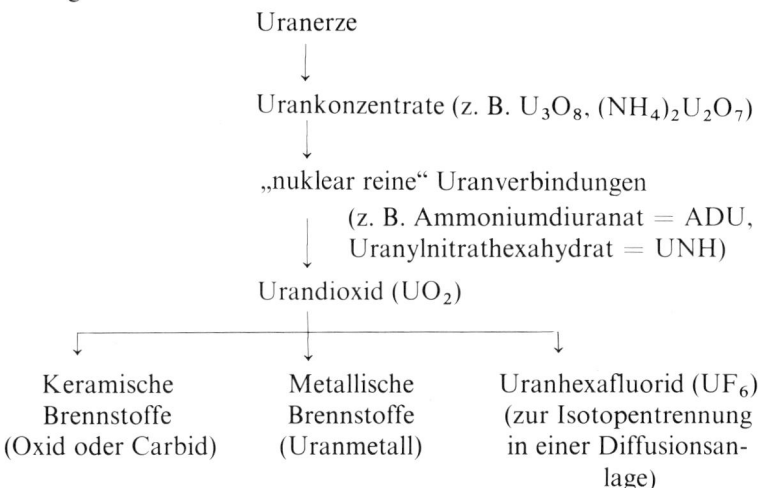

Uranerze
↓
Urankonzentrate (z. B. U_3O_8, $(NH_4)_2U_2O_7$)
↓
„nuklear reine" Uranverbindungen
(z. B. Ammoniumdiuranat = ADU,
Uranylnitrathexahydrat = UNH)
↓
Urandioxid (UO_2)

| Keramische Brennstoffe (Oxid oder Carbid) | Metallische Brennstoffe (Uranmetall) | Uranhexafluorid (UF_6) (zur Isotopentrennung in einer Diffusionsanlage) |

Die durchschnittliche Konzentration des Urans in der Erdkruste beträgt nur 0,0003%. Hochprozentige Erzlager sind selten. Etwa 100 verschiedene Uranminerale sind bekannt (vgl. Tab. 1.1). Viele Uranerze enthalten allerdings nur etwa 0,1 bis 1% Uran.

Primäre Lagerstätten des Urans findet man in Graniten oder Gesteinen ähnlicher Zusammensetzung, in grobkörnigen Pegmatiten und zusammen mit anderen Schwermetallen (z. B. Bi, Co, Ni, Cu und Ag) in hydrothermalen Gängen. Im Mittel werden in diesen Lagerstätten Urankonzentrationen von etwa 0,1 bis 0,5% erreicht. In den primären Lagerstätten liegt das Uran vorwiegend in der Oxidationsstufe IV oder als U_3O_8 vor. Unter dem Einfluß von Verwitterungsvorgängen wird das Uran verhältnismäßig leicht zu Uran (VI) oxidiert und besitzt in dieser Oxidationsstufe als Uranylion eine hohe geochemische Mobilität. Durch Selektierung beim mechanischen Transport oder durch Ausfällung aus Lösungen entstehen sedimentäre Lagerstätten von Uran. Der Urangehalt in diesen sekundären Lagerstätten liegt in der Größenordnung von 0,1% oder darüber.

Die abbauwürdigen Uranerzlagerstätten der westlichen Welt enthalten schätzungsweise 4 Millionen t Uran. Dazu kommen die Vorkommen mit sehr niedrigem Urangehalt, die insgesamt aber sehr viel größere Mengen an Uran repräsentieren. Das größte Uranreservoir stellt das Meerwasser dar mit einer Konzentration von 3 mg U/t (3 ppb; 1 ppb = 1 „part per billion" = 10^{-9}) und einem Gesamtgehalt von etwa $4 \cdot 10^9$ t Uran. Zu den Ländern mit den größten Uranvorräten gehören die USA, Kanada, Australien und Südafrika. In Europa verfügt lediglich Frankreich über größere Mengen preiswerten Urans, während in Schweden und Spanien größere Vorräte an Vorkommen mit geringerem Urangehalt vorhanden sind.

Die wichtigsten Schritte der Uranerz-Aufbereitung sind aus dem folgenden Schema erkennbar:

Uranerze (0,1 – 1% U)

↓

Physikalische Anreicherung (Für Erze mit zu geringem Urangehalt sind chemische Verfahren oft zu teuer). Folgende Verfahren der physikalischen Anreicherung kommen in Frage: Mahlen und Flotation (Trennung nach der Dichte); Trennung auf Grund der magnetischen Suszeptibilität; Sortierung mit Geigerzähler und Sortiermaschine.

Physikalische Konzentrate (5 – 30% U)

Chemische Behandlung:

↓ a) Aufschluß

Säure: H_2SO_4 (evtl. Oxidationsmittel für Fe^{II} bzw. U^{IV}, z. B. MnO_2)	Alkali (seltener angewandt): Soda
$UO_2(SO_4)_2^{--}$ u. a. Sulfatokomplexe	$UO_2(CO_3)_2^{--}$ u. a. Carbonatokomplexe

↓ b) Abtrennung

Anionenaustauscher (diskontinuierlich) Komplexe Anionen bleiben auf der Säule; Elution des Urans mit Säuren, die keine anionischen Komplexe bilden, z. B. 1 M NH_4NO_3 + HNO_3	Extraktion (kontinuierlich) in Extraktionskolonnen, Mischer-Abscheidern u. a., z. B. mit Tributylphosphat (TBP) oder langkettigen Aminen in Kerosin; Bildung von extrahierbaren Komplexverbindungen; anschließend Rückextraktion in verdünnte Salpetersäure; Eindampfen
↓ Fällung, z. B. mit NH_3	↓
$(NH_4)_2U_2O_7$	$UO_2(NO_3)_2 \cdot 6\,H_2O$

Tabelle 11.3
Langlebige Folgeprodukte des U–238 und des U–235 im säkularen radioaktiven Gleichgewicht

Ordnungszahl Z	Element	Massenzahl Uranreihe $4n+2$	Massenzahl Actiniumreihe $4n+3$	Name	Halbwertzeit $t_{1/2}$
92	U	238		Uran I	$4,47 \cdot 10^9$ a
			235	Actinouran	$7,04 \cdot 10^8$ a
		234		Uran II	$2,44 \cdot 10^5$ a
91	Pa		231	Protactinium	$3,28 \cdot 10^4$ a
90	Th	234		Uran X$_1$	24,1 d
			231	Uran Y	25,5 h
		230		Ionium	$7,7 \cdot 10^4$ a
			227	Radioactinium	18,72 d
89	Ac		227	Actinium	21,6 a
88	Ra	226		Radium	1600 a
			223	Actinium X	11,43 d
86	Rn	222		Radon	3,82 d
84	Po	210		Radium F	138,4 d
83	Bi	210		Radium E	5,0 d
82	Pb	210		Radium D	22,3 a
			207	—	stabil
		206		—	stabil

In den Uranerzen sind im säkularen radioaktiven Gleichgewicht mit Uran wägbare Mengen der langlebigen Folgeprodukte enthalten, die in Tab. 11.3 zusammengestellt sind. Durch die großtechnische Verarbeitung der Uranerze fallen Th–230, Pa–231, Ra–226 und Pb–210 in Mengen von vielen Hundert Gramm an. Diese Radionuklide besitzen zum Teil praktisches Interesse. Aus Gründen des Strahlenschutzes (Radioaktivität des Abwassers und der Rückstände) ist in vielen Fällen die Abtrennung dieser langlebigen, stark radioaktiven Substanzen wichtig. Th–230 kann für die Herstellung von Pa–231 und U–232 verwendet und nach einer geeigneten Voranreicherung (z. B. durch Fällung) durch Extraktion mit Tributylphosphat (TPB) und Rückextraktion in 0,1 M Salpetersäure gewonnen werden. Pa–231 ist das langlebigste Isotop des Protactiniums und deshalb für Untersuchungen über die Chemie dieses Elements von großer Bedeutung. Eine Aktivität von 1 Ci entspricht einer Menge von etwa 20 g. Das Protactinium bleibt infolge der starken Hydrolyse seiner Verbindungen zum großen Teil im Rückstand der Uranerzverarbeitung — im Gegensatz zum Thorium; es kann daraus durch Behandlung mit Salzsäure gewonnen und durch Extraktionsverfahren gereinigt werden. Radium und Blei bleiben beim Aufschluß der Erze mit Schwefelsäure im Rückstand; zu ihrer Gewinnung ist ein alkalischer Aufschluß des Rückstandes erforderlich. Werden die Erze dagegen mit Salpetersäure aufgeschlossen — was in manchen französischen Anlagen üblich ist —, so lassen sich Radium und Blei nach der Abtrennung des Urans in verhältnismäßig einfacher Weise gewinnen.

Die noch unreinen Uranverbindungen aus der Uranerzaufbereitung werden meist zu einer größeren Fabrik transportiert und dort zu

„nuklear reinen" Uranverbindungen weiterverarbeitet. Die Bezeichnung „nuklear rein" bedeutet, daß die Verbindungen praktisch frei sind von Nukliden mit einem hohen Einfangquerschnitt für thermische Neutronen, z. B. Bor, Cadmium und Seltenen Erden. Zu diesem Zweck sind hochwirksame Trennverfahren erforderlich. Am besten geeignet ist eine mehrstufige Extraktion. Durch die Anwendung der Extraktion in der Kerntechnik wurde die Entwicklung moderner Extraktionsverfahren entscheidend befruchtet. Gebräuchlich für die Reinigung des Urans sind Ausgangslösungen mit einem Gehalt von etwa 300 g U/l und 60 bis 180 g überschüssiger HNO_3/l, die in einem ersten Extraktor mit Tributylphosphat (TBP) in Kerosin extrahiert werden; die Rückextraktion erfolgt in einem zweiten Extraktor, z. B. bei 60 °C mit Wasser. Durch Eindampfen wird $UO_2(NO_3)_2 \cdot 6\,H_2O$ = UNH, durch Fällen mit Ammoniak $(NH_4)_2U_2O_7$ = ADU erhalten. In diesem Stadium ist das Uran am reinsten. Der Gehalt an Bor und Cadmium ist kleiner als 1 ppm. Bei allen weiteren Operationen werden wieder Verunreinigen eingeschleppt.

Die weitere Verarbeitung der nuklear reinen Verbindungen ist in dem folgenden Schema zusammengefaßt:

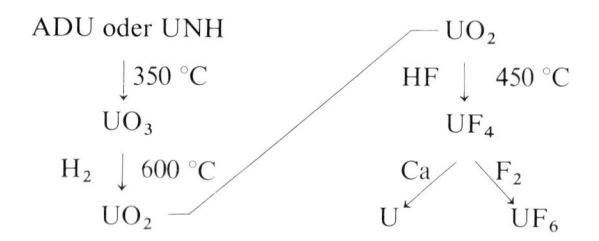

$$\begin{array}{ccc}
\text{ADU oder UNH} & & UO_2 \\
\downarrow 350\,°C & & HF \downarrow 450\,°C \\
UO_3 & & UF_4 \\
H_2 \downarrow 600\,°C & & Ca \swarrow \searrow F_2 \\
UO_2 & & U \qquad UF_6
\end{array}$$

Die Darstellung des UF_4 kann diskontinuierlich in demselben Reaktionsgefäß durchgeführt werden oder kontinuierlich auf einem Rost bzw. im Wirbelschichtverfahren. Das letztgenannte Verfahren eignet sich am besten für die Großproduktion. Die Reaktion

$$UO_3 + H_2 \longrightarrow UO_2 + H_2O \qquad (11.13)$$

ist stark exotherm und verläuft praktisch vollständig. Die Reaktion

$$UO_2 + 4\,HF \rightleftharpoons UF_4 + 2\,H_2O \qquad (11.14)$$

ist ebenfalls exotherm, führt aber zu einem Gleichgewicht. Zwischenprodukte der Reaktion (11.14) sind nicht faßbar. Sie beginnt oberhalb 200 °C und ist abhängig von der Teilchengröße. Das Urantetrafluorid ist eine grüne kristalline Substanz und wird oft als „grünes Salz" bezeichnet. Es ist isomorph mit ZrF_4, HfF_4 und ThF_4, reaktionsträge und sehr wenig löslich in Wasser (10^{-4} mol/l). Bei höherer Temperatur tritt unter dem Einfluß von Wasserdampf Hydrolyse ein, die durch U_3O_8 katalysiert wird.

Da die Bildungswärme von CaF_2, MgF_2 und NaF größer ist als die des UF_4, kann die Reduktion des UF_4 zu Uranmetall mit Calcium,

Magnesium oder Natrium erfolgen. Die Reduktion mit Natrium erfordert wegen des niedrigen Siedepunktes von Natrium (880 °C) die Verwendung eines Druckgefäßes. Deshalb wird in der Praxis Calcium oder Magnesium bevorzugt

$$UF_4 + 2\,Ca\,(Mg) \longrightarrow U + 2\,CaF_2\,(MgF_2). \qquad (11.15)$$

Diese Reaktion ist sehr stark exotherm und setzt oberhalb 1 132 °C ein (Schmelzpunkt des Urans). Die Reaktionswärme reicht aus, um das Uran und die Reaktionsprodukte zum Schmelzen zu bringen. Wegen der hohen Dichte des Urans ($\rho \approx 19\,g/cm^3$) gegenüber Calcium und Urantetrafluorid ($\rho \approx 2\,g/cm^3$) erhält man aus einer großen Substanzmenge einen verhältnismäßig kleinen Regulus von metallischem Uran. Man stellt auf diese Weise bis zu etwa 2 t Uran im Einzelansatz her. Wichtig ist die Reinheit des Calciums bzw. Magnesiums. Die Reduktion mit Calcium kann in Anwesenheit von Luft erfolgen, weil sich eine Schutzschicht von Calciumfluorid bildet.

Bei der Reduktion der Oxide entsteht Uranpulver:

$$UO_2 + 2\,Ca \longrightarrow U + 2\,CaO. \qquad (11.16)$$

Auch CaH_2 kann für diese Reduktion verwendet werden. Mit Magnesium wird ein pyrophores Produkt erhalten. Die Elektrolyse in einer Salzschmelze — z. B. im System NaCl/KCl (eutektisches Gemisch) + UCl_3 oder UF_4 — führt ebenfalls zu Uranpulver. Für die Darstellung von kleinen Mengen Uran ist auch die thermische Zersetzung von UI_3 an einem heißen Draht (Wolframdraht, 1 300 bis 1 600 °C, van Arkel-Verfahren) geeignet.

Uranhexafluorid, das für die Isotopentrennung von U–235 und U–238 in Gasdiffusionsanlagen verwendet wird (vgl. Kap. 4), kann leicht durch Fluorierung von Urantetrafluorid hergestellt werden. Als Fluorierungsmittel sind Fluor, ClF_3 oder BrF_3 geeignet (z. B. Fluorgas bei 500 °C oder flüssiges Chlortrifluorid bei Raumtemperatur):

$$3\,UF_4 + 2\,ClF_3 \longrightarrow 3\,UF_6 + Cl_2. \qquad (11.17)$$

Die Reaktion verläuft vollständig — im Gegensatz zur Fluorierung des Plutoniums. Uranhexafluorid ist farblos und bei Raumtemperatur fest. Es sublimiert bei 56 °C, ohne zu schmelzen. Die Fluorierung wird meist in einem kontinuierlichen Prozeß in Behältern aus Monelmetall ausgeführt. Zwischenprodukte der Fluorierung sind UF_5, U_2F_9, U_4F_{17}; ihr Anteil ist bei tieferer Temperatur größer. Auch mit Sauerstoff tritt bei höherer Temperatur eine Reaktion ein:

$$2\,UF_4 + O_2 \longrightarrow UF_6 + UO_2F_2. \qquad (11.18)$$

Das feste UO_2F_2 tritt als Nebenprodukt auf.

Im Anschluß an die Isotopentrennung U–235/U–238 wird das Uranhexafluorid zu UO_2, UF_4 bzw. Uranmetall weiterverarbeitet. Wegen der Gefahr der Kritikalität müssen diese Umsetzungen in kleinen Mengen durchgeführt werden (etwa im 1- bis 10-kg-Maßstab). In einem diskontinuierlichen Prozeß sind folgende Schritte möglich: Hydrolyse des Uranhexafluorids, Fällung als Ammoniumdiuranat (ADU), Erhitzen und Umwandlung mit Wasserstoff in Urandioxid sowie mit Fluorwasserstoff in Urantetrafluorid. Als kontinuierliche Prozesse bieten sich an: Die Reduktion des Uranhexafluorids zu Urantetrafluorid mit Wasserstoff oder mit gasförmigem Trichlorethylen (dabei entsteht neben Urantetrafluorid ein Gemisch von Fluorwasserstoff und Chlorfluorkohlenwasserstoffen).

11.4. Brennstoffelemente

Die Ausführung der Brennstoffelemente hängt entscheidend vom Reaktortyp ab, insbesondere von den Betriebsbedingungen. In homogenen Reaktoren werden keine Brennstoffelemente benötigt; die Kernbrennstoffe werden in gelöster Form (z. B. als Uranylsulfat oder ^{15}N-Uranylnitrat) eingesetzt. In heterogenen Reaktoren werden metallische Brennstoffe (Uranmetall), keramische Brennstoffe (z. B. UO_2, UC) oder Dispersionsbrennstoffe verwendet.

Um die Korrosion des Brennstoffs und das Entweichen der Spaltprodukte zu verhindern, werden metallische und keramische Brennstoffe in Hüllrohren dicht verpackt. Man erhält so Brennstäbe, die zu Brennstoffelementen gebündelt werden können. Für Hochtemperaturreaktoren verwendet man keramische Brennstoffe, die in Graphit eingeschlossen sind. Dispersionsbrennstoffe werden meist durch aufgewalzte Metallschichten geschützt und als sog. Matrixelemente eingesetzt. Die wichtigsten Gesichtspunkte für die Konstruktion der Brennstoffelemente sind neben der Zurückhaltung der Spaltprodukte und der Verhinderung der Korrosion des Brennstoffs guter Wärmeübergang, niedrige Neutronenabsorption und Auswechselbarkeit der Brennstoffelemente.

Das Verhalten von Brennstoffelementen, die metallisches Uran enthalten, wird in erster Linie durch die Eigenschaften des Urans bestimmt. Die verschiedenen Modifikationen des Urans sind in Tab. 11.4 aufgeführt. Durch die anisotrope Ausdehnung (Abb. (11–6)), die

Tabelle 11.4
Modifikationen des Urans

Name	Temperaturbereich in °C	Kristallgitter	Dichte in g cm^{-3}
α-Uran	bis 668	orthorhombisch	19,04 (25 °C)
β-Uran	668 bis 774	tetragonal	18,11 (720 °C)
γ-Uran	774 bis 1 132	kubisch raumzentriert	18,06 (805 °C)

zu plastischen Deformationen führt, wird die Verwendbarkeit von metallischem Uran stark eingeschränkt. Auch die Einwirkung der Strahlung kann Deformationen (Strahlenschäden) bewirken. Die starke Dichteänderung bei der Umwandlung von der α- zur β-Modifikation (vgl. Tab. 11.4) bewirkt, daß Brennstoffelemente, die metalli-

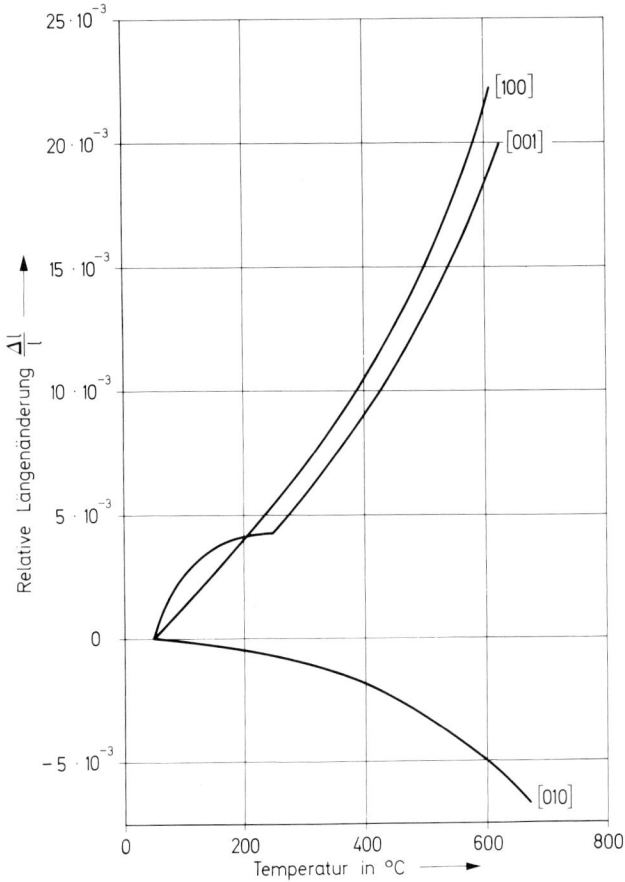

Abb. (11–6) Anisotrope Ausdehnung des Urans; relative Längenänderung in den verschiedenen Achsenrichtungen.

sches Uran enthalten, höchstens auf etwa 660 °C erhitzt werden dürfen. Wegen dieser nachteiligen Eigenschaften des Urans hat man versucht, die isotrope γ-Phase durch Legierungszusätze bis in den Bereich der Raumtemperatur zu stabilisieren. Allerdings ist das Lösungsvermögen des Urans für andere Metalle verhältnismäßig gering; nur Molybdän, Niob, Titan und Zirkonium werden in größeren Mengen aufgenommen. Durch Zusatz von 7% Molybdän wird zwar eine Stabilisierung der γ-Phase bei Zimmertemperatur erreicht, aber der hohe Neutroneneinfang des Molybdäns muß durch Verwendung von Uran mit einem höheren Gehalt an U–235 kompensiert werden. Die Versuche, isotropes Uranmetall zu erhalten, das keine Phasenumwandlung erfährt, haben deshalb keine praktische Bedeutung gewonnen.

Metallisches Uran wird in größerem Maßstab nur in gasgekühlten, Graphit-moderierten Natururan-Reaktoren vom Calder-Hall-Typ verwendet (vgl. Abschn. 11.5). Das Uran wird im Vakuumofen in Barren gegossen und nach der mechanischen Bearbeitung aus der β-Phase abgeschreckt. Gelegentlich werden in Forschungsreaktoren Legierungen aus Uran und Aluminium oder Zirkonium verwendet, die bis zu etwa 20% Uran enthalten.

Reines Plutoniummetall wird in Leistungsreaktoren nicht eingesetzt. Der Schmelzpunkt des Plutoniums liegt bei 639°C. Sechs Phasen sind bekannt, davon zwei monokline, eine orthorhombische, eine kubisch-flächenzentrierte, eine tetragonal-raumzentrierte und eine kubisch-raumzentrierte. Die metallurgischen Eigenschaften sind deshalb noch ungünstiger als die des Urans. Außerdem liegt die kritische Masse eines mit reinem Plutonium beschickten Reaktors unterhalb von 10 kg. Die Oberfläche dieser Materialmenge ist so gering, daß die Abführung der Wärme sehr schwierig ist. Viele Legierungen des Plutoniums sind näher untersucht worden. Von technischem Interesse sind solche Legierungen, in denen die kubisch-flächenzentrierte δ-Phase des Plutoniums stabilisiert ist, z. B. Uran-Plutonium-Zirkonium-Legierungen für schnelle Reaktoren.

Keramische Brennstoffe werden vorzugsweise aus Urandioxid oder aus Urancarbid hergestellt. Die Eigenschaften dieser Verbindungen sind in Tab. 11.5 aufgeführt.

Tabelle 11.5
Die wichtigsten Eigenschaften von Urandioxid und Urancarbid

	UO_2	UC
Dichte ρ bei 20°C in g cm^{-3}	10,96	13,63
Schmp. in °C	2750	2375
Wärmeleitfähigkeit λ in J cm^{-1} s^{-1} K^{-1}	0,036	0,213
Spez. Wärme c_p in J g^{-1} K^{-1}	0,239 (bei 25°C)	0,201 (bei 100°C)
Therm. Ausdehnungskoeffizient α in K^{-1}	$9,1 \cdot 10^{-6}$	$10,4 \cdot 10^{-6}$
Kristallgittertyp	kubisch raumzentriert (CaF_2)	kubisch (NaCl)

Auch Nitride, Silicide und Sulfide werden auf ihre Eignung als keramische Brennstoffe untersucht.

In den modernen Leichtwasserreaktoren (Siedewasserreaktoren, Druckwasserreaktoren) wird fast ausschließlich keramischer Brennstoff aus Urandioxid verwendet. Die Vorzüge des Urandioxids sind der hohe Schmelzpunkt sowie die Beständigkeit gegen Wasserstoff, Wasser, Kohlendioxid und die Einwirkung von Strahlung. Die kubische Struktur bedingt eine isotrope Ausdehnung und hohe Volumenbeständigkeit. Der wesentliche Nachteil ist die geringe Wärmeleitfähigkeit, die durch Verwendung dünner Brennstäbe ausgeglichen werden muß. Auch die Festigkeit von Urandioxid ist begrenzt. Die Formbeständigkeit der Brennstäbe muß durch die Brennelementhülle garantiert werden.

Urandioxid zeigt die Besonderheiten einer nicht-stöchiometrischen Verbindung. Wenn es frisch mit Wasserstoff reduziert ist, besitzt es die Zusammensetzung $UO_{2,0}$. An der Luft nimmt es Sauerstoff auf. Die Zusammensetzung variiert mit dem Sauerstoffpartialdruck zwischen $UO_{2,0}$ und $UO_{2,25}$ ($= U_4O_9$). Urandioxid besitzt Fluoritstruktur (Calciumfluorid); in U_4O_9 befinden sich zusätzlich Sauerstoffatome auf Zwischengitterplätzen. Die Geschwindigkeit der Sauerstoffaufnahme hängt sehr stark von der Teilchengröße ab. Deshalb sind bei Urandioxid Angaben über den Sauerstoffgehalt und die Teilchengröße wichtig. Die Dichte hängt vom Herstellungsverfahren ab. Bei der Reduktion von Urantrioxid (vgl. Abschn. 11.3) in einer sehr heißen Wasserstoff- oder Methanflamme schmilzt das entstehende Urandioxid und kann so in kompakter Form erhalten werden.

In den technischen Verfahren werden aus pulverförmigem Urandioxid durch Brennen und Sintern Tabletten („pellets") hoher Dichte von etwa 1 cm Durchmesser und etwa 1 cm Höhe hergestellt. Das Ausgangsmaterial wird in manchen Fällen mit einem Bindemittel versetzt (Polyvinylalkohol, Stearinsäure) und zu Tabletten gepreßt (Grünlinge), die etwa 55% der theoretischen Dichte besitzen. Anschließend wird das Bindemittel durch Erhitzen auf etwa 900°C in inerter Atmosphäre ausgetrieben, und die „pellets" werden bei 1600 bis 1700°C unter Wasserstoff gesintert, wobei sie erheblich schrumpfen und bis zu etwa 98% der theoretischen Dichte erreichen. Die Wasserstoffatmosphäre hat auch den Zweck, den Gehalt an überschüssigem Sauerstoff in UO_{2+x} auf Werte $x < 0,03$ herabzusetzen. Höherer Sauerstoffgehalt verschlechtert die Wärmeleitfähigkeit und die Strahlenbeständigkeit. Nach dem Sintern werden die „pellets" genau auf den gewünschten Durchmesser geschliffen.

Während des Betriebs findet in den „pellets" eine Rekristallisation statt: Unter dem Einfluß des hohen Temperaturgradienten zwischen Innentemperatur und Außentemperatur kommt es zur Bildung von Hohlräumen im Zentralbereich. Spaltprodukte führen zu Gitterstörungen und zu einem Anschwellen des Brennstoffs. Ein Teil des aus UO_2 freigesetzten Sauerstoffs wird durch die Spaltprodukte gebunden. Durch die bei der Spaltung in größerem Umfang gebildeten Edelgase baut sich im Hüllrohr ein Druck auf, der einige 100 bar betragen kann. Bei einem Abbrand bis zu etwa 20000 MW d/t spielen diese Effekte allerdings nur eine verhältnismäßig geringe Rolle. Dies ist der wichtigste Grund dafür, daß UO_2 zur Zeit der vorteilhafteste Brennstoff für Leichtwasserreaktoren ist.

Auch PuO_2 ist als Kernbrennstoff geeignet. In Leistungsreaktoren, und zwar bevorzugt in schnellen Brutreaktoren, wird es als UO_2/PuO_2-Mischoxid eingesetzt. Der Gehalt an PuO_2 beträgt bis zu 20 Gew.%. Die Herstellung solcher Brennstoffe aus Mischoxiden lehnt sich eng an diejenige von Brennstoffen aus UO_2 an. ThO_2 ist für die Verwendung in thermischen Konvertern vorgesehen. „pellets" aus ThO_2 können in ähnlicher Weise hergestellt werden wie „pellets" aus UO_2 oder UO_2/PuO_2-Gemischen.

Die Vorteile des metallähnlichen Uranmonocarbids UC sind die gute Wärmeleitfähigkeit und die verhältnismäßig hohe Festigkeit. Der Nachteil besteht in der geringen chemischen Beständigkeit. So findet in Wasser bereits unterhalb 100°C eine lebhafte Zersetzung statt. Deshalb verbietet sich die Verwendung von UC in wassergekühlten Reaktoren, weil ein Defektwerden der Hülle eines Brennstoffelementes im Bereich der möglichen Störfälle liegt. Dagegen ist

Urancarbid für die Verwendung in gasgekühlten Reaktoren oder in fortgeschrittenen Natrium-gekühlten schnellen Brutreaktoren geeignet, in den letzteren in Form von UC/PuC-Gemischen mit einem Gehalt von etwa 10 bis 20 Gew.% PuC.

Zur Darstellung von Urancarbid wird ein Gemisch von Urandioxid und Graphit im Vakuum auf etwa 1900 °C erhitzt; dabei entstehen kompakte Stücke von Urancarbid:

$$UO_2 + 3C \longrightarrow UC + 2CO. \qquad (11.19)$$

Auch Preßlinge aus Uranpulver und Graphit liefern beim Erhitzen auf etwa 1000 °C Uranmonocarbid. An feuchter Luft wird das Uranmonocarbid langsam oxidiert. Mit Kohlendioxid reagiert es nur in geringem Umfang. Gegen flüssiges Natrium ist es bis 500 °C beständig. Im Gegensatz zu Uranmonocarbid UC ist Urandicarbid UC_2 als Brennstoff ungeeignet; es zerfällt an feuchter Luft sehr rasch zu Pulver.

Hüllrohre sollen, wie bereits erwähnt, den Austritt der Spaltprodukte aus den Kernbrennstoffen verhindern und die Kernbrennstoffe vor Korrosion schützen. Sie dürfen weder mit dem Brennstoff noch mit dem Kühlmittel reagieren. Nach Einfüllen des Kernbrennstoffs werden die stabförmigen Hüllrohre dicht verschlossen bzw. verschweißt. Neben der guten Wärmeleitfähigkeit und der mechanischen Festigkeit ist die niedrige Neutronenabsorption besonders wichtig. In Tabelle 11.6 sind die Eigenschaften einiger Elemente zusammengestellt, die als Werkstoffe für Hüllrohre in Frage kommen. Aluminium besitzt viele Vorzüge, reagiert aber bei höherer Temperatur mit Uran unter Bildung intermetallischer Phasen, wie UAl_3. Magnesium kam in dem ersten Kernkraftwerk zur Verwendung, das 1956 in Calder Hall (England) in Betrieb genommen wurde. Die mechanischen Eigenschaften begrenzen jedoch die Arbeitstemperatur auf maximal 400 °C.

Tabelle 11.6
Eigenschaften einiger Metalle, die für die Hüllrohre von Brennstoffelementen in Frage kommen

Element	Ordnungszahl Z	Einfangquerschnitt für therm. Neutronen σ_a in barn	Schmp. in °C	Wärmeleitfähigkeit λ bei 20 °C in $J\,cm^{-1}\,s^{-1}\,K^{-1}$	spez. Wärme c_p in $J\,g^{-1}\,K^{-1}$	therm. Ausdehnungskoeffizient in K^{-1}	Dichte bei 20 °C in $g\,cm^{-3}$
Be	4	0,009	1285	1,591	1,800 (20 °C)	$11,6 \cdot 10^{-6}$	1,848
Mg	12	0,063	650	1,574	1,047 (25 °C)	$25,8 \cdot 10^{-6}$	1,74
Zr	40	0,185	1845	0,209	0,335 (200 °C)	$6,11 \cdot 10^{-6}$	6,51
Al	13	0,232	660,2	2,106	0,871 (0 °C)	$23,8 \cdot 10^{-6}$	2,699
Nb	41	1,15	2468	0,553	0,272 (0 °C)	$7,2 \cdot 10^{-6}$	8,57
Fe	26	2,55	1539	0,754	0,473 (20 °C)	$11,7 \cdot 10^{-6}$	7,866
Mo	42	2,65	2622	1,340 (0 °C)	0,247 (0 °C)	$5,1 \cdot 10^{-6}$	10,22
Cr	24	3,1	1875	0,670	0,465 (25 °C)	$6,2 \cdot 10^{-6}$	7,19
Ni	28	4,43	1455	0,670	0,448 (25 °C)	$13,3 \cdot 10^{-6}$	8,90
V	23	5,04	1710	0,310 (100 °C)	0,502 (0 °C)	$8,3 \cdot 10^{-6}$	6,11
W	74	18,5	3410	1,675 (0 °C)	0,137 (20 °C)	$4,98 \cdot 10^{-6}$	19,30
Ta	73	21,1	2996	0,544	0,151 (20 °C)	$6,5 \cdot 10^{-6}$	16,6

Beryllium besitzt bis 600 °C gute mechanische Eigenschaften, ist jedoch in Gegenwart von Wasser und Wasserdampf nicht korrosionsfest. Die Giftigkeit und die hohen Herstellungskosten sind wesentliche Nachteile des Berylliums. Zirkonium ist gegen Wasser sehr korrosionsbeständig und eignet sich auch bei hoher Wärmebelastung gut als Hüllrohrwerkstoff. Es ist sogar gegen flüssiges Natrium verhältnismäßig beständig. Allerdings ist vor der Verwendung des Zirkoniums in Kernreaktoren eine recht kostspielige Reinigung erforderlich, um das Hafnium abzutrennen, welches das Zirkonium begleitet und einen hohen Einfangquerschnitt für Neutronen besitzt. Stahl hat zwar günstige mechanische Eigenschaften, kann aber wegen der hohen Neutronenabsorption nur in Form sehr dünner Bleche verwendet werden. Von Nachteil sind die mangelnde Korrosionsbeständigkeit gegen Wasser und Natrium und die Bildung eines Eutektikums mit Uran bei 500 °C. Niob und Vanadin besitzen diese letztgenannten Nachteile nicht; dafür ist ihre Herstellung sehr kostspielig.

Die hohen Einfangsquerschnitte für thermische Neutronen schließen die Verwendung vieler Metalle aus, obwohl sie sonst günstige Eigenschaften aufweisen. Dies gilt vor allem für Ta und W. Andere Elemente kommen als Legierungsbestandteile für die Herstellung korrosionsbeständiger Stähle in Frage, z. B. Nb, Mo, Cr und Ni. Die Möglichkeit des Einsatzes solcher Stähle in schnellen Reaktoren wird untersucht und diskutiert. In den heutigen Leistungsreaktoren haben sich Zirkonium bzw. Zirkoniumlegierungen durchgesetzt. Zircaloy-2 wird als Hüllrohrmaterial in Siedewasserreaktoren verwendet, Zircaloy-4 in Druckwasserreaktoren. Beide Legierungen enthalten 1,5 % Sn sowie geringe Mengen Fe ($\approx 0{,}2\%$) und Cr ($\approx 0{,}1\%$). Sie unterscheiden sich nur im Nickelgehalt (0,05 % in Zircaloy-2 und 0,007 % in Zircaloy-4).

Eine für die Verwendung in Hochtemperaturreaktoren sehr wichtige Form des Brennstoffs sind kleine beschichtete Teilchen („coated particles" vgl. Abb. (11-7)). Die Herstellung erfolgt in der Weise, daß

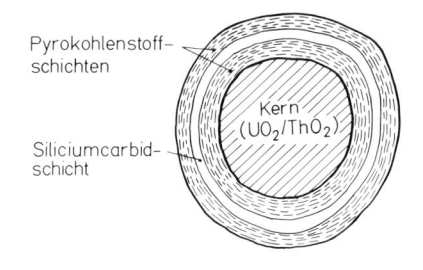

Abb. (11-7) Beschichtete Teilchen (Schnitt).

Urandioxidpulver durch eine heiße Zone hindurchgeschickt wird, in der die Teilchen zu kleinen Kügelchen von etwa 100 μm Durchmesser schmelzen, die anschließend mit einer Schutzschicht aus Graphit (oder Graphit und Siliciumcarbid) beschichtet werden. Diese Schichten werden durch Pyrolyse von Kohlenwasserstoffen im Temperaturbereich von 1300 bis 2000 °C in einem Wirbelbett auf den Teilchen abgeschieden. Anstelle von Urandioxid kann man auch Urancarbid als Brennstoff verwenden. Der wichtigste Vorteil der Schichten ist, daß sie die Spaltprodukte weitgehend zurückhalten. Auf eine Umhüllung mit Metall kann deshalb verzichtet werden. Dies ist für den Neutronenhaushalt im Reaktor sehr günstig. Eine Zwischenschicht aus Siliciumcarbid erhöht das Rückhaltevermögen für Spaltprodukte erheblich. Außerdem vertragen die beschichteten Teilchen sehr hohe Temperaturen und sind deshalb für die Verwendung in Hochtemperaturreaktoren bevorzugt geeignet. Auch hohe Abbrände von der Größenordnung 10^5 MW d/t sind möglich.

Bei den Dispersionsbrennstoffen (Matrixelementen) ist die spaltbare Phase in einer nicht spaltbaren Phase, die als Matrix dient, fein verteilt. Man erreicht dadurch eine große Auswahl von Kombinationsmöglichkeiten und eine lange Lebenszeit der Brennstoffelemente, weil die durch die Spaltprodukte hervorgerufenen Schäden lokalisiert bleiben. Da die spaltbaren Stoffe in den Matrixelementen in verdünnter Form vorliegen, ist die Verwendung von angereichertem Uran oder Plutonium erforderlich. In Tab. 11.7 sind einige Uranverbindungen sowie einige Metalle aufgeführt, die für die Herstellung von Matrixelementen in Frage kommen. Es sind verschiedene Kombinationen möglich, z. B. UAl_2/Al, UO_2/Ni.

Tabelle 11.7
Uranverbindungen und Metalle, die für die Herstellung von Matrixelementen in Frage kommen

Uranverbindungen			Matrixmetalle		
Verbindung	Dichte ρ bei 20 °C in g cm^{-3}	Schmp. in °C	Matrix	Schmp. in °C	Einfangquerschnitt für therm. Neutronen σ_a in barn
UAl_2	8,1	1 590	Al	660	0,232
UAl_3	6,7	1 320	Be	1 285	0,009
UAl_4	6,0	730	Fe	1 539	2,55
UC	13,63	2 375	Mg	650	0,063
UO_2	10,96	2 750	Ni	1 455	4,43
U_3Si	15,6	930	Zr	1 845	0,185

Besonders interessant ist die Verwendung von keramischen Brennstoffen in einem Metall als Matrix („cermet"), weil dadurch hohe Wärmeleitfähigkeit und hohe Festigkeit erreicht werden. Die Herstellung dieser „cermets" erfolgt nach den Methoden der Pulvermetallurgie. Beispielsweise kann man ein Gemisch von Aluminiumpulver und Urandioxid bzw. Plutoniumdioxid (Teilchengröße etwa 50 μm) pressen und bei 600 °C zu Blechen von 1 mm Stärke auswalzen. Der Gehalt an UO_2 oder PuO_2 kann bis zu 30 Volumenprozent betragen. Wichtig ist der Verteilungszustand des Spaltstoffs in der Matrix. Auch ein Brutstoff (z. B. Thorium) kann als Matrix dienen. Die Strahlenbeständigkeit der „cermets" ist sehr groß. Bei „cermets" aus UO_2 in Stahl wurden Abbrände von 10^5 MW d/t „cermet" erreicht. Ein wesentlicher Nachteil der „cermets" sind die hohen Neutronenverluste.

Eine weitere Möglichkeit zur Herstellung von Matrixelementen ist die Dispersion von keramischen Brennstoffen (UO_2, UC) in einer keramischen Matrix, z. B. in Oxiden, Carbiden, oder in Graphit. Berylliumoxid ist interessant, weil seine Wärmeleitfähigkeit bei 800 °C noch höher ist als die von Uranmetall; Magnesiumoxid, Aluminiumoxid, Zirkoniumoxid und Quarzglas werden in diesem Zusammenhang ebenfalls diskutiert, ferner Berylliumcarbid (Be_2C), Aluminiumcarbid (Al_4C_3) und Siliciumcarbid (SiC). Graphit besitzt sehr viele wünschenswerte Eigenschaften (gute Wärmeleitfähigkeit, hoher Schmelzpunkt), ist aber nicht ganz undurchlässig für Spaltprodukte.

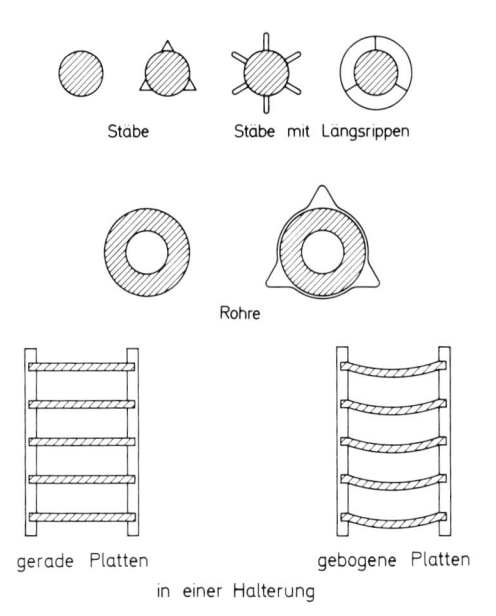

Abb. (11–8) Ausführungsformen von Brennstäben und Brennstoffelementen (schematisch).

In Abb. (11–8) sind einige einfache Ausführungsformen von Brennstäben und Brennstoffelementen aufgezeichnet. Stabförmige Brennstoffelemente von etwa 1 Zoll Durchmesser, die metallisches Uran als Brennstoff enthalten, werden in vielen gasgekühlten Reaktoren älterer Bauart verwendet; Längsrippen auf der Oberfläche bewirken eine bessere Kühlung. Zur Aufnahme der „pellets" aus Urandioxid verwendet man dünne Stäbe von etwa 1 cm Durchmesser, die in Form von größeren Bündeln in den Reaktor eingeführt werden, vgl. Abb. (11–9). Rohrförmige Brennstoffelemente besitzen eine größere Oberfläche und infolgedessen eine höhere thermische Belastbarkeit; außerdem können Bestrahlungen im Innenraum dieser Brennstoffelemente durchgeführt werden. Plattenförmige Brennstoffelemente erlauben eine sehr gute Wärmeabführung. Sie werden vorzugsweise für angereicherten oder Plutonium-haltigen Brennstoff verwendet (z. B. als

11. Kernbrennstoffe und Reaktorchemie

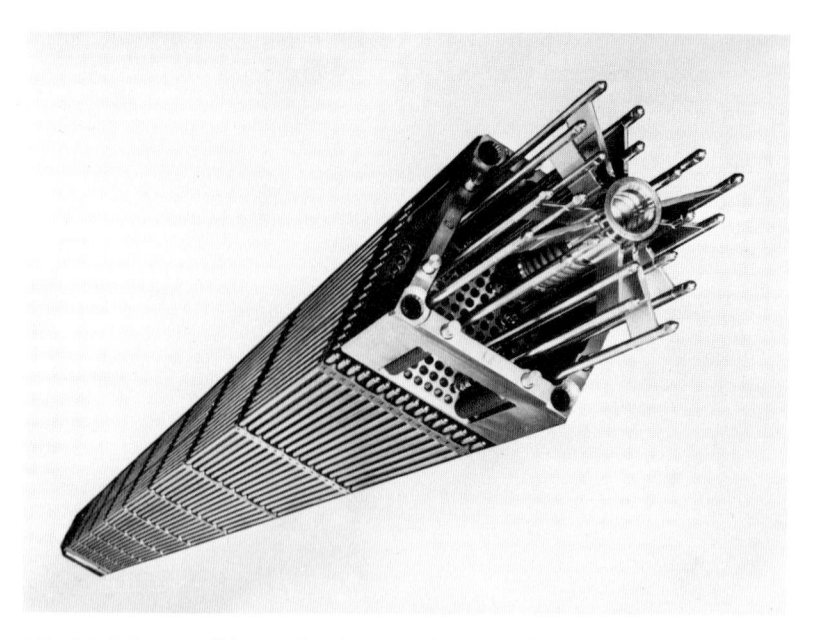

Abb. (11–9) Brennstoffelement für einen Druckwasserreaktor. Das Brennstoffelement besteht aus einer Anordnung von 16 × 16 Positionen für 236 Brennstäbe und 20 Steuerstäbe.

Matrixelemente). Brennstoff- und Verarbeitungskosten sind dann einander angemessen. Diese Elemente setzt man häufig in Schwimmbadreaktoren und Materialprüfreaktoren ein.

Kugelförmige Brennstoffelemente aus Graphit werden in den deutschen Hochtemperaturreaktoren verwendet (vgl. Abb. (11–10)). In dem Prototyp dieses „Kugelhaufenreaktors (THTR 300)" befinden sich 675 000 solcher Brennstoffelemente mit einem Außendurchmesser von 6 cm und einer Wandstärke von 0,5 cm, welche die beschichteten Teilchen in einer Graphitmatrix enthalten. Ein Brennstoffelement enthält insgesamt etwa 1 g auf 93% angereichertes Uran und etwa 10 g Thorium in Form eines Mischoxids aus UO_2 und ThO_2 in den beschichteten Teilchen. In den USA verwendet man als Brennstoff-

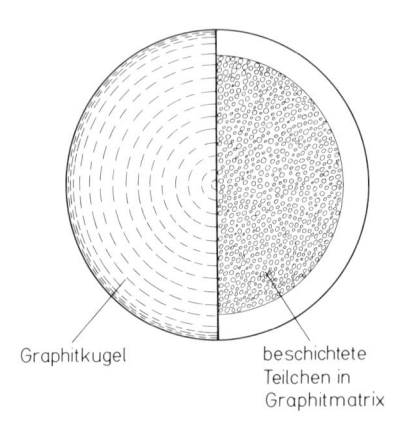

Abb. (11–10) Kugelförmiges Brennstoffelement für einen Hochtemperaturreaktor.

elemente in dem Prototyp eines Hochtemperaturreaktors sechseckige Graphitprismen von etwa 36 cm Durchmesser und 80 cm Höhe, in die Stäbe aus Graphit eingesetzt sind, welche die Brennstoffteilchen enthalten.

11.5. Reaktortypen

Kernreaktoren können nach folgenden Gesichtspunkten unterteilt werden:
— nach der Art des Brennstoffs (z. B. Natururan, angereichertes Uran, Plutonium)
— nach der Art des Moderators (z. B. Graphit, schweres Wasser, leichtes Wasser)
— nach der Verteilung von Brennstoff und Moderator (homogene Reaktoren, d. h. Moderator und Brennstoff in einer Phase, oder heterogene Reaktoren, d. h. getrennte Anordnung von Brennstoff und Moderator)
— nach der Art des Kühlmittels (z. B. gasgekühlte Reaktoren, wassergekühlte Reaktoren, natriumgekühlte Reaktoren)
— nach dem Verwendungszweck (Forschungsreaktoren und Leistungsreaktoren)

Der erste Kernreaktor wurde von FERMI und Mitarbeitern unter der Tribüne eines Stadions in Chikago aufgebaut. Er war am 2.12.1942 kritisch; d. h. damals gelang es erstmals, die Kernspaltung als Kettenreaktion ablaufen zu lassen. Dieser Reaktor war aus Graphitblökken, Natururanklötzen und Urandioxid aufgebaut. Er hatte das Aussehen eines Meilers und wurde deshalb als Atommeiler („pile") bezeichnet. Strahlenschutz und Kühlung waren nicht vorhanden, die Wärmeleistung betrug 2 W. Anschließend wurde der erste größere Graphit-Forschungsreaktor in Oak Ridge (Tennessee, USA) errichtet. Er enthielt 54 t Uranmetall in stabförmigen Brennstoffelementen, die in einem Graphitwürfel untergebracht waren. Dieser Graphitwürfel bestand aus Graphitblöcken und besaß eine Kantenlänge von 5,6 m; er war nach außen durch dicke Betonwände abgeschirmt (vgl. Abb. (11–11)). Die Wärmeleistung dieses Reaktors, der seit 1943 in Betrieb war, betrug 3800 kW. Ein ähnlicher Reaktor befand sich im Kernforschungszentrum Harwell in England (Bepo). Nachdem man gefunden hatte, daß in einem solchen Reaktor nach der Reaktion (11.11) größere Mengen Plutonium entstehen, wurden 1943 und in den folgenden Jahren in Hanford (Wash., USA) mehrere große wassergekühlte mit Natururan betriebene Graphitreaktoren zur Erzeugung von Plutonium aufgebaut. Für Forschungszwecke und zur Erprobung von Reaktorwerkstoffen wurden zahlreiche weitere kleinere und größere Reaktoren errichtet. Beim Bau dieser Reaktoren standen zunächst militärische Gesichtspunkte im Vordergrund. Das in den Reaktoren erzeugte Plutonium diente zur Herstellung von Atombomben; die Wärme wurde ungenutzt abgeführt. Der Gedanke an eine wirtschaftliche Ausnutzung der Wärmeenergie setzte sich erst allmählich durch.

11. Kernbrennstoffe und Reaktorchemie

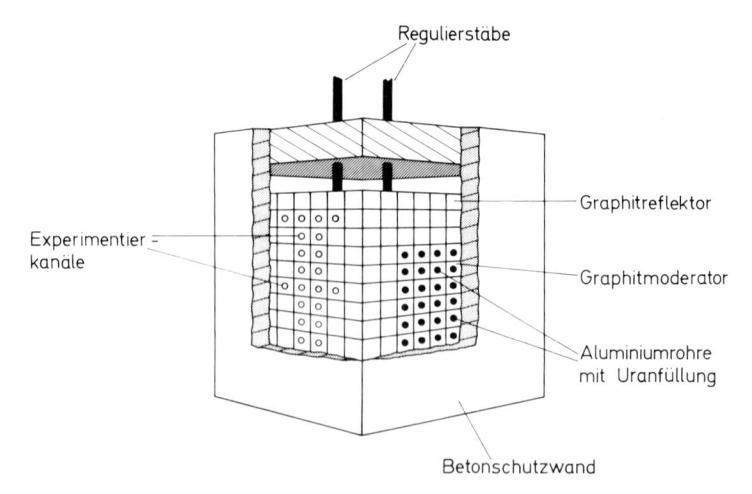

Abb. (11–11) Schema eines Natururan-Graphitreaktors.

Seit etwa 1950 beschäftigte man sich ernsthaft mit der wirtschaftlichen Nutzung der Energie in Leistungsreaktoren. Am 17. Oktober 1956 wurde das erste Kernkraftwerk in Calder Hall (Großbritannien) in Betrieb genommen. Seit dieser Zeit werden in vielen Ländern der Erde Kernkraftwerke zur Energieerzeugung eingesetzt.

Nach dem Verwendungszweck unterscheidet man Forschungsreaktoren und Leistungsreaktoren. Bei den wassergekühlten Reaktoren unterteilt man nach dem Arbeitsprinzip des Kühlsystems in Siedewasser- und Druckwasserreaktoren. Ferner spricht man von thermischen, epithermischen oder schnellen Reaktoren, je nachdem, welche Neutronenart vorwiegend die Kernspaltung im Kernreaktor bewirkt. Schließlich unterscheidet man nach dem Grad der Gewinnung neuen Spaltstoffs Brüter und Konverter. Die Brennstoffelemente und der Moderator zusammen bilden den Reaktorkern („core"). Um den Reaktorkern herum wird ein Reflektor angeordnet, der eine Rückstreuung der Neutronen bewirkt.

Forschungsreaktoren sind Reaktoren kleiner Leistung, die nicht zur Energieerzeugung genutzt werden. Sie dienen als Neutronenquellen für Bestrahlungsexperimente (vgl. Abschn. 12.1), zur Entwicklung neuer Reaktorkonzepte oder zur Ausbildung. Da es auf die Nutzung der Wärme nicht ankommt, werden Forschungsreaktoren bei möglichst niedriger Temperatur betrieben. Für Entwicklungsaufgaben genügen oft Reaktoren mit sehr kleiner Leistung (Nullenergiereaktoren), mit denen sich die wichtigen Daten einer neuentworfenen Reaktorkonzeption ermitteln lassen. Die Forschungsreaktoren, die für Bestrahlungsexperimente eingesetzt werden, sind mit verschiedenen Bestrahlungseinrichtungen ausgerüstet (Bestrahlungskanäle, Rohrpostanlage, Neutronenfenster, thermische Säule, Urankonverter, Kristallfilter). Der Neutronenfluß variiert in weiten Grenzen, etwa zwischen 10^{11} und $10^{16}\,\mathrm{cm^{-2}\,s^{-1}}$. Die Leistung der Reaktoren bewegt sich zwischen etwa 10 kW und 100 MW. Für die Materialprüfung werden hohe Neutronenflüsse benötigt.

Beispiele von Forschungsreaktoren sind: der bereits oben erwähnte Forschungsreaktor im englischen Kernforschungszentrum Harwell (Natururan-Graphitreaktor, Abb. (11–11)), der Forschungsreaktor in München-Garching (Schwimmbadreaktor, Abb. (11–12)), der frühere Forschungsreaktor in Frankfurt a. Main (homogener Lösungsreaktor, Abb. (11–13)), der Forschungsreaktor FR 2 in Karlsruhe (Natururan-Schwerwasserreaktor), der Forschungsreaktor in Mainz (Triga-Reaktor) und der Forschungsreaktor Dido in Jülich (Schwerwasser-Tankreaktor). Einige Angaben über diese Reaktoren sind in Tab. 11.8 zusammengestellt.

Forschungsreaktoren vom Typ Triga haben sich wegen ihrer Vielseitigkeit besonders bewährt und zeichnen sich durch eine hohe inhärente Sicherheit aus. Allerdings ist der Neutronenfluß nicht besonders hoch. Triga-Reaktoren werden im allgemeinen als Schwimmbadreaktoren betrieben. Die Leistung variiert zwischen 0,1 und 10 MW. Die Besonderheit dieser Reaktoren sind die Brennstoffelemente, die eine Mischung aus Uran und Zirkoniumhydrid (etwa der Zusammensetzung $ZrH_{1,6}$) enthalten. Der Brennstoff wird durch Hydrieren einer Legierung aus Uran und Zirkonium hergestellt. Meist wird Brennstoff mit einem Anreicherungsgrad von etwa 20% U–235 verwendet. Das Zirkoniumhydrid dient als Moderator. Die Neutronen werden so weit abgebremst, daß ihre Energie niedriger ist als die Resonanzenergie des U–238. Die Wasserstoffatome sind tetraedrisch von Zirkoniumatomen umgeben und schwingen um ihre Ruhelage, ähnlich wie ein harmonischer Oszillator. Sie können deshalb nur ein ganzzahliges Vielfaches einer bestimmten Energie aufnehmen. Durch ther-

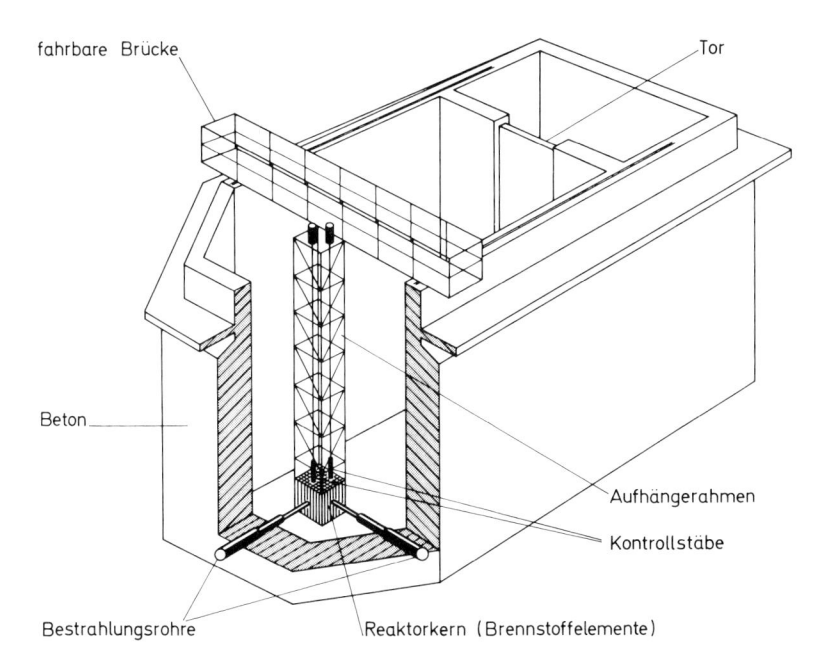

Abb. (11–12) Schema eines Schwimmbadreaktors.

mische Anregung werden Energieniveaus der Wasserstoffatome besetzt. Man unterscheidet dementsprechend „kalte" und „heiße" Wasserstoffatome im Zirkoniumhydrid, wobei Wasserstoffatome hoher Energie sehr viel schlechtere Moderatoreigenschaften aufweisen. Dies hat zur Folge, daß die Neutronen weniger gut moderiert werden, wenn die Leistung in einem Triga-Reaktor steigt. Der negative Temperaturkoeffizient der Reaktivität führt zu einer prompten automatischen (inhärenten) Sicherheit dieser Reaktoren. Außerdem wird ein Pulsbetrieb möglich: Beim Herausnehmen der Regelstäbe steigt die Leistung innerhalb von etwa 0,1 s auf etwa den tausendfachen Wert an, dann schaltet sich der Reaktor von selbst ab. Die Dauer eines Pulses ist von der Größenordnung 10 ms.

Tabelle 11.8
Forschungsreaktoren in der Bundesrepublik (Beispiele)

Reaktortyp	Standort	Brennstoff	Moderator (Kühlmittel)	thermische Leistung [in MW]	maximaler thermischer Neutronenfluß [in $cm^{-2} s^{-1}$]	Jahr der Inbetriebnahme
Schwimmbadreaktor FRM	Garching b. München	Angereichertes Uran (20%) 4 kg U–235	H_2O (H_2O)	4	$4 \cdot 10^{13}$	1957
Homogener Lösungsreaktor FRF 1	Frankfurt am Main	Angereichertes Uran (20%) als Uranylsulfat in wäßriger Lösung 1,4 kg U–235	H_2O (H_2O)	0,05	$7 \cdot 10^{11}$	1958 (abgeschaltet 1968)
Schwimmbadreaktor mit 2 Reaktorkernen FRG 1 bzw. FRG 2	Geesthacht/ Elbe	Angereichertes Uran (20 bzw. 90%) 5,4 kg + 5,4 kg U–235	H_2O (H_2O)	5 bzw. 15	$1 \cdot 10^{14}$ bzw. $3 \cdot 10^{14}$	1958 bzw. 1963
Schwerwasserreaktor FR 2	Karlsruhe	Natururan	D_2O (D_2O)	44	$1 \cdot 10^{14}$	1961
Schwimmbadreaktor MERLIN FRJ 1	Jülich	Angereichertes Uran (>80%) 2,7 kg U–235	H_2O (H_2O)	10	$8,8 \cdot 10^{13}$	1962
Schwerwasser-Tankreaktor DIDO FRJ 2	Jülich	Angereichertes Uran (>90%) 1,1 kg U–235	D_2O (D_2O)	23	$1,7 \cdot 10^{14}$	1962
Tankreaktor PTB-Meßreaktor	Braunschweig	Angereichertes Uran (90%) 5,8 kg U–235	H_2O (H_2O)	1	$6 \cdot 10^{12}$	1967
Triga-Pulsreaktor FRMZ	Mainz	Angereichertes Uran (20%) 2,2 kg U–235	Zirkonium-hydrid- (H_2O)	0,1 Puls (10 ms) 250	$4 \cdot 10^{12}$ Puls $8 \cdot 10^{15}$	1965
Schwimmbadreaktor BER II	Berlin	Angereichertes Uran (>80%) 2,7 kg U–235	H_2O (H_2O)	5	$1 \cdot 10^{14}$	1973

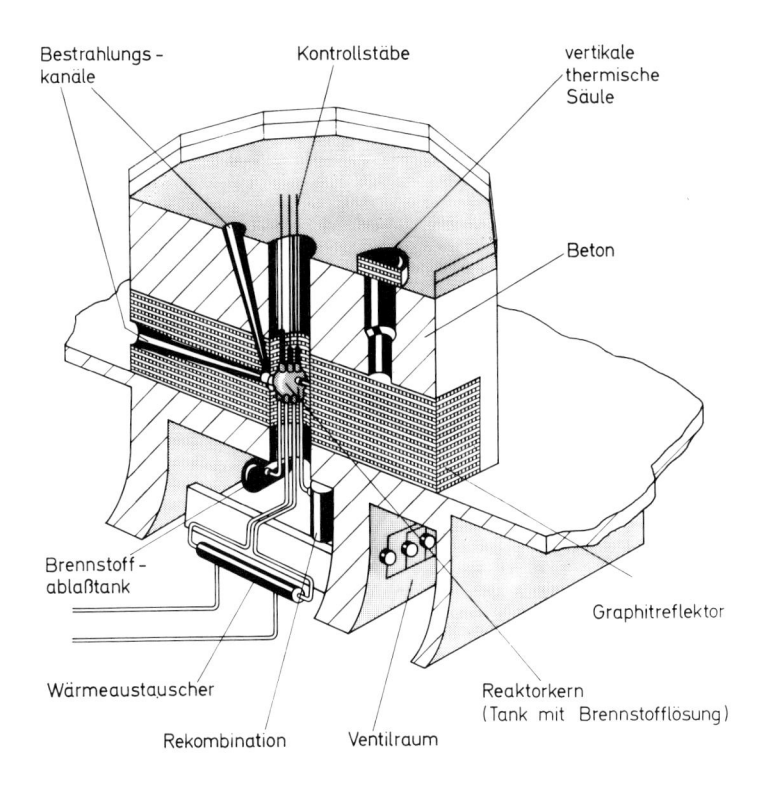

Abb. (11–13) Schema eines homogenen Lösungsreaktors.

Die wichtigste Aufgabe der Leistungsreaktoren ist die Energieproduktion. Tabelle 11.9 gibt einen Überblick über die verschiedenen Typen von Leistungsreaktoren. Der thermodynamische Nutzeffekt ist um so größer, je höher die Betriebstemperatur im Reaktor ist. Diese hängt von der Art des Brennstoffs und der Brennstoffelemente ab. In den ersten Leistungsreaktoren vom Calder-Hall-Typ werden stabförmige Brennstoffelemente aus Uranmetall verwendet; die Hüllrohre bestehen aus einer Magnesiumlegierung (Magnox). Als Kühlgas dient Kohlendioxid, als Moderator Graphit. Die Betriebstemperatur beträgt etwa 340 °C, der Druck 8 bar. Die Wärme wird in großen Wärmeaustauschern von dem Kohlendioxid auf Wasserdampf übertragen, der Turbinen antreibt. In fortgeschrittenen gasgekühlten Reaktoren werden mit Uranmetall als Brennstoff und dem gleichen Hüllrohrwerkstoff (Magnox) Temperaturen von etwa 400 °C erreicht. Wenn man gasgekühlte Reaktoren bei höheren Temperaturen betreiben will, muß man zu keramischem Brennstoff übergehen (UO_2) und ein anderes Material für die Hüllrohre verwenden. Dünne Hüllrohre aus Edelstahl sind geeignet, erfordern aber angereichertes Uran als Brennstoff. Diese Kombination wird in neueren englischen gasgekühlten Leistungsreaktoren bevorzugt.

In der Bundesrepublik und in vielen anderen Staaten haben sich Siedewasserreaktoren und Druckwasserreaktoren als wirtschaftlich arbeitende Anlagen durchgesetzt. In Tabelle 11.9 sind am Anfang jeder Gruppe Beispiele von ersten Ausführungsformen der betreffenden Reaktortypen aufgeführt. Mit den modernen Siedewasserreaktoren und Druckwasserreaktoren, die elektrische Leistungen von etwa 1000 bzw. 1300 MW liefern, ist ein abgerundeter technischer Entwicklungsstand im Bau von Leistungsreaktoren erreicht. In der Bundesrepublik sind z. Z. vier Siedewasserreaktoren und fünf Druckwasserreaktoren größerer Leistung (>200 MW elektrisch) in Betrieb. In vielen anderen Ländern werden ebenfalls Reaktoren dieser beiden Typen gebaut.

Tabelle 11.9
Verschiedene Typen von Leistungsreaktoren (Beispiele)

Reaktortyp	Brennstoff	Moderator (Kühlmittel)	Kühlmittel-temperatur [°C]	Betriebs-druck [kp cm^{-2}]	Standort (Jahr der Inbetriebnahme)	Leistung in MW thermisch (elektrisch)
Gasgekühlte Reaktoren (GCR = „gas cooled reactor"; AGR = „advanced gas cooled reactor")	Natururan	Graphit (CO_2)	340	8	Calder Hall, Großbritannien (1956)	268 (60)
	UO_2 ($\approx 2\%$ angereichert)	Graphit (CO_2)	675	35	Dungeness B, Großbritannien (1975)	1480 (640)
	UO_2 ($\approx 2\%$ angereichert)	Graphit (CO_2)	407	30	Fessenheim 1, Frankreich (1975)	2660 (930)
Siedewasser-reaktoren (BWR = „boiling water reactor")	UO_2 (1,5% angereichert)	H_2O (H_2O)	286	71	Dresden 1, USA (1959)	700 (210)
	UO_2 (2,5% angereichert) + PuO_2	H_2O (H_2O)	286	71	VAK Kahl, BRD (1961)	60 (16)
	UO_2 (2,2% angereichert)	H_2O (H_2O)	286	71	KRB Grund-remmingen, BRD (1966)	801 (250)
	UO_2 (2,3% angereichert)	H_2O (H_2O)	286	71	KKB Brunsbüttel, BRD (1976)	2292 (805)
Druckwasser-reaktoren (PWR = „pressurized water reactor")	UO_2 (2–3% angereichert)	H_2O (H_2O)	296	147	Shippingport, USA (1957)	525 (150)
	UO_2 (2,5–3,1% angereichert)	H_2O (H_2O)	312	140	KWO Obrigheim, BRD (1969)	1050 (345)
	UO_2 (2,2–3,2% angereichert)	H_2O (H_2O)	317	158	Biblis A, BRD (1974)	3517 (1200)
	UO_2 (2,3–3,2% angereichert)	H_2O (H_2O)	317	158	Biblis B, BRD (1976)	3588 (1300)

Abb. (11–14) zeigt das Schema eines Siedewasserreaktors. Leichtes Wasser dient als Kühlmittel und Moderator, als Brennstoff angereichertes Uran. Ein größerer Reaktor modernerer Bauart (z. B. im Kernkraftwerk Brunsbüttel) enthält etwa 100 t Uran in Form von etwa 530 Brennstoffelementen und etwa 320 m^3 Wasser. Jedes Brennstoffelement besteht aus $7 \times 7 = 49$ Brennstäben, die etwa 4 m lang und mit UO$_2$-„pellets" gefüllt sind. Als Hüllrohrmaterial dient Zircaloy-2. Zur Reaktivitätskontrolle werden etwa 130 Steuerstäbe verwendet, die Borcarbid enthalten. Die Steuerstäbe werden von unten in den Reaktorkern („core") eingefahren, bei einer Schnellabschaltung werden sie eingeschossen. Der Kühlmitteldurchsatz beträgt etwa $33 \cdot 10^3$ t/h. Der im Reaktor erzeugte Dampf wird direkt einer Turbine zugeleitet.

11.5. Reaktortypen

Fortsetzung Tabelle 11.9

Reaktortyp	Brennstoff	Moderator (Kühlmittel)	Kühlmitteltemperatur [°C]	Betriebsdruck [kp cm^{-2}]	Standort (Jahr der Inbetriebnahme)	Leistung in MW thermisch (elektrisch)
Hochtemperatur reaktoren (HTGR = „High temperature gas-cooled reactor")	UO$_2$ (93% angereichert) + ThO$_2$ („coated particles")	Graphit (He)	750	20	Dragon, Großbritannien (1964)	20 (—)
	UO$_2$ (93% angereichert) + ThO$_2$ („coated particles")	Graphit (He)	850	11	AVR, Jülich, BRD (1966)	46 (15)
	UO$_2$ (93% angereichert) + ThO$_2$ („coated particles")	Graphit (He)	750	40	THTR–300 Schmehausen, BRD (geplant 1980)	750 (308)
Schnelle Brutreaktoren (FBR = „fast breeder reactor")	U–Mo (75% angereichert)	— (Na:K = 70:30)	350	2,5	DFR Dounray, Schottland (1959)	60 (15)
	UO$_2$ + PuO$_2$	— (Na)	560	1	Phénix, Marcoule, Frankreich (1973)	563 (250)
	UO$_2$ + PuO$_2$	— (Na)	580	1	BN–600 Swerdlowsk, UdSSR (1975)	— (630)
Schwerwasserreaktoren (HWR = „heavy water reactor" bzw. PHWR = „pressurized heavy water reactor")	UO$_2$ (1,5% angereichert)	D$_2$O (D$_2$O)	230	29	Halden, Norwegen (1959)	20 (—)
	UO$_2$ (nat.)	D$_2$O (D$_2$O)	280	90	MZFR Karlsruhe, BRD (1965)	200 (58)
	UO$_2$ (nat.)	D$_2$O (D$_2$O)	299	112	Bruce, Kanada (1976)	2515 (788)

11. Kernbrennstoffe und Reaktorchemie

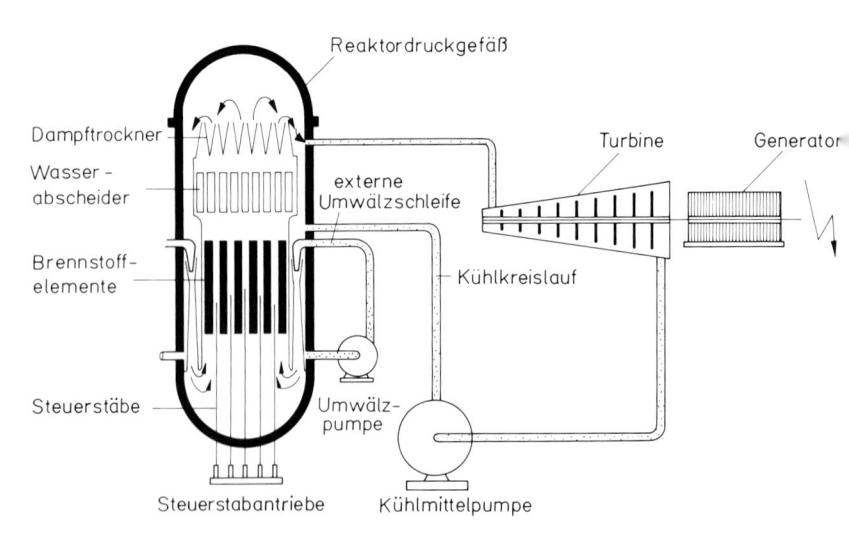

Abb. (11–14) Schema eines Siedewasserreaktors.

Dort expandiert er in mehreren Stufen und wird nach der Kondensation wieder in das Reaktorgefäß zurückgeführt. Zur Kühlung des Kondensators wird eine Kühlwassermenge von etwa $120 \cdot 10^3$ m^3/h benötigt.

Der Druckwasserreaktor hat eine längere technische Entwicklung durchlaufen. Nachdem zunächst eine größere Zahl von Druckwasserreaktoren zum Antrieb von Kriegsschiffen gebaut worden war, wurde der Reaktor in Shippingport (USA) als erster Druckwasserreaktor für die Stromerzeugung eingesetzt. Abb. (11–15) zeigt schematisch den Aufbau eines Druckwasserreaktors. Er wird bei höheren Drucken

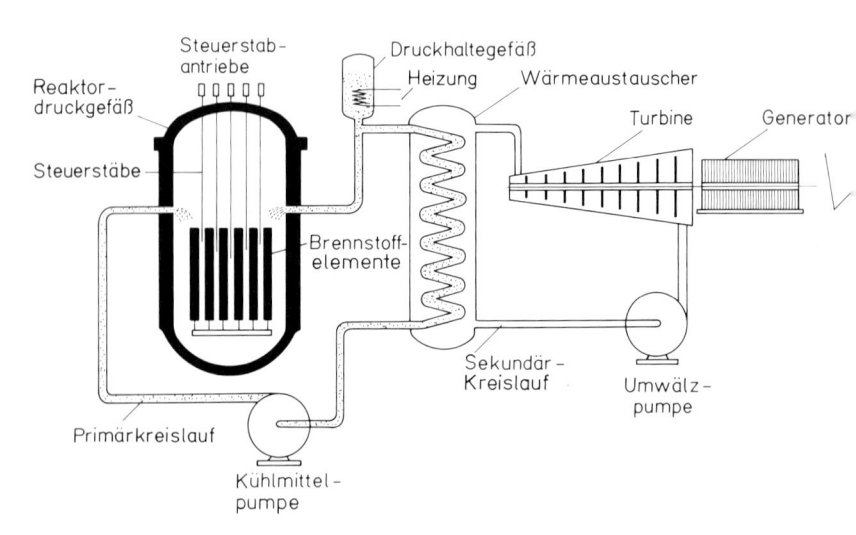

Abb. (11–15) Schema eines Druckwasserreaktors.

betrieben als ein Siedewasserreaktor, so daß es nicht zum Sieden des Wassers kommt. Die im Primärkreislauf erzeugte Wärme wird im Dampferzeuger an einen Sekundärkreislauf abgegeben, in dem die Turbinen angeordnet sind. In allen übrigen Punkten bestehen große Ähnlichkeiten zwischen einem Druckwasserreaktor und einem Siedewasserreaktor. Ein moderner Druckwasserreaktor (z. B. in Biblis) enthält ebenfalls etwa 1 t Uran in Form von etwa 200 Brennstoffelementen. Die Urananreicherung variiert zwischen 2,2 und 3,2%. Jedes Brennstoffelement enthält $16 \times 16 = 256$ Positionen für Brennstäbe. 236 dieser Positionen sind besetzt, 20 dienen zur Führung der Steuerstäbe. Die Brennstäbe sind ebenfalls etwa 4 m lang und mit UO_2-„pellets" gefüllt. Als Werkstoff für die Hüllrohre dient Zircaloy-4. In den freien Positionen der Brennstoffelemente gleiten Steuerstäbe, die eine Legierung aus Cd, Ag (15%) und In (5%) enthalten. Zusätzlich wird dem Primärkreislauf Borsäure zugesetzt, um die Überschußreaktivität zu kompensieren. Die Borsäurekonzentration beträgt bei frischer Brennstoffladung bis zu etwa 0,2% und wird dann mit wachsendem Abbrand allmählich herabgesetzt. Der pH-Wert wird bei 25 °C mit ^{7}LiOH (1 bis 2 ppm) auf pH $\approx$ 9 eingestellt, um eine möglichst niedrige Löslichkeit der als Korrosionsprodukte entstehenden Metalloxide zu erreichen. Außerdem wird Wasserstoff (etwa 2 bis 4 ppm) zugesetzt, um die Zersetzung des Wassers infolge Radiolyse zu unterdrücken. Der Wasserstoff reagiert mit den nach Gl. (10.20) gebildeten $\cdot$OH-Radikalen

$$\cdot OH + H_2 \rightarrow H_2O + H\cdot, \qquad (11.20)$$

Wenn diese Reaktion rascher erfolgt als die Reaktion

$$\cdot OH + \cdot HO_2 \rightarrow H_2O + O_2, \qquad (11.21)$$

findet keine Nettozersetzung des Wassers statt. Allerdings werden auf diese Weise alle Wassermoleküle im Laufe eines Tages mindestens einmal umgesetzt. Im Primärkreislauf befinden sich etwa 400 m^3 Kühlwasser, die mit Hilfe der Hauptkühlmittelpumpen in vier Kühlkreisläufen durch die Dampferzeuger (Rohrbündelwärmeaustauscher) gepumpt werden. Die Leistung beträgt etwa $18 \cdot 10^3$ m^3/h pro Pumpe. Zur Reinigung des Kühlwassers im Primärkreislauf wird eine Teilmenge (etwa 10%) abgezweigt, abgekühlt, entgast, in Ionenaustauschern gereinigt und nach Einstellung des gewünschten Wasserstoffpartialdrucks sowie Überprüfung der Borsäurekonzentration und des pH-Wertes wieder zurückgeführt. Im Sekundärkreislauf werden für die Kühlung des Kondensators etwa $190 \cdot 10^3$ m^3 Kühlwasser pro Stunde benötigt.

Hochtemperaturreaktoren sind bisher nur vereinzelt in Betrieb. Die Gesamtentwicklung dieses Reaktortyps ist noch nicht abgeschlossen. Das Schema eines Hochtemperaturreaktors ist in Abb. (11–16) aufgezeichnet. Als Kühlmittel wird Helium verwendet, als Moderator Graphit. Der Brennstoff wird bevorzugt in Form von beschichteten Teilchen aus hochangereichertem Urandioxid eingesetzt, als Brutstoff dient Thoriumdioxid. In den in der Bundesrepublik entwickel-

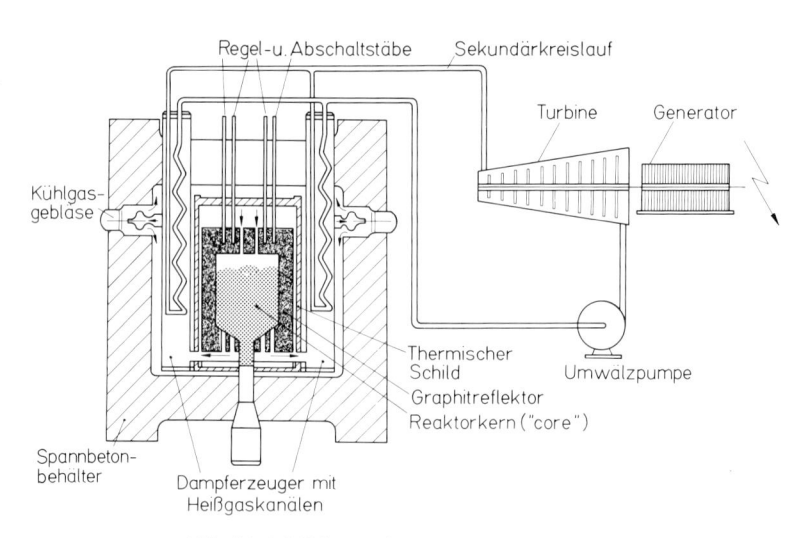

Abb. (11–16) Schema eines Hochtemperaturreaktors.

ten Kugelhaufenreaktoren werden kugelförmige Brennstoffelemente aus Graphit verwendet, deren Außendurchmesser 6 cm beträgt. Die Kugeln enthalten den Brennstoff und den Brutstoff. Wie bereits oben erwähnt, wird der Hochtemperaturreaktor THTR-300 675000 solcher Graphitkugeln enthalten. Der Reaktorbehälter ist aus Stahl oder in neueren Anlagen auch aus Spannbeton gefertigt und innen vollständig mit Graphit ausgekleidet, der als Reflektor dient. Da das gesamte System fast ausschließlich aus Keramikmaterial besteht und mit Helium keine chemischen Reaktionen eintreten, kann der Reaktor bei hohen Temperaturen betrieben werden und hat dementsprechend einen hohen thermischen Wirkungsgrad. Das unter einem Druck von 40 bis 60 bar stehende Helium wird auf etwa 800°C erhitzt und gibt die Wärme an mehrere Dampferzeuger ab. In den Dampferzeugern wird bei einem Druck von etwa 180 bar überhitzter Dampf von etwa 530°C erzeugt. Ein besonderer Vorteil der Hochtemperaturreaktoren ist die gute Ausnutzung des Brennstoffs. Durch die Umwandlung von ^{232}Th in ^{233}U nach Gl. (11.12) werden Konversionsfaktoren erreicht, die in der Nähe von 1 liegen, d. h. es wird nahezu ebenso viel Spaltstoff erzeugt, wie verbraucht wird. Dies ist im Hinblick auf die begrenzten Uranreserven von großer Bedeutung. Bei weiter steigendem Energiebedarf wird der Hochtemperaturreaktor in den Jahren nach 1990 volkswirtschaftlich interessant.

Die Tatsache, daß in Hochtemperaturreaktoren Temperaturen von 800 bis 1000°C erreicht werden können, eröffnet weitere Einsatzmöglichkeiten für diesen Reaktortyp. So kann z. B. im Direktkreislauf mit gutem Wirkungsgrad eine Helium-Turbine betrieben werden. Ferner können die hohen Temperaturen in chemischen Prozessen Verwendung finden, z. B. für die Kohlevergasung oder die thermische Spaltung von Wasser.

Schnelle Brutreaktoren sind im Hinblick auf mögliche Engpässe in der Versorgung mit Kernbrennstoff wichtig, weil diese Reaktoren mehr Kernbrennstoff erzeugen als sie verbrauchen. Die mit schnellen Neutronen arbeitenden Brutreaktoren (schnelle Brüter) enthalten keinen Moderator. Sie erlauben es, 60 bis 70% der Spaltungsenergie beider Uranisotope, U–235 und U–238, in Freiheit zu setzen, indem U–238 gemäß Gl. (11.11) in Pu–239 umgewandelt wird. Wenn man berücksichtigt, daß der Kernbrennstoff U–235 im natürlichen Uran nur zu 0,72% enthalten ist, bedeutet dies eine um etwa den Faktor 100 bessere Ausnutzung der Uranvorräte. Als Kühlmittel und Wärmeüberträger erscheint Natrium besonders geeignet. Für einen schnellen Brüter mit 2000 MW elektrischer Leistung benötigt man etwa 6 t Plutonium als Spaltstoff und etwa 100 t U–238 als Brutstoff. Abgereichertes Uran, das zur Zeit als Abfall aus Isotopentrennanlagen anfällt, ist für diesen Zweck gut geeignet. Das vorgelegte Plutonium wird verbraucht, andererseits wird aus dem zugesetzten U–238 eine größere Menge an Plutonium erzeugt. Das mehr erzeugte Plutonium kann für den Betrieb weiterer Reaktoren verwendet werden, während das verbrauchte U–238 ergänzt werden muß. Dieses Konzept ist wirtschaftlich sehr attraktiv. Außerdem sind Isotopentrennanlagen für die Versorgung von schnellen Brütern nicht erforderlich.

In den meisten hochentwickelten Industriestaaten (Frankreich, Großbritannien, UdSSR, USA, Japan, BRD) wird an der Entwicklung schneller Brutreaktoren gearbeitet, die in den Jahren nach 1990 eingesetzt werden sollen. Im Reaktorkern sind zwei Zonen vorgesehen, eine Spaltzone und eine Brutzone. In der Spaltzone befindet sich ein Mischoxid (PuO_2/UO_2 mit einem Anteil von etwa 20% PuO_2) oder ein Mischcarbid (PuC/UC). Die Spaltzone ist von einer Brutzone umgeben (UO_2 oder UC). Die Carbide sind wegen ihrer hohen Wärmeleitfähigkeit für die zukünftige Entwicklung von Interesse. Spaltstoff und Brutstoff befinden sich in Form von „pellets" in Brennstäben mit Hüllrohren aus Stahl. Die Brennstäbe sind in Brennstoffelementen gebündelt. Die Spaltzone ist aus Gründen der Neutronenökonomie sehr kompakt. Deshalb wird ein Kühlmittel mit hoher Wärmeleitfähigkeit benötigt. In den bisher gebauten oder geplanten Reaktoren hat man sich vorzugsweise für Natrium als Kühlmittel entschieden. Neben der hohen Wärmeleitfähigkeit des Natriums ist die Tatsache von Vorteil, daß das Natrium nur wenig moderierend auf die Neutronen wirkt. Ein weiterer Vorteil des Natriums ist der hohe Siedepunkt (883 °C). Die Anwendung von Druck ist deshalb nicht erforderlich und auch die Gefahr eines Kühlmittelverlustes durch Verdampfen ist nicht gegeben. Radioaktives Iod als Spaltprodukt wird durch Natrium gebunden, ebenso Tritium. Der wesentliche Nachteil des Natriums ist seine Unverträglichkeit mit Wasser, mit dem es sehr heftig reagiert. Aus Sicherheitsgründen wird zwischen den Primärkreislauf und den Dampferzeuger im allgemeinen ein Sekundärkreislauf geschaltet, der ebenfalls Natrium enthält. Die Gefahr der Reaktion zwischen Wasser und Natrium im Falle von Undichtigkeiten im Dampferzeuger ist damit nicht gebannt, sie ist aber auf den Sekundärkreislauf beschränkt. Eine Reaktion des Natriums mit Luft im Primärkreislauf wird durch Anwendung von Stickstoff oder Argon als Schutzgas verhindert. Eine mögliche Alternative für Natrium als

11. Kernbrennstoffe und Reaktorchemie

Kühlmittel ist Helium. Die Verwendbarkeit von Helium in schnellen Brütern wird in mehreren Ländern näher untersucht.

Allgemein sind in Kernkraftwerken die Investitionskosten verhältnismäßig hoch, die Betriebskosten dagegen niedrig. Das Ergebnis einer Kostenberechnung hängt sehr stark davon ab, ob die Entwicklungskosten für einen bestimmten Reaktortyp und die Kosten für die Wiederaufbereitung der Brennstoffelemente hinzugerechnet bzw. der Wert des erzeugten Plutoniums abgezogen werden. Der Anreiz zum Bau von Leistungsreaktoren besteht besonders in solchen Ländern, die einen großen Energiebedarf haben und über verhältnismäßig wenig andere Energiequellen verfügen. Tabelle 11.10 gibt einen Überblick über die Zahl der Leistungsreaktoren und die daraus gewonnene Energie in den Jahren 1967 und 1978 in verschiedenen Ländern. Der Weltbedarf an elektrischer Energie hat immer noch eine steigende Tendenz. In Abb. (11–17) ist eine Darstellung aus dem Jahre 1966 wiedergegeben, in der die Entwicklung der Kernenergie wesentlich positiver beurteilt wurde als heute. Verläßliche Prognosen für das Jahr 2000 und darüber hinaus sind nicht verfügbar. Der Beitrag der Kohle wird voraussichtlich zunächst noch höher sein, als in dem extrapolierten Kurvenast in Abb. (11–17) angenommen. Die Kern-

Tabelle 11.10
Überblick über die Zahl der Leistungsreaktoren und die daraus gewonnene elektrische Gesamtleistung in verschiedenen Ländern

Land	Anzahl der Leistungsreaktoren		Elektrische Gesamtleistung in MW	
	1967	1978	1967	1978
Argentinien	—	1	—	340
Belgien	1	4	11	1750
Brasilien	—	1	—	660
Bulgarien	—	2	—	880
Bundesrepublik Deutschland	4	16	340	9520
Deutsche Demokratische Republik	1	5	70	1830
Großbritannien	26	40	3920	11860
Finnland	—	2	—	880
Frankreich	5	15	930	7580
Indien	—	5	—	1100
Italien	3	4	580	1440
Japan	2	24	180	15660
Kanada	2	10	220	4920
Korea	—	1	—	600
Mexiko	—	1	—	670
Niederlande	—	2	—	520
Pakistan	—	1	—	140
Schweden	1	8	60	4800
Schweiz	1	4	8	2020
Spanien	—	8	—	5770
Tschechoslowakei	—	2	—	580
UdSSR	14	36	1530	15730
USA	31	78	2040	62430
Insgesamt	91	270	9889	151680

11.5. Reaktortypen

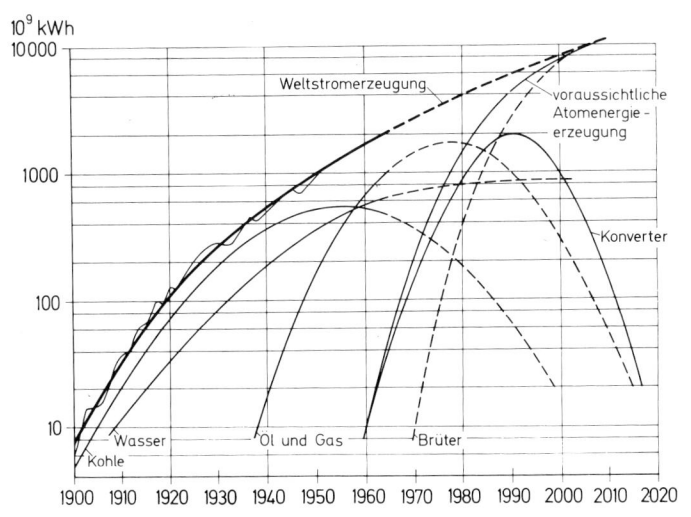

Abb. (11–17) Weltbedarf an elektrischer Energie. Aus S. BALKE: Kernkraftwerke und Industrie. Schriftenreihe des Deutschen Atomforums e. V., Heft 15, Bad Godesberg 1966.

fusion ist in absehbarer Zeit noch nicht technisch nutzbar. Andere nicht-nukleare Energiequellen, wie Sonnenenergie, Windenergie, Meeresenergie und geothermische Energie sind in der Diskussion und zeigen zum Teil sehr interessante Aspekte, wie z. B. die Sonnenenergie. Die Entwicklung ist aber noch nicht so weit forgeschritten, daß der mögliche zukünftige Anteil dieser Energiequellen an der Stromerzeugung abgeschätzt werden könnte.

Energieverbrauch und Energievorräte werden oft auch in Steinkohleeinheiten (SKE) angegeben. 1 SKE entspricht der mittleren Verbrennungswärme von 1 kg Kohle: 1 SKE ($= 7000$ kcal) $= 29300$ kJ $= 8,14$ kW h. Häufig rechnet man in Tonnen Steinkohleeinheiten (t SKE $= 10^3$ SKE). Der Gesamtverbrauch an Primärenergie ist erheblich höher als der Verbrauch an elektrischer Energie, der in Abb. (11–17) aufgezeichnet ist. Er betrug weltweit im Jahre 1952: $2,9 \cdot 10^9$ t SKE ($23 \cdot 10^{12}$ kW h), im Jahre 1962: $4,5 \cdot 10^9$ t SKE ($37 \cdot 10^{12}$ kW h) und im Jahre 1973: $8,0 \cdot 10^9$ t SKE ($65 \cdot 10^{12}$ kW h). Das entspricht einer jährlichen Wachstumsrate von 4 bis 5%. Nach 1973 verringerte sich die Wachstumsrate in den Industrieländern etwas. Weitere Voraussagen sind verhältnismäßig unsicher. Der Anteil der Kernenergie an dem Gesamtenergieverbrauch beträgt zur Zeit weltweit etwa 1 bis 2%.

Zu den Leistungsreaktoren gehören auch die Reaktoren für Schiffsantriebe. Beispiele für solche durch Kernreaktoren betriebenen Schiffe sind: das deutsche Handelsschiff „Otto Hahn", das amerikanische U-Boot „Nautilus" und der russische Eisbrecher „Lenin". Neben ihrer Eignung für den Antrieb von Turbinen und die Produktion von elektrischer Energie gewinnen die Leistungsreaktoren auch für andere Zwecke wachsende technische Bedeutung. Ein interessantes Anwendungsgebiet ist die Meerwasserentsalzung, die für die Wasserversor-

11. Kernbrennstoffe und Reaktorchemie

gung und die Bewässerung unfruchtbarer Gebiete eine entscheidende Rolle spielt.

11.6. Moderatoren, Kühlmittel und Reaktorwerkstoffe

Moderatoren und Kühlmittel sind bereits im vorausgehenden Abschnitt bei der Beschreibung der verschiedenen Reaktortypen näher besprochen worden. Hier werden noch einmal die wichtigsten Gesichtspunkte zusammengestellt.

Aufgabe des Moderators ist, die bei der Kernspaltung auftretenden hochenergetischen Neutronen möglichst ohne Verluste abzubremsen. Wie Abb. (11–18) zeigt, ist der Wirkungsquerschnitt σ_f der Spaltung des U–235 für schnelle Neutronen um etwa zwei Größenordnungen kleiner als für langsame Neutronen. Deshalb ist ein Moderator notwendig, um in thermischen Reaktoren die Kettenreaktion in Gang zu halten. Der Bremsvorgang beruht auf den elastischen Zusammenstößen zwischen den Neutronen und den Atomkernen des Moderators. Die bei einem Stoß abgegebene Energie ist um so größer, je leichter der gestoßene Kern ist (vgl. Abschn. 8.3). Die Neutronenabsorption verschiedener Moderatoren ist in Tab. 11.11 angegeben. „Leichtes" Wasser ist wegen der verhältnismäßig hohen Neutronenabsorption der Protonen nur in Verbindung mit angereichertem Uran verwendbar. „Schweres" Wasser ist als Moderator und Reflektor ausgezeichnet geeignet, aber verhältnismäßig teuer. Beryllium ist ebenfalls gut geeignet, aber schwieriger in reiner Form darzustellen als Graphit; deshalb wird Graphit in den meisten Fällen bevorzugt.

Von der Wahl des Kühlmittels hängt wegen des Neutronenhaushaltes auch die Art des Brennstoffes ab. Bei Verwendung von Uran

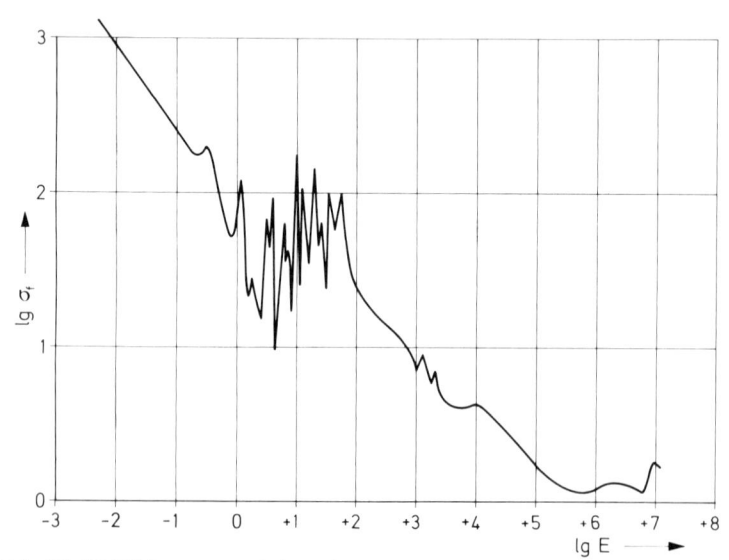

Abb. (11–18) Wirkungsquerschnitt σ_f für die Spaltung von U–235 (σ_f in barn, Neutronenenergie E in eV). Nach D. J. Hughes u. J. A. Harvey: BNL, Neutron Cross Sections, United States Atomic Energy Commission. McGraw-Hill Book Comp., New York 1955.

natürlicher Isotopenzusammensetzung (Natururan) kommen nur solche Kühlmittel in Frage, die eine schwache Neutronenabsorption aufweisen, z. B. Helium, Kohlendioxid und schweres Wasser. Flüssige Metalle zeigen im allgemeinen eine verhältnismäßig hohe Neutronenabsorption (vgl. Tab. 11.11) und bedingen deshalb die Verwendung von angereichertem Uran oder Plutonium als Brennstoff. Bei Leistungsreaktoren wird vor allen Dingen eine gute Wärmeübertragung gefordert. Für thermische Reaktoren ist es erwünscht, daß auch das Kühlmittel als Moderator wirkt, für schnelle Reaktoren nicht.

Die Nachteile des Wassers als Kühlmittel sind der niedrige Siedepunkt und die Korrosionsgefahr. Für Hochtemperaturreaktoren werden Gase bevorzugt. Das Verhältnis der abgeführten Wärme zur Pumpleistung ist proportional $M^2 \cdot c_p^3$ (M = Molmasse, c_p = spezifische Wärme). Im Hinblick darauf wäre Wasserstoff am vorteilhaftesten; wegen der Reaktionsfähigkeit (Hydridbildung) und der Explosionsgefahr scheidet er aber aus. Helium ist verhältnismäßig teuer. Für Graphit-moderierte Reaktoren ist Kohlendioxid geeignet; jedoch findet bei höherer Temperatur unter dem Einfluß der Strahlung ein Transport von Graphit statt. Flüssige Metalle (z. B. Natrium, Natrium/Kalium-Legierungen, Li-7, Quecksilber) besitzen gute Wärmeleitfähigkeit und hohe spezifische Wärme. Ihre sichere Handhabung ist aber nicht einfach; außerdem ist die Korrosionsgefahr groß.

An die Werkstoffe, die im Inneren eines Reaktors Verwendung finden, werden folgende Anforderungen gestellt: möglichst niedrige Neutronenabsorption, möglichst geringe Aktivierung, keine Änderung der Eigenschaften unter dem Einfluß der Neutronen- und der γ-Strahlung im Reaktor, Korrosionsbeständigkeit und gute mechanische Eigenschaften. Diese Anforderungen werden am besten von Zirkonium erfüllt, das als Reaktorwerkstoff große technische Bedeutung erlangt hat. Daneben sind auch Aluminium, Beryllium und Magnesium mit gewissen Einschränkungen geeignet. Stahl und andere Schwermetalle sind nur dann verwendbar, wenn man den verhältnismäßig hohen Einfangquerschnitt für Neutronen in Kauf nehmen kann.

11.6. Moderatoren, Kühlmittel und Reaktorwerkstoffe

Tabelle 11.11
Eigenschaften verschiedener Moderatoren und Kühlmittel

	Einfangquerschnitt für therm. Neutronen σ_a in barn	Dichte ρ bei 20 °C in g cm^{-3}	Schmp. in °C	Sdp. in °C	Wärmeleitfähigkeit λ bei 20 °C in J cm^{-1} s^{-1} K^{-1}	Spez. Wärme c_p bei 20 °C in J g^{-1} K^{-1}
Graphit	0,0045	2,256	Sublimiert	3650	1,674	0,720 (25 °C)
D$_2$O	0,0011	1,105	3,8	101,42	0,00586	4,212
H$_2$O	0,66	0,998	0	100,0	0,00586	4,183
CO$_2$	0,0038	$1,977 \cdot 10^{-3}$	Sublimiert	$-78,5$	0,000184 (30 °C)	0,833 (15 °C)
He	0,007	$0,177 \cdot 10^{-3}$	$-272,2$	$-268,6$	0,000611 (50 °C)	5,200
Na	0,53	0,928 (100 °C)	97,7	883	0,863 (100 °C)	1,386 (100 °C)

11.7. Chemische Vorgänge in Kernreaktoren

Die Untersuchung der chemischen Vorgänge in Kernreaktoren ist das engere Arbeitsgebiet der Reaktorchemie. Die Vorgänge lassen sich in drei Gruppen unterteilen:

Vorgänge, an denen die Spaltprodukte beteiligt sind;
Vorgänge unter dem Einfluß der Neutronen;
Vorgänge unter dem Einfluß der γ- und β-Strahlung.

Die Eigenschaften und die Reichweiten typischer Spaltbruchstücke sind in Tab. 11.12 aufgeführt. Da die Reichweite sehr gering, die spezifische Ionisation aber sehr hoch ist, erzeugen die Spaltbruchstücke lokal — d. h. längs ihres Weges — sehr hohe Temperaturen, die einige Tausend Grad betragen können. Diese örtlich begrenzten Temperaturstöße erzeugen in den Brennstoffelementen Fehlstellen und bewirken Deformationen, Volumenvergrößerung, Härtezunahme und erhöhte Reaktionsfähigkeit. Die gasförmigen Spaltprodukte wandern im Temperaturgefälle zum Mittelpunkt und erzeugen dort Hohlräume. In homogenen Reaktoren tritt Radikalbildung und Zersetzung ein.

Tabelle 11.12
Eigenschaften typischer Spaltbruchstücke und ihre Reichweiten in verschiedenen Stoffen

		Leichtes Bruchstück	Schweres Bruchstück
Massenzahl		95	139
Ordnungszahl		38 (Sr)	54 (Xe)
Kinet. Energie in MeV		97	65
Anfangsladung		+20	+22
Reichweite in Luft	in μm	25 000	19 000
Reichweite in Wasser	in μm		$\approx$ 25
Reichweite in Aluminium	in μm		$\approx$ 10
Reichweite in U_3O_8	in μm		$\approx$ 9
Reichweite in UO_2	in μm		$\approx$ 8
Reichweite in Uran	in μm		$\approx$ 5
Reichweite in Kupfer	in μm		$\approx$ 4

Die Neutronen erzeugen in Festkörpern durch elastische und unelastische Streuung an Atomen ebenfalls Fehlstellen und Deformationen, allerdings nicht in so hoher lokaler Konzentration wie die Spaltprodukte. Darüber hinaus finden unter dem Einfluß der Neutronen Kernreaktionen statt, mit thermischen Neutronen vor allen Dingen (n, γ)-Reaktionen. Dabei entstehen Rückstoßatome, deren Wirkung in einem Festkörper oder in einer Lösung ähnlich ist wie die der Spaltprodukte. Der wichtigste Unterschied besteht darin, daß diese Rückstoßkerne erheblich geringere Energie besitzen als die Spaltprodukte (< 1 MeV). Dementsprechend ist auch die lokale Überhitzung geringer. Die bei (n, γ)-Reaktionen auftretenden γ-Quanten tragen zur sekundären γ-Strahlung im Reaktor bei.

Die intensive primäre γ-Strahlung bei der Kernspaltung und die sekundäre γ-Strahlung beim γ-Zerfall der Spaltprodukte sowie bei (n, γ)-Reaktionen bewirken zusammen mit der β^--Strahlung der Spaltprodukte eine Reihe von strahlenchemischen Reaktionen. Am wichtigsten ist die strahlenchemische Zersetzung des Wassers in homogenen und heterogenen Reaktoren, in denen Wasser als Moderator oder Kühlmittel dient. Sie führt zur Bildung von Wasserstoff, Wasserstoffperoxid und Sauerstoff (vgl. Abschn. 10.5). In geschlossenen Reaktoren, die Wasser enthalten, ist deshalb meist eine Anlage zur Rekombination von Wasserstoff und Sauerstoff eingebaut, um die Bildung größerer Mengen Knallgas zu vermeiden, oder es wird Wasserstoff zugesetzt, um die Bildung von Sauerstoff zu unterdrücken, z. B. in Druckwasserreaktoren (vgl. Abschn. 11.5). In Wasser gelöste Stoffe haben einen großen Einfluß auf die Menge der Radiolyseprodukte (Abb. (11–19)).

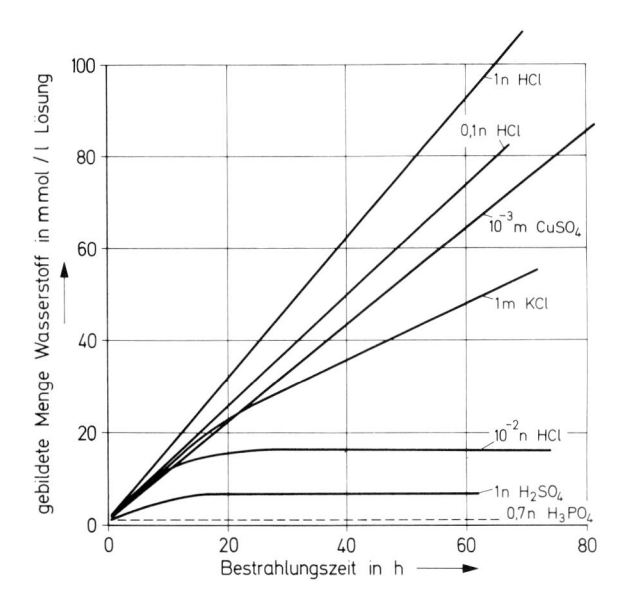

Abb. (11–19) Einfluß gelöster Stoffe auf die Bildung von Wasserstoff durch Radiolyse. Nach J. K. DAWSON u. R. G. SOWDEN: Chemical Aspects of Nuclear Reactors. Vol. 2: Water-Cooled Reactors. Butterworths, London 1963.

11.8. Wiederaufarbeitung der Brennstoffelemente

Eine wichtige Voraussetzung für den Einsatz der Kernenergie ist die Beherrschung aller Teilschritte, die in Abb. (11–5) aufgezeichnet sind. Dazu gehört der gesamte Komplex der Entsorgung, d. h. die sichere Weiterverarbeitung und Lagerung der abgebrannten Brennstoffelemente und der radioaktiven Abfälle.

Die Wirkung der Spaltprodukte im Reaktor läßt sich in den beiden folgenden Punkten zusammenfassen:

a) Strahlenschäden in den Brennstoffelementen (anomale Ausdehnung, Volumenvergrößerung); sie werden verstärkt durch die Strahlenschäden, die von den Neutronen und der γ-Strahlung hervorgerufen werden. Man versucht, diesen Strahlenschäden durch Auswahl geeigneter Brennstoffelemente vorzubeugen.

b) Vergiftung des Reaktors durch die Neutronen-absorbierenden Spaltprodukte. Der Umfang dieser Vergiftung kann aus den Spaltausbeuten und den Einfangsquerschnitten der Radionuklide sowie dem Abbrand der Brennstoffelemente berechnet werden.

Ein interessantes Beispiel zur Erläuterung der Vergiftung ist die Isobarenreihe mit der Massenzahl A = 135:

$$U(n,f)\,^{135}Te \xrightarrow[18\,s]{\beta^-} {}^{135}I \xrightarrow[6{,}61\,h]{\beta^-} {}^{135}Xe \xrightarrow[9{,}08\,h]{\beta^-} {}^{135}Cs \xrightarrow[2{,}3\cdot 10^6\,a]{\beta^-} {}^{135}Ba\,(\text{stabil})$$

(n,γ)	(n,γ)	(n,γ) $\sigma =$ $2{,}7 \cdot 10^6$ b	(n,γ) $\sigma =$ $8{,}7$ b	(n,γ) $\sigma =$ $5{,}8$ b
^{136}Te	^{136}I	^{136}Xe	^{136}Cs	^{136}Ba

(11.22)

Das Verhältnis der Zahl der durch β^--Umwandlungen zerfallenden Atome zu der durch (n,γ)-Reaktionen umgewandelten Atome hängt vom Neutronenfluß ab:

$$\left(\frac{dN}{dt}\right)_\beta \bigg/ \left(\frac{dN}{dt}\right)_{n,\gamma} = N\lambda / N\sigma\Phi = \lambda/\sigma\Phi. \qquad (11.23)$$

So werden beispielsweise bei einem Neutronenfluß $\Phi = 10^{12}\,\text{cm}^{-2}\,\text{s}^{-1}$ 11% des Xe–135 in Xe–136 umgewandelt, bei einem Neutronenfluß $\Phi = 10^{14}\,\text{cm}^{-2}\,\text{s}^{-1}$ jedoch 93%. Die Vergiftung führt dazu, daß in thermischen Reaktoren der Neutronenhaushalt immer schlechter wird, so daß die Brennstoffelemente nach einem bestimmten Abbrand (10 bis 80%, vgl. Abschn. 11.3) ausgewechselt werden müssen. In schnellen Reaktoren macht sich die Vergiftung weniger bemerkbar, weil die schnellen Neutronen in sehr viel geringerem Umfang absorbiert werden.

Als Gegenmaßnahmen im Hinblick auf die Vergiftung kommen folgende Möglichkeiten in Frage:

a) Verwendung einer Überschußreaktivität (vgl. Abschn. 11.1).

b) Einbau eines Brutmantels (z. B. Th–232), damit die abnehmende Reaktivität durch den im Brutprozeß neu erzeugten Kernbrennstoff kompensiert wird.

Diese Gegenmaßnahmen sind jedoch nur eine begrenzte Zeit anwendbar. Nach etwa 2 bis 3 Jahren müssen die Brennstoffelemente aus dem

Reaktor entnommen werden. Während dieser Zeit werden sie gelegentlich umgesetzt, um einen optimalen Abbrand zu erzielen.

Die Ausbeute an verschiedenen langlebigen Spaltprodukten bei der Kernspaltung des Urans mit thermischen Neutronen ist in Tab. 11.13 angegeben (vgl. dazu Abb. (8–15) bzw. (8–16)). In Tab. 11.14 sind die langlebigen Spaltprodukte in Stoffgruppen zusammengefaßt. Mengenmäßig machen die Lanthaniden den Hauptanteil aus (70%). Dann folgen das Technetium (10%), die Edelgase (7%) und das Cäsium (4%). Als Neutronengifte stehen die Edelgase an erster Stelle; dies ist vor allem durch den hohen Einfangquerschnitt des Xe–135 bedingt ($\sigma_a = 2{,}7 \cdot 10^6$ b). Es folgen das Sm–149 ($\sigma_a = 4{,}1 \cdot 10^4$ b) und andere Lanthaniden. Die restlichen Elemente spielen als Neutronengifte nur eine untergeordnete Rolle.

11.8. Wiederaufarbeitung der Brennstoffelemente

Tabelle 11.13
Spaltausbeute an verschiedenen langlebigen Spaltprodukten bei der Kernspaltung des Urans durch thermische Neutronen (angegeben sind die kumulativen Ausbeuten, vgl. Abschn. 8.9)

Spaltprodukt	Spaltausbeute in %	Halbwertzeit $t_{1/2}$
Sr–89	4,80	50,6 d
Sr–90	5,89	28,6 a
Tc–99 (Mo–99)	6,13	$2{,}13 \cdot 10^5$ a (66 h)
Ru–103	3,12	39,4 d
Te–129 (I–129)	0,65	69,6 min ($1{,}6 \cdot 10^7$ a)
I–131	2,82	8,04 d
Xe–133	6,75	5,29 d
Cs–137	6,26	30,2 a
Ba–140	6,36	12,8 d
Ce–143 (Pr–143)	5,95	33 h (13,6 d)
Ce–144 (Pr–144)	5,39	284 d (17,3 min)
Sm–147	2,25	$1{,}05 \cdot 10^{11}$ a

Tabelle 11.14
Die wichtigsten langlebigen Spaltprodukte

Element	Relative Häufigkeit in den Spaltprodukten in %	Relative Neutronenabsorption in %
Edelgase	7	72
Samarium	} 70	14
andere Lanthaniden		11
Technetium	10	1
Cäsium	4	0,5
Molybdän	1	0,2
Rest	8	1,3

Die außerordentlich hohe Radioaktivität der Spaltprodukte bestimmt in hohem Umfang die Verfahren der Wiederaufarbeitung Nach den Ausführungen in Abschnitt 11.1 entspricht in einem Kernreaktor eine thermische Leistung von

$$1 \text{ MW} = 10^6 \text{ J s}^{-1} = \frac{10^6}{1{,}60 \cdot 10^{-13}} = 6{,}25 \cdot 10^{18} \text{ MeV s}^{-1}$$

einer Zahl von $\frac{6{,}25 \cdot 10^{18}}{190} \approx 3{,}3 \cdot 10^{16}$ Kernspaltungen pro Sekunde.

Die bei einer Kernspaltung entstehenden kurzlebigen Spaltprodukte erleiden im Mittel etwa 5 radioaktive Umwandlungen pro Sekunde. Einer Leistung von 1 MW entspricht somit eine Zerfallsrate von $5 \cdot 3{,}3 \cdot 10^{16} \approx 17 \cdot 10^{16}$ s^{-1} bzw. eine Aktivität von $\approx 5 \cdot 10^6$ Ci. Diese Aktivität fällt nach dem Abschalten des Reaktors sehr rasch ab; der Aktivitätsabfall ist in Abb. (11–20) aufgezeichnet. Die radioaktive Strahlung der Spaltprodukte führt zu einer Wärmeentwicklung in den Brennstoffelementen, die ebenfalls in Abb. (11–20) angegeben ist.

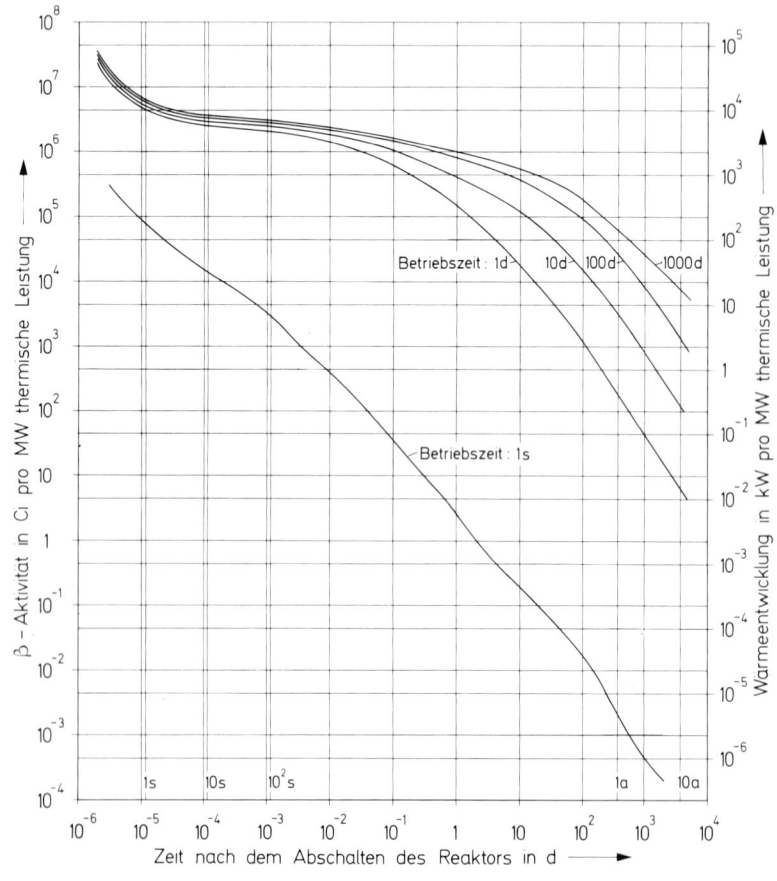

Abb. (11–20) Aktivitätsabfall der Spaltprodukte nach dem Abschalten eines Reaktors (aufgetragen ist der Abfall der β-Aktivität; die γ-Aktivität ist etwa halb so groß. Die Wärmeentwicklung ist für eine mittlere Energie der β-Strahlung von 0,4 MeV und vollständige Absorption der Strahlung berechnet).

Diese Wärmeentwicklung kann unter Umständen zum Schmelzen der Brennstoffelemente führen, wenn sie nicht gekühlt werden.

Für die Dauer der Lagerung sind neben dem in Abb. (11–20) aufgezeichneten Aktivitätsabfall auch die nachstehenden Reaktionsfolgen von Bedeutung:

$$^{235}U(n,\gamma)^{236}U(n,\gamma)^{237}U \xrightarrow[6,75 \text{ d}]{\beta^-,\gamma} {}^{237}Np$$

bzw. $\quad ^{238}U(n,2n)^{237}U \xrightarrow[6,75 \text{ d}]{\beta^-,\gamma} {}^{237}Np.$ (11.24)

Das U–237 bewirkt eine verhältnismäßig hohe Aktivität des Urans, wenn die Lagerungszeit kleiner ist als etwa 100 Tage.

Die Zusammensetzung eines bestrahlten Kernbrennstoffs aus einem Leichtwasserreaktor nach einer Lagerungszeit von einem Jahr ist in Tabelle 11.15 angegeben. Grundsätzlich bieten sich für die Weiterbehandlung der abgebrannten Brennstoffelemente mehrere Möglichkeiten an:
— Dauerlagerung
— Langfristige Zwischenlagerung mit dem Ziel einer späteren Weiterverarbeitung
— Wiederaufarbeitung nach kurzfristiger Zwischenlagerung.

Die Wiederaufarbeitung wird allgemein als die sinnvollste Lösung

Tabelle 11.15
Zusammensetzung eines bestrahlten Kernbrennstoffs aus einem Leichtwasserreaktor bei einer Anfangsanreicherung von 3,3% und einem Abbrand von 34 000 MW d/t nach einer Lagerungszeit von 1 Jahr (nach H.O. HAUG, KFK 1945 (1974))

Nuklid	Gehalt in Gew.%	
Uran und Transuranelemente:		
U–235	0,756	
U–236	0,458	
U–237	$3 \cdot 10^{-9}$	95,4
U–238	94,2	
Neptunium	0,05	
Pu–238	0,018	
Pu–239	0,527	
Pu–240	0,220	0,908
Pu–241	0,105	
Pu–242	0,038	
Americium	0,015	
Curium	0,007	
Spaltprodukte:		
Stabile Spaltprodukte	3,00	
Kr–85	0,038	
Sr–90	0,028	
I–129	0,09	3,62
Cs–134 + Cs–137	0,275	
Andere	0,19	

angesehen. Aufgabe der Wiederaufarbeitungsverfahren von Uranhaltigem Brennstoff ist die Trennung in Uran, Plutonium und Spaltprodukte. Uran und Plutonium sollen möglichst rein sein, auf jeden Fall frei von Spaltprodukten. Wiedergewonnener Brennstoff kann zur Herstellung neuer Brennstoffelemente verwendet werden (Brennstoffkreislauf). Uran mit niedrigem Gehalt an U–235 ist nur als Brutstoff geeignet, während das Plutonium ein wertvoller Spaltstoff ist. Allerdings ergeben sich hinsichtlich des Plutoniums ernsthafte Probleme, weil dieses unmittelbar für die Produktion von Kernwaffen benutzt werden kann. Im Interesse der Nichtverbreitung von Kernwaffen („non-proliferation") sucht man deshalb nach geeigneten Lösungen, die es gestatten, einen Mißbrauch des Plutoniums mit Sicherheit auszuschließen. Die Spaltprodukte und die Transuranelemente, mit Ausnahme des Plutoniums, sind im wesentlichen als Abfallprodukte anzusehen. Np–237 kann durch Reaktorbestrahlung in Pu–238 überführt werden, das in Radionuklidbatterien Verwendung findet. Der Bedarf ist jedoch begrenzt. Das gleiche gilt für Sr–90, Cs–137, Kr–85 und einige andere Radionuklide.

Die wichtigsten Gesichtspunkte für die Wiederaufarbeitung ergeben sich aus der Forderung, daß Uran und Plutonium anschließend wieder verwendet werden sollen. Die Trennung muß deshalb möglichst quantitativ sein. Die Dekontaminationsfaktoren, gegeben durch das Verhältnis der Aktivität im bestrahlten Brennstoff zu der Aktivität im abgebrannten Uran bzw. Plutonium, müssen 10^6 bis 10^7 betragen, die Ausbeuten möglichst nahe bei 100% liegen. Von allen bekannten Verfahren ist die Lösungsmittelextraktion im Gegenstromverfahren für diese Aufgabe am besten geeignet. Wegen der hohen Aktivität ist ein ferngesteuerter kontinuierlicher Prozeß erforderlich.

Langjährige Betriebserfahrungen wurden in den Wiederaufarbeitungsanlagen gewonnen, die der Abtrennung von Plutonium für militärische Zwecke dienten, z. B. in Hanford und Savannah River (USA). Größere Anlagen für die Wiederaufarbeitung von Kernbrennstoffen befinden sich in La Hague (Frankreich), Windscale (Großbritannien) und Barnwell (USA). Von mehreren Ländern gemeinsam wurde die Anlage der Eurochemic in Mol (Belgien) betrieben. In der Bundesrepublik arbeitet seit 1971 die Wiederaufarbeitungsanlage Karlsruhe (WAK). Eine größere Anlage ist geplant. Dabei ist vorgesehen, die gesamte Entsorgung, d. h. die Brennstoffelementlagerung, die Wiederaufarbeitung, die Brennstoffrückführung, die Abfallbehandlung und die Abfallagerung im gleichen räumlichen Bereich durchzuführen, um den Transport des radioaktiven Abfalls zu vermeiden.

Die Wiederaufarbeitung der Brennstoffelemente richtet sich nach der Art des Brennstoffs und der Ausführungsform der Brennstoffelemente; sie läßt sich in zwei Teilschritte aufteilen:
a) Zerlegung der Brennstoffelemente und Zerkleinerung,
b) chemische Aufarbeitung des Brennstoffs.

Der erste Teilschritt wird als „head end"-Verfahren bezeichnet. Dabei kann eine mechanische oder chemische Trennung von Brennstoff und Hüllrohrmaterial (Hülse) erfolgen. Für die mechanische Trennung müssen spezielle Maschinen entwickelt werden, mit denen dann im allgemeinen nur ein bestimmter Typ eines Brennstoffelements zerlegt werden kann. Diese Zerlegungsmaschinen werden in großen heißen Zellen aufgestellt. Eine mechanische Trennung von Brennstoff und Hülse ist nicht möglich, wenn diese Teile miteinander verlötet sind oder wenn es sich um Matrixelemente handelt. Die Zerkleinerung des Brennstoffs wird meist direkt im Anschluß an die mechanische Zerlegung der Brennstoffelemente vorgenommen. Das chemische „head end"-Verfahren kann in einer Auflösung der Hülse unter Zurücklassung des Brennstoffs bestehen, oder die Trennung kann in der Weise erfolgen, daß der Brennstoff nach der Zerkleinerung der Brennstoffelemente aus der Hülse herausgelöst wird („chop leach"-Verfahren); dieses Verfahren ist besonders vorteilhaft.

Für die Auflösung von Aluminiumhülsen wird 5 M Natronlauge oder 6 M Schwefelsäure verwendet; im letzterem Falle ist der Zusatz von Quecksilbersalz als Katalysator erforderlich. Magnesium und Magnox (Magnesium-Aluminiumlegierung) werden in Salpetersäure oder Schwefelsäure aufgelöst, Edelstahl in siedender 6 M Schwefelsäure (Sulfex-Prozeß) oder in einem Gemisch von verdünnter Salpetersäure und Salzsäure (Darex-Prozeß). Für die Auflösung von Zirkonium und Zircaloy (Zirkoniumlegierung mit kleinen Zusätzen an Zinn, Eisen, Chrom und Nickel) ist eine siedende Lösung geeignet, die 5,5 mol/l Ammoniumfluorid und 0,5 mol/l Ammoniumnitrat enthält (Zirflex-Verfahren). Für die Auflösung des Urans — entweder nach vorausgehender mechanischer Trennung von Brennstoff und Hülse oder im „chop leach"-Verfahren — dient meist 11 M Salpetersäure, für die Auflösung von Urandioxid 7,5 M Salpetersäure.

Als chemische Aufarbeitungsverfahren für den Brennstoff kommen nasse (wäßrige) und trockene Verfahren in Frage. Bei den nassen Aufarbeitungsverfahren geht man von den Lösungen aus, die bei der Auflösung des Brennstoffs — z. B. in Salpetersäure — erhalten werden. Man unterscheidet Fällungs-, Ionenaustausch- und Extraktionsverfahren. Bei den trockenen Verfahren wird der Brennstoff — ohne vorausgehende Auflösung — aufgeschlossen und weiterverarbeitet. Man unterscheidet Halogenierungsverfahren, Schmelzverfahren und pyrometallurgische Verfahren. In jedem Falle besteht die Aufgabe der Wiederaufarbeitung darin, eine möglichst weitgehende Trennung Uran/Plutonium/Spaltprodukte zu erreichen.

Das älteste Verfahren der Wiederaufarbeitung ist der Wismutphosphat-Prozeß, ein Fällungsverfahren, das hauptsächlich zur Plutoniumgewinnung diente. Fällungsverfahren werden heute nicht mehr für die Wiederaufarbeitung bestrahlter Kernbrennstoffe eingesetzt. Der Wismutphosphat-Prozeß ist in der Technik einmalig, weil er direkt auf der Grundlage von Experimenten mit Submikrogramm-Mengen entwickelt wurde. Er ist deshalb lehrreich, weil er die aufwendige Arbeitsweise eines Fällungsverfahrens zur Gewinnung von reinem Plutonium zeigt und die Vielfalt der dabei benutzten chemischen Operationen erkennen läßt. Grundlage ist die Mitfällung des Pu^{IV} mit $BiPO_4$, während Pu^{VI} nicht mitgefällt wird. Die wichtigsten Schritte sind in dem folgenden Schema zusammengefaßt (S.P. steht als Abkürzung für Spaltprodukte):

11.8. Wiederaufarbeitung der Brennstoffelemente

$$\text{Auflösung in HNO}_3 \downarrow$$

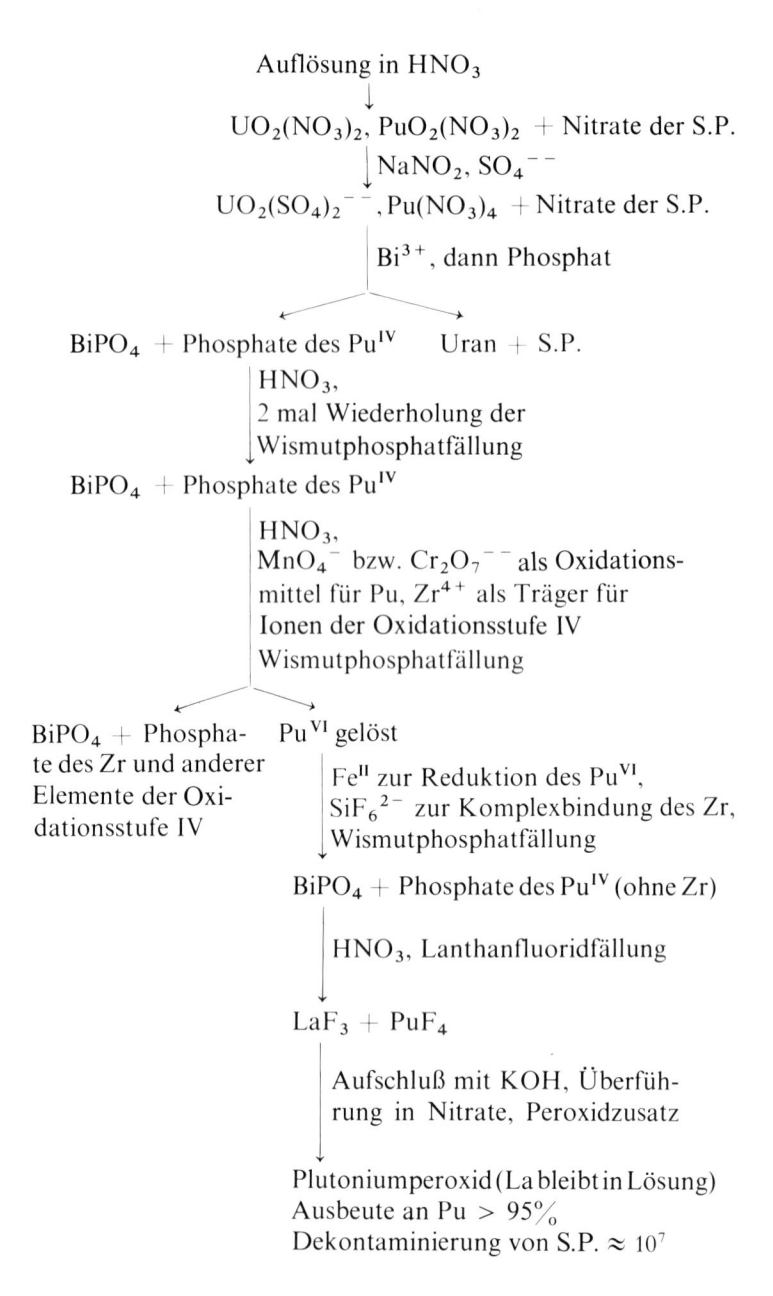

$$\text{UO}_2(\text{NO}_3)_2, \text{PuO}_2(\text{NO}_3)_2 + \text{Nitrate der S.P.}$$

$$\downarrow \text{NaNO}_2, \text{SO}_4^{--}$$

$$\text{UO}_2(\text{SO}_4)_2^{--}, \text{Pu}(\text{NO}_3)_4 + \text{Nitrate der S.P.}$$

$$\downarrow \text{Bi}^{3+}, \text{dann Phosphat}$$

BiPO$_4$ + Phosphate des Pu^{IV} Uran + S.P.

$$\downarrow \begin{array}{l}\text{HNO}_3,\\ \text{2 mal Wiederholung der}\\ \text{Wismutphosphatfällung}\end{array}$$

BiPO$_4$ + Phosphate des Pu^{IV}

$$\downarrow \begin{array}{l}\text{HNO}_3,\\ \text{MnO}_4^- \text{ bzw. Cr}_2\text{O}_7^{--} \text{ als Oxidations-}\\ \text{mittel für Pu, Zr}^{4+} \text{ als Träger für}\\ \text{Ionen der Oxidationsstufe IV}\\ \text{Wismutphosphatfällung}\end{array}$$

BiPO$_4$ + Phospha-   Pu^{VI} gelöst
te des Zr und anderer
Elemente der Oxi-
dationsstufe IV

$$\downarrow \begin{array}{l}\text{Fe}^{II} \text{ zur Reduktion des Pu}^{VI},\\ \text{SiF}_6^{2-} \text{ zur Komplexbindung des Zr,}\\ \text{Wismutphosphatfällung}\end{array}$$

BiPO$_4$ + Phosphate des Pu^{IV} (ohne Zr)

$$\downarrow \text{HNO}_3, \text{Lanthanfluoridfällung}$$

LaF$_3$ + PuF$_4$

$$\downarrow \begin{array}{l}\text{Aufschluß mit KOH, Überfüh-}\\ \text{rung in Nitrate, Peroxidzusatz}\end{array}$$

Plutoniumperoxid (La bleibt in Lösung)
Ausbeute an Pu > 95%
Dekontaminierung von S.P. $\approx 10^7$

Das Wismutphosphat-Verfahren ist in der Technik durch Extraktionsverfahren verdrängt.

Ionenaustauschverfahren haben für die großtechnische Wiederaufarbeitung von Kernbrennstoffen keine Anwendung gefunden, weil Harzaustauscher gegen die Einwirkung der Strahlung der hochradioaktiven Lösungen zu empfindlich sind und außerdem in den Säulen durch die Radiolyse des Wassers eine Gasentwicklung auftritt, welche die Trennung stört.

Die Anwendung von Extraktionsverfahren in der Kerntechnik zur Gewinnung von reinem Uran (vgl. Abschn. 11.3) und zur Wiederauf-

Tabelle 11.16
Extraktionsverfahren und Extraktionsmittel für die großtechnische Wiederaufarbeitung von Kernbrennstoffen

Verfahren	organische Phase	wäßrige Phase	entwickelt in
Purex	30% TBP (Tri-n-butylphosphat) in Kerosin oder Dodekan	HNO_3	USA
Redox	Hexon (Methyl-isobutylketon)	$Al(NO_3)_3$	USA
Butex	Dibutylcarbitol	HNO_3	Großbritannien
Eurex	TLA (Trilaurylamin)	HNO_3	Italien
Thorex	≈ 40% TBP (Tri-n-butylphosphat) in Kerosin	$Al(NO_3)_3, HNO_3$	USA

11.8. Wiederaufarbeitung der Brennstoffelemente

arbeitung von Kernbrennstoffen hat die Entwicklung der Extraktionsverfahren entscheidend gefördert. Man benutzt dazu hauptsächlich Extraktionskolonnen (pulsierende Kolonnen) oder Mischer-Scheider-Batterien („mixer settler"). Neuere Entwicklungen sind Zentrifugal- und Hydrozyklonextraktoren.

Als Extraktionsmittel werden organische Verbindungen verwendet: Phosphorsäureester, Ketone, Ether und langkettige Amine. Tabelle 11.16 bringt eine Übersicht über die Extraktionsmittel, die in verschiedenen großtechnischen Verfahren benutzt werden.

Die wichtigsten Schritte der Extraktionsverfahren sind (vgl. Abb. (11–21)):

a) Extraktion von U^{VI} und Pu^{IV} bzw. Pu^{VI} in die organische Phase; damit wird der Großteil der Spaltprodukte abgetrennt (Extraktor 1).
b) Reduktion des Pu^{IV} bzw. Pu^{VI} zu Pu^{III} und Trennung des Plutoniums vom Uran (Extraktor 2).
c) Rückextraktion des U^{VI} in die wäßrige Phase (Extraktor 3).
d) Reinigung des Urans durch Extraktion von U^{VI} in die organische Phase (Extraktor 4) und Rückextraktion in die wäßrige Phase (Extraktor 5).
e) Reinigung des Plutoniums nach Oxidation zu Pu^{IV} durch Extraktion in die organische Phase (Extraktor 6) und Rückextraktion in die wäßrige Phase nach Reduktion zu Pu^{III} (Extraktor 7).

Von den in Tabelle 11.16 angegebenen Verfahren wird heute bevorzugt das Purex-Verfahren angewendet. Purex bedeutet „Plutonium and Uranium Recovery by Extraction". Bei diesem Verfahren beruht die Extraktion von Uran und Plutonium auf den folgenden Gleichgewichten:

$$UO_2^{2+} + 2NO_3^- + 2TBP \rightleftharpoons UO_2(NO_3)_2(TBP)_2$$

$$Pu^{4+} + 4NO_3^- + 4TBP \rightleftharpoons Pu(NO_3)_4(TBP)_2$$

In ähnlicher Weise, wenn auch in geringerem Umfang, werden

auch Zirkonium und Ruthenium extrahiert ($Zr(NO_3)_4(TBP)_2$ bzw. $RuNO(NO_3)_3(H_2O)_2(TBP)_n$). Die gesamte Wiederaufarbeitung erfolgt in folgenden Teilschritten:

Die abgebrannten Brennstoffelemente werden im Reaktorgebäude mindestens 6 Monate in großen Wasserbecken gelagert und gekühlt, um den Zerfall der kurzlebigen Radionuklide abzuwarten. Dann werden sie in großen Spezialbehältern zur Wiederaufarbeitungsanlage befördert und dort in Lagerbecken unter Wasser aufbewahrt. Das Wasser wird ständig über Ionenaustauscher gereinigt.

Das „head-end" umfaßt die mechanische Zerlegung der Brennstoffelemente und die Auflösung des Brennstoffs. In einer Spezialzerlegemaschine werden die Brennstäbe in kleine Stücke von etwa 5 cm Länge zerschnitten und dann in einem Auflöser mit etwa 7,5 M Salpetersäure behandelt. Dabei wird der Brennstoff gelöst, während das Hüllrohrmaterial aus Zircaloy zurückbleibt. Uran liegt nach der Auflösung als $UO_2(NO_3)_2$ vor, Plutonium vorwiegend als $Pu(NO_3)_4$. Die Lösung wird nach der Filtration auf etwa 1–2 M HNO_3 eingestellt; durch

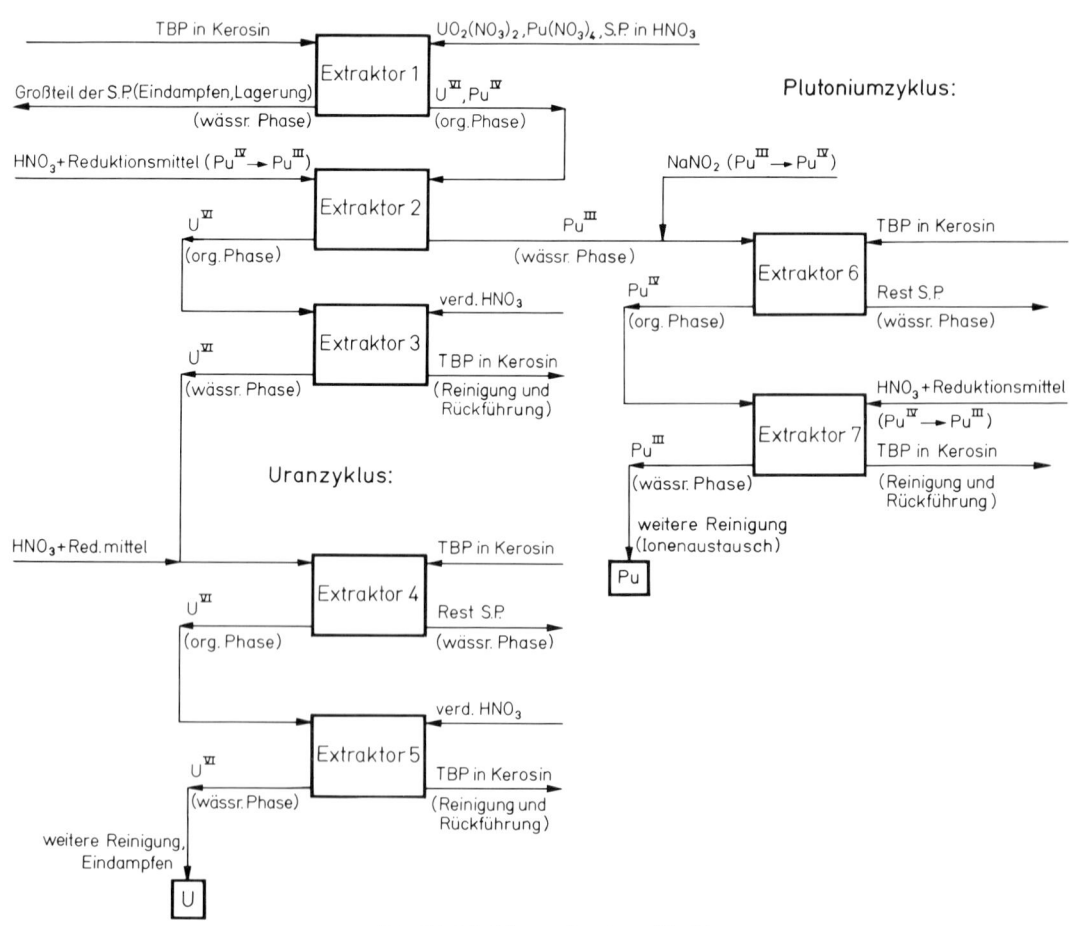

Abb. (11–21) Schema des Purex-Verfahrens.

Zusatz von $NaNO_2$ wird die quantitative Überführung des Plutoniums in Pu^{IV} sichergestellt. Beim Zerschneiden und Auflösen werden gasförmige Spaltprodukte wie I–129 und Kr–85 sowie das Tritium frei, außerdem nitrose Gase. Iod wird an silberhaltigen Filtern zurückgehalten, Tritium wird durch Oxidation in Tritium-haltiges Wasser überführt und so zum Großteil in den Auflöser zurückgeführt. Für die Abtrennung des Kryptons wird eine Tieftemperaturrektifikation der Abgase in Anlehnung an das Verfahren der Kryptongewinnung bei der Luftverflüssigung vorgeschlagen.

Das Purex-Verfahren ist schematisch in Abb. (11–21) aufgezeichnet. Alle Verfahrensschritte werden in einer geschlossenen Anlage hinter Betonwänden bis zu etwa 2 m Dicke automatisiert oder fernbedient durchgeführt. Im 1. Extraktionszyklus werden U^{VI} und Pu^{IV} zunächst gemeinsam in die organische Phase (etwa 30% Tributylphosphat in Kerosin (Petroleumbenzin) oder Dodekan) extrahiert, während die Hauptmenge (etwa 99,9%) der Spaltprodukte in der wäßrigen Phase zurückbleibt. Dabei wird die Extraktion des Pu^{IV} durch die Gegenwart größerer Mengen U^{VI} stark beeinflußt. Die hochaktive wäßrige Phase wird durch Verdampfen eingeengt und bis zur Weiterverarbeitung gelagert (vgl. Abschn. 11.9). Das Plutonium wird nun zu Pu^{III} reduziert und in der zweiten Stufe des 1. Extraktionszyklus in die wäßrige Phase (1–2 M HNO_3) überführt. Als Reduktionsmittel sind Eisen(II)-sulfamat oder U^{IV} geeignet; viele Vorteile hat die elektrochemische Reduktion. In der dritten Stufe des 1. Extraktionszyklus wird das Uran aus der organischen Phase in verdünnte Salpetersäure (etwa 0,01 M) zurückextrahiert. In weiteren Extraktionszyklen, die jeweils aus 2 bis 3 Schritten bestehen, werden das Uran und das Plutonium gereinigt, um bezüglich der Spaltprodukte hohe Dekontaminationsfaktoren von der Größenordnung 10^7 zu erreichen. Der Uran- und der Plutoniumzyklus bestehen im wesentlichen aus mehreren aufeinanderfolgenden Schritten der Extraktion in Tributylphosphat/ Kerosin bzw. Dodekan und der Rückextraktion in verdünnte Salpetersäure. Das Plutonium wird dabei jeweils zu Pu^{IV} oxidiert bzw. zu Pu^{III} reduziert. Eine weitere Reinigung des Plutoniums wird in Anionenaustauschern erreicht. Die organische Phase wird nach der Rückextraktion des Urans wieder verwendet, muß aber vorher von den Radiolyseprodukten befreit werden. Das wichtigste Radiolyseprodukt ist Dibutylphosphorsäure, die sehr stabile Komplexe mit Pu^{IV} bildet, so daß das Plutonium nur unvollständig zu Pu^{III} reduziert wird. Durch Waschen mit verdünnter Natriumcarbonatlösung können diese Radiolyseprodukte aus der organischen Phase abgetrennt werden (Lösungsmittelwäsche).

Der letzte Verfahrensschritt der Wiederaufarbeitung, auch „tail-end" genannt, ist die Herstellung der Endprodukte. Uran wird bevorzugt als Uranylnitrathexahydrat oder in Form von konzentrierter Uranylnitratlösung abgegeben, Plutonium als Plutonium(IV)-nitratlösung oder als PuO_2. Das letztere wird aus der $Pu(NO_3)_4$-Lösung durch Fällung mit Oxalsäure und thermische Zersetzung des Plutoniumoxalats erhalten.

Ein wichtiger Vorteil des Purex-Verfahrens besteht darin, daß es auch für die Aufarbeitung von Brennstoffen aus fortgeschrittenen Reaktoren geeignet ist, z. B. für Brennstoffe aus schnellen Brütern. In modifizierter Form läßt es sich auch für die Wiederaufarbeitung von Brennstoffen aus Thorium-Brütern einsetzen und ist in dieser Form unter dem Namen Thorex-Verfahren bekannt.

Im Gegensatz zu den nassen Verfahren haben die trockenen Verfahren in der Praxis der Wiederaufarbeitung keine Anwendung gefunden.

Die Halogenierungsverfahren beruhen auf der Bildung flüchtiger Uranverbindungen durch Fluorierung oder Chlorierung. Als Fluorierungsmittel sind Bromtrifluorid und Chlortrifluorid am besten geeignet:

$$U + 2\,ClF_3 \longrightarrow UF_6 + Cl_2. \qquad (11.25)$$

Das Kernproblem der Fluorierungsverfahren ist die Trennung von Uran und Plutonium. Plutonium ist in Anwesenheit von Fluor bei höherer Temperatur als PuF_6 ebenfalls flüchtig. Da sich aber stets das Dissoziationsgleichgewicht

$$PuF_6 \rightleftharpoons PuF_4 + F_2 \qquad (11.26)$$

einstellt, stößt die quantitative Abtrennung des Plutoniums auf Schwierigkeiten. Durch Behandlung der Kernbrennstoffe mit Chlor können die Tetrachloride des Urans und des Plutoniums (UCl_4 bzw. $PuCl_4$) gewonnen werden, die bei höherer Temperatur ebenfalls flüchtig sind.

Als Schmelzverfahren kommen der Bisulfataufschluß oder der alkalische Aufschluß (evtl. unter Zusatz von Peroxid zur Zerstörung von Graphit oder Siliciumcarbid) in Frage, ferner die Behandlung in einer Salzschmelze, z. B. die Fluorierung Zirkonium-haltiger Brennstoffe in einer Schmelze von $NaF/LiF/ZrF_4$. Technisch interessant sind Extraktionsverfahren in Salzschmelzen; die Entwicklung solcher Verfahren steht jedoch noch aus.

Pyrometallurgische Verfahren können im einfachsten Falle darin bestehen, daß der Kernbrennstoff auf hohe Temperatur erhitzt wird. Dabei werden flüchtige Spaltprodukte, vor allen Dingen die Edelgase, aber auch Iod, Cäsium und andere Elemente ausgetrieben. Durch diese Hochtemperaturbehandlung erreicht man eine beträchtliche „Entgiftung", wie ein Blick auf Tab. 11.14 zeigt. Die Entgiftung kann durch partielle Oxidation erheblich verbessert werden; die Oxide der Seltenen Erden und andere Oxide werden dabei in Form von Schlacken abgeführt. Mit Graphit beschichtete Teilchen („coated particles") können durch Erhitzen an der Luft von der schützenden Graphitschicht befreit werden, die zu Kohlendioxid verbrennt. Andere pyrometallurgische Verfahren, die sich ebenfalls im Stadium der Entwicklung befinden, haben die Abtrennung der Spaltprodukte durch Extraktion oder Umsetzung mit flüssigen Metallen zum Ziel.

11.9. Weiterverarbeitung und Lagerung der Spaltprodukte

Die hochradioaktiven Spaltprodukte werden zunächst in der Nähe der Wiederaufarbeitungsanlagen in Tanklagern gesammelt. Daneben entstehen auch größere Mengen an Abfällen mittlerer Aktivität, z. B. durch Zerlegung der Brennstoffelemente, die getrennt weiterverarbeitet werden. Bei der Wiederaufarbeitung nach dem Purex-Verfahren fallen pro t Uran etwa an: $1\,m^3$ HAW = „high active waste", Hauptmenge der Spaltprodukte (nach Weiterverarbeitung $0,1\,m^3$), $3\,m^3$ MAW (= „medium active waste") organisch (nach Weiterverarbeitung $0,2\,m^3$), $17\,m^3$ MAW wäßrig (nach Weiterverarbeitung $8,1\,m^3$, im wesentlichen $NaNO_3$-Lösung) und $90\,m^3$ LAW = „low active waste" (nach Weiterverarbeitung $3,2\,m^3$). Die Frage der Volumenverringerung des Abfalls spielt insbesondere für MAW und LAW eine wichtige Rolle.

Nach der Wiederaufarbeitung der Brennstoffelemente durch Extraktionsverfahren liegen die Spaltprodukte in Form stark saurer Lösungen vor, z. B. in 3 M Salpetersäure. Beim Eindampfen der Lösungen ist insbesondere auf die Gefahr der Verflüchtigung von Spaltprodukten zu achten (z. B. Ruthenium als RuO_4 aus salpetersauren Lösungen). Die Salpetersäure kann durch Zusatz von Formaldehyd oder Ameisensäure zerstört werden. Bei niedrigen Säurekonzentrationen kommt es zur Hydrolyse und Ausfällung von Spaltprodukten (z. B. Seltenen Erden).

Die Anfangsaktivität der Spaltproduktlösungen ist von der Größenordnung 1 kCi/l Lösung. Nach Ablauf von 10 Jahren sind die kurzlebigeren Radionuklide weitgehend abgeklungen; der weitere Aktivitätsabfall wird durch die langlebigen Radionuklide, insbesondere Sr–90 und Cs–137, bestimmt, deren Aktivität insgesamt etwa 100 Ci/l Lösung beträgt. Die Aktivität dieser Radionuklide nimmt entsprechend ihrer Halbwertzeit (28 bzw. 30 a) sehr langsam ab; sie beträgt nach einer Lagerungszeit von 1 000 Jahren noch etwa $10^{-2}\,\mu Ci/l$ Lösung. Nach dieser Zeit treten die sehr langlebigen Spaltprodukte (z. B. Tc–99 und I–129) und die Actiniden in den Vordergrund (vgl. auch Tab. 11.15). Das Neptunium und die Transplutoniumelemente treten bei der Wiederaufarbeitung meist in den Spaltproduktlösungen auf, wenn der Trennungsgang nicht modifiziert wird.

Die hohe Anfangsaktivität bewirkt eine starke Erwärmung und Radiolyse der Lösungen. Wenn man diese Lösungen sich selbst überläßt, dampfen sie von selbst ein, wobei lebhafte Korrosion eintritt; außerdem bilden sich nitrose Gase, gasförmige Spaltprodukte und durch Radiolyse des Wassers größere Mengen an Knallgas. Deshalb müssen bei der Lagerung der Spaltproduktlösungen umfangreiche Sicherheitsvorkehrungen getroffen werden. Diese bestehen vor allen Dingen in einer Kühlung der Lösung, Überwachung der Korrosionsvorgänge sowie Kontrolle und Filterung der Luft.

Ziel der Weiterverarbeitung der Spaltproduktlösungen ist die Überführung in einen möglichst stabilen Zustand, der sich für eine langfristige Lagerung eignet. Gleichzeitig soll das Volumen reduziert und nicht durch Zugabe größerer Mengen inaktiver Stoffe vergrößert werden. Am wichtigsten sind solche Verfahren, bei denen die Spaltproduktlösungen in beständige keramische Verbindungen oder Gläser überführt werden („calcination" bzw. „vitrification"). Eine Möglichkeit der Calcinierung besteht darin, die Lösungen, die größere Mengen Aluminiumnitrat enthalten (durch Auflösung von Aluminiumhülsen), direkt in einem Ofen zu versprühen; die entstehenden Oxidgemische werden allerdings verhältnismäßig leicht ausgelaugt. Durch Zusatz von Silicaten oder Kieselsäure können die Eigenschaften der Calcinierungsprodukte verbessert werden. Verhältnismäßig große Vorteile bietet die Herstellung von Gläsern, z. B. Borosilikatgläsern (vgl. Boraxperle) oder Phosphatgläsern (vgl. Phosphorsalzperle), die bis zu 40% Oxide der Spaltprodukte aufnehmen können. Auch hier wird nach Zugabe der erforderlichen Komponenten die direkte Herstellung der Gläser aus den Spaltproduktlösungen durch Versprühen in einem Ofen bevorzugt; das flüssige Glas wird in Töpfen aus Stahlblech aufgefangen.

Die Wärmeproduktion in den keramischen Verbindungen bzw. Gläsern ist verhältnismäßig hoch, insbesondere dann, wenn die Konzentration an Spaltprodukten groß ist. Diese Wärmeproduktion kann gegebenenfalls für Heizungszwecke nutzbar gemacht werden.

Für die Lagerung der in beständige Verbindungen übergeführten Spaltprodukte kommen wegen des Strahlenschutzes vor allen Dingen unterirdische Lagerstätten in Betracht. Besonders geeignet sind Stollen in Salzbergwerken, weil die Salzlagerstätten für Wasser bzw. Lösungen verhältnismäßig undurchlässig sind. Da die Lagerungszeit auf Grund der vorausgehenden Überlegungen recht groß ist (Größenordnung einige Tausend Jahre), erscheint es zweckmäßig, solche Lagerstätten nicht abzuschließen, sondern für Kontrollen und Überwachungsmaßnahmen zugänglich zu halten. Bei allen Überlegungen dieser Art stehen die auf lange Zeiträume abgestimmten Sicherheitsfragen im Vordergrund. Im Zusammenhang mit der Überführung der Spaltprodukte in die Lagerstätten sind auch die Fragen des Transports wegen der erforderlichen Strahlenschutzmaßnahmen von großer Bedeutung.

Im Zusammenhang mit der Weiterverarbeitung des hochradioaktiven Abfalls aus den Wiederaufarbeitungsanlagen kann man auch die Abtrennung bestimmter Spaltprodukte oder langlebiger Actiniden diskutieren. Dabei spielen zwei Gesichtspunkte eine Rolle: Die Möglichkeit der „Entschärfung" des hochradioaktiven Abfalls durch Abtrennung und Fixierung der langlebigen Spaltprodukte und Actiniden sowie die mögliche Verwendung der im hochradioaktiven Abfall vorhandenen Radionuklide.

Der Gedanke der „Entschärfung" des hochradioaktiven Abfalls erscheint besonders attraktiv. Wenn es gelänge, die sehr langlebigen Spaltprodukte (z. B. Tc–99, I–129) und die ebenfalls sehr langlebigen Actiniden durch einfache Verfahren aus den hochradioaktiven Lösungen quantitativ abzutrennen, erhielte man als Rest ein Radionuklidgemisch, dessen Aktivität nach Verlauf von einigen Jahren im wesentlichen durch die Radionuklide Sr–90 und Cs–137 gegeben wäre und mit deren Halbwertzeit abfallen würde. Wenn es außerdem möglich wäre, diese beiden Radionuklide in einer geeigneten Form aus den Spaltprodukten zu isolieren, würde die Aktivität des restlichen Radionuklidgemischs verhältnismäßig rasch abklingen und bereits nach einer Lagerungszeit von einigen Jahrzehnten sehr kleine Werte annehmen. Geeignete technische Verfahren zur quantitativen Abtrennung der sehr langlebigen Spaltprodukte und der Actiniden sowie der Radionuklide Sr–90 und Cs–137 stehen allerdings noch nicht zur Verfügung. Es wäre dabei auch wichtig, alle diese langlebigen Radionuklide in sehr stabile chemische Formen zu überführen, so daß eine Aktivitätsabgabe ausgeschlossen werden könnte. Ein wesentlicher Anreiz zur Entwicklung solcher Verfahren der selektiven Abtrennung von bestimmten Elementen aus den radioaktiven Lösungen wäre dann gegeben, wenn diese in größeren Mengen Verwendung finden würden. Dies ist zur Zeit nicht der Fall. Nur einige Spaltprodukte und Actiniden haben praktische Bedeutung, und auch diese nur in begrenztem Umfang. So ist z. B. das Technetium, das in der Natur nicht vorkommt, in den Spaltprodukten in verhältnismäßig hohen Konzentrationen vertreten. Außerdem entstehen bei der Kernspaltung größere Mengen der recht seltenen Elemente Ruthenium und Rhodium. Das Sr–90 kann in Radionuklidbatterien zur Energieerzeugung verwendet werden (vgl. Abschn. 15.10). Np–237, das nach den Reaktionsgleichungen (11.24) aus Uran entsteht, kann nach seiner Abtrennung durch Bestrahlung in einem Reaktor in Pu–238 umgewandelt werden:

$$^{237}\text{Np}(n,\gamma)\,^{238}\text{Np} \xrightarrow[2,1\,\text{d}]{\beta^-} {}^{238}\text{Pu}. \qquad (11.27)$$

Pu–238 wurde bereits mehrfach in Radionuklidbatterien eingesetzt (vgl. Abschn. 15.10). Die Transplutoniumelemente entstehen aus Uran bzw. Plutonium nach längerer Bestrahlungszeit in größeren Mengen (vgl. Tab. 11.17). Eine Abschätzung zeigt, daß aus den in Betrieb befindlichen und geplanten Kernkraftwerken in der Bundesrepublik im Jahre 1980 voraussichtlich mehrere Tonnen Plutonium und viele kg Transplutoniumelemente — davon etwa 25 kg Curium — zur Verarbeitung anfallen werden.

Die Abfälle mittlerer und niedriger Aktivität (MAW und LAW) stammen bevorzugt von der Zerlegung der Brennstoffelemente sowie aus den Prozeß- bzw. Waschlösungen. Ihr Volumen ist verhältnismäßig groß, ihre Aktivität verhältnismäßig niedrig (In der Bundesrepublik übliche Klassifizierung: LAW: $<0,1\,\text{Ci/m}^3$, MAW: 0,1 bis $10^4\,\text{Ci/m}^3$, HAW: $>10^4\,\text{Ci/m}^3$). Hinsichtlich des LAW strebt man eine möglichst hohe Aufkonzentrierung an, um dann diesen Abfall ähnlich behandeln zu können wie MAW. Die Weiterverarbeitung und Lagerung von MAW erfolgt vorzugsweise durch Einbetten in Zement oder in Bitumen.

Es erscheint sinnvoll, an dieser Stelle die Aktivität des radioaktiven Abfalls aus Kernkraftwerken mit der natürlichen Radioaktivität in der Umwelt zu vergleichen. Aus Abb. (11–20) entnimmt man, daß das Gesamtinventar an Radioaktivität in den Brennstoffelementen von Kernreaktoren mit einer thermischen Gesamtleistung von 10^6 MW einen Tag nach dem Abschalten der Reaktoren etwa 10^{12} Ci beträgt. Nach einer Lagerungszeit von ungefähr 200 Tagen ist die Aktivität auf ungefähr 10^{11} Ci abgeklungen. Berücksichtigt man, daß die Brennstoffelemente im Mittel nach einer Betriebszeit von 2,5 Jahren ausgewechselt werden, so erhält man für die Aktivität, die von den oben genannten Kernreaktoren nach einer Lagerungszeit von 200 Tagen abgegeben wird, rund $4 \cdot 10^{10}$ Ci pro Jahr. Die in Abschnitt 11.2 erwähnte Jahresproduktion von 10^{12} Ci entspricht somit einer thermischen Gesamtleistung von $2,5 \cdot 10^7$ MW bzw. einer elektrischen Gesamtleistung von etwa $0,8 \cdot 10^7$ MW, die vielleicht um die Jahrhundertwende erreicht werden wird. Zur Zeit beträgt die elektrische Gesamtleistung der Kernkraftwerke nur etwa $^1/_{50}$ davon (vgl. Tabelle 11.10). Die natürliche Radioaktivität des Meerwassers beträgt insgesamt $0,57 \cdot 10^{12}$ Ci. Davon entfallen $0,55 \cdot 10^{12}$ Ci auf das Kalium und $0,02 \cdot 10^{12}$ Ci auf das im Meerwasser gelöste Uran und seine Folgeprodukte. Die natürliche Radioaktivität in einer 100 m dicken Schicht der Erdoberfläche beläuft sich auf insgesamt rund $1,8 \cdot 10^{12}$ Ci. Davon entfallen auf das Kalium $0,9 \cdot 10^{12}$ Ci, auf das Uran und seine Folgeprodukte $0,4 \cdot 10^{12}$ Ci und auf das Thorium und seine Folgeprodukte $0,5 \cdot 10^{12}$ Ci. Die durch Kernwaffenversuche in Freiheit gesetzte Radioaktivität läßt sich nur verhältnismäßig ungenau angeben; die kurzlebigen Radionuklide sind weitgehend abgeklungen. Immerhin beläuft sich die Menge an langlebigem Plutonium, das durch die Kernwaffenversuche auf der Erdoberfläche verteilt wurde, auf etwa 8000 kg. Selbstverständlich sind auch Konzentration und spezifische Aktivität der Radionuklide sehr wichtig. Die Spaltprodukte fallen lokal in hoher Konzentration an, während das Kalium auch in Kalisalzen eine verhältnismäßig niedrige spezifische Aktivität besitzt. Die unterschiedliche Radiotoxizität der Radionuklide ist bei einem detaillierten Vergleich ebenfalls zu berücksichtigen.

11.10. Brutstoffzyklen

Der Zweck eines Brutreaktors ist die Erzeugung von spaltbaren Stoffen aus nicht spaltbaren Stoffen (Brutstoffen). Beim Uran-Plutonium-Zyklus steht die Gewinnung von Pu–239 aus U–238 nach der in Gl. (11.11) angegebenen Reaktionsfolge im Vordergrund, beim Thorium-Uran-Zyklus die Gewinnung von U–233 aus Th–232 nach der Reaktionsfolge (11.12). Der Brutstoff wird entweder mit dem Brennstoff gemischt oder um den Brennstoffkern angeordnet (Brutstoffmantel).

Der Anreiz zur Entwicklung von Brutreaktoren beruht vor allen Dingen darin, daß die Vorräte an Spaltstoff wesentlich erweitert werden können. Mit Hilfe des Uran-Plutonium-Zyklus, z.B. in schnellen Brütern, ist es möglich, aus den natürlichen Vorräten an Uran etwa um den Faktor 60 mehr Energie zu gewinnen. Damit würden die Uranvorräte für mehrere Jahrhunderte ausreichen. Durch Einsatz von Thorium (Thorium-Uran-Zyklus), z.B. in Hochtemperatur-gasgekühlten Reaktoren, kann der Vorrat an Kernbrennstoffen noch einmal beträchtlich erweitert werden.

Tabelle 11.17
Kernreaktionen bei der Verwendung von U–238 als Brutstoff
(σ in barn für thermische Neutronen)

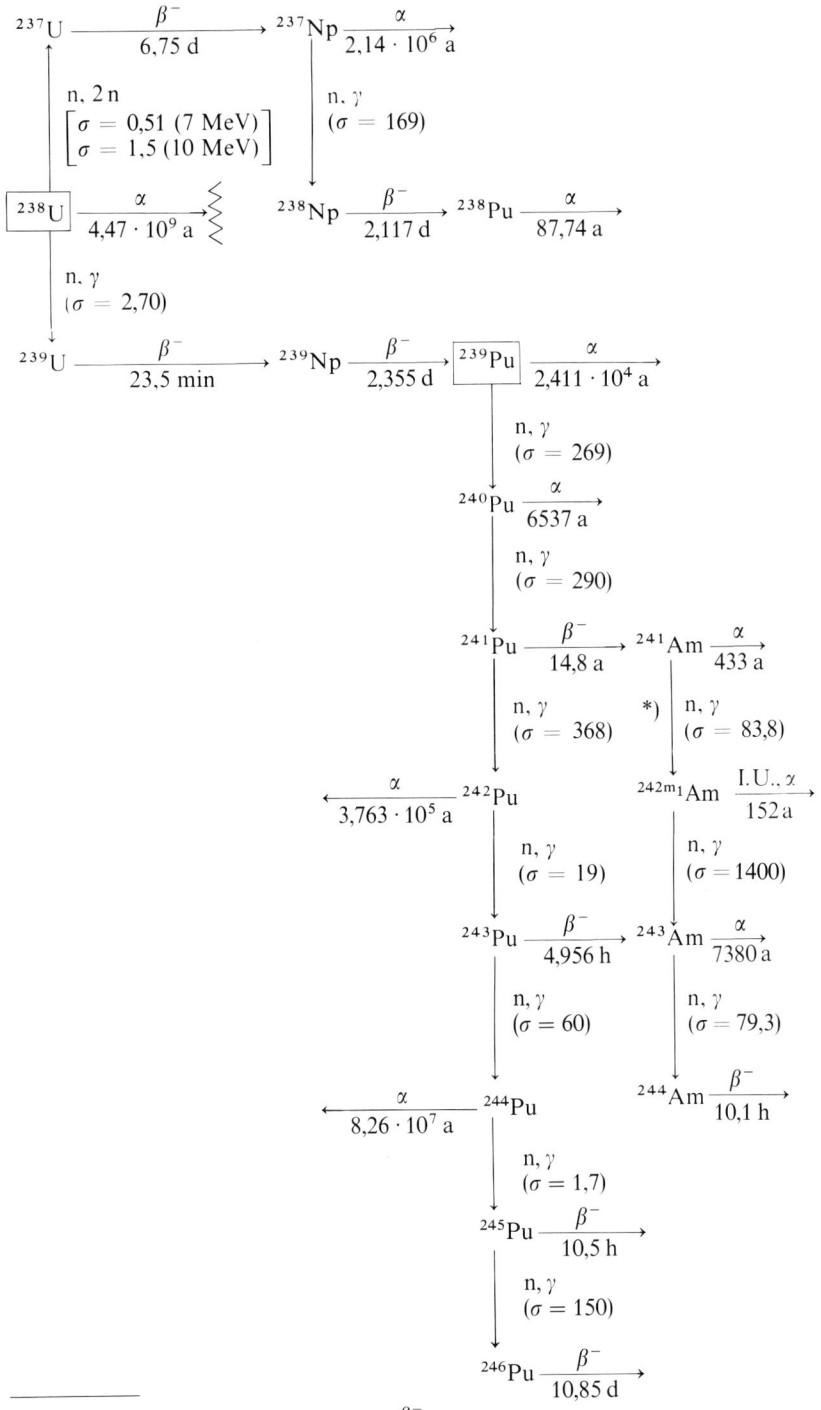

$^{237}\text{U} \xrightarrow[6,75 \text{ d}]{\beta^-} {}^{237}\text{Np} \xrightarrow[2,14 \cdot 10^6 \text{ a}]{\alpha}$

n, 2n
$\begin{bmatrix} \sigma = 0,51 \text{ (7 MeV)} \\ \sigma = 1,5 \text{ (10 MeV)} \end{bmatrix}$

n, γ
($\sigma = 169$)

$\boxed{^{238}\text{U}} \xrightarrow[4,47 \cdot 10^9 \text{ a}]{\alpha}$ ⋛ $\quad {}^{238}\text{Np} \xrightarrow[2,117 \text{ d}]{\beta^-} {}^{238}\text{Pu} \xrightarrow[87,74 \text{ a}]{\alpha}$

n, γ
($\sigma = 2,70$)

$^{239}\text{U} \xrightarrow[23,5 \text{ min}]{\beta^-} {}^{239}\text{Np} \xrightarrow[2,355 \text{ d}]{\beta^-} \boxed{^{239}\text{Pu}} \xrightarrow[2,411 \cdot 10^4 \text{ a}]{\alpha}$

n, γ
($\sigma = 269$)

$^{240}\text{Pu} \xrightarrow[6537 \text{ a}]{\alpha}$

n, γ
($\sigma = 290$)

$^{241}\text{Pu} \xrightarrow[14,8 \text{ a}]{\beta^-} {}^{241}\text{Am} \xrightarrow[433 \text{ a}]{\alpha}$

n, γ *) n, γ
($\sigma = 368$)   ($\sigma = 83,8$)

$\xleftarrow[3,763 \cdot 10^5 \text{ a}]{\alpha} {}^{242}\text{Pu} \qquad {}^{242m_1}\text{Am} \xrightarrow[152 \text{ a}]{\text{I.U., } \alpha}$

n, γ n, γ
($\sigma = 19$)   ($\sigma = 1400$)

$^{243}\text{Pu} \xrightarrow[4,956 \text{ h}]{\beta^-} {}^{243}\text{Am} \xrightarrow[7380 \text{ a}]{\alpha}$

n, γ n, γ
($\sigma = 60$)   ($\sigma = 79,3$)

$\xleftarrow[8,26 \cdot 10^7 \text{ a}]{\alpha} {}^{244}\text{Pu} \qquad {}^{244}\text{Am} \xrightarrow[10,1 \text{ h}]{\beta^-}$

n, γ
($\sigma = 1,7$)

$^{245}\text{Pu} \xrightarrow[10,5 \text{ h}]{\beta^-}$

n, γ
($\sigma = 150$)

$^{246}\text{Pu} \xrightarrow[10,85 \text{ d}]{\beta^-}$

---

*) Außerdem: $\xrightarrow[(\sigma = 748)]{n, \gamma} {}^{242}\text{Am} \xrightarrow[16 \text{ h}]{\beta^-, \varepsilon}$

Tabelle 11.18
Kernreaktionen bei der Verwendung von Th–232 als Brutstoff
(σ in barn für thermische Neutronen)

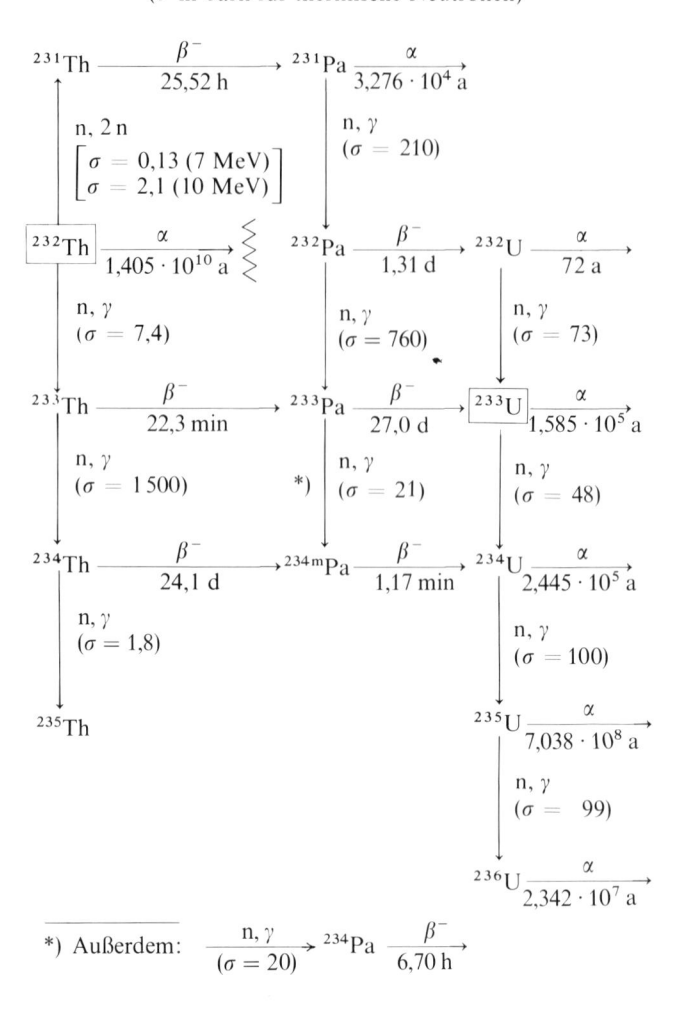

$$^{231}\text{Th} \xrightarrow[25{,}52\ \text{h}]{\beta^-} {}^{231}\text{Pa} \xrightarrow[3{,}276 \cdot 10^4\ \text{a}]{\alpha}$$

n, 2n
$\left[\begin{array}{l}\sigma = 0{,}13\ (7\ \text{MeV}) \\ \sigma = 2{,}1\ (10\ \text{MeV})\end{array}\right]$

n, γ
($\sigma = 210$)

$$\boxed{^{232}\text{Th}} \xrightarrow[1{,}405 \cdot 10^{10}\ \text{a}]{\alpha} \quad ^{232}\text{Pa} \xrightarrow[1{,}31\ \text{d}]{\beta^-} {}^{232}\text{U} \xrightarrow[72\ \text{a}]{\alpha}$$

n, γ
($\sigma = 7{,}4$)

n, γ
($\sigma = 760$)

n, γ
($\sigma = 73$)

$$^{233}\text{Th} \xrightarrow[22{,}3\ \text{min}]{\beta^-} {}^{233}\text{Pa} \xrightarrow[27{,}0\ \text{d}]{\beta^-} \boxed{^{233}\text{U}} \xrightarrow[1{,}585 \cdot 10^5\ \text{a}]{\alpha}$$

n, γ
($\sigma = 1500$)

*) n, γ
($\sigma = 21$)

n, γ
($\sigma = 48$)

$$^{234}\text{Th} \xrightarrow[24{,}1\ \text{d}]{\beta^-} {}^{234\text{m}}\text{Pa} \xrightarrow[1{,}17\ \text{min}]{\beta^-} {}^{234}\text{U} \xrightarrow[2{,}445 \cdot 10^5\ \text{a}]{\alpha}$$

n, γ
($\sigma = 1{,}8$)

n, γ
($\sigma = 100$)

$$^{235}\text{Th} \qquad\qquad\qquad\qquad ^{235}\text{U} \xrightarrow[7{,}038 \cdot 10^8\ \text{a}]{\alpha}$$

n, γ
($\sigma = 99$)

$$^{236}\text{U} \xrightarrow[2{,}342 \cdot 10^7\ \text{a}]{\alpha}$$

*) Außerdem: $\xrightarrow[(\sigma = 20)]{n,\gamma} {}^{234}\text{Pa} \xrightarrow[6{,}70\ \text{h}]{\beta^-}$

Die für beide Brutstoffzyklen wichtigen Kernreaktionen sind in den Tabn. 11.17 und 11.18 zusammengestellt. Aus U–238 entstehen bei längerer Bestrahlung neben dem Hauptprodukt Pu–239 andere Isotope des Plutoniums und daraus durch β-Zerfall und Neutroneneinfang Americium und Curium. Aus Th–232 entstehen neben dem Hauptprodukt U–233 weitere Uranisotope und außerdem verschiedene Isotope des Protactiniums. Die letzteren zerfallen mit Ausnahme des langlebigen Pa–231 nach einer Lagerungszeit von etwa 1 Jahr in Uranisotope.

Die chemische Aufarbeitung konzentriert sich im Falle des Uran-Plutonium-Zyklus auf die Trennung Uran/Plutonium/Spaltprodukte. Die Nebenaufgabe besteht in der Abtrennung des Neptuniums, Americiums und Curiums. Im Falle des Thorium-Uran-Zyklus besteht die Hauptaufgabe in der Trennung Thorium/Uran/Spaltprodukte. Au-

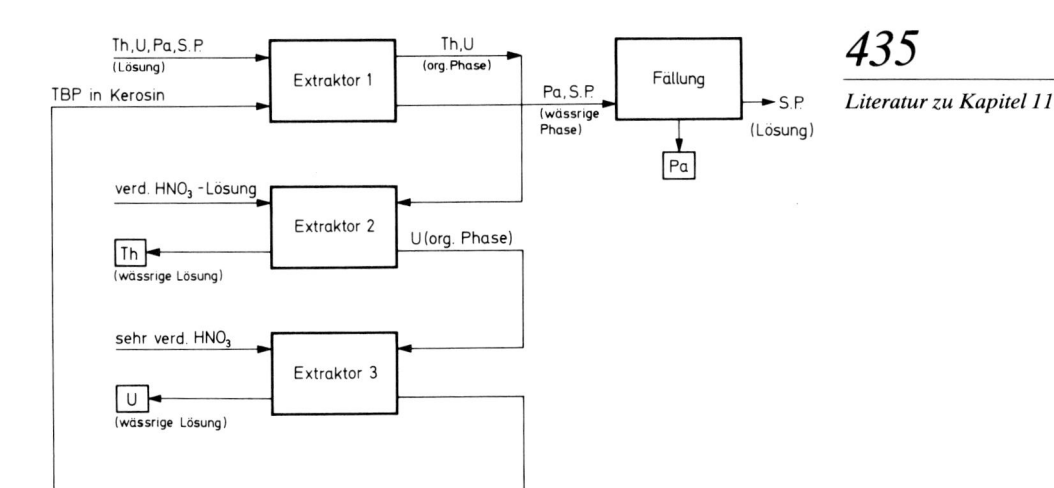

Abb. (11–22) Schema des Thorex-Prozesses.

ßerdem kann die Abtrennung von Pa–231 von Interesse sein. Wenn der Brutstoff Th–232 nicht in getrennter Form (z. B. als Brutstoffmantel), sondern im Gemisch mit U–238 und U–235 eingesetzt wird, ist das durch die Brutreaktion entstandene U–233 mit U–235 bzw. U–238 vermischt. Außerdem muß bei Gegenwart von U–238 auch das entstandene Plutonium abgetrennt werden, gegebenenfalls außerdem Neptunium und die Transplutoniumelemente.

Für die Trennung Thorium/Uran/Spaltprodukte wurde in der Kerntechnik der Thorex-Prozeß entwickelt, der in Abb. (11–22) schematisch wiedergegeben ist. Durch Extraktion mit Tributylphosphat in Kerosin werden Uran und Thorium von den Spaltprodukten und dem Protactinium getrennt. Das Thorium wird aus der organischen Phase mit verdünnter Salpetersäure zurückextrahiert. Das Protactinium kann durch hydrolytische Adsorption an Silicagel oder Glaspulver abgetrennt oder durch Fällung unter Zusatz eines Trägers aus der wäßrigen Phase gewonnen werden.

Literatur zu Kapitel 11

1. W. RIEZLER, W. WALCHER: Kerntechnik. B.G. Teubner Verlagsges., Stuttgart 1958.
2. M. BENEDICT, T.H. PIGFORD: Nuclear Chemical Engineering. McGraw-Hill, New York 1957.
3. J.R. LAMARSH: Introduction to Nuclear Engineering, Addison-Wesley Publishing Comp., Reading 1975.
4. H. DREISVOGT: Spaltprodukt-Tabellen. Bibliographisches Institut, Mannheim–Wien–Zürich 1974.
5. D. SMIDT: Reaktortechnik. Bd. 1 Grundlagen, Bd. 2 Anwendungen, 2. Aufl., G. Braun, Karlsruhe 1976.
6. W. OLDEKOP: Einführung in die Kernreaktor- und Kernkraftwerkstechnik. Teil I Kernphysikalische Grundlagen – Reaktorphysik – Reaktordynamik, Teil II Wärmetechnik – Werkstoffe – Sicherheit – Reaktortypen, Karl Thiemig, München 1975.

7. Power Reactors in Member States, International Atomic Energy Agency, Wien 1975.
8. D. Bedenig: Gasgekühlte Hochtemperaturreaktoren. Karl Thiemig, München 1972.
9. W. Häfele, D. Faude, E.A. Fischer, H.J. Laue: Fast Breeder Reactors, Ann. Rev. Nucl. Sci. **20**, 393 (1970).
10. A.M. Perry, A.M. Weinberg: Thermal Breeder Reactors, Ann. Rev. Nucl. Sci. **22**, 317 (1972).
11. F. Baumgärtner (Hrsg.): Chemie der nuklearen Entsorgung I und II. Karl Thiemig, München 1978.
12. T.H. Pigford: Environmental Aspects of Nuclear Energy Production,, Ann. Rev. Nucl. Sci. **24**, 515 (1974).
13. J.K. Dawson, R.G. Sowdon: Chemical Aspects of Nuclear Reactors. 3 Bde., Butterworths, London 1963.
14. F.R. Bruce, J.M. Fletcher, H.H. Hyman, J.J. Katz: Process Chemistry. Bde. 1, 2 und 3. Aus: Progress in Nuclear Energy, Series III. Pergamon Press, Oxford 1961.
15. J.F. Flagg: Chemical Processing of Reactor Fuels. Bd. 1. Aus: Nuclear Science and Technology Series. Academic Press, New York 1961.
16. C.R. Tipton: Reactor Handbook. Bd. I: Materials, Interscience Publishers, London 1960;
S.M. Stoller, R.B. Richards: Reactor Handbook. Bd. II: Fuel Reprocessing, Interscience Publishers, London 1961.
17. W.S. Lyon (Ed.): Analytical Chemistry in Fuel Reprocessing, Science Press, Princeton 1978.
18. B.R.T. Frost, M.B. Waldron: Kerntechnik in Einzeldarstellungen. Bd. VII: Reaktorwerkstoffe. Friedr. Vieweg u. Sohn, Braunschweig 1962.
19. H. Michaelis: Kernenergie. Deutscher Taschenbuch-Verlag, Wissenschaftliche Reihe, München 1977.
20. Zur friedlichen Nutzung der Kernenergie. Eine Dokumentation der Bundesregierung. Der Bundesminister für Forschung und Technologie, 2. Aufl., Bonn 1978.
21. G. Schmidt: Problem Kernenergie. Vieweg & Sohn, Braunschweig 1977.
22. C.B. Amphlett: Treatment and Disposal of Radioactive Wastes. Pergamon Press, Oxford 1961.
23. K. Saddington, W.L. Templeton: Disposal of Radioactive Waste. George Newnes, London 1958.
24. Disposal of Radioactive Wastes. Bd. 1 u. 2. International Atomic Energy Agency, Wien 1960.

Übungen zu Kapitel 11

1. Bei der Spaltung von Pu–239 sind u.a. folgende Reaktionen möglich:
$^{239}Pu(n,f)^{108}Pd + {}^{129}Xe + 3n$
$^{239}Pu(n,f)^{155}Gd + {}^{81}Br + 4n$
Man berechne die freiwerdende Energie für beide Reaktionen.

2. Wie viele Spaltungen müssen in einem Kernreaktor pro Sekunde stattfinden, damit eine thermische Leistung von 1 MW erreicht wird?

3. Wieviel Energie (in MW d) kann man bei 10%iger Umsetzung des U–235 (10% Abbrand) aus 1 t Natururan erzeugen, wenn man annimmt, daß 20% dieser Energie aus der Spaltung des U–235 stammen?

4. Für die Eignung von Stoffen als Moderatoren ist das Verhältnis der Zahl der gestreuten Neutronen zu der Zahl der absorbierten Neutronen entscheidend. Für die Streuung ist der Wirkungsquerschnitt σ_s maßgebend, für die Absorption der Wirkungsquerschnitt σ_a. Bei Verbindungen setzt sich der Wirkungsquerschnitt additiv aus den Wirkungsquerschnitten der Elemente zusammen. An Hand der nachstehenden Tabelle ordne man die Stoffe H_2O, D_2O, Be, C (Graphit) in der Reihenfolge ihrer Eignung als Moderatoren.

	H–1	H–2	Be–9	C	O
σ_a (barn)	0,332	0,0005	0,0095	0,0034	0,0002
σ_s (barn)	20,4	3,4	7,0	4,8	4,2

5. Eine Lösung enthält 100 g auf 20% angereichertes Uranylsulfat pro 1 D_2O (d. h. 20 Molprozent des Urans sind U–235).
   a) Wie groß ist der Multiplikationsfaktor k_∞ ($\varepsilon p f \approx 1$)?
   b) Welche Dimension muß der kugelförmige Tank eines Reaktors näherungsweise besitzen, der mit einer solchen Brennstofflösung betrieben werden soll?

6. In welcher Zeit ist in einem Reaktor, der 100 kg U–235 enthält und mit einer Leistung von 10 MW betrieben wird, 1% des Brennstoffs verbraucht?

7. Ein Reaktor wird 1 Jahr mit einer Leistung von 1000 MW betrieben, dann werden die Spaltprodukte aufgearbeitet. Wie groß ist näherungsweise die Aktivität der Spaltprodukte
   a) bei Entnahme der Brennstoffelemente,
   b) nach einer Lagerungszeit von 1 Jahr,
   c) nach einer Lagerungszeit von 10 Jahren?
   (Vgl. Abb. (11–20))

8. Wie groß sind die Aktivität und die Menge an Sr–90 in einem Reaktor, der 1 Jahr mit einer Leistung von 1000 MW betrieben wurde?

9. Wie groß ist die im Gleichgewicht vorhandene Aktivität an I–131 in einem Reaktor, der mit einer Leistung von 1000 MW betrieben wird?

10. Wie groß ist die Menge an U–233, die in einem Reaktor bei einem Neutronenfluß $\Phi = 10^{13}$ cm^{-2} s^{-1} in einem Jahr pro kg Th–232 entsteht?

Kernbrennstoffe und Reaktorchemie

11. Der Karlsruher Forschungsreaktor FR–2 wird mit 5 t Natururan als Brennstoff und 18 t D$_2$O als Moderator und Kühlmittel betrieben. Die mittlere Flußdichte an thermischen Neutronen beträgt im Reaktorkern $8{,}9 \cdot 10^{12}$ cm^{-2} s^{-1}. Wieviel Pu–239 und wieviel Np–237 werden pro Jahr erzeugt? (Der Wirkungsquerschnitt für die Kernreaktion ^{238}U(n, 2n)^{237}U beträgt $\sigma = 1{,}5$ b, die Flußdichte der für diese Reaktion erforderlichen energiereichen Neutronen 0,55% der Flußdichte an thermischen Neutronen.)

$\left.\begin{array}{l}\sigma_{n,\gamma}\text{ (U–236)} = 5{,}2 \text{ b} \\ \sigma_{n,f}\text{ (Np–237)} = 0{,}019 \text{ b}\end{array}\right\}$ für thermische Neutronen

$\left.\begin{array}{l}\sigma_{n,f}\text{ (U–238)} = 1{,}0013 \text{ b} \\ \sigma_{n,f}\text{ (Np–237)} = 1 \text{ b}\end{array}\right\}$ für 10 MeV Neutronen

Weitere Werte vgl. Tab. 11.1 und 11.17

12. Großgeräte

12.1. Kernreaktoren

12.1.1. Bestrahlungsmöglichkeiten

In Kapitel 11 haben wir die Wirkungsweise und die wichtigsten Typen von Kernreaktoren besprochen. Die Kernreaktoren spielen für die Gewinnung von Radionukliden eine sehr wichtige Rolle; sie werden in vielfältiger Weise und mit verschiedenen Zusatzeinrichtungen als Großgeräte für kernchemische Untersuchungen eingesetzt. Meist werden Forschungsreaktoren verwendet, gelegentlich aber auch Leistungsreaktoren — vor allen Dingen dann, wenn größere Mengen langlebiger Radionuklide (z. B. Co–60) hergestellt werden sollen.

Für die Produktion von Radionukliden sind große Reaktoren mit hohem Neutronenfluß Φ erwünscht. Ein großer Reaktor bietet mehr Raum für die Unterbringung der zu bestrahlenden Substanz; außerdem wird in einem großen Reaktor der mittlere Neutronenfluß durch Proben mit hoher Neutronenabsorption weniger beeinflußt — insbesondere dann, wenn die Proben in größerem Abstand voneinander eingebracht werden können. Da die durch Bestrahlung erreichbare Aktivität dem Neutronenfluß direkt proportional ist (vgl. Gl. (8.79)), ist ein hoher Neutronenfluß in jedem Falle vorteilhaft; er ist immer dann erforderlich, wenn langlebige Radionuklide in größeren Mengen hergestellt werden sollen.

Viele chemische Verbindungen zersetzen sich bei höherer Temperatur. Die Zersetzungsgefahr ist noch größer, wenn gleichzeitig eine intensive Strahlung einwirkt. Deshalb muß bei der Bestrahlung in einem Reaktor die Temperatur berücksichtigt werden. Diese kann in gasgekühlten Reaktoren verhältnismäßig hoch sein (mehrere Hundert Grad). Oft besteht auch der Wunsch, bei sehr tiefer Temperatur zu bestrahlen, um die Ausheilung der chemischen Effekte, die durch die Kernreaktionen verursacht werden, zu unterbinden. Für diese Zwecke ist der Einbau einer Tieftemperaturkühlung erforderlich.

Die Bestrahlungen werden entweder in einem Bestrahlungsrohr oder direkt im Reaktor ausgeführt. Die Bestrahlungsrohre führen zum Teil in den Kern („core") des Reaktors; in diesen Bestrahlungsrohren kann der maximale Neutronenfluß ausgenutzt werden. Andere Bestrahlungsrohre führen am Kern des Reaktors vorbei. Bei Brennstoffelementen mit ringförmigem Querschnitt kann die Probe innerhalb des Brennstoffelements bestrahlt werden (vgl. Abb. (12–1)). Dort ist der Fluß an schnellen Neutronen besonders hoch, weil kein Moderator zugegen ist. Schwimmbadreaktoren zeichnen sich dadurch aus, daß sie

12. Großgeräte

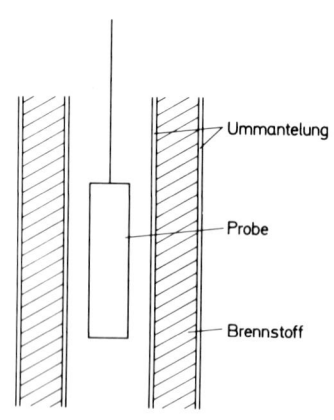

Abb. (12–1) Bestrahlung innerhalb eines Brennstoffelements mit ringförmigem Querschnitt.

von außen leicht zugänglich sind. Die Proben können direkt in den Reaktor eingehängt werden, bei einfachster Versuchsanordnung an einer Schnur; außerdem ist es möglich, fast jede beliebige Position oder Anordnung zu wählen. Schwimmbadreaktoren besitzen ferner den Vorteil, daß Apparaturen oder Teile von Apparaturen leicht innerhalb oder oberhalb des Reaktors installiert werden können. Schließlich ist infolge der Anwesenheit von Wasser die Temperatur stets verhältnismäßig niedrig. Aus diesen Gründen sind Schwimmbadreaktoren für kernchemische Untersuchungen gut geeignet.

Höchstflußreaktoren, die einen Neutronenfluß von etwa 10^{15} cm^{-2} s^{-1} besitzen, werden in der Kernchemie dann eingesetzt, wenn größere Mengen an langlebigen Nukliden hergestellt werden sollen. Solche langlebigen Nuklide sind zum Beispiel neben C–14 die Transplutoniumelemente.

Für die Gewinnung und Untersuchung von kurzlebigen Radionukliden sind gepulste Reaktoren wichtig, z. B. vom Typ Triga (vgl. Abschn. 11.5). Wenn die Regelstäbe dieses Reaktors herausgezogen

Tabelle 12.1
Aktivitäten in Ci/g in einem gepulsten Reaktor und in Reaktoren mit konstantem Neutronenfluß Φ für $\sigma = 1$ barn, H = 1 und M = 100 (vgl. Gl. (8.79))

Halbwertzeit $t_{1/2}$	Gepulster Reaktor (in einem Puls erreichte Aktivität) $\Phi_{max} = 10^{16}$ cm^{-2} s^{-1} Dauer des Pulses 10 ms	Reaktor mit konstantem Neutronenfluß Φ (Sättigungsaktivität)		
		$\Phi = 10^{11}$ cm^{-2} s^{-1}	$\Phi = 10^{12}$ cm^{-2} s^{-1}	$\Phi = 10^{13}$ cm^{-2} s^{-1}
0,01 s	815			
0,1 s	109			
1 s	11,3	0,0163	0,163	1,63
10 s	1,13			
1 min	0,188			

werden, steigt der Neutronenfluß kurzfristig auf etwa 10^{16} cm^{-2} s^{-1} an. Die Dauer dieses Pulses beträgt nur etwa 10 ms. Es vergehen dann einige Minuten, bis die Effekte abgeklungen sind und der Reaktor seinen ursprünglichen Zustand wieder erreicht hat. Anschließend kann ein neuer Puls ausgelöst werden. Mit dem Puls ist wegen der hohen Überschußreaktivität eine kurzfristige intensive Čerenkov-Strahlung (vgl. Abschn. 6.3.2) verbunden. In Tab. 12.1 sind die Aktivitäten angegeben, die bei verschiedener Halbwertzeit des Tochternuklids in einem solchen gepulsten Reaktor erreicht werden. Zum Vergleich sind die in normalen Reaktoren mit konstantem Neutronenfluß erhältlichen Aktivitäten aufgeführt. Die Tabelle zeigt, daß die Anwendung des Pulsbetriebes nur dann vorteilhaft ist, wenn die Halbwertzeiten der Radionuklide kleiner sind als etwa 10 s.

12.1.2. Zusatzeinrichtungen

Bei der Untersuchung kurzlebiger Radionuklide benutzt man meist eine pneumatisch betriebene Rohrpost. Dabei kann die Probe durch Druckluft oder ein anderes Gas in die Bestrahlungsposition eingeschossen und nach vorgegebener Bestrahlungszeit wieder herausgeschossen werden. Der Zeitbedarf für den Transport der Probe vom Ort der Bestrahlung an den Ort der Weiterverarbeitung oder Messung beträgt im allgemeinen etwa 0,1 bis 1 s. Am zweckmäßigsten endet die Rohrpost direkt unter einem Abzug, wo die Probe weiterverarbeitet wird, oder am Meßplatz, so daß jeder weitere Transport vermieden wird. Gewisse Schwierigkeiten bereitet gelegentlich die Vorbereitung der Proben zur Verwendung in einer Rohrpost, weil beim Aufprall Bruchgefahr besteht. Da der Behälter für die Probe möglichst nicht aktiviert werden soll, wird er meist aus Kunststoff (z. B. Polyethylen) hergestellt. Der in einer Rohrpost beförderte Behälter wird im Englischen als „rabbit" bezeichnet.

Manche größeren Forschungsreaktoren enthalten eine sogenannte thermische Säule. Diese ist neben dem Kern des Reaktors angeordnet und besteht meist aus Graphitblöcken mit Kanälen für die Einführung von Proben (vgl. Abb. (12-2)). Die Größe einer thermischen Säule beträgt etwa 1 m $\times$ 1 m $\times$ 1 m. Infolge der Moderatoreigenschaften des Graphits sind nur thermische Neutronen — aber keine energiereichen Neutronen — vorhanden. Die γ-Strahlung aus dem Reaktor überlagert sich auch hier dem Neutronenfluß.

In vielen Fällen sind schnelle Neutronen erwünscht, zum Beispiel für (n, 2n)-, (n, p)- und (n, α)-Reaktionen. Wenn ein Reaktor zur Verfügung steht, ergeben sich verschiedene Möglichkeiten: So kann man z. B. in einem Brennstoffelement von ringförmigem Querschnitt bestrahlen (diese Möglichkeit wurde bereits besprochen), oder man kann die Probe in einem kleinen Behälter aus Uran unterbringen, der möglichst viel U-235 enthält, und diesen Behälter in den Reaktor einführen. Dann entstehen durch die Kernspaltung des U-235 harte Neutronen, die direkt auf die Probe einwirken. Bei der Bestrahlung in einem Brennstoffelement oder in einem Behälter aus Uran wird der

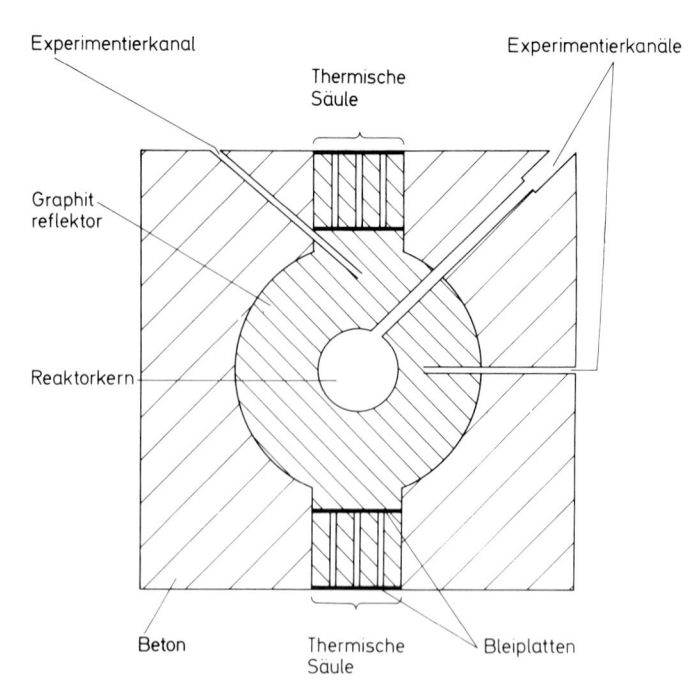

Abb. (12–2) Reaktor mit thermischen Säulen (schematisch).

Fluß an harten Neutronen etwa um den Faktor 10 erhöht. Der wesentliche Nachteil der Bestrahlung in einem Uranbehälter ist die Entstehung der hochradioaktiven Spaltprodukte aus dem U–235. Eine andere Möglichkeit ist die Erzeugung von energiereichen Neutronen durch folgende Kernreaktionen:

$$^6\text{Li}(n,\alpha)t \qquad (12.1)$$

$$d(t,n)\alpha. \qquad (12.2)$$

Die nach Gl. (12.1) aus den thermischen Neutronen des Reaktors entstehenden Tritonen besitzen eine Energie von 2,7 MeV, die α-Teilchen eine Energie von 2 MeV und die nach Gl. (12.2) durch Einwirkung der Tritonen auf Deuterium entstehenden Neutronen eine Energie von $\geq$ 14 MeV. Um diese Kernreaktionen zu ermöglichen, kann man die Probe mit Lithiumdeuterid LiD mischen oder zusammen mit LiD in den Reaktor einbringen. Der Fluß an 14 MeV-Neutronen, den man auf diese Weise in der Probe erhält, ist etwa um den Faktor 10^5 kleiner als der Fluß an thermischen Neutronen im Reaktor. So erreicht man z. B. in einem Reaktor mit einem Fluß $\Phi = 10^{13}\,\text{cm}^{-2}\,\text{s}^{-1}$ an thermischen Neutronen einen Fluß von etwa $10^8\,\text{cm}^{-2}\,\text{s}^{-1}$ an 14 MeV-Neutronen. Von der gleichen Größenordnung ist der Fluß an 14 MeV-Neutronen, den man mit einem Neutronengenerator erzielen kann (vgl. Abschn. 12.3).

In manchen Fällen möchte man die thermischen Neutronen möglichst ganz zurückhalten und nur die energiereichen Neutronen im Reaktor für Kernreaktionen ausnutzen. Dies ist z. B. bei der Aktivierungsanalyse wichtig, wenn die Reaktionen mit thermischen Neutronen unterdrückt werden sollen. Zu diesem Zweck kann man die Probe in eine Folie oder ein Blech aus Cadmium einwickeln. Dieses Element absorbiert die thermischen Neutronen ($\sigma_a = 2{,}45 \cdot 10^3$ b), läßt aber die energiereichen Neutronen hindurch.

Die hohe Intensität der γ-Strahlung im Reaktor stört oft sehr stark und ist deshalb unerwünscht. Eine Möglichkeit der Abhilfe besteht darin, daß man die Probe in einem Behälter unterbringt, der einen höheren Absorptionskoeffizienten für γ-Strahlung als für thermische Neutronen besitzt. Stoffe dieser Art sind Blei und Wismut. Aus dem Wirkungsquerschnitt für die Absorption von thermischen Neutronen, der für Blei 0,17 b und für Wismut 0,033 b beträgt, berechnet man nach Abschnitt 8.6, daß der Absorptionskoeffizient für thermische Neutronen folgende Werte besitzt: $\mu_n(\text{Pb}) = 0{,}56 \cdot 10^{-2}$ cm^{-1}, $\mu_n(\text{Bi}) = 0{,}93 \cdot 10^{-3}$ cm^{-1}. Der Absorptionskoeffizient für γ-Strahlung von 1 MeV beträgt $\mu_\gamma(\text{Pb}) = 0{,}8$ cm^{-1}, $\mu_\gamma(\text{Bi}) = 0{,}7$ cm^{-1}. Mit diesen Werten erhält man aus dem Absorptionsgesetz

$$I = I_o \cdot e^{-\mu d} \quad (12.3)$$

für verschiedene Schichtdicken d die in Tab. 12.2 eingetragenen Werte.

Mit Hilfe der Bestrahlungsrohre, die aus einem Reaktor nach außen führen, sind viele spezielle Untersuchungen möglich. So können z. B. Neutronen eines bestimmten Energiebereichs ausgeblendet und für die Bestimmung der Anregungsfunktionen von Kernreaktionen verwendet werden, d. h. zur Ermittlung der Wirkungsquerschnitte als Funktion der Energie (vgl. Abschn. 8.6). Dabei ist wichtig, daß der Fluß der Neutronen genügend hoch ist; deshalb sind Hochflußreaktoren bevorzugt geeignet. Monoenergetische Neutronen finden auch Verwendung für die Untersuchung der Neutronenbeugung in Kristallen, insbesondere zur Kristallstrukturbestimmung. Der Unterschied zu den Röntgenverfahren besteht darin, daß leichte Atome, insbesondere Wasserstoffatome, durch Neutronenbeugung erfaßt werden können.

Tabelle 12.2
Absorption von 1 MeV-γ-Strahlen und thermischen Neutronen in Blei und Wismut

Schichtdicke in cm	$\frac{I}{I_o}$ für γ-Strahlen		$\frac{I}{I_o}$ für Neutronen		Erniedrigung des Intensitätsverhältnisses $I_\gamma : I_n$ um den Faktor	
	Pb	Bi	Pb	Bi	Pb	Bi
0,2	0,852	0,869	0,999	0,9998	0,853	0,869
0,5	0,670	0,705	0,997	0,9995	0,672	0,705
1	0,449	0,497	0,994	0,9991	0,452	0,498
2	0,202	0,247	0,989	0,9981	0,204	0,248
5	0,018	0,030	0,972	0,9954	0,019	0,030

Das Verfahren der Neutronenbeugung ist deshalb vor allen Dingen für wasserstoffhaltige Substanzen wichtig, z. B. zur Lokalisierung von Wasserstoffbrückenbindungen in organischen Verbindungen.

12.2. Beschleuniger

12.2.1. Allgemeine Gesichtspunkte

Neben den Kernreaktoren besitzen auch die Beschleuniger große Bedeutung für kernchemische Untersuchungen und für die Produktion von Radionukliden. Sie zeichnen sich durch vielseitige Anwendbarkeit aus, weil verschiedene Arten von Geschossen in einem sehr großen Energiebereich erzeugt werden können. Geladene Teilchen, vor allen Dingen Elektronen und Protonen, aber auch Deuteronen, α-Teilchen und schwere Kerne, lassen sich auf sehr hohe Energien beschleunigen. Beim Auftreffen hochenergetischer Elektronen auf ein Target wird eine sehr harte Bremsstrahlung erzeugt, die für die Untersuchung von Kernreaktionen und die Erzeugung neutronenarmer Radionuklide (z. B. C–11) große Bedeutung besitzt. Protonen, Deuteronen, α-Teilchen und schwere Kerne können direkt als Geschosse für binukleare Reaktionen verwendet werden. Je nach Art und der Energie der Teilchen können verschiedene Umwandlungen stattfinden (vgl. Kapitel 8). Die Energiebereiche, die mit Beschleunigern erreicht werden, sind in Abb. (12–3) aufgezeichnet. Neutronen können indirekt durch Kernreaktionen erzeugt werden, zum Beispiel in den sogenannten Neutronengeneratoren durch den Aufprall von Deuteronen auf ein Tritiumhaltiges Target (vgl. Abschn. 12.3).

Die Ionen werden jeweils in geeigneten Ionenquellen erzeugt. Zur Ionisation wird meist die Gasentladung benutzt. Die älteste und ein-

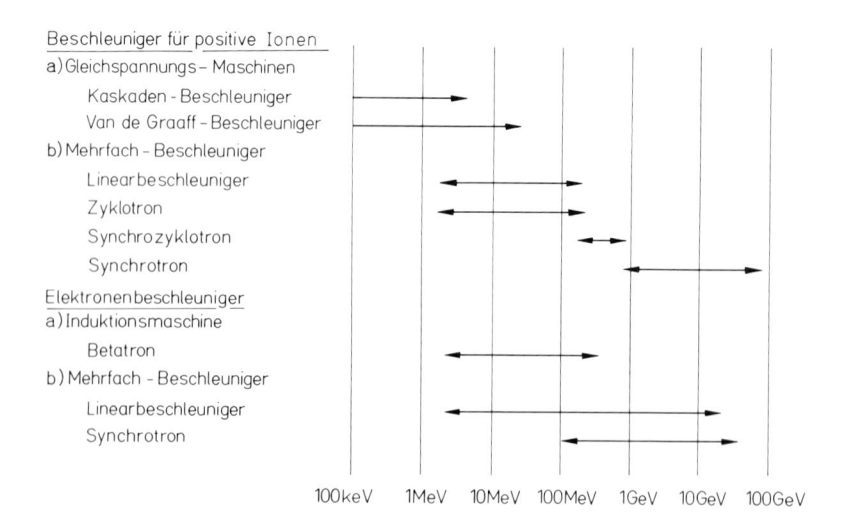

Abb. (12–3) Energiebereiche von Beschleunigern.

fachste Anordnung ist die Kanalstrahl-Ionenquelle, in der bei einem Gasdruck von 10^{-6} bis 10^{-5} bar eine Gasentladung zwischen zwei Elektroden durch eine Spannung von einigen 1000 Volt aufrechterhalten wird. Die Ionisation erfolgt durch Elektronen- und Ionenstöße im Gasraum. Die in Richtung auf die Kathode beschleunigten positiven Ionen fliegen durch ein Loch in der Kathode (Kanal) als Ionenstrahl aus der Ionenquelle heraus. Ähnlich arbeitet die Penning-Ionenquelle, die häufig verwendet wird. In einer Hochfrequenz-Ionenquelle werden die Ionen durch eine Hochfrequenz-Gasentladung bei etwa 10^{-7} bar erzeugt, aus dem Plasma mit Hilfe einer Extraktionselektrode herausgezogen und fokussiert. Bei einer Bogen-Ionenquelle brennt zwischen einer Glühkathode und einer Anode eine Bogenentladung, die in der Mitte des Entladungsrohres durch eine Verjüngung auf wenige Millimeter konzentriert ist (Kapillarbogen). Senkrecht zu diesem Kapillarbogen wird das zu ionisierende Gas zugeführt, und die Ionen werden extrahiert. Eine Weiterentwicklung der Bogen-Ionenquelle ist das Duoplasmatron, in dem Ionenströme von etwa 1 A erreicht werden. Thermische Ionenquellen, in denen neutrale Atome auf die Oberfläche eines erhitzten Metalls auftreffen und dort ionisiert werden, wenn die Elektronenaustrittsarbeit des Metalls größer ist als die Ionisierungsenergie der Atome (Langmuir-Effekt), werden häufig für Massenspektrometer verwendet. Die Stromdichte solcher Ionenquellen beträgt einige $\mu A\, cm^{-2}$.

12.2.2. Kaskadengenerator

Der Kaskadengenerator ist eine relativ einfache Maschine ohne bewegliche Teile. Er wurde im Prinzip 1920 von GREINACHER beschrieben und 1932 erstmals von COCKCROFT und WALTON als Beschleuniger benutzt. Die erreichbaren Gleichspannungen betragen einige MV, der Teilchenstrom einige mA.

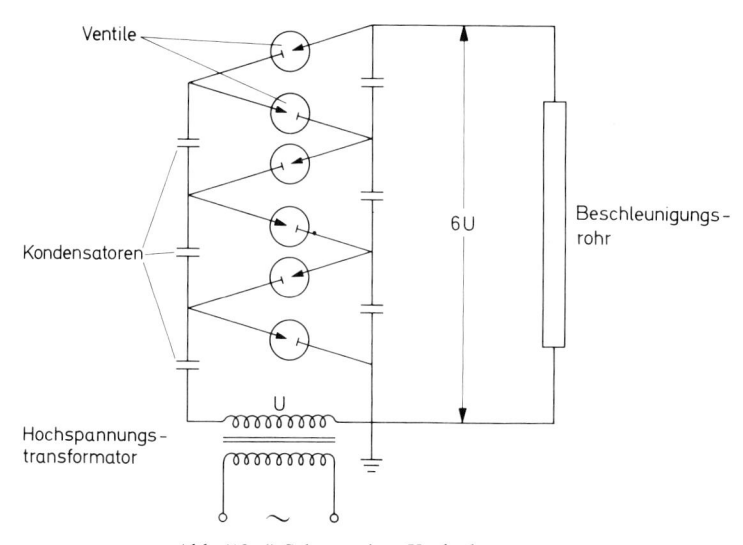

Abb. (12–4) Schema eines Kaskadengenerators.

Der Kaskadengenerator ist in Abb. (12–4) schematisch aufgezeichnet. Das Gerät besteht aus einem System von Kondensatoren und Ventilen, die so angeordnet sind, daß ein gegebenes Potential U vervielfacht werden kann. Ein heißer Draht kann als Elektronenquelle dienen; eine Gasentladungsröhre, die mit Wasserstoff, Deuterium oder Helium gefüllt ist, liefert Protonen, Deuteronen oder α-Teilchen.

12.2.3. Van de Graaff-Generator

Der van de Graaff-Generator ist ebenso wie der Kaskadengenerator ein Gleichspannungsbeschleuniger oder Potentialbeschleuniger. Das beschleunigte Teilchen nimmt seine Energie auf, indem es eine gegebene Gleichspannung durchläuft, die sich zeitlich nicht ändert (konstantes Potential).

In einem van de Graaff-Generator (auch elektrostatischer Generator oder Bandgenerator genannt) wird ein metallischer Hohlkörper durch dauernde Zufuhr von Ladung aufgeladen. In diesem Gerät, das von VAN DE GRAAFF 1931 entwickelt wurde, können vor allen Dingen Protonen und Deuteronen, aber auch Elektronen beschleunigt werden. In der ersten Maschine wurde eine Spannung von 1,5 MV erreicht. In neueren Ausführungen beträgt die Spannung bis zu etwa 10 MV, die Stromstärke etwa 1 mA.

Das Schema des van de Graaff-Generators ist in Abb. (12–5) angegeben. Die positive Ladung kann einer Gleichspannungsquelle (10 bis 30 kV) entnommen werden; sie wird auf einem Band aus Seide oder einem anderen isolierenden Material ins Innere des Hohlkörpers be-

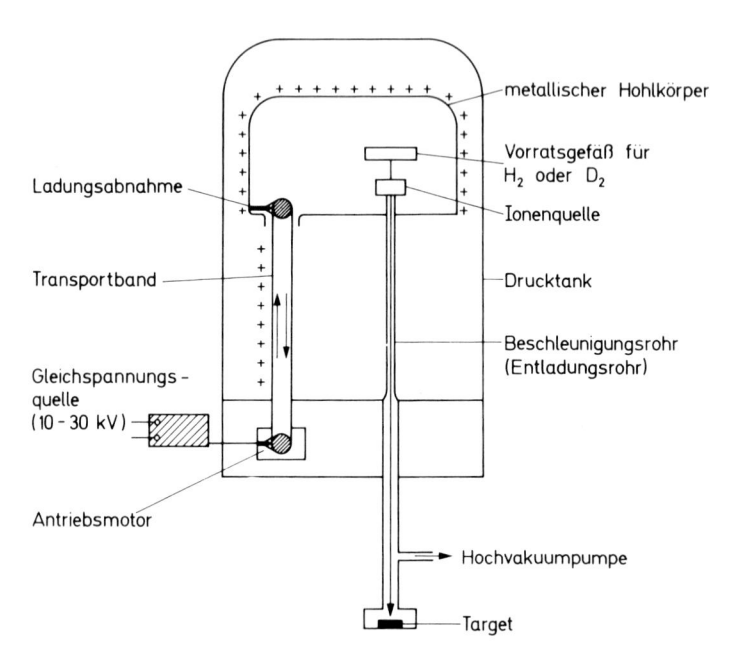

Abb. (12–5) Schema eines van de Graaff-Generators.

fördert und dort abgenommen. Infolge der Coulombschen Abstoßung sammelt sich die Ladung auf der Oberfläche des Hohlkörpers. Die Aufladung steigt solange an, bis ein Gleichgewicht zwischen Ladungszufuhr und -abfuhr erreicht ist. Die Isolationseigenschaften können verbessert werden durch Verwendung eines Drucktanks, der mit Stickstoff bis zu etwa 20 bar gefüllt ist. Zur Erhöhung der Durchschlagfestigkeit wird CO_2, CCl_2F_2 (Freon) oder SF_6 zugemischt. Das Entladungsrohr besteht meist aus Glas oder Porzellan.

Durch Anwendung des „Tandem"-Prinzips, das erstmals 1936 vorgeschlagen wurde, kann bei gleicher Ausgangsspannung die Energie der zu beschleunigenden Teilchen ungefähr verdoppelt oder verdreifacht werden. In einem zweistufigen Tandemgerät werden die aus einer Ionenquelle austretenden positiven Ionen durch Beschuß mit Elektronen in negative Ionen überführt und dann zunächst in Richtung auf die positive Hochspannung beschleunigt. Dort passieren sie einen mit Gas gefüllten Kanal oder eine Folie und geben Elektronen ab („stripping"-Prozeß). Die entstehenden positiven Ionen durchlaufen dann eine zweite Beschleunigungsstufe gegen das Nullpotential. Auf diese Weise können bei einer gegebenen Spannungsdifferenz von 10 MV z. B. Protonen mit einer Endenergie von 20 MeV gewonnen werden. Die Stromstärke ist durch die Schwierigkeit, negative Ionen zu erzeugen, auf einige μA beschränkt. Auch die Konstruktion dreistufiger Tandemgeräte, die z. B. Protonen mit einer Endenergie von 30 MeV liefern, ist möglich.

12.2.4. Linearbeschleuniger

Die Erzeugung sehr hoher Gleichspannungen wird durch Isolationsschwierigkeiten verhindert. Um bei gegebener Gleichspannung die Teilchen trotzdem auf hohe Energien beschleunigen zu können, wendet man das Prinzip der Vielfachbeschleunigung in einem Wechselfeld an. Dabei durchläuft das Teilchen mehrfach eine bestimmte Potentialdifferenz. Beim Linearbeschleuniger („Linac" = „linear accelerator") sind diese Beschleunigungsstufen hintereinander angeordnet.

Die Beschleunigung kann durch ein hochfrequentes elektrisches Wechselfeld zwischen Elektroden erfolgen oder durch Wellen, wobei es sich um stehende oder um laufende Wellen (Wanderwellen) handeln kann, die in einem Hohlraumresonator oder einem Hohlleiter erzeugt werden. Die Teilchen werden dabei von den Wellen „getragen"; sie „reiten" auf der Welle, etwa wie ein Wellenreiter auf einer Wasserwelle.

Nach dem erstmals von WIDERÖE (1928) angegebenen Prinzip eines Linearbeschleunigers laufen die geladenen Teilchen durch eine Reihe von zylindrischen Metallröhren (Driftröhren), die abwechselnd mit dem einen oder dem anderen Pol eines Hochfrequenzsenders verbunden werden, vgl. Abb. (12–6). Ein „Paket" von Teilchen durchläuft zunächst die Beschleunigungsstrecke 1 zwischen dem ersten und dem zweiten Zylinder; dann wird umgeschaltet, so daß die Beschleuni-

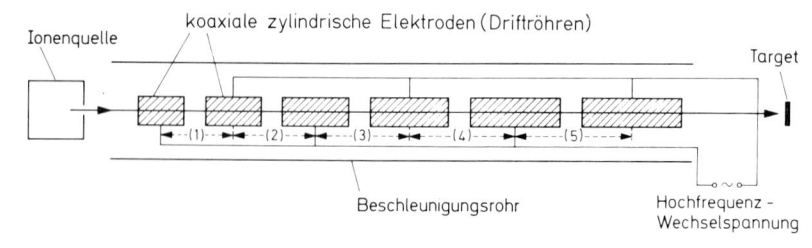

Abb. (12–6) Schema eines Linearbeschleunigers.

gungsspannung nun zwischen dem zweiten und dritten Zylinder anliegt. Die Länge der Driftröhren wird der wachsenden Geschwindigkeit der Teilchen angepaßt, so daß die Laufzeit der Teilchen innerhalb einer Driftröhre gerade gleich der halben Schwingungsdauer der Hochfrequenzspannung bleibt; dann finden die Teilchen stets zwischen zwei Driftröhren ein beschleunigendes Feld vor. Während ihres Fluges durch den feldfreien Innenraum der Röhren werden die Teilchen nicht beeinflußt; in dieser Zeit erfolgt die Phasenumkehr. Die beschleunigten Teilchen kommen in Form kurzer Strahlimpulse gleicher Energie mit einer Frequenz von 50 bis 1000 Hz am Ende des Linearbeschleunigers an. Dieser Typ eines Linearbeschleunigers ist besonders für schwere Teilchen geeignet, deren Geschwindigkeit sehr viel kleiner ist als die Lichtgeschwindigkeit ($v \ll c$).

In einem Alvarez-Beschleuniger wird das Feld durch eine stehende Welle erzeugt. Die gleiche Driftröhre hat zu einer bestimmten Zeit an den Enden Spannungen verschiedenen Vorzeichens. Die Erregung erfolgt mit einer einzigen stehenden Welle. Dieser Beschleunigertyp ist ebenfalls bevorzugt für schwere Teilchen geeignet, wenn $v \ll c$ ist. Im Gegensatz zum Alvarez-Beschleuniger wird in einer sogenannten Runzelröhre, einem mit „Hindernissen" versehenen Hohlleiter, das Feld durch eine laufende Welle erzeugt. Die Runzelröhre eignet sich vor allen Dingen für die Beschleunigung von Elektronen ($v \approx c$).

Der erste Linearbeschleuniger wurde für schwere Ionen verwendet (1928); der Bau von Linearbeschleunigern für Protonen und Elektronen (ab 1948) wurde durch die Entwicklung der Hochfrequenztechnik gefördert. Zur Erzeugung hochenergetischer Elektronen besitzt der Linearbeschleuniger manche Vorteile, insbesondere weil hier die großen Energieverluste durch Strahlung, welche die Elektronen auf einer Kreisbahn erleiden, nicht auftreten.

a) *Linearbeschleuniger für Elektronen*

Die Elektronen erreichen bereits bei einer Energie von 2 MeV 98% der Lichtgeschwindigkeit. Die beschleunigende Welle kann daher praktisch im ganzen Bereich der Beschleunigungsstrecke konstante Phasengeschwindigkeit haben. Zur Erzeugung des beschleunigenden Feldes wird vorzugsweise die Runzelröhre verwendet („iris-loaded wave guide").

Beispiele für Elektronen-Linearbeschleuniger sind der 1 GeV-Beschleuniger in Stanford (USA), der 2 GeV-Beschleuniger in Orsay

(Frankreich) und der neuere 21,5 GeV-Beschleuniger in Stanford, der eine Länge von etwa 3 km hat.

b) *Linearbeschleuniger für Protonen*

Die in den Linearbeschleuniger eintretenden Protonen werden durch eine Gleichspannung vorbeschleunigt. Im Gegensatz zum Elektronenbeschleuniger ändert sich die Geschwindigkeit der Teilchen im Falle von Protonen über die gesamte Beschleunigungsstrecke sehr stark. Grundsätzlich kann man Protonen nach zwei verschiedenen Verfahren beschleunigen: In Beschleunigern mit Driftröhren (z. B. einem Alvarez-Beschleuniger) ist die Phasengeschwindigkeit größer als die Teilchengeschwindigkeit, aber die Driftröhren schirmen die Protonen gegenüber dem elektrischen Feld ab, wenn dieses falsches Vorzeichen hat. Mit zunehmender Teilchengeschwindigkeit werden die Längen der Driftröhren und ihre Abstände größer. Andererseits kann man mit einer Anordnung arbeiten, bei der die Phasengeschwindigkeit des elektrischen Feldes längs der Achse des Beschleunigers gleich der Teilchengeschwindigkeit ist. Dies kann mit einer Wendel erreicht werden. Darin wird das Feld an einem wendelförmigen Leiter mit einer Phasengeschwindigkeit geführt, die näherungsweise gleich der Lichtgeschwindigkeit ist. Die Phasengeschwindigkeit längs der Wendelachse ist dann um den Faktor $\sin\alpha$ kleiner, wenn α der Anstiegswinkel der Wendel ist. Die Wendel kann in verschiedene Sektionen unterteilt werden, die jeweils mit stehender oder laufender Welle betrieben werden. Diese Anordnungen lassen sich im einzelnen in verhältnismäßig weiten Grenzen variieren oder kombinieren. Linearbeschleuniger für Protonen mit einer Endenergie von etwa 50 MeV werden auch als Vorbeschleuniger für Synchrotrons eingesetzt.

Mit Protonen sehr hoher Energien aus einem Linearbeschleuniger kann man auch Mesonen erzeugen, wie in der Mesonenfabrik LAMPF („Los Alamos Meson Physics Facility"), in der Protonen in mehreren Alvarez-Tanks und einem Runzelröhrenteil auf 0,8 GeV beschleunigt werden.

c) *Beschleuniger für schwere Ionen*

In einem Zyklotron kann jeweils nur ein einziger Ladungszustand beschleunigt werden, in einem Linearbeschleuniger können die Unterschiede in den Ladungszuständen durch verschiedene Phasen des synchronen Teilchens ausgeglichen werden. Deshalb sind Linearbeschleuniger für die Beschleunigung schwerer Ionen vorteilhafter. Besonders wirksam ist die Beschleunigung schwerer Ionen bei hohen Ladungszuständen, die man durch „stripper", vorzugsweise in einem Festkörper, erreicht. Eine Variation der Energie ist durch Einzelresonatoren möglich, die in Amplitude und Phase in geeigneter Weise aneinandergereiht werden, oder mit kurzen Wendelstücken.

Besonders vielseitig ist der Schwerionenbeschleuniger UNILAC („universal linear accelerator") der Gesellschaft für Schwerionenforschung (GSI) in Darmstadt. In dieser Anlage können alle Ionen bis hinauf zum Uran auf Endenergien oberhalb der Coulomb-Schwelle

450

12. Großgeräte

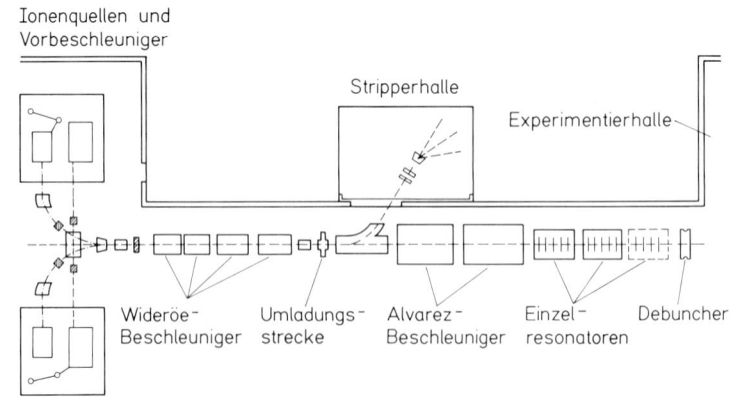

Abb. (12–7) Aufbau des Schwerionenbeschleunigers UNILAC (schematisch).

beschleunigt werden. Der Aufbau ist schematisch in Abb. (12–7) aufgezeichnet. In der Injektoranlage können 4 Ionenquellen installiert werden. Für die leichteren Elemente und für die Edelgase werden Duoplasmatron-Ionenquellen benutzt, für die schwereren Elemente und für Metalle Penning-Ionenquellen. Nach Durchlaufen der 4 Sektionen des Widerö-Abschnitts erreichen alle Ionenarten dieselbe spezifische Energie von 1,4 MeV/u. Dann durchläuft der Ionenstrahl eine Umladungsstrecke, wobei die Ionen im Stripper weitere Elektronen abstreifen. Z. B. erhalten Uranionen, die mit der Ladungszahl +9 aus der Ionenquelle extrahiert werden, nach Durchgang durch einen Folienstripper eine mittlere Ladungszahl von +41. Bei sehr großen Ionenströmen wird anstelle von Folien ein Gasstrahl als Stripper eingesetzt. Der Teilchenstrahl wird dann, gegebenenfalls nach Aussortieren eines Ladungszustandes, in den zweiten Beschleunigerabschnitt eingeschossen, der aus 2 Alvarez-Beschleunigern und 20 Einzel-

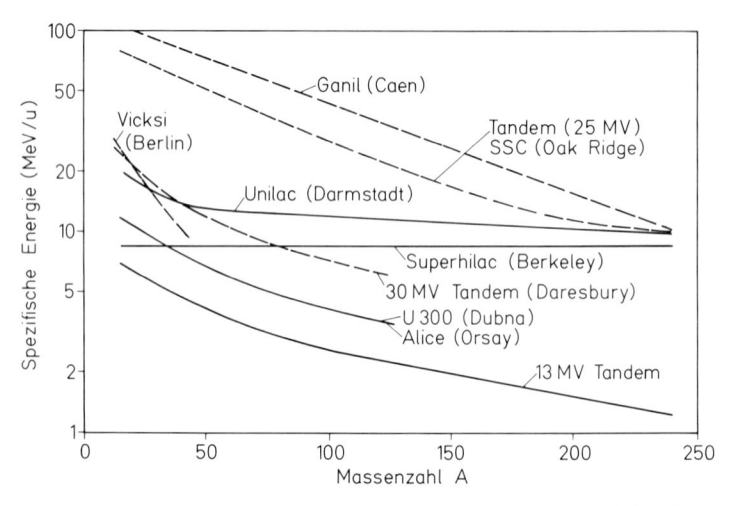

Abb. (12–8) Spezifische Energie als Funktion der Massenzahl für verschiedene Schwerionenbeschleuniger.

resonatoren besteht. In diesem Abschnitt können die schweren Ionen bis zu einer Maximalenergie von etwa 10 MeV/u und die leichten Ionen bis zu einer Maximalenergie von etwa 18 MeV/u beschleunigt werden.

Weitere Schwerionenbeschleuniger sind der SUPERHILAC in Berkeley (USA), ALICE in Orsay (Frankreich) und U 300 sowie der neue Beschleuniger U 400 in Dubna (UdSSR). ALICE, U 300 und U 400 sind allerdings keine Linearbeschleuniger, sondern Zyklotrons. Abb. (12–8) gibt einen Überblick über die Leistungsfähigkeit verschiedener Schwerionenbeschleuniger.

12.2.5. Zyklotron

Eine andere sehr häufig benutzte Methode ist die Vielfachbeschleunigung im Magnetfeld, die von LAWRENCE und LIVINGSTON 1930 entwickelt wurde. Das Zyklotron besteht aus 2 flachen halbkreisförmigen Metallbehältern, die sich innerhalb eines größeren flachen Behälters zwischen den Polen eines starken Elektromagneten befinden. Die Ionenquelle ist in der Mitte zwischen den beiden inneren Metallbehältern angeordnet, die als Elektroden wirken (vgl. Abb. (12–9)). Die Spannung wechselt mit hoher Frequenz, so daß die Ionen, die sich innerhalb dieser Behälter bewegen, fortlaufend beschleunigt werden. Unter dem Einfluß des magnetischen Feldes bewegen sich die geladenen Teilchen auf einer spiralförmigen Bahn derart, daß die Zentrifugalkraft der Kraftwirkung des Magnetfeldes gleich ist:

$$\frac{m \cdot v^2}{r} = Z \cdot e \cdot v \cdot B; \qquad (12.4)$$

m ist die Masse, $Z \cdot e$ die Ladung, v die Geschwindigkeit und B die magnetische Flußdichte. Die Winkelgeschwindigkeit ist unabhängig von der Geschwindigkeit bzw. Energie

$$\omega = \frac{v}{r} = \frac{Z \cdot e \cdot B}{m}, \qquad (12.5)$$

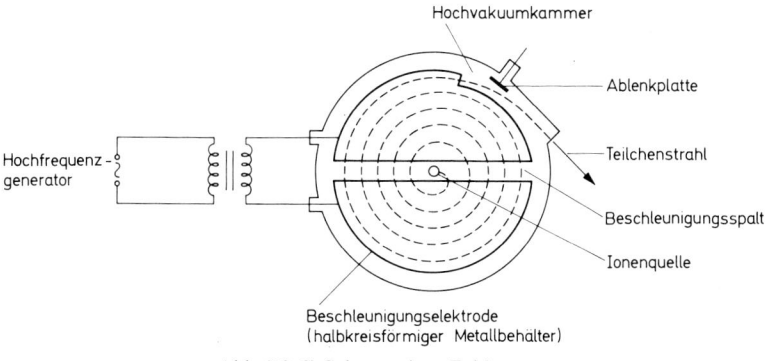

Abb. (12–9) Schema eines Zyklotrons.

ebenso die Umlaufzeit $t = \dfrac{2\pi m}{Z \cdot e \cdot B}$. Daraus folgt, daß Ionen mit gleichem $\dfrac{Z \cdot e}{m}$-Wert, z. B. Deuteronen und α-Teilchen, auf die gleiche Geschwindigkeit beschleunigt werden. Der jeweilige Radius r beträgt:

$$r = \frac{m \cdot v}{Z \cdot e \cdot B}. \tag{12.6}$$

An der Peripherie können die Ionen durch eine Platte, die auf ein hohes Potential entgegengesetzten Vorzeichens aufgeladen ist, nach außen abgelenkt werden. Die erreichbare Energie ist durch den äußeren Radius R der Anordnung gegeben, unter dem das Teilchen das Zyklotron verläßt, und durch die magnetische Feldstärke H bzw. die magnetische Flußdichte $B = \mu_o H$. Aus den Gln. (12.4) und (12.5) folgt:

$$\frac{m}{2} v^2 = \frac{1}{2} B^2 R^2 \frac{Z^2 \cdot e^2}{m}. \tag{12.7}$$

Da die kinetische Energie gleich dem Produkt aus der Ladung und der Spannung ist, die das Teilchen insgesamt durchlaufen hat,

$$\frac{m}{2} v^2 = Z \cdot e \cdot V, \tag{12.8}$$

folgt:

$$V = \frac{1}{2} B^2 \cdot R^2 \frac{Z \cdot e}{m}. \tag{12.9}$$

Die kinetische Energie ist somit unabhängig von der Spannung, die zwischen den beiden als Elektroden dienenden Metallbehältern angelegt wird. Ist diese Spannung verhältnismäßig niedrig, dann müssen die Teilchen häufiger umlaufen, bis sie die Endenergie erreichen. Die Frequenz v, mit der die Spannung wechselt, muß mit der magnetischen Flußdichte B so abgestimmt sein, daß Resonanz vorliegt:

$$v = \frac{\omega}{2\pi} = \frac{B}{2\pi} \frac{Z \cdot e}{m}. \tag{12.10}$$

Aus Gl. (12.9) folgt, daß in einem Zyklotron mit einem Polschuhdurchmesser von 150 cm Protonen mit einer Energie von etwa 10 MeV bzw. Deuteronen von etwa 20 MeV und α-Teilchen von etwa 40 MeV erzeugt werden können, wenn eine magnetische Flußdichte B von 0,6 bzw. 1,2 Tesla verwendet wird. Die Elektromagneten von größeren Geräten, die Protonen, Deuteronen und α-Teilchen mit einer Energie von etwa 50 bis 100 MeV liefern, enthalten etwa 100 t Eisen und 10 t Kupfer.

Die Energie, die in einem Zyklotron erreicht werden kann, ist durch die relativistische Massenänderung begrenzt. Berücksichtigt man, daß die Masse nach der Gleichung

$$m = \frac{m_o}{\sqrt{1 - \left(\dfrac{v}{c}\right)^2}} \tag{12.11}$$

ansteigt (m_o = Ruhemasse, c = Lichtgeschwindigkeit), so folgt, daß die Winkelgeschwindigkeit ω abnimmt, wenn sich die Geschwindigkeit v der Lichtgeschwindigkeit c nähert:

$$\omega = \frac{Z \cdot e \cdot B}{m_o} \sqrt{1 - \left(\frac{v}{c}\right)^2}. \qquad (12.12)$$

Die Teilchen bleiben dann zurück und werden nicht mehr beschleunigt. Dieser Effekt wird merklich, wenn die Massenzunahme $m - m_o$ einige Prozent der Ruhemasse beträgt. Ein Prozent Massenzunahme erreichen Elektronen bereits bei einer Energie von 5 keV, Protonen bei 10 MeV und α-Teilchen bei 40 MeV. Die praktischen Grenzenergien für Protonen liegen bei etwa 22 MeV, für Deuteronen bei etwa 24 MeV und für α-Teilchen bei etwa 44 MeV.

12.2.6. Synchrozyklotron

Die Schwierigkeiten, die bei höherer Energie in einem Zyklotron aus der relativistischen Massenzunahme resultieren, können durch Anpassung der Frequenz v an die verminderte Winkelgeschwindigkeit oder durch Erhöhung der magnetischen Feldstärke behoben werden. Das bedeutet aber, daß jeweils nur ein Paket von Teilchen in einem Einzelimpuls beschleunigt werden kann, ähnlich wie in einem Linearbeschleuniger. Das frequenzmodulierte Zyklotron wird als Synchrozyklotron bezeichnet, ein Zyklotron mit variablem magnetischem Feld meist als Synchrotron.

Abb. (12–10) Synchrozyklotron für 600 MeV Protonen bei CERN in der Nähe von Genf.

Das erste frequenzmodulierte Zyklotron wurde 1947 in Berkeley (Kalifornien) in Betrieb genommen; es erzeugte 200 MeV Deuteronen und 400 MeV α-Teilchen. Das Synchrozyklotron bei CERN („Conseil Européen pour la Recherche Nucléaire") in der Nähe von Genf (vgl. Abb. (12.10)) erzeugt 600 MeV Protonen, ein ähnliches Gerät im russischen Kernforschungszentrum Dubna 680 MeV Protonen; der Magnet hat ein Gewicht von 7000 t und einen Polschuhdurchmesser von 6 m.

12.2.7. Betatron

Wie bereits erwähnt, eignet sich das Zyklotron nicht zur Beschleunigung von Elektronen. Ein verhältnismäßig einfaches Gerät zur Erzeugung hochenergetischer Elektronen ist das Betatron, das auf dem Prinzip des sogenannten Wirbelbeschleunigers beruht. Dieses Gerät arbeitet wie ein Transformator; die Elektronen, die sich in einer ringförmigen Vakuumröhre befinden, stellen die Sekundärwicklung dar (vgl. Abb. (12–11)). Um die Elektronen in der vorgegebenen Kreisbahn zu

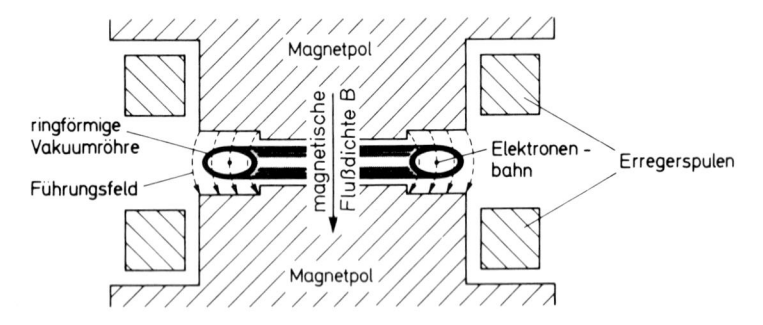

Abb. (12–11) Schema eines Betatrons.

halten, muß die magnetische Flußdichte der steigenden Energie der Elektronen angepaßt werden. Ebenso wie in einem Transformator ist die pro Umlauf induzierte Spannung gleich der Änderungsgeschwindigkeit des magnetischen Flusses $d\Phi/dt$. Die auf das Elektron wirkende Kraft ist

$$\frac{d}{dt}(mv) = e \cdot E = \frac{e}{2\pi R} \frac{d\Phi}{dt} \qquad (12.13)$$

(e ist die elektrische Elementarladung, E die elektrische Feldstärke). Damit das Elektron in der Kreisbahn mit dem Radius R bleibt, muß gleichzeitig die magnetische Flußdichte B erhöht werden. Für diese gilt nach Gl. (12.4)

$$B \cdot R \cdot e = mv, \qquad (12.14)$$

so daß

$$\frac{d}{dt}(mv) = R \cdot e \cdot \frac{dB}{dt} \qquad (12.15)$$

Durch Gleichsetzen der beiden Gln. (12.13) und (12.15) folgt:

$$\frac{\mathrm{d}\Phi}{\mathrm{d}t} = 2\pi R^2 \frac{\mathrm{d}B}{\mathrm{d}t}. \qquad (12.16)$$

Die Elektronen werden in dem Augenblick injiziert, in dem die magnetische Flußdichte von dem Wert 0 ansteigt. Wenn sie den Maximalwert erreicht hat, wird das Magnetfeld durch einen zusätzlichen Stromstoß plötzlich verändert, so daß die Elektronen auf ein Target auftreffen oder aus dem Gerät austreten. In kleineren Geräten werden Energien von etwa 6 MeV erreicht, in größeren Geräten bis zu etwa 300 MeV. Für die Erzeugung hochenergetischer Elektronen müssen allerdings verhältnismäßig große Magnete verwendet werden, um die erforderliche Variation der magnetischen Flußdichte zu ermöglichen. Bei 500 MeV liegt etwa die praktische Grenze des Betatron-Prinzips. Sie ist dadurch gegeben, daß der Energiegewinn pro Umlauf gleich dem Strahlungsverlust pro Umlauf ist.

12.2.8. Synchrotron

In einem Synchrotron laufen die Teilchen auf Kreisbahnen, die vom Impuls praktisch unabhängig sind. Die Umlauffrequenz ändert sich ständig.

Synchrotrons werden vorwiegend zur Beschleunigung von Elektronen und Protonen verwendet. Wegen der großen Massenunterschiede sind die Synchrotrons für Elektronen und Protonen sehr verschieden. Bei Elektronen ist, wenn die Einschußenergie hinreichend hoch ist, die Geschwindigkeit praktisch stets gleich der Lichtgeschwindigkeit ($v \approx c$). Damit ist auch die Winkelgeschwindigkeit ω praktisch konstant. Bei Protonen-Synchrotrons variiert die Winkelgeschwindigkeit ω dagegen sehr stark während des Beschleunigungszyklus. Außerdem ist bei Elektronen-Synchrotrons die Strahlungsdämpfung sehr erheblich, während sie bei Protonen-Synchrotrons praktisch keine Rolle spielt.

a) *Elektronen-Synchrotron*

Eine charakteristische Eigenschaft des Elektronen-Synchrotrons ist die stets nahe bei der Lichtgeschwindigkeit liegende Teilchengeschwindigkeit. Die erste Phase der Beschleunigung der Elektronen auf wenige MeV kann durch Betatronbetrieb des Synchrotrons erreicht werden oder durch einen vorgeschalteten Beschleuniger. Die weitere Beschleunigung erfolgt durch ein hochfrequentes elektrisches Feld; dabei wird die magnetische Feldstärke bei konstanter Frequenz erhöht. Für diese Zwecke kann ein ringförmiger Magnet verwendet werden (vgl. Abb. (12–12)), was eine erhebliche Materialersparnis bedeutet. Das Elektronen-Synchrotron ist somit ein Betatron mit synchroner Nachbeschleunigung der Elektronen.

Geräte, die Elektronen von etwa 300 bis 500 MeV liefern, benötigen einen Magneten von etwa 50 t. Ein Beschleuniger für 500 MeV Elek-

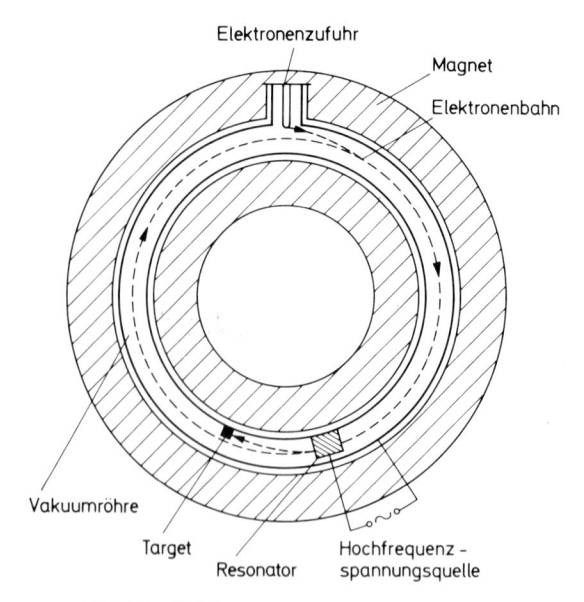

Abb. (12–12) Schema eines Elektronen-Synchrotrons.

tronen befindet sich im Physikalischen Institut der Universität Bonn. Elektronen mit Energien bis zu 7,5 GeV werden in dem Deutschen Elektronen-Synchrotron DESY (Hamburg) erzeugt. Diese Energie reicht aus, um alle anderen bekannten Elementarteilchen einschließlich der Antiteilchen zu erzeugen und ihre Wechselwirkungen zu untersuchen. Die Vorbeschleunigung der Elektronen auf 40 MeV erfolgt mit einem Linearbeschleuniger. Weitere Maschinen dieser Art sind z. B. in Cornell (USA) und Cambridge (USA) in Betrieb. Die obere erreichbare Grenze der Elektronenenergie beträgt etwa 10 GeV; sie ist durch die Verluste an Strahlungsenergie bedingt, die mit der vierten Potenz des Verhältnisses E/E_o ansteigen ($E_o = m_o c^2$).

b) *Protonen-Synchrotron*

Protonen können wegen ihrer größeren Ruhemasse auf erheblich höhere Energien beschleunigt werden als Elektronen, bevor sich die Strahlungsverluste bemerkbar machen. Da ihre Ruhemasse um etwa den Faktor 2000 größer ist, liegt die durch Strahlungsverluste bedingte obere erreichbare Grenzenergie der Protonen bei etwa 2000 GeV.

Die Arbeitsweise des Protonen-Synchrotrons ist ähnlich der des Elektronen-Synchrotrons (vgl. Abb. (12–13)). Die Protonen werden in einer ringförmigen Vakuumkammer beschleunigt, die sich innerhalb eines verhältnismäßig großen ringförmigen Magneten befindet. Da die Geschwindigkeit der Protonen erst bei sehr hohen Energien der Lichtgeschwindigkeit nahekommt, ändert sich ihre Umlauffrequenz während der Beschleunigung sehr stark. Die Protonen werden in Form einzelner Pakete (Pulse) in die Bahn injiziert und durch ein oszillierendes Magnetfeld beschleunigt, das sich in Resonanz mit der Bewegung der Protonen befindet. Wenn das Maximum der Energie erreicht ist,

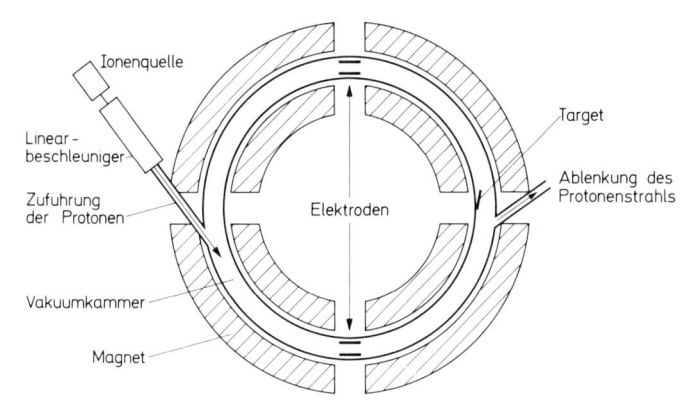

Abb. (12–13) Schema eines Protonen-Synchrotrons.

wird die Frequenz geändert, so daß die Protonen auf ein Target auftreffen oder nach außen abgelenkt werden. Hochfrequenz und magnetische Flußdichte werden während der Beschleunigung variiert, um die Protonen in der Kreisbahn zu halten.

In schwach fokussierenden Geräten werden Energien bis zu 10 GeV erreicht. Beispiele sind das COSMOTRON (3 GeV) in Brookhaven (USA), ein Synchrotron in Saclay (Frankreich), das Protonen etwa gleicher Energie liefert (3 GeV), das BEVATRON (6,2 GeV) in Berkeley (USA) und das Synchrotron im russischen Kernforschungszentrum Dubna (10 GeV). Das COSMOTRON in Brookhaven (USA) besitzt einen Magneten mit einer magnetischen Flußdichte, die während der Beschleunigung der Protonen von 0,03 Tesla auf 1,4 Tesla ansteigt; gleichzeitig wird die Hochfrequenz von $\approx 0,4$ auf ≈ 4 MHz erhöht. Der ringförmige Magnet besteht aus einzelnen Sektoren aus Stahl mit einem Querschnitt von etwa 2,5 m × 2,5 m. Er wiegt etwa 2000 t. Die Einzelimpulse von Protonen werden in einem elektrostatischen Generator auf etwa 3,5 MeV vorbeschleunigt und dann in die ringförmige Bahn des COSMOTRONS eingeschleust; diese hat einen Durchmesser von etwa 18 m. Innerhalb einer Sekunde laufen die Protonen etwa $3 \cdot 10^6$ mal um, ehe sie ihre Maximalenergie erreichen. Dann kann eine neue Beschleunigungsphase erfolgen. Bei dem Gerät in Dubna beträgt der Durchmesser der Kreisbahn der Protonen 56 m. Der ringförmige Magnet wiegt 36000 t; die Leistungsaufnahme ist 140 MW.

Die außerordentlich hohen Kosten für die Errichtung eines schwach fokussierenden Protonen-Synchrotrons höherer Endenergie (Größenordnung 100 Millionen DM) bildeten zunächst eine Grenze für die weitere Entwicklung. Deshalb suchte man nach neuen Möglichkeiten zur Verbesserung der Geräte. Ein wichtiger Gesichtspunkt war die Stabilisierung der Protonenbahn. Im COSMOTRON in Brookhaven, USA, bewegen sich die Protonen in einem Ring, der einen Querschnitt von etwa 90 cm × 18 cm besitzt. Dementsprechend müssen die Magnete dimensioniert sein. Wenn die Bahn der Protonen besser stabilisiert werden kann, ist es möglich, sowohl den Querschnitt des Rohres, in dem die Protonen umlaufen, als auch den Magneten kleiner zu wählen. Die bessere Stabilisierung gelingt in dem stark fokussierenden Synchrotron mit alternierenden Gradienten (AG Protonen-Synchrotron). Der Aufbau ist schematisch in Abb. (12–14) angegeben. Ein Gerät dieser Art arbeitet seit 1959 in dem europäischen Forschungszentrum CERN bei Genf, ein zweites Gerät seit 1960 in Brookhaven, USA. Der Querschnitt der ringförmigen Vakuumkammer für die Protonen beträgt nur noch etwa 16 cm × 8 cm. Die Magnete haben die

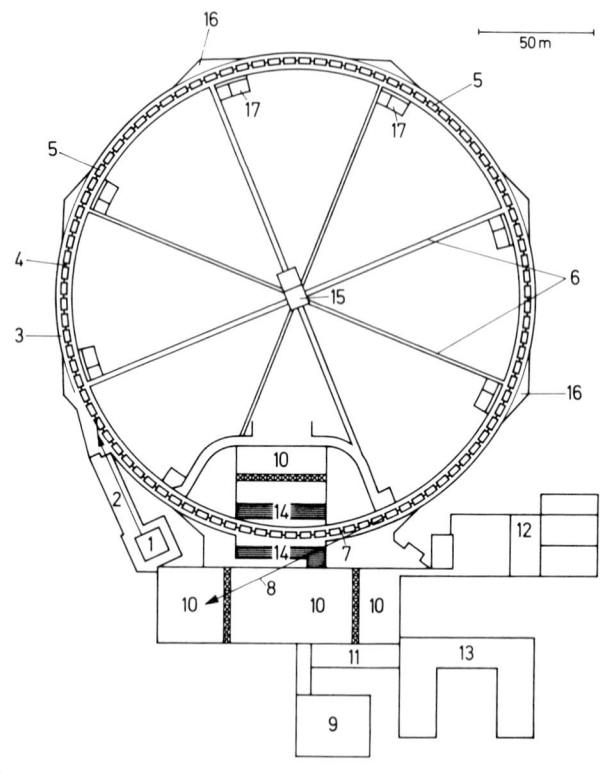

Abb. (12–14) Aufbau des AG Protonen-Synchrotrons bei CERN in der Nähe von Genf (vgl. K. H. REICH: Kerntechnik **3**, 345 (1961)).

1 Vorbeschleunigung der Protonen (500 keV)
2 Linearbeschleuniger (10, 30, 50 MeV)
3 Ringtunnel mit 100 Magneteinheiten und 16 Beschleunigungseinheiten
4 Vakuumkammer ($7 \times 14,5$ cm; 10^{-6} Torr) für die Protonen
5 Eine der 100 Magneteinheiten (4,4 m; 32 t)
6 Begehbare Radialtunnels
7 Einführung der Targets
8 Abgelenkter Protonenstrahl
9 Generatorgebäude für die Experimentiergeräte in 10
10 Experimentierhallen
11 Kontrollraum
12 Magnetstromversorgungsanlage
13 Laboratorien
14 Bewegliche Abschirmwände
15 Zentrale Beaufsichtigungs- und Radiofrequenzkontrollstation
16 Trigonometrische Punkte für die Vermessung des Ringmagneten
17 Radiofrequenzausrüstung

Form eines C und sind so angeordnet, daß ihre Öffnung abwechselnd nach innen und nach außen gerichtet ist. Die Pole der Magnete sind so geformt, daß die magnetische Flußdichte abwechselnd erhöht und erniedrigt wird. Dadurch erreicht man eine starke Fokussierung. Das Gesamtgewicht des Magneten beträgt „nur" etwa 3200 t. Die Protonen werden in einem Linearbeschleuniger zunächst auf 50 MeV beschleunigt und dann in die Kreisbahn des Synchrotrons eingeschossen. Der Durchmesser der Vakuumkammer, in der die Protonen weiter beschleunigt werden, beträgt rund 250 m. Die Beschleunigung dauert etwa 1 s. Die Protonen erreichen eine Endenergie von 28 bis 30 GeV; ihre Geschwindigkeit ist größer als 99,9% der Lichtgeschwindigkeit, ihre Masse etwa 30mal so groß wie die Ruhemasse. Die Zahl der Pulse beträgt 20 pro Minute, die Zahl der Protonen 10^{11} pro Puls.

Das Synchrotron mit starker Fokussierung ist mit Abstand der wichtigste Hochenergiebeschleuniger für Protonen. Neben den beiden Geräten von CERN in der Nähe von Genf und in Brookhaven (USA) gibt es weitere stark fokussierende Protonen-Synchrotrons in Serpukhov (UdSSR) für 75 GeV und in Batavia (USA) für 200 GeV.

12.2.9. Speicherringe

Mit Hilfe von Speicherringen ist es möglich, durch Aufeinanderprallen von zwei gegenläufigen Teilchenströmen Teilchen–Teilchen–Stöße bei hohen Energien im Schwerpunktsystem herbeizuführen. In den Speicherringen laufen die Teilchen im Magnetfeld um. Die Energie wird praktisch konstant gehalten. Dazu ist bei Elektronen eine Energiezufuhr notwendig, weil durch die Synchrotron-Strahlung laufend Energie verloren geht. Bei schweren Teilchen wie Protonen tritt kein nennenswerter Energieverlust durch Strahlung auf, doch werden Protonen-Speicherringe oft mit einem Hochfrequenz-Beschleunigungssystem ausgerüstet, um eine Teilchenbündelung zu gewährleisten. Die Halbwertzeit des Teilchenstroms beträgt bei Elektronen bis zu einigen Stunden, bei Protonen etwa einen Tag. Die Teilchen repräsentieren einen Strom von etwa 1 A (Elektronen) bis zu etwa 20 A (Protonen).

Speicherringe für Positron-Elektron-Paare befinden sich beim Deutschen Elektronen-Synchrotron DESY in Hamburg. In dem Speicherring DORIS werden die Positronen und Elektronen auf Energien von je 4,5 GeV gehalten. In dem Speicherring PETRA (Positron-Elektron-Tandem-Ringbeschleuniger-Anlage) werden die Positronen und Elektronen auf je 19 GeV beschleunigt. Dieser Speicherring hat einen Umfang von 2,3 km. Weitere Speicherringe für Positronen und Elektronen sind in Stanford (USA) in Betrieb. Protonen-Speicherringe befinden sich bei CERN (ISR = „intersecting storage ring"). Ihr Durchmesser beträgt etwa 300 m, die Energie der darin umlaufenden Protonen jeweils etwa 30 GeV. Bei CERN gibt es außerdem Speicherringe für Myonen.

12.2.10. Weitere Beschleunigerentwicklungen

Beim „colliding beam"-Beschleuniger, der Ähnlichkeit mit Speicherringen hat, werden 2 Strahlen in derselben Maschine in verschiedenen Richtungen beschleunigt. An den Kreuzungspunkten der beiden Strahlen finden Reaktionen statt, wobei ebenso wie bei den Speicherringen die gesamte im Laborsystem zur Verfügung stehende Energie auch im Schwerpunktsystem verfügbar ist.

Im supraleitenden Linearbeschleuniger sollen supraleitende Hohlraumresonatoren zur Beschleunigung der Teilchen eingesetzt werden. Da unter diesen Bedingungen kaum Joulesche Wärme entsteht, kann der Beschleuniger kontinuierlich betrieben werden.

Bei den supraleitenden Synchrotrons unterscheidet man zwischen rein supraleitenden Maschinen und sog. Hybrid-Maschinen, die sowohl normal leitende als auch supraleitende Magnete enthalten. In beiden Fällen sind die Magnete supraleitend, während beim supraleitenden Linearbeschleuniger die Hochfrequenz-Resonatoren supraleitend sind. Die Vorteile der Supraleitung sind die hohen erreichbaren Feldstärken bei geringerem Leistungsbedarf. Allerdings sind noch viele technologische Schwierigkeiten zu überwinden.

In CERN werden Pläne verfolgt hinsichtlich der Möglichkeit der Speicherung von Deuteronen, α-Teilchen und Antiprotonen in dem ISR („intersecting storage ring"). Interessant sind dabei vor allem Proton-Antiproton-Stöße. Bei der GSI (Gesellschaft für Schwerionenforschung) ist geplant, schwere Ionen auf sehr hohe Energien zu beschleunigen (relativistische schwere Ionen, $v \to c$), wobei die Atome völlig ionisiert sind (Projekt SIS = Schwerionen-Synchrotron, Beschleunigeranlage für relativistische schwere Ionen). Mit einer solchen Anlage wird es möglich sein, die Prozesse zu studieren, die beim Aufprall von Kernen mit Energien bis etwa 10 GeV pro Nukleon stattfinden. Unter diesen Bedingungen könnte man z.B. folgende Fragen beantworten: Gibt es verschiedene Phasen von Kernmaterie, z.B. solche höherer Dichte? Wie verhält sich Kernmaterie bei extrem hoher Energiedichte? Kann man Quarkmaterie erzeugen?

12.3. Neutronenquellen und Neutronengeneratoren

Die verschiedenen Möglichkeiten zur Erzeugung von Neutronen haben wir in Abschnitt 8.5 besprochen. Einfache Neutronenquellen können durch Mischen von Berylliumpulver mit einer Radium-, Polonium-, Plutonium- oder Curium-Verbindung hergestellt werden, z. B. nach folgender Arbeitsvorschrift: 100 mg Radium in Form von Radiumchlorid werden mit 500 mg feinstem Berylliumpulver und etwas Wasser zu einer Paste verrührt. Diese wird bei 150 °C im Trockenschrank gründlich getrocknet, pulverisiert, gepreßt und in einem kleinen Röhrchen aus Nickel luftdicht eingeschlossen.

In diesen Neutronenquellen werden nach der Kernreaktion

$$^9\text{Be}\,(\alpha, n)\,^{12}\text{C} \tag{12.17}$$

Neutronen erzeugt. Bei Verwendung von Ra–226 ist wegen der intensiven γ-Strahlung der Aufwand für die Abschirmung etwas größer als bei den anderen Radionukliden. Polonium ist verhältnismäßig kurzlebig, so daß auch die Neutronenproduktion bald abklingt. Plutonium und die Transplutoniumelemente sind nicht überall leicht zugänglich.

Bei den sogenannten Photoneutronenquellen wird die Kernreaktion

$$^9\text{Be}\,(\gamma,\text{n})\,2\,\alpha \qquad (12.18)$$

ausgenutzt. Die γ-Quanten müssen eine Mindestenergie von 1,665 MeV besitzen. Geeignet ist Sb–124, das durch Bestrahlung von Antimon in einem Reaktor gewonnen wird. Zur Herstellung dieser Neutronenquellen mischt man Antimon- und Berylliumpulver in ähnlicher Weise, wie oben für die Radium-Beryllium-Neutronenquelle angegeben, und bestrahlt diese Mischung in einem Reaktor. Dabei wird das Antimon nach der Reaktion $^{123}\text{Sb}\,(\text{n},\gamma)\,^{124}\text{Sb}$ aktiviert. Die Neutronenerzeugung in dieser Neutronenquelle klingt mit der Halbwertzeit des Sb–124 ($t_{1/2} = 60{,}2\,\text{d}$) ab.

Tabelle 12.3
Neutronenausbeute verschiedener Neutronenquellen

Neutronenquelle		Halbwertzeit	Neutronenausbeute (Zahl der Neutronen pro s und Ci)
^{210}Po/Be		138,4 d	$2{,}5 \cdot 10^6$
^{210}Pb/Be		22,3 a	$2{,}3 \cdot 10^6$
^{226}Ra/Be		1600 a	$1{,}3 \cdot 10^7$
^{227}Ac/Be		21,6 a	$1{,}5 \cdot 10^7$
^{228}Th/Be	(α, n)	1,9 a	$2{,}0 \cdot 10^7$
^{238}Pu/Be		87,74 a	$2{,}2 \cdot 10^6$
^{239}Pu/Be		$2{,}4 \cdot 10^4$ a	$1{,}4 \cdot 10^6$
^{241}Am/Be		433 a	$2{,}2 \cdot 10^6$
^{226}RaBeF$_4$		1600 a	$2{,}4 \cdot 10^6$
^{242}Cm/Be		162,8 d	$2{,}5 \cdot 10^6$
^{124}Sb/Be	(γ, n)	60,2 d	1 bis $5 \cdot 10^6$
^{252}Cf	(sf)	2,64 a	$4{,}3 \cdot 10^9$

Tab. 12.3 gibt eine Übersicht über die Neutronenausbeute dN/dt (Zahl der Neutronen pro Sekunde), die mit solchen Neutronenquellen erzielt werden kann. Der Neutronenfluß nimmt mit dem Quadrat des Abstandes von der Neutronenquelle ab. Betrachtet man die Neutronenquelle näherungsweise als punktförmig, so folgt für die Flußdichte Φ im Abstand R:

$$\Phi = \frac{1}{4\pi R^2}\frac{dN}{dt}. \qquad (12.19)$$

Um thermische Neutronen zu gewinnen, müssen die aus der Neutronenquelle austretenden Neutronen abgebremst werden. Am besten eignet sich dafür Paraffin. Deshalb wird die Neutronenquelle meist in der Mitte eines Gefäßes untergebracht, das mit Paraffin gefüllt ist

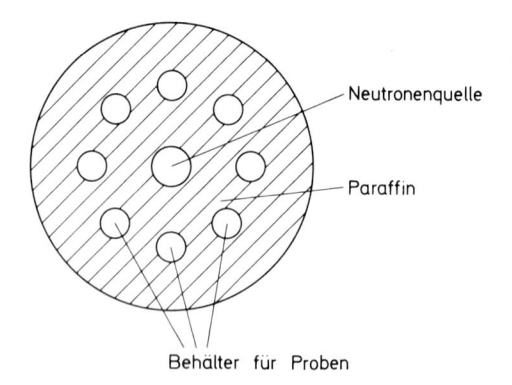

Abb. (12–15) Anordnung der Proben bei der Bestrahlung mit einer Neutronenquelle.

(Abb. (12–15)). Das Verhältnis der Zahl der thermischen Neutronen zu der Zahl der energiereichen Neutronen nimmt mit der Schichtdicke an Paraffin, d. h. mit dem Abstand von der Neutronenquelle, zu. Andererseits nimmt aber der Neutronenfluß nach Gl. (12.19) mit dem Quadrat des Abstandes ab. Man begnügt sich deshalb meist mit einer Schichtdicke von einigen cm Paraffin zwischen Neutronenquelle und Probe. So beträgt der Neutronenfluß nach Gl. (12.19) bei einer Neutronenausbeute $dN/dt = 10^6 \ s^{-1}$ und einem Abstand $R = 3$ cm vom Mittelpunkt der Neutronenquelle $\Phi \approx 10^4 \ cm^{-2} s^{-1}$. Dieser Neutronenfluß reicht nur für einfache Versuche aus, wenn die Wirkungsquerschnitte verhältnismäßig hoch sind. Für die Gewinnung von Radionukliden und für Aktivierungen sind die Neutronenquellen im allgemeinen nicht geeignet.

In Tabelle 12.3 ist auch die Neutronenausbeute einer ^{252}Cf-Quelle aufgeführt. Cf–252 zerfällt mit einer Halbwertzeit von 2,638 a zu 96,9% durch α-Zerfall und zu 3,1% durch Spontanspaltung. Bei der Spontanspaltung werden im Mittel 3,8 Neutronen pro Spaltung freigesetzt. 1 Ci Cf–252 liefert somit pro Sekunde $4,3 \cdot 10^9$ Neutronen. Da 1 mg Cf–252 einer Aktivität von 0,539 Ci entspricht, beträgt die Neutronenausbeute pro mg $2,3 \cdot 10^9 \ s^{-1}$. Die Neutronenausbeute des Cf–252 ist erheblich höher als die anderer Neutronenquellen. Dies macht die Verwendung von Cf–252 sehr attraktiv. Von Nachteil sind nur die Spaltprodukte, die bei der Spontanspaltung des Cf–252 entstehen. Sie erfordern eine sorgfältige Kapselung des Cf–252.

In Neutronengeneratoren werden die primär erzeugten Protonen oder Deuteronen zur Gewinnung von Neutronen verwendet. Am wichtigsten sind folgende Kernreaktionen:

$$^9Be(d, n)\ ^{10}B, \qquad (12.20)$$

$$t(d, n)\alpha. \qquad (12.21)$$

In den Abbn. (12–16) und (12–17) ist die Neutronenausbeute (Neutronen pro s und μA) als Funktion der Energie der Deuteronen aufgezeichnet. Man erkennt, daß bereits mit Beschleunigern mittlerer Leistung und Energie verhältnismäßig hohe Neutronenausbeuten erreicht werden können. Aus diesem Grunde werden verschiedene, verhältnismäßig handliche Geräte für die Verwendung in Laboratorien

12.3. Neutronenquellen und Neutronengeneratoren

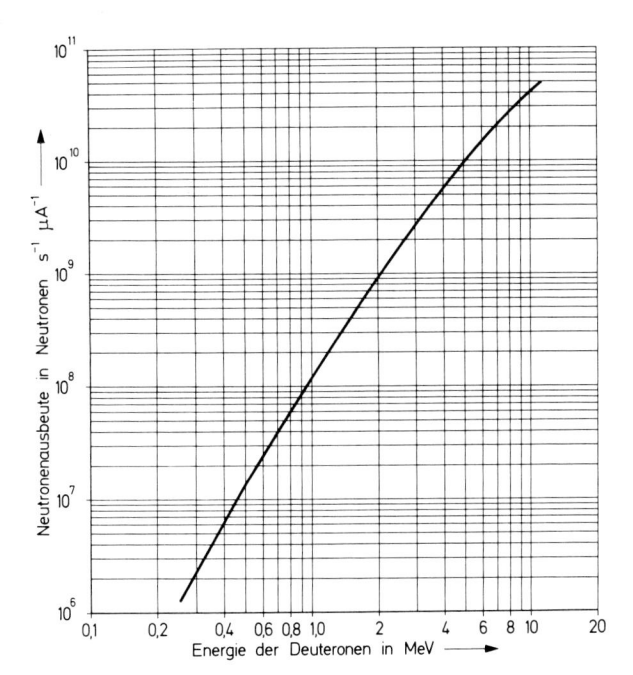

Abb. (12–16) Neutronenausbeute der Reaktion $^9Be(d,n)^{10}B$ als Funktion der Energie der Deuteronen (dickes Berylliumtarget).

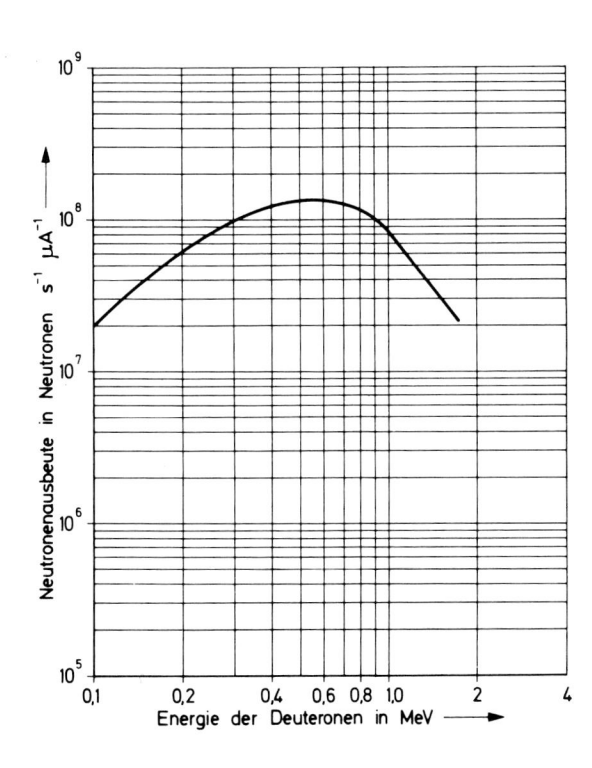

Abb. (12–17) Neutronenausbeute der Reaktion $t(d,n)\alpha$ als Funktion der Energie der Deuteronen (Titan-Tritium-Target mit etwa 1 Ci Tritium).

12. Großgeräte

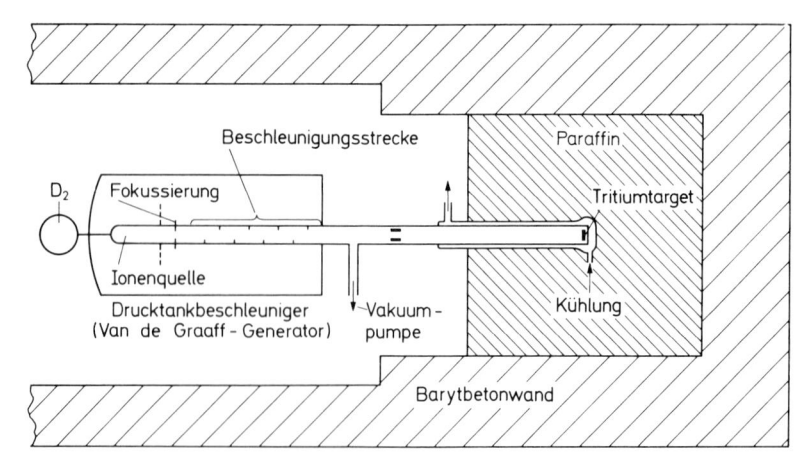

Abb. (12–18) Aufbau eines Neutronengenerators (schematisch).

gebaut, insbesondere solche, die nach der Reaktion (12.21) 14 MeV-Neutronen liefern. In Abb. (12–18) ist der Aufbau eines Neutronengenerators schematisch aufgezeichnet. In einem solchen Gerät werden Deuteronen auf etwa 200 bis 400 keV beschleunigt. Bei einer Stromstärke von 0,1 mA und einem Tritiumgehalt des Targets von 1 Ci beträgt die Neutronenausbeute ungefähr 10^{10} Neutronen von 14 MeV pro Sekunde. Mit Neutronengeneratoren neuerer Bauart werden Neutronenausbeuten von etwa $5 \cdot 10^{12}$ Neutronen (14 MeV) s^{-1} erreicht. Die Flußdichte an Neutronen ist nach Gl. (12.19) umgekehrt proportional dem Quadrat des Abstandes zwischen Probe und Target. Die Geräte können für die Herstellung kleinerer Mengen von Radionukliden, die Untersuchung von Kernreaktionen mit energiereichen Neutronen und für die Aktivierungsanalyse eingesetzt werden.

Nicht ganz einfach ist die Herstellung geeigneter Tritium-Targets. Sie erwärmen sich bei der Bestrahlung durch den Aufprall der energiereichen Deuteronen und die bei der Kernreaktion freiwerdende Energie sehr stark und müssen deshalb gut gekühlt werden. Als zweckmäßig haben sich Tritium-Targets erwiesen, in denen das Tritium als Hydrid, z. B. als Titanhydrid, auf einer Unterlage von Kupfer vorliegt. Zur Herstellung solcher Targets wird das Kupfer zunächst durch Aufdampfen im Hochvakuum mit Titan beschichtet und dann bei höherer Temperatur mit Tritium behandelt, wobei sich Titanhydrid bildet. Bei der Bestrahlung mit Deuteronen geben die Targets allmählich etwas Tritium ab. Auch andere Hydride, zum Beispiel der Seltenen Erden, eignen sich zur Herstellung von Tritium-Targets.

Durch Abbremsen der hochenergetischen Neutronen aus einem Neutronengenerator können auch thermische Neutronen gewonnen werden. Hierbei gelten die gleichen Überlegungen wie bei einer Neutronenquelle: Zum Abbremsen ist eine dickere Paraffinschicht erforderlich; andererseits sinkt der Neutronenfluß mit dem Quadrat des Abstandes. Bei einer Neutronenausbeute $dN/dt = 10^{10}$ s^{-1} beträgt der Neutronenfluß nach Gl. (12.19) in einem Abstand von 3 cm 10^8 cm^{-2} s^{-1} und in einem Abstand von 10 cm 10^7 cm^{-2} s^{-1}.

Zur Abschirmung eines Neutronengenerators werden größere Mengen Paraffin benötigt, um die hochenergetischen Neutronen abzubremsen (vgl. Abb. (12–18)). Bor, das in elementarer Form oder als Borsäure dem Paraffin beigemischt bzw. als getrennte Schicht angeordnet werden kann, dient zum Einfang der abgebremsten Neutronen. Eine Wand aus Beton oder anderem Material absorbiert die harte Röntgenstrahlung, die beim Betrieb des Gerätes durch den Aufprall der Elektronen entsteht, welche im Beschleunigungsrohr in entgegengesetzter Richtung beschleunigt werden wie die Deuteronen.

12.4. Massenspektrometer und Massenseparatoren

Die Wirkungsweise eines Massenspektrometers und eines Massenseparators haben wir bereits in Abschnitt 4.6 besprochen. Diese Geräte spielen als Großgeräte bei Untersuchungen mit stabilen Isotopen in der Kernchemie eine wichtige Rolle. Massenspektrometer finden für die quantitative Analyse von Isotopengemischen Verwendung, Massenseparatoren für die Trennung größerer Mengen von Isotopengemischen. Mit Hilfe von Massenseparatoren können sehr reine Isotope in Mengen von der Größenordnung 1 g gewonnen werden.

Beide Geräte sind für alle Elemente anwendbar unter der Voraussetzung, daß eine Verflüchtigung möglich ist. Gasförmige und leicht flüchtige Verbindungen können direkt eingeschleust und nach Ionisierung in der Ionenquelle getrennt werden. Schwerflüchtige — insbesondere feste — Verbindungen müssen zunächst verdampft werden. Verdampfungseinrichtungen sind in den Ionenquellen für Festkörperpräparate eingebaut. Die Massenspektrometer, vor allen Dingen aber die Massenseparatoren, sind in den meisten Fällen so konstruiert, daß sie bevorzugt für die Trennung leichter, mittlerer oder schwerer Massen geeignet sind.

Wichtige Daten eines Massenspektrometers sind:

a) Das Massenauflösungsvermögen $m/\Delta m$; dieses hängt von der Ausführungsform des Gerätes (einfach fokussierend oder doppelt fokussierend) sowie von den jeweiligen Apparateparametern ab. Das Auflösungsvermögen erlaubt eine Aussage darüber, welche Massen noch getrennt nachweisbar sind. Beispielsweise bedeutet „Auflösungsvermögen 1500, 10% Tal", daß die Talhöhe zwischen den Nachbarmassen 1499 und 1500 bei gleich hohen Peaks 10% der Signalhöhe nicht übersteigt. Die beiden Ionen $^{16}O^+$ und $^{12}CH_4^+$ können bei dieser Auflösung noch getrennt nachgewiesen werden ($m/\Delta m = 440$).

b) Die Nachweisgrenze; diese gibt an, welche Mengen und in welchem Verhältnis zwei Komponenten nebeneinander nachgewiesen werden können. Der kleinste noch nachweisbare Partialdruck in der Ionenquelle liegt meist in der Größenordnung 10^{-13} Torr, die Grenze für die Nachweisbarkeit in einem Isotopengemisch bei etwa $1 : 10^6$.

c) Die Meßgenauigkeit bei Isotopenverhältnismessungen; diese ist, wenn das Isotopenverhältnis im Bereich 1 : 1 bis 1 : 100 liegt, im allgemeinen besser als 0,01%.

In den verschiedenen Massenseparatoren werden größere Mengen von etwa 40 Elementen in ihre Isotope zerlegt. Ungefähr 200 auf diese Weise getrennte stabile Nuklide befinden sich im Handel. Besondere Bedeutung besitzen die Separatoren für schwere Nuklide, zum Beispiel für die Isotope des Plutoniums. Die schwereren Plutoniumisotope, Pu–240, Pu–242 und Pu–244, die nach langer Neutronenbestrahlung im Reaktor aus Pu–239 entstehen (vgl. Tab. 11.17), eignen sich zur Herstellung von Transplutoniumelementen. Sie werden in Schwerionen-Massenseparatoren, die wegen des Strahlenschutzes in abgeschirmten heißen Zellen untergebracht sind, in größeren Mengen gewonnen.

12.5. Einrichtungen zur Handhabung hoher Aktivitäten

Zur Handhabung hoher Aktivitäten von der Größenordnung kCi bis MCi sind speziell eingerichtete „heiße Zellen" erforderlich. Die Größe dieser heißen Zellen richtet sich nach den vorgesehenen Operationen. So werden zur Handhabung und Zerkleinerung von Brennstoffelementen verhältnismäßig große Zellen benötigt. Die Strahlenschutzmaßnahmen richten sich nach der Art der Strahlung. Zur Handhabung hoher γ-Aktivitäten werden Zellen mit dicken Wänden aus Beton oder Schwerbeton (Barytbeton) verwendet. Als Fenster dient meist eine wässerige Lösung hoher Dichte, die einen hohen Absorptionskoeffizienten und gute Strahlenbeständigkeit besitzt, z. B. Zinkbromidlösung. Das Schema einer heißen Zelle ist in Abb. (12-19) wiedergegeben. Die Bedienung erfolgt von außen mit Hilfe von Manipulatoren. Alle heißen Zellen sind luftdicht abgeschlossen und mit besonderen Luftfiltern versehen. Die mechanischen und elektrischen Einrichtungen sind den Operationen angepaßt, die in diesen Zellen

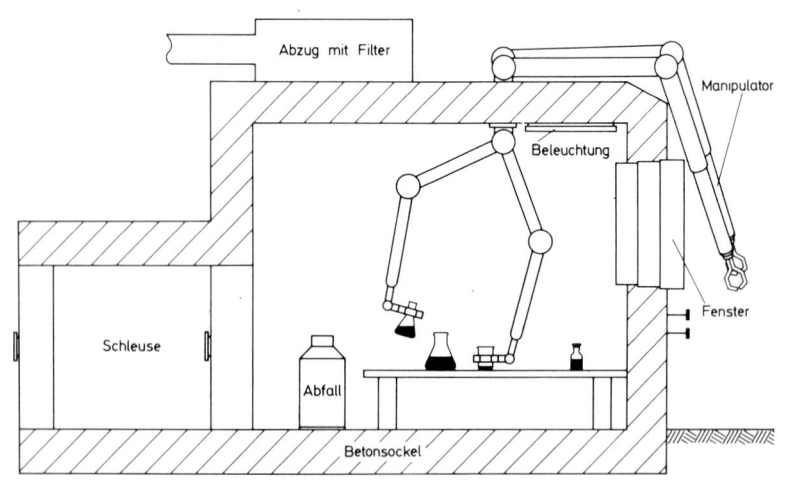

Abb. (12–19) Schema einer „heißen Zelle".

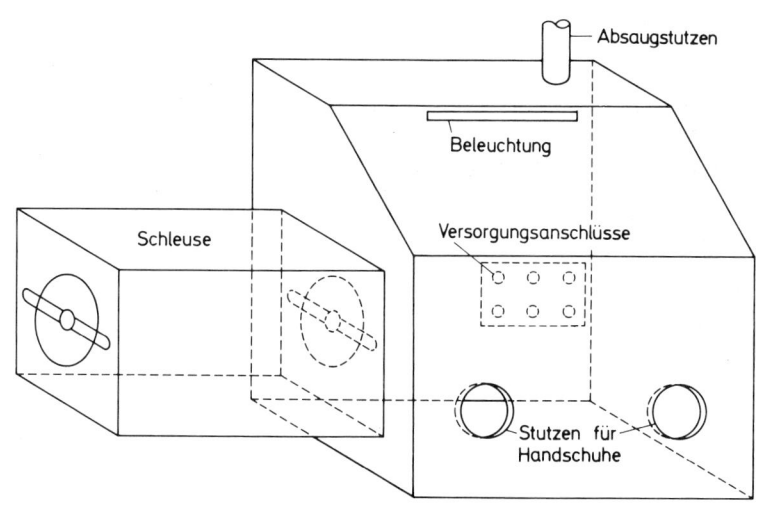

Abb. (12–20) Handschuhkasten (schematisch).

ausgeführt werden sollen. Die Zufuhr und die Entfernung von Stoffen oder Apparateteilen erfolgt durch Schleusen.

Für reine β- oder α-Strahler genügen dünne Strahlenschutzwände und -fenster. α-Strahler werden im allgemeinen in Handschuhkästen („glove boxes") verarbeitet, die mit einer Unterdruckabsaugung versehen sind (vgl. Abb. (12–20)). Diese Handschuhkästen werden nebeneinander angeordnet, wenn routinemäßig mehrere aufeinanderfolgende Operationen ausgeführt werden. Dabei wird jeder Handschuhkasten für die Ausführung bestimmter Operationen ausgerüstet. Beim Umgang mit größeren Mengen von α-aktiven Stoffen höherer spezifischer Aktivität, z. B. Transplutoniumelementen, spielt die Eigenerwärmung und Strahlenzersetzung infolge der α-Aktivität eine wichtige Rolle. Solche Stoffe können sich durch Eigenerwärmung bis zur Weißglut erhitzen. Glasgefäße werden oft durch Strahlenschäden zerstört.

In großtechnischen Anlagen (z. B. Wiederaufarbeitungsanlagen) müssen die einzelnen Teilschritte weitgehend automatisiert werden, weil die hohen Aktivitäten das Betreten der Anlagen verbieten. Auf diese Weise wird in der Kerntechnik der Übergang zu vollautomatischen Fabriken vollzogen.

Besondere Vorsichtsmaßnahmen sind beim Umgang mit spaltbaren Stoffen erforderlich, damit unter keinen Bedingungen der kritische Zustand, d. h. die Auslösung einer Kettenreaktion, erreicht wird. Beispielsweise vermeidet man in solchen Anlagen Wasserkühlung, weil Wasser als Moderator wirkt und im Falle eines Bruches die Kritikalität stark erhöhen kann.

Literatur zu Kapitel 12

1. P. HUBER: Einführung in die Physik. Bd. III/2 Kernphysik. Ernst Reinhardt Verlag, München–Basel 1972.
2. I. KAPLAN: Nuclear Physics, 2. Aufl. Addison-Wesley Publ. Comp., Reading 1964.
3. S. FLÜGGE: Handbuch der Physik. Bd. 44, Instrumentelle Hilfsmittel der Kernphysik I. Springer Verlag, Berlin 1959.

4. W. Marth: Bestrahlungstechnik an Forschungsreaktoren. Verlag Karl Thiemig, München 1969.
5. H. Kouts: Nuclear Reactors. In: Methods of Experimental Physics. Bd. 5B: Nuclear Physics. Hrsg. L.C.L. Yuan, C.S. Wu. Academic Press, New York 1963, S. 590.
6. M.H. Blewett: Low-Energy Sources. In: Methods of Experimental Physics. Bd. 5B: Nuclear Physics. Hrsg. L.C.L. Yuan, C.S. Wu. Academic Press, New York 1963, S. 580;
G.D. O'Kelley: Radioactive Sources, ibid. S. 555;
M.H. Blewett: Medium- and High-Energy Sources, ibid. S. 623.
7. B.T. Feld: The Neutron. In: Experimental Nuclear Physics, Bd. II. Hrsg. E. Segrè. John Wiley and Sons, New York 1953, S. 208.
8. H. Daniel: Beschleuniger. Teubner Taschenbücher Physik. B.G. Teubner, Stuttgart 1974.
9. D. Boussard: Die Teilchenbeschleuniger. Deutsche Übersetzung. Deutsche Verlagsanstalt, Stuttgart 1975.
10. G. Clausnitzer, G. Dupp, W. Hanle, P. Kleinheins, H. Löb, K.H. Reich, A. Scharmann, H. Schneider, W. Schwertführer, K. Wölcken: Partikel-Beschleuniger. Thiemig-Taschenbücher Bd. 28. Verlag Karl Thiemig, München 1967.
11. B.S. Ratner: Accelerators of Charged Particles (Übersetzung). The McMillan Company, New York 1964.
12. E.M. McMillan: Particle Accelerators. In: Experimental Nuclear Physics. Bd. III, Hrsg. E. Segrè. John Wiley and Sons, New York 1959, S. 639.
13. M.S. Livingston, J.P. Blewett: Particle Accelerators. McGraw-Hill Book Comp., New York 1962.
14. M.H. Blewett: The Electrostatic (Van de Graaff) Generator. In: Methods of Experimental Physics. Bd. 5B: Nuclear Physics. Hrsg.: L.C.L. Yuan, C.S. Wu. Academic Press, New York 1963, S. 584.
15. P.M. Lapostolle, L. Septier: Linear Accelerators. North Holland Publishing Comp., Amsterdam 1970.
16. H.A. Grunder, F.B. Selph: Heavy Ion Accelerators, Ann. Rev. Nucl. Sci. **27**, 353 (1977).
17. D. Hartwig: Teilchenbeschleuniger in der Bundesrepublik Deutschland, zusammengestellt im Auftrag des BMFT, GSI-Bericht R.J. 1–74, Darmstadt 1974.
18. M. Goldsmith, E. Shaw: Europe's Giant Accelerator, The Story of the CERN 400 GeV Proton Synchrotron. Taylor and Francis, London 1977.
19. K. Blasche, H. Prange: Die GSI in Darmstadt, Ein Laboratorium für die Schwerionenforschung, I: Phys. Blätter **33**, 249 (1977); II: Phys. Blätter **33**, 308 (1977).
20. H.H. Barschall, Intense Sources of Fast Neutrons, Ann. Rev. Nucl. Sci. **28**, 207 (1978).
21. H. Budzikiewicz: Massenspektrometrie. 2. Aufl., Verlag Chemie/Physik Verlag, Weinheim 1980
22. J. Seibl: Massenspektrometrie. 2. Aufl., Akademische Verlagsgesellschaft, Frankfurt 1974.
23. Hot Labs – A Special Report. Nucleonics **12**, 35 (1954).
24. N.B. Garden, E. Nielson: Equipment for High Level Radiochemical Processes. Ann. Rev. Nucl. Sci. **7**, 47 (1957).

Übungen zu Kapitel 12

1. Wie groß ist die Ausbeute an B–12
   a) bei Bestrahlung von Bor natürlicher Isotopenzusammensetzung in einem gepulsten Reaktor bei einer Pulsdauer von 1 ms und einem Neutronenfluß (im Puls) von $2 \cdot 10^{16}\,\mathrm{cm^{-2}\,s^{-1}}$,
   b) bei Bestrahlung in einem Reaktor bei einem Neutronenfluß von $10^{15}\,\mathrm{cm^{-2}\,s^{-1}}$?
   ($\sigma = 0{,}005\,\mathrm{b}$)

2. Um welchen Faktor wird das Intensitätsverhältnis Neutronenstrahlung : γ-Strahlung erhöht, wenn die Probe in einem Behälter aus Wismut im Reaktor bestrahlt wird und die Wandstärke dieses Behälters 4 cm beträgt? Um welchen Faktor nimmt der Fluß an thermischen Neutronen dabei ab?

3. Wie oft müssen Protonen in einem Zyklotron umlaufen, bis sie eine Energie von 10 MeV erreicht haben, wenn die Spannung zwischen den Elektroden 100 kV beträgt?

4. Wie hoch ist der Neutronenfluß eines Neutronengenerators mit einem Tritiumtarget bei einem Deuteronenstrom von 0,2 mA und einer Deuteronenenergie von 400 keV in einem Abstand von 3 cm vom Target? (Vgl. Abb. (12–14))

13. Gewinnung und Chemie der Radionuklide

13.1. Gewinnung von Radionukliden in Kernreaktoren

Die meisten der im Handel befindlichen Radionuklide werden in Kernreaktoren hergestellt. Die verschiedenen Bestrahlungs- und Zusatzeinrichtungen in Kernreaktoren, die für die Gewinnung von Radionukliden wichtig sind, haben wir in Abschnitt 12.1 besprochen. Für die Produktion von Radionukliden in größerem Maßstab sind vor allen Dingen die größeren Reaktoren geeignet, die einen hohen Neutronenfluß ($\Phi > 10^{12}\,\text{cm}^{-2}\,\text{s}^{-1}$) und ein hinreichend großes Volumen zur Aufnahme vieler Proben besitzen.

Eine Übersicht über die Reaktionen mit Neutronen gibt Tab. 13.1. Am wichtigsten sind die Reaktionen mit thermischen Neutronen, deren Fluß in den verschiedenen Reaktoren sich zwischen etwa 10^{10} und $10^{15}\,\text{cm}^{-2}\,\text{s}^{-1}$ bewegt. Durch die thermischen Neutronen werden fast ausschließlich (n,γ)-Reaktionen ausgelöst, nur in seltenen Fällen (n,p)- und (n,α)-Reaktionen (vgl. Tab. 13.1). Diese Reaktionen führen im allgemeinen zu β^--aktiven Nukliden. Da bei (n,γ)-Reaktionen isotope Nuklide entstehen, ist die spezifische Aktivität der Radionuklide in diesem Falle begrenzt. Als Beispiel sei die Bestrahlung von Natriumchlorid zur Gewinnung von Na–24 erwähnt. Dabei finden folgende Kernreaktionen mit thermischen Neutronen statt:

$$\begin{aligned}
&^{23}\text{Na}(n,\gamma)^{24}\text{Na} && (\sigma = 0{,}53\,\text{b};\ t_{1/2} = 15{,}02\,\text{h}) \\
&^{35}\text{Cl}(n,\gamma)^{36}\text{Cl} && (\sigma = 43\,\text{b};\ \ \ t_{1/2} = 3{,}01 \cdot 10^5\,\text{a}) \\
&^{35}\text{Cl}(n,p)^{35}\text{S} && (\sigma = 0{,}49\,\text{b};\ t_{1/2} = 87{,}2\,\text{d}) \\
&^{37}\text{Cl}(n,\gamma)^{38}\text{Cl} && (\sigma = 0{,}43\,\text{b};\ t_{1/2} = 37{,}24\,\text{min})
\end{aligned} \quad (13.1)$$

Bei einer Bestrahlungszeit von 24 h und einem Fluß an thermischen Neutronen von $\Phi = 10^{13}\,\text{cm}^{-2}\,\text{s}^{-1}$ erhält man nach Gl. (8.79),

$$A_S = 1{,}63 \cdot 10^{13} \frac{\sigma \Phi H}{M} (1 - e^{-\lambda t}), \quad (13.2)$$

für die Aktivität der Radionuklide pro g NaCl die in Tab. 13.2 aufgeführten Werte. Nur S–35 liegt in trägerfreier Form vor, d. h. frei von inaktivem Schwefel. Alle anderen Radionuklide sind mit den inaktiven Isotopen vermischt, d. h. nicht trägerfrei. Solche Rechnungen wie die vorliegende sind immer erforderlich, wenn man Radionuklide erzeu-

Tabelle 13.1
Übersicht über die Reaktionen mit Neutronen in Kernreaktoren

Reaktion	Zerfallsart der Reaktionsprodukte	Bemerkungen
(n, γ)	vorwiegend β^- sehr selten β^+ oder ε	mit fast allen Nukliden möglich; therm. Neutronen geeignet; im allgemeinen hohe Ausbeuten
(n, 2n)	vorwiegend β^+ gelegentlich β^-	stark endoergisch, nur mit energiereichen Neutronen möglich (Energie > 10 MeV)
(n, p)	fast immer β^-	meist endoergisch (Ausnahmen ^{14}N(n, p)^{14}C, ^{35}Cl(n, p)^{35}S u. a.); häufig bei kleinen Kernen (A < 40)
(n, α)	vorwiegend β^-	meist endoergisch (Ausnahmen ^{10}B(n, α)^{7}Li und ^{6}Li(n, α)^{3}H); vorwiegend bei leichten Kernen
(n, f)	Spaltprodukte der therm. Kernspaltung immer β^-; bei Hochenergie-Kernspaltung auch β^+ oder ε	bei Ordnungszahlen Z > 90; thermische Kernspaltung bei den Nukliden U–233, U–235 und Pu–239

Tabelle 13.2
Aktivität, spezifische Aktivität und Verhältnis der aktiven zu den inaktiven Atomen bei der Bestrahlung von NaCl mit thermischen Neutronen in einem Reaktor ($\Phi = 10^{13}$ cm^{-2} s^{-1}, Bestrahlungszeit 24 h)

Radionuklid	Aktivität in mCi pro g NaCl	Spez. Aktivität in Ci/mol	Verhältnis der aktiven zu den inaktiven Atomen *N : N
^{24}Na	990	58	$1 : 3{,}6 \cdot 10^6$
^{36}Cl	$5{,}7 \cdot 10^{-4}$	$3{,}2 \cdot 10^{-5}$	$1 : 3{,}6 \cdot 10^4$
^{38}Cl	291	17	$1 : 3{,}0 \cdot 10^8$
^{35}S	8,2	trägerfrei	trägerfrei

gen will. Ob die spezifische Aktivität ausreichend ist, hängt von der Aufgabenstellung ab. Die spezifische Aktivität kann durch Wahl des Neutronenflusses und Variation der Bestrahlungsdauer in gewissen Grenzen verändert werden.

Erheblich günstiger im Hinblick auf die spezifische Aktivität liegen die Verhältnisse, wenn durch eine (n, γ)-Reaktion Radionuklide mit kurzer Halbwertzeit entstehen, die sich durch β^--Zerfall in die gewünschten Radionuklide umwandeln. Ein praktisch wichtiges Beispiel ist die Gewinnung von I–131 durch Bestrahlung von Tellur. Dabei sind folgende Kernreaktionen von Interesse:

$$^{130}\text{Te}(n,\gamma)\,^{131\text{m}}\text{Te} \xrightarrow[30\,\text{h}]{\text{I.U.}} {}^{131}\text{Te} \xrightarrow[25\,\text{min}]{\beta^-,\gamma} {}^{131}\text{I} \xrightarrow[8,04\,\text{d}]{\beta^-,\gamma}$$
(H = 0,345)

$$^{128}\text{Te}(n,\gamma)\,^{129\text{m}}\text{Te} \xrightarrow[33,6\,\text{d}]{\text{I.U.}} {}^{129}\text{Te} \xrightarrow[69,6\,\text{min}]{\beta^-,\gamma} {}^{129}\text{I} \xrightarrow[1,57\cdot 10^7\,\text{a}]{\beta^-,\gamma} \quad (13.3)$$
(H = 0,318)

$$^{126}\text{Te}(n,\gamma)\,^{127\text{m}}\text{Te} \xrightarrow[109\,\text{d}]{\text{I.U.}} {}^{127}\text{Te} \xrightarrow[9,35\,\text{h}]{\beta^-} {}^{127}\text{I}\ (\text{stabil})$$
(H = 0,187)

13.1. Gewinnung von Radionukliden in Kernreaktoren

In manchen Fällen führen die (n, γ)-Reaktionen zu den Kernisomeren, in anderen Fällen direkt zum Grundzustand. Ebenso zerfallen die Kernisomeren zum Teil direkt durch β^--Umwandlung in das Tochternuklid, ohne vorher in den Grundzustand überzugehen. Aus den Reaktionsgleichungen (13.3) folgt, daß es zweckmäßig ist, das bestrahlte Tellur vor der Abtrennung des Iods einige Tage liegen zu lassen, damit die Umwandlung in I-131 möglichst vollständig ist. Längere Lagerungszeit wiederum ist nicht sinnvoll, weil das gewünschte I-131 dann teilweise wieder zerfällt; außerdem steigt dabei auch der Gehalt an dem langlebigen I-129 an. Die Abtrennung des Iods vom Tellur erfolgt meist durch Destillation. Zunächst wird das Tellur mit Bichromat und Schwefelsäure zur Tellursäure und das Iod zu Iodat oxidiert. Durch Reduktion mit Oxalsäure erhält man Iod, das in eine Vorlage destilliert wird, die etwas verdünnte Natronlauge und eine Spur Natriumsulfit zur Reduktion des Iods oder etwas Natriumthiosulfatlösung enthalten kann. Auf diese Weise wird eine trägerfreie Iodidlösung gewonnen.

Auch Szilard-Chalmers-Reaktionen können zur Gewinnung von trägerfreien Radionukliden durch (n, γ)-Reaktionen herangezogen werden. Hierbei bieten sich vielfältige Möglichkeiten an: eine Auswahl ist in Tab. 9.6 zusammengestellt. Als Beispiel sei die Gewinnung von Cu–64 höherer spezifischer Aktivität durch Bestrahlung von Kupferphthalocyanin in einem Reaktor genannt. Das Kupfer, das im Phthalocyanin-Komplex substitutionsinert gebunden ist, fliegt infolge der Kernreaktion $^{63}\text{Cu}(n,\gamma)\,^{64}\text{Cu}$ aus der komplexen Bindung heraus. Nach der Bestrahlung wird der Komplex in konzentrierter Schwefelsäure aufgelöst und durch Zugabe von Wasser wieder ausgefällt. Das Cu-64 befindet sich zu einem großen Prozentsatz in der Lösung und kann durch weitere Operationen — z. B. mit einem Ionenaustauscher — von der überschüssigen Schwefelsäure abgetrennt werden. Es wird von den inaktiven Kupferionen begleitet, die unter dem Einfluß der Strahlung durch Zersetzung des Komplexes entstanden sind. Die spezifische Aktivität ist jedoch so hoch, daß das Kupfer als praktisch trägerfrei angesprochen werden kann.

Die Gewinnung von Radionukliden mit thermischen Neutronen durch (n, p)- und (n, α)-Reaktionen ist in den folgenden Fällen möglich:

$$^{3}\text{He}(n,p)^{3}\text{H} \quad (\sigma = 5327\,\text{b};\ t_{1/2} = 12{,}346\,\text{a}) \quad (13.4)$$

$$^{14}\text{N}(n,p)^{14}\text{C} \quad (\sigma = 1{,}81\,\text{b};\ t_{1/2} = 5736\,\text{a}) \quad (13.5)$$

$$^{33}\text{S}(n,p)^{33}\text{P} \quad (\sigma = 0{,}002\,\text{b};\ t_{1/2} = 25{,}3\,\text{d}) \quad (13.6)$$

$^{35}\text{Cl}(n,p)^{35}\text{S}$ ($\sigma = 0{,}49$ b; $t_{1/2} = 87{,}2$ d) \hfill (13.7)

$^{6}\text{Li}(n,\alpha)^{3}\text{H}$ ($\sigma = 940$ b; $t_{1/2} = 12{,}346$ a) \hfill (13.8)

$^{40}\text{Ca}(n,\alpha)^{37}\text{Ar}$ ($\sigma = 2{,}5$ mb; $t_{1/2} = 34{,}8$ d) \hfill (13.9)

Da die Radionuklide in diesen Fällen nicht isotop sind, liegen sie stets in trägerfreier Form vor. Die chemische Abtrennung bereitet keine grundsätzlichen Schwierigkeiten.

Die größte Bedeutung besitzt die Gewinnung von C–14 nach Gl. (13.5). Wegen der großen Halbwertzeit des C–14 sind lange Bestrahlungszeiten notwendig, um hinreichend hohe Aktivitäten zu erhalten. In der Praxis wird meist eine Bestrahlungszeit von etwa 1 Jahr gewählt (vgl. Abschn. 8.7). N–14 wurde zunächst in Form von Nitraten vorgelegt (Ammoniumnitrat oder Kaliumnitrat). Nitrate zersetzen sich jedoch unter dem Einfluß der Strahlung, insbesondere der γ-Strahlung im Reaktor, in merklichem Umfang. Diese Zersetzung macht sich bei längerer Bestrahlungszeit besonders stark bemerkbar. Heute verwendet man vorzugsweise thermisch stabile Nitride wie AlN oder Be_3N_2. Nach Beendigung der Bestrahlung wird das Nitrid im Sauerstoffstrom auf etwa 800 °C erhitzt. Unter diesen Bedingungen entweicht das gebildete C–14 als $^{14}CO_2$. Es kann in einer mit Bariumhydroxid gefüllten Vorlage in Bariumcarbonat überführt werden. Der Handelswert von 1 g trägerfreiem $Ba^{14}CO_3$ beträgt z.Z. etwa DM 8000,—. In trägerfreier Form ist die spezifische Aktivität des C–14 4,45 Ci/g oder 62 mCi/mmol. In der Praxis wird eine spezifische Aktivität bis zu etwa 40 mCi/mmol erreicht. Aus $Ba^{14}CO_3$ bzw. $^{14}CO_2$ wird eine große Zahl von ^{14}C-markierten organischen Verbindungen hergestellt. Da bei diesen Synthesen erhebliche Verluste auftreten, steigt der Preis der markierten Verbindungen, bezogen auf die Aktivität an C–14, um etwa den Faktor 10 bis 100 an. Aus diesem Grunde sind einfache Reaktionen, die mit hoher Ausbeute verlaufen, in der Chemie des C–14 besonders wichtig.

Tritium, das nach der Reaktion (13.8) hergestellt wird, ist im Gegensatz zu C–14 verhältnismäßig preiswert. Es kommt als Tritiumgas mit einem Gehalt bis zu etwa 90% Tritium oder als tritiertes Wasser in den Handel. Der Preis beträgt zur Zeit etwa DM 11,— pro Ci (für größere Mengen). 1 Ci Tritium entspricht einer Menge von 0,104 mg und nimmt als Tritiumgas unter Normalbedingungen nur ein Volumen von 0,38 cm^3 ein. Tritium interessiert vor allen Dingen für Kernfusionsexperimente. Verhältnismäßig kleine Mengen verwendet man für die Markierung von organischen Verbindungen.

Die Kernspaltung mit thermischen Neutronen führt zu einer großen Anzahl von verschiedenen Radionukliden (vgl. Abschn. 11.8 und 11.9). Ein Teil dieser Spaltprodukte wird durch spezielle Trennverfahren isoliert und in den Handel gebracht. Tab. 13.3 gibt eine Übersicht über die auf diese Weise zugänglichen Radionuklide. Es ist bei der Abtrennung der Spaltprodukte allerdings oft schwierig, die Reinheitsanforderungen zu erfüllen, die z. B. im Hinblick auf die Verwendung in der Medizin erforderlich sind.

Tabelle 13.3
Radionuklide, die durch Abtrennung aus Spaltprodukten erhalten werden können

13.1. Gewinnung von Radionukliden in Kernreaktoren

Radionuklid	Trennverfahren (Arbeitsprinzip)
^{85}Kr, ^{133}Xe	Austreibung der Edelgase aus der siedenden Spaltproduktlösung mit einem Inertgas; nach Entfernung des Wasserdampfes, CO_2, O_2 und der Kohlenwasserstoffe Adsorption der Edelgase an Aktivkohle. Gewinnung von reinem Kr oder Xe durch wiederholte fraktionierte De- und Adsorption.
^{90}Sr	Gemeinsame Fällung von Sr und Ba als Nitrate aus stark salpetersaurer Lösung (Calciumnitrat bleibt in Lösung), Trennung von Sr und Ba durch Lösen der Nitrate und Fällung als Oxalate; oder Abtrennung des Ba als Chlorid durch Fällung mit HCl/Ether bzw. als $BaCrO_4$ und Gewinnung des Sr durch Fällung in ammoniakalischer Lösung als SrC_2O_4.
^{95}Zr	a) Adsorption an Silicagel, Elution mit Schwefel- und Salpetersäure zur Abtrennung anderer Spaltprodukte und Elution von Zr und Nb mit 0,5 M Oxalsäure; b) Extraktion des Zr als α-Thenoyltrifluoraceton-Chelat in Benzol aus salpetersaurer Lösung, Rückextraktion mit 2 M HF und Fällung als $BaZrF_6$, Abtrennung des Ba als Sulfat und Fällung des Zr als Salz der Mandelsäure.
^{99}Mo	a) Fällung des Mo mit Benzoinoxim (gelöst in Alkohol) aus saurer Lösung, Auflösen in Ammoniak; zugegebenes Fe^{III} dient als Träger zur Mitfällung der anderen Spaltprodukte; aus dem angesäuerten Filtrat wird Mo als $PbMoO_4$ gefällt; b) Austausch an Dowex–1 aus 5–9 M HCl-Lösung, Elution der anderen Spaltprodukte mit 6 M HCl, 0,1 M HCl–0,05 M HF und 3 M NH_4OH, Elution des Mo mit 6 M Ammoniumacetatlösung, Reinigung des Mo im Eluat durch $Fe(OH)_3$-Fällung und Ausfällung des Mo mit Benzoinoxim; c) Extraktion des Mo mit Ether aus 6 M HCl-Lösung, Rückextraktion mit Wasser; Abtrennung anderer Spaltprodukte durch $Fe(OH)_3$-Fällung; Mo wird aus dem angesäuerten Filtrat mit 8-Hydroxychinolin gefällt; d) Adsorption des Mo aus 2 M HNO_3 an Al_2O_3 in einer Trennsäule. Waschen mit 1 M HNO_3, Wasser und 0,1 M NH_3. Elution des Mo mit 1 M NH_3. Entfernung des als Verunreinigung vorhandenen Iods durch Filtration der mit HNO_3 auf pH 1–2 eingestellten Lösung über frisch gefälltes AgCl.
^{99}Tc	a) Selektive Fällung des Tc als Tetraphenylarsoniumpertechnetat, $(C_6H_5)_4AsTcO_4$; b) Extraktion des Tc als $(C_6H_5)_4AsTcO_4$ aus neutraler Lösung in Gegenwart von H_2O_2 in $CHCl_3$ mit hohem Verteilungskoeffizienten; Rückextraktion mit 0,2 M $HClO_4$ oder 12 N H_2SO_4 ist möglich.
^{103}Ru	a) Oxidation des Ru in schwefelsaurer Lösung zu RuO_4 und Destillation in eine salzsaure, H_2O_2 enthaltende Lösung (durch H_2O_2 erfolgt Reduktion zu Ru^{VI}); Fällung als Sulfid;

Fortsetzung Tabelle 13.3

Radionuklid	Trennverfahren (Arbeitsprinzip)
^{103}Ru (Forts.)	b) Destillation von RuO_4 aus $HClO_4$-haltiger Lösung (Oxidation des Ru zu Ru^{VIII}) in Gegenwart von $NaBiO_3$ (Oxidation der Halogene zu höheren Oxidationsstufen) in eine alkalische Lösung; anschließend in saurer Lösung Reduktion mit Mg zu Ru-Metall; c) Extraktion des RuO_4 aus saurer Lösung in CCl_4; Fällung als RuO_2 durch Zugabe von Methanol.
^{131}I	a) Reduktion zu I_2, Wasserdampfdestillation, nach Ansäuern der Vorlage Extraktion mit CCl_4; Reinigung durch mehrmalige Reduktion und Oxidation; Rückextraktion mit $NaHSO_3$ ($I_2 \rightarrow 2\,I^-$), Extraktion in CCl_4 nach Oxidation des I^- zu I_2. b) Abtrennung der I^--Ionen bzw. des I_2 in einem Filter oder einer Trennsäule, die Ag^+-Ionen enthalten (z. B. als AgCl); nach dem Waschen Elution des Iods durch Behandlung mit Hypochloritlösung pH 9.
^{137}Cs	a) Extraktion als Cäsiumtetraphenylborat, $Cs(C_6H_5)_4B$ in Amylacetat; Rückextraktion mit 3 M HCl; b) Fällung des Cs als Alaun aus einer von Alkali, Ruthenium und Seltenen Erden befreiten Lösung; zur Reinigung mehrmaliges Umfällen.
^{141}Ce ^{144}Ce	a) Selektive Extraktion als Ce^{IV} aus salpetersaurer Lösung mit Tributylphosphat bzw. mit Di–2–ethylhexylphosphat in Heptan (hoher Verteilungskoeffizient); b) Fällung des Ce^{IV} als $CeHIO_6 \cdot H_2O$; damit Abtrennung von anderen Seltenen Erden und Thorium.
^{140}Ba	Fällung als $BaCl_2 \cdot H_2O$ aus einer kalten, sauren Lösung mit einem HCl-Ether-Gemisch (5 Teile konz. HCl – 1 Teil Ether); Reinigung durch mehrmaliges Auflösen und Fällen.
^{147}Pm	Trennung der Seltenen Erden an Dowex-50, Elution mit Milchsäure zunehmender Konzentration (0,85 M; 0,90 M; 0,95 M; 1,0 M) bei pH 3 und erhöhter Temperatur (z. B. 87°C).

Reaktionen mit harten Neutronen, (n, 2n)-, (n, p)- und (n, α)-Reaktionen, spielen für die Gewinnung von Radionukliden in Kernreaktoren nur eine untergeordnete Rolle. Dies beruht insbesondere darauf, daß der Fluß an energiereichen Neutronen verhältnismäßig gering ist, wenn nicht besondere Vorkehrungen getroffen werden, z. B. Bestrahlung in einem Brennstoffelement oder Zusatz von Lithiumdeuterid (vgl. Abschn. 12.1.2).

Gewisse praktische Bedeutung besitzen die folgenden Reaktionen, deren Schwellenenergie etwa 1 MeV beträgt:

$$^{32}S(n, p)\,^{32}P, \qquad (13.10)$$

$$^{59}Co(n, p)\,^{59}Fe. \qquad (13.11)$$

Der Wirkungsquerschnitt für diese Reaktionen ist in Abb. (13–1) als Funktion der Energie der Neutronen aufgezeichnet. P–32 und Fe–59 können so in hoher spezifischer Aktivität hergestellt werden; die Ausbeute an P–32 ist verhältnismäßig hoch, die an Fe–59 geringer.

13.1. Gewinnung
von Radionukliden
in Kernreaktoren

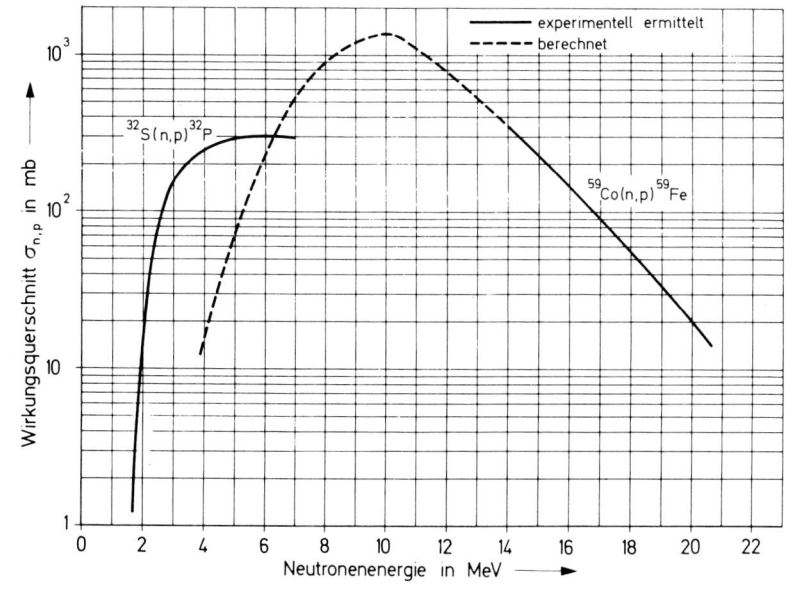

Abb. (13–1) Wirkungsquerschnitte für die Reaktionen ^{32}S(n, p)^{32}P und ^{59}Co(n, p)^{59}Fe als Funktion der Energie der Neutronen. Nach E. D. KLEMA u. A. O. HANSON: Physic. Rev. **73**, 106 (1948); J. M. F. JERONYMO, G. S. MANI, J. OLKOWSKY, A. SADEGHI u. C. F. WILLIAMSON: Nuclear Physics **47**, 157 (1963).

Die Vorbereitung der Proben für die Bestrahlung im Reaktor ist im allgemeinen ziemlich einfach. Wichtig ist die Kenntnis der im Reaktor herrschenden Temperatur. Feste Stoffe können in den meisten Fällen in kleinen Beutelchen aus Polyethylen eingeschweißt werden. Dabei ist es zweckmäßig, aus pulverförmigen Substanzen Preßlinge herzustellen, um die Handhabung der bestrahlten Proben zu vereinfachen. Flüssige und gasförmige Stoffe sowie solche festen Verbindungen, die sich bei der Bestrahlung zersetzen (z. B. unter Bildung von Halogenen), werden meist in Quarzglas eingeschmolzen. Quarzglas hat den Vorteil, daß es praktisch nicht aktiviert wird. Es ist auch dann angebracht, wenn im Reaktor eine erhöhte Temperatur herrscht. Zum Einbringen der Proben in den Reaktor werden im allgemeinen kleine verschraubbare zylindrische Behälter aus Aluminium von 1 Zoll Durchmesser verwendet, weil Aluminium ebenfalls nur in geringem Umfang aktiviert wird (Al–28 ist sehr kurzlebig). Für den Transport stark aktiver Proben benutzt man meist Bleibehälter, zum Öffnen der Aluminiumbehälter besondere Einrichtungen mit der Möglichkeit der Fernbedienung.

Bei stark absorbierenden Stoffen (z. B. Cadmium oder Lanthaniden) spielt die Selbstabsorption der Neutronen eine Rolle. Sie kann sich schon bei Proben von 0,1 mg bemerkbar machen. Der Neutronenfluß nimmt dann zum Innern der Probe hin kontinuierlich ab. Man bezeichnet diesen Effekt auch als Selbstabschirmung. Diese Selbstabschirmung wird in der Praxis am einfachsten dadurch bestimmt, daß man verschiedene Mengen unter den gleichen Bedingungen bestrahlt und feststellt, in welchem Maße die spezifische Aktivität abnimmt.

13.2. Gewinnung von Radionukliden in Beschleunigern

Beschleuniger haben im Hinblick auf die Erzeugung von Radionukliden gegenüber Kernreaktoren den Vorteil, daß sie vielseitiger verwendbar sind. So können γ-Quanten, Protonen, Deuteronen, α-Teilchen und andere Ionen als Geschosse verwendet werden. Außerdem ist die Energie der Geschosse in weiten Grenzen variierbar. Neutronen können in Beschleunigern indirekt durch Kernreaktionen erzeugt werden (vgl. Abschn. 12.3). Für die Produktion von Radionukliden in

Tabelle 13.4
Übersicht über die Reaktionen in Beschleunigern

Reaktion	Zerfallsart der Reaktionsprodukte	Bemerkungen
(p, γ)	β^+ oder ε selten β^-	Bei leichten Kernen oft scharfe Resonanzstellen; konkurrierend können (p, n)-Reaktionen auftreten
(p, n)	β^+ oder ε gelegentlich β^-	meist endoergisch; Schwellenenergie 2–4 MeV
(p, α)	—	selten
(d, n)	β^+ oder ε gelegentlich β^-	exoergisch; von den durch Deuteroneneinfang induzierten Reaktionen die höchsten Ausbeuten
(d, 2n)	β^+ oder ε selten β^-	Schwellenenergie 5–10 MeV; bei höheren Energien (d, 3n)- und (d, 4n)-Reaktionen
(d, p)	meist β^-	im allgemeinen recht hohe Wirkungsquerschnitte; mit 14 MeV-Deuteronen praktisch bei allen Elementen durchführbar; bei leichten Kernen (niedrige Potentialschwelle) Einfang des Deuterons und anschließend Aussendung eines Protons; bei schwereren Kernen Oppenheimer-Phillips-Reaktion
(d, α)	β^+ oder β^-	meist exoergisch; häufig bei leichten Kernen, z. B. ^{6}Li(d, α) α und ^{7}Li(d, α) α + n
(α, n)	β^+ oder ε selten β^-	wird zur Gewinnung von Neutronen ausgenutzt; Ausbeuten nehmen wegen der Coulombschen Abstoßung mit zunehmender Ordnungszahl des Targets ab; bei höheren Energien (α, 2n)- und (α, 3n)-Reaktionen
(α, p)	meist β^- gelegentlich β^+ oder ε	ebenfalls hohe Schwellenenergie wegen Coulombscher Abstoßung; bei hoher Ordnungszahl nur mit hochenergetischen α-Teilchen möglich
(γ, n)	β^+ gelegentlich β^-	immer endoergisch; die Schwellenenergie entspricht der Bindungsenergie des Neutrons im Kern; mit wachsender γ-Energie auch (γ, 2n)- und (γ, 3n)-Reaktionen

größerem Maßstab besitzen Beschleuniger allerdings den wesentlichen Nachteil der hohen Betriebskosten. Deshalb ist man bestrebt, die in Beschleunigern möglichen Reaktionen durch äquivalente Reaktionen in Kernreaktoren zu ersetzen, z. B. (d, p)- durch (n, γ)-Reaktionen und (d, t)- durch (n, 2n)-Reaktionen.

13.2. Gewinnung von Radionukliden in Beschleunigern

Tab. 13.4 gibt eine Übersicht über die wichtigsten Merkmale der Kernreaktionen, die mit Beschleunigern durchgeführt werden können. Im Gegensatz zu den in Kernreaktoren durch Neutroneneinfang erzeugten Radionukliden sind die mit Beschleunigern gewonnenen Nuklide meist β^+-aktiv oder sie zerfallen durch Elektroneneinfang. Wenn solche Radionuklide erwünscht sind, müssen sie deshalb im allgemeinen mit einem Beschleuniger hergestellt werden.

Als Geschosse werden bevorzugt Deuteronen verwendet, weil sie infolge der größeren Wirkungsquerschnitte höhere Ausbeuten liefern als Protonen und in verhältnismäßig einfachen Ionenquellen leichter erzeugt werden können als α-Teilchen. In Tab. 13.5 sind einige Reaktionen mit Deuteronen zusammengestellt, die für die Gewinnung von Radionukliden Bedeutung gewonnen haben.

C–11 kann durch verschiedene Reaktionen erzeugt werden:

$$\left.\begin{array}{l}{}^{11}B(p,n)^{11}C \\ {}^{10}B(d,n)^{11}C \\ {}^{12}C(n,2n)^{11}C\end{array}\right\} \xrightarrow[20,4\,\text{min}]{\beta^+\,(0{,}97\,\text{MeV})} {}^{11}B \quad (13.12)\ (13.13)\ (13.14)$$

Tabelle 13.5
Reaktionen mit Deuteronen zur Gewinnung von Radionukliden

Target	Kernreaktion	Ausbeute in $\frac{\mu Ci^{*)}}{\mu A\,h}$		
		8 MeV	14 MeV	19 MeV
Li, LiF, LiBO$_2$	^{6}Li(d, n)^{7}Be	–	niedrig	2
B$_2$O$_3$	^{10}B(d, n)^{11}C	500	485	–
Mg, MgO	^{24}Mg(d, α)^{22}Na	–	1,8 – 1,0	–
Cr	^{50}Cr(d, α)^{48}V	–	niedrig	–
Cr	^{52}Cr(d, 2n)^{52}Mn	–	80	–
Fe	^{56}Fe(d, α)^{54}Mn	–	1,0	–
Manganlegierung	^{55}Mn(d, 2n)^{55}Fe	–	0,7	0,02
Fe	^{56}Fe(d, 2n)^{56}Co	–	hoch	–
Fe	^{56}Fe(d, n)^{57}Co	–	hoch	5,0
Fe	^{57}Fe(d, n)^{58}Co	–	hoch	–
Cu	^{65}Cu(d, 2n)^{65}Zn	–	3,5	–
Germaniumlegierung	^{74}Ge(d, 2n)^{74}As	–	2	10
Arsenlegierung	^{75}As(d, 2n)^{75}Se	–	hoch	–
NaBr	^{79}Br(d, 2n)^{79}Kr	–	hoch	–
SrCO$_3$	^{88}Sr(d, 2n)^{88}Y	–	38	–
Pd	^{107}Pd(d, n)^{106}Ag	–	mittel	–
Te	^{130}Te(d, 2n)^{130}I	–	900	–
NaI	^{127}I(d, 2n)^{127}Xe	–	mittel	–
Au	^{197}Au(d, 2n)^{197}Hg	–	800	–

*) Anmerkung: Die Angaben gelten für dicke Targets
Werte aus:
J. W. Irvine: Nucleonics 3 (2), 5 (1948)
J. W. Irvine: J. chem. Soc. [London] 1949, Suppl. Issue Nr. 2, 356.
W. M. Garrison, J. G. Hamilton: UCRL 1067 (1950).

13. Gewinnung und Chemie der Radionuklide

In der Praxis kommen häufig folgende Reaktionen zur Anwendung:

$$^{12}C(\gamma, n)^{11}C,$$

$$^{12}C(p, pn)^{11}C,$$

$$^{14}N(p, \alpha)^{11}C,$$

$$^{16}O(p, pn\alpha)^{11}C.$$

Bei den Reaktionen (13.12) und (13.13) entsteht C–11 in trägerfreier Form, bei der Reaktion (13–14) nicht. C–11 wird für reaktionskinetische Untersuchungen verwendet. Gegenüber C–14 besitzt es den Vorteil der höheren Zerfallsenergie und der höheren spezifischen Aktivität, aber den Nachteil der kurzen Halbwertzeit.

Auch für die Herstellung von F–18 bieten sich mehrere Reaktionen an

$$\left.\begin{array}{l}^{18}O(p, n)\,^{18}F\\^{17}O(d, n)\,^{18}F\\^{16}O(t, n)\,^{18}F\\^{19}F(\gamma, n)\,^{18}F\end{array}\right\}\xrightarrow[1{,}83\,h]{\beta^+\,(0{,}64\,MeV)}\,^{18}O \quad\quad\begin{array}{l}(13.15)\\(13.16)\\(13.17)\\(13.18)\end{array}$$

Die Reaktionen (13.15) und (13.17) spielen für die Bestimmung von Sauerstoff durch Aktivierungsanalyse eine Rolle. Der (γ, n)-Reaktion (13.18) äquivalent ist die $(n, 2n)$-Reaktion $^{19}F(n, 2n)^{18}F$.

Die Wirkungsquerschnitte für die Herstellung von Na–22 durch die Kernreaktion

$$^{24}Mg(d, \alpha)\,^{22}Na \quad\quad (13.19)$$

sowie für die Herstellung von Na–24 durch die Kernreaktion

$$^{26}Mg(d, \alpha)\,^{24}Na \quad\quad (13.20)$$

sind in Abb. (13–2) als Funktion der Energie der Deuteronen aufgezeichnet. In Abb. (13–3) sind die Wirkungsquerschnitte für verschiedene Kernreaktionen von Deuteronen mit Kupfer angegeben, die für die Gewinnung von Zinkisotopen wichtig sind.

(d, p)-Reaktionen, die im allgemeinen recht hohe Wirkungsquerschnitte besitzen, sind für die Gewinnung von Radionukliden uninteressant, da sie den im Reaktor mit guten Ausbeuten ablaufenden (n, γ)-Reaktionen äquivalent sind.

(γ, n)-Reaktionen besitzen Interesse für die Herstellung von isotopen Radionukliden mit Neutronenunterschuß (z. B. β^+-Strahler). Einige Beispiele für solche Reaktionen sind in Tab. 13.6 zusammengestellt. Die Wirkungsquerschnitte liegen meist in der Größenordnung 1 bis 100 mb; sie steigen mit der Energie der γ-Quanten an (Abb. (13–4)). Mit wachsender γ-Energie steigt auch der Anteil der $(\gamma, 2n)$-, $(\gamma, 3n)$- und $(\gamma, 4n)$-Reaktionen. So kann man durch Bestrahlung eines Rubidiumsalzes mit hochenergetischen γ-Quanten Rb–83 herstellen, das durch die Kernreaktion $^{85}Rb(\gamma, 2n)^{83}Rb$ entsteht und sich durch

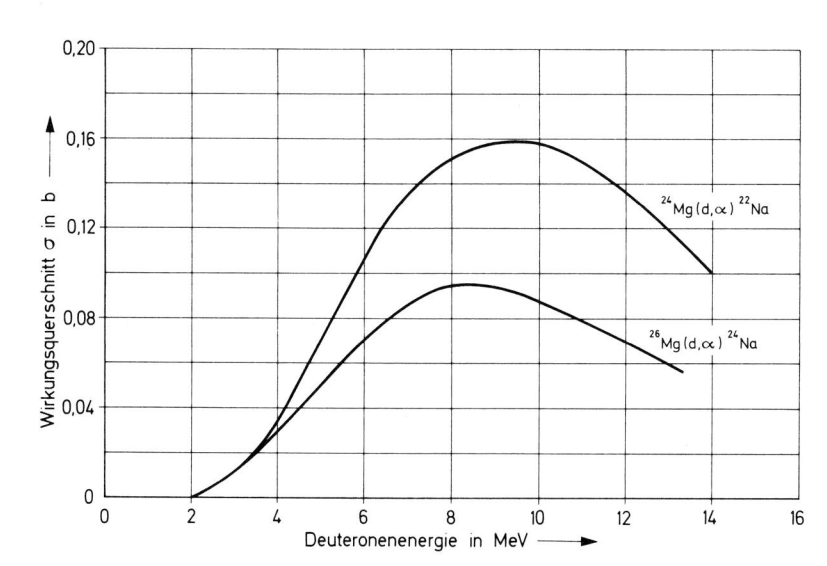

13.2. Gewinnung von Radionukliden in Beschleunigern

Abb. (13–2)
Wirkungsquerschnitte für die Reaktionen ^{24}Mg$(d,\alpha)^{22}$Na und ^{26}Mg$(d,\alpha)^{24}$Na als Funktion der Energie der Deuteronen. Nach J. W. IRVINE u. E. T. CLARKE: J. chem. Physics **16**, 686 (1948)

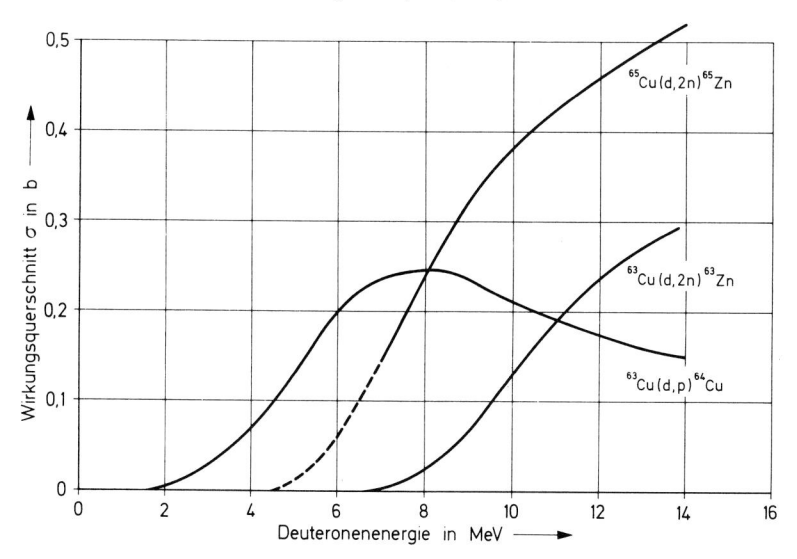

Abb. (13–3) Wirkungsquerschnitte für verschiedene Kernreaktionen mit Deuteronen an Kupfer. Nach J. W. IRVINE, jun.: J. chem. Soc. [London] **5**, 356 (1949).

Elektroneneinfang in das für praktische Anwendungen interessante Kr–83m umwandelt. Die spezifische Aktivität der Radionuklide, die durch diese Kernreaktionen gewonnen werden, ist verhältnismäßig niedrig, es sei denn, daß die durch die Kernreaktionen entstehenden Nuklide durch radioaktive Umwandlung in die gewünschten Radionuklide zerfallen, wie in dem angeführten Beispiel des Kr–83m, oder daß Trennungen nach der Methode von SZILARD und CHALMERS ausgeführt werden.

Bei der Bestrahlung in einem Beschleuniger unterscheidet man die

Tabelle 13.6
Beispiele für die Gewinnung von Radionukliden durch (γ, n)-Reaktionen

Target	Durch (γ, n)-Reaktion erzeugt	$t_{1/2}$	$E\gamma_{max}$ (Resonanzenergie) in MeV	$\sigma(\gamma, n)_{max}$ (bei der Resonanzenergie) in barn
TiO_2	^{45}Ti	3,1 h	–	–
$Co(NO_3)_2 \cdot 6 H_2O$	^{58}Co	71 d	16,9	0,13
$AgNO_3$	^{106m}Ag	8,4 d	14,0	0,24
$KIO_3(LiI)$	^{126}I	13 d	15,2	0,45
Cs_2CO_3	^{132}Cs	6,5 d	–	–
$TlNO_3$	^{202}Tl	12 d	≈ 17	0,092
$Pb(NO_3)_2$	^{203}Pb	52 h	–	–

Werte aus:
H. ELIAS: Radiochimica Acta **6**, 109 (1966).
R. MONTALBETTI, L. KATZ, J. GOLDENBERG: Physic Rev. **91**, 667 (1953).
M. MUTSURO: J. physic. Soc. Japan **14**, 1649 (1959).
J. ERÄ, L. KESZTHELYI: Nuclear Physics **2**, 371 (1956/57).
J. MOFFATT, D. REITMANN: Nuclear Physics **65**, 135 (1965).

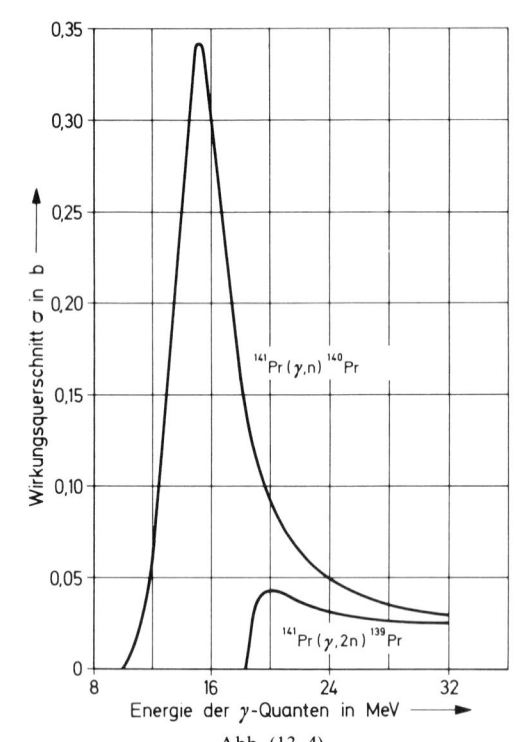

Abb. (13–4)
Wirkungsquerschnitte für die Reaktionen $^{141}Pr(\gamma, n)^{140}Pr$ und $^{141}Pr(\gamma, 2n)^{139}Pr$ als Funktion der γ-Energie. Nach J. H. CARVER u. W. TURCHINETZ: Proc. physic. Soc. **73**, 110 (1959).

„innere" und die „äußere" Bestrahlung. Im einen Falle wird das Target in den Beschleuniger eingeführt, im anderen Falle wird der Strahl aus dem Beschleuniger herausgelenkt, so daß das Target außerhalb

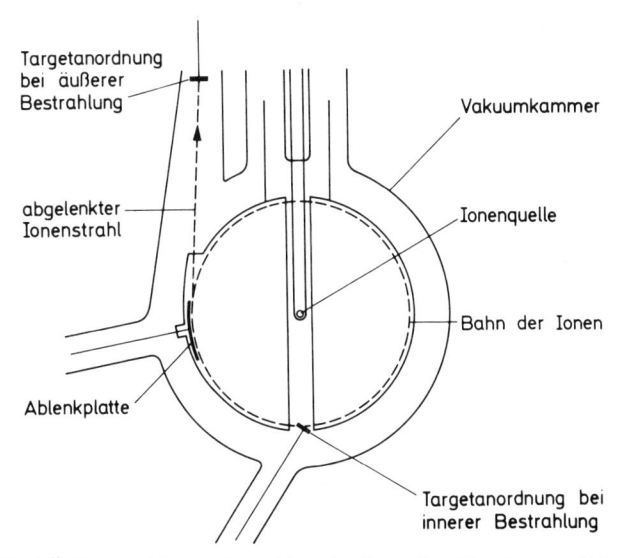

Abb. (13–5) Äußere und innere Bestrahlung in einem Beschleuniger am Beispiel eines Zyklotrons.

bestrahlt werden kann. Diese Möglichkeiten sind in Abb. (13–5) skizziert. In beiden Fällen treten durch die Absorption der Strahlung beträchtliche Wärmeleistungen auf, die eine intensive Kühlung erforderlich machen. Ein Teilchenstrom von 1 µA und einer Energie von 1 MeV bedeutet beispielsweise eine Leistung von 10^{-6} A $\cdot$ 10^6 V = 1 W. Die Ströme liegen meist in der Größenordnung 100 µA, die Energien der Teilchen in der Größenordnung 10 MeV. Wenn die Teilchen im Target vollständig absorbiert werden, so entspricht das einer Leistung von 1 kW. Diese muß unbedingt durch eine gute Kühlung abgeführt werden, wenn eine Überhitzung oder ein Wegschmelzen des Targets vermieden werden sollen. Meist wird Wasserkühlung verwendet. Auch dem Wärmeübergang von der Probe zur Kühlfläche muß Beachtung geschenkt werden, wenn keine allzu starke lokale Überhitzung in der Probe eintreten soll.

Die Dicke der Probe ist bei der Bestrahlung in einem Beschleuniger ebenfalls von größerer Bedeutung als bei der Bestrahlung in einem Reaktor. Während der Fluß an thermischen Neutronen im Reaktor in einer bestimmten Bestrahlungsposition verhältnismäßig konstant ist — sofern keine Stoffe mit hoher Neutronenabsorption zugegen sind —, nimmt die Intensität in einem Strahl von geladenen Teilchen wegen der stärkeren Wechselwirkung in einem Target sehr viel rascher ab. Nur in sehr dünnen Folien kann die Intensität, d. h. der Teilchenfluß, als konstant angesehen werden. Dies ist für die Berechnung der Ausbeute wichtig (vgl. Abschn. 8.7).

13.3. Trennung von Radionukliden

Durch die Aufgabe, Radionuklide in kleinen Mengen, aber mit hoher Reinheit und möglichst quantitativ abzutrennen, wurde die Entwicklung moderner Trennverfahren sehr stark gefördert.

13. Gewinnung und Chemie der Radionuklide

Die Frage der Radionuklidreinheit spielt im Hinblick auf die Verwendung der Radionuklide eine wichtige Rolle. Dies gilt insbesondere für die Anwendung in der Medizin für diagnostische oder therapeutische Zwecke, aber auch für andere empfindliche Messungen. Besonders unangenehm ist die Verunreinigung mit langlebigen Radionukliden (vgl. Abb. (5–6)), weil sich dann der Anteil der Verunreinigung mit der Zeit in starkem Maße erhöht. Ist z. B. die Radionuklidreinheit von Ba–140, das frisch aus Spaltproduktlösungen abgetrennt wurde, größer als 99% und enthält dieses Präparat als Verunreinigung nur 0,1% seiner Aktivität an dem langlebigen Spaltprodukt Sr–90, so wächst der Aktivitätsanteil des Sr–90 innerhalb von 3 Monaten auf 11,5% an. Aus diesen Gründen ist die Entwicklung von Trennverfahren hoher Selektivität und Nachweisverfahren hoher Empfindlichkeit für die Chemie der Radionuklide besonders wichtig.

Die Trennverfahren lassen sich folgendermaßen einteilen:

    Fällung und Kristallisation
    Elektrolyse
    Destillation
    Extraktion
    Ionenaustausch
    Chromatographie

Die fraktionierte Kristallisation war eine der ersten Methoden zur Abtrennung und Reindarstellung von Radionukliden. So wurde das Ra–226 von dem Ehepaar CURIE durch fraktionierte Kristallisation der Chloride von Barium getrennt und isoliert. Der durch Bestrahlen von Chloriden mit Neutronen nach der Kernreaktion (13.7) gebildete Schwefel kann durch Behandlung mit konzentrierter Salzsäure abgetrennt werden. Dabei kristallisiert das Chlorid aus, während der Schwefel als $^{35}SO_4^{2-}$ in der Mutterlauge angereichert wird.

Fällungsverfahren sprechen nur dann an, wenn das Löslichkeitsprodukt überschritten wird. Sofern die Radionuklide in sehr kleiner Konzentration vorliegen, ist deshalb eine direkte Abtrennung durch eine Fällungsreaktion nicht möglich. Man wendet dann das Verfahren der Mitfällung an. Dabei wird eine Komponente zugesetzt, die sich unter den betreffenden Bedingungen chemisch ähnlich verhält wie das Radionuklid, das abgetrennt werden soll. Die zugesetzte Komponente wird als Träger bezeichnet. Die Mitfällung unter Zugabe eines Trägers ist eine sehr häufig benutzte Methode zur Abtrennung von Radionukliden. Als Träger kommen isotope Nuklide oder nicht-isotope Nuklide in Frage. Im Falle der Zugabe eines isotopen Trägers wird die spezifische Aktivität des Radionuklids erheblich herabgesetzt; ein nichtisotoper Träger dagegen kann später abgetrennt werden. Es gibt zahlreiche Beispiele für die Abtrennung von Radionukliden durch Mitfällung. So eignen sich beispielsweise Bariumionen als Träger für Radium. Hydroxide, insbesondere Eisenhydroxid und andere Metallhydroxide, sind wegen ihrer großen spezifischen Oberfläche als Träger besonders vorteilhaft. Zur Abtrennung und Reinigung kleiner Mengen von Actiniden wird häufig eine Lanthanfluoridfällung vorgenommen, weil die Actiniden mit Fluoridionen ebenfalls schwerlösliche Verbindungen liefern und deshalb zusammen mit dem Lanthan ausfallen. Gelegentlich wird auch bei chemisch sehr verschiedenen Eigenschaften von Radionuklid und Träger eine wirksame Mitfällung beobachtet. So können Actiniden der Oxidationsstufen III und IV in Gegenwart von Kaliumionen auch in sehr verdünnten Lösungen mit hohen Ausbeuten zusammen mit Bariumsulfat gefällt und abgetrennt werden. Zur Wiederauflösung des Bariumsulfats eignet sich eine ammoniakalische Lösung von Ethylendiamintetraessigsäure.

Wenn man umgekehrt bei einer Fällungsoperation die Mitfällung eines in kleinen Mengen vorhandenen Radionuklids vermeiden will, setzt man einen sogenannten Rückhalteträger zu. Besonders wirksam sind isotope Rückhalteträger; sie führen jedoch zu einer Verminderung der spezifischen Aktivität. Das Verhalten trägerfreier Radionuklide wird in Abschn. 13.4 näher besprochen.

13.3. Trennung von Radionukliden

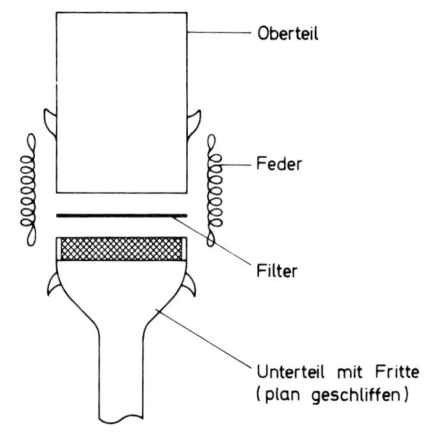

Abb. (13-6) Skizze einer Hahnschen Nutsche.

Für die Filtration im Anschluß an eine Fällungsreaktion benutzt man meist eine sogenannte Hahnsche Nutsche (vgl. Abb. (13-6)). Diese besteht aus einem Unterteil mit Fritte, die plangeschliffen ist, und einem Oberteil, das durch Federn oder Gummi angepreßt wird. Der Vorteil der Hahnschen Nutsche besteht darin, daß das Filter mit dem Präparat sehr leicht entnommen und nach Überführung auf ein Präparateschälchen gegebenenfalls direkt für eine Aktivitätsmessung verwendet werden kann.

Die elektrolytische Abscheidung von Radionukliden fand bei der Untersuchung der natürlichen Radionuklide häufig Verwendung. Diese Methode ist sehr nützlich, wenn man möglichst dünne Präparate erhalten will; sie besitzt deshalb für die Herstellung von Standardpräparaten große Bedeutung. Polonium beispielsweise kann mit guter Ausbeute anodisch auf Kupfer, Platin oder Silber abgeschieden werden, ebenso Blei und Mangan. Durch Elektrolyse der Nitrate oder Chloride in Aceton-haltiger alkoholischer Lösung ist es möglich, Thorium und Actinium an der Kathode abzuscheiden. Besondere Bedeutung hat die elektrolytische Abtrennung der Actiniden, weil auf diese

Weise sehr dünne Präparate gewonnen werden, die für die Aufnahme von α-Spektren geeignet sind. In der Literatur sind viele Vorschriften für die elektrolytische Abscheidung der Actiniden aus wäßrigen Lösungen und aus organischen Lösungsmitteln angegeben. Um auch bei extrem niedrigen Konzentrationen, wie sie häufig in der Praxis vorliegen, eine möglichst quantitative Abtrennung zu erreichen, ist eine Optimierung der Arbeitsbedingungen erforderlich. Gegebenenfalls kann man sich auch durch Zusatz eines Indikators zur Bestimmung der Ausbeute nach der Methode der Verdünnungsanalyse helfen (vgl. Abschn. 15.3). So ist es üblich, bei der Bestimmung kleiner Mengen Plutonium als Indikator Pu–236 zuzusetzen und aus der Intensität der Linien des Pu–236 im α-Spektrum die Ausbeute an Plutonium bei der elektrolytischen Abscheidung zu berechnen. Dabei muß natürlich durch die chemische Vorbehandlung sichergestellt sein, daß das gesuchte Plutonium und das Pu–236 bei der Elektrolyse in derselben chemischen Form vorliegen. Hohe Ausbeuten bei der elektrolytischen Abscheidung der Actiniden erhält man auch, wenn die aus einer Trennsäule mit α-Hydroxy-Isobuttersäure eluierten Actiniden der Oxidationsstufe III nach Zusatz von Ammoniumchlorid und Einstellung der Lösung auf pH 2 elektrolysiert werden. Auch stark elektropositive Metalle können abgetrennt werden, z. B. Radium durch Elektrolyse des Iodids oder Thiocyanats in Aceton. Die Abtrennung des Na–22 von Magnesium im Anschluß an die Kernreaktion (13.19) ist durch Elektrolyse an einer Quecksilberkathode möglich.

Die Abtrennung durch Destillation ist auf solche Fälle beschränkt, in denen die Radionuklide in Form einer flüchtigen Verbindung vorliegen. Die Gewinnung von I–131 aus bestrahltem Tellur durch Destillation haben wir bereits in Abschn. 13.1 besprochen. In ähnlicher Weise kann Ruthenium als Rutheniumtetroxid aus bestrahltem Molybdän oder aus Spaltproduktlösungen durch Erhitzen in oxidierendem Medium (z. B. Perchlorsäure oder Kaliumpermanganat) abgetrennt werden. Technetium ist beim Erhitzen in konzentrierter Schwefelsäure auf 150 bis 200 °C als Tc_2O_7 flüchtig. Cd–107, das durch Bestrahlen von Silber mit Deuteronen nach der Kernreaktion $^{107}Ag(d,2n)^{107}Cd$ erhalten wird, ist durch Erhitzen auf 900 °C im Vakuum vom Silber abtrennbar. Zur Reinigung von P–32 kann die Verflüchtigung als Phosphorpentachlorid im Chlorstrom dienen.

Extraktionsverfahren finden eine sehr breite Anwendung zur Abtrennung von Radionukliden, insbesondere deshalb, weil sie einfach und rasch ausgeführt werden können. Die Zugabe eines Trägers ist nicht erforderlich. Der Verteilungskoeffizient K_d ist gegeben durch das Nernstsche Verteilungsgesetz

$$K_d = \frac{c_1}{c_2} \tag{13.21}$$

(c_1 und c_2 sind die Konzentrationen in den beiden Phasen, z. B. in der wäßrigen und der organischen Phase). In Tab. 13.7 sind einige ausgewählte Beispiele für die Abtrennung von Radionukliden durch Extraktion zusammengestellt. Besonders vorteilhaft sind solche Extraktionsmittel, die sich durch hohe Selektivität auszeichnen, d. h. durch

Tabelle 13.7
Beispiele für die Gewinnung von Radionukliden durch Extraktion

Element	Extraktionsmittel	Bemerkungen
Eisen	Isopropylether	Extraktion zu 99% aus stark salzsaurer Lösung als solvatisiertes $HFeCl_4$;
	Cupferron in Chloroform	Quantitative Extraktion als Fe^{III}–cupferrat aus salzsaurer Lösung.
Brom	Tetrachlorkohlenstoff	Extraktion als Br_2 aus salpetersaurer Lösung; Einhaltung bestimmter Bedingungen erlaubt eine Trennung von I_2.
Strontium	α-Thenoyltrifluoraceton (TTA) in Benzol	Bei pH > 10.
Yttrium	Di–2–ethylhexylphosphorsäure (englisch D2EHPA) in Toluol	In salzsaurer Lösung Abtrennung von Sr;
	Tri–n–butylphosphat (TBP)	Hoher Verteilungskoeffizient für stark salpetersaure Lösung (Trennung von den Seltenen Erden).
Zirkonium	Tri–n–butylphosphat unverdünnt oder in CCl_4, Kerosin, Benzol, Toluol	Aus stark salzsaurer oder salpetersaurer Lösung werden Zr und Nb mit hohem Verteilungskoeffizienten extrahiert;
	Di–n–butylphosphorsäure (DBPA) in Di–n–butylether	Aus saurer Lösung quantitative Extraktion; Mitextraktion von anwesendem Niob wird durch Zugabe von H_2O_2 fast völlig zurückgedrängt.
Technetium	Tetraphenylarsoniumchlorid in Chloroform	Extraktion aus neutraler oder basischer Lösung in Anwesenheit von H_2O_2 als $(C_6H_5)_4AsTcO_4$ mit hohem Verteilungskoeffizienten (Trennung aus Spaltprodukten).
Iod	Tetrachlorkohlenstoff	Extraktion als I_2 aus saurer Lösung; bei Einhaltung bestimmter Bedingungen ist eine direkte Trennung des Iods von den anderen Spaltprodukten möglich.
Cäsium	Natriumtetraphenylborat in Amylacetat	Selektive Extraktion als $Cs(C_6H_5)_4B$ in Amylacetat aus wäßriger gepufferter Lösung (Natriumcitrat/HNO_3).
Cer	Diethylether	Extraktion als Ce^{IV} aus stark salpetersaurer Lösung mit guter Ausbeute (Trennung von den dreiwertigen Lanthaniden);
	Tri–n–butylphosphat (TBP)	Extraktion des Ce^{IV} aus salpetersaurer Lösung mit guter Ausbeute.

13.3. Trennung von Radionukliden

13. Gewinnung und Chemie der Radionuklide

Fortsetzung Tabelle 13.7

Element	Extraktionsmittel	Bemerkungen
Actinium	α-Thenoyltrifluoraceton (TTA) in Benzol	Bei pH 6 aus wäßriger Lösung.
Thorium	Methylisobutylketon (Hexon)	Extraktion aus salpetersaurer Lösung mit hohem Verteilungskoeffizienten;
	α-Thenoyltrifluoraceton (TTA) in Benzol	Extraktion aus saurer Lösung;
	Tri–n–butylphosphat (TBP) in Kerosin	Extraktion aus angesäuerter Natriumnitratlösung (Technisches Verfahren).
Uran	Diethylether	Selektive Extraktion der Uranylionen bei Einhaltung bestimmter Bedingungen;
	Tri–n–butylphosphat (TBP) in Kerosin	Extraktion der Uranylionen aus sauren Lösungen mit hohem Verteilungskoeffizienten (Technisches Verfahren).
Plutonium	Tri–n–butylphosphat (TBP) in Kerosin	Extraktion des Pu^{VI} aus stark salpetersaurer Lösung mit hohem Verteilungskoeffizienten; auch Pu^{IV} wird extrahiert.
Americium und Curium	α-Thenoyltrifluoraceton in Benzol	Quantitative Extraktion als Am^{III} und Cm^{III} bei pH $\approx$ 4.
Berkelium	Di–2–ethylhexylphosphorsäure (englisch D2EHPA) in Heptan	Extraktion aus stark salpetersaurer Lösung in Gegenwart von $KBrO_3$ als Bk^{IV}. Möglichkeit der Trennung von Bk, Cm und Cf.

große Unterschiede in den Verteilungskoeffizienten. In diesem Zusammenhang haben Ketone, Ester der Phosphorsäure und langkettige Amine große Bedeutung gewonnen. Thenoyl–2–trifluoraceton (TTA), ein Diketon, eignet sich zur selektiven Abtrennung von Thorium- und Zirkoniumisotopen im Laboratorium. Di–2–ethylhexyl-phosphorsäure (D2EHPA), ein Diester der Phosphorsäure, wird für die Abtrennung von Sr-90 in größerem Maßstab verwendet. Auch bei der Abtrennung von Radionukliden durch Szilard-Chalmers-Reaktionen kommen bevorzugt Extraktionsverfahren zur Anwendung, z. B. für die Isolierung von I–128 aus bestrahltem Ethyliodid (vgl. Abschn. 9.4), die Abtrennung von Fe-59 aus bestrahltem Ferrocen und die Abtrennung von Br–80 aus Brombenzol, das mit Br–80m markiert ist. In der Kerntechnik nehmen Methylisobutylketon (Hexon), Tributylphosphat (TBP) und Trilaurylamin (TLA) als Extraktionsmittel im Rahmen der Wiederaufarbeitung der Brennstoffelemente zur Abtrennung und Reinigung von Uran und Plutonium einen wichtigen Platz ein (vgl. Abschn. 11.8).

Ionenaustauschverfahren sind im kernchemischen Laboratorium für die Trennung von Radionukliden ebenfalls unentbehrlich geworden. Auch auf diesem Gebiet wurde die Entwicklung entscheidend durch die Kernchemie befruchtet. Der Austausch von Protonen gegen andere Kationen in einem Ionenaustauscher kann durch folgende Gleichung beschrieben werden:

$$n\overline{H} + M^{n+} \rightleftharpoons nH^+ + \overline{M}. \tag{13.22}$$

Für die Gleichgewichtskonstante gilt:

$$K_1 = \frac{[H^+]^n [\overline{M}]}{[\overline{H}]^n [M^{n+}]}. \tag{13.23}$$

Die überstrichenen Größen bedeuten: am Austauscher. Der Verteilungskoeffizient K_d für die Kationen M^{n+} ist gegeben durch den Ausdruck:

$$K_d = \frac{[\overline{M}]}{[M^{n+}]}. \tag{13.24}$$

Mit Gl. (13.23) folgt daraus

$$K_d = K_1 \left(\frac{[\overline{H}]}{[H^+]} \right)^n \tag{13.25}$$

beziehungsweise durch Logarithmieren:

$$\lg K_d = \lg K_1 + n \lg [\overline{H}] + n\, pH. \tag{13.26}$$

Bei geringer Belegung des Ionenaustauschers, d. h. bei geringer Konzentration der austauschbaren Ionen, ist $[\overline{H}]$ konstant, und es folgt:

$$\lg K_d = \text{const} + n\, pH. \tag{13.27}$$

Nach dieser Gleichung sollte der Logarithmus des Verteilungskoeffizienten mit dem pH-Wert ansteigen; die Steigung ist durch die Zahl n gegeben. Der Trennfaktor für die Trennung von zwei verschiedenen Kationen ist gegeben durch das Verhältnis der Verteilungskoeffizienten:

$$T_{f(1,2)} = \frac{K_d(1)}{K_d(2)} = \frac{K_1(1)}{K_1(2)}. \tag{13.28}$$

Der Trennfaktor ist ein Maß für die Selektivität S einer Trennung, die man durch die Differenz der Logarithmen der Verteilungskoeffizienten ausdrücken kann ($S = \lg K_d(1) - \lg K_d(2) = \lg T_{f(1,2)}$).

Beispiele für die Trennung von Radionukliden durch Ionenaustauschverfahren sind in Tab. 13.8 angegeben. Die Harzaustauscher, die als Kationen- oder Anionenaustauscher in den Handel kommen, besitzen verhältnismäßig niedrige Selektivität. Durch Verwendung von Komplexbildnern bei der Elution kann die Selektivität sehr stark erhöht werden. Dies beruht darauf, daß im Bereich bestimmter pH-

Tabelle 13.8
Beispiele für die Trennung von Radionukliden durch Ionenaustauschverfahren

Zu trennende Elemente	Ionenaustauscher	Elutionsmittel
Cs/Rb	Zirkoniumwolframat	1 M NH$_4$Cl-Lösung
Cs/Rb, K	Duolit C–3	0,3 M HCl (Rb + leichtere Alkalimet.), 3 M HCl(Cs)
Cs/Rb/K/Na	Ti-Hexacyanoferrat	1 M HCl
Erdalkalien	Dowex–50	1,5 M Ammoniumlactatlösung (pH 7)
Cs/Ba/Seltene Erden	Dowex–50 X–10	LiNO$_3$-Lösungen
Ba/Ra	Dowex–50	0,32 M Ammoniumcitratlösung (pH 5,6)
Seltene Erden	Dowex–50 Amberlit IR–100 H Zeo-Karb 225	5%ige Ammoniumcitratlösung (pH 3–3,5); 1 M Milchsäure (pH 3,2); 0,2–0,4 M Lösung von α-Hydroxyisobuttersäure (pH 4,0–4,6); oder 0,025 M EDTA-Lösung (pH 3,2)
Übergangselemente Mn/Co/Cu/Fe/Zn	Dowex–1	Elution mit HCl abnehmender Konzentration
Zr/Nb	Dowex–1 oder Dowex–50	HCl-HF-Lösungen, Elution von Nb mit 1 M HCl + H$_2$O$_2$; Elution von Zr mit 0,5%iger Oxalsäurelösung
Zr^{IV}/Pa^{V}/Nb^{V}/Ta^{V}	Dowex–1	HCl-HF-Lösungen
Actiniden/Lanthaniden	Dowex–50 oder Zeo-Karb 225	20%iges Ethanol, gesättigt mit HCl-Gas (Actiniden werden zuerst eluiert)
	Amberlit IRA–400	13 M HCl
Actiniden	Dowex–50	5%ige Ammoniumcitratlösung (pH 3,5); 0,4 M Ammoniumlactatlösung (pH 4–4,5) 0,4 M Ammonium-α-hydroxybutyratlösung (pH 4–4,6)
Th^{IV}/Pa^{V}/U^{VI}	Dowex–1 X–10	Elution mit 10 M HCl bzw. 9 M HCl–1 M HF

Werte der Trennfaktor durch die Unterschiede in den Stabilitätskonstanten K_2 der Komplexe und nicht mehr durch die verhältnismäßig geringen Unterschiede der Gleichgewichtskonstanten K_1 der Austauschgleichgewichte bestimmt wird:

$$T_{f(1,2)} = \frac{K_d(1)}{K_d(2)} = \frac{K_2(1)}{K_2(2)}. \tag{13.29}$$

Als Komplexbildner werden α-Hydroxysäuren (z. B. Milchsäure) und Komplexone verwendet. Nach dieser Methode können die Lanthaniden und Actiniden getrennt werden (Abb. (13–7)). Durch Einführung von Ankergruppen hoher Selektivität ist es möglich, Harzaustauscher, Celluloseaustauscher und Austauscher auf der Basis von anderen

13.3. Trennung von Radionukliden

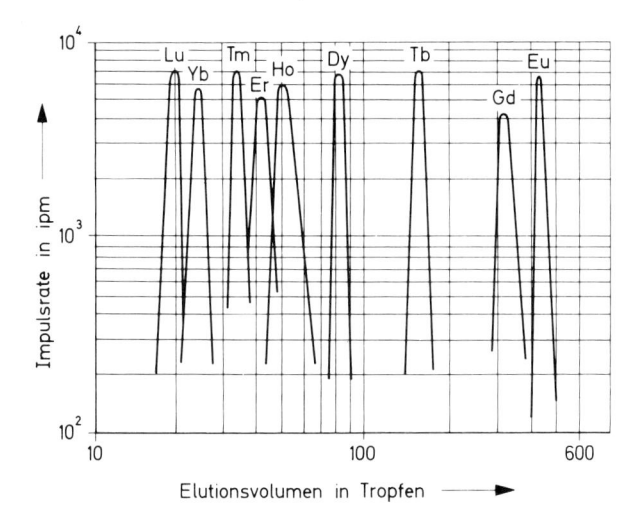

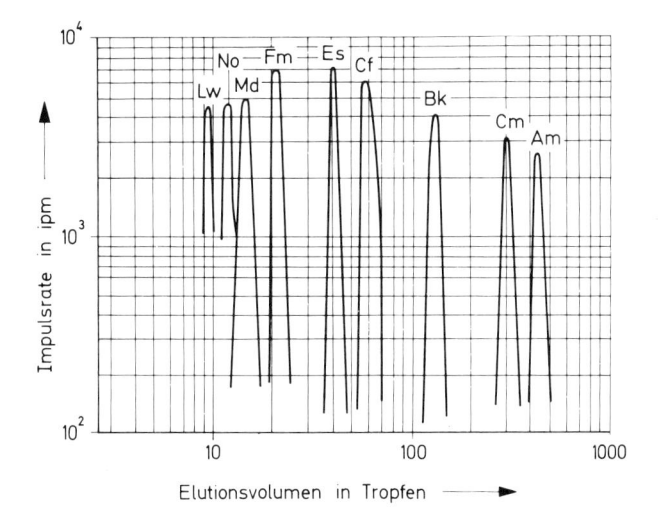

Abb. (13–7) Trennung der Lanthaniden bzw. Actiniden in einer Ionenaustauschersäule (Dowex–50) bei 87 °C mit α-Hydroxyisobuttersäure als Elutionsmittel.

Tabelle 13.9.
Beispiele für die Anwendung chromatographischer Verfahren zur Trennung von Radionukliden

Zu trennende Elemente	Trägersubstanz	Mobile Phase
Cs aus Spaltprodukten	Cellulosepulver	Phenol–2 M Salzsäure
Ra/Ba	Aluminiumoxid	Wasser
Sc/Seltene Erden	Papier (Whatman I)	Ethanol–2 M Salzsäure (9:1)
Sc/Seltene Erden	Cellulosepulver	Methylacetat-Wasser-Salpetersäure (85:10:5)
Seltene Erden	Papier (Elektrophorese 300 V; 3,5 Stunden)	1%ige Citronensäure
La/Ac	Papier (Elektrophorese 300 V; 3,5 Stunden)	1%ige Citronensäure
Zr/Hf	Papier (Whatman 1, absteigend)	Ethylether–konz. Salpetersäure (87,5:12,5)
	Papier (Whatman 1, absteigend)	Dichlorethylenglykol–30%ige Salpetersäure (1:1)
Zr/Nb	Papier (Schleicher und Schüll 2043 bM, aufsteigend)	Methylethylketon–40%ige Flußsäure (2:1)
Th/Seltene Erden	Cellulosepulver	Ethylether–konz. Salpetersäure (87,5:12,5)
Ta/Nb	Aluminiumoxid	4%ige Ammoniumoxalatlösung eluiert Tantal
Nb/Ta	Cellulosepulver	Wassergesättigtes Methylethylketon (Elution von Tantal), Methylethylketon-Flußsäure (87,5:12,5) (Elution von Niob)
Pa/Nb/Ta	Papier	Butanol–HCl–HF–H_2O (50:25:1:24)
Nb/Ta	Papier	Methylethylketon–HF–H_2O (88:4:8)
Sb/Bi	Aluminiumoxid	Wasser
Co/Cu, Fe, Ni	8–Hydroxychinolin (als Pulver in einer Säule)	Wasser
Cs/Cu/Fe	Aluminiumhydroxid	Wasser
Co/Fe	Papier	Aceton–HCl–Wasser (90:5:5) (Elution von Fe)
Tc/Mo	Aluminiumoxid	Wasser oder verdünnte Säure (Elution des Tc)
Ba/Cs	Eisen(III)-hexacyanoferrat(II)	10^{-3} M HCl (Elution des Ba)

Gerüstsubstanzen mit verbesserten Austauscheigenschaften zu synthetisieren. Auch eine größere Reihe anorganischer Austauscher befindet sich im Handel, z. B. Zirkoniumoxidhydrat, Zirkoniumphosphat. Die schwerlöslichen gelartigen Oxidhydrate, Phosphate oder Hexacyanoferrate des Zirkoniums, Titans und anderer Elemente zeichnen sich durch verhältnismäßig hohe Selektivität aus. Beispielsweise werden von den Hexacyanoferraten Cäsiumionen sehr fest gebunden und können deshalb aus Spaltproduktlösungen selektiv abgetrennt werden. Auch Ammoniummolybdatophosphat eignet sich zur selektiven Abtrennung des Cäsiums. Wasserhaltiges Titandioxid wird in Versuchsanlagen für die Gewinnung von Uran aus Meerwasser eingesetzt. Das Uran wird durch hydrolytische Adsorption an Titandioxid gebunden. Der Austausch- bzw. Adsorptionsvorgang verläuft allerdings, wie bei allen anorganischen Austauschern, verhältnismäßig langsam. Neben den synthetischen Austauschern werden auch in der Natur vorkommende anorganische Verbindungen verwendet, die Ionenaustauscheigenschaften besitzen.

Für die Abtrennung von Radionukliden im Laboratorium haben sich Ionenaustauschverfahren sehr bewährt. Auch für technische Trennungen sind Ionenaustauscher geeignet, sofern die Aktivität nicht zu hoch ist. In radioaktiven Lösungen kommt es infolge der Radiolyse des Wassers zur Bildung von Gasbläschen, welche die Eluierbarkeit der Säule beeinträchtigen. Harzaustauscher erfahren außerdem unter dem Einfluß ionisierender Strahlung eine langsame Zersetzung; anorganische Austauscher besitzen größere Strahlenresistenz.

Chromatographische Verfahren können sehr vielfältig angewendet werden. In Tab. 13.9 sind einige Beispiele aufgeführt. Für die Verteilungschromatographie, die auf den Verteilungsgleichgewichten der Komponenten zwischen der stationären und der mobilen Phase beruht, eignen sich solche Substanzen, die auch als Extraktionsmittel Verwendung finden, z. B. Phosphorsäureester. Sie können als stationäre Phase auf einer inerten Trägersubstanz (z. B. Teflonpulver) aufgebracht werden. Man spricht dann auch von umgekehrter Verteilungschromatographie („reversed partition chromatography"). In der Adsorptionschromatographie finden oberflächenaktive Substanzen wie Aluminiumoxid oder Silicagel Verwendung.

13.4. Trägerfreie Radionuklide

Trägerfreie Radionuklide sind frei von isotopen Beimengungen. Wenn die Halbwertzeit nicht extrem hoch ist, sind die Mengen bzw. Konzentrationen dieser trägerfreien Radionuklide meist sehr klein, und es treten infolgedessen viele Besonderheiten bei chemischen Operationen auf. Die Adsorption und das Verhalten bei Fällungsreaktionen bedürfen einer besonderen Betrachtung. Hinsichtlich der Einstellung von Verteilungs- und Austauschgleichgewichten unterscheiden sich trägerfreie Radionuklide nicht von Substanzen, die in höherer Konzentration vorliegen. Wegen der niedrigen Konzentration sind vielmehr die Gesetzmäßigkeiten des Verteilungsgleichgewichtes nach Gl.

(13.21) und der Gleichgewichte nach den Gln. (13.22) bis (13.29) in nahezu idealer Weise erfüllt.

Wenn Radionuklide in kleinen Konzentrationen zur Untersuchung chemischer Reaktionen dienen, spricht man auch von einem radioaktiven Indikator oder „tracer". Radionuklide mit einer Aktivität von 10 nCi sind noch bequem meßbar. Bei einer Gesamtzählausbeute von 10% beträgt die Zählrate 2220 ipm. In Tab. 13.10 ist die Menge von je 10 nCi verschiedener Radionuklide angegeben sowie die Konzentration für den Fall, daß diese Radionuklide in trägerfreier Form in 1 ml gelöst sind. Die Tabelle zeigt, daß es sich dabei meist um extrem kleine Konzentrationen handelt, die sonst bei chemischen Operationen keine Berücksichtigung finden. Bei diesen niedrigen Kon-

Tabelle 13.10
Menge und Konzentration verschiedener Radionuklide

Radionuklid	Halbwertzeit	10 nCi entsprechen einer Menge von	10 nCi in 1 ml gelöst entsprechen einer Konzentration von
I–131	8,04 d	$8,07 \cdot 10^{-14}$ g	$6,16 \cdot 10^{-13}$ mol/l
P–32	14,26 d	$3,49 \cdot 10^{-14}$ g	$1,09 \cdot 10^{-12}$ mol/l
S–35	87,2 d	$2,33 \cdot 10^{-13}$ g	$6,66 \cdot 10^{-12}$ mol/l
Fe–59	45,1 d	$2,04 \cdot 10^{-13}$ g	$3,46 \cdot 10^{-12}$ mol/l
Co–60	5,26 a	$8,82 \cdot 10^{-12}$ g	$1,47 \cdot 10^{-10}$ mol/l
Cu–67	61,9 h	$1,32 \cdot 10^{-14}$ g	$1,97 \cdot 10^{-13}$ mol/l
Br–82	35,3 h	$9,24 \cdot 10^{-15}$ g	$1,13 \cdot 10^{-13}$ mol/l
Zr–95	64 d	$4,65 \cdot 10^{-13}$ g	$4,90 \cdot 10^{-12}$ mol/l
Ba–139	85 min	$6,28 \cdot 10^{-16}$ g	$4,52 \cdot 10^{-15}$ mol/l
Ce–141	32,5 d	$3,51 \cdot 10^{-13}$ g	$2,49 \cdot 10^{-12}$ mol/l
Au–198	2,7 d	$4,09 \cdot 10^{-14}$ g	$2,07 \cdot 10^{-13}$ mol/l

zentrationen spielen Adsorptionseffekte eine große Rolle, die bei höheren Konzentrationen nicht beobachtet werden. Den Einfluß dieser Adsorptionseffekte kann man abschätzen, wenn man berücksichtigt, daß die Austauschkapazität einer Glasoberfläche für Kationen etwa 10^{-10} mol/cm² beträgt. Die Ionen werden an der Glasoberfläche in ähnlicher Weise gebunden wie an einem Ionenaustauscher. Bechergläser oder Erlenmeyerkolben mittlerer Größe besitzen somit ein Ionenaustauschvermögen von etwa 10^{-8} mol; das entspricht bei einem Volumen von 100 ml einer Konzentration von 10^{-7} mol/l. Es ist aus diesem Grunde leicht einzusehen, daß sich die Adsorptionseffekte bei Konzentrationen unterhalb 10^{-6} mol/l in starkem Maße bemerkbar machen können. Manche Ionen diffundieren verhältnismäßig rasch in Glasoberflächen hinein. Dies kann man im Falle von Silberionen oder Bleiionen hoher spezifischer Aktivität beobachten, die längere Zeit (z.B. mehrere Tage) in Form einer Lösung in einem Glasgefäß aufbewahrt werden. Diese Radionuklide lassen sich nur durch Abätzen der Glasoberfläche wieder vollständig entfernen. Um die Adsorptionseffekte an Glasoberflächen zu vermeiden, verwendet man für Lösungen niedriger Konzentrationen Gefäße aus Polyethylen, Teflon oder Quarz. Die Adsorptionseffekte sind dann sehr viel geringer, können aber nicht ganz ausgeschaltet werden.

Bei einer Fällungsreaktion oder einer Kristallisation kann man nach HAHN folgende Möglichkeiten für das Verhalten von trägerfreien Radionukliden unterscheiden:

Mitfällung durch isomorphen Ersatz,
Mitfällung durch Adsorption.

Wenn das Radionuklid mit dem als Träger wirkenden Bodenkörper normale oder anormale Mischkristalle bildet, wird es bei einer Fällungsreaktion oder Kristallisation im Gitter des Trägers eingebaut. Meist ist das Radionuklid nicht homogen im Festkörper verteilt, sondern die Konzentration ändert sich — ebenso wie bei Schichtkristallen — kontinuierlich von innen nach außen. Hat das Radionuklid die geringere Löslichkeit, so ist es meist im Inneren angereichert; aber auch die Gitterenergie spielt eine Rolle. Diese inhomogene Verteilung des Radionuklids gleicht sich nur allmählich durch Diffusion und Rekristallisationsvorgänge aus. Liegt im Gleichgewicht eine homogene Verteilung des Radionuklids innerhalb des Bodenkörpers vor, dann gilt der Nernstsche Verteilungssatz

$$K_1 = \frac{(c_1)_S}{(c_1)_L} = \frac{(c_1/c_2)_S}{(c_1/c_2)_L} \cdot \frac{(c_2)_S}{(c_2)_L}. \qquad (13.30)$$

In dieser Gleichung sind folgende Indizes verwendet: 1 für das Radionuklid, 2 für den Träger, s für den Bodenkörper und L für die Lösung. Der Quotient $(c_2)_L/(c_2)_S$ ist durch die Löslichkeit des Trägers bestimmt und kann mit K_1 zu einer neuen Konstanten K_h zusammengefaßt werden

$$K_h = \frac{(c_1/c_2)_S}{(c_1/c_2)_L} = \frac{(n_1/n_2)_S}{(n_1/n_2)_L}; \qquad (13.31)$$

n_1 bzw. n_2 sind die Molzahlen der Komponenten. K_h wird homogener Verteilungskoeffizient genannt.

Der andere Grenzfall ist die inhomogene Verteilung, die nicht durch Diffusion oder Rekristallisation ausgeglichen ist. Das Verteilungsgesetz gilt dann nur für das Gleichgewicht zwischen der jeweiligen Oberflächenschicht und der Lösung im Verlauf des Fällungsvorgangs oder der Kristallisation. Sind n_1 bzw. n_2 die Molzahlen des Radionuklids bzw. des Trägers, die im Bodenkörper abgeschieden werden, und n_1^o bzw. n_2^o die Zahl der Mole, die insgesamt vorhanden sind, so gilt

$$\frac{dn_1}{dn_2} = K_l \frac{n_1^o - n_1}{n_2^o - n_2}. \qquad (13.32)$$

Durch Integration folgt daraus:

$$\lg \frac{n_1^o}{n_1^o - n_1} = K_l \lg \frac{n_2^o}{n_2^o - n_2}. \qquad (13.33)$$

K_l wird logarithmischer Verteilungskoeffizient genannt. In der Praxis zeigt sich, daß bei erhöhter Temperatur nach einigen Stunden im allgemeinen homogene Verteilung erreicht wird. Dies wurde am Beispiel der Verteilung von Ra–226 in Bariumsalzen eingehend untersucht. Bei tiefer Temperatur und sofortiger Trennung von Bodenkörper und Lösung liegt im allgemeinen eine heterogene Verteilung vor, für die das logarithmische Verteilungsgesetz Gl. (13.33) gilt. Ebenso wird bei der Kristallisation durch langsame Verdampfung des Lösungsmittels meist eine heterogene Verteilung gefunden. In Abb. (13–8) ist der Bruchteil des Radionuklids, der im Falle homogener und heterogener (logarithmischer) Verteilung durch Fällung oder Kristallisation ausgeschieden wird, für verschiedene Verteilungskoeffizienten aufgezeichnet. Die Kenntnis dieser Werte ist für die Durchführung von Trennungen durch fraktionierte Fällung oder Kristallisation wichtig. Abb. (13–8) zeigt, daß die Trennung im Falle der heterogenen (logarithmischen) Verteilung besser ist. Beispielsweise führt eine 50%ige Fällung des Trägers bei einem Verteilungskoeffizienten von 6 im Falle der heterogenen Verteilung zu einer Abscheidung von 98,4% des Radionuklids, im Falle der homogenen Verteilung aber nur zu einer Abscheidung von 86%. Rasche Fällung oder langsame Verdampfung bei möglichst tiefer Temperatur sind deshalb am vorteilhaftesten für die Abtrennung eines Radionuklids durch fraktionierte Fällung oder Kristallisation.

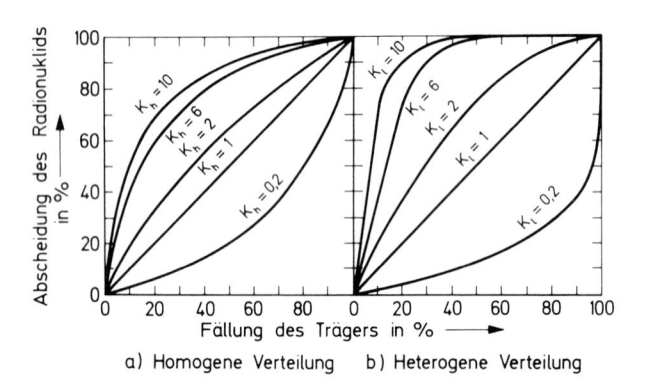

Abb. (13–8) Bruchteil des durch fraktionierte Fällung oder Kristallisation in der festen Phase ausgeschiedenen Radionuklids.

Die Mitfällung trägerfreier Radionuklide durch Adsorption hängt sehr stark von der spezifischen Oberfläche des Bodenkörpers ab. Aus diesem Grunde werden trägerfreie Radionuklide in besonders hohem Maße durch Hydroxide mitgefällt. Die Mitfällung durch Adsorption ist außerdem von der Ladung an der Oberfläche des Bodenkörpers und von der Ladung des trägerfreien Radionuklids abhängig. So werden kationische trägerfreie Radionuklide durch einen Anionenkörper — d. h. einen Bodenkörper, der an seiner Oberfläche einen Überschuß von Anionen enthält, — in größerem Umfange adsorbiert als durch einen Äquivalentkörper oder einen Kationenkörper. Außerdem steigt die Adsorption mit der Ladung der betreffenden trägerfreien Radio-

13.4. Trägerfreie Radionuklide

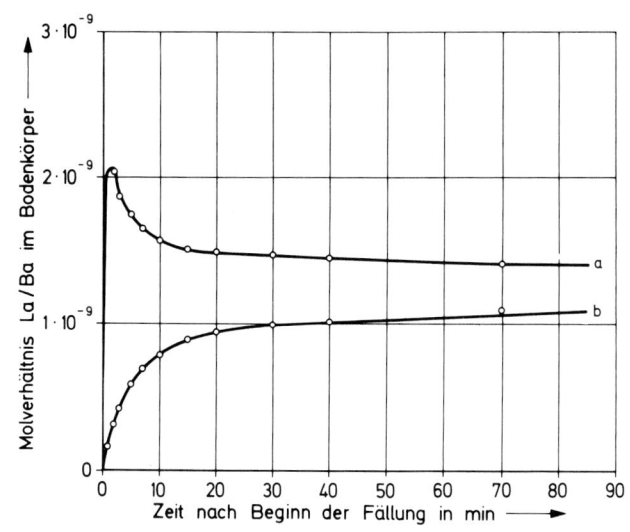

Abb. (13–9) Mitfällung von trägerfreiem Lanthan durch Adsorption bei der Fällung von Bariumsulfat
a) eingeschlossenes Lanthan;
b) an der Oberfläche adsorbiertes Lanthan.
Nach K. H. LIESER u. H. WERTENBACH: Z. physik. Chem., Neue Folge **34**, 1 (1962).

nuklide an. Andere Ionen gleicher Ladung treten allerdings bei diesen Vorgängen in Konkurrenz mit dem Radionuklid. In Abb. (13–9) ist als Beispiel die Menge des trägerfreien La–140 aufgezeichnet, die durch Adsorption bei der Fällung von Bariumsulfat mitgefällt wird. Dabei ist unterschieden zwischen dem eingeschlossenen Lanthan und dem an der Oberfläche adsorbierten Lanthan. Bei niedrigen Konzentrationen kann die Mitfällung durch Adsorption recht beträchtlich sein.

Im Zusammenhang mit der Mitfällung werden von HAHN noch zwei weitere Möglichkeiten diskutiert: Mitfällung durch Bildung anormaler Mischkristalle und Mitfällung durch innere Adsorption. Diese Möglichkeiten können nicht streng voneinander unterschieden werden. In beiden Fällen wird das trägerfreie Radionuklid im Bodenkörper eingeschlossen, meist in heterogener Verteilung. Unter anormaler Mischkristallbildung versteht man folgenden Vorgang: Atome des Radionuklids, das in makroskopischen Mengen keine Mischkristalle mit dem Träger bildet, werden während des Kristallwachstums auf einem Gitterplatz eingeschlossen und bilden dort Fehlstellen. Unter innerer Adsorption stellt man sich vor, daß die Atome des Radionuklids, die während des Kristallwachstums auf der Kristalloberfläche infolge Adsorption haften, durch neue Kristallschichten überdeckt und dadurch eingeschlossen werden.

Besondere Beachtung verdient die Bildung von Radiokolloiden. Diese können in trägerfreien Lösungen entweder durch Aggregation des Radionuklids zu kolloidalen Dimensionen oder durch Adsorption an kolloidalen Teilchen entstehen. Ein Beispiel für die Aggregation ist das Verhalten von trägerfreiem Po–210 und Bi–210 in neutralem Medium. Beide Radionuklide diffundieren bei niedrigem pH-Wert durch eine Membran, nicht aber bei hohem pH-Wert. In neutraler Lösung bilden sich Hydrolyseprodukte, die zu Aggregaten von kolloidalen Dimensionen zusammentreten. Eine sichtbare Ausfällung findet wegen der niedrigen Konzentration nicht statt. Ebenso bilden auch trägerfreies Zirkonium und trägerfreies Niob in neutraler Lösung Radiokolloide. Infolge dieser Aggregationsvorgänge sind die Diffusionskoeffizienten der Radionuklide in der Lösung stark pH-abhängig. Die Radiokolloide besitzen meist eine Ladung, die durch ihre Wanderung im elektrischen Feld nachgewiesen werden kann (Elektrophorese). Durch Dialyse, Sedimentation oder Zentrifugieren ist es möglich, Radiokolloide aus Lösungen abzutrennen. Auf einer photographischen Platte geben sich kolloidale Lösungen von Radionukliden durch die heterogene Verteilung der Aktivität zu erkennen. Abb. (13–10)

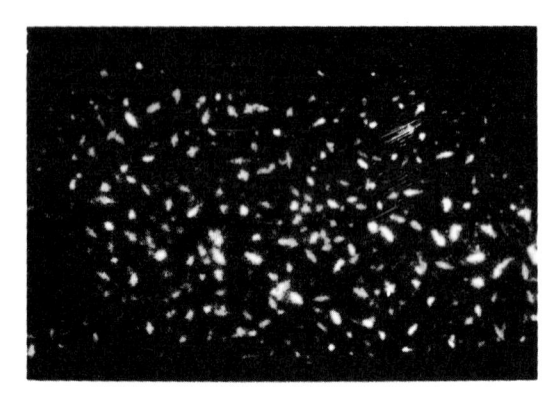

Abb. (13–10) Autoradiographie eines Radiokolloids (Th–234, pH ≈ 3).

zeigt die Autoradiographie eines Radiokolloids. Eine weitere Besonderheit der kolloidalen Teilchen ist, daß sie im allgemeinen in Trennsäulen, die Ionenaustauscher oder andere zum Austausch befähigte Stoffe enthalten, nicht festgehalten werden. Die Bildung von Radiokolloiden durch Aggregation kann durch geeignete Wahl des pH-Wertes oder Zusatz eines Komplexbildners verhindert werden. Die letztgenannte Maßnahme ist im allgemeinen recht wirksam; z. B. verhindern Fluoridionen die Entstehung von Radiokolloiden des Zr–95, weil stabile Fluorokomplexe gebildet werden. Die Radiokolloidbildung infolge Adsorption an feinverteilten Schwebstoffen hängt in erster Linie von dem Gehalt der Lösung an solchen kolloidalen Bestandteilen ab. Sie können durch sorgfältige Filtration oder Zentrifugieren entfernt werden.

Immer wenn Radionuklide in sehr niedrigen Konzentrationen vorliegen, muß die Möglichkeit der Bildung von Radiokolloiden in Betracht gezogen werden. Dies ist für die Untersuchung und die Beurteilung des Verhaltens von Radionukliden in der Umwelt („Radioökologie") von großer praktischer Bedeutung. Andererseits ergibt sich durch die Radiochemie, insbesondere durch das Studium der Radionuklide in verdünnten Lösungen, ein interessanter und wichtiger Einstieg in die Chemie hochdisperser Systeme (Kolloidchemie), vgl. Abschn. 15.1.

13.5. Kurzlebige Radionuklide

Chemische Operationen mit kurzlebigen Radionukliden sind erforderlich, wenn Aussagen über die chemischen Eigenschaften und damit auch über die Ordnungszahl erwünscht sind oder wenn eine Trennung von anderen Radionukliden angestrebt wird. Für die Abtrennung von kurzlebigen Radionukliden eignen sich nur solche Trennverfahren, deren Zeitbedarf mit der Halbwertzeit vergleichbar ist. Von den in Abschn. 13.3 besprochenen Verfahren sind Fällungsverfahren nur bedingt geeignet, weil sie meistens zu lange Zeit für das Absitzen des Niederschlages und die Filtration beanspruchen. Extraktionsverfahren sind im allgemeinen gut für die rasche Abtrennung von Radionukliden geeignet. In manchen Fällen ist allerdings die Einstellung des Verteilungsgleichgewichtes behindert, und zwar dann, wenn der Komplexbildner in der wäßrigen Phase unlöslich ist, so daß sich das Komplexbildungsgleichgewicht nur an der Phasengrenzfläche einstellen kann. Die Einstellung von Ionenaustauschgleichgewichten in Trennsäulen nimmt im allgemeinen mehrere Minuten in Anspruch. In Abb. (13–11) ist als Beispiel die Aufnahme von Sr–85 durch einen Harzaustauscher als Funktion der Zeit aufgetragen (Aktivitätsabnahme in der Lösung als Funktion der Zeit). Die Halbwertzeit für die Einstellung des Austauschgleichgewichts mit dem Austauscher beträgt in diesem Fall 3,5 min. Diese langsame Gleichgewichtseinstellung spielt nur eine untergeordnete Rolle, wenn kleine (z. B. trägerfreie) Mengen des betreffenden Radionuklids in einer Ionenaustauschersäule fixiert werden sollen; denn die Aufnahme an der Oberfläche des Ionenaustauschers erfolgt verhältnismäßig rasch. Die zur Gleichgewichtseinstellung erforderliche Zeit fällt jedoch voll ins Gewicht, wenn die quantitative Elu-

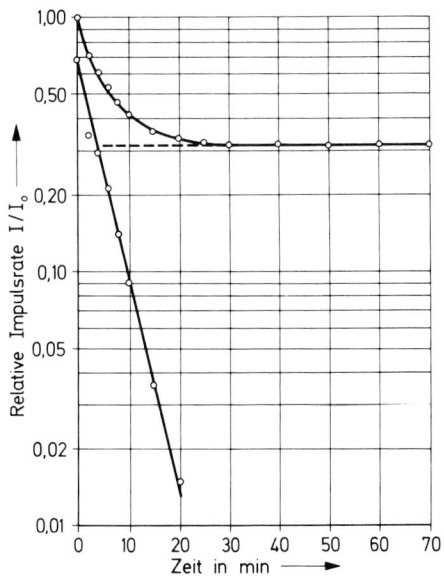

Abb. (13–11) Aufnahme eines Radionuklids durch einen Harzaustauscher als Funktion der Zeit (Beispiel: Sr–85 an Dowex 50 X 8, 100–200 mesh, Schüttelversuch). Nach K. H. Lieser u. K. Bächmann: Z. Anal. Chem. **225**, 379 (1967).

tion des Radionuklids aus der Trennsäule angestrebt wird; in diesem Fall muß es aus dem Inneren der Körner des Ionenaustauschers heraustransportiert werden. Anorganische Verbindungen sind ebenfalls für rasche Abtrennungen geeignet, wenn sich das Ionenaustauschgleichgewicht an der Oberfläche der Ionenkristalle rasch einstellt. Zur Verkürzung der für die Abtrennung erforderlichen Zeit verwendet man am zweckmäßigsten möglichst kurze Trennsäulen. In Abb. (13–12) ist eine solche Trennsäule aus Silberiodid aufgezeichnet, die

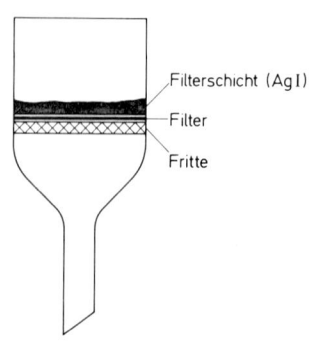

Abb. (13–12) Kurze Trennsäule für die Abtrennung von trägerfreiem Jod durch Austausch an Silberjodid (Filterschicht).

nur aus einer dünnen Schicht (Filterschicht) besteht und sich für die Abtrennung von Iodidionen oder Iod eignet; diese werden durch die Austauschreaktion

$$AgI + {}^*I^- \rightleftharpoons Ag^*I + I^- \qquad (13.34)$$

gebunden. (Markierte Atome bzw. Ionen sind oben links durch * gekennzeichnet.) Wenn die Austauschreaktionen in Trennsäulen genügend rasch verlaufen, kann man die für die Abtrennung erforderliche Zeit auch durch Absaugen oder Anwendung von Druck herabsetzen. Für chromatographische Trennungen gilt das gleiche wie für Ionenaustauschverfahren. In jedem Fall ist entscheidend, daß sich die Gleichgewichte genügend rasch einstellen.

Kurzlebige Radionuklide können entweder durch Bestrahlung in Kernreaktoren bzw. Beschleunigern gewonnen werden oder in Radionuklidgeneratoren durch Abtrennung von Mutternukliden mit größerer Halbwertzeit. Wenn die Herstellung in einem Kernreaktor oder Beschleuniger erfolgt, ist ein rascher Transport des Radionuklids zum Ort der Verwendung erforderlich. Am besten geeignet sind pneumatische Rohrpostanlagen, welche die bestrahlte Probe innerhalb von etwa 1 s in das Laboratorium befördern (vgl. Abschn. 12.1). Radionuklidgeneratoren besitzen den großen Vorteil, daß die kurzlebigen Radionuklide unabhängig von einem Kernreaktor oder Beschleuniger gewonnen werden können. Nach jeder Abtrennung bildet sich das kurzlebige Radionuklid durch Zerfall des Mutternuklids nach, so daß es in bestimmten Abständen immer wieder von neuem abgetrennt werden kann. Wichtig ist, daß das Mutternuklid bei der Abtrennung des kurzlebigen Tochternuklids fest fixiert ist, so daß die Radio-

Tabelle 13.11
Beispiele für Systeme, die als Generatoren für Radionuklide geeignet sind

Mutternuklid			Tochternuklid			Trägersubstanz	Elutionsmittel
Nuklid	Halbwertzeit	Zerfallsart	Nuklid	Halbwertzeit	Zerfallsart		
Mg–28	21,3 h	β^-, γ	Al–28	2,31 m	β^-, γ	Dowex–50	1 M NaOH
Ar–42	33 a	β^-	K–42	12,36 h	β^-, γ		
Ti–44	47,3 a	ε, γ	Sc–44	3,93 h	$\beta^+, \varepsilon, \gamma$	Zirkoniumoxidhydrat	0,01 M HCl
Fe–52	8,3 h	$\beta^+, \varepsilon, \gamma$	Mn–52m	21,3 m	$\beta^+, \varepsilon, \gamma, IU$	Dowex–1	1 M HCl
Fe–60	$\approx 10^5$ a	β^-, γ	Co–60m	10,5 m	β^-, IU, γ		
Ni–66	2,28 d	β^-	Cu–66	5,1 m	β^-, γ	Dowex–1	0,3 M HNO$_3$
Zn–62	9,26 h	$\varepsilon, \beta^+, \gamma$	Cu–62	9,73 m	$\beta^+, \varepsilon, \gamma$		
Zn–72	46,5 h	β^-, γ	Ga–72	14,1 h	β^-, γ	Aluminiumoxid oder	0,005 M EDTA
Ge–68	287 d	ε	Ga–68	68,3 m	$\beta^+, \varepsilon, \gamma$	Zirkoniumoxidhydrat	0,1 M HCl
Se–72	8,5 d	ε, γ	As–72	26,0 h	$\beta^+, \varepsilon, \gamma$		
Br–77	56 h	$\varepsilon, \beta^+, \gamma$	Se–77m	17,5 s	IU		
Kr–79	34,9 h	$\varepsilon, \beta^+, \gamma$	Br–79m	4,9 s	IU		
Rb–83	86,2 d	ε, γ	Kr–83 m	1,83 h	IU, γ	Dowex–50	H$_2$O
Sr–82	25 d	ε	Rb–82	1,3 m	$\beta^+, \varepsilon, \gamma$	Aktivkohle	wäßr. Lösung pH > 9
Sr–90	28,6 a	β^-	Y–90	64,1 h	β^-, γ	Dowex–50	0,2 M Milchsäure
Y–87	80,3 h	$\varepsilon, \beta^+, \gamma$	Sr–87m	2,81 h	IU, ε	Dowex–1	0,5% Zitronensäure
Zr–97	16,8 h	β^-, γ	Nb–97 u. Nb–97m	74 m 53 s	β^-, γ bzw. IU		
Mo–99	66,0 h	β^-, γ	Tc–99m	6,0 h	γ, IU, β^-	Aluminiumoxid	H$_2$O
Ru–103	39,35 d	β^-, γ	Rh–103 m	56,1 m	IU, γ		
Ru–106	368 d	β^-	Rh–106	30 s	β^-, γ		
Pd–100	3,7 d	ε, γ	Rh–100	20,8 h	$\varepsilon, \beta^+, \gamma$	Dowex–2	0,2 M HCl
Pd–103	17 d	ε, γ	Rh–103m	56,1 m	IU, γ		
Pd–109	13,47 h	β^-, γ	Ag–109m	39,6 s	IU		
Pd–112	20,1 h	β^-, γ	Ag–112	3,14 m	β^-, γ	Dowex–1	0,3 M HNO$_3$
Cd–109	453 d	ε	Ag–109m	39,6 s	IU	Dowex–1	10 M HCl
Cd–115	53,45 h	β^-, γ	In–115m	4,30 h	IU, β^-, γ	Dowex–1	0,15 M HCl
Cd–115m	44,6 h	β^-, γ	In–115m	4,30 h	IU, β^-, γ		
In–111	2,83 d	ε, γ	Cd–111m	49 m	γ, IU		
Sn–113	115,1 d	ε, γ	In–113m	99,48 m	IU, γ	Zirkoniumoxidhydrat	0,1 M HCl
Sn–126	$\approx 10^5$ a	β^-, γ	Sb–126m	19,0 m	β^-, IU, γ		
Sb–127	3,85 d	β^-, γ	Te–127	9,35 h	β^-, γ		
Te–118	6,0 d	ε	Sb–118	3,6 m	β^+, γ	Dowex–1	3 M HCl
Te–119 m	4,7 d	ε, γ	Sb–119	38,5 m	ε, γ		
Te–127m	109 d	β^-, IU, γ	Te–127	9,35 h	β^-, γ		
Te–129m	33,6 d	IU, β^-, γ	Te–129	69,6 m	β^-, γ		
Te–132	78 h	β^-, γ	I–132	2,38 h	β^-, γ	Aluminiumoxid	0,001 bis 0,1 M NH$_3$
Xe–122	20,1 h	ε, γ	I–122	3,62 m	$\beta^+, \varepsilon, \gamma$		
Cs–137	30,1 a	β^-, γ	Ba–137m	2,55 m	IU	Eisenhexacyanoferrat	10^{-3} M HCl
Ba–128	2,43 d	ε, γ	Cs–128	3,8 m	$\beta^+, \varepsilon, \gamma$	Aktivkohle	wäßr. Lösung pH > 9
Ba–140	12,79 d	β^-, γ	La–140	40,22 h	β^-, γ	Dowex–50	0,5 M Milchsäure
Ce–134	72 h	ε	La–134	6,67 m	$\beta^+, \varepsilon, \gamma$	oder Aluminiumoxid	TBP mit HNO$_3$ ges.
Ce–144	284,2 d	β^-, γ	Pr–144	17,3 m	β^-, γ		
Nd–140	3,38 d	ε	Pr–140	3,4 m	$\varepsilon, \beta^+, \gamma$	Dowex–1	DTPA

Fortsetzung Tabelle 13.11

Mutternuklid			Tochternuklid			Trägersubstanz	Elutionsmittel
Nuklid	Halbwertzeit	Zerfallsart	Nuklid	Halbwertzeit	Zerfallsart		
Gd–146	48,3 d	$\varepsilon, \gamma, \beta^+$	Eu–146	4,65 d	$\varepsilon, \beta^+, \gamma$		
Er–160	28,6 h	ε	Ho–160m	5,1 h	IU, $\varepsilon, \beta^+, \gamma$		
Tm–165	30,06 h	$\varepsilon, \beta^+, \gamma$	Er–165	10,3 h	ε		
Tm–167	9,25 d	ε, γ	Er–167m	2,3 s	IU		
Yb–166	56,7 h	ε, γ	Tm–166	7,70 h	$\varepsilon, \beta^+, \gamma$		
Lu–177m	161 d	β^-, IU, γ	Hf–177m	1,1 s	IU, γ		
Hf–172	1,87 a	ε, γ	Lu–172 u. Lu–172 m	6,7 d bzw. 3,7 m	ε, γ bzw. IU		
Ta–183	5,1 d	β^-, γ	W–183m	5,15 s	IU, γ		
W–178	22 d	ε	Ta–178	9,25 m	$\varepsilon, \beta^+, \gamma$		
W–188	69 d	β^-, γ	Re–188	16,98 h	β^-, γ		
Re–189	24,3 h	β^-, γ	Os–189m	6 h	IU	Aluminiumoxid	0,85% NaCl, pH 3 (HCl)
Os–191	15,4 d	β^-, γ	Ir–191m	4,88 s	IU, γ		
Os–194	6,0 a	β^-, γ	Ir–194	19,15 h	β^-, γ	} Dowex–1	6 M HCl
Ir–189	13,3 d	ε, γ	Os–189m	6 h	IU		
Pt–188	10,2 d	$\varepsilon, \gamma, (\alpha)$	Ir–188	41,5 h	$\varepsilon, \beta^+, \gamma$		
Pt–200	11,5 h	β^-	Au–200	48,4 m	β^-, γ	Permutit ES	1 M NaOH
Hg–193m	11,1 h	$\varepsilon, \beta^+, \gamma$	Au–193m	3,9 s	γ, IU, ε		
Hg–194	$\geq$15 a	ε	Au–194	39,5 h	$\varepsilon, \beta^+, \gamma$		
Hg–195m	40 h	ε, IU, γ	Au–195m	30,6 s	γ, IU		
Hg–197m	23,8 h	ε, IU, γ	Au–197m	7,8 s	γ, IU		
Pb–210	22,3 a	$\beta^-, \gamma, (\alpha)$	Bi–210	5,01 d	$\beta^-, \gamma, (\alpha)$	Kationenaustauscher	1% KI in 0,1 M H_2SO_4
Bi–203	11,76 h	$\varepsilon, \beta^+, \gamma$	Pb–203m	6,2 s	IU, γ	} Dowex–1	0,5 M HCl
Bi–204	11,3 h	ε, γ	Pb–204m	66,9 m	γ, IU		
Rn–211	14,6 h	$\varepsilon, \alpha, \gamma$	At–211	7,2 h	$\varepsilon, \alpha, \gamma$		
Ra–224	3,66 d	α, γ	Rn–220	55,6 s	α, γ		
Ra–224	3,66 d	α, γ	Pb–212	10,64 h	β^-, γ	Dowex–50	EDTA/NH_3
Ra–226	1600 a	α, γ	Rn–222	3,823 d	α, γ		
Ra–228	5,75 a	β^-, γ	Ac–228	6,13 h	β^-, γ	Aluminiumoxid	TBP
Ac–225	10,0 d	α, γ	Fr–221	4,8 m	α, γ	Aktivkohle	wäßr. Lösung pH > 9
Ac–225	10,0 d	α, γ	Bi–213	45,65 m	β^-, α, γ	Kationenaustauscher	1% KI in 0,1 M H_2SO_4
Ac–225	10,0 d	α, γ	Pb–209	3,31 h	β^-	Dowex–50	1 M NaOH
Ac–226	29 h	$\beta^-, \varepsilon, \gamma, \alpha$	Th–226	31 m	α, γ	} Dowex–50	Oxalsäure
Ac–227	21,6 a	β^-, α, γ	Th–227	18,72 d	α, γ		
Ac–227	21,6 a	β^-, α, γ	Fr–223	21,8 m	β^-, α, γ	Dowex–50/$BaSO_4$ auf SiO_2	0,5 M NH_4Cl, pH 9–10
Th–228	1,913 a	α, γ	Ra–224	3,66 d	α, γ	} Zinkhypophosphat	0,5 M HCl
Th–229	7340 a	α, γ	Ra–225	14,8 d	β^-, γ		
Th–234	24,10 d	β^-, γ	Pa–234m	1,17 m	β^-, γ, IU	Dowex–50	5% Citratlösung
U–230	20,8 d	α, γ	Th–226	31 m	α, γ		
U–240	14,1 h	β^-, γ	Np–240m	7,4 m	β^-, γ, IU		
Pu–245	10,48 h	β^-, γ	Am–245	2,04 h	β^-, γ		
Pu–246	10,9 d	β^-, γ	Am–246m	25 m	β^-, γ		
Es–254	276 d	α, γ	Bk–250	3,22 h	β^-, γ		

nuklidreinheit des Tochternuklids gewährleistet ist. Meist benutzt man zur Fixierung des Mutternuklids eine Trennsäule, die einen Ionenaustauscher oder ein Adsorbens enthält; das kurzlebige Tochternuklid wird eluiert. Da die Abtrennung in bestimmten Abständen wiederholt werden kann, bezeichnet man solche Systeme, die aus einem langlebigen Mutternuklid und einem kurzlebigen Tochternuklid bestehen, auch als Melksysteme. In Tab. 13.11 sind einige Systeme angegeben, die als Generatoren für kurzlebige Radionuklide in Frage kommen. Solche Generatoren finden überall dort Verwendung, wo kurzlebige Radionuklide häufig gebraucht werden, z. B. in kernchemischen Laboratorien. Große praktische Bedeutung haben diese Generatoren in der Medizin, wo die kurzlebigen Radionuklide für diagnostische oder therapeutische Zwecke in großen Mengen verwendet werden. Der Vorteil der kurzlebigen Radionuklide ist die nur kurzfristige Strahlenbelastung des Patienten. Wichtig ist die Radionuklidreinheit, die einer besonders sorgfältigen Überprüfung bedarf. Die Methode der chemischen Abtrennung der kurzlebigen Radionuklide in reiner Form muß rasch, einfach und zuverlässig sein. Es ist deshalb eine wichtige Aufgabe, geeignete Verfahren der Abtrennung zu entwickeln und bestehende Verfahren zu verbessern.

Das Tc–99m wird zur Zeit in der Medizin von allen Radionukliden am häufigsten angewendet, insbesondere wegen der günstigen Halbwertzeit (6,0 h) und der günstigen Energie der Strahlung (I.U.: γ-Strahlung 0,14 MeV); die β-Strahlung des langlebigen Tochternuklids Tc–99 ist vernachlässigbar. Das Tc–99m wird in Radionuklidgeneratoren von Mo–99 abgetrennt. Dieses wird entweder durch Bestrahlung von Molybdän mit Neutronen gewonnen oder als Spaltprodukt nach Bestrahlung von U–235 in einem Reaktor abgetrennt. Im ersten Fall ist eine spezifische Aktivität des Mo–99 begrenzt, im zweiten Fall erhält man trägerfreies Mo–99. Die Radionuklidreinheit spielt dabei eine besonders wichtige Rolle. Das Mo–99 wird im allgemeinen auf Aluminiumoxid fixiert (vgl. Tabelle 13.9). Während das Molybdän auf Al_2O_3 sehr fest haftet, kann das Tochternuklid Tc–99m als Pertechnetat leicht mit Wasser oder physiologischer Kochsalzlösung eluiert werden. Die Methoden der Präparation für die medizinische Anwendung sind sehr vielseitig. Das Technetium wird teilweise in der Oxidationsstufe VII angewendet, entweder als Pertechnetat (TcO_4^-) oder als Technetium-Schwefel-Kolloid (Tc_2S_7), und teilweise in den Oxidationsstufen IV oder III, in denen es komplex an organische Verbindungen gebunden wird.

Weitere Beispiele für die praktische Anwendung von Radionuklidgeneratoren in der Medizin sind die Systeme Ge–68/Ga–68 und Sn–113/In–113m. Ga–68 zerfällt unter Aussendung von Positronen, die durch ihre Vernichtungsstrahlung nachgewiesen werden können. Da die dabei entstehenden beiden γ-Quanten unter einem Winkel von 180° emittiert werden, ist es möglich, das Ga–68 im Körper räumlich zu orten. Bei Verwendung von Zirkoniumoxidhydrat als Trägersubstanz kann das Ga–68 mit verdünnter HCl von der mit Ge–68 beladenen Trennsäule eluiert werden, bei Verwendung von Aluminiumoxid mit verdünnter EDTA-Lösung (vgl. Tab. 13.11). In–113m

13.5. Kurzlebige Radionuklide

wird in Radionuklidgeneratoren aus Sn–113 gewonnen. Das Mutternuklid wird auf Zirkoniumoxidhydrat oder auf Silicagel fixiert, das Tochternuklid In–113m mit verdünnter HCl eluiert. Ga–68 und In–113m werden nach der Elution für die medizinische Anwendung vorzugsweise in Komplexverbindungen überführt.

Der Radionuklidgenerator ^{137}Cs/^{137m}Ba ist besonders vorteilhaft, wenn ein kurzlebiges Radionuklid gesucht wird; denn Ba–137m ($t_{1/2}$ = 2,55 min) ist durch seine γ-Strahlung (0,66 MeV) leicht nachweisbar. Der Grundzustand Ba–137 ist stabil. Wegen der großen Halbwertzeit des Mutternuklids Cs–137 ($t_{1/2}$ = 30,1 a) muß der Generator lange Zeit betriebssicher sein, d.h. das Cs–137 darf auf der Trennsäule nicht wandern. Andererseits muß die Elution wegen der kurzen Halbwertzeit des Tochternuklids Ba–137m rasch erfolgen. Sehr günstig sind dünne Schichten von Hexacyanoferraten, die das Cäsium sehr fest binden und auch bei rascher Elution eine hohe Ausbeute an Ba–137m liefern. Da Cs–137 aus Spaltprodukten in trägerfreier Form abgetrennt werden kann, genügt eine sehr niedrige Kapazität der Trennsäule. ^{137}Cs/^{137m}Ba-Generatoren eignen sich für Anwendungen in der Technik und außerdem für Experimente innerhalb der Freigrenze für Cs–137 (1 μCi). Das Ba–137m kann im Abstand von einigen Minuten immer wieder von neuem eluiert werden, weil sich das radioaktive Gleichgewicht rasch wieder einstellt. 1 μCi liefert noch eine verhältnismäßig hohe Impulsrate, die bequem gemessen werden kann. Die Aktivität des Tochternuklids Ba–137m klingt innerhalb von etwa 30 Minuten ab.

13.6. Markierte Verbindungen

Markierte Verbindungen finden in allen Gebieten der Naturwissenschaften und Technik vielseitige Verwendung. In der Chemie dienen sie zur Aufklärung von Reaktionsmechanismen, zum Studium von Diffusions- und Transportvorgängen und für analytische Untersuchungen. Einige Anwendungsbeispiele werden in Kap. 15 besprochen. In der Biologie werden markierte Verbindungen zur Aufklärung von Stoffwechselvorgängen verwendet, in der Medizin für pharmakologische Untersuchungen sowie in erheblichem, stetig wachsendem Umfang für diagnostische und therapeutische Zwecke, in der Technik zum Studium von Korrosions- und Transportvorgängen (z. B. Abrieb in einem Verbrennungsmotor, Transport in einer Rohrleitung). Die Anwendung kernchemischer Methoden, ein Arbeitsgebiet, das auch als Radionuklidtechnik bezeichnet wird, hängt entscheidend davon ab, daß markierte Verbindungen in hinreichender Auswahl verfügbar sind.

Die Markierung einer bestimmten Verbindung kann an verschiedenen Stellen und mit verschiedenen Nukliden erfolgen. Dabei kommen sowohl radioaktive als auch inaktive Nuklide in Frage. Greifen wir als Beispiel einer einfachen Verbindung die Essigsäure heraus: Diese kann sowohl an der Methylgruppe als auch an der Carboxylgruppe mit C–14, C–13 oder C–11 markiert sein. Andererseits kann auch der Wasserstoff der Methylgruppe oder der azide Wasserstoff der Carboxylgruppe mit Deuterium oder Tritium markiert werden. Schließlich ist die Markierung des Sauerstoffs mit O–18 möglich. Für viele Zwecke sind Doppelmarkierungen von Interesse, wobei in einer Verbindung gleichzeitig zwei verschiedene Positionen mit verschiedenen Nukliden markiert werden; daraus ergeben sich bereits für einfache Moleküle vielfältige Möglichkeiten der Markierung. Dementsprechend sind die Kataloge für handelsübliche markierte Verbindungen recht umfangreich.

Folgende Parameter sind wichtig:

a) Art des Nuklids, mit dem die Verbindung markiert ist.
b) Position der Markierung; beispielsweise kann ein bestimmtes Kohlenstoffatom einer organischen Verbindung markiert sein oder die Markierung kann sich auf alle Kohlenstoffatome in den verschiedenen Positionen erstrecken.
c) Spezifische Aktivität der radioaktiv markierten Verbindung bzw. Isotopenverhältnis im Falle der Markierung mit stabilen Isotopen. Die spezifische Aktivität wird meist in der Dimension mCi/mmol = Ci/mol angegeben.
d) Reinheit der markierten Verbindung; dabei ist zu unterscheiden zwischen der chemischen und der Radionuklidreinheit. Letztere gibt an, in welchem Umfang andere — auch isotope — Radionuklide zugegen sind.

Aus diesen verschiedenen Parametern ergeben sich mannigfaltige Möglichkeiten. Die Auswahl richtet sich nach der jeweiligen Aufgabe. Es ist aber einleuchtend, daß die Entwicklung geeigneter Verfahren zur Herstellung von markierten Verbindungen mit den gewünschten Eigenschaften eine wichtige präparative Aufgabe darstellt. In diesem Abschnitt kann nur ein Überblick gegeben werden.

Für die Herstellung von markierten Verbindungen gelten die folgenden allgemeinen Gesichtspunkte: Die umgesetzten Mengen sind oft sehr klein, insbesondere wenn hohe spezifische Aktivitäten erwünscht sind (z. B. 10 mg Benzol mit einer spezifischen Aktivität von 1 mCi/mmol). Diesen kleinen Mengen müssen die Methoden angepaßt sein, z. B. Umsetzung in einer kleinen geschlossenen Apparatur. Auch im Hinblick auf den Strahlenschutz ist eine geschlossene Apparatur oft vorteilhaft. Der verhältnismäßig hohe Preis mancher Radionuklide (z. B. C-14) zwingt dazu, solche Operationen auszuwählen, die mit möglichst hoher Ausbeute verlaufen. Einstufige Reaktionen, die in einem einzigen Versuchsgefäß ausgeführt werden können, sind besonders bevorzugt. Abb. (13–13) zeigt ein Reaktionsgefäß (Filterbecher), in dem verschiedene Operationen hintereinander ausgeführt werden können (Erhitzen, Eindampfen, Filtrieren, Umkristallisieren).

Die Methoden zur Herstellung markierter Verbindungen lassen sich folgendermaßen unterteilen:

a) Synthese
b) Biochemische Verfahren
c) Isotopenaustausch
d) Rückstoßmarkierung
e) Selbstmarkierung
f) Strahlenchemische Markierung

13. Gewinnung und Chemie der Radionuklide

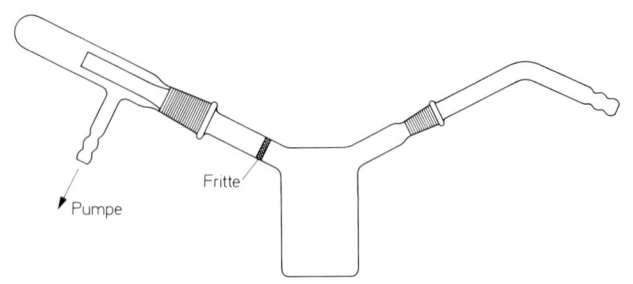

Abb. (13–13) Filterbecher, der für die Ausführung mehrerer Operationen geeignet ist (Erhitzen, Eindampfen, Filtrieren, Umkristallisieren).

Die chemische Synthese wird am häufigsten angewendet. Dazu werden oft bekannte Verfahren entsprechend den oben angegebenen Gesichtspunkten so modifiziert, daß sie für die Herstellung von markierten Verbindungen geeignet sind. Außerdem werden neue Verfahren entwickelt. Als Beispiel für die Darstellung markierter anorganischer Verbindungen sei die Umsetzung von Silberchlorid mit Bor zu markiertem Bortrichlorid in einer geschlossenen evakuierten Apparatur genannt

$$3\,Ag^{36}Cl + B \longrightarrow 3\,Ag + B^{36}Cl_3. \tag{13.35}$$

Ähnliche Reaktionen können auch zur Darstellung anderer markierter, flüchtiger Halogenide dienen. Tab. 13.12 gibt einen Überblick über einige einfache chemische Verfahren zur Darstellung von ^{14}C-markierten organischen Verbindungen aus $Ba^{14}CO_3$ als Ausgangsmaterial. Diese Tabelle läßt erkennen, wie Verbindungen erhalten werden können, die in verschiedenen Positionen mit C–14 markiert sind (z. B. Essigsäure). Als Beispiel für eine mehrstufige Synthese sei die Darstellung von Benzol aus $^{14}CO_2$ angeführt:

$$^{14}CO_2 + \bigcirc\!-MgCl \xrightarrow{\text{Grignard-Reaktion}} \bigcirc\!-^{14}COOH \xrightarrow{LiAlH_4} \bigcirc\!-^{14}CH_2OH \xrightarrow{Al_2O_3} \bigcirc\!-^{14}CH_3 \xrightarrow{H_2/Ni} \bigcirc\!-^{14}CH_3 \xrightarrow{AlCl_3} \bigcirc\!\!^{14}C \xrightarrow{Pt/Kohle} \bigcirc\!\!^{14}C \tag{13.36}$$

Heute wird ^{14}C-markiertes Benzol vorwiegend aus Acetylen mit Hilfe spezieller Katalysatoren gewonnen.

Die biochemischen Verfahren zur Gewinnung von ^{14}C-markierten Verbindungen beruhen auf der Assimilation von $^{14}CO_2$ durch Pflanzen und auf der Verfütterung von ^{14}C-haltigen organischen Verbindungen an Tiere. Anschließend werden die im pflanzlichen oder tierischen Organismus gebildeten Verbindungen isoliert. Auf diese Weise können z. B. ^{14}C-markierte Glukose, Proteine, Alkaloide, Antibiotika, Vitamine und Hormone gewonnen werden. Für diese Zwecke werden Kulturen — z. B. von *Clorella vulgaris* — in einer $^{14}CO_2$-Atmosphäre

13.6. Markierte Verbindungen

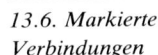

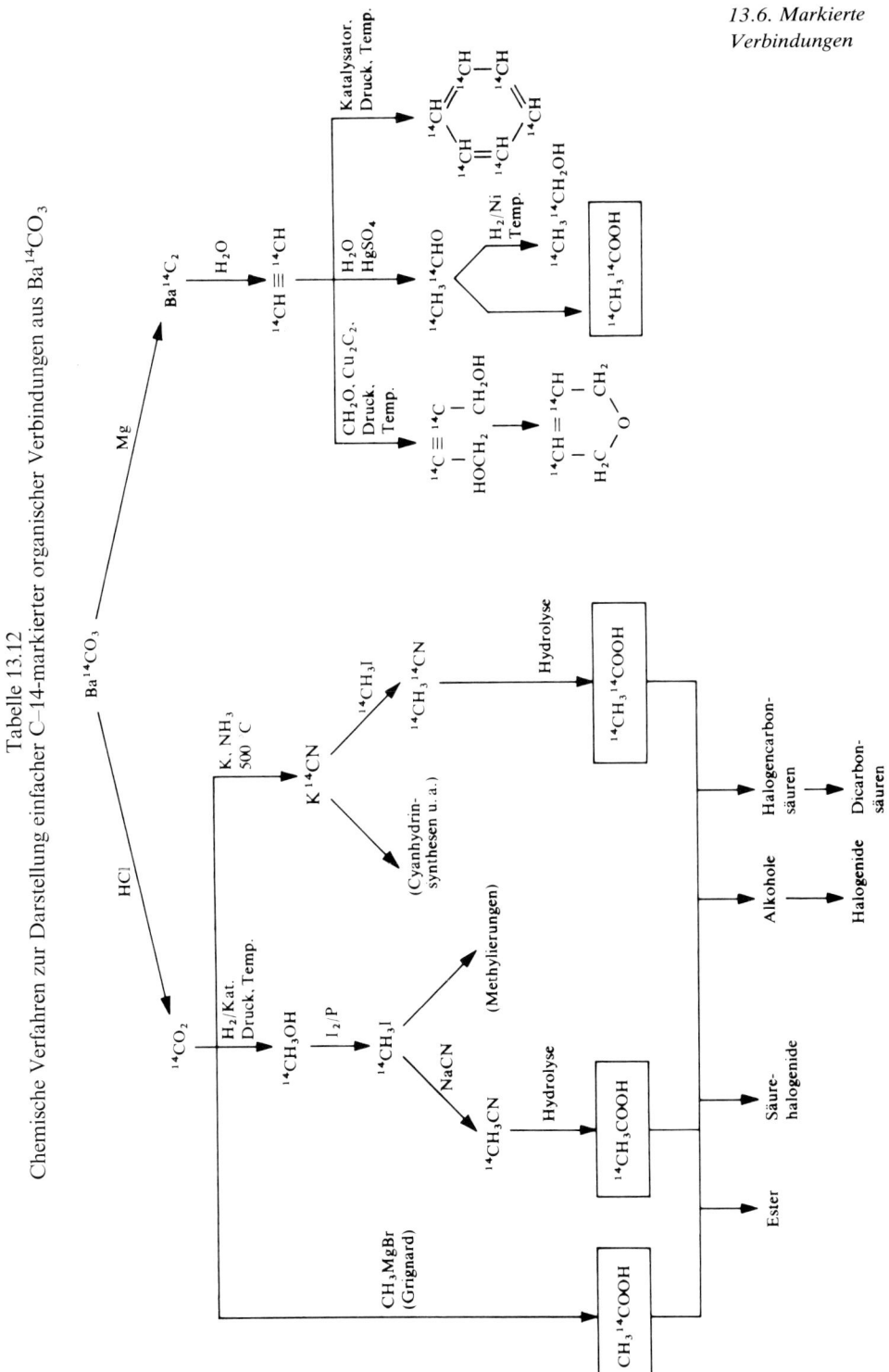

Tabelle 13.12
Chemische Verfahren zur Darstellung einfacher C–14-markierter organischer Verbindungen aus Ba^{14}CO$_3$

$$Ba^{14}CO_3 \xrightarrow{Mg} Ba^{14}C_2 \xrightarrow{H_2O} {}^{14}CH \equiv {}^{14}CH$$

$${}^{14}CH \equiv {}^{14}CH \xrightarrow{\text{Katalysator, Druck, Temp.}} \text{Benzol-}{}^{14}C_6$$

$${}^{14}CH \equiv {}^{14}CH \xrightarrow[HgSO_4]{H_2O} {}^{14}CH_3{}^{14}CHO \xrightarrow[\text{Temp.}]{H_2/Ni} {}^{14}CH_3{}^{14}CH_2OH$$

$${}^{14}CH_3{}^{14}CHO \longrightarrow {}^{14}CH_3{}^{14}COOH$$

$${}^{14}CH \equiv {}^{14}CH \xrightarrow[\text{Druck, Temp.}]{CH_2O, Cu_2C_2,} \begin{array}{c}{}^{14}C \equiv {}^{14}C\\ \text{HOCH}_2 \quad \text{CH}_2\text{OH}\end{array} \longrightarrow \begin{array}{c}{}^{14}CH = {}^{14}CH\\ H_2C \diagdown O \diagup CH_2\end{array}$$

$$Ba^{14}CO_3 \xrightarrow{HCl} {}^{14}CO_2$$

$${}^{14}CO_2 \xrightarrow[500\,°C]{K, NH_3} K^{14}CN$$

$$K^{14}CN \longrightarrow {}^{14}CH_3I \longrightarrow {}^{14}CH_3{}^{14}CN \xrightarrow{\text{Hydrolyse}} {}^{14}CH_3{}^{14}COOH$$

$$K^{14}CN \longrightarrow \text{(Cyanhydrinsynthesen u. a.)}$$

$${}^{14}CO_2 \xrightarrow[\text{Druck, Temp.}]{H_2/Kat.} {}^{14}CH_3OH \xrightarrow{I_2/P} {}^{14}CH_3I$$

$${}^{14}CH_3I \longrightarrow \text{(Methylierungen)}$$

$${}^{14}CH_3I \xrightarrow{NaCN} {}^{14}CH_3CN \xrightarrow{\text{Hydrolyse}} {}^{14}CH_3COOH$$

$${}^{14}CO_2 \xrightarrow{CH_3MgBr \text{ (Grignard)}} CH_3{}^{14}COOH$$

Folgeprodukte: Ester, Säurehalogenide, Alkohole, Halogencarbonsäuren → Dicarbonsäuren, Halogenide angelegt. Man bezeichnet diese Anlagen, die der Gewinnung von ^{14}C-markierten Verbindungen dienen, auch als „Isotopenfarmen".

Austauschreaktionen können in vielfältiger Weise für die Markierung von organischen und anorganischen Verbindungen ausgenutzt werden. Der wichtigste Vorteil dabei ist, daß die Synthese der betreffenden markierten Verbindungen entfällt. Die Markierung durch Isotopenaustausch ist deshalb vor allen Dingen für solche Verbindungen von Interesse, die nur mit schlechter Ausbeute synthetisiert werden können. Eine Möglichkeit ist die Markierung in einem homogenen System, z. B.

$$\text{Li}^{36}\text{Cl (gelöst)} + \text{RCl} \rightleftharpoons \text{LiCl (gelöst)} + \text{R}^{36}\text{Cl}. \quad (13.37)$$

Auf diese Weise kann radioaktives Halogen in aliphatische Halogenide eingeführt werden. Die Komponenten werden im Anschluß an die Austauschreaktion durch Destillation getrennt. Wenn nur vernachlässigbar kleine Mengen der radioaktiven Ausgangssubstanz eingesetzt werden, kann die Trennung auch unterbleiben. Voraussetzung hierfür ist, daß die Ausgangssubstanz genügend hohe spezifische Aktivität besitzt, da die spezifische Aktivität bei quantitativem Austausch im Verhältnis der eingesetzten Mengen herabgesetzt wird:

$$A_S(2) = \frac{n_1}{n_2 + n_1} A_S(1) \quad (n_1, n_2 = \text{Molzahlen}). \quad (13.38)$$

Durch Verwendung von katalytisch wirksamen Stoffen wie AlCl$_3$ können die Möglichkeiten der Markierung durch Isotopenaustausch erweitert werden, z. B. auf aromatische Halogenverbindungen.

Eine recht interessante Möglichkeit ist die Markierung durch heterogenen Isotopenaustausch in Trennsäulen. So können flüchtige Verbindungen, die aziden Wasserstoff enthalten, in gaschromatographischen Säulen mit Tritium markiert werden; nach der gleichen Methode ist auch die Markierung von flüchtigen Halogeniden möglich. Als stationäre Phase werden beispielsweise Sorbit (mit Tritium markiert) bzw. niedrigschmelzende Halogenide verwendet. Da in einer Trennsäule der Austausch als mehrstufige Reaktion erfolgt, kann die mobile Phase die gleiche spezifische Aktivität erreichen wie die stationäre Phase.

Austauschreaktionen, die unterhalb der Zersetzungstemperatur der betreffenden Verbindung nicht oder nur sehr langsam ablaufen, finden in manchen Fällen unter der Einwirkung ionisierender Strahlung statt. Man spricht dann von strahlungsinduziertem Austausch. Diese Möglichkeit ist dann gegeben, wenn die am Austausch beteiligte Bindung durch ionisierende Strahlung verhältnismäßig leicht spaltbar ist. Der strahlungsinduzierte Isotopenaustausch besitzt beispielsweise für aromatische Halogenverbindungen Interesse, bei denen der Austausch nach Gl. (13.37) ohne Einwirkung ionisierender Strahlung auch bei erhöhter Temperatur nur sehr langsam abläuft, während schon merkliche Zersetzung eintritt.

Die Methoden der Rückstoßmarkierung und der Selbstmarkierung haben wir bereits im Abschnitt 9.7 behandelt. Diese Methoden werden im Vergleich zur Synthese, den biochemischen Verfahren und dem Isotopenaustausch in der Praxis in verhältnismäßig geringem Umfang zur Herstellung von markierten Verbindungen angewendet. Dafür sind folgende Gründe maßgebend: Bei der Selbstmarkierung und in noch stärkerem Maße bei der Rückstoßmarkierung entsteht stets eine Vielzahl von markierten Produkten. Die strahlenchemische Zersetzung ist oft recht erheblich, insbesondere bei komplizierten Verbindungen. Die Ausbeute und die spezifische Aktivität der gewünschten Verbindung sind in vielen Fällen recht niedrig.

Strahlenchemische Reaktionen, z. B. Addition von Halogenen oder Halogenwasserstoffen an eine Doppelbindung, können in manchen Fällen zur Markierung von organischen Verbindungen herangezogen werden.

Eine besonders wichtige Gruppe von markierten Verbindungen sind die Radiopharmaka, die in der Medizin in steigendem Maße Verwendung finden. Unter diesen verdienen diejenigen besondere Beachtung, die mit kurzlebigen Radionukliden markiert sind, weil sie bei gleicher Anfangsaktivität zu einer niedrigeren Strahlenbelastung der Patienten führen und in kürzeren Abständen hintereinander angewendet werden können. Wegen der kurzen Halbwertzeit sind spezielle Syntheseverfahren erforderlich. Einige Verfahren zur Herstellung von Radiopharmaka, die kurzlebige Radionuklide enthalten, sollen im folgenden näher besprochen werden.

Markierungen mit C–11

Während C–14 nur β^--Strahlung aussendet und deshalb im Körper von außen nicht gemessen werden kann, ist die aus der Vernichtung der β^+-Teilchen des C–11 resultierende γ-Strahlung bei 511 keV gut meßbar. Einige Verfahren zur Herstellung von C–11 wurden bereits in Abschn. 13.2 erwähnt. Am häufigsten werden folgende Kernreaktionen benutzt (E_s ist die Schwellenenergie):

$$^{11}\text{B}(p,n)^{11}\text{C}, \quad \Delta E = -2{,}76 \text{ MeV}, \quad E_s \approx 3 \text{ MeV} \quad (13.39)$$

$$^{10}\text{B}(d,n)^{11}\text{C}, \quad \Delta E = +6{,}47 \text{ MeV}, \quad E_s \approx 3 \text{ MeV} \quad (13.40)$$

$$^{11}\text{B}(d,2n)^{11}\text{C}, \quad \Delta E = -4{,}99 \text{ MeV}, \quad E_s \approx 6 \text{ MeV} \quad (13.41)$$

$$^{14}\text{N}(p,\alpha)^{11}\text{C}, \quad \Delta E = -2{,}92 \text{ MeV}, \quad E_s \approx 5 \text{ MeV} \quad (13.42)$$

Am günstigsten ist die Verwendung eines Zyklotrons. Bei der Bestrahlung von festen oder gasförmigen Targets wie B_2O_3 oder N_2 entstehen durch Rückstoßeffekte oder strahlenchemische Reaktionen gasförmige Verbindungen wie CO, CO_2, CH_4 oder HCN, die in einem Gasstrom kontinuierlich aus der Bestrahlungszone heraustransportiert werden können. Zum Beispiel bilden sich bei Bestrahlung einer Gasmischung aus etwa 95% N_2 und 5% H_2 bei einem Druck von 11 bar mit 18 MeV Protonen vorzugsweise $^{11}CH_4$ und NH_3, die an erhitztem Platin miteinander zu $H^{11}CN$ reagieren. Bei einer Stromstärke von 30 µA können so in 45 Minuten 2 Ci an C–11 in Form von H^{11}CN produziert werden. H^{11}CN und ^{11}CO$_2$ sind die wichtigsten Ausgangsverbindungen für die Herstellung von ^{11}C-markierten Verbindungen. Mit Hilfe von ^{11}CO$_2$ lassen sich in recht einfacher Weise ^{11}C-markierte Carbonsäuren herstellen, z.B. mit einem Grignard-Reagens oder mit einer Aryl-Lithium-Verbindung. In den übrigen Fällen muß das ^{11}CO$_2$ erst in andere Verbindungen überführt werden, z. B.

$$^{11}CO_2 \xrightarrow{LiAlH_4} {}^{11}CH_3OH \begin{matrix} \xrightarrow{HI} {}^{11}CH_3I \\ \xrightarrow[Ag, 500°C]{} H^{11}CHO \end{matrix} \qquad (13.43)$$

Mit H^{11}CN kann ebenfalls verhältnismäßig leicht ^{11}C in organische Verbindungen eingeführt werden, z. B. nach der Reaktionsfolge

$$R-CH_2Cl \xrightarrow{Na^{11}CN} R-CH_2{}^{11}CN \xrightarrow{H_2/Pd} R-CH_2{}^{11}CH_2NH_2 \qquad (13.44)$$

Markierungen mit N–13

N–13 ist das langlebigste radioaktive Isotop des Stickstoffs. Es kann durch folgende Kernreaktionen erzeugt werden

$$^{12}C(d,n)^{13}N \qquad (13.45)$$

$$^{16}O(p,\alpha)^{13}N \qquad (13.46)$$

Für die erstgenannte Reaktion können feste Targets aus Graphit oder gasförmige Targets aus CO$_2$ eingesetzt werden. Mit festen Targets werden in einem Zyklotron Ausbeuten von etwa 0,4 mCi N–13 pro Sekunde erreicht. ^{13}NH$_3$ kann nach Reaktion (13.46) durch Bestrahlung von Wasser in verhältnismäßig reiner Form direkt hergestellt werden, mit Ausbeuten von etwa 40 mCi pro µA innerhalb von 20 Minuten. Mit Hilfe von ^{13}NH$_3$ kann N–13 durch enzymatische Reaktionen in Aminosäuren eingeführt werden.

Markierungen mit F–18

F–18 kann durch eine Vielzahl von Kernreaktionen produziert werden:

^{16}O(t,n)^{18}F, $\quad\quad \Delta E = +\ 1{,}270$ MeV, $E_s = 0 \quad$ (13.47)

^{16}O(^{3}He,p)^{18}F, $\quad\quad \Delta E = +\ 2{,}003$ MeV, $E_s = 0 \quad$ (13.48)

^{16}O(^{3}He,n)^{18}Ne → ^{18}F, $\quad \Delta E = -\ 3{,}196$ MeV, $E_s = 3{,}795$ MeV
$\hfill (13.49)$

^{16}O(α,pn)^{18}F, $\quad\quad \Delta E = -18{,}544$ MeV, $E_s = 23{,}180$ MeV
$\hfill (13.50)$

^{16}O(α,2n)^{18}Ne → ^{18}F, $\quad \Delta E = -23{,}773$ MeV, $E_s = 29{,}716$ MeV
$\hfill (13.51)$

$$^{20}\text{Ne}(d,\alpha)^{18}\text{F}, \qquad \Delta E = +\ 2{,}796\ \text{MeV},\ E_s = 0 \qquad (13.52)$$

$$^{20}\text{Ne}(^3\text{He},\alpha p)^{18}\text{F}, \qquad \Delta E = -\ 2{,}697\ \text{MeV},\ E_s = 3{,}102\ \text{MeV} \qquad (13.53)$$

$$^{20}\text{Ne}(^3\text{He},\alpha n)^{18}\text{Ne} \to {}^{18}\text{F},\ \Delta E = -\ 7{,}296\ \text{MeV},\ E_s = 9{,}115\ \text{MeV} \qquad (13.54)$$

Eine wirksame routinemäßige Herstellung ist die Bestrahlung von Li_2CO_3 in einem Kernreaktor, am besten unter Verwendung von hochangereichertem ^6Li. Dabei wird durch die Kernreaktion $^6\text{Li}(n,\alpha)\text{t}$ Tritium erzeugt und damit nach Gleichung (13.47) F–18. Li_2CO_3 kann in trockener Form oder gemischt mit Wasser bestrahlt werden. Als Bestrahlungskapseln liefern mit Graphit ausgekleidete Aluminiumbehälter bessere Ausbeuten als Quarz. Bei der Bestrahlung von Wasser mit α-Teilchen hinreichend hoher Energie wird nach Gl. (13.50) F–18 erhalten, das in einem Anionenaustauscher in Form von Fluoridionen abgetrennt werden kann. Für Fluorierungsreaktionen wird F–18 in wasserfreier oder nicht-ionogener Form benötigt. Dazu kann z. B. Neon in Gefäßen bestrahlt werden, die mit einer Schutzschicht ausgekleidet sind. Wenn diese Schicht aus AgF oder AgF_2 besteht, entsteht durch Austauschreaktionen Ag^{18}F bzw. Ag^{18}F_2. Zur Einführung von F–18 in organische Verbindungen wird sehr häufig die Zersetzungsreaktion nach SCHIEMANN verwendet:

$$\text{R}-\text{C}_6\text{H}_4-\text{N}_2\text{B}^{18}\text{F}_4 \xrightarrow{\text{Erhitzen}} \text{R}-\text{C}_6\text{H}_4{}^{18}\text{F} + \text{N}_2 + \text{B}^{18}\text{F}_3. \quad (13.55)$$

Wichtige Vorteile dieser Reaktion sind, daß das F–18 sehr leicht durch Austauschreaktionen mit Fluoriden eingeführt werden kann und daß die Zersetzung glatt verläuft. Leider gehen dabei aber $^3/_4$ des eingesetzten F–18 für die Reaktion verloren. Eine andere Methode ist der Halogenaustausch nach

$$\text{RX} + {}^*\text{F}^- \rightleftharpoons \text{R}^*\text{F} + \text{X}^-. \quad (13.56)$$

Die Verbindungen RX und R^*F können anschließend gaschromatographisch getrennt werden. Bevorzugt geeignet für Austauschreaktionen sind die oben erwähnten Verbindungen Ag^{18}F bzw. Ag^{18}F_2:

$$\text{Ag}^{18}\text{F} + \text{CCl}_3\text{Br} \xrightleftharpoons{70°\text{C}} \text{AgBr} + \text{CCl}_3{}^{18}\text{F} \quad (13.57)$$

$$\text{Ag}^{18}\text{F} + \text{CCl}_4 \xrightleftharpoons{160-170°\text{C}} \text{AgCl} + \text{CCl}_3{}^{18}\text{F} \quad (13.58)$$

$$\text{Ag}^{18}\text{F}_2 + \text{CCl}_3 \xrightleftharpoons{160-170°\text{C}} \text{Ag}^{18}\text{F} + \text{CCl}_2\text{F}^{18}\text{F} + {}^1/_2\text{Cl}_2 \quad (13.59)$$

F–18 wird in Form wäßriger trägerfreier Fluoridlösung zur Erkennung von Knochenerkrankungen verwendet, weil es in den erkrankten Bereichen des Knochengewebes angereichert wird. In zunehmendem Maße wird es aber auch zur Markierung organischer Verbindungen eingesetzt.

Markierungen mit I–123

Radioaktives Iod wird seit geraumer Zeit in der Medizin in größerem Umfang verwendet, hauptsächlich zur Diagnose von Schilddrüsenerkrankungen. Von den in Frage kommenden Iodisotopen I–123, I–131 und I–132 hat das I–123 mit Abstand die günstigsten Eigenschaften. Es wandelt sich durch Elektroneneinfang und Aussendung von γ-Strahlung in das stabile Te–123 um, so daß die Belastung durch β-Strahlung ganz entfällt. Die Energie der γ-Strahlung (159 keV) ist für den Nachweis sehr günstig. Die Halbwertzeit (13,2 h) erlaubt auch zeitaufwendigere Synthesen.

Ein Blick auf die Nuklidkarte lehrt, daß I–123 praktisch nur aus Tellur oder aus Antimon durch Bestrahlung in einem Beschleuniger direkt hergestellt werden kann. Xe–124 kommt nur mit 0,1 % im natürlichen Xenon vor, so daß es als Ausgangsprodukt für die Herstellung größerer Mengen I–123 nicht in Frage kommt. Durch Bestrahlung von Antimon entsteht nach der Kernreaktion $^{121}Sb(\alpha,2n)^{123}I$ das gewünschte I–123. Gleichzeitig werden aber auch durch weitere Kernreaktionen andere Iodisotope produziert. Im Vordergrund des Interesses stehen deshalb Targets, die Tellur enthalten. Da das natürliche Tellur aus 8 Isotopen besteht, sind bei allen Bestrahlungen von Tellur natürlicher Isotopenzusammensetzung mehrere Kernreaktionen zu berücksichtigen. Praktisches Interesse hat deshalb die Bestrahlung von hochangereichertem Te–124 mit Protonen gefunden. Bei einer Protonenenergie von 25–30 MeV verläuft die Reaktion

$$^{124}Te(p,2n)^{123}I \qquad (13.60)$$

mit guter Ausbeute. Bei einer Bestrahlungszeit von 1 h werden etwa 40 mCi ^{123}I pro μA gebildet. Das I–123 kann durch Erhitzen abgetrennt und das zurückbleibende Te–124 für weitere Bestrahlungen verwendet werden. Das auf diese Weise gewonnene Iod enthält neben I–123 etwa 1 % I–124. Gegenüber der direkten Herstellung des I–123 hat die indirekte Herstellung über Xe–123 im allgemeinen den Vorteil, daß reinere Produkte erhalten werden. Außerdem kann Xe–123 auch aus dem Reinelement Iod hergestellt werden. Für die indirekte Herstellung kommen folgende Kernreaktionen in Frage:

$$^{122}Te(\alpha,3n)^{123}Xe \qquad (13.61)$$
$$^{123}Te(\alpha,4n)^{123}Xe \qquad (13.62)$$
$$^{124}Te(\alpha,5n)^{123}Xe \qquad (13.63)$$
$$^{122}Te(^3He,2n)^{123}Xe \qquad (13.64)$$
$$^{123}Te(^3He,3n)^{123}Xe \qquad (13.65)$$
$$^{124}Te(^3He,4n)^{123}Xe \qquad (13.66)$$
$$^{127}I(p,5n)^{123}Xe \qquad (13.67)$$
$$^{127}I(d,6n)^{123}Xe \qquad (13.68)$$

$$\xrightarrow[\text{(2,08 h)}]{\beta^+ (1{,}505\ \text{MeV})\ \ \varepsilon(0{,}149\ \text{MeV})} {}^{123}I$$

Bei den Reaktionen mit Tellur (Gln. (13.61) bis (13.66)) werden gute Ausbeuten erhalten, wenn α- oder ^{3}He-Teilchen von etwa 40 MeV zur Verfügung stehen. Im Hinblick auf die Herstellungskosten von angereicherten Tellurisotopen ist die Reaktion (13.66) am vorteilhaftesten, insbesondere dann, wenn ^{3}He-Strahlung mit einer Energie > 40 MeV verwendet wird. Der Aufwand für die Anreicherung der Tellurisotope entfällt, wenn Protonen oder Neutronen von 50 bzw. 70 MeV verfügbar sind. Dann kann das Xe–123 nach den Gln. (13.67) oder (13.68) aus dem Reinelement Iod gewonnen werden. Das Tellur wird als Pulver, das Iod in Form von I_2, LiI, NaI, KI oder CH_2I_2 bestrahlt. Das gebildete Xe–123 wird mit Helium als Trägergas aus dem Reaktionsgefäß herausgeleitet. In einer Kühlfalle werden bei $-79°C$ direkt gebildetes Iod und Iodverbindungen abgetrennt, in einer weiteren Kühlfalle bei $-196°C$ die beiden Xenonisotope Xe–123 und Xe–125. Die Kühlfalle mit dem Xenon wird aus der Apparatur herausgenommen und nach etwa 5 h mit verdünnter Natronlauge behandelt, um das I–123 zu gewinnen. Während dieser Zeit zerfällt das Xe–123 weitgehend, das Xe–125 aber nur zu einem geringen Teil. Typische Ausbeuten liegen in der Größenordnung zwischen 1 und 10 mCi pro μAh. Der Aktivitätsanteil an I–125 beträgt einige Zehntelprozent.

Ausgangssubstanz für die Markierung von Verbindungen mit I–123 ist im allgemeinen Na^{123}I. Die Markierung selbst erfolgt durch Halogenaustausch oder durch Iodierung (nach Oxidation der ^{123}I-Ionen). Eine Vielzahl von organischen Verbindungen wird auf diese Weise hergestellt. Auch beim Zerfall des Xe–123 in Gegenwart von organischen Verbindungen tritt eine Markierung dieser Verbindungen mit I–123 ein (Rückstoßmarkierung). Der β^+-Zerfall (28%) bzw. der Elektroneneinfang (7%) des Xe–123 führen zu hochangeregten, geladenen ^{123}I-Ionen, die zu Folgereaktionen befähigt sind (vgl. Abschn. 9.7).

Markierungen mit At–211

Radionuklide, die α-Strahlen aussenden, lassen sich für therapeutische Zwecke einsetzen, wenn sie in Form von markierten Verbindungen an die für solche Bestrahlungen vorgesehene Stelle transportiert werden. At–211 erscheint für diese Zwecke besonders geeignet, da es ähnlich wie Iod in organische Verbindungen eingeführt werden kann und eine verhältnismäßig kurze Halbwertzeit hat (7,21 h). At–211 kann durch die Kernreaktion

$$^{209}\text{Bi}(\alpha, 2n)^{211}\text{At} \quad (E_s = 22 \text{ MeV}) \qquad (13.69)$$

hergestellt werden. Das bei der Bestrahlung von Wismut entstehende At–211 wird im Anschluß an die Bestrahlung in der Hitze durch einen Gasstrom ausgetrieben oder naßchemisch von Wismut abgetrennt. Die Markierung mit At–211 lehnt sich an die Markierungen mit Iod an. Die Unterschiede in der Chemie von Astat und Iod müssen jedoch berücksichtigt werden.

13.6. Markierte Verbindungen

13. Gewinnung und Chemie der Radionuklide

Literatur zu Kapitel 13

1. A.G. Maddock (Hrsg.): International Review of Science, Inorganic Chemistry, Vol. 7, Radiochemistry. Butterworths, Series One: London 1972, Series Two: London 1975.
2. H.A.C. McKay: Principles of Radiochemistry. Butterworths, London 1971.
3. T. Braun: Radiochemical Separation Methods. Elsevier, Amsterdam 1975.
4. G.B. Cook, J.F. Duncan: Modern Radiochemical Practice. Clarendon Press, Oxford 1952.
5. W.J. Whitehouse, J.L. Putman: Radioactive Isotopes – An Introduction to their Preparation, Measurement and Use. Clarendon Press, Oxford 1953.
6. A.C. Wahl, N.A. Bonner: Radioactivity Applied to Chemistry. John Wiley and Sons, New York 1951.
7. L. Herforth, H. Koch: Praktikum der angewandten Radioaktivität. VEB Deutscher Verlag der Wissenschaften, Berlin 1975.
8. R.T. Overman, H.M. Clark: Radioisotope Techniques. McGraw-Hill Book Comp., New York 1960.
9. R.A. Faires, B.H. Parks: Radioisotope Laboratory Techniques, 3. Ed., Butterworths, London 1973.
10. W.M. Garrison, J.G. Hamilton: Production and Isolation of Carrier-Free Radioisotopes. Chem. Reviews **49**, 237 (1951).
11. Monographs on the Radiochemistry of the Elements. Hrsg. W.W. Meinke. Subcommittee on Radiochemistry, National Academy of Sciences. National Research Council. Nuclear Science Series NAS–NS 3001–3058.
12. Monographs on Radiochemical Techniques. Hrsg. W.W. Meinke. Subcommittee on Radiochemistry, National Academy of Sciences, National Research Council. Nuclear Science Series NAS–NS 3101 ff.
13. O. Samuelson: Ion Exchange Separations in Analytical Chemistry. John Wiley and Sons, New York 1963.
14. K.A. Kraus, F. Nelson: Radiochemical Separations by Ion Exchange. Ann. Rev. Nucl. Sci. **7**, 31 (1957).
15. R. Kunin: Elements of Ion Exchange. Reinhold Publ. Corp., New York 1960.
16. H. Freiser, G.H. Morrison: Solvent Extraction in Radiochemical Separations. Ann. Rev. Nucl. Sci. **9**, 221 (1959).
17. R.H. Herber: Inorganic Isotopic Synthesis. W.A. Benjamin, Inc., New York 1962.
18. A. Murray III and D. Lloyd Williams: Organic Synthesis with Isotopes, 2 Bde., Interscience Publishers, New York 1958.
19. A.P. Wolf: Labeling of Organic Compounds by Recoil Methods. Ann. Rev. Nucl. Sci. **10**, 259 (1960).
20. L. Yaffe: Preparation of Thin Films, Sources and Targets. Ann. Rev. Nucl. Sci. **12**, 153 (1962).
21. International Directory of Isotopes, 3. Aufl., International Atomic Energy Agency, Wien 1964.
22. H.R. Schütte: Radioaktive Isotope in der organischen Chemie und Biochemie. Verlag Chemie GmbH, Weinheim/Bergstr. 1966.
23. J.R. Catch: Carbon–14 Compounds. Butterworths, London 1961.
24. M. Wenzel, P.E. Schulze: Tritium-Markierung, Darstellung, Messung und Anwendung nach Wilzbach ^{3}H-markierter Verbindungen. Walter de Gruyter & Co., Berlin 1962.
25. V.I. Spitsyn, N.B. Mikheev: Generators for the Production of Short-lived Radioisotopes. Atomic Energy Rev. **9**, 787 (1971).
26. K.H. Lieser: Chemische Gesichtspunkte für die Entwicklung von Radionuklidgeneratoren, Radiochim. Acta **23**, 57 (1976).
27. D.J. Silvester: Preparation of Radiopharmaceuticals and Labelled Compounds using Short-lived Radionuclides, in: Radiochemistry Vol. 3, Specialist Periodical Reports. The Chemical Society, London 1976.
28. Radioisotope Production and Quality Control, International Atomic Energy Agency, Wien; Technical Reports Series Nr. 128, 1971.

Übungen zu Kapitel 13

1. Wie groß ist die spezifische Aktivität an Cu–64, die durch Bestrahlung von Kupfersulfat in einem Kernreaktor bei einem Neutronenfluß von $3 \cdot 10^{11}$ cm^{-2} s^{-1} erreicht werden kann?
   Wie groß ist die spezifische Aktivität an S–35, die unter diesen Bedingungen bei einer Bestrahlungszeit von 2 Tagen erhalten wird?
   $\sigma_{n,\gamma}$(Cu–63) = 4,5 b; $\sigma_{n,\gamma}$(S–34) = 0,24 b.

2. Welche Aktivität an P–32 bzw. Fe–59 wird durch Bestrahlung von Schwefel bzw. Kobalt mit 5 MeV Neutronen bei einer Flußdichte von 10^9 cm^{-2} s^{-1} und einer Bestrahlungszeit von 20 Stunden erhalten? (σ-Werte aus Abb. (13–1)).

3. Wie groß ist die Aktivität an Na–24, die bei der Bestrahlung einer dünnen Magnesiumfolie (10 μm) natürlicher Isotopenzusammensetzung mit 10 MeV Deuteronen bei einem Teilchenstrom von 100 μA in einer Stunde erhalten wird, wenn der Durchmesser des Deuteronenstrahls, der voll auf die Magnesiumfolie auftrifft, 2 cm beträgt? (σ-Wert aus Abb. (13–2))

4. Wie groß ist bei einer Fällungsoperation der Bruchteil des Radionuklids im Bodenkörper
   a) bei homogener Verteilung
   b) bei heterogener Verteilung,
   wenn der Verteilungskoeffizient 10 beträgt und 30% des Trägers ausgefällt werden?

5. Welcher Bruchteil eines Radionuklids wird in einer Trennsäule zurückgehalten, wenn der Verteilungskoeffizient a) 1,5, b) 3 und c) 10 beträgt und die Säule unter den gegebenen Versuchsbedingungen aus 5 Stufen besteht?

6. In einem aliphatischen Halogenid sollen die Chloratome durch eine Austauschreaktion markiert werden. Gegeben sind 5 g Hexylchlorid und 0,1 g ^{36}Cl-markiertes Lithiumchlorid mit einer spezifischen Aktivität von 0,5 mCi/g Chlor. Wie groß ist die erreichbare spezifische Aktivität des Hexylchlorids
   a) in mCi/g Chlor,
   b) in mCi/mol?

14. Künstliche Elemente

14.1. Natürliche und künstliche Radioelemente

Wie bereits in Abschnitt 1.1 erwähnt, bezeichnen wir diejenigen Elemente als Radioelemente, die nur in Form radioaktiver Isotope, nicht aber in stabiler Form vorkommen. Von den heute insgesamt bekannten 107 Elementen sind 26 Radioelemente, davon 9 natürliche und 17 künstliche. Sie sind in den Tabellen 14.1 und 14.2 aufgeführt. Die künstlichen Elemente — d. h. die Radioelemente, die nicht in nennenswerten Konzentrationen in der Natur vorkommen, sondern durch Kernreaktionen erzeugt werden — sind: Technetium ($Z = 43$), Promethium ($Z = 61$) und die Transuranelemente ($Z > 92$).

Die künstlichen Elemente haben inzwischen große Bedeutung gewonnen, in erster Linie die Transuranelemente. Zur Erläuterung mögen zwei Beispiele dienen:

a) Energiegewinnung aus Kernbrennstoffen: Der Besitz von Kernbrennstoffen ist zu einem wichtigen internationalen Wirtschafts- und Machtfaktor geworden. Man kann damit einerseits Kernkraftwerke betreiben und andererseits Atombomben herstellen. Aus diesem Grunde spielt das Plutonium heute eine wichtigere Rolle als das Gold. Der Wert der Kernbrennstoffe, die zur Zeit in den USA im Umlauf sind, beläuft sich auf etwa 100 Milliarden DM. Auch die anderen sogenannten „Atommächte" besitzen größere Mengen Plutonium und andere Transuranelemente. Verträge mit dem Ziel, eine Kontrolle über die Verwendung des Plutoniums und anderer Kernbrennstoffe herbeizuführen (Atomsperrvertrag, Nichtverbreitung von Kernwaffen), spielen in der internationalen Politik eine wichtige Rolle. Eingehende Kenntnisse über diese Stoffe sind deshalb unerläßlich.

b) Energiegewinnung aus Radionukliden: Für den Betrieb von Radionuklidbatterien eignen sich am besten α-aktive Radionuklide mit Halbwertzeiten von der Größenordnung 10 bis 100 Jahre. Bei α-Strahlern ist wegen der hohen spezifischen Ionisation die Energieausbeute verhältnismäßig groß. Kurzlebige α-Strahler klingen zu rasch ab, langlebige besitzen zu niedrige spezifische Aktivität. Geeignete Radionuklide finden sich vor allen Dingen unter den künstlichen Elementen, z.B. Pu–238 und Cm–244. Pu–238 wird als Energiequelle in der Raumfahrt eingesetzt.

Tabelle 14.1
Überblick über die natürlichen Radioelemente

Ordnungs-zahl	Name des Elements (Symbol)	Langlebigstes Nuklid	Entdeckung	Bemerkungen
84	Polonium (Po)	^{209}Po (102 a)	1898 P. u. M. Curie	Chemisch dem Tellur ähnlich
85	Astat (At)	^{210}At (8,1 h)	1940 Corson, McKenzie u. Segrè	Halogen; als Element verhältnismäßig flüchtig
86	Radon (Rn)	^{222}Rn (3,82 d)	1900 Rutherford, Soddy	Edelgas
87	Francium (Fr)	^{223}Fr (22 min)	1939 Perey	Alkalimetall; chemisch dem Cäsium sehr ähnlich
88	Radium (Ra)	^{226}Ra (1600 a)	1898 P. u. M. Curie	Erdalkalimetall; chemisch dem Barium ähnlich
89	Actinium (Ac)	^{227}Ac (21,6 a)	1899 Debierne	Chemisch dem Lanthan ähnlich; etwas stärker basisch
90	Thorium (Th)	^{232}Th ($1{,}41 \cdot 10^{10}$ a)	1828 Berzelius	Ausschließlich 4-wertig; chemisch ähnlich Ce^{IV}, Zr^{IV} und Hf^{IV}; in Lösung starke Hydrolyse; viele Komplexverbindungen
91	Protactinium (Pa)	^{231}Pa ($3{,}28 \cdot 10^{4}$ a)	1917 Hahn und Meitner	Vorzugsweise Oxidationsstufe V; in Lösung sehr starke Hydrolyse; Bildung von Komplexverbindungen bzw. Radiokolloiden
92	Uran (U)	^{238}U ($4{,}47 \cdot 10^{9}$ a)	1789 Klaproth	Verbindungen in den Oxidationsstufen III bis VI (bevorzugt VI), in Lösung U^{4+}-, UO_2^{+}- und UO_2^{++}-Ionen

Tabelle 14.2
Überblick über die künstlichen Radioelemente

Ordnungs-zahl	Name des Elements (Symbol)	Langlebigstes Nuklid	Entdeckung	Bemerkungen
43	Technetium (Tc)	^{98}Tc ($4{,}2 \cdot 10^{6}$ a)	1937 Perrier u. Segrè	Chemisch dem Rhenium ähnlich; bevorzugt 7-wertig
61	Promethium (Pm)	^{145}Pm (17,7 a)	1947 Marinsky, Glendenin u. Coryell	Lanthanid; ausschließlich 3-wertig

Fortsetzung Tabelle 14.2

Ordnungszahl	Name des Elements (Symbol)	Langlebigstes Nuklid	Entdeckung	Bemerkungen	
93	Neptunium (Np)	^{237}Np $(2,14 \cdot 10^6$ a)	1940 McMillan u. Abelson	Chemisch dem Uran ähnlich; Oxidationsstufe III bis VII	
94	Plutonium (Pu)	^{244}Pu $(8,26 \cdot 10^7$ a)	1940/41 Seaborg u. a.	Chemisch dem Uran ähnlich; Oxidationsstufe III bis VII	
95	Americium (Am)	^{243}Am (7380) a)	1944/45 Seaborg u. a.	Chemisch dem Plutonium ähnlich; Oxidationsstufe III bis VI	
96	Curium (Cm)	^{247}Cm $(1,6 \cdot 10^7$ a)	1944 Seaborg u. a.	Analogie zu Gadolinium	
97	Berkelium (Bk)	^{247}Bk (1380 a)	1949 Thompson, Ghiorso u. a.	Analogie zu Terbium	
98	Californium (Cf)	^{251}Cf (898 a)	1950 Thompson, Ghiorso u. a.	Analogie zu Dysprosium	
99	Einsteinium (Es)	^{252}Es (350 d)	1952 Thompson, Ghiorso u. a.	Analogie zu Holmium	bevorzugt Oxidationsstufe III
100	Fermium (Fm)	^{257}Fm (100,5 d)	1953 Thompson, Ghiorso u. a.	Analogie zu Erbium	
101	Mendelevium (Md)	^{258}Md (55 d)	1955 Ghiorso u. a.	Analogie zu Thulium	
102	Nobelium (No)	^{259}No (58 min)	1958 Ghiorso u. a.	Analogie zu Ytterbium	
103	Lawrencium (Lr)	^{260}Lr (180 s)	1961 Ghiorso u. a.	Analogie zu Lutetium	
104	Kurtschatovium (Ku) Rutherfordium (Rf)	^{261}104 (65 s)	1964 Flerov u.a. 1969 Ghiorso u.a.	Chemisch dem Hafnium und Zirkonium ähnlich	
105	Nielsbohrium (Ns) Hahnium (Ha)	^{262}105 (40 s)	1968 Flerov u.a. 1970 Ghiorso u.a.	Chemisch dem Niob und Tantal ähnlich, Zwischenstellung zwischen Niob und Hafnium	
106	—	^{263}106 (0,9 s) —	1974 Ghiorso u.a. Flerov u.a.	—	
107	—	—	1976 Flerov u.a.	—	

14. Künstliche Elemente

14.2. Technetium

Die freien Plätze im Periodensystem bei den Ordnungszahlen 43 und 61 gaben zu vielen Untersuchungen Anlaß, welche die Entdeckung dieser fehlenden Elemente zum Ziele hatten. Der Bericht von Noddack und Tacke über die Entdeckung der Elemente „Masurium" und Rhenium im Jahre 1925 war nur zum Teil richtig. Rhenium konnte später isoliert werden; das Element 43 kommt dagegen nicht in meßbarer Konzentration in der Natur vor. Die Anwendung der Mattauchschen Regel führt zu dem Schluß, daß keine stabilen Isotope des Elements 43 zu erwarten sind (Abb. (14–1)). Nimmt man an, daß es keine

		Ru 93	Ru 94	Ru 95	Ru 96	Ru 97	Ru 98	Ru 99	Ru 100	Ru 101	Ru 102	Ru 103	Ru 104	Ru 105	Ru 106
44	Ru	45 s	57 s	51,8 m	1,63 h		2,9 d					39,4 d		4,44 h	368,2 d
43	Tc	Tc 92	Tc 93	Tc 94	Tc 95	Tc 96	Tc 97	Tc 98	Tc 99	Tc 100	Tc 101	Tc 102	Tc 103	Tc 104	Tc 105
		4,4 m	44 m 2,8 h	52 m 4,9 h	61 d 20 h	52 m 4,3 d	87 d $2{,}6 \cdot 10^6$ a	4,2·10⁶ a	6 h $2{,}13 \cdot 10^5$ a	15,85 s	14,2 m	4,4 m 5,3 s	50 s	18,2 m	7,8 m
42	Mo	Mo 91	Mo 92	Mo 93	Mo 94	Mo 95	Mo 96	Mo 97	Mo 98	Mo 99	Mo 100	Mo 101	Mo 102	Mo 103	Mo 104
		66 s 15,5 m		6,9 h $3{,}5 \cdot 10^3$ a						66 h		14,6 m	11,1 m	1,03 m	1,3 m

$N = A - Z \longrightarrow$

Abb. (14–1) Anwendung der Mattauchschen Regel auf die Frage nach der Existenz stabiler Isotope des Elements 43 (Ausschnitt aus der Nuklidkarte).

benachbarten stabilen Isobare gibt, kommen als stabile Isotope des Elements 43 solche mit den Massenzahlen $A = 93$, $A \leq 91$, $A = 103$ und $A \geq 105$ in Frage. Diese Nuklide sind aber verhältnismäßig weit von der Linie der β-Stabilität entfernt. Heute ist bekannt, daß das langlebigste Isotop dieses Elements eine Halbwertzeit von $4{,}2 \cdot 10^6$ a besitzt. Die Versuche, das Element 43 in der Natur zu finden, schlugen deshalb fehl. Es entsteht zwar bei der Spontanspaltung des Urans, aber nur in sehr kleinen Mengen.

Das Element 43 wurde erstmals von Perrier und Segrè im Jahre 1937 aus bestrahltem Molybdän isoliert und Technetium („das Künstliche") genannt. Es entstand durch folgende Kernreaktionen:

$$^{98}\text{Mo}\,(n,\gamma)\,^{99}\text{Mo} \xrightarrow[66\text{h}]{\beta^-} {}^{99\text{m}}\text{Tc} \xrightarrow[6\text{h}]{\text{I.U.}} {}^{99}\text{Tc} \,. \tag{14.1}$$

Da der Wirkungsquerschnitt der (n, γ)-Reaktion klein ist (0,13 b), ist die Ausbeute an Technetium gering. Verhältnismäßig groß ist die Menge des Technetiums, die bei der Uranspaltung anfällt (Spaltausbeute an Tc–99: 6,3%). Technetium ist heute in Gramm- oder Kilogramm-Mengen zugänglich. In kleinen Mengen entsteht Tc–97 bei der Bestrahlung von Ruthenium:

$$^{96}\text{Ru}\,(n,\gamma)\,^{97}\text{Ru} \xrightarrow[2{,}9\text{d}]{} {}^{97\text{m}}\text{Tc} \xrightarrow[87\text{d}]{\text{I.U.}} {}^{97}\text{Tc}. \tag{14.2}$$

Das Technetium steht chemisch dem Rhenium näher als dem Mangan. Die Ähnlichkeit mit den Nachbarelementen ist stark ausgeprägt (vgl. Abb. (14–2)). Die bevorzugte Oxidationsstufe ist Tc^{VII}, zum Beispiel in Form von Pertechnetat TcO$_4^-$.

	VI	VII	VIII
4	24 Cr	25 Mn	26 Fe
5	42 Mo	43 Tc	44 Ru
6	74 W	75 Re	76 Os

Abb. (14–2) Technetium, seine Homologen und Nachbarelemente (Ausschnitt aus dem Periodensystem).

Technetium besitzt auf Grund der korrosionshemmenden Eigenschaften von Pertechnetationen und als Legierungspartner auch ein gewisses technisches Interesse. Zum Beispiel sind Stähle in Wasser bis 250 °C korrosionsbeständig, wenn dem Wasser 5 bis 50 ppm Pertechnetat zugesetzt werden. Perrhenationen besitzen diese Wirkung nicht.

Tc-99m wird wegen seiner günstigen Eigenschaften (Halbwertzeit, Energie der γ-Strahlung) in der Medizin in großem Umfang für diagnostische Zwecke verwendet und durch Abtrennung von Mo-99 in Radionuklidgeneratoren gewonnen (vgl. Abschn. 13.5).

Zur Abtrennung des Technetiums werden verschiedene Methoden verwendet (vgl. auch Tabelle 13.3):

a) In Gegenwart von Rhenium als Träger führt eine Sulfidfällung zu Re$_2$S$_7$ + Tc$_2$S$_7$. In verdünnter Salzsäure lösen sich MnS und einige andere Sulfide, nicht aber die Sulfide des Rheniums und Technetiums. Diese können in einer Mischung von Ammoniak und Wasserstoffperoxid gelöst werden. Die Trennung des Rheniums und Technetiums ist auf Grund der Löslichkeit der Sulfide in 9 M Salzsäure möglich; Technetiumsulfid löst sich darin auf, Rheniumsulfid nicht.

b) Durch Mitfällung mit Kupfersulfid ist ebenfalls eine Abtrennung des Technetiums möglich. Anschließend ist eine Trennung von Kupfer und Technetium erforderlich, die z. B. mit Hilfe eines Kationenaustauschers erfolgen kann. Die Kupferionen werden darin zurückgehalten, die Pertechnetationen nicht.

c) Eine verhältnismäßig elegante Methode zur Abtrennung kleiner Mengen Technetium ist die Destillation des Technetiumheptoxids aus konzentrierter Schwefelsäure; Tc$_2$O$_7$ ist leichter flüchtig als Re$_2$O$_7$.

Metallisches Technetium (Schmp: 2140 ± 20 °C) kristallisiert ebenso wie Ruthenium, Rhenium und Osmium in hexagonal dichtester Kugelpackung und besitzt gewisse Ähnlichkeit mit metallischem Ruthenium. Im Sauerstoffstrom verbrennt es zu hellgelbem Technetiumheptoxid Tc_2O_7 (Schmp: 119,5 °C). Dieses ist stark hygroskopisch und liefert mit Wasser eine rosafarbene Lösung der Pertechnetiumsäure $HTcO_4$. Die starke Absorption des Pertechnetations erlaubt eine empfindliche spektralphotometrische Bestimmung. Die Pertechnetate von Natrium, Ammonium und Rubidium kristallisieren ebenso wie die entsprechenden Perrhenate, die Molybdate und Wolframate von Blei, Strontium, Calcium, Barium und die Periodate von Natrium, Kalium, Ammonium, Silber in der Scheelitstruktur ($CaWO_4$). Tc^{VII} ist ebenso wie Re^{VII} schwach paramagnetisch. Andere Wertigkeitsstufen sind weniger beständig, zum Beispiel die Oxide TcO_2, Tc_2O_3.

14.3. Promethium und die Lanthaniden

Promethium gehört zur Gruppe der Lanthaniden, deren Häufigkeit in Abb. (14-3) aufgezeichnet ist. Die Harkinssche Regel, die besagt, daß Elemente mit gerader Ordnungszahl häufiger sind als benachbarte Elemente mit ungerader Ordnungszahl, wird aus dieser Abbildung besonders deutlich. Die Bezeichnung Lanthaniden stammt von GOLDSCHMIDT (1925). Gelegentlich ist auch der Name Lanthanoide vorgeschlagen worden. Zu den Seltenen Erden, die mit einer Häufigkeit von 0,012% in der Erdrinde eigentlich nicht selten sind, rechnet man außer den Lanthaniden noch das Yttrium und Scandium; man unterscheidet Ceriterden (Oxide des Lanthan bis Europium, Hauptbestandteil Cer) und Yttererden (Oxide des Gadolinium bis Lutetium, zuzüglich Yttrium, Hauptbestandteil Yttrium).

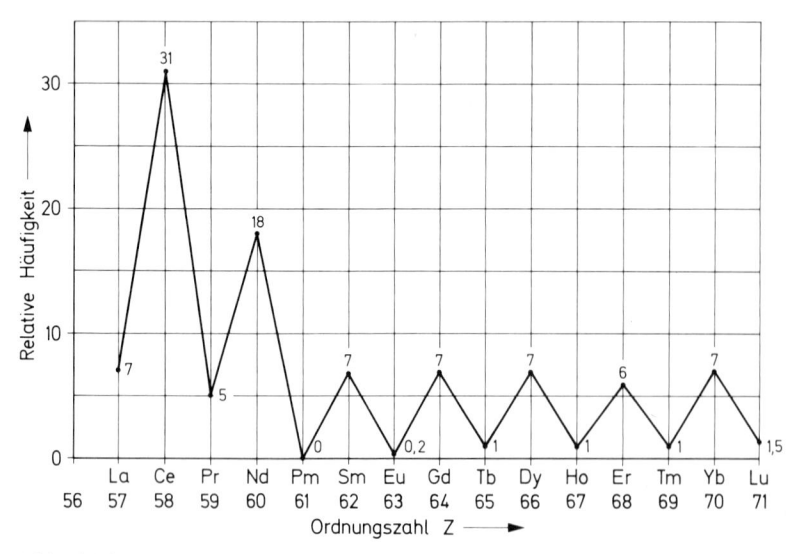

Abb. (14-3) Häufigkeit der Lanthaniden. Aus V. M. GOLDSCHMIDT, L. THOMASSEN: Geochemisches Verteilungsgesetz der Elemente III, Videnskapsselskapets Skrifter. I. Mat.-Naturv. Kl., 1924, Nr. 5, J. Dybwad, Kristiania 1924, S. 49.

Die eindeutige Feststellung, daß das Element 61 in der Natur fehlt, war auf Grund des Moseleyschen Gesetzes (vgl. Abschn. 1.2) mit Hilfe der Röntgenspektroskopie möglich. Die Identifizierung als künstliches Element gelang 1947 MARINSKY, GLENDENIN und CORYELL. Sie arbeiteten Uranspaltprodukte auf, wobei sie durch eine Oxalatfällung die Seltenen Erden abtrennten. Nach Auflösung der Oxalate in Säure trennten sie Cer als Cer(IV)-iodat ab und dann die Hauptmenge des Yttriums sowie einige Lanthaniden durch Behandlung mit Carbonatlösung als Carbonatokomplexe. Die restlichen Elemente wurden in einem Kationenaustauscher mit 5%iger Citratlösung (pH 2,75) getrennt. Dabei wurde die in Abb. (14–4) wiedergegebene Elutionskurve erhalten, welche die Anwesenheit des Elements 61 deutlich erkennen läßt. Das Element wurde von den Entdeckern zur Erinnerung an Prometheus Promethium genannt.

14.3. Promethium und die Lanthaniden

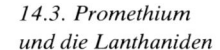

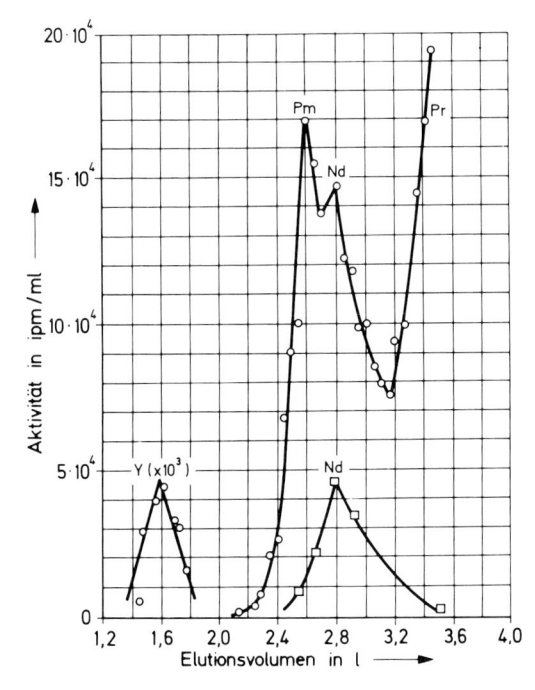

Abb. (14–4) Abtrennung des Promethiums aus Uranspaltprodukten in einer Kationenaustauschersäule durch Elution mit Citratlösung (○ β-Aktivität, □ γ-Aktivität). Aus J. A. MARINSKY, L. E. GLENDENIN u. C. D. CORYELL: J. Amer. chem. Soc. **69**, 2781 (1947).

Das langlebigste Promethiumisotop ist das Pm–145 (Halbwertzeit 17,7 a); an zweiter Stelle steht das Pm–146 (Halbwertzeit 5,53 a), das mit einer Spaltausbeute von 2,3% bei der Spaltung des Urans mit thermischen Neutronen auftritt. Außerdem entstehen bei der thermischen Kernspaltung die Promethiumisotope Pm–149 (Halbwertzeit 53 h, Spaltausbeute 1,1%) und Pm–151 (Halbwertzeit 28 h, Spaltausbeute 0,42%). Promethium kann auch durch Bestrahlung von Neodym in einem Reaktor hergestellt werden:

$$^{146}\text{Nd}(n,\gamma)\,^{147}\text{Nd}\xrightarrow[11,1\,\text{d}]{\beta^-}\,^{147}\text{Pm}\xrightarrow[2,62\,\text{a}]{\beta^-}\,^{147}\text{Sm}$$

$$^{148}\text{Nd}(n,\gamma)\,^{149}\text{Nd}\xrightarrow[1,73\,\text{h}]{\beta^-}\,^{149}\text{Pm}\xrightarrow[53\,\text{h}]{\beta^-}\,^{149}\text{Sm} \qquad (14.3)$$

$$^{150}\text{Nd}(n,\gamma)\,^{151}\text{Nd}\xrightarrow[12,4\,\text{min}]{\beta^-}\,^{151}\text{Pm}\xrightarrow[28,4\,\text{h}]{\beta^-}\,^{151}\text{Sm}\xrightarrow[90\,\text{a}]{\beta^-}\,^{151}\text{Eu}$$

Zur Abtrennung und Reinigung des Promethiums werden meist Ionenaustauschverfahren benutzt.

In seinem chemischen Verhalten fügt sich das Promethium in die Reihe der Lanthaniden ein. Die Wertigkeiten der Lanthaniden sind in Abb. (14-5) aufgetragen. Am stabilsten sind die Elektronenkonfigurationen $4f^0$ (La^{3+}), $4f^7$ (Gd^{3+}) und $4f^{14}$ (Lu^{3+}), bei denen die 4f-Zustände unbesetzt, einfach besetzt oder doppelt besetzt sind. Diese Elektronenkonfigurationen werden von den benachbarten Elementen angestrebt, so daß in erster Linie Cer, aber auch Praseodym und Terbium in der Oxidationsstufe IV anzutreffen sind. Aus denselben Gründen treten Europium, Samarium und Ytterbium in der Oxidationsstufe II auf. Promethium ist ausschließlich dreiwertig.

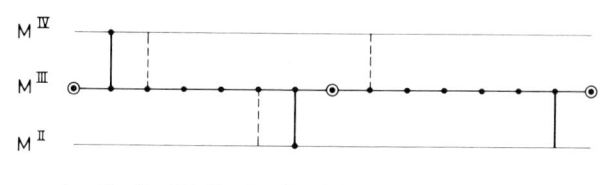

Abb. (14-5) Wertigkeiten der Lanthaniden.

Die Chemie der Lanthaniden hat in den vergangenen Jahren sehr an Bedeutung gewonnen. Dies beruht auf folgenden Ursachen:
a) Die Lanthaniden besitzen zu einem großen Teil hohe Einfangquerschnitte für thermische Neutronen; sie sind deshalb in Kernbrennstoffen, Moderatoren, Kühlmitteln und Reaktorwerkstoffen unerwünscht. Die Reinheitsanforderungen sind hoch. Damit sie erfüllt werden können, sind Untersuchungen über die Chemie der Lanthaniden erforderlich.
b) Die Lanthaniden machen einen Großteil der Spaltprodukte aus. Ihre Abtrennung und Weiterverarbeitung setzen ausreichende Kenntnisse über ihre chemischen Eigenschaften voraus.

Auf die Chemie der Lanthaniden soll hier kurz eingegangen werden, weil sie im Hinblick auf die Actiniden wichtig ist.

Die Ionenradien der Lanthaniden in der Oxidationsstufe III sind in Abb. (14-6) aufgezeichnet; die Farben der Ionen sind in Tab. 14.3 angegeben. Die Abnahme der Ionenradien mit steigender Ordnungszahl ist unter dem Begriff Lanthanidenkontraktion bekannt. Sie beruht darauf, daß in der Reihe der Lanthaniden die 4f-Schale aufgefüllt wird, während die Besetzung der äußeren Elektronenschale unver-

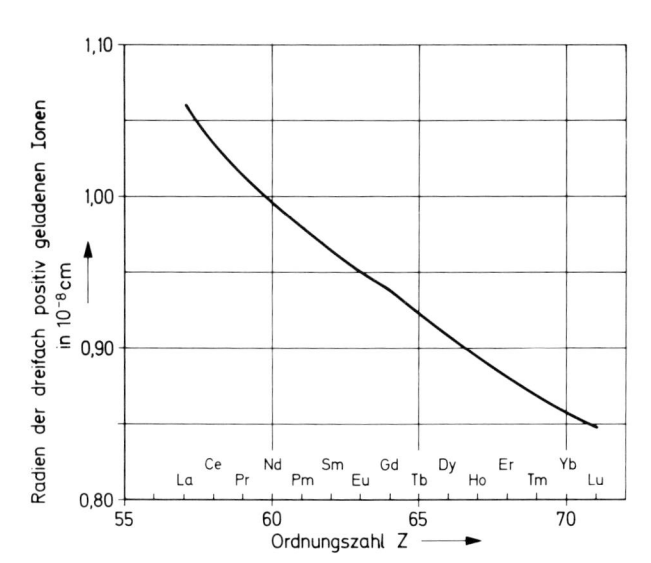

Abb. (14–6) Ionenradien der Lanthaniden. Nach D. H. TEMPLETON u. C. H. PAULEN: J. Amer. chem. Soc. **76**, 5237 (1954).

ändert bleibt. Die wachsende Ordnungszahl führt deshalb zu einer Kontraktion. Die Ionen der Lanthaniden besitzen charakteristische Absorptionsspektren.

Verbindungen mit Ionen der Elektronenkonfigurationen $4f^0$ (La^{3+}), $4f^7$ (Gd^{3+}) und $4f^{14}$ (Lu^{3+}) sind farblos; die Farbe ist um so intensiver, je weiter die Ionen von diesen Anordnungen entfernt sind (Tab. 14.3).

Alle Lanthaniden, die ungepaarte 4f-Elektronen besitzen, sind paramagnetisch (Abb. (14–7)). Die Kurve für die magnetischen Momente der Ionen durchläuft ein kleineres und ein größeres Maximum. La^{3+} und Lu^{3+} sind diamagnetisch; Gd^{3+} besitzt hinsichtlich der magnetischen Eigenschaften keine ausgezeichnete Stellung. 4-wertige Ionen

Tabelle 14.3
Farbe der Ionen der Lanthaniden in der Oxidationsstufe III

Ion	Zahl der 4f-Elektronen	Farbe	
La^{3+}	0	farblos	
Ce^{3+}	1	farblos	
Pr^{3+}	2	gelbgrün	
Nd^{3+}	3	rotviolett	Zunahme der Farb-
Pm^{3+}	4	rosa	intensität
Sm^{3+}	5	gelb	
Eu^{3+}	6	fast farblos	
Gd^{3+}	7	farblos	
Tb^{3+}	8	fast farblos	
Dy^{3+}	9	schwach gelbgrün	
Ho^{3+}	10	gelb	Zunahme der Farb-
Er^{3+}	11	rosa	intensität
Tm^{3+}	12	blaßgrün	
Yb^{3+}	13	farblos	
Lu^{3+}	14	farblos	

besitzen die gleichen Suszeptibilitäten wie die 3-wertigen Ionen des vorausgehenden Elements, 2-wertige Ionen die gleichen Suszeptibilitäten wie die 3-wertigen Ionen des folgenden Elements. Auch daraus geht hervor, daß nur die Anzahl der $4f$-Elektronen für die magnetischen Eigenschaften verantwortlich ist. Bei tiefen Temperaturen werden viele Lanthaniden ferromagnetisch, Gadolinium bereits unterhalb 16 °C.

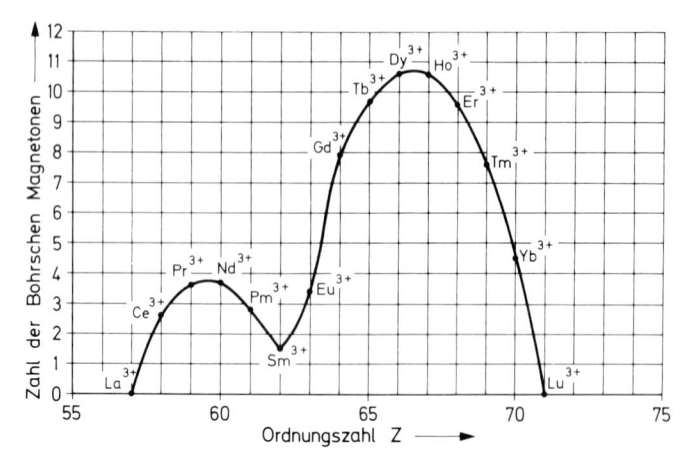

Abb. (14–7) Magnetische Suszeptibilitäten der Lanthaniden.

Die Darstellung der Metalle kann durch Reduktion der Halogenide oder Oxide mit Alkalimetallen (Natrium, Kalium) oder Erdalkalimetallen (Magnesium, Calcium, Barium) erfolgen. Die reinsten Produkte werden durch Reduktion der Fluoride oder Chloride mit Calcium oder Barium bei 1 500 °C in einem Tiegel aus beständigem Material (z. B. Tantaltiegel) erhalten. Der Schmelzpunkt der Metalle liegt zwischen etwa 800 °C (Cer) und 1 700 °C (Lutetium). Die meisten Lanthaniden kristallisieren in der hexagonal dichtesten Kugelpackung, Samarium in einer rhomboedrischen Struktur, Europium kubisch raumzentriert, Ytterbium kubisch flächenzentriert. Alle Metalle sind sehr unedel, oxidieren sich an der Luft und reagieren mit Wasser und verdünnten Säuren.

Hinsichtlich ihrer chemischen Eigenschaften sind sich die Lanthaniden sehr ähnlich. Hydride der Zusammensetzung $MH_{2,7-2,8}$ entstehen durch Einwirkung von Wasserstoff auf die Elemente bei 300 °C. Die Carbide besitzen metallischen Charakter und reagieren mit Wasser unter Bildung von Kohlenwasserstoffen. Die Bildungswärme der Oxide M_2O_3 ist sehr hoch. Die Hydroxide sind relativ starke Basen. Die Basizität nimmt wegen der Lanthanidenkontraktion vom La(OH)$_3$ zum Lu(OH)$_3$ kontinuierlich ab. Durch Einstellung des pH-Wertes zwischen pH 5 und pH 6 ist eine partielle Trennung bei der Hydroxidfällung möglich. Die Fluoride sind im Gegensatz zu den übrigen Halogeniden schwer löslich, ebenso die Oxalate und die Phosphate.

14.4. Gewinnung der Transuranelemente

14.4.1. Bestrahlung mit Neutronen

Die wichtigste Methode zur Gewinnung der Transuranelemente ist die Bestrahlung von Uran mit Neutronen. Sie wurde bald nach der Entdeckung des Neutrons (1932) angewandt, und zwar seit 1934 von FERMI in Italien und HAHN am Kaiser-Wilhelm-Institut für Chemie in Berlin-Dahlem. Man wußte, daß durch Neutroneneinfang bevorzugt β^--aktive Nuklide entstehen. Beim β^--Zerfall erhöht sich die Ordnungszahl um eine Einheit (zweiter radioaktiver Verschiebungssatz von FAJANS und SODDY, vgl. Abschn. 5.1). Man durfte deshalb damit rechnen, daß bei der Bestrahlung des Urans mit Neutronen ein Element mit der Ordnungszahl 93 entstehen würde. Die Untersuchungen führten aber zunächst nicht zur Gewinnung von Transuranelementen, sondern zur Entdeckung der Kernspaltung durch HAHN und STRASSMANN (1938).

Das Prinzip der Bestrahlung mit Neutronen zur Gewinnung von Elementen höherer Ordnungszahlen kann durch das folgende Reaktionsschema beschrieben werden

$$^A Z(n, \gamma)^{A+1}Z \xrightarrow{\beta^-} {}^{A+1}(Z+1). \tag{14.4}$$

Bei langen Bestrahlungszeiten bilden sich nach diesem Reaktionsschema auch Elemente mit den Ordnungszahlen $Z+2$, $Z+3$ usw. Die Entstehung von Transuranelementen durch Bestrahlung von U–238 mit Neutronen ist in Abb. (14–8) aufgezeichnet. Bei diesen aufeinanderfolgenden Reaktionen ist die Konkurrenz zwischen dem ra-

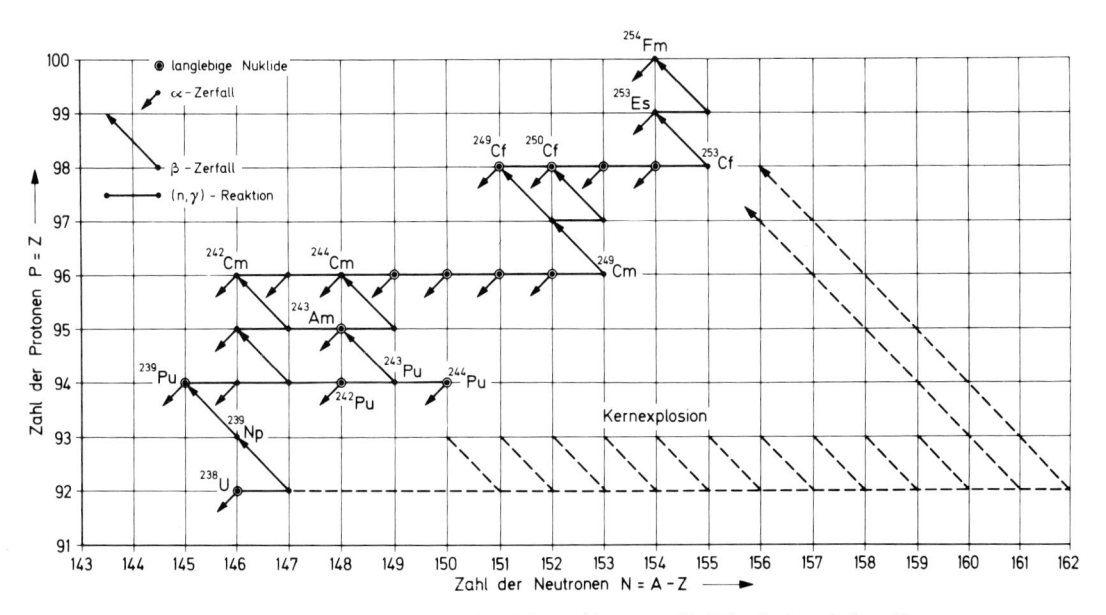

Abb. (14–8) Entstehung von Transuranelementen durch Bestrahlung von U–238 mit thermischen Neutronen.

dioaktiven Zerfall und dem Neutroneneinfang wichtig. Für ein bestimmtes Nuklid gilt:

$$\text{Zerfallsrate} \qquad -\frac{dN}{dt} = \lambda N, \qquad (14.5)$$

Geschwindigkeit der Umwandlung durch (n,γ)-Reaktionen

$$-\frac{dN}{dt} = \Phi_n \sigma_{n,\gamma} N. \qquad (14.6)$$

In der Gesamtbilanz ist außerdem die Umwandlung des betreffenden Nuklids durch andere Kernreaktionen — insbesondere durch Kernspaltung — zu berücksichtigen (vgl. dazu Abschn. 8.7). Aus den Gln. (14.5) und (14.6) folgt, daß der Aufbau schwerer Kerne dann begünstigt ist, wenn

$$\Phi_n \sigma_{n,\gamma} > \lambda. \qquad (14.7)$$

Diese Bedingung ist in einem Reaktor mit einem Neutronenfluß $\Phi = 10^{14} \text{cm}^{-2} \text{s}^{-1}$ und bei einem Wirkungsquerschnitt $\sigma_{n,\gamma} = 1 \text{ b} = 10^{-24} \text{cm}^2$ erfüllt, wenn $\lambda < 10^{-10} \text{s}^{-1}$ oder die Halbwertzeit $t_{1/2} > 200 \text{ a}$ ist. Somit können unter diesen Bedingungen nur dann schwerere Kerne in größeren Mengen entstehen, wenn die Halbwertzeiten der Zwischenglieder größer als etwa 100 a sind.

Bei den extrem hohen Neutronenflüssen, die während einer Kernexplosion auftreten, bilden sich innerhalb des Bruchteils einer Sekunde durch mehrfachen Neutroneneinfang sehr neutronenreiche Isotope der vorgelegten Nuklide, die sehr rasch durch mehrmaligen β^--Zerfall in Elemente mit hoher Ordnungszahl übergehen. Dieser Weg der Bildung von schweren Elementen bei Kernexplosionen ist in Abb. (14–8) ebenfalls eingezeichnet. Eine Untersuchung der Reaktionsprodukte ist im Anschluß an unterirdische Kernexplosionen möglich.

Folgende Transuranelemente wurden durch Bestrahlung mit Neutronen nach dem in Gl. (14.4) angegebenen Reaktionsschema gewonnen:

Neptunium ($Z = 93$): Dieses Element wurde 1940 von McMillan und Abelson an der Universität von Kalifornien, USA, bei der Untersuchung der Spaltprodukte des Urans entdeckt und in Analogie zum Uran nach dem Planeten Neptun benannt. Das Isotop Np–239 entsteht aus Uran nach der Reaktionsfolge

$$^{238}\text{U}(n,\gamma)\,^{239}\text{U} \xrightarrow[23,5 \text{ min}]{\beta^-} {}^{239}\text{Np}. \qquad (14.8)$$

Bereits durch Traceruntersuchungen wurde festgestellt, daß das Neptunium chemisch dem Uran ähnlich ist, nicht aber dem Rhenium. Es paßt also nicht in die VII. Gruppe des Periodensystems.

Plutonium ($Z = 94$): Durch β^--Zerfall des Np–239 bildet sich Pu–239

$$^{238}\text{U}(n,\gamma)\,^{239}\text{U} \xrightarrow[23,5 \text{ min}]{\beta^-} {}^{239}\text{Np} \xrightarrow[2,35 \text{ d}]{\beta^-} {}^{239}\text{Pu} \xrightarrow[2,41 \cdot 10^4 \text{ a}]{\alpha}. \qquad (14.9)$$

Wegen seiner langen Halbwertzeit und der dadurch bedingten geringen Aktivität wurde das Pu–239 nicht als erstes Plutoniumisotop entdeckt. Vielmehr wurde zunächst das Pu–238 gefunden, das bei der Bestrahlung von Uran mit 16 MeV Deuteronen im Zyklotron entstand:

$$^{238}U\,(d,2n)\,^{238}Np \xrightarrow[2,12\,d]{\beta^-} {}^{238}Pu \xrightarrow[87,7\,a]{\alpha}. \qquad (14.10)$$

SEABORG, der dieses Element 1940 entdeckte, hat die Entdeckungsgeschichte sehr anschaulich beschrieben („plutonium story", vgl. Literaturhinweis Nr. 2). Der α-Strahler Pu–238 konnte zunächst nicht vom Thorium getrennt werden, weil er offenbar in der Oxidationsstufe IV vorlag. Erst nach Oxidation mit Persulfat gelang die Trennung. In Analogie zu den vorausgehenden Elementen wurde das Plutonium nach dem Planeten Pluto benannt. Im Anschluß an das Pu–238 wurde auch das Pu–239, das sich nach Gl. (14.9) bildet, entdeckt, und gewann wegen seiner Spaltbarkeit durch thermische Neutronen sofort große Bedeutung. Nach den Worten SEABORGs wurde die Entdeckung keines anderen Elements der Welt auf so „explosive Weise" bekanntgegeben wie die des Plutoniums, nämlich durch die Explosion einer Atombombe.

1971 wurde das langlebige Pu–244 auch in der Natur gefunden. Es kommt in sehr niedrigen Konzentrationen (etwa 10^{-18} g/g) in dem Mineral Bastnäsit vor.

Americium ($Z = 95$): Dieses Element wurde 1944 von SEABORG und Mitarbeitern entdeckt; es entstand durch Bestrahlung von Plutonium mit Neutronen

$$^{239}Pu\,(n,\gamma)\,^{240}Pu\,(n,\gamma)\,^{241}Pu \xrightarrow[14,8\,a]{\beta^-} {}^{241}Am. \qquad (14.11)$$

Es wurde in Anlehnung an das Element Europium benannt, das die gleiche Anzahl von f-Elektronen besitzt.

Curium ($Z = 96$): Dieses Element wurde ebenfalls im Jahre 1944 von SEABORG und Mitarbeitern in Kalifornien entdeckt. Zunächst wurde es durch Bestrahlung von Plutonium mit α-Strahlen erzeugt (vgl. Abschnitt 14.4.2), später durch Bestrahlung von Americium mit Neutronen

$$^{241}Am\,(n,\gamma)\,^{242}Am \xrightarrow[16\,h]{\beta^-} {}^{242}Cm. \qquad (14.12)$$

Die Benennung erfolgte nach einem Forschernamen (CURIE) — ähnlich wie beim Element Gadolinium, das ebensoviele f-Elektronen besitzt.

Die Elemente mit den Ordnungszahlen $Z = 97$ und 98 konnten durch Bestrahlung mit Neutronen zunächst nicht hergestellt werden, weil keine β^--aktiven Curiumisotope bekannt waren.

Einsteinium ($Z = 99$) und Fermium ($Z = 100$): Diese Elemente wurden 1952/53 von GHIORSO und Mitarbeitern in den USA in der radioaktiven Asche der ersten Wasserstoffbombenexplosion gefunden. Die Untersuchung von Staubproben an ferngesteuerten Flugzeugen gab die ersten Hinweise auf diese Elemente. Dann wurden größere Mengen des Korallenriffs aufgearbeitet, über dem die Wasserstoffbombe explodiert war. Die Trennung und Identifizierung war möglich auf Grund des Verhaltens dieser Elemente bei der Elution aus einer Ionenaustauschersäule. Die Benennung erfolgte zu Ehren EINSTEINS und FERMIS. Später wurden kleine Mengen dieser Elemente auch durch lange Bestrahlung im Reaktor bei hohem Neutronenfluß erhalten. Ihre Entstehung bei der Explosion der Wasserstoffbombe kann durch folgende Gleichungen beschrieben werden:

$$^{238}U \xrightarrow{15 \times (n,\gamma)} {}^{253}U \xrightarrow{7 \times \beta^-} {}^{253}Es \quad (14.13)$$

$$^{238}U \xrightarrow{17 \times (n,\gamma)} {}^{255}U \xrightarrow{8 \times \beta^-} {}^{255}Fm \quad (14.14)$$

14.4.2. Bestrahlung mit α-Teilchen

Die Bestrahlung mit Neutronen nach Gl. (14.4) und auch die Bestrahlung mit Deuteronen führen bei höheren Ordnungszahlen nicht mehr zum Erfolg, weil viele Neutronen oder Deuteronen aufgenommen werden müssen, um schwere Elemente aufzubauen. Beim Einfang eines α-Teilchens wird die Ordnungszahl aber schon um zwei Einheiten erhöht; wenn das entstehende Nuklid eine β^--Umwandlung erleidet, entsteht ein Nuklid, dessen Ordnungszahl um drei Einheiten höher ist. Die häufigste Reaktion ist eine (α, n)-Reaktion:

$$^AZ(\alpha, n) {}^{A+3}(Z+2) \xrightarrow{\beta^-} {}^{A+3}(Z+3). \quad (14.15)$$

Daneben finden auch (α, 2n)-Reaktionen statt.

Durch Bestrahlung mit 35 MeV α-Teilchen aus einem Zyklotron gewannen SEABORG und Mitarbeiter folgende Elemente:

Americium (Z = 95) im Jahre 1944/45

$$^{238}U(\alpha, n) {}^{241}Pu \xrightarrow[14,8 \text{ a}]{\beta^-} {}^{241}Am, \quad (14.16)$$

Curium (Z = 96) ebenfalls im Jahre 1944

$$^{239}Pu(\alpha, n) {}^{242}Cm \xrightarrow[162,8 \text{ d}]{\alpha} {}^{238}Pu. \quad (14.17)$$

Das Cm–242 wurde auf Grund des α-Zerfalls und der bekannten Eigenschaften des Tochternuklids Pu–238 identifiziert.

Nach Herstellung von Milligramm-Mengen Am–241 durch CUNNINGHAM konnten nach diesem Reaktionsschema auch die nächst höheren Elemente gewonnen werden, die durch Bestrahlung mit Neutronen nicht darstellbar waren (vgl. Abschn. 14.4.1):

Berkelium (Z = 97) im Jahre 1949

$$^{241}\text{Am}(\alpha, 2n)\,^{243}\text{Bk}. \qquad (14.18)$$

Dieses Element wurde ebenso wie die vorausgehenden Elemente in Analogie zum Terbium nach einer Stadt benannt.

Californium (Z = 98) im Jahre 1950

$$^{242}\text{Cm}(\alpha, n)\,^{245}\text{Cf}. \qquad (14.19)$$

Mendelevium (Z = 101) im Jahre 1955

$$^{253}\text{Es}(\alpha, n)\,^{256}\text{Md}. \qquad (14.20)$$

Die größte Schwierigkeit bei der Darstellung des Mendeleviums bestand darin, daß nur $N = 10^9$ Atome Einsteinium zur Verfügung standen, die im Reaktor erzeugt worden waren. Dies entspricht einer Menge von ungefähr $4 \cdot 10^{-13}$ g. Da der Wirkungsquerschnitt σ für die (α, n)-Reaktion etwa 1 mb beträgt, war bei einem Fluß an α-Teilchen $\Phi_\alpha = 10^{14}\,\text{cm}^{-2}\,\text{s}^{-1}$ und einer Bestrahlungszeit $t = 10^4$ s eine Ausbeute von $N\Phi_\alpha \sigma t \approx 1$ Atom pro Experiment zu erwarten. Um diese einzelnen Atome nachweisen zu können, mußte eine neue Technik entwickelt werden, die man als „Rückstoßtechnik" bezeichnen kann (Abb. (14–9)). Das Einsteinium wurde auf einer dünnen Goldfolie

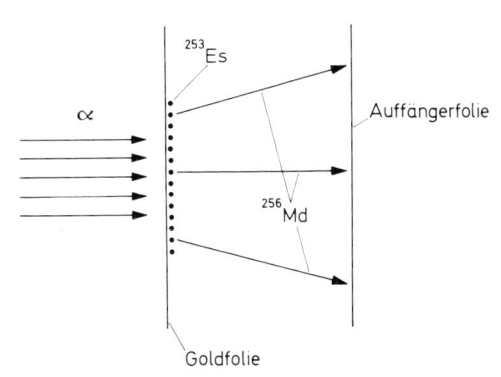

Abb. (14–9) Gewinnung von Mendelevium mit Hilfe der Rückstoßtechnik (schematisch).

elektrolytisch abgeschieden. Von der anderen Seite trafen die α-Teilchen auf. Durch den Rückstoß infolge der (α, n)-Reaktion wurde das Mendelevium auf eine zweite Folie geschleudert, die als Auffängerfolie („catcher") diente. Die Auffängerfolie wurde aufgelöst und chemisch analysiert. Bei 8 Experimenten konnten insgesamt 17 Atome Mendelevium nachgewiesen werden. Zur Identifizierung des Mendeleviums diente seine Umwandlung zu Fm–256, dessen Eigenschaften bekannt waren:

$$^{256}\text{Md} \xrightarrow[76 \text{ min}]{\varepsilon} {}^{256}\text{Fm} \xrightarrow[2,63 \text{ h}]{\text{sf}}. \quad (14.21)$$

Die Bezeichnung Mendelevium wurde zu Ehren von MENDELEJEW gewählt.

Das Element 102 konnte wegen der kurzen Halbwertzeit der Fermium-Isotope nicht durch Bestrahlung mit α-Teilchen gewonnen werden. Damit war auch der Anwendung des Reaktionsschemas (14.15) eine Grenze gesetzt. Die Bestrahlung des Fermiums mit Neutronen schied einerseits wegen der kurzen Halbwertzeit der Fermium-Isotope aus, andererseits auch deshalb, weil erst bei der Massenzahl 259 mit einem β^--Zerfall zu rechnen war.

14.4.3. Bestrahlung mit schweren Ionen

Um Elemente mit Ordnungszahlen $Z > 100$ herzustellen, erscheint es sinnvoll, von solchen Elementen auszugehen, die in größeren Mengen verfügbar sind, und diese mit Ionen einer höheren Ordnungszahl $Z' > 2$ zu beschießen. Auf diese Weise können Elemente gewonnen werden, deren Ordnungszahl um Z' Einheiten höher ist als die des bestrahlten Elements. Das Schema einer solchen Reaktion läßt sich folgendermaßen formulieren:

$$^{A}Z + {}^{A'}Z' \longrightarrow {}^{A+A'-x}(Z+Z') + x\,\text{n}. \quad (14.22)$$

Je höher Z' ist, desto geringer ist im allgemeinen der Wirkungsquerschnitt. Außerdem müssen die Geschosse mit wachsender Ordnungszahl immer höhere Energie besitzen, damit sie die Coulombsche Abstoßung des Kerns überwinden können (vgl. Abschn. 8.3). Der erste Bericht über die Entdeckung des Elements 102 kam 1957 aus Stockholm. Das Element 102 wurde Nobelium genannt. Die Ergebnisse dieses Berichts wurden allerdings in den USA und der UdSSR nicht bestätigt. In Berkeley, USA, wurde 1958 folgende Reaktion ausgeführt:

$$^{246}_{96}\text{Cm} + {}^{12}_{6}\text{C} \longrightarrow {}^{254}_{102}\text{No} + 4\,\text{n} \atop \xrightarrow[55\,\text{s}]{\alpha} {}^{250}_{100}\text{Fm} \quad (14.23)$$

Die Technik der Darstellung wurde durch Anwendung eines Fließbandes weiterentwickelt (Abb. (14–10)). Bei dieser „Rückstoß-Fließband-Technik" gelangen die bei der Kernreaktion entstehenden Rückstoßatome auf ein Fließband, das im allgemeinen eine negative Ladung besitzt. Beim α-Zerfall erfahren die Atome nochmals einen Rückstoß und treffen dabei auf eine Auffängerfolie auf. An Stelle der Auffängerfolie können auch Detektoren verwendet werden. Aus der Geschwindigkeit des Bandes und der Aktivitätsverteilung in den Auffängerfolien bzw. Detektoren ergibt sich die Halbwertzeit des entstandenen Nuklids.

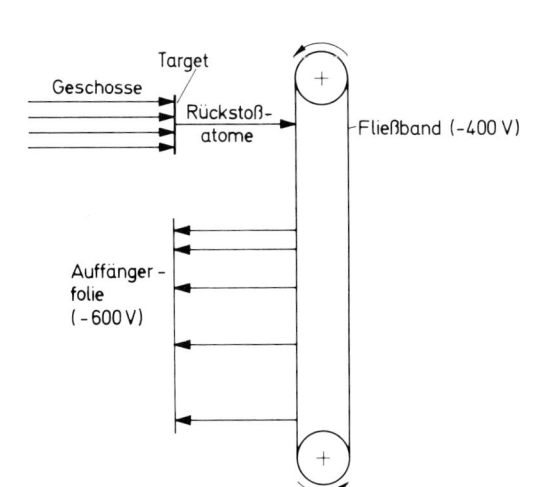

Abb. (14–10) Gewinnung von Transuranelementen mit Hilfe der Rückstoß-Fließband-Technik, auch Doppel-Rückstoß-Technik genannt (schematisch).

Mit der gleichen Technik wurde im Jahre 1961 in Kalifornien durch GHIORSO, SEABORG u. a. das Element 103 nachgewiesen, das nach dem Erfinder des Zyklotrons LAWRENCE den Namen Lawrencium (Symbol Lr) erhielt:

$$^{252}_{98}\text{Cf}(^{11}_{5}\text{B}, 6\,\text{n})^{257}_{103}\text{Lr} \xrightarrow{\alpha} \qquad (14.24)$$

Mit der Entwicklung leistungsfähiger Schwerionenbeschleuniger können in steigendem Umfang auch schwerere Ionen als Bor- oder Kohlenstoffionen verwendet werden. Bestrahlungen mit Neonionen und mit Sauerstoffionen brachten weitere Erfolge. Der erste Bericht über die Entdeckung des Elements 104 kam aus Dubna, UdSSR (FLEROV 1964). Bei der Bestrahlung von Pu-242 mit Ne-22 wurde ein Radionuklid mit einer Spontanspaltungs-Halbwertzeit von 0,3 s gemessen, die dem ^{260}104 zugeschrieben wurde. Da bei jedem Experiment nur wenige Atome entstanden, waren die Aussagen zunächst recht ungenau. Weitere Untersuchungen der gleichen Arbeitsgruppe ergaben, daß zwei Isotope des Elements 104 gebildet wurden:

$$^{242}\text{Pu}(^{22}\text{Ne}, 5\,\text{n})^{259}104, \; t_{1/2}(\text{sf}) = 4{,}5\,\text{s} \qquad (14.25)$$

$$^{242}\text{Pu}(^{22}\text{Ne}, 4\,\text{n})^{260}104, \; t_{1/2}(\text{sf}) = 0{,}1\,\text{s} \qquad (14.26)$$

Inzwischen gelang es der Arbeitsgruppe in Berkeley (GHIORSO), das Element 104 auf anderem Wege herzustellen und die Halbwertzeiten sowie die α-Zerfallsenergien der gebildeten Nuklide zu messen:

$$^{249}\text{Cf}(^{12}\text{C}, 4\,\text{n})^{257}104 \xrightarrow[4{,}5\,\text{s}]{\alpha} {}^{253}\text{No} \qquad (14.27)$$

$$^{249}\text{Cf}(^{13}\text{C}, 3\,\text{n})^{259}104 \xrightarrow[3\,\text{s}]{\alpha} {}^{255}\text{No} \qquad (14.28)$$

Die Experimente wurden oft wiederholt, um eine bessere statistische Auswertung der Ergebnisse zu erreichen. Später wurden in Berkeley noch weitere Kernreaktionen zur Bildung des Elements 104 näher untersucht:

$$^{248}\text{Cm}(^{18}\text{O}, 5\text{n})^{261}104 \xrightarrow[65\text{ s}]{\alpha} {}^{257}\text{No} \qquad (14.29)$$

$$^{248}\text{Cm}(^{16}\text{O}, 5\text{n})^{259}104 \xrightarrow[3\text{ s}]{\alpha} {}^{255}\text{No} \qquad (14.30)$$

Die Ergebnisse der beiden Arbeitsgruppen in Dubna und in Berkeley stimmen nicht überein, und die Frage, welcher Arbeitsgruppe das Recht der Benennung zusteht, ist noch ungeklärt. In Dubna wird der Name Kurtschatovium (Ku) benutzt zu Ehren des russischen Physikers KURTSCHATOV, in Berkeley der Name Rutherfordium (Rf) zu Ehren von RUTHERFORD.

Die Arbeitsgruppe in Dubna (UdSSR) berichtete auch erstmals über die Entdeckung des Elements 105 (FLEROV 1968), und zwar mit Hilfe der Kernreaktion von ^{22}Ne mit ^{243}Am. Die gefundenen α-Aktivitäten wurden zwei Isotopen des Elements 105 zugeordnet mit den Massenzahlen 261 und 260. Die Halbwertzeiten konnten wegen der schlechten Zählstatistik nur recht ungenau angegeben werden. Weitere Versuche in Dubna ergaben eine Halbwertzeit von 1,4 s, während die Zuordnung zu den Massenzahlen 260 oder 261 nicht eindeutig möglich war. Inzwischen wurden in Berkeley (USA) ebenfalls Experimente zur Gewinnung des Elements 105 ausgeführt (GHIORSO 1970):

$$^{249}\text{Cf}(^{15}\text{N}, 4\text{n})^{260}105 \xrightarrow[1,3\text{ s}]{\alpha} {}^{256}\text{Lr} \qquad (14.31)$$

$$^{249}\text{Bk}(^{16}\text{O}, 4\text{n})^{261}105 \xrightarrow[1,8\text{ s}]{\alpha} {}^{257}\text{Lr} \qquad (14.32)$$

$$^{249}\text{Bk}(^{18}\text{O}, 5\text{n})^{262}105 \xrightarrow[40\text{ s}]{\alpha} {}^{258}\text{Lr} \qquad (14.33)$$

Das Element 105 erhielt in Dubna den Namen Nielsbohrium (Ns) zu Ehren von NIELS BOHR, in Berkeley den Namen Hahnium (Ha) nach OTTO HAHN. Da auch bei diesem Element die Frage der Entdeckung strittig ist, war eine Einigung bisher noch nicht möglich.

Die Synthese und Identifizierung von zwei verschiedenen Isotopen des Elements 106 wurden 1974 von GHIORSO und Mitarbeitern in Berkeley und von FLEROV und Mitarbeitern in Dubna angekündigt. In Berkeley wurde folgende Reaktion untersucht

$$^{249}\text{Cf}(^{18}\text{O}, 4\text{n})^{263}106 \xrightarrow[0,9\text{ s}]{\alpha} {}^{259}104 \xrightarrow[3\text{ s}]{\alpha} {}^{255}\text{No} \qquad (14.34)$$

Die Rückstoßatome des ^{263}106 wurden in einem Helium-Gasstrom auf die Oberfläche eines sich drehenden Rades transportiert und durch dieses an einer Reihe von Festkörperdetektoren vorbeigeführt, in denen die α-Aktivität des $^{263}106$ und der Folgeprodukte registriert wurde. Die Arbeitsgruppe in Dubna beschoß ^{207}Pb und ^{208}Pb mit ^{54}Cr-Ionen und fand ein Produkt, das sich mit einer Halbwertzeit von 7 ms spontan spaltete:

14.4. Gewinnung der Transuranelemente

$$^{207}\text{Pb}(^{54}\text{Cr}, 2\text{n})^{259}106 \xrightarrow[7\text{ ms}]{\text{sf}} \quad (14.35)$$

$$^{208}\text{Pb}(^{54}\text{Cr}, 3\text{n})^{259}106 \xrightarrow[7\text{ ms}]{\text{sf}} \quad (14.36)$$

Die ^{54}Cr-Ionen trafen auf ein Blei-Target, das sich auf einer rotierenden Scheibe befand. Die Bruchstücke der Spontanspaltung wurden in Glimmerdetektoren registriert, die in einem Abstand von 3 mm von der rotierenden Scheibe angebracht waren.

Vorschläge für die Benennung des Elements 106 wurden mit Rücksicht auf die Unsicherheit der Namen für die Elemente 104 und 105 nicht unterbreitet.

Kürzlich (1976) wurde in Dubna die Entdeckung des Elements 107 bekanntgegeben, und zwar auf Grund der Kernreaktionen

$$^{209}\text{Bi}(^{54}\text{Cr}, 2\text{n})^{261}107 \xrightarrow{\alpha} {}^{257}105 \quad (14.37)$$

Die wesentlichen Schwierigkeiten, die sich bei der Darstellung von schweren Elementen mit Ordnungszahlen $Z > 103$ ergeben, beruhen auf den niedrigen Wirkungsquerschnitten der Kernreaktionen und den kurzen Halbwertzeiten der entstehenden Kerne. Für die Kernreaktion (14.31) beträgt der Wirkungsquerschnitt $3 \cdot 10^{-9}$ b ($3 \cdot 10^{-33}$ cm^2). Bei einem Teilchenfluß von $3 \cdot 10^{12}$ s^{-1} werden in einem Target von 0,1 mg cm^{-2} nach Gl. (8.73) etwa 8 Atome des Elements 105 pro Stunde erzeugt. Die Menge der Targetnuklide, die für die Kernreaktion zur Verfügung stehen, ist durch die geringe Reichweite der schweren Ionen begrenzt. Sobald deren Energie unter die Coulomb-Schwelle abgesunken ist, sind sie nicht mehr zu Kernreaktionen befähigt. Die Wirkungsquerschnitte der Kernreaktionen nehmen mit wachsender Ordnungszahl der Geschoßteilchen ab. Bei Werten von der Größenordnung 10^{-11} b (10^{-35} cm^2) wird bei gleicher Strahlintensität wie oben nur noch etwa 1 Atom pro Tag erzeugt. Unter diesen Bedingungen ist es sehr schwierig, verläßliche Aussagen über die Halbwertzeit der neu gebildeten Nuklide zu machen. Die Experimente müssen sehr oft wiederholt werden, um statistisch einigermaßen gesicherte Ergebnisse zu erhalten. Gleichzeitig erhebt sich die Frage, wie genau die Angaben bezüglich der Halbwertzeit und der Zerfallseigenschaften sein müssen, damit man von der Identifizierung eines neuen Nuklids oder eines neuen Elements sprechen kann. Oft ist man bei Versuchen dieser Art auch nicht sicher, ob der Kern im Grundzustand vorliegt oder ob die Ergebnisse nur für einen angeregten Zustand gelten. Bei extrem kurzlebigen Nukliden stellt sich schließlich die Frage, wie lange ein Kern gelebt haben muß, damit man ihn wirklich als existent ansehen kann. Der Grenzfall wäre ein Compound-Kern, der sehr rasch wieder zerfällt.

Ein sehr interessantes Ergebnis wurde bei Streuexperimenten mit schweren Kernen unterhalb der Coulomb-Schwelle gefunden. Während der kurzen Zeit, in der Geschoßkern und Targetkern sehr nahe beieinander sind, durchdringen sich die inneren Schalen der Elektronenhülle sehr stark, und die Elektronen arrangieren sich so, als wäre nur ein Kern vorhanden. Das dabei kurzfristig entstehende Gebilde aus zwei Kernen und einer gemeinsamen Elektronenhülle bezeichnet man auch als ein „Quasimolekül". Die Lebensdauer beträgt etwa 10^{-16} bis 10^{-19} s. Die nähere Untersuchung der Röntgenspektren dieser „Quasimoleküle" ist ein neues Arbeitsfeld der Atomphysik. Wegen der kurzen Lebensdauer erfahren die Röntgenlinien eine Verbreiterung. Außerdem macht sich die hohe Ladung der beiden Kerne bemerkbar, wobei die Möglichkeit besteht, daß Elektronen in die Kerne „eintauchen".

14.4.4. Möglichkeiten der Erweiterung des Periodensystems

Wie wir bereits im vorausgehenden Abschnitt 14.4.3 gesehen haben, wird der Darstellung schwererer Transuranelemente auch durch die Lebensdauer der Nuklide eine Grenze gesetzt. In Abb. (14–11) sind die Halbwertzeiten der langlebigsten Isotope der Elemente 90 bis 106 eingetragen. Bis etwa zur Ordnungszahl $Z = 100$ wird die Halbwert-

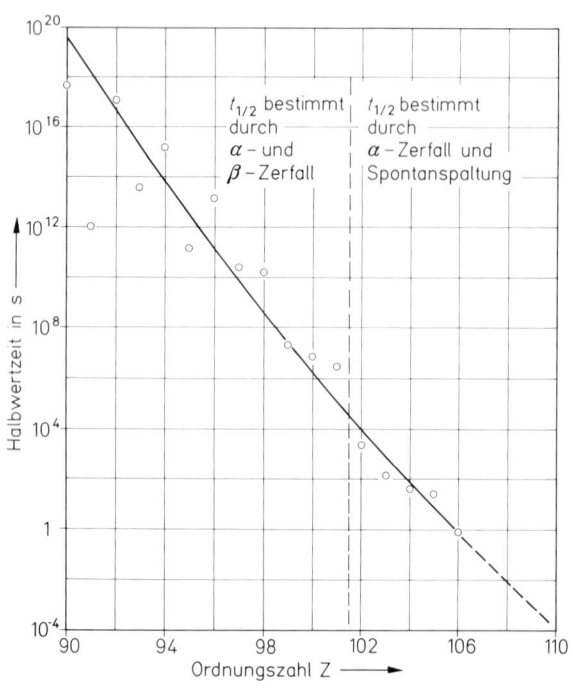

Abb. (14–11) Halbwertzeiten der langlebigsten Isotope der Elemente 90 bis 106 und extrapolierte Halbwertzeiten für Elemente höherer Ordnungszahlen.

zeit durch den α-Zerfall bzw. β-Zerfall bestimmt, bei Ordnungszahlen oberhalb Z = 100 in immer stärkerem Maße durch die Spontanspaltung. Durch Extrapolation der Kurve in Abb. (14–11) kann die Halbwertzeit der Nuklide mit höheren Ordnungszahlen abgeschätzt werden, wobei zunächst offen bleiben soll, inwieweit eine solche Extrapolation zulässig ist. Beim Element 110 sind danach Halbwertzeiten von etwa 10^{-4} Sekunden zu erwarten.

Auf Grund theoretischer Überlegungen gilt die in Abb. (14–11) aufgezeichnete Abhängigkeit der Halbwertzeit von der Ordnungszahl nur so lange, als keine abgeschlossenen Protonenschalen bzw. Neutronenschalen (magische Zahlen) auftreten, die infolge von Schaleneffekten zu einer erhöhten Stabilität der Kerne führen. Bei folgenden Werten werden abgeschlossene Schalen vorausgesagt:

$$Z = 114, 164$$
$$N = 184, 308.$$

Am interessantesten sind diejenigen Nuklide, die sowohl eine abgeschlossene Protonenschale als auch eine abgeschlossene Neutronenschale enthalten (doppelt-magische Nuklide), z. B. $^{298}114$ mit Z = 114 und N = 184. Der Kern dieses Nuklids sollte Kugelgestalt haben und besonders stabil sein. Während hinsichtlich der zu erwartenden Schaleneffekte bei Z = 114 und N = 184 weitgehend Übereinstimmung herrscht, gibt es Rechnungen, die weitere Schaleneffekte bei Z = 120 und bei N = 228 voraussagen. Andere Abschätzungen liefern Schaleneffekte bei Z = 112 und N = 168 sowie N = 240. Die Inseln relativ hoher Stabilität, die bei den Nukliden mit Z = 114, N = 184 und Z = 164, N = 308 erwartet werden, sind in Abb. (14–12) eingezeichnet. Alle Schaleneffekte verwaschen sich bei höheren Anregungsenergien von etwa 50 MeV, d. h. bei Anregungsenergien dieser Größenordnung geht die stabilisierende Wirkung abgeschlossener Protonen- bzw. Neutronenschalen verloren. Dies ist im Hinblick auf die Erzeugung von solchen superschweren Elementen sehr wichtig.

14.4. Gewinnung der Transuranelemente

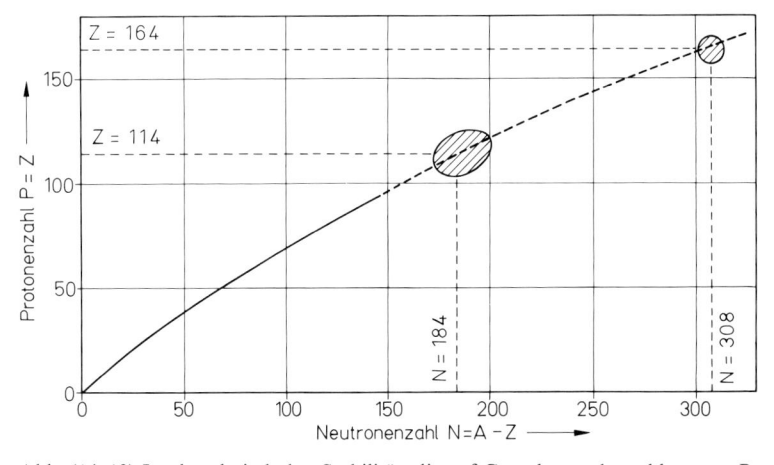

Abb. (14–12) Inseln relativ hoher Stabilität, die auf Grund von abgeschlossenen Protonen- und Neutronenschalen (magischen Zahlen) zu erwarten sind.

Hinsichtlich der Stabilität superschwerer Elemente sind nur sehr ungenaue Aussagen möglich. Zur Beurteilung der Stabilität müssen alle denkbaren Zerfallsarten berücksichtigt werden: Spontanspaltung, α-Zerfall und β-Zerfall. Die Energieschwelle für die Spaltung kann nach der Methode von STRUTINSKY abgeschätzt werden. Für superschwere Nuklide mit abgeschlossenen Protonen- bzw. Neutronenschalen (Inseln relativ hoher Stabilität, Abb. (14–12)), liegt die Spaltschwelle bei etwa 10 bis 13 MeV. Der Fehler dieser Abschätzung beträgt etwa 2 bis 3 MeV, was eine Unsicherheit in der Halbwertzeit um den Faktor 10^{10} bedeutet. Für die Halbwertzeit der Spontanspaltung des $^{298}114$ werden Werte von $\approx 10^{19}$ a angegeben, frühere Rechnungen lieferten $\approx 10^{16}$ a. Grobe Extrapolationen führen für das gleiche Nuklid zu einer Halbwertzeit der Spontanspaltung von ≈ 100 a. Andere Rechnungen liefern Werte $\leq 10^{-4}$ a. Aus diesen Zahlen werden die Unsicherheiten hinsichtlich der Vorausberechnung der Halbwertzeiten für die Spontanspaltung deutlich. Die Vorausberechnung der Halbwertzeiten für den α- und den β-Zerfall sind weit weniger problematisch, weil diese Halbwertzeiten von den Zerfallsenergien ΔE abhängig sind, welche sich als einfache Funktionen der Kernmassen darstellen lassen. Für die Halbwertzeit des α-Zerfalls von $^{298}114$ wird ein Wert von 790 a angegeben. Wenn der Fehler in der Abschätzung der Zerfallsenergie 1 MeV beträgt, so bedeutet dies bei einer Zerfallsenergie von 9 MeV (7 MeV) einen Fehler um den Faktor $10^{\pm 3}$ ($10^{\pm 5}$). Andere Rechnungen führen für das gleiche Nuklid zu Werten von 10^3 bis 10^5 a, 10^7 a, $\leq 0{,}4$ a (Fehlerfaktor $10^{\pm 3}$). Wie Abbildung (14–12) erkennen läßt, liegt das Nuklid $^{298}114$ sehr nahe an der Linie der β-Stabilität. Für die Halbwertzeit des β-Zerfalls werden Werte von etwa 10^4 s angegeben. Die Unsicherheit der Rechnungen bringt ebenfalls einen Fehler um den Faktor von etwa $10^{\pm 3}$. Unter Berücksichtigung der Stabilität gegen Spontanspaltung, α-Zerfall und β-Zerfall (bzw. der Halbwertzeiten für diese Zerfallsarten) ergeben sich Voraussagen über die Gesamthalbwertzeit, die im wesentlichen durch die kürzeste Halbwertzeit für diese Zerfallsarten bestimmt wird. Danach sollte es im Bereich der ersten Stabilitätsinsel in der Nähe von $^{298}114$ einige g,g-Kerne mit Halbwertzeiten $\geq 10^5$ a geben. Bei g,u- und u,g-Kernen sind die Halbwertzeiten für die Spontanspaltung und den α-Zerfall etwas größer, die Halbwertzeiten für den β-Zerfall dagegen etwas kleiner als für g,g-Kerne. Das langlebigste Nuklid im Bereich dieser Insel sollte das $^{294}110$ sein mit einer Halbwertzeit von etwa 10^9 a; es sollte bevorzugt durch Emission von α-Teilchen zerfallen.

Wie bereits im vorausgehenden Abschnitt 14.4.3 erwähnt, ist die Suche nach superschweren Elementen mit der Entwicklung von Schwerionenbeschleunigern eng verknüpft. Zur Zeit stehen die Schwerionenbeschleuniger in Dubna (UdSSR), Berkeley (USA), Orsay (Frankreich) und Darmstadt für diese Untersuchungen zur Verfügung. Bei der Synthese von superschweren Elementen ergeben sich folgende Probleme:

— Wegen der Coulombschen Abstoßung ist eine Mindestenergie der für die Kernreaktionen verwendeten schweren Ionen erfor-

derlich, die ganz oder zum Teil als Anregungsenergie auf den entstehenden Compound-Kern übertragen wird.
— Wegen der hohen Anregungsenergie und der hohen Masse ist die Spaltung der durch Schwerionenreaktionen entstehenden Compound-Kerne sehr stark bevorzugt.
— Die erwarteten Stabilisierungseffekte abgeschlossener Schalen gehen bereits bei mäßigen Anregungsenergien verloren, wie oben erwähnt.
— Infolge der Krümmung der Linie der β-Stabilität (vgl. Abb. (14–12)) entstehen bei Kernreaktionen mit schweren Ionen stets neutronenarme Produkte. Diese könnten sich, sofern sie nicht durch Spaltung zerfallen, in günstigen Fällen durch β^+-Zerfall, Elektroneneinfang oder α-Zerfall in Richtung auf die Linie der β-Stabilität umwandeln und gegebenenfalls so das Gebiet der Inseln relativ hoher Stabilität erreichen (vgl. Abschn. 8.11).
— Eine Besonderheit von Schwerionenreaktionen ist, daß meist ein hoher Drehimpuls übertragen wird, oft 50 bis 100 $h/2\pi$; dadurch wird die Wahrscheinlichkeit der Spaltung sehr stark erhöht, weil dies die wirksamste Zerfallsart im Hinblick auf die Abgabe der hohen Drehimpulswerte ist. Bei höherem Drehimpuls verschwindet sogar die Energieschwelle für die Spaltung vollständig.

Für die Erzeugung von superschweren Elementen werden verschiedene Möglichkeiten diskutiert (vgl. Abschn. 8.11):
— „fusion-fission"-Reaktionen. Dabei wird angenommen, daß der Geschoßkern und der Targetkern miteinander verschmelzen und der entstehende Compound-Kern sofort durch Spaltung in einen superschweren Kern und ein anderes Bruchstück zerfallen kann.
— „fusion-evaporation" oder „overshoot"-Reaktionen. Dabei wird die Bildung eines Compound-Kerns angestrebt, der seine Anregungsenergie durch Verdampfung von Neutronen abgibt. Allerdings besteht eine recht hohe Wahrscheinlichkeit für die Spaltung.
— Transferreaktionen. Dabei müssen viele Nukleonen übertragen werden, um einen superschweren Kern aufzubauen.

Die verschiedenen Möglichkeiten werden experimentell näher untersucht. Für die „fusion-fission"-Reaktionen werden bevorzugt schwere Projektile benutzt, z.B. Beschuß von Uran mit Xenon, ^{238}U + ^{136}Xe. Bei der Reaktion ^{238}U + ^{238}U erwartet man folgende Reaktion:

$$^{238}U + ^{238}U \rightarrow (^{476}184) \rightarrow ^{298}114 + ^{178}Yb \qquad (14.38)$$

Im Hinblick auf die Bildung eines Compound-Kerns dagegen ist der Beschuß mit Ca–48 vorteilhaft, weil dieser Kern doppelt-magisch ist und deshalb auf den Produktkern verhältnismäßig wenig Anregungsenergie überträgt. Für Ca–48 spricht außerdem der verhältnismäßig große Neutronenüberschuß, der bewirkt, daß der Produktkern voraussichtlich näher bei der magischen Neutronenzahl N = 184 liegt, und schließlich die Tatsache, daß Ca–48 ein verhältnismäßig kleiner Kern ist, so daß eine hohe Wahrscheinlichkeit für die Verschmelzung besteht. Typische Reaktionen sind

14.4. Gewinnung der Transuranelemente

$$^{238}U + {}^{48}Ca, \ {}^{244}Pu + {}^{48}Ca \ \text{oder} \ {}^{248}Cm + {}^{48}Ca.$$

Man kann aber auch ^{238}U oder einen doppelt-magischen Kern wie ^{208}Pb vorlegen und mit anderen schweren Ionen, z.B. Ni-, Cu-, Zn-, Ga- oder Ge-Ionen beschießen. Aufgrund von theoretischen Überlegungen wird die Reaktion

$$^{232}\text{Th} + {}^{76}\text{Ge} \rightarrow ({}^{308}122)^* \rightarrow {}^{304}122 + 4n \qquad (14.39)$$

empfohlen; dabei hofft man, daß der Bruchteil der Kerne des Elements 122, der sich nicht spaltet, durch α-Zerfall und Elektroneneinfang in verhältnismäßig stabile Isotope der Elemente 110 und 112 übergeht. Man erwartet Wirkungsquerschnitte von der Größenordnung 10^{-29} bis 10^{-28} cm² für die binukleare Reaktion. Die bisherigen Versuche waren ohne Erfolg, wahrscheinlich weil die Anregungsenergie zu hoch war. In Orsay (Frankreich) wurde die Coulomb-Schwelle für Reaktionen mit Krypton untersucht, außerdem Transferreaktionen beim Beschuß von Thorium mit Krypton. Auf Grund dieser Arbeiten erscheint es schwierig, eine vollständige Fusion des Kryptons mit den Targetkernen zu erreichen, weil infolge der verhältnismäßig hohen Coulomb-Schwelle eine höhere Energie der Geschoßteilchen erforderlich ist, die eine höhere Anregungsenergie und damit eine erheblich geringere Stabilität des Produktkerns zur Folge hat.

An die Bestrahlung von dicken Targets schließt sich im allgemeinen eine chemische Aufarbeitung an, wobei die Elemente durch Hintereinanderschalten verschiedener Trennoperationen in mehrere Fraktionen zerlegt werden, die dann auf Spontanspaltung und α-Aktivität untersucht werden. Infolge der erforderlichen Bestrahlungszeit und der chemischen Aufarbeitung ist es nur möglich, solche superschweren Kerne zu finden, die mindestens eine Halbwertzeit von mehreren Stunden oder Tagen haben. Zur Zeit kann man die Wirkungsquerschnitte für die Bildung von schweren Kernen auf etwa 10^{-34} bis 10^{-35} cm² limitieren. Um höhere Ausbeuten an den gesuchten superschweren Elementen zu erzielen, strebt man höhere Intensitäten der Schwerionenstrahlung an, von der Größenordnung 10^{13} bis 10^{14} s^{-1}, und außerdem höhere Nachweisempfindlichkeiten, um zu erreichen, daß noch Wirkungsquerschnitte von 10^{-36} cm² und weniger gemessen werden können. Hohe Strahlintensität bedeutet aber auch hohe Wärmebelastung des Targets. Die Abführung der Wärme von einem verhältnismäßig kleinen Target wirft ernsthafte Probleme auf. Außerdem ist die Gefahr der Verdampfung des Targets groß.

Wenn man Nuklide mit kürzeren Halbwertzeiten erfassen will, muß man „on-line"-Verfahren verwenden, bei denen die während der Bestrahlung aus dem Target austretenden Reaktionsprodukte in einem Gasstrahl zu einem Detektor, einem System von Detektoren, einem Transportband oder einem rotierenden Rad transportiert werden. Dabei ist es vorteilhaft, eine Massentrennung in einem Massenseparator oder eine gaschromatographische Trennung der Reaktionsprodukte, eventuell nach Zusatz reaktionsfähiger Gase, einzuschalten.

Der Massenseparator liefert unmittelbar eine Aussage über die Massenzahl. Die chemische Trennung in einem gaschromatographischen Rohr erlaubt nach einer Eichung gegebenenfalls Aussagen über die Ordnungszahl. Die Entwicklung geeigneter gaschromatographischer Trennverfahren für diese Zwecke ist allerdings noch keineswegs abgeschlossen. Unter Zuhilfenahme von „on-line"-Verfahren sollte es möglich sein, superschwere Elemente mit Halbwertzeiten von der Größenordnung 1 ns zu finden, wenn sie mit Wirkungsquerschnitten von etwa 10^{-36} cm^2 gebildet werden.

14.4. Gewinnung der Transuranelemente

Außer Schwerionenreaktionen werden auch gelegentlich andere Möglichkeiten zur Synthese superschwerer Elemente diskutiert. Eine dieser Möglichkeiten ist der mehrfache Neutroneneinfang, wenn es gelingt, dabei die leicht spaltbaren g,g-Kerne zu umgehen. Wie bereits in Abschn. 14.4.1 erwähnt, wurden Es und Fm in den Produkten thermonuklearer Explosionen entdeckt. Es gelang bis jetzt jedoch nicht, darin Elemente höherer Ordnungszahl zu finden. Dies wird auf die kurze Halbwertzeit des g,g-Kerns ^{258}Fm zurückgeführt. Deshalb wird vorgeschlagen, Milligramm-Mengen von Es und Fm einer Folge von mindestens zwei nuklearen Explosionen im Abstand von etwa 10 ms auszusetzen. Damit soll erreicht werden, daß die in der ersten Kernexplosion durch Neutroneneinfang gebildeten Nuklide nach einigen β-Zerfällen in der zweiten Kernexplosion durch weitere (n, γ)-Reaktionen zu schwereren Kernen aufgebaut werden. Das Prinzip ist in Abb. (14–13) veranschaulicht.

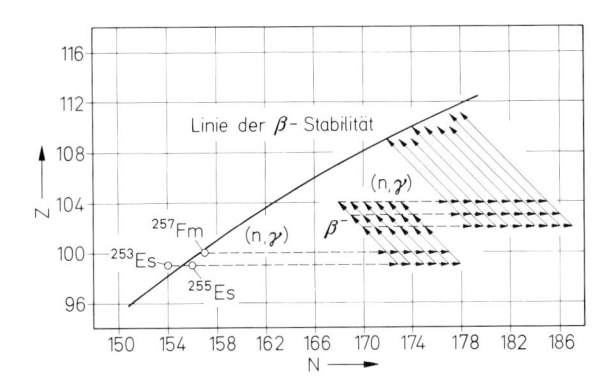

Abb. (14–13) Möglichkeit der Synthese superschwerer Elemente durch zwei aufeinanderfolgende Kernexplosionen

Als weitere Möglichkeit wurden durch hochenergetische Protonen induzierte Schwerionenreaktionen diskutiert. Dabei wurde angenommen, daß z. B. 28 GeV-Protonen beim Auftreffen auf schwere Targetkerne Rückstoßkerne oder Neutronen-reiche Fragmente erzeugen können, die so viel Energie besitzen, daß sie die Coulomb-Schwelle überwinden und mit anderen Kernen unter Bildung von superschweren Elementen verschmelzen können. Diese Aufbaureaktionen wurden eingehend untersucht, brachten aber keine positiven Ergebnisse.

Gelegentlich wird die Frage aufgeworfen, ob die Ordnungszahlen nach oben durch die Wechselwirkung zwischen Kern und Elektronenhülle in natürlicher Weise begrenzt sind, d.h. ob es eine maximale Ordnungszahl gibt. Die Coulomb'sche Wechselwirkung zwischen Kern und Hülle steigt mit der Ordnungszahl Z an. Bei einem bestimmten Wert von Z beginnen die Elektronen in den Kern einzutreten, vermutlich oberhalb von $Z \approx 137$. Als Folge dieser Wechselwirkung sollte gegebenfalls eine Paarbildung auftreten. Bei weiter ansteigender Ordnungszahl ist zu erwarten, daß die 1s-Elektronen ganz im Kern verschwinden. Die Frage der Paarbildung bzw. der Emission von Positronen bei hohen Werten von Z ist zur Zeit noch nicht geklärt. Experimente mit schweren Ionen könnten hier Aufschluß geben.

Die Möglichkeit der Existenz superschwerer Elemente in der Natur wird sehr eingehend untersucht. Wenn superschwere Elemente bei der Entstehung der Erde vorhanden waren, dann müssen die Halbwertszeiten verhältnismäßig groß sein, damit heute noch meßbare Mengen gefunden werden. Die Bedingung langer Halbwertzeit gilt nicht, wenn superschwere Elemente durch kosmische Strahlung erzeugt werden oder mit Meteoriten auf die Erde gelangen. Für die Synthese schwerer Kerne in der Natur kommen vor allen Dingen zwei Prozesse in Frage, die oben bereits näher diskutiert wurden: vielfacher Neutroneneinfang und Schwerionenreaktionen. Diese Prozesse finden vermutlich in Supernovae statt, in Pulsaren oder bei der Explosion hochverdichteter Materie. Wenn der Neutroneneinfang sehr viel rascher abläuft als der β-Zerfall, spricht man von einem r-Prozeß (vgl. Abschn. 15.8).

Alle Versuche, superschwere Elemente in der Natur zu finden, waren bisher nicht von Erfolg gekrönt. Viele verschiedene Gesteinsproben, Mineralien, Meteorite, Metalle und andere Stoffe sind näher auf superschwere Elemente untersucht worden. Einerseits wird mit empfindlichen Meßanordnungen nach Spontanspaltern gesucht, andererseits nach α-Zerfällen hoher Energie. Die Spontanspaltung wird bevorzugt mit Plastikfolien untersucht, die anschließend geätzt werden. Dabei ist es wichtig, auch die Zahl der entstehenden Neutronen zu messen, weil bei der Spaltung superschwerer Elemente mehr Neutronen in Freiheit gesetzt werden sollten als bei der Spaltung des Urans. Die Neutronen-induzierte Spaltung wird ebenfalls für die Suche nach superschweren Elementen in der Natur herangezogen, obwohl sie weniger aussagekräftig ist. Nach den Spuren von α-Teilchen hoher Energie wurde vor allen Dingen in Glimmer gesucht.

14.5. Eigenschaften der Actiniden

14.5.1. Kerneigenschaften

Alle Actiniden sind Radioelemente (vgl. Tab. 14.1 und 14.2). Nur die Elemente Thorium und Uran sind so langlebig, daß ihre Radioaktivität bei der chemischen oder technischen Handhabung gelegentlich vernachlässigt werden kann. Actinium und Protactinium treten in kleinen Mengen als Folgeprodukte des Urans und des Thoriums auf (vgl. Tab. 11.3). In extrem kleinen Mengen sind auch Neptunium und

Plutonium in Uranerzen vorhanden. Sie entstehen aus Uran durch Einfang von Neutronen, die aus der kosmischen Strahlung stammen. Die Mengenverhältnisse betragen:

$$\text{Np--237/U--238} \approx 10^{-12}, \quad \text{Pu--239/U--238} \approx 10^{-11}.$$

14.5. Eigenschaften der Actiniden

Die Harkinssche Regel tritt auch bei den Actiniden deutlich in Erscheinung, wenn man den Logarithmus der Halbwertzeit der langlebigsten Isotope als Funktion der Ordnungszahl aufzeichnet (Abb. (14–14)). Oberhalb des Berkeliums bricht die Kurve ab, weil die Elemente sehr instabil werden und noch nicht genügend Daten vorliegen.

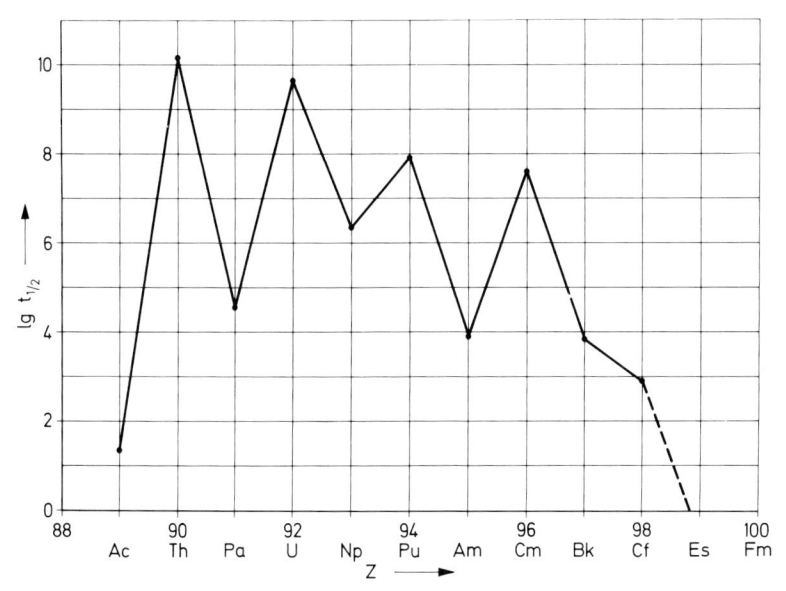

Abb. (14–14) Logarithmus der Halbwertzeit (Halbwertzeit in Jahren) der langlebigsten Isotope der Actiniden als Funktion der Ordnungszahl.

Charakteristisch für die höheren Actiniden ist ihre Neigung zu Spontanspaltung (vgl. Tab. 7.2 und Abschn. 7.5). Diese tritt beim Element Fermium bereits in den Vordergrund; die Halbwertzeit für die Spontanspaltung des Fm–258 beträgt nur 0,38 ms. Die Möglichkeit der Spaltung durch thermische Neutronen ist bei vielen Nukliden der Actiniden stark ausgeprägt. In Abb. (14–15) ist das Verhältnis der Wirkungsquerschnitte für die Spaltung und den Neutroneneinfang als Funktion der Differenz zwischen der Neutronenbindungsenergie und der Schwellenenergie für die Spaltung aufgezeichnet. Bei dieser Darstellung liegen die Werte für alle Nuklide annähernd auf einer Geraden. Die Nuklide U–235, U–233 und Pu–239, die als Kernbrennstoffe große praktische Bedeutung besitzen, sind besonders gekennzeichnet.

14. Künstliche Elemente

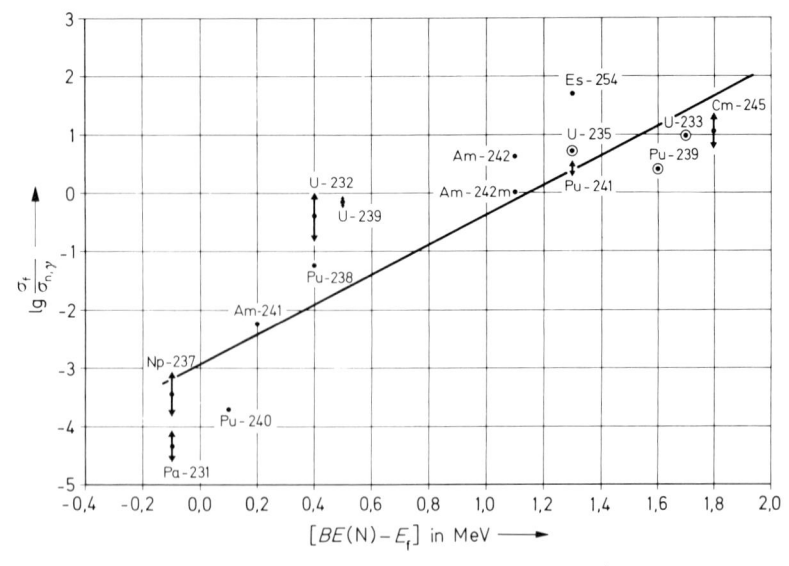

Abb. (14–15) Verhältnis der Wirkungsquerschnitte für die Spaltung durch thermische Neutronen (σ_f) und für den Neutroneneinfang ($\sigma_{n,\gamma}$) für verschiedene Nuklide der Actiniden als Funktion der Differenz zwischen der Neutronenbindungsenergie $BE(N)$ und der Schwellenenergie für die Spaltung E_f. Nach G.T. SEABORG: The Transuranium Elements. Yale University Press 1958; Addison-Wesley Publ. Comp., Reading, Mass., S. 166/167; S. 240/241.

14.5.2. Wertigkeiten und Bindungsverhältnisse

In der Reihe der Actiniden werden die 5 f-Zustände in steigendem Umfang mit Elektronen besetzt (Tab. 14.4). Während bei den Lanthaniden höchstens zwei f-Elektronen für die chemische Bindung zur Verfügung stehen (z. B. bei Terbium(IV)-Verbindungen), sind bei den Actiniden mehr als zwei f-Elektronen für die chemische Bindung zugänglich (z. B. bei Uran(VI)-Verbindungen). Dies beruht darauf, daß die

Tabelle 14.4
Elektronenkonfiguration der Actiniden (gasförmig)

Ordnungszahl	Symbol	Name des Elements	Elektronenkonfiguration
89	Ac	Actinium	$6d\,7s^2$
90	Th	Thorium	$6d^2\,7s^2$
91	Pa	Protactinium	$5f^2\,6d\,7s^2$ (oder $5f^1\,6d^2\,7s^2$)
92	U	Uran	$5f^3\,6d\,7s^2$
93	Np	Neptunium	$5f^5\,7s^2$ (oder $5f^4\,6d\,7s^2$)
94	Pu	Plutonium	$5f^6\,7s^2$
95	Am	Americium	$5f^7\,7s^2$
96	Cm	Curium	$5f^7\,6d\,7s^2$
97	Bk	Berkelium	$5f^8\,6d\,7s^2$ (oder $5f^9\,7s^2$)
98	Cf	Californium	$5f^{10}\,7s^2$
99	Es	Einsteinium	$5f^{11}\,7s^2$
100	Fm	Fermium	$5f^{12}\,7s^2$
101	Md	Mendelevium	$5f^{13}\,7s^2$
102	No	Nobelium	$5f^{14}\,7s^2$
103	Lr	Lawrencium	$5f^{14}\,6d\,7s^2$

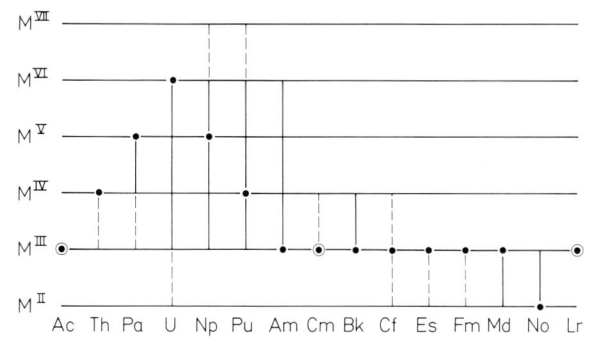

Abb. (14–16) Wertigkeiten der Actiniden. Die Elektronenkonfigurationen $5f^0$, $5f^7$ und $5f^{14}$ sind besonders herausgehoben.

energetischen Unterschiede zwischen den $5f$- und den $6d$-Zuständen kleiner sind als zwischen den $4f$- und den $5d$-Zuständen, außerdem sind die $5f$-Elektronen durch die inneren Elektronenschalen stärker gegenüber dem Kern abgeschirmt als die $4f$-Elektronen. Mit steigender Ordnungszahl rücken die $5f$- und die $6d$-Zustände energetisch immer stärker auseinander. Diese Besonderheit der Actiniden kommt in der Skala der Wertigkeiten deutlich zum Ausdruck (Abb. (14–16)). Die Analogie zu den Lanthaniden tritt im übrigen beim Vergleich der Abbn. (14–16) und (14–5) hervor. Die Bezeichnung Actiniden, die 1925 von GOLDSCHMIDT vorgeschlagen wurde, ist auf Grund dieses Vergleichs gerechtfertigt. (Ein neuerer Vorschlag ist der Name Actinoide.) Wichtig ist, daß man die erwähnten besonderen Eigenschaften

14.5. Eigenschaften der Actiniden

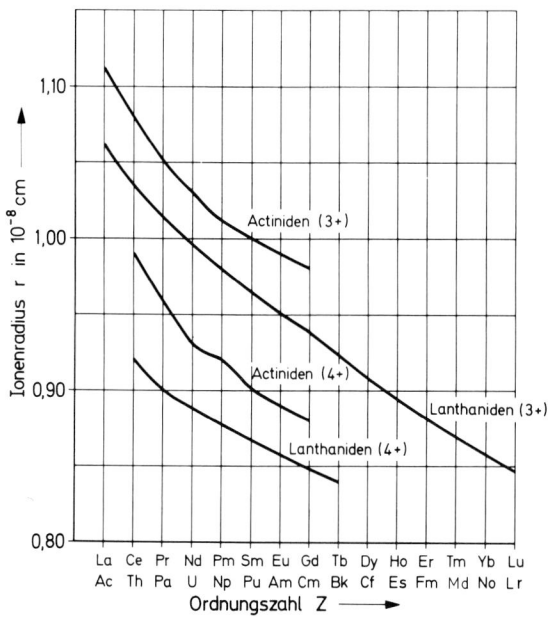

Abb. (14–17) Actinidenkontraktion (Ionenradius als Funktion der Ordnungszahl). Nach G. T. SEABORG: The Transuranium Elements. Yale University Press 1958; Addison-Wesley Publ. Comp., S. 137.

Tabelle 14.5
Farbe der Ionen der Actiniden

Element	M^{3+}	M^{4+}	MO_2^+	MO_2^{++}
Actinium	farblos	—	—	—
Thorium	—	farblos	—	—
Protactinium	—	farblos	—	—
Uran	rotbraun	grün	—	gelb
Neptunium	blau bis purpur	gelbgrün	grün	rosa
Plutonium	violett	orange	rötlich	orange
Americium	rosa	rosa*)	gelb	gelblich
Curium	farblos	blaßgelb*)	—	—

*) als Fluorokomplex

der 5f-Elektronen — im Vergleich zu den 4f-Elektronen — berücksichtigt. Auf der Beteiligung der 5f-Elektronen an der chemischen Bindung beruhen einige Besonderheiten im chemischen Verhalten der Actiniden; wir werden darauf noch zurückkommen.

Die Ionen der Actiniden zeigen ebenso wie die Ionen der Lanthaniden eine Kontraktion, wenn man die gleiche Oxidationsstufe betrachtet. Diese Actinidenkontraktion ist in Abb. (14–17) aufgezeichnet. Sie kommt ähnlich zustande wie die Lanthanidenkontraktion. Die Farbe der Ionen zeigt, ähnlich wie bei den Lanthaniden, eine Vertiefung zwischen den Elektronenkonfigurationen $5f^0$ und $5f^7$. In Tab. 14.5 ist die Farbe der Ionen M^{3+} sowie der Ionen M^{4+}, MO_2^+ und MO_2^{2+} für Actinium bis Curium angegeben. Die Farbe der Ionen der höheren Actiniden ist nicht bekannt, da sie nicht in genügend hohen Konzentrationen vorliegen. Auch hinsichtlich der magnetischen Eigenschaften besteht Analogie zwischen den Actiniden und den Lanthaniden. Die magnetischen Suszeptibilitäten der Actiniden liegen auf der gleichen Kurve wie die der Lanthaniden (Abb. (14–7)), wenn man isoelektronische Ionen miteinander vergleicht, z. B.

$$U^{VI} \simeq Pa^V \simeq Th^{IV} \simeq Ac^{III} \simeq La^{III}$$
$$Pu^{VI} \simeq Np^V \simeq U^{IV} \simeq Pa^{III} \simeq Pr^{III}$$

14.5.3. Eigenschaften der Metalle

Die Actiniden sind ebenso wie die Lanthaniden sehr unedle elektropositive Metalle. Die frischen silberglänzenden Oberflächen oxidieren sich sehr rasch an der Luft. In Form von feinem Pulver sind die Actiniden pyrophor. Zur Darstellung der Metalle aus den Verbindungen müssen kräftige Reduktionsmittel angewandt werden, z. B. die Reduktion der Halogenide mit Calcium oder Barium bei etwa 1 200 °C, die Schmelzflußelektrolyse der Halogenide oder das van Arkel-Verfahren (Abscheidung an einem heißen Draht). Bevorzugt wird meist die Reduktion der schwerlöslichen Fluoride mit Calcium oder Barium, z. B.

$$PuF_4 + 2\,Ca \longrightarrow Pu + 2\,CaF_2. \tag{14.40}$$

14.5. Eigenschaften der Actiniden

Die Réduktion mit Calcium findet auch in der Technik Verwendung zur Gewinnung von Uran oder Plutonium (vgl. Abschn. 11.3). Wegen der hohen Dichte der Metalle im Vergleich zur Dichte der Verbindungen, die bei der Reaktion eingesetzt werden, erhält man einen verhältnismäßig kleinen Metallregulus.

Die Eigenschaften der Metalle sind In Tab. 14.6 zusammengestellt. Bemerkenswert ist neben der hohen Dichte des Urans, Neptuniums und Plutoniums und dem hohen Schmelzpunkt der Elemente Thorium und Protactinium die Vielzahl der Modifikationen, die bei Uran, Neptunium und Plutonium auftritt. Die bei Raumtemperatur stabilen Modifikationen zeichnen sich durch niedrige Symmetrie aus und sind anisotrop. Dies ist für Metalle eine Ausnahme. Das Plutonium kristallisiert sogar bei Zimmertemperatur in einer monoklinen Modifikation. Die Eigenschaften des Americiums und der folgenden Elemente entsprechen wieder den Eigenschaften der Lanthaniden. Man führt diese Besonderheiten der Struktur, die man sonst bei Metallen nicht findet, auf den Einfluß der f-Elektronen zurück.

Tabelle 14.6
Eigenschaften der Actinidenmetalle

Element	Schmp. in °C	Phase	Struktur	Dichte in g cm^{-3}
Ac	1 100 ± 50	—	kubisch flächenzentriert	—
Th	1 750	α (bis 1 400 °C)	kubisch flächenzentriert	11,72 (25 °C)
		β (1 400–1 750 °C)	kubisch raumzentriert	—
Pa	1 873	—	tetragonal	15,37
U	1 132	α (bis 668 °C)	orthorhombisch	19,04 (25 °C)
		β (668–774 °C)	tetragonal	18,11 (720 °C)
		γ (774–1 132 °C)	kubisch raumzentriert	18,06 (805 °C)
Np	637	α (bis 280 °C)	orthorhombisch	20,45 (25 °C)
		β (280–577 °C)	tetragonal	19,36 (313 °C)
		γ (577–637 °C)	kubisch	18,00 (600 °C)
Pu	639,5	α (bis 122 °C)	monoklin	19,74 (25 °C)
		β (122–203 °C)	monoklin raumzentriert	17,77 (150 °C)
		γ (203–317 °C)	orthorhombisch	17,19 (210 °C)
		δ (317–453 °C)	kubisch flächenzentriert	15,92 (320 °C)
		δ' (453–477 °C)	tetragonal	15,99 (465 °C)
		ε (477–640 °C)	kubisch raumzentriert	16,48 (500 °C)
Am	995	α (bis ≈ 600 °C)	hexagonal	13,67 (20 °C)
Cm	1 340	α (bis ≈ 150 °C)	hexagonal	13,51 (25 °C)
		β (> 150 °C)	kubisch flächenzentriert	12,66 (150 °C)
Bk	986	α	hexagonal	14,78 (25 °C)
		β	kubisch flächenzentriert	13,25 (25 °C)
Cf	900	bis 600 °C	hexagonal	15,1
		600–725 °C	kubisch flächenzentriert	13,7
		> 725 °C	kubisch flächenzentriert	8,70

14.5.4. Verbindungen der Actiniden

Die Verbindungen der Oxidationsstufe III ähneln in ihrem chemischen Verhalten denen der Lanthaniden. Thorium ist allerdings in der Oxidationsstufe III nicht stabil. U^{III}, Np^{III} und Pu^{III} sind in wäßriger Lösung wenig stabil. Wäßrige U^{III}-Lösungen entwickeln Wasserstoff; Lösungen von Np^{III} und Pu^{III} sind zwar gegen Wasser stabil, oxidieren sich aber leicht unter dem Einfluß der Luft.

In der Oxidationsstufe IV besteht eine enge chemische Verwandtschaft zu Ce^{IV} und Zr, die in der Chemie des Thoriums stark hervortritt. U^{IV} und Np^{IV} sind in wäßriger Lösung stabil, oxidieren sich aber an der Luft langsam zu U^{VI} (UO_2^{2+}) bzw. Np^V (NpO_2^+). Pu^{IV} ist nur in konzentrierter Säure stabil (oder in Gegenwart von Komplexbildnern); bei geringer Säurekonzentration disproportioniert es zu Pu^{III} und Pu^{VI}. Am^{IV} und Cm^{IV} sind in Lösung nur als Fluorokomplexe bekannt, Bk^{IV} ist stabil (ähnlich wie Ce^{IV}), kann aber zu Bk^{III} reduziert werden. Alle Actiniden der Oxidationsstufe IV bilden schwer lösliche Iodate und Arsenate. Die Basizität nimmt in folgender Reihenfolge ab:

$$Th^{4+} > U^{4+} \approx Pu^{4+} > Ce^{4+} > Zr^{4+}.$$

In der Oxidationsstufe IV neigen die Actiniden stark zur Hydrolyse und zur Komplexbildung. Beim Vergleich mit anderen Oxidationsstufen ergibt sich folgende Abstufung:

$$M^{4+} > MO_2^{2+} > M^{3+} > MO_2^+.$$

Die Neigung zur Komplexbildung der Oxidationsstufe IV mit verschiedenen Anionen läßt sich durch folgende Reihe angeben:

$$F^- > NO_3^- > Cl^- > ClO_4^-$$

bzw.

$$CO_3^{2-} > C_2O_4^{2-} > SO_4^{2-}.$$

In der Oxidationsstufe V unterscheidet sich in wäßriger Lösung das Protactinium sehr stark vom Uran und den folgenden Elementen Neptunium, Plutonium und Americium. Pa^V neigt sehr stark zur Hydrolyse, die nur durch Verwendung von konzentrierter Säure (z. B. 8 M HCl) oder Zusatz eines Komplexbildners (z. B. Fluoridionen) zurückgedrängt werden kann. Uran sowie die folgenden Elemente bilden im Gegensatz dazu die „yl"-Ionen MO_2^+ mit einer starken Bindung zwischen Metall und Sauerstoff. Dieser Unterschied beruht wahrscheinlich auf der verschiedenen Zahl der f-Elektronen bei Protactinium und Uran. In wäßriger Lösung sind im Gleichgewicht neben U^{IV} und U^{VI} auch stets kleine Mengen U^V vorhanden. Np^V ist als NpO_2^+ in wäßriger Lösung recht stabil, PuO_2^+ und AmO_2^+ disproportionieren sehr leicht.

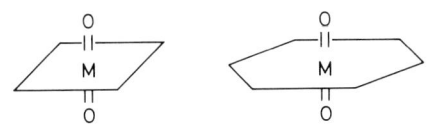

Abb. (14–18) MO_2^{2+}-Ionen umgeben von 4 bzw. 6 Liganden.

Die Oxidationsstufe VI ist beim Uran bevorzugt und tritt außerdem bei Neptunium, Plutonium oder Americium auf. In wäßriger Lösung bilden diese Elemente in der Oxidationsstufe VI die „yl"-Ionen MO_2^{++}. Dies sind keine Hydrolyseprodukte; denn sie sind auch in starken Säuren stabil. Die Sauerstoffatome sind sehr fest gebunden; der geringe Abstand entspricht je einer Doppelbindung zwischen Metall und Sauerstoff. Zusätzlich zu den beiden Sauerstoffatomen können noch 4 oder 6 Liganden zugeordnet werden (vgl. Abb. (14–18)).

Durch Einwirkung starker Oxidationsmittel gelingt es, die Elemente Neptunium und Plutonium in die Oxidationsstufe VII zu überführen.

Die Metalle der Actiniden reagieren bei etwa 300 °C mit Wasserstoff, wobei sich metallartige Hydride der Zusammensetzung MH_2 bis MH_3 bilden. Die Bildung von Uranhydrid, die bei höherer Temperatur reversibel ist, wird gern zur Speicherung von Tritium benutzt.

Tabelle 14.7
Fluoride der Actiniden

Element	Oxidationsstufe III		Oxidationsstufe IV		Oxidationsstufe V		Oxidationsstufe VI	
Ac	AcF_3	weiß	—		—		—	
Th	—		ThF_4	weiß	—		—	
Pa	—		PaF_4	rotbraun	PaF_5	weiß	—	
U	UF_3	schwarz	UF_4	grün	UF_5	fast weiß	UF_6	weiß
Np	NpF_3	purpur	NpF_4	grün	NpF_5	rot	NpF_6	orange
Pu	PuF_3	blauviolett	PuF_4	braun	—		PuF_6	rotbraun
Am	AmF_3	rosa	AmF_4	gelbbraun	—		—	
Cm	CmF_3	weiß	CmF_4		—		—	
Bk	BkF_3	gelbgrün	BkF_4					
Cf			CfF_4					

Tabelle 14.8
Chloride der Actiniden

Element	Oxidationsstufe III		Oxidationsstufe IV		Oxidationsstufe V		Oxidationsstufe VI	
Ac	$AcCl_3$	weiß	—		—		—	
Th	—		$ThCl_4$	weiß	—			
Pa	—		$PaCl_4$	gelbgrün	$PaCl_5$	grüngelb		
U	UCl_3	rot	UCl_4	grün	UCl_5	rotbraun	UCl_6	dunkelgrün
Np	$NpCl_3$	grün	$NpCl_4$	rotbraun	—			
Pu	$PuCl_3$	grün						
Am	$AmCl_3$	rosa	—					
Cm	$CmCl_3$	weiß						
Bk	$BkCl_3$	grün						
Cf	$CfCl_3$	grün						
Es	$EsCl_3$							

Die Fluoride und Chloride der Actiniden sind in den Tabellen 14.7 und 14.8 aufgeführt. Bei den Halogeniden spiegelt sich die Wertigkeitsskala der Actiniden wieder. Auch die Oxide, die in Abb. (14–19) eingezeichnet sind, lassen die Wertigkeitsskala der Actiniden erkennen. Eine Besonderheit der Oxide ist die Bildung nicht-stöchiometrischer Verbindungen, die sich durch größere Homogenitätsbereiche zu erkennen gibt. Die Zusammensetzung ist im Gleichgewicht abhängig vom Sauerstoffpartialdruck in der Gasphase. So verliert z. B. UO_3 beim Erhitzen an der Luft auf Temperaturen oberhalb 400 °C Sauerstoff und geht oberhalb 600 °C in U_3O_8 über. Beim Abkühlen nimmt das U_3O_8 unterhalb 500 °C langsam wieder Sauerstoff auf.

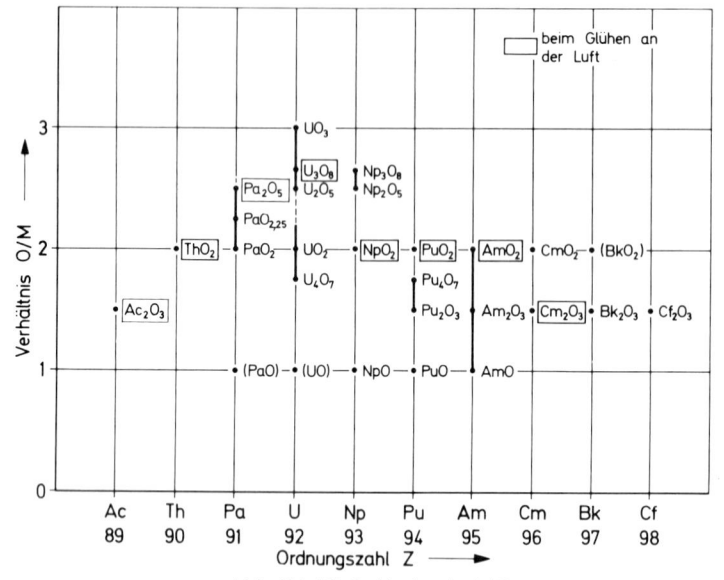

Abb. (14–19) Oxide der Actiniden.

Die Komplexbildung der Actiniden mit organischen oder anorganischen Liganden spielt für die Trennung der Elemente durch Extraktion oder in Ionenaustauschern eine wichtige Rolle. Für die analytische oder präparative Trennung im Laboratorium werden vorzugsweise Ionenaustauschverfahren benutzt. In Abb. (13–7) ist das Ergebnis der Trennung der Actiniden und der Lanthaniden an einem Harzaustauscher mit stark sauren funktionellen Gruppen (Dowex–50) unter Verwendung einer α-Hydroxysäure als Komplexbildner und Elutionsmittel aufgezeichnet. Die Reihenfolge der Elution wird durch die Komplexbildungskonstanten bestimmt. Für die Trennung der Elemente Thorium, Uran und Plutonium im großen Maßstab werden in der Technik Extraktionsverfahren verwendet (vgl. Tab. 11.16 sowie die Abbn. (11–21) und (11–22)).

14.6. Eigenschaften der Transactinidenelemente

Die Mengen an Transactinidenelementen, die für die Untersuchung ihrer Eigenschaften zur Verfügung stehen, sind außerordentlich gering. Mit Hilfe der in Abschnitt 14.4 beschriebenen Methoden können pro Experiment nur etwa ein bis zehn Atome hergestellt werden. Um einigermaßen zuverlässige, statistisch gesicherte Aussagen zu erhalten, müssen die Versuche sehr häufig wiederholt werden. Außerdem zerfallen die Atome sehr rasch, so daß es unmöglich ist, eine größere Menge davon anzusammeln. Wegen der kurzen Halbwertzeit ist es auch notwendig, schnelle chemische Operationen zu verwenden, die bei Anwesenheit von nur einem Atom Aussagen über die chemischen Eigenschaften erlauben. Extraktion, Ionenaustausch und Gaschromatographie sind am besten geeignet. Zum Nachweis werden bevorzugt die α-Spektroskopie oder die Spaltspurzählung verwendet.

Sowohl die Arbeitsgruppe in Dubna (UdSSR) als auch die Arbeitsgruppe in Berkeley (USA) beschäftigten sich intensiv mit chemischen Experimenten. Das Element 104 sollte als erstes Transactinidenelement und als Homologes der Elemente Zirkonium und Hafnium ein verhältnismäßig flüchtiges Chlorid bilden, im Gegensatz zu den Chloriden der dreiwertigen Lanthaniden. Um dies nachzuweisen, wurden von ZVARA in Dubna (UdSSR) Gasphasenexperimente durchgeführt, die in Abbildung (14–20) skizziert sind. Die Rückstoß-

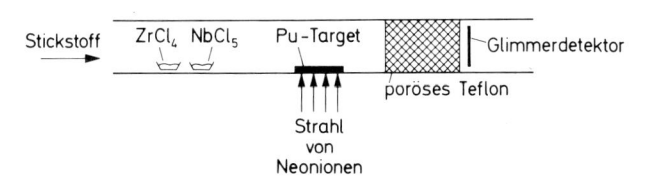

Abb. (14–20) Gasstromtechnik zur Untersuchung des chemischen Verhaltens des Elements 104 (schematisch; $ZrCl_4$ und $NbCl_5$ dienen als Chlorierungsmittel und Träger).

atome aus den Reaktionen (14.25) und (14.26) wurden in einem heißen Stickstoffstrom transportiert, dem $NbCl_5$- und $ZrCl_4$-Dampf beigemischt war, und mit Glimmerdetektoren nachgewiesen. Es wurde festgestellt, daß das Chlorid des Elements 104 erheblich flüchtiger war als die Chloride der Lanthaniden und des Elements 103. Dadurch konnten erstmals die chemischen Eigenschaften des Elements 104 als Transactinidenelement nachgewiesen werden. Zu demselben Ergebnis führten spätere Experimente in Berkeley (USA) mit dem Isotop $^{261}104$, das wegen seiner längeren Halbwertzeit in einem Kationenaustauscher abgetrennt wurde. Dabei verhielt es sich ebenso wie Hafnium und Zirkonium, während Actiniden der Oxidationsstufe III unter den gewählten Bedingungen nicht eluiert wurden.

Nach Berichten aus Dubna liegt aufgrund der gaschromatographischen Experimente die Flüchtigkeit des 105 Cl_5 zwischen derjenigen von Niob und Hafnium. Die bisherigen Ergebnisse werfen die Frage auf, ob das Element 105 in seinen Eigenschaften mehr dem Tantal oder dem Vanadin ähnelt. Im Hinblick auf seine Stellung im Periodensystem sollte das Element 106 ähnliche Eigenschaften haben wie das Wolfram, d.h. die Oxidationsstufe VI sollte am stabilsten sein.

Ein erweitertes Periodensystem, das neben den Actiniden auch die Transactiniden einschließt, ist in Abb. (14–21) aufgezeichnet. Die

Gruppe																	
Ia																	VIIIa
$_1$H	IIa											IIIa	IVa	Va	VIa	VIIa	$_2$He
$_3$Li	$_4$Be											$_5$B	$_6$C	$_7$N	$_8$O	$_9$F	$_{10}$Ne
$_{11}$Na	$_{12}$Mg	IIIb	IVb	Vb	VIb	VIIb		VIIIb		Ib	IIb	$_{13}$Al	$_{14}$Si	$_{15}$P	$_{16}$S	$_{17}$Cl	$_{18}$Ar
$_{19}$K	$_{20}$Ca	$_{21}$Sc	$_{22}$Ti	$_{23}$V	$_{24}$Cr	$_{25}$Mn	$_{26}$Fe	$_{27}$Co	$_{28}$Ni	$_{29}$Cu	$_{30}$Zn	$_{31}$Ga	$_{32}$Ge	$_{33}$As	$_{34}$Se	$_{35}$Br	$_{36}$Kr
$_{37}$Rb	$_{38}$Sr	$_{39}$Y	$_{40}$Zr	$_{41}$Nb	$_{42}$Mo	$_{43}$Tc	$_{44}$Ru	$_{45}$Rh	$_{46}$Pd	$_{47}$Ag	$_{48}$Cd	$_{49}$In	$_{50}$Sn	$_{51}$Sb	$_{52}$Te	$_{53}$I	$_{54}$Xe
$_{55}$Cs	$_{56}$Ba	$_{57}$La	$_{72}$Hf	$_{73}$Ta	$_{74}$W	$_{75}$Re	$_{76}$Os	$_{77}$Ir	$_{78}$Pt	$_{79}$Au	$_{80}$Hg	$_{81}$Tl	$_{82}$Pb	$_{83}$Bi	$_{84}$Po	$_{85}$At	$_{86}$Rn
$_{87}$Fr	$_{88}$Ra	$_{89}$Ac	104	105	106	107	108	109	110	111	112	113	114	115	116	117	118
119	120	121	154	155	156	157	158	159	160	161	162	163	164	165	166	167	168

Lanthaniden: $_{57}$La $_{58}$Ce $_{59}$Pr $_{60}$Nd $_{61}$Pm $_{62}$Sm $_{63}$Eu $_{64}$Gd $_{65}$Tb $_{66}$Dy $_{67}$Ho $_{68}$Er $_{69}$Tm $_{70}$Yb $_{71}$Lu

Actiniden: $_{89}$Ac $_{90}$Th $_{91}$Pa $_{92}$U $_{93}$Np $_{94}$Pu $_{95}$Am $_{96}$Cm $_{97}$Bk $_{98}$Cf $_{99}$Es $_{100}$Fm $_{101}$Md $_{102}$No $_{103}$Lr

Superactiniden: 121 122 123 124 125 126 127 128 129 ... 149 150 151 152 153

Abb. (14–21) Erweitertes Periodensystem der Elemente

höheren Transactiniden, etwa vom Element 112 an, bei denen man auf Grund abgeschlossener Protonen- bzw. Neutronenschalen eine erhöhte Stabilität erwartet, nennt man auch superschwere Elemente. Die Elemente mit den Ordnungszahlen $Z > 121$, bei denen die Besetzung von g-Zuständen beginnen sollte, bezeichnet man als Superactiniden.

Auf der Grundlage des Periodensystems der Elemente sind mit Hilfe quantenmechanischer Rechnungen Aussagen über die chemischen und physikalischen Eigenschaften noch nicht entdeckter Elemente möglich. Dabei konzentriert sich das Interesse auf die Insel der Stabilität, vgl. Abb. (14–12). Mit Hilfe relativistischer Hartree-Fock-Rechnungen lassen sich zum Beispiel die Energiezustände der Elektronen und die Elektronenkonfigurationen von Transactinidenelementen berechnen, ferner Energien angeregter Zustände, Ionisierungsenergien und Atomradien.

Einige Daten der Elemente 104 bis 120 sind in Tab. 14.9 aufgeführt. Ein wichtiges Ergebnis der Rechnungen ist die Aufspaltung der p-Zustände in eine $p_{1/2}$-Untergruppe mit zwei Elektronen und eine $p_{3/2}$-Untergruppe mit vier Elektronen. Die Elemente mit den Ordnungszahlen $Z = 104$ bis 112 sind Übergangselemente ($6d^2\,7s^2$ bis $6d^{10}\,7s^2$). Für die erste Hälfte dieser Elemente werden hohe Oxidationsstufen vorausgesagt, die im Zusammenhang mit großen Ionenradien und mit

Tabelle 14.9
Vorausgesagte Eigenschaften der Elemente Z = 104 bis Z = 120

14.6. Eigenschaften der Transactinidenelemente

Element	Atommasse	Elektronen der äußeren Schalen	Bevorzugte Oxidationsstufe	Ionisierungspotential [eV]	Radius im metallischen Zustand $[10^{-8}$ cm$]$	Dichte $[g/cm^3]$
104	278	$6d^2 7s^2$	IV	5,1	1,66	17,0
105	281	$6d^3 7s^2$	V	6,2	1,53	21,6
106	283	$6d^4 7s^2$	VI, IV	7,1	1,47	23,2
107	286	$6d^5 7s^2$	VII, VI, V	6,5	1,45	27,2
108	289	$6d^6 7s^2$	VIII, VI, IV	7,4	1,43	28,6
109	292	$6d^7 7s^2$	VI, IV	8,2	1,44	28,2
110	295	$6d^8 7s^2$	IV, VI	9,4	1,46	27,4
111	298	$6d^9 7s^2$	III, V	10,3	1,52	24,4
112	301	$6d^{10} 7s^2$	II, IV	11,1	1,60	16,8
113	304	$7s^2 7p^1$	I	7,5	1,69	14,7
114	307	$7s^2 7p^2$	II	8,5	1,76	15,1
115	310	$7s^2 7p^3$	III, I	5,9	1,78	14,7
116	313	$7s^2 7p^4$	II, IV	6,8	1,77	13,6
117	316	$7s^2 7p^5$	I, III, −I	8,2	–	–
118	319	$7s^2 7p^6$	0, IV	9,0	–	–
119	322	$8s^1$	I	4,1	2,6	4,6
120	325	$8s^2$	II	5,3	2,0	7,2

Tabelle 14.10
Berechnete Elektronenzustände der Elemente 121 bis 168

Element	Elektronen der äußeren Schalen						Element	Elektronen der äußeren Schalen						
	5g	6f	7s	7p	7d	8s	8p		6f	7s	7p	7d	8s	8p	9s 9p
121			2	6		2	1	145	3	2	6	2	2	2	
122			2	6	1	2	1	146	4	2	6	2	2	2	
123		1	2	6	1	2	1	147	5	2	6	2	2	2	
124		3	2	6		2	1	148	6	2	6	2	2	2	
125	1	3	2	6		2	1	149	6	2	6	3	2	2	
126	2	2	2	6	1	2	1	150	6	2	6	4	2	2	
127	3	2	2	6		2	2	151	8	2	6	3	2	2	
128	4	2	2	6		2	2	152	9	2	6	3	2	2	
129	5	2	2	6		2	2	153	11	2	6	2	2	2	
130	6	2	2	6		2	2	154	12	2	6	2	2	2	
131	7	2	2	6		2	2	155	13	2	6	2	2	2	
132	8	2	2	6		2	2	156	14	2	6	2	2	2	
133	8	3	2	6		2	2	157	14	2	6	3	2	2	
134	8	4	2	6		2	2	158	14	2	6	4	2	2	
135	9	4	2	6		2	2	159	14	2	6	4	2	2	1
136	10	4	2	6		2	2	160	14	2	6	5	2	2	1
137	11	3	2	6	1	2	2	161	14	2	6	6	2	2	1
138	12	3	2	6	1	2	2	162	14	2	6	8	2	2	
139	13	2	2	6	2	2	2	163	14	2	6	9	2	2	
140	14	3	2	6	1	2	2	164	14	2	6	10	2	2	
141	15	2	2	6	2	2	2	165	14	2	6	10	2	2	1
142	16	2	2	6	2	2	2	166	14	2	6	10	2	2	2
143	17	2	2	6	2	2	2	167	14	2	6	10	2	2	2 1
144	18	1	2	6	3	2	2	168	14	2	6	10	2	2	2 2

niedrigen Ionisierungsenergien stehen. Die letzten Elemente dieser Reihe sollten verhältnismäßig edlen Charakter haben und höhere Oxidationsstufen zeigen als die homologen Elemente in den vorausgehenden Perioden. Das Element 118 wird zwar ein Edelgas sein, aber die niedrige Ionisierungsenergie sollte zur Folge haben, daß leicht Edelgasverbindungen gebildet werden, in denen dieses Element die Oxidationsstufen IV und VI annimmt. Der Einfluß der Bildung einer $7p_{1/2}$-Unterschale sollte sich in den Oxidationsstufen der Elemente 115 bis 117 bemerkbar machen. Mit zunehmender Ordnungszahl wird die Energiedifferenz zwischen den $p_{1/2}$- und $p_{3/2}$-Zuständen immer größer, so daß nur die $p_{3/2}$-Elektronen als Valenzelektronen zur Verfügung stehen.

In der Gruppe der Superactiniden (vgl. Abb. (14-21)) findet die Auffüllung der 6f- und der 5g-Zustände statt, wobei die in Tabelle 14.10 angegebenen Elektronenzustände vorausgesagt werden.

Auf Grund der Rechnungen lassen sich auch die K-, L- und M-Linien superschwerer Elemente recht gut vorhersagen. Die hohe Ladung der Atome wird die K-Röntgenlinien kaum, die L-Linien wenig, aber die M-Linien recht stark beeinflussen, so daß die letzteren für die Identifizierung der Elemente weniger gut geeignet sind.

Um aus den elektronischen Eigenschaften die chemischen Eigenschaften voraussagen zu können, bedarf es bestimmter Theorien; denn die Näherungslösungen der Schrödinger-Gleichung für chemische Verbindungen führen nur zu sehr ungenauen Aussagen. Die VB-Theorie findet in diesem Zusammenhang Anwendung, außerdem der Born-Habersche Kreisprozeß sowie Varianten davon. In gewissem Umfang sind auch Extrapolationen der periodischen Eigenschaften der Elemente gerechtfertigt.

Als stabilste Oxidationsstufen in wäßrigen Lösungen werden vorausgesagt: 104 (IV), 105 (V), 106 (VI), 107 (VII), 108 (VIII), 109 (VI), 110 (VI); dabei ist angenommen, daß sich bei dem Element 106 und den folgenden Elementen Oxoanionen bilden. Für das Element 111 wird als stabilste Oxidationsstufe 111(III) vorausgesagt, auch die Möglichkeit der Bildung eines 111^--Ions wird in Betracht gezogen. Element 112 (Ekaquecksilber) sollte sehr viel edler als Quecksilber sein (infolge des relativistischen Effekts auf die $7s^2$-Konfiguration). Das Oxid, das Chlorid und das Bromid sollten instabil sein, und das Element sollte bei Zimmertemperatur eine leicht flüchtige Flüssigkeit oder ein Gas bilden, weil die Wechselwirkungskräfte zwischen den Atomen nur sehr schwach sind. Als stabile Verbindungen werden erwartet $112\,F_2$ sowie in Lösung $112\,Cl_4^{2-}$ und $112\,Br_4^{2-}$. Element 113 sollte hinsichtlich seines chemischen Verhaltens zwischen Tl^+ und Ag^+ liegen. So wird erwartet, daß sich 113 Cl in Salzsäure und in Ammoniak löst, im Gegensatz zu TlCl. Das Element 113 sollte außerdem ein in Wasser nur schwer lösliches Oxid bilden, das sich aber in Ammoniak auflöst. Für das Element 114 wird vorausgesagt, daß es wegen des aufgefüllten $7p_{1/2}^2$-Zustandes eine leicht flüchtige Flüssigkeit oder ein Gas bildet, ähnlich wie 112. $114\,Cl_2$ und $114\,F_2$ sollten stabil sein, wahrscheinlich auch $114\,Br_2$. Die hohe Flüchtigkeit der Elemente 112 und 114 ist wichtig im Hinblick auf ihre Abtrennung und ihren Nachweis.

Die Chemie der Elemente 115, 116 und 117 ist deshalb interessant, weil hier zu dem abgeschlossenen $7p_{1/2}^2$-Zustand noch 1, 2 und 3 Elektronen im $7p_{3/2}$-Zustand hinzukommen. So erwartet man 115 (I), 116 (II) und 117 (III) als stabile Oxidationsstufen. 115^+ sollte sich ähnlich verhalten wie Tl^+. Bei dem Element 117 (Ekaastat) wird die Existenz der Oxidationsstufe $-I$ in Frage gestellt. Element 118 sollte reaktionsfähiger sein als Xenon und mit elektronegativen Elementen verhältnismäßig leicht Edelgasverbindungen bilden, wie bereits oben erwähnt. Von dem Element 119 wird erwartet, daß es als erstes Alkalimetall höhere Oxidationsstufen als $+I$ zeigt, weil auch die Elektronen mit der Hauptquantenzahl 7 zur Verbindungsbildung befähigt sind.

Auch über die Eigenschaften der Superactiniden (Elemente mit den Ordnungszahlen 121 bis 153 (Auffüllung der 6f- und der 5g-Zustände) liegen Voraussagen vor.

Die Voraussagen über die chemischen und physikalischen Eigenschaften der Transactinidenelemente sind von entscheidender Bedeutung für ihre Entdeckung und Identifizierung. Wenn superschwere Elemente bei Schwerionenreaktionen entstehen, dann kann der Beitrag der Chemie für ihre Entdeckung sehr wichtig sein, weil bei Verwendung von dicken Targets und Strahlung hoher Intensität durch chemische Trennung maximale Ausbeuten zu erreichen sind. Andererseits würde die experimentelle Bestätigung der Voraussagen das Gesamtkonzept des Periodensystems der Elemente bestätigen und über die derzeitigen Grenzen hinaus erweitern.

Literatur zu Kapitel 14

1. C. KELLER: The Chemistry of the Transuranium Elements. Verlag Chemie, Weinheim 1971.
2. G.T. SEABORG: The Transuranium Elements. Yale University Press, New Haven 1958.
3. G.T. SEABORG: Man-Made Transuranium Elements. Prentice-Hall, Englewood Cliffs, New Jersey, 1963.
4. G.T. SEABORG, J.J. KATZ: The Actinide Elements. In: National Nuclear Energy Series Div. IV, Bd. 14 A. McGraw-Hill Book Comp., New York 1954.
5. Gmelin Handbuch der Anorganischen Chemie, Ergänzungswerk zur 8. Aufl. Transurane. Verlag Chemie, Weinheim, und Springer Verlag, Berlin–Heidelberg–New York, Bd. 7a: 1973, 7b: 1974, 8: 1973, 31: 1976.
6. E.K. HYDE, I. PERLMAN, G.T. SEABORG: The Nuclear Properties of the Heavy Elements, Bd. I und II. Prentice-Hall, Englewood Cliffs, New Jersey, 1964.
7. V.I. GOLDANSKII, S.M. POLIKANOV: The Transuranium Elements. Consultants Bureau, New York 1973.
8. O. HAHN: Künstliche Neue Elemente. Verlag Chemie, Weinheim/Bergstraße 1948.
9. K.W. BAGNALL: Chemistry of the Rare Radioelements (Polonium-Actinium). Butterworths, London 1957.
10. M. HAISSINSKY, J.P. ADLOFF: Radiochemical Survey of the Elements. Elsevier Publ. Comp., Amsterdam 1965.
11. B.B. CUNNINGHAM: Chemistry of the Actinide Elements. Ann. Rev. Nucl. Sci. **14**, 323 (1964).
12. K.W. BAGNALL (Ed.): International Review of Science, Inorganic Chemistry, Vol. 7, Lanthanides and Actinides. Butterworths, London, Series One 1972, Series Two 1975.

13. E.H.P. Cordfunke: The Chemistry of Uranium. Elsevier Publishing Company, Amsterdam 1969.
14. J.M. Cleveland: The Chemistry of Plutonium. Gordon and Breach Science Publishers, New York 1970.
15. A.K. Lavrukhina, A.A. Pozdnyakov: Analytical Chemistry of Technetium, Astatine and Francium. Ann Arbor-Humphrey Science Publishers, Ann Arbor-London 1970.
16. D.I. Ryabchikov, V.A. Ryabukhin: Analytical Chemistry of Yttrium and the Lanthanide Elements. Ann Arbor – Humphrey Science Publishers, Ann Arbor – London 1970.
17. D.I. Ryabchikov, E.K. Golbraikh: Analytical Chemistry of Thorium. Ann Arbor – Humphrey Science Publishers, Ann Arbor – London 1969.
18. E.S. Palshin, B.F. Myasoedov: Analytical Chemistry of Protactinium. Ann Arbor – Humphrey Science Publishers, Ann Arbor – London 1970.
19. P.N. Palei: Analytical Chemistry of Uranium. Ann Arbor – Humphrey Science Publishers, Ann Arbor – London 1970.
20. V.A. Mikhailov: Analytical Chemistry of Neptunium. Halsted Press, New York 1973.
21. M.S. Milyukova, N.I. Gusev, I.G. Sentyurin, I.S. Sklyarenko: Analytical Chemistry of Plutonium. Ann Arbor – Humphrey Science Publishers, Ann Arbor – London 1969.
22. B.F. Myasoedov, L.I. Guseva, I.A. Lebedev, M.S. Milyukova, M.K. Chmutova: Analytical Chemistry of Transplutonium Elements. John Wiley & Sons, New York 1974.
23. J.D. Hemingway: Transactinide Elements, in: Radiochemistry Vol. **2**, Specialist Periodical Reports, The Chemical Society, London 1975.
24. O.L. Keller jr., G.T. Seaborg: Chemistry of the Transactinide Elements, Ann. Rev. Nucl. Sci. **27,** 139 (1977).
25. R.J. Silva: Transcurium Elements, in: International Review of Science, Inorganic Chemistry Series One, Vol. 8 Radiochemistry, Ed. A.G. Maddock, Butterworths, London 1972.
26. G. Herrmann: Superheavy Elements, in: International Review of Science, Inorganic Chemistry Series Two, Vol. 8 Radiochemistry, Ed. A.G. Maddock, Butterworths, London 1975.
27. J.D. Hemingway: Superheavy Elements, in: Radiochemistry, Vol. 1, Specialist Periodical Reports, The Chemical Society, London 1972.
28. B. Fricke: Superheavy Elements, in: Structure and Bonding (W.L. Jorgensen et al., Eds.), Vol. **21.** Springer Verlag, Berlin–Heidelberg–New York 1975.
29. R.A. Penneman, T.K. Keenan: The Radiochemistry of Americium and Curium. Aus: Nuclear Science Series NAS–NS 3006. Hrsg.: W.W. Meinke, Subcommittee on Radiochemistry, National Academy of Sciences, National Research Council 1960.
30. V.I. Goldanskii, V.G. Firsov: Chemistry of New Atoms, Ann. Rev. Phys. Chem. **23,** 209 (1971).
31. G.T. Seaborg: Das Periodensystem der Zukunft. Chemie in unserer Zeit, Probleme und Problemlösungen. Verlag Chemie, Weinheim 1974.

Übungen zu Kapitel 14

1. Welche Möglichkeiten bestehen zur Gewinnung des Elements Technetium?

2. Man diskutiere verschiedene Kernreaktionen zur Gewinnung von Pu–238.

3. Wie groß ist die Ausbeute an Pu–238, wenn 1 g Np–237 1 Jahr in einem Kernreaktor bei einer Flußdichte an thermischen Neutronen $\Phi = 10^{15}\,\text{cm}^{-2}\,\text{s}^{-1}$ bestrahlt wird? (Angabe in g Pu–238.)

   $\sigma_{n,\gamma}$ (Np–237) = 169 b;
   $\sigma_{n,f}$ (Np–237) = 0,019 b;
   $\sigma_{n,f}$ (Np–238) = 2070 b;
   $\sigma_{n,\gamma}$ (Pu–238) = 547 b;
   $\sigma_{n,f}$ (Pu–238) = 16,5 b;

4. Welche Möglichkeiten bestehen zur Gewinnung von Pu–244 und Cm–244?

5. Welche Geschosse müssen verwendet werden, wenn das Element 106 (a) aus Plutoniumisotopen, (b) aus Curiumisotopen hergestellt werden soll? Man formuliere derartige Kernreaktionen. Auf welche Mindestenergie müssen die Ionen, die diese Kernreaktionen auslösen sollen, beschleunigt werden?

6. Man diskutiere die Möglichkeiten zur Gewinnung des Elements 105. Welchem anderen Element wird dieses voraussichtlich ähnlich sein?

15. Anwendungen

15.1. Allgemeine Gesichtspunkte

Die Möglichkeiten der Anwendung kernchemischer bzw. kernphysikalischer Arbeitsmethoden sind sehr vielseitig. Nach SEABORG besitzt die Anwendung der Radioaktivität für die Menschheit eine ebenso große Bedeutung wie die Nutzung der Kernenergie, die bei der Kernspaltung frei wird. Da es sich um eine Arbeitstechnik handelt, die auf der Verwendung von Radionukliden basiert, spricht man auch von Radionuklidtechnik oder „Isotopen"-Technik. Die große Bedeutung, die der Radionuklidtechnik heute in allen Gebieten der Naturwissenschaften und der Technik zukommt, beruht auf den beiden folgenden Merkmalen:
a) hohe Nachweisempfindlichkeit der radioaktiven Strahlung,
b) Möglichkeit der Markierung.

Die Nachweisempfindlichkeit für radioaktive Nuklide ist grundsätzlich größer als die jeder anderen analytischen Methode. Im Prinzip kann man ein einzelnes radioaktives Atom erkennen, wenn man gerade in dem Augenblick mißt, in dem dieses Atom zerfällt. In der Praxis muß allerdings im allgemeinen eine größere Anzahl von Atomen vorhanden sein, damit der Nachweis des betreffenden Radionuklids möglich ist. Wichtig für die Nachweisempfindlichkeit ist die Halbwertzeit des Radionuklids. Nach Gl. (5.14) sind Aktivität und Halbwertzeit durch folgende Beziehung miteinander verknüpft:

$$A = -\frac{dN}{dt} = \lambda N = \frac{\ln 2}{t_{1/2}} N. \qquad (15.1)$$

Unter der Annahme, daß 1 tps bequem nachweisbar ist, können die in Tab. 15.1 angegebenen Mengen an Radionukliden quantitativ be-

Tabelle 15.1
Quantitativ nachweisbare Mengen von Radionukliden verschiedener Halbwertzeit. (Die angegebenen Mengen entsprechen einer Aktivität von 1 s^{-1})

$t_{1/2}$	Zahl der Atome N	mol
1 h	5 200	$8{,}64 \cdot 10^{-21}$
1 d	125 000	$2{,}08 \cdot 10^{-19}$
1 a	$4{,}55 \cdot 10^{7}$	$7{,}55 \cdot 10^{-17}$
10^5 a	$4{,}55 \cdot 10^{12}$	$7{,}55 \cdot 10^{-12}$
10^9 a	$4{,}55 \cdot 10^{16}$	$7{,}55 \cdot 10^{-8}$

stimmt werden. Man erkennt deutlich, daß bei kleineren und mittleren Halbwertzeiten extrem hohe Nachweisempfindlichkeiten erreicht werden.

Das zweite wichtige Merkmal kernchemischer Methoden ist die Möglichkeit der Markierung. Ein Element kann als solches oder in einer Verbindung durch ein radioaktives Isotop ersetzt werden. Dadurch ist es möglich, das Schicksal dieses Radionuklids bei einer chemischen Umsetzung oder bei einem Transportvorgang zu verfolgen. Diese Methode wird auch als Indikatormethode bezeichnet, weil das Radionuklid den Weg anzeigt, den das Element bzw. die Verbindung nimmt. Andere gebräuchliche Bezeichnungen sind „tracer"-Methode oder Methode der radiochemischen Indizierung. Die Atome werden gewissermaßen mit einem „roten Punkt" versehen, der es gestattet, sie jederzeit wiederzufinden. Die Indikatormethode gibt somit als „Mikromethode" einen verfeinerten Einblick in die atomaren Vorgänge; z. B. ist der Austausch von gleichartigen Atomen zwischen verschiedenen Verbindungen erkennbar (Isotopenaustausch) oder die wechselseitige Änderung der Oxidationsstufe zwischen gleichartigen Atomen (Elektronenaustausch).

Eine notwendige Voraussetzung für die Anwendung von markierten Atomen bzw. Verbindungen als Indikatoren ist, daß sich diese ebenso verhalten wie die inaktiven Atome oder Verbindungen, die man untersuchen will. Diese Voraussetzung ist im allgemeinen erfüllt, wenn man darauf achtet, daß die markierte Verbindung und die zu untersuchende Verbindung chemisch identisch sind. Sofern die relativen Massenunterschiede groß sind, treten allerdings merkliche Isotopieeffekte auf, beispielsweise bei der Verwendung von Tritium zur Markierung von Wasserstoff (vgl. Kapitel 3).

Die hohe Nachweisempfindlichkeit der radioaktiven Strahlung führt zu interessanten Anwendungen in der Analyse. Die radiochemischen Methoden der Analyse, die auch unter der Bezeichnung Radioanalytik zusammengefaßt werden, sind heute ein wichtiges Teilgebiet der Analytik. Für die Spurenanalyse der Elemente sind die nachweisstarken radiochemischen Verfahren unentbehrlich geworden. Sie stehen in vielen Fällen in Konkurrenz zu anderen nachweisstarken analytischen Verfahren und eignen sich besonders gut für Kontrollbestimmungen, da sie im allgemeinen nur sehr wenig störanfällig sind. Die Anwendungen in der Analyse gliedern sich zwanglos in drei Abschnitte, die Analyse auf Grund natürlicher Radioaktivität, die Indikatormethoden und die Aktivierungsanalyse. Bei der Aktivierungsanalyse wird die Radioaktivität in der Probe durch Kernreaktionen erzeugt, während bei den Indikatormethoden radioaktive Verbindungen der Probe zugesetzt werden. Weitere analytische Methoden, die auf der Absorption oder Streuung von Strahlung beruhen, werden in Abschnitt 15.10.3 behandelt.

Die Indikatormethoden finden in allen Bereichen der Naturwissenschaften breite Anwendung. Sie sind im allgemeinen konkurrenzlos und erlauben z.B. Aussagen über Reaktionsmechanismen, die mit keiner anderen Methode erhalten werden können. Es erscheint aus sachlichen Gründen sinnvoll, die Anwendungen der Indikatormethoden in der Analyse vor der Aktivierungsanalyse in einem gesonderten Abschnitt zu behandeln und die weiteren Anwendungen der Indikatormethoden in der Chemie in einem folgenden Abschnitt zusammenzufassen. Dabei handelt es sich hauptsächlich um den Bereich der Kinetik im weitesten Sinne: die Aufklärung von Reaktionsmechanismen, die Messung von Geschwindigkeitskonstanten und Diffusionskoeffizienten sowie die Untersuchung von Phasenumwandlungen und Transportvorgängen.

Weitere Anwendungen ergeben sich auf dem Gebiet der Chemie hochdisperser Systeme (Kolloidchemie). Die Möglichkeiten der Markierung von Ionen oder Verbindungen mit Radionukliden, zusammen mit der hohen Nachweisempfindlichkeit für Radionuklide durch Detektoren oder Autoradiographie führt in das Gebiet der Radiokolloidchemie. In diesem Zusammenhang ist es von großem praktischem Interesse, die Chemie der Radionuklide in hochverdünntem Zustand, über die man noch sehr wenig weiß, näher zu untersuchen.

Die Anwendungen in anderen Bereichen der Naturwissenschaften und in der Technik können im Rahmen dieser Darstellung nur sehr knapp behandelt werden mit dem Ziel, einen Überblick zu vermitteln.

Am Ende dieses Abschnitts soll noch hervorgehoben werden, daß man zur Markierung selbstverständlich auch stabile Isotope verwenden kann, insbesondere in den Fällen, in denen keine geeigneten radioaktiven Isotope vorhanden sind, wie z. B. bei den Elementen Stickstoff und Sauerstoff. Man muß allerdings auf die hohe Nachweisempfindlichkeit der radioaktiven Strahlung verzichten und an Stelle eines Detektors für Radionuklide ein Massenspektrometer einsetzen. Mit stabilen Isotopen markierte Verbindungen haben den Vorteil, daß sie ohne Berücksichtigung von Strahlenschutzmaßnahmen verwendet und unbegrenzt aufbewahrt werden können.

15.2. Analyse auf Grund natürlicher Radioaktivität

Die Aktivität der in der Natur vorkommenden Radionuklide kann als Maß für die Menge des betreffenden Elements dienen, so daß eine quantitative Bestimmung möglich ist. Wichtige Voraussetzungen für solche Bestimmungen sind:
a) Die Isotopenzusammensetzung muß konstant sein; wenn die Folgeprodukte ebenfalls radioaktiv sind, muß außerdem das radioaktive Gleichgewicht eingestellt sein oder eine quantitative Abtrennung der Folgeprodukte durchgeführt werden.
b) Radioaktive Verunreinigungen dürfen nicht zugegen sein. Gegebenenfalls kann die Aktivität der zu bestimmenden Elemente durch Messung der γ- oder α-Spektren getrennt erfaßt werden.

Analytische Bestimmungen auf Grund der natürlichen Radioaktivität sind üblich für die Elemente Kalium, Uran, Radium und Thorium.

Kalium enthält zu 0,0118% das Radionuklid K–40, dessen Halbwertzeit $1,28 \cdot 10^9$ a beträgt. Die Isotopenzusammensetzung ist nahezu konstant. K–40 ist gut nachweisbar, da es verhältnismäßig energiereiche β^--, β^+- und γ-Strahlung aussendet. Die natürliche Aktivität von 1 kg Kalium beträgt nach Gl. (15.1)

$$A = \frac{\ln 2}{t_{1/2}} N = \frac{0{,}693 \cdot 1\,000 \cdot 6{,}02 \cdot 10^{23} \cdot 1{,}18 \cdot 10^{-4}}{39{,}1 \cdot 1{,}28 \cdot 10^9 \cdot 365 \cdot 24 \cdot 3\,600} \quad (15.2)$$

$$= 3{,}12 \cdot 10^4 \text{ s}^{-1}.$$

Das ist ungefähr 1 μCi ($3{,}7 \cdot 10^4$ s^{-1}). Geht man davon aus, daß bei geeigneter Versuchsanordnung eine Aktivität von 0,1 s^{-1} noch bestimmt werden kann, so folgt, daß 3 mg Kalium erfaßbar sind. Für die praktische Bestimmung des Kaliumgehaltes in Kaliumsalzen dient die in Abb. (15–1) skizzierte Versuchsanordnung. Als Detektor wird ein Spezialzählrohr mit großem Zählvolumen verwendet. Das Kalium-

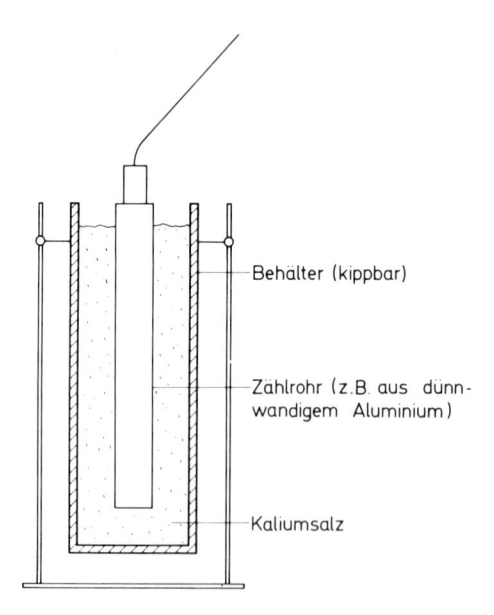

Abb. (15–1) Versuchsanordnung zur Bestimmung des Kaliumgehaltes in Kaliumsalzen.

salz wird in den Behälter eingeschüttet. Auf diese Weise kann auch der Kaliumgehalt von Kalisalzen sehr rasch unter Tage bestimmt werden. Andere radioaktive Salze stören die Bestimmung, z. B. größere Mengen an Rubidium.

Im natürlichen Uran sind alle Radionuklide der Uran-Familie zugegen, manchmal auch noch die Radionuklide der Thorium-Familie. Die direkte Bestimmung des Urans in einem Mineral ohne chemische Trennung ist schwierig, weil die Selbstabsorption der Strahlung in dem betreffenden Mineral stark von der Gesteinsart und dem Verteilungszustand abhängig ist. Nach dem Aufschluß wird meist das Tochternuklid Th–234 abgetrennt und gemessen. Th–234 kann nach Zusatz von Träger gefällt oder durch Extraktion (z. B. mit TTA = Thenoyltrifluoraceton) isoliert werden. Das radioaktive Gleichgewicht mit dem kurzlebigen Tochternuklid Pa–234m, das β^--Strahlung hoher Energie aussendet und deshalb leicht meßbar ist, stellt sich rasch ein. Voraussetzung für die Bestimmung des Urans durch Messung des Tochternuklids Th–234 ist, daß das radioaktive Gleichgewicht zwischen U–238 und Th–234 eingestellt ist; d. h. etwa $10 \cdot 24\,\mathrm{d} \approx 8$ Monate darf keine chemische Behandlung erfolgt sein.

Ra–226 kann mit sehr großer Empfindlichkeit auf Grund der Aktivität des im Gleichgewicht vorhandenen Rn–222 bestimmt werden. Nach Einstellung des Gleichgewichts ($10 \cdot 3,8\,\mathrm{d} \approx 1,5$ Monate) wird das Radon in eine Ionisationskammer überführt und gemessen. Auf diese Weise kann der sehr niedrige Radiumgehalt in den Knochen des Menschen ermittelt werden (Größenordnung $10^{-12}\,\mathrm{g}$).

Im Falle des Thoriums erfolgt die Einstellung des radioaktiven Gleichgewichts mit den Folgeprodukten sehr langsam (vgl. Tab. 5.1)

$$^{232}\text{Th} \xrightarrow[1,4 \cdot 10^{10}\,\mathrm{a}]{\alpha} {}^{228}\text{Ra} \xrightarrow[5,75\,\mathrm{a}]{\beta^-} {}^{228}\text{Ac} \xrightarrow[6,13\,\mathrm{h}]{\beta^-} {}^{228}\text{Th}. \qquad (15.3)$$

Als direkte Bestimmungsmethode kommt die Messung der α-Strahlung in Frage; am vorteilhaftesten ist die Messung des Po–212. Die Empfindlichkeit beträgt etwa $10^{-6}\,\mathrm{g}$ Thorium/g Gestein. Die Ergebnisse hängen allerdings sehr stark vom Verteilungszustand des Thoriums ab. Andere Verfahren beruhen auf der Abtrennung des Ra–228 oder des Rn–220. Im letzteren Fall muß darauf geachtet werden, daß das gesamte Rn-220 erfaßt wird, das im radioaktiven Gleichgewicht vorhanden ist; die Empfindlichkeit beträgt etwa $10^{-3}\,\mathrm{g/g}$ Gestein. Die Bestimmung des Thoriums auf Grund der natürlichen Radioaktivität wird durch radioaktive Verunreinigungen — z. B. Uranverbindungen — gestört.

15.3. Indikatormethoden in der Analyse

15.3.1. Verdünnungsanalyse

Die Verdünnungsanalyse wird insbesondere dann angewendet, wenn eine quantitative Abtrennung des gesuchten Elements bzw. der gesuchten Verbindung nicht möglich ist. Die quantitative Trennung wird umgangen; an ihre Stelle tritt die Abtrennung einer beliebigen Menge Substanz in reiner Form.

Das Prinzip der Verdünnungsanalyse ist in Abb. (15–2) erläutert. Gegeben sei eine Substanz, die eine unbekannte Zahl von Molekülen N_x einer bestimmten Verbindung enthält. Diese Substanz kann im allgemeinen Fall auch eine unbekannte Zahl von markierten Molekülen $*N_x$ der gleichen Verbindung enthalten. Nun wird eine bekannte Zahl von Molekülen N_1 dieser Verbindung zugegeben, die außerdem eine bekannte Zahl von markierten Molekülen $*N_1$ der gleichen Verbindung enthält. Die zugesetzte Verbindung muß nicht identisch sein mit

15. Anwendungen

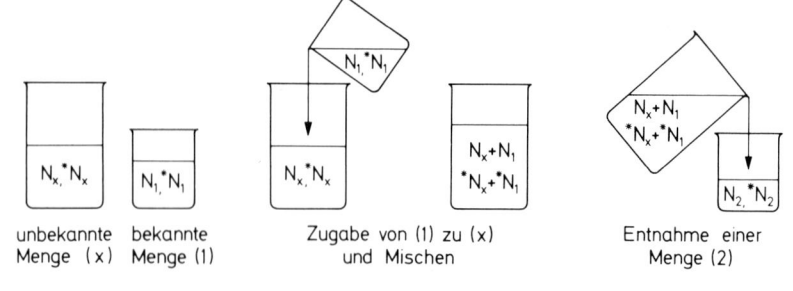

| unbekannte | bekannte | Zugabe von (1) zu (x) | | Entnahme einer |
| Menge (x) | Menge (1) | und Mischen | | Menge (2) |

Abb. (15–2) Prinzip der Verdünnungsanalyse.

der Verbindung, deren Menge bestimmt werden soll. Wichtig ist aber, daß sich die zugesetzte Verbindung ebenso verhält und daß der chemische Zustand genau definiert ist. Anschließend wird gemischt, so daß eine Gleichverteilung eintritt. Dann wird eine Probe entnommen; darin werden durch Wägung oder Analyse N_2 Moleküle der gesuchten Verbindung gefunden und durch Aktivitätsmessung $*N_2$ markierte Moleküle. Aus der Gleichverteilung folgt:

$$\frac{*N_2}{N_2} = \frac{*N_x + *N_1}{N_x + N_1}. \qquad (15.4)$$

Durch Einführung der spezifischen Aktivitäten

$$A_{S_i} = \frac{A_i}{m_i} = \frac{\lambda}{M/N_{Av}} \frac{*N_i}{N_i + *N_i} \qquad (15.5)$$

(M = Atom- bzw. Molmasse der markierten Komponente; N_{Av} = Avogadro-Konstante) und Umformung erhält man unter der Voraussetzung, daß $*N_i \ll N_i$ ist,

$$N_x = N_1 \frac{A_{S_1} - A_{S_2}}{A_{S_2} - A_{S_x}}. \qquad (15.6)$$

In den meisten Fällen ist die zu untersuchende Substanz inaktiv, $A_{S_x} = 0$. Dann gilt

$$N_x = N_1 \frac{A_{S_1} - A_{S_2}}{A_{S_2}}; \qquad (15.7)$$

d. h. die Änderung der spezifischen Aktivität ist ein Maß für N_x.

Eine häufige Anwendung der Verdünnungsanalyse ist die Bestimmung einer inaktiven Verbindung durch Zusatz einer aktiven Verbindung. Ein einfaches und anschauliches Beispiel ist die Bestimmung der Blutmenge in einem Lebewesen. Es liegt auf der Hand, daß eine direkte quantitative Bestimmung in diesem Falle nicht möglich ist. Das Verfahren der Verdünnungsanalyse besteht darin, daß ein kleines abgemessenes Volumen einer radioaktiven Lösung bekannter Aktivität in die Blutbahn injiziert und nach der Durchmischung, die der Blutkreislauf besorgt, ein kleines abgemessenes Volumen entnommen und gemessen wird. Es gilt dann in Anlehnung an Gl. (15.7)

$$V_x = V_1 \frac{A_{S_1} - A_{S_2}}{A_{S_2}}. \qquad (15.8)$$

Liegt eine unbekannte Menge einer chemischen Verbindung vor, deren quantitative Abtrennung schwierig ist, so setzt man die Menge m_1 dieser Verbindung mit der spezifischen Aktivität A_{S_1} zu und trennt nach der Durchmischung eine kleine Menge der Verbindung in reiner Form ab. Durch Wägen und Messung der Aktivität erhält man die spezifische Aktivität A_{S_2} und aus Gl. (15.7) die gesuchte Menge m_x der Verbindung

$$m_x = m_1 \frac{A_{S_1} - A_{S_2}}{A_{S_2}}. \qquad (15.9)$$

Eine weitere Anwendung der Verdünnungsanalyse, die in der Kernchemie eine wichtige Bedeutung besitzt, ist die Bestimmung eines Radionuklids durch Verdünnung mit einer inaktiven Verbindung. Die quantitative Isolierung von kleinen Mengen eines Radionuklids ist oft sehr schwierig, z. B. wenn das Radionuklid in trägerfreier Form vorliegt und die Trennoperationen keine quantitative Ausbeute liefern. Dann verzichtet man auf die quantitative Abtrennung und wendet das Prinzip der Verdünnungsanalyse an: Eine bestimmte Menge m_1 eines inaktiven isotopen Trägers wird zugesetzt. Nach Beendigung der Trennoperation wird die Menge m_2 des Trägers bestimmt, die noch vorhanden ist. Das Verhältnis der gefundenen Menge zur gegebenen Menge gibt die Ausbeute bei der Trennoperation an. Außerdem wird die Aktivität A_2 des Radionuklids gemessen. Die gesuchte Aktivität beträgt dann

$$A_x = A_2 \frac{m_1}{m_2}. \qquad (15.10)$$

Diese Gleichung folgt unmittelbar aus Gl. (15.4), wenn man N_x und $^*N_1$ gleich Null setzt, für $^*N_x/^*N_2$ das Verhältnis der Aktivität und für N_1/N_2 das Mengenverhältnis einsetzt.

15.3.2. Isotopenaustauschmethoden

Diese analytischen Methoden beruhen auf dem Isotopenaustausch zwischen der zu bestimmenden Verbindung AX und einer anderen markierten Verbindung *AY, die zugesetzt wird (vgl. dazu auch Abschn. 15.5.3)

$$\begin{array}{cccc} AX + {}^*AY & \rightleftharpoons & {}^*AX + AY \\ (x) \quad (1) & & (x) \quad (1) \end{array} \qquad (15.11)$$

Nach Einstellung des Isotopenaustauschgleichgewichts werden die beiden Verbindungen AX und AY wieder voneinander getrennt. Die Trennung ist besonders einfach, wenn AX und AY in zwei verschiedenen flüssigen Phasen gelöst sind, sie kann aber auch z. B. durch Verdampfen erfolgen. Da sich im Isotopenaustauschgleichgewicht das Radionuklid *A gleichmäßig auf die Verbindungen AX (Index x) und AY (Index 1) verteilt, ist die spezifische Aktivität in beiden Verbindungen gleich:

$$A_s = \frac{A_x}{m_x} = \frac{A_1}{m_1}. \qquad (15.12)$$

Daraus folgt für die unbekannte Menge

$$m_x = \frac{A_x}{A_1} m_1. \qquad (15.13)$$

Z. B. können kleine Mengen Wismut in folgender Weise bestimmt werden: Das Wismut wird selektiv als Diethyldithiocarbamat in Chloroform extrahiert und die organische Phase wird mit einer bekannten Menge $[BiI_4]^-$ versetzt, das mit Bi–210 markiert ist. Nach Einstellung des Austauschgleichgewichts (etwa 30 s) wird das $[BiI_4]^-$ in Wasser extrahiert, und die Aktivitäten in beiden Phasen werden gemessen. Wenn sichergestellt ist, daß außer dem Austausch keine weiteren störenden Reaktionen stattfinden, kann die Menge des Wismut nach Gl. (15.13) berechnet werden. Ein anderes Beispiel ist die Bestimmung kleiner Mengen Chlorid in Wasser durch Zusatz von ^{36}Cl-markierter Salzsäure. Das Austauschgleichgewicht zwischen Cl^--Ionen und der Salzsäure stellt sich sofort ein. Anschließend wird die Lösung zur Trockene eingedampft. Die Aktivität im Rückstand wird gemessen. Unter der Voraussetzung, daß die zugesetzte Salzsäure keine weiteren chemischen Reaktionen eingeht, kann die Menge der Chloridionen nach Gl. (15.13) bestimmt werden.

15.3.3. Freisetzung von Radionukliden

Wenn durch eine chemische Reaktion Radionuklide freigesetzt werden, kann die Aktivität des freigesetzten Radionuklids als Maß für die Menge eines Reaktionspartners dienen. Ein Beispiel ist die Reaktion

$$IO_3^- + 5 *I^- + 6H^+ \rightleftharpoons 3 *I_2 + 3H_2O. \qquad (15.14)$$

Wenn man eine mit I–131 markierte Iodidlösung verwendet und das nach Gl. (15.14) gebildete I_2 in Kohlenstofftetrachlorid extrahiert, kann man die Menge der in der Lösung vorhandenen Protonen bestimmen. Eine weitere Möglichkeit ist die Freisetzung von Kr–85 aus Kryptonaten (d. h. mit Krypton beladenen Festkörpern) infolge von chemischen Reaktionen, z. B. die Bestimmung von Sauerstoff in

Gasen durch Oxidation von pyrolytischem Kohlenstoff, der mit Kr–85 beladen ist; die Menge des freigesetzten Kryptons ist dann ein Maß für die Menge des Sauerstoffs.

15.3.4. Radiometrische Titration

Bei der radiometrischen Titration wird der Endpunkt radiometrisch bestimmt. Zu diesem Zweck werden entweder die vorgelegte Lösung, welche die Probe enthält, oder die Titrationslösung oder ein Indikator mit einem Radionuklid markiert. Die markierte Verbindung nimmt an der Reaktion teil, oder sie erfährt nach Erreichung des Endpunktes eine Veränderung. Das Reaktionsprodukt wird in eine andere Phase (zweite flüssige Phase, feste Phase oder Gasphase) überführt. Die Abnahme oder die Zunahme der Aktivität in einer der beiden Phasen werden gemessen.

Verhältnismäßig empfindlich ist die Extraktionsmethode (zweite flüssige Phase). Ein Beispiel ist die Bestimmung von kleinen Mengen Iodid durch Titration mit einer ^{203}Hg-markierten Hg^{2+}-Lösung, wobei das entstehende HgI$_2$ in Toluol extrahiert wird. Die Aktivitätsmessung in der wäßrigen Phase oder in der organischen Phase als Funktion der Zugabe der markierten Lösung erlaubt die Bestimmung des Endpunktes der Titration.

Auch die Ionenaustauschmethode wird mit Erfolg verwendet. Z. B. kann man Metallionen durch Zugabe trägerfreier Radionuklide markieren und das Reaktionsprodukt einer komplexometrischen Titration oder einer Redoxtitration an einem Ionenaustauscher (Anionenaustauscher bzw. Kationenaustauscher) fixieren. Am Endpunkt der Titration geht die Aktivität in der Lösung gegen Null.

Weniger empfindlich sind Fällungsreaktionen. Ein Beispiel ist die Titration von Halogenidionen mit ^{110m}Ag$^+$. Solange noch Halogenidionen in der Lösung vorhanden sind, wird schwer lösliches Silberhalogenid ausgefällt. Nach Erreichen des Endpunktes der Titration steigt die Aktivität in der Lösung an. Die Methode ist durch die Löslichkeit des Reaktionsproduktes begrenzt und kann durch unvollständige Fällung stark gestört werden.

Schließlich kann man auch einen festen Indikator verwenden, der nach Erreichen des Endpunktes mit der Titrationslösung reagiert und dabei ein Radionuklid in Freiheit setzt. Z. B. wird die Verwendung von ^{85}Kr-haltigen Kryptonaten als Indikatoren vorgeschlagen.

15.4. Aktivierungsanalyse

15.4.1. Aktivierungsgleichung

Die Aktivierungsanalyse beruht auf der Erzeugung von Radionukliden durch Kernreaktionen. Für die durch Aktivierung hervorgerufene Aktivität gilt Gl. (8.77), die auch als Aktivierungsgleichung bezeichnet wird:

$$A_S = \sigma \Phi \frac{N_{Av}}{M} H \left(1 - \left(\frac{1}{2}\right)^{t/t_{1/2}}\right) \; [s^{-1} g^{-1}] \quad (15.15)$$

σ ist der Wirkungsquerschnitt in cm², Φ der Fluß an Geschoßteilchen in cm⁻² s⁻¹, N_{Av} die Avogadro-Konstante, M die Atommasse bzw. Molmasse des Elements bzw. der Verbindung, die bestimmt werden sollen, und H die Häufigkeit des Nuklids, in dem die Kernreaktion abläuft. Durch Einführung der Einheit 1 b = 10^{-24} cm² für den Wirkungsquerschnitt, des Faktors $f = \Phi \cdot 10^{-11}$ cm⁻² s⁻¹ für den Neutronenfluß und der Einheit 1 Ci für die Aktivität folgt

$$A_S = 1{,}63 \cdot \sigma \cdot f \cdot \frac{H}{M} \left(1 - \left(\frac{1}{2}\right)^{t/t_{1/2}}\right) \left[\frac{Ci}{g}\right]. \quad (15.16)$$

Aus Gl. (15.15) bzw. (15.16) erkennt man sofort, daß die Nachweisbarkeit eines Elements von folgenden Faktoren abhängig ist:
a) Wirkungsquerschnitt für die Kernreaktion σ,
b) Fluß der Geschoßteilchen Φ,
c) Verhältnis von Bestrahlungszeit zu Halbwertzeit, $t/t_{1/2}$.

Die Möglichkeiten der Aktivierungsanalyse sind sehr vielseitig, weil alle Kernreaktionen für die Aktivierung herangezogen werden können. Man unterscheidet in der Praxis folgende Methoden:
— Aktivierung mit Reaktorneutronen (vorzugsweise (n, γ)-Reaktionen)
— Aktivierung mit den Neutronen eines Spontanspalters wie Cf–252 oder einer anderen Neutronenquelle (vorzugsweise (n, γ)-Reaktionen)
— Aktivierung mit energiereichen Neutronen, z.B. den 14 MeV-Neutronen aus einem Neutronengenerator, vgl. Abschn. 12.3 (vorzugsweise (n, 2n)-Reaktionen)
— Aktivierung mit geladenen Teilchen aus einem Beschleuniger (p, d, α, ³He, t, schwere Ionen)
— Aktivierung mit Photonen, die mit einem Elektronenbeschleuniger erzeugt werden (vorzugsweise (γ, n)-, (γ, 2n)- und (γ, γ')-Reaktionen)
— Bestrahlung mit Neutronen und Messung der bei (n, γ)-Reaktionen auftretenden prompten γ-Strahlung.

15.4.2. Aktivierung mit Reaktorneutronen

Am häufigsten werden Reaktorneutronen für die Aktivierung benutzt, weil diese in Kernreaktoren in verhältnismäßig hoher Flußdichte zur Verfügung stehen. Außerdem ist der Wirkungsquerschnitt der (n, γ)-Reaktionen, die durch thermische Neutronen bevorzugt ausgelöst werden, verhältnismäßig hoch. Geht man davon aus, daß eine Aktivität von 10 s⁻¹ eine quantitative Bestimmung erlaubt, so erhält man die in Tabelle 15.2 eingetragenen Werte für die Nachweisgrenze von verschiedenen Elementen durch (n, γ)-Reaktionen bei einem Neutronenfluß $\Phi = 10^{14}$ cm⁻² s⁻¹ und einer Bestrahlungszeit von einer Stunde bzw. Woche. Die an der Spitze dieser Tabelle stehenden Ele-

Tabelle 15.2
Nachweisgrenzen für die Bestimmung der Elemente durch Neutronenaktivierung bei einer Flußdichte an thermischen Neutronen von 10^{14} cm^{-2} s^{-1}. Dabei wird angenommen, daß 10 s^{-1} eine quantitative Bestimmung erlauben.

In 1 g Substanz bestimmbare Menge	Bestrahlungszeit 1 h	Bestrahlungszeit 1 Woche
10^{-14}–10^{-13} g	Dy[1]	Eu[1], Dy[1]
10^{-13}–10^{-12} g	Co, Rh*[2], Ag*[2], In[1], Eu[1], Ir	Mn, Co, Rh*[1], Ag*[2], In, Sm[1], Ho, Re[1], Ir, Au
10^{-12}–10^{-11} g	V, Mn, Se*, Br[1], I[1], Pr, Er*, Yb*, Hf*, Th[1]	Na, Sc, V, Cu[2], Ga[1], As, Se*, Br[1], Pd, Sb, I[1], Cs, La, Pr, Er*, Tm[1], Yb*, Lu, Hf*, W, Hg, Th[1]
10^{-11}–10^{-10} g	Mg, Al, Cl[1], Ar, Cu[1], Ga[2], Nb, Cs, Sm, Ho, Lu, Re, Au, U	Mg, Al, Cl[1], Ar, K[1], Cr[1], Ni[1], Ge[1], Kr, Y[β], Nb, Ru, Gd[1], Tb[1], Tl[1], Os[1], U
10^{-10}–10^{-9} g	F*, Na, Ge[1], As, Kr, Rb[1], Sr, Mo, Ru, Pd, Sb, Te[1], Ba, La, Nd[1], Gd[1], W, Os, Hg, Tl[β]	F*, P[β], Zn, Rb[1], Sr, Mo, Te[1], Ba, Ce, Nd, Pt, Tl[β]
10^{-9}–10^{-8} g	Ne*, Si[β], K, Sc, Ti, Ni, Y[β], Cd, Sn, Xe, Tb[1], Tm, Ta, Pt	Ne*, Si[β], Ti, Cd, Sn, Xe, Bi[β]
10^{-8}–10^{-7} g	P[β], Cr[1], Zn, Ce	S[β], Ca[β], Fe, Zr
10^{-7}–10^{-6} g	S[β], Zr, Pb[β], Bi[β]	Pb[β]
10^{-6}–10^{-5} g	O*, Ca[β]	O*

*) Diese Elemente liefern bei der Neutronenaktivierung Radionuklide mit Halbwertszeiten zwischen 1 s und 1 min. Man muß deshalb für eine quantitative Bestimmung eine Zerfallsrate von der Größenordnung 100 s^{-1} voraussetzen; d.h. die Elemente sind hinsichtlich ihrer Nachweisgrenze bei der nächstfolgenden Gruppe eingeordnet.

[β] Nur β-Strahlung, keine γ-Strahlung.

[1][2] Bei Messung der γ-Linien mit einem γ-Spektrometer ist das Element mit Rücksicht auf die Häufigkeit der γ-Übergänge in der nächsten bzw. übernächsten Gruppe einzuordnen.

mente besitzen einen hohen Wirkungsquerschnitt für die Erzeugung von Radionukliden durch (n, γ)-Reaktionen und können deshalb mit außerordentlich großer Empfindlichkeit nachgewiesen werden. Diese Nachweisempfindlichkeiten werden durch andere analytische Methoden im allgemeinen nicht erreicht.

Folgende Elemente werden durch (n, γ)-Reaktionen nicht in nennenswertem Umfang aktiviert: H, Be, C, N. Diese Elemente sind in Tabelle 15.2 nicht aufgeführt, auch nicht die Elemente Li und B, die beide mit hohen Wirkungsquerschnitten (n, α)-Reaktionen eingehen. Sauerstoff wird nur sehr schwach aktiviert und steht in Tabelle 15.2 in der letzten Reihe. Zur Bestimmung dieser leichten Elemente (H, Li, Be, B, C, N, O) eignet sich die Aktivierung mit geladenen Teilchen oder mit Photonen. Diese Möglichkeiten werden weiter unten näher besprochen. Auch für den Nachweis vieler weiterer Elemente, die in

Tabelle 15.2 ziemlich weit unten stehen, können andere Kernreaktionen als (n, γ)-Reaktionen herangezogen werden.

Reaktorneutronen enthalten neben thermischen Neutronen in mehr oder weniger großem Umfang auch solche höherer Energie (epithermische Neutronen). Da sich die Wirkungsquerschnitte der (n, γ)-Reaktionen mit der Energie der Neutronen ändern und im epithermischen Bereich zum Teil auch Resonanzstellen zeigen, sind die bei der Aktivierung erreichten Aktivitäten nicht nur vom Neutronenfluß, sondern auch vom Energiespektrum der Neutronen abhängig. Das Energiespektrum der Neutronen ist in den verschiedenen Reaktoren unterschiedlich und variiert in einem bestimmten Reaktor auch von Ort zu Ort. Wenn man sichergehen will, daß nur thermische Neutronen vorhanden sind, kann man in einer thermischen Säule bestrahlen, die in manchen Reaktoren zur Verfügung steht (vgl. Abschn. 12.1.2). Man muß dann allerdings einen erheblich niedrigeren Neutronenfluß in Kauf nehmen.

15.4.3. Aktivierung mit den Neutronen eines Spontanspalters

Cf–252 zerfällt mit einer Halbwertzeit von 2,638 a zu 96,9% durch α-Zerfall und 3,1% durch Spontanspaltung, wobei im Mittel 3,8 Neutronen pro Spaltung freigesetzt werden. Die Neutronenerzeugung beträgt somit $2,34 \cdot 10^{12} \, s^{-1} \, g^{-1}$ (vgl. Abschn. 12.3). Cf–252 kann in solchen Fällen zur Aktivierung dienen, in denen eine Aktivierung in einem Kernreaktor nicht in Frage kommt. Z. B. hat man Geräte entwickelt, die eine ^{252}Cf-Quelle sowie einen gegen diese Quelle abgeschirmten Detektor enthalten und als mobile Einheit zur Untersuchung der Zusammensetzung von Manganknollen auf dem Meeresboden eingesetzt werden können. Wegen des niedrigen Neutronenflusses liegt die Nachweisgrenze um mehrere Größenordnungen höher als in Tabelle 15.2 für einen Neutronenfluß von $10^{14} \, cm^{-2} \, s^{-1}$ berechnet wurde. Die Empfindlichkeit reicht aber aus, um den Gehalt an Schwermetallen festzustellen.

15.4.4. Aktivierung mit energiereichen Neutronen

Die Aktivierung mit energiereichen Neutronen, mit geladenen Teilchen oder mit Photonen ist immer dann von Interesse, wenn Reaktorneutronen nicht verwendet werden können, sei es, daß die Wirkungsquerschnitte für (n, γ)-Reaktionen zu niedrig sind, oder daß Hauptbestandteile der Probe durch (n, γ)-Reaktionen zu stark aktiviert werden.

Mit Neutronengeneratoren neuerer Bauart wird ein Neutronenfluß an 14 MeV-Neutronen von der Größenordnung $10^9 \, cm^{-2} \, s^{-1}$ erreicht (vgl. Abschn. 12.3). Die Wirkungsquerschnitte von (n, 2n)-Reaktionen liegen in der Größenordnung von etwa 10 bis 100 mb. Damit folgt aus Gl. (15.12), daß etwa 10^{-4} bis 10^{-5} g eines Elements quantitativ bestimmt werden können, wenn man ebenso wie in Tabelle 15.2 voraussetzt, daß $10 \, s^{-1}$ eine quantitative Bestimmung erlauben. Dies ist in vielen Fällen ausreichend, insbesondere dann, wenn andere Möglichkeiten der Aktivierung nicht anwendbar sind oder nicht zur Verfügung stehen. Ein praktisches Beispiel ist die Bestimmung von Sauerstoff mit Hilfe der Kernreaktion

$$^{16}O(n, p)^{16}N \qquad (15.17)$$

Die Nachweisgrenze ist von der Größenordnung 10 ppm (10^{-5} g/g). Weitere Beispiele für die Anwendung von 14 MeV-Neutronen sind in Tabelle 15.3 angegeben.

15.4.5. Aktivierung mit geladenen Teilchen

Für die Aktivierungsanalyse mit geladenen Teilchen, z.B. p, d, α, ^{3}He oder t, ist eine Mindestenergie (Schwellenenergie) erforderlich, um die Coulombsche Abstoßung zu überwinden. Die Anregungsfunktionen verlaufen im allgemeinen über ein Maximum, wobei Wirkungsquerschnitte von der Größenordnung 0,1 bis 1 b erreicht werden. Geladene Teilchen werden im allgemeinen einem Zyklotron oder einem van de Graaff-Generator entnommen. Der Vorteil des Zyklotrons ist, daß auch mit höheren Teilchenenergien gearbeitet werden kann. Die Nachteile sind darin zu sehen, daß es in einem Zyklotron schwieriger ist, die Teilchenenergie konstant zu halten und daß die Kosten für den Betrieb eines Zyklotrons verhältnismäßig hoch sind. Deshalb werden für die Aktivierung mit geladenen Teilchen meist van de Graaff-Generatoren bevorzugt: Die Energie der Teilchen läßt sich sehr gut konstant halten; außerdem ist ein van de Graaff-Generator weniger aufwendig.

Die Besonderheit der Aktivierung mit geladenen Teilchen besteht darin, daß ihre Eindringtiefe verhältnismäßig gering ist, so daß bei dickeren Proben nur die Oberfläche aktiviert wird. Außerdem nimmt die Energie der geladenen Teilchen mit der Eindringtiefe ab, so daß sich auch der Wirkungsquerschnitt mit der Eindringtiefe stark ändert. Daraus ergibt sich andererseits die Möglichkeit der Oberflächenanalyse als besonderer Vorteil der Anwendung geladener Teilchen. Für die Bestimmung von Sauerstoff ergeben sich z.B. folgende Möglichkeiten:

$$^{16}O(p, \alpha)^{13}N \qquad (15.18)$$

$$^{16}O(^3He, p)^{18}F \qquad (15.19)$$

$$^{16}O(\alpha, d)^{18}F \qquad (15.20)$$

$$^{16}O(t, n)^{18}F \ [t \text{ aus } ^6Li(n, \alpha)t] \qquad (15.21)$$

Der Sauerstoffnachweis wird in jedem Falle durch die Reichweite der geladenen Teilchen eingeschränkt. Im Falle der Reaktion (15.21) wird eine Lithiumverbindung beigemischt; die Methode liefert gute Ergebnisse für die Sauerstoffbestimmung in einer Oberflächenschicht. Die Elemente Be, B, C und F, die bei einer Neutronenbestrahlung nicht aktiviert werden bzw. nur ein kurzlebiges Nuklid liefern (F), können ebenfalls mit Hilfe geladener Teilchen nachgewiesen werden. Dabei werden Nachweisgrenzen bis zu etwa 10^{-9} g/g erreicht. Beispiele sind in Tabelle 15.3 aufgeführt.

Tabelle 15.3
Beispiele für die Aktivierungsanalyse mit Beschleunigern (einschließlich Neutronengeneratoren)

Bestimmung von	Hauptbestandteil der Probe	Kernreaktion	Energie der Geschoßteilchen	Nachweisgrenze
O	org. Verb.	$^{16}O(n,p)^{16}N$	14 MeV	≈ 10 ppm
O	–	$^{16}O(n,p)^{16}N$	45 MeV d auf Be	≈ 1 ppm
Si	Öl	$^{28}Si(n,p)^{28}Al$	14 MeV	≈ 10 ppm
Ti	Al	$^{48}Ti(n,p)^{48}Sc$	14 MeV	130 ppm
Fe	–	$^{56}Fe(n,p)^{56}Mn$	45 MeV d auf Be	≈ 1 ppm
Zn	–	$^{68}Zn(n,p)^{68}Cu$	14 MeV	≈ 1 ppm
Al	Si	$^{27}Al(n,\alpha)^{24}Na$	14 MeV	≈ 1 ppm
Na	org. Polymere	$^{23}Na(n,\alpha)^{20}F$	14 MeV	0,3 %
K	–	$^{41}K(n,\alpha)^{38}Cl$	14 MeV	6 ppm
N	org. Verb.	$^{14}N(n,2n)^{13}N$	14 MeV	≈ 100 ppm
F	org. Verb.	$^{19}F(n,2n)^{18}F$	14 MeV	–
Pb	Benzin	$^{208}Pb(n,2n)^{207m}Pb$	14 MeV	20 ppm
B	Si	$^{11}B(p,n)^{11}C$	20 MeV	≈ 0,01 ppm
Fe	–	$^{56}Fe(p,n)^{56}Co$	12 MeV	6 ppm
Cu	–	$^{65}Cu(p,n)^{65}Zn$	12 MeV	3 ppm
As	org. Verb.	$^{75}As(p,n)^{75}Se$	12 MeV	3 ppm
Mo	–	$^{96}Mo(p,n)^{96}Tc$	12 MeV	2 ppm
Pb	–	$^{206}Pb(p,n)^{206}Bi$	12 MeV	11 ppm
C	Fe(Stahl)	$^{12}C(p,\gamma)^{13}N$	0,8 MeV	0,04 %
F	Si(Glas)	$^{19}F(p,\alpha)^{16}O$	1,4 MeV	–
B	Si, Ta	$^{10}B(d,n)^{11}C$	6–7 MeV	≈ 0,1 ppm
C	Stahl	$^{12}C(d,n)^{13}N$	6,7 MeV	≈ 0,1 ppm
N	–	$^{14}N(d,n)^{15}O$	> 3 MeV	≈ 1 ppm
O	–	$^{16}O(d,n)^{17}F$	> 3 MeV	≈ 0,01 ppm
Si	Al	$^{30}Si(d,p)^{31}Si$	4 MeV	0,4 %
Ga	Fe	$^{69}Ga(d,p)^{70}Ga$	6,4 MeV	6 ppm
Mg	Stahl	$^{24}Mg(d,\alpha)^{22}Na$	–	–
S	–	$^{32}S(d,\alpha)^{30}P$	–	≈ 0,1 ppm
Be	–	$^{9}Be(t,p)^{11}Be$	3,5 MeV	1 ppm
B	–	$^{10}B(t,p)^{11}C$	3,5 MeV	0,1 ppm
N	–	$^{14}N(t,2n)^{15}O$	3,5 MeV	0,1 ppm
O	–	$^{16}O(t,n)^{18}F$	3,5 MeV	0,001 ppm
O (Metalloberflächen)		$^{16}O(t,n)^{18}F$	3 MeV	5 ng/cm^2
Mg	–	$^{26}Mg(t,n)^{28}Al$	3,5 MeV	0,02 ppm
Si	–	$^{28}Si(t,n)^{30}P$	3,5 MeV	0,01 ppm
Fe	Nb, Ta, W	$^{56}Fe(^3He,pn)^{57}Co$	14 MeV	≈ 0,1 ppm
Mo	W	$^{95}Mo(^3He,n)^{97}Ru$	14 MeV	≈ 0,1 ppm
B	–	$^{10}B(\alpha,n)^{13}N$	> 6 MeV	≈ 100 ppm
C	–	$^{12}C(\alpha,n)^{15}O$	> 10 MeV	–
F	–	$^{19}F(\alpha,n)^{22}Na$	> 6 MeV	–
Al	–	$^{27}Al(\alpha,n)^{30}P$	–	–
O	–	$^{16}O(\alpha,d)^{18}F$	40 MeV	< 10 ppm
O	–	$^{16}O(\alpha,pn)^{18}F$	40 MeV	< 10 ppm
Fe	–	$^{56}Fe(\alpha,pn)^{58}Co$	15 MeV	10^{-12} g
C	–	$^{12}C(\alpha,\alpha n)^{11}C$	> 10 MeV	–

Fortsetzung Tabelle 15.3

Bestimmung von	Hauptbestandteil der Probe	Kernreaktion	Energie der Geschoßteilchen	Nachweisgrenze
C	Na,Al,Si,Mo,W	$^{12}C(\gamma,n)^{11}C$	35 MeV	0,01–0,1 ppm
N	Na,Si	$^{14}N(\gamma,n)^{13}N$	35 MeV	0,1–1 ppm
O	Na,Al,Si,Fe,Cu,Nb,Mo,W	$^{16}O(\gamma,n)^{15}O$	35 MeV	0,1–1 ppm
F	Al,Cu,org. Polymere	$^{19}F(\gamma,n)^{18}F$	35 MeV	0,01–0,1 ppm
Cl	org. Polymere	$^{35}Cl(\gamma,n)^{34}Cl$	18 MeV	$\approx 0,1\%$
Cu	–	$^{65}Cu(\gamma,n)^{64}Cu$	35 MeV	≈ 1 ppm
As	–	$^{75}As(\gamma,n)^{74}As$	35 MeV	≈ 1 ppm
Cd	–	$^{116}Cd(\gamma,n)^{115}Cd$	35 MeV	≈ 1 ppm
Hg	–	$^{198}Hg(\gamma,n)^{197m}Hg$	35 MeV	≈ 1 ppm
Pb	–	$^{204}Pb(\gamma,n)^{203}Pb$	35 MeV	≈ 1 ppm
^1H	–	$^1H(^7Li,n)^7Be$	78 MeV	0,1 ppm
^1H	–	$^1H(^{10}B,\alpha)^7Be$	60 MeV	0,5 ppm
^2H	–	$^2H(^7Li,p)^8Li$	78 MeV	0,1 ppm
^2H	–	$^2H(^{11}B,p)^{12}B$	70 MeV	0,1 ppm

15.4.6. Aktivierung mit Photonen

Für die Aktivierung mit Photonen werden meist Elektronenbeschleuniger verwendet. Der Elektronenstrahl wird auf ein Target hoher Ordnungszahl (z. B. Platin oder Wolfram) gerichtet, in dem die Elektronen eine Bremsstrahlung auslösen, deren Maximalenergie der Energie der einfallenden Elektronen entspricht. Als Elektronenbeschleuniger kommen von den in Abschnitt 12.2 besprochenen Geräten in Frage: van de Graaff-Generatoren, Betatrons oder Linearbeschleuniger. Van de Graaff-Generatoren sind gut geeignet, wenn man mit niedrigen Energien auskommt. Betatrons liefern nur einen verhältnismäßig schwachen Elektronenstrom und sind deshalb weniger gut geeignet. Mit Linearbeschleunigern erreicht man hohe Energien und hohe Ströme; allerdings sind diese Geräte sehr teuer. Am besten geeignet sind einfache Elektronenbeschleuniger hoher Leistung, die aber bisher nur in einigen Ländern (z. B. UdSSR) gebaut werden und unter dem Namen „Mikrotron" bekannt sind.

Ähnlich wie bei der Verwendung von Neutronen oder geladenen Teilchen kann man auch mit Photonen eine Vielzahl von Kernreaktionen auslösen (vgl. Abschn. 8.4). Man unterscheidet bei der Aktivierung Kernphotoreaktionen und Photoanregung. Die wichtigsten Kernphotoreaktionen sind (γ, n)- und (γ, 2n)-Reaktionen. Aber auch andere Reaktionen, z. B. (γ, p)-Reaktionen kommen in Frage. Je höher die Photonenenergie ist, desto vielfältiger sind die Reaktionsmöglichkeiten. Vorzugsweise verwendet man Photonenenergien im Bereich von etwa 15 bis 40 MeV und erreicht Nachweisgrenzen zwischen etwa 0,001 und 1 μg. Ein Spezialfall einer Kernphotoreaktion ist die Photospaltung (γ, f). Bei schweren Kernen läßt sie sich schon mit verhältnismäßig niedrigen Photonenenergien (5–10 MeV) auslösen. Auch bei der

Photospaltung werden Nachweisgrenzen von etwa 0,001 bis 1 µg erreicht. Für die Photoanregung ((γ, γ')-Reaktionen) verwendet man im allgemeinen niedrigere Photonenenergien im Bereich zwischen 1 und 15 MeV; die Nachweisgrenzen bewegen sich zwischen etwa 0,1 und 10 µg.

Da γ-Strahlung im Gegensatz zu geladenen Teilchen in einer Probe kaum absorbiert wird, liefert die Photonenaktivierung sehr verläßliche Analysenwerte für kompaktes Material. Temperaturempfindliche Proben (z.B. biologisches Material) bestrahlt man häufig in Wasser, um die Erwärmung der Probe herabzusetzen.

Die Aktivierung mit Photonen ist immer dann vorteilhaft, wenn die Probe stark Neutronen absorbiert, d.h. wenn sie z.B. die Elemente Li, B, Cd, In oder Seltene Erden als Hauptbestandteile enthält. Außerdem wird die Photonenaktivierung gerne eingesetzt, um solche Elemente zu bestimmen, die durch (n, γ)-Reaktionen nicht erfaßt werden. Dies gilt insbesondere für die leichten Elemente Be, C, N, O, F, die in Mengen bis herab zu etwa 10^{-7} g bestimmt werden können, sowie für einige schwerere Elemente wie Si, Zr und Pb. Eine Stickstoffbestimmung ist auf Grund der folgenden Kernreaktion möglich:

$$^{14}N(\gamma, n)^{13}N \quad (\sigma \approx 1 \text{ mb}). \tag{15.22}$$

Als Nachweisgrenze dieser Bestimmung wird 0,1–1 ppm angegeben. Auch die Bestimmung des Siliciums kann mit Hilfe einer (γ, n)-Reaktion erfolgen:

$$^{28}Si(\gamma, n)^{27}Si (\sigma \approx 21 \text{ mb}). \tag{15.23}$$

Weitere Beispiele sind in Tabelle 15.3 aufgeführt. Bei Kohlenstoff-, Stickstoff- oder Sauerstoffgehalten < 10 ppm ist meist eine chemische Trennung im Anschluß an die Bestrahlung erforderlich oder zweckmäßig. Z.B. werden ^{11}C und ^{13}N durch Verbrennung der Probe in $^{11}CO_2$ und $^{13}N_2$ überführt und anschließend in einem geeigneten Medium (z.B. in einem Molekularsieb) absorbiert. ^{15}O kann durch eine reduzierende Schmelze in $C^{15}O_2$ überführt werden. Besonders vorteilhaft ist, daß bei der Photonenaktivierung, ebenso wie bei allen anderen Verfahren der Aktivierungsanalyse, alle Verunreinigungen, die nach der Bestrahlung eingeschleppt werden, ohne Einfluß auf das Analysenergebnis sind — im Gegensatz zu anderen Verfahren. So wurden z.B. bei der Kohlenstoffbestimmung in Metallen durch Photonenaktivierungsanalyse Werte von der Größenordnung 0,1 µg/g gefunden, während die Verbrennung ohne vorausgehende Aktivierung Werte von der Größenordnung 10 µg/g lieferte, weil dabei alle bei der Verbrennung eingeschleppten kohlenstoffhaltigen Verunreinigungen mitgemessen wurden. Diese Ergebnisse zeigen sehr deutlich die wichtigsten Vorteile der Aktivierungsanalyse: Unabhängigkeit von störenden Einflüssen und niedrige Nachweisgrenzen.

15.4.7. Messung der prompten γ-Strahlung

Die Messung der prompten γ-Strahlung, die z. B. bei einer (n, γ)-Reaktion auftritt, kann ebenfalls für die quantitative Bestimmung der betreffenden Elemente herangezogen werden. Allerdings muß die Messung der γ-Strahlung am Ort der Bestrahlung erfolgen, etwa in der Art, daß die Neutronen in einem Neutronenleiter aus einem Reaktor herausgeführt werden und auf die Probe treffen, wobei die entstehenden γ-Quanten mit einem γ-Spektrometer registriert werden. Die Intensität der für das betreffende Nuklid charakteristischen γ-Strahlung ist proportional der Zahl der Kernumwandlungen pro Zeiteinheit

$$I \sim \frac{dN}{dt} = \sigma \Phi N_A. \tag{15.24}$$

Viele Elemente, die durch Neutronenaktivierung nicht nachgewiesen werden können, lassen sich auf Grund der prompten γ-Strahlung beim Neutroneneinfang bestimmen.

15.4.8. Gesichtspunkte für die Anwendung der Aktivierungsanalyse

Auf Grund der hohen Empfindlichkeit ist die Aktivierungsanalyse eine Methode zur Bestimmung von Nebenbestandteilen, die in niedrigen Konzentrationen vorliegen. Sie eignet sich insbesondere für die Bestimmung von Spurenelementen, z. B. in hochreinen Stoffen, und besitzt deshalb für die Halbleitertechnik als Analysenmethode große Bedeutung. Weitere Anwendungsgebiete sind die Spurenanalyse in Wasser, in biologischem Material und in Mineralien.

Die richtige Wahl der Bestrahlungszeit und des Zeitpunktes der Aktivitätsmessung spielen bei der Aktivierungsanalyse eine wichtige Rolle. Der Aktivitätsanstieg ist in Abb. (8–9) als Funktion der Bestrahlungszeit dargestellt. Zweckmäßigerweise wird man die Bestrahlungszeit so wählen, daß sie etwa einer bis zu mehreren Halbwertzeiten entspricht. Man unterscheidet Langzeitbestrahlungen (etwa 1 Tag oder mehr) und Kurzzeitbestrahlungen (z. B. einige Sekunden oder Minuten). Wenn man nur kurzlebige Radionuklide erzeugen will, genügt auch eine kurze Bestrahlungszeit. Für Kurzzeitbestrahlungen benötigt man ein schnelles Transportsystem, z. B. eine Rohrpostanlage, welche die Probe rasch in die Bestrahlungsposition befördert und nach vorgegebener Bestrahlungszeit wieder rasch in das Laboratorium oder zu einem Meßplatz zurückbefördert. Wenn die Radionuklide sehr kurzlebig sind, ist es wichtig, sofort zu messen.

Die Aktivierungsanalyse wird im allgemeinen als Vergleichsmethode angewendet; d. h. die zu bestimmende Probe und eine Probe mit bekanntem Gehalt werden gemeinsam unter den gleichen Bedingungen bestrahlt, in der gleichen Weise verarbeitet und gemessen.

In vielen Fällen kann die chemische Aufarbeitung entfallen, und zwar dann, wenn keine anderen Radionuklide vorhanden sind oder die Aktivität der gesuchten Radionuklide unabhängig von den radioaktiven Verunreinigungen und von anderen störenden Radionukliden gemessen werden kann — z. B. in einem γ- oder α-Spektrometer. Man spricht in diesem Fall von zerstörungsfreier oder instrumenteller Aktivierungsanalyse. Die γ-Spektren können mit einem Rechenprogramm ausgewertet werden.

Ein besonderer Vorteil der γ-Spektroskopie besteht darin, daß es möglich ist, eine größere Anzahl von Elementen gleichzeitig zu bestimmen (Multielementanalyse). Bei der Multielementanalyse kann man als Probe mit bekanntem Gehalt einen Monoelement-Standard oder einen Multielement-Standard benutzen. Der Vorteil eines Monoelement-Standards ist, daß er im allgemeinen leichter herstellbar ist, andererseits muß das Verhältnis

$$K_i = \frac{\sigma_i}{\sigma_s} \frac{h_i}{h_s} \qquad (15.25)$$

bekannt sein. Darin bedeuten σ die Wirkungsquerschnitte der Kernreaktionen und h die Häufigkeiten der betreffenden Zerfallsvorgänge bzw. der gemessenen γ-Linien. Der Index i steht für eines der zu bestimmenden Elemente, s für das Element, das als Standard dient. Dabei ist zu berücksichtigen, daß das Verhältnis σ_i/σ_s auch von der Energie der Strahlung abhängig ist. Sofern die Werte für K_i hinreichend genau bekannt sind, wird man mit einem Monoelement-Standard zuverlässige Werte erhalten. Bei einem Multielement-Standard entfällt das Problem, daß man die Werte für K_i kennen muß. Die Herstellung geeigneter Multielement-Standards, die alle zu bestimmenden Elemente enthalten, ist jedoch meist recht aufwendig. Außerdem müssen beide Spektren, das der Probe und das des Standards, vollständig ausgewertet werden, während es bei Verwendung eines Monoelement-Standards genügt, eine γ-Linie des Monoelement-Standards zu messen.

Sind unbekannte radioaktive Verunreinigungen zugegen oder ist die Auflösung des Spektrums im Spektrometer nicht möglich, weil sich die γ-Linien der Radionuklide zu stark überlagern, so ist eine chemische Trennung erforderlich. Auch in diesem Falle kann die quantitative Trennung durch Anwendung der Verdünnungsanalyse umgangen werden. Nach der Bestrahlung wird eine bekannte Menge eines isotopen Trägers zugesetzt; dann wird die chemische Trennung ausgeführt und die Ausbeute dieser Trennung durch Bestimmung der noch vorhandenen Menge des Trägers ermittelt. Die Auswertung erfolgt nach Gl. (15.10).

Im Gegensatz zu anderen Verfahren der Spurenanalyse stören bei der Aktivierungsanalyse Verunreinigungen in den Reagenzien, die nach der Bestrahlung für die chemische Trennung verwendet werden, nicht. Dies wurde bereits oben für die Photonenaktivierungsanalyse an einem praktischen Beispiel erläutert.

Ein wichtiger Gesichtspunkt für die Anwendung der Aktivierungsanalyse zur Lösung einer bestimmten Aufgabe ist die Frage, in welchem Umfang der Hauptbestandteil aktiviert wird. In diesem Zusammenhang ist das Verhältnis der Wirkungsquerschnitte des gesuchten Nebenbestandteils und des Hauptbestandteils, σ_x/σ_H, von Bedeutung. Je größer dieses Verhältnis, um so günstiger ist die Anwendung der Aktivierungsanalyse in dem betreffenden Fall. Besonders vorteilhaft ist die Aktivierungsanalyse dann, wenn der Wirkungsquerschnitt des Hauptbestandteils niedrig ist und aus dem Hauptbestandteil ausschließlich kurzlebige oder aber sehr langlebige Radionuklide entstehen. Diese Bedingungen sind beispielsweise für die Bestrahlung mit thermischen Neutronen bei den bereits oben erwähnten Elementen H, Be, C, N erfüllt, außerdem bei O, F, Mg, Al, Si, Ti. Verunreinigungen in diesen Elementen oder in Verbindungen, die diese Elemente enthalten, lassen sich demnach verhältnismäßig einfach durch Aktivierung mit thermischen Neutronen erfassen. Praktische Beispiele sind die Bestimmung von Kupfer oder Mangan in Aluminium, die Bestimmung von Seltenen Erden — die im allgemeinen hohe Wirkungsquerschnitte für (n, γ)-Reaktionen besitzen (vgl. Tab. 15.2) — in den oben erwähnten Elementen Beryllium, Kohlenstoff, Magnesium, Aluminium, Silicium, die Aktivierungsanalyse von hochreinem Silicium oder von Trinkwasser. Wenn der Hauptbestandteil in merklichem Umfang aktiviert wird, sind die bestrahlten Präparate verhältnismäßig stark radioaktiv. Die Handhabung und Aufarbeitung wird dadurch erheblich erschwert. Außerdem ist eine saubere Abtrennung des Hauptbestandteils meist unumgänglich, bevor die Aktivität des gesuchten Nebenbestandteils gemessen werden kann. Tritt bei der Aktivierung mit thermischen Neutronen eine unerwünscht hohe Aktivierung des Hauptbestandteils auf, so ergeben sich folgende Möglichkeiten:

a) Variation der Bestrahlungszeit und des Zeitpunktes der Messung. Wenn der Hauptbestandteil eine verhältnismäßig kurzlebige Aktivität liefert, ist es zweckmäßig, längere Zeit zu bestrahlen und die kurzlebigere Aktivität vor der Messung weitgehend abklingen zu lassen. Liefert der Hauptbestandteil im Vergleich zu den gesuchten Elementen dagegen eine langlebige Aktivität, dann ist es günstig, eine verhältnismäßig kurze Zeit zu bestrahlen und die Aktivität direkt im Anschluß an die Bestrahlung zu messen. Optimale Werte für die Bestrahlungszeit t_b und die Abklingzeit t_a können mit Hilfe der Gleichung

$$A = \sigma \Phi N_A (1 - e^{-\lambda t_b}) e^{-\lambda t_a} \qquad (15.26)$$

ermittelt werden, in der sowohl die Aktivierung während der Bestrahlungszeit als auch der Aktivitätsabfall während der Abklingzeit berücksichtigt sind. Für das Verhältnis der Aktivitäten von zwei Nukliden gilt

$$\begin{aligned}\frac{A_1}{A_2} &= \frac{\sigma_1}{\sigma_2} \frac{N_A(1)}{N_A(2)} \frac{(1 - e^{-\lambda_1 t_b}) e^{-\lambda_1 t_a}}{(1 - e^{-\lambda_2 t_b}) e^{-\lambda_2 t_a}} \\ &= \frac{\sigma_1}{\sigma_2} \frac{N_A(1)}{N_A(2)} \frac{\left[1 - \left(\frac{1}{2}\right)^{t_b/t_{1/2}(1)}\right] \left(\frac{1}{2}\right)^{t_a/t_{1/2}(1)}}{\left[1 - \left(\frac{1}{2}\right)^{t_b/t_{1/2}(2)}\right] \left(\frac{1}{2}\right)^{t_a/t_{1/2}(2)}} \, . \quad (15.27)\end{aligned}$$

b) Abschirmung der thermischen Neutronen, so daß die Aktivierung der Probe ausschließlich durch Neutronen höherer Energie erfolgt.

Zu diesem Zweck kann die Probe beispielsweise in Cadmiumblech eingewickelt werden. Wenn der Nebenbestandteil im Resonanzbereich einen hohen Einfangquerschnitt besitzt, der Hauptbestandteil aber nicht, wird das Verhältnis σ_x/σ_H erheblich erhöht.

c) Auswahl anderer Bestrahlungsmöglichkeiten. Beispiele sind: Bestrahlung mit den 14 MeV-Neutronen eines Neutronengenerators, Bestrahlung mit geladenen Teilchen wie Protonen, Deuteronen oder α-Teilchen an einem Zyklotron oder Linearbeschleuniger, oder mit Photonen, die indirekt mit Hilfe eines Elektronenbeschleunigers erzeugt werden. Wenn solche Geräte zur Verfügung stehen, sind viele Variationen möglich.

Die Auswahl optimaler Bedingungen hängt in entscheidender Weise von der jeweiligen Aufgabenstellung ab.

15.5. Weitere Indikatormethoden in der Chemie

15.5.1. Gleichgewichte

Die außerordentlich hohe Empfindlichkeit der kernchemischen Methoden erlaubt die Messung sehr kleiner Konzentrationen, wie sie bei Löslichkeitsgleichgewichten schwerlöslicher Stoffe oder bei Verteilungsgleichgewichten auftreten. Als Beispiel sind in Abb. (15–3) die

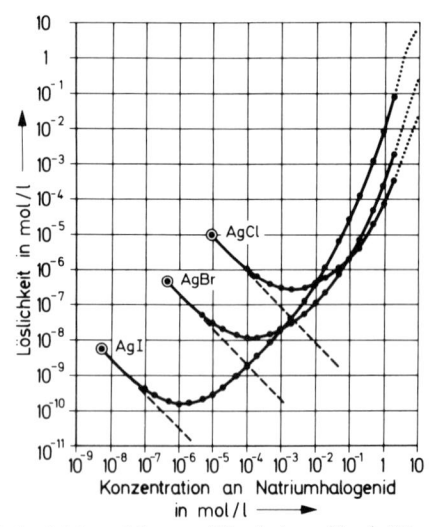

Abb. (15–3) Löslichkeitsgleichgewichte von Silberhalogeniden in Wasser und Natriumhalogenidlösungen (⊙: Löslichkeit in Wasser). Nach K. H. LIESER: Z. Anorg. Allg. Chem. **229**, 97 (1957).

Löslichkeitsgleichgewichte der Silberhalogenide in Wasser und in Natriumhalogenidlösungen verschiedener Konzentrationen aufgetragen. Der Abfall der Löslichkeit beruht auf der Löslichkeitsverminderung infolge des Zusatzes gleichartiger Ionen (Konstanz des Löslichkeitsproduktes), der Anstieg der Löslichkeit auf den Komplexbildungsgleichgewichten. In ähnlicher Weise können auch Verteilungsgleichge-

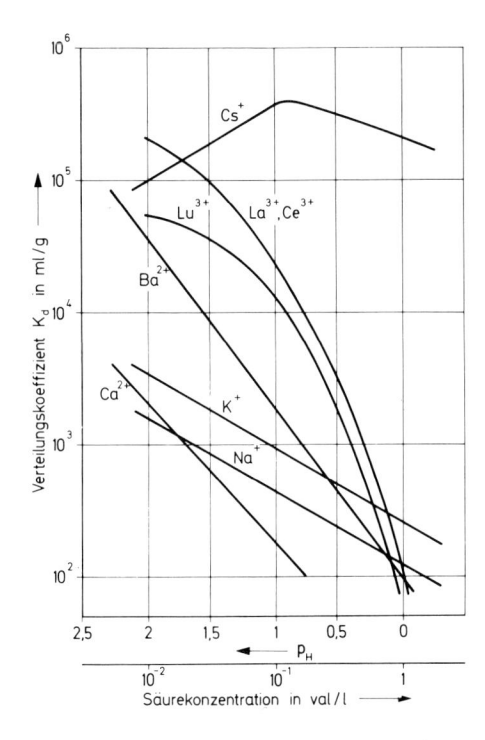

Abb. (15-4) Verteilungsgleichgewichte verschiedener Ionen an einem anorganischen Ionenaustauscher: Verteilungskoeffizient K_d als Funktion der Säurekonzentration. Nach J. BASTIAN u. K. H. LIESER: J. Inorg. Nucl. Chem. **29**, 827 (1967).

wichte bestimmt werden. Dabei ist die Anwendung radioaktiver Nuklide als Indikatoren immer dann von Vorteil, wenn die Messung bei möglichst niedriger Konzentration erfolgen soll (ideales Verhalten) oder wenn die Verteilungskoeffizienten sehr groß sind (z. B. $K_d \geq 10^6$), so daß die Konzentration in einer der beiden Phasen außerordentlich gering ist und mit normalen Analysenmethoden nicht bestimmt werden kann. In Abb. (15-4) sind die Verteilungsgleichgewichte verschiedener Ionen an einem anorganischen Ionenaustauscher, die mit Hilfe radioaktiver Nuklide bestimmt wurden, aufgetragen.

15.5.2. Trennungsvorgänge

Zur Untersuchung von Trennungsvorgängen eignen sich radioaktive Nuklide wegen der hohen Nachweisempfindlichkeit ebenfalls sehr gut. Praktische Beispiele sind: Untersuchungen über die Vollständigkeit einer Fällungsreaktion, die Mitfällung in Abhängigkeit von den Fällungsbedingungen (vgl. Abschn. 13.4) und die Verteilung der zu trennenden Komponenten in einer Trennsäule. Der Transport in einer Trennsäule kann mit Hilfe von γ-Strahlern als Indikatoren untersucht werden. Die Versuchsanordnung ist in Abb. (15-5) aufgezeichnet. Die Trennsäule wird von außen mit einem Detektor abgetastet, der mit einer Bleiabschirmung versehen ist; die γ-Strahlung gelangt durch den Spalt dieser Abschirmung in den Detektor.

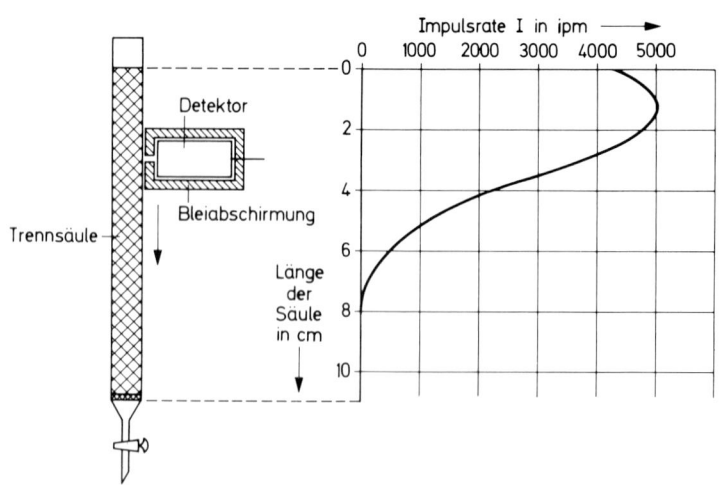

Abb. (15-5) Aufnahme der Aktivitätsverteilung in einer Trennsäule.

15.5.3. Homogene Reaktionskinetik

In der homogenen Reaktionskinetik ist die Anwendung der Indikatormethode ein unentbehrliches Hilfsmittel geworden zur Aufklärung von Reaktionsmechanismen und zur Bestimmung der kinetischen Daten einer Reaktion (Reaktionsgeschwindigkeit, Aktivierungsenergie und -entropie). Von den vielen Beispielen für die Aufklärung von Reaktionsmechanismen mit Hilfe der Markierung sei die Claisensche Allylumlagerung herausgegriffen:

$$\text{C}_6\text{H}_5\text{–O–CH}_2\text{–CH}={}^{14}\text{CH}_2 \longrightarrow \text{C}_6\text{H}_4(\text{OH})\text{–}{}^{14}\text{CH}_2\text{–CH}=\text{CH}_2 \qquad (15.28)$$

Durch die Verwendung von C-14 und Untersuchung der Abbauprodukte wird der Nachweis erbracht, daß das endständige C-Atom die Bindung mit dem Benzolkern eingeht.

Die Messung von Isotopenaustauschreaktionen hat den besonderen Vorteil, daß keine chemische Änderung im System stattfindet; auch eine Reaktionswärme tritt nicht auf. Allgemein kann eine Isotopenaustauschreaktion folgendermaßen formuliert werden:

$$\begin{array}{cccc} \text{AX} + & {}^*\text{AY} \rightleftharpoons & {}^*\text{AX} + & \text{AY} \\ (1) & (2) & (1) & (2) \end{array} \qquad (15.29)$$

Diese Gleichung besagt, daß die Atome oder Atomgruppen A zwischen den beiden Molekülarten AX und AY ausgetauscht werden. Abgesehen von den Isotopieeffekten ist die Reaktionsenthalpie $\Delta H \approx 0$. Für die Reaktionsentropie gilt dagegen $\Delta S \neq 0$. Damit ist $\Delta G \approx -T\Delta S$. Die Reaktion ist solange erkennbar, bis eine Gleichverteilung der markierten Atome bzw. Atomgruppen *A zwischen den beiden

Molekülarten AX und AY vorliegt. Wenn eine Molekülart (oder beide) mehrere austauschfähige Atome enthalten, so muß man unterscheiden, ob diese Atome chemisch gleichwertig sind oder nicht. Zum Beispiel sind in dem System $AlCl_3/CCl_4$ die drei Chloratome im Aluminiumchlorid bzw. die vier Chloratome im Kohlenstofftetrachlorid untereinander gleichwertig; es liegt eine einfache Austauschreaktion vor (eine einzige Geschwindigkeitskonstante). Im System Chlorwasserstoff/1–Nitro–2,4–dichlorbenzol dagegen sind die austauschfähigen Chloratome nicht gleichwertig; die beiden Chloratome im 1–Nitro––2,4–dichlorbenzol tauschen mit verschiedenen Geschwindigkeiten aus. Wir sprechen deshalb von einer komplexen Austauschreaktion (Überlagerung mehrerer Geschwindigkeitskonstanten). Wenn mehrere verschiedene Molekülarten vorliegen, die austauschfähige Atome enthalten, so sind auch mehrere Austauschgleichgewichte zu berücksichtigen. Zwischen drei Molekülarten sind drei Austauschgleichgewichte möglich, zwischen n Molekülarten $\frac{n(n-1)}{2}$ Austauschgleichgewichte.

Für die Geschwindigkeit einer Isotopenaustauschreaktion nach Gl. (15.29) erhält man unter Berücksichtigung der Hin- und Rückreaktion die Beziehung

$$\frac{d^*c_1}{dt} = R(s_2 - s_1). \tag{15.30}$$

$^*c_1$ ist die Konzentration der markierten Isotope des austauschenden Elements in Form der Molekülart (1). s_1 und s_2 sind die Bruchteile der markierten Isotope in den Molekülarten (1) und (2): $s_1 = {^*c_1}/c_1$, $s_2 = {^*c_2}/c_2$; c_1 und c_2 sind die Konzentrationen des austauschenden Elements in Form der Molekülarten (1) und (2). R ist die Reaktionsgeschwindigkeit der betreffenden Reaktion, z. B.

$$\begin{aligned} R &= k_1 c_1 \quad \text{(Reaktion 1. Ordnung)} \\ R &= k_2 c_1 c_2 \quad \text{(Reaktion 2. Ordnung)}. \end{aligned} \tag{15.31}$$

Gl. (15.30) besagt, daß die Reaktion solange verfolgt werden kann, bis die spezifische Aktivität in beiden Molekülarten gleich ist. Durch Integration von Gl. (15.30) erhält man die für die Auswertung von Isotopenaustauschreaktionen wichtige McKaysche Gleichung

$$\ln(1 - \lambda) = -R\frac{c_1 + c_2}{c_1 c_2} t. \tag{15.32}$$

In dieser Gleichung ist als charakteristische Größe für die Austauschreaktion der Austauschgrad λ eingeführt, der durch folgende Beziehung gegeben ist:

$$\begin{aligned} \lambda &= \frac{^*c_1 - {^*c_1}(o)}{^*c_1(\infty) - {^*c_1}(o)} = \frac{^*c_2 - {^*c_2}(o)}{^*c_2(\infty) - {^*c_2}(o)} = \\ &= \frac{s_1 - s_1(o)}{s_1(\infty) - s_1(o)} = \frac{s_2 - s_2(o)}{s_2(\infty) - s_2(o)}. \end{aligned} \tag{15.33}$$

Der Index (o) gilt für den Anfangszustand, der Index (∞) für den Gleichgewichtszustand. Die Auswertung der Versuchsergebnisse erfolgt nach Gl. (15.32) am zweckmäßigsten in der Weise, daß $\ln(1-\lambda)$ als Funktion der Zeit aufgetragen wird, wie dies in Abb. (15–6) dargestellt ist. Die Halbwertzeit der Isotopenaustauschreaktion kann aus Abb. (15–6) entnommen werden; sie ist nach Gl. (15.32) gegeben

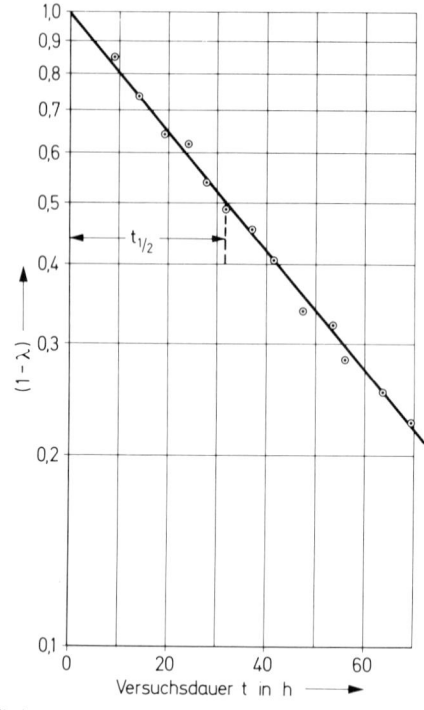

Abb. (15–6) Auswertung der Messung einer Isotopenaustauschreaktion.

durch

$$t_{1/2} = \frac{\ln 2}{R} \frac{c_1 c_2}{c_1 + c_2}. \qquad (15.34)$$

Unter Berücksichtigung von Gl. (15.) folgt für die Geschwindigkeitskonstanten

$$k_1 = \frac{\ln 2}{t_{1/2}} \frac{c_2}{c_1 + c_2} \quad \text{(Reaktion 1. Ordnung)}$$

$$k_2 = \frac{\ln 2}{t_{1/2}(c_1 + c_2)} \quad \text{(Reaktion 2. Ordnung).} \qquad (15.35)$$

Die Untersuchung von Isotopenaustauschreaktionen hat sowohl in der anorganischen Chemie als auch in der organischen Chemie große Bedeutung erlangt. In der organischen Chemie haben die Messungen der Austauschreaktionen zwischen organischen Halogeniden und Halogenidionen wesentlich zu den Vorstellungen über den Ablauf von S_N1- und S_N2-Reaktionen beigetragen. Ein Beispiel ist die Austauschreaktion

$$\begin{matrix} R_1 \\ R_2 \\ R_3 \end{matrix} \!\!\! \diagup\!\!\!\!\!\diagdown C-X + {}^*X^- \rightleftharpoons \begin{matrix} R_1 \\ R_2 \\ R_3 \end{matrix} \!\!\! \diagup\!\!\!\!\!\diagdown C-{}^*X + X^-. \qquad (15.36)$$

Wenn die Reste R_1, R_2 und R_3 ungleich sind, ist C ein asymmetrisches Kohlenstoffatom. Die Geschwindigkeit der Bildung des optischen Antipoden ist in diesem Fall gleich der Isotopenaustauschgeschwindigkeit, wodurch der Mechanismus der S_N2-Reaktion bewiesen wird.

In der anorganischen Chemie sind durch das Studium der Austauschreaktionen an Komplexverbindungen wichtige neue Erkenntnisse gewonnen worden. So wurde festgestellt, daß manche Liganden rasch austauschen, andere Liganden sehr langsam. Zum Beispiel erfolgt der Ligandenaustausch im System $[Fe(H_2O)_6]^{3+}/{}^*H_2O$ sehr rasch, im System $[Cr(H_2O)_6]^{3+}/{}^*H_2O$ langsam. Im System $[Al(C_2O_4)_3]^{3-}/{}^*C_2O_4^{2-}$ ist der Austausch ebenfalls rasch, im System $[Fe(C_2O_4)_3]^{3-}/{}^*C_2O_4^{2-}$ dagegen langsam. Man unterscheidet dementsprechend substitutionslabile (kinetisch labile) und substitutionsinerte (kinetisch inerte) Komplexverbindungen. Die Austauschgeschwindigkeit ist abhängig von der Zahl der d-Elektronen und der Art der Liganden. Oft findet man, daß thermodynamisch stabile Verbindungen langsam reagieren und instabile Verbindungen schnell. Ebenso häufig ist das aber auch nicht der Fall; viele thermodynamisch stabile Verbindungen sind substitutionslabil, während andererseits instabile Verbindungen substitutionsinert sind. Z. B. findet man bei oktaedrischen Komplexen im allgemeinen, daß „high spin"-Komplexe rasch austauschen und ebenso diejenigen „low spin"-Komplexe, in denen mindestens ein d-Zustand unbesetzt ist. Für Komplexe mit der Elektronenkonfiguration sp^3d^2 („high spin"-Komplexe) nimmt bei einer gegebenen isoelektronischen Reihe die Labilität mit steigender Ordnungszahl des Zentralatoms ab, z.B. in der Reihenfolge $[AlF_6]^{3-} > [SiF_6]^{2-} > [PF_6]^- > SF_6$. Das SF_6 ist bekanntlich sehr reaktionsträge und substitutionsinert. Quantitative Werte für die Aktivierungsenergie von Substitutionsreaktionen erhält man durch Anwendung der Ligandenfeldtheorie. Qualitative Aussagen über die Geschwindigkeit von Substitutionsreaktionen an oktaedrischen Komplexen sind in Tabelle 15.4 zusammengefaßt. Die Geschwindigkeiten hängen im einzelnen auch von der Größe der Zentralatome, der Art der Liganden und dem Mechanismus der Substitutionsreaktion ab. Für einige Elektronenkonfigurationen sind jedoch allgemeine Voraussagen möglich. Auf Grund der Theorie ist zu erwarten, daß oktaedrische Komplexe mit den Elektronenkonfigurationen d^0, d^1, d^2 und d^{10} immer substitutionslabil (kinetisch labil) sind, solche mit der Elektronenkonfiguration d^3 immer substitutionsinert (kinetisch inert). Bei der Elektronenkonfiguration d^6 ist im schwachen Ligandenfeld immer eine rasche Reaktion, im starken Ligandenfeld dagegen immer eine langsame Reaktion zu erwarten. Die experimentellen Ergebnisse stimmen sehr gut mit diesen Erwartungen überein. Als Beispiele seien hier die Geschwindigkeitskonstanten (in s^{-1}) für den Austausch von Wassermolekülen aus der ersten Koordinationssphäre von 3 d-Ele-

Tabelle 15.4.
Qualitative Voraussagen über die Geschwindigkeit von Substitutionsreaktionen an oktaedrischen Komplexverbindungen

Elektronen-konfiguration	Schwaches Ligandenfeld („high spin"-Komplexe)	Starkes Ligandenfeld („low spin"-Komplexe)
d^0	rasch	rasch
d^1	rasch	rasch
d^2	rasch	rasch
d^3	immer langsam	immer langsam*)
d^4	rasch bis langsam	relativ langsam*)
d^5	rasch	relativ langsam*)
d^6	rasch	immer langsam*)
d^7	rasch	rasch bis langsam
d^8	relativ langsam	relativ langsam
d^9	rasch bis langsam	rasch bis langsam
d^{10}	rasch	rasch

*) Reihenfolge: $d^5, d^4 > d^3 > d^6$

menten aufgeführt: Cr^{2+} (d^4): $7 \cdot 10^9$, Cr^{3+} (d^3): $5 \cdot 10^{-7}$, Mn^{2+} (d^5): $3 \cdot 10^7$, Fe^{2+} (d^6): $3 \cdot 10^6$, Co^{2+} (d^7): $1 \cdot 10^6$, Ni^{2+} (d^8): $3 \cdot 10^4$.

Ein weiteres wichtiges Anwendungsgebiet ist die Untersuchung von Elektronenaustauschreaktionen. Unter Elektronenaustausch versteht man die wechselseitige Änderung der Oxidationsstufe zwischen Atomen des gleichen Elements, z. B.

$$Fe^{II} + {^*Fe^{III}} \rightleftharpoons Fe^{III} + {^*Fe^{II}}. \qquad (15.3)$$

Der Elektronenaustausch ist somit der Spezialfall einer Redoxreaktion. Die wechselseitige Änderung der Oxidationsstufe kann entweder durch Übertragung von Elektronen oder durch Übertragung von Liganden bewirkt werden. Die Art der Liganden spielt dabei eine wesentliche Rolle.

Bei „high spin"-Komplexen beobachtet man einen langsamen, bei „low spin"-Komplexen einen sehr raschen Elektronenaustausch. Die beiden Möglichkeiten für den Übergangszustand sind in Abb. (15-7) dargestellt. Im Falle a) kommt es nur zur Berührung der Koordinationssphären („outer sphere" Mechanismus). Der Elektronenaustausch zwischen den Zentralatomen in den Oxidationsstufen n und m

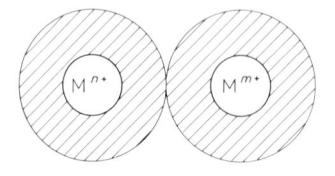

a) Berührung der Koordinationssphären
   („outer sphere" Mechanismus)

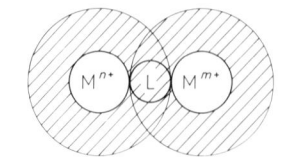

b) Durchdringung der Koordinationssphären
   („inner sphere" Mechanismus)

Abb. (15-7) Übergangszustand bei Elektronenaustauschreaktionen.

kann nur durch Übertragung von Elektronen von einem Komplex zum anderen zustande kommen. Dieser Mechanismus wird immer dann vorliegen, wenn der Elektronenaustausch rascher abläuft als der Ligandenaustausch. Im Falle b) durchdringen sich die Koordinationssphären („inner sphere" Mechanismus). Zwischen den Zentralatomen befindet sich als Brücke ein Ligand L. Der Elektronenaustausch zwischen den Zentralatomen kann entweder durch Übertragung von Elektronen über den Brückenliganden L oder durch Übertragung des Brückenliganden selbst ablaufen. Der „inner sphere" Mechanismus liegt wahrscheinlich dann vor, wenn der Elektronenaustausch langsamer abläuft als der Ligandenaustausch oder gleich schnell. Bei der Untersuchung von Chromkomplexen wurde gefunden, daß der Ligandenaustausch mit der gleichen Geschwindigkeit abläuft wie der Elektronenaustausch. Dies spricht dafür, daß in diesem Falle der Elektronenaustausch durch Übertragung des Liganden zustande kommt. Den raschen Elektronenaustausch bei „low spin"-Komplexen kann man damit erklären, daß die Valenzelektronen des Zentralatoms über den gesamten Komplex verteilt sind und deshalb leicht außen „abgegriffen" werden können. Extrem langsamer Austausch der Liganden und sehr rascher Elektronenaustausch der „low spin"-Komplexe beruhen somit gleichermaßen auf der starken Bindung zwischen Zentralatom und Liganden. Leicht verständlich werden die Verhältnisse, wenn man die Begriffe „Durchdringungskomplexe" und „Anlagerungskomplexe" verwendet. Die „Durchdringungskomplexe" („low spin"-Komplexe) sind substitutionsinert, tauschen aber rasch Elektronen aus; die „Anlagerungskomplexe" („high spin"-Komplexe) sind substitutionslabil und tauschen nur langsam Elektronen aus.

Die Untersuchung von Isotopen- bzw. Elektronenaustauschreaktionen ist nur mit Hilfe von markierten Atomen oder Molekülen möglich. Selbstverständlich können aber auch andere Reaktionen unter Verwendung von Radionukliden als Indikatoren verfolgt werden. Dies ist wegen der hohen Empfindlichkeit der radiochemischen Methoden oft von großem Vorteil.

15.5.4. Heterogene Reaktionskinetik

In der heterogenen Reaktionskinetik ergeben sich ähnliche Anwendungsmöglichkeiten wie in der homogenen Reaktionskinetik, sowohl hinsichtlich der Aufklärung von Reaktionsmechanismen als auch hinsichtlich der Bestimmung von kinetischen Daten.

Bei heterogenen Isotopenaustauschreaktionen kann entweder die Reaktion an der Phasengrenzfläche oder die Diffusion in einer Phase geschwindigkeitsbestimmend sein. Im Falle von Reaktionen zwischen zwei festen Phasen ist im allgemeinen die Diffusion eines Reaktionspartners in einer festen Phase geschwindigkeitsbestimmend. Die Diffusion wird im folgenden Abschnitt 15.5.5 behandelt. Hier soll auf die Untersuchung heterogener Isotopenaustauschreaktionen zwischen einem Festkörper einerseits und einer flüssigen oder gasförmigen Phase andererseits etwas näher eingegangen werden. Für heterogene

Isotopenaustauschreaktionen dieser Art lassen sich Beziehungen herleiten, die der McKayschen Gleichung analog sind und eine einfache Auswertung der Versuchsergebnisse erlauben. Bei heterogenen Reaktionen zwischen einem Festkörper und einem Gas oder einer Lösung sind drei Teilschritte zu unterscheiden:

a) der Transport im Gasraum bzw. in der Lösung zur Oberfläche des Festkörpers,
b) die Reaktion an der Oberfläche des Festkörpers,
c) der Transport im Festkörper (Festkörperdiffusion).

Am langsamsten ist meistens der Teilschritt c). Ob b) langsamer ist als a), hängt von der jeweiligen Reaktion an der Oberfläche ab. Wenn diese gehemmt, d. h. mit einer merklichen Aktivierungsenergie verknüpft ist, verläuft b) langsamer als a). Dies ist häufig der Fall. Teilschritt b) kann formal in folgende Vorgänge unterteilt werden:

— Adsorption der Reaktionspartner aus der Gasphase bzw. Lösung,
— eigentliche Austauschreaktion,
— Desorption der Reaktionsprodukte.

Die physikalische Adsorption erfolgt im allgemeinen sehr rasch. Die chemische Absorption kann mit einer Aktivierungsenergie verknüpft sein, wenn dabei Bindungen im adsorbierten Molekül bzw. Ion gelockert oder gelöst werden. Die Desorption ist gehemmt, wenn die Reaktionsprodukte verhältnismäßig fest an der Oberfläche gebunden sind.

Zur näheren Untersuchung des für heterogene Reaktionen besonders wichtigen Teilschrittes b) (Reaktion an der Oberfläche) werden folgende Fälle unterschieden:

1) Gehemmt und damit geschwindigkeitsbestimmend ist der Übergang der Moleküle aus der Gasphase bzw. Lösung an die Oberfläche. Dann gilt für die Reaktionsgeschwindigkeit allgemein

$$R = k_{1a} \frac{F}{V} n_g .\qquad(15.38)$$

k_{1a} ist die Geschwindigkeitskonstante (der Index 1 besagt, daß es sich formal um eine Reaktion 1. Ordnung handelt); F ist die Oberfläche der festen Phase, n_g die Molzahl der austauschfähigen Teilchen in der Gasphase bzw. Lösung und V das Volumen der Gasphase bzw. Lösung.

2) Gehemmt und damit geschwindigkeitsbestimmend ist die eigentliche Austauschreaktion an der Oberfläche. Im Falle einer Isotopenaustauschreaktion handelt es sich dabei um den Platzwechsel zwischen den beiden Isotopen. Für eine durch diesen Platzwechselmechanismus bestimmte Reaktion erhält man

$$R = k_2 \frac{1}{V} n_o n_g .\qquad(15.39)$$

Der Index 2 besagt, daß es sich formal um eine Reaktion zweiter Ordnung handelt. n_o ist die Molzahl der austauschfähigen Teilchen an der Oberfläche.

3) Gehemmt und damit geschwindigkeitsbestimmend ist der Übergang der Teilchen von der Oberfläche in die Gasphase bzw. Lösung.

Hier handelt es sich wie im Falle 1) formal um eine Reaktion 1. Ordnung. Allgemein gilt

$$R = k_{1b} n_o. \tag{15.40}$$

Für die praktische Anwendung muß man die Gln. (15.38), (15.39) und (15.40) umformen und integrieren. Folgende Symbole werden verwendet: c Konzentrationen, n Molzahlen der austauschfähigen Teilchen, $*c$ Konzentrationen, $*n$ Molzahlen der markierten austauschfähigen Teilchen, $x = \dfrac{*c}{c} = \dfrac{*n}{n}$ Bruchteil der markierten austauschfähigen Teilchen, Index g für die Gasphase bzw. Lösung, Index o für die Oberfläche, $c_o = \dfrac{n_o}{F}$ Konzentrationen an der Oberfläche (mol cm^{-2}), $c_g = \dfrac{n_g}{V}$ Konzentration in der Gasphase bzw. Lösung (mol cm^{-3}). Die Geschwindigkeitskonstanten der Hinreaktion und der Rückreaktion können bei Isotopenaustauschreaktionen gleichgesetzt werden, wenn man Isotopieeffekte vernachlässigt. Bei der folgenden Betrachtung wird davon ausgegangen, daß bei Versuchsbeginn nur die Gasphase bzw. die Lösung markiert ist.

zu 1) Für die Geschwindigkeit der Hinreaktion gilt

$$-\frac{d*n_g}{dt} = k_{1a} F *c_g (1 - x_o), \tag{15.41}$$

für die Geschwindigkeit der Rückreaktion

$$\frac{d*n_g}{dt} = k_{1a} F c_g (1 - x_g) x_o. \tag{15.42}$$

Daraus folgt für die Geschwindigkeit des heterogenen Isotopenaustausches als Differenz der Hin- und Rückreaktion

$$-\frac{d*n_g}{dt} = k_{1a} \frac{F}{V} n_g (x_g - x_o). \tag{15.43}$$

Um diese Gleichung integrieren zu können, ersetzt man zweckmäßigerweise n_o durch n_g mit Hilfe der folgenden Beziehungen:

$$*n_g + *n_o = *n_g(\infty) + *n_o(\infty). \tag{15.44}$$

(Die Gesamtzahl der markierten Teilchen ist konstant; der Index ∞ gilt für den Gleichgewichtszustand zwischen Oberfläche und Gasphase bzw. Lösung, der nach hinreichend langer Zeit erreicht wird):

$$\frac{*n_o(\infty)}{*n_g(\infty)} = \frac{n_o}{n_g}. \tag{15.45}$$

Diese Gleichung beschreibt die Gleichverteilung der markierten Teilchen zwischen Oberfläche und Gasphase bzw. Lösung. Man erhält damit aus Gl. (15.43)

$$-\frac{d{}^*n_g}{dt} = k_{1a} \cdot \frac{F}{V} \frac{n_o + n_g}{n_o} ({}^*n_g - {}^*n_g(\infty)). \quad (15.46)$$

und durch Integration mit der Anfangsbedingung ${}^*n_g = {}^*n_g(o)$ für die Zeit $t = 0$

$$\ln \frac{{}^*n_g - {}^*n_g(\infty)}{{}^*n_g(o) - {}^*n_g(\infty)} = -k_{1a} \frac{F}{V} \frac{n_g + n_o}{n_o} t. \quad (15.47)$$

Die Einführung des Austauschgrades

$$\lambda = \frac{{}^*n_g(o) - {}^*n_g}{{}^*n_g(o) - {}^*n_g(\infty)} \quad (15.48)$$

liefert schließlich die Beziehung

$$\ln(1 - \lambda) = -k_{1a} \frac{F}{V} \frac{n_g + n_o}{n_o} t. \quad (15.49)$$

Diese Gleichung entspricht der McKayschen Gleichung für homogene Isotopenaustauschreaktionen (Gl. (15.32)), wenn man R gemäß Gl. (15.38) einführt und c_1 durch n_o sowie c_2 durch n_g ersetzt.

Rechnet man mit der Halbwertzeit der Reaktion ($t = t_{1/2}$, $\lambda = 1/2$), so folgt aus Gl. (15.49) für die Geschwindigkeitskonstante

$$k_{1a} = \frac{\ln 2}{t_{1/2}} \frac{V}{F} \frac{n_o}{n_g + n_o}. \quad (15.50)$$

zu 2) Geschwindigkeit der Hinreaktion:

$$-\frac{d{}^*n_g}{dt} = k_2 {}^*c_g n_o (1 - x_o), \quad (15.51)$$

Geschwindigkeit der Rückreaktion:

$$\frac{d{}^*n_g}{dt} = k_2 c_g (1 - x_g) {}^*n_o. \quad (15.52)$$

Die Geschwindigkeit des heterogenen Isotopenaustauschs ist gleich der Differenz der Hin- und Rückreaktion

$$-\frac{d{}^*n_g}{dt} = k_2 c_g n_o (x_g - x_o). \quad (15.53)$$

In der gleichen Weise wie unter 1) beschrieben erhält man daraus durch Umformung, Integration und Einführung des Austauschgrades λ die Gleichung

$$\ln(1 - \lambda) = -k_2 \frac{1}{V} (n_g + n_o) t \,. \tag{15.54}$$

Die Analogie zur McKayschen Gleichung für homogene Isotopenaustauschreaktionen ist wiederum erkennbar, wenn man Gl. (15.39) heranzieht.

Aus der Halbwertzeit $t_{1/2}$ der Reaktion erhält man nach Gl. (15.54) die Geschwindigkeitskonstante

$$k_2 = \frac{\ln 2}{t_{1/2}} \frac{V}{n_g + n_o} \,. \tag{15.55}$$

zu 3) Geschwindigkeit der Hinreaktion:

$$-\frac{d^* n_g}{dt} = k_{1b} n_o (1 - x_o) x_g \,, \tag{15.56}$$

Geschwindigkeit der Rückreaktion:

$$\frac{d^* n_g}{dt} = k_{1b} {}^*n_o (1 - x_g) \,. \tag{15.57}$$

Für die Geschwindigkeit des heterogenen Isotopenaustauschs folgt als Differenz der Hin- und Rückreaktion

$$-\frac{d^* n_g}{dt} = k_{1b} n_o (x_g - x_o) \,. \tag{15.58}$$

Durch Umformung, Integration und Einführung des Austauschgrads λ erhält man analog zum Fall 1) die Beziehung

$$\ln(1 - \lambda) = -k_{1b} \frac{n_g + n_o}{n_g} t \,. \tag{15.59}$$

Auch diese Gleichung läßt sich mit der McKayschen Gleichung für homogene Isotopenaustauschreaktionen vergleichen, wenn man Gl. (15.40) berücksichtigt. Die Geschwindigkeitskonstante kann wiederum aus der Halbwertzeit der Reaktion bestimmt werden. Aus Gl. (15.59) folgt

$$k_{1b} = \frac{\ln 2}{t_{1/2}} \frac{n_g}{n_g + n_o} \,. \tag{15.60}$$

Neben den Fällen 1), 2) und 3) kann man auch noch die Möglichkeit berücksichtigen, daß die Diffusion in der Gasphase bzw. in der Lösung (Teilschritt a)) geschwindigkeitsbestimmend ist. Dabei sind zwei Grenzfälle zu unterscheiden:

a) Der mittlere Radius $\bar{r}$ der Bestandteile der festen Phase ist sehr viel größer als die Dicke δ der Diffusionsschicht; dann gilt

$$-\frac{d^*n_g}{dt} = \frac{FD}{V\delta} n_g (x_g - x_o) \qquad (15.61)$$

(D ist der Diffusionskoeffizient in der Gasphase bzw. Lösung).

b) Der mittlere Radius $\bar{r}$ ist sehr viel kleiner als die Dicke der Diffusionsschicht; in diesem Falle ist

$$-\frac{d^*n_g}{dt} = \frac{FD}{V\bar{r}} n_g (x_g - x_o). \qquad (15.62)$$

Beide Gleichungen folgen aus der Anwendung der Diffusionsgesetze. Anstelle der Gln. (15.38) bzw. (15.39) und (15.40) treten die Beziehungen

$$R = \frac{FD}{V\delta} c_g \qquad \text{bzw.} \quad R = \frac{FD}{V\bar{r}} c_g, \qquad (15.63)$$

die formal einer Reaktion 1. Ordnung entsprechen. Durch Umformung und Integration folgt

$$\ln(1 - \lambda) = -k_D \frac{n_g + n_o}{n_o} t. \qquad (15.64)$$

Im Falle a) ist $k_D = \dfrac{FD}{V\delta}$, im Falle b) $k_D = \dfrac{FD}{V\bar{r}}$.

Wenn man die Oberflächenreaktion untersuchen will, markiert man am zweckmäßigsten die Gasphase oder die Lösung, nicht den Festkörper. Die Messung der heterogenen Isotopenaustauschreaktion als Funktion der Zeit liefert dann eine Austauschkurve wie sie in Abb. (15–8) dargestellt ist. Diese Austauschkurve kann sich aus drei Ästen zusammensetzen, die folgenden Vorgängen zuzuordnen sind:
— Adsorption,
— Isotopenaustausch mit der zu Versuchsbeginn vorhandenen Oberflächenschicht,
— weiterer Isotopenaustausch an der Oberfläche infolge Transport der markierten Ionen ins Innere des Festkörpers (z. B. durch Diffusion oder Rekristallisation).

Die Adsorption ist nur bei niedrigen Partialdrücken bzw. in sehr verdünnten Lösungen zu erkennen und ist deshalb in Abb. (15–8) nicht berücksichtigt. Sie bewirkt einen sehr raschen Abfall der Aktivität am Anfang der Austauschkurve. Aus dem anteiligen Aktivitätsabfall kann die Zahl der adsorbierten Moleküle oder Ionen bestimmt werden.

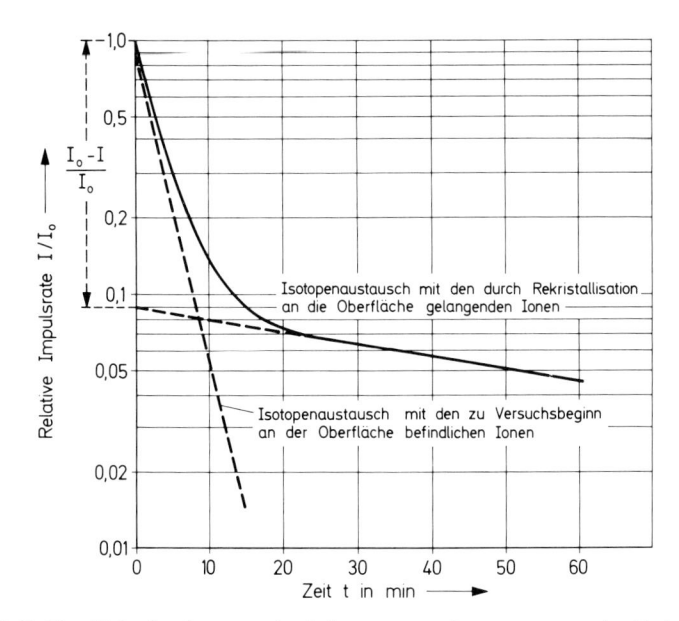

Abb. (15–8) Oberflächenbestimmung durch heterogenen Isotopenaustausch; Aktivitätsabfall in der Lösung als Funktion der Zeit.

Ein Beispiel für eine heterogene Austauschreaktion ist der Austausch zwischen gasförmigem Kohlendioxid und festen Carbonaten,

$$Ba^{14}CO_3 + CO_2 \rightleftharpoons BaCO_3 + {}^{14}CO_2. \qquad (15.65)$$

Diese Austauschreaktion findet nur in Gegenwart von Wasserdampf statt, z. B. an feuchter Luft. Sie muß berücksichtigt werden, wenn C–14 in Form von festen Carbonaten aufbewahrt oder gemessen wird. An feuchter Luft tritt infolge dieser Austauschreaktion ein Aktivitätsverlust ein, dessen Geschwindigkeit vom Verteilungszustand der festen Phase abhängig ist. Heterogene Isotopenaustauschreaktionen können allgemein zur Untersuchung von Reaktionen an der Oberfläche von festen Verbindungen herangezogen werden. Bei Ionenkristallen muß man unterscheiden zwischen dem Austausch von Kationen und Anionen. Die Zahl der austauschfähigen Kationen bzw. Anionen hängt von der Oberflächenbeschaffenheit ab (Kationenkörper bzw. Anionenkörper), in vielen Fällen auch von der Temperatur. An Metalloberflächen wird oft durch Korrosionsvorgänge oder Adsorption an der Deckschicht ein Isotopenaustausch vorgetäuscht. Nur bei Edelmetallen ist die Metalloberfläche unmittelbar einer Austauschreaktion zugänglich. Bei unedlen Metallen ist es mit Hilfe der Indikatormethode möglich, Korrosionsvorgänge bereits in einem sehr frühen Stadium zu erkennen und z. B. durch Autoradiographie sichtbar zu machen (Abb. (6–42)).

Der heterogene Isotopenaustausch wird auch zur Oberflächenbestimmung von Ionenkristallen herangezogen. Wenn Gleichverteilung der markierten Ionen zwischen der Oberfläche eines Ionenkristalls und einer Lösung vorliegt, gilt die erstmals von PANETH angegebene Beziehung

$$\frac{*N_\text{O}}{N_\text{O}} = \frac{*N_\text{L}}{N_\text{L}}. \tag{15.66}$$

$*N_\text{O}$ ist die Zahl der radioaktiven Atome oder Ionen an der Oberfläche, $*N_\text{L}$ die Zahl der radioaktiven Atome oder Ionen in der Lösung. N_O bzw. N_L sind die Gesamtzahlen dieser Atome oder Ionen. Man mißt die Impulsrate I_o der Lösung vor Zugabe des Bodenkörpers und die Impulsrate I der Lösung nach Einstellung des Verteilungsgleichgewichtes zwischen der Oberfläche des Bodenkörpers und der Lösung. Dann erhält man unter Berücksichtigung von Gl. (15.66)

$$\frac{I_\text{o}}{I} = \frac{*N_\text{O} + *N_\text{L}}{*N_\text{L}} = \frac{*N_\text{O}}{*N_\text{L}} + 1 = \frac{N_\text{O}}{N_\text{L}} + 1. \tag{15.67}$$

Setzt man

$$N_\text{O} = \frac{F}{f}, \tag{15.68}$$

worin F die Gesamtoberfläche und f das Oberflächenäquivalent eines austauschfähigen Ions sind, und

$$N_\text{L} = c_\text{L} \cdot V \cdot N_\text{Av}, \tag{15.69}$$

so folgt

$$F = \left(\frac{I_\text{o}}{I} - 1\right) f c_\text{L} V N_\text{Av}. \tag{15.70}$$

c_L ist die Konzentration der austauschfähigen Ionen in der Lösung, V das Volumen der Lösung und N_Av die Avogadro-Konstante. Das Oberflächenäquivalent eines austauschfähigen Ions kann aus der Oberfläche einer Elementarzelle oder aus der Molmasse M und der Dichte ρ nach der Gleichung

$$f = \left(\frac{\text{M}}{\rho \text{N}_\text{Av}}\right)^{2/3} \tag{15.71}$$

näherungsweise berechnet werden. Da der Wert von f davon abhängt, ob es sich um Äquivalentkörper, Kationenkörper oder Anionenkörper handelt, können aus der Messung des heterogenen Isotopenaustausches Aussagen über die Oberflächenbeschaffenheit hergeleitet werden, wenn die Oberfläche gleichzeitig nach einer anderen Methode (z.B. der BET-Methode) bestimmt wird. Auch bei der Oberflächenbestimmung durch heterogenen Isotopenaustausch ist es zweckmäßig, den Aktivitätsabfall in der Lösung als Funktion der Zeit zu verfolgen, ebenso wie bei der Untersuchung von heterogenen Isotopenaustauschreaktionen.

Die Messung des heterogenen Isotopenaustausches als Funktion der Zeit ist auch ein geeignetes Mittel zur Untersuchung der Kinetik von Fällungsreaktionen. Dies kann in der Weise geschehen, daß man zu verschiedenen Zeiten nach Beginn der Fällung trägerfreie Mengen eines isotopen Radionuklids zufügt und den Aktivitätsabfall als Funktion der Zeit verfolgt. Durch Auswertung dieser Versuche können quantitative Aussagen über den Verlauf der Fällung, die Reifung und die Rekristallisation des Bodenkörpers gewonnen werden.

15.5.5. Diffusion

Die Indikatormethoden besitzen wegen ihrer hohen Empfindlichkeit große Bedeutung für die Bestimmung von Diffusionskoeffizienten. Besonders interessant ist die Messung der Selbstdiffusion, d. h. der Diffusion der Bestandteile der betreffenden Substanz; diese kann nur mit der Indikatormethode erfaßt werden.

Die meisten Untersuchungen liegen vor über die Selbstdiffusion in festen Körpern. Da die Diffusionsgleichungen nur dann gelöst werden können, wenn bestimmte Randbedingungen eingehalten werden, beschränkt man sich im allgemeinen auf einfache Versuchsanordnungen. Als Grenzfläche wird meist eine Ebene vorgegeben (z. B. die Stirnfläche eines Zylinders) oder eine Kugeloberfläche oder die Mantelfläche eines Zylinders. Der Indikator wird bei Versuchsbeginn entweder in Form einer praktisch „unendlich dünnen" Schicht oder einer „unendlich dicken" Schicht angewendet. Die letztgenannte Anordnung kann man z. B. dadurch erreichen, daß zwei Versuchskörper, von denen der eine den Indikator in homogener Verteilung enthält, aneinandergepreßt werden. Eine praktisch „unendlich dünne" Schicht kann durch Aufdampfen, elektrolytische Abscheidung, chemische Reaktion an der Oberfläche oder Isotopenaustausch markiert werden. Nach Beendigung des Versuches kann der Versuchskörper mechanisch oder durch Auflösung in Schritten zerlegt werden. Diese Verfahren liefern im allgemeinen die zuverlässigsten Versuchsergebnisse. Nach Markierung einer „unendlich dünnen" Schicht kann man auch die Abnahme der Impulsrate an der Oberfläche messen. Bei dieser Methode geht man davon aus, daß der radioaktive Indikator sich nach dem Diffusionsgesetz im Versuchskörper ausbreitet. Ein Teil der Strahlung wird im Versuchskörper absorbiert. Aus der Abnahme der Impulsrate und dem Absorptionskoeffizienten für die betreffende Strahlung errechnet man die mittlere Eindringtiefe des Indikators in den Versuchskörper und daraus den Diffusionskoeffizienten. Durch Autoradiographie ist es möglich festzustellen, ob die Diffusion innerhalb des Versuchskörpers gleichmäßig erfolgt (Volumendiffusion) oder nur an den Korngrenzen (Korngrenzendiffusion).

Eine sehr elegante Methode zur Bestimmung von Diffusionskoeffizienten in festen Körpern ist die Rückstoßmethode, die erstmals von HEVESY und SEITH angewendet wurde. Die Versuchsanordnung ist in Abb. (15–9) skizziert. Blei wird an der Oberfläche mit Pb–212 markiert, das nach folgendem Schema zerfällt:

$$^{212}\text{Pb} \xrightarrow[10,6\,\text{h}]{\beta^-} {}^{212}\text{Bi} \underset{\substack{\alpha \\ 60,6\,\text{min}}}{\overset{\substack{\beta^- \\ }}{\diagup\!\!\!\diagdown}} \begin{array}{c} {}^{212}\text{Po} \xrightarrow[0,3\,\mu s]{\alpha} \\ {}^{208}\text{Tl} \xrightarrow[3,1\,\text{min}]{\beta^-} \end{array} {}^{208}\text{Pb}. \qquad (15.72)$$

Beim α-Zerfall des Bi–212 erhält das Tochternuklid Tl–208 einen Rückstoß, der bewirkt, daß je nach der Eindringtiefe des Pb–212 eine mehr oder weniger große Anzahl von Atomen des Tl–208 nach außen gelangt. Die Atome werden auf einer Kupferelektrode, die ein nega-

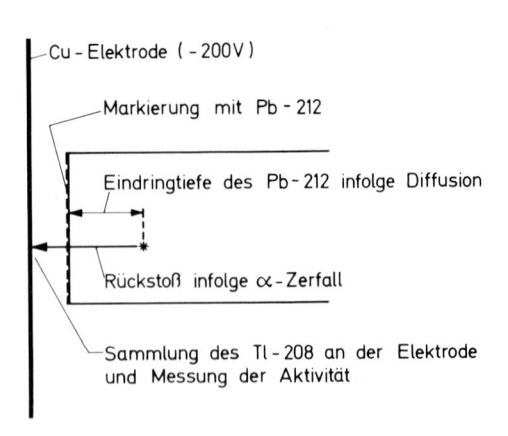

```
                    Cu - Elektrode ( -200V )

                    Markierung mit Pb - 212

                    Eindringtiefe des Pb-212 infolge Diffusion

                    Rückstoß infolge α-Zerfall

                    Sammlung des Tl-208 an der Elektrode
                    und Messung der Aktivität
```

Abb. (15–9) Bestimmung des Selbstdiffusionskoeffizienten von Bleiionen in Bleiverbindungen nach der Rückstoßmethode.

tives Potential von etwa –200 V besitzt, gesammelt; anschließend wird die β^--Aktivität des Tl-208 gemessen. Wenn die Reichweite der Rückstoßatome bekannt ist, kann über die mittlere Eindringtiefe der Diffusionskoeffizient berechnet werden. Die Anwendung der Rückstoßmethode ist auf solche α-Strahler begrenzt, die sich in ein radioaktives Tochternuklid umwandeln.

Die Empfindlichkeit der Messung von Diffusionskoeffizienten in festen Körpern hängt sehr stark von der Methode ab. Ohne Zerlegung des Versuchskörpers können nach der Absorptionsmethode mit β-Strahlern Diffusionskoeffizienten bis zu etwa 10^{-10} cm^2 s^{-1} gemessen werden, mit α-Strahlern bis zu etwa 10^{-12} cm^2 s^{-1}; mit der Rückstoßmethode werden Empfindlichkeiten von etwa 10^{-19} cm^2 s^{-1} erreicht. Die mechanische Zerlegung des Versuchskörpers bewirkt im allgemeinen nur eine verhältnismäßig geringe Empfindlichkeit (D 10^{-8} cm^2 s^{-1}). Mit der Methode der Auflösung in Schritten können dagegen Diffusionskoeffizienten bis zu etwa 10^{-18} cm^2 s^{-1} gemessen werden. Weitere Vorteile dieser Methode sind, daß der tatsächliche Konzentrationsverlauf aufgenommen wird und alle Radionuklide als Indikatoren verwendet werden können.

Wenn die Diffusion in Flüssigkeiten oder Gasen gemessen werden soll, so muß die Vermischung durch Konvektion ausgeschlossen werden. Es sind verschiedene experimentelle Anordnungen gebräuchlich (Diffusionsrohr, Diaphragma, Kapillare). Die Indikatormethoden haben z. B. Bedeutung gewonnen für die Messung der Diffusion gelöster Bestandteile in Abhängigkeit vom pH-Wert; denn daraus sind Rückschlüsse auf die Größe der Moleküle möglich.

Auch für die Untersuchung anderer Transportvorgänge — z. B. innerhalb von Ionenaustauschern oder in Trennsäulen — sind die Indikatormethoden wichtig.

15.5.6. Emaniermethode

Unter dem Emaniervermögen versteht man nach HAHN den Bruchteil des radioaktiven Edelgases, der aus einem Festkörper austritt, bezogen auf die Menge des in diesem Körper gebildeten Edelgases. Das Emaniervermögen hängt ab von der Zusammensetzung des Festkörpers, seiner Kristallstruktur und insbesondere von der spezifischen Oberfläche, außerdem von der Halbwertzeit und der Rückstoßenergie des Edelgases sowie von der Temperatur. Die Messung des Emaniervermögens ermöglicht somit Aussagen über die Vorgänge, die in dem Festkörper stattfinden. Mit der Theorie des Emaniervermögens beschäftigten sich ZIMEN und FLÜGGE; weitere Untersuchungen wurden von ZIMEN ausgeführt.

Der Austritt des radioaktiven Edelgases aus dem Festkörper kann entweder durch Rückstoß oder durch Diffusion erfolgen. Die Rückstoßreichweite der durch α-Zerfall entstehenden Atome der Radonisotope beträgt in Luft etwa 100 μm und in festen Stoffen etwa 0,01 μm. Wenn diese Reichweite R sehr viel kleiner ist als der Radius r der Körner bzw. Kristallite des Festkörpers, so gelangt durch Rückstoß der Bruchteil

$$E_R = \frac{R}{4} \frac{F}{V} \tag{15.73}$$

nach außen. F ist die Oberfläche eines Korns bzw. Kristalliten und V das Volumen. Für das Emaniervermögen infolge Diffusion gilt, wenn $r \gg R$ und $r^2 \lambda \gg D$ (Diffusionskoeffizient) ist,

$$E_D = \sqrt{\frac{D}{\lambda}} \frac{F}{V}. \tag{15.74}$$

Das Gesamtemaniervermögen beträgt

$$E = E_R + E_D. \tag{15.75}$$

Besteht der Festkörper aus einem Aggregat von Körnern oder Kristalliten, so hängt das weitere Schicksal des Edelgases davon ab, wie stark die Wechselwirkung mit diesen anderen Bestandteilen des Festkörperverbandes ist, ob eine Absorption an der Oberfläche stattfindet und wie schnell das Edelgas aus dem — evtl. porösen — Festkörperverband herausdiffundiert. In den meisten Fällen treffen die Rückstoßatome zunächst auf die Oberfläche eines anderen Korns oder Kristalliten auf, dringen dort ein und gelangen erst mit einer gewissen Verzögerung nach außen. Die Diffusion in einem porösen Festkörper wird durch Anwesenheit von Wasser sehr stark behindert.

Für die Untersuchung des Emaniervermögens werden am häufigsten die Radonisotope verwendet. Sie entstehen alle aus Radiumisotopen, diese wiederum aus Thoriumisotopen (vgl. Tabn. 5.1 bis 5.4). Man kann entweder die Radiumisotope oder die Thoriumisotope in den zu untersuchenden Festkörper einbringen. Es ist aber auch möglich, andere Edelgase (Xenon oder Krypton) oder deren Vorläufer durch Kernreaktionen zu erzeugen. Einige Möglichkeiten sind in Tab. 15.5 zusammengestellt.

Die Muttersubstanz des Edelgases kann Bestandteil des Festkörpers sein, durch Mitfällung in den Festkörper eingebracht oder nach-

15.5. Weitere Indikatormethoden in der Chemie

Tabelle 15.5
Verschiedene Möglichkeiten für die Entstehung von radioaktiven Edelgasen, die zur Untersuchung des Emaniervermögens verwendet werden können

a) Entstehung radioaktiver Edelgase in den Zerfallsreihen

$$^{226}Ra \xrightarrow[1600\,a]{\alpha,\,\gamma} {}^{222}Rn \xrightarrow[3,82\,d]{\alpha,\,\gamma} {}^{218}Po$$

$$^{228}Th \xrightarrow[1,91\,a]{\alpha,\,\gamma} {}^{224}Ra \xrightarrow[3,66\,d]{\alpha,\,\gamma} {}^{220}Rn \xrightarrow[55,6\,s]{\alpha,\,\gamma} {}^{216}Po$$

$$^{227}Ac \xrightarrow[21,6\,a]{98,8\%\,\beta^-} {}^{227}Th \xrightarrow[18,72\,d]{\alpha,\,\gamma} {}^{223}Ra \xrightarrow[11,4\,d]{\alpha,\,\gamma} {}^{219}Rn \xrightarrow[4,0\,s]{\alpha,\,\gamma} {}^{215}Po$$

b) Entstehung radioaktiver Edelgase durch Kernreaktionen

$$^{40}Ca(n,\alpha)^{37}Ar \xrightarrow[35\,d]{\varepsilon} {}^{37}Cl$$

$$^{41}K(n,p)^{41}Ar \xrightarrow[1,83\,h]{\beta^-,\,\gamma} {}^{41}K$$

} Kernreaktionen mit Neutronen

$$^{83}Br \xrightarrow[2,4\,h]{\beta^-,\,\gamma} {}^{83m}Kr \xrightarrow[1,83\,h]{I.U.\,(e^-)} {}^{83}Kr$$ radioaktiver Zerfall

$$\left.\begin{array}{l}^{85}Rb(n,p)^{85m}Kr \\ ^{88}Sr(n,\alpha)^{85m}Kr\end{array}\right\} \xrightarrow{4,36\,h} \begin{array}{l}\xrightarrow{\beta^-,\,\gamma\,(77\%)} {}^{85}Rb \\ \xrightarrow{I.U.\,(23\%)} {}^{85}Kr\end{array}$$

$$^{87}Rb(n,p)^{87}Kr \xrightarrow[76,4\,min]{\beta^-,\,\gamma} {}^{87}Rb \xrightarrow[4,7\cdot10^{10}\,a]{\beta^-} {}^{87}Sr$$

} Kernreaktionen mit Neutronen

$$^{133}I \xrightarrow[21\,h]{\beta^-,\,\gamma} {}^{133}Xe \xrightarrow[5,3\,d]{\beta^-,\,\gamma} {}^{133}Cs$$ radioaktiver Zerfall

$$\left.\begin{array}{l}^{133}Cs(n,p)^{133m}Xe \\ ^{136}Ba(n,\alpha)^{133m}Xe\end{array}\right\} \xrightarrow[2,19\,d]{I.U.} {}^{133}Xe$$ Kernreaktionen mit Neutronen

$$^{135}I \xrightarrow[6,61\,h]{\beta^-,\,\gamma} {}^{135}Xe \xrightarrow[9,08\,h]{\beta^-,\,\gamma} {}^{135}Cs$$ radioaktiver Zerfall

$$\left.\begin{array}{l}U(n,f) \\ Th(n,f)\end{array}\right\} Kr, Xe \text{ und andere}$$ Kernspaltung mit Neutronen

träglich auf der Oberfläche abgeschieden werden. Dementsprechend muß man verschiedene Möglichkeiten der Verteilung unterscheiden: homogene Verteilung, Anreicherung im Innern, Anreicherung an der Oberfläche.

Bei Salzen, Gläsern oder erhitzten Metalloxiden ist das Emaniervermögen meist gering ($\approx 1\%$), bei Hydroxiden dagegen hoch (20 bis

100%). Es hängt im einzelnen sehr stark von den Herstellungsbedingungen und der Nachbehandlung der Präparate ab. Präparate mit sehr hohem Emaniervermögen (70 bis 100%) werden als Emanationsquellen hergestellt, z. B. Th–228 oder Ra–226 auf Eisenhydroxid durch Mitfällung (Thorium als Hydroxid, Radium als Carbonat). Diese Emanationsquellen liefern durch radioaktiven Zerfall das Edelgas Radon (Emanation), das für chemische oder physikalische Untersuchungen verwendet werden kann. Größere Mengen Rn–222 (aus Ra–226) werden in der Medizin für therapeutische Zwecke verwendet.

Das Emaniervermögen wird entweder direkt durch Aktivitätsmessung des Edelgases bestimmt oder indirekt durch Messung der Folgeprodukte. Alle genannten Isotope des Radons sind α-Strahler; sie werden am zweckmäßigsten in einer Ionisationskammer gemessen. Wenn die Folgeprodukte der Radonisotope gemessen werden sollen, muß auf die Einstellung des radioaktiven Gleichgewichts geachtet werden.

Durch Messung des Emaniervermögens können Umwandlungen und Zersetzungsreaktionen in Festkörpern, Festkörperreaktionen oder Alterungsvorgänge in Niederschlägen verfolgt werden. In Abb. (15–10) ist das Emaniervermögen von Calciumcarbonat als Funktion

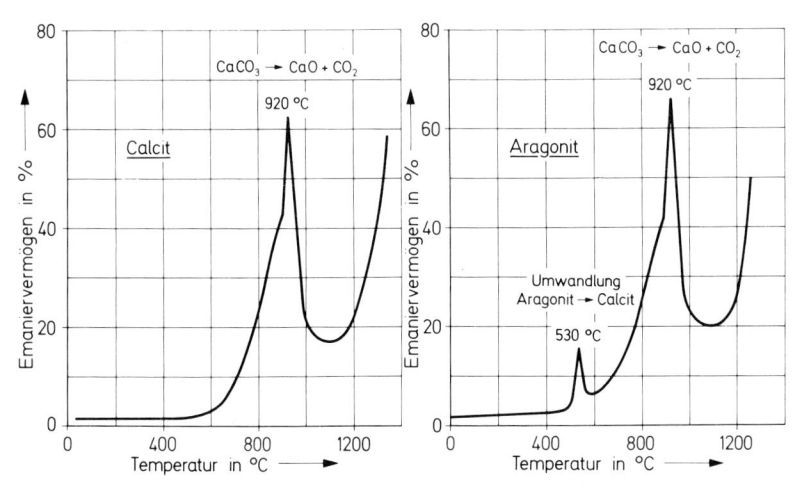

Abb. (15–10) Emaniervermögen von Calcit und Aragonit als Funktion der Temperatur. Nach K. E. ZIMENS: Z. Phys. Chem. B **37**, 231 (1937).

der Temperatur aufgezeichnet. Die Umwandlung von Aragonit in Calcit bei 530 °C und die Zersetzung des Calciumcarbonats in Calciumoxid und Kohlendioxid bei 920 °C geben sich durch einen steilen Anstieg im Emaniervermögen zu erkennen. In der Nähe von 1 200 °C macht sich die erhöhte Beweglichkeit der Ionen im Calciumoxid bemerkbar, die auch für die Sinterungsvorgänge verantwortlich ist. Ein Beispiel für die Untersuchung einer Festkörperreaktion mit Hilfe der Emaniermethode ist die Bildung von Bleimetasilikat (Herstellung von Bleiglas)

$$PbO + SiO_2 \longrightarrow PbSiO_3. \qquad (15.76)$$

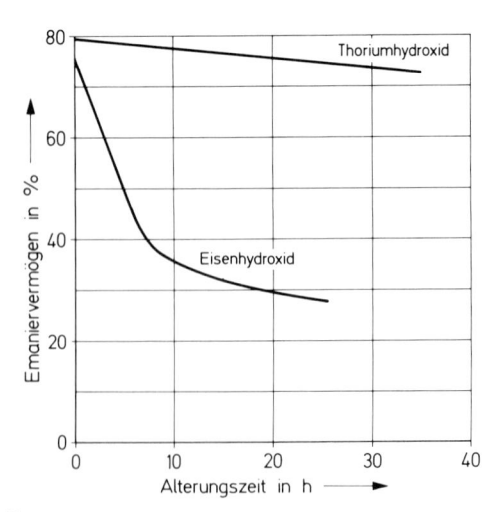

Abb. (15–11) Änderung des Emaniervermögens von Thoriumhydroxid und Eisenhydroxid als Maß für die Alterung: Emaniervermögen als Funktion der Alterungszeit in Wasser bei 100°C. Nach O. HAHN u. G. GRAUE: Z. Phys. Chem., Bodenstein-Festband 1931, S. 608.

Eine Reaktion macht sich stets durch eine Erhöhung des Emaniervermögens bemerkbar; die quantitative Auswertung der Versuchsergebnisse ist jedoch im allgemeinen nicht einfach. Die Alterung von Thoriumhydroxid und Eisenhydroxid in Wasser ist aus Abb. (15–11) zu erkennen; die Änderung des Emaniervermögens dient als Maß für die Alterung. Auch Oberflächenbestimmungen und Dichtebestimmungen poröser Stoffe sind mit Hilfe der Emaniermethode möglich.

15.6. Kernprozesse in der Chemie

Nur in Sonderfällen sind die Vorgänge in den Atomkernen von der chemischen Umgebung abhängig, in der sich die Kerne befinden, so daß aus dem Ablauf der Kernprozesse Rückschlüsse auf den chemischen Bindungszustand möglich sind. Diese Fälle sind im Hinblick auf die Anwendung in der Chemie besonders interessant.

Unmittelbar einleuchtend ist die Abhängigkeit des Elektroneneinfangs und der inneren Konversion vom Bindungszustand; denn an beiden Vorgängen sind Elektronen der Atomhülle beteiligt. Die Effekte sind sehr schwer erkennbar, wenn es sich nur um die Elektronen der K-Schale handelt; sie treten deutlicher hervor, sobald Elektronen höherer Schalen in diese Kernprozesse verwickelt sind. So wurde bei metallischem Beryllium und Berylliumfluorid ein Unterschied in der Halbwertzeit des Elektroneneinfangs von Be–7 festgestellt; im Berylliumfluorid ist die Halbwertzeit um etwa 0,08% größer. Die Halbwertzeit für die innere Konversion des Tc–99 m ist im metallischen Zustand um etwa 0,3% größer als im Pertechnetation. Diese höhere Zerfallswahrscheinlichkeit wird auf die größere Elektronendichte des Technetiums im Pertechnetation zurückgeführt. Auch durch Kompression von Technetiummetall wurde eine Erhöhung der Zerfallskonstante erreicht, ferner durch Abkühlung dieses Elements auf 4,2 K; bei dieser Temperatur wird Technetium supraleitend.

Hinsichtlich der Winkelverteilung von Teilchen und Quanten, die in unmittelbarer Folge emittiert werden, kann ebenfalls eine Abhängigkeit vom Bindungszustand auftreten. Voraussetzung dafür ist, daß der Kern einen Spin und damit auch ein magnetisches Moment bzw. ein elektrisches Quadrupolmoment besitzt. Diese Kernmomente treten in Wechselwirkung mit dem Feld in der Umgebung, so daß die Winkelverteilung durch den chemischen Zustand beeinflußt werden kann. Die Winkelverteilung wird meist durch das Verhältnis der unter 180° und 90° ausgesandten Teilchen bzw. Quanten angegeben. Wenn dieses Verhältnis von 1 abweicht, liegt Anisotropie vor. Der Effekt wurde bei Cd–111m eingehend untersucht, das durch Elektroneneinfang aus In–111 entsteht und 2 γ-Quanten aussendet.

Besondere Bedeutung hat der Mössbauer-Effekt erlangt. Als Mössbauer-Effekt bezeichnet man die rückstoßfreie Resonanzabsorption von γ-Strahlen durch Atomkerne. γ-Strahlen werden von einem Atomkern beim Übergang von einem angeregten Zustand in den Grundzustand ausgesandt (vgl. Abschn. 6.4). Die natürliche Linienbreite $\Gamma = \Delta E$ der γ-Linien ist durch die Heisenbergsche Ungenauigkeitsrelation gegeben

$$\Gamma \cdot \tau = \frac{h}{2\pi}, \qquad (15.77)$$

wobei τ die mittlere Lebensdauer des angeregten Zustandes ist. Geeignet für die Mössbauer-Spektroskopie sind mittlere Lebensdauern von der Größenordnung $\tau \approx 10^{-6}$ s bis $\approx 10^{-11}$ s. Bei längeren Lebensdauern wird die Linienbreite zu klein, bei kürzeren Lebensdauern zu groß. In beiden Fällen ergeben sich experimentelle Schwierigkeiten bei der Messung. Das am häufigsten verwendete Mössbauer-Nuklid ist das Fe–57. Die Halbwertzeit des ersten angeregten Zustandes des Fe–57 beträgt 98 ns (vgl. Abb. (15-12)). Daraus folgt $\tau = 1,4 \cdot 10^{-7}$ s und $\Gamma = 4,6 \cdot 10^{-9}$ eV.

15.6. Kernprozesse in der Chemie

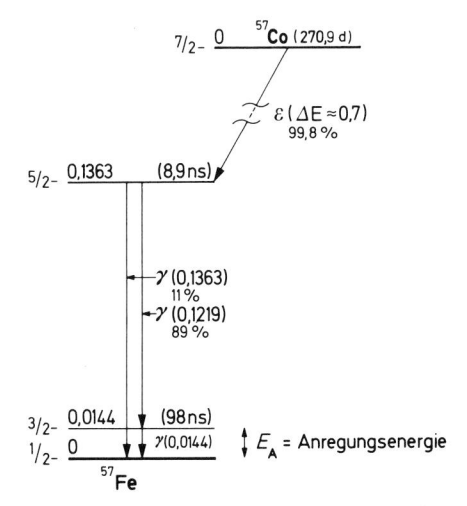

Abb. (15-12) Energiediagramm für den Zerfall des Co–57 (Energien in MeV). (Quelle für Mössbauer-Untersuchungen.)

Wir betrachten zunächst freie, ungebundene Atome. Der Atomkern, der das γ-Quant emittiert, erfährt einen Rückstoß, der nach Gl. (9.15) berechnet werden kann. Die Rückstoßenergie $E_R = E_1$ beträgt

$$E_R = \frac{E_\gamma^2}{2mc^2} = 537 \frac{E_\gamma^2}{M} \text{ eV } [M \text{ in u}, E_\gamma \text{ in MeV}]. \quad (15.78)$$

Im Falle des Fe–57 erhält man für die Rückstoßenergie beim Übergang vom ersten angeregten Zustand in den Grundzustand (E_γ = 0,0144 MeV) $E_R = 1{,}95 \cdot 10^{-3}$ eV. Wenn der Kern vorher in Ruhe war, besitzt er nach Emission des γ-Quants diese kinetische Energie. Sie ist erheblich größer als die natürliche Linienbreite der γ-Linie. Die Anregungsenergie E_A teilt sich auf in die Rückstoßenergie E_R und die Energie des γ-Quants. Die Energie E_γ der Emissionslinie ist somit gegenüber der Anregungsenergie E_A um den Betrag E_R verschoben: $E_\gamma = E_A - E_R$. Für die Absorption des γ-Quants durch einen in Ruhe befindlichen Kern gelten die gleichen Überlegungen. Es überträgt bei der Absorption die Energie E_R auf den absorbierenden Kern. Somit muß seine Energie um den Betrag E_R größer sein als die Anregungsenergie: $E_\gamma = E_A + E_R$.

Bisher wurde angenommen, daß sich die Kerne in Ruhe befinden. Das ist bei Raumtemperatur keineswegs der Fall; im Gaszustand bewegen sich die Kerne mit einer mittleren kinetischen Energie, im festen Zustand führen sie Schwingungen um ihre Ruhelage aus. Die Bewegung führt zu einem Doppler-Effekt und zu einer erheblichen Verbreiterung der Linien. Die Linienverbreiterung infolge des Doppler-Effekts beträgt z. B. für ^{57}Fe-Atome bei Zimmertemperatur $D \approx 10^{-2}$ eV. Das Ergebnis des Rückstoßeffekts und des Doppler-Effekts ist in Abb. (15–13) aufgezeichnet. Die Emissionslinie und die Absorptionslinie sind sehr breit und um den Betrag E_R gegenüber der Anregungsenergie E_A verschoben. Bei tiefen Temperaturen ist die Verbreiterung der Linien infolge des Doppler-Effektes sehr viel geringer.

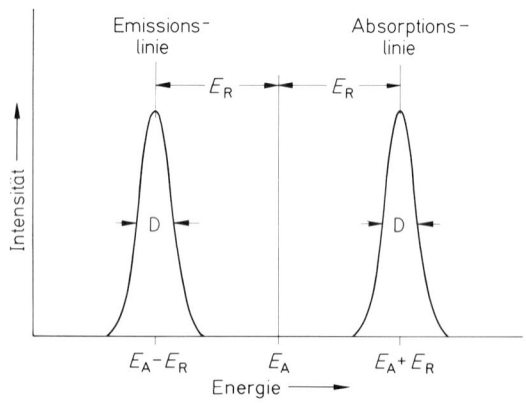

Abb. (15–13) Resonanzabsorption von γ-Quanten durch freie Atome (zur Erläuterung des Mössbauer-Effekts).
E_A = Anregungsenergie für den Übergang des Fe–57 in den angeregten Zustand (Resonanzenergie) — vgl. Abb. (15–12); E_R = Rückstoßenergie; D = Linienverbreiterung infolge des Dopplereffekts.

In einem Festkörper wird die Rückstoßenergie in Schwingungsenergie des emittierenden Kerns umgesetzt, der diese an die benachbarten Atome weitergibt. Die Besonderheit des Festkörpers besteht darin, daß die Absorption oder die Emission auch rückstoßfrei verlaufen kann, d.h. daß keine Anregungsenergie auf das Kristallgitter übertragen wird. Dann fallen Absorptionslinie und Emissionslinie zusammen. Die Wahrscheinlichkeit dafür ist um so größer, je kleiner die Rückstoßenergie (d.h. je kleiner E_γ und je größer m), je niedriger die Temperatur und je höher die Debye-Temperatur sind. Die Überlappung von Emissionslinie und Absorptionslinie in einem Festkörper bei tiefer Temperatur und damit die rückstoßfreie Resonanzabsorption von γ-Strahlen wurde von MÖSSBAUER 1958 bei Experimenten mit Ir–191 gefunden.

In einem Mössbauer-Experiment verwendet man eine Quelle, einen Absorber und einen Detektor. Quelle und Absorber werden auf tiefe Temperaturen gekühlt, z.B. mit flüssigem Stickstoff, oder noch besser mit flüssigem Helium. Die Anordnung ist in Abb. (15–14) aufgezeich-

15.6. Kernprozesse in der Chemie

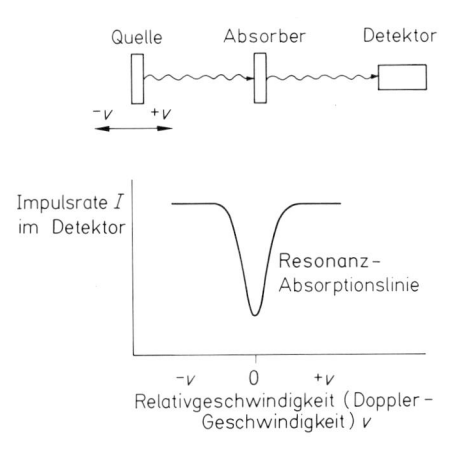

Abb. (15–14) Mössbauer-Experiment.

net. Quelle oder Absorber werden mit einer veränderlichen Geschwindigkeit relativ zueinander bewegt. Damit wird ein Doppler-Effekt erreicht. Die Impulsrate wird als Funktion der Relativgeschwindigkeit von Quelle und Absorber aufgetragen. Die Mössbauer-Quelle enthält das Nuklid, durch dessen Zerfall der angeregte Zustand des Mössbauer-Nuklids bevölkert wird, im Falle von Fe–57 das Co–57, vgl. Abb. (15–12). Als Absorber dient das Mössbauer-Nuklid im Grundzustand, im Falle von Fe–57 Eisen natürlicher Isotopenzusammensetzung, das zu 2,17% aus Fe–57 besteht, oder angereichertes Fe–57. Setzt man voraus, daß das Mössbauer-Nuklid in der Quelle und im Absorber in demselben Zustand vorliegt, dann überlagern sich bei der rückstoßfreien Resonanzabsorption die Emissionslinien und die Absorptionslinien, wenn die Relativgeschwindigkeit $v = 0$ beträgt. Der Detektor zeigt minimale Impulsraten. Bei kleinen Relativgeschwindigkeiten $v > 0$ oder $v < 0$ überlagern sich die Emissionslinien und die Absorptionslinien noch teilweise und bei größeren Relativgeschwindigkeiten gar nicht mehr. Auf diese Weise wird bei einem Mössbauer-Experiment durch Messung der Impulsrate I im Detektor in Abhängigkeit von der Relativgeschwindigkeit v die Resonanz-Absorptionslinie registriert (Mössbauer-Spektrum).

In der Praxis haben wir es nicht mit freien, ungebundenen Atomen zu tun, wie bisher angenommen wurde; vielmehr liegen die Atome im allgemeinen in gebundenem Zustand vor in Form von Metallen, Salzen oder Molekülgittern. Die Atomkerne sind eingebettet in die elektrischen und magnetischen Felder, die durch die Hüllenelektronen und gegebenenfalls durch elektrische Ladungen in der näheren Umgebung hervorgerufen werden. Am interessantesten ist der Einfluß der Valenzelektronen. Die positiv geladenen Atomkerne können verschiedene Arten von Kernmomenten besitzen (vgl. Kap. 2), die mit den elektrischen und magnetischen Feldern in Wechselwirkung treten. Diese Wechselwirkung wird als Hyperfeinwechselwirkung bezeichnet und bewirkt eine Störung der Energiezustände des Kerns. Die Hyperfeinwechselwirkung kann zu einer Änderung der Lage der Energiezustände des Kerns führen, z. B. durch elektrische Monopolwechselwirkung (Symbol $e0$), oder zu einer Aufspaltung der Energiezustände, z. B. durch elektrische Quadrupolwechselwirkung (Symbol $e2$) oder magnetische Dipolwechselwirkung (Symbol $m1$). Elektrische Dipolwechselwirkung (Symbol $e1$) tritt nicht auf, und Wechselwirkungen höherer Ordnung sind so gering, daß sie vernachlässigt werden können.

Die elektrische Monopolwechselwirkung kommt zustande durch die elektrostatische Coulomb-Wechselwirkung zwischen der Kernladung und den Elektronen, die sich innerhalb des Kerns befinden. So haben s-Elektronen eine endliche Aufenthaltswahrscheinlichkeit im Kern. Die elektrische Monopolwechselwirkung beeinflußt die Lage der Resonanzlinie in bezug auf die Relativgeschwindigkeit von Quelle und Absorber und bewirkt die sog. Isomerieverschiebung (chemische Verschiebung) δ. In einem Mössbauer-Experiment wird immer nur die Differenz der elektrostatischen Verschiebung in der Quelle und im Absorber beobachtet, nie die absoluten Größen. Jeder Unterschied in der Elektronenkonfiguration, der Struktur, der Temperatur u. a. zwischen Quelle und Absorber macht sich in einer Isomerieverschiebung δ bemerkbar. So hängt die Isomerieverschiebung z. B. von der Oxidationsstufe ab. Außerdem verursachen die Liganden einer Komplexverbindung eine mehr oder weniger große Isomerieverschiebung δ; „low spin" und „high spin"-Komplexe sind deutlich unterscheidbar.

Die elektrische Quadrupolwechselwirkung und die magnetische Dipolwechselwirkung führen zur elektrischen Quadrupolaufspaltung ΔE_Q bzw. zur magnetischen Aufspaltung ΔE_M der Resonanzlinie. δ, ΔE_Q und ΔE_M sind die drei Mössbauer-Parameter, aus denen man Rückschlüsse ziehen kann auf die chemische Umgebung, in der sich die Mössbauer-Kerne befinden. Eine elektrische Quadrupolwechselwirkung tritt immer nur dann auf, wenn der Kern ein meßbares Quadrupolmoment hat, das auf einer nicht-kugelsymmetrischen Ladungsverteilung im Kern beruht (vgl. Abschn. 2.6). Grundzustand und angeregte Zustände können verschiedene elektrische Quadrupolmomente besitzen. Kernzustände mit dem Kernspin $I = 0$ oder $I = \frac{1}{2}$ haben kein elektrisches Quadrupolmoment. Kerne mit dem Kernspin $I > \frac{1}{2}$, die ein elektrisches Quadrupolmoment aufweisen, treten mit einem inhomogenen elektrischen Feld in Wechselwirkung, das durch den elektrischen Feldgradienten am Ort des Kerns beschrieben werden kann. Wenn sich dieser elektrische Feldgradient ändert, z. B. durch eine anisotrope Anordnung der nächsten Nachbarn (Liganden) oder der Valenzelektronen, so tritt eine mehr oder weniger große elektrische Quadrupolaufspaltung ΔE_Q im Mössbauer-Spektrum auf. Auch hierbei geht wiederum nur die Differenz zwischen Quelle und Absorber ein.

15.6. Kernprozesse in der Chemie

Eine magnetische Dipolwechselwirkung kann sich bemerkbar machen, wenn der Kern ein magnetisches Dipolmoment besitzt, d. h. wenn der Kernspin $I \neq 0$ ist (vgl. Abschn. 2.5). Die magnetische Dipolwechselwirkung wird auch als Kern-Zeeman-Effekt bezeichnet. Sie bewirkt eine Aufspaltung der Energiezustände von Kernen mit dem Kernspin I in $2I + 1$ Zustände. Z. B. beobachtet man für $I = \frac{1}{2}$ keine elektrische Quadrupolaufspaltung ΔE_Q, sondern nur eine magnetische Aufspaltung ΔE_M in zwei Energiezustände, und für $I = \frac{3}{2}$ eine elektrische Quadrupolaufspaltung und eine magnetische Aufspaltung in vier Energiezustände.

Der Mössbauer-Effekt zeichnet sich durch eine hohe Empfindlichkeit aus. Energieänderungen von der Größenordnung 10^{-8} eV sind erkennbar. Auch die zeitliche Auflösung ist sehr hoch. Relaxationsprozesse, die innerhalb von etwa 10^{-6} bis 10^{-12} s ablaufen, können mit Hilfe des Mössbauer-Effekts noch erfaßt werden. Schließlich ist auch die Nachweisempfindlichkeit verhältnismäßig hoch. Bei einer Konzentration von einem radioaktiven Atom auf etwa 10^8 inaktive Atome ist der Mössbauer-Effekt noch nachweisbar.

Wie bereits oben erwähnt, ist das ^{57}Fe mit Abstand das am häufigsten verwendete Mössbauer-Nuklid. Weitere Untersuchungen liegen vor mit den Elementen Kalium (^{40}K), Nickel (^{61}Ni), Zink (^{67}Zn), Krypton (^{83}Kr), Technetium (^{99}Tc), Ruthenium (^{99}Ru, ^{101}Ru), Silber (^{107}Ag), Zinn (^{117}Sn, ^{119}Sn), Antimon (^{123}Sb), Tellur (^{125}Te), Iod (^{127}I), Xenon (^{129}Xe), Cäsium (^{133}Cs), Lanthan (^{139}La), Hafnium (^{176}Hf, ^{177}Hf, ^{178}Hf, ^{180}Hf), Tantal (^{181}Ta), Wolfram (^{180}W, ^{182}W, ^{183}W, ^{184}W, ^{186}W), Rhenium (^{187}Re), Osmium (^{186}Os, ^{188}Os, ^{189}Os, ^{190}Os), Iridium (^{191}Ir, ^{193}Ir), Platin (^{195}Pt), Gold (^{197}Au) und Quecksilber (^{199}Hg, ^{201}Hg). Bei einigen Radionukliden ergeben sich allerdings verhältnismäßig große experimentelle Schwierigkeiten. Wenn z. B. die Halbwertzeit und damit die mittlere Lebensdauer des angeregten Zustandes zu lang ist, ist die Linienbreite sehr klein und der Resonanzeffekt schwer meßbar. Ist sie zu kurz, dann sind die Resonanzlinien so breit, daß sie nicht mehr aufgelöst werden können. Sind schließlich die Anregungsenergien zu hoch, dann wird die Wahrscheinlichkeit für eine rückstoßfreie Resonanzabsorption niedrig.

15.7. Altersbestimmungen

Das radioaktive Zerfallsgesetz (Gl. (5.7)) liefert eine von allen anderen Einflüssen unabhängige „Uhr"; denn aus der Änderung der Mengenverhältnisse kann bei bekannter Zerfallskonstante die Zeitdifferenz berechnet werden. Daraus ergeben sich vielfältige Möglichkeiten für Altersbestimmungen, die für die Geologie, Mineralogie und Archäologie von großer Bedeutung sind.

Vorschläge zur Altersbestimmung von Mineralien auf Grund der Zerfallsgesetze folgten bald nach der Aufklärung der Zerfallsreihen des Urans und des Thoriums. RUTHERFORD wies als erster auf die Möglichkeit hin, das Alter eines Uranminerals aus der Menge des gebildeten Heliums zu ermitteln.

Alle in der Natur vorkommenden Radionuklide können zu Altersbestimmungen herangezogen werden. Der Zeitbereich, in dem eine Altersbestimmung möglich ist, hängt von der Halbwertzeit des Radionuklids ab. Aus meßtechnischen Gründen sind solche Zeiträume günstig, die etwa der Größenordnung der Halbwertzeit der Radionuklide entsprechen. Für die Geologie sind an erster Stelle die langlebigen Mutternuklide der Uran-, Thorium- und Actinium-Familie von Interesse sowie andere langlebige Radionuklide, wie K–40 und Rb–87. Für die Altersbestimmung von Mineralien, die Uran oder Thorium enthalten, ist die genaue Kenntnis der Zerfallsreihen dieser Radioelemente wichtig (vgl. Tabn. 5.1, 5.3 und 5.4). Die Einstellung des radioaktiven Gleichgewichts mit den Folgeprodukten wird jeweils durch die Halbwertzeit des langlebigsten Folgeprodukts in der Zerfallsreihe bestimmt. Dies ist in der Uran-Radium-Familie das U–234 ($t_{1/2} = 2{,}44 \cdot 10^5$ a), in der Thorium-Familie das Ra–228 ($t_{1/2} = 5{,}75$ a) und in der Actinium-Familie das Pa–231 ($t_{1/2} = 3{,}28 \cdot 10^4$ a). Das radioaktive Gleichgewicht ist praktisch nach 10 Halbwertzeiten dieser Nuklide eingestellt; dann ist eine Altersbestimmung auf der Grundlage des radioaktiven Gleichgewichts möglich. Die Endprodukte der Zerfallsreihen sind die stabilen Nuklide Pb–206 bzw. Pb–208 und Pb–207. Ihre Menge wächst mit dem Alter des Minerals an, ebenso die Menge des durch α-Zerfall gebildeten Heliums.

Die Uran-Helium-Methode beruht auf der Bestimmung des Mengenverhältnisses von Uran zu Helium. Die Voraussetzungen für die Anwendung dieser Methode sind, daß kein Helium entwichen ist und die Entstehung des Heliums durch andere Prozesse — z. B. Zerfall von Thorium oder Spallationsreaktionen in Meteoriten — berücksichtigt wird. Die Methode ist sehr empfindlich und erlaubt noch eine Altersbestimmung, wenn der Urangehalt nur 1 ppm beträgt.

Bei der Uran-Blei-Methode wird das Mengenverhältnis Pb–206 zu U–238 bestimmt. Gleichzeitig wird im Massenspektrometer das Verhältnis der Bleiisotope gemessen. Fehlt Pb–204, so wird angenommen, daß das Pb–206 ausschließlich durch Zerfall des U–238 entstanden ist. Ist Pb–204 vorhanden, so wird eine dem natürlichen Isotopenverhältnis entsprechende Menge an Pb–206 in Abzug gebracht. Diese Methode liefert verhältnismäßig zuverlässige Werte. Fehler können entstehen, wenn das Blei im Laufe der Zeit ausgelaugt wurde.

Die Thorium-Blei-Methode, die auf der Bestimmung des Mengenverhältnisses Pb–208 zu Th–232 beruht, wird in der gleichen Weise angewendet wie die Uran-Blei-Methode.

Die Bestimmung des Mengenverhältnisses von Pb–206 zu Pb–207 ist eine recht zuverlässige Methode, die zur Bestimmung von hohen Alterswerten (einige 10^9 Jahre) geeignet ist. Fehler können auftreten durch Entweichen des Radons — weil die Halbwertzeiten von Rn–222 ($t_{1/2} = 3,82$ d) und Rn–219 ($t_{1/2} = 4,0$ s), die in den beiden Zerfallsreihen vorkommen, sehr verschieden sind — und durch Verluste an Blei; letztere machen sich um so stärker bemerkbar, je weiter sie zeitlich zurückliegen. Für den Gehalt an natürlichem Blei wird ebenso wie bei der Uran–Blei-Methode auf Grund des vorhandenen Pb–204 korrigiert. Somit genügt bei dieser Methode eine massenspektrometrische Bestimmung des Verhältnisses der Bleiisotope.

Das Isotopenverhältnis der Bleiisotope hat sich infolge der Entstehung von „radiogenem" Blei aus Uran und Thorium im Laufe der Zeit geändert. Dies muß zum Teil bei den bisher erwähnten Methoden berücksichtigt werden. Außerdem kann bei Kenntnis des Isotopenverhältnisses der Uranisotope als Funktion der Zeit das Alter von solchen Mineralien bestimmt werden, die Blei enthalten. In diesem Falle wird das Verhältnis Pb–204 zu Pb–206 (bzw. Pb–208) gemessen.

Bei der Kalium-Argon-Methode wird das Verhältnis Ar–40 zu K–40 bestimmt. K–40 wandelt sich nur zu 11,0% in Ar–40 um; im übrigen entsteht Ca–40. Für Glimmer liefert diese Methode zuverlässige Werte, bei anderen Mineralien sind die Verluste an Argon im Verlaufe geologischer Zeiträume zum Teil beträchtlich. Das aus K–40 entstehende Ar–40 trägt zum Argongehalt der Atmosphäre bei.

Die Rubidium-Strontium-Methode ergibt verhältnismäßig zuverlässige Werte, weil Edelgase weder als Zwischenprodukte noch als Endprodukte auftreten. Das Verhältnis Sr–87 zu Rb–87 wird am besten mit Hilfe eines Massenspektrometers bestimmt.

Für die Untersuchung von geologischen Vorgängen, die noch nicht so weit zurückliegen — z. B. Altersbestimmung von Sedimenten —, kommen auch solche natürlichen Radionuklide in Frage, die nicht extrem langlebig sind, wie Th–230 und Ra–226. Die Überlegungen sind in diesem Falle ähnlich wie bei den zuvor erläuterten Methoden.

Große Bedeutung besitzen auch die Radionuklide, welche durch die Einwirkung der kosmischen Strahlung erzeugt werden. Durch Spallationsprozesse entstehen neben Protonen, Neutronen und α-Teilchen auch die radioaktiven Nuklide T, Be–7 und Be–10. Tritium wird außerdem durch energiereiche Neutronen aus Stickstoff gebildet:

$$^{14}N\,(n, t)\,^{12}C. \qquad (15.79)$$

Die thermischen Neutronen erzeugen C–14:

$$^{14}N\,(n, p)\,^{14}C. \qquad (15.80)$$

Die Bildungsgeschwindigkeiten betragen etwa 2,4 Atome C–14 und 0,4 Atome T pro cm² Erdoberfläche und Sekunde. Wegen seiner langen Halbwertzeit vermischt sich der „Radiokohlenstoff" C–14 durch Austausch- und Stoffwechselvorgänge vollständig mit einem größeren „Kohlenstoffreservoir", das aus Kohlensäure, gelöstem Hydrogencarbonat und organischen Stoffen besteht und im Mittel etwa 8 g Kohlenstoff pro cm² Erdoberfläche enthält. In den Kohlenstoffverbindungen, die an den Austausch- bzw. Stoffwechselvorgängen nicht teilnehmen, klingt die ^{14}C-Aktivität langsam ab. Auf diese Weise sind Altersbestimmungen von Holz und anderen kohlenstoffhaltigen Verbindungen möglich. Die Methode der ^{14}C-Datierung wurde insbesondere von LIBBY entwickelt und ist inzwischen in der Archäologie unentbehrlich geworden. Die spezifische Aktivität des C–14 beträgt in einer frischen Probe — d. h. einer Probe aus dem Kohlenstoffreservoir — rund 0,27 s^{-1} pro Gramm Kohlenstoff und in einer Probe, die zehntausend Jahre alt ist, nur noch 0,081 s^{-1}. Deshalb sind für die Altersbestimmungen nach der ^{14}C-Methode sehr empfindliche Meßanordnungen erforderlich. Meist werden sogenannte „low level"-Meßplätze verwendet, die sich durch einen sehr niedrigen Untergrund auszeichnen. Voraussetzung für die Anwendung der Methode ist, daß sich die Bildungsgeschwindigkeit von C–14 gemäß Gl. (15.80) nicht geändert hat. In den letzten Jahrzehnten hat sich der prozentuale Gehalt an ^{14}CO$_2$ in der Atmosphäre einerseits durch die Verbrennung fossiler Brennstoffe etwas erniedrigt; andererseits ist er infolge der Atom- bzw. Wasserstoffbombenexplosionen angestiegen, weil dabei große Mengen Neutronen in Freiheit gesetzt wurden.

Der Tritiumgehalt im Wasser schwankt im Bereich von etwa 10^{-18} bis 10^{-16} Atomen Tritium pro Atom Wasserstoff. Im Regenwasser ist der Tritiumgehalt am höchsten, in tieferen Schichten des Ozeans verhältnismäßig niedrig. Für hydrologische Studien ist die Bestimmung des Tritiumgehaltes von großer Bedeutung. Deshalb werden z. B. von der Internationalen Atomenergiebehörde Wasserproben aus allen Teilen der Welt gesammelt und auf ihren Tritiumgehalt untersucht. Auch Altersbestimmungen von Wein sind möglich. Infolge der Wasserstoffbombenexplosionen ist der Tritiumgehalt allerdings zum Teil erheblich angestiegen (insbesondere in der nördlichen Hemisphäre), so daß die Altersbestimmungen auf Grund des Tritiumgehaltes gestört sind. Vor der Messung des Tritiums wird meist zunächst eine Anreicherung durch eine ein- oder zweistufige Elektrolyse durchgeführt (vgl. Abschn. 4.9).

15.8. Geochemie und Kosmochemie

Die Geochemie beschäftigt sich mit der Aufgabe, die Häufigkeit und die Verteilung der Elemente auf der Erdoberfläche und in den tieferen Schichten festzustellen und Transportvorgänge zu untersuchen. Man unterscheidet die Lithosphäre, die Hydrosphäre, die Biosphäre und die Atmosphäre. Die Bestimmung der Isotopenverteilung und der natürlichen Radionuklide spielt im Rahmen der Geochemie eine wichtige Rolle. Aufgabe der Kosmochemie ist das Studium der stofflichen Zusammensetzung und der stofflichen Veränderungen in der Sonne, den Planeten, den Fixsternen und der interstellaren Materie. Ein besonders interessantes Forschungsobjekt sind die Meteorite, die auf ihre Zusammensetzung und ihr Alter untersucht werden. Man unterscheidet Aerolithe (Steinmeteorite), Siderite (Eisenmeteorite) und Siderolithe (Mischungen der beiden Vorgenannten).

15.8. Geochemie und Kosmochemie

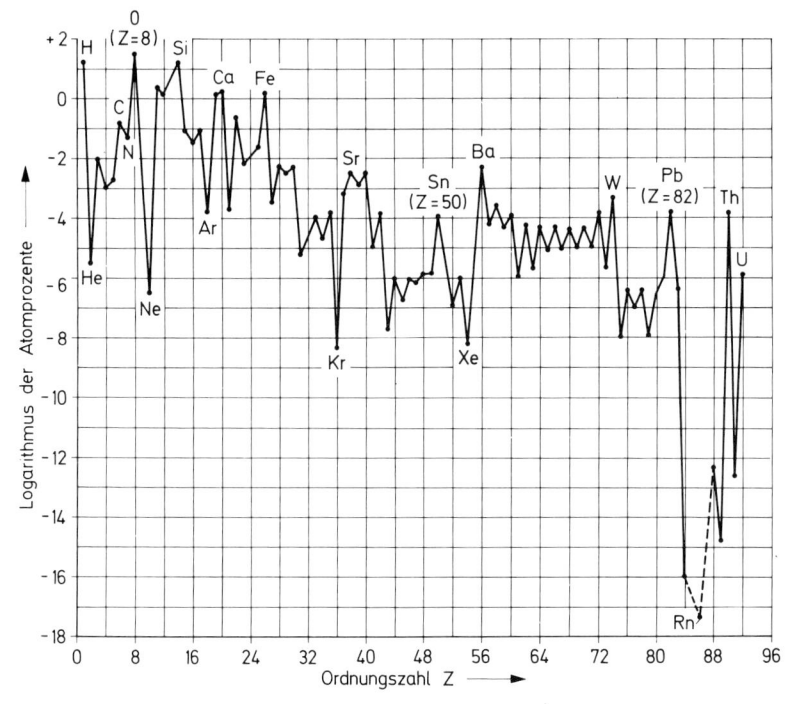

Abb. (15–15) Häufigkeit der Elemente auf der Erdoberfläche (Atomprozente als Funktion der Ordnungszahl).

Die Häufigkeit der Elemente auf der Erde ist in Abb. (15–15) in logarithmischem Maßstab als Funktion der Ordnungszahl aufgezeichnet. Nach allen bisherigen Informationen ist diese Häufigkeitsverteilung innerhalb des Sonnensystems etwa die gleiche. Besonders häufig sind Wasserstoff und Sauerstoff vertreten, dann die Elemente Kohlenstoff, Stickstoff, Silicium, Calcium und Eisen. Die magischen Zahlen $Z = 8$, 50 und 82 machen sich durch Maxima bemerkbar. In anderen Sternen — sowohl innerhalb als auch außerhalb der Milchstraße — wurden durch spektroskopische Messungen große Unterschiede festgestellt, vor allen Dingen hinsichtlich des Verhältnisses der schwereren Elemente zu Wasserstoff. Je kleiner dieses Verhältnis ist, desto älter sind die betreffenden Sterne. Die Häufigkeit der Elemente hängt ausschließlich von ihren Kerneigenschaften und von den Kernreaktionen ab, durch die sie entstanden sind. Die chemischen Eigenschaften sind nur für die Fraktionierungsprozesse verantwortlich, die nach der Entstehung der Elemente stattfanden.

In der Isotopenverteilung einzelner Elemente auf der Erdoberfläche machen sich Schwankungen bemerkbar, für die man Gleichgewichtsisotopieeffekte, kinetische Isotopieeffekte und Transportvorgänge verantwortlich macht. Man wählt jeweils einen bestimmten Standard aus und gibt die relative Abweichung im Isotopenverhältnis I.V. zwischen einer Probe und dem Standard als δ-Wert in Promille an

$$\delta = \frac{\text{I.V. (Probe)} - \text{I.V. (Standard)}}{\text{I.V. (Standard)}} \times 1000 \quad . \quad (15.81)$$

Die stärksten Verschiebungen im Isotopenverhältnis (Fraktionierungen) werden bei den beiden stabilen Wasserstoffisotopen H und D beobachtet, weil hier die relative Massendifferenz am größten ist. Gleichgewichtsisotopieeffekte und kinetische Isotopieeffekte machen sich deshalb bei den Wasserstoffisotopen am stärksten bemerkbar (vgl. Kap. 3). Als Standard verwendet man meist das mittlere Isotopenverhältnis von D und H im Meerwasser. Erhebliche Isotopieeffekte treten bei der Verdampfung des Wassers auf, außerdem in Kristallwasser. Der Deuteriumgehalt in natürlichem Wasser schwankt zwischen etwa 0,0125 und 0,0157 Atomprozent. Der mittlere Deuteriumgehalt im Meerwasser beträgt 0,0156 Atomprozent. Aus diesen Werten berechnet man mit Hilfe von Gl. (15.81), daß δD in natürlichem Wasser zwischen etwa $+6\%_{00}$ und $-200\%_{00}$ variieren kann. Der freie Wasserstoff in der Atmosphäre enthält mehr Deuterium als dem Austauschgleichgewicht zwischen Wasserstoff und Wasser entspricht (vgl. Abschn. 3.3).

In Tab. 15.6 sind einige Werte für das Isotopenverhältnis der Sauerstoffisotope O–16 und O–18, der Kohlenstoffisotope C–12 und C–13 sowie der Schwefelisotope S–32 und S–34 in verschiedenen Proben zusammengestellt.

Sauerstoff ist das am weitesten verbreitete Element auf der Erde und deshalb für die Untersuchung von Isotopenverhältnissen in der Geochemie besonders interessant. Meist wird das Isotopenverhältnis ^{18}O/^{16}O bestimmt. Gleichgewichtsisotopieeffekte machen sich im Isotopenverhältnis ^{18}O/^{16}O deutlich bemerkbar. In silikatischen Mineralien ist ^{18}O besonders stark angereichert, wenn der Sauerstoff nur an Silicium gebunden ist (Si–O–Si-Bindungen). In Si–O–Al-Bindungen ist der ^{18}O-Gehalt um etwa $4\%_{00}$ niedriger und in Si–O–Mg- bzw. Si–O–Fe-Bindungen um etwa $2\%_{00}$. Besonders niedrig ist der ^{18}O-Gehalt in Si–O–H-Gruppen. Die Isotopenaustauschgleichgewichte zwischen den Mineralien und Wasser sind stark von der Temperatur abhängig, so daß man mit Hilfe von Eichkurven aus dem Isotopenverhältnis auf die Entstehungstemperatur der Mineralien schließen kann (geochemisches Isotopen-Thermometer). Das gleiche gilt für das Isotopenaustauschgleichgewicht zwischen Carbonaten und Wasser

$$\text{CaC}^{16}\text{O}_3 + \text{H}_2{}^{18}\text{O} \rightleftharpoons \text{CaC}^{16}\text{O}_2{}^{18}\text{O} + \text{H}_2{}^{16}\text{O} \quad . \quad (15.82)$$

Aus dem Isotopenverhältnis ^{18}O/^{16}O in einem Carbonat kann man die Entstehungstemperatur des Carbonats bestimmen.

Tabelle 15.6
Isotopenverhältnis von Sauerstoff-, Kohlenstoff- und Schwefelisotopen in verschiedenen Proben

Herkunft der Probe	$^{16}O/^{18}O$
frisches Wasser	488,95
Ozeanwasser	484,1
Wasser aus dem Toten Meer	479,37
atmosphärische Luft	474,72
O_2 aus der Photosynthese	486,04
CO_2 aus der Luft	470,15
Carbonate	470,61

	$^{12}C/^{13}C$
atmosphärisches CO_2	91,5
Kalkstein	88,8 – 89,4
Schalen von Seetieren	89,5
Seewasser	89,3
Meteorite	89,8 – 92,0
Kohle, Holz	91,3 – 92,2
Petroleum, Pech	91,3 – 92,8
Algen, Sporen	92,8 – 93,1

	$^{32}S/^{34}S$
Meerwassersulfate	21,5 – 22,0
vulkanischer Schwefel	21,9 – 22,2
magmatisches Gestein	22,1 – 22,2
Meteorite	21,9 – 22,3
Lebewesen	22,3
Petroleum, Kohle	21,9 – 22,6

Werte aus:
S. R. SILVERMAN: Geochim. Acta **2**, 26 (1951).
B. F. MURPHEY, A. O. NIER: Physic Rev. **59**, 772 (1941).
E. K. GERLING, K. G. RIK, zit. v. A. P. VINOGRADOV: Bull Acad. Sci. USSR, Serie Geol., Nr. **3**, 3 (1954).

Bei den Kohlenstoffisotopen C–13 und C–12 machen sich zwei Mechanismen der Fraktionierung bemerkbar: Ein kinetischer Isotopieeffekt bei der Photosynthese, der zu einer Anreicherung von C–12 in organischen Substanzen führt, und Gleichgewichtsisotopieeffekte im System $CO_2(aq)/HCO_3^-(aq)$, die eine Anreicherung des C–13 im Hydrogencarbonat bewirken. Die Gleichgewichtskonstante für das Gleichgewicht

$$^{13}CO_2 + H^{12}CO_3^- \rightleftharpoons {}^{12}CO_2 + H^{13}CO_3^- \qquad (15.83)$$

beträgt bei 20°C $K = 1,008$ und hängt von der Temperatur ab ($K = 1,009$ bei 10°C und $K = 1,007$ bei 30°C). Außerdem ist das Verhältnis $CO_2(aq)/HCO_3^-(aq)$ stark vom pH-Wert abhängig. Im Meerwasser liegen bei pH 8,2 mehr als 99% des gelösten Kohlendioxids als HCO_3^- vor, in stärker saurem Wasser dagegen überwiegt das CO_2.

Aus gemessenen δ^{13}C-Werten sind daher Rückschlüsse auf die Vorgeschichte oder die Entstehungsbedingungen der betreffenden Substanz möglich.

Schwefel hat vier stabile Isotope und kommt in der Natur in verschiedenen Oxidationsstufen vor: -2 (Sulfide), 0 (elementarer Schwefel), $+6$ (Sulfate). Meist wird das Isotopenverhältnis ^{34}S/^{32}S bestimmt. Auch beim Schwefel sind kinetische Isotopieeffekte und Gleichgewichtsisotopieeffekte zu berücksichtigen. Kinetische Isotopieeffekte treten insbesondere bei der Reduktion von Sulfat zu Schwefelwasserstoff durch Bakterien auf und führen zu einer deutlichen Anreicherung der leichteren Isotope im Schwefelwasserstoff. Gleichgewichtsisotopieeffekte treten bei dem Isotopenaustauschgleichgewicht

$$^{32}SO_4^{--} + H_2{}^{34}S \rightleftharpoons {}^{34}SO_4^{--} + H_2{}^{32}S \qquad (15.84)$$

auf. Für die Gleichgewichtskonstante wurde der Wert $K = 1{,}075$ bei 25°C berechnet. Die Temperaturabhängigkeit ist ziemlich stark ausgeprägt. Auch zwischen den verschiedenen sulfidischen Mineralien stellen sich Isotopenaustauschgleichgewichte ein, die zu einer Verschiebung im Isotopenverhältnis führen. Z. B. wird ^{34}S in der Reihenfolge Pyrit > Sphalerit > Bleiglanz angereichert. Messungen des Isotopenverhältnisses ^{34}S/^{32}S werden oft herangezogen, um Aussagen über die Entstehungsbedingungen (z. B. magmatisch oder hydrothermal) und die Entstehungstemperatur von sulfidischen Erzen machen zu können. In den aus Meerwasser abgeschiedenen Sulfaten werden charakteristische Werte des Isotopenverhältnisses ^{34}S/^{32}S für die verschiedenen geologischen Zeiten gefunden, so daß umgekehrt in vielen Fällen eine Datierung möglich ist.

Neben den am häufigsten untersuchten Elementen Wasserstoff, Kohlenstoff, Sauerstoff und Schwefel werden für geochemische Untersuchungen in Einzelfällen auch Isotopenverhältnismessungen anderer Elemente herangezogen, z. B. Bor, Stickstoff, Silicium, Kalium und Selen.

Die Verteilung der Radioelemente Uran und Thorium und ihrer Tochternuklide in Gesteinen, Sedimenten und Erdöl sowie in Meteoriten gibt Hinweise auf die Entstehungsgeschichte. Ebenso ermöglicht die Bestimmung der Radioelemente Uran, Thorium, Radon und Radium in der Luft und in Wasser verschiedener Herkunft einen Einblick in die in der Atmosphäre und Hydrosphäre ablaufenden Prozesse.

Für die Kosmochemie sind die Kernreaktionen in Meteoriten von großem Interesse, die vorwiegend durch die hochenergetischen Protonen der kosmischen Strahlung hervorgerufen werden. Diese Protonen besitzen Energien von der Größenordnung 1 bis zu etwa 10^9 GeV. Daneben sind in der kosmischen Strahlung auch α-Teilchen und andere Ionen vorhanden. Die Messung der radioaktiven Nuklide, die in Meteoriten unter dem Einfluß der kosmischen Strahlung entstehen, erlaubt Aussagen über die Intensität der kosmischen Strahlung sowie das Alter der Meteorite und ihre Vorgeschichte.

15.8. Geochemie und Kosmochemie

Von wenigen Ausnahmen abgesehen, ist die Isotopenverteilung in Meteoriten die gleiche wie auf der Erde. Dies bedeutet, daß während der Entstehung des Sonnensystems zwar in gewissem Umfang eine Trennung von Elementen, aber keine Isotopentrennung stattfand. Die in Meteoriten beobachteten Abweichungen vom Isotopenverhältnis auf der Erde können zurückgeführt werden auf den radioaktiven Zerfall, die Isotopenfraktionierung leichter Elemente und Kernreaktionen unter dem Einfluß kosmischer Strahlung. So entstehen z. B. durch Zerfall von K–40 das Ar–40 und durch Zerfall des I–129 das Xe–129. Weitere stabile Isotope der Edelgase entstehen durch Hochenergie-Kernreaktionen.

Die experimentellen Methoden der Meteoritenforschung sind sehr vielseitig. Für Isotopenverhältnismessungen sind Massenspektrometer unentbehrlich. Einen zentralen Platz nimmt die Spurenelementanalyse ein, insbesondere die zerstörungsfreie Neutronenaktivierungsanalyse, mit deren Hilfe vor allen Dingen der Gehalt an Seltenen Erden und an Schwermetallen bestimmt werden kann. Auch die verzögerte Neutronenemission nach Neutronenbestrahlung wird häufig gemessen. Der natürliche Gehalt an Radionukliden wird durch „low level"-Messungen bestimmt. Die Kernspurmethode hat sich zu einem wichtigen Hilfsmittel entwickelt. Stark ionisierende Kerne mit Ordnungszahlen $Z \geq 25$ hinterlassen in silikatischem Material eine Spur, die durch Anätzen sichtbar gemacht werden kann. Die Spuren können verschiedene Ursachen haben: schwere Ionen aus der kosmischen Strahlung, Spaltprodukte aus der Spontanspaltung oder der induzierten Spaltung oder Rückstoßkerne aus einem α-Zerfall.

Einige wichtige Ergebnisse der Meteoritenforschung lassen sich in folgenden Punkten zusammenfassen:
— Die Intensität der kosmischen Strahlung hat sich in den vergangenen 10^6 Jahren nicht merklich geändert.
— Das kosmische Bestrahlungsalter der Meteorite (d.h. die Zeit, welche die Meteorite als Einzelkörper im Weltraum verbracht haben) ist viel kleiner als das Alter des Sonnensystems.
— Die Meteorite lassen sich nach ihrem Bestrahlungsalter in Gruppen einteilen (z. B. $0,25 \cdot 10^6$ a, $4 \cdot 10^6$ a, $6 \cdot 10^8$ a), wobei jede Gruppe wahrscheinlich durch ein bestimmtes Ereignis entstanden ist.

In ähnlichem Umfang wie die Meteoritenforschung wurde in den vergangenen Jahren auch die Mondforschung betrieben, nachdem durch die Apollo-Missionen Mondmaterial zur Verfügung stand. Chemische Analysen, Neutronenaktivierungsanalysen und massenspektrometrische Bestimmungen der Isotopenverhältnisse ergaben ein genaues Bild von der Zusammensetzung der Mondoberfläche und den dort stattfindenden Vorgängen. So konnten die Kernreaktionen unter dem Einfluß der kosmischen Strahlung, die ungehindert auf die Mondoberfläche als „Sonnenwind" auffällt, im einzelnen aufgeklärt werden.

Besonders interessant für den Kernchemiker sind die Fragen nach dem Alter und der Entstehung der Elemente (Nukleogenese). Letztere ist eng mit den Vorgängen in den Sternen und mit ihrer Entwicklung verknüpft. Im wesentlichen werden Fusionsreaktionen und (n, γ)-Reaktionen für die Entstehung der Elemente verantwortlich gemacht (vgl. Abschn. 8.12). Auch die in Abb. (15–15) aufgezeichnete Häufigkeitsverteilung der Elemente läßt sich durch eine Vielzahl von aufeinanderfolgenden Kernreaktionen erklären. Für das Alter der Elemente des Sonnensystems errechnete GAMOW auf diese Weise etwa $5 \cdot 10^9$ Jahre. Wenn man gewisse Annahmen über die Häufigkeit der Bleiisotope Pb–204, Pb–206 und Pb–207 bzw. der Uranisotope U–235 und U–238 oder des K–40 zum Zeitpunkt ihrer Entstehung macht, kann man aus der jetzt vorliegenden Häufigkeit ebenfalls das Alter dieser Elemente berechnen. Die Analyse von solchen Meteoriten, die vernachlässigbar kleine Mengen Uran enthalten, liefert für das Isotopenverhältnis Pb–206 zu Pb–204 bzw. Pb–207 zu Pb–204 die Werte 9,4 bzw. 10,3. Es erscheint sinnvoll, diese Werte als „Anfangswerte" für den Zeitpunkt der Entstehung der Elemente zugrunde zu legen. Dann erhält man aus dem jetzt vorliegenden Isotopenverhältnis der Bleiisotope und aus dem Verhältnis der Häufigkeiten von Uran und Blei für das Alter der Elemente den Wert $4,9 \cdot 10^9$ Jahre. Etwas jünger sollten die auf der Erde vorkommenden Gesteine sein. Die Altersbestimmungen liefern für die ältesten auf der Erde gefundenen Gesteine einen Wert von $3,0 \cdot 10^9$ Jahren.

Es wird heute angenommen, daß sich die ersten Elemente aus einer Urmaterie durch eine Urexplosion („big bang") bildeten. Die wichtigsten Bestandteile der Urmaterie waren Photonen, Elektronneutrinos, Myonneutrinos, Antineutrinos, Elektronen, Positronen, Neutronen und Protonen. Alle Teilchen befanden sich bei Temperaturen von etwa 10^{11} K miteinander in einem statistischen Gleichgewicht. Die Temperatur entsprach einer mittleren Energie der Teilchen von ≈ 10 MeV. In dem Plasma aus Elementarteilchen liefen z.B. folgende Reaktionen ab:

$$n + e^+ \rightleftharpoons p + \bar{\nu}_e \qquad (15.85)$$

$$n + \nu_e \rightleftharpoons p + e^- \qquad (15.86)$$

$$n \rightleftharpoons p + e^- + \bar{\nu}_e \qquad (15.87)$$

$$\nu_e + \bar{\nu}_e \rightleftharpoons e^+ + e^- \qquad (15.88)$$

$$\nu_\mu + \bar{\nu}_\mu \rightleftharpoons e^+ + e^- \qquad (15.89)$$

Die Baryonendichte war bei 10^{11} K etwa von der Größenordnung 10 bis 100 g cm^{-3}. Sie war sehr klein im Vergleich zur Photonendichte. Auf ein Baryon entfielen, ähnlich wie heute, etwa 10^9 Photonen. Infolge der hohen Flußdichte an Photonen in der Urmaterie konnten sich keine Kerne mit Massenzahlen A > 1 in nennenswerter Menge bilden; sie wurden sofort wieder durch Photonen gespalten.

Als Folge der Expansion und Abkühlung der Urmaterie verschob sich das Gleichgewicht zwischen Neutronen und Protonen; Positronen und Elektronen verschwanden in wachsendem Umfang durch Vernichtung, die Flußdichte an Photonen wurde geringer. Bei Temperaturen von der Größenordnung 10^9 K betrug die Baryonendichte nur noch etwa 10^{-5} g cm^{-3}. Nun setzte „explosionsartig" die Bildung von Kernen mit Massenzahlen $A > 1$ ein. Folgende Kernreaktionen waren für diesen ersten Schritt der Nukleosynthese wichtig:

$$p + n \longrightarrow d + \gamma \tag{15.90}$$

$$d + p \longrightarrow {}^3\text{He} + \gamma \tag{15.91}$$

$$d + n \longrightarrow t + \gamma \tag{15.92}$$

$$d + d \longrightarrow t + p \tag{15.93}$$

$$d + d \longrightarrow {}^3\text{He} + n \tag{15.94}$$

$$^3\text{He} + n \longrightarrow t + p \tag{15.95}$$

$$t + p \longrightarrow {}^4\text{He} + \gamma \tag{15.96}$$

$$^3\text{He} + n \longrightarrow {}^4\text{He} + \gamma \tag{15.97}$$

$$t + d \longrightarrow {}^4\text{He} + n \tag{15.98}$$

$$^3\text{He} + d \longrightarrow {}^4\text{He} + p \tag{15.99}$$

$$^3\text{He} + {}^3\text{He} \longrightarrow {}^4\text{He} + 2p \tag{15.100}$$

$$^4\text{He} + d \longrightarrow {}^6\text{Li} + \gamma \tag{15.101}$$

$$^6\text{Li} + p \longrightarrow {}^4\text{He} + {}^3\text{He} \tag{15.102}$$

$$^6\text{Li} + n \longrightarrow {}^4\text{He} + t \tag{15.103}$$

$$^4\text{He} + {}^3\text{He} \longrightarrow {}^7\text{Be} + \gamma \tag{15.104}$$

$$^4\text{He} + t \longrightarrow {}^7\text{Li} + \gamma \tag{15.105}$$

$$^7\text{Be} + n \longrightarrow {}^7\text{Li} + p \tag{15.106}$$

$$^7\text{Be} + n \longrightarrow {}^4\text{He} + {}^4\text{He} \tag{15.107}$$

$$^7\text{Be} + d \longrightarrow {}^4\text{He} + {}^4\text{He} + p \tag{15.108}$$

$$^7\text{Li} + p \longrightarrow {}^4\text{He} + {}^4\text{He} \tag{15.109}$$

$$^7\text{Be} + p \longrightarrow {}^8\text{B} + \gamma \tag{15.110}$$

$$^7\text{Be} + {}^4\text{He} \longrightarrow {}^{11}\text{C} + \gamma \tag{15.111}$$

$$^7\text{Li} + n \longrightarrow {}^8\text{Li} + \gamma \tag{15.112}$$

$$^7\text{Li} + {}^4\text{He} \longrightarrow {}^{11}\text{B} + \gamma \tag{15.113}$$

Für die rechnerische Behandlung dieser Kernreaktionen sind gewisse Voraussetzungen über die Zusammensetzung und die Dichte der Urmaterie sowie die Kenntnis der Wirkungsquerschnitte als Funktion der Energie (Anregungsfunktionen) erforderlich. Typische Ergebnisse einer solchen Rechnung sind in Tabelle 15.7 wiedergegeben. Man erkennt daraus, daß die freien Neutronen fast vollständig verschwinden und vorzugsweise ^{4}He-Kerne gebildet werden. Dies beruht auf der hohen Bindungsenergie der Nukleonen im Helium und auf der im Vergleich zu ^{4}He niedrigen Beständigkeit von Kernen mit den Massenzahlen 5 und 8. Kerne mit Massenzahlen $A > 4$ werden

Tabelle 15.7
Bildung von Kernen mit Massenzahlen A > 1 bei einer Urexplosion („big bang"). Nach R.V. WAGONER, Ap. J. **179**, 343 (1973).

Kerne	Massenanteile	
	Urmaterie ($\approx 10^{10}$ K)	Materie nach der Urexplosion ($\approx 10^8$ K)
p	0,86	0,75
n	0,11	$1 \cdot 10^{-8}$
d	–	$1 \cdot 10^{-4}$
t	–	$3 \cdot 10^{-7}$
^{3}He	–	$3 \cdot 10^{-5}$
α	–	0,22
^{6}Li	–	$2 \cdot 10^{-12}$
^{7}Li	–	$1 \cdot 10^{-10}$
^{7}Be	–	$2 \cdot 10^{-10}$

bei der Urexplosion nur in sehr kleinen Mengen gebildet. Der Massenanteil des Heliums in verschiedenen Sternen und in der interstellaren Materie stimmt mit den für eine Urexplosion berechneten Anteilen (Tab. 15.5) ungefähr überein, ebenso der Anteil des Deuteriums. Deuterium wird durch die Reaktion (15.91) verhältnismäßig leicht in ^{3}He und dann weiter in ^{4}He umgewandelt; deshalb ist sein Anteil verhältnismäßig niedrig.

Die Produkte der Urexplosion dienten als Ausgangsmaterial für die weitere Nuklidsynthese. Voraussetzung dafür war die lokale Verdichtung der Materie zu Sternen unter dem Einfluß der Gravitation. Wahrscheinlich bildeten sich nach der Urexplosion zunächst viele Sterne, dann sank die Entstehungsrate allmählich auf einen nahezu konstanten Wert ab.

Sterne entstehen in den Gebieten, in denen Gase und Staub in größerer Dichte vorhanden sind, d.h. in der galaktischen Ebene, und zwar bevorzugt in den Spiralarmen. Alle Sterne durchlaufen dabei bestimmte Entwicklungsphasen. Im wesentlichen handelt es sich um eine fortgesetzte Kontraktion, zunächst um eine Kontraktion des ganzen Sterns (Kontraktionsphase), dann um eine Kontraktion der Kernzone. Die Dichte im Innern der Sterne wächst dabei monoton an. Die Kontraktion wird nur unterbrochen durch die thermonuklearen Reaktionen in der Kernzone. Am längsten dauert die Umwandlung von Wasserstoff in Helium (Hauptreihenphase). Weitere thermonukleare Reaktionen können folgen. Dadurch reichert sich die Kernzone des Sterns allmählich mit schwereren Elementen an:

$$^1H \rightarrow .. \rightarrow {}^4He \rightarrow .. \rightarrow {}^{12}C \rightarrow .. \rightarrow {}^{56}Fe \text{ u.a.} \quad (15.114)$$

Im Anschluß an diese Reaktion setzt sich die Kontraktion fort, und es kommt u.a. zur Bildung von Neutronensternen, wobei die Kernreaktionen wieder in umgekehrter Richtung ablaufen:

$$^{56}Fe \text{ u.a.} \rightarrow .. \rightarrow {}^4He \rightarrow .. \rightarrow {}^1H \rightarrow n. \quad (15.115)$$

Dabei wird von dem System ebensoviel Energie aufgenommen wie vorher durch die umgekehrte Reaktionsfolge freigesetzt wurde. Die Gesamtenergie der Sterne stammt somit letzten Endes aus der Gravitationsenergie, wobei vorübergehend Anleihen an die Kernenergie erfolgen.

Die Kernreaktionen, die zum Aufbau der Elemente führen, kann man in drei Gruppen einteilen:
— Wasserstoff-„Verbrennung",
— Helium-„Verbrennung",
— Kohlenstoff-„Verbrennung",
— Synthese von schwereren Elementen (A > ≈ 50).

Während der Kontraktionsphase eines neu entstehenden Sterns wird die freiwerdende Gravitationsenergie in Innere Energie umgesetzt, wodurch sich Temperatur und Druck erhöhen, so daß zunächst ein Gleichgewichtszustand erreicht wird. Nur unter Abstrahlung von Energie kann sich die Kontraktion fortsetzen. Nach etwa 10^6 a ist praktisch die Gesamtmasse der ursprünglichen Wolke in einem neuen Stern vereinigt, der infolge Energieabstrahlung intensiv leuchtet. Der Entstehungsprozeß ist damit beendet. Der Kern schrumpft langsam weiter und nimmt dabei immer höhere Temperaturen an. Bei einer kritischen Zentraltemperatur werden Kernreaktionen gezündet und damit eine weitere Kontraktion verhindert. Mit dem Zünden der Kernreaktionen beginnt eine neue Phase, die sehr viel länger dauert als die Kontraktionsphase und auch als Hauptreihenphase bezeichnet wird. Während dieser Phase wird im wesentlichen Wasserstoff in Helium umgewandelt (Wasserstoff-„Verbrennung"). Die Bruttogleichung für die Wasserstoff-„Verbrennung" lautet (vgl. Abschn. 8.12):

$$4p \longrightarrow {}^4He + 2e^+ + 2\nu_e + \Delta E. \qquad (15.116)$$

Der Deuteriumzyklus

$$p + p \longrightarrow d + e^+ + \nu_e \qquad (15.117)$$

$$d + p \longrightarrow {}^3He + \gamma \qquad (15.118)$$

$$^3He + {}^3He \longrightarrow {}^4He + 2p \qquad (15.119)$$

und der Kohlenstoff-Stickstoff-Zyklus

$$^{12}C + p \longrightarrow {}^{13}N + \gamma$$
$$\longrightarrow {}^{13}C + e^+ + \nu_e \qquad (15.120)$$

$$^{13}C + p \longrightarrow {}^{14}N + \gamma \qquad (15.121)$$

$$^{14}N + p \longrightarrow {}^{15}O + \gamma$$
$$\longrightarrow {}^{15}N + e^+ + \nu_e \qquad (15.122)$$

$$^{15}N + p \longrightarrow {}^{12}C + {}^4He \qquad (15.123)$$

wurden bereits in Abschn. 8.12 besprochen. Bei genügend hoher Konzentration an ^{4}He kommt anstelle von Gl. (15.119) folgende Variante ins Spiel:

$$^3\text{He} + {}^4\text{He} \longrightarrow {}^7\text{Be} + \gamma \qquad (15.124)$$

$$^7\text{Be} + e^- \longrightarrow {}^7\text{Li} + \nu_e \qquad (15.125)$$

$$^7\text{Li} + p \longrightarrow {}^8\text{Be} + \gamma \qquad (15.126)$$

$$^8\text{Be} \longrightarrow 2\,{}^4\text{He} \qquad (15.127)$$

Außerdem ist als Konkurrenzreaktion zu (15.125) bis (15.127) folgende Reaktionsfolge möglich.

$$^7\text{Be} + p \longrightarrow {}^8\text{B} + \gamma \qquad (15.128)$$

$$^8\text{B} \longrightarrow {}^8\text{Be} + e^+ + \nu_e \qquad (15.129)$$

$$^8\text{Be} \longrightarrow 2\,{}^4\text{He} \qquad (15.130)$$

Aus den Rechnungen folgt, daß in der Sonne im derzeitigen Stadium (Temperatur im Innern $1,6 \cdot 10^7$ K) etwa 40% der Energie durch die Reaktionsfolge (15.117) bis (15.119) erzeugt werden, etwa 56% durch die Reaktionsfolge (15.117), (15.118), (15.124) bis (15.127) und etwa 4% durch die Reaktionen (15.120) bis (15.123). Mit zunehmender Temperatur wird der Anteil des Kohlenstoff-Stickstoff-Zyklus größer. Die Reaktionsfolge (15.128) bis (15.130) spielt unter den derzeitigen Bedingungen in der Sonne praktisch keine Rolle.

Die Hauptreihenphase, die durch die Wasserstoff-„Verbrennung" charakterisiert ist, erstreckt sich bei der Sonne über einen Zeitraum von etwa 10^{10} a. Diese Zeit sowie die weiteren Vorgänge hängen sehr stark von der Masse der Sterne ab. Das an Wasserstoff verarmte, mit Helium angereicherte Zentralgebiet des Sterns besitzt zunächst keine weitere Kernenergiequelle mehr. Die aus Helium bestehende Kernzone beginnt sich zu kontrahieren, während in der Randzone des Sterns noch weiter Wasserstoff in Helium umgewandelt wird. Der Stern wird in dieser Phase, die bei massereichen Sternen früher und bei massearmen später einsetzt, heller und röter. Wenn die Masse des Sterns etwa gleich der Masse der Sonne oder größer ist, entwickelt er sich zum „Roten Riesen". In den Außenbereichen des Sterns findet eine Expansion statt, wobei der Radius auf etwa das 10^2- bis 10^3-fache anwächst. Gleichzeitig fällt die Temperatur in den äußeren Bereichen ab. Im Innern des „Roten Riesen" verbleibt eine Kernzone hoher Dichte, die sich unter Temperaturerhöhung weiter kontrahiert. Bei hinreichend hoher Temperatur (etwa 10^8 K) und Dichte kommt es zur Zündung einer neuen Folge von Kernreaktionen, wobei aus Helium schwerere Elemente aufgebaut werden (Helium-„Verbrennung"). Diese Zündung erfolgt explosionsartig in Form eines „Heliumflash" und bewirkt eine Expansion der Kernzone.

Die wesentliche Voraussetzung für den Aufbau schwererer Kerne aus Helium ist, daß durch ^{4}He–^{4}He-Stöße eine gewisse Mindestkonzentration an instabilen ^{8}Be-Kernen erzeugt wird:

$$^4\text{He} + {}^4\text{He} \rightleftharpoons {}^8\text{Be} \tag{15.131}$$

Bei 10^8 K und einer Dichte von 10^5 g cm^{-3} entfällt im Gleichgewicht ein ^{8}Be-Kern auf etwa 10^9 ^{4}He-Kerne. Aus diesen ^{8}Be-Kernen kann dann durch eine weitere Fusionsreaktion ^{12}C entstehen:

$$^8\text{Be} + {}^4\text{He} \longrightarrow {}^{12}\text{C} + \gamma \tag{15.132}$$

Auf diese Weise wird der instabile Bereich bei A = 8 überbrückt. Außerdem können folgende Fusionsreaktionen mit ^{4}He ablaufen:

$$^{12}\text{C} + {}^4\text{He} \longrightarrow {}^{16}\text{O} + \gamma \tag{15.133}$$

$$^{16}\text{O} + {}^4\text{He} \longrightarrow {}^{20}\text{Ne} + \gamma \tag{15.134}$$

Bei Temperaturen von etwa 10^8 K wird damit allerdings wieder eine Grenze für die thermonuklearen Reaktionen erreicht, weil die Coulombsche Abstoßung für Reaktionen mit schwereren Kernen zu groß ist.

Mit dem Versiegen der Fusionsenergie setzt eine weitere Kontraktion ein, die wiederum eine Aufheizung bewirkt. Bei etwa 10^9 K kann eine weitere Folge von Kernreaktionen erfolgen, wobei im wesentlichen aus Kohlenstoff schwerere Elemente aufgebaut werden (Kohlenstoff-„Verbrennung"):

$$^{12}\text{C} + {}^{12}\text{C} \longrightarrow {}^{20}\text{Ne} + {}^4\text{He} \tag{15.135}$$

$$^{12}\text{C} + {}^{12}\text{C} \longrightarrow {}^{23}\text{Na} + p \tag{15.136}$$

$$^{12}\text{C} + {}^{12}\text{C} \longrightarrow {}^{23}\text{Mg} + n \tag{15.137}$$

$$^{12}\text{C} + {}^{12}\text{C} \longrightarrow {}^{24}\text{Mg} + \gamma \tag{15.138}$$

Auch diese Kernreaktionen werden explosionsartig gezündet, wenn die Konzentration an ^{12}C-Kernen genügend hoch ist („Kohlenstoffflash") und führen mit einer gewissen Wahrscheinlichkeit zu einer „Supernova"-Explosion, d. h. zum Zerreißen des Sterns in viele Bruchstücke.

Sofern keine „Supernova"-Explosion stattfindet bzw. die dabei entstehenden Bruchstücke hinreichend groß sind, setzt sich die Sternentwicklung fort. In einem späteren Stadium, d. h. bei Temperaturen oberhalb etwa 10^9 K, sind weitere Fusionsreaktionen möglich (Sauerstoff-„Verbrennung").

$$^{16}\text{O} + {}^{16}\text{O} \longrightarrow {}^{32}\text{S} + \gamma \tag{15.139}$$

$$^{16}\text{O} + {}^{16}\text{O} \longrightarrow {}^{31}\text{P} + p \tag{15.140}$$

$$^{16}\text{O} + {}^{16}\text{O} \longrightarrow {}^{31}\text{S} + n \tag{15.141}$$

$$^{16}\text{O} + {}^{16}\text{O} \longrightarrow {}^{28}\text{Si} + {}^4\text{He} \tag{15.142}$$

Fusionsreaktionen zwischen ^{12}C und ^{16}O sind weniger wahrscheinlich, da vor Erreichen der dafür notwendigen Temperatur die meisten

^{12}C-Kerne durch Reaktionen vom Typ ^{12}C + ^{12}C verbraucht sind. Bei Temperaturen oberhalb 10^9 K können auch weitere Fusionsreaktionen mit ^{4}He ablaufen, z. B.

$$^{28}\text{Si} + {}^4\text{He} \longrightarrow {}^{32}\text{S} + \gamma \qquad (15.143)$$

$$^{32}\text{S} + {}^4\text{He} \longrightarrow {}^{36}\text{Ar} + \gamma \qquad (15.144)$$

usw.

Dadurch entstehen Kerne mit Massenzahlen bis etwa A = 56, d. h. es werden Nuklide bis in das Gebiet des Eisens aufgebaut, welche die maximale Bindungsenergie pro Nukleon aufweisen (vgl. Abb. (1–11)). Die Synthese der Elemente kommt damit vorläufig zu einem Abschluß. Die aus den vorstehenden Kernreaktionen mit kernphysikalischen Daten berechneten Häufigkeiten der Nuklide stimmen recht gut mit den beobachteten Häufigkeiten überein.

Elemente, die schwerer sind als Eisen, entstehen im wesentlichen durch Neutroneneinfang. Dabei unterscheidet man drei Prozesse:

s („slow")-Prozeß: Der Neutroneneinfang findet langsamer statt als der β^--Zerfall, so daß instabile Kerne bis zum Einfang des nächsten Neutrons genügend Zeit haben, sich durch β^--Zerfall in einen stabilen Kern umzuwandeln. Die Häufigkeit der auf diese Weise erzeugten Isotope läßt sich aus den Einfangquerschnitten berechnen. Die Entstehung von neutronenreichen Nukliden in unmittelbarer Nachbarschaft eines neutronenärmeren instabilen β^--aktiven Nuklids läßt sich durch den s-Prozeß nicht erklären, ebensowenig die Entstehung der Elemente Thorium und Uran.

r („rapid")-Prozeß: Der Neutroneneinfang findet rascher statt als der β^--Zerfall. Diesen Prozeß haben wir bereits in Abschn. 14.4 kennengelernt (vgl. Abb. (14–8)). Bei sehr hohem Neutronenfluß finden viele aufeinanderfolgende (n, γ)-Reaktionen statt, bevor die entstehenden instabilen Nuklide zerfallen. Solche hohen Neutronenflüsse treten wahrscheinlich bei den explosionsartig verlaufenden thermonuklearen Reaktionen auf. Die Existenz der Elemente Thorium und Uran kann nur durch einen r-Prozeß erklärt werden. Der Aufbau schwerer Kerne durch r-Prozesse ist durch die Kernspaltung begrenzt. Sobald die (n, f)-Reaktionen die (n, γ)-Reaktionen stark überwiegen, werden keine schwereren Kerne mehr gebildet.

p (Protonen)-Prozeß: Die Entstehung protonenreicher Nuklide (z. B. ^{78}Kr, ^{84}Sr, ^{92}Mo, ^{96}Ru, ^{102}Pd, ^{106}Cd, ^{112}Sn) kann mit s- oder r-Prozessen nicht erklärt werden. Man nimmt deshalb an, daß diese Nuklide durch Protoneneinfang entstanden sind.

Auch in der weiteren Sternentwicklung gibt es noch einige für den Kernchemiker interessante Phasen. Im Stadium des „Roten Riesen" findet ein langsamer aber stetiger Massenverlust statt, weil leichte Moleküle dem Schwerefeld entweichen können. Erhebliche Massenverluste treten bei einer Supernova-Explosion auf. Am Ende der Entwicklung bilden sich in allen Fällen Sterne sehr hoher Dichte. Je nach der Masse und der Zusammensetzung des Sterns entsteht ein „Weißer Zwerg" (mittlere Dichte $\approx 10^6$ g cm^{-3}, Temperatur in der Kernzone $\approx 10^7$ K) ein „Neutronenstern" (Dichte bis zu 10^{15} g cm^{-3}, Temperatur in der Kernzone ≈ 10^9 K) oder ein „Schwarzer Zwerg". Sterne sehr kleiner Masse (< 0,1 der Sonnenmasse) erreichen im Inneren nicht die Zündtemperatur für Kernreaktionen und entwickeln sich direkt zu „Schwarzen Zwergen". „Neutronensterne" entstehen bei extrem hohen Dichten der Materie aus einem „Weißen Zwerg". Unter diesen Bedingungen findet ein inverser β^--Zerfall statt: p (im Kern) + e^- ⟶ n + ν_e. Die Neutronen werden freigesetzt und es verbleibt ein Restkern niedrigerer Ordnungszahl. Dieser Prozeß kann sich solange fortsetzen, bis der Stern überwiegend aus Neutronen besteht. Damit kehrt sich in gewisser Weise die Bildung der Elemente aus der Urmaterie wieder um. Neutronensterne machen sich dadurch bemerkbar, daß ihre Helligkeit sehr rasch pulsiert. Sie werden deshalb auch Pulsare genannt. Die hohe Frequenz der Pulsare macht es notwendig, eine sehr hohe Dichte anzunehmen, so wie sie für Neutronensterne vorausgesagt wird. Der erste Neutronenstern wurde 1967 entdeckt.

15.9. Biologie und Medizin

In den Lebenswissenschaften Biochemie, Biologie und Medizin finden Radionuklide als Indikatoren vielseitige Verwendung; C–14 und T spielen dabei die wichtigste Rolle, daneben auch P–32, S–35, Fe–59 und andere Radionuklide. Außerdem werden in der Medizin große Mengen von Radionukliden für diagnostische und therapeutische Zwecke eingesetzt. In diesem Abschnitt kann nur ein Überblick über die vielfältigen Anwendungen in den Lebenswissenschaften gegeben werden.

Im Rahmen der Indikatormethoden sind vor allen Dingen die Untersuchungen über die Photosynthese zu nennen, die mit C–14, T und P–32 durchgeführt wurden (CALVIN seit 1940). Radionuklide und markierte Verbindungen sind ein unentbehrliches Hilfsmittel für die Aufklärung von Stoffwechselvorgängen in pflanzlichen und tierischen Organismen; auch stabile Nuklide wie N–15 und O–18 werden für diese Zwecke eingesetzt. Derartige Untersuchungen sind von entscheidender Bedeutung, wenn es darum geht, den Verbleib von Medikamenten im Körper aufzuklären.

Die Aktivierungsanalyse ist ein wertvolles Hilfsmittel im Hinblick auf den Nachweis von Spurenelementen.

Auch für die Diagnose kann die Spurenelementanalyse von großer Bedeutung sein. Dazu ist es jedoch zunächst erforderlich, charakteristische Veränderungen im Spurenelementgehalt bei Erkrankungen festzustellen. Systematische Untersuchungen erscheinen erfolgversprechend.

In der Nuklearmedizin finden Radionuklidgeneratoren und markierte Verbindungen in steigendem Maße eine recht breite Anwendung. Dabei setzt sich die Tendenz der Verwendung kurzlebiger Radionuklide immer stärker durch, weil diese nur eine geringe Strahlenbelastung der Patienten bewirken. Die Gewinnung von Radionukliden wurde bereits in Kap. 13 besprochen, die Herstellung von markierten Verbindungen in Abschn. 13.6. Eine wichtige Teilaufgabe der Nuklearmedizin ist die frühzeitige Erkennung von Erkrankungen, insbesondere von Tumoren. Dazu verwendet man verschiedene, bevorzugt kurzlebige Radionuklide in einer geeigneten chemischen Form, die in dem erkrankten Gewebe gespeichert werden und so die Bildung eines Tumors anzeigen. Eine weitere interessante Aufgabe ist die Funktionsprüfung von Organen. Ein gebräuchliches Verfahren ist der Schilddrüsentest mit radioaktivem Iod. Früher verwendete man vorwiegend I–131, heute in steigendem Umfang I–123, das eine sehr viel geringere Strahlenbelastung hervorruft. Nach der Applikation wird die Verteilung des in der Schilddrüse angereicherten Iods von außen mit einem Szintillationszähler gemessen. Auf diese Weise wird die Schilddrüse „abgebildet". Die Blutzirkulation im Herzen kann mit Hilfe von Na–24 verfolgt werden. Auch eine Abbildung des Herzmuskels ist nach Applikation geeigneter markierter Verbindungen (z. B. ^{11}C-markierter Fettsäuren) möglich. Dabei kann man die Bereiche erkennen, in denen der Herzmuskel geschädigt ist (z. B. durch einen Infarkt). Hinsichtlich der Möglichkeit, die Funktion von Organen mit Hilfe von Radionukliden zu überprüfen, stehen wir zweifellos erst am Anfang einer vielversprechenden Entwicklung. Für diagnostische Zwecke bevorzugt man Radionuklide, die γ-Strahlung mit einer Energie zwischen etwa 0,1 und 0,5 MeV aussenden, weil diese bequem von außen gemessen werden kann. Andere Strahlungsarten sind unerwünscht, weil sie eine zusätzliche Strahlenbelastung verursachen. Die Produktion von Radiopharmaka steigt laufend an. Einen großen Umfang nehmen dabei Testbestecke („kits") ein, das sind Sätze von Reagentien, die es erlauben, die Radionuklide in eine für die medizinische Anwendung geeignete chemische Form zu überführen. Die Zusammenarbeit zwischen Medizin und Chemie, speziell der Kernchemie, ist für die weitere Entwicklung sehr wichtig und findet auch steigendes Interesse.

Verhältnismäßig große Mengen von Radionukliden werden für therapeutische Zwecke eingesetzt. Besonders vorteilhaft sind kurzlebige Radionuklide, deren Aktivität im Körper innerhalb kurzer Zeit abklingt. Bei der Anwendung des Radiums, das früher in der Radiologie vorwiegend verwendet wurde, mußte das radioaktive Präparat nach einer bestimmten Einwirkungszeit wieder entfernt werden — zum Teil auf operativem Weg. Die Therapie mit kurzlebigen Radionukliden hat in der Medizin sehr viele neue Möglichkeiten eröffnet. Beispielsweise wird das kurzlebige Radon in dünnwandige Röhrchen aus Gold eingefüllt und in den zu bestrahlenden Tumor eingeschossen; so wird eine lokale Bestrahlung erreicht und ein operativer Eingriff vermieden. In ähnlicher Weise können Lösungen von kurzlebigen Radionukliden in einen Tumor injiziert oder in das zu behandelnde Organ eingeführt werden. α-Strahler werden bevorzugt, wenn es darum geht, lokal hohe Strahlungsdosen zu applizieren.

15.10. Technik

15.10.1. Übersicht

In Abschn. 15.1 wurde bereits auf die besonderen Merkmale der Radionuklidtechnik hingewiesen: die hohe Nachweisempfindlichkeit der radioaktiven Strahlung und die Möglichkeit der Markierung. Diese beiden Gesichtspunkte spielen auch für die Anwendungen in der Technik eine wichtige Rolle. Die Erfahrung hat gezeigt, daß auch in der Technik viele Probleme mit Hilfe von Radionukliden besser gelöst werden können als mit konventionellen Methoden. Im Rahmen dieses Buches kann nur ein Überblick über die vielfältigen Anwendungen von Radionukliden in der Technik gegeben werden. Man kann folgende Bereiche unterscheiden:
— Radionuklide als Indikatoren;
— Absorption und Streuung radioaktiver Strahlung;
— durch radioaktive Strahlung hervorgerufene Prozesse (Nutzung radioaktiver Strahlung).

Im ersten Fall werden Radionuklide in offener Form verwendet, in den beiden anderen Fällen in Form von geschlossenen Strahlenquellen. Sehr wichtig sind die Anwendungen, die sich aus der Absorption oder Streuung radioaktiver Strahlung ergeben. Obwohl es sich hierbei überwiegend um rein physikalische Verfahren handelt, sollen sie an dieser Stelle ebenfalls besprochen werden. Die Ausnutzung der Absorption oder Streuung radioaktiver Strahlung führt auch zu einigen interessanten analytischen Anwendungen, die sich dadurch auszeichnen, daß sie zerstörungsfrei sind, d.h. daß die Proben ohne Verarbeitung analysiert werden.

Die direkte Nutzung radioaktiver Strahlung ist ein weiteres Arbeitsgebiet von technischer Bedeutung. Im Vordergrund stehen die Möglichkeiten der Energieerzeugung durch radioaktive Strahlung sowie die Anwendung strahlenchemischer Reaktionen für technische Prozesse.

15.10.2. Radionuklide als Indikatoren

Auch hier muß man wiederum beachten, daß sich die markierte Verbindung chemisch und physikalisch ebenso verhält wie die zu untersuchende Substanz.

In der chemischen Industrie werden Radionuklide als Indikatoren für die Untersuchung von Misch- und Trennvorgängen verwendet. Außerdem können Transporterscheinungen innerhalb von Fabrikationsanlagen aufgeklärt werden (z. B. Transport eines Katalysators). In der Metallindustrie werden Radionuklide zur Untersuchung von Diffusionsvorgängen in Metallen sowie zum Studium der Legierungsbildung eingesetzt. Eine wichtige Rolle spielt auch die Möglichkeit, Abrieberscheinungen (z. B. den Abrieb von Kolbenringen in einem Verbrennungsmotor) sowie Korrosionsvorgänge mit Hilfe von Radionukliden zu untersuchen. In der Wasserwirtschaft und in der Erdölindustrie ergeben sich mannigfaltige Anwendungsmöglichkeiten zur Untersuchung von Transportvorgängen. Beispielsweise kann die Strömung des Wassers im Boden mit Hilfe von tritiertem Wasser studiert werden; ein wesentlicher Vorteil ist die niedrige Nachweisgrenze für Tritium: 1 Atom Tritium kann noch neben 10^{19} Atomen Wasserstoff bestimmt werden. Zur Prüfung der Dichtigkeit von Leitungen werden vorzugsweise kurzlebige γ-Strahler verwendet, deren Austritt in den Boden von außen gemessen werden kann; dadurch wird die Lecksuche erheblich erleichtert. In Erdölleitungen kann man ein Radionuklid injizieren, um eine bestimmte Ölsorte zu markieren; auf diese Weise ist es möglich, eine Leitung für den Transport verschiedener Ölsorten zu verwenden.

Tabelle 15.8 gibt einen Überblick über Radionuklide, die bisher vorzugsweise als Indikatoren in der Technik eingesetzt wurden. Tritium und C-14 haben den Nachteil, daß sie nur energiearme β-Strahlung aussenden. Sie können deshalb nicht von außen gemessen werden; vielmehr ist es notwendig, Proben zu entnehmen und diese z.B. mit einem Flüssig-Szintillationszähler zu messen. Andererseits ist es von großem Vorteil, daß diese Nuklide mit hoher Empfindlichkeit bestimmt werden können, so daß innerhalb der Freigrenze für die Handhabung radioaktiver Substanzen noch eine erhebliche Verdünnung möglich ist. Dies wird in Abb. (15–16) verdeutlicht.

Radionuklidgeneratoren, die in der Medizin in größerem Umfang eingesetzt werden, haben bisher in der Industrie noch keine breite Anwendung gefunden. Dabei ist allerdings zu berücksichtigen, daß

Tabelle 15.8
Beispiele für die Verwendung von Radionukliden als Indikatoren in der Technik

Radionuklid	Halbwertzeit	Registrierte Strahlung	Verwendungsform
^{3}H	12,346 a	β^-	in wäßrigen Lösungen oder organischen Verbindungen
^{14}C	5736 a	β^-	in organischen Verbindungen
^{24}Na	15 h	γ	als Carbonat in wäßrigen Lösungen, als Salicylat bzw. Naphthenat in organischen Verbindungen
^{41}Ar	1,83 h	γ	in Gasen
^{46}Sc	83,8 d	γ	in Gläsern
^{51}Cr	27,72 d	γ	als Komplexe in wäßrigen Lösungen
^{82}Br	35,3 h	γ	als KBr oder NH_4Br in wäßrigen Lösungen, als p-Dibrombenzol in organischen Verbindungen, als CH_3Br in Gasen
^{85}Kr	10,73 a	γ	in Gasen
^{125}Xe	17 h	γ	in Gasen
^{133}Xe	5,29 d	γ	in Gasen
^{140}La	40,22 h	γ	als Oxid in Festkörpern, als Acetat in wäßriger Lösung, als Naphthenat in organischen Verbindungen
^{192}Ir	74 d	γ	in Gläsern
^{198}Au	2,7 d	γ	als Kolloid in organischen Verbindungen

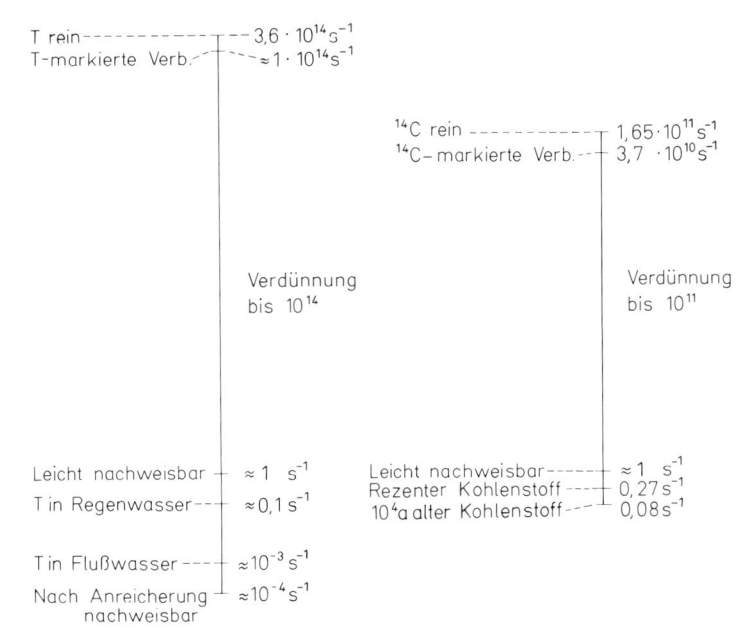

```
T rein -------------- 3,6 · 10^14 s^-1
T-markierte Verb.    ≈ 1 · 10^14 s^-1

                        ^14C rein ----------- 1,65 · 10^11 s^-1
                        ^14C-markierte Verb.  3,7 · 10^10 s^-1

Verdünnung              Verdünnung
bis 10^14               bis 10^11

Leicht nachweisbar  ≈ 1 s^-1      Leicht nachweisbar ----- ≈ 1 s^-1
T in Regenwasser   ≈ 0,1 s^-1     Rezenter Kohlenstoff     0,27 s^-1
                                  10^4 a alter Kohlenstoff 0,08 s^-1

T in Flußwasser    ≈ 10^-3 s^-1
Nach Anreicherung  ≈ 10^-4 s^-1
nachweisbar
```

Abb. (15–16) Spezifische Aktivität von T und C–14 pro Gramm Wasserstoff bzw. Kohlenstoff

zwar in beiden Fällen kurzlebige Radionuklide bevorzugt werden, im übrigen aber die Anforderungen für die medizinische und die technische Anwendung verschieden sein können.

Für Durchflußmessungen in technischen Anlagen kann z. B. das Radionuklid oder die markierte Verbindung in die Rohrleitung injiziert und die Aktivität an einer anderen Stelle von außen registriert werden. Auch die Verdünnungstechnik ist anwendbar. Dabei wird das Radionuklid kontinuierlich zugesetzt, und in einem bestimmten Abstand davon werden laufend Proben aus der Rohrleitung entnommen. An der Probeentnahmestelle erreicht die Aktivität nach einiger Zeit einen Maximalwert. Bei Durchflußmessungen von Gasen und Flüssigkeiten werden verhältnismäßig große Genauigkeiten erreicht. Außerdem ergeben sich aus dem Aktivitätsprofil Aussagen über die Art der Strömung.

Auch für Materialfluß- und Verweilzeitmessungen eignen sich die Indikatormethoden sehr gut. So kann der Mischvorgang in einem Rührkessel in der Weise untersucht werden, daß man ein Radionuklid oder eine markierte Verbindung zugibt und dann als Funktion der Zeit Proben entnimmt, bis ein konstanter Endwert erreicht ist, der einer vollständigen Durchmischung entspricht. In ähnlicher Weise können Verweilzeitmessungen unter verschiedenen Betriebsbedingungen durchgeführt werden, indem man am Eingang des betreffenden Behälters ein Radionuklid oder eine markierte Verbindung zuführt und die Aktivität am Ausgang des Behälters verfolgt. Wichtig ist auch hier, daß sich der zugesetzte Indikator ebenso verhält wie die zu untersuchende Substanz. Untersuchungen dieser Art können in verschiedenen in der Industrie üblichen Anlagen durchgeführt werden, z. B. in Rührkesseln, rotierenden Zentrifugen, Mühlen oder Drehöfen.

Für die Untersuchung der Materialbilanz in einem System kommen zwei Verfahren in Frage
— einmalige Injektion des Indikators und kontinuierliche Probenahme in allen Prozeßströmen,
— kontinuierliche Zufuhr des Indikators bis zum Erreichen einer stationären Verteilung in allen Prozeßströmen und einmalige Probenahme in diesen Prozeßströmen.

Die zweite Methode erfordert im allgemeinen den Einsatz einer größeren Aktivität, liefert aber genauere Daten hinsichtlich der Materialbilanz. ^{3}H- oder ^{14}C-markierte Verbindungen werden häufig für solche Untersuchungen eingesetzt. Wenn die Substanz während des Mischungs- oder Transportvorganges chemische Veränderungen erfährt, dann muß der Indikator unbedingt in der gleichen chemischen Form vorliegen wie die Substanz.

Wie bereits oben erwähnt, eignen sich radioaktive Indikatoren für die Lecksuche, und zwar insbesondere in unterirdischen Rohrleitungen, in Wärmeaustauschern und Kühlkreisläufen. Folgende Arbeitsweise wird häufig angewendet: Das Radionuklid bzw. die markierte Verbindung werden injiziert. Nach Einstellung einer gleichmäßigen Verteilung in dem zu untersuchenden System spült man das Radionuklid bzw. die markierte Verbindung wieder heraus und untersucht anschließend die Umgebung des Systems auf Aktivität.

Die Untersuchung von Abriebvorgängen mit Hilfe radioaktiver Indikatoren bietet die Vorteile kürzerer Versuchszeiten und genauerer Aussagen. Meistens werden aktivierte Proben eingesetzt oder Implantate, die z. B. Kr–85 enthalten; die Freisetzung des Kr–85 ist dann ein Maß für den Abrieb.

15.10.3. Absorption und Streuung radioaktiver Strahlung

Die Absorption der Streuung der Strahlung von Radionukliden wird in der Industrie häufig zur Dickenmessung oder zur Werkstoffprüfung verwendet. So führt man bei der Produktionsüberwachung z. B. Folien oder Papiere kontinuierlich zwischen einem Radionuklid und einen Detektor hindurch (vgl. Abb. (15–17)); der Ausschlag des Zeigers ist ein Maß für die Dicke. Geschlossene radioaktive Strahlenquellen finden für Dickenmessungen in der Kunststoffindustrie, der Stahlindustrie, der Papierindustrie und der Textilindustrie eine breite Anwendung. So wird die Dicke von Stahlblechen z. B. mit ^{137}Cs- oder ^{241}Am-Quellen gemessen, die Dicke von Plastikfolien mit β-Strahlern. Bei Verwendung von γ-Strahlen mit einer Energie über 200 keV hängt die Absorption hauptsächlich von der Elektronendichte des absorbierenden Materials ab und ist damit annähernd proportional der Masse pro Flächeneinheit; die Absorption von γ-Strahlen niedriger Energie hängt dagegen sehr stark von der Ordnungszahl ab (vgl. Abschn. 6.4).

Die Dickenmessung kann auch nach der Rückstrahlmethode erfolgen, z. B. wenn eine Auflage von Gold oder Platin auf einem anderen

15.10. Technik

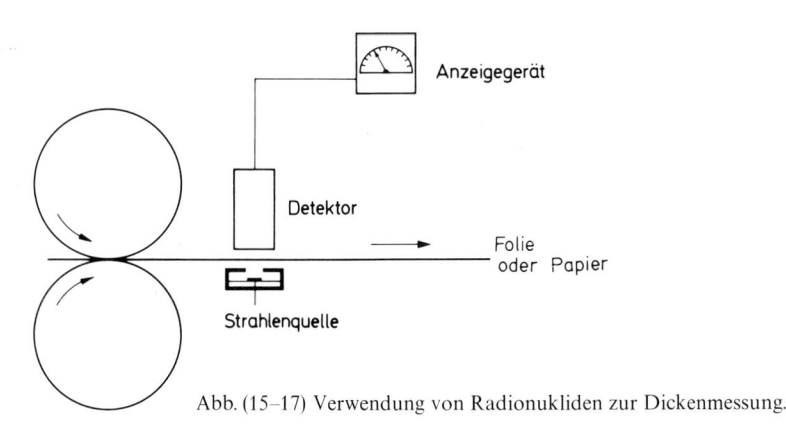

Abb. (15–17) Verwendung von Radionukliden zur Dickenmessung.

Metall niedrigerer Ordnungszahl bestimmt werden soll. Die Rückstreuung der β-Strahlung ist bei Elementen höherer Ordnungszahl erheblich größer (vgl. Abb. (6–13)); mit Hilfe einer Eichkurve ist eine Bestimmung der Schichtdicke möglich. Die Dicke sehr dünner aufgedampfter Schichten auf massivem Material kann man mit Hilfe der Rückstreuung der von C–14 ausgesandten β^--Strahlung ermitteln. Die Messung dickerer Schichten ist auf Grund der Rückstreuung von γ-Strahlung möglich.

Die Dicke von Metallbeschichtungen kann auch durch Messung der charakteristischen Röntgenstrahlung bestimmt werden, die durch γ- oder Röntgenstrahlung ausgelöst wird. Dabei kann man entweder die charakteristische Röntgenstrahlung aus der betreffenden Schicht selbst messen oder die Absorption der charakteristischen Röntgenstrahlung aus dem darunter liegenden Material in dieser Schicht. Zur Erzeugung der charakteristischen Röntgenstrahlung läßt sich auch die von Radionukliden emittierte Röntgen- oder γ-Strahlung verwenden (Radionuklidanregung). Beispiele sind Schichtdickenbestimmungen von Zn, Al, Sn und Cr auf Eisen oder Stahl.

Mit einer Radionuklidquelle für γ- oder Röntgenstrahlung und einem Detektor kann man auch Dichtemessungen in Substanzen aller Art durchführen. Wie bereits oben erwähnt, hängt die Absorption von γ-Strahlen höherer Energie hauptsächlich von der Elektronendichte des Materials und damit näherungsweise von der Masse pro Flächeneinheit, d. h. bei konstanter Schichtdicke von der Dichte der Probe ab. Als Strahlenquellen werden bevorzugt verwendet: Co–60, Cs–137 und Am–241. Auch das Dichteprofil in einer Apparatur, z. B. einer Destillationskolonne, kann von außen in dieser Weise aufgenommen werden.

Ein weiteres Beispiel für die Anwendung von geschlossenen radioaktiven Strahlenquellen in der Technik ist die Bestimmung des Materialtransports auf einem Transportband. Die vom Detektor registrierte Impulsrate ist ein Maß für die Dicke bzw. Dichte des transportierten Materials. Multipliziert man letztere mit der Geschwindigkeit des Transportbandes, so erhält man nach entsprechender Eichung die Menge des transportierten Materials. In der gleichen Weise kann der Transport von Feststoffen in Gasen bestimmt werden.

Für Füllstandsmessungen bieten geschlossene Strahlenquellen viele Vorteile. Die Messungen können von außen durchgeführt, und die Füllhöhe kann kontinuierlich überwacht werden. Dies gilt für Rohre oder Behälter von wenigen cm bis zu vielen m Durchmesser. Die Energie der Strahlung wird der jeweiligen Aufgabe angepaßt. Wenn das Problem darin besteht, die Phasengrenze zwischen zwei Flüssigkeiten ähnlicher Dichte zu bestimmen, kann man eine Neutronenquelle und einen Detektor für langsame Neutronen verwenden, vorausgesetzt, daß die Moderatoreigenschaften der beiden Flüssigkeiten verschieden sind.

Die Messung der Röntgenstreustrahlung erlaubt es, die Teilchengrößen von feinen Teilchen zu bestimmen, die in einem Lösungsmittel suspendiert sind, wenn die Ordnungszahlen der Elemente in den Teilchen hoch und die Ordnungszahlen der Elemente im Lösungsmittel niedrig sind. Unter diesen Bedingungen ist die Compton-Streustrahlung stark von der Teilchengröße abhängig, während die Rayleigh-Streustrahlung nur wenig von der Teilchengröße beeinflußt wird. Das Verhältnis von Compton- und Rayleigh-Streustrahlung ist dann ein Maß für die Teilchengröße. Die Größe fester Teilchen in einem Gas kann auch auf Grund der Rückstreuung von β-Strahlen bestimmt werden.

Die Absorption von γ-Strahlen ermöglicht auch analytische Anwendungen, z.B. in den Fällen, in denen in einem Prozeßstrom im wesentlichen nur der Gehalt an Schwermetallen variiert. Dieser kann auf Grund der Absorption der γ-Strahlen bestimmt bzw. kontrolliert werden. Beispiele sind: Blei in einem Flotationsstrom oder Blei in Benzin.

Die Möglichkeit der Verwendung von Radionuklidquellen für die Röntgenfluoreszenzanalyse wurde bereits oben erwähnt. Die experimentelle Anordnung für die energiedispersive Röntgenfluoreszenzanalyse mit Radionuklidanregung ist in Abb. (15–18) skizziert. Die von dem Radionuklid ausgesandte Röntgen- oder γ-Strahlung wird

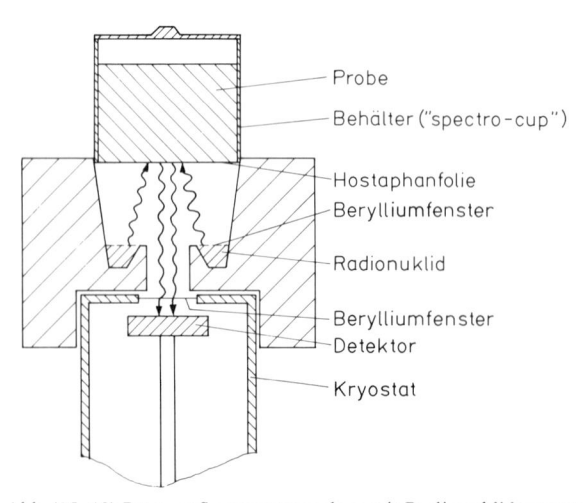

Abb. (15–18) Röntgenfluoreszenzanalyse mit Radionuklidanregung.

in der Probe absorbiert, und diese wird zur Aussendung von Röntgenfluoreszenzstrahlung angeregt, die mit einem Halbleiterdetektor gemessen wird. Die Signale werden ähnlich wie bei der γ-Spektroskopie einem Mehrkanalimpulshöhenanalysator zugeführt und dort nach ihrer Energie sortiert (vgl. Abschn. 6.5). Da die Energie der charakteristischen Röntgenstrahlung nach dem Moseleyschen Gesetz mit dem Quadrat der Ordnungszahl ansteigt (Gl. (1.1)), ergibt sich eine eindeutige Zuordnung der Linien im Röntgenfluoreszenzspektrum als Grundlage für die qualitative Analyse. Bei entsprechender Eichung ist auch eine quantitative Analyse möglich. Die wesentlichen Vorteile von Radionuklidquellen gegenüber Röntgenröhren sind
— monoenergetische Strahlung,
— Hochspannungsversorgung nicht erforderlich,
— geringer Aufwand.

Um mit einer Röntgenröhre monoenergetische Strahlung zu erhalten, benötigt man Sekundärtargets und (oder) Filter, wodurch der Vorteil der hohen Intensität einer Röntgenröhre weitgehend wieder verloren geht. Andererseits bietet die Möglichkeit der Verwendung verschiedener Sekundärtargets und damit verschiedener Anregungsenergien einen wesentlichen Vorteil im Vergleich zu einer Radionuklidquelle. Die Nachweisgrenzen bei Radionuklidanregung und bei Röhrenanregung in Verbindung mit einem Sekundärtarget sind ähnlich (einige ppm = 10^{-6}, je nach Anregungsenergie und Ordnungszahl des zu bestimmenden Elements). Die als Radionuklidquellen für die Röntgenfluoreszenzanalyse bevorzugten Radionuklide sind in Tabelle 15.9 aufgeführt. Am häufigsten wird Cd–109 verwendet.

Tabelle 15.9
Radionuklide für die Röntgenfluoreszenzanalyse

Radionuklid	Halbwertzeit	Zerfallsart	Energie der verwendeten Emissionslinien in keV
Fe–55	2,7 a	ε	5,9 (Mn K-Strahlung)
Pu–238	87,74 a	α	12–17 (U L-Strahlung)
Cd–109	453,2 d	ε	22,1 (Ag K-Strahlung)
I–125	60,14 d	ε	27,4 (Te K-Strahlung) 35,4 (γ-Strahlung)
Pb–210	22,3 a	β^-	46,5 (γ-Strahlung)
Am–241	433 a	α	59,6 (γ-Strahlung)
Tm–170	128,6 d	β^-	84,3 (γ-Strahlung)
Gd–153	242 d	ε	103,2 (γ-Strahlung) 97,4 (γ-Strahlung) 69,7 (γ-Strahlung)
Co–57	270,9 d	ε	136 (γ-Strahlung) 122 (γ-Strahlung)

Die Unabhängigkeit von der Hochspannungsversorgung und der geringe apparative Aufwand gestatten es, verhältnismäßig kleine Geräte für die energiedispersive Röntgenfluoreszenzanalyse mit Radionuklidanregung zu bauen, die auch beweglich eingesetzt werden können, z. B. für die Multielementanalyse von geochemischen Proben.

Analytische Anwendungen sind auch möglich auf Grund der Rückstreuung radioaktiver Strahlung. Die Rückstreuung von β-Strahlen beruht auf zwei Vorgängen (vgl. Abschn. 6.3), der Elektron-Elektron-Wechselwirkung, die nahezu unabhängig von der Ordnungszahl Z des rückstreuenden Materials ist, und der Streuung an Atomkernen, die mit Z ansteigt. Im Ergebnis überlagern sich beide Vorgänge, was dazu führt, daß der Sättigungswert der Rückstreuung ungefähr proportional mit $\sqrt{Z}$ anwächst. Da die rückgestreute Strahlung nur aus einer Oberflächenschicht von begrenzter Dicke kommt, ergibt sich die Möglichkeit der Oberflächenanalyse. So kann man mit Hilfe einer ^{90}Sr-Quelle den Gehalt an schweren Elementen in einer Matrix aus leichten Elementen bestimmen, z. B. den Aschegehalt in Kohle oder den Bariumgehalt in Alumosilikaten. Die Methode läßt sich auch auf Lösungen anwenden. Für die Rückstreuung ist dann eine mittlere (effektive) Ordnungszahl der in der Lösung enthaltenen Elemente maßgebend.

Die Rückstreuung von γ-Strahlen und von Röntgenstrahlen ist abhängig von der Masse pro Flächeneinheit und der mittleren (effektiven) Ordnungszahl, wobei der Sättigungswert der Rückstreuung in erster Näherung mit steigender mittlerer (effektiver) Ordnungszahl der Probe abnimmt. Dabei sind die in Abschnitt 6.4 im einzelnen aufgeführten Effekte zu berücksichtigen. Ein Beispiel für die Anwendung der Rückstreuung von γ-Strahlen ist die Analyse von Erzen auf einem Förderband. Auch die Resonanzstreuung von γ-Strahlen (elastische Streuung, (γ,γ')-Prozeß), kann für analytische Zwecke ausgenutzt werden. Dabei wird ein Radionuklid ausgewählt, das beim Zerfall in ein stabiles Nuklid des zu bestimmenden Elements übergeht und dabei γ-Strahlung aussendet. Diese ist in der Lage, den Kern des stabilen Nuklids durch Resonanzeinfang anzuregen. Die bei dem (γ,γ')-Prozeß ausgesandte γ-Strahlung wird gemessen. Dieses Verfahren ist sehr selektiv, erfordert aber geeignete Quellen.

Weitere analytische Methoden beruhen auf der Absorption oder Moderierung von Neutronen. Einige Elemente haben hohe Wirkungsquerschnitte für die Absorption von Neutronen, z. B. Bor und Cadmium. Diese Eigenschaft kann für die Bestimmung dieser Elemente genutzt werden, wobei man die in Abschnitt 12.3 besprochenen Neutronenquellen verwenden kann, z. B. eine ^{252}Cf-Quelle. Mit einem Neutronengenerator können noch 0,001 % Bor in Stahl bestimmt werden. Die Neutronen, die aus einer Neutronenquelle oder einem Neutronengenerator austreten, verlieren beim Zusammenstoß mit Wasserstoffatomen besonders viel Energie (vgl. Abschn. 11.6). Diese Moderatoreigenschaften von Wasserstoffatomen kann man ausnutzen, um den Gehalt einer Probe an Wasserstoff zu bestimmen. Man mißt zu diesem Zweck den thermischen Neutronenfluß, entweder mit einem Detektor oder durch Aktivierung einer geeigneten Probe (z. B. einer Goldfolie). Anwendungsbeispiele, die auf der Moderierung durch Wasserstoff beruhen, sind: Bestimmung des Feuchtigkeitsgehalts einer Bodenprobe, von Koks, Kohle, Eisenerz und Lebensmitteln, Bestimmung des H/C-Verhältnisses in organischen Flüssigkeiten sowie die Ölprospektion. Durch Ausloten von Bohrlöchern mit einer kleinen Neutronenquelle in Verbindung mit einem Detektor für thermische

Neutronen kann man feststellen, wo sich Wasser oder Kohlenwasserstoffe befinden.

Für die Untersuchung von Bohrlöchern kann man auch die bei (n, γ)-Reaktionen auftretenden prompten γ-Strahlen messen oder die Rückstreuung von γ-Strahlen. Im ersten Fall verwendet man eine Neutronenquelle und einen Detektor für γ-Strahlen, im zweiten Fall eine γ-Quelle und einen Detektor für γ-Strahlen. Der Detektor muß selbstverständlich gegenüber der Quelle abgeschirmt sein. Beispiele für die Messung prompter γ-Strahlung sind die Bestimmung des C/O- und des Ca/Si-Verhältnisses mit dem Ziel, ölhaltige oder kohlehaltige Schichten aufzufinden. Die Messung der Rückstreuung von γ-Strahlen ermöglicht es, Grenzflächen zwischen verschiedenen Schichten festzulegen und Aussagen über die Zusammensetzung der Schichten, ihre Dichte und ihren Erzgehalt zu gewinnen.

Die Werkstoffprüfung mit Hilfe der Radiographie soll hier nur kurz erwähnt werden. Sie findet in der Industrie vielfältige Anwendung. Neben der γ-Radiographie kann auch die Neutronenradiographie eingesetzt werden. Sie eignet sich bevorzugt für den Nachweis von leichten Elementen. Die Konstruktion geeigneter γ- und Neutronenquellen und die Aufnahmetechnik haben einen recht hohen Entwicklungsstand erreicht.

15.10.4. Nutzung radioaktiver Strahlung

Die direkte Nutzung radioaktiver Strahlung zur Auslösung von Ionisationsprozessen, zur Durchführung strahlenchemischer Reaktionen oder zur Energiegewinnung hat sich bisher in der Technik nur in begrenztem Umfang durchgesetzt.

In vielen Fällen ist eine Ionisation erwünscht, beispielsweise bei einer Analysenwaage zur Beseitigung elektrischer Aufladungen, die zu Wägefehlern führen können, oder in einer Elektronenröhre zur Auslösung elektrischer Entladungen. In diesen Fällen setzt man häufig Radionuklide ein (z. B. 1 mCi Tl–204 in einer Analysenwaage). Zur Erzeugung von Lumineszenzerscheinungen benutzt man ebenfalls Radionuklide, z. B. in der Leuchtmasse, mit der die Zahlen auf dem Zifferblatt einer Uhr beschriftet werden. Früher verwendete man vorzugsweise Ra–228, heute in größerem Umfang Tritium, dessen energiearme Strahlung nicht nach außen dringt.

Mit der Anwendung strahlenchemischer Methoden in der Technik hat man sich intensiv beschäftigt. Die Energie der γ-Strahlung, die von einer 1000 Ci ^{60}Co-Quelle pro Tag ausgesandt wird, entspricht etwa 1250 kJ. Damit könnte man etwa 3,5 l Wasser von Zimmertemperatur bis zum Siedepunkt erhitzen. Diese Überlegung zeigt, daß die Wärmeenergie, die durch Absorption der γ-Strahlung gewonnen werden kann, nur von untergeordneter Bedeutung ist. Wichtig ist die Tatsache, daß durch ionisierende Strahlen chemische Reaktionen mit einem hohen *G*-Wert ausgelöst werden können (vgl. Kap. 10). Als Strahlenquellen kommen vorzugsweise in Frage: γ-Strahler, Elektronenbeschleuniger, Kernreaktoren und abgebrannte Brennstoffelemente. In manchen Fällen sind neue technische Verfahren entwickelt worden. In anderen Fällen ist es nur schwer möglich, auf strahlenchemischem Wege konkurrenzfähige Produkte herzustellen, wenn konventionelle Verfahren einen hohen Entwicklungsstand erreicht haben. Einige strahlenchemische Verfahren, die eine praktische Anwendung gefunden haben, sollen hier erwähnt werden.

Der G-Wert für die Bildung von Ozon aus Sauerstoff beträgt etwa 9 für gasförmigen Sauerstoff bei $-78\,^\circ\text{C}$. Bei einem Druck von 200 bar steigt der G-Wert auf etwa 10 an. Das Ozon kann für die Abwasserreinigung eingesetzt werden. Bei der Bestrahlung von Stickstoff-Sauerstoff-Gemischen erhält man NO_2 (neben NO und N_2O) mit G-Werten, die je nach den Versuchsbedingungen zwischen etwa 1 und 7 liegen. Für eine Produktion von Stickoxiden in größerem Maßstab kommt nur ein Kernreaktor in Frage, in dem die Rückstoßenergie der Spaltprodukte für die strahlenchemische Reaktion ausgenutzt wird. Das wesentliche Problem solcher „Chemie-Reaktoren" ist die Abtrennung der Spaltprodukte vom Reaktionsmedium. Auch die Herstellung von Hydrazin aus Ammoniak auf strahlentechnischem Wege wurde näher untersucht, wobei ebenfalls die Verwendung eines „Chemie-Reaktors" in Betracht gezogen wurde.

Größere Fortschritte hat die angewandte Strahlenchemie in der organischen Chemie zu verzeichnen. So wird z. B. in technischem Maßstab Ethylbromid strahlenchemisch durch Anlagerung von HBr an Ethylen hergestellt. Der G-Wert für die dabei ablaufende Kettenreaktion beträgt einige 10^5. Analog kann auch Ethylchlorid gewonnen werden (G-Wert $\approx 10^4$). Alle Chlorierungsreaktionen, die durch UV-Strahlung ausgelöst werden, laufen auch unter dem Einfluß ionisierender Strahlung mit guter Ausbeute ab, z.B. die Chlorierung des Benzols zu Hexachlorcyclohexan (G-Wert $\approx 10^4$—10^5). Bei der Bestrahlung von Kohlenwasserstoffen in Gegenwart von Sauerstoff entstehen Peroxide. Bei höheren Temperaturen setzen Kettenreaktionen ein. Verschiedene Vorschläge für die strahlenchemische Oxidation von Kohlenwasserstoffen sind erarbeitet worden, z.B. für die Herstellung von Phenol aus Benzol. Auch die Sulfochlorierung verläuft unter dem Einfluß ionisierender Strahlung in ähnlicher Weise wie auf photochemischem Wege. Aus Kohlenwasserstoffen entstehen in Gegenwart von SO_2 und Cl_2 mit hohen G-Werten (etwa 10^7) Sulfonsäurechloride. Vereinzelt sind technische Anlagen zur strahlenchemischen Sulfochlorierung in Betrieb. In Gegenwart von SO_2 und O_2 erhält man aus Kohlenwasserstoffen unter dem Einfluß ionisierender Strahlung Alkylsulfonsäuren mit G-Werten von etwa 10^3—10^4. Die dabei ablaufenden Reaktionen wurden eingehend untersucht, an einigen Stellen sind auch technische Anlagen errichtet worden.

Die breiteste technische Anwendung hat die ionisierende Strahlung im Bereich der makromolekularen Chemie gefunden, weil hier leicht durch Bildung von Ionen oder Radikalen Kettenreaktionen ausgelöst werden können und sich außerdem neue Möglichkeiten für die Verbesserung der Eigenschaften von technischen Produkten ergeben. In makromolekularen Stoffen können strahlenchemisch Vernetzungsreaktionen und Abbaureaktionen stattfinden; die Vernetzungsreaktionen überwiegen z. B. bei Polyethylen, Polystyrol und Kautschuk, die Abbaureaktionen bei Polymethacrylsäuremethylester („Plexiglas"). Die Vernetzungsreaktionen führen zu einem Ansteigen der Härte sowie der Erweichungstemperatur, während die Elastizität und die Löslichkeit abnehmen. Strahlenchemische Verfahren finden am häufigsten bei Ethylen Verwendung. Man erhält im Vergleich zu Hochdruckpolyethylen Produkte mit höherer Dichte und höherem Schmelzpunkt. In vielen Ländern sind technische Anlagen zur strahlenchemischen Polymerisation von Ethylen in Betrieb.

Zusätzliche Möglichkeiten ergeben sich durch die Pfropfpolymerisation: Durch Bestrahlung eines Polymeren A_n in Gegenwart eines Monomeren B wächst B auf A_n auf. Beispiele sind Pfropfcopolymere aus Polyethylen und Acrylsäure oder aus Polyvinylchlorid und Styrol. Über die Veränderungen der Eigenschaften durch strahlenchemisch ausgelöste Pfropfpolymerisation liegen viele Untersuchungen vor; häufig gelingt es, die günstigen Eigenschaften von zwei Polymeren miteinander zu kombinieren. Durch Pfropfbehandlung lassen sich auch die Eigenschaften von Textilien (Cellulose, Wolle, Naturseide, Polyamide, Polyester) verbessern. Man erhält Produkte hoher Wetterbeständigkeit oder kann auf Kunstfasern Gruppen aufbringen, die eine Anfärbung möglich machen. Durch Bestrahlung polymerisierter Lacke auf Metallen oder Holz erhält man Überzüge höherer Härte. Vorzugsweise verwendet man für die Bestrahlung Elektronenbeschleuniger. Eine weite Verbreitung haben Holz-Kunststoff-Kombinationen gefunden. Das Holz wird mit einem Monomeren imprägniert; anschließend wird die Polymerisation durch Bestrahlung mit Elektronen aus einem Elektronenbeschleuniger ausgelöst. Man erhält Produkte, die erheblich stabiler sind als natürliches Holz, außerdem wetterfest, wasserabweisend, formbeständig, druckbeständig und sehr viel härter. Viele durch strahlenchemische Behandlung hergestellte Holz-Kunststoff-Kombinationen befinden sich im Handel. In Finnland (Flughafen Helsinki) wurden z.B. Fußböden mit diesem Material belegt, die sich sehr gut bewährt haben. Auch die Herstellung von Kunststoffüberzügen auf Holz durch Behandlung mit Polyestern und Elektronenbestrahlung ist eine Technik, die mehr und mehr Anwendung findet. In ähnlicher Weise wie Holz kann auch Beton durch Tränken mit polymerisierbaren Verbindungen und Bestrahlung behandelt werden. Die so erhaltenen Beton-Kunststoff-Kombinationen zeigen nur sehr geringe Wasserdurchlässigkeit und hohe Beständigkeit in Salzwasser.

Die Vulkanisation von Kautschuk durch Vernetzung unter dem Einfluß ionisierender Strahlung ist zwar möglich, aber im Vergleich zur üblichen Vulkanisation durch Vernetzung mit Schwefel verhältnismäßig teuer.

Starke Strahlenquellen, die größere Mengen von γ-Strahlern enthalten, oder Elektronenbeschleuniger finden Verwendung für die Sterilisation von Geräten in der Medizin, für die Schädlingsbekämpfung und die Behandlung von Klärschlamm. Für die Sterilisation medizinischer Instrumente sind Strahlendosen von einigen Megarad erforderlich. Die Konservierung von Lebensmitteln durch Bestrahlung ist in vielen Fällen problematisch, weil durch strahlenchemische Reaktionen auch Geschmacksveränderungen auftreten können. Die Strahlenbehandlung von Futtermitteln zur Abtötung schädlicher Insekten oder Mikroorganismen wird häufiger angewendet. Bei der Insektenbekämpfung in der Umwelt werden z.B. Männchen der zu bekämpfenden Insektenart durch Bestrahlung sterilisiert und dann ausgesetzt. Wenn die bestrahlten Männchen in der Überzahl sind und die nicht sterilisierten Männchen bei der Fortpflanzung verdrängen, stirbt die betreffende Insektenart weitgehend aus. In großen Bestrahlungsanlagen kann man auch Klärschlamm mit einer hinreichend hohen Dosis behandeln, um Krankheitserreger abzutöten; der Klärschlamm kann nach einer solchen Behandlung unbedenklich für die Düngung verwendet werden.

Die Erzeugung elektrischer Energie aus der radioaktiven Strahlung in Radionuklidbatterien ist ein weiteres Anwendungsgebiet der Radionuklidtechnik. Radionuklidbatterien sind langlebige Stromquellen hoher Wartungsfreiheit, die über viele Jahre hinweg elektrische Leistung abgeben können. Ein besonderer Vorteil ist der hohe Energieinhalt, bezogen auf Masse und Volumen des Energieträgers. In Radionuklidbatterien kann gegebenenfalls auch die Zerfallsenergie der Radionuklide genutzt werden, die als hochaktiver Abfall von Kernkraftwerken anfallen. Die Zerfallsenergie der langlebigen Radionuklide (z.B. Sr–90, Cs–137, Pm–147) beträgt zwar nur etwa 0,1% der Energie, die bei der Kernspaltung frei wird, aber für den Betrieb war-

Tabelle 15.10
Radionuklide, die in Radionuklidbatterien Verwendung finden können

Radionuklid	Halbwertzeit [a]	Strahlung	Herstellung
^{3}H	12,346	β^{-}	$^{6}Li(n,\alpha)^{3}H$
^{14}C	5736	β^{-}	$^{14}N(n,p)^{14}C$
^{60}Co	5,26	β^{-}, γ	$^{59}Co(n,\gamma)^{60}Co$
^{63}Ni	100,1	β^{-}	$^{62}Ni(n,\gamma)^{63}Ni$
^{85}Kr	10,73	β^{-}, γ	Spaltprodukt
^{90}Sr	28,6	$\beta^{-}, \gamma(^{90}Y)$	Spaltprodukt
^{106}Ru	1,01	$\beta^{-}, \gamma(^{106}Rh)$	Spaltprodukt
^{137}Cs	30,17	β^{-}, γ	Spaltprodukt
^{144}Ce	0,78	β^{-}, γ	Spaltprodukt
^{147}Pm	2,62	β^{-}, γ	Spaltprodukt
^{170}Tm	0,35	$\beta^{-}, (\varepsilon), \gamma, e^{-}$	$^{169}Tm(n,\gamma)^{170}Tm$
^{171}Tm	1,92	β^{-}, γ	$^{170}Er(n,\gamma)^{171}Er \xrightarrow{\beta^{-}} {}^{171}Tm$
^{204}Tl	3,78	$\beta^{-}, (\varepsilon)$	$^{203}Tl(n,\gamma)^{204}Tl$
^{210}Po	0,38	α, γ	Zerfallsprodukt von ^{238}U
^{228}Th	1,91	α, γ	Zerfallsprodukt von ^{232}Th
^{232}U	72	$\alpha, (sf), \gamma$	$^{230}Th(n,\gamma)^{231}Th \xrightarrow{\beta^{-}} {}^{231}Pa$ $^{231}Pa(n,\gamma)^{232}Pa \xrightarrow{\beta^{-}} {}^{232}U$
^{238}Pu	87,74	$\alpha, (sf), \gamma$	$^{237}Np(n,\gamma)^{238}Np \xrightarrow{\beta^{-}} {}^{238}Pu$ Zerfallsprodukt von ^{242}Cm
^{241}Am	433	$\alpha, (sf), \gamma$	$^{240}Pu(n,\gamma)^{241}Pu \xrightarrow{\beta^{-}} {}^{241}Am$
^{242}Cm	0,45	$\alpha, (sf), \gamma$	$^{241}Am(n,\gamma)^{242}Am \xrightarrow{\beta^{-}} {}^{242}Cm$
^{244}Cm	18,11	$\alpha, (sf), \gamma$	$^{243}Am(n,\gamma)^{244}Am \xrightarrow{\beta^{-}} {}^{244}Cm$

tungsfreier Energiequellen in entlegenen Stationen, in Satelliten oder in der Meerestechnik kann die Nutzung dieser Energie von Bedeutung sein. Tabelle 15.10 gibt eine Übersicht über die Radionuklide, die für die Verwendung in Radionuklidbatterien von Interesse sind. Folgende Auswahlkriterien sind wichtig: Die Halbwertzeit der Radionuklide sollte groß sein im Vergleich zur Betriebsdauer (die mit etwa 10 Jahren angesetzt werden kann), um eine möglichst konstante Leistung sicherzustellen. Die Leistungsdichte sollte möglichst hoch sein. Dies wird erreicht, wenn die Halbwertzeit nicht zu lang ($< 10^3$ a) und die Energie der Strahlung hoch ist. In vielen Fällen sind α-Strahler besonders vorteilhaft, weil die Zerfallsenergie des α-Zerfalls verhältnismäßig hoch ist und die α-Teilchen leicht absorbiert werden. Wenn mehrere α-Zerfälle hintereinander stattfinden, ist die spezifische Leistung besonders hoch, z. B. bei Verwendung von U–232.

Die Umwandlung der Zerfallsenergie in elektrische Energie kann direkt oder indirekt erfolgen. Die direkten Verfahren beruhen auf der Ausnutzung der Aufladung, des Kontaktpotentials oder der radiovoltaischen Konversion, sind aber nur für sehr kleine Leistungen bis zu etwa 10^{-4} W geeignet. Die meisten indirekten Verfahren nutzen die bei der Absorption der radioaktiven Strahlung freiwerdende Wärme aus (thermische Verfahren). Die Strahlenquelle wird gekapselt und dient als Wärmequelle.

Am weitesten entwickelt ist die thermoelektrische Konversion, wobei je nach der Temperatur Thermoelemente aus BiTe, PbTe oder GeSi verwendet werden. Der Wirkungsgrad der thermoelektrischen Konversion bewegt sich bei größeren Batterien zwischen 5 und 10%. In der Raumfahrt wurden bisher nur diese thermoelektrischen Radionuklidbatterien mit Pu–238 als Radionuklid und mit Leistungen zwischen etwa 1 W und 1 kW eingesetzt. Kleinere Radionuklidbatterien auf thermoelektrischer Grundlage mit einer Leistung von etwa 0,1 bis 1 mW werden im medizinischen Bereich für den Betrieb von Herzschrittmachern verwendet. Sie enthalten ebenfalls Pu–238. Inzwischen sind aber auch elektrochemische Batterien mit langer Lebensdauer entwickelt worden, so daß der Anreiz für den Einsatz von Radionuklidbatterien in Herzschrittmachern entfallen ist. Weitere Radionuklidbatterien mit Sr–90, Co–60, Ce–144, Po–210 und Cm–244 sind als Prototypen entwickelt (Leistung 0,1 mW bis 1 kW).

Der thermionische Konverter entspricht in seinem Arbeitsprinzip einer Diode, deren geheizte Kathode (Emitter) Elektronen aussendet. Die Elektronen laufen zur Anode (Kollektor) und laden diese negativ auf. Als Emittermaterialien werden z. B. Legierungen aus W, Re, Mo, Ni oder Ta verwendet. Die negative Raumladung wird bevorzugt durch Cäsiumionen kompensiert, die im Elektrodenzwischenraum aus Cäsiumdampf erzeugt werden. Gleichzeitig wird das Austrittspotential der Elektronen durch die Gegenwart von Cäsiumionen auf etwa 1,5 V gesenkt. Die Dioden arbeiten bei Temperaturen von etwa 2200 K. Je nach der Ausgangsleistung werden Wirkungsgrade zwischen etwa 1 und 10% erzielt. Um die Vorteile des thermionischen Konverters voll nutzen zu können, müssen Radionuklide hoher Leistungsdichte verwendet werden, z. B. Pu–238, Ac–227, U–232, Cm–242.

Verschiedene Prototypen mit Leistungen zwischen etwa 0,1 W und 1 kW sind in Betrieb.

In thermophotovoltaischen Batterien wird die Wärmestrahlung mit Hilfe von Infrarot-empfindlichen Photoelementen (z. B. Germaniumdioden) in elektrische Energie umgewandelt. Wichtig ist eine gute Kühlung der Photoelemente, da ihr Wirkungsgrad mit steigender Temperatur stark abnimmt. Wegen der hohen Emittertemperaturen sind thermophotovoltaische Konverter nur für Leistungen im Bereich von etwa 10 W bis 1 kW interessant. Da man nur Wirkungsgrade von etwa 5% erwartet, ist diese Art der Energieumwandlung nicht attraktiv. In radiophotovoltaischen (photoelektrischen) Radionuklidbatterien wird die Strahlungsenergie mit Hilfe eines geeigneten Leuchtstoffs zunächst in Licht und dieses in elektrische Energie umgewandelt. Die höchsten Quantenausbeuten werden mit Leuchtstoffen auf der Basis von Zinksulfid erreicht (z. B. ZnS mit einem Gehalt von etwa 25% Cu). Die Auswahl der Radionuklide ist durch die Schwellenenergie für die Zerstörung der Leuchtstoffe begrenzt. Diese Schwellenenergie liegt für β^--Strahlung bei einigen Hundert keV. Damit kommen nur Radionuklide wie Pm–147, Ni–63, C–14, Kr–85 und H–3 in Frage. Mit Kr–85 und H–3 können nur schwer ausreichende Leistungsdichten erzeugt werden; die Herstellung von Ni–63 und C–14 ist sehr teuer. Damit bleibt praktisch nur Pm–147 übrig. α-Strahler scheiden wegen der Zerstörung des Leuchtstoffs ganz aus. Der Aufbau radiophotovoltaischer Elemente ist verhältnismäßig einfach: Radionuklid und Leuchtstoff werden als Pulver etwa im Volumenverhältnis 1:1 gemischt und in einer dünnen Schicht zwischen zwei Photoelemente (z. B. Cu/Se, Ag/Si) gebracht. In der Praxis werden Wirkungsgrade von etwa 0,1 bis 0,5% und Leistungen von der Größenordnung 10 μW/cm^2 Zellenfläche erreicht. Wegen der geringen Wirkungsgrade haben diese Batterien keine technische Bedeutung.

Im Unterschied zu den vorausgehenden Verfahren handelt es sich bei der radiovoltaischen Konversion um eine direkte Umwandlung. Die energiereiche Strahlung erzeugt durch Ionisationsprozesse in einem Halbleiter freie Ladungsträger, die in der Sperrschicht des Halbleiters (p-n-Übergang) getrennt werden. Als Radionuklide sind β^--Strahler geeignet, deren Maximalenergie die Grenzenergie für die Erzeugung von Strahlenschäden in dem betreffenden Halbleiter nicht wesentlich überschreitet. Diese Energien liegen z. B. für Si bei 145 keV, für Ge bei 350 keV. Als Radionuklide kommen deshalb Pm–147, C–14, Ni–63 und H–3 in Frage. Mit der Kombination Pm–147/Si werden Wirkungsgrade von 4% erreicht. Die Verfahren der direkten Aufladung und des Kontaktpotentials haben keine technische Bedeutung; in beiden Fällen sind bisher nur Wirkungsgrade von 0,1% erreicht worden. Das erste Verfahren beruht darauf, daß sich ein Emitter, der das Radionuklid enthält, und ein von ihm isolierter Kollektor entgegengesetzt aufladen. Bei der Kontaktpotentialmethode befindet sich zwischen zwei Elektroden aus verschiedenem Material ein Gas, das durch die Strahlung eines Radionuklids ionisiert wird. Die Ladungsträger werden von dem elektrischen Feld, das vom Kontaktpotential aufgebaut wird, zu den Elektroden abgeführt.

Verhältnismäßig hohe Wirkungsgrade von etwa 20% können in dynamischen Wandlern erreicht werden, die nicht mehr zu den Radionuklidbatterien zu zählen sind, da sie bewegliche Teile enthalten. Dadurch geht auch der wichtige Vorteil der Wartungsfreiheit verloren. Bei den dynamischen Wandlern wird die Energie der radioaktiven Strahlung über zwei Zwischenstufen (Wärme und mechanische Energie) in elektrische Energie umgewandelt. In Frage kommen z. B. Dampfturbinen, Gasturbinen oder Heißluftmotoren. Als Radionuklide werden Sr–90, Co–60 und Pu–238 eingesetzt.

Literatur zu Kapitel 15

1. O. HAHN: Applied Radiochemistry. Cornell University Press, Ithaca, New York 1936.
2. A.C. WAHL, N.A. BONNER: Radioactivity Applied to Chemistry. John Wiley and Sons, New York 1951.
3. M. HAISSINSKY: Nuclear Chemistry and its Applications. Addison-Wesley-Publishing Comp. Inc. READING – PALO ALTO – LONDON 1964.
4. K.E. ZIMEN: Angewandte Radioaktivität. Springer-Verlag, Berlin-Göttingen-Heidelberg 1952.
5. E.A. EVANS, M. MURAMATSU: Radiotracer Techniques and Applications. Marcel Dekker Inc., New York 1977.
6. W.J. WHITEHOUSE, J.L. PUTMAN: Radioactive Isotopes – An Introduction to their Preparation, Measurement and Use. Clarendon Press, Oxford 1953.
7. E.H. GRAUL: Fortschritte der angewandten Radioisotopie und Grenzgebiete, 2 Bde., Dr. Alfred Hüthig Verlag, Heidelberg 1957.
8. W. HANLE: Isotopentechnik. 2. Aufl. Thiemig Verlag, München 1976.
9. L. HERFORTH, H. KOCH: Praktikum der angewandten Radioaktivität. VEB Deutscher Verlag der Wissenschaften, Berlin 1975.
10. J. KRUGERS: Instrumentation in Applied Nuclear Chemistry. Plenum Press, New York 1973.
11. G.R. GILMORE: Radiochemical Methods of Analysis, in: Radiochemistry, Vol 1. Specialist Periodical Reports, The Chemical Society, London 1972.
12. G.R. GILMORE, G.W.A. NEWTON: Radioanalytical Chemistry, in: Radiochemistry, Vol. 2. Specialist Periodical Reports, The Chemical Society, London 1975.
13. D.I. COOMBER: Radiochemical Methods in Analysis. Plenum Press, London 1975.
14. J. TÖLGYESSY, S. VARGA, V. KRIVAN (Vol. I, II), M. KYRS (Vol. II), J. KRTIL (Vol. II): Nuclear Analytical Chemistry Vol. I, II und III. University Park Press, Baltimore 1971, 1972, 1974.
15. J. HOSTE, J. OP DE BEECK, R. GIJBELS, F. ADAMS, P. VAN DEN WINKEL, D. DE SOETE: Activation Analysis. Butterworths, London 1971.
16. M. RAKOVIC: Activation Analysis. Iliffe Books Ltd., London 1970.
17. D. DE SOETE, R. GIJBELS, J. HOSTE: Neutron Activation Analysis. Wiley Interscience, New York 1972.
18. S.S. NARGOLWALLA, E.P. PRZYBYLOWICZ: Activation Analysis with Neutron Generators. Wiley Interscience, New York 1973.
19. G. HARBOTTLE: Activation Analysis in Archaeology, in: Radiochemistry, Vol. 3. Specialist Periodical Reports, The Chemical Society, London 1976.
20. C. MEIXNER: Gammaenergietabellen zur Aktivierungsanalyse. Thiemig Verlag, München 1970.

21. H. Vogg: Halbleiter-Gammaspektren zur Neutronen-Aktivierungsanalyse. Thiemig Verlag, München 1971.
22. G. Erdtmann, W. Soyka: The Gamma Rays of the Radionuclides, Kernchemie in Einzeldarstellungen, Vol. 7. Verlag Chemie, Weinheim 1979.
23. J. Tölgessy, T. Braun, M. Kyrs: Isotope Dilution Analysis. Pergamon Press, New York 1972.
24. H. Birkenfeld, G. Haase, H. Zahn: Massenspektroskopische Isotopenanalyse, 2. Aufl. VEB Deutscher Verlag der Wissenschaften, Berlin 1969.
25. F. Basolo, R.G. Pearson: Mechanisms of Inorganic Reactions, A Study of Metal Complexes in Solution, 3rd Ed. John Wiley & Sons, New York 1973.
26. H.R. Schütte: Radioaktive Isotope in der organischen Chemie und Biochemie. Verlag Chemie, Weinheim/Bergstraße 1966.
27. H. Simon, H.G. Floss: Bestimmung der Isotopenverteilung in markierten Verbindungen, in: Anwendung von Isotopen in der Organischen Chemie und Biochemie. Bd. I; Springer-Verlag, Berlin-Heidelberg-New York 1967; Bd. II; H. Simon, Hrsg., Messung von radioaktiven und stabilen Isotopen. Springer-Verlag, Berlin-Heidelberg-New York 1974.
28. A. Ozaki: Isotopic Studies of Heterogeneous Catalysis. Krdanska Ltd. – Academic Press, Tokyo 1977.
29. K. Haberer: Radionuklide im Wasser. Thiemig Verlag, München 1969.
30. P. Gütlich, R. Link, A. Trautwein: Mössbauer Spectroscopy and Transition Metal Chemistry, Inorganic Chemistry Concepts 3. Springer-Verlag, Berlin-Heidelberg-New York 1978.
31. W.F. Libby: Radiocarbon Dating. University of Chicago Press 1955.
32. W.F. Libby, F. Johnson: Altersbestimmung mit der ^{14}C-Methode, Hochschultaschenbücher Bd. 403/403a. Bibliographisches Institut, Mannheim 1969.
33. A.G. Maddock, E.H. Willis: Atmospheric Activities and Dating Procedures, Adv. Inorg. Chem. Radiochem. **3**, 287 (1961).
34. I. Perlman, I. Asaro, H.V. Michel: Nuclear Application in Art and Archaeology, Ann. Rev. Nucl. Sci. **22**, 383 (1972).
35. H. Faul: Nuclear Geology. John Wiley and Sons, New York 1954.
36. J. Hoefs: Stable Isotope Geochemistry. Springer-Verlag, Berlin-Heidelberg-New York 1973.
37. O.C. Allkofer: Introduction to Cosmic Radiation. Thiemig Verlag, München 1975.
38. T.P. Kohman, N. Saito: Radioactivity in Geology and Cosmology. Ann. Rev. Nucl. Sci. **4**, 401 (1954).
39. L.T. Aldrich, G.W. Wetherill: Geochronology by Radioactive Decay. Ann. Rev. Nucl. Sci. **8**, 257 (1958).
40. A.G.W. Cameron: Nuclear Astrophysics. Ann. Rev. Nucl. Sci. **8**, 299 (1958).
41. H.V. Neher: The Primary Cosmic Radiation. Ann. Rev. Nucl. Sci. **8**, 217 (1958).
42. G. Burbridge: Nuclear Astrophysics. Ann. Rev. Nucl. Sci. **12**, 507 (1962).
43. O.A. Schaeffer: Radiochemistry of Meteorites. Ann. Rev. Phys. Chem. **13**, 151 (1962).
44. D. Lal, H.E. Suess: The Radioactivity of the Atmosphere and Hydrosphere. Ann. Rev. Nucl. Sci. **18**, 407 (1968).
45. J.R. Arnold, H.E. Suess: Cosmochemistry. Ann. Rev. Phys. Chem. **20**, 293 (1969).
46. J.F. Fruchter, J.R. Arnold: Chemistry of the Moon. Ann. Rev. Phys. Chem. **23**, 485 (1972).
47. O. Manolescu: Geochemistry and Cosmochemistry. Rev. Fiz. Chim. A (1974) 226.
48. D.N. Schramen, R.V. Wagoner: Element Production in the Early Universe. Ann. Rev. Nucl. Sci. **27**, 1 (1977).
49. C. Rolfs, H.P. Trautvetter: Experimental Nuclear Astrophysics. Ann. Rev. Nucl. Sci. **28**, 115 (1978).

50. R. N. Clayton: Isotopic Anomalies in the Early Solar System. Ann. Rev. Nucl. Sci. **28**, 501 (1978).
51. H. W. Pabst, G. Hör, H. Kriegel: Einführung in die Nuklearmedizin. Gustav Fischer Verlag, Stuttgart 1976.
52. K. zum Winkel, mit einem Beitrag von J. Ammon: Nuklearmedizin. Springer-Verlag, Berlin-Heidelberg-New York 1975.
53. K. Hennig, R. Woller: Nuklearmedizin. D. Steinkopff Verlag, Darmstadt 1974.
54. Nuklearmedizin, Funktionsdiagnostik und Therapie. Hrsg. D. Emrich, 2. Aufl. Thieme Verlag, Stuttgart 1979.
55. L. E. Feinendegen: Tritium-Labelled Molecules in Biology and Medicine. Academic Press, New York and London 1967.
56. Kerntechnik in der Medizin. Hrsg. K. E. Scheer. Verlag Karl Thiemig, München 1968.
57. E. Broda, Th. Schönfeld: Die technischen Anwendungen der Radioaktivität. Porta-Verlag, München 1956.
58. E. Broda, Th. Schönfeld: The Technical Applications of Radioactivity, Bd. 1. Pergamon Press, London 1966.
59. J. A. Heslop: Industrial Applications of Radioisotopes, in: Radiochemistry, Vol. 3, Specialist Periodical Reports. The Chemical Society, London 1976.
60. L. G. Erwall, H. G. Forsberg, K. Ljunggren: Radioaktive Isotope in der Technik. Verlag Vieweg, Braunschweig 1965.
61. H. Hart: Einführung in die Meßtechnik. Verlag Vieweg, Braunschweig 1978.
62. Meßverfahren unter Anwendung ionisierender Strahlung. Hrsg. W. Hartmann. Akademische Verlagsgesellschaft, Leipzig 1969.
63. R. Heimann, K. Träber: Radionuklide in der Automatisierungstechnik, 2. Aufl. Verlag Technik, Berlin 1974.
64. H. Drawe: Angewandte Strahlenchemie. Dr. Alfred Hüthig Verlag, Heidelberg 1973.
65. M. Hartmann, V. Henklein, M. Zander: Anwendung und Entwicklungstendenzen strahlenchemischer Prozesse. Akademie der Wissenschaften der DDR, Berlin 1974.
66. J. Euler: Neue Wege zur Stromerzeugung. Akademische Verlagsgesellschaft, Frankfurt am Main 1963.
67. W.-J. Schmidt-Küster: Direkte Energieumwandlung. Von der Brennstoffzelle zur Isotopenbatterie. Franckh'sche Verlagsbuchhandlung, Stuttgart 1968.
68. D. Schalch, A. Scharmann, K.-J. Euler: Radionuklidbatterien, I. Grundlagen und Grenzen, Kerntechnik **17**, 23 (1975); II. Eigenschaften und Anwendungen, Kerntechnik **17**, 57 (1975).

Übungen zu Kapitel 15

1. Zur Bestimmung von U–238 in 2 g eines Minerals wird das Thorium abgetrennt und die Aktivität des im Gleichgewicht vorhandenen Pa–234m gemessen. Die Impulsrate beträgt 2610 ipm, die Gesamtzählausbeute der Meßanordnung $\eta = 20\%$. Wie groß ist der Gehalt des Minerals an Uran (in Gew.-%)?

2. Der K_2O-Gehalt von Mineralen kann durch Aktivitätsmessung in einem Zählrohr bestimmt werden. die Zählausbeute beträgt 10%, das Fassungsvermögen des Zählrohres 300 g. Wie lange muß man messen, um bei einem K_2O-Gehalt von 10 Gewichtsprozent einen Fehler < 1% zu erreichen?

3. Zur Bestimmung einer unbekannten Menge Phosphorsäure wird 1 ml einer trägerfreien ^{32}P-markierten Phosphorsäure zugesetzt,

die eine Impulsrate von 87610 ipm pro ml liefert. Nach dem Mischen wird eine kleine Menge Phosphat abgetrennt und als Magnesiumpyrophosphat gefällt. Die Menge des $Mg_2P_2O_7$ beträgt 15,3 mg, die Impulsrate unter den gleichen Bedingungen wie oben 673 ipm. Wie groß ist die gesuchte Menge Phosphorsäure?

4. Zur Bestimmung von Sr–90 in einer größeren Substanzmenge (10g) werden 2 mmol Strontium in Form von Strontiumnitrat zugesetzt. Bei der Aufarbeitung werden 10 mg reines Strontiumcarbonat gewonnen; die Impulsrate dieser Probe beträgt 154 ipm, die Gesamtzählausbeute 12%. Wie groß ist der Gehalt der Substanz an Sr–90 (in $\mu Ci/g$)?

5. Wie groß ist bei einem Neutronenfluß von 10^{12} cm^{-2} s^{-1} die kleinste nachweisbare Menge Indium in einer 100 mg Probe von Aluminium? Der Nachweis erfolgt auf Grund der Kernreaktion $^{115}In(n,\gamma)^{116}In$, $\sigma = 45$ b. Es sei angenommen, daß zum Nachweis des Indiums eine Mindestaktivität von $10\,s^{-1}$ erforderlich ist.

6. Man diskutiere die Möglichkeiten zur Bestimmung von
   a) Chloridionen in Magnesiumfluorid,
   b) Sauerstoff in Silicium,
   c) Eisen in Zirkonium
   durch Aktivierungsanalyse.
   Wie groß ist die Nachweisgrenze für die Beispiele a) und c), wenn maximal 1 Woche bei einer Flußdichte an thermischen Neutronen $\Phi = 10^{13}$ cm^{-2} s^{-1} bestrahlt werden soll und davon ausgegangen wird, daß eine Aktivität von $10\,s^{-1}$ für den Nachweis erforderlich ist?

   $\sigma_{n,\gamma}$ (Cl-37) = 0,43 b; $\sigma_{n,\gamma}$ (Fe-58) = 1,15 b
   $\sigma_{n,\gamma}$ (Mg-26) = 0,038 b; $\sigma_{n,\gamma}$ (Zr-94) = 0,056 b
   $\sigma_{n,\gamma}$ (F-19) = 0,0095 b; $\sigma_{n,\gamma}$ (Zr-96) = 0,017 b
   $\sigma_{n,p}$ (O-16) = 0,039 b ⎫
   $\sigma_{n,p}$ (Si-28) = 0,23 b   ⎬ für 14 MeV Neutronen
   $\sigma_{t,n}$ (O-16) = 0,1 b   für 2,2 MeV Tritonen

7. Bei der Oberflächenbestimmung von Bariumsulfat durch heterogenen Isotopenaustausch werden in je 5 ml Lösung folgende Impulsraten gemessen: $I_o = 2850$ ipm, $I = 1210$ ipm. Die Konzentration der austauschbaren Ionen in der Lösung beträgt 10^{-3} mmol/l, die Menge des festen Bariumsulfats 5 g und das Volumen der Lösung 100 ml. Wie groß ist die spezifische Oberfläche des Bariumsulfats? (Die Dichte von Bariumsulfat beträgt 4,50 g/cm^3).

8. In 100 g eines Uran-haltigen Minerals werden 0,06 cm^3 Helium (unter Normalbedingungen) gefunden. Der Urangehalt beträgt 3 ppm. Wie groß ist das Alter des Minerals?

9. Wie groß ist das Alter eines Minerals, das 22,4 mg Pb-206 pro g. Uran enthält, wenn im Massenspektrometer für das Verhältnis Pb-204 : Pb-206 der Wert 1 : 35,7 gefunden wurde?

Anhang I

*Anhang I
Wichtige Naturkonstanten*

Wichtige Naturkonstanten

Lichtgeschwindigkeit im Vakuum	c	$= (2{,}99792456 \pm 0{,}00000001) \cdot 10^8 \, \text{m s}^{-1}$
Avogardo-Konstante	N_{Av}	$= (6{,}022094 \pm 0{,}000006) \cdot 10^{23} \, \text{mol}^{-1}$
Planck-Konstante (Plancksches Wirkungsquantum)	h	$= (6{,}62620 \pm 0{,}000005) \cdot 10^{-34} \, \text{J s}$
Boltzmann-Konstante	k_B	$= (1{,}38054 \pm 0{,}00018) \cdot 10^{-23} \, \text{J K}^{-1}$
Gaskonstante	R	$= (8{,}3143 \pm 0{,}0012) \, \text{J K}^{-1} \, \text{mol}^{-1}$
Faraday-Konstante	F	$= (96487{,}0 \pm 1{,}6) \, \text{A s mol}^{-1}$
Elementarladung (Ladung eines Elektrons)	e	$= (1{,}602191 \pm 0{,}000007) \cdot 10^{-19} \, \text{A s}$
Atomare Masseneinheit	u	$= (1{,}660566 \pm 0{,}000009) \cdot 10^{-27} \, \text{kg}$
Ruhemasse des Elektrons	m_e	$= (9{,}109537 \pm 0{,}000054) \cdot 10^{-31} \, \text{kg}$
		$= (0{,}54858026 \pm 0{,}00000021) \cdot 10^{-3} \, u$
Ruhemasse des Neutrons	m_n	$= (1{,}674955 \pm 0{,}000009) \cdot 10^{-27} \, \text{kg}$
		$= (1{,}008664967 \pm 0{,}000000034) \, u$
Ruhemasse des Protons	m_p	$= (1{,}672649 \pm 0{,}000009) \cdot 10^{-27} \, \text{kg}$
		$= (1{,}007276470 \pm 0{,}000000011) \, u$
Masse des Wasserstoffatoms	M_H	$= (1{,}007825037 \pm 0{,}000000010) \, u$
Spezifische Ladung des Elektrons	$\dfrac{e}{m_e}$	$= (1{,}758802 \pm 0{,}000013) \cdot 10^{11} \, \text{A s kg}^{-1}$
Bohrsches Magneton	μ_B	$= (1{,}1653 \pm 0{,}0008) \cdot 10^{-29} \, \text{V s m}$
		$= (9{,}2732 \pm 0{,}0006) \cdot 10^{-24} \, \text{J T}^{-1}$
Kernmagneton	μ_K	$= (6{,}3466 \pm 0{,}0005) \cdot 10^{-33} \, \text{V s m}$
		$= (5{,}0505 \pm 0{,}0004) \cdot 10^{-27} \, \text{J T}^{-1}$
Feinstrukturkonstante	$\dfrac{1}{4\pi\varepsilon_0} \cdot \dfrac{2\pi e^2}{hc}$	$= 1/(137{,}03602 \pm 0{,}00021)$
Gravitationskonstante	G	$= (6{,}670 \pm 0{,}015) \cdot 10^{-11} \, \text{m}^3 \, \text{kg}^{-1} \, \text{s}^{-2}$
Elektrische Feldkonstante (Influenzkonstante)	ε_0	$= \dfrac{10^7}{4\pi c^2} \, \text{A m V}^{-1} \, \text{s}^{-1}$
		$= (8{,}854187827 \pm 0{,}000000008) \, 10^{-12} \, \text{A s V}^{-1} \, \text{m}^{-1}$
Magnetische Feldkonstante (Induktionskonstante)	μ_0	$= 4\pi \cdot 10^{-7} \, \text{V s A}^{-1} \, \text{m}^{-1}$

Umrechnungstabelle für Energieeinheiten

(1 u = 931,55 MeV)

Der Wert in den Einheiten	ist mit dem in der Tabelle angegebenen Faktor zu multiplizieren, um den Wert in den folgenden Einheiten zu erhalten:				
	MeV	J	kJ	erg	kcal
eV	1	10^{-6}	$1{,}60219 \cdot 10^{-19}$	$1{,}60219 \cdot 10^{-22}$	$1{,}60219 \cdot 10^{-12}$	$3{,}8280 \cdot 10^{-23}$
MeV	10^6	1	$1{,}60219 \cdot 10^{-13}$	$1{,}60219 \cdot 10^{-16}$	$1{,}60219 \cdot 10^{-6}$	$3{,}8280 \cdot 10^{-17}$
J	$6{,}2415 \cdot 10^{18}$	$6{,}2415 \cdot 10^{12}$	1	10^{-3}	10^7	$2{,}3892 \cdot 10^{-4}$
kJ	$6{,}2415 \cdot 10^{21}$	$6{,}2415 \cdot 10^{15}$	10^3	1	10^{10}	$0{,}23892$
erg	$6{,}2415 \cdot 10^{11}$	$6{,}2415 \cdot 10^5$	10^{-7}	10^{-10}	1	$2{,}3892 \cdot 10^{-11}$
kcal	$2{,}6123 \cdot 10^{22}$	$2{,}6123 \cdot 10^{16}$	$4{,}1855 \cdot 10^3$	$4{,}1855$	$4{,}1855 \cdot 10^{10}$	1

(Beispiel: 1 MeV = $1{,}60219 \cdot 10^{-13}$ J)

Anhang III

Nuklidtabelle

Die Tabelle wurde aufgestellt anhand der neuesten Werte in „Nuclear Physics" und in den „Nuclear Data Sheets" (Angaben für A < 44 aus: Nuclear Physics, **A 190** (1972) bis **A 281** (1977), hrsg. von L. ROSENFELD, ab **A 235** (1974) von G.E. BROWN. North-Holland Publishing Co., Amsterdam; Angaben für A > 44 aus: Nuclear Data Sheets, Section B, Vol. **3**, No. 3,4 (Januar 1970) bis Vol. **23**, No. 1 (Januar 1978), hrsg. von: Nuclear Data Group. Academic Press, New York). Nuklide, deren Existenz zweifelhaft ist, sind mit einem Fragezeichen versehen (z. B. $^{57?}$Cu). Mesomere Nuklide, deren energetische Reihenfolge nicht bekannt ist, oder Radionuklide mit unterschiedlichen Eigenschaften, die der gleichen Massenzahl und der gleichen Ordnungszahl zugeordnet werden, sind mit gleicher Bezeichnung untereinander geschrieben, wobei die Nuklidmasse nur einmal aufgeführt ist.

Die Werte für die γ-Energien wurden überarbeitet und ergänzt nach dem neuesten Tabellenwerk von G. ERDTMANN und W. SOYKA: The Gamma Rays of the Radionuclides (Kernchemie in Einzeldarstellungen, Vol. 7. Verlag Chemie, Weinheim 1979). Weiterhin wurde die Tabelle ergänzt durch die Angaben in der Karlsruher Nuklidkarte (4. Auflage 1974, W. SEELMANN-EGGEBERT, G. PFENNIG, H. MÜNZEL, Kernforschungszentrum Karlsruhe).

Die Nuklidmassen wurden entnommen aus: A.H. WAPSTRA und K. BOS: The 1977 Atomic Evaluation (in Atomic Data and Nuclear Data Tables, Vol. **19,** No. 3 (März 1977), Hrsg. KATHERINE WAY. Academic Press, New York–London). Durch *) gekennzeichnete Nuklidmassen: „mass obtained by interpolating or extrapolating on systematic plots" (vgl. A.H. WAPSTRA und K. BOS). Es bedeuten:

$I.U.$ = Isomere Umwandlung
ε = Elektroneneinfang
e^- = Konversionselektronen
sf = Spontanspaltung

Die Häufigkeit der stabilen Isotope eines Elements in der Natur ist in % angegeben. Werte für den Kernspin bzw. die Parität, die nicht experimentell bestimmt wurden, sind in Klammern gesetzt.
In der letzten Spalte sind die Zerfallsarten und die Energien der Strahlung (in MeV) angegeben, für β^-- und β^+-Zerfall die Maximalenergien. Für α-, β^-- und β^+-Zerfall sind maximal 3 Energiewerte, für die γ-Energien maximal 4 Werte angeführt. Das Auftreten weiterer Energien ist durch Punkte angedeutet. Wenn eine Zerfallsart aufgrund theoretischer Überlegungen wahrscheinlich, aber nicht experimentell nachgewiesen ist, so ist sie in Klammern gesetzt.

Ordnungs-zahl Z	Symbol	Häufigkeit	Nuklidmasse	Kernspin und Parität	Halbwertzeit $t_{1/2}$	Zerfallsart und Energie der Strahlung
0	^{1}n		1,008 664 967		10,6 min	β^- 0,78;
1	^{1}H	99,985	1,007 825 037			
	^{2}H	0,015	2,014 101 787			
	^{3}H		3,016 049 286	1/2+	12,346 a	β^- 0,018; kein γ;
2	^{3}He	$1,3 \cdot 10^{-4}$	3,016 029 297	1/2+		
	^{4}He	≈100	4,002 603 25	0+		
	^{5}He		5,012 22	3/2+		n
	^{6}He		6,018 891 0	0+	0,802 s	β^- 3,508; kein γ;
	^{7}He		7,028 031			n
	^{8}He		8,033 933		0,122 s	β^- 9,72; γ 0,980;
3	^{5}Li		5,012 54			p
	^{6}Li	7,5	6,015 123 2	1+		
	^{7}Li	92,5	7,016 004 5	3/2−		
	^{8}Li		8,022 487 2	2+	0,844 s	β^- 13,06; kein γ;
	^{9}Li		9,026 789 9	(3/2)−	0,176 s	β^- 13,62; 11,19; 10,84; kein γ;
	^{11}Li		11,043 95	(3/2)−	9,7 ms	β^- 15–20; kein γ;
4	^{6}Be		6,019 727	(0+)		
	^{7}Be		7,016 929 7	3/2−	53,4 d	$\varepsilon(\Delta E = 0,826; 0,374); \gamma$ 0,478;
	^{8}Be		8,005 305 15	0+	$2 \cdot 10^{-16}$ s	2 α 0,047;
	^{9}Be	100	9,012 182 5	3/2−		
	^{10}Be		10,013 534 7	0+	$1,6 \cdot 10^6$ a	β^- 0,556; kein γ;
	^{11}Be		11,021 660	1/2+	13,8 s	β^- 11,5; 9,4; 4,8; ...; γ 2,125; 6,790; 5,852; 4,666; ...;
	^{12}Be		12,026 87	0+	11,4 ms	β^- 9,0–11,6; kein γ;
5	^{8}B		8,024 607 5	2+	0,77 s	β^+ 14,1; ...;
	^{9}B		9,013 329 1	3/2−		p
	^{10}B	20	10,012 938 0	3+		
	^{11}B	80	11,009 305 3	3/2−		
	^{12}B		12,014 352 6	1+	20,3 ms	β^- 13,37; 8,94; 5,74; ...; γ 4,430; ...;
	^{13}B		13,017 780	3/2−	17,33 ms	β^- 13,437; ...; γ 3,680;
	^{14}B		14,025 397	2−	21 ms	β^- 14,55; 13,91; γ 6,090; 6,730; 1,250; 0,610; ...;
	^{17}B		17,048 60*)	3/2−		(β^- 23,1; n 0,53);
6	^{9}C		9,031 038	(3/2)−	0,127 s	β^+ 3,41; ...;
	^{10}C		10,016 857 6	0+	19,48 s	β^+ 1,91; 0,89; γ 0,718; 1,022;
	^{11}C		11,011 433 1	3/2−	20,4 min	β^+ 0,97; kein γ;
	^{12}C	98,89	12,000 000 000	0+		
	^{13}C	1,11	13,003 354 839	1/2−		
	^{14}C		14,003 241 993	0+	5736 a	β^- 0,156; kein γ;
	^{15}C		15,010 599 3	1/2+	2,5 s	β^- 9,772; 4,47; ...; γ 5,299; 8,312; 9,052; 8,570; ...;
	^{16}C		16,014 700	0+	0,747 s	β^- 4,65; 3,69; kein γ;
	^{17}C		17,022 61*)			(β^- 13,4; n 0,5);
7	^{11}N		11,027 08	1/2+		p 2,31;
	^{12}N		12,018 613 0	1+	10,95 ms	β^+ 16,32; 11,88; 8,67; γ 4,430;
	^{13}N		13,005 738 7	1/2−	9,97 min	β^+ 1,20; kein γ;
	^{14}N	99,635	14,003 074 008	1+		
	^{15}N	0,356	15,000 108 978	1/2−		
	^{16}N		16,006 099 4	2−	7,14 s	β^- 10,42; 4,29; 3,30; 1,55; γ 6,128; 7,117; 2,750; 1,720; ...;
	^{17}N		17,008 449	1/2−	4,61 s	β^- 5,627; 3,30; 2,75; ...; γ 0,870; 2,190;
	^{18}N		18,014 250	(0,1,2)−	0,63 s	β^- 9,61; γ 1,980; 1,650; 0,820; 2,470;

643 Nuklidtabelle

Ordnungszahl Z	Symbol	Häufigkeit	Nuklidmasse	Kernspin und Parität	Halbwertzeit $t_{1/2}$	Zerfallsart und Energie der Strahlung
8	^{13}O		13,024 804	3/2−	8,9 ms	β^+ 14,79; 11,28; …;
	^{14}O		14,008 597 2	0+	70,6 s	β^+ 1,811; 4,12; …; γ 2,311; 1,623; 3,945;
	^{15}O		15,003 065 4	1/2−	2,05 min	β^+ 1,73; …;
	^{16}O	99,756	15,994 914 64	0+		
	^{17}O	0,039	16,999 130 6	5/2+		
	^{18}O	0,205	17,999 159 39	0+		
	^{19}O		19,003 576 4	5/2+	27,1 s	β^- 4,790; 4,622; 3,265; γ 0,197; 1,375; 1,441; 0,110;
	^{20}O		20,004 078	0+	13,57 s	β^- 2,758; γ 1,057;
9	^{16}F		16,011 479	(1)−		p 0,548;
	^{17}F		17,002 095 18	5/2+	64,5 s	β^+ 1,74; kein γ;
	^{18}F		18,000 936 6	1+	1,83 h	ε; β^+ 0,64; kein γ;
	^{19}F	100	18,998 403 25	1/2+		
	^{20}F		19,999 981 7	2+	11,03 s	β^- 5,40; 2,06; γ 1,63;
	^{21}F		20,999 949	5/2+	4,35 s	β^- 5,69; 5,34; 3,94; γ 0,351; 1,395; 1,746;
	^{22}F		22,003 034	5+	4,23 s	β^- 5,33; 4,51; 3,31; …; γ 1,275; 2,080; 2,165; 1,900; …;
	^{23}F		23,003 60		2,23 s	β^-; γ 1,701; 2,129; 1,822; 3,431; …;
10	^{17}Ne		17,017 689	1/2−	0,109 s	β^+ 8,81; 7,99; 7,47; …;
	^{18}Ne		18,005 710	0+	1,67 s	β^+ 3,43; 2,39; …; γ 1,043; 0,658; 1,701;
	^{19}Ne		19,001 879 7	1/2+	17,4 s	β^+ 2,22; kein γ;
	^{20}Ne	90,92	19,992 439 1	0+		
	^{21}Ne	0,257	20,993 845 3	0+		
	^{22}Ne	8,82	21,991 383 7	0+		
	^{23}Ne		22,994 465 8	5/2+	38 s	β^- 4,38; 3,94; 2,30; …; γ 0,439; 1,640; 2,420; 2,070; …;
	^{24}Ne		23,993 613	0+	3,38 min	β^- 1,98; 1,10; γ 0,472; 0,874; 0,869; 1,322; …;
	^{25}Ne		24,997 69		0,602 s	β^- 7,31; 6,33; …; γ 0,090; 0,980; 1,069; 2,202; …;
11	^{19}Na		19,013 881	(3/2, 5/2)+		p 0,37;
	^{20}Na		20,007 347	2+	0,446 s	β^+ 11,60; 5,45; …; γ 1,634;
	^{21}Na		20,997 653 5	3/2+	22,8 s	β^+ 2,53; 2,18; γ 0,351;
	^{22}Na		21,994 434 8	3+	2,60 a	ε; β^+ 1,82; 0,55; γ 1,275;
	^{23}Na	100	22,989 769 7	3/2+		
	^{24}Na		23,990 963 5	4+	15,02 h	β^- 5,14; 1,39; 0,27; γ 1,369; 2,754; 3,861;
	^{24m}Na			1+	20,3 ms	I.U. 0,472; β^- 5,98;
	^{25}Na		24,989 955	5/2+	60,0 s	β^- 3,84; 2,87; 2,23; …; γ 0,586; 0,975; 0,391; 1,612; …;
	^{26}Na		25,992 606	(1–3)+	1,04 s	β^- 7,55; γ 1,809;
	^{27}Na		26,993 96		0,295 s	β^- 7,6; γ 0,985; 1,699;
	^{28}Na		27,998 79		35,7 ms	β^- 12,3; …; γ 2,380; 1,475;
	^{29}Na		29,002 86		48,6 ms	β^- 11,0; γ 2,570; 1,510; 2,100; 3,150;
	^{30}Na		30,009 00		55 ms	β^-; kein γ;
	^{31}Na		31,011 39*)		17,7 ms	β^-; kein γ;
	^{32}Na		32,017 62*)		14,5 ms	β^-; kein γ;
	^{33}Na				20 ms	β^-; kein γ;
12	^{20}Mg		20,018 860		0,62 s	β^+;
	^{21}Mg		21,011 715		122,5 ms	β^+;
	^{22}Mg		21,999 576 9	0+	3,857 s	β^+ 3,19; 3,11; 1,83; γ 0,583; 0,074; 1,280; 2,572; …;
	^{23}Mg		22,994 127 1	3/2+	12,1 s	β^+ 3,58; 3,02; γ 0,438;
	^{24}Mg	78,80	23,985 045 0	0+		
	^{25}Mg	10,13	24,985 839 2	5/2+		
	^{26}Mg	11,17	25,982 595 4	0+		
	^{27}Mg		26,984 342 5	1/2+	9,462 min	β^- 1,77; 1,60; γ 0,844; 1,014; 0,171;
	^{28}Mg		27,983 879 4	0+	21,3 h	β^- 0,46; 0,21; γ 0,031; 1,342; 0,942; 0,401; …;
	^{29}Mg		28,988 46		1,49 s	β^-; γ 2,224; 1,398; 0,960;

Ordnungs-zahl Z	Symbol	Häufigkeit	Nuklidmasse	Kernspin und Parität	Halbwertzeit $t_{1/2}$	Zerfallsart und Energie der Strahlung
13	^{23}Al		23,007 265		0,47 s	β^+ 3,38;
	^{24}Al		23,999 944	4+	2,08 s	β^+ 4,42; 3,34; …; γ 1,368; 2,753; 7,066; 5,392; …;
	^{24m}Al			1+	0,129 s	I.U. 0,439; β^+ 13,30; 11,93; 9,06; γ 1,369;
	^{25}Al		24,990 431 7	5/2+	7,23 s	β^+ 3,26; 2,29; 1,65; γ 1,612; 0,637; 0,975; 0,585; …;
	^{26}Al		25,986 894 8	5+	$7,16 \cdot 10^6$ a	β^+ 1,17; ε (ΔE = 2,19; 1,06); γ 1,808; 1,130; 2,938;
	^{26m}Al			0+	6,37 s	β^+ 3,21;
	^{27}Al	100	26,981 541 3	5/2+		
	^{28}Al		27,981 912 9	3+	2,31 min	β^- 2,86; γ 1,779;
	^{29}Al		28,980 448	5/2+	6,62 min	β^- 2,426; 2,028; 1,273; γ 1,273; 2,426; 2,028; 1,152; …;
	^{30}Al		29,982 94	(2,3)+	3,27 s	β^- 6,30; 5,04; …; γ 2,236; 1,263; 3,498; 2,595; …;
	^{31}Al		30,983 79		0,644 s	β^- 7,9; 5,6; …; γ 2,317; 1,695; 0,752; 1,564;
14	^{24}Si		24,011 53			β^+;
	^{25}Si		25,004 106	(3/2, 5/2)+	0,218 s	β^+;
	^{26}Si		25,992 331 6	0+	2,2 s	β^+ 3,81; 2,98; 2,19; γ 0,830; 1,622; 1,844;
	^{27}Si		26,986 703 9	5/2+	4,17 s	β^+ 3,79; …; γ 2,211; 2,981; 0,524; 0,844; …;
	^{28}Si	92,21	27,976 928 4	0+		
	^{29}Si	4,70	28,976 496 4	1/2+		
	^{30}Si	3,09	29,973 771 7	0+		
	^{31}Si		30,975 363 8	3/2+	2,62 h	β^- 1,49; 0,22; γ 1,266;
	^{32}Si		31,974 137	0+	280 a	β^- 0,21; kein γ;
	^{33}Si		32,989 94		6,18 s	β^- 4,37; 3,95; 3,34; γ 1,847; 2,538; 0,416; 1,431; …;
15	^{28}P		27,992 314	3+	270 ms	β^+ 11,54; 7,04; 4,00; …; γ 1,779; 4,498; 7,537; 6,810; …;
	^{29}P		28,981 804 4	1/2+	4,21 s	β^+ 3,92; 2,65; 1,49; γ 1,273; 2,426; 1,152; 2,028; …;
	^{30}P		29,978 309 8	1+	2,497 min	β^+ 4,23; 1,99; γ 2,236;
	^{31}P	100	30,973 763 4	1/2+		
	^{32}P		31,973 908 0	1+	14,26 d	β^- 1,71; kein γ;
	^{33}P		32,971 726 4	1/2+	25,3 d	β^- 0,25; kein γ;
	^{34}P		33,973 65	1+	12,4 s	β^- 5,1; 3,0; 1,0; γ 2,128; 4,000;
	^{35}P		34,973 23	(1/2, 3/2)+	47,3 s	β^- 2,3; γ 1,572;
16	^{28}S		28,004 50			β^+;
	^{29}S		28,996 61	(5/2)+	187 ms	β^+ 4,68; 4,39;
	^{30}S		29,984 903 9	0+	1,24 s	β^+ 5,11; 4,43; 4,40; …; γ 0,677; 2,341; 0,709;
	^{31}S		30,979 555 4	1/2+	2,61 s	β^+ 4,42; 3,15; …; γ 3,134; 1,266; 3,506; 2,240; …;
	^{32}S	95,0	31,972 071 8	0+		
	^{33}S	0,76	32,971 459 1	3/2+		
	^{34}S	4,22	33,967 867 74	0+		
	^{35}S		34,969 032 50	3/2+	87,2 d	β^- 0,167; kein γ;
	^{36}S	0,014	35,967 079 0	0+		
	^{37}S		36,971 113	(5/2, 7/2)−	5,06 min	β^- 4,86; 1,76; 1,12; γ 3,102; 3,742;
	^{38}S		37,971 163	0+	2,83 h	β^- 2,94; 1,19; 1,00; …; γ 1,942; 1,746; 2,752; 0,196;
17	^{32}Cl		31,985 691	1+	291 ms	β^+ 9,44; 6,97; 4,67; …; γ 2,230; 4,773; 2,456; 1,549; …;
	^{33}Cl		32,977 452 6	3/2+	2,47 s	β^+ 4,56; …; γ 2,996; 1,966; 0,841;
	^{34}Cl		33,973 764 7	0+	1,56 s	β^+ 4,47; kein γ;
	^{34m}Cl			3+	32,0 min	I.U. 0,146; β^+ 2,49; 1,32; 0,51; γ 2,129; 1,177; 3,305; 4,120; …;

Ordnungs-zahl Z	Symbol	Häufigkeit	Nuklidmasse	Kernspin und Parität	Halbwertszeit $t_{1/2}$	Zerfallsart und Energie der Strahlung
	^{35}Cl	75,53	34,968 852 729	3/2+		
	^{36}Cl		35,968 307 334	2+	$3,01 \cdot 10^5$ a	β^- 0,714; ε; β^+ 0,12; kein γ;
	^{37}Cl	24,47	36,965 902 624	3/2+		
	^{38}Cl		37,968 010 8	2−	37,24 min	β^- 4,91; 2,74; 1,10; γ 2,168; 1,642; 3,808;
	^{38m}Cl			5−	0,716 s	I.U. 0,671;
	^{39}Cl		38,968 006	3/2+	56,2 min	β^- 3,44; 2,17; 1,92; …; γ 1,267; 0,250; 1,517; 1,091; …;
	^{40}Cl		39,970 43	2−	1,32 min	β^- 3,4; 3,2; 2,9; …; γ 1,461; 2,840; 2,622; 3,101; …;
	^{41}Cl		40,970 59		34 s	β^- 3,8; …; γ 1,354; 1,353; 1,187; 0,868; …;
18	^{32}Ar		31,997 63			β^+;
	^{33}Ar		32,989 925	1/2+	173 ms	β^+ 10,61; 5,06; …; γ 0,810;
	^{34}Ar		33,980 269 3	0+	0,84 s	β^+ 5,04; 4,58; 4,37; …; γ 0,666; 3,128; 0,461; 2,581;
	^{35}Ar		34,975 256 2	3/2+	1,78 s	β^+ 4,94; 3,72; …; γ 1,219; 1,763; 2,694; 3,003;
	^{36}Ar	0,337	35,967 545 605	0+		
	^{37}Ar		36,966 776 3	3/2+	34,8 d	$\varepsilon (\Delta E = 0,81)$; kein γ;
	^{38}Ar	0,063	37,962 732 2	0+		
	^{39}Ar		38,964 315	7/2−	269 a	β^- 0,57; kein γ;
	^{40}Ar	99,60	39,962 383 1	0+		
	^{41}Ar		40,964 500 6	7/2−	1,83 h	β^- 2,49; 1,20; 0,81; γ 1,294; 1,660;
	^{42}Ar		41,963 05	0+	33 a	β^- 0,60; kein γ;
	^{43}Ar		42,965 67		5,4 min	β^-; γ 0,975; 0,738; 1,440; 2,346; …;
	^{44}Ar		43,965 356	0+	11,9 min	β^- 1,11; γ 1,705; 0,182; 1,887; 0,406; …;
	^{45}Ar		44,968 09		21,0 s	β^-; γ 1,020; 3,707; 1,809; 1,107; …;
19	^{36}K		35,981 293	2+	340 ms	β^+ 9,82; 7,35; 5,18; γ 1,970; 2,432; 2,208; 4,440; …;
	^{37}K		36,973 377 0	3/2+	1,23 s	β^+ 5,13; 2,33; 1,60; γ 2,796; 2,217; 0,579; 3,605;
	^{38}K		37,969 080 1	3+	7,64 min	β^+ 2,73; 0,96; γ 2,168; 1,769; 3,937;
	^{38m}K			0+	0,95 s	β^+ 5,03;
	^{39}K	93,10	38,963 707 9	3/2+		
	^{40}K	0,0118	39,963 998 8	4−	$1,28 \cdot 10^9$ a	β^- 1,314; ε; β^+ 0,483; γ 1,461;
	^{41}K	6,88	40,961 825 4	3/2+		
	^{42}K		41,962 401 8	2−	12,36 h	β^- 3,52; 2,00; γ 1,525; 0,313; 0,900; 1,922; …;
	^{43}K		42,960 721	3/2+	22,2 h	β^- 1,218; 0,827; 0,460; …; γ 0,373; 0,618; 0,397; 0,593; …;
	^{44}K		43,961 56	2−	22,15 min	β^- 5,66; 2,35; 1,99; …; γ 1,157; 2,151; 2,519; 1,499; …;
	^{45}K		44,960 697	3/2+	20 min	β^- 4,0; 2,76; 2,1; …; γ 0,174; 1,706; 2,354; 1,261; …;
	^{46}K		45,961 975	(2−)	115 s	β^- 6,3; 4,687; 4,053; …; γ 1,347; 3,700; 3,015; 2,274; …;
	^{47}K		46,961 677	1/2+	17,5 s	β^- 4,1; …; γ 2,013; 0,586; 2,578; 0,565;
	^{48}K		47,965 41	(2−)	6,8 s	β^- 8,4; 7,3; 7,1; …; γ 3,832; 0,780; 0,675; 2,789; …;
	^{50}K				≈0,4 s	(β^-);
20	^{36}Ca		35,992 87			β^+;
	^{37}Ca		36,985 87	3/2+	175 ms	β^+ 5,53; …;
	^{38}Ca		37,976 318	0+	0,45 s	β^+ 5,58; 4,01; 2,37; γ 1,569; 3,212;
	^{39}Ca		38,970 711	3/2+	0,87 s	β^+ 5,50; kein γ;
	^{40}Ca	96,97	39,962 590 7	0+		
	^{41}Ca		40,962 277 6	7/2−	$1,3 \cdot 10^5$ a	$\varepsilon (\Delta E = 0,42)$; kein γ;
	^{42}Ca	0,64	41,958 621 8	0+		
	^{43}Ca	0,145	42,958 770 4	7/2−		
	^{44}Ca	2,06	43,955 484 8	0+		
	^{45}Ca		44,956 189 4	7/2−	163 d	β^- 0,257; …; γ 0,012; e$^-$;
	^{46}Ca	0,0033	45,953 689	0+		

Ordnungs- zahl Z	Symbol	Häufigkeit	Nuklidmasse	Kernspin und Parität	Halbwertzeit $t_{1/2}$	Zerfallsart und Energie der Strahlung
	^{47}Ca		46,954 543	7/2−	4,54 d	β^- 1,985; 0,685; γ 1,297; 0,878; 0,489; 0,766; …;
	^{48}Ca	0,185	47,052 532	0+	$\geq 2\cdot 10^{16}$ a	β^-;
	^{49}Ca		48,955 677	(3/2)−	8,7 min	β^- 2,18; 1,19; …; γ 3,084; 4,072; 1,49; 2,372; …;
	^{50}Ca		49,957 518	0+	14,0 s	β^- 3,1; γ 0,257; 1,519; 0,072; 1,591;
21	^{40}Sc		39,977 963	4−	0,182 s	β^+ 9,56; 8,81; 5,64; …; γ 3,737; 0,755; 1,878; 2,045; …;
	^{41}Sc		40,969 250 2	7/2−	0,60 s	β^+ 5,48; kein γ;
	^{42}Sc		41,965 517 3	0+	683 ms	β^+ 5,41; γ;
	^{42m}Sc			7+	61 s	β^+ 2,84; γ 1,524; 1,227; 0,439;
	^{43}Sc		42,961 154 1	7/2−	3,89 h	β^+ 1,20; 0,83; γ 0,373;
	^{44}Sc		43,959 408 8	2+	3,93 h	ε (ΔE = 2,50; 1,00; 0,38); β^+ 1,48; γ 1,157; 1,499; 2,656; 1,126; …;
	^{44m}Sc			6+	2,44 d	I.U. 0,271; ε (ΔE = 0,65); γ 1,157; 1,126; 1,002; 2,657;
	^{45}Sc	100	44,955 913 6	7/2−		
	^{45m}Sc			3/2+	0,32 μs	I.U. 0,012;
	^{46}Sc		45,955 173 9	4+	83,8 d	β^- 0,357; 1,48; γ 1,121; 0,889;
	^{46m}Sc			1−	18,67 s	I.U. 0,142;
	^{47}Sc		46,952 409 6	7/2−	3,42 d	β^- 0,60; 0,441; γ 0,159;
	^{48}Sc		47,952 230	6+	1,825 d	β^- 0,7; …; γ 1,312; 0,983; 1,037; 0,175; …;
	^{49}Sc		48,950 022	(7/2)+	57,5 min	β^- 2,001; …; γ 1,78;
	^{50}Sc		49,952 186	(5)+	1,72 min	β^- 3,7; 4,2; γ 1,554; 1,121; 0,524;
	^{50m}Sc			(2)+	0,35 s	I.U. 0,257;
	^{51}Sc		50,953 601	(7/2−)	12,5 s	β^- 5,08; 4,36; γ 1,440; 2,160;
22	^{40}Ti		39,990 30			β^+;
	^{41}Ti		40,983 06		88 ms	β^+;
	^{42}Ti		41,973 031	0+	202 ms	β^+ 5,97; 5,36; 3,75; γ 0,611; 2,222;
	^{43}Ti		42,968 519	7/2−	0,49 s	β^+ 5,83; kein γ;
	^{44}Ti		43,959 692 8	0+	47,3 a	ε (ΔE = 0,19; 0,11); γ 0,078; 0,068; 0,146;
	^{45}Ti		44,958 127 9	7/2−	3,08 h	ε; β^+ 1,044; …; γ 0,720; 1,408; 1,661; 0,425; …;
	^{45m}Ti			(3/2−)	3,0 μs	I.U. 0,037;
	^{46}Ti	7,93	45,952 632 7	0+		
	^{47}Ti	7,28	46,951 764 9	5/2−		
	^{48}Ti	73,94	47,947 946 7	0+		
	^{49}Ti	5,51	48,947 870 5	7/2−		
	^{50}Ti	5,34	49,944 785 8	0+		
	^{51}Ti		50,946 609 8	3/2−	5,79 min	β^- 2,140; 1,531; γ 0,320; 0,929; 0,608;
	^{52}Ti		51,946 893	0+	1,7 min	β^- 1,8; γ 0,124; 0,017;
	^{52}Ti				49 min	β^-; kein γ;
	^{53}Ti		52,949 66		32,7 s	β^-; γ 0,128; 0,228; 1,676; 0,101; …;
23	^{44}V		43,974 40*)		90 ms	β^+;
	^{46}V		45,960 203 2	0+	0,426 s	β^+ 6,043;
	^{46m}V			(3+)	1,0 ms	I.U. 0,801;
	^{47}V		46,954 910 4	3/2−	32,6 min	ε (ΔE 1,375; 1,131; 0,763); β^+ 1,89; γ 2,793; 1,794; 0,160; 0,244; …;
	^{48}V		47,952 256 9	4+	16,1 d	ε; β^+ 0,7; γ 0,984; 1,312; 0,944; 2,240; …;
	^{49}V		48,948 516 6	(7/2)−	330 d	ε (ΔE = 0,619); kein γ;
	^{50}V	0,24	49,947 161 3	6+	>4·10^{16} a	(β^-; ε);
	^{51}V	99,76	50,943 962 5	7/2−		
	^{52}V		51,944 778 6	3+	3,75 min	β^- 2,47; γ 1,434; 1,334; 1,531; 0,399;
	^{53}V		52,944 323	7/2−	1,61 min	β^- 2,5; γ 1,006; 1,289; 0,283; 0,564; …;
	^{54}V		53,946 40		43 s	β^- 3,3; γ 2,210; 0,990; 0,840;
24	^{45}Cr		44,979 11		0,05 s	β^+;
	^{46}Cr		45,968 373		0,26 s	β^+;

Ordnungs-zahl Z	Symbol	Häufigkeit	Nuklidmasse	Kernspin und Parität	Halbwertzeit $t_{1/2}$	Zerfallsart und Energie der Strahlung
	^{47}Cr		46,962 836		0,46 s	β^+;
	^{48}Cr		47,954 033		23 h	$\varepsilon; \beta^+; \gamma\, 0{,}306; 0{,}116;$
	^{49}Cr		48,951 337 7	5/2−	41,9 min	$\varepsilon; \beta^+\, 1{,}54; 1{,}46; 1{,}39; \gamma\, 0{,}091; 0{,}153; 0{,}062;$
	^{50}Cr	4,31	49,946 046 3	0+		
	^{51}Cr		50,944 769 0	7/2−	27,72 d	$\varepsilon; \gamma\, 0{,}320;$
	^{52}Cr	83,76	51,940 509 7	0+		
	^{53}Cr	9,55	52,940 651 0	3/2−		
	^{54}Cr	2,365	53,938 882 2	0+		
	^{55}Cr		54,940 841 5	3/2−	3,55 min	$\beta^-\, 2{,}5; \ldots; \gamma\, 1{,}528; 2{,}252; 0{,}126; 1{,}402; \ldots;$
	^{56}Cr		55,940 671	0+	5,9 min	$\beta^-\, 1{,}5; \gamma\, 0{,}083; 0{,}026;$
25	^{50}Mn		49,954 239 8	0+	283,2 ms	$\beta^+\, 6{,}579;$
	^{50m}Mn			5+	1,75 min	$\beta^+\, 3{,}7; 3{,}5; \ldots;$ $\gamma\, 1{,}089; 0{,}783; 1{,}443; 1{,}282; \ldots; e^-; (I.U.);$
	^{51}Mn		50,948 212 9	5/2 (−)	46,5 min	$\beta^+\, 2{,}21; \varepsilon; \gamma\, 0{,}755; 1{,}167;$
	^{52}Mn		51,945 567 2	6+	5,7 d	$\beta^+\, 0{,}575; \varepsilon; \gamma\, 1{,}434; 0{,}936; 0{,}744; 1{,}334;$
	^{52m}Mn			2+	21,3 min	$\beta^+\, 2{,}61$–$2{,}66; (\varepsilon);$ $\gamma\, 1{,}434; 1{,}727; 1{,}530; 3{,}160; I.U.\, 0{,}378;$
	^{53}Mn		52,941 291 2	7/2−	$3{,}7\cdot 10^6$ a	$\varepsilon; \gamma\, 0{,}005; 0{,}006;$
	^{54}Mn		53,940 360 5	3+	312,2 d	$\varepsilon; \gamma\, 0{,}835;$
	^{55}Mn	100	54,938 046 3	5/2−		
	^{56}Mn		55,938 906 4	3+	2,576 h	$\beta^-\, 2{,}9; \ldots;$ $\gamma\, 0{,}847; 1{,}811; 2{,}133; 2{,}523; \ldots;$
	^{57}Mn		56,938 285	5/2−	1,7 min	$\beta^-\, 2{,}6; \ldots;$ $\gamma\, 0{,}122; 0{,}692; 0{,}136; 0{,}353; \ldots;$
	^{58}Mn		57,939 65	3+	1,088 min	$\beta^-\, 3{,}9; \ldots;$ $\gamma\, 0{,}811; 1{,}323; 0{,}459; 0{,}864; \ldots;$
	$^{58m?}$Mn			(1+)	3,0 s	$\beta^-\, 6{,}10;$ kein $\gamma;$
26	^{49}Fe		48,973 73		75 ms	$\beta^+;$
	^{52}Fe		51,948 114	0+	8,3 h	$\varepsilon; \beta^+\, 0{,}804; \gamma\, 0{,}169;$
	^{53}Fe		52,945 309 5	7/2−	8,51 min	$\beta^+\, 2{,}8; \ldots;$ $\gamma\, 0{,}378; 1{,}620; 2{,}274; 2{,}749; \ldots;$
	^{53m}Fe			19/2−	2,58 min	$I.U.\, 0{,}701; 1{,}328; 1{,}012; 2{,}340; \ldots;$
	^{54}Fe	5,82	53,939 612 1	0+		
	^{55}Fe		54,938 294 7	3/2−	2,7 a	$\varepsilon;$ kein $\gamma;$
	^{56}Fe	91,66	55,934 939 3	0+		
	^{57}Fe	2,17	56,935 395 7	1/2−		
	^{58}Fe	0,33	57,933 277 8	0+		
	^{59}Fe		58,934 877 9	3/2−	45,1 d	$\beta^-\, 1{,}6; 0{,}5; \ldots;$ $\gamma\, 1{,}099; 1{,}292; 0{,}192; 0{,}143; \ldots;$
	^{60}Fe		59,934 045	0+	$\approx 10^5$ a	$\beta^-\, 0{,}1; \gamma\, 0{,}059;$
	^{61}Fe		60,936 65	(3/2−)	5,98 min	$\beta^-\, 2{,}8; 2{,}6; \ldots;$ $\gamma\, 1{,}205; 1{,}027; 0{,}298; 1{,}646; \ldots;$
27	^{53}Co		52,954 224	(7/2−)	262 ms	$\beta^+;$
	^{53m}Co				247 ms	$\beta^+;$ kein $\gamma;$ p 1,56;
	^{54}Co		53,948 460 0	0+	0,194 s	$\beta^+ > 7{,}4;$
	^{54m}Co			(7)+	1,48 min	$\beta^+\, 4{,}25; \gamma\, 0{,}407; 1{,}130; 1{,}411;$
	^{55}Co		54,942 003 5	7/2−	17,54 h	$\beta^+\, 1{,}5; \ldots; \gamma\, 0{,}932; 0{,}477; 1{,}409; 1{,}317; \ldots;$
	^{56}Co		55,939 842 6	4+	77,3 d	$\varepsilon; \beta^+\, 1{,}5; \gamma\, 0{,}847; 1{,}238; 2{,}598; 1{,}771;$
	^{57}Co		56,936 293 8	7/2−	270,9 d	$\varepsilon\, (\Delta E \approx 0{,}7); \gamma\, 0{,}122; 0{,}136; 0{,}014; e^-;$
	^{58}Co		57,935 755 3	2+	70,78 d	$\varepsilon; \beta^+\, 0{,}5; 1{,}3; \gamma\, 0{,}811; \ldots;$
	^{58m}Co			5+	8,94 h	$I.U.\, 0{,}025; e^-;$
	^{59}Co	100	58,933 197 8	7/2−		
	^{60}Co		59,933 820 2	5+	5,26 a	$\beta^-\, 1{,}48; 0{,}66; 0{,}318;$ $\gamma\, 1{,}332; 1{,}173; 0{,}347; 0{,}826; \ldots;$
	^{60m}Co			2+	10,47 min	$I.U.\, 0{,}058; \beta^-\, 1{,}55; 0{,}72;$ $\gamma\, 1{,}332; 0{,}826; 2{,}159; e^-;$
	^{61}Co		60,932 477 8	7/2−	1,65 h	$\beta^-\, 1{,}2; \ldots; \gamma\, 0{,}067; 0{,}909; 0{,}842;$
	^{62}Co		61,933 973	1+, 2+	1,5 min	$\beta^-\, 4{,}05; 2{,}9;$ $\gamma\, 1{,}172; 2{,}302; 1{,}128; 1{,}985;$
	^{62m}Co			4+, 5+	13,91 min	$\beta^-\, 2{,}9; 1{,}95; 1{,}35; \ldots;$ $\gamma\, 1{,}172; 1{,}164; 2{,}004; 1{,}179; \ldots; (I.U.);$

Ordnungs-zahl Z	Symbol	Häufigkeit	Nuklidmasse	Kernspin und Parität	Halbwertzeit $t_{1/2}$	Zerfallsart und Energie der Strahlung
	^{63}Co		62,933 601	(7/2)−	27,4 s	β^- 3,6; γ 0,087; 0,982; 0,156; 1,069; ...;
	^{64}Co		63,935 812	1+	0,4 s	β^- 7,0; kein γ;
28	^{53}Ni		52,968 43	(7/2−)	45 ms	β^+;
	^{54}Ni		53,957 91*)		≤5 min	
	^{55}Ni		54,951 333	(7/2−)	<5 s	
	^{56}Ni		55,942 134	0+	6,1 d	ε; kein β^+; γ 0,158; 0,812; 0,751; 0,270; ...;
	^{57}Ni		56,939 775	3/2−	1,50 d	ε; β^+ 0,8; ...; γ 1,378; 0,127; 0,920; 1,758; ...;
	^{58}Ni	67,88	57,935 347 1	0+		
	^{59}Ni		58,934 350 2	3/2−	7,5·10^4 a	ε; kein β^+; kein γ;
	^{60}Ni	26,23	59,930 789 0	0+		
	^{61}Ni	1,19	60,931 058 6	3/2−		
	^{62}Ni	3,6	61,928 346 4	0+		
	^{63}Ni		62,929 669 9	1/2−	100,1 a	β^- 0,067; kein γ;
	^{64}Ni	0,9	63,927 968 0	0+		
	^{65}Ni		64,930 086 6	5/2−	2,52 h	β^- 2,1; ...; γ 1,482; 1,116; 0,366; 1,623; ...;
	^{66}Ni		65,929 124	0+	2,28 d	β^- 0,2; kein γ;
	^{67}Ni		66,931 86		18 s	β^-; γ 1,072; 1,654; 0,709; 0,874; ...;
29	^{57}Cu		56,948 88*)		180 ms	
	^{58}Cu		57,944 539 4	1+	3,204 s	β^+ 7,5; ...; γ 1,454; 1,448; 0,041; 1,488; ...;
	^{59}Cu		58,939 503 9	3/2−	1,37 min	ε; β^+ 3,8; ...; γ 1,302; 0,878; 0,339; 0,465; ...;
	^{60}Cu		59,937 366 4	2+	23,2 min	ε; (β^+ 3,9; 2,0; ...); γ 1,333; 1,792; 0,826; 3,124; ...;
	^{61}Cu		60,933 461 6	3/2−	3,408 h	β^+ 1,2; ...; ε; γ 0,283; 0,067; 0,656; 0,067; ...;
	^{62}Cu		61,932 586	1+	9,73 min	β^+ 2,925; 1,75; 0,87; ε; γ 1,173; 0,876; 2,302; 1,129; ...; (e−);
	^{63}Cu	69,09	62,929 599 2	3/2−		
	^{64}Cu		63,929 766 1	1+	12,81 h	β^- 0,578; β^+ 0,655; γ 1,346; ε(ΔE = 1,677; 0,33);
	^{65}Cu	30,91	64,927 792 4	3/2−		
	^{66}Cu		65,928 871 0	1+	5,1 min	β^- 2,6; ...; γ 1,039; 0,833; 1,333; 1,872;
	^{67}Cu		66,927 746	3/2−	61,88 h	β^- 0,6; 0,4; ...; γ 0,185; 0,093; 0,091; 0,300; ...;
	^{68}Cu		67,929 81	1+	30 s	β^- 4,6; 3,5; 2,7; ...; γ 1,077; 1,261; 2,340; 0,962; ...;
	^{68m}Cu			(6−)	3,75 min	I.U. 0,526; 0,084; 0,111; ...; β^- 1,8; 1,7; γ 1,077; 1,340; 1,041; ...;
	^{69}Cu		68,929 21	3/2−	3,0 min	β^- 2,5; ...; γ 1,007; 0,843; 0,531; 0,649; ...;
	^{70}Cu		69,931 95		5 s	β^- 0,63; 0,54; γ 0,885; 1,876;
	^{70}Cu				42 s	β^- 4,1; ≈3,2; ≈2; γ 0,885; 0,902; 1,252; 1,109; ...;
30	^{57}Zn		56,964 97	(7/2−)	40 ms	β^+;
	^{60}Zn		59,941 831	0+	2,38 min	ε; (β^+ 3,1; 2,5; ...); γ 0,670; 0,061; 0,273; 0,334; ...;
	^{61}Zn		60,939 26	3/2−	1,49 min	ε; β^+ 4,4; ...; γ 0,475; 1,661; 0,970; 1,185; ...;
	^{62}Zn		61,934 333	0+	9,255 h	β^+ 0,66; ε; e−; γ 0,597; 0,041; 0,548; 0,508; ...;
	^{63}Zn		62,933 214 1	3/2−	38,1 min	β^+ 2,3; ...; γ 0,670; 0,962; 1,412; 0,450; ...;
	^{64}Zn	48,9	63,929 145 4	0+	>8·10^{15} a	(ε; β^+);
	^{65}Zn		64,929 243 7	5/2−	3,8 d	ε; β^+ 0,3; γ 1,115; 0,771; 0,344;
	^{66}Zn	27,8	65,926 035 2	0+		
	^{67}Zn	4,1	66,927 128 9	5/2+		
	^{68}Zn	18,6	67,924 845 8	0+		

Ordnungs-zahl Z	Symbol	Häufigkeit	Nuklidmasse	Kernspin und Parität	Halbwertzeit $t_{1/2}$	Zerfallsart und Energie der Strahlung
	^{69}Zn		68,926 551 9	1/2−	55,6 min	β^- 0,9; …; γ 0,318; 0,873; 0,553; 0,298;
	^{69m}Zn			9/2+	13,8 h	I.U. 0,439; β^-; γ 0,574; 0,872; 0,319; 0,255;
	^{70}Zn	0,62	69,925 324 9	0+		
	^{71}Zn		70,927 725	1/2−	2,4 min	β^- 2,61; 2,10; 1,69; …; γ 0,512; 0,910; 0,390; 0,122; …;
	^{71m}Zn			(9/2)+	3,92 h	β^- 1,46; 1,45; γ 0,386; 0,487; 0,620; 0,512; …; kein I.U.
	^{72}Zn		71,926 856	0+	46,5 h	β^- 0,296; 0,260; 0,249; γ 0,145; 0,192; 0,017; 0,103; …; e^-;
	^{73}Zn		72,930 18		23,5 s	β^- 4,7; γ 0,216; 0,911; 0,496; 1,198;
	^{74}Zn		73,929 50	0+	1,58 min	β^- 2,1; γ 0,057; 0,140; 0,190; 0,050; …;
	^{75}Zn		74,932 95*⁾		10,2 s	β^-; kein γ;
	^{76}Zn		75,932 85		5,7 s	β^-; kein γ;
	^{77}Zn		76,936 75*⁾		1,4 s	β^-; kein γ;
31	^{62}Ga		61,944 42*⁾	(0+)	118 ms	β^+ 7,8;
	^{63}Ga		62,939 14	3/2−, 5/2−	32,4 s	β^+ 4,5; γ 0,637; 0,627; 0,193; 0,650; …;
	^{64}Ga		63,936 837	0+	2,6 min	ε; β^+ 6,1; 2,9; …; γ 0,992; 3,366; 1,387; 0,809; …;
	^{65}Ga		64,932 738 9	3/2−	15,2 min	β^+ 2,2; 2,1; …; (ε) γ 0,115; 0,061; 0,153; 0,752; …;
	^{66}Ga		65,931 590 8	0+	9,4 h	β^+ 4,2; …; ε; γ 1,039; 2,752; 0,834; 2,190; …;
	^{67}Ga		66,928 203 6	3/2−	3,26 d	ε; kein β^+; γ 0,093; 0,185; 0,300; 0,394; …;
	^{68}Ga		67,927 981 7	1+	68,3 min	β^+ 1,890; 0,880; 0,820; …; ε; γ 1,077; 1,883; 1,261; 0,806; …;
	$^{68m?}$Ga				85 ms	
	^{69}Ga	60,0	68,925 580 9	3/2−		
	^{70}Ga		69,926 027 8	1+	21,1 min	β^- 1,65; 0,61; 0,44; ε; γ 1,039; 0,175; 1,215;
	^{71}Ga	39,8	70,924 700 6	3/2−		
	^{72}Ga		71,926 365 1	3−	14,1 h	β^- 0,97; 0,70; 0,64; …; γ 0,834; 2,202; 0,630; 2,508; …; e^-;
	^{73}Ga		72,925 14	(3/2)−	4,8 h	β^- 1,5; 1,2; 0,4; γ 0,297; 0,326; 0,739; 0,053; …; e^-;
	^{74}Ga		73,926 98	(4)−	8,25 min	β^- 4,7; 4,3; 2,6; …; γ 0,596; 2,354; 0,608; 0,868; …;
	^{74m}Ga				9,5 s	(β^-); I.U. 0,057; 0,003;
	^{75}Ga		74,926 40	(3/2−)	2,17 min	β^- 3,3; …; γ 0,253; 0,574; 0,885; 0,117; …;
	^{76}Ga		75,928 67	(3−)	27,1 s	β^- 5,9; …; γ 0,563; 0,546; 1,108; 0,431; …;
	^{77}Ga		76,928 70*⁾		13 s	β^-; kein γ;
	^{78}Ga		77,931 64		5,1 s	β^-; kein γ;
	^{79}Ga		78,932 57		3,0 s	β^- 4,62;
	^{80}Ga		79,936 09*⁾		1,7 s	β^-;
32	^{64}Ge		63,941 57	0+	1,038 min	β^+ 2,96; γ 0,427; 0,667; 0,128; 0,775; …;
	^{65}Ge		64,939 44	3/2−, 5/2−	30,9 s	β^+ 5,2; 4,6; …; (ε); γ 0,650; 0,062; 0,809; 0,191; …;
	^{66}Ge		65,933 847	0+	2,3 h	β^+ 1,1; 0,7; …; ε; γ 0,044; 0,382; 0,273; 0,109; …;
	^{67}Ge		66,932 96	1/2−, 3/2−	18,7 min	β^+ 3,0; …; γ 0,167; 1,473; 0,911; 0,915; …;
	^{68}Ge		67,928 104	0+	287 d	ε;
	^{69}Ge		68,927 970	5/2−	1,625 d	β^+ 1,2; …; ε; γ 1,107; 0,574; 0,872; 1,336; …;
	^{70}Ge	20,7	69,924 249 8	0+		
	^{71}Ge		70,924 953 7	1/2−	11,2 d	ε; kein γ;
	^{71m}Ge				21,9 ms	I.U. 0,024; 0,175;
	^{72}Ge	27,5	71,922 080 0	0+		
	^{73}Ge	7,7	72,923 463 9	9/2+		
	^{73m}Ge			1/2−	0,53 s	I.U. 0,053; 0,013;

Ordnungs-zahl Z	Symbol	Häufigkeit	Nuklidmasse	Kernspin und Parität	Halbwertzeit $t_{1/2}$	Zerfallsart und Energie der Strahlung
	^{74}Ge	36,54	73,921 178 8	0+		
	^{75}Ge		74,922 859 9	1/2−	1,380 h	β^- 1,2; ...; γ 0,265; 0,199; 0,419; 0,469; ...;
	^{75m}Ge			(7/2)+	48,3 s	I.U. 0,140; e−;
	^{76}Ge	7,76	75,921 402 7	0+		
	^{77}Ge		76,923 549 0	(7/2+)	11,3 h	β^- 2,196; 1,379; 0,71; γ 0,265; 0,211; 0,216; 0,416; ...;
	^{77m}Ge			(1/2)−	54 s	β^- 2,9; γ 0,216; 0,195; 0,419; 0,614; ...; I.U. 0,160;
	^{78}Ge		77,922 96	0+	1,45 h	β^- 0,71; 0,69; γ 0,277; 0,294;
	^{79}Ge		78,925 31	(1/2−)	42 s	β^- 4,3; 4,0; γ 0,230; 0,543; 0,755; 0,469; ...;
	$^{79m?}$Ge				19,1 s	β^-; I.U.;
	^{80}Ge		79,925 46		24,5 s	β^-; γ 0,266; 0,110; 1,564; 1,256; ...;
	^{81}Ge		80,928 78*)		10,1 s	β^- ≈5,6; ≈5,3; γ 0,336; 0,197;
	^{82}Ge		81,929 38*)	0+	4,6 s	β^-; γ 1,092; 0,793;
	^{83}Ge				1,9 s	β^-; kein γ;
	^{84}Ge				1,2 s	β^-; kein γ;
33	^{68}As		67,936 91*)		5,7 min	β^+ 1,48; 0,77; γ 2,710; 1,080; 2,000; 1,510; ...;
	^{68}As				2,65 min	β^+; γ 1,017; 0,651; 0,763; 1,779; ...;
	^{69}As		68,932 24	(5/2−)	15,2 min	β^+ 2,95; γ 0,233; 0,083; 0,146; 0,287; ...;
	^{70}As		69,930 929	4(+)	52,3 min	β^+ 2,89; 2,45; 2,14; ...; γ 1,040; 1,144; 0,775; 0,668; ...;
	^{71}As		70,927 114	(5/2−)	2,70 d	β^+ 0,812; 0,25; ε; γ 0,175; 1,096; 0,500; 0,327; ...;
	^{72}As		71,926 751	2−	26,0 h	β^+ 3,339; 2,498; 1,844; ...; ε; γ 0,834; 0,630; 1,464; 1,051; ...;
	^{73}As		72,923 834	(3/2)−	80,3 d	ε; kein β^+; γ 0,053; 0,013; e−;
	^{74}As		73,923 929 6	2−	17,7 d	β^+ 1,5; 0,9; ...; ε; β^- 1,4; ...; γ 0,596; 0,635; 0,609; 1,204; ...;
	^{74m}As				8 s	I.U. 0,283;
	^{75}As	100	74,921 595 5	3/2−		
	^{76}As		75,922 393 4	2−	1,096 d	β^- 3,0; ...; γ 0,559; 0,657; 1,216; 1,213; ...;
	^{77}As		76,920 648 8	3/2−	1,62 d	β^- 0,684; γ 0,239; 0,521; 0,250; 0,162; ...;
	^{78}As		77,921 91	(2−)	1,51 h	β^- 4,42; 3,7; 3,0; ...; γ 0,614; 0,695; 1,309; 1,240; ...;
	^{79}As		78,920 86	3/2−	9,01 min	β^- 2,3; 1,8; 1,7; ...; γ 0,096; 0,364; 0,879; 0,432; ...;
	^{80}As		79,922 64	1(+)	16,5 s	β^- 6,0; 5,334; γ 0,666; 1,645; 1,065; 1,449; ...;
	^{81}As		80,922 02	(1/2, 3/2)−	33 s	β^- 3,8; γ 0,468; 0,491; 0,103; 0,521; ...;
	^{82}As		81,924 65*)	(1+)	21 s	β^- 7,2; γ 0,655; 1,731; 1,080; 2,834; ...;
	^{82m}As				13 s	β^- ≈4,3; ≈5,4; ...; γ 0,655; 0,344; 1,896; 0,819; ...;
	^{83}As		82,924 91		14,1 s	β^-; γ 1,917; 1,836; 1,823; 1,384; ...;
	^{84}As		83,928 98*)		5,3 s	β^-; γ 1,455; 0,667;
	^{84m}As				0,65 s	β^-; kein γ;
	^{85}As				2,05 s	β^-; γ 1,112; 0,462;
	^{86}As				0,9 s	β^-; γ 0,704;
	^{87}As				0,3 s	β^-; kein γ;
34	^{68}Se		67,941 84*)		3,2 h	(β^+<0,4); γ 0,980;
	^{69}Se		68,939 56		27,3 s	β^+; γ 0,098; 0,066; 0,691;
	^{70}Se		69,933 88		38,9 min	β^+; γ 0,427;
	^{71}Se		70,932 27*)	(5/2−)	4,93 min	β^+ 3,4; γ 0,147; 0,831; 1,096; 1,243; ...;
	^{72}Se		71,927 113	0+	8,5 d	ε; kein β^+; γ 0,046;
	^{73}Se		72,926 775	(7/2)+	7,1 h	β^+ 1,68; 1,29; 0,80; ε; γ 0,361; 0,067; 0,510; 0,865; ...; e−;
	^{73m}Se			(1/2)−	39 min	β^+ 1,86; 1,72; 1,70; ...; γ 0,254; 0,085; 0,394; 0,402; ...; e−; I.U. 0,026;

Ordnungs-zahl Z	Symbol	Häufigkeit	Nuklidmasse	Kernspin und Parität	Halbwertzeit $t_{1/2}$	Zerfallsart und Energie der Strahlung
	^{74}Se	0,87	73,922 477 1	0+		
	^{75}Se		74,922 524 0	5/2+	120,4 d	ε; γ 0,265; 0,136; 0,280; 0,121;...;
	^{76}Se	9,02	75,919 206 6	0+		
	^{77}Se	7,5	76,919 907 7	1/2−		
	^{77m}Se			7/2+	17,5 s	I.U. 0,162;
	^{78}Se	23,5	77,917 304 0	0+		
	^{79}Se		78,918 497	7/2+	$6,5 \cdot 10^4$ a	β^- 0,16; kein γ;
	^{79m}Se			1/2−	3,9 min	I.U. 0,096; e−;
	^{80}Se	49,82	79,916 520 5	0+		
	^{81}Se		80,917 991	(1/2−)	18,5 min	β^- 1,58; 1,01; γ 0,276; 0,828; 0,566; 0,552;...; e−;
	^{81m}Se			(7/2)+	57,25 min	I.U. 0,103; e−; β^-; γ 0,275; 0,260; 0,767; 0,492;
	^{82}Se	9,19	81,916 709	0+	$1,4 \cdot 10^{20}$ a	(β^-);
	^{83}Se		82,919 045		22,5 min	β^- 3,3; 1,8; 1,0; γ 0,357; 0,510; 0,225; 0,718;
	^{83m}Se				1,15 min	β^- 3,5; 2,4; 1,5; γ 1,031; 0,357; 0,988; 0,674;...; kein I.U.;
	^{84}Se		83,918 474	0+	3,1 min	β^- 1,41; γ 0,408;
	^{85}Se		84,922 09*)		33 s	β^-; γ 0,345;
	^{86}Se		85,923 93*)		16,1 s	β^-; γ 1,340; 1,208; 1,081; 0,941;
	^{87}Se				5,6 s	β^-; kein γ;
	^{88}Se				1,5 s	$\beta^- \approx$ 7,0; kein γ;
	^{89}Se				0,4 s	β^-; kein γ;
35	^{70}Br		69,945 10*)		23 s	p 2,5; β^-;
	^{72}Br		71,936 73*)	(3)	1,3 min	β^+; γ 0,862; 1,317; 0,455; 0,775;...;
	^{73}Br		72,931 64		3,3 min	β^+ 3,7; γ 0,065; 0,670; 0,336; 0,126;...;
	^{74}Br		73,929 903	(0−, 1−)	25,3 min	β^+; γ 0,635; 0,219; 0,634; 2,615;...;
	^{74m}Br			4−	41,5 min	β^+ 5,2; 4,5; γ 0,635; 0,728; 0,634; 1,269;...;
	^{75}Br		74,925 755	(3/2−)	1,63 h	β^+ 1,7;...; ε; γ 0,287; 0,141; 0,428; 0,377;...;
	^{76}Br		75,924 527	1−	16,2 h	β^+ 3,7;...; ε; γ 0,559; 0,657; 1,854; 1,216;...;
	^{77}Br		76,921 373	3/2−	56 h	ε; β^+ 0,361; 0,336; γ 0,521; 0,239; 0,297; 0,250;...; e−;
	^{77m}Br			3/2+	4,28 min	I.U. 0,106; e−;
	^{78}Br		77,921 141	1+	6,46 min	β^+ 2,52; 2,50; 1,2; γ 0,614; 0,885; 0,695; 1,924;...;
	^{78m}Br			(4+)	119,2 µs	I.U. 0,031; 0,149;
	^{79}Br	50,69	78,918 336 1	3/2−		
	^{79m}Br			9/2+	4,88 s	I.U. 0,207;
	^{80}Br		79,918 528 4	1+	17,4 min	β^- 2,00; 1,380; 0,741;...; β^+ 0,849; ε (ΔE = 1,871; 1,205;...); γ 0,616; 0,666; 0,639; 0,703;...;
	^{80m}Br			5−	4,42 h	I.U. 0,037; 0,049; e−;
	^{81}Br	49,31	80,916 290	3/2−		
	^{81m}Br			9/2+	36 µs	I.U. 0,260; 0,276;
	^{82}Br		81,916 803	5−	35,3 h	β^- 0,4;...; γ 0,776; 0,554; 0,619; 1,044;...; e−;
	^{82m}Br			2−	6,13 min	I.U. 0,046; e−; β^- 3,1;...; γ 0,776; 0,698; 1,475;...;
	^{83}Br		82,915 164	(3/2−)	2,39 h	β^- 0,925; 0,395; γ 0,009; 0,530; 0,032; 0,521;...;
	^{84}Br		83,916 523	2−	31,8 min	β^- 4,63; 3,81; 2,70;...; γ 0,882; 1,898; 2,484; 1,012;...;
	^{84m}Br				6,0 min	β^- 3,2; 2,2; 0,8; γ 0,424; 0,882; 1,463; 0,447;...;
	^{85}Br		84,915 54	1/2−, 3/2−	2,87 min	β^- 2,5; γ 0,812; 0,925;
	^{86}Br		85,918 45	1±, 2−	54 s	β^- 7,4; 5,6; 3,3;...; γ 1,565; 2,750; 1,361; 1,391;...;
	$^{86m?}$Br				4,5 s	
	^{87}Br		86,920 34*)		55,7 s	β^- 6,1; γ 1,419; 0,604; 1,465; 1,476;...;
	^{88}Br		87,923 68*)	(1−)	16,3 s	$\beta^- \approx$ 8,2; γ 0,775; 0,802; 3,932; 1,441;...;

Ordnungs-zahl Z	Symbol	Häufigkeit	Nuklidmasse	Kernspin und Parität	Halbwertzeit $t_{1/2}$	Zerfallsart und Energie der Strahlung
	^{89}Br				4,5 s	β^-; γ 0,602; 0,243;
	^{90}Br				1,71 s	β^-; γ 0,702; 1,363; 0,656; 2,128; …;
	^{91}Br				0,64 s	β^-;
	^{92}Br				0,25 s	β^-; kein γ;
36	^{72}Kr		71,942 16*)	0+	17,4 s	β^+; γ 0,163; 0,415; 0,310; 0,577; …;
	^{73}Kr		72,938 83		25,9 s	β^+ 5,589; γ 0,178; 0,151; 0,214; 0,392; …;
	^{74}Kr		73,933 42	0+	11,5 min	β^+ 3,1; γ 0,090; 0,203; 0,297; 0,063; …;
	^{75}Kr		74,931 12*)	(7/2+)	4,5 min	ε; (β^+ 3,2; …); γ 0,133; 0,155; 0,153; 0,088; …;
	^{76}Kr		75,925 82	0+	14,8 h	β^+; ε; γ 0,316; 0,270; 0,046; 0,407; …;
	^{77}Kr		76,924 599	(7/2+)	1,24 h	β^+ 1,86; 1,67; 0,85; γ 0,130; 0,147; 0,312; 0,276; …; e^-;
	^{78}Kr	0,35	77,920 397	0+		
	^{79}Kr		78,920 087	(1/2)−	34,9 h	β^+ 0,598; 0,325; 0,206; ε; γ 0,261; 0,398; 0,606; 0,306; …; e^-;
	^{79m}Kr			(7/2)+	50 s	I.U. 0,130;
	^{80}Kr	2,27	79,916 375	0+		
	^{81}Kr		80,916 578	7/2+	2,1·10^5 a	ε; γ 0,276;
	^{81m}Kr			1/2−	13,3 s	I.U. 0,190; e^-;
	^{82}Kr	11,56	81,913 483	0+		
	^{83}Kr	11,5	82,914 134	9/2+		
	^{83m}Kr			1/2−	1,83 h	I.U. 0,032; 0,009; e^-;
	^{84}Kr	56,9	83,911 506 4	0+		
	^{85}Kr		84,912 537 1	9/2+	10,73 a	β^- 0,672; 0,15; γ 0,514;
	^{85m}Kr			1/2−	4,36 h	β^- 0,824; γ 0,151; 0,013; 0,014; 0,015; I.U. 0,305; e^-;
	^{86}Kr	17,37	85,910 614	0+		
	^{87}Kr		86,913 358	(5/2)+	76,4 min	β^- 3,95; 3,55; 1,5; …; γ 0,403; 2,555; 0,846; 2,558; …;
	^{88}Kr		87,914 451	0+	2,84 h	β^- 2,909; γ 2,392; 0,196; 2,196; 0,835; …; e^-;
	^{89}Kr		88,917 57	(5/2+)	3,07 min	β^- 4,9; 3,5; …; γ 0,221; 0,586; 0,904; 1,473; …;
	^{89m}Kr				22 ns	I.U. 0,029;
	^{90}Kr		89,919 29		32,32 s	β^- 4,2; 2,6; …; γ 1,119; 0,122; 0,539; 0,242; …;
	^{91}Kr		90,922 96		8,6 s	β^- 5,6; 4,98; 4,59; …; γ 0,109; 0,507; 0,613; 1,109; …;
	^{92}Kr		91,925 76	0+	1,84 s	β^- 6,6; 5,2; γ 0,142; 1,219; 0,813; 0,548; …;
	^{93}Kr		92,930 31*)		1,29 s	β^- 8,3; 6,2; γ 0,253; 0,323; 0,267; 0,182;
	^{94}Kr			0+	0,20 s	β^-; γ 0,629; 0,220; 0,359; 0,187; …;
	^{95}Kr				≈1 s	β^-;
	^{97}Kr				<0,1 s	
37	^{75}Rb		74,938 26		21,0 s	(β^+); kein γ;
	^{76}Rb		75,934 93		36,8 s	β^+; γ 0,423; 0,354; 0,344; 0,885; …;
	^{77}Rb		76,930 10		3,9 min	β^+; γ 0,067; 0,179; 0,394; 0,254; …;
	^{78}Rb		77,927 98	tief	17,5 min	β^+; γ 0,455; 3,438; 0,693; 0,562; …;
	^{78m}Rb			hoch	6,0 min	β^+; I.U. 0,103; γ 0,455; 0,665; 0,693; 1,110; …;
	^{79}Rb		78,923 93	(3/2−, 5/2−)	22,9 min	β^+ 2,01; 1,97; 1,825; …; γ 0,688; 0,183; 0,505; 0,143; …;
	^{80}Rb		79,922 502	1+	34 s	β^+ 4,1; γ 0,616;
	^{81}Rb		80,919 007	3/2−	4,58 h	ε; β^+ 1,05; 0,575; 0,325; γ 0,190; 0,446; 0,457; …;
	^{81m}Rb			9/2+	32 min	β^+ 1,4; I.U. 0,085; e^-;
	^{82}Rb		81,918 183	1+	1,3 min	β^+ 3,2; …; (ε); γ 0,777; 0,396; 1,410; 0,698; …;
	^{82m}Rb			5−	6,2 h	β^+ 0,8; γ 0,776; 0,554; 0,619; 1,044; …;
	^{83}Rb		82,915 205	5/2−	86,2 d	ε; (β^+); γ 0,520; 0,529; 0,552; 0,009; …;
	^{84}Rb		83,914 384	2−	34,5 d	ε; β^+ 1,657; 0,780; β^- 0,301; γ 0,882; 1,897; 1,016;
	^{84m}Rb			(6)	21,0 min	I.U. 0,248; 0,464; 0,216; e^-;

Ordnungs-zahl Z	Symbol	Häufigkeit	Nuklidmasse	Kernspin und Parität	Halbwertzeit $t_{1/2}$	Zerfallsart und Energie der Strahlung
	^{85}Rb	72,15	84,911 799 6	5/2−		
	^{86}Rb		85,911 178 1	2−	18,6 d	β^- 1,772; 0,692; ε; γ 1,077;
	^{86m}Rb			(6)−	1,02 min	I.U. 0,556;
	^{87}Rb	27,83	86,909 183 6	3/2−	4,7·10^{10} a	β^- 0,273; kein γ; kein e$^-$;
	^{88}Rb		87,911 324	2−	17,8 a	β^- 5,338; 3,24; 2,35; γ 1,836; 0,898; 2,678; 1,382; ...; e$^-$;
	^{89}Rb		88,912 274	(3/2−, 5/2−)	15,4 min	β^- 4,5; 1,3; ...; γ 1,032; 1,248; 2,196; 2,570; ...;
	^{90}Rb		89,914 57	(1−)	2,22 min	β^- 6,33; γ 0,832; 1,892; 4,366; 4,136; ...;
	^{90m}Rb			(4−)	4,3 min	β^-; γ 0,832; 1,375; 2,752; 3,317; ...; I.U. 0,107;
	^{91}Rb		90,916 30		58 s	β^- 5,79; 5,68; 5,41; ...; γ 0,093; 2,564; 3,600; 0,346; ...;
	$^{91m?}$Rb				14 min	
	^{92}Rb		91,919 35	(−)	4,48 s	β^- 8,18; γ 0,815; 2,821; 0,570; 1,712; ...;
	^{93}Rb		92,921 72		5,8 s	β^- 7,55; 7,33; γ 0,433; 0,214; 0,220;
	^{94}Rb		93,925 43*)		2,69 s	β^- 9,3; γ 0,837; 1,578; 1,089; 1,309; ...;
	^{94m}Rb				110 ns	I.U. 0,191;
	^{95}Rb		94,928 55		0,35 s	β^- 8,6; γ 0,360;
	^{96}Rb		95,932 61*)		0,207 s	β^- 10,8; ...; γ 0,813;
	^{97}Rb				0,176 s	β^-; kein γ;
	^{98}Rb				0,106 s	β^-; kein γ;
	^{99}Rb				0,076 s	β^-; kein γ;
38	^{78}Sr		77,931 45*)	0+	30,6 min	β^+;
	^{79}Sr		78,929 73*)		8,1 min	β^+; γ 0,189; 0,166; 0,560; 0,116; ...;
	$^{79m?}$Sr				4,4 min	I.U. 0,105; 0,142; 0,219;
	^{80}Sr		79,924 43*)	0+	1,7 h	ε; (β^+); γ 0,580;
	^{81}Sr		80,923 29	(1/2−)	25,5 min	β^+ 2,684; 2,435; γ 0,153; 0,148; 0,188; 0,444; ...;
	^{82}Sr		81,918 413	0+	25 d	ε; kein β^+; kein γ;
	^{83}Sr		82,917 620	7/2+	1,35 d	ε; β^+ 1,227; 0,803; 0,465; γ 0,763; 0,382; 0,419; 1,563; ...; e$^-$;
	^{83m}Sr			1/2−	4,95 s	I.U. 0,259;
	^{84}Sr	0,56	83,913 428	0+		
	^{85}Sr		84,912 942	9/2+	64,73 d	ε; kein β^+; γ 0,514; 0,869; 0,355;
	^{85m}Sr			(1/2)−	1,128 h	I.U. 0,232; 0,239; ε; kein β^+; γ 0,151;
	^{86}Sr	9,87	85,909 273 2	0+		
	^{87}Sr	7,02	86,908 890 2	9/2+		
	^{87m}Sr			1/2−	2,806 h	I.U. 0,388; ε;
	^{88}Sr	82,56	87,905 624 9	0+		
	^{89}Sr		88,907 458	5/2+	50,55 d	β^- 1,5; ...; γ 0,909;
	^{90}Sr		89,907 746	0+	28,6 a	β^- 0,546; kein γ;
	^{91}Sr		90,910 182	5/2+	9,67 h	β^- 2,665; 1,359; 1,093; ...; γ 0,556; 1,024; 0,750; 0,653; ...;
	^{92}Sr		91,911 013	0+	2,71 h	β^- 1,5; 0,55; γ 1,384; 0,953; 0,431; 1,142; ...;
	^{93}Sr		92,913 82	5/2+	7,3 min	β^- 3,5; 2,9; 2,6; ...; γ 0,591; 0,876; 0,888; 0,710; ...;
	^{94}Sr		93,915 23	0+	1,24 min	β^- 3,35; γ 1,428; 0,724; 0,704; 0,622; ...;
	^{95}Sr		94,919 33		24,4 s	β^- 6,11; γ 0,690;
	^{96}Sr		95,921 56		1,0 s	β^-; γ 0,930; 0,809; 0,123;
	^{97}Sr		96,925 84*)		≤0,2 s	β^-;
	^{98}Sr		97,927 66*)	0+	0,6 s	β^-; γ 0,444; 0,427; 0,120; 0,036;
39	^{81}Y				5,0 min	(β^+); γ 0,469; 0,428;
	$^{82?}$Y		81,927 09*)		10 min	β^+;
	^{83}Y		82,922 24*)		7,06 min	β^+ 3,5; ...; γ 0,036; 0,490; 0,882; 1,337; ...;
	^{83}Y				2,85 min	β^+; γ 0,259; 0,421;
	^{84}Y		83,920 889		41 min	β^+ 3,148; 2,637; 2,242; ...; γ 0,793; 0,974; 1,040; 0,463; ...;
	$^{84m?}$Y				28,5 min	I.U. 0,113;
	^{85}Y		84,916 442	9/2+	5,0 h	β^+ 2,24; 2,04; 1,45; ...; ε; γ 0,232; 0,769; 2,123; 0,540; ...;

Ordnungs-zahl Z	Symbol	Häufigkeit	Nuklidmasse	Kernspin und Parität	Halbwertzeit $t_{1/2}$	Zerfallsart und Energie der Strahlung
	^{85m}Y			(1/2−)	2,68 h	β^+ 2,10; 1,54; 1,15; …; ε; γ 0,232; 0,503; 0,151; 0,914; …;
	^{86}Y		85,914 934	4−	14,6 h	ε; β^+ 1,86; 1,60; 1,18; …; γ 1,077; 0,628; 1,153; 0,777; …;
	^{86m}Y			(8+)	48 min	I.U. 0,208; e−; β^+;
	^{87}Y		86,910 888 8	1/2−	80,3 h	ε; β^+ 0,78; 0,7; 0,381; γ 0,485; 0,388;
	^{87m}Y			9/2+	12,7 h	I.U. 0,381; …; β^+ 1,54; 1,50; 1,15; ε;
	^{88}Y		87,909 503	4−	106,6 d	β^+ 0,761; ε; γ 1,836; 0,898; 2,734; 0,851; …;
	^{89}Y	100	88,905 856 0	1/2−		
	^{89m}Y			9/2+	16,06 s	I.U. 0,909;
	^{90}Y		89,907 159 9	2−	64,1 h	β^- 2,279; 0,5185; γ 1,761;
	^{90m}Y			7+	3,19 h	I.U. 0,203; 0,480; 0,682; β^-;
	^{91}Y		90,907 300 7	1/2−	58,5 d	β^- 1,545; 0,319; γ 1,205;
	^{91m}Y			9/2+	49,71 min	I.U. 0,558;
	^{92}Y		91,908 941	2−	3,53 h	β^- 3,6; γ 0,935; 1,405; 0,561; 0,449; …;
	^{93}Y		92,909 580	1/2−	10,3 h	β^- 2,89; γ 0,267; 0,947; 1,914; 0,680; …;
	^{94}Y		93,911 560	2−	19,1 min	β^- 5,0; 3,94; γ 0,918; 1,139; 0,050; 1,672;
	^{95}Y		94,912 793	(1/2)−	10,7 min	β^- 4,3; 1,17; 0,76; …; γ 0,953; 2,175; 1,323; 1,940; …;
	^{96}Y		95,915 80		2,3 min	β^- 3,5; γ 1,805; 1,723; 1,000; 0,550;
	^{96m}Y				9,3 s	β^-; γ 1,750; 1,107; 0,915; 0,617;
	^{97}Y		96,918 11		1,11 s	β^- 4,8; γ 0,810; 0,125;
	^{98}Y		97,921 43*)		1 s	β^-; γ 1,591; 1,224; 0,268; 0,212;
	^{98m}Y				0,83 μs	I.U. 0,130; 0,101; 0,159; 0,185; …;
	^{99}Y		98,923 25		1,4 s	β^-; γ 0,130; 0,122;
	^{100}Y				0,5 s	β^-; γ 0,351; 0,212;
	^{102}Y				0,9 s	β^-;
40	^{81}Zr				10 min	(β^+); kein γ;
	^{82}Zr				9,5 min	(β^+); kein γ;
	^{83}Zr				5–10 min	(β^+; γ);
	^{84}Zr		83,923 30*)		5,0 min	(β^+); kein γ;
	^{85}Zr		84,921 49*)		7,7 min	(β^+); γ 0,454; 0,416; 0,266;
	^{85m}Zr				1,4 h	(β^+); kein γ;
	^{86}Zr		85,916 33*)	0+	16,5 h	ε; kein β^+; γ 0,243; 0,028; 0,612;
	^{87}Zr		86,914 73		1,78 h	β^+ 2,26; 2,1; γ 1,228; 1,210; 0,792; 1,202; …;
	^{87m}Zr				14,0 s	I.U. 0,201; 0,135; (β^+);
	^{88}Zr		87,910 230	0+	83,4 d	ε; γ 0,393;
	^{89}Zr		88,908 900 3	9/2+	3,268 d	β^+ 0,9; ε; γ 0,909; 1,713; 1,744; 1,657; …;
	^{89m}Zr			1/2−	4,18 min	I.U. 0,588; ε; β^+ 2,4; 0,9; γ 1,507;
	^{90}Zr	51,46	89,904 708 0	0+		
	^{90m}Zr			5−	0,81 s	I.U. 2,319; 2,186; 0,133; 1,761; …;
	^{91}Zr	11,2	90,905 644 2	5/2+		
	^{92}Zr	17,1	91,905 039 2	0+		
	^{93}Zr		92,906 477 1	5/2+	$1,5 \cdot 10^6$ a	β^- 0,06; kein γ;
	^{94}Zr	17,5	93,906 319 1	0+		
	^{95}Zr		94,908 037 3	(5/2)+	64 d	β^- 1,122; 0,888; 0,398; …; γ 0,757; 0,724;
	^{96}Zr	2,8	95,908 272	0+	$\geq 3,6 \cdot 10^{17}$ a	
	^{97}Zr		96,910 945 8	1/2+	16,8 h	β^- 1,90; 0,48; γ 0,743; 0,508; 1,148; 0,355; …;
	^{98}Zr		97,912 730	0+	30,7 s	β^- 2,1; kein γ;
	^{99}Zr		98,916 39		2,35 s	β^- 3,9; 3,5; γ 0,594; 0,469; 0,546; 0,430; …;
	^{100}Zr		99,917 77	0+	7,1 s	β^-; γ;
	^{101}Zr		100,921 58*)		2,0 s	β^- 6,2; γ 0,293; 0,400;
	^{102}Zr			0+	2,9 s	β^-; kein γ;
	^{103}Zr				86 ns	(β^-); γ 0,181;
41	^{86}Nb		85,925 56*)		1,4 min	(β^+); γ 1,003; 0,751;
	^{87}Nb		86,920 10*)		2,6 min	β^+ 4,2; …; γ 0,200; 0,134; 0,470;
	^{87m}Nb				3,9 min	β^+ 3,8; kein γ;

Ordnungs-zahl Z	Symbol	Häufigkeit	Nuklidmasse	Kernspin und Parität	Halbwertzeit $t_{1/2}$	Zerfallsart und Energie der Strahlung
	^{88}Nb		87,917 96*⁾	(8+)	14,3 min	β^+ 3,20; ε; γ 1,057; 1,083; 0,503; 0,671; …;
	^{88m}Nb			(4−)	7,8 min	β^+ 4,0; 3,4; …; γ 1,057; 1,083; 0,340; 0,638; …;
	^{89}Nb		88,913 451	(9/2+)	2,03 h	β^+ 3,3; …; γ 1,627; 1,833; 3,093; 2,572; …;
	^{89m}Nb			(1/2−)	1,1 h	β^+ 2,9; 2,4; …; γ 0,588; 0,507; 0,770; 1,278; …;
	^{90}Nb		89,911 268	8+	14,6 h	β^+ 1,50; γ 1,129; 2,319; 0,141; 2,186; …;
	^{90m1}Nb			6+	61 μs	I.U. 0,133;
	^{90m2}Nb			4−	18,8 s	I.U. 0,122; e⁻;
	^{90m3}Nb			1+	6,19 ms	I.U. 0,257;
	^{91}Nb		90,906 992	9/2+	≈10⁴ a	ε;
	^{91m}Nb			1/2−	64 d	I.U. 0,104; e⁻; ε; γ 1,205;
	^{92}Nb		91,907 194 5	(7)+	1,2·10⁸ a	ε; β^+; γ 0,934; 0,560;
	^{92m}Nb			(2)+	10,16 d	β^+; ε; γ 0,934; 0,913; 1,847;
	^{93}Nb	100	92,906 378 0	3/2+		
	^{93m}Nb			1/2−	13,6 a	I.U. 0,030; e⁻;
	^{94}Nb		93,907 281 9	6+	2,03·10⁴ a	β^- 0,473; γ 0,871; 0,703;
	^{94m}Nb			3+	6,29 min	I.U. 0,041; e⁻; β^-; γ;
	^{95}Nb		94,906 831 6	(9/2)+	35,15 d	β^- 0,926; 0,160; γ 0,766;
	^{95m}Nb			(1/2)−	3,608 d	I.U. 0,235; e⁻; β^-;
	^{96}Nb		95,908 097	(6+)	23,35 h	β^- 0,7; …; γ 0,788; 0,569; 1,091; 0,460; …;
	^{97}Nb		96,908 093 0	(9/2)+	74 min	β^- 1,267; 1,18; 1,17; γ 0,658; 1,025; 1,516; 1,269; …;
	^{97m}Nb			(1/2)−	53 s	I.U. 0,743;
	^{98}Nb		97,910 327	(4,5)±	51,1 min	β^- 3,14; 2,43; 1,96; …; e⁻; γ 0,787; 0,722; 1,169; 0,833; …;
	^{98m}Nb			(1+)	2,8 s	β^- 4,3; e⁻; γ 0,788; 1,024; 1,432; 0,971; …;
	^{99}Nb		98,911 599	(9/2)+	14,6 s	β^- 3,5; γ 0,138; 0,098;
	^{99m}Nb			(1/2)−	2,6 min	β^- 3,2; γ 0,098; 0,352; 0,254; 2,642; …;
	^{100}Nb		99,914 16		1,5 s	β^- 5,3; γ 0,535; 0,600; 0,528; 1,280; …;
	^{100}Nb				3,1 s	β^- 5,8; γ 0,535; 0,600; 0,528; 1,280; …;
	^{101}Nb		100,915 25		7,1 s	β^- 4,3; 4,1; γ 0,273; 0,399;
	$^{101m?}$Nb				1,0 min	
	^{102}Nb		101,918 02*⁾		4,3 s	β^-; γ 0,447; 0,296;
	^{102m}Nb				1,3 s	β^-; γ 0,551; 0,401; 0,296;
	^{103}Nb		102,919 04*⁾		4,8–8 ns	(β^-); γ 0,164;
	^{104}Nb				0,8 s	(β^-); γ 0,369; 0,192;
	^{104}Nb				4,8 s	(β^-); γ 0,192;
	^{105}Nb				1,77 s	β^-; γ 0,189;
42	^{88}Mo		87,921 72*⁾	8	8,2 min	β^+; γ 0,171; 0,080; 0,131;
	^{89}Mo		88,919 25*⁾		7,1 min	
	^{90}Mo		89,913 938	0+	5,67 h	β^+ 1,085; ε; γ 0,257; 0,122; 0,203; 0,323; …;
	^{91}Mo		90,911 757	9/2+	15,5 min	β^+ 3,44; 1,84; 1,80; …; ε; γ 1,637; 1,581; 2,632; 3,028; …;
	^{91m}Mo			1/2−	65,5 s	I.U. 0,653; β^+ 3,93; 2,78; 2,48; …; ε; γ 1,508; 1,208; 2,241; 1,083; …;
	^{92}Mo	14,8	91,906 809	0+		
	^{93}Mo		92,906 814	5/2+	3,5·10³ a	ε;
	^{93m}Mo			(21/2)+	6,85 h	I.U. 1,477; 0,685; 0,263; 0,114; …;
	^{94}Mo	9,1	93,905 086 2	0+		
	^{95}Mo	15,9	94,905 837 9	5/2+		
	^{96}Mo	16,7	95,904 675 5	0+		
	^{97}Mo	9,5	96,906 017 9	5/2+		
	^{98}Mo	24,4	97,905 405 0	0+		
	^{99}Mo		98,907 708 7	1/2+	66,02 h	β^- 1,23; 0,88; 0,44; …; γ 0,141; 0,739; 0,181; 0,778; …; e⁻;
	^{100}Mo	9,6	99,907 473	0+		
	^{101}Mo		100,910 342	1/2+	14,62 min	β^- 2,23; 1,2; 0,8; …; γ 0,591; 0,192; 0,506; 1,012; …;

Ordnungszahl Z	Symbol	Häufigkeit	Nuklidmasse	Kernspin und Parität	Halbwertzeit $t_{1/2}$	Zerfallsart und Energie der Strahlung
	^{102}Mo		101,910 293	0+	11,1 min	β^- 1,20; kein γ;
	^{103}Mo		102,913 46*)		1,033 min	β^-; kein γ;
	^{104}Mo		103,913 58*)	0+	1,3 min	β^- 4,8; 2,2; γ 0,070;
	^{105}Mo		104,917 19*)		42 s	β^-; γ 0,069; 0,424; 0,376;
	^{106}Mo			0+	9,5 s	β^-; γ 0,270;
	^{107}Mo				5 s	β^-; kein γ;
	^{108}Mo				1,5 s	β^-; γ 0,259; 0,126;
43	^{90}Tc		89,923 81*)	1+	7,9 s	β^+ 7,9; 6,95; γ 0,948;
	^{90}Tc				50,0 s	(β^+); γ 1,054; 0,948;
	^{91}Tc		90,918 44		3,2 min	β^+; γ 0,503; 2,451; 1,639; 1,605; …;
	^{92}Tc		91,915 260	(7+)	4,4 min	β^+ 4,3; 4,1; γ 1,510; 0,773; 0,329; 0,148; …;
	^{93}Tc		92,910 242	9/2+	2,75 h	β^+ 0,807; ε; γ 1,363; 1,522; 1,478; 1,540; …;
	^{93m}Tc			1/2−	43,5 min	I.U. 0,390; ε; γ 2,645;
	^{94}Tc		93,909 655	(7)+	4,88 h	ε; β^+ 0,8; γ 0,871; 0,703; 0,850; 0,916; …;
	^{94m}Tc			(2)+	52 min	β^+ 2,42; γ 0,871; 1,869; 1,522; 2,740; …;
	^{95}Tc		94,907 662	(5/2)+	20 h	ε; kein β^+; γ 0,766; 1,074; 0,948; 0,605;
	^{95m}Tc			(1/2)−	61 d	ε; β^+ 0,70; 0,492; γ 0,204; 0,582; 0,835; …; e−; I.U.;
	^{96}Tc		95,907 868	7+	4,28 d	ε; kein β^+; γ 0,778; 0,850; 0,813; 1,127; …; e−;
	^{96m}Tc			4+	52 min	I.U. 0,034; e−; ε; γ 0,778; 1,200; 0,481; …;
	^{97}Tc		96,906 362	(9/2)+	$2,6 \cdot 10^6$ a	ε; kein γ;
	^{97m}Tc			(1/2)−	87 d	I.U. 0,097; e−;
	^{98}Tc		97,907 211		$4,2 \cdot 10^6$ a	β^- 0,397; γ 0,745; 0,652; 1,398;
	^{99}Tc		98,906 252 2	9/2+	$2,13 \cdot 10^5$ a	β^- 0,292; 0,290; γ 0,090;
	^{99m}Tc			(1/2)−	6,02 h	I.U. 0,141; 0,143; e−; β^-; γ 0,322;
	^{100}Tc		99,907 655 8	1+	15,8 s	β^- 3,38; 2,88; γ 0,540; 0,591; 1,512; 0,689; …;
	^{101}Tc		100,907 325	(9/2+)	14,2 min	β^- 1,32; 1,07; γ 0,307; 0,545; 0,127; 0,184; …;
	^{102}Tc		101,909 18*)	(1+)	5,28 s	β^- 4,15; 3,4; 2,2; γ 0,475; 0,105; 0,628; 0,468; …;
	^{102m}Tc				4,35 min	β^- 4,1; 3,41; γ 0,475; 0,628; 0,630; 1,615; …; I.U.;
	^{103}Tc		102,908 84		50 s	β^- 2,2; 2,0; γ 0,136; 0,346; 0,210; 0,563;
	^{104}Tc		103,911 22*)		18,2 min	β^- 4,3; 2,4; …; γ 0,358; 0,531; 0,535; 0,884; …;
	^{105}Tc		104,911 39		7,8 min	β^- 3,4; γ 0,143; 0,108; 0,159; 0,322; …;
	^{106}Tc		105,914 08*)		36 s	β^-; γ 0,270; 0,522; 0,793; 0,721; …;
	^{107}Tc		106,914 64*)		29 s	β^-; γ 0,103; 0,106; 0,177; 0,460; …;
	^{108}Tc				8,34 s	β^-; γ 0,242; 0,258; 0,528;
	^{108}Tc				5,2 s	β^-; γ 0,732; 0,708; 0,466; 0,242;
	^{109}Tc				1 s	β^-; kein γ;
	^{110}Tc				0,82 s	β^-; γ 0,241;
44	^{92}Ru			0+	3,7 min	β^+; (ε); γ 0,259; 0,214; 0,135;
	^{93}Ru		92,917 01*)	(9/2+)	57 s	β^+; γ 0,680;
	^{93m}Ru				10,8 s	I.U. 0,732; β^+; γ 2,039; 1,396; 1,111;
	^{93m}Ru			(1/2−)	45 s	(β^+); γ 0,393;
	^{94}Ru		93,911 357	0+	51,8 min	β^+; (ε); γ 0,367; 0,892; 0,525;
	^{95}Ru		94,910 411	(5/2)+	1,63 h	ε; β^+ 1,2; 0,91; γ 0,336; 1,097; 0,627; 1,179; …;
	^{96}Ru	5,5	95,907 596	0+		
	^{97}Ru		96,907 60	(5/2)+	2,88 d	β^+; ε; γ 0,215; 0,324; 0,570; 0,109; …;
	^{98}Ru	1,9	97,905 287	0+		
	^{99}Ru	12,7	98,905 937 1	5/2+		
	^{100}Ru	12,6	99,904 217 5	0+		
	^{101}Ru	17,1	100,905 580 8	5/2+		

Ordnungs-zahl Z	Symbol	Häufigkeit	Nuklidmasse	Kernspin und Parität	Halbwertzeit $t_{1/2}$	Zerfallsart und Energie der Strahlung
	^{102}Ru	31,61	101,904 347 5	0+		
	^{103}Ru		102,906 321 8	5/2+	39,35 d	β^- 0,725; 0,225; 0,112; γ 0,497; 0,610; 0,557; 0,053; ...; e^-;
	^{103m1}Ru			(11/2)−	1,56 ms	I.U. 0,209; 0,211;
	^{103m2}Ru				8,9 µs	I.U. 0,172;
	^{104}Ru	18,58	103,905 422	0+		
	^{105}Ru		104,907 743	(3/2+)	4,44 h	β^- 1,187; 1,134; 1,109; ...; γ 0,724; 0,469; 0,676; 0,317; ...;
	^{106}Ru		105,907 319	0+	368,2 d	β^- 0,039; kein γ;
	^{107}Ru		106,910 13		4,2 min	β^- 2,3–2,4; 2,1; γ 0,194; 0,374;
	^{108}Ru		107,910 01	0+	4,5 min	β^- 1,32; 1,15; γ 0,165; 0,092;
	^{109}Ru		108,913 25*)		34,5 s	β^-; γ 0,359; 0,116;
	^{110}Ru			0+	15,9 s	β^-;
	^{112}Ru			0+	0,7 s	β^-; kein γ;
45	^{94}Rh				25 s	(β^+); kein γ;
	^{94}Rh				80 s	(β^+); kein γ;
	^{95}Rh		94,915 90		4,75 min	β^+; γ 0,942;
	^{96}Rh		95,914 511	(6+, 7+)	9,5 min	ε; γ 0,832; 0,685; 0,631; 1,228; ...;
	^{96m}Rh			(1+, 2+, 3+)	1,5 min	ε; γ 0,832; 1,098; 1,692; 2,164; ...;
	^{97}Rh		96,911 36		42 min	β^+ 2,5; ...; γ 0,190;
	^{97m1}Rh				32 min	β^+ 2,47; 2,07; 1,8; e^-; γ 0,421; 0,840; 0,878; 0,190; ...;
	^{97m2}Rh				1 min	I.U. 0,75;
	^{98}Rh		97,910 716	3+	9,05 min	β^+ 3,45; 3,3; 2,8; ...; γ 0,652; 0,808; 1,164; 0,745; ...;
	$^{98m?}$Rh				3 min	I.U.;
	^{99}Rh		98,908 195	(1/2−)	16,1 d	β^+ 0,31–1,03; γ 0,528; 0,353; 0,089; 0,322; ...; e^-;
	^{99m}Rh			(9/2+)	4,7 h	ε; β^+ 0,74; γ 0,341; 1,261; 0,618; 0,937; ...;
	^{100}Rh		99,908 114	1−	20,8 h	ε; β^+ 2,615; 2,070; 1,260; ...; e^-; γ 2,539; 2,376; 1,553; 0,882; ...;
	^{101}Rh		100,906 162	(1/2−)	3,2 a	ε; γ 0,127; 0,198; 0,325; 0,295; ...;
	^{101m}Rh			(9/2+)	4,34 d	ε; γ 0,307; 0,545; ...; I.U. 0,157;
	^{102}Rh		101,906 842	(5+, 6+)	2,89 a	β^+; ε; γ 0,475; 0,631; 0,697; 0,767; ...;
	^{102m}Rh			(1−, 2−)	206,0 d	ε; β^+ 1,3; β^- 1,2; γ 0,475; 0,628; 1,103; 0,469; ...; I.U. <0,07;
	^{103}Rh	100	102,905 503	1/2−		
	^{103m}Rh			7/2+	56,12 min	I.U. 0,040; (e^-);
	^{104}Rh		103,906 653	1+	42,3 s	β^- 2,5; ε; β^+; γ 0,556; 1,237; 0,358; 0,767; ...;
	^{104m}Rh			(5+, 4+)	4,34 min	I.U. 0,051; 0,097; 0,077; e^-; β^-; γ 0,556; 0,768; 1,237; ...;
	^{105}Rh		104,905 684	(7/2)+	1,473 d	β^- 0,565; 0,42; 0,249; ...; γ 0,319; 0,306; 0,281; 0,216; ...;
	^{105m}Rh			(1/2)−	45 s	I.U. 0,130; e^-;
	^{106}Rh		105,907 276	1+	29,9 s	β^- 3,55; 3,1; 2,44; ...; γ 0,512; 0,622; 1,050; 0,616; ...;
	^{106m}Rh			(4, 5, 6)+	2,20 h	β^- 1,3; 0,92; 0,7; ...; γ 1,047; 0,717; 0,451; 0,616; ...; e^-;
	^{107}Rh		106,906 75	(5/2, 7/2)+	21,7 min	β^- 1,28; 1,14; 0,94; ...; γ 0,303; 0,393; 0,312; 0,348; ...;
	^{108}Rh		107,908 72		16,8 s	β^- 4,5; 3,7; γ 0,434; 0,619; 0,498;
	^{108}Rh				6,0 min	β^- 1,57; γ 0,434; 0,581; 0,947; 0,901; ...;
	^{109}Rh		108,908 64*)		80 s	β^-; γ 0,327; 0,178; 0,215; 0,151;
	^{109m1}Rh				50 s	I.U.; β^-; γ 0,291; 0,250;
	$^{109m2?}$Rh				62,7 s	(β^-); γ 0,291; 0,249;
	^{110}Rh		109,910 97		3,0 s	β^- 5,5; γ 0,374;
	^{110}Rh				28,5 s	β^- 2,60; γ 0,374; 0,546; 0,688; 0,904; ...;
	^{111}Rh		110,911 41*)		1,045 min	β^-; γ 0,291; 0,249;
	^{112}Rh				4,7 s	β^-; γ 0,242;
	^{113}Rh				0,91 s	β^-; γ 0,129;
	^{114}Rh				1,7 s	β^-; kein γ;
	^{116}Rh					β^-;
	^{116m}Rh				0,6 ns	I.U. 0,050;

Ordnungs-zahl Z	Symbol	Häufigkeit	Nuklidmasse	Kernspin und Parität	Halbwertzeit $t_{1/2}$	Zerfallsart und Energie der Strahlung
46	^{97}Pd		96,916 52*)		3,3 min	β^+; γ 0,265; 0,475; 0,792; 0,938;
	^{98}Pd		97,912 76*)	0+	18 min	β^+ 2,3; ...; γ 0,112; 0,662; 0,837; 0,107; ...;
	^{99}Pd		98,911 850	5/2+	21,4 min	β^+ 2,18; 2,00; 1,93; ...; (ε); γ 0,136; 0,264; 0,673; 1,336; ...; e−;
	^{100}Pd		99,908 502	0+	3,7 d	ε; kein β^+; γ 0,084; 0,075; 0,126; 0,056; ...; e−;
	^{101}Pd		100,908 290	(5/2+)	8,5 h	ε; β^+ 0,785; 0,495; γ 0,296; 0,590; 0,270; 0,024; ...; e−;
	^{102}Pd	0,96	101,905 609	0+		
	^{103}Pd		102,906 089	5/2+	17 d	ε; γ 0,040; 0,357; 0,497; 0,295; ...; e−;
	^{104}Pd	10,95	103,904 026	0+		
	^{105}Pd	22,2	104,905 075	5/2+		
	^{106}Pd	27,3	105,903 475	0+		
	^{107}Pd		106,905 130	(5/2+)	$6,5 \cdot 10^6$ a	β^- 0,03; kein γ;
	^{107m}Pd			(11/2−)	21,3 s	I.U. 0,210;
	^{108}Pd	26,71	107,903 894	0+		
	^{109}Pd		108,905 952	5/2+	13,47 h	β^- 1,03; 0,40; 0,26; γ 0,088; 0,647; 0,311; 0,781; ...;
	^{109m}Pd				4,69 min	I.U. 0,189;
	^{110}Pd	11,81	109,905 169	0+		
	^{111}Pd		110,907 65	(5/2+)	22 min	β^- 2,15; 2,13; 2,10; γ 0,070; 0,580; 0,060; 1,459; ...;
	^{111m}Pd			(11/2−)	5,5 h	I.U. 0,172; β^- 2,2; ...; γ 0,070; 0,391; 0,633; 0,575; ...;
	^{112}Pd		111,907 326	0+	20,1 h	β^- 0,28; γ 0,019;
	^{113}Pd		112,910 21*)		1,6 min	β^-; γ 0,739; 0,643; 0,483; 0,096;
	^{114}Pd			0+	2,4 min	β^-; γ 0,232; 0,222; 0,137; 0,127; ...;
	^{115}Pd				38 s	β^-; γ 0,343; 0,255; 0,089;
	^{116}Pd			0+	13,6 s	β^-; γ 0,178; 0,115; 0,101;
	^{117}Pd				4,8 s	β^-; kein γ;
	^{118}Pd				3,1 s	β^-; kein γ;
47	^{99}Ag		98,917 86*)		1,77 min	β^+ 3,32; 2,43; 1,69; γ 1,040; 1,700; 1,525; 3,315; ...;
	^{100}Ag		99,916 34		8 min	β^+ 6,5; γ 0,728; 0,556;
	^{100m}Ag				2,3 min	β^+ 3,3; γ 0,665; 0,750; 1,694; 0,921; ...;
	^{101}Ag		100,912 69*)	9/2+	10,8 min	β^+ 2,73; 2,18; 1,56; ...; γ 0,263; 1,164; 0,650; 0,668; ...;
	^{101m}Ag				<4 s	I.U. 0,176; 0,098; (β^+);
	^{102}Ag		101,911 62	5+	12,9 min	β^+ 2,3; ...; ε; γ 0,558; 0,719; 1,745; 1,582; ...;
	^{102m}Ag			2+	7,7 min	β^+ 4,06; 3,37; 3,07; ε; I.U. 0,009; γ 0,557; 2,717; 1,835; 2,055; ...;
	^{103}Ag		102,908 97	7/2+	1,095 h	β^+ 0,5–1,92; ε; γ 0,119; 0,148; 0,267; 1,274; ...;
	^{103m}Ag			(1/2)−	5,7 s	I.U. 0,135; e−;
	^{104}Ag		103,908 588	5+	1,153 h	ε; β^+ 1,0; γ 0,556; 0,767; 0,942; 0,926; ...;
	^{104m}Ag			2+	33,5 min	β^+ 2,7; ...; γ 0,556; 1,239; 2,277; 1,782; ...; I.U. <0,015;
	^{105}Ag		104,906 522	1/2−	41,0 d	ε; β^+ 0,325; γ 0,344; 0,280; 0,443; 0,064; ...;
	^{105m}Ag			7/2+	7,23 min	I.U. 0,026; e−; ε; γ 0,319; 0,306; 0,442; 0,929; ...;
	^{106}Ag		105,906 678	1+	23,96 min	β^+ 1,96; 1,45; $\beta^- \leq 0,036$; γ 0,512; 0,623; 0,873; 0,617; ...;
	^{106m}Ag			6(+)	8,41 d	ε; kein β^+; γ 1,046; 0,717; 0,451; 0,748; ...; e−;
	^{107}Ag	51,83	106,905 095	1/2−		
	^{107m}Ag			7/2+	44,3 s	I.U. 0,093; e−;
	^{108}Ag		107,905 956	1+	2,42 min	β^- 1,65; 1,018; 0,177; ε; β^+ 0,880; γ 0,633; 0,434; 0,619; 1,007; ...;
	^{108m}Ag			(6)+	127 a	I.U. 0,030; 0,080; ε; γ 0,723; 0,614; 0,434;
	^{109}Ag	48,65	108,904 754	1/2−		
	^{109m}Ag			7/2+	39,6 s	I.U. 0,088; e−;
	^{110}Ag		109,906 113	1+	24,57 s	β^- 2,87; 2,2; γ 0,658; 0,816; 1,126; 0,818; ...; ε;

Ordnungs-zahl Z	Symbol	Häufigkeit	Nuklidmasse	Kernspin und Parität	Halbwertzeit $t_{1/2}$	Zerfallsart und Energie der Strahlung
	^{110m}Ag			6+	250,4 d	β^- 0,529; 0,087; ...; γ 0,658; 0,885; 0,937; ...; I.U. 0,116;
	^{111}Ag		110,905 286	1/2−	7,45 d	β^- 1,044; 0,793; 0,73; ...; γ 0,342; 0,245; 0,096; 0,621;
	^{111m}Ag			(7/2+)	1,23 min	I.U. 0,060; β^-; γ 0,245; 0,171;
	^{112}Ag		111,907 011	2 (−)	3,14 h	β^- 4,05; 3,84; 3,44; ...; γ 0,617; 1,387; 0,606; 1,613; ...;
	^{113}Ag		112,906 559	1/2 (−)	5,37 h	β^- 2,01; 1,71; 1,69; ...; γ 0,298; 0,316; 0,258; 0,672; ...;
	^{113m}Ag			(7/2+)	1,1 min	β^- 1,9; 1,5; ...; γ 0,316; 0,136; 0,391; 0,298; ...; I.U. 0,065;
	^{114}Ag		113,908 58		4,52 s	β^- 4,90; 4,85; 4,28; ...; γ 0,558; 0,576; 1,303; 0,651; ...;
	^{115}Ag		114,908 84	(1/2−)	20,0 min	β^- 3,2; 1,1; ...; γ 0,230; 0,214; 0,473; 2,157; ...;
	^{115m}Ag			(7/2+)	55,0 s	β^-; γ 0,389; 0,229; 0,131;
	^{115m}Ag				19 s	β^-; γ 0,230; 0,131;
	^{116}Ag		115,911 31*$^)$		2,68 min	β^-; γ 0,514; 0,700; 2,479; 1,214; ...;
	^{116m}Ag				10,4 s	β^-; γ 0,514; 0,706; 1,030; 0,710; ...; I.U. 0,081;
	^{117}Ag		116,911 72		1,22 min	β^-; γ 0,337; 0,311; 0,135;
	^{117m}Ag				5,3 s	β^-; γ 0,135;
	^{118}Ag				3,7 s	β^-; γ 0,488; 0,677; 3,226; 2,789; ...;
	^{118m}Ag				2,8 s	β^-; γ 0,488; 0,677; 1,059; 0,771; ...; I.U. 0,128;
	^{119}Ag				6 s	β^-; kein γ;
	^{120}Ag				1,17 s	β^-; γ 1,330; 1,323; 0,817; 0,698; ...;
	^{120m}Ag				0,32 s	β^-; γ 0,698; 0,506; 0,926; 0,830; ...; I.U. 0,203;
	^{121}Ag				0,8 s	β^-; γ 0,448; 0,194;
	^{121}Ag				3,0 s	(β^-); γ 0,448; 0,420; 0,194; 0,026; ...;
	^{122}Ag				1,5 s	β^-; γ 0,760; 0,570;
48	^{100}Cd			0+	1,1 min	β^+; γ 0,935; 0,220; 0,139; 0,428; ...;
	^{101}Cd		100,918 92*$^)$		1,2 min	β^+ 5,53; γ 0,098; 0,175;
	^{101m}Cd				15 min	
	^{102}Cd		101,914 73*$^)$	0+	5,5 min	ε; β^+; γ 0,481; 1,037; 0,505; 0,415; ...;
	^{103}Cd		102,913 47		7,3 min	β^+; γ 1,463; 1,449; 1,080; 0,851; ...;
	^{104}Cd		103,909 98*$^)$	0+	57,7 min	ε; β^+; γ 0,083; 0,709; 0,559; 0,067; ...;
	^{105}Cd		104,909 462	5/2+	56 min	ε; β^+ 1,691; 0,80; γ 0,961; 0,607; 1,302; 1,693; ...;
	^{106}Cd	1,2	105,906 461	0+		
	^{107}Cd		106,906 616	5/2+	6,49 h	ε; β^+ 0,32; 0,302; γ 0,093; 0,829; 0,796; 0,325; ...;
	^{108}Cd	0,88	107,904 186	0+		
	^{109}Cd		108,904 949	5/2+	453,2 d	ε; γ 0,088;
	^{110}Cd	12,39	109,903 007	0+		
	^{111}Cd	12,75	110,904 182	1/2+		
	^{111m}Cd			11/2−	48,7 min	I.U. 0,245; 0,151;
	^{112}Cd	24,07	111,902 761 4	0+		
	^{113}Cd	12,26	112,904 401 3	1/2+	$9 \cdot 10^{15}$ a	β^- 0,3; kein γ;
	^{113m}Cd			11/2−	14,6 a	β^- 0,56–0,59; I.U. 0,264;
	^{114}Cd	28,86	113,903 360 7	0+		
	^{115}Cd		114,905 429	1/2+	53,45 h	β^- 1,11; 0,63; 0,59; ...; γ 0,336; 0,528; 0,492; 0,261; ...; e^-;
	^{115m}Cd			11/2−	44,6 d	β^- 1,62; 0,68; 0,335; γ 0,934; 1,291; 0,484; 1,133; ...;
	^{116}Cd	7,6	115,904 758	0+		
	^{117}Cd		116,907 230	1/2+	2,42 h	β^- 2,23; 1,79; 0,65; ...; γ 0,273; 0,344; 1,302; 1,576; ...;
	^{117m}Cd			11/2−	3,31 h	β^- 0,67; ...; γ 1,996; 1,605; 1,432; 0,564; ...;
	^{118}Cd		117,906 917	0+	50,3 min	$\beta^- \approx$ 0,8; kein γ;
	^{119}Cd		118,909 58		2,69 min	β^- 3,5; γ 0,293; 0,343; 1,610; 2,356; ...;

Ordnungs-zahl Z	Symbol	Häufigkeit	Nuklidmasse	Kernspin und Parität	Halbwertszeit $t_{1/2}$	Zerfallsart und Energie der Strahlung
	^{119m}Cd				2,2 min	β^- 3,5; γ 1,025; 2,021; 0,721; 1,204; …;
	^{120}Cd		119,909 843	0+	50,8 s	β^- 1,5; γ;
	^{121}Cd				12,0 s	β^-; γ 1,039; 0,349; 0,334; 0,027; …;
	^{121m}Cd				4,8 s	β^-; γ 1,042; 1,029; 0,099;
	^{122}Cd				5,5 s	β^-; kein γ;
49	^{104}In		103,918 57*⁾		25 min	β^+; γ 0,658; 0,835;
	^{104}In				4,5 min	β^+; γ 0,658; 0,835;
	^{105}In		104,914 83*⁾		5,1 min	β^+; γ 0,604; 0,260; 0,131;
	^{105m}In				55 s	I.U. 0,674;
	^{106}In		105,913 488	(2+, 3+)	5,33 min	β^+ 4,89; 2,70; γ 0,633; 0,862; 1,717; 0,999; …;
	^{106m}In			hoch	6,3 min	β^+; γ 0,633; 0,861; 0,999; 0,552; …;
	^{107}In		106,910 36	9/2+	32,4 min	ε; β^+ 2,25; γ 0,205; 0,505; 0,321; 1,268; …;
	^{107m}In				52 s	I.U. 0,679;
	^{108}In		107,909 71	hoch	58 min	ε; β^+ 1,29; γ 0,633; 0,876; 0,245; 1,056; …;
	^{108m}In			tief	40 min	β^+ 3,50; γ 0,633; 1,987; 1,528; 1,737; …;
	^{109}In		108,907 113	9/2+	4,3 h	ε; β^+ 0,850; 0,795; 0,790; …; γ 0,204; 0,623; 1,148; 0,427; …;
	^{109m1}In			1/2−	1,3 min	I.U. 0,650;
	^{109m2}In				0,21 s	I.U. 0,680; 1,435; 0,405; 1,035;
	^{110}In		109,907 237	2+	1,152 h	ε; β^+ 2,25; 1,43; 1,02; γ 0,658; 2,129; 2,211; 2,318; …;
	^{110}In			7+	4,9 h	ε; γ 0,658; 0,885; 0,937; 0,707; …;
	^{111}In		110,905 094	9/2+	2,83 d	ε; γ 0,245; 0,171; 0,151;
	^{111m}In			(1/2)−	7,7 min	I.U. 0,536; ε; kein β^+;
	^{112}In		111,905 529	1+	14,4 min	β^- 0,656; ε; β^+ 1,56; γ 0,618; 0,606; 1,253; 1,489; …;
	^{112m}In			4+	20,7 min	I.U. 0,155; e⁻;
	^{113}In	4,28	112,904 0,56	9/2+		
	^{113m}In			1/2−	99,4 min	I.U. 0,392;
	^{114}In		113,904 911	1+	1,198 min	β^- 1,984; ε; β^+ 0,397; γ 0,558; 0,576; 0,748;
	^{114m1}In			5+	49,5 d	I.U. 0,190; e⁻; ε; γ 0,558; 0,725; …;
	^{114m2}In				43,1 ms	I.U. 0,311;
	^{115}In	95,72	114,903 875	9/2+	$5,1 \cdot 10^{15}$ a	β^- 0,625; 0,495; 0,48; kein γ;
	^{115m}In			1/2−	4,3 h	I.U. 0,336; β^- 0,83; γ 0,497;
	^{116}In		115,905 257	1+	13,4 s	β^- 3,29; 3,2; ε; γ 1,293; 0,434; 0,930; 2,230; …;
	^{116m1}In			5+	54,15 min	β^+ 1,0; 0,87; 0,6; γ 1,294; 1,097; 0,417; 2,112; …; e⁻;
	^{116m2}In			(8−)	2,18 s	I.U. 0,162; e⁻;
	^{117}In		116,904 515	9/2+	38 min	β^- 0,74; γ 0,553; 0,157; 0,397; 0,156; e⁻;
	^{117m}In			1/2−	1,93 h	β^- 1,78; 1,62; γ 0,158; 0,812; 1,020; 1,004; …; I.U. 0,315; e⁻;
	^{118}In		117,906 12	1+	5,0 s	β^- 4,2; γ 1,230; 0,528; 0,827; 1,880; …;
	^{118m1}In			(5+)	4,45 min	β^- 2,0; 1,5; γ 1,229; 1,050; 0,683; 0,446; …; (I.U.);
	^{118m2}In			(8−)	8,5 s	I.U. 0,138; e⁻; β^- 1,8; γ 0,254; 1,230; 1,051; 1,092; …;
	^{119}In		118,905 819	(9/2+)	2,4 min	β^- 1,6; γ 0,764; 1,214; 0,698; 0,787;
	^{119m}In			(1/2−)	18 min	β^- 2,7; 1,9; γ 0,915; 0,892; I.U. 0,311;
	^{120}In		119,908 00	1+	3,08 s	β^- 5,6; γ 1,173; 2,040; 0,704; 2,390; …;
	^{120m}In			(5)+	44,4 s	β^- 3,1; γ 1,172; 1,023; 0,864; 1,295; …;
	^{121}In		120,907 845	9/2+	25 s	β^- 2,2; …; γ 0,925; 0,657; 0,261; 0,029; …;
	^{121m}In			1/2−	3,76 min	β^- 3,7; γ 0,061; 0,029; 0,025; I.U. 0,321;
	^{122}In		121,910 26	tief	1,5 s	β^- 5,3; γ 1,142;
	^{122m}In			hoch	10,0 s	β^- 4,4; γ 1,142; 1,003; 1,194; 0,104;
	^{123}In		122,910 42	(9/2)+	6 s	β^- 3,3; γ 1,130;
	^{123m}In			(1/2)−	47,8 s	β^- 4,6; γ 3,234; 3,127; 1,170; 0,127;
	^{124}In		123,912 94		3,21 s	β^- 5,3; γ 1,132; 3,210; 0,990; 0,120; …;
	^{125}In		124,913 58		2,3 s	β^- 5,3; γ 0,140;
	^{125}In				12,2 s	β^-; kein γ;

Ordnungs-zahl Z	Symbol	Häufigkeit	Nuklidmasse	Kernspin und Parität	Halbwertzeit $t_{1/2}$	Zerfallsart und Energie der Strahlung
	$^{126?}$In		125,916 37		1,53 s	β^-;
	$^{127?}$In		126,917 15		3,7 s	β^-;
	$^{127?}$In				2,0 s	β^-;
	$^{128?}$In		127,920 19		3,7 s	β^-;
	$^{129?}$In		128,921 50		0,8 s	β^-;
	^{130}In		129,924 76*⁾	(5+)	0,53 s	β^- 7,3; γ 1,217; 0,775; 0,127; 0,409;
	^{131}In			(9/2+)	0,27 s	β^-; γ 2,429; 0,334; 1,220; 0,775;
	^{132}In			(7−)	0,12 s	β ≈5,0; γ 4,041;
50	^{106}Sn		105,917 35*⁾	0+	10 s	(β^+); γ 0,134;
	^{107}Sn		106,915 84*⁾		1,3 min	β^+; γ 0,505; 0,321; 0,205;
	^{108}Sn		107,912 08*⁾	0+	10,5 min	ε; β^+; γ 0,400; 0,271; 0,168; 0,670; …;
	^{109}Sn		108,911 30*⁾		18,1 min	ε; β^+ 3,1; 2,12; 2,0; …; γ 1,098; 0,650; 1,321; 1,465; …;
	^{109m}Sn				1,5 min	β^+; I.U.;
	^{110}Sn		109,907 854	0+	4,0 h	β^+; γ 0,283;
	^{111}Sn		110,907 740	(7/2)+	35,3 min	ε; β^+ 1,51; 1,45; γ 1,153; 1,914; 0,762; 1,609; …;
	^{112}Sn	0,96	111,904 823	0+		
	^{113}Sn		112,905 172	1/2+	115,1 d	ε; γ 0,392; 0,255; 0,646; 0,639;
	^{113m}Sn			7/2+	20 min	I.U. 0,079; e−; ε; β^+;
	^{114}Sn	0,66	113,902 781	0+		
	^{115}Sn	0,35	114,903 344 1	1/2+		
	^{116}Sn	14,4	115,901 743 5	0+		
	^{117}Sn	7,57	116,902 953 6	1/2+		
	^{117m}Sn			11/2−	14,0 d	I.U. 0,159; 0,156; e−;
	^{118}Sn	24,03	117,901 606 6	0+		
	^{119}Sn	8,58	118,903 310 2	1/2+		
	^{119m}Sn			11/2−	245 d	I.U. 0,024; e−;
	^{120}Sn	32,85	119,902 199 0	0+		
	^{121}Sn		120,904 238 7	3/2+	1,125 d	β^- 0,383; kein γ; kein e−;
	^{121m}Sn			(11/2)−	50 a	β^- 0,354; γ 0,037; e−;
	^{122}Sn	4,7	121,903 440	0+		
	^{123}Sn		122,905 721	(11/2)−	129,2 d	β^- 1,5; 0,38; γ 1,089; 1,032; 0,155;
	^{123m}Sn			(3/2)+	40,1 min	β^- 1,32; 1,26; 1,14; γ 0,160; 0,381; 0,542; 0,552;
	^{124}Sn	5,8	123,905 271	0+		
	^{125}Sn		124,907 782	11/2−	9,62 d	β^- 2,362; 1,3; 0,93; …; γ 1,067; 0,916; 1,089; 0,823; …;
	^{125m}Sn			(3/2)+	9,52 min	β^- 2,05; 1,17; 0,5; γ 0,332; 1,404; 1,484; 0,590; …;
	^{126}Sn		125,907 651	0+	≈10^5 a	β^- 0,25; γ 0,088; 0,064; 0,087; 0,023; …;
	^{127}Sn		126,910 25	(11/2−)	2,10 h	β^- 3,2; …; γ 1,114; 1,096; 0,823; 0,806; …;
	^{127m}Sn			(3/2+)	4,4 min	β^- 2,7; γ 0,491; 1,348; 1,564;
	^{128}Sn		127,910 42	0+	59 min	β^- 0,8; …; γ 0,482; 0,075; 0,557; 0,680; …;
	^{129}Sn		128,913 43		7,5 min	β^-; γ 1,161;
	^{129}Sn				2,5 min	β^- 3,3; …; γ 2,100; 0,642;
	^{130}Sn		129,913 71	0+	3,72 min	β^- 1,3; 0,95; γ 0,193; 0,780; 0,070; 0,229; …; e−;
	^{130m}Sn			(7−)	1,7 min	β^- ≈5,0; γ 0,145; 0,899; 0,085; 0,311; …; e−;
	^{131}Sn		130,916 82*⁾	(3/2+)	59 s	β^- 3,54; 2,82; γ 1,229; 1,226; 0,783; 0,450; …;
	^{132}Sn		131,917 99		40 s	β^- 1,98; 1,96; 1,7; γ 0,086; 0,340; 0,899; 0,247; …; e−;
	^{133}Sn				1,5 s	β^- 7,5; γ 0,963;
51	^{110}Sb		109,916 87*⁾		22,8 s	ε; β^+ 6,9; …; γ 1,213; 0,987; 0,984; 0,829; …;
	^{111}Sb		110,913 21*⁾		1,235 min	β^+ 3,3; …; γ 0,155; 0,489; 0,100; 1,033; …;
	^{112}Sb		111,912 25		53,5 s	β^+ 4,53; 3,50; γ 1,258; 0,993;
	^{113}Sb		112,909 348	(5/2+)	6,74 min	β^+ 2,44; 1,85; γ 0,497; 0,330; 0,936; 0,090; …;

Ordnungs-zahl Z	Symbol	Häufigkeit	Nuklidmasse	Kernspin und Parität	Halbwertzeit $t_{1/2}$	Zerfallsart und Energie der Strahlung
	^{114}Sb		113,908 89	(3+)	3,45 min	β^+ 4,10; 3,96; γ 1,300; 0,888; 0,322; 0,717; …
	$^{114m?}$Sb				≈ 8 min	β^+;
	^{115}Sb		114,906 597	5/2+	31,8 min	ε; β^+ 1,55; 1,51; γ 0,499; 0,491; 1,236; …
	^{116}Sb		115,906 68	3+	15,8 min	ε; β^+ 2,29; 1,5; 1,3; γ 1,294; 0,933; 2,230; 2,844; …
	^{116m}Sb			8−	60,3 min	ε; β^+ 1,45; 1,18; 1,16; γ 1,294; 0,973; 0,943; 0,407; …
	^{117}Sb		116,904 827	(5/2)+	2,8 h	ε; β^+ 0,57; γ 0,159; 0,862; 1,005; 1,021; …
	^{118}Sb		117,905 564	1+	3,6 min	β^+ 3,1; 2,7; 2,59; γ 1,230; 1,267; 0,528; 0,827; …
	^{118m_1}Sb			8−	5,0 h	ε; β^+ 0,31; γ 1,230; 1,051; 0,254; …; I.U.;
	^{118m_2}Sb				0,87 s	I.U. 0,380; 0,300; 0,140;
	^{119}Sb		118,903 937	(5/2+)	38,5 h	ε; γ 0,024; e−;
	^{120}Sb		119,905 077	1+	15,89 min	ε; β^+ 1,7; γ 1,171; 0,989; 0,704;
	^{120m}Sb			8−	5,8 d	ε; kein β^+; γ 1,171; 1,023; 0,197; 0,090; …
	^{121}Sb	57,25	120,903 823 7	5/2+		
	^{122}Sb		121,905 181 8	2−	2,70 d	β^- 1,978; 1,4; 0,72; …; ε; β^+ 1,61; 0,27; γ 0,564; 0,693; 1,141; 0,789; …
	^{122m}Sb				4,2 min	I.U. 0,062; 0,076; e−;
	^{123}Sb	42,7	122,904 222	7/2+		
	^{124}Sb		123,905 944	3−	60,2 d	β^- 0,63–2,311; 0,24; …; γ 0,603; 1,691; 0,723; 0,646; …
	^{124m_1}Sb			(5)+	1,55 min	I.U.; e−; β^- 1,7; 1,19; γ 0,646; 0,603; 0,498; …
	^{124m_2}Sb				20,2 min	I.U. 0,025; e−;
	^{125}Sb		124,905 259	7/2+	2,77 a	β^- 0,621; 0,444; 0,299; …; γ 0,428; 0,601; 0,636; 0,464; …
	^{126}Sb		125,907 245	(8−, 7−)	12,5 d	β^- 1,9; γ 0,695; 0,666; 0,415; 0,720; …
	^{126m}Sb			(5+)	19,0 min	β^- 2,5; 1,9; 1,87; γ 0,694; 0,665; 0,415; …; I.U.; e−;
	^{127}Sb		126,906 920	7/2+	3,85 d	β^- 1,493; 1,244; …; γ 0,686; 0,473; 0,784; 0,253; …
	^{128}Sb		127,909 04		9,01 h	β^- 2,3; γ 0,754; 0,743; 0,314; 0,527; …; e−;
	^{128m}Sb				10,8 min	β^- 2,9; 2,6; 2,45; γ 0,754; 0,743; 0,314; 0,788; …
	^{129}Sb		128,909 146		4,32 h	β^- 0,58–2,24; γ 0,813; 0,915; 0,544; 1,030; …
	^{130}Sb		129,911 56		40 min	β^- 3,3; 2,9; γ 0,839; 0,793; 0,331; 0,182; …
	^{130m}Sb				6,3 min	β^- 2,14; 2,12; γ 0,839; 0,793; 0,182; 1,018; …
	^{131}Sb		130,911 86*)	(7/2+)	23 min	β^- 3,2; 1,5; …; γ 0,943; 0,933; 0,642; 0,658; …
	^{132}Sb		131,914 53	(8−)	4,2 min	β^- 3,7; …; γ 0,974; 0,697; 0,151; 0,103; …; e−;
	^{132m}Sb			(4+)	2,8 min	β^- 3,9; γ 0,974; 0,697; 0,990; 0,103; …;
	^{133}Sb		132,915 21		2,3 min	β^- 1,2; γ 1,096; 0,632; 0,817; 2,752; …
	^{134}Sb		133,920 69*)		10,5 s	β^- 6,8; 6,0; γ 1,279; 0,297; 0,706; 0,115; e−;
	^{134}Sb				0,8 s	β^- 8,4; kein γ;
	^{135}Sb				1,7 s	β^-; kein γ;
52	$^{107?}$Te				2,2 s	α 3,28;
	^{108}Te		107,929 88*)		5,3 s	α 3,08;
	^{109}Te		108,927 57*)		4,2 s	β^+;
	^{110}Te		109,922 96*)		19 s	ε; β^+;
	^{111}Te		110,921 12		19,3 s	β^+;
	^{112}Te		111,916 75*)	0+	1,8 min	(β^+); kein γ;
	^{113}Te		112,915 68*)		1,4 min	β^+ 4,5; γ 1,172; 1,018; 0,814; 0,643; …
	^{114}Te		113,911 77*)	0+	16 min	(β^+); γ 0,327;

Ordnungs-zahl Z	Symbol	Häufigkeit	Nuklidmasse	Kernspin und Parität	Halbwertzeit $t_{1/2}$	Zerfallsart und Energie der Strahlung
	^{115}Te		114,911 52		6,0 min	β^+ 2,85; 2,80; γ 0,723; 1,380; 1,326; 1,098; ...;
	^{116}Te		115,908 36	0+	2,49 h	ε; β^+ 0,44; γ 0,094; 0,629; 0,103; e$^-$; (α);
	^{117}Te		116,908 573		1,083 h	ε; β^+ 1,7; γ 0,720; 1,717; 2,300; 1,091; ...;
	^{118}Te		117,905 882	0+	6,0 d	ε; kein γ; e$^-$; (α);
	^{119}Te		118,906 400	1/2+	16 h	ε; β^+ 0,627; γ 0,644; 0,700; 1,749; 1,413; ...;
	^{119m}Te			11/2−	4,68 d	ε; (β^+); γ 1,223; 0,153; 0,271; 1,137; ...; e$^-$;
	^{120}Te	0,089	119,904 021	0+		
	^{121}Te		120,904 983	1/2(+)	16,8 h	β^+ 0,259; ε; γ 0,573; 0,508; 0,470; 0,066; ...; e$^-$;
	^{121m}Te			11/2(−)	154 d	I.U. 0,082; 0,212; e$^-$; ε; β^+; γ 1,102; 0,998; 0,910; ...;
	^{122}Te	2,4	121,903 055	0+		
	^{123}Te	0,87	122,904 278	1/2+	1,24·10^{13} a	ε; kein γ;
	^{123m}Te			11/2−	119,7 d	I.U. 0,159; 0,088; e$^-$;
	^{124}Te	4,6	123,902 825	0+		
	^{125}Te	7,0	124,904 435	1/2+		
	^{125m}Te			11/2−	58 d	I.U. 0,035; 0,109; e$^-$;
	^{126}Te	18,7	125,903 310	0+		
	^{127}Te		126,905 222	3/2+	9,35 h	β^- 0,683; 0,695; 0,72; γ 0,418; 0,360; 0,203; 0,058; ...;
	^{127m}Te			11/2−	109 d	I.U. 0,088; e$^-$; β^- 0,723; ...; γ 0,058; ...;
	^{128}Te	31,8	127,904 464	0+	≥10^{23} a	(β^-);
	^{129}Te		128,906 595	3/2+	69,6 min	β^- 1,453; 0,989; 0,29; ...; γ 0,028; 0,460; 0,487; 0,278; ...;
	^{129m}Te			11/2−	33,6 d	I.U. 0,106; β^- 1,607; 1,585; 1,53; γ 0,696; 0,730; ...;
	^{130}Te	34,5	129,906 229	0+	2,51·10^{21} a	(β^-);
	^{131}Te		130,908 533	3/2+	25,0 min	β^- 2,1; ...; γ 0,150; 0,452; 1,147; 0,493; ...;
	^{131m}Te			11/2−	30 h	β^- 2,5; 0,5; ...; I.U. 0,182; γ 0,774; 0,852; 0,794; 0,150; ...;
	^{132}Te		131,908 521	0+	78,2 h	β^- 0,215; e$^-$; γ 0,228; 0,050; 0,116; 0,112;
	^{133}Te		132,910 97	(3/2+)	12,45 min	β^- 3,21; 2,65; 2,25; ...; γ 0,312; 0,408; 1,333; 0,720; ...;
	^{133m}Te			(11/2−)	55,4 min	β^+ 2,4; 1,3; I.U. 0,334; γ 0,913; 0,648; 0,865; ...;
	^{134}Te		133,911 25*⁾	0+	41,8 min	β^-; γ 0,767; 0,210; 0,278; 0,079; ...; e$^-$;
	^{134m}Te			(6+)	164 ns	I.U. 0,115; 0,297; 1,279;
	^{135}Te		134,916 70		18 s	β^- 5,95; γ 0,603; 0,870; 0,267;
	^{136}Te		135,919 67*⁾	0+	20,9 s	β^-; γ 0,629; 0,333;
	^{137}Te				3,5 s	β^-; kein γ;
53	^{115}I		114,917 75*⁾		1,3 min	β^+;
	^{116}I		115,916 69	1+	2,9 s	β^+ 6,74; 6,3; γ 0,679; 0,540;
	^{117}I		116,913 20		2,4 min	β^+ 3,5; ...; ε; γ 0,326; 0,274; 0,683; 0,837; ...;
	^{118}I		117,912 65*⁾		13,7 min	β^+ 4,3–5,44; γ 0,605; 0,545; 1,338; 1,747; ...;
	^{118m}I				8,5 min	β^+ 4,3–5,44; γ 0,605; 0,600; 0,614; I.U. 0,104;
	^{119}I		118,910 02		19,3 min	β^+ 2,4; ...; ε; γ 0,257; 0,636; 0,321; 0,557; ...;
	^{120}I		119,909 82	hoch	1,35 h	ε; β^+ 3,75; 3,13; γ 0,560; 1,523; 0,641; 0,601; ...;
	^{120m}I			2−	53 min	ε; β^+ 4,0; 3,45; 2,9; γ 0,560; 0,601; 0,615; 0,976; ...;
	^{121}I		120,907 53	(5/2+)	2,12 h	ε; β^+ 1,0; 1,15; 1,13; γ 0,212; 0,532; 0,599; 0,320; ...;

Ordnungs-zahl Z	Symbol	Häufigkeit	Nuklidmasse	Kernspin und Parität	Halbwertzeit $t_{1/2}$	Zerfallsart und Energie der Strahlung
	^{122}I		121,907 50	1+	3,62 min	$\varepsilon; \beta^+$ 3,12; 2,6; 1,8; γ 0,564; 0,693; 0,793; 0,684; ...;
	^{123}I		122,905 57	5/2+	13,2 h	ε; kein β^+; γ 0,159; 0,529; 0,440; 0,539; ...;
	^{124}I		123,906 215	2−	4,17 d	$\varepsilon; \beta^+$ 2,136; 1,542; 0,786; γ 0,603; 1,691; 0,723; 1,509; ...;
	^{125}I		124,904 626	5/2+	60,14 d	$\varepsilon; \beta^+$ 0,143; γ 0,035; e−;
	^{126}I		125,905 624	2−	13,02 d	$\varepsilon; \beta^-$ 1,268; 0,85; β^+ 1,21; 1,19; 1,11; ...; γ 0,388; 0,666; 0,754; 0,730; ...;
	^{127}I	100	126,904 477	5/2+		
	^{128}I		127,905 815	1+	24,99 min	β^- 2,12; 1,665; 1,16; $\varepsilon; \beta^+$; γ 0,443; 0,527; 0,970; 0,743; ...;
	^{129}I		128,904 986	7/2+	$1,57 \cdot 10^7$ a	β^- 0,15; 0,13; γ 0,040; e−;
	^{130}I		129,906 713	5+	12,36 h	β^- 1,782; 1,042; 0,618; e−; γ 0,536; 0,669; 0,739; 0,418; ...;
	^{130m}I			2+	9,0 min	I.U.; e−; β^- 2,49; 1,87; γ 0,536; 1,614; 1,122; ...;
	^{131}I		130,906 119	7/2+	8,04 d	β^- 0,8; 0,6; ...; γ 0,364; 0,637; 0,284; 0,080; ...;
	^{132}I		131,907 992	4+	2,38 h	β^- 1,609; 1,218; 0,802; γ 0,668; 0,773; 0,955; 0,523; ...; e−;
	^{132m}I			(8−)	1,393 h	I.U. 0,098; β^- 1,465; 0,85; 0,73; γ 0,773; 0,668; 0,600; 0,175; ...; e−;
	^{133}I		132,907 781	7/2+	20,8 h	β^- 1,54; 1,23; 0,93; γ 0,530; 0,875; 1,299; 1,238; ...;
	^{133m}I				9 s	I.U. 0,913; 0,647; 0,073;
	^{134}I		133,909 85		52,6 min	β^- 1,05–2,41; γ 0,847; 0,884; 1,073; 0,595; ...; e−;
	^{134m}I				3,8 min	I.U. 0,272; 0,044; 0,316; β^- 2,5; γ 0,234; e−;
	^{135}I		134,910 042	7/2+	6,61 h	β^- 1,32; 0,87; γ 1,260; 1,132; 0,527; 1,678; ...; e−;
	^{136}I		135,914 73	(2−)	1,383 min	β^- 2,73–7,00; γ 1,313; 1,321; 2,290; 2,636; ...;
	^{136}I			(5−)	46 s	β^- 4,6; 4,4; ...; γ 1,313; 0,382; 0,197; 0,370; ...;
	^{137}I		136,917 64	(7/2+)	24,7 s	β^- 5,01; γ 1,219; 0,602;
	^{138}I		137,922 99*)	(3−)	6,40 s	β^-; γ 0,589; 0,483;
	^{139}I				2,4 s	β^-; γ 1,313; 0,683; 0,653; 0,382; ...;
	^{140}I				0,87 s	β^-; γ 0,458; 0,377;
	^{141}I				0,43 s	β^-; γ;
54	^{113}Xe				2,8 s	β^+;
	^{115}Xe		114,926 25*)		18 s	$\varepsilon; \beta^+$;
	^{116}Xe		115,921 35	0+	56 s	$\varepsilon; \beta^+$ 3,40; 3,04; γ 0,104; 0,311; 0,248; 0,192; ...;
	^{117}Xe		116,920 05*)		1,083 min	$\varepsilon; \beta^+; \gamma$ 0,295; 0,225; 0,117;
	^{118}Xe		117,916 19*)	0+	6 min	β^+ 2,7; 0,117; 0,053; γ 0,050;
	^{119}Xe		118,915 37		6 min	$\beta^+; \varepsilon; \gamma$ 0,100;
	^{120}Xe		119,911 91	0+	40 min	$\varepsilon; \beta^+; \gamma$ 0,025; 0,073; 0,178; 0,763; ...;
	^{121}Xe		120,911 60		38,8 min	β^+ 2,88; γ 0,253; 0,133; 0,445; 0,311; ...;
	^{122}Xe		121,908 57*)	0+	20,1 h	$\varepsilon; \gamma$ 0,350; 0,149; 0,417; 0,091; ...;
	^{123}Xe		122,908 44	(1/2+)	2,08 h	$\varepsilon (\Delta E=0,149); \beta^+$ 1,505; γ 0,149; 0,178; 0,330; 1,093; ...;
	^{124}Xe	0,10	123,906 12	0+		
	^{125}Xe		124,906 49	(1/2)+	17,0 h	$\varepsilon; (\beta^+); \gamma$ 0,188; 0,243; 0,055; 0,454; ...;
	^{125m}Xe			(9/2−)	55 s	I.U. 0,111; 0,141;
	^{126}Xe	0,09	125,904 281	0+		
	^{127}Xe		126,905 190	(1/2+)	36,406 d	$\varepsilon; \gamma$ 0,203; 0,172; 0,375;
	^{127m}Xe			(9/2−)	1,167 min	I.U. 0,125; 0,173;
	^{128}Xe	1,9	127,903 530 8	0+		
	^{129}Xe	26,4	128,904 780 1	1/2+		
	^{129m}Xe			11/2−	8,89 d	I.U. 0,040; 0,197; e−;
	^{130}Xe	3,9	129,903 509 5	0+		

Ordnungs-zahl Z	Symbol	Häufigkeit	Nuklidmasse	Kernspin und Parität	Halbwertzeit $t_{1/2}$	Zerfallsart und Energie der Strahlung
	^{131}Xe	21,2	130,905 076	3/2+		
	^{131m}Xe			11/2−	11,8 d	I.U. 0,164;
	^{132}Xe	27,0	131,904 148	0+		
	^{132m}Xe			(10+)	8,4 ms	I.U. 0,176; 0,537; 0,601; 0,668; ...; e−;
	^{133}Xe		132,905 892	3/2+	5,29 d	β^- 0,347; γ 0,081; 0,080; 0,161; 0,303; ...; e−;
	^{133m}Xe			11/2−	2,191 d	I.U. 0,233; e−;
	^{134}Xe	10,5	133,905 395	0+		
	^{134m}Xe				0,29 s	I.U. 0,233; 0,846; 0,886; e−;
	^{135}Xe		134,907 132	3/2+	9,083 h	β^- 0,548; 0,910; γ 0,250; 0,608; 0,408; 0,158; ...; e−;
	^{135m}Xe			11/2−	15,6 min	I.U. 0,527; γ 0,787;
	^{136}Xe	8,9	135,907 219	0+		
	^{137}Xe		136,911 739	(7/2)−	3,83 min	β^- 3,7; 4,2; γ 0,456; 0,849; 1,783; 0,982; ...; e−;
	^{138}Xe		137,914 08*)	0+	14,13 min	β^- 2,8; 0,8; ...; γ 0,258; 0,434; 1,768; 2,016; ...;
	^{139}Xe		138,918 67	(5/2−11/2)	39,5 s	β^- 4,88; 4,49; 4,36; ...; γ 0,219; 0,297; 0,175; 0,290; ...;
	^{140}Xe		139,921 44	0+	13,5 s	β^- 4,7; γ 0,806; 1,414; 1,315; 0,622; ...;
	^{141}Xe		140,925 93		1,73 s	β^- 4,9; ...; γ 0,909; 0,119; 0,106; 0,069; ...;
	^{142}Xe		141,929 10	0+	1,24 s	β^-; γ 0,572; 0,657; 0,618; 0,538; ...;
	^{143}Xe				0,83 s	β^-; γ 0,194; 0,139;
	^{143m}Xe				0,30 s	β^-;
	^{144}Xe				8,8 s	(β^-);
	^{145}Xe				0,9 s	(β^-); kein γ;
55	^{116}Cs		115,932 77*)		3,9 s	β^+;
	^{117}Cs		116,928 23*)		8 s	(β^+); kein γ;
	^{118}Cs		117,926 29*)		16,4 s	β^+;
	^{119}Cs		118,922 14*)		37,7 s	(β^+); kein γ;
	^{120}Cs		119,920 94		60,2 s	β^+; γ 0,323; 0,473;
	^{121}Cs		120,917 18*)		2,1 min	β^+; γ 0,195; 0,180; 0,154;
	^{122}Cs		121,916 25*)	(1+, 2+, 3+)	21,0 s	β^+; γ 0,331;
	^{122m}Cs			(hoch)	4,2 min	β^+; γ 0,496; 0,636; 0,331;
	^{123}Cs		122,913 16*)	(1/2+)	5,9 min	β^+ 2,6; γ 0,098;
	^{123m}Cs				1,6 s	I.U. 0,096; 0,063;
	^{124}Cs		123,912 48	(1+)	26,5 s	β^+; γ 0,354; 0,916; 0,493;
	^{125}Cs		124,909 78	1/2+	45 min	ε; β^+ 2,05; γ 0,526; 0,112; 0,412; 0,712; ...;
	^{126}Cs		125,909 47	1+	1,64 min	β^+ 3,8; ε; γ 0,386;
	^{127}Cs		126,907 455	1/2+	6,25 h	β^+ 1,068; 0,81; 0,65; ε; γ 0,411; 0,125; 0,462; 0,587; ...;
	^{128}Cs		127,907 746	1+	3,8 min	β^+ 2,885; 2,445; 1,9; ...; ε; γ 0,443; 0,526; 1,140; 0,614; ...;
	^{129}Cs		128,905 998	1/2+	32,06 h	ε; γ 0,372; 0,411; 0,549; 0,040;
	^{130}Cs		129,906 750	1+	30,0 min	ε; β^+ 1,97; β^- 0,44; e−; γ 0,536; 0,586; 0,895; 1,615; ...;
	^{131}Cs		130,905 457	5/2+	9,69 d	ε; kein β^+; kein γ;
	^{132}Cs		131,906 415	(2)+	6,475 d	ε; β^+; β^- 0,8; γ 0,668; 0,630; 0,506; 1,318; ...; e−;
	^{133}Cs	100	132,905 433	7/2+		
	^{134}Cs		133,906 700	4(+)	2,062 a	β^- 0,658; 0,415; 0,089; ...; γ 0,605; 0,796; 0,569; ...; β^+; ε; e−;
	^{134m}Cs			8(−)	2,9 h	I.U. 0,127; e−; β^-; γ 0,010; 0,139;
	^{135}Cs		134,905 888	7/2+	$2,3 \cdot 10^6$ a	β^- 0,21; kein γ;
	^{135m}Cs			(19/2−)	53 min	I.U. 0,781; 0,840; e−;
	^{136}Cs		135,907 292	5+	12,98 d	β^- 0,657; 0,341; γ 0,819; 1,048; 0,341; 1,235; ...;
	^{137}Cs		136,907 075	7/2+	30,17 a	β^- 1,173; 0,512; γ 0,662;
	^{138}Cs		137,911 14*)	3(−)	32,2 min	β^- 3,9; 2,8; ...; γ 1,436; 0,463; 1,010; 2,218; ...;
	^{138m}Cs			(6−)	2,9 min	I.U. 0,080; β^- 3,0; ...; γ 1,436; 0,463; 0,192;

Ordnungs-zahl Z	Symbol	Häufigkeit	Nuklidmasse	Kernspin und Parität	Halbwertzeit $t_{1/2}$	Zerfallsart und Energie der Strahlung
	^{139}Cs		138,913 44	(7/2, 9/2)	9,4 min	β^- 4,29; 3,01; ...; γ 1,283; 0,627; 1,421; 2,111; ...;
	^{140}Cs		139,917 09		1,067 min	β^- 6,2; 5,1; 3,92; ...; γ 0,602; 0,908; 1,853; 1,500; ...;
	^{141}Cs		140,919 49		24,9 s	β^- 4,98; 3,32; 2,17; ...; γ 0,049; 0,562; 1,149; 0,589; ...;
	^{142}Cs		141,923 83		1,67 s	β^-; γ 0,360; 0,967; 1,326; 1,176; ...;
	^{143}Cs		142,926 61*)		1,68 s	β^-; γ 0,211;
	^{144}Cs		143,931 37*)		1,02 s	β^-; γ 0,758; 0,639; 0,558;
	^{145}Cs		144,933 74*)		563 ms	β^-; γ 0,199; 0,175; 0,113;
	^{146}Cs				0,19 s	β^-; kein γ;
56	^{119}Ba		118,930 72*)		5,4 s	β^+;
	^{120}Ba		119,925 87*)	0+	<90 s	β^+; γ;
	$^{121?}$Ba		120,924 25		29,7 s	β^+;
	^{122}Ba		121,920 27*)	0+	2,5–5 s	(β^+);
	^{123}Ba		122,919 07*)		2,0 min	(β^+); γ 0,095; 0,124; 0,116; 0,093; ...;
	^{124}Ba		123,915 46*)	0+	11,9 min	β^+; γ 0,170; 1,216; 0,189; 0,272; ...;
	^{125}Ba		124,914 70		3,5 min	β^+ 3,4; γ 0,076; 0,083; 0,141; 0,056; ...;
	^{125m}Ba				8 min	β^+ 4,5; γ 0,900;
	^{126}Ba		125,911 37*)	0+	1,617 h	ε; γ 0,234; 0,489; 0,940; 0,690; ...;
	^{127}Ba		126,911 16		18 min	β^+ 3,1; γ 0,110; 0,180; 0,070; 0,090; ...;
	^{127m}Ba				10,0 min	β^+ 3,5;
	^{128}Ba		127,908 232	0+	2,43 d	ε; kein β^+; γ 0,273;
	^{129}Ba		128,908 624	1/2+	2,20 h	β^+ 1,425; 1,243; 0,975; γ 1,459; 0,182; 0,214; 0,221; ...;
	^{129m}Ba			11/2−	2,13 h	ε; γ 1,459; 0,182; 0,214; 0,221; ...;
	^{130}Ba	0,1	129,906 277	0+		
	^{131}Ba		130,906 897	1/2+	11,8 d	ε; γ 0,496; 0,124; 0,216; 0,373; ...;
	^{131m}Ba			9/2−	14,6 min	I.U. 0,108; 0,079; e$^-$;
	^{132}Ba	0,095	131,905 042	0+		
	^{133}Ba		132,905 992	1/2+	10,7 a	ε; γ 0,356; 0,081; 0,303; 0,384; ...; e$^-$;
	^{133m}Ba			11/2−	1,621 d	I.U. 0,276; e$^-$; ε;
	^{134}Ba	2,4	133,904 490	0+		
	^{135}Ba	6,5	134,905 668	3/2+		
	^{135m}Ba			11/2−	28,7 h	I.U. 0,268; e$^-$;
	^{136}Ba	7,8	135,904 556	0+		
	^{136m}Ba			7−	0,306 s	I.U. 1,050; 0,818; 0,164; 0,316; ...;
	^{137}Ba	11,2	136,905 816	3/2+		
	^{137m}Ba			11/2−	2,552 min	I.U. 0,662;
	^{138}Ba	71,9	137,905 236	0+		
	^{139}Ba		138,908 830	(7/2)−	84,9 min	β^- 2,26; 2,094; 0,839; γ 0,166; 1,421; 1,255; 1,311; ...;
	^{140}Ba		139,910 590	0+	12,789 d	β^- 1,02; 0,83; 0,53; γ 0,537; 0,030; 0,163; 0,305; ...;
	^{141}Ba		140,914 14		18,27 min	β^- 2,0–3,0; γ 0,190; 0,304; 0,277; 0,344; ...; e$^-$;
	^{142}Ba		141,916 46	0+	10,7 min	β^- 1,7; 1,0; γ 0,255; 1,204; 0,895; 1,079; ...;
	^{143}Ba		142,920 55*)		20 s	β^-; γ 0,211; 0,799; 1,011; 0,432; ...;
	^{144}Ba		143,922 67*)	0+	11,9 s	β^-; γ 0,291; 0,156; 0,173; 0,104;
	^{145}Ba		144,927 19*)		6,2 s	β^-; γ 0,545; 0,571; 0,298; 0,097; ...;
	^{146}Ba		145,929 62*)	0+	1,91 s	β^-; γ 0,333; 0,327; 0,251; 0,064;
57	$^{125?}$La				≤1 min	(β^+);
	^{126}La				1,0 min	β^+; γ 0,625; 0,460; 0,340; 0,256;
	^{127}La		126,916 53*)		3,8 min	β^+; kein γ;
	^{128}La		127,915 53*)		4,9 min	β^+ 3,2; γ 0,283; 0,479; 0,644; 0,602; ...;
	^{129}La		128,912 92*)	(1/2+, 3/2+)	10,0 min	(β^+); γ 0,110;
	^{129m}La			(9/2−, 11/2−)	0,56 s	I.U. 0,068; 0,054; 0,105; e$^-$;
	^{130}La		129,912 40*)	(3+)	8,7 min	β^+; γ 0,357; 0,551; 0,544; 0,908; ...;
	^{131}La		130,910 07	3/2+	59 min	ε; β^+ 1,939; 1,424; 0,704; γ 0,108; 0,418; 0,366; 0,286; ...;
	^{132}La		131,910 10	2−	4,8 h	β^+ 3,66; 3,2; 2,62; ε; γ 0,465; 0,567; 0,663; 1,910; ...;

Ordnungs-zahl Z	Symbol	Häufigkeit	Nuklidmasse	Kernspin und Parität	Halbwertzeit $t_{1/2}$	Zerfallsart und Energie der Strahlung
	^{132m}La			6−	24,3 min	I.U. 0,053; 0,188; 0,135; ε; β^+; γ 0,464; 0,663; 0,285; …;
	^{133}La		132,908 14*)	5/2(+)	3,912 h	ε; β^+ 1,2; γ 0,279; 0,302; 0,290; 0,632; …; e−;
	^{134}La		133,908 462	1+	6,67 min	β^+ 2,75; 2,67; 2,07; e−; ε; γ 0,605; 1,555; 1,732; 0,130; …;
	^{135}La		134,906 956	5/2+	19,5 h	ε; β^+; γ 0,481; 0,634; 0,875; 0,588; …; e−;
	^{136}La		135,907 64	1+	9,87 min	ε; β^+ 1,85; 1,8; γ 0,819; 0,760; 1,323; …;
	^{137}La		136,906 46*)	7/2+	$6 \cdot 10^4$ a	ε; kein γ;
	^{138}La	0,09	137,907 114	5+	$1,35 \cdot 10^{11}$ a	ε; β^- 0,4; γ 1,436; 0,788;
	^{139}La	99,91	138,906 355	7/2+		
	^{140}La		139,909 479	3−	40,22 h	β^- 1,678; 1,350; 1,240; γ 1,596; 0,487; 0,816; 0,329; …; e−;
	^{141}La		140,910 888		3,93 h	β^- 2,50; 2,43; 0,91; γ 1,355; 1,693; 2,267; 0,662; …;
	^{142}La		141,914 098	2−	1,542 h	β^- 2,11; 1,98; 0,87; …; γ 0,641; 2,397; 2,543; 0,895; …;
	^{143}La		142,915 93		14 min	β^- 3,3; γ 0,625; 1,170; 0,800; 1,980; …;
	^{144}La		143,919 56*)		40,7 s	β^- 0,5–2,1; γ 0,397; 0,541; 0,845; 0,165; …;
	^{145}La		144,921 71*)		29,2 s	β^-; γ 0,160; 0,101;
	^{146}La		145,925 43*)		8,8 s	β^-; γ 0,410; 0,258;
	^{147}La		146,927 49*)		1,6 s	β^-; kein γ;
	^{148}La				1,29 s	β^-; γ 0,158;
58	$^{128?}$Ce				5,5 min	(β^+);
	^{129}Ce				3,5 min	(β^+); γ 0,068;
	^{130}Ce			0+	30 min	(β^+); γ 0,130;
	^{131}Ce		130,914 69*)		8,5 min	ε; β^+ 2,8; …; γ 0,026; 0,169; 0,414; 0,119; …;
	^{131m}Ce				5 min	β^+; γ 0,396; 0,421; 0,230;
	^{132}Ce		131,911 60*)	0+	4,2 h	ε; β^+; γ 0,182; 0,155; 0,217; 0,330; …; e−;
	^{132m}Ce			(9−, 8−)	13 ms	I.U. 0,325; 0,533; 0,684; 0,788;
	^{133}Ce		132,911 79*)	9/2(−)	5,4 h	ε; β^+ 1,3; γ 0,477; 0,131; 0,058; 0,510; …; e−;
	^{133m}Ce			1/2(+)	1,617 h	ε; γ 0,097; 0,088; 0,523; 0,077; …;
	^{134}Ce		133,909 00*)	0+	72 h	ε; β^+;
	^{135}Ce		134,909 23	1/2(+)	17,6 h	ε; β^+ 0,81; 0,40; γ 0,266; 0,300; 0,607; 0,518; …; e−;
	^{135m}Ce				20 s	I.U. 0,213; 0,150; 0,082; 0,295; e−;
	^{136}Ce	0,19	135,907 14	0+		
	^{137}Ce		136,907 77*)	3/2+	9,0 h	β^+; ε; γ 0,447; 0,011; 0,437; 0,916; …; e−;
	^{137m}Ce			11/2−	1,433 d	I.U. 0,254; e−; ε; γ 0,825; 0,169; 0,762; …;
	^{138}Ce	0,26	137,905 996	0+		
	^{138m}Ce			7−	9,2 ms	I.U. 1,04; 0,8; 0,301;
	^{139}Ce		138,906 639	3/2+	137,5 d	ε; γ 0,166;
	^{139m}Ce			11/2−	56,2 s	I.U. 0,75;
	^{140}Ce	88,48	139,905 442	0+		
	^{140m}Ce				6,5 µs	I.U. 0,04; 0,50; 1,59;
	^{141}Ce		140,908 279	7/2−	32,5 d	β^- 0,580; 0,436; γ 0,145; e−;
	^{142}Ce	11,1	141,909 249	0+	$>5 \cdot 10^{16}$ a	α 1,5; 1,362;
	^{143}Ce		142,912 389	3/2−	33 h	β^- 1,387; 1,092; 0,37; …; γ 0,293; 0,057; 0,664; 0,722; …;
	^{144}Ce		143,913 654	0+	284,2 d	β^- 0,3; …; γ 0,134; 0,080; 0,041; 0,091; …; e−;
	^{145}Ce		144,917 20		3,0 min	β^- 2,10; 1,70; γ 0,725; 1,148; 0,063; 0,915; …;
	^{146}Ce		145,918 67	0+	13,9 min	β^- 0,73; γ 0,317; 0,218; 0,265; 0,134; …;
	^{147}Ce		146,922 44*)		57 s	β^-; γ 0,269; 0,121; 0,099;
	^{148}Ce		147,924 09*)	0+	48 s	β^-; γ 0,397; 0,292; 0,196;
	^{149}Ce		148,927 56*)		5 s	β^-; γ 0,142; 0,136;
	^{150}Ce			0+	3,5 s	β^- 2,7; kein γ;
	^{151}Ce				1,02 s	β^-; γ 0,119; 0,097; 0,085; 0,053;
59	^{132}Pr				1,6 min	(β^+); γ 0,325; 0,496; 0,533;
	^{133}Pr		132,916 30*)	5/2(+)	6,5 min	β^+; γ 0,134; 0,316; 0,074; 0,465; …; e−;

Ordnungs-zahl Z	Symbol	Häufigkeit	Nuklidmasse	Kernspin und Parität	Halbwertzeit $t_{1/2}$	Zerfallsart und Energie der Strahlung
	^{134}Pr		133,915 76*)	2	17 min	β^+; γ 0,409; 0,640; 0,965; 0,556; …;
	^{134m}Pr				11 min	β^+; γ 0,409; 0,640; 0,965; 0,556; …;
	^{135}Pr		134,913 05	3/2+	23,9 min	β^+ 2,5; γ 0,296; 0,083; 0,213; 0,538; …; e$^-$;
	^{136}Pr		135,912 61	2+	13,1 min	β^+ 2,98; 2,56; ε; γ 0,552; 0,540; 1,092; 0,461; …; e$^-$;
	^{137}Pr		136,910 67*)	5/2+	1,30 h	ε; β^+ 1,684; γ 0,837; 0,434; 0,514; 0,160; …; e$^-$;
	^{138}Pr		137,910 759	1+	1,45 min	ε; (β^+ 3,4; …); γ 0,789; 0,688; 1,551; 1,448; …;
	^{138m}Pr			7–	2,1 h	ε; β^+ 1,7; …; γ 1,038; 0,789; 0,303; 0,391; …;
	^{139}Pr		138,908 907	5/2+	4,5 h	ε; β^+ 1,09; γ 1,347; 1,631; 0,255; 1,376; …;
	^{140}Pr		139,909 079	1+	3,39 min	β^+ 2,38; ε; γ 1,596; 0,307; 0,752; 0,924; …;
	^{140m}Pr				3,05 µs	I.U. 0,037; 0,100; 0,626;
	^{141}Pr	100	140,907 657	5/2+		
	^{142}Pr		141,910 048	2–	19,13 h	β^- 2,164; 0,566; ε; γ 1,576; 0,508; 0,642;
	^{142m}Pr			5–	14,6 min	I.U.; e$^-$;
	^{143}Pr		142,910 827	7/2+	13,57 d	β^- 0,830; kein γ;
	^{144}Pr		143,913 312	0–	17,28 min	β^- 3,0; …; γ 0,696; 2,186; 1,489; 1,388; …;
	^{144m}Pr			3–	7,2 min	I.U. 0,059; β^-; γ 0,814; 0,696;
	^{145}Pr		144,914 520	(7/2+, 5/2+)	5,98 h	β^- 1,805; γ 0,674; 0,749; 0,072; 0,979; …;
	^{146}Pr		145,917 51		24,2 min	β^- 3,7; 2,75; 2,3; γ 0,454; 1,525; 0,736; 0,789; …;
	^{147}Pr		146,919 01		12,0 min	β^- 2,1; 1,4; …; γ 0,565; 0,645; 0,078; 0,610; …;
	^{148}Pr		147,922 16*)	(3)	1,98 min	β^- 4,4; γ 0,310;
	^{149}Pr		148,923 38		28 s	β^-; γ 0,138; 0,070;
	^{149m}Pr			(5/2+, 7/2+)	2,5 min	β^- 3,0; γ 0,110; 0,165; 0,139; 0,578; …;
	^{150}Pr		149,926 27*)	(0–, 1–, 2–)	11 s	β^- 5,68; 5,55; γ 0,130;
	^{151}Pr		150,927 60*)		4,0 s	β^-; γ 0,164;
60	^{130}Nd					(β^+); γ 0,184; 0,373;
	^{134}Nd			0+	8,5 min	β^+; γ 0,288; 0,123; 0,118; 0,105; …;
	^{135}Nd		134,918 10*)	9/2–	12 min	β^+; γ 0,204; 0,042; 0,441; 0,502; …; e$^-$;
	^{135}Nd				5,5 min	(β^+); kein γ;
	^{136}Nd		135,914 99	0+	55 min	ε; β^+ 1,33; 0,9; γ 0,109; 0,575; 0,149; 0,101; …; e$^-$;
	^{137}Nd		136,914 75*)	1/2+	38,5 min	β^+ 2,4; 1,7; γ 0,075; 0,581; 0,306; 0,781; …; e$^-$;
	^{137m}Nd			11/2–	1,6 s	I.U. 0,234; 0,178; 0,108; 0,286;
	^{138}Nd		137,911 94*)	0+	5,04 h	ε; β^+; γ 0,326; 0,200; 0,342; 0,215; …;
	^{139}Nd		138,911 91	3/2+	29,7 min	ε; β^+ 1,761; γ 0,405; 1,074; 0,917; 0,669; …;
	^{139m}Nd			11/2–	5,5 h	ε; β^+ 1,17; γ 0,114; 0,738; 0,982; 0,708; …; I.U. 0,231;
	^{140}Nd		139,909 58	0+	3,38 d	ε; kein γ;
	^{140m}Nd				0,60 ms	I.U. 0,435; 0,770; 1,000;
	^{141}Nd		140,909 605	3/2+	2,51 h	β^+ 0,79; ε; γ 1,127; 1,293; 1,147; 0,145; …;
	^{141m}Nd			11/2–	60,3 s	I.U. 0,757; β^+; ε;
	^{142}Nd	27,11	141,907 731	0+		
	^{143}Nd	12,2	142,909 823	7/2–		
	^{144}Nd	23,9	143,910 096	0+	2,1·10^{15} a	α 1,903; kein γ;
	^{145}Nd	8,3	144,912 582	7/2–	>10^{17} a	kein α;
	^{146}Nd	17,2	145,913 126	0+		
	^{147}Nd		146,916 110	5/2–	11,06 d	β^- 0,81; 0,37; …; γ 0,091; 0,531; 0,319; 0,440; …; e$^-$;
	^{148}Nd	5,73	147,916 901	0+		
	^{149}Nd		148,920 157	5/2–	1,73 h	β^- 1,6; 1,4; …; γ 0,211; 0,114; 0,270; 0,424; …;

Ordnungs-zahl Z	Symbol	Häufigkeit	Nuklidmasse	Kernspin und Parität	Halbwertzeit $t_{1/2}$	Zerfallsart und Energie der Strahlung
	^{150}Nd	5,6	149,920 900	0+	$>5\cdot 10^{17}$ a	(β^-);
	^{151}Nd		150,923 838	(3/2+)	12,44 min	β^- 2,3; 1,2; ...; γ 0,117; 0,256; 1,181; 0,139; ...;
	^{152}Nd		151,924 696		11,4 min	$\beta^-\approx 1,0; \approx 0,7$; γ 0,279; 0,250; 0,016; 0,295; ...;
61	^{136}Pm			(5+)	1,78 min	β^+; γ 0,374; 0,603; 0,858; 0,815; ...;
	^{137}Pm		136,920 34*)		2,4 min	$\varepsilon; \beta^+$; γ 0,178; 0,109; 0,234; 0,286; ...;
	^{138}Pm		137,919 45*)	(3+)	3,5 min	$\varepsilon; (\beta^+)$; γ 0,521; 0,729; 0,493; 1,015; ...;
	^{139}Pm		138,916 80	(1/2, 3/2, 5/2)+	4,1 min	$\varepsilon; \beta^+$; γ 0,463; 0,403; 0,367;
	^{139m}Pm				0,5 s	I.U. 0,189;
	^{140}Pm		139,916 07	1+	9,2 s	β^+ 4,9; γ 0,771;
	^{140m}Pm			(8−)	5,80 min	$\varepsilon; \beta^+$; γ 1,026; 0,771; 0,419; 1,199;
	^{141}Pm		140,913 61	5/2+	20,9 min	β^+ 2,71; γ 1,223; 0,886; 0,194; 1,346; ...;
	^{142}Pm		141,912 98	1+	40,5 s	β^+ 3,8; γ 1,576; 0,641; 2,846; 2,583; ...;
	^{142m}Pm				2,20 ms	I.U. 0,033; 0,208; 0,242; 0,435;
	^{143}Pm		142,910 941	5/2+	265 d	ε; kein β^+; γ 0,742;
	^{144}Pm		143,912 597	5−, 6−	363 d	ε; γ 0,696; 0,618; 0,477; 0,779; ...;
	^{145}Pm		144,912 754	5/2(+)	17,7 a	ε; α 2,24; γ 0,072; 0,067; e−;
	^{146}Pm		145,914 717	2−, 3(−), 4−	5,53 a	ε; $\beta^+ < 1,2\cdot 10^{-4}$; β^- 0,789; γ 0,454; 0,747; 0,736;
	^{147}Pm		146,915 148	7/2+	2,6234 a	β^- 0,224; γ 0,121;
	^{148}Pm		147,917 477	1−	5,37 d	β^- 2,5; ...; γ 0,550; 1,465; 0,912; 0,611;
	^{148m}Pm			6−	41,3 d	β^- 1,0; 0,4; ...; γ 0,550; 0,630; 0,726; ...; I.U. 0,076; e−;
	^{149}Pm		148,918 343	7/2+	53,08 h	β^- 1,07; 1,05; 0,79; γ 0,286; 0,859; 0,833; 0,831; ...; e−;
	^{150}Pm		149,921 04	(1−)	2,68 h	β^- 3,4; 2,3; ...; γ 0,334; 1,325; 1,166; 0,832; ...;
	^{151}Pm		150,921 217	5/2+	28,4 h	β^- 1,051; 0,835; 0,347; γ 0,340; 0,168; 0,275; 0,446; ...;
	^{152}Pm		151,923 47		4,1 min	β^- 2,2; γ 0,122; 0,842; 0,697; 0,245; ...;
	^{152m1}Pm				7,5 min	β^- 1,9; ...; I.U.; γ 0,122; 0,245; ...;
	^{152m2}Pm				15,0 min	β^-; γ 0,340; 0,245; 0,231; 0,122;
	^{153}Pm		152,924 04	(5/2)−	5,4 min	$\beta^- \approx 1,65$; γ 0,127; 0,020; 0,183; 0,091; ...;
	^{154}Pm		153,926 51		2,8 min	β^- 2,5; γ 0,185; 0,082; 1,440; 1,393; ...;
	^{154m}Pm				1,8 min	β^- 4,0; ...; γ 2,059; 1,393; 0,840; 0,082; ...;
62	^{137}Sm				44 s	β^+;
	^{138}Sm			0+	3,0 min	ε; γ 0,075; 0,054;
	^{139}Sm		138,922 38		2,6 min	$\varepsilon; \beta^+$; γ 0,307; 0,274;
	^{139m}Sm				9,5 s	I.U. 0,190; 0,267; 0,155; 0,112;
	^{140}Sm		139,918 97*)	0+	14,8 min	β^+ 1,9; ...; γ 0,720; 0,226; 1,396; 0,136;
	^{141}Sm		140,918 50	1/2 (+)	11,3 min	β^+; γ 0,172; 2,005; 1,601; 1,496; ...;
	^{141m}Sm			11/2 (−)	22,6 min	$\varepsilon; \beta^+$; γ 0,197; 0,432; 0,777; 1,786; ...; kein I.U.
	^{142}Sm		141,915 215	0+	1,208 h	$\varepsilon; \beta^+$ 1,03; γ 1,243;
	^{143}Sm		142,914 642	3/2+	8,83 min	β^+ 2,89; 2,47; 2,3; ε; γ 1,057; 1,516; 1,173; 1,404; ...;
	^{143m1}Sm			(11/2−)	1,1 min	I.U. 0,754; β^+; γ 0,690; 0,963;
	^{143m2}Sm				30 ms	I.U. 1,574; 0,180; 0,209; e−;
	^{144}Sm	3,1	143,912 009	0+		
	^{145}Sm		144,913 413	7/2−	340 d	ε; γ 0,061; 0,492; 0,121; e−;
	^{146}Sm		145,913 061	0+	$7\cdot 10^7$ a	α 2,5; kein γ;
	^{147}Sm	15,0	146,914 907	7/2−	$1,05\cdot 10^{11}$ a	α 2,23; kein γ;
	^{148}Sm	11,24	147,914 832	0+	$7\cdot 10^{15}$ a	α 1,96; kein γ;
	^{149}Sm	13,8	148,917 193	7/2−	$>10^{16}$ a	
	^{150}Sm	7,4	149,917 285	0+		
	^{151}Sm		150,919 042	5/2−	90 a	β^- 0,075; γ 0,022; e−;
	^{152}Sm	26,63	151,919 741	0+		
	^{153}Sm		152,922 107	3/2+	1,948 d	β^- 0,803; 0,641; 0,634; γ 0,103; 0,070; 0,097; 0,083; ...;
	^{153m}Sm			(11/2−)	10,6 ms	I.U. 0,033; 0,046; 0,054; ...;
	^{154}Sm	22,53	153,922 218	0+		

Ordnungs-zahl Z	Symbol	Häufigkeit	Nuklidmasse	Kernspin und Parität	Halbwertszeit $t_{1/2}$	Zerfallsart und Energie der Strahlung
	^{155}Sm		154,924 642	3/2−	22,1 min	β^- 1,525; 0,85; 0,55; ...; γ 0,104; 0,246; 0,141; 0,031; ...; e$^-$;
	^{156}Sm		155,925 531	0+	9,4 h	β^- 0,7; ...; γ 0,204; 0,166; 0,023; 0,038; ...; e$^-$;
	^{157}Sm		156,928 22		0,5 min	β^- 2,71; γ 0,122;
	^{157}Sm				8,0 min	(β^-); γ 0,394; 0,198; 0,196;
	^{158}Sm			0+		(β^-);
63	^{139}Eu				22 s	β^+; γ 0,111;
	^{140}Eu				20 s	(β^+); γ 0,714; 0,530;
	^{140}Eu				1,3 s	β^+; γ 0,531;
	^{141}Eu		140,924 98		37 s	β^+; γ 0,394; 0,384;
	^{141m}Eu				4 s	I.U.;
	^{142}Eu		141,923 27*)	(1+)	2,4 s	β^+; γ 0,768; 0,629;
	^{142m}Eu			hoch	1,2 min	ε; β^+ >3,0; γ 0,768; 1,023; 0,557; 1,016; ...; e$^-$;
	^{143}Eu		142,920 12		2,6 min	β^+ 4,0; >3,0; γ 1,550; 1,110;
	^{144}Eu		143,918 802	1+	10,5 s	β^+ 5,2; ...; ε; γ 2,481; 1,659; 0,820;
	^{145}Eu		144,916 333	5/2+	5,93 d	ε; β^+ 1,72; 0,793; γ 0,894; 0,654; 1,659; 1,997; ...;
	^{146}Eu		145,917 219	4−	4,65 d	ε; β^+ 2,108; 1,467; 0,80; γ 0,747; 0,633; 0,634; 0,703; ...;
	^{147}Eu		146,916 764	(5/2+)	24 d	ε; β^+; α 2,91; γ 0,197; 0,121; 0,678; 0,602; ...; e$^-$;
	^{148}Eu		147,918 159	5−	54 d	ε; β^+; α 2,63; γ 0,550; 0,630; 0,611; 0,553; ...;
	^{149}Eu		148,917 940	5/2+	93,1 d	ε; γ 0,328; 0,277; 0,255; 0,529; ...;
	^{150}Eu		149,919 747	0(−)	12,8 h	β^- 1,013; ε; β^+ 1,242; γ 0,334; 0,407; 1,166; 1,223; ...;
	^{150m1}Eu				5,0 a	ε; e$^-$; γ 0,334; 0,439; 0,584; 0,738; ...;
	^{150m2}Eu			(4−, 5−)	34,2 a	ε; e$^-$; γ 0,334; 0,439; 0,548; 0,737; ...;
	^{151}Eu	47,82	150,919 860	5/2+		
	^{152}Eu		151,921 756	3−	12,7 a	ε; β^+; β^- 1,48; 0,69; ...; γ 0,122; 0,344; 1,408; 0,964; ...;
	^{152m1}Eu			(0−)	9,3 h	β^- 1,88; 1,55; ...; ε; β^+; γ 0,842; 0,964; 0,122; 0,344; ...;
	^{152m2}Eu			8−	1,60 h	I.U. 0,090; 0,040; e$^-$;
	^{153}Eu	52,2	152,921 243	5/2+		
	^{154}Eu		153,922 999	3−	8,5 a	β^- 0,89; 0,59; 0,27; ...; ε; γ 0,123; 1,275; 0,723; 1,005; ...;
	^{154m}Eu				46,5 min	I.U.; γ 0,068; 0,101; 0,036; 0,032; ...;
	^{155}Eu		154,922 893	5/2+	4,96 a	β^- 0,247; 0,185; 0,152; γ 0,086; 0,105; 0,045; 0,060; ...; e$^-$;
	^{156}Eu		155,924 764	0+	15,19 d	β^- 0,488; 0,3; 1,21; γ 0,812; 0,089; 1,231; 1,153; ...;
	^{157}Eu		156,925 427	(5/2+)	15,15 h	β^- 1,35; 1,28; 0,90; γ 0,413; 0,064; 0,373; 0,619; ...;
	^{158}Eu		157,927 81	(1−)	46 min	β^- 3,40; 2,43; 1,55; ...; γ 0,944; 0,977; 0,079; 0,898; ...;
	^{159}Eu		158,929 22	(5/2+)	18,7 min	β^- 2,57; 2,4; 2,35; ...; γ 0,068; 0,079; 0,096; 0,146; ...;
	^{160}Eu		159,931 78*)	(0−)	42 s	β^- 3,9; 2,7; γ 0,173; 0,515; 0,412; 0,822; ...;
64	^{142}Gd				1,5 min	β^+; γ 0,179;
	^{143}Gd		142,926 45*)		41 s	(β^+); kein γ;
	^{143m}Gd				1,9 min	β^+; γ 0,799; 0,668; 0,588; 0,272;
	^{144}Gd		143,922 77*)	0+	4,5 min	β^+ 3,3; ...; γ 0,630; 0,347; 0,333;
	^{145}Gd		144,921 70*)	1/2+	22,9 min	β^+ 2,47; ε; γ 1,881; 1,758; 1,042; 0,809; ...;
	^{145m}Gd			(11/2−)	1,417 min	I.U. 0,721; β^+; ε; γ 0,330; 0,387; 0,716;
	^{146}Gd		145,918 51*)	0+	48,3 d	ε; β^+; γ 0,116; 0,115; 0,155; 0,270; ...;
	^{147}Gd		146,919 263		1,588 d	ε; β^+; e$^-$; γ 0,230; 0,766; 0,397; 0,928; ...;
	^{148}Gd		147,918 124	0+	90 a	α 3,183; kein γ;

Ordnungs-zahl Z	Symbol	Häufigkeit	Nuklidmasse	Kernspin und Parität	Halbwertzeit $t_{1/2}$	Zerfallsart und Energie der Strahlung
	^{149}Gd		148,919 344	7/2−	9,4 d	β^+; ε; α 3,016; γ 0,150; 0,299; 0,347; 0,748; ...;
	^{150}Gd		149,918 663	0+	$1{,}8 \cdot 10^6$ a	α 2,726; kein γ;
	^{151}Gd		150,920 378	7/2−	120 d	ε; α 2,6; γ 0,154; 0,243; 0,175; 0,307; ...;
	^{152}Gd	0,20	151,919 803	0+	$1{,}1 \cdot 10^{14}$ a	α 2,1; kein γ;
	^{153}Gd		152,921 505	3/2−	242 d	ε; γ 0,098; 0,103; 0,070; 0,083; ...;
	^{153m}Gd			(11/2−)	76,8 µs	I.U. 0,042; 0,076; 0,078; ...;
	^{154}Gd	2,15	153,920 876	0+		
	^{155}Gd	14,9	154,922 629	3/2+		
	^{155m}Gd			(11/2)−	31,97 ms	I.U. 0,087; 0,049; 0,042; 0,014;
	^{156}Gd	20,6	155,922 130	0+		
	^{157}Gd	15,68	156,923 967	3/2−		
	^{157m1}Gd			5/2−	0,46 µs	I.U.;
	^{157m2}Gd			11/2−	17 µs	I.U. 0,042; 0,245; 0,199;
	^{158}Gd	24,87	157,924 111	0+		
	^{159}Gd		158,926 397	3/2−	18,56 h	β^- 0,35; 0,59; 0,947; γ 0,364; 0,058; 0,348; 0,226; ...; e^-;
	^{160}Gd	21,7	159,927 061	0+		
	^{161}Gd		160,929 676	5/2−	3,7 min	β^- 1,60; 1,54; γ 0,361; 0,315; 0,103; 0,284; ...; e^-;
	^{162}Gd		161,930 91		8,2 min	β^- 1,0; γ 0,442; 0,403; 0,039;
	^{162m}Gd				einige a	I.U. 0,041–1,39;
65	^{146}Tb		145,927 20*)	(3)	23 s	β^+; ε; γ 1,580; 1,079; 1,417;
	^{147}Tb		146,924 31*)		1,6 h	ε; β^+; γ 1,153; 0,695; 0,140; 0,120; ...;
	^{147m}Tb				1,9 min	β^+; γ 1,398; 1,798; 1,779; 0,998; ...;
	^{148}Tb		147,924 17	2−	1,1 h	ε; β^+ 4,6; ...; γ 0,785; 0,489; 0,632; 1,078; ...;
	^{148m}Tb			(9+)	2,3 min	ε; (β^+); γ 0,785; 0,882; 0,632; 0,395; ...;
	^{149}Tb		148,923 313	(3/2+, 5/2−)	4,15 h	ε; β^+ 1,8; ...; α 3,99; 3,97; 3,64; γ 0,352; 0,165; 0,388; 0,652; ...;
	^{149m}Tb			(11/2−)	4,3 min	ε; β^+; α 3,99; γ 0,796; 0,164; 0,631; 0,733; ...;
	^{150}Tb		149,923 674	(2−)	3,27 h	ε; β^+ 4,729; 4,091; 3,594; α 3,492; γ 0,638; 0,497; 0,792; 0,651; ...;
	^{150m}Tb			(8+, 9+)	5,96 min	ε; β^+ 4,73; γ 0,638; 0,650; 0,438; 0,827; ...;
	^{151}Tb		150,923 127	1/2(+)	17,6 h	ε; α 3,409; 3,183; γ 0,252; 0,287; 0,108; 0,587; ...;
	^{152}Tb		151,923 936		17,5 h	ε; β^+ 2,82; 1,93; ...; γ 0,344; 0,586; 0,271; 0,779; ...; e^-;
	^{152m}Tb				4,2 min	I.U. 0,283; 0,160; ...; β^+; ε; (α); γ 0,344; 0,411; 0,472; ...;
	^{153}Tb		152,923 426	5/2(+)	2,34 d	ε; γ 0,212; 0,171; 0,102; 0,083; ...;
	^{153m}Tb			(10/2−)	185 µs	I.U. 0,044; 0,081;
	^{154}Tb		153,924 59		21,4 h	ε; β^+ 2,5; ...; γ 2,185; 2,116; 2,062; 1,994; ...;
	^{154m1}Tb				8,5 h	ε; I.U.; e^-; γ 0,124; 0,248; 2,480; 2,461; ...;
	^{154m2}Tb				22,5 h	ε; I.U.; γ 1,420; 0,226; 0,427; 0,650;
	^{155}Tb		154,923 504	3/2+	5,32 d	ε; e^-; γ 0,087; 0,105; 0,180; 0,163; ...;
	^{156}Tb		155,924 747	3(−)	5,35 d	ε; γ 0,534; 0,199; 1,222; 0,089; ...;
	^{156m1}Tb			(4+)	24,4 h	I.U. 0,050; ε;
	^{156m2}Tb			(0+)	5,0 h	I.U. 0,088; e^-; ε; $\beta^+ \approx 1{,}3$; $\beta^- \approx 0{,}14$;
	^{157}Tb		156,924 029	3/2+	150 a	ε; e^-;
	^{158}Tb		157,925 416	3−	150 a	ε; β^- 0,851; 0,648; γ 0,944; 0,962; 0,080; 0,780; ...;
	^{158m1}Tb			0−	10,5 s	I.U. 0,110; e^-; β^-; β^+;
	^{158m2}Tb			7−	395 µs	I.U. 0,068–0,199;
	^{159}Tb	100	158,925 350	3/2+		
	^{160}Tb		159,927 171	3−	72,1 d	β^- 0,851; 0,557; 0,461; ...; γ 0,876; 0,298; 0,966; 1,178; ...;
	^{161}Tb		160,927 573	3/2(+)	6,91 d	β^- 0,59; 0,52; 0,46; ...; γ 0,049; 0,026; 0,075; 0,057; ...; e^-;

Ordnungs-zahl Z	Symbol	Häufigkeit	Nuklidmasse	Kernspin und Parität	Halbwertzeit $t_{1/2}$	Zerfallsart und Energie der Strahlung
	^{162}Tb		161,929 40	(1)−	7,6 min	β^- 2,4; 1,53; 1,275; ...; γ 0,261; 0,808; 0,888; 0,185; ...;
	^{162m}Tb				2 h	
	^{163}Tb		162,930 56	3/2+	19,5 min	β^- 1,4; 1,27; 0,81; γ 0,351; 0,390; 0,495; 0,422; ...;
	^{164}Tb		163,933 33	5+	2,9 min	β^- 2,95; 2,26; 1,7; ...; γ 0,169; 0,755; 0,688; 0,215; ...;
	$^{164m?}$Tb				23 h	
66	^{148}Dy		147,927 25*)	0+	3,1 min	ε; (β^+); γ 0,621;
	^{149}Dy		148,927 50*)		4,6 min	(β^+); γ;
	^{150}Dy		149,925 78*)	0+	7,17 min	ε; β^+ 1,96; α 4,233; γ 0,397;
	^{151}Dy		150,926 355	7/2−	16,9 min	ε; β^+; α 4,067; γ 0,386; 0,547; 0,176; 0,477; ...;
	^{152}Dy		151,924 728	0+	2,41 h	ε; β^+; α 3,63; γ 0,257;
	^{153}Dy		152,925 759	7/2(−)	6,5 h	ε; α 3,464; γ 0,080; 0,100; 0,254; 0,275; ...;
	^{154}Dy		153,924 432		10^6 a	α 2,85; kein γ;
	^{154m}Dy				13 h	α 3,37;
	^{155}Dy		154,925 758	3/2−	9,59 h	β^+ 1,075; 0,85; ε; e$^-$; γ 0,227; 0,185; 1,090; 1,000; ...;
	^{155m}Dy			(11/2)−	6 µs	I.U. 0,139; 0,147; 0,097; 0,103;
	^{156}Dy	0,06	155,924 287	0+	$>10^{18}$ a	
	^{157}Dy		156,925 470	3/2−	8,06 h	ε; γ 0,326; 0,182; 0,083; 0,061; ...; e$^-$;
	^{157m}Dy			11/2−	23,7 ms	I.U. 0,051; 0,061; 0,087; 0,149;
	^{158}Dy	0,1	157,924 412	0+		
	^{159}Dy		158,925 743	3/2−	144,4 d	ε; γ 0,058; 0,080; 0,138; 0,348; ...; e$^-$;
	^{159m}Dy			11/2−	115 µs	I.U. 0,114; 0,120; 0,099; ...;
	^{160}Dy	2,3	159,925 203	0+		
	^{161}Dy	18,9	160,926 939	5/2+		
	^{162}Dy	25,5	161,926 805	0+		
	^{163}Dy	24,9	162,928 737	5/2−		
	^{164}Dy	28,2	163,929 183	0+		
	^{165}Dy		164,931 712	7/2+	2,334 h	β^- 1,29; 1,195; 0,870; ...; γ 0,095; 0,362; 0,633; 0,280; ...;
	^{165m}Dy			1/2−	1,26 min	I.U. 0,108; e$^-$; β^- 1,02; 0,89; γ 0,516; 0,362; 0,154; 0,650; ...;
	^{166}Dy		165,932 815		3,396 d	β^- 0,481; 0,399; 0,108; ...; γ 0,083; 0,426; 0,372; 0,344; ...;
	^{167}Dy			(1/2−)	4,4 min	β^-; γ 1,014; 0,997; 0,976; 0,843; ...;
67	^{150}Ho		149,933 40*)	(8+, 9+)	40 s	α 3,35; β^+ 7,1; γ 0,804; 0,654; 0,391; 0,551;
	^{151}Ho		150,931 89*)		35,6 s	α 4,517; ε; γ 1,047; 0,804; 0,776; 0,695; ...;
	^{151m}Ho				47 s	α 4,607; ε; γ;
	^{152}Ho		151,931 61		52,3 s	ε; β^+; α 4,45;
	^{152}Ho				2,4 min	ε; β^+; α 4,38;
	^{153}Ho		152,930 270		9,3 min	ε; α 4,010;
	^{153}Ho				2,0 min	α 3,910; kein γ;
	^{154}Ho		153,930 612		11,8 min	ε; (β^+); α 3,91; γ 0,335;
	^{154}Ho				3,25 min	β^+; α 3,72; γ 0,335; 0,413; 0,477; 0,407; ...;
	^{155}Ho		154,929 088	5/2	48 min	β^+ 2,10; 1,84; γ 0,240; 0,136; 0,325; 0,185; ...;
	^{156}Ho		155,929 76*)	1	55,6 min	ε; β^+ 2,1; γ 0,267; 0,366; 0,855; 0,684; ...;
	^{156m}Ho				1 h	(β^+); γ 0,266; 0,136;
	^{157}Ho		156,928 20	7/2−	12,6 min	ε; β^+ 1,18; γ 0,280; 0,341; 0,193; 0,061; ...;
	^{158}Ho		157,928 682	5+	11,5 min	β^+ 2,89; 1,85; 1,30; γ 0,218; 0,099; 0,949; 0,847; ...;
	^{158m1}Ho			2−	25,6 min	I.U. 0,067; β^+ 2,89; 1,85; 1,30; γ 0,218; 0,099; 0,949; 0,847; ...;
	^{158m2}Ho				19,5 min	(β^+); γ 0,218; 0,099; 0,949; 0,847; ...;
	^{159}Ho		158,927 732	7/2−	33 min	ε; γ 0,121; 0,132; 0,310; 0,253; ...; e$^-$;

Ordnungs-zahl Z	Symbol	Häufigkeit	Nuklidmasse	Kernspin und Parität	Halbwertzeit $t_{1/2}$	Zerfallsart und Energie der Strahlung
	^{159m}Ho			(1/2)+	8,3 s	I.U. 0,206; 0,166; 0,040;
	^{160}Ho		159,928 731	5+	25,0 min	$\varepsilon; \beta^+$ 1,9; 0,97; 0,57; ...; γ 0,728; 0,966; 0,962; 0,879; ...;
	^{160m1}Ho			2−	5,1 h	I.U. 0,060; $\varepsilon; \beta^+$; γ 1,272; 1,199; 1,285; 2,673; ...;
	^{160m2}Ho				1 h	$(\beta^+); \gamma$ 1,272; 1,199; 1,285; 2,673; ...;
	^{161}Ho		160,927 855	7/2−	2,5 h	$\varepsilon; \gamma$ 0,026; 0,103; 0,078; 0,059; ...; e^-;
	^{161m}Ho				6,1 s	I.U. 0,211;
	^{162}Ho		161,929 097	1+	15 min	β^+ 1,15; 1,07; ε; γ 0,081; 1,320; 1,373; 1,188; ...; e^-;
	^{162m}Ho			6−	1,133 h	I.U. 0,058; 0,038; e^-; ε; γ 0,185; 1,220; 0,283; 0,937; ...;
	^{163}Ho		162,928 739	7/2−	33 a	ε;
	^{163m}Ho			(1/2)+	1,08 s	I.U. 0,299;
	^{164}Ho		163,930 287	1+	29,0 min	ε; kein β^+; β^- 0,975; 0,875; γ 0,092; 0,074; e^-;
	^{164m}Ho			6−	37,5 min	I.U. 0,038; 0,046; 0,056; e^-;
	^{165}Ho	100	164,930 332	7/2−		
	^{166}Ho		165,932 296	0−	1,117 d	β^- 1,856; 1,776; ...; γ 0,081; 1,379; 1,582; 1,662; ...; e^-;
	^{166m}Ho			(7−)	1200 a	β^- 0,1; 0,075; 0,065; ...; γ 0,184; 0,810; 0,712; 0,280; ...;
	^{167}Ho		166,933 102	(7/2−)	3,1 h	β^- 1,0; 0,3; ...; γ 0,347; 0,321; 0,238; 0,208; ...;
	^{168}Ho		167,935 30	3+	3,0 min	β^- 1,95; γ 0,741; 0,821; 0,816; 0,080; ...;
	^{169}Ho		168,936 884	(7/2−)	4,6 min	β^- 1,95; 1,2; γ 0,788; 0,876; 0,853; 0,761; ...;
	^{170}Ho		169,936 77	tief	43 s	β^- 4,0; γ 0,079; 0,812; 1,894; 1,973; ...;
	^{170m}Ho			hoch	2,8 min	β^- 3,0; γ 0,932; 0,182; 0,890; 1,139; ...;
68	^{151}Er		150,937 52*)		23 s	$(\beta^+); (\alpha$ 3,3); kein γ;
	^{152}Er		151,935 14*)		9,8 s	α 4,8; ε;
	^{153}Er		152,935 25*)		36 s	α 4,68; ε;
	^{154}Er		153,932 97*)		5,8 min	$\varepsilon; \alpha$ 4,15;
	^{155}Er		154,933 379		5,3 min	$\varepsilon; \alpha$ 4,01;
	^{156}Er		155,931 37*)	0+	20 min	$\varepsilon; \beta^+; \gamma$ 0,266; 0,137; 0,366; 0,035; ...;
	^{157}Er		156,932 28*)	3/2(−)	25 min	$\beta^+; \gamma$ 0,117–2,000;
	^{157m2}Er			(9/2+)	76 ms	I.U. 0,156;
	^{158}Er		157,930 18*)	0+	2,3 h	$\varepsilon; \beta^+$ 0,78; 0,70; γ 0,072; 0,387; 0,249; 0,311; ...;
	^{159}Er		158,930 88	3/2−	36 min	$\varepsilon; \gamma$ 0,624; 0,649; 0,206; 0,166; ...;
	^{160}Er		159,929 091	0+	28,58 h	ε; kein γ;
	^{161}Er		160,930 009	3/2−	3,24 h	$\varepsilon; \beta^+$ 0,84; γ 0,827; 0,211; 0,784; 0,593; ...; e^-;
	^{161m}Er				7,5 µs	I.U. 0,147; 0,131; 0,100; 0,085; ...; e^-;
	^{162}Er	0,136	161,928 787	0+	10^{15} a	
	^{163}Er		162,930 040	5/2−	1,252 h	$\varepsilon; \beta^+$ 0,188; γ 1,110; 0,436; 0,440; 0,298; ...;
	^{164}Er	1,57	163,929 211	0+		
	^{165}Er		164,930 737	5/2−	10,3 h	ε; kein β^+; kein γ;
	^{166}Er	33,4	165,930 305	0+		
	^{167}Er	22,94	166,932 061	7/2+		
	^{167m}Er			1/2−	2,3 s	I.U. 0,208; e^-;
	^{168}Er	27,07	167,932 383	0+		
	^{169}Er		168,934 603	1/2−	9,3 d	β^- 0,34; 0,23; γ 0,008; 0,110; 0,118; e^-;
	^{170}Er	14,88	169,935 476	0+		
	^{171}Er		170,938 041	5/2−	7,52 h	β^- 1,492; 1,065; 0,575; γ 0,308; 0,296; 0,112; 0,124; ...;
	^{172}Er		171,939 354	0+	2,054 d	β^- 0,9; 0,414; 0,354; ...; γ 0,610; 0,407; 0,068; 0,058; ...; e^-;
	^{173}Er		172,942 32	7/2(−)	1,4 min	$\beta^-; \gamma$ 0,895; 0,199; 0,193; 0,122; ...;
69	^{153}Tm		152,942 17*)		1,6 s	α 5,11; (β^+);
	^{154}Tm		153,941 47*)		5 s	α 4,96; kein γ;
	^{154}Tm				3,0 s	α 5,05; (β^+); kein γ;

Ordnungs-zahl Z	Symbol	Häufigkeit	Nuklidmasse	Kernspin und Parität	Halbwertzeit $t_{1/2}$	Zerfallsart und Energie der Strahlung
	^{155}Tm		154,939 40*)		39 s	α 4,45; kein γ;
	^{156}Tm		155,938 87		1,33 min	α 42,3; $β^+$; γ 0,335; 1,518; 1,565; 1,366; ...;
	^{156m}Tm				19 s	α 4,46; $β^+$; kein γ;
	^{158}Tm		157,937 27*)		4,3 min	($β^+$); γ 0,193; 0,335; 1,151;
	^{159}Tm		158,935 39*)	5/2	12 min	($β^+$); γ 0,290; 0,220; 0,348; 0,272; ...;
	^{160}Tm		159,935 45	1	9,2 min	($β^+$); γ 0,126; 0,729; 0,264; 1,369; ...;
	^{161}Tm		160,933 79*)	7/2+	37 min	ε; γ 0,373; 0,354; 0,283; 0,265; ...; e^-;
	^{162}Tm		161,933 93	1−	21,7 min	$β^+$ 3,82; 2,11; 0,9; γ 0,102; 0,799; 0,228; 0,900; ...;
	^{162m}Tm			(5+)	24,3 s	I.U. 0,067; $β^+$ 0,901; 0,900; 0,812; 0,799; ...;
	^{163}Tm		162,932 62*)	1/2+	1,81 h	ε; $β^+$ 1,05; 0,71; 0,40; γ 0,049; 0,048; 0,056; 0,104; ...;
	^{164}Tm		163,933 465	1+	2,0 min	ε; $β^+$ 2,94; 1,30; γ 0,091; 1,155; 0,769; 0,208; ...;
	^{164m}Tm			6(−)	5,1 min	I.U.; ε; $β^+$; γ 0,208; 0,315; 0,240; ...;
	^{165}Tm		164,932 449	1/2+	30,06 h	ε; $β^+$ 0,3; γ 0,243; 0,296; 0,807; 0,460; ...; e^-;
	$^{165m1?}$Tm				12 min	
	^{165m2}Tm				80,3 μs	I.U. 0,069;
	^{166}Tm		165,933 576	2+	7,7 h	ε; $β^+$ 1,935; 1,219; 1,080; γ 2,053; 0,779; 0,184; 1,273; ...;
	^{167}Tm		166,932 865	1/2+	9,25 d	ε; γ 0,208; 0,057; 0,532; 0,347; ...;
	^{168}Tm		167,934 186	3+	86,9 d	ε; $β^+$ 0,94; $β^-$ 0,5; γ 0,198; 0,816; 0,447; 0,184; ...; e^-;
	^{169}Tm	100	168,934 225	1/2+		
	^{170}Tm		169,935 813	1−	128,6 d	$β^-$ 0,965; 0,883; ε; γ 0,084; 0,079; e^-;
	^{170m}Tm			(3)+	4,06 μs	I.U. 0,039; 0,068; 0,144;
	^{171}Tm		170,936 442	1/2(+)	1,92 a	$β^-$ 0,030; 0,097; γ 0,067; e^-;
	^{172}Tm		171,938 400	2−	2,65 d	$β^-$ 1,97; 0,81; 1,792; γ 0,079; 1,094; 1,387; 1,530; ...;
	^{173}Tm		172,939 639	(1/2+)	8,24 h	$β^-$ 0,89; 0,86; 0,80; γ 0,399; 0,461; 0,063;
	^{174}Tm		173,942 19	(4−)	5,2 min	$β^-$ 1,2; 0,7; γ 0,366; 0,992; 0,173; 0,177; ...;
	^{175}Tm		174,943 86	(1/2+)	15,2 min	$β^-$ 1,87; 1,5; 0,8; γ 0,515; 0,941; 0,364; 0,983; ...;
	^{176}Tm		175,946 76*)	(4+)	1,9 min	$β^-$ 2,8; 2,0; ...; γ 0,190; 1,069; 0,382; 0,082; ...;
70	^{154}Yb		153,946 27*)		0,39 s	α 5,33; ($β^+$); kein γ;
	^{155}Yb		154,945 84*)		1,65 s	α 5,21; ($β^+$);
	^{156}Yb		155,943 04*)		24 s	α 4,8; $β^+$; kein γ;
	^{157}Yb		156,942 81*)		34 s	($β^+$); α 4,50; kein γ;
	^{158}Yb		157,940 38*)	0+	4 min	($β^+$); γ 0,216; 0,174;
	^{158}Yb				1,5 min	($β^+$);
	$^{159?}$Yb		158,940 65*)		4,6 min	($β^+$); γ 0,216; 0,174;
	^{160}Yb		159,938 22*)	0+	4,8 min	ε; γ 0,078; 0,600; 0,632;
	^{161}Yb		160,938 38*)		4,2 min	($β^+$); γ 0,078; 0,600; 0,631; 0,188; ...;
	^{162}Yb		161,936 29*)	0+	18,9 min	ε; γ 0,164; 0,119; 0,045;
	^{163}Yb		162,936 48*)		11,4 min	($β^+$); γ 0,860; 0,064; 0,123; 1,747; ...;
	^{164}Yb		163,934 65*)	0+	1,25 h	ε; ($β^+$ 2,4); γ 0,675; 0,445; 0,391; 0,602; ...;
	^{165}Yb		164,935 415	(5/2−)	9,9 min	ε; $β^+$ 1,7; 1,58; γ 0,080; 0,069; 1,090; 0,118; ...;
	^{166}Yb		165,933 889	0+	56,7 h	ε; γ 0,082; e^-;
	$^{166m?}$Yb				18 min	
	^{167}Yb		166,934 962	5/2−	17,7 min	ε; $β^+$; γ 0,113; 0,106; 0,176; 0,063; ...;
	^{168}Yb	0,135	167,933 908	0+		
	^{169}Yb		168,935 201	7/2+	30,7 d	ε; γ 0,063; 0,198; 0,177; 0,110; ...;
	^{169m}Yb			1/2−	46 s	I.U. 0,024; e^-;
	^{170}Yb	3,03	169,934 774	0+		
	^{171}Yb	14,3	170,936 338	1/2−		
	^{172}Yb	21,82	171,936 393	0+		

Ordnungs-zahl Z	Symbol	Häufigkeit	Nuklidmasse	Kernspin und Parität	Halbwertzeit $t_{1/2}$	Zerfallsart und Energie der Strahlung
	^{172m}Yb			(5, 6)−	3,6 μs	I.U. 0,079; 0,175; 0,182; e$^-$;
	^{173}Yb	16,2	172,938 222	5/2−		
	^{174}Yb	31,8	173,938 873	0+		
	^{175}Yb		174,941 287	7/2−	4,19 d	β^- 0,467; 0,354; 0,072; γ 0,396; 0,283; 0,114; 0,145; …;
	^{175m}Yb				68,2 ms	I.U. 0,515;
	^{176}Yb	12,73	175,942 576	0+		
	^{176m}Yb			(8)−	11,4 s	I.U. 0,293; 0,390; 0,190; 0,096; …;
	^{177}Yb		176,945 265	9/2+	1,9 h	β^- 1,393; 1,271; 1,243; e$^-$; γ 0,150; 1,080; 0,122; 1,241; …;
	^{177m}Yb			1/2−	6,5 s	I.U. 0,104; 0,228; e$^-$;
	^{178}Yb		177,946 68	0+	74 min	β^- 0,25; …; γ 0,391; 0,348; 0,042;
71	^{155}Lu		154,954 27$^*)$		0,07 s	α 5,63; kein γ;
	^{156}Lu		155,952 97$^*)$		0,23 s	α 5,54; (β^+); kein γ;
	^{156}Lu				0,5 s	α 5,43; β^+; kein γ;
	^{162}Lu		161,943 81$^*)$		1,4 min	(ε); γ 0,321;
	^{164}Lu		163,941 41$^*)$		3,1 min	(β^+); γ 0,124; 0,262;
	^{165}Lu		164,939 71$^*)$		11,8 min	(β^+); γ 0,120; 0,132;
	^{166}Lu		165,939 77	(6−)	2,65 min	ε; β^+; γ 0,228; 0,338; 0,368; 0,102; …;
	^{166m1}Lu			(3−)	1,41 min	I.U. 0,034; (β^+); γ 0,228; 0,102; 0,285; …;
	^{166m2}Lu			(0−)	2,12 min	I.U.; (β^+); γ 1,427; 2,099; 1,257; 1,359; …;
	^{167}Lu		166,938 32	7/2+	51,5 min	ε; β^+; γ 0,030; 0,239; 0,279; 0,213; …;
	^{168}Lu		167,938 71	(6)−	5,3 min	ε; β^+ 1,23; γ 0,199; 0,088; 0,979; 0,299; …;
	^{168m1}Lu			3(+)	6,7 min	ε; β^+ 2,7; 1,47; 1,2; …; γ 0,979; 0,896; 0,885; 0,198; …; I.U.;
	$^{168m2?}$Lu				2 h	γ 0,088; e$^-$;
	^{169}Lu		168,937 863	7/2+	1,417 d	ε; β^+ 1,25; 1,23; 1,2; …; γ 0,960; 0,192; 1,450; 0,890; …;
	^{169m}Lu			1/2−	2,7 min	I.U. 0,029; e$^-$;
	^{170}Lu		169,938 466	0+	2,0 d	ε; β^+ 2,445; 2,390; e$^-$; γ 0,084; 1,280; 2,047; 0,985; …;
	^{170m}Lu			4−	0,7 s	I.U. 0,048; 0,044;
	^{171}Lu		170,937 927	7/2(+)	8,22 d	ε; β^+; γ 0,740; 0,668; 0,076; 0,781; …; e$^-$;
	^{171m}Lu			1/2(−)	1,267 min	I.U. 0,070; e$^-$;
	^{172}Lu		171,939 103	(4−)	6,70 d	ε; (β^+); γ 1,094; 0,901; 0,181; 0,810; …; e$^-$;
	^{172m1}Lu			(1−)	3,7 min	I.U. 0,042; β^+; ε;
	^{172m2}Lu			(1+)	440 μs	I.U. 0,068; 0,067;
	$^{172m3?}$Lu				4 h	β^+ 1,2;
	^{173}Lu		172,938 947	7/2+	1,37 a	ε; γ 0,272; 0,079; 0,101; 0,171; …; e$^-$;
	^{174}Lu		173,940 353	(1−)	3,31 a	ε; β^+ 0,38; e$^-$; γ 1,242; 0,077; 1,318;
	^{174m}Lu			(6−)	142 d	I.U. 0,045; 0,059; 0,067; …; e$^-$; ε; γ 0,992; 0,273; 0,177; 0,112; …;
	^{175}Lu	97,4	174,940 785	7/2+		
	^{176}Lu	2,59	175,942 694	7−	$3,6 \cdot 10^{10}$ a	β^- 0,6; …; γ 0,307; 0,202; 0,088; 0,401; (e$^-$);
	^{176m}Lu			1−	3,68 h	ε; β^- 1,317; 1,229; γ 0,088; 1,159; 1,062; 1,138; …; e$^-$;
	^{177}Lu		176,943 766	7/2+	6,71 d	β^- 0,497; 0,384; 0,247; …; γ 0,208; 0,113; 0,321; 0,250; …;
	^{177m}Lu			23/2−	160,9 d	β^- 0,152; I.U. 0,122; 0,172; 0,147; e$^-$; γ 0,208; 0,228; 0,379; 0,113; …;
	^{178}Lu		177,946 00	1+	28,4 min	β^- 2,15; 2,06; 0,47; γ 0,093; 1,341; 1,310; 1,269; …;
	^{178m1}Lu			(7, 8, 9)	22,7 min	β^- 1,3; γ 0,426; 0,325; 0,214; 0,089; …;
	$^{178m2?}$Lu				16 min	β^- 1,5;
	$^{178m3?}$Lu				5 min	β^- 2,25; 0,77;
	^{179}Lu		178,947 28	(7/2+)	4,59 h	β^- 1,35; 1,08; γ 0,214; 0,215; 0,123; 0,338;
	^{180}Lu		179,949 89	(3−, 4−)	5,7 min	β^- 2,79; 2,0; 1,49; …; γ 0,408; 1,200; 1,106; 0,215; …;

Ordnungs-zahl Z	Symbol	Häufigkeit	Nuklidmasse	Kernspin und Parität	Halbwertzeit $t_{1/2}$	Zerfallsart und Energie der Strahlung
72	^{157}Hf		156,958 18*)		0,12 s	α 5,68; kein γ;
	^{158}Hf		157,954 67*)	0+	2,8 s	α 5,27; (β^+); kein γ;
	^{159}Hf		158,954 05*)		5,6 s	α 5,09; ε; kein γ;
	^{160}Hf		159,950 89*)	0+	12 s	α 4,77; ε; kein γ;
	^{161}Hf		160,950 48*)		17 s	α 4,6; kein γ;
	^{166}Hf		165,942 58*)	0+	6,77 min	(β^+); γ 0,079; 0,342; 0,408; 0,483; ...;
	^{167}Hf		166,942 94*)	5/2–	2,05 min	ε; β^+; γ 0,315; 0,175; 0,140;
	^{168}Hf		167,940 85*)	0+	25,95 min	ε; β^+ 1,7; γ 0,184; 0,157; 0,975; 0,324; ...;
	^{169}Hf		168,941 46	(5/2)–	3,3 min	ε; β^+ 1,85; γ 0,492; 0,369; 0,123;
	^{170}Hf		169,939 75*)	0+	16,0 h	ε; (β^+); γ 0,165; 0,621; 0,120; 0,573; ...;
	^{171}Hf		170,940 63*)	7/2(+)	12,09 h	ε; γ 0,662; 0,122; 1,071; 0,348; ...; e–;
	^{172}Hf		171,939 53*)	0+	1,87 a	ε; e–; (α 2,78); γ 0,024; 0,126; 0,067; 0,082; ...;
	^{173}Hf		172,940 66*)	1/2–	23,6 h	ε; γ 0,124; 0,297; 0,140; 0,311; ...; e–;
	^{174}Hf	0,18	173,940 065	0+	$2,0 \cdot 10^{15}$ a	α 2,5; kein γ;
	^{175}Hf		174,941 441	5/2–	70 d	ε; γ 0,343; 0,089; 0,432; 0,230; ...;
	^{176}Hf	5,20	175,941 420	0+		
	^{177}Hf	18,5	176,943 233	7/2–		
	^{177m1}Hf			23/2+	1,08 s	I.U. 0,208; 0,229; 0,379; 0,113; ...;
	^{177m2}Hf			37/2–	51,4 min	I.U. 0,277; 0,295; 0,327; γ 0,208; 0,312; 0,229; 0,214; ...;
	^{177m3}Hf				18 µs	I.U. 0,385;
	^{177m4}Hf				8,3 µs	I.U. 0,495;
	^{178}Hf	27,14	177,943 710	0+		
	^{178m1}Hf			8–	4,3 s	I.U. 0,427; 0,326; 0,214; 0,089; ...; e–;
	^{178m2}Hf			(13–)	31 a	I.U. 0,426; 0,326; 0,574; 0,213; ...;
	^{179}Hf	13,75	178,945 827	9/2+		
	^{179m1}Hf			(1/2)–	18,68 s	I.U. 0,214; 0,161; 0,375; e–;
	^{179m2}Hf				25,1 d	I.U. 0,454; 0,363; 0,123; 0,146; ...; e–;
	^{180}Hf	35,24	179,946 561	0+		
	^{180m}Hf			8–	5,5 h	I.U. 0,332; 0,443; 0,215; ...; e–; (β^-);
	^{181}Hf		180,949 111	(1/2–)	42,5 d	β^- 0,408; 0,404; 0,340; ...; γ 0,482; 0,133; 0,346; 0,136; ...;
	^{182}Hf		181,950 63	0+	$9 \cdot 10^6$ a	β^- 0,153; γ 0,270; 0,156; 0,114; 0,173; ...;
	^{182m}Hf			(8–)	61,5 min	β^- 0,97; 0,48; γ 0,943; 0,114; 0,172; ...; I.U. 0,344; 0,224; 0,507;
	^{183}Hf		182,953 549	(3/2–)	1,1 h	β^- 1,54; 1,18; 1,0; γ 0,784; 0,073; 0,459; 0,398; ...;
	^{184}Hf		183,955 47	0+	4,12 h	β^- 8,50; 7,40; 1,10; γ 0,139; 0,345; 0,181; 0,041; ...;
73	^{166}Ta		165,950 51*)		<1 min	(β^+);
	^{167}Ta		166,948 52*)		2,9 min	(β^+); kein γ;
	^{168}Ta		167,948 05*)		3,4 min	ε; β^+; γ 0,750; 0,371; 0,262; 0,124;
	^{169}Ta		168,946 29*)		5,0 min	β^+; γ 0,463; 0,440; 0,436; 0,193; ...;
	^{170}Ta		169,946 20*)		6,76 min	β^+; γ 0,101; 0,221; 0,860; 0,987; ...;
	^{171}Ta		170,944 60*)	7/2(+)	23,3 min	ε; γ 0,050; 0,506; 0,502; 0,166; ...;
	^{172}Ta		171,944 81*)	(3–)	36,8 min	ε; β^+ 2,48; ...; γ 0,214; 0,095; 1,109; 1,330; ...;
	^{173}Ta		172,943 78*)	(5/2–)	3,7 h	ε; β^+ 2,48; γ 0,172; 0,090; 0,070; 0,160; ...;
	^{174}Ta		173,944 19	(4–)	1,192 h	ε; β^+ 2,525; γ 0,207; 0,091; 1,256; 1,228;
	^{175}Ta		174,943 80*)	7/2+	10,5 h	ε; γ 0,207; 0,349; 0,267; 0,082; ...;
	^{176}Ta		175,944 75	1–	8,08 h	ε; β^+; γ 1,159; 0,088; 0,202; 1,225; ...;
	^{177}Ta		176,944 476	7/2+	56,6 h	ε; β^+; γ 0,113; 0,208; 1,058;
	^{177m1}Ta			5/2–	3,6 µs	I.U. 0,186; 0,115;
	^{177m2}Ta			(21/2)–	5,0 µs	I.U. 0,311; 0,195; 0,172;
	^{178}Ta		177,945 76	(7)–	2,2 h	ε; (β^+); γ 0,427; 0,326; 0,214; 0,089; ...; e–;
	^{178}Ta			1+	9,3 min	ε; β^+ 0,89; 0,88; 0,80; γ 0,093; 1,351; 1,341; 1,106; ...; e–;
	^{179}Ta		178,945 951	(7/2+)	1,82 a	ε; (β^+); kein γ;

Ordnungs-zahl Z	Symbol	Häufigkeit	Nuklidmasse	Kernspin und Parität	Halbwertzeit $t_{1/2}$	Zerfallsart und Energie der Strahlung
	^{180}Ta	0,0123	179,947 489	(8+)	>1,5·10^{13} a	(β^-; β^+); γ 0,332; 0,234; 0,215; 0,102;
	^{180m}Ta			1+	8,15 h	ε; β^- 0,71; 0,615; γ 0,093; 0,103;
	^{181}Ta	99,988	180,948 014	7/2+		
	^{181m}Ta			1/2+	18,1 μs	I.U. 0,482; 0,133; 0,057; …;
	^{182}Ta		181,950 170	3−	115,0 d	β^- 1,713; 1,470; 0,522; e$^-$; γ 0,068; 1,121; 1,221; 1,189; …;
	^{182m1}Ta			5+	0,283 s	I.U. 0,017;
	^{182m2}Ta			10−	15,84 min	I.U. 0,172; 0,147; 0,184; 0,318; …;
	^{183}Ta		182,951 391	7/2+	5,1 d	β^- 0,615; γ 0,246; 0,099; 0,354; 0,108; …; e$^-$;
	^{184}Ta		183,954 030	5−	8,7 h	β^- 1,165; 1,123; γ 0,414; 0,253; 0,921; 0,111; …;
	^{185}Ta		184,955 599	(7/2+)	49 min	β^- 1,77; 1,72; γ 0,178; 0,174; 0,244; 0,108; …; e$^-$;
	^{186}Ta		185,958 56	(3−)	10,5 min	β^- 2,62; 2,24; 1,74; e$^-$; γ 0,198; 0,215; 0,738; 0,615; …;
74	^{162}W		161,963 36*)		<0,25 s	α 5,53; kein γ;
	^{163}W		162,962 58*)		2,5 s	α 5,39; kein γ;
	^{164}W		163,959 16*)		6,3 s	α 5,153; kein γ;
	^{170}W		169,949 63*)		4 min	β^+; kein γ;
	^{171}W		170,949 65*)		9 min	ε; kein γ;
	^{172}W		171,947 60*)	0+	6,7 min	β^+; γ 0,458; 0,036; 0,624; 0,130; …; e$^-$;
	^{173}W		172,947 96*)		16,5 min	ε;
	^{174}W		173,946 23*)	0+	29 min	ε;
	^{175}W		174,946 92*)		34 min	ε; γ 0,270; 0,167; 0,149; 0,121; …;
	^{176}W		175,945 71*)	0+	2,3 h	ε; γ 0,100; 0,095; 0,084; 0,061; …;
	^{177}W		176,946 62*)	(1/2−)	2,25 h	ε; γ 0,115; 0,186; 0,427; 1,036; …; e$^-$;
	^{178}W		177,945 86	0+	22 d	ε; kein γ;
	^{179}W		178,947 093	7/2−	37,5 min	ε; γ 0,031; 0,134; e$^-$;
	^{179m}W			(1/2−)	6,7 min	I.U. 0,222; 0,120; 0,102; ε; β^+; γ 0,239; 0,282; …;
	^{180}W	0,135	179,946 727	0+	6·10^{14} a	α 2,55;
	^{180m}W			(8−)	5,52 ms	I.U. 0,39; 0,448; 0,35; 0,234; e$^-$; (β^+);
	^{181}W		180,948 215	9/2(+)	121,2 d	ε; γ 0,006; 0,152; 0,136; e$^-$;
	^{181m}W			5/2(−)	14,6 μs	I.U. 0,365;
	^{182}W	26,41	181,948 225	0+		
	^{182m}W			(9+, 10+)	1,4 μs	I.U. 0,518; 1,086;
	^{183}W	14,3	182,950 245	1/2−		
	^{183m}W			(11/2+)	5,15 s	I.U. 0,108; 0,099; 0,053; 0,047; …;
	^{184}W	30,64	183,950 953	0+	>3·10^{17} a	
	^{185}W		184,953 441	3/2−	75,1 d	β^- 0,433; 0,307; γ 0,125;
	^{185m}W			11/2+	1,67 min	I.U. 0,066; 0,132; 0,174; 0,188; …; e$^-$;
	^{186}W	26,3	185,954 377	0+		
	^{187}W		186,957 174	3/2−	23,9 h	β^- 0,705; 0,545; 0,33; γ 0,686; 0,480; 0,072; 0,134; …;
	^{188}W		187,958 501	0+	69,4 d	β^- 0,349; γ 0,291; 0,227; 0,064; 0,208; …;
	^{189}W		188,961 92		11 min	β^- 2,5; 2,0; 1,4; γ 0,258; 0,417; 0,555; 0,855; …;
75	^{170}Re		169,958 22*)		7,0 s	β^+; γ 0,306; 0,156; 0,413;
	^{172}Re		171,955 44*)		23 s	(β^+); γ 0,350; 0,254; 0,123;
	^{173}Re		172,953 44*)		2 min	
	^{174}Re		173,953 21*)		2,1 min	(β^+); γ 0,349; 0,243; 0,112;
	^{175}Re		174,951 53*)		5 min	β^+; γ 0,185;
	^{176}Re		175,951 73*)	3+	5,7 min	ε; γ 0,240; 0,109; 0,351;
	^{177}Re		176,950 49*)	(5/2−)	14,0 min	ε; β^+; γ 0,197; 0,080; 0,084; 0,095;
	^{178}Re		177,950 86	(3)	13,2 min	ε; β^+ 3,5; 3,3; …; γ 0,237; 0,106; 0,939; 0,778; …; e$^-$;
	$^{178m?}$Re				50 min	β^+ 1,95;
	^{179}Re		178,949 98	(5/2+)	19,7 min	ε; β^+ 0,95; γ 0,430; 0,290; 1,689; 0,477; …;
	^{180}Re		179,950 801	(1)−	2,5 min	ε; β^+ 1,10; γ 0,902; 0,104; 0,825; 0,749; …; e$^-$;

Ordnungs-zahl Z	Symbol	Häufigkeit	Nuklidmasse	Kernspin und Parität	Halbwertzeit $t_{1/2}$	Zerfallsart und Energie der Strahlung
	^{180m}Re				20 h	$(\varepsilon; \beta^+ 1,9)$;
	^{181}Re		180,950 15*)	5/2+	20 h	$\varepsilon; \gamma 0,366; 0,361; 0,639; 0,954; ...$;
	^{182}Re		181,951 23*)	2+	12,7 h	$\varepsilon; \beta^+ 1,74; 0,55; e^-$; $\gamma 0,068; 1,121; 1,221; 1,189; ...$;
	^{182m}Re			7+, 5, 6	2,67 d	$\varepsilon; \beta^+; e^-; \gamma 0,229; 0,068; 1,121; 1,222; ...$;
	^{183}Re		182,950 841	(5/2)+	70,0 d	$\varepsilon; (\beta^+)$; $\gamma 0,162; 0,046; 0,292; 0,209; ...; e^-$;
	^{183m}Re			(25/2+)	1,02 ms	$I.U. 0,114; 0,194; 0,145$;
	^{184}Re		183,952 559	3−	38,0 d	$\varepsilon; \gamma 0,903; 0,792; 0,111; 0,895; ...$;
	^{184m}Re			8+	165 d	$I.U. 0,105; 0,083; e^-; \varepsilon$; $\gamma 0,253; 0,217; 0,921; ...$;
	^{185}Re	37,3	184,952 977	5/2+		
	^{186}Re		185,955 008	1(−)	90,64 h	$\beta^- 1,072; 0,939; 0,3; \varepsilon$; $\gamma 0,137; 0,123; 0,767; 0,630; ...$;
	^{186m}Re			(8+)	$2 \cdot 10^5$ a	$I.U. 0,059; 0,040; 0,099; \beta^-; \varepsilon$; $\gamma 0,123; 0,767; 0,630$;
	^{187}Re	62,6	186,955 765	5/2+	$5 \cdot 10^{10}$ a	$\beta^- 2,65; 2,62; 1,2$; kein γ;
	^{188}Re		187,958 126	1−	16,98 h	$\beta^- 2,116 - 1,958$; $\gamma 0,155; 0,633; 0,478; 0,931; ...; e^-$;
	^{188m}Re			(6)−	18,6 min	$I.U. 0,064; 0,106; 0,092; 0,156; ...; e^-$; kein β^-;
	^{189}Re		188,959 238	(5/2+)	24,3 h	$\beta^- 1,015; 1,0; 0,80$; $\gamma 0,217; 0,219; 0,245; 0,186; ...$;
	$^{189m1?}$Re				140 d	$(\beta^-); \gamma 0,211; 0,568; 0,671$;
	$^{189m2?}$Re				4,3 d	$\beta^- 0,88; 0,19; \gamma 0,038; 0,134; 0,550$;
	^{190}Re		189,961 87	2, 3, 4−	3,1 min	$\beta^- 1,8; 1,7$; $\gamma 0,187; 0,558; 0,829; 0,569; ...$;
	^{190m}Re				2,8 h	$\beta^- 1,6; \gamma 0,820; 0,560; 0,380; 0,230; ...$; $I.U. 0,120$;
	^{191}Re		190,963 132		9,8 min	$\beta^- 1,8$; kein γ;
	^{192}Re				16 s	$\beta^- \approx 2,5; \gamma 0,751; 0,489; 0,467$;
76	^{169}Os		168,967 20*)		3 s	$\alpha 5,56; \beta^+; \varepsilon$; kein γ;
	^{170}Os		169,964 01*)		7,1 s	$\alpha 5,4; \varepsilon$; kein γ;
	^{171}Os		170,963 33*)		8,2 s	$\alpha 5,24; (\varepsilon)$; kein γ;
	^{172}Os		171,960 45*)		19 s	$\varepsilon; \beta^+; \alpha 5,105$; kein γ;
	^{173}Os		172,959 84*)		16 s	$\varepsilon; \alpha 4,94$; kein γ;
	^{174}Os		173,957 46*)		45 s	$\varepsilon; \alpha 4,76; \gamma 0,325; 0,118$;
	^{175}Os		174,957 37*)		1,4 min	$\beta^+; \gamma 0,125; 0,181; 0,248; 0,170; ...$;
	^{176}Os		175,955 12*)	0+	3,0 min	$\varepsilon; \gamma 0,186$;
	^{177}Os		176,955 32*)	(1/2−)	3,5 min	$\beta^+; \gamma 0,196; 0,083; 0,300; 0,422; ...$;
	^{178}Os		177,953 47*)	0+	5,0 min	$(\beta^+); \gamma 0,969; 1,331; 0,595; 0,685; ...$;
	^{179}Os		178,953 95*)		7,0 min	$\beta^+; \gamma 0,219; 1,311; 0,760; 0,552; ...$;
	$^{179?}$Os				3 min	$(\beta^+); \gamma 0,309; 0,219$;
	^{180}Os		179,952 52*)	0+	21,7 min	$\varepsilon; \gamma 0,020; 0,667; 0,329; 0,717; ...; e^-$;
	^{181}Os		180,953 40*)	(1/2−)	1,75 h	$\varepsilon; \gamma 0,239; 0,826; 0,118; 1,060; ...$;
	^{181}Os			(7/2−)	2,7 min	$\varepsilon; \beta^+ 1,75$; $\gamma 0,145; 0,118; 1,119; 1,468; ...$;
	^{182}Os		181,952 14*)	0+	22 h	$\varepsilon; (\beta^+)$; $\gamma 0,510; 0,180; 0,263; 0,056; ...; e^-$;
	^{183}Os		182,953 31*)	(9/2+)	13,0 h	$\varepsilon; \beta^+$; $\gamma 0,382; 0,114; 0,168; 0,851; ...; e^-$;
	^{183m}Os			(1/2−)	9,9 h	$\varepsilon; \gamma 1,102; 1,108; 1,035; 0,878; ...$; $I.U. 0,171; e^-$;
	^{184}Os	0,018	183,952 514	0+	$>10^{17}$ a	
	^{185}Os		184,954 066	(1/2−)	94 d	ε; kein β^+; $\gamma 0,646; 0,875; 0,880; 0,717; ...$;
	^{186}Os	1,59	185,953 852	0+	$2,0 \cdot 10^{15}$ a	$\alpha 2,8$; kein γ;
	^{187}Os	1,64	186,955 762	1/2−		
	^{187m}Os			(11/2)+	2,31 μs	$I.U. 0,157$;
	^{188}Os	13,3	187,955 850	0+		
	^{189}Os	16,1	188,958 156	3/2−		
	^{189m}Os			9/2−	6,0 h	$I.U. 0,031; e^-$;
	^{190}Os	26,4	189,958 455	0+		
	^{190m}Os			(10)−	9,9 min	$I.U. 0,616; 0,503; 0,361; 0,187; ...$;

Ordnungs-zahl Z	Symbol	Häufigkeit	Nuklidmasse	Kernspin und Parität	Halbwertzeit $t_{1/2}$	Zerfallsart und Energie der Strahlung
	^{191}Os		190,960 936	(9/2−)	15,4 d	β^- 0,143; γ 0,129; 0,082; 0,042; 0,047;
	^{191m}Os			(3/2−)	13,03 h	I.U. 0,074; e$^-$; kein β^-;
	^{192}Os	41,0	191,961 487	0+		
	^{192m}Os			(10−)	5,9 s	I.U. 0,206; 0,302; 0,569; 0,453; ...;
	^{193}Os		192,964 158	(3/2−)	1,25 d	β^- 1,132; 1,021; 0,67; γ 0,139; 0,461; 0,073;
	^{194}Os		193,965 199	0+	6,0 a	β^- 0,096; 0,054; γ 0,043; 0,082; e$^-$;
	^{195}Os		194,968 12		6,5 min	β^- 2,0; kein γ;
77	^{171}Ir		170,971 90*)		1,0 s	α 5,91; (ε); kein γ;
	^{172}Ir		171,970 67*)		1,7 s	α 5,81; β^+;
	^{173}Ir		172,967 89*)		3,0 s	α 5,665; kein γ;
	^{174}Ir		173,966 84*)		4,0 s	α 5,478; kein γ;
	^{175}Ir		174,964 40*)		4,5 s	α 5,393; β^+; kein γ;
	^{176}Ir		175,963 67*)		8,0 s	α 5,118; kein γ;
	^{177}Ir		176,961 55*)		21 s	α 5,011; kein γ;
	^{178}Ir		177,961 06*)		12 s	ε; γ 0,266; 0,132; 0,363; 0,625; ...;
	^{179}Ir		178,959 32*)		4 min	β^+; α; kein γ;
	^{180}Ir		179,959 28*)		1,5 min	ε; γ 0,276; 0,132; 0,699; 0,890; ...;
	^{181}Ir		180,957 77*)		5,0 min	ε; β^+; γ 0,049; 0,108; 0,228; 1,640; ...;
	^{182}Ir		181,958 16*)		15,0 min	ε; (β^+); γ 0,273; 0,127; 0,236; 0,912; ...;
	^{183}Ir		182,956 96*)	(1/2+, 3/2+)	58 min	β^+; (ε); γ 0,238;
	^{184}Ir		183,957 58	5	3,02 h	ε; β^+ 2,9; ...; γ 0,264; 0,120; 0,390; 0,961; ...;
	^{185}Ir		184,956 75*)		14,0 h	ε; γ 0,254; 1,829; 0,097; 1,668; ...; e$^-$;
	^{186}Ir		185,957 965	(5)	15,8 h	ε; β^+ 1,94; 1,37; 1,0; γ 0,297; 0,137; 0,435; 0,773; ...; e$^-$;
	^{186m}Ir			(2−)	1,75 h	ε; β^+; e$^-$; γ 0,137; 0,767; 0,630; 0,297; ...;
	^{187}Ir		186,957 37*)	(3/2+)	10,5 h	ε; γ 0,913; 0,427; 0,401; 0,611; ...; e$^-$;
	^{187m}Ir			(9/2−)	30,3 ms	I.U. 0,076; 0,110; 0,187;
	^{188}Ir		187,958 859	(2)−	41,5 h	ε; β^+ 1,646; 1,162; γ 0,155; 0,633; 0,478; 2,125; ...; e$^-$;
	^{188m}Ir				4,2 ms	I.U. 0,06; 0,145; 0,200;
	^{189}Ir		188,958 69*)	(3/2+)	13,3 d	ε; γ 0,245; 0,070; 0,059; 0,036; ...;
	^{189m}Ir			(11/2−)	12,3 ms	I.U. 0,114; 0,186; 0,258; 0,300;
	^{190}Ir		189,960 60	4,5	12,1 d	ε; kein β^+; γ 0,187; 0,605; 0,518; 0,558; ...;
	^{190m1}Ir				1,2 h	I.U. 0,026; e$^-$;
	^{190m2}Ir				3,2 h	ε; β^+ 1,7; I.U. 0,149; γ 0,617; 0,503; 0,361; 0,187; ...;
	^{191}Ir	37,4	190,960 603	3/2+		
	^{191m}Ir			11/2−	4,88 s	I.U. 0,129; 0,082; 0,042; 0,047; e$^-$;
	^{192}Ir		191,962 613	4(−)	74,02 d	β^- 0,672; 0,536; 0,24; ε; β^+; γ 0,316; 0,468; 0,308; 0,296; ...;
	^{192m1}Ir			1(+)	1,44 min	I.U. 0,058; e$^-$; β^- 1,5; 1,2; 0,9; γ;
	^{192m2}Ir			9(+)	241 a	I.U. 0,161;
	^{193}Ir	62,6	192,962 942	3/2+		
	^{193m}Ir			11/2−	11,9 d	I.U. 0,080; e$^-$;
	^{194}Ir		193,965 095	1(−)	19,15 h	β^- 2,236; 1,92; 0,98; ...; γ 0,329; 0,294; 0,645; 0,939; ...;
	^{194m}Ir			(10/11)	171 d	β^-; γ 0,483; 0,329; 0,562; 0,601; ...;
	^{195}Ir		194,965 977	(3/2+)	2,5 h	β^- 1,110; 1,011; 0,98; γ 0,099; 0,221; 0,130; 0,031; ...;
	^{195m}Ir			(11/2−)	3,8 h	β^- 0,971; 0,798; 0,410; γ 0,099; 0,685; 0,433; 0,320; ...; kein I.U.;
	^{196}Ir		195,968 39	(0,1−)	52 s	β^- 3,2; 2,1; γ 0,355; 0,779; 0,447; 0,333; ...;
	^{196m}Ir			(10,11)	1,4 h	β^- 1,16; γ 0,394; 0,521; 0,447; 0,356; ...; I.U.;
	^{197}Ir		196,969 48		9,85 min	β^- 2,0; ...; γ 0,469; 0,431; 0,816; 0,378; ...;
	^{198}Ir		197,972 60		8 s	β^-; γ 0,507; 0,407;
78	^{173}Pt		172,976 61*)		kurz	α 6,19; kein γ;
	^{174}Pt		173,973 24*)		0,7 s	α 6,030; (β^+); kein γ;

Ordnungs-zahl Z	Symbol	Häufigkeit	Nuklidmasse	Kernspin und Parität	Halbwertzeit $t_{1/2}$	Zerfallsart und Energie der Strahlung
	^{175}Pt		174,972 47*⁾		2,52 s	α 5,955; β^+; kein γ;
	^{176}Pt		175,969 36*⁾	0+	6,33 s	α 5,75; 5,528; e⁻; (β^+); kein γ;
	^{177}Pt		176,968 49*⁾		11 s	α 5,525; 5,485; ε; β^+; kein γ;
	^{178}Pt		177,966 04*⁾	0+	20 s	α 5,442; 5,286; β^+; kein γ;
	^{179}Pt		178,965 63*⁾		33 s	β^+; α 5,15; 5,12; kein γ;
	^{180}Pt		179,963 37*⁾		50 s	(β^+); α 5,14; kein γ;
	^{181}Pt		180,963 43*⁾		51 s	ε; β^+; α 5,02; kein γ;
	^{182}Pt		181,961 38*⁾		2,6 min	β^+; α 4,84; 4,82; γ 0,136; 0,146; 0,210; 0,186;
	^{183}Pt		182,961 75*⁾		6,5 min	β^+; α 4,733; kein γ;
	^{184}Pt		183,960 05*⁾	0+	17,3 min	ε; α 4,5; γ 0,155; 0,192; 0,548; 0,731; ...;
	^{185}Pt		184,960 83*⁾		1,18 h	ε; γ 0,461; 0,641; 0,153; 0,300; ...; e⁻;
	^{185}Pt				33 min	ε; γ 0,255; 0,198; 0,641; 0,721; ...; e⁻;
	^{186}Pt		185,959 39*⁾	0+	2,0 h	ε; α 4,23; γ 0,689; 0,612; 0,367; 0,281; ...;
	^{187}Pt		186,960 49*⁾	(1/2−)	2,35 h	ε; γ 0,106; 0,202; 0,110; 0,285; ...; e⁻;
	^{188}Pt		187,959 434	0+	10,2 d	ε; α 3,93; 3,87; γ 0,188; 0,195; 0,382; 0,424; ...;
	^{189}Pt		188,960 74*⁾	(3/2−)	11 h	ε; β^+; γ 0,721; 0,608; 0,094; 0,569; ...; e⁻;
	^{190}Pt	0,0127	189,959 937	0+	6,1·10¹¹ a	α 3,17; kein γ;
	^{191}Pt		190,961 677	(1/2, 3/2−)	2,8 d	ε; γ 0,539; 0,409; 0,360; 0,172; ...;
	^{191m}Pt			(5/2, 7/2−)	107 μs	I.U. 0,091; 0,094;
	^{192}Pt	0,78	191,961 049	0+	>6·10¹⁶ a	(α 2,75; 2,6);
	^{193}Pt		192,963 008	(1/2−)	50 a	ε; kein β^+; kein γ;
	^{193m}Pt			(13/2+)	4,3 d	I.U. 0,136; e⁻;
	^{194}Pt	32,9	193,962 679	0+		
	^{195}Pt	33,8	194,964 785	1/2−		
	^{195m}Pt			13/2+	4,1 d	I.U. 0,099; 0,130; 0,031; 0,239; ...;
	^{196}Pt	25,3	195,964 947	0+		
	^{197}Pt		196,967 332	1/2−	18,3 h	β^- 0,7; ...; γ 0,077; 0,191; 0,268; e⁻;
	^{197m}Pt			13/2+	1,57 h	I.U. 0,346; 0,053; e⁻; β^- 0,7; γ 0,279; 0,130; 0,409;
	^{198}Pt	7,21	197,967 879	0+		
	^{199}Pt		198,970 564	(5/2−)	30,8 min	β^- 1,69; 1,38; 1,14; ...; γ 0,542; 0,494; 0,317; 0,186; ...;
	^{199m}Pt			(13/2+)	14,1 s	I.U. 0,393; 0,032; e⁻;
	^{200}Pt		199,971 44*⁾	0+	11,5 h	β^-; kein γ;
	^{201}Pt		200,974 51		2,3 min	β^- 2,66; γ 1,76; 0,230; 0,150;
79	^{175}Au		174,981 58*⁾			α 6,44;
	^{176}Au		175,980 25*⁾		1,25 s	α 6,29; 6,26;
	^{177}Au		176,977 25*⁾		1,3 s	α 6,15; 6,115; kein γ;
	^{178}Au		177,975 95*⁾		2,6 s	α 5,92; β^+; kein γ;
	^{179}Au		178,973 43*⁾		7,2 s	α 5,848; 5,824; β^+; kein γ;
	^{181}Au		180,970 32*⁾		11,5 s	α 5,623; 5,482; ε; β^+; kein γ;
	^{182}Au		181,969 75*⁾		21 s	β^+; α 5,865; 5,7; γ 0,155; 0,264;
	^{183}Au		182,967 79*⁾	(3/2+)	42 s	β^+; α 5,343; kein γ;
	^{184}Au		183,967 56*⁾		53,0 s	ε; β^+; α 5,17; 5,11; 5,06; ...; γ 0,163; 0,273; 0,363; 0,777; ...;
	^{185}Au		184,965 93*⁾		4,3 min	ε; α 5,067; γ 0,311;
	^{185}Au				6,8 min	ε; γ 0,145;
	^{186}Au		185,965 98*⁾	hoch	10,7 min	ε; β^+; γ 0,192; 0,299; 0,765; 0,416; ...;
	^{186m}Au			tief	<2 min	ε; γ 0,192;
	^{187}Au		186,964 71*⁾	(3/2+)	8,5 min	ε; α 4,69; γ 0,251; 0,190; 0,185;
	^{187m}Au				6,4 min	ε; γ 0,181;
	^{188}Au		187,965 12*⁾		8,84 min	ε; γ 0,266; 0,340; 0,606; 0,405; ...;
	^{189}Au		188,964 13*⁾	3/2+	28,3 min	ε; γ 0,713; 0,448; 0,813; 0,348; ...; (α);
	^{189m}Au			(11/2−)	4,55 min	ε; β^+; γ 0,167; 0,321; (I.U.);
	^{190}Au		189,964 706	1(−)	42,8 min	ε; β^+ 3,4; ...; γ 0,296; 0,302; 0,598; 0,319; ...;
	^{191}Au		190,963 64	3/2(+)	3,2 h	ε; α; γ 0,733; 0,702; 0,674; 0,620; ...; e⁻;
	^{191m}Au			(11/2−)	0,92 s	I.U. 0,241; 0,253;
	^{192}Au		191,964 823	1(−)	4,1 h	β^+ 2,492; 2,192; ε; γ 0,317; 0,296; 2,019; 1,884; ...;

Ordnungs-zahl Z	Symbol	Häufigkeit	Nuklidmasse	Kernspin und Parität	Halbwertzeit $t_{1/2}$	Zerfallsart und Energie der Strahlung
	^{193}Au		192,964 19*⁾	3/2+	17,65 h	ε; kein β^+; kein α; γ 0,186; 0,226; 0,268; 0,174; ...;
	^{193m}Au			(11/2)−	3,9 s	I.U. 0,258; 0,291; 0,220; 0,038; ...; ε; e⁻;
	^{194}Au		193,965 372	1(−)	39,5 h	ε; β^+ 1,49; 1,22; 0,95; γ 0,329; 0,294; 1,469; 2,044; ...;
	^{195}Au		194,965 032	3/2+	183 d	ε; γ 0,099; 0,130; 0,031; 0,211; ...; e⁻;
	^{195m}Au			11/2−	30,6 s	I.U. 0,262; 0,200; 0,180; ...; e⁻;
	^{196}Au		195,966 546	2−	6,183 d	ε; β^- 0,27; γ 0,356; 0,333; 0,426; 1,091; ...;
	^{196m1}Au				8,2 s	I.U.; e⁻;
	^{196m2}Au			12−	9,7 h	I.U. 0,147; 0,188; 0,168; 0,285; ...;
	^{197}Au	100	196,966 560	3/2+		
	^{197m}Au			11/2−	7,8 s	I.U. 0,279; 0,130; 0,202; γ; e⁻;
	^{198}Au		197,968 233	2−	2,696 d	β^- 1,371; 0,962; 0,29; γ 0,412; 0,676; 1,087;
	^{198m}Au			(12−)	2,3 d	I.U. 0,215; 0,097; 0,180; 0,204;
	^{199}Au		198,968 756	3/2+	3,15 d	β^- 0,453; 0,292; 0,250; γ 0,158; 0,208; 0,050;
	^{200}Au		199,970 69	(1−)	48,4 min	β^- 2,20; ≈1,8; 0,7; γ 0,368; 1,226; 1,263; 1,571; ...;
	^{200m}Au				18,7 h	β^- 0,6; γ 0,368; 0,498; 0,580; 0,256; ...; I.U. 0,333;
	^{201}Au		200,971 66		26,4 min	β^- 1,5; γ 0,530;
	^{202}Au		201,974 39	(1−)	29 s	β^- 3,5; γ 0,440; 1,125; 1,307; 1,204; ...;
	^{203}Au		202,975 33*⁾		55 s	β^- 1,9; γ 0,690;
	^{204}Au		203,978 31		40 s	β^-; γ 0,437; 1,511; 1,392; 0,692; ...;
80	^{178}Hg		177,982 90*⁾		47 s	α 6,425; β^+; kein γ;
	^{179}Hg		178,981 96*⁾		1,09 s	α 6,27; β^+; kein γ;
	^{180}Hg		179,978 68*⁾		2,9 s	α 6,118; (β^+); kein γ;
	^{181}Hg		180,977 69*⁾		3,6 s	α 6,003; 5,92; ε; β^+;
	^{182}Hg		181,975 08*⁾	0+	11,2 s	α 5,865; 5,700; (β^+); γ 0,129; 0,217; 0,413;
	^{183}Hg		182,974 57*⁾	1/2−	8,8 s	α 5,905; 5,83; β^+; ε; kein γ;
	^{184}Hg		183,972 04*⁾	0+	30,6 s	ε; α 5,535; γ 0,236; 0,156; 0,295; 0,259; ...;
	^{185}Hg		184,971 93*⁾	1/2−	48,0 s	ε; β^+; α 5,652; 5,575; γ 0,222; 0,258; 0,350; 0,189; ...;
	^{185}Hg				17 s	(β^+); α 5,375; γ 0,211; 0,292;
	^{185}Hg				2,58 min	(β^+); γ 0,243; 0,331;
	^{186}Hg		185,969 57*⁾	0+	1,38 min	β^+; ε; α 5,094; γ 0,252; 0,112; 0,228; 0,350;
	^{186m}Hg				100 μs	I.U.; ε; γ;
	^{187}Hg		186,969 88*⁾	3/2	2,4 min	ε; α 4,87; γ 0,233; 0,378; 0,271; 0,240; ...;
	$^{187m?}$Hg				1,7 min	ε; α 5,035; γ 0,335; 0,112;
	^{188}Hg		187,967 92*⁾	0+	3,7 min	ε; α 5,14; γ 0,190; 0,114; 0,204; 0,142; ...;
	^{189}Hg		188,968 64*⁾		7,7 min	ε; γ 0,238; 0,248; 0,229; 0,279; ...;
	^{189m}Hg				8,7 min	ε; γ 0,566; 0,388; 0,600; 0,297; ...; (α);
	^{190}Hg		189,966 76	0+	20,0 min	ε; α ≈ 5,0; γ 0,143; 0,172; 0,155; 0,130; ...;
	^{191}Hg		190,967 28		50 min	ε; γ 0,196;
	^{191m}Hg			13/2+	50,8 min	ε; α; γ 0,253; 0,420; 0,579; 0,274; ...;
	^{192}Hg		191,965 68*⁾	0+	4,9 h	ε; α; γ 0,275; 0,157; 0,307; 0,186; ...;
	^{193}Hg		192,966 70*⁾	3/2−	3,5 h	ε; kein α; γ 0,258; 0,186; 0,225; 0,220; ...;
	^{193m}Hg			13/2+	11,1 h	ε; β^+ 1,17; 0,42; γ 0,257; 0,408; 0,574; ...; I.U. 0,039;
	^{194}Hg		193,965 426	0+	≥15 a	ε; kein γ; kein e⁻;
	$^{194m?}$Hg				0,4 s	I.U.;
	^{195}Hg		194,966 66	1/2−	9,5 h	ε; kein β^+; γ 0,780; 0,061; 0,585; 0,207; ...;
	^{195m}Hg			13/2+	40,0 h	ε; γ 0,262; 0,560; 0,388; ...; I.U. 0,123; 0,037; 0,016;
	^{196}Hg	0,146	195,965 812	0+		
	^{197}Hg		196,967 005	1/2+	2,671 d	ε; γ 0,077; 0,191; 0,269; e⁻;

Ordnungs-zahl Z	Symbol	Häufigkeit	Nuklidmasse	Kernspin und Parität	Halbwertzeit $t_{1/2}$	Zerfallsart und Energie der Strahlung
	^{197m}Hg			13/2+	23,8 h	I.U. 0,134; 0,165; e$^-$; ε; γ 0,279; 0,202; ...;
	^{198}Hg	10,02	197,966 760	0+		
	^{199}Hg	16,84	198,968 269	1/2–		
	^{199m}Hg			13/2+	42,6 min	I.U. 0,158; 0,374; e$^-$;
	^{200}Hg	23,13	199,968 316	0+		
	^{201}Hg	13,22	200,970 293	3/2–		
	^{202}Hg	29,7	201,970 632	0+		
	^{203}Hg		202,972 864	5/2–	46,59 d	$β^-$ 0,491; 0,212; γ 0,279;
	^{204}Hg	6,85	203,973 481	0+		
	^{205}Hg		204,976 062	(1/2)–	5,2 min	$β^-$ 1,528; ≈1,4; γ 0,204; 0,416; 1,219; 1,137; ...;
	^{206}Hg		205,977 504	0+	8,15 min	$β^-$ 1,307; 1,002; 0,657; γ 0,305; 0,650; 0,344; e$^-$;
81	^{184}Tl		183,981 85*)		11 s	($β^+$); γ 0,367; 0,287; 0,340; 0,534; ...;
	^{186}Tl		185,978 68*)		1 min	ε; γ 0,405; 0,403;
	^{186}Tl				25 s	($β^+$); γ 0,405; 0,403;
	^{187}Tl		186,976 46*)		13 s	($β^+$; α); γ 0,300;
	^{188}Tl		187,976 07*)		1,2 min	($β^+$); γ 0,412;
	^{188}Tl				1,2 min	($β^+$); γ 0,592; 0,504; 0,412;
	^{189}Tl		188,974 21*)		1,4 min	$β^+$; (α); γ 0,318; 0,216; 0,229; 0,445;
	^{189}Tl				2,3 min	($β^+$); γ 0,334; 0,942; 0,451; 0,522;
	^{190}Tl		189,974 06		3,5 min	($β^+$); γ 0,417; 0,626; 0,731; 0,840; ...;
	^{190}Tl				2,6 min	($β^+$); γ 0,416; 0,625;
	^{191}Tl		190,972 44		5,2 min	ε; γ 0,216; 0,326; 0,265; ...;
	^{192}Tl		191,972 53*)	(2–)	9,5 min	ε; γ 0,786; 0,745; 0,635; 0,423; ...; e$^-$;
	^{192m}Tl			(7+)	11 min	ε; γ 0,786; 0,635; 0,423;
	^{193}Tl		192,970 99*)	(1/2+)	23 min	ε; $β^+$; (α); γ 0,324; 0,344;
	^{193m}Tl				2,1 min	I.U. 0,365;
	^{194}Tl		193,971 22*)	(2–)	33,0 min	ε; $β^+$; γ 0,428; 0,637; 0,646; 1,041; ...;
	^{194m}Tl			(7+)	32,8 min	ε; γ 0,637; 0,428; 0,749; 0,735; kein I.U.;
	^{195}Tl		194,970 10	1/2+	1,16 h	ε; $β^+$ 1,8; kein α; γ 0,883; 0,562; 0,279; 0,247; ...;
	^{195m}Tl			(9/2)–	3,5 s	I.U. 0,383; 0,099;
	^{196}Tl		195,970 64*)	(2–)	1,84 h	ε; γ 2,212; 2,011; 1,623; 1,553; ...;
	^{196m}Tl			(7+)	1,41 h	ε; γ 0,695; 0,635; 0,426; ...; I.U. 0,034–0,275;
	^{197}Tl		196,969 58*)	1/2+	2,84 h	ε; γ 0,426; 0,152; 0,308; 0,578; ...;
	^{197m}Tl			9/2–	0,54 s	I.U. 0,385; 0,222;
	^{198}Tl		197,970 47	2–	5,3 h	ε; $β^+$; γ 0,412; 0,676; 0,637; 1,201; ...;
	^{198m1}Tl			7+	1,87 h	ε; I.U. 0,283; ...; γ 0,637; 0,412; 0,587;
	^{198m2}Tl			(10–)	32,1 ms	I.U. 0,199;
	^{199}Tl		198,969 85	1/2+	7,4 h	ε; kein $β^+$; γ 0,455; 0,208; 0,247; 0,158; ...;
	^{200}Tl		199,970 950	2–	1,088 d	ε; $β^+$ 1,063; 0,46; γ 0,368; 1,206; 0,579; 0,828; ...;
	^{201}Tl		200,970 816	1/2+	3,063 d	ε; γ 0,167; 0,135; 0,032; 0,031; ...;
	^{202}Tl		201,972 101	2–	12,2 d	ε; γ 0,440; 0,520; 0,960; 0,510;
	^{203}Tl	29,50	202,972 336	1/2+		
	^{204}Tl		203,973 856	2–	3,78 a	$β^-$ 0,763; ε; kein γ;
	^{205}Tl	70,50	204,974 410	1/2+		
	^{206}Tl		205,976 094	0–	4,2 min	$β^-$ 1,534; 0,730; 0,363; γ 0,803;
	^{207}Tl		206,977 412	1/2+	4,77 min	$β^-$ 1,436; 0,862; 0,534; γ 0,898;
	^{207m}Tl			11/2–	1,3 s	I.U. 1,000; 0,350;
	^{208}Tl		207,981 999	(5+)	3,07 min	$β^-$ 1,795; 1,518; 1,285; ...; γ 2,614; 0,583; 0,860; 0,277; ...;
	^{209}Tl		208,985 347	(1/2+)	2,20 min	$β^-$ 1,83; γ 1,566; 0,465; 0,117;
	^{210}Tl		209,990 068	(4+, 5+)	1,32 min	$β^-$ 2,34; 1,87; 1,32; kein α; γ 0,795; 0,296; 1,310; 1,210; ...;
82	^{186}Pb		185,984 62*)	0+	8 s	ε; α 6,32; kein γ;
	^{187}Pb		186,983 96*)	(1/2–)	17 s	($β^+$); α 6,08; kein γ;
	^{188}Pb		187,981 21*)	0+	24,5 s	($β^+$); α 5,99; 5,975; kein γ;
	^{189}Pb		188,980 82*)		51 s	($β^+$); α 5,73; kein γ;

Ordnungs-zahl Z	Symbol	Häufigkeit	Nuklidmasse	Kernspin und Parität	Halbwertszeit $t_{1/2}$	Zerfallsart und Energie der Strahlung
	^{190}Pb		189,978 29*)	0+	1,2 min	(β^+); α 5,59; kein γ;
	^{191}Pb		190,978 28*)		1,3 min	(β^+); α 5,30; kein γ;
	^{192}Pb		191,976 07*)	0+	2,3 min	(β^+); α 5,06; kein γ;
	^{194}Pb		193,974 44*)	0+	11 min	ε; γ 0,204;
	^{195}Pb		194,974 72*)		17 min	ε; γ 0,384; 0,708; 0,394; 0,313; ...;
	^{196}Pb		195,973 00*)	0+	37 min	ε; α 5,82; γ 0,503; 0,494; 0,253; 0,240; ...;
	^{197}Pb		196,973 55*)	(3/2−)	<42 min	ε; γ 0,761; 0,386; 0,375;
	^{197m}Pb			(13/2+)	42 min	ε; α; γ 0,386; 0,388; 0,222; 0,773; ...; I.U. 0,084; 0,234;
	^{198}Pb		197,972 19*)	0+	2,4 h	ε; γ 0,290; 0,365; 0,173; 0,865; ...;
	^{199}Pb		198,972 86	5/2(−)	1,5 h	ε; β^+ 2,8; γ 0,367; 0,353; 1,135; 0,720; ...;
	^{199m}Pb			(13/2+)	12,2 min	I.U. 0,424; e^-; ε;
	^{200}Pb		199,971 92*)	0+	21,5 h	ε; γ 0,148; 0,257; 0,236; 0,268;
	^{201}Pb		200,972 810	(5/2−)	9,4 h	β^+; γ 0,331; 0,361; 0,946; 0,908; ...;
	^{201m}Pb			(13/2+)	61 s	I.U. 0,629;
	^{202}Pb		201,972 150	0+	$3 \cdot 10^5$ a	ε; kein γ;
	^{202m}Pb				3,62 h	I.U. 0,961; 0,422; 0,787; ...; ε; γ 0,490; 0,460; 0,390; ...;
	^{203}Pb		202,973 382	5/2−	52,1 h	ε; β^+ 0,982; 0,703; 0,302; γ 0,279; 0,401; 0,681;
	^{203m}Pb			(13/2+)	6,2 s	I.U. 0,825; 0,820; 0,634; 0,186; ...;
	^{204}Pb	1,4	203,973 037	0+	$1,4 \cdot 10^{17}$ a	α 2,6; 1,94; kein γ;
	^{204m1}Pb			3−	66,9 min	I.U. 0,899; 0,375; 0,911; 0,622; ...;
	^{204m2}Pb			4+	0,29 µs	I.U. 0,899; 0,375;
	^{205}Pb		204,974 475	5/2−	$1,4 \cdot 10^7$ a	ε; kein γ;
	^{206}Pb	24,1	205,974 455	0+		
	^{207}Pb	22,6	206,975 885	1/2−		
	^{207m}Pb			13/2+	0,8 s	I.U. 0,570; 1,064;
	^{208}Pb	52,3	207,976 641	0+		
	^{209}Pb		208,981 080	9/2+	3,31 h	β^- 0,635; kein γ;
	^{210}Pb		209,984 178	0+	22,3 a	β^- 0,061; 0,017; γ 0,047; e^-; α 3,72;
	^{211}Pb		210,988 737	(9/2+)	36,1 min	β^- 1,376; 0,971; 0,544; ...; γ 0,405; 0,832; 0,427; 0,766; ...;
	^{212}Pb		211,991 881	0+	10,64 h	β^- 0,571; 0,332; 0,155; γ 0,239; 0,300; 0,115; 0,177; ...;
	^{213}Pb		212,996 63*)		10,2 min	β^-; kein γ;
	^{214}Pb		213,999 801 1	0+	26,8 min	β^- 1,024; 0,729; 0,672; ...; γ 0,352; 0,295; 0,242; 0,053; ...; (e^-);
83	^{189}Bi		188,989 41*)		1,5 s	α 6,67; kein γ;
	^{190}Bi		189,988 35*)		5,4 s	α 6,46; 6,45; ε;
	^{191}Bi		190,985 99*)		13 s	α 6,32; (β^+); kein γ;
	^{191m}Bi				20 s	(β^+); α 6,90; kein γ;
	^{192}Bi		191,985 32*)		42 s	α 6,06; (β^+); kein γ;
	^{193}Bi		192,983 30*)		1,067 min	α 5,89; (β^+); kein γ;
	^{193m}Bi				3,5 s	α 6,50; (β^+); kein γ;
	^{194}Bi		193,982 85		1,8 min	α 5,61–5,67; (β^+); γ 0,965; 0,575; 0,280; 0,594;
	^{195}Bi		194,981 02		2,8 min	α 5,342; (β^+); kein γ;
	^{195m}Bi				1,5 min	α 6,11; (β^+); kein γ;
	^{196}Bi		195,980 93*)		4,6 min	ε; α 5,892; γ 1,049; 0,689; 0,371; 0,337; ...;
	^{197}Bi		196,979 16*)			
	^{197m}Bi				10 min	ε; α 5,77; e^-; kein γ;
	^{198}Bi		197,979 28*)	(7+)	12,0 min	ε; γ 1,064; 0,198; 0,562; 0,318; ...;
	^{198m}Bi			(10−)	7,7 s	I.U. 0,248;
	^{199}Bi		198,977 88*)	9/2(−)	27 min	ε; kein β^+;
	^{199m}Bi				24,7 min	ε; α 5,486;
	^{200}Bi		199,978 03*)	7(+)	36 min	ε; β^+; kein α; γ 1,027; 0,462; 0,420; 0,245; ...;
	^{201}Bi		200,977 02*)	9/2(−)	1,85 h	ε; kein α; γ 0,629;
	^{201m}Bi			(1/2+)	59 min	ε; I.U. 0,846; α 5,242;
	^{202}Bi		201,977 41*)	5(+)	1,8 h	ε; (β^+); γ 0,961; 0,422; 0,658; 0,954; ...;
	^{203}Bi		202,976 81	9/2−	11,76 h	ε; β^+ 1,35; 0,74; α 4,85; γ 0,820; 0,825; 0,897; 1,848; ...;

Ordnungs-zahl Z	Symbol	Häufigkeit	Nuklidmasse	Kernspin und Parität	Halbwertzeit $t_{1/2}$	Zerfallsart und Energie der Strahlung
	^{204}Bi		203,977 65*⁾	6(+)	11,3 h	ε; kein β^+; γ 0,899; 0,375; 0,984; 0,912; …;
	^{205}Bi		204,977 381	9/2−	15,31 d	β^+ 0,980; 0,696; 0,640; ε; γ 0,703; 1,764; 0,988; 1,044; …; e⁻;
	^{206}Bi		205,978 494	6(+)	6,243 d	β^+ 0,977; ε; γ 0,803; 0,881; 0,516; 1,719; …;
	^{207}Bi		206,978 467	9/2−	38 a	ε; (β^+); γ 0,570; 1,064; 1,770; 0,897; …;
	^{208}Bi		207,979 733	(5)+	$3,68 \cdot 10^5$ a	ε; kein β^+; γ 2,614;
	^{209}Bi	100	208,980 388	9/2−	$>2 \cdot 10^{18}$ a	(α 3,15);
	^{210}Bi		209,984 110	1−	5,012 d	β^- 1,161; α 4,686; 4,649; …; γ 0,305; 0,266;
	^{210m}Bi			(9−)	$3,5 \cdot 10^6$ a	α 4,946; 4,908; …; γ 0,266; 0,305; 0,650; 0,344; …;
	^{211}Bi		210,987 263	(9/2−)	2,13 min	α 6,622; 6,278; γ 0,351; 0,405; 0,832; 0,427; …; β^- 0,29;
	^{212}Bi		211,991 267	1(−)	60,55 min	β^- 2,251; α 6,090; 6,051; 5,768; …; γ 0,727; 1,621; 0,785; 0,040; …;
	^{213}Bi		212,994 371	(3/2−)	45,65 min	β^- 1,42; 1,018; α 5,87; 5,543; γ 0,440; 1,101; 0,860; 0,324; …;
	^{214}Bi		213,998 702	(1−)	19,8 min	β^- 3,27; 154; 1,505; …; α 5,512; 5,448; γ 0,609; 1,765; 1,120; 1,238; …;
	^{215}Bi		215,001 84		7 min	β^- 2,2; kein γ;
84	^{192}Po				0,5 s	α 6,58;
	^{193}Po		192,991 08*⁾		4 s	α 6,98; 6,47; kein γ;
	^{194}Po		193,988 40*⁾		0,6 s	α 6,846; kein γ;
	^{195}Po		194,988 13*⁾		4,5 s	α 6,608; kein γ;
	^{195m}Po				2,0 s	α 6,698; kein γ;
	^{196}Po		195,985 82*⁾	0+	5,5 s	α 6,520; ε;
	^{197}Po		196,985 79*⁾		56 s	α 6,281; ε; e⁻;
	^{197m}Po			(13/2+)	26 s	α 6,385; ε;
	^{198}Po		197,983 82*⁾	0+	1,76 min	α 6,18; ε;
	^{199}Po		198,983 84*⁾		5,2 min	ε; α 5,952;
	^{199m}Po				4,2 min	ε; α 6,057;
	^{200}Po		199,982 03*⁾	0+	11,5 min	ε; α 5,862;
	^{201}Po		200,982 38*⁾	3/2(−)	15,3 min	ε; α 5,683;
	^{201m}Po				8,9 min	ε; I.U. 0,418; e⁻; α 5,786;
	^{202}Po		201,980 92*⁾	0+	43 min	ε; α 5,589; γ 0,689; 0,316; 0,166; 0,790; …;
	^{203}Po		202,981 36	5/2(−)	37 min	ε; β^+; α 5,384; γ 0,909; 1,091; 0,894; 0,215; …;
	^{203m}Po			(13/2+)	1,2 min	I.U. 0,641; e⁻;
	^{204}Po		203,980 41*⁾	0+	3,52 h	ε; α 5,377; γ 0,270; 0,884; 1,017; 0,137; …;
	^{205}Po		204,981 131	5/2−	1,8 h	ε; α 5,224; 5,220; γ 0,872; 1,001; 0,850; 0,837; …;
	^{206}Po		205,980 472	0+	8,83 d	ε; β^+; α 5,224; e⁻; γ 1,032; 0,286; 0,808; 0,338; …;
	^{207}Po		206,981 589	5/2(−)	5,7 h	ε; β^+ 1,14; 0,893; α 5,120; e⁻; γ 0,992; 0,743; 0,912; 1,148; …;
	^{207m}Po			(19/2−)	2,8 s	I.U. 0,820; 0,260; 0,310;
	^{208}Po		207,981 240	0+	2,898 a	α 5,114; 4,22; ε; γ 0,292; 0,571; 0,603; 0,862; …;
	^{209}Po		208,982 422	1/2−	102 a	α 4,882; 4,617; 4,310; …; ε; γ 0,897; 0,261; 0,263;
	^{210}Po		209,982 864	0+	138,38 d	α 5,305; 4,524; γ 0,803;
	^{211}Po		210,986 641	(9/2+)	0,56 s	α 7,448; 6,892; 6,570; …; γ 0,900; 0,570;
	^{211m}Po			($\geq$19/2)	25,5 s	α 8,87; 7,990; 7,270; …; γ 0,570; 1,063;
	^{212}Po		211,988 856	0+	0,305 µs	α 8,785;
	^{212m}Po				45 s	α 11,8; 9,08; 8,52; γ 2,610; 0,570;
	^{213}Po		212,992 847	9/2+	4,2 µs	α 8,377; 7,612; kein γ;
	^{214}Po		213,995 191	0+	164 µs	α 7,687; 6,905; γ 0,799;
	^{215}Po		214,999 419 7	(9/2+)	1,78 ms	α 7,38; …; β^-; γ 0,439;
	^{216}Po		216,001 899	0+	0,15 s	α 6,778; 5,985; kein γ;

Ordnungs-zahl Z	Symbol	Häufigkeit	Nuklidmasse	Kernspin und Parität	Halbwertzeit $t_{1/2}$	Zerfallsart und Energie der Strahlung
	^{217}Po		217,006 40*)		<10 s	α 6,555; β^-; kein γ;
	^{218}Po		218,008 968 9	0+	3,05 min	α 6,003; 5,181; β^-; kein γ;
85	^{196}At		195,995 66*)		0,3 s	α 7,055; kein γ;
	^{197}At		196,993 52*)		0,4 s	α 6,959; kein γ;
	^{198}At		197,992 84		4,9 s	α 6,747; kein γ;
	^{198m}At				1,5 s	α 6,847; kein γ;
	^{199}At		198,990 90		7,2 s	α 6,638; kein γ;
	^{200}At		199,990 69*)		42 s	α 6,463; 6,412; kein γ;
	^{200m}At				4,3 s	α 6,536; kein γ;
	^{201}At		200,988 71*)		1,5 min	α 6,342; ε; kein γ;
	^{202}At		201,988 70*)		3,0 min	ε; α 6,136; γ 0,675; 0,570; 0,441;
	^{202m}At				2,6 min	α 6,228; kein γ;
	^{203}At		202,987 15*)		7,37 min	ε; α 6,088; γ 0,640;
	^{204}At		203,987 15*)	(5+)	9,3 min	ε; α 5,951; γ 0,685; 0,516; 0,426; 0,610; ...;
	^{205}At		204,986 08*)		26,2 min	ε; β^+; α 5,903; 5,898; γ 0,719; 0,669; 0,629; 0,521; ...;
	^{206}At		205,986 33*)		32 min	ε; α 5,703; γ 0,700; 0,477; 0,396; 0,733; ...;
	^{207}At		206,985 71		1,8 h	ε; α 5,759; γ 0,815; 0,588; 0,301; 0,467; ...;
	^{208}At		207,986 43*)		1,63 h	ε; α 5,65; 5,63; 5,586; ...; γ 0,685; 0,660; 0,177; 1,028; ...;
	^{209}At		208,986 165	(9/2−)	5,42 h	ε; α 5,647; 5,116; γ 0,545; 0,782; 0,792; 0,196; ...;
	^{210}At		209,987 143	(5+)	8,1 h	ε; β^+; α 5,131–5,524; γ 1,180; 0,245; 1,483; 1,436; ...;
	^{211}At		210,987 490	9/2(−)	7,21 h	ε; α 5,867; 5,210; 5,141; γ 0,670;
	^{212}At		211,990 741		0,315 s	α 7,679; 7,616; ...; γ; β^+; β^-;
	^{212m}At				0,122 s	α 7,90; 7,837; γ;
	^{213}At		212,992 926	9/2−	0,11 µs	α 9,080; kein γ;
	^{214}At		213,996 362		2 µs	α 8,819; 8,482; 8,272; kein γ;
	^{215}At		214,998 646		≈100 µs	α 8,01; γ 0,404;
	^{216}At		216,002 401	1(−)	0,3 ms	α 7,8; 7,697; 7,393; ...; kein γ;
	^{217}At		217,004 704	(9/2−)	32 ms	α 7,067; 6,911; 6,608; β^-; γ 0,594; 0,334; 0,259; 0,218;
	^{218}At		218,008 695		≈2 s	α 6,757; 6,694; 6,654; β^-; kein γ;
	^{219}At		219,011 30		54 s	α 6,28; β^-; kein γ;
86	$^{199?}$Rn				<2 ns	
	^{200}Rn		199,995 98*)	0+	1,0 s	α 6,909; ε;
	^{201}Rn		200,995 76*)		7,0 s	α 6,721; ε;
	^{201m}Rn				3,8 s	α 6,768; ε;
	^{202}Rn		201,993 69*)		9,85 s	α 6,636; ε;
	^{203}Rn		202,993 56*)		45 s	α 6,497; ε;
	^{203m}Rn				28 s	α 6,547; kein γ;
	^{204}Rn		203,991 66*)	0+	1,24 min	α 6,416; ε;
	^{204m}Rn				3 min	α 6,28;
	^{205}Rn		204,991 84*)		2,83 min	ε; α 6,262; γ 0,266;
	^{206}Rn		205,990 37*)	0+	5,67 min	α 6,258; ε;
	^{207}Rn		206,990 67		9,3 min	ε; α 6,135; γ 0,747; 0,345;
	^{208}Rn		207,989 73*)	0+	24,4 min	α 6,147; ε;
	^{209}Rn		208,990 345	(5/2−)	30 min	ε; β^+; α 6,043; γ 0,746; 0,689; 0,408; 0,338;
	^{210}Rn		209,989 686	0+	2,4 h	α 6,043; 5,351; ε; γ 0,458;
	^{211}Rn		210,990 595	(1/2−)	14,6 h	ε; α 5,853; 5,785; 5,619; γ 0,674; 0,442; 1,363; 0,947; ...;
	^{212}Rn		211,990 697	0+	24 min	α 6,262; 5,583; kein ε;
	^{213}Rn		212,993 875	(9/2+)	25 ms	α 8,088; 7,55; ε;
	^{214}Rn		213,995 353	0+	0,27 µs	α 9,037; kein γ;
	^{215}Rn		214,998 734		2,3 µs	α 8,6; kein γ;
	^{216}Rn		216,000 263	0+	45 s	α 8,05; kein γ;
	^{217}Rn		217,003 918	9/2+	0,54 ms	α 7,743; 7,50; kein γ;
	^{218}Rn		218,005 595	0+	35 ms	α 7,133; 6,535; γ 0,609;

Ordnungs-zahl Z	Symbol	Häufigkeit	Nuklidmasse	Kernspin und Parität	Halbwertzeit $t_{1/2}$	Zerfallsart und Energie der Strahlung
	^{219}Rn		219,009 480 1		3,96 s	α 6,82; 6,55; 6,42; γ 0,271; 0,402; 0,131; e$^-$;
	^{220}Rn		220,011 378	0+	55,6 s	α 6,288; 5,747; γ 0,550;
	^{221}Rn		221,015 44*$^)$		25 min	β^-; $\alpha \approx$ 6,0; kein γ;
	^{222}Rn		222,017 573 8	0+	3,823 d	α 5,490; 4,987; 4,827; γ 0,510;
	^{223}Rn				43 min	β^-; kein γ;
	^{224}Rn			0+	1,78 h	β^-; γ 0,260; 0,266; 0,402; 0,398; ...;
	^{225}Rn				4,5 min	β^-; kein γ;
	^{226}Rn				6,0 min	β^-; kein γ;
87	^{203}Fr		203,001 32		0,7 s	α 7,130; kein γ;
	^{204}Fr		204,000 93*$^)$		3,3 s	α 6,973; kein γ;
	^{204m}Fr				2,2 s	α 7,028; kein γ;
	^{205}Fr		204,998 88*$^)$		3,7 s	α 6,917; kein γ;
	^{206}Fr		205,998 74*$^)$		15,6 s	α 6,792; ε;
	^{207}Fr		206,997 16*$^)$		14,7 s	α 6,773; kein γ;
	^{208}Fr		207,997 03*$^)$		59 s	α 6,647; kein γ;
	^{209}Fr		208,995 96*$^)$		54 s	α 6,647; kein γ;
	^{210}Fr		209,996 09*$^)$		3,18 min	α 6,542; ε;
	^{211}Fr		210,995 47		3,08 min	α 6,533; kein γ;
	^{212}Fr		211,996 04*$^)$		19,3 min	ε; α 6,407; 6,383; 6,261; ...; γ 1,272; 0,228; 1,184; 1,046; ...;
	^{213}Fr		212,996 183	(9/2)−	34,7 s	α 6,773; ε;
	^{214}Fr		213,998 964	(1−)	5,0 ms	α 8,426; 8,358; 7,937; ...; kein γ;
	^{214m}Fr			(9−)	3,4 ms	α 8,546; 8,477; 7,708; ...; kein γ;
	^{215}Fr		215,000 332		0,09 µs	$\alpha \approx$ 9,4; kein γ;
	^{216}Fr		216,003 194		0,7 µs	α 9,005; kein γ;
	^{217}Fr		217,004 624	9/2−	22 µs	α 8,315; kein γ;
	^{218}Fr		218,007 569		0,7 ms	α 7,867; 7,572; 7,542; ...; kein γ;
	^{219}Fr		219,009 250		20 ms	α 7,31; γ 0,530; 0,493; 0,352; 0,189; ...;
	^{220}Fr		220,012 314		27,5 s	α 6,686; 6,642; 6,582; β^-; γ 0,045; 0,106; 0,162; 0,154; ...;
	^{221}Fr		221,014 241	(5/2−)	4,8 min	α 6,340; 6,275; 6,242; ...; (β^-); γ 0,218; 0,063; 0,068; 0,100; ...;
	^{222}Fr		222,017 539	(2)	14,8 min	β^- 1,78; kein γ;
	^{223}Fr		223,019 734	(3/2+)	22 min	β^- 1,15; α 5,34; γ 0,051; 0,080; 0,089; 0,086; ...; e$^-$;
	^{224}Fr		224,023 31*$^)$		2,67 min	β^-; γ 0,216; 0,131; 0,837; 1,340; ...;
	^{225}Fr		225,025 54*$^)$		3,9 min	β^-; kein γ;
	^{226}Fr		226,029 47		48 s	β^- 4,05; 3,55; 2,19; γ 0,254; 0,186; 1,007; 1,322; ...;
	^{227}Fr		227,031 75		2,4 min	β^-; kein γ;
	^{228}Fr				39 s	β^-; kein γ;
	^{229}Fr				50 s	β^-; kein γ;
88	^{206}Ra		206,004 26*$^)$	0+	0,4 s	α 7,28; 7,27; ε;
	^{207}Ra		207,003 97*$^)$		1,3 s	α 7,131; kein γ;
	^{208}Ra		208,002 07*$^)$	0+	1,4 s	α 7,131; kein γ;
	^{209}Ra		209,002 12*$^)$		4,6 s	α 7,008; kein γ;
	^{210}Ra		210,000 66*$^)$	0+	3,7 min	α 7,018; kein γ;
	^{211}Ra		211,000 84		13 s	α 6,910; kein γ;
	^{212}Ra		211,999 88*$^)$	0+	14 s	α 6,896; kein γ;
	^{213}Ra		213,000 311	(1/2−)	2,74 min	α 6,73; 6,623; 6,52; ...; ε;
	^{214}Ra		214,000 097	0+	2,5 s	α 7,136; ε;
	^{215}Ra		215,002 718		1,6 ms	α 8,70; kein γ;
	^{216}Ra		216,003 527	0+	0,18 µs	α 9,349; ...; kein γ;
	^{217}Ra		217,006 313		1,6 µs	α 8,992; kein γ;
	^{218}Ra		218,007 132	0+	14 µs	α 8,390; kein γ;
	^{219}Ra		219,010 067		10 ms	α 8,0; kein γ;
	^{220}Ra		220,011 018	0+	23 ms	α 7,455; 6,998; γ 0,465;
	^{221}Ra		221,013 910		28 s	α 6,758; 6,665; 6,61; ...; γ 0,089; 0,152; 0,176; 0,320; ...;
	^{222}Ra		222,015 365	0+	38,0 s	α 6,556; 6,235; ...; γ 0,325; 0,329; 0,473; 0,840; ...;

Ordnungs-zahl Z	Symbol	Häufigkeit	Nuklidmasse	Kernspin und Parität	Halbwertzeit $t_{1/2}$	Zerfallsart und Energie der Strahlung
	^{223}Ra		223,018 502 1	1/2+	11,43 d	α 5,75; 5,71; 5,61; …; γ 0,270; 0,154; 0,324; 0,144; …;
	^{224}Ra		224,020 196	0+	3,66 d	α 5,686; 5,449; 5,161; …; γ 0,241; 0,290; 0,650; 0,410; …;
	^{225}Ra		225,023 604 2	(3/2)+	14,8 d	β^- 0,32; (α); γ 0,040; e$^-$;
	^{226}Ra		226,025 406	0+	1600 a	α 4,784; 4,602; 4,34; γ 0,186; 0,262; 0,601; 0,415; …;
	^{227}Ra		227,029 184		42,2 min	β^- 1,31; γ 0,027; 0,300; 0,303; 0,284; …; e$^-$;
	^{228}Ra		228,031 069	0+	5,75 a	β^- 0,014; γ 0,031; 0,026; 0,013; 0,007; …; e$^-$;
	^{229}Ra		229,035 13*)		4 min	β^-; kein γ;
	^{230}Ra		230,037 10*)	0+	1,505 h	β^-; γ 0,072; 0,203; 0,470; 0,479; …;
89	^{209}Ac		209,009 79*)		0,10 s	α 7,585; kein γ;
	^{210}Ac		210,009 51*)		0,35 s	α 7,462; kein γ;
	^{211}Ac		211,007 95*)		0,25 s	α 7,480; kein γ;
	^{212}Ac		212,007 70*)		0,93 s	α 7,377; kein γ;
	^{213}Ac		213,006 62*)		0,80 s	α 7,503; kein γ;
	^{214}Ac		214,006 59*)		8,2 s	α 7,214; 7,082; 7,000; ε;
	^{215}Ac		215,006 39		0,17 s	α 7,60; ε;
	^{216}Ac		216,008 57*)		0,3 ms	α 9,07; 8,99; kein γ;
	^{216m}Ac				0,33 ms	α 9,106; 9,028; 8,283; …; kein γ;
	^{217}Ac		217,009 340	(9/2−)	0,11 μs	α 9,650; kein γ;
	^{218}Ac		218,011 634		0,27 μs	α 9,205; kein γ;
	^{219}Ac		219,012 410		7 μs	α 8,67; kein γ;
	^{220}Ac		220,014 758		26 ms	α 7,85; 7,79; 7,68; …; γ 0,134;
	^{221}Ac		221,015 586		52 ms	α 7,645; 7,440; 7,375; …; β^+; ε; kein γ;
	^{222}Ac		222,017 839		4,2 s	α 7,013; 6,967; …; ε;
	^{222m}Ac				1,1 min	α 7,0; 6,97; 6,89; …; ε;
	^{223}Ac		223,019 136	(5/2−)	2,2 min	α 6,66; 6,65; 6,57; ε; γ 0,192; 0,099; 0,073; 0,093; …;
	^{224}Ac		224,021 706	0(−), 1±	2,9 h	ε; α 6,21; 6,137; 6,056; γ 0,217; 0,133; 0,157; 0,141; …;
	^{225}Ac		225,023 216	(3/2−)	10 d	α 5,829; 5,793; 5,637; …; γ 0,100; 0,116; 0,150; 0,528; …;
	^{226}Ac		226,026 088	(1−)	29 h	β^- 1,105; 0,885; ε; α 5,399; γ 0,230; 0,158; 0,254; 0,186; …;
	^{227}Ac		227,027 750 9	3/2+	21,6 a	β^- 0,046; α 4,95; γ 0,100; 0,034; 0,070; 0,088; …; e$^-$;
	^{228}Ac		228,031 020	(3+)	6,13 h	β^- 2,11; 1,2; …; α; γ 0,911; 0,969; 0,338; 0,965; …;
	^{229}Ac		229,032 98		1,045 h	β^- 1,1; γ 0,569; 0,262; 0,165; 0,146; …;
	^{230}Ac		230,036 24*)		1,333 min	β^- 2,2; γ 0,455; 0,508; 1,244; 1,348; …;
	^{231}Ac		231,038 55	(3/2+)	7,5 min	β^- 1,5; γ 0,282; 0,307; 0,221; 0,186; …;
	^{232}Ac		232,042 03*)		35 s	β^-; γ 0,113; 0,049;
90	$^{213?}$Th		213,013 14*)		0,150 s	α 7,69;
	$^{214?}$Th		214,011 67*)	0+	130 ms	α 7,680;
	^{215}Th		215,011 67		1,2 s	α 7,39; 7,52; kein γ;
	^{216}Th		216,011 15*)	0+	0,028 s	α 7,921; (ε); kein γ;
	^{217}Th		217,013 034		0,252 ms	α 9,250; kein γ;
	^{218}Th		218,013 271	0+	0,1 μs	α 9,665; kein γ;
	^{219}Th		219,015 534		1 μs	α 9,34; kein γ;
	^{220}Th		220,015 741	0+	9,7 μs	α 8,79; kein γ;
	^{221}Th		221,018 179	1	1,68 ms	α 8,471; 8,146; 7,729; ε; β^+; kein γ;
	^{222}Th		222,018 462	0+	2,8 ms	α 7,982; kein γ;
	^{223}Th		223,020 672		0,66 s	α 7,56; kein γ;
	^{224}Th		224,021 463	0+	1,05 s	α 7,17; 6,77; 6,7; γ 0,177; 0,410; 0,235; 0,297; e$^-$;
	^{225}Th		225,023 943	(3/2+)	8 min	α 6,500; 6,477; 6,440; …; ε; γ 0,322; 0,362; 0,246; 0,490; …;
	^{226}Th		226,024 894	0+	30,9 min	α 6,337; 6,234; 6,098; γ 0,111; 0,242; 0,131; 0,206; …; e$^-$;

Ordnungs-zahl Z	Symbol	Häufigkeit	Nuklidmasse	Kernspin und Parität	Halbwertzeit $t_{1/2}$	Zerfallsart und Energie der Strahlung
	^{227}Th		227,027 704	3/2+	18,72 d	α 6,04; 5,98; 5,76; ...; γ 0,236; 0,050; 0,256; 0,330; ...; e$^-$;
	^{228}Th		228,028 726	0+	1,913 a	α 5,423; 5,34; 5,212; γ 0,084; 0,216; 0,132; 0,166; ...; e$^-$;
	^{229}Th		229,031 756 1	5/2+	7340 a	α 4,894; 4,837; 4,806; ...; γ 0,085; 0,031; 0,194; 0,211; ...; e$^-$;
	^{230}Th		230,033 130 7	0+	$7,7 \cdot 10^4$ a (sf $\geq 1,5 \cdot 10^{17}$ a)	α 4,687; 4,621; γ 0,068; 0,144; 0,254; 0,186; ...; sf;
	^{231}Th		231,036 298 6	5/2+	25,52 h	β^- 0,305; γ 0,027; 0,084; 0,090; 0,081; ...;
	^{232}Th	100	232,038 053 8	0+	$1,405 \cdot 10^{10}$ a (sf $> 10^{21}$ a)	α 4,01; 3,95; 3,83; γ 0,059; e$^-$; sf;
	^{233}Th		233,041 580 5	(1/2+)	22,3 min	β^- 1,245; 1,158; 0,691; ...; γ 0,087; 0,029; 0,095; 0,459; ...; e$^-$;
	^{234}Th		234,043 598	0+	24,1 d	β^- 0,199; 0,104; 0,060; ...; γ 0,063; 0,093; 0,092; 0,113; ...; e$^-$;
	^{235}Th		235,047 40*)		6,9 min	β^-; γ 0,932; 0,747; 0,727; 0,659; ...;
	^{236}Th			0+	37,1 min	β^- 1,1; 1,0; ...; γ 0,111; 0,113; 0,230; 0,132;
91	^{216}Pa				0,20 s	α 7,92; 7,82; 7,72; kein γ;
	^{217}Pa				kurz	α 8,34;
	^{222}Pa		222,023 574		5,7 ms	α 8,54; 8,33; 8,18; kein γ;
	^{223}Pa		223,023 972		6,5 ms	α 8,20; 8,01; kein γ;
	^{224}Pa		224,025 548		0,95 s	α 7,96; 7,88; 7,49; kein γ;
	^{225}Pa		225,026 109		1,8 s	α 7,245; 7,195; kein γ;
	^{226}Pa		226,027 943		1,8 min	α 6,863; 6,823; 6,728; ε; e$^-$;
	^{227}Pa		227,028 806	(5/2−)	38,3 min	α 6,47; 6,42; 6,40; ...; ε; γ 0,065; 0,110; 0,050; 0,067;
	^{228}Pa		228,030 993	(3+)	1,083 d	ε; α 6,105; 6,078; 5,799; γ 0,911; 0,969; 0,463; 0,965; ...;
	^{229}Pa		229,032 084		1,4 d	ε; α 5,668; 5,613; 5,578; ...; γ 0,096; 0,040; 0,065; 0,146; ...; e$^-$;
	^{230}Pa		230,034 530 8	(2−)	17,4 d	ε; β^- 0,4; α 5,344; 5,326; 5,30; e$^-$; γ 0,952; 0,919; 0,455; 0,899; ...;
	^{231}Pa		231,035 880 9	(3/3−)	$3,276 \cdot 10^4$ a	α 5,03; 5,01; 4,95; γ 0,027; 0,303; 0,300; 0,284; ...;
	^{232}Pa		232,038576	(2−)	1,31 d	β^- 0,314; 0,294; γ 0,969; 0,894; 0,150; 0,454; ...; e$^-$;
	^{233}Pa		233,040 243 7	3/2−	27,0 d	β^- 0,254; 0,175; 0,155; γ 0,312; 0,300; 0,340; 0,087; ...; e$^-$;
	^{234}Pa		234,043 316	(4+)	6,70 h	β^- 1,237; 0,653; 0,483; ...; γ 0,949; 0,131; 0,883; 0,926; ...; e$^-$;
	^{234m}Pa			(0−)	1,17 min	β^- 2,280; 1,470; 1,235; ...; γ 1,001; 0,767; ...; I.U. 0,074; e$^-$;
	^{235}Pa		235,045 43	(3/2−)	24,2 min	β^- 1,41; γ 0,652; 0,646; 0,638; 0,414; ...;
	^{236}Pa		236,048 89	(1−)	9,1 min	β^- 3,1; γ 0,642; 0,687; 1,763; 1,808; ...;
	^{237}Pa		237,051 14	(3/2−)	8,7 min	β^- 2,3; 1,6; 1,1; γ 0,854; 0,529; 0,541; 0,499; ...;
	^{238}Pa		238,055 04	(3−)	2,3 min	β^- 2,9; 1,7; ...; γ 1,015; 0,635; 0,449; 0,680; ...;
92	^{217}U					(α 8,81; 8,36; 7,51);
	$^{225?}$U				einige ms	α 8,12; 8,10; 8,06; ...;
	^{226}U		226,029 185	0+	0,5 s	α 7,43; kein γ;
	^{227}U		227,031 00*)		1,1 min	α 6,8; kein γ;
	^{228}U		228,031 370	0+	9,2 min	α 6,684; 6,59; 6,44; ...; ε; γ 0,246; 0,187; 0,152; e$^-$;
	^{229}U		229,033 495	(3/2+)	58 min	ε; α 6,359; 6,331; 6,296; kein γ;
	^{230}U		230,033 931	0+	20,8 d	α 5,888; 5,817; 5,667; γ 0,072; 0,154; 0,230; 0,158; ...; e$^-$;
	^{231}U		231,036 27	(5/2)	4,2 d	ε; α 5,25; γ 0,026; 0,084; 0,220; 0,059; ...;
	^{232}U		232,037 141	0+	72 a (sf $\approx 8 \cdot 10^{13}$ a)	α 5,32; 5,263; γ 0,269; 0,058; 0,129; 0,093; ...; e$^-$; sf;

Ordnungs-zahl Z	Symbol	Häufigkeit	Nuklidmasse	Kernspin und Parität	Halbwertzeit $t_{1/2}$	Zerfallsart und Energie der Strahlung
	^{233}U		233,039 629 3	5/2+	$1,585 \cdot 10^5$ a (sf $1,2 \cdot 10^{17}$ a)	α 4,824; 4,783; …; γ 0,042; 0,245; 0,097; 0,055; …; e$^-$;
	^{234}U	0,0055	234,040 947 4	0+	$2,44 \cdot 10^5$ a (sf $1,6 \cdot 10^{16}$ a)	α 4,776; 4,724; …; γ 0,053; 0,121; 0,584; 0,508; …; e$^-$; sf;
	^{235}U	0,7205	235,043 925 2	7/2−	$7,038 \cdot 10^8$ a (sf $3,5 \cdot 10^{17}$ a)	α 4,60; 4,39; 4,36; γ 0,186; 0,144; 0,205; 0,163; …; sf;
	^{235m}U			1/2+	26,1 min	*I.U.*; e$^-$;
	^{236}U		236,045 562 9	0+	$2,3416 \cdot 10^7$ a (sf $2 \cdot 10^{16}$ a)	α 4,49; 4,44; 4,43; γ 0,113; 0,049; e$^-$; sf;
	^{237}U		237,048 726 4	(1/2+)	6,75 d	β^- 0,248; 0,185; 0,147; …; γ 0,060; 0,208; 0,026; 0,165; …; e$^-$;
	^{238}U	99,276	238,050 785 8	0+	$4,47 \cdot 10^9$ a (sf $9 \cdot 10^{15}$ a)	α 4,196; 4,147; 4,039; γ 0,1105; 0,0496; (e$^-$); sf;
	^{239}U		239,054 291 0	5/2+	23,54 min	β^- 1,28; 1,21; γ 0,075; 0,044; 0,662; 0,844; …;
	^{240}U		240,056 588	0+	14,1 h	β^- 0,36; γ 0,044; (α);
93	^{227}Np				60 s	sf;
	^{228}Np				60 s	sf;
	^{229}Np		229,036 240		4,0 min	α 6,89; ε; kein γ;
	^{230}Np		230,037 822		4,6 min	ε; α 6,66; e$^-$;
	^{231}Np		231,038 246	(5/2)	48,8 min	ε; β^+; α 6,28; γ 0,371; 0,348; 0,264; 0,485; …;
	^{232}Np		232,040 04*)	(4+)	14,7 min	ε; γ 0,327; 0,820; 0,867; 0,964; …; e$^-$; α;
	^{233}Np		233,040 81*)		6,2 min	ε; α 5,53; γ 0,560; 0,500; 0,410; 0,310; …;
	^{234}Np		234,042 888	(0+)	4,4 d	ε; β^+ 0,8; 0,79; γ 1,559; 1,528; 1,602; 1,436; …;
	^{235}Np		235,044 057 3	5/2+	1,085 a	ε; β^+; α 5,02; 5,0; 4,92; γ 0,026; 0,084; 0,081; 0,082; …;
	^{236}Np		236,046 620	(6−)	$1,15 \cdot 10^5$ a	β^-; γ 0,160; 0,104; 0,045; 0,100; e$^-$; α;
	^{236m}Np			(1−)	22,5 h	ε; β^- 0,5; …; γ 0,642; 0,688; 0,054; 0,045; …; e$^-$;
	^{237}Np		237,048 168 8	5/2+	$2,14 \cdot 10^6$ a (sf $>10^{18}$ a)	α 4,247–4,872; γ 0,086; 0,029; 0,095; 0,071; …; e$^-$; sf;
	^{238}Np		238,050 942 1	2+	2,117 d	β^- 1,248; 0,263; 0,222; …; γ 0,984; 1,029; 1,026; 0,924; …;
	^{239}Np		239,052 932 2	5/2+	2,355 d	β^- 0,438; 0,341; γ 0,106; 0,278; 0,228; 0,210; …; e$^-$;
	^{240}Np		240,056 05	(5+)	1,083 h	β^- 0,86; γ 0,567; 0,974; 0,601; 0,448; …;
	^{240m}Np			1(−)	7,4 min	β^- 2,18; 1,6; γ 0,555; 0,597; …; *I.U.*;
	^{241}Np		241,058 31	(5/2+)	16,0 min	β^- 1,36; 1,25; γ 0,174; 0,133;
	$^{241m?}$Np				3,4 h	
94	^{232}Pu		232,041 183	0+	34 min	ε; α 6,60; 6,542; e$^-$;
	^{233}Pu		233,042 987		20,9 min	ε; α 6,30;
	^{234}Pu		234,043 308	0+	8,8 h	ε; α 6,202; 6,151; 6,031; e$^-$;
	^{235}Pu		235,045 27	(5/2+)	25,3 min	ε; β^+; α 5,85; γ 0,049; 0,756; 0,034; 0,945; …;
	^{236}Pu		236,046 043	0+	2,85 a (sf $3,5 \cdot 10^9$ a)	α 5,77; 5,72; 5,61; γ 0,048; 0,109; 0,165; 0,645; …; e$^-$; sf;
	^{237}Pu		237,048 402	(7/2−)	45,63 d	ε, α 5,65; 5,35; γ 0,060; 0,076; 0,056; 0,043; …; e$^-$; sf;
	^{237m}Pu				0,18 s	sf; γ 0,145;
	^{238}Pu		238,049 555 2	0+	87,74 a (sf $5 \cdot 10^{10}$ a)	α 5,499; 5,457; …; γ 0,043; 0,100; 0,153; 0,766; …; e$^-$; sf;
	^{239}Pu		239,052 157 8	1/2+	$2,411 \cdot 10^4$ a (sf $5,5 \cdot 10^{15}$ a)	α 5,15; 5,14; 5,10; γ 0,051; 0,129; 0,039; 0,375; …; e$^-$; sf;
	^{240}Pu		240,053 808 7	0+	$6,537 \cdot 10^3$ a (sf $1,4 \cdot 10^{11}$ a)	α 5,168; 5,123; 5,014; γ 0,045; 0,104; 0,160; 0,212; …; e$^-$; sf;
	^{241}Pu		241,056 846 9	5/2+	14,8 a	β^- 0,021; α 4,896; 4,853; …; γ 0,149; 0,104; 0,077; 0,044; …; e$^-$;
	$^{241m?}$Pu				0,34 a	
	^{242}Pu		242,058 738 5	0+	$3,763 \cdot 10^5$ a (sf $7 \cdot 10^{10}$ a)	α 4,90; 4,856; 4,755; 4,599; γ 0,045; 0,104; 0,159; e$^-$; sf;

Ordnungs-zahl Z	Symbol	Häufigkeit	Nuklidmasse	Kernspin und Parität	Halbwertzeit $t_{1/2}$	Zerfallsart und Energie der Strahlung
	^{243}Pu		243,061 999 4	7/2+	4,956 h	β^- 0,578; 0,485; γ 0,084; 0,042; 0,382; 0,067; …;
	^{244}Pu		244,064 200	0+	$8,26 \cdot 10^7$ a (sf $6,6 \cdot 10^{10}$ a)	α 4,589; 4,546; e$^-$; sf;
	^{245}Pu		245,067 802	(9/2−)	10,5 h	β^- 1,21; 0,93; γ 0,327; 0,308; 0,560; 0,377; …;
	^{246}Pu		246,070 09	0+	10,85 d	β^- 0,33; 0,15; γ 0,044; 0,224; 0,180; 0,028; …;
95	$^{232?}$Am				1,4 min	ε; α; sf;
	^{234}Am		234,047 73*)		2,6 min	ε; α 6,46; kein γ;
	$^{236?}$Am		236,049 40*)			β^+;
	^{237}Am		237,050 07*)	(5/2−)	1,25 h	ε; α 6,01; γ 0,280; 0,439; 0,474; 0,903; …; sf;
	^{238}Am		238,051 978	1+	1,63 h	ε; α 5,94; γ 0,963; 0,919; 0,561; 0,605; …; sf;
	^{238m}Am				35 μs	
	^{239}Am		239,053 020	(5/2)−	11,9 h	ε; β^+; α 5,77; 5,73; 5,68; γ 0,278; 0,228; 0,210; 0,226; …;
	^{240}Am		240,055 226	(3−)	2,117 d	ε; α 5,378; 5,337; 5,286; β^-; e$^-$; γ 0,988; 0,889; 0,099; 0,916; …;
	^{240m}Am				0,91 ms	sf;
	^{241}Am		241,056 824 6	5/2−	433 a (sf $2,3 \cdot 10^{14}$ a)	α 5,484; 5,442; 5,387; …; γ 0,060; 0,026; 0,033; 0,043; …; e$^-$; sf;
	^{242}Am		242,059 541 2	1−	16,02 h	β^- 0,667; 0,625; ε; γ 0,042; 0,045; e$^-$;
	^{242m_1}Am			5−	152 a (sf $9,5 \cdot 10^{11}$ a)	I.U. 0,049; α 5,205; 5,140; …; e$^-$; γ 0,049; 0,087; 0,163; 0,110; sf;
	^{242m_2}Am				14 ms	sf;
	^{243}Am		243,061 374 1	5/2−	7380 a (sf $3,3 \cdot 10^{13}$ a)	α 5,27; 5,23; 5,18; γ 0,075; 0,044; 0,118; 0,087; …; sf;
	^{244}Am		244,064 281 8	(6−)	10,1 h	β^- 0,387; γ 0,746; 0,205; 0,900; 0,154; …; e$^-$;
	^{244m_1}Am			(1−)	26 min	β^- 1,488; ε; γ 0,043; e$^-$;
	^{244m_2}Am				0,85 ms	sf;
	^{245}Am		245,066 449	(5/2+)	2,04 h	β^- 0,905; γ 0,253; 0,241; 0,296; 0,153; …; e$^-$;
	^{246}Am		246,069 69	(7−)	39 min	β^- 1,2; γ 0,680; 0,205; 0,154; 0,757; …;
	^{246m}Am			(2−)	25 min	β^- 2,1; γ 1,078; 0,799; 1,062; 1,036; …;
	^{247}Am		247,072 07*)	(5/2)	22 min	β^-; γ 0,285; 0,226;
96	^{236}Cm		236,051 41*)	0+		(α);
	^{238}Cm		238,053 031	0+	2,4 h	ε; α 6,52;
	^{239}Cm		239,054 85*)	(7/2)	2,9 h	ε; γ 0,188; 0,146; 0,041;
	^{240}Cm		240,055 514	0+	27 d (sf $1,9 \cdot 10^6$ a)	α 6,29; 6,247; 6,147; kein γ; sf;
	^{241}Cm		241,057 645	(1/2+)	36 d	ε; α 5,938; 5,926; 5,884; γ 0,475; 0,640; 0,145;
	^{242}Cm		242,058 831 3	0+	162,8 d (sf $6,5 \cdot 10^6$ a)	α 6,113; 6,070; …; γ 0,044; 0,102; 0,158; 0,561; …; e$^-$; sf;
	^{243}Cm		243,061 382	5/2+	28,5 a	α 5,99; 5,78; 5,74; ε; γ 0,278; 0,228; 0,210; 0,285; …; e$^-$;
	^{244}Cm		244,062 747 7	0+	18,11 a (sf $1,3 \cdot 10^7$ a)	α 5,805; 5,763; 5,664; γ 0,043; 0,099; 0,153; 0,104; …; e$^-$; sf;
	^{245}Cm		245,065 487	7/2+	8500 a	α 5,489; 5,362; 5,303; γ 0,174; 0,133; 0,041;
	^{246}Cm		246,067 220 5	0+	4820 a (sf $1,8 \cdot 10^7$ a)	α 5,386; 5,343; e$^-$; sf;
	^{247}Cm		247,070 349	9/2−	$1,56 \cdot 10^7$ a	α 5,265; 5,21; 4,868; γ 0,402; 0,084; 0,278; 0,288; …; β^-;
	^{248}Cm		248,072 345	0+	$3,6 \cdot 10^5$ a (sf $4,2 \cdot 10^6$ a)	α 5,078; 5,034; sf; e$^-$;
	^{249}Cm		249,075 951	(1/2+)	1,07 h	β^- 0,9; γ 0,634; 0,560; 0,369; 0,622; …;
	^{250}Cm		250,078 353	0+	$1,13 \cdot 10^4$ a (sf $1,4 \cdot 10^4$ a)	sf; β^-; α;
	^{252}Cm				<2 d	

Ordnungs-zahl Z	Symbol	Häufigkeit	Nuklidmasse	Kernspin und Parität	Halbwertzeit $t_{1/2}$	Zerfallsart und Energie der Strahlung
97	^{240}Bk		240,059 81*⁾			$(\beta^-; \alpha)$;
	^{242}Bk		242,062 05*⁾			
	^{242m1}Bk				9,5 ns	sf;
	^{242m2}Bk				600 ns	sf;
	^{243}Bk		243,063 000	(3/2−)	4,5 h	ε; α 6,76; 6,57; 6,54; γ 0,755; 0,946; 0,840; 0,187; ...;
	^{244}Bk		244,065 106	(4−)	4,35 h	ε; α 6,667; 6,625; γ 0,892; 0,218; 0,922; 0,491; ...; sf;
	^{245}Bk		245,066 356	3/2−	4,94 d	ε; α 6,348; 6,147; 5,886; γ 0,253; 0,381; 0,385; 0,409; ...; e⁻; sf;
	^{246}Bk		246,068 72*⁾	(2−)	1,83 d	ε; γ 0,800; 1,082; 0,835; 1,124; ...;
	^{247}Bk		247,070 300	(3/2−)	1380 a	α 5,71; 5,688; 5,531; γ 0,084; 0,265;
	^{248}Bk		248,072 99*⁾	(1−)	18 h	β^- 0,65; ε;
	^{248m}Bk			(6+)	>9 a	β^-; (α);
	^{249}Bk		249,074 984 4	7/2+	320 d (sf $1,7 \cdot 10^9$ a)	β^- 0,124; 0,063; α 5,437; 5,416; 5,389; γ 0,327; 0,308; sf;
	^{250}Bk		250,078 314	(2−)	3,22 h	β^- 1,76; 0,725; γ 0,989; 1,032; 1,029; 0,890; ...;
	^{251}Bk		251,080 79*⁾	(7/2+, 3/2−)	57,0 min	β^- 1,0; 0,5; α;
98	^{240}Cf		240,062 30*⁾	0+	1,06 min	α 7,59; kein γ;
	^{241}Cf		241,063 54*⁾		3,78 min	ε; α 7,335; 7,31;
	^{242}Cf		242,063 695	0+	3,68 min	α 7,385; 7,351; ε;
	^{243}Cf		243,065 39*⁾	(1/2+)	10,7 min	ε; α 7,17; 7,06;
	^{244}Cf		244,062 747 7	0+	19,7 min	ε; α 7,21; 7,168; kein γ;
	^{245}Cf		245,068 037		43,6 min	ε; α 6,886–7,137;
	^{246}Cf		246,068 809 6	0+	1,488 d (sf $2,0 \cdot 10^3$ a)	α 6,758; 6,719; 6,625; 6,469; γ 0,042; 0,097; 0,096; 0,146; ...; e⁻; sf;
	^{247}Cf		247,071 02*⁾	(7/2+)	2,45 h	ε; γ 0,295; 0,417; 0,460; e⁻;
	^{248}Cf		248,072 188	0+	333,5 d (sf $3,2 \cdot 10^4$ a)	α 6,26; 6,22; e⁻; sf;
	^{249}Cf		249,074 848 6	9/2−	350,6 a (sf $6,5 \cdot 10^{10}$ a)	α 5,946; 5,814; 5,760; γ 0,388; 0,333; 0,253; 0,267; ...; sf;
	^{250}Cf		250,076 403 4	0+	13,8 a (sf $1,7 \cdot 10^4$ a)	α 6,03; 5,989; 5,89; ...; γ 0,500; 0,043; e⁻; sf;
	^{251}Cf		251,079 581	1/2+	898 a (sf 10^8 a)	α 6,014; 5,852; 5,677; γ 0,177; 0,285; 0,062; 0,266; ...; sf;
	^{252}Cf		252,081 622	0+	2,638 a (sf 85 a)	α 6,116; 6,076; 5,976; ...; γ 0,100; 0,043; 0,160; e⁻; sf;
	^{253}Cf		253,085 131	(7/2+)	17,8 d	β^- 0,27; α 5,979; 5,921; kein γ;
	^{254}Cf		254,087 323	0+	60,5 d	sf; α 5,834; 5,792; kein γ;
	^{255}Cf					β^-;
99	^{243}Es		243,069 57*⁾		20 s	α 7,89; ε; kein γ;
	^{244}Es		244,070 83*⁾		40 s	ε; α 7,57;
	^{245}Es		245,071 26*⁾		1,3 min	ε; α 7,73;
	^{246}Es		246,072 92*⁾		7,3 min	ε; α 7,35;
	^{247}Es		247,073 591		4,7 min	ε; α 7,32;
	^{248}Es		248,075 38*⁾		28 min	ε; α 6,87;
	^{249}Es		249,076 346	(7/2+)	1,7 h	ε; α 6,77; γ 0,380; 0,813; 0,375; 1,219; ...;
	^{250}Es		250,078 55*⁾	(6+)	8,3 h	ε; γ 0,829; 0,303; 0,349; 0,384; ...;
	^{250m}Es			(1−)	2,1 h	ε; γ 0,989; 1,032;
	^{251}Es		251,079 981	(3/2−)	33 h	ε; α 6,492; 6,462; 6,452; γ 0,178; 0,153; 0,164;
	^{252}Es		252,082 82*⁾	(5−)	350 d	α 6,632; 6,562; 6,052; ε; β^-; γ 0,785; 0,139; 0,924; 0,102; ...;
	^{253}Es		253,084 822 6	7/2+	20,47 d (sf $6,4 \cdot 10^5$ a)	α 6,633; 6,592; γ 0,042; 0,389; 0,112; 0,387; ...; e⁻; sf;
	^{254}Es		254,088 021	(7+)	276 d (sf >$2,5 \cdot 10^7$ a)	α 6,429; 6,416; 6,359; $(\varepsilon; \beta^-)$; γ 0,063; 0,316; 0,304; 0,385; ...; sf;
	^{254m}Es			2(+)	39,3 h	β^- 1,127; α 6,557; 6,382; 6,357; ε; γ 0,649; 0,694; 0,689; 0,584; ...; I.U.; sf;

Ordnungs-zahl Z	Symbol	Häufigkeit	Nuklidmasse	Kernspin und Parität	Halbwertzeit $t_{1/2}$	Zerfallsart und Energie der Strahlung
	^{255}Es		255,090 26*)	(7/2+)	39,8 d (sf $2{,}44 \cdot 10^3$ a)	$\beta^- \approx 0{,}3$; α 6,299; 6,26; 6,213; kein γ; sf;
	^{256}Es		256,093 67*)		28 min	sf; β^-;
100	^{242}Fm			0+	0,8 ms	sf;
	^{244}Fm			0+	≥3,3 ms	sf; α; kein γ;
	^{245}Fm		245,075 17*)		4,2 s	α 8,15; kein γ;
	^{246}Fm		246,075 288	0+	1,2 s (sf $\approx$ 20 s)	α 8,24; kein γ; sf;
	^{247}Fm		247,076 80*)		35 s	α 7,93; 7,87; ε; kein γ;
	^{247m}Fm				9,2 s	α 8,18; kein γ;
	^{248}Fm		248,077 177	0+	37 s (sf $\approx$ 60 h)	α 7,87; 7,83; ε; kein γ; sf;
	^{249}Fm		249,078 91*)		2,6 min	ε; α 7,53;
	^{250}Fm		250,079 516	0+	30 min (sf $\approx$ 10 a)	α 7,43; ε; kein γ; sf;
	^{250m}Fm				1,8 s	I.U.;
	^{251}Fm		251,081 59*)	(9/2−)	5,3 h	ε; α 6,929; 6,834; 6,783; γ 0,425; 0,480; 0,358; 0,383; …;
	^{252}Fm		252,082 471	0+	22,8 h (sf 115 a)	α 7,04; 6,991; kein γ; sf;
	^{253}Fm		253,085 181	1/2+	3,00 d	ε; α 6,943; 6,901; 6,676; γ 0,272; 0,145; 0,405;
	^{254}Fm		254,086 848	0+	3,24 h (sf 246 d)	α 7,189; 7,147; 7,05; …; e$^-$; sf;
	^{255}Fm		255,089 958	7/2+	30,3 h (sf $1{,}2 \cdot 10^4$ a)	α 7,022; 6,963; …; γ 0,081; 0,058; 0,025; e$^-$; sf;
	^{256}Fm		256,091 767	0+	2,63 h	sf; α 6,915; kein γ;
	^{257}Fm		257,095 103	(9/2+)	100,5 d (sf 120 a)	α 6,519; …; γ 0,241; 0,180; 0,063; 0,134; …; e$^-$; sf;
	^{258}Fm			(0+)	380 μs	sf; kein γ;
	^{259}Fm				$\approx$ 1 s	sf; (β^-);
101	^{248}Md		248,082 66*)		7 s	ε; α 8,36; 8,32;
	^{249}Md		249,082 95*)		24 s	ε; α 8,03;
	^{250}Md		250,084 39*)		52 s	ε; α 7,82; 7,75;
	^{251}Md		251,084 84*)		4 min	ε; α 7,55;
	^{252}Md		252,086 42*)		2,3 min	ε;
	^{253}Md		253,087 22*)		kurz	
	^{254}Md		254,089 53*)		28 min	ε;
	^{254m}Md				10 min	ε;
	^{255}Md		255,091 12*)	(7/2−)	27 min	ε; α 7,326; α 0,430; sf;
	^{256}Md		256,093 85*)		76 min	ε; α 7,49; 7,21; 7,14; …; γ 0,400; sf;
	^{257}Md		257,095 58*)	(7/2−)	5 h (sf ≥30 h)	ε; α 7,064; sf;
	^{258}Md		258,098 57*)	hoch	55 d	ε; α 6,79; 6,716; kein γ;
	^{259}Md				<1 h	sf; (β^-; α);
102	^{251}No				0,8 s	α 8,68; 8,6; kein γ;
	^{252}No		252,088 955	0+	2,3 s (sf 7,5 s)	α 8,41; sf; ε; kein γ;
	^{253}No		253,090 53*)		1,6 min	α 8,01; kein γ; sf;
	^{254}No		254,090 959	0+	55 s (sf ≥ $9 \cdot 10^4$ s)	α 8,10; kein γ; sf;
	^{254m}No				0,28 s	I.U.;
	^{255}No		255,093 26*)	(1/2+)	3,3 min	α 8,121; 8,077; 7,927; kein γ; (ε);
	^{256}No		256,094 26	0+	3,5 s (sf $\approx$ 1500 s)	α 8,43; kein γ; sf;
	^{257}No		257,096 858		26 s	α 8,32; 8,27; 8,22; ε; kein γ; sf;
	$^{258?}$No		258,098 25*)	0+	1,2 ms	sf; α;
	^{259}No		259,100 941		58 min	α 7,605; 7,553; 7,5; kein γ; sf;
103	^{255}Lr		255,096 89*)		22 s	α 8,37; 8,35; ε; kein γ;
	^{256}Lr		256,098 57*)		31 s (sf >10^5 s)	α 8,52; 8,48; 8,43; …; ε; sf;

Ordnungs-zahl Z	Symbol	Häufigkeit	Nuklidmasse	Kernspin und Parität	Halbwertzeit $t_{1/2}$	Zerfallsart und Energie der Strahlung
	^{257}Lr		257,099 80*)		0,6 s (sf >10^5 s)	α 8,87; 8,81; ε; kein γ; sf;
	^{258}Lr		258,101 79*)		4,2 s (sf $\geq$ 20 s)	α 8,68; 8,65; 8,62; …; ε; kein γ; sf;
	^{259}Lr		259,103 06*)		5,4 s	α 8,45; kein γ; sf;
	^{260}Lr		260,105 36*)		180 s	α 8,03; kein γ; sf;
104	^{254}104				0,5 ms	sf;
	^{255}104				$\approx$4 s	sf; α;
	^{256}104				$\approx$5 ms	sf;
	^{257}104		257,103 01*)		4,5 s	α 9,0; 8,95; 8,78; …; ε; γ 0,127; sf;
	$^{258?}$104		258,103 65*)		11 ms	sf;
	^{259}104		259,105 74*)		3 s	α 8,86; 8,77; kein γ; sf;
	^{260}104		260,106 52*)		0,1 s	sf; kein γ;
	^{261}104		261,108 69*)		65 s (sf $\geq$ 650 s)	α 8,28; kein γ; sf;
105	^{259}105				sehr kurz	(sf);
	^{260}105		260,111 27*)		1,3 s	α 9,14; 9,1; 9,06; kein γ; sf;
	^{261}105		261,112 14*)		1,8 s (sf 8 s)	α 8,93; kein γ; sf;
	^{262}105		262,113 84*)		40 s	α 8,66; 8,45; ε; kein γ; sf;
106	^{259}106				7 ms	sf;
	^{263}106				0,9 s	α 9,25; 9,06;

Anhang IV.

Dosimetrie und Strahlenschutz

IV.1. Strahlendosis und Dosisleistung

Die im Strahlenschutz verwendeten Dosisgrößen und Einheiten sind in Tabelle IV.1 zusammengestellt. Die Energiedosis und die Ionendosis haben wir bereits in Abschnitt 10.3 kennengelernt. Die Äquivalentdosis ist eine speziell im Strahlenschutz gebräuchliche Dosisgröße.

Tabelle IV.1
Im Strahlenschutz verwendete Dosisgrößen und Dosisleistungen

Dosisgröße	Symbol	Einheit	Kurzzeichen	SI-Einheit
Energiedosis	D	Rad	rd	$J\,kg^{-1}$
Ionendosis	J	Röntgen	R	$C\,kg^{-1}$
Äquivalentdosis	D_q	Rem	rem	$J\,kg^{-1}$

Dosisleistung		Einheit		SI-Einheit
Energiedosisleistung	$\dfrac{dD}{dt}$	rd/s oder rd/h		$J\,kg^{-1}\,s^{-1}$
Ionendosisleistung	$\dfrac{dJ}{dt}$	R/s oder R/h		$C\,kg^{-1}\,s^{-1}$
Äquivalentdosisleistung	$\dfrac{dD_q}{dt}$	rem/s oder rem/h		$J\,kg^{-1}\,s^{-1}$

Die Energiedosis D ist gegeben durch die Energie dE, welche durch die ionisierende Strahlung auf ein Volumenelement dV übertragen wird, dividiert durch die Masse dieses Volumenelements (vgl. Abschn. 10.3).

$$D = \frac{dE}{dm} = \frac{dE}{\varrho\,dV} \qquad (IV.1)$$

Die Energiedosis ist im Gegensatz zur Ionendosis von der Art der absorbierenden Substanz unabhängig. Die Einheit der Energiedosis ist das Rad („Radiation absorbed dose", Kurzzeichen rd), die SI-Einheit J/kg. Gelegentlich wird auch die Einheit Gray benutzt (Kurzzeichen Gy, 1 Gy = 1 J/kg). Aus der Definition 1 rd = 100 erg/g folgt 1 rd = 10^{-5} J/g = 0,01 J/kg. Die integrale Energiedosis ergibt sich nach Gl. (IV.1) zu

$$E = \int D \, dm. \qquad (IV.2)$$

(Einheit 1 kg rd = 0,01 J)

Die Energiedosisleistung ist gegeben durch die Energiedosis pro Zeiteinheit, dD/dt. Gebräuchliche Einheiten sind rd/s oder rd/h.

Die experimentelle Bestimmung der Energiedosis erfordert einen hohen Aufwand. Deshalb wird in Strahlenschutzmeßgeräten nicht die absorbierte Energie, sondern die durch Ionisierung in Luft erzeugte Menge an Ionen (Ionendosis) gemessen. Die Ionendosis ist gegeben durch die Ladung dQ der Ionen eines Vorzeichens, welche durch die ionisierende Strahlung in Luft in einem Volumenelement dV erzeugt werden, dividiert durch die Masse dieses Volumenelements

$$J = \frac{dQ}{dm} = \frac{dQ}{\varrho \, dV} \, . \qquad (IV.3)$$

Die Einheit der Ionendosis ist das Röntgen (Kurzzeichen R). Diese Einheit wurde in der Radiologie benutzt. Sie war definiert als die Strahlendosis an Röntgen- oder γ-Strahlung, welche in 1 cm^3 Luft unter Normalbedingungen Ionen und Elektronen mit einer Ladung von jeweils einer elektrostatischen Einheit erzeugt (vgl. Abschn. 10.3). Da eine elektrostatische Einheit $2,082 \cdot 10^9$ Elementarladungen entspricht, eine Elementarladung $1,60219 \cdot 10^{-19}$ A s (Coulomb, Kurzzeichen C) beträgt und 1 cm^3 Luft unter Normalbedingungen eine Masse von 0,001293 g hat, folgt 1 R = $2,580 \cdot 10^{-4}$ C/kg.

Zur Erzeugung eines Ionenpaares (Ion + Elektron) in Luft sind 34 eV erforderlich. Die Ionendosis 1 Röntgen entspricht somit einer Energieabsorption von $2,082 \cdot 10^9 \cdot 34/0,001293 = 5,475 \cdot 10^{13}$ eV pro g Luft oder 87,7 erg pro g Luft bzw. $0,877 \cdot 10^{-2}$ J pro kg Luft. Bei der gleichen Ionendosis 1 Röntgen kann die Energieabsorption in verschiedenen Stoffen recht unterschiedlich sein. In den für den Strahlenschutz wichtigen Substanzen ist die Energieabsorption allerdings sehr ähnlich wie in Luft. So bewirkt eine Ionendosis von 1 R an Röntgenstrahlung oder an γ-Strahlung mit einer Energie zwischen 0,2 und 3,0 MeV folgende Energieabsorption: in Wasser und in Weichteilgewebe $0,97 \cdot 10^{-2}$ J/kg, in Knochen $0,93 \cdot 10^{-2}$ J/kg. Mit einer für den praktischen Strahlenschutz hinreichenden Näherung gilt daher

$$1 \, \text{R} \approx 1 \, \text{rd} = 10^{-2} \, \text{J/kg} \, . \qquad (IV.4)$$

Die verschiedenen Strahlungsarten unterscheiden sich durch ihre biologische Wirksamkeit. Bei der Bestrahlung von biologischem Gewebe treten bei gleicher Energiedosis in Abhängigkeit von der Strahlungsart, dem biologischen System und dessen Entwicklungszustand sowie von der räumlichen und zeitlichen Verteilung der Energiedosis unterschiedliche biologische Schädigungen auf. Dieser Einfluß wird in der Strahlenbiologie durch einen Faktor f_{RBW} (RBW = relative biologische Wirksamkeit, angelsächsisch RBE = „relative biological effectiveness") berücksichtigt, der durch biologische Experimente ermittelt werden kann. Der Faktor f_{RBW} für die relative biologische Wirksamkeit gibt an, wievielmal größer die biologische Wirkung einer bestimmten Strahlung ist im Vergleich zu einer von außen einwirkenden Röntgen- oder γ-Strahlung (z. B. Röntgenstrahlung mit einer Energie ≥ 250 keV oder γ-Strahlung einer ^{60}Co-Quelle). Wenn D_0 die Energiedosis von Röntgen- oder γ-Strahlung ist und D_i die Energiedosis einer beliebigen anderen Strahlung, so gilt bei gleicher biologischer Wirkung

$$D_0 = D_i \cdot f_{RBW}$$

bzw.

$$f_{RBW} = \frac{D_0}{D_i}. \qquad (IV.5)$$

Durch den Faktor f_{RBW} für die relative biologische Wirksamkeit wird nur ein bestimmter Einfluß der Strahlung quantitativ berücksichtigt. Da die verschiedenen Strahlenarten meist auch qualitativ verschiedene Wirkungen auslösen, ist es im allgemeinen nicht möglich, diese verschiedenen Wirkungen durch einen einzigen Faktor für die relative biologische Wirksamkeit zu erfassen.

Aus diesem Grund verwendet man im praktischen Strahlenschutz statt des Faktors f_{RBW} für die relative biologische Wirksamkeit, der von der jeweils betrachteten Wirkung abhängig ist und nur verhältnismäßig schwer genau angegeben werden kann, einen Bewertungsfaktor q, der für die verschiedenen Strahlenarten und die verschiedenen Strahlungsbedingungen unter Berücksichtigung der Erfahrungen aus der Strahlenbiologie und der Radiologie festgelegt wird. Die oben erwähnte Ungleichheit hinsichtlich der biologischen Wirkungen im einzelnen nimmt man dabei in Kauf. Das Produkt aus der Energiedosis D und dem Bewertungsfaktor q wird als Äquivalentdosis bezeichnet

$$D_q = D \cdot q. \qquad (IV.6)$$

Die Äquivalentdosis wurde ausschließlich für Strahlenschutzzwecke eingeführt. Der Vorteil dieser Dosisgröße besteht darin, daß man damit hinsichtlich der Wirkung unabhängig von der Art der ionisierenden Strahlung rechnen kann. Gleiche Äquivalentdosen rufen in erster Näherung gleiche biologische Wirkungen im Körper hervor, so daß man sie addieren kann, um die Gesamtwirkung beurteilen zu können. Von Nachteil ist, daß man auch die Äquivalentdosis in der SI-Einheit J/kg angibt, obwohl im Falle von Bewertungsfaktoren $q > 1$ die tatsächlich absorbierte Energie nur $\frac{1}{q}$ J/kg beträgt. Als Einheit für die Äquivalentdosis verwendet man deshalb am zweckmäßigsten das Rem („röntgen equivalent man", Zeichen rem). Für $q = 1$ gilt

$$1 \text{ rem} = 10^{-2} \text{ J/kg}. \qquad (IV.7)$$

Gelegentlich wird auch die Bezeichnung Sievert (Kurzzeichen Sv) für die Einheit der Äquivalentdosis vorgeschlagen (1 Sv $\hat{=}$ 1 J/kg).

Der Bewertungsfaktor q wird noch weiter unterteilt in einen Qualitätsfaktor Q für die betreffende Strahlung und einen modifizierenden Faktor N:

$$q = Q \cdot N \quad . \qquad (IV.8)$$

IV. 1. Strahlendosis und Dosisleistung

Der Qualitätsfaktor Q ist abhängig von der Ionisierungsdichte, d. h. von der linearen Energieübertragung (LET-Wert, vgl. Abschn. 10.3). In Tabelle IV.2 ist Q für verschiedene LET-Werte angegeben. Der

Tabelle IV.2
Qualitätsfaktor Q in Abhängigkeit von der linearen Energieübertragung (LET-Wert)

LET-Wert in Wasser [keV/μm]	Q	Strahlungsart
≤ 3,5	1	β^-, β^+, γ, Rö-Str.
7	2	
23	5	α, p, d, n,
53	10	je nach Teilchenenergie
≥ 175	20	

Faktor N berücksichtigt die räumliche und zeitliche Verteilung der Strahlung. Bei äußerer Einwirkung der Strahlung wird $N = 1$ gesetzt, bei innerer Einwirkung kann je nach den Arbeitsbedingungen und der Toxizität der Radionuklide $N > 1$ festgelegt werden.

In Abb. (IV–1) ist der Qualitätsfaktor Q für verschiedene geladene Teilchen in Abhängigkeit von ihrer Energie aufgetragen, in Abb. (IV–2) für Neutronen. Man erkennt daraus, daß der Faktor Q für Röntgenstrahlung, γ-Strahlung, β-Strahlung (Elektronen und Positronen) d. h.

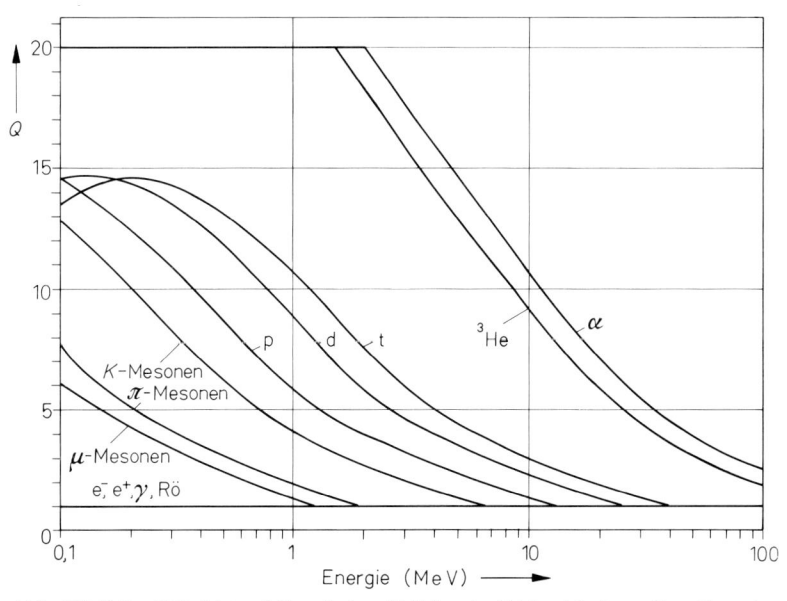

Abb. (IV–1) Qualitätsfaktor Q für geladene Teilchen in Abhängigkeit von ihrer Energie.

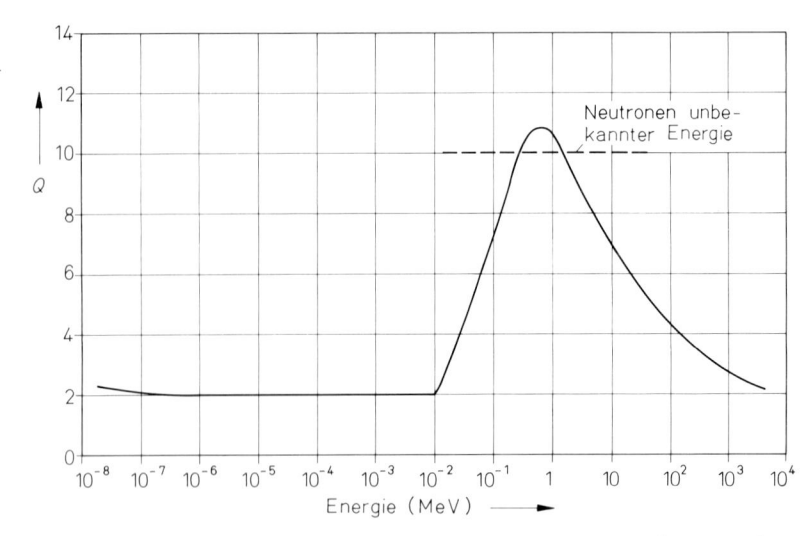

Abb. (IV–2) Qualitätsfaktor Q für Neutronen in Abhängigkeit von ihrer Energie.

für Teilchen mit niedrigen LET-Werten, stets mit dem Wert 1 eingeht. Da sich für schwerere geladene Teilchen und Neutronen sowohl die Energiedosis als auch der Qualitätsfaktor Q mit der Energie der ionisierenden Strahlung ändern, ergibt sich für die Äquivalentdosisleistung dieser Teilchen eine kompliziertere Abhängigkeit von der Energie. In Abb. (IV-3) ist aufgezeichnet, bei welcher Energie und welcher Flußdichte die Äquivalentdosis für Protonen und für Neutronen 1 mrem h^{-1} beträgt. Mit Hilfe dieser Kurven kann man die Äquivalentdosisleistung für beliebige Protonen- und Neutronenenergien ermitteln.

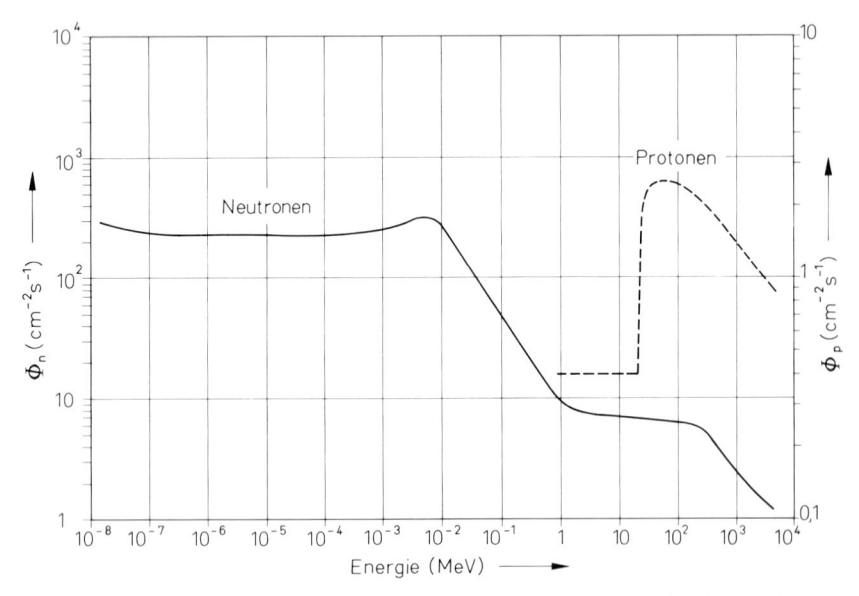

Abb. (IV–3) Flußdichte an Neutronen (Φ_n) und an Protonen (Φ_p), die eine Äquivalentdosisleistung von 1 mrem h^{-1} (10 μJ kg^{-1} h^{-1}) erzeugt, in Abhängigkeit von der Energie der Neutronen bzw. Protonen.

Im praktischen Strahlenschutz werden noch weitere Dosisbegriffe benutzt. So unterscheidet man zwischen der Teilkörperdosis (lokale Dosis) und der Ganzkörperdosis. Die Teilkörperdosis ist der Mittelwert der Äquivalentdosis für das Volumen eines Körperabschnittes oder eines Organs. Die Ganzkörperdosis ist der Mittelwert der Äquivalentdosis über Kopf, Rumpf, Oberarme und Oberschenkel; dabei wird eine gleichmäßige Bestrahlung des Körpers angenommen. Unter der Personendosis versteht man die Äquivalentdosis für Weichteilgewebe, gemessen an einer für die Strahlenexposition repräsentativen Stelle der Körperoberfläche. Das Weichteilgewebe wird dabei als eine homogene Substanz aufgefaßt, die zu 10,1 Gew.-% aus Wasserstoff, 11,1 Gew.-% aus Kohlenstoff, 2,6 Gew.-% aus Stickstoff und 76,2 Gew.-% aus Sauerstoff besteht. Als Ortsdosis bezeichnet man die Äquivalentdosis für Weichteilgewebe an einem bestimmten Ort (z. B. einem bestimmten Ort im Laboratorium).

IV.2. Äußere Einwirkung

Empfindlich gegenüber der Einwirkung ionisierender Strahlung sind die blutbildenden Organe, die Keimdrüsen (Gonaden) und die Augen. Weniger empfindlich sind die Arme und Hände, die Beine und Füße, der Kopf (mit Ausnahme der Augen) und der Nacken.

Die Ionendosisleistung, die ein Körper von einer punktförmigen Strahlenquelle der Aktivität A im Abstand r erhält, berechnet man für γ-Strahlung nach folgender Gleichung (vgl. Abschn. 10.3):

$$\frac{dJ}{dt} = k_\gamma \frac{A}{r^2} \,. \qquad (IV.9)$$

Die spezifische Gammastrahlenkonstante k_γ (Dosisleistungskonstante für γ-Strahlung) ist abhängig von der Energie der Strahlung sowie von dem Zerfallsschema des Radionuklids. A wird meist in Ci eingesetzt, r in m; damit folgt für die Dimension von k_γ: $R\,m^2\,s^{-1}\,Ci^{-1}$ bzw. $R\,m^2\,h^{-1}\,Ci^{-1}$. Werte für k_γ sind in Tabelle IV.3 angegeben. Wie man aus Abb. (IV–4) erkennt, durchläuft die spezifische Gammastrahlenkonstante bei einer Photonenenergie von etwa 0,07 MeV ein ausgeprägtes Minimum. Für γ-Energien in der Umgebung von 0,5 MeV kann man näherungsweise den Wert $k_\gamma \approx 0{,}3\,R\,m^2\,h^{-1}\,Ci^{-1}$ einsetzen. Für höhere γ-Energien oberhalb von 1 MeV rechnet man besser mit dem Wert $k_\gamma \approx 1\,R\,m^2\,h^{-1}\,Ci^{-1}$; d.h. als Faustregel kann man sich merken, daß eine punktförmige Strahlenquelle mit einer Aktivität von 1 Ci, die γ-Strahlung mit einer Energie >1 MeV aussendet, in einem Abstand von 1 m eine Ionendosis von 1 R bewirkt.

Für die Dosisleistung eines punktförmigen β-Strahlers kann man eine ähnliche Beziehung benutzen wie für γ-Strahler; allerdings muß man berücksichtigen, daß die Größe k_β keine Konstante ist, sondern stark vom Abstand r abhängt:

$$\frac{dD}{dt} = k_\beta(r) \frac{A}{r^2} \,. \qquad (IV.10)$$

Anhang IV.
Dosimetrie und
Strahlenschutz

Tabelle IV.3
Spezifische Gammastrahlenkonstante k_γ (Dosisleistungskonstante für γ-Strahlen) für verschiedene Radionuklide. (In den Werten für k_γ ist auch die Häufigkeit der γ-Übergänge berücksichtigt.)

Radionuklid	k_γ in $\frac{\text{R m}^2}{\text{h Ci}}$	Radionuklid	k_γ in $\frac{\text{R m}^2}{\text{h Ci}}$
^{22}Na	1,19	^{82}Br	1,48
^{24}Na	1,82	^{85}Kr	0,0012
^{42}K	0,14	^{99m}Tc	0,061
^{51}Cr	0,018	^{110m}Ag	1,48
^{52}Mn	1,79	^{124}Sb	0,90
^{54}Mn	0,47	^{123}I	0,072
^{56}Mn	0,90	^{131}I	0,21
^{59}Fe	0,62	^{132}I	1,13
^{58}Co	0,54	^{137}Cs + ^{137m}Ba	0,32
^{60}Co	1,30	^{140}Ba	0,12
^{64}Cu	0,12	^{144}Ce	0,024
^{65}Zn	0,30	^{182}Ta	0,68
^{68}Ga	0,54	^{192}Ir	0,51
^{76}As	0,25	^{198}Au	0,23

Werte nach R.G. JAEGER, W. HÜBNER: Dosimetrie und Strahlenschutz. Georg Thieme Verlag, Stuttgart 1974.

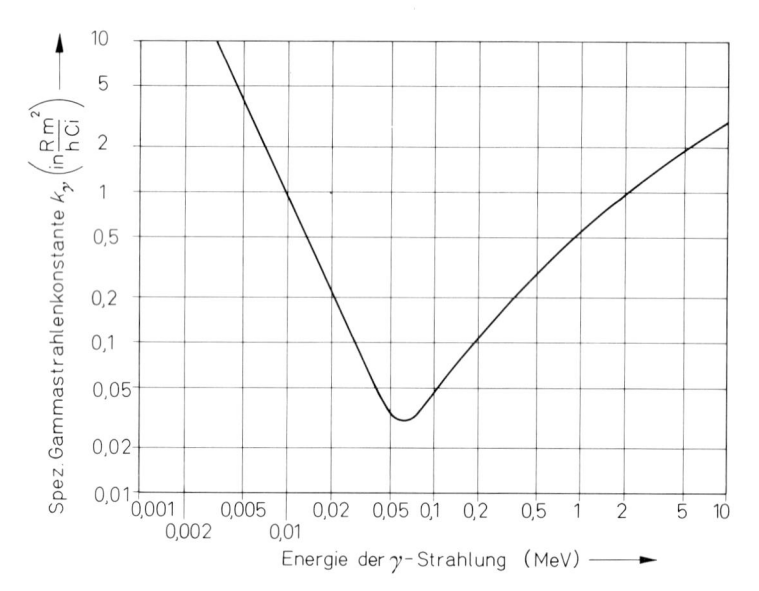

Abb. (IV–4) Spezifische Gammastrahlenkonstante als Funktion der Energie der γ-Strahlung.

Die Größe $k_\beta(r)$ wird auch als Punktquellen-Dosisfunktion bezeichnet; sie ist in Abb. (IV–5) als Funktion des Abstandes (bezogen auf die maximale Reichweite R_{max} der β-Strahlung) aufgezeichnet. Man entnimmt aus dieser Darstellung, daß k_β oberhalb eines Abstandes $r \approx 0,3 R_{\text{max}}$ sehr stark abfällt. Unterhalb von $r \approx 0,3 R_{\text{max}}$ kann man näherungsweise mit $k_\beta \approx 30\,\text{R m}^2\,\text{h}^{-1}\,\text{Ci}^{-1}$ rechnen. Vergleicht man

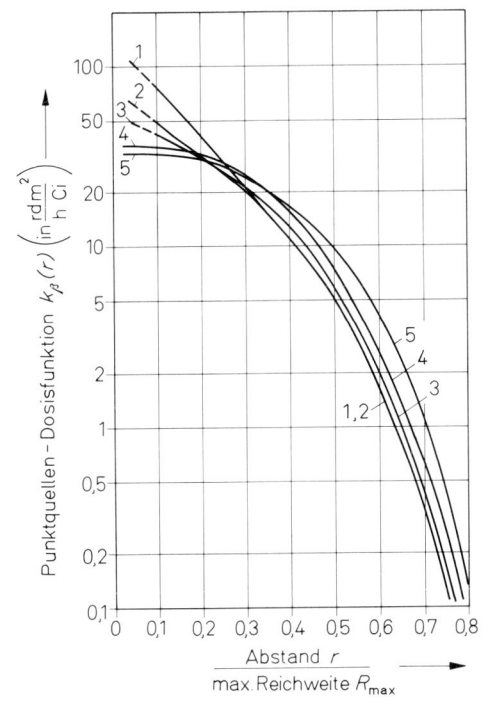

Abb. (IV–5) Punktquellen-Dosisfunktion für β-Strahlung $k_\beta(r)$ als Funktion des Abstandes r, dividiert durch die maximale Reichweite R_{max}
1) S–35 (E_{max} = 0,167 MeV),
2) W–185 (E_{max} = 0,43 MeV),
3) Tl–204 (E_{max} = 0,77 MeV),
4) P–32 (E_{max} = 1,71 MeV),
5) Y–90 (E_{max} = 2,27 MeV).

mit der γ-Strahlung, so folgt, daß k_γ um etwa 2 Größenordnungen kleiner ist als k_β.

Wichtig für den praktischen Strahlenschutz ist der Einfluß des Abstandes r nach den Gln. (IV.9) und (IV.10). Er legt die Verwendung von Ferngreifzangen beim Umgang mit höheren Aktivitäten nahe.

Die Dosisleistung verschiedener nicht abgeschirmter Strahlenquellen ist in Tab. IV.4 angegeben. Diese Werte dienen lediglich zum Vergleich hinsichtlich der Größenordnung.

Tabelle IV.4
Größenordnung der Energiedosisleistung verschiedener Strahlenquellen in 1 m Entfernung

Strahlenquelle	Energiedosisleistung in rd s^{-1}
Röntgenröhre	0,1
Hochleistungsröntgenröhre	10^2
Elektronen-Beschleuniger (1 mA)	10^5
1000 Ci ^{60}Co (γ)	0,1
Kernreaktor	10^2

Anhang IV. Dosimetrie und Strahlenschutz

IV.3. Innere Einwirkung

Grundsätzlich ist hervorzuheben, daß die innere Einwirkung von Radionukliden bedeutend gefährlicher ist als die äußere. Inkorporierte — d. h. vom Körper aufgenommene — Radionuklide können sich an bestimmten Stellen anreichern und dort bis zu ihrem vollständigen Zerfall wirksam sein. Für die Beurteilung der Radiotoxizität ist es deshalb wichtig, ob ein Radionuklid in den Knochen oder in einem Organ angereichert bzw. gespeichert wird und wie groß seine Halbwertzeit ist. Die Aktivitätsabnahme im Körper erfolgt sowohl durch den radioaktiven Zerfall, als auch durch die Ausscheidung des Radionuklids aus dem Körper. Letztere wird durch die biologische Halbwertzeit charakterisiert; sie ist durch die Zeitspanne gegeben, nach der die Hälfte der ursprünglich im Körper vorhandenen Stoffmenge ausgeschieden ist. Nach diesen Gesichtspunkten ist die Einteilung in Tab. IV.5 getroffen. Auf Grund der Radiotoxizität werden die Frei-

Tabelle IV.5
Toxizität von Radionukliden

Radiotoxizität	Radionuklid
Sehr hoch (Klasse 1: Freigrenze 10^{-7} Ci)	^{90}Sr, ^{210}Pb, ^{210}Po, ^{211}At, ^{223}Ra, ^{226}Ra, ^{228}Ra, ^{227}Ac, ^{227}Th, ^{228}Th, ^{230}Th, ^{231}Pa, ^{230}U, ^{232}U, ^{233}U, ^{234}U, ^{237}Np, ^{238}Pu, ^{239}Pu, ^{240}Pu, ^{241}Pu, ^{242}Pu, ^{241}Am, ^{242m}Am, ^{243}Am, ^{242}Cm, ^{243}Cm, ^{244}Cm, ^{245}Cm, ^{246}Cm, ^{248}Cm, ^{249}Cf, ^{250}Cf, ^{251}Cf, ^{252}Cf, ^{254}Cf, ^{254}Es, ^{255}Es
Hoch (Klasse 2: Freigrenze 10^{-6} Ci)	^{22}Na, ^{36}Cl, ^{45}Ca, ^{47}Ca, ^{46}Sc, ^{54}Mn, ^{59}Fe, ^{56}Co, ^{60}Co, ^{89}Sr, ^{91}Y, ^{95}Zr, ^{106}Ru, ^{110m}Ag, ^{115m}Cd, ^{114m}In, ^{124}Sb, ^{125}Sb, ^{127m}Te, ^{129m}Te, ^{124}I, ^{125}I, ^{126}I, ^{129}I, ^{131}I, ^{133}I, ^{134}Cs, ^{137}Cs, ^{140}Ba, ^{144}Ce, ^{151}Sm, ^{152}Eu, ^{154}Eu, ^{155}Eu, ^{160}Tb, ^{170}Tm, ^{181}Hf, ^{182}Ta, ^{192}Ir, ^{203}Hg, ^{204}Tl, ^{212}Pb, ^{206}Bi, ^{207}Bi, ^{210}Bi, ^{212}Bi, ^{224}Ra, ^{228}Ac, ^{232}Th, ^{234}Th, ^{230}Pa, ^{235}U, ^{236}U, ^{244}Pu, ^{242}Am, ^{247}Cm, ^{249}Bk, ^{253}Cf, ^{253}Es, ^{254m}Es, ^{255}Fm, ^{256}Fm
Mittel (Auswahl) (Klasse 3: Freigrenze 10^{-5} Ci)	^{7}Be, ^{14}C, ^{18}F, ^{24}Na, ^{31}Si, ^{32}P, ^{35}S, ^{38}Cl, ^{41}Ar, ^{42}K, ^{43}K, ^{47}Sc, ^{48}Sc, ^{48}V, ^{51}Cr, ^{52}Mn, ^{56}Mn, ^{52}Fe, ^{55}Fe, ^{57}Co, ^{58m}Co, ^{58}Co, ^{59}Ni, ^{63}Ni, ^{65}Ni, ^{64}Cu, ^{65}Zn, ^{69}Zn, ^{72}Ga, ^{73}As, ^{74}As, ^{76}As, ^{75}Se, ^{82}Br, ^{85m}Kr, ^{87}Kr, ^{86}Rb, ^{85}Sr, ^{91}Sr, ^{90}Y, ^{99}Mo, ^{96}Tc, ^{97m}Tc, ^{97}Tc, ^{99}Tc, ^{103}Ru, ^{105}Ru, ^{105}Rh, ^{103}Pd, ^{109}Pd, ^{111}Ag, ^{109}Cd, ^{115}Cd, ^{115m}In, ^{127}Te, ^{129}Te, ^{132}Te, ^{130}I, ^{132}I, ^{134}I, ^{135}I, ^{131}Cs, ^{135}Cs, ^{136}Cs, ^{140}La, ^{147}Pm, ^{198}Au, ^{199}Au, ^{197}Hg, ^{202}Tl, ^{203}Pb, ^{220}Rn, ^{222}Rn, ^{231}Th, ^{233}Pa, ^{240}U, ^{239}Np, ^{243}Pu, ^{244}Am, ^{250}Bk, ^{254}Fm
Niedrig (Klasse 4: Freigrenze 10^{-4} Ci)	^{3}H, ^{11}C, ^{13}N, ^{15}O, ^{37}Ar, ^{71}Ge, ^{85}Kr, ^{85m}Sr, ^{91m}Y, ^{97}Nb, ^{96m}Tc, ^{99m}Tc, ^{103m}Rh, ^{113m}In, ^{131m}Xe, ^{133}Xe, ^{134m}Cs, ^{191m}Os, ^{197m}Pt, ^{238}U, ^{249}Cm

grenzen beim Umgang mit offenen radioaktiven Stoffen und die Grenzwerte für Luft, Wasser und Nahrungsmittel festgelegt (vgl. Tab. IV.9). Das Organ, das nach der Inkorporation die empfindlichsten Reaktionen des Körpers erwarten läßt, wird als „kritisches Organ" bezeichnet.

IV.4. Natürliche, zivilisatorische und berufliche Strahlenbelastung

Wir alle stehen unter dem Einfluß natürlicher Strahlung, die einerseits als kosmische Strahlung, andererseits als terrestrische Strahlung ständig auf uns einwirkt (vgl. Abschn. 1.1). Die kosmische Strahlung enthält vor allen Dingen hochenergetische Protonen und andere Komponenten, die in der Atmosphäre durch Kernreaktionen weitere energiereiche Elementarteilchen und verschiedene Radionuklide, z. B. C–14, Tritium und Be–7 erzeugen (vgl. Abschn. 15.8). Die terrestrische Strahlung hat im Gegensatz zur kosmischen Strahlung ihren Ursprung in der Erde, und zwar in den langlebigen natürlichen Radioelementen bzw. Radionukliden. Im Boden sind es die Radioelemente Uran und Thorium und ihre Folgeprodukte sowie die langlebigen Radionuklide K–40, Rb–87 u. a. (vgl. Tab. 1.2), welche auch die Radioaktivität von Baustoffen bewirken, in der Luft die Emanation (d. h. die Isotope des Radioelements Radon, die in den Atemwegen einen Teil ihrer radioaktiven Folgeprodukte ablagern), im Trinkwasser z. B. das Radium, das im Knochensystem angereichert wird. Aus diesen verschiedenen Komponenten setzt sich die natürliche Strahlenbelastung zusammen. Mittelwerte sind in Tab. IV.6 angegeben. An vielen Stellen der Erde ist die Strahlenbelastung erheblich höher, z. B. in der Nähe von Lagerstätten, die Monazitsand oder Uranerze enthalten, oder von natürlichen stark radioaktiven Mineralquellen.

Die zivilisatorische Strahlenbelastung ist individuell stark verschieden. Sie setzt sich zusammen aus der Einwirkung von Röntgenstrahlen (Röntgenaufnahmen und Röntgenbestrahlungen) und geschlossenen Strahlenquellen (z. B. ^{60}Co-Quellen), der Applikation von offenen radioaktiven Nukliden (diagnostische und therapeutische Anwendungen) in der Medizin und der Belastung durch sonstige Strahlenquellen (z. B. Fernsehgeräte, Leuchtziffern, radioaktive Niederschläge). Mittelwerte sind in Tab. IV.7 zusammengestellt. Der Anteil der radioaktiven Niederschläge („fall-out") ist zur Zeit im Mittel verhältnismäßig gering. Eine biologische Anreicherung der Radionuklide ist möglich, z. B. im Wasser auf dem Weg über Plankton und Fische oder auf dem Land über Pflanzen und Tiere (z. B. in der Milch). Im Mittel beträgt die zivilisatorische Strahlenbelastung etwas mehr als die Hälfte der natürlichen Strahlenbelastung, wie ein Vergleich der Tabn. IV.6 und IV.7 zeigt. Da die zivilisatorische Strahlenbelastung sehr stark von der medizinischen Applikation von Röntgenstrahlen oder Radionukliden abhängig ist, kann sie im Einzelfall auch sehr viel höher sein als die natürliche Strahlenbelastung.

Nach den Empfehlungen der ICRP („International Commission on

Tabelle IV.6
Natürliche Strahlenbelastung des Menschen (Mittelwerte)

Art der Strahlenbelastung	Äquivalentdosis in mrem/a		
	Ganzkörper / Gonaden	Knochen	Lunge
1. Äußere Strahlenquellen			
1.1. Kosmische Strahlung (in Meereshöhe, 50° nördl. Breite)[1]	35	35	35
1.2. Terrestrische Strahlung[2] ^{40}K, ^{238}U, ^{232}Th und Zerfallsprodukte im Boden	47	47	47
^{220}Rn, ^{222}Rn in Luft	2	2	2
2. Innere Strahlenquellen			
2.1. Radioaktive Stoffe im Körper (Aufnahme mit der Nahrung)			
^{3}H	<0,002	–	–
^{14}C	1,6	1,6	1,6
^{40}K	19	11	15
^{87}Rb	0,3	–	–
^{210}Po	–	14	–
$^{220}Rn + ^{222}Rn$	2	2	2
$^{226}Ra + ^{228}Ra$	3	72	5
^{238}U	0,08	–	–
2.2. Radioaktive Stoffe in der Lunge (Aufnahme mit der Atemluft)			
^{220}Rn	–	–	175[3]
^{222}Rn	–	–	130[3]
Summe	≈ 110	≈ 185	≈ 410

[1] Bis zu Höhen von einigen Tausend m steigt der Wert jede 1000 m um etwa den Faktor 1,6 an; d. h. bei einer Flugreise in etwa 8000 m Höhe ist die Äquivalentdosisleistung der kosmischen Strahlung ungefähr um den Faktor 40 höher.

[2] Im Freien liegen die Werte im Mittel um etwa 25% tiefer als in Gebäuden. Die Minimalwerte betragen etwa 1/10, die Maximalwerte etwa das Zehnfache der angegebenen Werte.

[3] Die Werte gelten für Ziegelbauten mit 3,5fachem Luftwechsel pro Stunde. In ungelüfteten Betongebäuden liegen die Werte für ^{220}Rn etwa um den Faktor 4 und für ^{222}Rn etwa um den Faktor 7 höher.

Werte z.T. nach R.G. JAEGER und W. HÜBNER (Hrsg.): Dosimetrie und Strahlenschutz. Georg Thieme Verlag, Stuttgart 1974, z.T. aus: Umweltradioaktivität und Strahlenbelastung, Jahresberichte des Bundesministers des Innern 1976.

Radiological Protection") sollen unter Normalbedingungen folgende Grenzwerte für die Äquivalentdosis nicht überschritten werden: Gonaden und rotes Knochenmark: 0,5 rem/a; Haut, Knochen, Schilddrüse: 3 rem/a; Hände, Unterarme, Füße und Knöchel: 7,5 rem/a; alle anderen Organe: 1,5 rem/a. Im Hinblick auf die Möglichkeit genetischer Schäden empfiehlt die ICRP als oberen Grenzwert 5 rem in 30 Jahren. Als maximal zulässige Strahlenbelastung des ganzen Körpers ohne Berücksichtigung genetischer Schäden gilt eine Einzeldosis (Äquivalentdosis) von 25 rem. Bei dieser Dosis treten keine kli-

Tabelle IV.7
Zivilisatorische Strahlenbelastung des Menschen (Mittelwerte)

IV. 4. Natürliche, zivilisatorische und berufliche Strahlenbelastung

Art der Strahlenbelastung	Belastung im Einzelfall		Mittlere Belastung pro Kopf der Bevölkerung im Jahr in mrem
	lokal	Ganzkörper = Gonaden	
1. Anwendung von Röntgenstrahlen und geschlossenen Strahlenquellen in der Medizin			
1.1. Röntgendiagnostik			
Röntgenaufnahmen	0,1–1 rem	0,01–0,1 rem	⎱
Mikroaufnahmen	$\approx$ 0,1 rem	$\approx$ 0,001 rem	≈ 50
Röntgendurchleuchtung	$\approx$ 10 rem/min	$\approx$ 0,1 rem/min	⎰
1.2. Therapeutische Röntgen- oder γ-Bestrahlung (Strahlentherapie)	bis 6000 rem	meist < 5 rem	≈ 1
2. Anwendung offener Radionuklide (Nuklearmedizin)			
2.1. Diagnostische Anwendung (^{131}I, ^{99m}Tc, ^{123}I, ^{198}Au u. a.)	0,1–100 rem	0,01–1 rem	≈ 2
2.2. Therapeutische Anwendung	$\approx$ 1000 rem	meist < 5 rem	< 1
3. Sonstige Strahlenquellen			
3.1. Verwendung radioaktiver Stoffe und ionisierender Strahlung in Technik und Haushalt (ohne berufliche Strahlenexposition)[1]	–	–	< 2
3.2. Leuchtzifferblätter von Uhren[2]	–	bis $\approx$ 30 mrem/a	< 1
3.3. Berufliche Strahlenexposition	< 60 rem/a	< 5 rem/a	< 0,1
3.4. Radioaktive Niederschläge aus Kernwaffenversuchen („fall out")[3]	–	–	≈ 1[4]
3.5. Kerntechnische Anlagen	–	–	< 1
Summe			≈ 60

[1] Schuhdurchleuchtungen sind heute nicht mehr zulässig; sie führten zu verhältnismäßig hohen Strahlenbelastungen. Die mittlere Strahlenbelastung durch Fernsehgeräte beläuft sich auf < 0,7 mrem/a.

[2] Die Leuchtziffermasse enthält heute meist Tritium; früher wurde häufig ^{228}Ra verwendet, das eine verhältnismäßig hohe Strahlendosis bewirkt.

[3] Die Aktivitätszufuhr durch radioaktive Niederschläge ist von Kernwaffenversuchen abhängig. Sie betrug in der Bundesrepublik in den Jahren 1961 bis 1965 im Mittel pro Jahr etwa 300 mCi/km² und fiel in den darauffolgenden Jahren auf Werte zwischen etwa 10 und 30 mCi/km² jährlich ab.

[4] Durch die Anreicherung langlebiger Spaltprodukte wie ^{90}Sr in Knochen ist dort die Strahlenbelastung erheblich höher ($\approx$ 10 mrem/a).

*Anhang IV.
Dosimetrie und
Strahlenschutz*

nisch erkennbaren Schäden ein. Einzeldosen >100 rem führen zu deutlichen Veränderungen des Blutbildes (Rückgang der Lymphozyten und Neutrophilen); dazu kommen bei höheren Dosen >200 rem Übelkeit, Erbrechen und weitere Symptome. Eine Äquivalentdosis von etwa 450 rem führt in 50% der Fälle zum Tode, eine Dosis von 600 rem in nahezu 100% der Fälle (letale Dosis).

Von der beruflichen Strahlenbelastung sind alle Personen betroffen, die beruflich mit Röntgenstrahlung und anderen ionisierenden Strahlen oder mit Radionukliden in Berührung kommen. Dabei kann es sich um Röntgeninstitute, technische Strahlenquellen zur Materialprüfung oder medizinischen Behandlung, Reaktoren und Beschleuniger, kernchemische Laboratorien oder kerntechnische Anlagen handeln. Unter Berücksichtigung evtl. möglicher genetischer Schäden sind in der Strahlenschutzverordnung vom 13.10.1976 (abgekürzt StrlSchV oder auch SSV) bestimmte Dosisgrenzwerte für strahlenexponierte Personen festgelegt, die in Tabelle IV.8 zusammengestellt sind. Dabei wird zwischen beruflich strahlenexponierten Personen der Kategorie A, der Kategorie B und nicht beruflich strahlenexponierten Personen unterschieden. Räumlich unterteilt man je nach der Ortsdosisleistung oder den möglichen Jahresdosen in folgende Strahlenschutzbereiche: Sperrbereiche, Kontrollbereiche, betriebliche Überwachungsbereiche und außerbetriebliche Überwachungsbereiche. Diese Strahlenschutzbereiche sind in Abb. (IV–6) schematisch aufgezeichnet.

Ein Sperrbereich ist ein Bereich innerhalb eines Kontrollbereichs, in dem die Ortsdosisleistung größer ist als 0,3 rem/h. Der Zutritt zu

Tabelle IV.8
Dosisgrenzwerte für strahlenexponierte Personen

Körperbereich	Beruflich strahlenexponierte Personen der Kategorie A*)	Beruflich strahlenexponierte Personen der Kategorie B*)	Nicht beruflich strahlenexponierte Personen**)
1. Ganzkörper, Knochenmark, Gonaden, Uterus	5 rem/a	1,5 rem/a	0,5 rem/a
2. Hände, Unterarme, Füße, Unterschenkel, Knöchel, einschl. der dazugehörigen Haut	60 rem/a	20 rem/a	6 rem/a
3. Haut, falls nur diese der Strahlenexposition unterliegt, ausgenommen die Haut der Hände, Unterarme, Füße, Unterschenkel und Knöchel	30 rem/a	10 rem/a	3 rem/a
4. Knochen, Schilddrüse	30 rem/a	10 rem/a	3 rem/a
5. Andere Organe	15 rem/a	5 rem/a	1,5 rem/a

*) Im Kalendervierteljahr dürfen beruflich strahlenexponierte Personen der Kategorie A und B höchstens die Hälfte der Jahresgrenzwerte erreichen.
**) Im betrieblichen Überwachungsbereich.

IV. 4. Natürliche, zivilisatorische und berufliche Strahlenbelastung

Sperrbereichen ist in der Regel nur beruflich strahlenexponierten Personen der Kategorien A und B, und auch diesen nur in Ausnahmefällen, gestattet.

Ein Kontrollbereich liegt vor, wenn Personen bei einem Aufenthalt von 40 Stunden pro Woche durch Bestrahlung von außen oder durch Inkorporation mehr als $^3/_{10}$ der für Personen der Kategorie A zulässigen Jahresgrenzwerte erhalten können. Nur beruflich strahlenexponierte Personen der Kategorien A und B dürfen in einem Kontrollbereich tätig werden. In bestimmten Ausnahmefällen (z.B. zur Information oder zur Ausbildung) und unter bestimmten Voraussetzungen ist der Zutritt zu Kontrollbereichen auch nicht beruflich strahlenexponierten Personen gestattet. Die Aufenthaltsdauer in Kontrollbereichen soll möglichst kurz sein und auf die Durchführung unbedingt notwendiger Tätigkeiten beschränkt werden.

Von einem betrieblichen Überwachungsbereich spricht man, wenn die jährliche Dosisbelastung für Personen bei dauerndem Aufenthalt zwischen $^1/_{10}$ und $^3/_{10}$ der Dosisgrenzwerte für Personen der Kategorie A betragen kann. Wenn sich die jährliche Dosisbelastung bei dauerndem Aufenthalt zwischen $^3/_{500}$ und $^1/_{10}$ der Dosisgrenzwerte für Personen der Kategorie A bewegt, handelt es sich um einen außerbetrieblichen Überwachungsbereich. In einem betrieblichen Überwachungsbereich und einem außerbetrieblichen Überwachungsbe-

Grenzwerte an den Bereichsgrenzen:	Allgemeines Staatsgebiet	Außerbetrieblicher Überwachungsbereich	Betrieblicher Überwachungsbereich	Kontrollbereich	Sperrbereich
		G: 0,03 rem/a F: 0,36 rem/a H: 0,18 rem/a A: 0,09 rem/a bei dauerndem Aufenthalt	G: 0,5 rem/a F: 6 rem/a H: 3 rem/a A: 1,5 rem/a bei dauerndem Aufenthalt	G: 1,5 rem/a F: 18 rem/a H: 9 rem/a A: 4,5 rem/a bei einem Aufenthalt von 40 h/Woche	G: 0,3 rem/h
			nicht beruflich strahlenexponierte Personen G: 0,15 rem/a (in Ausnahmefällen bis 0,5 rem/a)	nicht beruflich strahlenexponierte Personen G: 0,5 rem/a F: 6 rem/a H: 3 rem/a A: 1,5 rem/a		beruflich strahlenexponierte Personen Kategorie A G: 5 rem/a F: 60 rem/a H: 30 rem/a A: 15 rem/a Kategorie B G: 1,5 rem/a F: 20 rem/a H: 10 rem/a A: 5 rem/a
					(1)+(2)+(3)+(4)	(1)+(2)+(3)+(4)
				(1)+(2)		
	(1)					

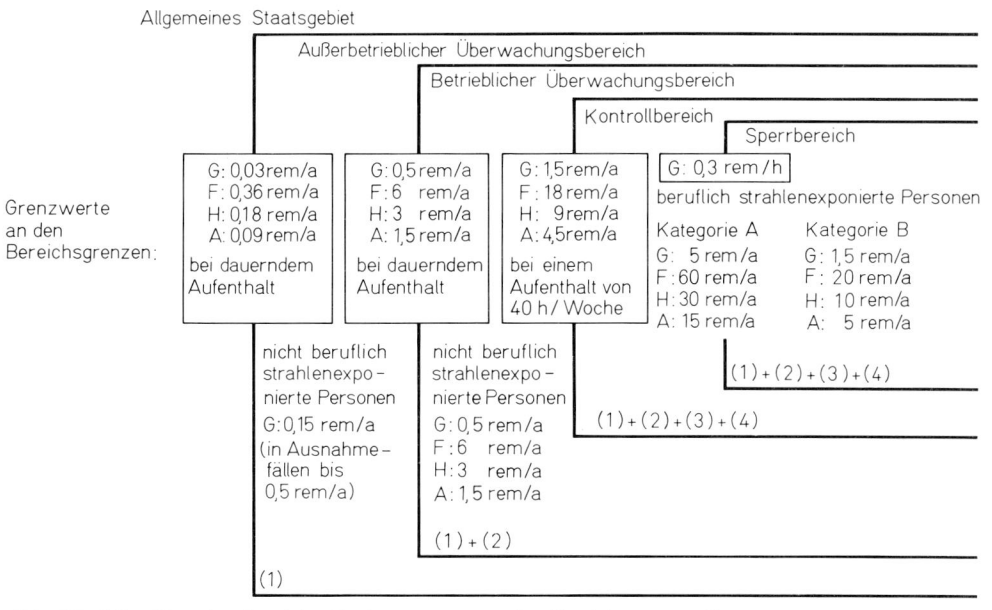

Abb. (IV–6) Strahlenschutzbereiche, Dosisgrenzwerte an den Bereichsgrenzen, Grenzwerte in den Bereichen und Überwachungsmaßnahmen gemäß der Strahlenschutzverordnung
G = Ganzkörper, Knochenmark, Gonaden, Uterus
F = Hände, Unterarme, Füße, Knöchel
H = Haut, Knochen, Schilddrüse
A = Andere Organe
(1) Messung der Ortsdosis und der Ortsdosisrate
(2) Kontaminationsüberwachung
(3) Ärztliche Überwachung
(4) Messung der Körperdosis bzw. der Personendosis

reich dürfen auch nicht beruflich strahlenexponierte Personen tätig werden, allerdings mit gewissen Beschränkungen hinsichtlich der Dosisleistung: Bei einer Tätigkeit im betrieblichen Überwachungsbereich darf die jährliche Dosisbelastung für diese Personen nicht größer sein als $^1/_{10}$ der Jahresgrenzwerte für beruflich strahlenexponierte Personen der Kategorie A, bei einer Tätigkeit im außerbetrieblichen Überwachungsbereich darf sie 150 mrem (in Ausnahmefällen 500 mrem) nicht überschreiten.

Beim Umgang mit Radionukliden ergeben sich beispielsweise folgende Werte: die ununterbrochene direkte Handhabung von 1 mCi eines harten γ-Strahlers (1 MeV) verursacht während eines Arbeitstages (8 h; 60 cm Abstand) eine Dosis von $\approx$ 10 mrem. Wird die γ-Strahlung des Radionuklids durch 5 cm Blei abgeschirmt, so beträgt die Dosis unter den gleichen Bedingungen nur $\approx$ 0,1 mrem; d.h. sie ist nun vernachlässigbar klein. Die Abschirmung von β-Strahlen selbst bereitet kaum Schwierigkeiten, weil sie im Präparat oder in der Gefäßwand weitgehend absorbiert werden. Es ist jedoch zu beachten, daß bei der Wechselwirkung von β-Strahlen mit Materie Röntgenbremsstrahlung entsteht (vgl. Abschn. 6.3). Der Anteil der Bremsstrahlung wächst mit der Energie der β-Strahlung und der Ordnungszahl des Absorbermaterials. Demzufolge eignen sich zur Abschirmung von β-Strahlen Materialien mit niedriger Ordnungszahl (z.B. Plexiglas). Meist genügt ein Plexiglasschirm von etwa 1 cm Dicke zur vollständigen Abschirmung von β-Strahlen. Röntgenbremsstrahlung muß gegebenenfalls zusätzlich durch Blei abgeschirmt werden. Noch problemloser als die Abschirmung von β-Strahlen ist die Abschirmung von α-Strahlen, weil diese bereits durch einige cm Luft vollständig absorbiert werden (vgl. Abschn. 6.2) und auch praktisch keine Bremsstrahlung auftritt.

IV.5. Gesetzliche Bestimmungen

In der Bundesrepublik Deutschland sind die allgemeinen Bestimmungen hinsichtlich der Verwendung, der Lagerung, des Transports, der Ein- und Ausfuhr von Kernbrennstoffen und sonstigen radioaktiven Stoffen sowie hinsichtlich der Errichtung und des Betriebs von kerntechnischen Anlagen in dem Gesetz über die friedliche Verwendung der Kernenergie und den Schutz gegen ihre Gefahren (Atomgesetz) in der Fassung der Bekanntmachung vom 31.10.1976 (BGBl. I, S. 3053) enthalten, während die Einzelbestimmungen in der Strahlenschutzverordnung (Verordnung über den Schutz vor Schäden durch ionisierende Strahlen vom 13.10.1976, BGBl. I, S. 2905) niedergelegt sind. Dort ist auch festgelegt, welche Mengen an radioaktiven Stoffen ohne behördliche Genehmigung verwendet werden können; dafür sind die Freigrenzen maßgebend (vgl. Tab. IV.9).

Für die Tätigkeit in kernchemischen Laboratorien sind gewisse Grundkenntnisse erforderlich über Kernreaktionen und die Gesetze des radioaktiven Zerfalls, die Messung radioaktiver Strahlung, die chemische Handhabung von Radionukliden sowie über Strahlenschutzvorschriften.

Die Strahlenschutzverordnung gilt für den Umgang mit radioaktiven Stoffen, ihre Beförderung, Einfuhr und Ausfuhr sowie die Aufsuchung, Gewinnung und Aufbereitung von radioaktiven Mineralien, den Umgang mit Kernbrennstoffen und die Errichtung und den Betrieb von Anlagen zur Erzeugung ionisierender Strahlen mit einer Energie ≥ 5 keV (§ 1). Der Umgang mit radioaktiven Stoffen ist in den §§ 3 bis 7 geregelt, die Beförderung in den §§ 8 bis 10, die Einfuhr und Ausfuhr radioaktiver Stoffe in den §§ 11 bis 14, die Errichtung und der Betrieb von Anlagen zur Erzeugung ionisierender Strahlen in den §§ 15 bis 20, die Bauartzulassung von Anlagen, Geräten oder sonstigen Vorrichtungen, die radioaktive Stoffe enthalten oder ionisierende Strahlen erzeugen, in den §§ 22 bis 27. Die Strahlenschutzgrundsätze sind in § 28 festgelegt: „1. jede unnötige Strahlenexposition oder Kontamination von Personen, Sachgütern oder der Umwelt ist zu vermeiden; 2. jede Strahlenexposition oder Kontamination von Personen, Sachgütern oder der Umwelt ist unter Beachtung des Standes von Wissenschaft und Technik und unter Berücksichtigung aller Umstände des Einzelfalles auch unterhalb der festgesetzten Grenzwerte so gering wie möglich zu halten." Tätigkeitsmerkmale und Aufgaben des Strahlenschutzverantwortlichen und des Strahlenschutzbeauftragten sind in den §§ 29–31 beschrieben, die Kennzeichnungspflicht in § 35. Auf Unfälle, Störfälle und Brand wird in den §§ 36–38 eingegangen. Alle Personen, die mit radioaktiven Stoffen umgehen, müssen belehrt werden (§ 39). Die Dosisgrenzwerte für außerbetriebliche Überwachungsbereiche sind in § 44 festgelegt, die Dosisgrenzwerte für Bereiche, die nicht Strahlenschutzbereiche sind, in § 45. Die Vorschriften zum Schutz von Luft, Wasser und Boden sind in § 46 enthalten. Danach darf die Aktivität in der Abluft im Jahresdurchschnitt $1/7300$ der Werte in Tabelle IV.9 nicht überschreiten für solche Radionuklide, bei denen die Inkorporation grenzwertbestimmend ist, für andere Radionuklide gelten die Werte in Tabelle IV.9. Die Aktivität im Abwasser darf im Jahresdurchschnitt das 1,25fache der Werte in Tabelle IV.9 nicht überschreiten. Radioaktive Abfälle sind an eine Landessammelstelle oder eine andere behördliche zugelassene Einrichtung abzuliefern (§ 47). Die im vorausgehenden Abschnitt IV.4 aufgeführten Dosisgrenzwerte für beruflich strahlenexponierte Personen sind in § 49 festgelegt, die Dosisgrenzwerte für Personen im betrieblichen Überwachungsbereich in § 51. Außergewöhnliche Strahlenexpositionen können für Personen der Kategorie A in Ausnahmefällen zugelassen werden (§ 50). Die Grenzwerte für die Inkorporation radioaktiver Stoffe sind in § 52 angegeben. Für kernchemische Laboratorien ist § 53 wichtig, der den Umgang mit offenen radioaktiven Stoffen regelt. Hier ist vorgeschrieben, daß Arbeitsverfahren verwendet werden müssen, bei denen die Inkorporation radioaktiver Stoffe und die Kontamination der beteiligten Personen möglichst gering bleiben. Im Laboratorium ist jedes Verhalten, das eine Inkorporierung von radioaktiven Stoffen ermöglicht (z.B. durch Essen, Trinken und Rauchen) untersagt. Ein Tätigkeitsverbot gilt für Personen unter 18 Jahren und schwangere Frauen; sie dürfen sich nicht in Kontrollbereichen aufhalten (§ 56). Einzelvorschriften für die verschiedenen

Strahlenschutzbereiche (Sperrbereiche, Kontrollbereiche, Bestrahlungsräume, Überwachungsbereiche) sind in den §§ 57–61 enthalten. Alle Personen, die sich in Sperrbereichen oder Kontrollbereichen aufhalten, müssen laufend im Hinblick auf die erhaltene Strahlendosis überprüft werden (§§ 62 und 63). Wenn mit offenen radioaktiven Stoffen umgegangen wird (kernchemische Laboratorien), dann muß laufend die Möglichkeit der Kontamination überprüft werden, und zwar in den Laboratorien und an den darin tätigen Personen (§ 64). Die Ergebnisse der Personendosismessungen und der Kontaminationsmessungen müssen aufgezeichnet werden (§ 66). Alle beruflich strahlenexponierten Personen müssen vor Beginn und während ihrer Tätigkeit ärztlich überwacht werden (§§ 67–71). Die Anforderungen an Strahlenschutzmeßgeräte sind in den §§ 72 und 73 niedergelegt. Weitere Vorschriften der Strahlenschutzverordnung betreffen die Lagerung radioaktiver Stoffe (§ 74), die Prüfung umschlossener radioaktiver Stoffe (§ 75), die Wartung von Anlagen zur Erzeugung ionisierender Strahlen und von Bestrahlungseinrichtungen mit radioaktiven Quellen (§ 76), die Abgabe radioaktiver Stoffe (§ 77), sowie Buchführung und Anzeige von radioaktiven Stoffen (§ 78).

Tabelle IV.9
Freigrenzen und Grenzwerte[1] der Jahres-Aktivitätszufuhr für Inhalation und Ingestion.
a) Radionuklide geordnet nach ihrer Ordnungszahl

Z	Element	Radio-nuklid	Freigrenze (1/s)	Freigrenze (Ci)	Grenzwerte der Jahres-Aktivitätszufuhr über Luft (Inhalation) (1/s)	(Ci)	Wasser und Nahrung (Ingestion) (1/s)	(Ci)
1	Wasserstoff	H–3[2]	$3{,}7 \cdot 10^6$	$1{,}0 \cdot 10^{-4}$	$2{,}7 \cdot 10^6$	$7{,}2 \cdot 10^{-5}$	$5{,}8 \cdot 10^6$	$1{,}6 \cdot 10^{-4}$
4	Beryllium	Be–7	$3{,}7 \cdot 10^5$	$1{,}0 \cdot 10^{-5}$	$6{,}7 \cdot 10^5$	$1{,}8 \cdot 10^{-5}$	$3{,}1 \cdot 10^6$	$8{,}4 \cdot 10^{-5}$
6	Kohlenstoff	C–11	$3{,}7 \cdot 10^6$	$1{,}0 \cdot 10^{-4}$	siehe Tab. IV.9c)		$1{,}5 \cdot 10^6$	$4{,}0 \cdot 10^{-5}$
		C–14[3]	$3{,}7 \cdot 10^5$	$1{,}0 \cdot 10^{-5}$	$1{,}9 \cdot 10^6$	$5{,}2 \cdot 10^{-5}$		
7	Stickstoff	N–13	$3{,}7 \cdot 10^6$	$1{,}0 \cdot 10^{-4}$	siehe Teil c) der Tabelle			
8	Sauerstoff	O–15	$3{,}7 \cdot 10^6$	$1{,}0 \cdot 10^{-4}$				
9	Fluor	F–18	$3{,}7 \cdot 10^5$	$1{,}0 \cdot 10^{-5}$	$1{,}4 \cdot 10^6$	$3{,}8 \cdot 10^{-5}$	$8{,}9 \cdot 10^5$	$2{,}4 \cdot 10^{-5}$
11	Natrium	Na–22	$3{,}7 \cdot 10^4$	$1{,}0 \cdot 10^{-6}$	$4{,}7 \cdot 10^3$	$1{,}3 \cdot 10^{-7}$	$5{,}3 \cdot 10^4$	$1{,}4 \cdot 10^{-6}$
		Na–24	$3{,}7 \cdot 10^5$	$1{,}0 \cdot 10^{-5}$	$8{,}0 \cdot 10^4$	$2{,}2 \cdot 10^{-6}$	$4{,}9 \cdot 10^4$	$1{,}3 \cdot 10^{-6}$
14	Silicium	Si–31	$3{,}7 \cdot 10^5$	$1{,}0 \cdot 10^{-5}$	$5{,}5 \cdot 10^5$	$1{,}5 \cdot 10^{-5}$	$3{,}3 \cdot 10^5$	$9{,}0 \cdot 10^{-6}$
15	Phosphor	P–32	$3{,}7 \cdot 10^5$	$1{,}0 \cdot 10^{-5}$	$4{,}0 \cdot 10^4$	$1{,}1 \cdot 10^{-6}$	$3{,}3 \cdot 10^4$	$9{,}0 \cdot 10^{-7}$
16	Schwefel	S–35	$3{,}7 \cdot 10^5$	$1{,}0 \cdot 10^{-5}$	$1{,}4 \cdot 10^5$	$3{,}8 \cdot 10^{-6}$	$1{,}1 \cdot 10^5$	$3{,}0 \cdot 10^{-6}$
17	Chlor	Cl–36	$3{,}7 \cdot 10^4$	$1{,}0 \cdot 10^{-6}$	$1{,}3 \cdot 10^4$	$3{,}4 \cdot 10^{-7}$	$1{,}0 \cdot 10^5$	$2{,}8 \cdot 10^{-6}$
		Cl–38	$3{,}7 \cdot 10^5$	$1{,}0 \cdot 10^{-5}$	$1{,}1 \cdot 10^6$	$3{,}1 \cdot 10^{-5}$	$7{,}1 \cdot 10^5$	$1{,}9 \cdot 10^{-5}$
18	Argon	Ar–37	$3{,}7 \cdot 10^6$	$1{,}0 \cdot 10^{-4}$	siehe Teil c) der Tabelle			
		Ar–41	$3{,}7 \cdot 10^5$	$1{,}0 \cdot 10^{-5}$				
19	Kalium	K–42	$3{,}7 \cdot 10^5$	$1{,}0 \cdot 10^{-5}$	$6{,}0 \cdot 10^4$	$1{,}6 \cdot 10^{-6}$	$3{,}6 \cdot 10^4$	$9{,}6 \cdot 10^{-7}$
		K–43	$3{,}7 \cdot 10^5$	$1{,}0 \cdot 10^{-5}$	$2{,}1 \cdot 10^3$	$5{,}7 \cdot 10^{-8}$	$4{,}0 \cdot 10^3$	$1{,}1 \cdot 10^{-7}$ [4]
		K–nat	Nicht beschränkt		Nicht beschränkt		Nicht beschränkt	
20	Calcium	Ca–45	$3{,}7 \cdot 10^4$	$1{,}0 \cdot 10^{-6}$	$1{,}8 \cdot 10^4$	$4{,}8 \cdot 10^{-7}$	$1{,}6 \cdot 10^4$	$4{,}4 \cdot 10^{-7}$
		Ca–47	$3{,}7 \cdot 10^4$	$1{,}0 \cdot 10^{-6}$	$9{,}3 \cdot 10^4$	$2{,}5 \cdot 10^{-6}$	$5{,}8 \cdot 10^4$	$1{,}6 \cdot 10^{-6}$
21	Scandium	Sc–46	$3{,}7 \cdot 10^4$	$1{,}0 \cdot 10^{-6}$	$1{,}3 \cdot 10^4$	$3{,}6 \cdot 10^{-7}$	$6{,}7 \cdot 10^4$	$1{,}8 \cdot 10^{-6}$
		Sc–47	$3{,}7 \cdot 10^5$	$1{,}0 \cdot 10^{-5}$	$2{,}7 \cdot 10^5$	$7{,}2 \cdot 10^{-6}$	$1{,}6 \cdot 10^5$	$4{,}3 \cdot 10^{-6}$
		Sc–48	$3{,}7 \cdot 10^5$	$1{,}0 \cdot 10^{-5}$	$7{,}8 \cdot 10^4$	$2{,}1 \cdot 10^{-6}$	$4{,}9 \cdot 10^4$	$1{,}3 \cdot 10^{-6}$
23	Vanadium	V 48	$3{,}7 \cdot 10^5$	$1{,}0 \cdot 10^{-5}$	$3{,}1 \cdot 10^4$	$8{,}4 \cdot 10^{-7}$	$5{,}1 \cdot 10^4$	$1{,}4 \cdot 10^{-6}$
24	Chrom	Cr–51	$3{,}7 \cdot 10^5$	$1{,}0 \cdot 10^{-5}$	$1{,}2 \cdot 10^6$	$3{,}4 \cdot 10^{-5}$	$2{,}7 \cdot 10^6$	$7{,}2 \cdot 10^{-5}$
25	Mangan	Mn–52	$3{,}7 \cdot 10^5$	$1{,}0 \cdot 10^{-5}$	$7{,}8 \cdot 10^4$	$2{,}1 \cdot 10^{-6}$	$5{,}3 \cdot 10^4$	$1{,}4 \cdot 10^{-6}$
		Mn–54	$3{,}7 \cdot 10^4$	$1{,}0 \cdot 10^{-6}$	$1{,}9 \cdot 10^4$	$5{,}2 \cdot 10^{-7}$	$2{,}1 \cdot 10^5$	$5{,}8 \cdot 10^{-6}$
		Mn–56	$3{,}7 \cdot 10^5$	$1{,}0 \cdot 10^{-5}$	$2{,}9 \cdot 10^5$	$7{,}8 \cdot 10^{-6}$	$1{,}8 \cdot 10^5$	$4{,}8 \cdot 10^{-6}$
26	Eisen	Fe–52	$3{,}7 \cdot 10^5$	$1{,}0 \cdot 10^{-5}$	$2{,}1 \cdot 10^3$	$5{,}7 \cdot 10^{-8}$	$4{,}0 \cdot 10^3$	$1{,}1 \cdot 10^{-7}$ [4]
		Fe–55	$3{,}7 \cdot 10^5$	$1{,}0 \cdot 10^{-5}$	$4{,}7 \cdot 10^5$	$1{,}3 \cdot 10^{-5}$	$1{,}4 \cdot 10^6$	$3{,}8 \cdot 10^{-5}$
		Fe–59	$3{,}7 \cdot 10^4$	$1{,}0 \cdot 10^{-6}$	$2{,}9 \cdot 10^4$	$7{,}8 \cdot 10^{-7}$	$9{,}3 \cdot 10^4$	$2{,}5 \cdot 10^{-6}$
27	Kobalt	Co–56	$3{,}7 \cdot 10^4$	$1{,}0 \cdot 10^{-6}$	$2{,}1 \cdot 10^3$	$5{,}7 \cdot 10^{-8}$	$4{,}0 \cdot 10^3$	$1{,}1 \cdot 10^{-7}$ [4]
		Co–57	$3{,}7 \cdot 10^5$	$1{,}0 \cdot 10^{-5}$	$8{,}9 \cdot 10^4$	$2{,}4 \cdot 10^{-6}$	$6{,}7 \cdot 10^5$	$1{,}8 \cdot 10^{-5}$
		Co–58m	$3{,}7 \cdot 10^5$	$1{,}0 \cdot 10^{-5}$	$4{,}9 \cdot 10^6$	$1{,}3 \cdot 10^{-4}$	$3{,}6 \cdot 10^6$	$9{,}6 \cdot 10^{-5}$
		Co–58	$3{,}7 \cdot 10^5$	$1{,}0 \cdot 10^{-5}$	$3{,}1 \cdot 10^4$	$8{,}4 \cdot 10^{-7}$	$1{,}6 \cdot 10^5$	$4{,}3 \cdot 10^{-6}$
		Co–60	$3{,}7 \cdot 10^4$	$1{,}0 \cdot 10^{-6}$	$4{,}9 \cdot 10^3$	$1{,}3 \cdot 10^{-7}$	$6{,}2 \cdot 10^4$	$1{,}7 \cdot 10^{-6}$
28	Nickel	Ni–59	$3{,}7 \cdot 10^5$	$1{,}0 \cdot 10^{-5}$	$2{,}7 \cdot 10^5$	$7{,}2 \cdot 10^{-6}$	$3{,}6 \cdot 10^5$	$9{,}6 \cdot 10^{-6}$
		Ni–63	$3{,}7 \cdot 10^5$	$1{,}0 \cdot 10^{-5}$	$3{,}6 \cdot 10^4$	$9{,}6 \cdot 10^{-7}$	$4{,}9 \cdot 10^4$	$1{,}3 \cdot 10^{-6}$
		Ni–65	$3{,}7 \cdot 10^5$	$1{,}0 \cdot 10^{-5}$	$2{,}9 \cdot 10^5$	$7{,}8 \cdot 10^{-6}$	$1{,}8 \cdot 10^5$	$4{,}8 \cdot 10^{-6}$
29	Kupfer	Cu–64	$3{,}7 \cdot 10^5$	$1{,}0 \cdot 10^{-5}$	$5{,}8 \cdot 10^5$	$1{,}6 \cdot 10^{-5}$	$3{,}8 \cdot 10^5$	$1{,}0 \cdot 10^{-5}$
30	Zink	Zn–65	$3{,}7 \cdot 10^5$	$1{,}0 \cdot 10^{-5}$	$3{,}3 \cdot 10^4$	$9{,}0 \cdot 10^{-7}$	$1{,}8 \cdot 10^5$	$4{,}7 \cdot 10^{-6}$
		Zn–69m	$3{,}7 \cdot 10^5$	$1{,}0 \cdot 10^{-5}$	$1{,}8 \cdot 10^5$	$4{,}8 \cdot 10^{-6}$	$1{,}1 \cdot 10^5$	$2{,}9 \cdot 10^{-6}$
		Zn–69	$3{,}7 \cdot 10^5$	$1{,}0 \cdot 10^{-5}$	$4{,}0 \cdot 10^6$	$1{,}1 \cdot 10^{-4}$	$3{,}1 \cdot 10^6$	$8{,}4 \cdot 10^{-5}$
31	Gallium	Ga–72	$3{,}7 \cdot 10^5$	$1{,}0 \cdot 10^{-5}$	$1{,}0 \cdot 10^5$	$2{,}8 \cdot 10^{-6}$	$6{,}7 \cdot 10^4$	$1{,}8 \cdot 10^{-6}$
32	Germanium	Ge–71	$3{,}7 \cdot 10^6$	$1{,}0 \cdot 10^{-4}$	$3{,}6 \cdot 10^6$	$9{,}6 \cdot 10^{-5}$	$2{,}9 \cdot 10^6$	$7{,}8 \cdot 10^{-5}$

Fortsetzung Tabelle IV.9

Z	Element	Radio-nuklid	Freigrenze		Grenzwerte der Jahres-Aktivitätszufuhr über			
					Luft (Inhalation)		Wasser und Nahrung (Ingestion)	
			(1/s)	(Ci)	(1/s)	(Ci)	(1/s)	(Ci)
33	Arsen	As–73	$3,7 \cdot 10^5$	$1,0 \cdot 10^{-5}$	$2,1 \cdot 10^5$	$5,7 \cdot 10^{-6}$	$8,2 \cdot 10^5$	$2,2 \cdot 10^{-5}$
		As–74	$3,7 \cdot 10^5$	$1,0 \cdot 10^{-5}$	$6,9 \cdot 10^4$	$1,9 \cdot 10^{-6}$	$9,3 \cdot 10^4$	$2,5 \cdot 10^{-6}$
		As–76	$3,7 \cdot 10^5$	$1,0 \cdot 10^{-5}$	$5,5 \cdot 10^4$	$1,5 \cdot 10^{-6}$	$3,3 \cdot 10^4$	$9,0 \cdot 10^{-7}$
		As–77	$3,7 \cdot 10^5$	$1,0 \cdot 10^{-5}$	$2,2 \cdot 10^5$	$6,0 \cdot 10^{-6}$	$1,4 \cdot 10^5$	$3,8 \cdot 10^{-6}$
34	Selen	Se–75	$3,7 \cdot 10^5$	$1,0 \cdot 10^{-5}$	$6,9 \cdot 10^4$	$1,9 \cdot 10^{-6}$	$4,9 \cdot 10^5$	$1,3 \cdot 10^{-5}$
35	Brom	Br–82	$3,7 \cdot 10^5$	$1,0 \cdot 10^{-5}$	$1,0 \cdot 10^5$	$2,8 \cdot 10^{-6}$	$6,7 \cdot 10^4$	$1,8 \cdot 10^{-6}$
36	Krypton	Kr–85m	$3,7 \cdot 10^5$	$1,0 \cdot 10^{-5}$	siehe Teil c) der Tabelle			
		Kr–85	$3,7 \cdot 10^6$	$1,0 \cdot 10^{-4}$				
		Kr–87	$3,7 \cdot 10^5$	$1,0 \cdot 10^{-5}$				
37	Rubidium	Rb–86	$3,7 \cdot 10^5$	$1,0 \cdot 10^{-5}$	$3,8 \cdot 10^4$	$1,0 \cdot 10^{-6}$	$4,2 \cdot 10^4$	$1,1 \cdot 10^{-6}$
		Rb–87	Nicht beschränkt		Nicht beschränkt		Nicht beschränkt	
38	Strontium	Sr–85m	$3,7 \cdot 10^6$	$1,0 \cdot 10^{-4}$	$1,9 \cdot 10^7$	$5,2 \cdot 10^{-4}$	$1,2 \cdot 10^7$	$3,1 \cdot 10^{-4}$
		Sr–85	$3,7 \cdot 10^5$	$1,0 \cdot 10^{-5}$	$5,8 \cdot 10^4$	$1,6 \cdot 10^{-6}$	$1,7 \cdot 10^5$	$4,6 \cdot 10^{-6}$
		Sr–89	$3,7 \cdot 10^4$	$1,0 \cdot 10^{-6}$	$1,5 \cdot 10^4$	$4,1 \cdot 10^{-7}$	$2,1 \cdot 10^4$	$5,8 \cdot 10^{-7}$
		Sr–90	$3,7 \cdot 10^3$	$1,0 \cdot 10^{-7}$	$6,4 \cdot 10^2$	$1,7 \cdot 10^{-8}$	$7,1 \cdot 10^2$	$1,9 \cdot 10^{-8}$
		Sr–91	$3,7 \cdot 10^5$	$1,0 \cdot 10^{-5}$	$1,4 \cdot 10^5$	$3,8 \cdot 10^{-6}$	$8,7 \cdot 10^4$	$2,3 \cdot 10^{-6}$
		Sr–92	$3,7 \cdot 10^5$	$1,0 \cdot 10^{-5}$	$1,6 \cdot 10^5$	$4,4 \cdot 10^{-6}$	$1,0 \cdot 10^5$	$2,8 \cdot 10^{-6}$
39	Yttrium	Y–90	$3,7 \cdot 10^5$	$1,0 \cdot 10^{-5}$	$5,8 \cdot 10^4$	$1,6 \cdot 10^{-6}$	$3,6 \cdot 10^4$	$9,6 \cdot 10^{-7}$
		Y–91m	$3,7 \cdot 10^6$	$1,0 \cdot 10^{-4}$	$9,5 \cdot 10^6$	$2,6 \cdot 10^{-4}$	$6,0 \cdot 10^6$	$1,6 \cdot 10^{-4}$
		Y–91	$3,7 \cdot 10^4$	$1,0 \cdot 10^{-6}$	$1,8 \cdot 10^4$	$4,8 \cdot 10^{-7}$	$4,7 \cdot 10^4$	$1,3 \cdot 10^{-6}$
		Y–92	$3,7 \cdot 10^5$	$1,0 \cdot 10^{-5}$	$1,6 \cdot 10^5$	$4,4 \cdot 10^{-6}$	$1,0 \cdot 10^5$	$2,8 \cdot 10^{-6}$
		Y–93	$3,7 \cdot 10^5$	$1,0 \cdot 10^{-5}$	$7,5 \cdot 10^4$	$2,0 \cdot 10^{-6}$	$4,9 \cdot 10^4$	$1,3 \cdot 10^{-6}$
40	Zirkonium	Zr–93	$3,7 \cdot 10^5$	$1,0 \cdot 10^{-5}$	$7,1 \cdot 10^4$	$1,9 \cdot 10^{-6}$	$1,4 \cdot 10^6$	$3,8 \cdot 10^{-5}$
		Zr–95	$3,7 \cdot 10^4$	$1,0 \cdot 10^{-6}$	$1,8 \cdot 10^4$	$4,8 \cdot 10^{-7}$	$1,1 \cdot 10^5$	$3,0 \cdot 10^{-6}$
		Zr–97	$3,7 \cdot 10^5$	$1,0 \cdot 10^{-5}$	$5,1 \cdot 10^4$	$1,4 \cdot 10^{-6}$	$3,1 \cdot 10^4$	$8,4 \cdot 10^{-7}$
41	Niob	Nb–93m	$3,7 \cdot 10^5$	$1,0 \cdot 10^{-5}$	$6,9 \cdot 10^4$	$1,9 \cdot 10^{-6}$	$7,1 \cdot 10^5$	$1,9 \cdot 10^{-5}$
		Nb–95	$3,7 \cdot 10^5$	$1,0 \cdot 10^{-5}$	$5,5 \cdot 10^4$	$1,5 \cdot 10^{-6}$	$1,7 \cdot 10^5$	$4,6 \cdot 10^{-6}$
		Nb–97	$3,7 \cdot 10^6$	$1,0 \cdot 10^{-4}$	$2,7 \cdot 10^6$	$7,2 \cdot 10^{-5}$	$1,6 \cdot 10^6$	$4,4 \cdot 10^{-5}$
42	Molybdän	Mo–99	$3,7 \cdot 10^5$	$1,0 \cdot 10^{-5}$	$1,1 \cdot 10^5$	$3,0 \cdot 10^{-6}$	$6,9 \cdot 10^4$	$1,9 \cdot 10^{-6}$
43	Technetium	Tc–96m	$3,7 \cdot 10^6$	$1,0 \cdot 10^{-4}$	$1,6 \cdot 10^7$	$4,4 \cdot 10^{-4}$	$1,8 \cdot 10^7$	$4,8 \cdot 10^{-4}$
		Tc–96	$3,7 \cdot 10^5$	$1,0 \cdot 10^{-5}$	$1,3 \cdot 10^5$	$3,6 \cdot 10^{-6}$	$8,4 \cdot 10^4$	$2,3 \cdot 10^{-6}$
		Tc–97m	$3,7 \cdot 10^5$	$1,0 \cdot 10^{-5}$	$8,4 \cdot 10^4$	$2,3 \cdot 10^{-6}$	$3,1 \cdot 10^5$	$8,4 \cdot 10^{-6}$
		Tc–97	$3,7 \cdot 10^5$	$1,0 \cdot 10^{-5}$	$1,6 \cdot 10^5$	$4,4 \cdot 10^{-6}$	$1,4 \cdot 10^6$	$3,8 \cdot 10^{-5}$
		Tc–99m	$3,7 \cdot 10^6$	$1,0 \cdot 10^{-4}$	$7,8 \cdot 10^6$	$2,1 \cdot 10^{-4}$	$4,9 \cdot 10^6$	$1,3 \cdot 10^{-4}$
		Tc–99	$3,7 \cdot 10^5$	$1,0 \cdot 10^{-5}$	$3,3 \cdot 10^4$	$9,0 \cdot 10^{-7}$	$2,9 \cdot 10^5$	$7,8 \cdot 10^{-6}$
44	Ruthenium	Ru–97	$3,7 \cdot 10^5$	$1,0 \cdot 10^{-5}$	$9,8 \cdot 10^5$	$2,6 \cdot 10^{-5}$	$6,2 \cdot 10^5$	$1,7 \cdot 10^{-5}$
		Ru–103	$3,7 \cdot 10^5$	$1,0 \cdot 10^{-5}$	$4,7 \cdot 10^4$	$1,3 \cdot 10^{-6}$	$1,4 \cdot 10^5$	$3,8 \cdot 10^{-6}$
		Ru–105	$3,7 \cdot 10^5$	$1,0 \cdot 10^{-5}$	$2,9 \cdot 10^5$	$7,8 \cdot 10^{-6}$	$1,8 \cdot 10^5$	$4,8 \cdot 10^{-6}$
		Ru–106	$3,7 \cdot 10^4$	$1,0 \cdot 10^{-6}$	$3,1 \cdot 10^3$	$8,4 \cdot 10^{-8}$	$2,1 \cdot 10^4$	$5,8 \cdot 10^{-7}$
45	Rhodium	Rh–103m	$3,7 \cdot 10^6$	$1,0 \cdot 10^{-4}$	$3,3 \cdot 10^7$	$9,0 \cdot 10^{-4}$	$2,1 \cdot 10^7$	$5,8 \cdot 10^{-4}$
		Rh–105	$3,7 \cdot 10^5$	$1,0 \cdot 10^{-5}$	$2,9 \cdot 10^5$	$7,8 \cdot 10^{-6}$	$1,8 \cdot 10^5$	$4,8 \cdot 10^{-6}$
46	Palladium	Pd–103	$3,7 \cdot 10^5$	$1,0 \cdot 10^{-5}$	$4,2 \cdot 10^5$	$1,1 \cdot 10^{-5}$	$4,9 \cdot 10^5$	$1,3 \cdot 10^{-5}$
		Pd–109	$3,7 \cdot 10^5$	$1,0 \cdot 10^{-5}$	$1,9 \cdot 10^5$	$5,2 \cdot 10^{-6}$	$1,2 \cdot 10^5$	$3,4 \cdot 10^{-6}$
47	Silber	Ag–105	$3,7 \cdot 10^5$	$1,0 \cdot 10^{-5}$	$4,4 \cdot 10^4$	$1,2 \cdot 10^{-6}$	$1,7 \cdot 10^5$	$4,6 \cdot 10^{-6}$
		Ag–110m	$3,7 \cdot 10^4$	$1,0 \cdot 10^{-6}$	$5,8 \cdot 10^3$	$1,6 \cdot 10^{-7}$	$5,3 \cdot 10^4$	$1,4 \cdot 10^{-6}$
		Ag–111	$3,7 \cdot 10^5$	$1,0 \cdot 10^{-5}$	$1,2 \cdot 10^5$	$3,3 \cdot 10^{-6}$	$7,5 \cdot 10^4$	$2,0 \cdot 10^{-6}$
48	Cadmium	Cd–109	$3,7 \cdot 10^5$	$1,0 \cdot 10^{-5}$	$2,9 \cdot 10^4$	$7,8 \cdot 10^{-7}$	$3,1 \cdot 10^5$	$8,4 \cdot 10^{-6}$
		Cd–115m	$3,7 \cdot 10^4$	$1,0 \cdot 10^{-6}$	$1,9 \cdot 10^4$	$5,2 \cdot 10^{-7}$	$4,4 \cdot 10^4$	$1,2 \cdot 10^{-6}$
		Cd–115	$3,7 \cdot 10^5$	$1,0 \cdot 10^{-5}$	$1,0 \cdot 10^5$	$2,8 \cdot 10^{-6}$	$6,0 \cdot 10^4$	$1,6 \cdot 10^{-6}$
49	Indium	In–113m	$3,7 \cdot 10^6$	$1,0 \cdot 10^{-4}$	$3,8 \cdot 10^6$	$1,0 \cdot 10^{-4}$	$2,2 \cdot 10^6$	$6,0 \cdot 10^{-5}$
		In–114m	$3,7 \cdot 10^4$	$1,0 \cdot 10^{-6}$	$1,2 \cdot 10^4$	$3,2 \cdot 10^{-7}$	$3,1 \cdot 10^4$	$8,4 \cdot 10^{-7}$
		In–115m	$3,7 \cdot 10^5$	$1,0 \cdot 10^{-5}$	$1,0 \cdot 10^6$	$2,8 \cdot 10^{-5}$	$6,7 \cdot 10^5$	$1,8 \cdot 10^{-5}$
		In–115	Nicht beschränkt		Nicht beschränkt		Nicht beschränkt	

Fortsetzung Tabelle IV.9

Z	Element	Radio-nuklid	Freigrenze		Grenzwerte der Jahres-Aktivitätszufuhr über			
					Luft (Inhalation)		Wasser und Nahrung (Ingestion)	
			(1/s)	(Ci)	(1/s)	(Ci)	(1/s)	(Ci)
50	Zinn	Sn–113	$3{,}7 \cdot 10^5$	$1{,}0 \cdot 10^{-5}$	$2{,}9 \cdot 10^4$	$7{,}8 \cdot 10^{-7}$	$1{,}4 \cdot 10^5$	$3{,}9 \cdot 10^{-6}$
		Sn–125	$3{,}7 \cdot 10^5$	$1{,}0 \cdot 10^{-5}$	$4{,}7 \cdot 10^4$	$1{,}3 \cdot 10^{-6}$	$3{,}1 \cdot 10^4$	$8{,}4 \cdot 10^{-7}$
51	Antimon	Sb–122	$3{,}7 \cdot 10^5$	$1{,}0 \cdot 10^{-5}$	$8{,}0 \cdot 10^4$	$2{,}2 \cdot 10^{-6}$	$5{,}1 \cdot 10^4$	$1{,}4 \cdot 10^{-6}$
		Sb–124	$3{,}7 \cdot 10^4$	$1{,}0 \cdot 10^{-6}$	$1{,}1 \cdot 10^4$	$2{,}9 \cdot 10^{-7}$	$4{,}0 \cdot 10^4$	$1{,}1 \cdot 10^{-6}$
		Sb–125	$3{,}7 \cdot 10^4$	$1{,}0 \cdot 10^{-6}$	$1{,}5 \cdot 10^4$	$4{,}0 \cdot 10^{-7}$	$1{,}8 \cdot 10^5$	$4{,}7 \cdot 10^{-6}$
52	Tellur	Te–125m	$3{,}7 \cdot 10^5$	$1{,}0 \cdot 10^{-5}$	$7{,}1 \cdot 10^4$	$1{,}9 \cdot 10^{-6}$	$2{,}1 \cdot 10^5$	$5{,}8 \cdot 10^{-6}$
		Te–127m	$3{,}7 \cdot 10^4$	$1{,}0 \cdot 10^{-6}$	$2{,}2 \cdot 10^4$	$6{,}0 \cdot 10^{-7}$	$9{,}3 \cdot 10^4$	$2{,}5 \cdot 10^{-6}$
		Te–127	$3{,}7 \cdot 10^5$	$1{,}0 \cdot 10^{-5}$	$4{,}7 \cdot 10^5$	$1{,}3 \cdot 10^{-5}$	$3{,}1 \cdot 10^5$	$8{,}4 \cdot 10^{-6}$
		Te–129m	$3{,}7 \cdot 10^4$	$1{,}0 \cdot 10^{-6}$	$1{,}8 \cdot 10^4$	$4{,}8 \cdot 10^{-7}$	$3{,}6 \cdot 10^4$	$9{,}6 \cdot 10^{-7}$
		Te–129	$3{,}7 \cdot 10^5$	$1{,}0 \cdot 10^{-5}$	$2{,}2 \cdot 10^6$	$6{,}0 \cdot 10^{-5}$	$1{,}5 \cdot 10^6$	$4{,}0 \cdot 10^{-5}$
		Te–131m	$3{,}7 \cdot 10^5$	$1{,}0 \cdot 10^{-5}$	$1{,}0 \cdot 10^5$	$2{,}8 \cdot 10^{-6}$	$6{,}7 \cdot 10^4$	$1{,}8 \cdot 10^{-6}$
		Te–132	$3{,}7 \cdot 10^5$	$1{,}0 \cdot 10^{-5}$	$5{,}8 \cdot 10^4$	$1{,}6 \cdot 10^{-6}$	$3{,}8 \cdot 10^4$	$1{,}0 \cdot 10^{-6}$
53	Iod	I–124	$3{,}7 \cdot 10^4$	$1{,}0 \cdot 10^{-6}$	$2{,}1 \cdot 10^3$	$5{,}7 \cdot 10^{-8}$	$4{,}0 \cdot 10^3$	$1{,}1 \cdot 10^{-7}$ [4)]
		I–125	$3{,}7 \cdot 10^4$	$1{,}0 \cdot 10^{-6}$	$2{,}1 \cdot 10^3$	$5{,}7 \cdot 10^{-8}$	$4{,}0 \cdot 10^3$	$1{,}1 \cdot 10^{-7}$ [4)]
		I–126	$3{,}7 \cdot 10^4$	$1{,}0 \cdot 10^{-6}$	$2{,}0 \cdot 10^3$	$5{,}5 \cdot 10^{-8}$	$1{,}5 \cdot 10^3$	$4{,}1 \cdot 10^{-8}$
		I–129	$3{,}7 \cdot 10^4$	$1{,}0 \cdot 10^{-6}$	$4{,}4 \cdot 10^2$	$1{,}2 \cdot 10^{-8}$	$3{,}3 \cdot 10^2$	$9{,}0 \cdot 10^{-9}$
		I–130	$3{,}7 \cdot 10^5$	$1{,}0 \cdot 10^{-5}$	$2{,}1 \cdot 10^3$	$5{,}7 \cdot 10^{-8}$	$4{,}0 \cdot 10^3$	$1{,}1 \cdot 10^{-7}$ [4)]
		I–131	$3{,}7 \cdot 10^4$	$1{,}0 \cdot 10^{-6}$	$2{,}4 \cdot 10^3$	$6{,}6 \cdot 10^{-8}$	$1{,}8 \cdot 10^3$	$4{,}8 \cdot 10^{-8}$
		I–132	$3{,}7 \cdot 10^5$	$1{,}0 \cdot 10^{-5}$	$6{,}7 \cdot 10^4$	$1{,}8 \cdot 10^{-6}$	$5{,}0 \cdot 10^4$	$1{,}4 \cdot 10^{-6}$
		I–133	$3{,}7 \cdot 10^4$	$1{,}0 \cdot 10^{-6}$	$8{,}9 \cdot 10^3$	$2{,}4 \cdot 10^{-7}$	$6{,}7 \cdot 10^3$	$1{,}8 \cdot 10^{-7}$
		I–134	$3{,}7 \cdot 10^5$	$1{,}0 \cdot 10^{-5}$	$1{,}5 \cdot 10^5$	$4{,}0 \cdot 10^{-6}$	$1{,}1 \cdot 10^5$	$2{,}9 \cdot 10^{-6}$
		I–135	$3{,}7 \cdot 10^5$	$1{,}0 \cdot 10^{-5}$	$2{,}9 \cdot 10^4$	$7{,}8 \cdot 10^{-7}$	$2{,}1 \cdot 10^4$	$5{,}8 \cdot 10^{-7}$
54	Xenon	Xe–131m	$3{,}7 \cdot 10^6$	$1{,}0 \cdot 10^{-4}$	siehe Teil c) der Tabelle			
		Xe–133	$3{,}7 \cdot 10^6$	$1{,}0 \cdot 10^{-4}$				
		Xe–135	$3{,}7 \cdot 10^5$	$1{,}0 \cdot 10^{-5}$				
55	Caesium	Cs–131	$3{,}7 \cdot 10^5$	$1{,}0 \cdot 10^{-5}$	$1{,}8 \cdot 10^6$	$4{,}8 \cdot 10^{-5}$	$1{,}6 \cdot 10^6$	$4{,}4 \cdot 10^{-5}$
		Cs–134m	$3{,}7 \cdot 10^6$	$1{,}0 \cdot 10^{-4}$	$3{,}3 \cdot 10^6$	$9{,}0 \cdot 10^{-5}$	$2{,}0 \cdot 10^6$	$5{,}3 \cdot 10^{-5}$
		Cs–134	$3{,}7 \cdot 10^4$	$1{,}0 \cdot 10^{-6}$	$7{,}1 \cdot 10^3$	$1{,}9 \cdot 10^{-7}$	$1{,}5 \cdot 10^4$	$4{,}1 \cdot 10^{-7}$
		Cs–135	$3{,}7 \cdot 10^5$	$1{,}0 \cdot 10^{-5}$	$5{,}1 \cdot 10^4$	$1{,}4 \cdot 10^{-6}$	$2{,}0 \cdot 10^5$	$5{,}3 \cdot 10^{-6}$
		Cs–136	$3{,}7 \cdot 10^5$	$1{,}0 \cdot 10^{-5}$	$9{,}3 \cdot 10^4$	$2{,}5 \cdot 10^{-6}$	$1{,}2 \cdot 10^5$	$3{,}1 \cdot 10^{-6}$
		Cs–137	$3{,}7 \cdot 10^4$	$1{,}0 \cdot 10^{-6}$	$8{,}0 \cdot 10^3$	$2{,}2 \cdot 10^{-7}$	$2{,}7 \cdot 10^4$	$7{,}2 \cdot 10^{-7}$
56	Barium	Ba–131	$3{,}7 \cdot 10^5$	$1{,}0 \cdot 10^{-5}$	$1{,}9 \cdot 10^5$	$5{,}2 \cdot 10^{-6}$	$3{,}1 \cdot 10^5$	$8{,}4 \cdot 10^{-6}$
		Ba–140	$3{,}7 \cdot 10^4$	$1{,}0 \cdot 10^{-6}$	$2{,}4 \cdot 10^4$	$6{,}6 \cdot 10^{-7}$	$4{,}4 \cdot 10^4$	$1{,}2 \cdot 10^{-6}$
57	Lanthan	La–140	$3{,}7 \cdot 10^5$	$1{,}0 \cdot 10^{-5}$	$6{,}9 \cdot 10^4$	$1{,}9 \cdot 10^{-6}$	$4{,}2 \cdot 10^4$	$1{,}1 \cdot 10^{-6}$
58	Cer	Ce–141	$3{,}7 \cdot 10^5$	$1{,}0 \cdot 10^{-5}$	$8{,}7 \cdot 10^4$	$2{,}3 \cdot 10^{-6}$	$1{,}6 \cdot 10^5$	$4{,}2 \cdot 10^{-6}$
		Ce–143	$3{,}7 \cdot 10^5$	$1{,}0 \cdot 10^{-5}$	$1{,}2 \cdot 10^5$	$3{,}1 \cdot 10^{-6}$	$7{,}1 \cdot 10^4$	$1{,}9 \cdot 10^{-6}$
		Ce–144	$3{,}7 \cdot 10^4$	$1{,}0 \cdot 10^{-6}$	$3{,}6 \cdot 10^3$	$9{,}6 \cdot 10^{-8}$	$2{,}1 \cdot 10^4$	$5{,}8 \cdot 10^{-7}$
59	Praseodym	Pr–142	$3{,}7 \cdot 10^5$	$1{,}0 \cdot 10^{-5}$	$8{,}7 \cdot 10^4$	$2{,}3 \cdot 10^{-6}$	$5{,}3 \cdot 10^4$	$1{,}4 \cdot 10^{-6}$
		Pr–143	$3{,}7 \cdot 10^5$	$1{,}0 \cdot 10^{-5}$	$9{,}8 \cdot 10^4$	$2{,}6 \cdot 10^{-6}$	$8{,}7 \cdot 10^4$	$2{,}3 \cdot 10^{-6}$
60	Neodym	Nd–144	Nicht beschränkt		Nicht beschränkt		Nicht beschränkt	
		Nd–147	$3{,}7 \cdot 10^5$	$1{,}0 \cdot 10^{-5}$	$1{,}3 \cdot 10^5$	$3{,}4 \cdot 10^{-6}$	$1{,}1 \cdot 10^5$	$2{,}9 \cdot 10^{-6}$
		Nd–149	$3{,}7 \cdot 10^5$	$1{,}0 \cdot 10^{-5}$	$8{,}0 \cdot 10^5$	$2{,}2 \cdot 10^{-5}$	$4{,}9 \cdot 10^5$	$1{,}3 \cdot 10^{-5}$
61	Promethium	Pm–147	$3{,}7 \cdot 10^5$	$1{,}0 \cdot 10^{-5}$	$3{,}6 \cdot 10^4$	$9{,}6 \cdot 10^{-7}$	$4{,}0 \cdot 10^5$	$1{,}1 \cdot 10^{-5}$
		Pm–149	$3{,}7 \cdot 10^5$	$1{,}0 \cdot 10^{-5}$	$1{,}2 \cdot 10^5$	$3{,}4 \cdot 10^{-6}$	$7{,}8 \cdot 10^4$	$2{,}1 \cdot 10^{-6}$
62	Samarium	Sm–147	Nicht beschränkt		Nicht beschränkt		Nicht beschränkt	
		Sm–151	$3{,}7 \cdot 10^4$	$1{,}0 \cdot 10^{-6}$	$3{,}6 \cdot 10^4$	$9{,}6 \cdot 10^{-7}$	$6{,}7 \cdot 10^5$	$1{,}8 \cdot 10^{-5}$
		Sm–153	$3{,}7 \cdot 10^5$	$1{,}0 \cdot 10^{-5}$	$2{,}2 \cdot 10^5$	$6{,}0 \cdot 10^{-6}$	$1{,}4 \cdot 10^5$	$3{,}7 \cdot 10^{-6}$
63	Europium	Eu–152m	$3{,}7 \cdot 10^5$	$1{,}0 \cdot 10^{-5}$	$1{,}8 \cdot 10^5$	$4{,}8 \cdot 10^{-6}$	$1{,}1 \cdot 10^5$	$3{,}0 \cdot 10^{-6}$
		Eu–152	$3{,}7 \cdot 10^4$	$1{,}0 \cdot 10^{-6}$	$6{,}9 \cdot 10^3$	$1{,}9 \cdot 10^{-7}$	$1{,}4 \cdot 10^5$	$3{,}7 \cdot 10^{-6}$
		Eu–154	$3{,}7 \cdot 10^4$	$1{,}0 \cdot 10^{-6}$	$2{,}1 \cdot 10^3$	$5{,}7 \cdot 10^{-8}$	$4{,}0 \cdot 10^4$	$1{,}1 \cdot 10^{-6}$
		Eu–155	$3{,}7 \cdot 10^4$	$1{,}0 \cdot 10^{-6}$	$4{,}0 \cdot 10^4$	$1{,}1 \cdot 10^{-6}$	$3{,}6 \cdot 10^5$	$9{,}6 \cdot 10^{-6}$
64	Gadolinium	Gd–153	$3{,}7 \cdot 10^5$	$1{,}0 \cdot 10^{-5}$	$5{,}1 \cdot 10^4$	$1{,}4 \cdot 10^{-6}$	$3{,}8 \cdot 10^5$	$1{,}0 \cdot 10^{-5}$
		Gd–159	$3{,}7 \cdot 10^5$	$1{,}0 \cdot 10^{-5}$	$2{,}2 \cdot 10^5$	$6{,}0 \cdot 10^{-6}$	$1{,}4 \cdot 10^5$	$3{,}7 \cdot 10^{-6}$

Fortsetzung Tabelle IV.9

Z	Element	Radio-nuklid	Freigrenze (1/s)	(Ci)	Grenzwerte der Jahres-Aktivitätszufuhr über Luft (Inhalation) (1/s)	(Ci)	Wasser und Nahrung (Ingestion) (1/s)	(Ci)
65	Terbium	Tb–160	$3,7 \cdot 10^4$	$1,0 \cdot 10^{-6}$	$1,8 \cdot 10^4$	$4,8 \cdot 10^{-7}$	$7,8 \cdot 10^4$	$2,1 \cdot 10^{-6}$
66	Dysprosium	Dy–165	$3,7 \cdot 10^5$	$1,0 \cdot 10^{-5}$	$1,2 \cdot 10^6$	$3,1 \cdot 10^{-5}$	$7,1 \cdot 10^5$	$1,9 \cdot 10^{-5}$
		Dy–166	$3,7 \cdot 10^5$	$1,0 \cdot 10^{-5}$	$1,1 \cdot 10^5$	$2,9 \cdot 10^{-6}$	$6,7 \cdot 10^4$	$1,8 \cdot 10^{-6}$
67	Holmium	Ho–166	$3,7 \cdot 10^5$	$1,0 \cdot 10^{-5}$	$9,1 \cdot 10^4$	$2,5 \cdot 10^{-6}$	$5,5 \cdot 10^4$	$1,5 \cdot 10^{-6}$
68	Erbium	Er–169	$3,7 \cdot 10^5$	$1,0 \cdot 10^{-5}$	$2,1 \cdot 10^5$	$5,7 \cdot 10^{-6}$	$1,6 \cdot 10^5$	$4,4 \cdot 10^{-6}$
		Er–171	$3,7 \cdot 10^5$	$1,0 \cdot 10^{-5}$	$3,3 \cdot 10^5$	$9,0 \cdot 10^{-6}$	$2,0 \cdot 10^5$	$5,3 \cdot 10^{-6}$
69	Thulium	Tm–170	$3,7 \cdot 10^4$	$1,0 \cdot 10^{-6}$	$1,9 \cdot 10^4$	$5,2 \cdot 10^{-7}$	$8,2 \cdot 10^4$	$2,2 \cdot 10^{-6}$
		Tm–171	$3,7 \cdot 10^5$	$1,0 \cdot 10^{-5}$	$6,2 \cdot 10^4$	$1,7 \cdot 10^{-6}$	$9,1 \cdot 10^5$	$2,5 \cdot 10^{-5}$
70	Ytterbium	Yb–175	$3,7 \cdot 10^5$	$1,0 \cdot 10^{-5}$	$3,3 \cdot 10^5$	$9,0 \cdot 10^{-6}$	$2,0 \cdot 10^5$	$5,3 \cdot 10^{-6}$
71	Lutetium	Lu–177	$3,7 \cdot 10^5$	$1,0 \cdot 10^{-5}$	$2,9 \cdot 10^5$	$7,8 \cdot 10^{-6}$	$1,8 \cdot 10^5$	$4,8 \cdot 10^{-6}$
72	Hafnium	Hf–181	$3,7 \cdot 10^4$	$1,0 \cdot 10^{-6}$	$2,1 \cdot 10^4$	$5,7 \cdot 10^{-7}$	$1,2 \cdot 10^5$	$3,4 \cdot 10^{-6}$
73	Tantal	Ta–182	$3,7 \cdot 10^4$	$1,0 \cdot 10^{-6}$	$1,2 \cdot 10^4$	$3,3 \cdot 10^{-7}$	$7,1 \cdot 10^4$	$1,9 \cdot 10^{-6}$
74	Wolfram	W–181	$3,7 \cdot 10^5$	$1,0 \cdot 10^{-5}$	$6,9 \cdot 10^4$	$1,9 \cdot 10^{-6}$	$5,8 \cdot 10^5$	$1,6 \cdot 10^{-5}$
		W–185	$3,7 \cdot 10^5$	$1,0 \cdot 10^{-5}$	$6,2 \cdot 10^4$	$1,7 \cdot 10^{-6}$	$2,0 \cdot 10^5$	$5,3 \cdot 10^{-6}$
		W–187	$3,7 \cdot 10^5$	$1,0 \cdot 10^{-5}$	$1,8 \cdot 10^5$	$4,8 \cdot 10^{-6}$	$1,1 \cdot 10^5$	$3,0 \cdot 10^{-6}$
75	Rhenium	Re–183	$3,7 \cdot 10^5$	$1,0 \cdot 10^{-5}$	$8,7 \cdot 10^4$	$2,3 \cdot 10^{-6}$	$4,9 \cdot 10^5$	$1,3 \cdot 10^{-5}$
		Re–186	$3,7 \cdot 10^5$	$1,0 \cdot 10^{-5}$	$1,3 \cdot 10^5$	$3,6 \cdot 10^{-6}$	$8,4 \cdot 10^4$	$2,3 \cdot 10^{-6}$
		Re–187	Nicht beschränkt		Nicht beschränkt		Nicht beschränkt	
		Re–188	$3,7 \cdot 10^5$	$1,0 \cdot 10^{-5}$	$8,9 \cdot 10^4$	$2,4 \cdot 10^{-6}$	$5,5 \cdot 10^4$	$1,5 \cdot 10^{-6}$
76	Osmium	Os–185	$3,7 \cdot 10^5$	$1,0 \cdot 10^{-5}$	$2,7 \cdot 10^4$	$7,2 \cdot 10^{-7}$	$1,2 \cdot 10^5$	$3,2 \cdot 10^{-6}$
		Os–191m	$3,7 \cdot 10^6$	$1,0 \cdot 10^{-4}$	$5,1 \cdot 10^6$	$1,4 \cdot 10^{-4}$	$4,2 \cdot 10^6$	$1,1 \cdot 10^{-4}$
		Os–191	$3,7 \cdot 10^5$	$1,0 \cdot 10^{-5}$	$2,2 \cdot 10^5$	$6,0 \cdot 10^{-6}$	$2,9 \cdot 10^5$	$7,8 \cdot 10^{-6}$
		Os–193	$3,7 \cdot 10^5$	$1,0 \cdot 10^{-5}$	$1,5 \cdot 10^5$	$4,1 \cdot 10^{-6}$	$9,3 \cdot 10^4$	$2,5 \cdot 10^{-6}$
77	Iridium	Ir–190	$3,7 \cdot 10^5$	$1,0 \cdot 10^{-5}$	$2,2 \cdot 10^5$	$6,0 \cdot 10^{-6}$	$3,1 \cdot 10^5$	$8,4 \cdot 10^{-6}$
		Ir–192	$3,7 \cdot 10^4$	$1,0 \cdot 10^{-6}$	$1,4 \cdot 10^4$	$3,8 \cdot 10^{-7}$	$6,7 \cdot 10^4$	$1,8 \cdot 10^{-6}$
		Ir–194	$3,7 \cdot 10^5$	$1,0 \cdot 10^{-5}$	$8,7 \cdot 10^4$	$2,3 \cdot 10^{-6}$	$5,3 \cdot 10^4$	$1,4 \cdot 10^{-6}$
78	Platin	Pt–191	$3,7 \cdot 10^5$	$1,0 \cdot 10^{-5}$	$3,1 \cdot 10^5$	$8,4 \cdot 10^{-6}$	$2,0 \cdot 10^5$	$5,3 \cdot 10^{-6}$
		Pt–193m	$3,7 \cdot 10^5$	$1,0 \cdot 10^{-5}$	$2,9 \cdot 10^6$	$7,8 \cdot 10^{-5}$	$1,8 \cdot 10^6$	$4,8 \cdot 10^{-5}$
		Pt–193	$3,7 \cdot 10^5$	$1,0 \cdot 10^{-5}$	$1,8 \cdot 10^5$	$4,8 \cdot 10^{-6}$	$1,7 \cdot 10^6$	$4,5 \cdot 10^{-5}$
		Pt–197m	$3,7 \cdot 10^6$	$1,0 \cdot 10^{-4}$	$2,7 \cdot 10^6$	$7,2 \cdot 10^{-5}$	$1,6 \cdot 10^6$	$4,4 \cdot 10^{-5}$
		Pt–197	$3,7 \cdot 10^5$	$1,0 \cdot 10^{-5}$	$3,1 \cdot 10^5$	$8,4 \cdot 10^{-6}$	$2,0 \cdot 10^5$	$5,3 \cdot 10^{-6}$
79	Gold	Au–196	$3,7 \cdot 10^5$	$1,0 \cdot 10^{-5}$	$3,3 \cdot 10^5$	$9,0 \cdot 10^{-6}$	$2,7 \cdot 10^5$	$7,2 \cdot 10^{-6}$
		Au–198	$3,7 \cdot 10^5$	$1,0 \cdot 10^{-5}$	$1,3 \cdot 10^5$	$3,5 \cdot 10^{-6}$	$3,2 \cdot 10^4$	$2,2 \cdot 10^{-6}$
		Au–199	$3,7 \cdot 10^5$	$1,0 \cdot 10^{-5}$	$4,4 \cdot 10^5$	$1,2 \cdot 10^{-5}$	$2,9 \cdot 10^5$	$7,8 \cdot 10^{-6}$
80	Quecksilber	Hg–197m	$3,7 \cdot 10^5$	$1,0 \cdot 10^{-5}$	$4,0 \cdot 10^5$	$1,1 \cdot 10^{-5}$	$3,1 \cdot 10^5$	$8,4 \cdot 10^{-6}$
		Hg–197	$3,7 \cdot 10^5$	$1,0 \cdot 10^{-5}$	$6,4 \cdot 10^5$	$1,7 \cdot 10^{-5}$	$5,3 \cdot 10^5$	$1,4 \cdot 10^{-5}$
		Hg–203	$3,7 \cdot 10^4$	$1,0 \cdot 10^{-6}$	$4,0 \cdot 10^4$	$1,1 \cdot 10^{-6}$	$3,1 \cdot 10^4$	$8,4 \cdot 10^{-7}$
81	Thallium	Tl–200	$3,7 \cdot 10^5$	$1,0 \cdot 10^{-5}$	$6,2 \cdot 10^5$	$1,7 \cdot 10^{-5}$	$4,0 \cdot 10^5$	$1,1 \cdot 10^{-5}$
		Tl–201	$3,7 \cdot 10^5$	$1,0 \cdot 10^{-5}$	$4,9 \cdot 10^5$	$1,3 \cdot 10^{-5}$	$3,1 \cdot 10^5$	$8,4 \cdot 10^{-6}$
		Tl–202	$3,7 \cdot 10^5$	$1,0 \cdot 10^{-5}$	$1,3 \cdot 10^5$	$3,6 \cdot 10^{-6}$	$1,2 \cdot 10^5$	$3,4 \cdot 10^{-6}$
		Tl–204	$3,7 \cdot 10^4$	$1,0 \cdot 10^{-6}$	$1,5 \cdot 10^4$	$4,0 \cdot 10^{-7}$	$1,1 \cdot 10^5$	$2,9 \cdot 10^{-6}$
82	Blei	Pb–203	$3,7 \cdot 10^5$	$1,0 \cdot 10^{-5}$	$1,0 \cdot 10^6$	$2,7 \cdot 10^{-5}$	$6,2 \cdot 10^5$	$1,7 \cdot 10^{-5}$
		Pb–210	$3,7 \cdot 10^3$	$1,0 \cdot 10^{-7}$	$6,9 \cdot 10^1$	$1,9 \cdot 10^{-9}$	$2,1 \cdot 10^2$	$5,8 \cdot 10^{-9}$
		Pb–212	$3,7 \cdot 10^4$	$1,0 \cdot 10^{-6}$	$9,8 \cdot 10^3$	$2,6 \cdot 10^{-7}$	$3,1 \cdot 10^4$	$8,4 \cdot 10^{-7}$
83	Wismut	Bi–206	$3,7 \cdot 10^4$	$1,0 \cdot 10^{-6}$	$8,0 \cdot 10^4$	$2,2 \cdot 10^{-6}$	$6,7 \cdot 10^4$	$1,8 \cdot 10^{-6}$
		Bi–207	$3,7 \cdot 10^4$	$1,0 \cdot 10^{-6}$	$7,5 \cdot 10^3$	$2,0 \cdot 10^{-7}$	$1,1 \cdot 10^5$	$3,0 \cdot 10^{-6}$
		Bi–210	$3,7 \cdot 10^4$	$1,0 \cdot 10^{-6}$	$3,3 \cdot 10^3$	$9,0 \cdot 10^{-8}$	$7,3 \cdot 10^4$	$2,0 \cdot 10^{-6}$
		Bi–212	$3,7 \cdot 10^4$	$1,0 \cdot 10^{-6}$	$5,3 \cdot 10^4$	$1,4 \cdot 10^{-6}$	$6,2 \cdot 10^5$	$1,7 \cdot 10^{-5}$
84	Polonium	Po–210	$3,7 \cdot 10^3$	$1,0 \cdot 10^{-7}$	$1,1 \cdot 10^2$	$3,0 \cdot 10^{-9}$	$1,3 \cdot 10^3$	$3,5 \cdot 10^{-8}$
85	Astat	At–211	$3,7 \cdot 10^3$	$1,0 \cdot 10^{-7}$	$2,0 \cdot 10^3$	$5,3 \cdot 10^{-8}$	$1,5 \cdot 10^3$	$4,1 \cdot 10^{-8}$

Fortsetzung Tabelle IV.9

Z	Element	Radio-nuklid	Freigrenze (1/s)	(Ci)	Grenzwerte der Jahres-Aktivitätszufuhr über Luft (Inhalation) (1/s)	(Ci)	Wasser und Nahrung (Ingestion) (1/s)	(Ci)
86	Radon	Rn–220	$3,7 \cdot 10^5$	$1,0 \cdot 10^{-5}$	$1,6 \cdot 10^5$	$4,4 \cdot 10^{-6}$	Nicht beschränkt	
		Rn–222	$3,7 \cdot 10^5$	$1,0 \cdot 10^{-5}$	$1,6 \cdot 10^5$	$4,4 \cdot 10^{-6}$		
88	Radium	Ra–223	$3,7 \cdot 10^3$	$1,0 \cdot 10^{-7}$	$1,3 \cdot 10^2$	$3,6 \cdot 10^{-9}$	$1,3 \cdot 10^3$	$3,5 \cdot 10^{-8}$
		Ra–224	$3,7 \cdot 10^4$	$1,0 \cdot 10^{-6}$	$4,0 \cdot 10^2$	$1,1 \cdot 10^{-8}$	$4,0 \cdot 10^3$	$1,1 \cdot 10^{-7}$
		Ra–226	$3,7 \cdot 10^3$	$1,0 \cdot 10^{-7}$	$1,6 \cdot 10^1$	$4,3 \cdot 10^{-10}$	$2,1 \cdot 10^1$	$5,8 \cdot 10^{-10}$
		Ra–228	$3,7 \cdot 10^3$	$1,0 \cdot 10^{-7}$	$2,1 \cdot 10^1$	$5,7 \cdot 10^{-10}$	$4,9 \cdot 10^1$	$1,3 \cdot 10^{-9}$
89	Actinium	Ac–227	$3,7 \cdot 10^3$	$1,0 \cdot 10^{-7}$	$1,3 \cdot 10^0$	$3,5 \cdot 10^{-11}$	$3,3 \cdot 10^3$	$9,0 \cdot 10^{-8}$
		Ac–228	$3,7 \cdot 10^4$	$1,0 \cdot 10^{-6}$	$9,3 \cdot 10^3$	$2,5 \cdot 10^{-7}$	$1,6 \cdot 10^5$	$4,2 \cdot 10^{-6}$
90	Thorium	Th–227	$3,7 \cdot 10^3$	$1,0 \cdot 10^{-7}$	$1,0 \cdot 10^2$	$2,7 \cdot 10^{-9}$	$3,1 \cdot 10^4$	$8,4 \cdot 10^{-7}$
		Th–228	$3,7 \cdot 10^3$	$1,0 \cdot 10^{-7}$	$3,3 \cdot 10^0$	$9,0 \cdot 10^{-11}$	$1,3 \cdot 10^4$	$3,5 \cdot 10^{-7}$
		Th–230	$3,7 \cdot 10^3$	$1,0 \cdot 10^{-7}$	$1,2 \cdot 10^0$	$3,4 \cdot 10^{-11}$	$3,1 \cdot 10^3$	$8,4 \cdot 10^{-8}$
		Th–231	$3,7 \cdot 10^5$	$1,0 \cdot 10^{-5}$	$6,7 \cdot 10^5$	$1,8 \cdot 10^{-5}$	$4,0 \cdot 10^5$	$1,1 \cdot 10^{-5}$
		Th–232	$3,7 \cdot 10^3$	$1,0 \cdot 10^{-7}$	$1,8 \cdot 10^1$	$4,8 \cdot 10^{-10}$	$2,7 \cdot 10^3$	$7,2 \cdot 10^{-8}$
		Th–234	$3,7 \cdot 10^4$	$1,0 \cdot 10^{-6}$	$1,8 \cdot 10^4$	$4,8 \cdot 10^{-7}$	$3,1 \cdot 10^4$	$8,4 \cdot 10^{-7}$
		Th–nat[5]	$3,7 \cdot 10^4$	$1,0 \cdot 10^{-6}$	$1,8 \cdot 10^1$	$4,8 \cdot 10^{-10}$	$2,2 \cdot 10^3$	$6,0 \cdot 10^{-8}$
91	Protactinium	Pa–230	$3,7 \cdot 10^4$	$1,0 \cdot 10^{-6}$	$4,4 \cdot 10^2$	$1,2 \cdot 10^{-8}$	$4,2 \cdot 10^5$	$1,1 \cdot 10^{-5}$
		Pa–231	$3,7 \cdot 10^3$	$1,0 \cdot 10^{-7}$	$6,2 \cdot 10^{-1}$	$1,7 \cdot 10^{-11}$	$1,6 \cdot 10^3$	$4,2 \cdot 10^{-8}$
		Pa–233	$3,7 \cdot 10^5$	$1,0 \cdot 10^{-5}$	$9,8 \cdot 10^4$	$2,6 \cdot 10^{-6}$	$2,1 \cdot 10^5$	$5,8 \cdot 10^{-6}$
92	Uran[6]	U–230	$3,7 \cdot 10^3$	$1,0 \cdot 10^{-7}$	$6,2 \cdot 10^1$	$1,7 \cdot 10^{-9}$	$4,2 \cdot 10^3$	$1,1 \cdot 10^{-7}$
		U–232	$3,7 \cdot 10^3$	$1,0 \cdot 10^{-7}$	$1,5 \cdot 10^1$	$4,1 \cdot 10^{-10}$	$1,5 \cdot 10^3$	$4,0 \cdot 10^{-8}$
		U–233	$3,7 \cdot 10^3$	$1,0 \cdot 10^{-7}$	$6,7 \cdot 10^1$	$1,8 \cdot 10^{-9}$	$7,5 \cdot 10^3$	$2,0 \cdot 10^{-7}$
		U–234	$3,7 \cdot 10^3$	$1,0 \cdot 10^{-7}$	$6,7 \cdot 10^1$	$1,8 \cdot 10^{-9}$	$7,5 \cdot 10^3$	$2,0 \cdot 10^{-7}$
		U–235	$3,7 \cdot 10^4$	$1,0 \cdot 10^{-6}$	$7,1 \cdot 10^1$	$1,9 \cdot 10^{-9}$	$6,7 \cdot 10^3$	$1,8 \cdot 10^{-7}$
		U–236	$3,7 \cdot 10^4$	$1,0 \cdot 10^{-6}$	$6,9 \cdot 10^1$	$1,9 \cdot 10^{-9}$	$8,0 \cdot 10^3$	$2,2 \cdot 10^{-7}$
		U–238	$3,7 \cdot 10^6$	$1,0 \cdot 10^{-4}$	$4,0 \cdot 10^1$	$1,1 \cdot 10^{-9}$	$1,0 \cdot 10^3$	$2,8 \cdot 10^{-8}$
		U–240 + Np–240	$3,7 \cdot 10^5$	$1,0 \cdot 10^{-5}$	$9,8 \cdot 10^4$	$2,6 \cdot 10^{-6}$	$6,0 \cdot 10^4$	$1,6 \cdot 10^{-6}$
		U–nat[7]	$3,7 \cdot 10^6$	$1,0 \cdot 10^{-4}$	$3,3 \cdot 10^1$	$9,0 \cdot 10^{-10}$	$1,0 \cdot 10^3$	$2,8 \cdot 10^{-8}$
93	Neptunium	Np–237	$3,7 \cdot 10^3$	$1,0 \cdot 10^{-7}$	$2,2 \cdot 10^0$	$6,0 \cdot 10^{-11}$	$5,5 \cdot 10^3$	$1,5 \cdot 10^{-7}$
		Np–239	$3,7 \cdot 10^5$	$1,0 \cdot 10^{-5}$	$3,8 \cdot 10^5$	$1,0 \cdot 10^{-5}$	$2,2 \cdot 10^5$	$6,0 \cdot 10^{-6}$
94	Plutonium	Pu–238	$3,7 \cdot 10^3$	$1,0 \cdot 10^{-7}$	$1,1 \cdot 10^0$	$2,9 \cdot 10^{-11}$	$8,9 \cdot 10^3$	$2,4 \cdot 10^{-7}$
		Pu–239	$3,7 \cdot 10^3$	$1,0 \cdot 10^{-7}$	$9,5 \cdot 10^{-1}$	$2,6 \cdot 10^{-11}$	$8,0 \cdot 10^3$	$2,2 \cdot 10^{-7}$
		Pu–240	$3,7 \cdot 10^3$	$1,0 \cdot 10^{-7}$	$9,5 \cdot 10^{-1}$	$2,6 \cdot 10^{-11}$	$8,0 \cdot 10^3$	$2,2 \cdot 10^{-7}$
		Pu–241	$3,7 \cdot 10^3$	$1,0 \cdot 10^{-7}$	$5,1 \cdot 10^1$	$1,4 \cdot 10^{-9}$	$4,0 \cdot 10^5$	$1,1 \cdot 10^{-5}$
		Pu–242	$3,7 \cdot 10^3$	$1,0 \cdot 10^{-7}$	$1,0 \cdot 10^0$	$2,7 \cdot 10^{-11}$	$8,4 \cdot 10^3$	$2,3 \cdot 10^{-7}$
		Pu–243	$3,7 \cdot 10^5$	$1,0 \cdot 10^{-5}$	$9,8 \cdot 10^5$	$2,6 \cdot 10^{-5}$	$6,0 \cdot 10^5$	$1,6 \cdot 10^{-5}$
		Pu–244	$3,7 \cdot 10^4$	$1,0 \cdot 10^{-6}$	$9,1 \cdot 10^{-1}$	$2,5 \cdot 10^{-11}$	$7,5 \cdot 10^3$	$2,0 \cdot 10^{-7}$
95	Americium	Am–241	$3,7 \cdot 10^3$	$1,0 \cdot 10^{-7}$	$3,3 \cdot 10^0$	$9,0 \cdot 10^{-11}$	$6,7 \cdot 10^3$	$1,8 \cdot 10^{-7}$
		Am–242m	$3,7 \cdot 10^3$	$1,0 \cdot 10^{-7}$	$3,1 \cdot 10^0$	$8,4 \cdot 10^{-11}$	$7,8 \cdot 10^3$	$2,1 \cdot 10^{-7}$
		Am–242	$3,7 \cdot 10^4$	$1,0 \cdot 10^{-6}$	$2,1 \cdot 10^4$	$5,7 \cdot 10^{-7}$	$2,2 \cdot 10^5$	$6,0 \cdot 10^{-6}$
		Am–243	$3,7 \cdot 10^3$	$1,0 \cdot 10^{-7}$	$3,1 \cdot 10^0$	$8,4 \cdot 10^{-11}$	$7,8 \cdot 10^3$	$2,1 \cdot 10^{-7}$
		Am–244	$3,7 \cdot 10^5$	$1,0 \cdot 10^{-5}$	$2,2 \cdot 10^6$	$6,0 \cdot 10^{-5}$	$8,4 \cdot 10^6$	$2,3 \cdot 10^{-4}$
96	Curium	Cm–242	$3,7 \cdot 10^3$	$1,0 \cdot 10^{-7}$	$6,7 \cdot 10^1$	$1,8 \cdot 10^{-9}$	$4,2 \cdot 10^4$	$1,1 \cdot 10^{-6}$
		Cm–243	$3,7 \cdot 10^3$	$1,0 \cdot 10^{-7}$	$3,6 \cdot 10^0$	$9,6 \cdot 10^{-11}$	$9,1 \cdot 10^3$	$2,5 \cdot 10^{-7}$
		Cm–244	$3,7 \cdot 10^3$	$1,0 \cdot 10^{-7}$	$5,1 \cdot 10^0$	$1,4 \cdot 10^{-10}$	$1,3 \cdot 10^4$	$3,4 \cdot 10^{-7}$
		Cm–245	$3,7 \cdot 10^3$	$1,0 \cdot 10^{-7}$	$2,7 \cdot 10^0$	$7,2 \cdot 10^{-11}$	$6,2 \cdot 10^3$	$1,7 \cdot 10^{-7}$
		Cm–246	$3,7 \cdot 10^3$	$1,0 \cdot 10^{-7}$	$2,7 \cdot 10^0$	$7,2 \cdot 10^{-11}$	$6,4 \cdot 10^3$	$1,7 \cdot 10^{-7}$
		Cm–247	$3,7 \cdot 10^4$	$1,0 \cdot 10^{-6}$	$2,7 \cdot 10^0$	$7,2 \cdot 10^{-11}$	$6,4 \cdot 10^3$	$1,7 \cdot 10^{-7}$
		Cm–248	$3,7 \cdot 10^3$	$1,0 \cdot 10^{-7}$	$3,3 \cdot 10^{-1}$	$9,0 \cdot 10^{-12}$	$7,8 \cdot 10^2$	$2,1 \cdot 10^{-8}$
		Cm–249	$3,7 \cdot 10^6$	$1,0 \cdot 10^{-4}$	$6,2 \cdot 10^6$	$1,7 \cdot 10^{-4}$	$4,0 \cdot 10^6$	$1,1 \cdot 10^{-4}$
97	Berkelium	Bk–249	$3,7 \cdot 10^4$	$1,0 \cdot 10^{-6}$	$5,1 \cdot 10^2$	$1,4 \cdot 10^{-8}$	$1,0 \cdot 10^6$	$2,8 \cdot 10^{-5}$
		Bk–250	$3,7 \cdot 10^5$	$1,0 \cdot 10^{-5}$	$8,0 \cdot 10^4$	$2,2 \cdot 10^{-6}$	$4,0 \cdot 10^5$	$1,1 \cdot 10^{-5}$

Fortsetzung Tabelle IV.9

Z	Element	Radio-nuklid	Freigrenze (1/s)	(Ci)	Grenzwerte der Jahres-Aktivitätszufuhr über Luft (Inhalation) (1/s)	(Ci)	Wasser und Nahrung (Ingestion) (1/s)	(Ci)
98	Californium	Cf–249	$3,7 \cdot 10^3$	$1,0 \cdot 10^{-7}$	$8,7 \cdot 10^{-1}$	$2,3 \cdot 10^{-11}$	$7,3 \cdot 10^3$	$2,0 \cdot 10^{-7}$
		Cf–250	$3,7 \cdot 10^3$	$1,0 \cdot 10^{-7}$	$2,7 \cdot 10^0$	$7,2 \cdot 10^{-11}$	$2,2 \cdot 10^4$	$6,0 \cdot 10^{-7}$
		Cf–251	$3,7 \cdot 10^3$	$1,0 \cdot 10^{-7}$	$9,3 \cdot 10^{-1}$	$2,5 \cdot 10^{-11}$	$7,5 \cdot 10^3$	$2,0 \cdot 10^{-7}$
		Cf–252	$3,7 \cdot 10^3$	$1,0 \cdot 10^{-7}$	$3,6 \cdot 10^0$	$9,6 \cdot 10^{-11}$	$1,3 \cdot 10^4$	$3,5 \cdot 10^{-7}$
		Cf–253	$3,7 \cdot 10^4$	$1,0 \cdot 10^{-6}$	$4,2 \cdot 10^2$	$1,1 \cdot 10^{-8}$	$2,4 \cdot 10^5$	$6,6 \cdot 10^{-6}$
		Cf–254	$3,7 \cdot 10^3$	$1,0 \cdot 10^{-7}$	$2,7 \cdot 10^0$	$7,2 \cdot 10^{-11}$	$2,1 \cdot 10^2$	$5,8 \cdot 10^{-9}$
99	Einsteinium	Es–253	$3,7 \cdot 10^4$	$1,0 \cdot 10^{-6}$	$3,3 \cdot 10^2$	$9,0 \cdot 10^{-9}$	$4,0 \cdot 10^4$	$1,1 \cdot 10^{-6}$
		Es–254m	$3,7 \cdot 10^4$	$1,0 \cdot 10^{-6}$	$2,9 \cdot 10^3$	$7,8 \cdot 10^{-8}$	$3,3 \cdot 10^4$	$9,0 \cdot 10^{-7}$
		Es–254	$3,7 \cdot 10^3$	$1,0 \cdot 10^{-7}$	$1,0 \cdot 10^1$	$2,8 \cdot 10^{-10}$	$2,4 \cdot 10^4$	$6,6 \cdot 10^{-7}$
		Es–255	$3,7 \cdot 10^3$	$1,0 \cdot 10^{-7}$	$2,2 \cdot 10^2$	$6,0 \cdot 10^{-9}$	$4,9 \cdot 10^4$	$1,3 \cdot 10^{-6}$
100	Fermium	Fm–254	$3,7 \cdot 10^5$	$1,0 \cdot 10^{-5}$	$3,6 \cdot 10^4$	$9,6 \cdot 10^{-7}$	$2,1 \cdot 10^5$	$5,8 \cdot 10^{-6}$
		Fm–255	$3,7 \cdot 10^4$	$1,0 \cdot 10^{-6}$	$6,0 \cdot 10^3$	$1,6 \cdot 10^{-7}$	$5,8 \cdot 10^4$	$1,6 \cdot 10^{-6}$
		Fm–256	$3,7 \cdot 10^4$	$1,0 \cdot 10^{-6}$	$9,8 \cdot 10^2$	$2,6 \cdot 10^{-8}$	$1,6 \cdot 10^3$	$4,3 \cdot 10^{-8}$
Nicht aufgeführte Radionuklide								
α-Strahler, Halbwertzeit ≤ 1 Stunde			$3,7 \cdot 10^5$	$1,0 \cdot 10^{-5}$	$2,2 \cdot 10^0$	$6,0 \cdot 10^{-11}$	$4,0 \cdot 10^3$	$1,1 \cdot 10^7$
α-Strahler, Halbwertzeit > 1 Stunde			$3,7 \cdot 10^3$	$1,0 \cdot 10^{-7}$				
β-Strahler, Halbwertzeit ≤ 1 Stunde			$3,7 \cdot 10^6$	$1,0 \cdot 10^{-4}$	$2,1 \cdot 10^3$	$5,7 \cdot 10^{-8}$		
β-Strahler, Halbwertzeit > 1 Stunde			$3,7 \cdot 10^4$	$1,0 \cdot 10^{-6}$				

Für mehrere Radionuklide oder ein Radionuklidgemisch bekannter Zusammensetzung sind die Freigrenze und der Grenzwert der Jahres-Aktivitätszufuhr als Summe der Nuklidanteile zu ermitteln. Die Summe der Verhältniszahlen aus der Aktivität und der Freigrenze bzw. der Jahres-Aktivitätszufuhr und dem Grenzwert der Jahres-Aktivitätszufuhr der einzelnen Radionuklide muß dafür 1 sein.

---

[1] Die Grenzwerte entsprechen 3/500 – für Iodisotope und für At–211 3/1000 – der in Tabelle IV.8 aufgeführten Grenzwerte für das kritische Organ für beruflich strahlenexponierte Personen der Kategorie A.

[2] Die Grenzwerte der Jahres-Aktivitätszufuhr gelten für Wasser und alle Tritiumverbindungen, die unspezifisch in den intermediären Stoffwechsel eingehen und deren Umsatzrate nicht größer als die des Wassers ist.

[3] Die Grenzwerte der Jahres-Aktivitätszufuhr gelten für Kohlendioxid und alle Kohlenstoffverbindungen, die unspezifisch in den intermediären Stoffwechsel eingehen und deren Umsatzrate nicht größer als die des Kohlendioxids ist.

[4] Grenzwerte der Jahres-Aktivitätszufuhr für nicht aufgeführte β-Strahler, deren Halbwertzeiten größer sind als 1 Stunde.

[5] Für natürliches Thorium beziehen sich die Aktivitätsangaben auf den Gehalt an Th–232. Die Freigrenze entspricht 10 g der Muttersubstanz. Das Aktivitätsverhältnis der Nuklide Th–232 und Th–228 ist 1:1.

[6] In Anbetracht der chemischen Toxizität löslichen Urans darf die Inhalation bzw. Ingestion 2,5 mg bzw. 150 mg je Tag nicht überschreiten, unabhängig von der Nuklidzusammensetzung.

[7] Für natürliches Uran (einschließlich abgereichertem Uran) beziehen sich die Aktivitätsangaben auf den Gehalt an U–238. Die Freigrenze entspricht 300 g der Muttersubstanz. Das Aktivitätsverhältnis der Nuklide U–238, U–234 und U–235 ist 1:1:0,05.

Fortsetzung Tabelle IV.9

b) Inhalation und Ingestion von Radionuklidgemischen unbekannter Zusammensetzung (die Grenzwerte sind bestimmt durch das möglicherweise noch enthaltene toxischste Nuklid)

Art des Gemisches	Grenzwerte für die Jahres-Aktivitätszufuhr über die Luft (Inhalation)	
	(1/s)	(Ci)
Beliebiges Gemisch	$3{,}3 \cdot 10^{-1}$	$9{,}0 \cdot 10^{-12}$
Beliebiges Gemisch, wenn Cm–248 unberücksichtigt bleiben kann[8)]	$6{,}2 \cdot 10^{-1}$	$1{,}7 \cdot 10^{-11}$
Beliebiges Gemisch, wenn Pa–231, Pu–239, Pu–240, Pu–242, Pu–244, Cm–248, Cf–249 und Cf–251 unberücksichtigt bleiben können[8)]	$1{,}1 \cdot 10^{0}$	$2{,}9 \cdot 10^{-11}$
Beliebiges Gemisch, wenn Ac–227, Th–230, Pa–231, Pu–238, Pu–239, Pu–240, Pu–242, Pu–244, Cm–248, Cf–249 und Cf–251 unberücksichtigt bleiben können[8)]	$2{,}2 \cdot 10^{0}$	$6{,}0 \cdot 10^{-11}$
Beliebiges Gemisch, wenn die Alpha-Strahler sowie Ac–227, Am–242m und Cf–254 unberücksichtigt bleiben können[8)]	$2{,}1 \cdot 10^{1}$	$5{,}7 \cdot 10^{-10}$
Beliebiges Gemisch, wenn die Alpha-Strahler sowie Pb–210, Ac–227, Ra–228, Pu–241, Am–242m und Cf–254 unberücksichtigt bleiben können[8)]	$2{,}2 \cdot 10^{2}$	$6{,}0 \cdot 10^{-9}$
Beliebiges Gemisch, wenn die Alpha-Strahler sowie Sr–90, I–129, Pb–210, Ac–227, Ra–228, Pa–230, Pu–241, Am–242m, Bk–249, Cf–253, Cf–254, Es–255 und Fm–256 unberücksichtigt bleiben können[8)]	$2{,}1 \cdot 10^{3}$	$5{,}7 \cdot 10^{-8}$

Art des Gemisches	Grenzwerte für die Jahres-Aktivitätszufuhr über Wasser und Nahrung (Ingestion)	
	(1/s)	(Ci)
Beliebiges Gemisch, falls keine Angaben über die Zusammensetzung zur Verfügung stehen	$2{,}1 \cdot 10^{1}$	$5{,}8 \cdot 10^{-10}$
Beliebiges Gemisch, wenn Ra–226 und Ra–228 unberücksichtigt bleiben können[8)]	$2{,}1 \cdot 10^{2}$	$5{,}8 \cdot 10^{-9}$
Beliebiges Gemisch, wenn I–129, Pb–210, Ra–226, Ra–228 und Cf–254 unberücksichtigt bleiben können[8)]	$7{,}1 \cdot 10^{2}$	$1{,}9 \cdot 10^{-8}$
Beliebiges Gemisch, wenn Sr–90, I–126, I–129, I–131, Pb–210, Po–210, At–211, Ra–223, Ra–226, Ra–228, Ac–227, Th–230, Th–232, Th–nat, Pa–231, U–232, U–238, U–nat, Cm–248, Cf–254 und Fm–256 unberücksichtigt bleiben können[8)]	$4{,}0 \cdot 10^{3}$	$1{,}1 \cdot 10^{-7}$

[8)] Ein Nuklid kann unberücksichtigt bleiben, wenn sein Anteil an der Jahres-Aktivitätszufuhr nur einen vernachlässigbaren Bruchteil des Grenzwertes nach Tabelle a) beträgt.

Fortsetzung Tabelle IV.9
c) Aktivitätskonzentration in Luft

z	Element	Radionuklid	Freigrenze		Grenzwerte für die mittlere jährliche Aktivitätskonzentration in Luft	
			(1/s)	(Ci)	(1/s m^3)	(Ci/m^3)
6	Kohlenstoff	C–11	$3{,}7 \cdot 10^6$	$1{,}0 \cdot 10^{-4}$	$1{,}3 \cdot 10^2$	$3{,}5 \cdot 10^{-9}$
7	Stickstoff	N–13	$3{,}7 \cdot 10^6$	$1{,}0 \cdot 10^{-4}$	$1{,}0 \cdot 10^2$	$2{,}8 \cdot 10^{-9}$
8	Sauerstoff	O–15	$3{,}7 \cdot 10^6$	$1{,}0 \cdot 10^{-4}$	$9{,}6 \cdot 10^1$	$2{,}6 \cdot 10^{-9}$
18	Argon	Ar–37	$3{,}7 \cdot 10^6$	$1{,}0 \cdot 10^{-4}$	$2{,}2 \cdot 10^5$	$6{,}0 \cdot 10^{-6}$
		Ar–41	$3{,}7 \cdot 10^5$	$1{,}0 \cdot 10^{-5}$	$8{,}0 \cdot 10^1$	$2{,}2 \cdot 10^{-9}$
36	Krypton	Kr–85m	$3{,}7 \cdot 10^5$	$1{,}0 \cdot 10^{-5}$	$3{,}1 \cdot 10^2$	$8{,}4 \cdot 10^{-9}$
		Kr–85	$3{,}7 \cdot 10^6$	$1{,}0 \cdot 10^{-4}$	$6{,}0 \cdot 10^2$	$1{,}6 \cdot 10^{-8}$
		Kr–87	$3{,}7 \cdot 10^5$	$1{,}0 \cdot 10^{-5}$	$5{,}1 \cdot 10^1$	$1{,}4 \cdot 10^{-9}$
54	Xenon	Xe–131m	$3{,}7 \cdot 10^6$	$1{,}0 \cdot 10^{-4}$	$8{,}9 \cdot 10^2$	$2{,}4 \cdot 10^{-8}$
		Xe–133	$3{,}7 \cdot 10^6$	$1{,}0 \cdot 10^{-4}$	$7{,}5 \cdot 10^2$	$2{,}0 \cdot 10^{-8}$
		Xe–135	$3{,}7 \cdot 10^5$	$1{,}0 \cdot 10^{-5}$	$2{,}2 \cdot 10^2$	$6{,}0 \cdot 10^{-9}$

Für Radionuklide und Nuklidgemische, für die die Inhalation grenzwertbestimmend ist, ergeben sich die Grenzwerte für die mittlere jährliche Aktivitätskonzentration durch Division der Grenzwerte für die Jahres-Aktivitätszufuhr durch das Jahres-Inhalationsvolumen von 7300 m^3. Zur Ermittlung der Grenzwerte für die mittlere jährliche Aktivitätskonzentration in Kontrollbereichen ist außer der höheren zulässigen Körperdosis für beruflich strahlenexponierte Personen auch die verkürzte Expositionszeit mit einem jährlichen Inhalationsvolumen von 2500 m^3 zu berücksichtigen.

IV.6. Richtlinien für kernchemische Laboratorien

Aus den Erfahrungen bei der Handhabung von Radionukliden und den gesetzlichen Bestimmungen resultieren allgemeine Richtlinien, die sich in den meisten kernchemischen Laboratorien als nützlich erwiesen haben. Diese Richtlinien betreffen die Einteilung der Räume in Meßräume, chemische Laboratorien und Lagerräume für Radionuklide, die Einrichtung der Laboratorien, die Handhabung der Radionuklide, die radioaktiven Abfälle, das Abwasser, die Abluft und die Strahlenschutzüberwachung. Sie richten sich in hohem Maße nach der Aktivität der Radionuklide, außerdem nach der Art der Strahlung. Man unterscheidet zweckmäßigerweise Laboratorien für niedrige Aktivitäten (Mikrocurie-Maßstab), Laboratorien für mittlere Aktivitäten (Millicurie-Maßstab) und Laboratorien für hohe Aktivitäten (Curie-Maßstab).

Die von der IAEA („International Atomic Energy Agency") vorgeschlagene Klassifizierung von Laboratorien und Arbeitsplätzen ist in Tabelle IV.10 aufgeführt. Der Typ C entspricht den Laboratorien für niedrige Aktivitäten (Mikrocurie-Maßstab), der Typ B den Laboratorien für mittlere Aktivitäten (Millicurie-Maßstab) und der Typ A den Laboratorien für hohe Aktivitäten (Curie-Maßstab).

Beim Umgang mit niedrigen Aktivitäten genügen normale chemische Laboratorien mit rillenfreien Fußböden, Tischen und Wänden sowie

Tabelle IV.10
Klassifizierung von Laboratorien und Arbeitsplätzen für offene radioaktive Stoffe (nach Empfehlungen der IAEA („International Atomic Energy Agency"); Technical Reports Series No. 15)[1]

Radiotoxizität der Radionuklide	Typ des Laboratoriums bzw. Arbeitsplatzes		
	Typ C (einfache Ausstattung)	Typ B (bessere Ausstattung)	Typ A („heißes" Laboratorium)
Sehr hoch	< 10 µCi	10 µCi–10 mCi	> 10 mCi
Hoch	< 100 µCi	100 µCi–100 mCi	> 100 mCi
Mittel	< 1 mCi	1 mCi–1 Ci	> 1 Ci
Niedrig	< 10 mCi	10 mCi–10 Ci	> 10 Ci

[1] Bei dieser Klassifizierung wird die Anwendung folgender Koeffizienten empfohlen:
× 100: Lagerung in verschlossenen, belüfteten Behältern
× 10: sehr einfache naßchemische Verfahren
× 1: übliche naßchemische Verfahren
× 0,1: naßchemische Verfahren, bei denen die Gefahr des Verschüttens besteht, und einfache trockene Verfahren
× 0,01: trockene Verfahren mit der Möglichkeit der Staubentwicklung

guter Raumentlüftung. Es ist sinnvoll, alle chemischen Operationen mit Radionukliden in Wannen auszuführen; für brennbare Abfälle stellt man beschriftete Eimer bereit, die einen Polyethylensack enthalten, für flüssige radioaktive Abfälle größere beschriftete Flaschen. Da alle Operationen mit dem Mund wegen der Gefahr der Inkorporation untersagt sind, verwendet man z. B. Spezialpipetten. Die Wannen werden meist mit Papier ausgekleidet und die Laboratoriumstische gegebenenfalls zusätzlich mit Papier belegt. Zum Abwischen der Pipetten und dergleichen benutzt man Papiertaschentücher oder Papiermull. Der Labormonitor, der in jedem Laboratorium vorhanden sein muß, dient zum Nachweis von radioaktiven Stoffen in und an den Laborgeräten sowie zur Prüfung der Hände und der Arbeitskleidung auf Radioaktivität.

Beim Umgang mit mittleren Aktivitäten sind sorgfältige Strahlenschutzmaßnahmen erforderlich. Zum Beispiel sind Ferngreifzangen bereitzustellen, außerdem Bleiziegel, Bleiglasfenster und andere Teile zum Aufbau von „Bleiburgen" für die Handhabung von γ-Strahlern bzw. Wände aus Plexiglas zur Abschirmung von β-Strahlern. Ferner ist die Benutzung von Gummihandschuhen zu empfehlen. Auch Dosimeter zur Messung der Dosisleistung müssen vorhanden sein. Für α-Strahler benutzt man Handschuhkästen, die für die betreffende chemische Operation eingerichtet sind und zu größeren Anlagen zusammengestellt werden können (vgl. Abschn. 12.5 und Abb. (12–20)). Die Behandlung des Abwassers und der radioaktiven Abfälle ist beim Umgang mit mittleren Aktivitäten ebenfalls von größerer Bedeutung; so muß Vorsorge getroffen werden für die Aufarbeitung des Abwassers und die Lagerung des radioaktiven Abfalls. Den Lagerräumen, der Raum- und Digestorienentlüftung, den Wascheinrichtungen sowie der Personen- und Laboratoriumskontrolle ist größere Aufmerksamkeit zu widmen. Die Gefahr der radioaktiven Verseuchung der Laboratorien ist im allgemeinen erheblich höher als die Strahlengefährdung der Mitarbeiter. Die Verseuchung (Kontamination) der Laboratorien und Meßplätze führt dazu, daß keine brauchbaren Messungen niedriger Aktivitäten mehr möglich sind. Dieser Zustand muß durch sorgfältiges Arbeiten und regelmäßige Laboratoriumskontrollen unbedingt vermieden werden. Eine gesundheitliche Gefährdung der Mitarbeiter tritt im allgemeinen erst bei höherer Kontamination und bei großer Nachlässigkeit ein.

Für die Handhabung hoher Aktivitäten sind Spezialeinrichtungen erforderlich. Zu diesem Zweck werden heiße Zellen errichtet und mit Geräten zur Fernbedienung ausgestattet (vgl. Abschn. 12.5 und Abb. (12–19)). Der Aufwand richtet sich nach der Aktivität und nach der Art der geplanten Arbeiten.

Kernchemische Operationen bedürfen einer sorgfältigen Vorbereitung. Die dafür erforderliche Zeit steigt im allgemeinen mit der Aktivität an. Alle Operationen sollen einfach und sicher sein. Dabei sind möglichst wenig Gefäße zu verwenden, um der Verschleppung der radioaktiven Stoffe vorzubeugen und die Reinigung zu erleichtern. Kochen radioaktiver Lösungen ist wegen der Gefahr des Versprühens unerwünscht. Geschlossene Gefäße sind vorzuziehen. Dem „aktiven" Versuch geht oft ein Blindversuch voraus. Die Reinigung der Gefäße erfolgt am zweckmäßigsten sofort nach Beendigung der Operationen, weil die Radionuklide allmählich in die Oberfläche von Glasgefäßen eindiffundieren und sich deshalb zu einem späteren Zeitpunkt oft nur sehr schwer entfernen lassen. Zur Dekontaminierung der Gefäße kann man eine Trägerlösung benutzen. Geräte, Arbeitsplatz, Hände und Kleidung müssen nach der Beendigung des Versuches sorgfältig auf Radioaktivität überprüft werden.

Zur Strahlenschutzüberwachung der in den Laboratorien tätigen Personen dienen Taschendosimeter (im allgemeinen Ionisationsdosimeter) und Filmdosimeter, in denen die Schwärzung eines photographischen Films gemessen wird. Die untere Nachweisgrenze dieser Dosimeter variiert zwischen etwa 1 und 40 mR. Außerdem werden fest installierte Hand-Fuß-Monitore aufgestellt, mit denen die äußere Kontamination gemessen werden kann. Bei dem Verdacht der Inkorporation von radioaktiven Stoffen erfolgt eine Kontrolle mit einem Ganzkörperzähler, der große Szintillationsdetektoren mit Natriumiodidkristallen von etwa 20 cm Durchmesser und 10 cm Höhe oder größere Mengen an flüssigen Szintillatoren enthält. Mit solchen Ganzkörperzählern („whole body counter") lassen sich γ-Strahler im Körper sehr empfindlich nachweisen. Einen wesentlichen Beitrag zu dieser γ-Strahlung liefert der natürliche Gehalt des Körpers an Kalium. Daneben können z. B. noch einige nCi Cs–137 quantitativ bestimmt werden.

Die Labormonitore werden vorzugsweise für die Überwachung des Arbeitsplatzes und der Geräte verwendet, aber auch zur Kontrolle der Hände und der Arbeitskleidung. Großflächenzähler (meistens Methandurchflußzähler) erlauben eine genauere Überprüfung des Arbeitsplatzes und des Fußbodens auf Kontamination. Als sehr zweckmäßig haben sich auch Wischtests erwiesen. Dabei wird die zu überprüfende Fläche mit einem Stück feuchten Filtrierpapier (oder einem ähnlichen Material) abgewischt, und das Filtrierpapier wird anschließend mit einem geeigneten Detektor gemessen.

Hinsichtlich des Abwassers ergeben sich verschiedene Möglichkeiten: das radioaktive Abwasser kann in den Laboratorien in beschrifteten Flaschen gesammelt werden; dann ist eine Sortierung und selektive Aufarbeitung möglich. Es kann aber auch einer zentralen Abwasseranlage für radioaktive Abwässer zugeleitet und dort weiterverarbeitet werden. Alle anderen Abwässer aus kernchemischen Laboratorien sind möglicherweise radioaktiv — z.B. infolge eines Versehens; deshalb ist eine Überprüfung notwendig. Wenn die Auflage vorliegt, daß die Aktivität des Abwassers nicht höher sein soll als der für Trinkwasser zugelassene Wert (z.B. 10^{-12} Ci/l*$^)$), sind sehr empfindliche Messungen erforderlich, denn 10^{-12} Ci/l entsprechen etwa der Radioaktivität von 1 mg Kalium pro Liter. Zum Vergleich seien noch folgende Werte angeführt: Quellwasser enthält maximal etwa 10^{-7} Ci/l, Flußwasser 10^{-11} Ci/l und Regenwasser (infolge von Kernwaffenversuchen) 10^{-8} Ci/l. Das sicherste Verfahren ist das Eindampfen einer Abwasserprobe von etwa 1 l und die Messung der Aktivität in einem großflächigen Durchflußzähler; dabei können bis zu etwa 10^{-13} Ci/l an α- und β-Strahlern erfaßt werden.

Im Abluftsystem von kernchemischen Laboratorien sind Filter eingesetzt, die radioaktive Schwebstoffe und Dämpfe zurückhalten. Diese Filter müssen auf Radioaktivität geprüft und in regelmäßigen Abständen erneuert werden. Auch eine kontinuierliche, automatische Überwachung der Abluft ist möglich, wobei die Radioaktivität durch einen Schreiber registriert wird.

Der radioaktive Abfall wird gesammelt, meist getrennt nach brennbaren und nicht brennbaren Bestandteilen. Abfälle, in denen sich nur Radionuklide mit kurzer Halbwertzeit befinden, lagert man zweckmäßigerweise so lange, bis die Aktivität abgeklungen ist; Abfälle, die langlebige Radionuklide enthalten, werden in Polyethylensäcken eingeschweißt, in Tonnen gesammelt und einer zentralen Sammelstelle für radioaktive Abfälle zugeführt.

Literatur zu Anhang IV

1. R.G. JAEGER, W. HÜBNER (Hrsg.): Dosimetrie und Strahlenschutz. Georg Thieme Verlag, Stuttgart 1974.
2. E. SAUTER: Grundlagen des Strahlenschutzes. Hrsg. Siemens AG, Berlin und München 1971.
3. V. SCHURICHT: Strahlenschutzphysik. VEB Deutscher Verlag der Wissenschaften, Berlin 1975.
4. A. MARTIN, S.A. HARBISON: An Introduction to Radiation Protection. Chapman and Hall Ltd., London 1972.

---

*$^)$ Berechnet nach Tabelle IV.9, Teil b), für ein beliebiges Radionuklidgemisch unter der Annahme einer Wasseraufnahme von etwa 2 l pro Tag.

Anhang IV.
Dosimetrie und
Strahlenschutz

5. H. SCHULTZ, H.-G. VOGT: Grundzüge des praktischen Strahlenschutzes. Verlag Karl Thiemig, München 1977.
6. M. OBERHOFER: Strahlenschutzpraxis, Umgang mit Strahlern. Verlag Karl Thiemig, München 1968.
7. M. OBERHOFER: Strahlenschutzpraxis, Meßtechnik. Verlag Karl Thiemig, München 1972.
8. D. NACHTIGALL: Physikalische Grundlagen für Dosimetrie und Strahlenschutz. Verlag Karl Thiemig, München 1971.
9. B. RAJEWSKY: Strahlendosis und Strahlenwirkung. Verlag Georg Thieme, Stuttgart 1956.
10. B. RAJEWSKY: Wissenschaftliche Grundlagen des Strahlenschutzes. Verlag G. Braun, Karlsruhe 1957.
11. D. NACHTIGALL: Tabelle spezifischer Gammastrahlenkonstanten. Verlag Karl Thiemig, München 1969.
12. C. DIMITRIJEVIĆ: Praktische Berechnung der Abschirmung von radioaktiver und Röntgen-Strahlung. Verlag Chemie, Weinheim 1972.
13. K.H. LINDACKERS: Praktische Durchführung von Abschirmungsberechnungen. Verlag Karl Thiemig, München 1962.
14. K. AURAND, H. BÜCKER, O. HUG, W. JACOBI, A. KAUL, H. MUTH, W. POHLIT, W. STAHLHOFEN: Die natürliche Strahlenexposition des Menschen, Grundlage zur Beurteilung des Strahlenrisikos. Georg Thieme Verlag, Stuttgart 1974.
15. K. AURAND (Hrsg.): Kernenergie und Umwelt. Erich Schmidt Verlag, Berlin 1976.
16. N.W. HOLM, R.J. BERRY: Manual on Radiation Dosimetry. Marcel Dekker, Inc., New York 1970.
17. F.H. ATTIX, W.C. ROESCH, E. TOCHILIN (Hrsg.): Radiation Dosimetry, Second Edition, Vol. I–III and Supplement I. Academic Press, New York–London 1968/1966/1969/1972.
18. K. BECKER, A. SCHARMANN: Einführung in die Festkörperdosimetrie. Verlag Karl Thiemig, München 1975.
19. K. BECKER: Filmdosimetrie, Grundlagen und Methoden der photographischen Verfahren zur Strahlendosismessung. Springer Verlag, Berlin 1962.
20. H. KIEFER, R. MAUSHART: Überwachung der Radioaktivität in Abwasser und Abluft. B.G. Teubner Verlagsgesellschaft, Stuttgart 1967.
21. Sicherheit Kerntechnischer Einrichtungen und Strahlenschutz. Hrsg.: Der Bundesminister des Innern, Bonn, 2. Auflage 1974.
22. Umweltradioaktivität und Strahlenbelastung. Jahresberichte (1972, 1974, 1976, 1977). Hrsg.: Der Bundesminister des Innern, Bonn.
23. Gesetz über die friedliche Verwendung der Atomenergie und den Schutz gegen ihre Gefahren. (Atomgesetz), BGBl. I, 1959, 1976, S. 3053 (Neufassung).
24. Verordnung über den Schutz vor Schäden durch ionisierende Strahlen (Strahlenschutzverordnung — StrlSchV), BGBl. I, 1976, Nr. 125, S. 2905. Berichtigung der Strahlenschutzverordnung, BGBl. I, 1977, S. 184. Berichtigung der Strahlenschutzverordnung, BGBl. I, 1977, S. 269.
25. W. BÄCK, O. HINRICHS: Strahlenschutzrecht (Loseblattsammlung), Hauptband und Ergänzungsband 1. Deutscher Fachschriften-Verlag, Wiesbaden 1964/1978.
26. H. SCHMATZ, H. NÖTHLICHS: Strahlenschutz. Radioaktive Stoffe — Röntgengeräte — Beschleuniger (Loseblattsammlung), 2., neubearbeitete Auflage. Erich Schmidt Verlag, Berlin 1977.

Anhang V.

Häufiger verwendete Symbole

		Abschnitt	
A	Massenzahl	1.2.	
A	Gesamttrennfaktor (Gesamtanreicherung)	4.2.	Gl. (4.6)
A	Aktivität (Zerfallsrate)	5.4.	Gl. (5.14)
A_S	spezifische Aktivität	5.4.	Gl. (5.19)
a	Jahr		
BE	Bindungsenergie	1.5.	Gl. (1.2)
δBE	partielle Bindungsenergie	1.6.	Gl. (1.15)
B	magnetische Flußdichte	4.6.	Gl. (4.10)
b	barn	8.6.	Gl. (8.61)
Ci	Curie	5.4.	Gl. (5.16)
D	Energiedosis	10.3.	Gl. (10.16)
D_q	Äquivalentdosis	IV.1.	Gl. (IV.6)
d	Deuteron		
d	Tag		
d	Schichtdicke	6.3.1.	Gl. (6.8)
$d_{1/2}$	Halbwertsdicke	6.4.1.	Gl. (6.15)
E	Energie		
E_S	Schwellenenergie	5.2.	
e	elektrische Elementarladung		
f	Spaltung (fission)	8.9.	Gl. (8.131)
H	Magnetische Feldstärke	4.6.	
H	Häufigkeit	8.7.	Gl. (8.78)
h	Plancksches Wirkungsquantum	2.3.	Gl. (2.7)
h	Stunde		
I	Kernspin	2.4.	
I	Impulsrate	5.5.	Gl. (5.22)
ipm	Impulse pro Minute	5.5.	Gl. (5.23)
I.U.	Isomere Umwandlung	5.2.	
J	Ionendosis	IV.1.	Gl. (IV.3)
K	Gleichgewichtskonstante	3.3.	Gl. (3.33)
K_d	Verteilungskoeffizient	13.3.	Gl. (13.21)
K_h	homogener Verteilungskoeffizient	13.4.	Gl. (13.31)
K_l	logarithmischer Verteilungskoeffizient	13.4.	Gl. (13.32)
k_B	Boltzmann-Konstante	3.2.	Gl. (3.22)
LET	Energieverlust pro Wegeinheit („linear energy transfer")	10.3.	Gl. (10.19)
M	Nuklidmasse bzw. Molmasse	1.6.	
δM	Massendefekt	1.6.	Gl. (1.12)
m	Masse	1.6.	Gl. (1.9)

Anhang V.

Symbol	Bedeutung	Abschnitt	Gleichung
m_0	Ruhemasse	1.6.	Gl. (1.9)
m_e	Masse des Elektrons	2.5.	Gl. (2.16)
min	Minute		
N	Zahl der Neutronen	1.3.	
N	Zahl der Atome	5.3.	Gl. (5.7)
N_{Av}	Avogadro-Konstante	2.1.	Gl. (2.3)
n	Neutron		
P	Zahl der Protonen	1.3.	
p	Proton		
R	Gaskonstante	3.2.	Gl. (3.14)
R	Reichweite	6.2.1.	Gl. (6.4)
R	Röntgen (Einheit der Ionendosis)	10.3.	
rd	Rad (Einheit der Energiedosis)	10.3.	
rem	Rem (Einheit der Äquivalentdosis)	IV.1.	Gl. (IV.7)
r_K	Kernradius	2.1.	Gl. (2.2)
s	Sekunde		
s	Spallation (Kernsplitterung)	8.10.	
T_f	Trennfaktor	13.3.	Gl. (13.28)
t	Triton		
t	Zeit		
$t_{1/2}$	Halbwertzeit	5.3.	Gl. (5.9)
tps	Transmutationen pro Sekunde	5.4.	
u	atomare Masseneinheit	1.6.	
Z	Ordnungszahl	1.2.	Gl. (1.1)
α	Austauschkoeffizient (Verteilungskoeffizient)	3.3.	Gl. (3.36)
α	Trennfaktor	4.2.	Gl. (4.3)
α	Alphateilchen		
β	Betateilchen (β^- = Elektron, β^+ = Positron)		
γ	Gammaquant		
η	Zählausbeute	5.5.	Gl. (5.22)
λ	Zerfallskonstante	5.3.	Gl. (5.7)
λ	Austauschgrad	15.5.3.	Gl. (15.33)
μ	reduzierte Masse	3.1.	Gl. (3.4)
μ	Absorptionskoeffizient	6.3.1.	Gl. (6.8)
μ_B	Bohrsches Magneton	2.5.	Gl. (2.16)
μ_K	Kernmagneton	2.5.	Gl. (2.17)
ν_e	Elektronneutrino	2.3.	
$\bar{\nu}_e$	Elektronantineutrino	2.3.	
ν	Zahl der bei der Spaltung freiwerdenden Neutronen	7.1.4.	Gl. (7.17)
σ	Standardabweichung	6.5.6.	Gl. (6.39)
σ	Wirkungsquerschnitt	8.6.	Gl. (8.60)
Σ	makroskopischer Wirkungsquerschnitt	8.6.	Gl. (8.67)
τ	mittlere Lebensdauer	5.3.	Gl. (5.12)
Φ	Flußdichte	8.6.	Gl. (8.60)

Anhang VI.

Lösungen der Übungsaufgaben

Lösungen der Übungsaufgaben

Kapitel 1

3. Anleitung: Vergleich der isobaren Nuklide mit den Ordnungszahlen Z = 60, 61 und 62.

5. Molmasse des Oxids 310; 7. Nebengruppe des Periodensystems; Ähnlichkeit mit dem Rhenium; A ≈ 99.

7. Al–27, I–127 und Hg–204.

8. 1,0078214; 2,0140950; 15,9949076.

9. a) Proton: Faktor 1,001; b) Elektron: Faktor 4,15.

10. a) Deuteron: 1,11 MeV; b) α-Teilchen: 7,07 MeV.

11. 15,96 MeV; 12,85 MeV; 8,33 MeV; 10,31 MeV.

12. 1,60 MeV.

Kapitel 2

2. $T_z = 0$; $T_z = 10^{1}/_2$; $T_z = 27$.

3. 1/931,55 u bzw. $1,78 \cdot 10^{-27}$ g.

4. $I = 0$ (g, g-Kerne).

5. Anleitung: $j(\text{Proton}) = j(\text{Elektron}) = \frac{1}{2}\frac{h}{2\pi}$.

6. $a : b = 1,29 : 1$.

Kapitel 3

1. $p_{H_2O}/p_{D_2O} = 1,154$ (20 °C) bzw. 1,051 (100 °C).

2. 1,154553 bzw. 1,000758.

3. $k_1/k'_1 \approx 1,0061$.

4. $K \approx 2,43$; $K' \approx 2,44$.

5. $5,23 \cdot 10^{-3}$ m/s.

Kapitel 4

1. Mindestzahl der erforderlichen Stufen 1663; Gesamtanreicherung 1241.

2. 1,225 bzw. 1,0308.
3. $r = 17,5$ cm bzw. 18,9 cm.
4. 1 cm [r(Pu–239) = 60,96 cm, r(Pu–242) = 61,34 cm].
5. $\alpha = 1,0806$; dies entspricht 18,1 Stufen einer Gasdiffusionsanlage.
6. a) 257; b) 14,1.
7. 30,8.
8. 126.
9. 31,1 °C.

Kapitel 5

1. 91,9 keV bzw. 4,27 MeV.
2. 741.
3. $1,04 \cdot 10^{-4}$ g; $2,25 \cdot 10^{-1}$ g; $1,15 \cdot 10^{-7}$ g; $2,34 \cdot 10^{-5}$ g; $8,06 \cdot 10^{-6}$ g.
4. $3,36 \cdot 10^{-7}$ Ci/g; $2,31 \cdot 10^{4}$ Ci/g; $6,87 \cdot 10^{8}$ Ci/g; $6,26 \cdot 10^{-3}$ Ci/g.
5. $1,68 \cdot 10^{-2}$ Ci/mg; $1,84 \cdot 10^{3}$ Ci/mg; $3,83 \cdot 10^{4}$ Ci/mg; $8,70 \cdot 10^{-7}$ Ci/mg; $3,36 \cdot 10^{-10}$ Ci/mg.
6. a) $1,11 \cdot 10^{5}$ ipm; b) 666 ipm.
7. 25,8 min (I–128); 2,32 h (I–132 oder Br–83); Verhältnis der Anfangsimpulsraten 10000 : 10000.
8. $1,405 \cdot 10^{10}$ a.
9. $1,79 \cdot 10^{-4}$ mg.
10. $1,011 \cdot 10^{-5}$ mg
11. 6,63 bzw. 0,870.
12. nach 440 d; maximale Aktivität des Nb–95 nach 67,4 d.
13. a) 160 d; b) 51,9 h.
14. Anleitung: vgl. Abb. (5–13) — mehrere aufeinanderfolgende Umwandlungen.
15. Partielle Zerfallskonstanten $0,69 \cdot 10^{-4}$ s^{-1} bzw. $1,22 \cdot 10^{-4}$ s^{-1}; zu Beginn $7,99 \cdot 10^{4}$ α-Zerfälle/min und $1,42 \cdot 10^{5}$ β-Zerfälle/min; nach 3 h $1,02 \cdot 10^{4}$ α-Zerfälle/min und $1,81 \cdot 10^{4}$ β-Zerfälle/min.
16. Mengenverhältnis $2,63 \cdot 10^{-8}$; Aktivitätsverhältnis $1,38 \cdot 10^{-2}$.

Kapitel 6

1. 800 mg/cm² (P–32); 195 mg/cm² (Sr–90); 1070 mg/cm² (Y–90); 1150 mg/cm² (Pa–234m).
2. Cs–137.
3. $2,97 \cdot 10^{8}$ m/s.
4. 15,5 %.

5. 0,169 bzw. 0,0278.
6. 14,1 Watt.
7. 600 µs.
8. $\eta = 0,0085$.
9. a) und b) flüssige Szintillatoren oder Gaszählrohr; c) Proportionalzähler (dünne Präparate) oder flüssige Szintillatoren; d) Szintillationszähler oder Germanium (Li)-Detektoren
10. $\sigma = \pm 10; \pm 31,6; \pm 100; \pm 316$; Fehler 10%; 3,2%; 1%; 0,32%.

Kapitel 7

1. nein; nein; nein; ja; nein; ja; nein; ja.
2. 1,96 MeV.
3. 57,5% der Lichtgeschwindigkeit; $1,06 \cdot 10^{-10}$ cm bzw. $9,32 \cdot 10^{-11}$ cm.
4. $\lg ft = 2,5$, begünstigt; $\lg ft = 9,0$, erlaubt (l-verboten); $\lg ft = 8,1$, erlaubt (l-verboten); $\lg ft = 4,8$, erlaubt (normal).
5. 4,01 (gemessen 83% ε; 15% β$^+$); 1,66 (gemessen 43% ε; 19% β$^+$); 0,74 (gemessen 52% ε; 46% β$^+$); 0,82 (gemessen ≈ 50% ε; ≈ 50% β$^+$).
6. Br–80m $5,3 \cdot 10^{-6}$ s^{-1} und $1,4 \cdot 10^{11}$ s^{-1}; Rb–81m $2,1 \cdot 10^{-2}$ s^{-1}; Ce–139m $1,3 \cdot 10^{-2}$ s^{-1}.
7. $2,5 \cdot 10^{-10}$ s^{-1} bzw. $8,07 \cdot 10^{-9}$ s^{-1}.

Kapitel 8

2. + 6,987 MeV   + 8,031 MeV
   + 0,615 MeV   − 1,624 MeV
   − 10,43 MeV   − 18,72 MeV
   − 1,644 MeV   − 8,502 MeV
   + 0,559 MeV   + 1,269 MeV
4. z. B. ^{19}F(n, 2n)^{18}F; ^{19}F(γ, n)^{18}F; ^{16}O(t, n)^{18}F; ^{18}O(p, n)^{18}F.
5. ^{35}Cl(n, γ)^{36}Cl ^{85}Rb(γ, 2n)^{83}Rb
   ^{37}Cl(γ, n)^{36}Cl ^{84}Sr(γ, n)^{83}Sr $\xrightarrow{\beta^+}$ ^{83}Rb
   ^{59}Co(γ, n)^{58}Co ^{146}Nd(n, γ)^{147}Nd $\xrightarrow{\beta^-}$ ^{147}Pm
   ^{59}Co(n, γ)^{60}Co ^{197}Au(p, n)^{197}Hg
6. a) $1,81 \cdot 10^{-8}$ cm (193,5 K);
   b) $2,86 \cdot 10^{-11}$ cm ($7,74 \cdot 10^7$ K);
   c) $9,04 \cdot 10^{-13}$ cm ($7,74 \cdot 10^{10}$ K).
7. 3,02 MeV   12,42 MeV
   2,57 MeV   10,46 MeV
   5,05 MeV   12,96 MeV
   18,75 MeV 10,42 MeV
8. 3,5 MeV bzw. 22 MeV.

9. a) ^{59}Co(n,γ)^{60m}Co $\xrightarrow[10,47\,\text{min}]{\text{I.U.}}$ ^{60}Co

   ^{59}Co(n,γ)^{60}Co

   b) 12,62 Ci
   c) 10,22 Ci/g
   d) 285 d.

10. 97,4 b.

11. $2,62 \cdot 10^{-6}$ g ($2,43 \cdot 10^{-3}$ Ci/g);
    nach einer Woche $6,56 \cdot 10^{-6}$ g ($6,08 \cdot 10^{-3}$ Ci/g).

12. $0,975 \cdot 10^{-9}$ g ($3,27 \cdot 10^{-6}$ Ci/g).

13. Deuterium-Zyklus: 0,931 MeV; 5,494 MeV; 12,860 MeV;
    Kohlenstoff-Stickstoff-Zyklus: 3,653 MeV; 7,551 MeV; 9,540 MeV; 4,966 MeV.

Kapitel 9

1. 71,8 keV.
2. 8,26 eV $\simeq$ 797 kJ/mol; ja.
3. 0,063 eV.
4. 395 eV.
5. 17,2 keV.
6. 523 keV bzw. 71,3 keV.
7. ^{132}TeO$_4^-$ $\xrightarrow{\beta^-}$ (^{132}IO$_4^-$); maximale Rückstoßenergie 1,08 eV $\simeq$ 104 kJ/mol (Energie der Bindung Te–0 > 250 kJ/mol); Differenz der Bindungsenergie der Elektronen für ein freies Telluratom und ein freies Iodatom 4,8 keV: infolgedessen Anregungsenergie einige 100 eV; wahrscheinlich Übergang des I in niedere Oxidationsstufen.
8. ^{35}Cl(n,p)^{35}S; ^{34}S(n,γ)^{35}S und Ausnutzung des Szilard-Chalmers-Effektes (z. B. durch Bestrahlung in CS_2, organischen Sulfiden, Sulfaten).
9. S–35: 0,750 keV $\simeq$ $7,23 \cdot 10^4$ kJ/mol $\simeq$ $8,70 \cdot 10^6$ K;
   C–14: 42,0 keV $\simeq$ $4,05 \cdot 10^6$ kJ/mol $\simeq$ $4,88 \cdot 10^8$ K;
   d.h. die chemischen Bindungen werden in beiden Fällen gesprengt.
10. $1,757 \cdot 10^5$ ipm.
11. 59,0 d.

Kapitel 10

1. $1,2 \cdot 10^3$ rd/h.
2. 4,0.
3. $2,1 \cdot 10^4$ rd/h.

Kapitel 11

1. 210,67 MeV und 174,43 MeV.
2. $3,29 \cdot 10^{16}$.

3. 2730 MWd.
4. $D_2O > C > Be\text{--}9 > H_2O$.
5. a) 2,04; b) 40 cm.
6. 75,8 d.
7. a) $7,5 \cdot 10^{10}$ Ci; b) $6 \cdot 10^7$ Ci; c) $3 \cdot 10^6$ Ci.
8. $1,25 \cdot 10^6$ Ci; 9,00 kg.
9. $2,50 \cdot 10^7$ Ci.
10. 2,34 g.
11. 3,78 kg; 11,39 g.

Kapitel 12

1. a) A_S (B–12) = 4,06 Ci/g; b) A_S (B–12) = 6,05 Ci/g.
2. 16,38 bzw. 0,996.
3. 50 (2-malige Beschleunigung während eines Umlaufes).
4. $2,3 \cdot 10^8$ cm^{-2} s^{-1}.

Kapitel 13

1. Cu–64: 239 mCi/g Cu bzw. 60,8 mCi/g $CuSO_4 \cdot 5\,H_2O$;
   S–35: 24,3 µCi/g S bzw. 3,12 µCi/g $CuSO_4 \cdot 5\,H_2O$.
2. P–32: 5,54 µCi pro g Schwefel; Fe–59: 0,25 µCi pro g Kobalt.
3. 0,326 mCi.
4. a) 81,1%; b) 97,2%.
5. a) 88,4%; b) 99,59%; c) 99,999%.
6. a) $2,69 \cdot 10^{-2}$ mCi/g Chlor; b) $9,55 \cdot 10^{-4}$ mCi/mmol.

Kapitel 14

1. Aus Spaltproduktlösungen (Extraktion; Destillation des Tc_2O_7); durch Kernreaktionen, z. B.

$$^{98}\text{Mo}(n,\gamma)^{99}\text{Mo} \xrightarrow[66\text{ h}]{\beta^-} {}^{99m}\text{Tc} \xrightarrow[6,0\text{ h}]{\text{I.U.}} {}^{99}\text{Tc};$$

$$^{98}\text{Mo}(p,n)^{98}\text{Tc};$$

$$^{96}\text{Ru}(n,\gamma)^{97}\text{Ru} \xrightarrow[2,9\text{ d}]{\varepsilon} {}^{97m}\text{Tc} \xrightarrow[87\text{ d}]{\text{I.U.}} {}^{97}\text{Tc}.$$

2. $^{237}\text{Np}(n,\gamma)^{238}\text{Np} \xrightarrow[2,1\text{ d}]{\beta^-} {}^{238}\text{Pu}$; $^{239}\text{Pu}(n,2n)^{238}\text{Pu}$;

$$^{238}\text{U}(d,2n)^{238}\text{Np} \xrightarrow[2,1\text{ d}]{\beta^-} {}^{238}\text{Pu}.$$

3. $1,39 \cdot 10^{-3}$ g.
4. Pu–244: $^{238}\text{U}(\alpha,\gamma)^{242}\text{Pu}(n,\gamma)^{243}\text{Pu}(n,\gamma)^{244}\text{Pu}$;

$$^{244m_1}\text{Am} \xrightarrow[26\text{ min}]{\varepsilon} {}^{244}\text{Pu};$$

$$^{238}\text{U}(\alpha,n)^{241}\text{Pu} \xrightarrow{3 \times (n,\gamma)} {}^{244}\text{Pu};$$

Cm–244: $^{239}\text{Pu}(n,\gamma)^{240}\text{Pu}(\alpha,\gamma)^{244}\text{Cm}$;
$^{240}\text{Pu}(n,\gamma)^{241}\text{Pu}(\alpha,n)^{244}\text{Cm}$;
$^{243}\text{Pu}(d,n)^{244}\text{Am} \xrightarrow[10{,}1\ \text{h}]{\beta^-} {}^{244}\text{Cm}$;

$^{242}\text{Pu}(n,\gamma)^{243}\text{Pu} \xrightarrow[4{,}956\ \text{h}]{\beta^-} {}^{243}\text{Am}(n,\gamma)^{244}\text{Am} \xrightarrow[10{,}1\ \text{h}]{\beta^-} {}^{244}\text{Cm}$.

5. a) Mg-Ionen ($E \geqslant 124$ MeV) $^{239}\text{Pu} + {}^{24}\text{Mg} \longrightarrow {}^{263-x}106 + x\,n$;
b) Ne-Ionen ($E \geqslant 107$ MeV) $^{244}\text{Cm} + {}^{20}\text{Ne} \longrightarrow {}^{264-x}106 + x\,n$.

6. z. B.: Es + C $\longrightarrow$ 105; Np + Mg $\longrightarrow$ 105; U + Al $\longrightarrow$ 105; Ähnlichkeit mit Ta.

Kapitel 15

1. 0,88 %.
2. 2,1 min.
3. 1,75 g H_3PO_4.
4. $1{,}71 \cdot 10^{-3}$ µCi/g.
5. $4{,}42 \cdot 10^{-8}$ mg ($4{,}42 \cdot 10^{-4}$ ppm).
6. a) Bestrahlung mit Neutronen (3 – 6 h); Messung des Cl–38; Nachweisgrenze $5{,}60 \cdot 10^{-10}$ g.

   b) Bestrahlung mit 14 MeV-Neutronen (10 – 30 s); Messung der γ-Strahlung des N–16 — oder Bestrahlung mit Tritonen (einige h); Messung der β^+-Strahlung des F–18 bzw. der Vernichtungsstrahlung.

   c) Bestrahlung mit Neutronen (einige d); Trennung Fe/Zr (Zr wird ebenfalls verhältnismäßig stark aktiviert); Messung des Fe–59; Nachweisgrenze $2{,}40 \cdot 10^{-7}$ g.

7. $3{,}18 \cdot 10^4$ cm^2.
8. $1{,}52 \cdot 10^9$ a.
9. $8{,}65 \cdot 10^7$ a.

Quellenverzeichnis

Mit freundlicher Genehmigung wissenschaftlicher Gesellschaften als Inhaber bzw. Verwalter der Urheber- und Verlagsrechte sind aus den folgenden Publikationen nachstehend bezeichnete Bilder und eine Tabelle entlehnt worden.

Balke, S.: Kernkraftwerke und Industrie. Bad Godesberg 1966.
 (11–11)
 genehmigt durch das Deutsche Atomforum e.V., Bonn.

Schmidt, J. J.: Neutron Cross Sections for Fast Reactor Materials, Part III. Karlsruhe 1962.
 Tab. (11–6)
 genehmigt durch die Gesellschaft für Kernforschung m.b.H., Karlsruhe.

Physical Review
 (6–4), (6–6), (6–8), (6–14), (7–2), (7–13), (7–14), (7–18), (7–19), (7–28), (8–8), (8–24), (9–12), (13–1)
 genehmigt durch das American Institute of Physics, New York; Brookhaven National Laboratory, Brookhaven.

Proceedings Series, Chemical Effects of Nuclear Transformations, Vol. I. Wien 1961.
 (9–10)
 genehmigt durch International Atomic Energy Agency, Wien.

Kraftwerk Union Aktiengesellschaft, Erlangen (11–9).

Allgemeine Literaturhinweise

1. Handbücher

Landolt-Börnstein

Zahlenwerte und Funktionen aus Naturwissenschaften und Technik, Gruppe I–IV. Gesamtherausgabe: K.H. HELLWEGE. Springer-Verlag, Berlin–Göttingen–Heidelberg 1961 ff.

Zahlenwerte und Funktionen aus Physik, Chemie, Astronomie, Geophysik und Technik, 6. Aufl., Bd. I–III. Hrsg. A. EUCKEN, K.H. HELLWEGE. Springer-Verlag, Berlin–Göttingen–Heidelberg, 1950 ff.

Handbuch der Physik

Gruppe I ff. Hrsg. S. FLÜGGE. Springer-Verlag, Berlin–Göttingen–Heidelberg 1955 ff.

Nuclear Data Sheets

The National Academy of Science – National Research Council, Washington 1954–1965.

Nuclear Data

Section A, Academic Press, New York–London; **1** (1965) – **4** (1968).

Nuclear Data Tables

Section A, Academic Press, New York–London; **5** (1968) – **11** (1973)

Atomic Data and Nuclear Data Tables

Academic Press, New York–London; **12** (1973) ff.

Nuclear Data

Section B, Academic Press, New York–London; **1** (1966) – **2** (1968).

Nuclear Data Sheets

Section B, Academic Press, New York–London; **3** (1969) – **8** (1972)

Nuclear Data Sheets

Academic Press, New York–London; **9** (1973) ff.

Table of Istopes

Hrsg. C.M. LEDERER and V.S. SHIRLEY; 7. Aufl., John Wiley and Sons, New York 1978.

Monographs on the Radiochemistry of the Elements

Hrsg. W.W. MEINKE: Subcommittee on Radiochemistry, National Academy of Sciences. National Research Council.
Nuclear Science Series NAS–NS 3001–3058 u. ff.

Selected Reference Material on Atomic Energy
- Research Reactors
- Reactor Handbook: Physics
- Reactor Handbook: Engineering
- Reactor Handbook: Materials
- Neutron Cross Sections
- Chemical Processing and Equipment

U.S. Atomic Energy Commission, McGraw-Hill Book Comp. Inc., New York–Toronto–London 1955.

2. Zeitschriften

Radiochimica Acta
  Frankfurt; **1** (1962) ff.

Journal of Inorganic and Nuclear Chemistry
  Oxford; **1** (1955) ff.

Inorganic and Nuclear Chemistry Letters
  Oxford; **1** (1965) ff.

International Journal of Applied Radiation and Isotopes
  London; **1** (1956/57) ff.

Journal of Labelled Compounds
  Brüssel; **1** (1965) – **11** (1975).

Journal of Labelled Compounds and Radiopharmaceuticals
  London; **12** (1976) ff.

Journal of Radioanalytical Chemistry
  Amsterdam; **1** (1968) ff.

Radioanalytical Chemistry
  Lausanne–Budapest; **1** (1968) ff.

Radiochemical and -analytical Letters
  Lausanne–Budapest; **1** (1969) ff.

Radiochemistry (Übers. v. Radiochimija)
  London; **1** (1960) – **3** (1962)

Soviet Radiochemistry (Übers. v. Radiochimija)
  New York; **4** (1962) ff.

Nuclear Physics
  Amsterdam; **1** (1956) – **89** (1966).

Nuclear Physics, Section A
  Amsterdam; **90** (1967) ff.

Nuclear Physics, Section B
  Amsterdam; **1** (1967) ff.

Kerntechnik
  München; **1** (1959) ff.

Atompraxis
   Karlsruhe; **1** (1955) – **16** (1970)

Isotopenpraxis
   Berlin; **1** (1965) ff.

Atomkernenergie
   München; **1** (1956) ff.

Nuclear Energy
   London; **17** (1978) ff.

Die Atomwirtschaft
   Düsseldorf; **1** (1956) – **9** (1964)

Atomwirtschaft, Atomtechnik
   Düsseldorf; **10** (1965) ff.

Nuclear Fusion
   Wien; **1** (1960) ff.

Nuclear Instruments and Methods
   Amsterdam; **1** (1957) ff.

Radiation Physics and Chemistry
   Oxford; **1** (1969) ff.

3. Übersichtsartikel (Reviews)

Annual Review of Nuclear Science
   Palo Alto; **1** (1952) ff.

Annual Review of Physical Chemistry
   Palo Alto; **1** (1950) ff.

Atomic Energy Review
   Wien; **1** (1963) ff.

International Review of Science
   Inorganic Chemistry, Ed. H.J. EMELÉUS
   Series One, **1–10** (1972); Butterworths, London – University Park Press, Baltimore
   Series Two, **1–10** (1975); Butterworths, London – University Park Press, Baltimore.

Advances in Inorganic Chemistry and Radiochemistry
   Vol. **I** (1959) ff. Hrsg.: H.J. EMELÉUS, A.G. SHARPE, Academic Press, New York.

Advances in Nuclear Science and Technology
   New York; **1** (1962) ff.

Progress in Nuclear Energy
   Series I – Series XII, Pergamon Press, London (1956) ff.

Progress in Nuclear Physics
   Oxford; **1** (1950) ff.

Physical Review
   New York, Ser. II: **1** (1913) ff.

Allgemeine Literaturhinweise

4. Berichte von Konferenzen und Symposien

Proceedings of the First International Conference on the Peaceful Uses of Atomic Energy, Genf 1955.

Proceedings of the Second International Conference on the Peaceful Uses of Atomic Energy, Genf 1958.

Proceedings of the Third International Conference on the Peaceful Uses of Atomic Energy, Genf 1964.

Proceedings of IAEA Meetings, International Atomic Energy Agency, Wien, 1959 ff.

5. Publikationen der International Atomic Energy Agency (IAEA), Wien

Proceedings of IAEA Meetings, 1959 ff. (vgl. unter 4.).

Atomic Energy Review, 1 (1963) ff. (vgl. unter 3.).

Panel Proceedings Series

Safety Series, 1 (1958) ff.

Technical Directories

Technical Report Series (1960) ff.

Bibliographical Series (1961) ff.

Review Series (1960) ff.

INIS Reference Series.

6. Dokumentationen

Nuclear Science Abstracts
  Oak Ridge, Tenn., USA; **1** (1948) – **33** (1976)

Energy Research Abstracts
  Washington, D.C.; **1** (1976) ff.

INIS Reference Series (vgl. unter 5.)

International Atomic Energy Agency (IAEA), Wien.

Informationen zur Kernforschung und Kerntechnik
  Fachinformationszentrum Energie Physik Mathematik GmbH, Karlsruhe (früher ZAED)

Atomkernenergie – Dokumentation beim Gmelin-Institut Frankfurt a. M.

Namenregister

ABELSON, P. H. 528
ANDERSON, C. D. 31
ASTON, F. W. 22
AUGER, P. 338

BEAMS, J. W. 83
BECKER, E. W. 81
BECQUEREL, H. 1, 107
BERZELIUS, J. J. 6
BIGELEISEN, J. 61, 62, 63, 68
BLATT, J. M. 250
BOHR, N. 272
BREIT, G. 275

CALVIN, M. 619
CHADWICK, J. 29, 31, 239, 251
CHALMERS, T. A. 326, 344, 345, 351, 481
CLUSIUS, K. 80, 81
COCKCROFT, J. D. 445
CONDON, E. U. 210
CORYELL, C. D. 523
CUNNINGHAM, B. B. 530
CURIE, Marie 1, 6, 107, 365, 484
CURIE, Pierre 1, 6, 484

DICKEL, G. 80

EINSTEIN, A. 20, 529
EYRING, H. 61

FAJANS, K. 107, 195, 527
FERMI, E. 31, 217, 220, 326, 401, 527, 529
FLEROV, G. N. 204, 533, 534
FLÜGGE, S. 595
FRISCH, O. R. 73

GAMOV, G. 210, 220, 612
GEIGER, H. 25, 208
GHIORSO, A. 528, 533, 534
GHOSHAL, S. N. 274
GLENDENIN, L. E. 523
GLÜCKAUF, E. 94
GOLDSCHMIDT, V. M. 522, 545

van de GRAAFF, R. J. 446
GREINACHER, H. 445
GROTH, W. 84
GURNEY, R. W. 210

HAHN, O. 204, 226, 279, 495, 497, 527, 534, 594
HARBOTTLE, G. 350
HARTECK, P. 365
HEISENBERG, W. 29
HERTZ, G. 80
HEVESY, G. 593

KLAPROTH, M. H. 6
KLEMM, W. 89
KURTSCHATOV, I. V. 534

LAWRENCE, E. O. 451
LEE, T. D. 222
LEWIS, G. N. 87
LIBBY, W. F. 326, 349, 604
LIVINGSTON, M. S. 451

MARINSKY, J. A. 523
MARSDEN, E. 25
MAYER, R. 68
McDONALD, R. T. 87
McMILLAN, E. M. 528
MENDELEJEW, D. 3, 532
MEYER, L. 3
MOSELEY, H. 5
MÖSSBAUER, R. L. 601
MÜLLER, H. 350

NODDACK, W. 520
NUTTALL, J. M. 208

OPPENHEIMER, J. R. 252

PANETH, F. A. 2, 591
PAULI, W. 32
PERRIER, C. 520
PETRZHAK, K. A. 204
PHILLIPS, M. 252
POISSON, D. 189
PRIGOGINE, I. 56

REDLICH, O. 68
REID, J.C. 353
RUDSTAM, G. 306
RUTHERFORD, E. 25, 239, 240, 250, 534, 604

SARGENT, B.W. 216
SCHIEMANN, G. 511
SCHMIDT, G.C. 1, 107
SEABORG, G.T. 7, 529, 533, 559
SEGRÈ, E. 326, 520
SEITH, W. 593
SODDY, F. 8, 53, 107, 195, 198, 365, 527
STRASSMANN, F. 204, 279, 527
STRUTINSKY, V.M. 234, 538
SWIATECKI, W.J. 235
SZILARD, L. 326, 344, 345, 351, 481

TACKE, I. 520
TAYLOR, T.I. 94

TELLER, E. 68, 220
THOMSON, J.J. 25

UREY, H.G. 94

VINEYARD, G.H. 350

WALTON, G.T.S. 445
WEISSKOPF, V.F. 224, 250
WEIZSÄCKER, C.F. 226
WIDERÖE, R. 447
WIGNER, E.P. 275
WILZBACH, K.E. 355
WU, C.S. 222

YANG, C.N. 222
YUKAWA, H. 29, 31, 32

ZIMEN, K.E. 595
ZVARA, I. 551

Sachregister

Abbaureaktionen, Strahlenchemisch 369, 630, 631
Abbrand von Brennstoffelementen 377, 383
Abfälle, radioaktive 385, 430, 718, 721
Abfälle mittlerer Aktivität 385
Abfälle niedriger Aktivität 385
Abklingzeit bei der Aktivierungsanalyse 577
Abluft 718
Abluftsystem in kernchemischen Laboratorien 721
Abrieberscheinungen, Anwendung der Radionuklidtechnik 621
Abriebvorgänge, Anwendung der Radionuklidtechnik 624
Abschirmung von thermischen Neutronen 577
Absolutbestimmung von Aktivitäten 167, 184ff.
Absorption radioaktiver Strahlung 144, 184, 624
Absorptionskoeffizient für γ-Strahlung 162, 174
Absorptionskoeffizient für radioaktive Strahlung 144, 593
Absorptionskurve für β-Strahlung 151, 152, 155
Absorptionskurve für Konversionselektronen 153
Absorptionslinien, Isotopenverschiebung 71
Absorptionsmechanismen für γ-Strahlung 160
Absorptionsquerschnitt 258
Absorption von α-Strahlung 159, 160
Absorption von β-Strahlung 150, 159, 160
Absorption von γ-Strahlung 157ff., 626
abstimmbare Laser 95
Abstoßung, Coulombsche 26, 29, 30
Abstoßungsenergie, Coulombsche 28
Abstreifreaktionen 252, 277, 310
Abtrennung von Radionukliden aus Spaltprodukten 476

Abtrennung von Thorium durch Extraktion 488
Abtrennung von Zirkonium durch Extraktion 488
Abwasser 709, 718, 721
Ac-227 633
Actiniden 6, 429, 484, 485, 542ff.
Actiniden, Abtrennung 430
Actiniden, Bindungsverhältnisse 544
Actiniden, Chloride 549, 550
Actiniden, Eigenschaften 542
Actiniden, Eigenschaften der Metalle 546ff.
Actiniden, elektrolytische Abscheidung 486
Actiniden, Elektronenkonfiguration 544
Actiniden, Farbe der Ionen 546
Actiniden, Fluoride 549, 550
Actiniden, Halogenide 550
Actiniden, Hydride 549
Actiniden, Kerneigenschaften 542ff.
Actiniden, Komplexbildung 548, 550
Actiniden, nicht-stöchiometrische Verbindungen 550
Actiniden, Oxidationsstufe III 548
Actiniden, Oxidationsstufe IV 548
Actiniden, Oxidationsstufe V 548
Actiniden, Oxidationsstufe VI 549
Actiniden, Oxidationsstufe VII 549
Actiniden, Oxide 550
Actiniden in Spaltprodukten 431
Actiniden, Spontanspaltung 543
Actiniden, Trennung durch Extraktionsverfahren 550
Actiniden, Trennung durch Ionenaustauschverfahren 550
Actiniden, Verbindungen 548ff.
Actiniden, Wertigkeiten 544ff., 545
Actinidenkontraktion 545, 546
Actinidentrennung 491
Actinium 6, 518, 542
Actinium, Abtrennung durch Extraktion 488
Actinium-Familie 109, 110
Actinoide 545

Sachregister

Actinouran 109
Additionsreaktionen 354
adiabatischer Zerfall 338, 339
Adsorption, innere, bei der Mitfällung 497
Adsorptionschromatographie 493
Adsorptionseffekte 494
Aktivierung 263, 264, 628
Aktivierung mit den Neutronen eines Spontanspalters 570 ff.
Aktivierung mit energiereichen Neutronen 570 ff.
Aktivierung mit geladenen Teilchen 571 ff.
Aktivierung mit Photonen 573 ff.
Aktivierung mit Reaktorneutronen 568 ff.
Aktivierungsanalyse 567 ff., 619
Aktivierungsanalyse, Gesichtspunkte für die Anwendung 575 ff.
Aktivierungsanalyse mit Beschleunigern 572
Aktivierungsanalyse, Nachweisgrenzen 568, 569
Aktivierungsenergie 59, 60
Aktivierungsgleichung 567, 568
Aktivierungsmethode 270
Aktivität 115, 116, 118, 184, 262
Aktivität, Absolutbestimmung 167, 184, 186
Aktivität, Definition 115 ff
Aktivität, maximale 133
Aktivität, spezifische 471, 472, 494, 505, 566
Aktivität und Maße 115
Aktivitätsabfall in Brennstoffelementen 420
Aktivitätsgrenzwerte im Strahlenschutz 711
Aktivitätsmessung 187 ff.
Aktivitätsverteilung in Trennsäulen 580
Akzeptor 175
Akzeptorniveau 176
Al-24 298
ALICE 451
Alkylhalogenide, chemische Effekte von Kernreaktionen 344
Alkylsulfonsäuren 630
α-Aktivität 14
α-cluster-Modell 22
α-Linien 205
α-Spektren 150, 205, 486
α-Spektrometer 149, 576
α-Spektroskopie 183, 188, 551
α-Strahler 186, 208, 633, 634, 708
α-Strahlung 143 ff., 181, 184 ff.
α-Strahlung, Absorption 159, 160
α-Strahlung, Energiebestimmung 149, 167
α-Strahlung, Messung 166, 167, 181, 186
α-Strahlung, Reichweite 147, 148, 149
α-Strahlung, Reichweitebestimmung 147
α-Teilchen 206, 209, 210, 444, 452, 478, 530, 571, 605
α-Teilchen bei der Kernspaltung 295
α-Teilchen, Bindungsenergie 197
α-Teilchen, strahlenchemische Reaktionen 359, 369
α-Teilchen, Streuung 25, 208
α-Zerfall 107, 195, 196, 205 ff., 538
α-Zerfall, Expansion der Elektronenhülle 337
α-Zerfall, Halbwertzeit 538
α-Zerfall, partielle Halbwertzeit 204
α-Zerfall, Potentialschwelle 210
α-Zerfall, Rückstoßenergie 330, 334, 335
α-Zerfall, Theorie 207 ff.
Alter der Erde 7
Altersbestimmungen 3, 114, 604 ff.
Altersbestimmung von Gesteinen 612
Altersbestimmung von Mineralien 604
Alterung von Bodenkörpern 597, 598
Aluminium, Bestimmung durch Aktivierungsanalyse 577
Alvarez-Beschleuniger 448, 449, 450
Am-241 530, 624, 625
Am-242 m_1 203
Am-242 m_2 235
Americium 6, 434, 519, 529, 530, 549
Americium, Abtrennung durch Extraktion 488
Americium, Eigenschaften 547
Amine als Extraktionsmittel 488
Ammoniak 92
Ammoniumdiuranat 388, 392
Ammoniummolybdatophosphat 493
Ammoniumsulfat 348
Analyse auf Grund natürlicher Radioaktivität 561 ff.
angeregte Moleküle 143
angeregte Zustände 11, 46, 201, 599, 600
angeregte Zustände des Compound-Kerns 274
angereichertes Uran 386
Anilin als Radikalfänger 346
Anionenkörper 591, 592
anorganische Austauscher 493, 500, 579
anorganische Stoffe, strahlenchemische Reaktionen 369
anormale Mischkristalle 497
Anregung als Folge von Kernreaktionen 327
Anregung, elektronische 100
Anregung infolge Änderung der Ordnungszahl 339
Anregung, Isotopen-selektive 73, 94, 95, 100, 102

Sachregister

Anregungseffekte bei Kernreaktionen 325, 336 ff.
Anregungseffekte infolge Änderung der Ordnungszahl 336
Anregungseffekte infolge innerer Konversion 336
Anregungseffekte infolge Neutroneneinfang 336
Anregungseffekte infolge Rückstoß 336
Anregungsenergie 228, 243, 327, 342, 343, 600
Anregungsenergie der Elektronenhülle nach β-Zerfall 337
Anregungsfunktionen 260, 261, 269, 276, 305
Anregungsprozesse 165
Anreicherung von Radionukliden 703
Anreicherungsfaktor bei der Isotopentrennung 78
Anreicherungsfaktor bei Szilard-Chalmers-Reaktionen 351
Antikoinzidenzschaltung 173
Antineutrino 197, 216, 612
Antineutron 32
Antiproton 32
Antiteilchen 32
Anwendungen 559 ff.
Äquivalentdosis 694, 696, 698, 699, 706
Äquivalentdosis, Grenzwerte 704
Äquivalentdosisleistung 698
Äquivalentkörper 592
Äquivalenz zwischen Masse und Energie 20
Ar-40 605, 611
Archäologie 606
Archäologie, Altersbestimmung 604
Argon-Laser 99
aromatische Verbindungen, strahlenchemische Reaktionen 368
Astat 6, 518
asymmetrische Kernspaltung 204, 231, 284, 285, 291
[211]At-Markierungen 513
Atmosphäre 606, 610
atomare Masseneinheiten 18, 19, 20, 112, 639
Atomarten 4
Atombombe 529
Atomdurchmesser 9
Atome, elektrische Felder 602
Atome, exotische 35
Atome, magnetische Felder 602
Atome, myonische 35, 36
Atomgesetz 708
Atomgewichte 18
Atomgewichtsskala 18
Atomkern 36
Atomkern, Dichte 9, 27
Atomkerne, elektrische Eigenschaften 40
Atomkerne, magnetische Eigenschaften 40

Atomkerne, magnetisches Moment 39, 40
Atomkerne, Quadrupolmoment 602
Atomkerne, Schalenmodell 13, 224, 226
Atomkerne, Streuprozesse 241
Atommasse 18
Atommodell, Rutherfordsches 25
Atommodell, Thomsonsches 25
Atomradien superschwerer Elemente 552
Atomspektren 69, 73
Atomspektren, Hyperfeinstruktur 39
Atomstrahlen 73, 74, 99
Au-198 202
Aufbau schwerer Kerne 528, 616
Aufbaureaktionen 541
Auffängerfolien 531, 532
Auflösung in Schritten 594
Auflösungsvermögen einer photographischen Schicht 192
Aufpickreaktionen 277, 310
Auger-Ausbeute 200, 340, 341
Auger-Elektronen 200, 215, 230, 336, 338, 341, 360
Ausbeute bei Szilard-Chalmers-Reaktionen 351
Ausbeute bei Trennoperationen 565
Ausbeute von Kernreaktionen 261 ff., 266
Ausfuhr radioaktiver Stoffe 709
Ausgangskanäle für Kernreaktionen 274
Ausheilung, thermische 347, 348
Auslösebereich 168
außerbetriebliche Überwachungsbereiche 706, 707
äußere Einwirkung radioaktiver Strahlung 697, 699 ff.
Austauscher, anorganische 500
Austauschgrad 581
Austauschkapazität von Glasoberflächen 494
Austauschkoeffizient 66, 90
Austauschkräfte 29
Austauschreaktionen 500, 508, 580 ff.
Austausch-Transferreaktionen 310
Austauschverfahren 90
Austauschverfahren, Isotopentrennung 90 ff.
Auswahlregeln für den β-Zerfall 220
Auswahlregeln für den γ-Zerfall 225
Autoradiographie 190 ff., 561, 593
Avogadro-Konstante 639

B-11 251
B-12 298
Ba-137m 504
Ba-140 279, 476
Bahndrehimpuls 38, 43, 49, 246
Bahndrehimpuls der Elektronen 36
Bandgenerator 446

741

Bariumisotope 99
Barn 257
Barometrische Höhenformel 83
Baryonen 30, 32, 34
Baryonendichte in der Urmaterie 612
Baryonenzahl 34, 35, 45
Bastnäsit 529
Batterien, thermophotovoltaische 634
Be-7 605, 703
Be-8 251, 616, 617
Be-10 605
Be-11 298
Belichtungszeit bei der Autoradiographie 192
Benzol, Chlorierung 630
Benzol, Markierung 506
Bequerel, Maß für Aktivität 116
Berkelium 6, 519, 531
Berkelium, Abtrennung durch Extraktion 488
Berkelium, Eigenschaften 547
Berkelium, Modifikationen 547
beruflich strahlenexponierte Personen 707
berufliche Strahlenbelastung 703, 706
berufliche Strahlenexposition 705
Beryllium 247, 598
Beryllium, Bestimmung durch Aktivierungsanalyse 577
Beryllium, Bestimmung durch Photonenaktivierung 574
Beryllium als Hüllrohrwerkstoff 397
Beschichtete Teilchen 397, 409
Beschleuniger 444 ff., 460, 479, 706
Beschleuniger als Strahlenquellen 360
Beschleunigerentwicklungen 460
Beschleuniger für schwere Ionen 449
Beschuß von Thorium mit Krypton 540
Beschuß von Uran mit Uran 539
Beschuß von Uran mit Xenon 539
Bestrahlung, äußere, in einem Beschleuniger 483
Bestrahlung in Beschleunigern 482
Bestrahlung in Brennstoffelementen 439, 440
Bestrahlung in Kernreaktoren 472, 477
Bestrahlung, innere, in einem Beschleuniger 483
Bestrahlung mit α-Teilchen 530
Bestrahlung mit geladenen Teilchen 578
Bestrahlung mit Photonen 578
Bestrahlung mit schweren Ionen 532
Bestrahlungseinrichtungen in Kernreaktoren 402
Bestrahlungskapseln 477
Bestrahlungsmöglichkeiten in Kernreaktoren 439 ff.
Bestrahlungsrohre 439, 443
Bestrahlungszeit 568
Bestrahlungszeit bei der Aktivierungsanalyse 577

β^+-aktive Nuklide 198, 249
β-Aktivität 14
β-Spektren 156, 211 ff.
β-Spektroskopie 183
β-Stabilitätslinie 12, 18, 195, 197, 198, 249, 283, 308, 538, 539
β-Strahler 186, 634, 708
β-Strahler, Handhabung 719
β-Strahlung 143, 144, 150 ff. 184, 185, 187, 190, 697
β-Strahlung, Absorption 150, 159, 160
β-Strahlung, Absorptionskurve 151, 152, 155
β-Strahlung, Energiebestimmung 155, 167
β-Strahlung, Maximalenergie 155
β-Strahlung, maximale Reichweite 152, 153
β-Strahlung, Messung 166, 167, 171, 172
β-Strahlung, Punktquellen-Dosisfunktion 700, 701
β-Strahlung, Rückstreuung 155
β-Strahlung, spezifische Ionisation 150
β-Strahlung, Wechselwirkung mit Atomkernen 154
β-Strahlung, Wechselwirkung mit Elektronen 153
β-Strahlung, Wechselwirkung mit Materie 150, 155
β-Umwandlungen 15, 218
β-Umwandlungen, Auswahlregeln 220
β-Umwandlungen, erlaubte 218, 220
β-Umwandlungen, verbotene 218, 220
β-Zerfall 15, 107, 196, 211 ff., 222, 230, 538
β^+-Zerfall 197, 198, 199, 200, 219
β^--Zerfall 199, 219, 318, 340
β^--Zerfall, Anregungsenergie 337
β^--Zerfall, chemische Folgen 343
β^+-Zerfall, Expansion der Elektronenhülle 337
β-Zerfall, Halbwertzeit 538
β^--Zerfall, Kontraktion der Elektronenhülle 337
β-Zerfall, Rückstoßenergie 330, 331, 334
β-Zerfall, Zerfallskonstante 219
Betatron 454 ff., 573
BET-Methode 592
Beton, Absorption von Strahlung 144
Beton, Strahlenbehandlung 631
betrieblicher Überwachungsbereich 706, 707, 709
BEVATRON 457
Bewertungsfaktor für Strahlung 696, 697
Bi-210 497
Bi-212 137, 206, 593
Bildungsrate 122, 138
Billardkugel-Modell 349, 350

Sachregister

binäre Kernspaltung 295
Bindungsenergie der Nukleonen 16, 17, 20
Bindungsenergie, partielle, des letzten Neutrons 22
Bindungsenergie, partielle, des letzten Protons 22
Bindungsenergie, partielle, eines He-Kerns 22
Bindungsenergie pro Nukleon 19, 21, 22, 28, 29, 373
Bindungsenergie von α-Teilchen 197, 209
Bindungsverhältnisse der Actiniden 544
Bindungszustand von Atomen 598
binukleare Reaktionen 239, 240, 267
Biochemie 619
biochemische Verfahren zur Herstellung von markierten Verbindungen 506
Biologie, Anwendungen 619ff.
biologische Halbwertzeit 702
biologische Wirkung von Strahlung 695, 696
Biosphäre 606
Blei 605
Blei als Absorber für γ-Strahlung 443
Bleiabschirmung 708
Bleiglasfenster 719
Bleiisotope 612
Bleiisotope, Isotopenverhältnis 605
Bleiisotope, massenspektrometrische Bestimmung 605
Bleisilikat durch Festkörperreaktion 597
Bleiwände 144
Bleiziegel 719
Blutzirkulation 620
Bohrlochkristalle 172, 187
Bohrsches Magneton 39, 639
Boltzmann-Konstante 639
Bogen-Ionenquelle 445
Bor in Kernreaktoren 377
Bor, Neutronenabsorption 628
Borisotope 610
Borosilikatgläser 430
Bortrifluoridzähler 186
Bose-Einstein-Statistik 30, 34, 41, 42, 53
Bosonen 30, 34
Br-80 226, 488
Br-80m 227, 326, 339, 340
Braggsche Gleichung 164
Breit-Wigner-Formel 290
Bremsnutzung 376
Bremsstrahlung 143, 152, 154, 157, 200, 444, 573
Bremsstrahlung, innere 200
Bremsvermögen 148
Brennstäbe 392, 399
Brennstoff, Auflösung 423, 426
Brennstoff, chemische Aufarbeitung 422

Brennstoffelemente 377, 383, 384, 392ff., 409, 426, 629
Brennstoffelemente, Aktivitätsabfall 420
Brennstoffelemente, kugelförmige 400
Brennstoffelemente, Lagerung 421
Brennstoffelemente als Strahlenquellen 361
Brennstoffelemente, Strahlenschäden 418
Brennstoffelemente, Wärmeentwicklung 420
Brennstoffelemente, Zerlegung 422
Brennstoffkreislauf 384, 422
Brom, Abtrennung durch Extraktion 487
Brüter 382, 402, 410, 411, 432
Brüter, schneller 382, 407, 411
Brüter, thermischer 382
Brutmantel 418, 432
Brutrate 382
Brutreaktoren 382, 402, 410, 411, 432
Brutreaktoren, schnelle 382, 407, 411
Brutstoffe 382, 411
Brutstoffzyklen 384, 432ff.
Bruttobildungsrate bei Kernreaktionen 262

C-11 479, 574
^{11}C-Markierungen 509
C-12 318, 608, 609
C-13 608, 609
C-14, Anwendungen 580, 619, 622, 625, 634
C-14, Anwendung zur Schichtdickenbestimmung 625
C-14, Austauschreaktionen 591
C-14, Energiediagramm 214, 215
C-14, Gewinnung 264, 474
C-14, Messung 171, 172
C-14, natürliche Strahlenbelastung 703, 704
^{14}C-Datierung 114, 605, 606
^{14}C-markierte Verbindungen 353, 354, 355, 506, 507, 580
^{14}C-markiertes Benzol 506
C-15 298
C-16 298
Ca-40 605
Ca-48 539
Cadmium zur Abschirmung von thermischen Neutronen 578
Cadmium zur Absorption von thermischen Neutronen 443
Cadmium in Kernreaktoren 377
Cadmium, Neutronenabsorption 477, 628
Calcinierung 430
Calcium 607
Calciumcarbonat 597
Calciumisotope 99

Californium 6, 519, 531
Californium, Eigenschaften 547
Californium, Modifikationen 547
Carbonate 608
Cäsium 493
Cäsium, Abtrennung durch Extraktion 487
Cd-115 228
Cd-115m 228
Ce-141 476
Ce-144 476, 633
Cer 522, 523
Cer, Abtrennung durch Extraktion 487
Čerenkov-Strahlung 156, 157, 441
Čerenkov-Zähler 157
Ceriterden 522
Cermets 398
CERN 454, 458, 459, 460
Cf-252 233, 253, 570, 628
^{252}Cf-Quelle 628
^{252}Cf-Quelle, Neutronenausbeute 462
charakteristische Röntgenstrahlung 157, 198, 200, 202, 203, 230, 295, 338, 625
Chemie heißer Atome 326
Chemie-Reaktoren 630
chemische Effekte von Kernreaktionen 325 ff.
chemische Effekte von Kernreaktionen in Gasen 327
chemische Effekte von Kernreaktionen in Flüssigkeiten 327
chemische Effekte von Kernreaktionen in Festkörpern 327, 346
chemische Folgen von Kernreaktionen 325 ff.
chemisches Gleichgewicht 57
chemische Reaktionen unter dem Einfluß ionisierender Strahlung 355
chemische Reaktionen, Vergleich mit Kernreaktionen 241
chemische Reaktionskinetik 65
chemische Verschiebung 602
Chlorierungsreaktionen 630
chromatographische Verfahren zur Trennung von Radionukliden 492
Cl-36 211, 212, 213
Cl-38 212, 213
Claisensche Allylumlagerung 580
Cm-242 232, 530, 633
Cm-244 517, 633
$^{14}CO_2$ 506
Co-57 599, 601
Co-57, Energiediagramm 599
Co-60 164, 360, 361, 625, 633, 635
Co-60m 223
Compound-Kern 50, 241, 243, 248, 255, 272, 273, 281, 291, 310, 539
Compound-Kern-Mechanismus 273, 274
Compound-Kern-Reaktionen 276, 278

Compton-Effekt 160, 161, 341
Compton-Kontinuum 163
Compton-Streustrahlung 426
Compton-Streuung 163
COSMOTRON 457
Coulombanregung bei Schwerionenreaktionen 309
Coulomb-Energie 15, 197, 233
Coulombsche Abstoßung 26, 29, 30, 208, 246, 307, 309, 538
Coulombsche Abstoßung von Spaltbruchstücken 232
Coulombsche Abstoßungsenergie 28
Coulombsche Wechselwirkung 26
Coulomb-Schwelle 311
Cs-137, Absorptionskurve der γ-Strahlung 158
Cs-137, Abtrennung aus Spaltprodukten 476
Cs-137 als Spaltprodukt 429, 430, 431
Cs-137 als Strahlquelle 360, 361
Cs-137, Anwendungen 624, 625, 632
Cs-137, γ-Spektuum 163
Cs-137, Energiediagramm 223
Cs-137 in Radionuklidgeneratoren 504
Cs-137, Strahlenschütz 720
Cu-64 214, 215, 217, 473
Cu-64 höherer spezifischer Aktivität 353
Curie, Maß für Aktivität 116
Curium 6, 434, 519, 529, 530
Curium, Abtrennung durch Extraktion 488
Curium, Eigenschaften 547
Curium, Modifikationen 547
Cyanwasserstoff 92, 93

Dampfdruckverhältnis 85
Dampfdruckverhältnis von Wasserstoffisotopen 86
Dampferzeuger in Kernreaktoren 409, 411
Datierungsmethoden 2
D-D-Reaktionen 318, 319, 320, 321
Debye-Temperatur 601
Defektelektronen in Halbleiterdetektoren 173, 177, 178
Dekontaminationsfaktoren bei der Wiederaufarbeitung 422, 427
Dekontaminierung 720
Destillation 84
Destillation, Isotopentrennung 84 ff.
Destillationskolonne, Anwendung der Radionuklidtechnik 625
DESY 456, 459
Detektoren 1, 118, 165
Deuterium 53, 58, 66, 77, 87, 88, 90, 92, 614
Deuteriumgehalt in Wasser 608
Deuterium-Zyklus 316, 317, 615
Deuteronen 318, 444, 446, 452, 478, 571

Deuteronen, Messung 186
diagnostische Anwendung von Radio-
    nukliden 619, 620, 705
Dibutylphosphorsäure 427
Dichte im Innern der Sterne 317
Dichtebestimmung mit Hilfe der
    Emaniermethode 598
Dichtebestimmung mit Hilfe der Radio-
    nuklidtechnik 625
dicke Targets 259, 265
Dickenmessung 624, 625
Diffusion 585, 589, 590, 593 ff.
Diffusion in Flüssigkeiten 594
Diffusion in Gasen 594
Diffusionskoeffizient 561, 593 ff.
Diffusionsschicht 590
Diffusionsvorgänge 621
Dioden 178, 182
Dipolmoment, magnetisches der Atom-
    kerne 39 ff., 49, 603
Dipolstrahlung 224
Dipolwechselwirkung, magnetische
    602, 603
direkte Aufladung 634
direkte Energieumwandlung 634
direkte Kernspaltung 291
direkte Reaktionen 272, 276, 277, 278,
    291
direkte Wechselwirkung 250
Dispersions-Kernbrennstoffe 392,
    398, 399
Dissoziation in Ionen bei strahlenchemi-
    schen Reaktionen 360
Dissoziation in Radikale bei strahlen-
    chemischen Reaktionen 360
Dissoziationsenergien von Molekülen
    57
D_2O 55
Donor 175
Donorniveau 176
Doppelmarkierung 505
Doppel-Rückstoß-Technik 533
doppelt-magische Kerne 537, 539
Dopplereffekt 70, 600, 601
Dopplerverschiebung 98
DORIS 459
Dosimeter 367, 719
Dosimetrie 367, 694 ff.
Dosis, letale 706
Dosisbelastung 708
Dosisgrenzwerte 706, 707, 709
Dosisgrenzwerte für strahlenexponierte
    Personen 706
Dosisleistung 362, 363, 694 ff.
Dosisleistung von β-Strahlung 699
Dosisleistungskonstante für γ-Strahlung
    363, 699, 700
Drehimpuls 35, 36, 224, 313
Drehimpuls der Atomkerne 36 ff.
Drehimpuls der Elektronen 37
Drehimpulserhaltung 34, 240

Driften von Halbleiterdetektoren 179
Driftröhren 447, 448
Druckaufbau im Hüllrohr 395
Druckdiffusion 81 ff.
Druckwasserreaktoren 377, 386, 402,
    406, 408, 409
D-T-Reaktionen 318, 319, 320, 321
Dualer Zerfall 136, 137, 138
dünne Targets 259, 262, 265, 272
Dünnschichtchromatographie 188
Duoplasmatron 445
Duoplasmatron-Ionenquellen 450
Durchflußmessungen 623
Durchflußproportionalzähler 187, 188
Durchflußzähler 167, 235, 721
Dynamische Wandler 635

Edelgase 554, 595, 596, 611
Edelgasverbindungen 554
Eigendrehimpuls 38, 49
Eigendrehimpuls der Elektronen 36
Eigenleitfähigkeit von Halbleiterdetek-
    toren 175, 176, 177, 178, 180
einfache β-Spektren 215
Einfangquerschnitt 258
Einfangquerschnitt für Neutronen 376
Einfuhr radioaktiver Stoffe 709
Eingangskanäle für Kernreaktionen 274
Einkanalspektrometer 163, 173
Einsteinium 6, 519, 529
Einsteinsche Beziehung 239, 242
Einzelresonanzen 276
Einzelresonatoren 449, 450
Eisen, Häufigkeit 607
Eisen, Abtrennung durch Extraktion
    487
Eisenhydroxid 597, 598
elastische Streuung 241, 242
elastische Streuung von Neutronen 246
elektrische Eigenschaften der Atom-
    kerne 40
elektrische Energie, Weltbedarf
    412, 413
elektrische Felder der Atome 602
elektrische Feldkonstante 639
elektrische Monopolwechselwirkung
    602
elektrische Multipole 225
elektrische Multipolstrahlung 224
elektrische Quadrupolaufspaltung 603
elektrische Quadrupolwechselwirkung
    602
elektrisches Quadrupolmoment 41, 49,
    290, 559
elektrochemische Reduktion bei der
    Wiederaufarbeitung 427
Elektrolyse 87, 91
Elektrolyse, Isotopentrennung 87 ff.
elektromagnetische Isotopentrennung
    82 ff.
elektromagnetischer Multipol 224

Sachregister

elektromagnetische Separatoren 83
elektromagnetische Wechselwirkung 30, 43, 44, 45
Elektrometerröhre 166
Elektron 31, 32, 143, 197, 203, 444, 446, 455, 459
Elektron, Bahndrehimpuls 36
Elektron, Eigendrehimpuls 36, 37
Elektron, magnetisches Moment 39
Elektron, Ruhemasse 639
Elektron, spezifische Ladung 639
Elektronenaustausch 560, 584, 585
Elektronenaustauschreaktionen 584, 585
Elektronenbeschleuniger 573, 578, 629, 631
Elektronenbeschleuniger als Strahlenquellen 361
Elektronenbestrahlung 631
Elektroneneinfang 14, 15, 196 ff., 216, 219, 339, 340, 598
Elektronenemission, Rückstoßenergie 335
Elektronen in Halbleiterdetektoren 173, 177, 178
Elektronenhülle 36
Elektronenkonfiguration der Actiniden 544
Elektronenneutrinos 612
Elektronenspektrograph 231
Elektronen, strahlenchemische Reaktionen 359, 369
Elektronen, Streuung 26
Elektronen-Synchrotron 455, 456, 459
Elektronenübertragung 584
Elektronenvolt 20
elektronische Anregung 100
Element 103 551
Element 104 533, 534, 551 ff.
Elemente 104 bis 114 554
Elemente 104 bis 120, Eigenschaften 553
Element 105 534, 551
Element 106 534, 535, 552
Element 107 535
Element 110 540
Element 112 540
Elemente 115 bis 120 555
Elemente 121 bis 168, Elektronenzustände 553
elementarer Trennfaktor 92
Elementarladung 639
Elementarteilchen 31 ff. 612
Elemente, Entstehung 611, 612
Elemente, Häufigkeit 607
Elemente, künstliche 6, 517 ff.
Elemente, radioaktive 6
Elemente, stabile 6
Elemente, Verteilung 606
Elementsynthese 618
Emanation 703

Emanationsquellen 597
Emaniermethode 594 ff.
Emaniervermögen 594, 595, 597
Emaniervermögen von Aragonit 597
Emaniervermögen von Calcit 597
Emaniervermögen von Eisenhydroxid 598
Emaniervermögen von Gläsern 596
Emaniervermögen von Hydroxiden 596
Emaniervermögen von Metalloxiden 596
Emaniervermögen von Salzen 596
Emaniervermögen von Thoriumhydroxid 598
Emission geladener Teilchen 278
Emission von Elektronen 197, 203, 215, 217
Emission von γ-Quanten 203, 229, 282, 313, 600
Emission von γ-Quanten bei Schwerionenreaktionen 312
Emission von Konversionselektronen 201, 229
Emission von Neutronen 197, 282, 292
Emission von Nukleonen 195, 197, 273
Emission von Photonen 201, 341
Emission von Positronen 197, 215, 217
Emission von Protonen 195, 197
Endfensterzählrohr 171
endoergische Reaktionen 243
endoenergetische Reaktionen 243
Energetik des radioaktiven Zerfalls 111 ff.
Energetik von Kernreaktionen 242 ff.
Energieabsorption 695
Energieabsorption, Bestimmung in einem Kalorimeter 364
Energieauflösung von Detektoren 174, 183
Energieauflösung in Halbleiterdetektoren 176, 181
Energiebarriere für die Spaltung 381
Energiebedarf 412
Energiebereich der γ-Strahlung 157
Energiebereich der Röntgenstrahlung 157
Energiebestimmung radioaktiver Strahlung 143, 164, 165, 174
Energiebestimmung von α-Strahlung 149, 167
Energiebestimmung von β-Strahlung 155, 167
Energiebestimmung von γ-Strahlung 163
Energie der Kernspaltung 292, 373
Energie der Neutronen bei der Kernspaltung 294
Energie der Sterne 616
Energiediagramme 45 ff., 201 ff., 221 ff., 242, 599
Energiedosis 361, 362, 694, 695, 698

Energiedosisleistung 362, 695
Energiedosisleistung von Strahlenquellen 701
Energie, freie 68
Energieeinheiten, Umrechnung 640
Energiegewinnung aus Radionukliden 517
Energiegewinnung durch Kernspaltung 373 ff.
Energiequellen 633
Energiequellen, nicht-nukleare 413
energiereiche Neutronen 442
Energieumwandlung 633, 634, 635
Energieunschärfe 70
Energieverlust, spezifischer, in Halbleiterdetektoren 175
Energieverteilung beim β-Zerfall 217
Energieverteilung, kontinuierliche 211, 213, 215
Entsorgung 384
epithermische Neutronen 570
epithermische Reaktionen 327
eptihermische Reaktoren 402
Erdölleitungen 622
Erhaltung der Masse 241
Erhaltungssätze 34, 39
Erhaltungssätze bei Kernreaktionen 240
Erhaltungssatz für den Isospin 44
Erhaltungssatz für die Parität 43
Erhaltungssatz für die Strangeness 45
Erholungszeit von Geiger-Müller-Zählrohren 169
erlaubte β-Umwandlungen 218, 220
Erweiterung des Periodensystems 536
Ethyljodid 344, 345, 351, 353
Excitonenwanderung 360
exoenergetische Reaktionen 243
exoergische Reaktionen 243, 244
exotische Atome 35
exotische Kerne 314
Expansion der Elektronenhülle 336
Expansion der Elektronenhülle beim α-Zerfall 337
Expansion der Elektronenhülle beim β^+-Zerfall 337
Extraktion 487, 488, 551
Extraktionsmethode 567
Extraktionsmittel für die Wiederaufarbeitung 425
Extraktionsverfahren zur Trennung von Radionukliden 486, 499
Extraktionsverfahren in der Wiederaufarbeitung 424, 425
extrapolierte Ionisierungsreichweite 146
extrapolierte Reichweite 146

F-18 480, 511
F-20 214, 215
Fallen für Elektronen oder Defektelektronen 177
„fall-out" 703, 705

Fällung, fraktionierte 496
Fällungsreaktionen 495, 567, 579, 592
Fällungsverfahren 484, 499
Fällungsverfahren der Wiederaufarbeitung 423
Fängerfolien 271
Faraday-Konstante 639
Farbstoff-Laser 73, 95, 96, 99, 100, 102
Fe-57 599, 600, 601, 603
Fe-59 353, 476, 488, 619
Fe-59 höherer spezifischer Aktivität 353
Fehlordnungsmodell 350
Fehlstellen in Festkörpern als Folge von Kernreaktionen 347, 369
Fehlstellen in Halbleiterdetektoren 176
Feinstruktur der Spektrallinien 36
Feinstrukturkonstante 639
Fermi-Dirac-Statistik 34, 41, 54
Fermionen 34
Fermium 6, 519, 529, 543
Fernbedienung 477
Ferngreifzangen 719
Ferrocen 353
feste Präparate, Messung 187
feste Szintillatoren 172
Festkörper, Emaniervermögen 595, 597
Festkörperdetektoren 300
Festkörperdiffusion 586
Festkörper-Laser 95
Festkörperreaktionen 597
Filmdosimeter 720
Fixsterne 607
Fluor, Bestimmung durch Photonenaktivierung 574
Fluoreszenz 336, 360
Fluoreszenzausbeute 200, 340, 341
Fluorwasserstoff-Laser 101
Flußdichte 256, 262, 270, 272, 568
flüssige Präparate, Messung 187
flüssige Szintillatoren 172, 173, 187
Flüssigkeitslaser 96
Flüssigkeitszählrohr 171
Flüssig-Szintillationszähler 172, 173, 187, 622
Fm-256 531
Fm-258 541, 543
Folgereaktionen von Kernreaktionen 325 ff.
Folgereaktionen von Kernreaktionen in Festkörpern 347
Forschungsreaktoren 386, 402, 403, 404
Francium 6, 518
Fragmentierung 307
Fragmentierungsprozesse 310
fraktionierte Fällung 496
fraktionierte Kristallisation 484, 496
Fraktionierung 608, 609
Freie Energie 68
Freigrenzen für radioaktive Stoffe 708, 711 ff.
Freisetzung von Radionukliden 566

Fremdatome in Halbleiterdetektoren 176, 182
Frequenzfaktor 59, 61
Frequenzverdoppelung bei Lasern 95
Fricke-Dosimeter 367
frontale Stöße bei Schwerionenreaktionen 310
ft-Werte 219, 220, 221
Füllkörperkolonnen 81, 92
Füllstandsmessungen, Anwendung der Radionuklidtechnik 626
Funktionsprüfungen in der Medizin 620
Fusion 310, 313, 321
„fusion-evaporation"-Reaktionen 539
„fusion-fission"-Reaktionen 539
Fusion, Laser-induzierte 321
Fusion, Schwerioneninduzierte 321
Fusion von Wasserstoff 315
Fusionsenergie 617
Fusionsreaktionen 314, 315 ff., 612, 617, 618
Fusionsreaktionen, Zündtemperatur 319
Futtermittel, Strahlenbehandlung 632

G-Wert 363, 629, 630
G-Wert des Fricke-Dosimeters 367
g,g-Kerne 14, 37, 40, 210, 211, 235, 236, 538
g,u-Kerne 14, 37, 40, 381, 538
g-Zustände 552
Ga-68 503
Gadolinium 529
γ-Emission 282, 313, 341
γ-Quanten 201, 203, 226, 478
γ-Quanten, prompte 282, 295
γ-Quanten, strahlenchemische Reaktionen 359, 369
γ-Quellen 629
γ-Radiographie 629
γ-Spektren 222, 576
γ-Spektrometer 173, 576
γ-Spektroskopie 163, 180, 181, 183, 188, 576, 627
γ-Strahlenkonstante 699, 700
γ-Strahlenquelle 703
γ-Strahler 622, 629, 631, 708
γ-Strahler, Handhabung 719
γ-Strahlung 143 ff.
γ-Strahlung, Absorption 157 ff., 443, 626
γ-Strahlung, Absorptionskoeffizient 162, 174
γ-Strahlung, Anwendung zur Schichtdickenbestimmung 625, 628
γ-Strahlung, Dosisleistungskonstante 363, 700
γ-Strahlung, Energiebereich 157
γ-Strahlung, Energiebestimmung 163
γ-Strahlung, Halbwertsdicke 158, 159, 163

γ-Strahlung, Ionendosis 695 ff.
γ-Strahlung in Kernreaktoren 443
γ-Strahlung, Massenabsorptionskoeffizient 158
γ-Strahlung, Messung 171 ff., 181 ff.
γ-Strahlung, primäre 417
γ-Strahlung, sekundäre 417
γ-Strahlung, Wellenlängenbereich 157
γ-Zerfall 196, 222 ff.
γ-Zerfall, Auswahlregeln 225
γ-Zerfall, Halbwertzeit 225, 226
γ-Zerfall, Rückstoßenergie 332, 333, 334, 335
γ-Zerfall, Theorie 224
Ganzkörperdosis 699
Ganzkörperzähler 720
Gaschromatographie 551
Gaschromatographische Trennung, „on-line" 540, 541
Gasdiffusion 79 ff.
Gase, strahlenchemische Reaktionen 364
gasförmige Präparate, Messung 186
gasgekühlte Reaktoren 396, 405, 406
Gaskonstante 639
Gaslaser 95, 96
Gasphasentrennung 551
Gasstrahl 81
Gastheorie, kinetische 59, 325
Gaszählrohr 171, 186
Gauß-Verteilung 189, 190
Ge-68 503
gedämpfte Stöße bei Schwerionenreaktionen 310
Geiger-Müller-Endfensterzählrrohr 187
Geiger-Müller-Flüssigkeitszählrohr 187
Geiger-Müller-Zähler 165, 168, 169, 170, 184, 185
Geiger-Nuttallsche Regel 209, 210, 216
Gemisch von Radionukliden 120
Geochemie 606 ff.
geochemisches Isotopen-Thermometer 608
Geologie, Altersbestimmung 604
4π-Geometrie 186
Geometriefaktor 186
gepulste Laser 99
gepulste Reaktoren 440, 441
gerade-ungerade Regel 14, 22
Germanium 174, 177, 182, 634
Germanium-Detektoren 181, 183, 188
Germanium-Einkristalle 175, 176, 182
Gesamtabsorptionskoeffizient für γ-Strahlung 161
Gesamtanreicherung 78, 80, 81, 92
Gesamtdrehimpuls 38, 39, 49
Gesamtenergie der Kernspaltung 291
Gesamttrennfaktor 78, 87, 88
Gesamtwirkungsquerschnitt 258
Gesamtzählausbeute 184
Geschosse für Kernreaktionen 245 ff.

Sachregister

geschützte Nuklide 286
Geschwindigkeitskonstanten 58, 59, 98, 561, 589
Geschwindigkeitskonstanten für die Säure-Base-Katalyse 64
Geschwindigkeitskonstanten von Isotopenaustauschreaktionen 582
Geschwindigkeitsverteilung, Maxwellsche 317, 325
gesetzliche Bestimmungen 708
Gesetz von der Erhaltung der Masse 241
Gesteine, Altersbestimmung 612
Gesteinsschliffe 191, 192
Gewebeschnitte 191
Gitterspektrometer 164
Glasoberflächen, Austausch-Kapazität 494
Gleichgewicht, chemisches 57
Gleichgewichte, Untersuchung mit Hilfe der Radionuklidtechnik 578
Gleichgewichtsisotopieeffekte 58, 66 ff., 92, 608, 609, 610
Gleichgewichtsisotopieeffekte, Temperaturabhängigkeit 91
Gleichgewichtskonstante von Isotopenaustauschreaktionen 66 ff.
Gleichgewicht, radioaktives 122 ff.
Gleichgewicht, säkulares 124 ff.
Gleichgewicht, transientes 128 ff.
Gleichspannungsbeschleuniger 446
Gleichstromverstärker 166
Gleichverteilung bei Isotopenaustauschreaktionen 580, 587, 588
Gleichverteilung von Isotopen 564
Glimmerdetektoren 551
Glimmerfolien 235, 236
Granit 2
Graphit-moderierte Natururan-Reaktoren 376
Gravitation 614
Gravitationsenergie 615
Gravitationskonstante 639
Gravitations-Wechselwirkung 31
Gravitonen 31
Gray 694
Grenzwerte für die Äquivalentdosis 704
Grenzwerte im Strahlenschutz 709
Großflächenzähler 720
Grundfrequenzen 57
Grundzustand von Atomkernen 11, 46

H-3 siehe Tritium
Hadronen 30, 32, 35
Hahnium 7, 519, 534
Hahnsche Nutsche 485
Halbleiter 174
Halbleiter, i-Typ 180
Halbleiter, n-Typ 180, 182
Halbleiter, p-Typ 180, 182
Halbleiterdetektoren 163, 164, 173 ff., 187, 188, 235, 236, 575, 627
Halbleiterkristalle 173, 175, 180
Halbleiter-Laser 95, 96
Halbwertradius 26
Halbwertsdicke für γ-Strahlung 158, 159, 163
Halbwertzeit 8, 111, 114 ff., 123, 131, 568
Halbwertzeit-Bestimmung 119, 126
Halbwertzeit für den α-Zerfall 538
Halbwertzeit für den β-Zerfall 538
Halbwertzeit für den γ-Zerfall 225, 226
Halbwertzeit für die Spontanspaltung 234, 235, 538
Halbwertzeit, partielle 139
Halbwertzeit von schweren Elementen 536, 540
Halogenide, organische 346
Halogenierungsverfahren der Wiederaufarbeitung 428
Halogenverbindungen, Markierung 508
Halogenverbindungen, strahlenchemische Reaktionen 368
Handschuhkästen 467, 719
Harkinssche Regel 522, 543
Harmonischer Anteil der Schwingungsenergie 56
Harmonischer Oszillator 72
Harzaustauscher 493, 499
Häufigkeit der Elemente 607
Häufigkeit von Zerfallsprozessen 184
Hauptkühlmittelpumpen in Kernreaktoren 409
Hauptreihenphase der Sterne 615, 616
Hauptträgheitsmoment 68
Hautdicke 26
HAW 384
He-3 253, 571
He-4 617, 618
„head-end" Verfahren der Wiederaufarbeitung 422, 426
Heisenbergsche Unschärferelation 35, 70, 273
heiße Atome 326, 327
heiße Reaktionen 327
heiße Zellen 466, 720
heiße Zone 350
Heiß-Kalt-System 91
Helium 315, 604, 614, 615, 616
Helium als Kühlmittel 409, 412
Helium-„flash" 616
Helium-Verbrennung 615, 616
Herzschrittmacher 633
heterogene Reaktionskinetik 585 ff.
heterogener Isotopenaustausch 92
heterogene Verteilung 496
Hexacyanoferrat 353
„high-spin"-Komplexe 584
H_2O, physikalische Eigenschaften 55
Hochenergie-Kernreaktionen 297 ff., 611
Hochenergie-Kernreaktionen, Kaskade 303, 304

Hochenergie-Kernreaktionen, Kernspaltung 304
Hochenergie-Kernreaktionen, Spallation 304
Hochenergie-Kernreaktionen, Verdampfungsprozesse 303
Hochenergie-Kernreaktionen, Winkelverteilung 303
Hochenergie-Kernspaltung 279, 296, 297, 300
Hochenergie-Schwerionenforschung 314
Hochfrequenz-Ionenquelle 445
hochradioaktive Abfälle 384
hochreine Stoffe 575
Hochtemperatur-gasgekühlte Reaktoren 432
Hochtemperaturreaktor 386, 400, 401, 407, 409, 410
hohe Aktivitäten, Handhabung 466
Hohlraumresonatoren 447, 460
Holz, Strahlenbehandlung 631
homogene Reaktionskinetik 580 ff.
homogene Verteilung 495, 496
homogener Lösungsreaktor 404, 405
Hüllrohre 392, 396, 405, 411, 423
Hüllrohre, Druckaufbau 395
Hüllrohrwerkstoffe 397
Hybridmodell 234
Hydrologie, Anwendung der Radionuklidtechnik 606
Hydrolyse der Actiniden 548
Hydroperoxyradikal 366
Hydrosphäre 606, 610
Hyperfeinmultipletts 36
Hyperfeinstruktur der Spektrallinien 36, 39, 69, 70, 71
Hyperfeinwechselwirkung 602
Hyperkerne 36
Hyperonen 31

I-123 512, 620
^{123}I-Markierungen 512
I-128 345, 351, 353, 488
I-129 427, 429, 430, 611
I-131 473, 476, 486, 620
i-Halbleiter 180
Identifizierung von Radionukliden 188
Impulserhaltung 34, 240
Impulshöhe 166
Impulsrate 118 ff.
Impulsrate als Funktion der Zeit 119
Impulssatz 161, 329
Impulsübertragung 73, 98, 99
In-113 m 228, 503
Indikatoren 78, 578 ff., 619 ff.
Indikatoren, radioaktive 494, 578 ff., 619 ff.
Indikatormethoden 560, 565 ff., 578 ff., 619 ff.
Indikatormethoden in der Analyse 563 ff.

Induktionskonstante 639
Influenzkonstante 639
Infrarot-Anregung 101, 103
Infrarot-Laser 101, 103
inhomogene Verteilung 495
innere Adsorption 497
innere Bremsstrahlung 200
innere Einwirkung radioaktiver Strahlung 697, 702 ff.
innere Fluoreszenz 341
innere Konversion 201, 202, 228 ff., 295, 336, 339, 340, 598
innere Paarbildung 222
innerer Photoeffekt 200, 230, 341
innere Zählausbeute 172, 184
Insektenbekämpfung durch Bestrahlung 632
instabile Nuklide 12
Instabilität gegenüber α-Zerfall 195
instrumentelle Aktivierungsanalyse 576
intermolekulare Isotopieeffekte 62, 63
interstellare Materie 607
intramolekulare Isotopieeffekte 62, 63
Inversionsschicht in Halbleitern 182
Iod, Abtrennung durch Extraktion 487
Ionenaustausch 93, 94, 530, 551
Ionenaustausch, Isotopentrennung 93 ff.
Ionenaustauscher, anorganische 579
Ionenaustauschgleichgewichte 499
Ionenaustauschverfahren 488, 491
Ionenaustauschverfahren in der Wiederaufbereitung 424
Ionendosis 362, 694, 695
Ionendosisleistung 699
Ionenkristalle 369, 591
Ionenpaare 146, 165
Ionenquellen 445, 450
Ionenquellen, thermische 445
Ionenwanderung 88
Ionenwanderung, Isotopentrennung 88 ff.
Ionisation 629
Ionisation in Gasen 165
Ionisation, Isotopen-selektive 99
Ionisation, spezifische 145, 146, 151
Ionisationsdetektoren 165 ff., 174
Ionisationsdichte in Halbleiterdetektoren 177
Ionisationskammer 165, 166, 186, 187, 235, 308, 563, 597
Ionisationsprozesse 146, 165, 166, 629, 634
ionisierende Strahlung 143, 359, 630
Ionisierung 338, 341
Ionisierungsdichte 697
Ionisierungsenergie 554
Ionisierungsenergien superschwerer Elemente 552
Ionisierungsgrad als Folge von Kernreaktionen 327
Ionisierungsreichweite, extrapolierte 146

Ir-191 601
IR-Anregung 103
IR-Laser 103
Isobare 10, 11
Isobarenausbeute 286
Isobarenregel 14
Isobare Nuklide durch Kernreaktionen 250
Isodiaphere 11
Isomere 11
Isomere, spontanspaltende 235, 236, 237, 289, 290
isomere Umwandlung 196, 197, 203, 226 ff., 339
isomere Umwandlung, chemische Folgen 343, 344
isomere Umwandlung, Rückstoßenergie 332
isomerer Zustand 203
Isomerieverschiebung 602
isomorpher Ersatz bei der Mitfällung 495
Isospin 35, 43 ff.
Isospin, Erhaltungssatz 44, 240
Isospinquantenzahl 43
isothermer Zerfall 338
Isotone 10, 11
Isotope 10, 11
Isotope durch Kernreaktionen 250
Isotope, neutronenreiche 528
isotope Nuklide 14
Isotope, stabile 561
Isotope, Unterschiede in den Eigenschaften 54 ff.
Isotopenaustausch 508, 560, 582
Isotopenaustausch, heterogener 92
Isotopenaustauschgleichgewichte 66, 68, 90, 566, 608, 610
Isotopenaustauschmethoden in der Analyse 565 ff.
Isotopenaustauschreaktionen 66 ff., 580 ff.
Isotopen-selektive Anregung 73, 94, 98, 100, 102
Isotopen-selektive Ionisation 99
Isotopentechnik 559
Isotopen-Thermometer, geochemisches 608
Isotopentrennung 66, 74, 77 ff., 611
Isotopentrennung, elektromagnetische 82
Isotopentrennung, optische Verfahren 94, 97
Isotopentrennung, photochemische Verfahren 98, 100
Isotopentrennung, photophysikalische Verfahren 98
Isotopenverhältnis 608 ff.
Isotopenverhältnis, Verschiebung 608
Isotopenverhältnismessungen 611
Isotopenverteilung 606, 608

Isotopenzusammensetzung 561
Isotopie 3 ff., 8, 53
Isotopieeffekte 53 ff., 560, 580
Isotopieeffekte, intermolekular 62, 63
Isotopieeffekte, intramolekular 62, 63
Isotopieeffekte, kinetische 58 ff., 608 ff.
Isotopieeffekte, primäre 58
Isotopieeffekte, sekundäre 58
Isotopieeffekte, spektroskopische 69 ff.
Isotopieverschiebung 72, 73, 102
Isotopieverschiebung der Spektrallinien 56, 69, 70, 71, 94

Jahresgrenzwerte der Strahlenbelastung 707, 708

K-40 137, 561, 604, 605, 611, 612, 703, 704
K-Elektronen 220
K-Strahlung 196, 197, 198
Kalium 561, 721
Kalium-Argon-Methode 605
Kalium, natürliche Radioaktivität 2, 432
Kaliumisotope 89, 94, 610
Kaliumsalze 2, 562
Kanalstrahl-Ionenquelle 445
Kaskade bei Hochenergie-Kernreaktionen 303 ff.
Kaskadengenerator 445 ff.
Kaskadenreaktionen 305
Kaskadenspaltung 296
Kationenkörper 591, 592
Kautschuk, Strahlenbehandlung 631
keramische Kernbrennstoffe 387, 392, 394, 398
Kernbrennstoffe 281, 373 ff. 708, 709
Kernbrennstoffe, Abbrand 383
Kernbrennstoffe, keramische 387, 392, 394
Kernbrennstoffe, metallische 387, 392
Kernbrennstoffe, Wiederaufarbeitung 384, 417 ff.
kernchemische Laboratorien 706, 710, 718 ff.
Kerndrehimpuls 37, 38
Kerndurchmesser 9
Kerne, exotische 314
Kerneigenschaften 25 ff., 53 ff., 77 ff.
Kerneigenschaften der Actiniden 542
Kerneigenschaften, spezielle 53
Kerne, Ladungsverteilung 26
Kernemulsionen 300
Kernenergie 412, 413
Kerne, neutronenarme 314
Kernexplosionen 528, 541
Kernfusion 315 ff.
Kern-g-Faktor 40
Kernisomerie 12, 48, 226
Kernkräfte 27 ff.
Kernmagneton 39, 639
Kernmodelle 48 ff., 278

Sachregister

Kernmomente 39, 602
Kernphotoreaktionen 163, 247, 250, 573
Kernprozesse 598 ff.
Kernprozesse, Anwendungen 598 ff.
Kernradius 25 ff.
Kernreaktionen 239 ff.
Kernreaktionen, (α, γ)-Reaktionen 249
Kernreaktionen, (α, n)-Reaktionen 248, 249, 251, 253, 276, 478, 530, 531
Kernreaktionen, (α, 2n)-Reaktionen 248, 249, 531
Kernreaktionen, (α, np)-Reaktionen 249
Kernreaktionen, (α, p)-Reaktionen 248, 249, 250, 478
Kernreaktionen, (α, 2p)-Reaktionen 249
Kernreaktionen, (α, t)-Reaktionen 248
Kernreaktionen, (d, α)-Reaktionen 248, 249, 251, 252, 277, 478
Kernreaktionen, (d, ^{3}He)-Reaktionen 277, 310
Kernreaktionen, (d, n)-Reaktionen 248, 249, 250, 252, 253, 478
Kernreaktionen, (d, 2n)-Reaktionen 248, 249, 250, 478 ff., 529
Kernreaktionen, (d, 3n)-Reaktionen 249
Kernreaktionen, (d, p)-Reaktionen 248, 249, 250, 252, 310, 351, 478 ff.
Kernreaktionen, (d, 2p)-Reaktionen 248
Kernreaktionen, (d, pn)-Reaktionen 249
Kernreaktionen, (d, t)-Reaktionen 248, 277, 479
Kernreaktionen, (γ, n)-Reaktionen 248, 250, 253, 351, 478, 480, 482, 573
Kernreaktionen, (γ, 2n)-Reaktionen 250, 573
Kernreaktionen, (γ, 3n)-Reaktionen 250
Kernreaktionen, (γ, p)-Reaktionen 248, 573
Kernreaktionen, (3 He, d)-Reaktionen 277
Kernreaktionen, (n, α)-Reaktionen 248, 249, 471, 473, 476, 569
Kernreaktionen, (n, d)-Reaktionen 248
Kernreaktionen, (n, γ)-Reaktionen 248, 249, 250, 254, 255, 275, 471, 473, 479, 528 ff., 541, 568 ff., 612, 618, 629
Kernreaktionen, (n, γ)-Reaktionen, Rückstoßenergie 332
Kernreaktionen, (n, 2n)-Reaktionen 248, 249, 250, 254, 351, 476, 570
Kernreaktionen, (n, np)-Reaktionen 249
Kernreaktionen, (n, p)-Reaktionen 249, 250, 254, 471, 473, 476
Kernreaktionen, (n, p)-Reaktionen, Rückstoßenergie 334
Kernreaktionen, (n, 2p)-Reaktionen 249
Kernreaktionen, (p, α)-Reaktionen 248, 249, 251, 277, 478
Kernreaktionen, (p, d)-Reaktionen 251, 310
Kernreaktionen, (p, γ)-Reaktionen 249, 251, 478
Kernreaktionen, (p, n)-Reaktionen 248, 249, 251, 276, 478
Kernreaktionen, (p, 2n)-Reaktionen 248, 249
Kernreaktionen, (p, np)-Reaktionen 249
Kernreaktionen, (p, 2p)-Reaktionen 249
Kernreaktionen (p, pn)-Reaktionen 248
Kernreaktionen, (t, α)-Reaktionen 277
Kernreaktionen, (t, d)-Reaktionen 248
Kernreaktionen, (t, γ)-Reaktionen 248
Kernreaktionen, (t, n)-Reaktionen 248
Kernreaktionen, (t, p)-Reaktionen 248
Kernreaktionen, ^{27}Al (p, 3 pn)^{24}Na 299
Kernreaktionen, ^{9}Be (d, n)^{10}B 463
Kernreaktionen, ^{12}C (p, pn) ^{11}C 299
Kernreaktionen, ^{59}Co (n, p) ^{59}Fe 477
Kernreaktionen, ^{3}He (n, p) ^{3}H 354
Kernreaktionen, ^{6}Li (n, α) t 319, 354
Kernreaktionen, ^{14}N (n, p) ^{14}C 354
Kernreaktionen, ^{32}S (n, p) ^{32}P 477
Kernreaktionen, t (d, n) α 463
Kernreaktionen, Thorium + Krypton 540
Kernreaktionen, Uran + Uran 539
Kernreaktionen, Uran + Xenon 539
Kernreaktionen, Ausbeute 261 ff.
Kernreaktionen, Ausgangskanäle 274
Kernreaktionen bei der Verwendung von Th-232 als Brutstoff 434
Kernreaktionen bei der Verwendung von U-238 als Brutstoff 433
Kernreaktionen, Beispiele 250 ff.
Kernreaktionen, chemische Effekte 325 ff.
Kernreaktionen, Eingangskanäle 274
Kernreaktionen, Energetik 242 ff.
Kernreaktionen, Geschosse 245
Kernreaktionen in Festkörpern, chemische Effekte 327
Kernreaktionen in Flüssigkeiten, chemische Effekte 327
Kernreaktionen in Gasen, chemische Effekte 327
Kernreaktionen, Kurzschreibweise 240
Kernreaktionen mit leichten Nukliden 250

Sachregister

Kernreaktionen mit Mischelementen 240
Kernreaktionen mit Reinelementen 240
Kernreaktionen, Potentialschwelle 246
Kernreaktionen, Rückstoßeffekte 271
Kernreaktionen, Schwellenenergie 247, 248
Kernreaktionen, Umsatz 263
Kernreaktionen, Zentrifugalschwelle 246
Kernreaktionen, Winkelverteilung 243, 271, 303
Kernreaktionen, Wirkungsquerschnitt 256 ff.
Kernreaktoren 373 ff., 401 ff., 439 ff., 629 ff.
Kernreaktoren als Strahlenquellen 360
Kernreaktoren, Bestrahlungsmöglichkeiten 439
Kernreaktoren, Calder-Hall-Typ 393
Kernreaktoren, chemische Vorgänge 383, 415
Kernreaktoren, epithermische 402
Kernreaktoren, natürliche 382
Kernreaktoren, schnelle 402
Kernreaktoren, γ-Strahlung 443
Kernreaktoren, Reaktivität 377
Kernreaktoren, thermische 402
Kernresonanz, magnetische 41
Kernspaltung 279 ff., 302, 306, 321, 373, 375, 527
Kernspaltung, α-Teilchen 295
Kernspaltung, asymmetrische 284, 285, 291
Kernspaltung, binäre 295
Kernspaltung des U-235 374
Kernspaltung durch schnelle Neutronen 375
Kernspaltung, Energie 292
Kernspaltung, Energie der Neutrinos 374
Kernspaltung, Energie der Neutronen 294
Kernspaltung, Energie des β-Zerfalls 374
Kernspaltung, Gesamtenergie 291
Kernspaltung bei Hochenergie Kernreaktionen 304
Kernspaltung, Massenausbeute 284
Kernspaltung, nutzbare Energie 374
Kernspaltung, Potentialschwelle 237, 290, 291
Kernspaltung, Schwellenenergie 544
Kernspaltung, symmetrische 284, 285, 296
Kernspaltung, ternäre 295, 296
Kernspaltung, thermische 279, 280
Kernspaltung mit thermischen Neutronen 279, 280, 474
Kernspaltung, Tunneleffekt 234
Kernspaltung, Zahl der emittierten Neutronen 281, 293
Kernspaltung, wahrscheinlichste Ordnungszahl 287
Kernspaltung, Wirkungsquerschnitte 375 ff., 544
Kernspin 37 ff., 71, 603
Kernspineffekt 69, 71
Kernspurmethode 611
Kerntechnik 385
kerntechnische Anlagen 385, 706
Kernverschmelzung 313
Kernvolumeneffekt 69, 70
Kern-Zeeman-Effekt 603
Ketone als Extraktionsmittel 488
Kettenreaktionen 368, 373, 377, 380, 630
Kettenreaktion, natürliche 382
Kinetik, Anwendung der Radionuklidtechnik 561, 580 ff.,
kinetische Energie der Spaltbruchstücke 292
kinetische Energie der Spaltprodukte 373, 374
kinetische Energie der bei der Spaltung entstehenden Neutronen 373
kinetische Gastheorie 59, 325
„kits" 620
kinetische Isotopieeffekte 58 ff., 608, 609, 610
Klärschlamm, Strahlenbehandlung 631, 632
Koaxial-Driftverfahren 181
kohärente Streuung 162
Kohlendioxid als Wärmeüberträger in Kernreaktoren 405
Kohlendioxid, Isotopenaustausch 93
Kohlendioxid, strahlenchemische Reaktionen 365
Kohlenstoff, Häufigkeit 607
Kohlenstoff-14 2
Kohlenstoff, Bestimmung durch Aktivierungsanalyse 574, 577
Kohlenstoff-„flash" 617
Kohlenstoffisotope 92, 608
Kohlenstoffisotope, Isotopenverhältnis 609
Kohlenstoffreservoir 606
Kohlenstoff-Stickstoff-Zyklus 316, 317, 615, 616
Kohlenstoff-„Verbrennung" 615, 617
Kohlenwasserstoffe 630
kollektive Bewegung 277
Kollektivmodell 50
Kolloidbildung 498
Kolloidchemie 498, 561
Komplexbildung der Actiniden 550
komplexe β-Spektren 215
Komplexverbindungen 353, 583
Kontaktmethode 192
Kontaktpotential 634
Kontamination 720
Kontaminationsmessungen 710

kontinuierliche Energieverteilung 211, 213, 215
Kontraktion der Elektronenhülle beim β^--Zerfall 337
Kontraktion der Sterne 614, 615, 617
Kontrollbereiche 706, 707, 709, 710
Kontrollstäbe in Kernreaktoren 377
Konversion, innere 201, 202, 228, 229, 230
Konversion, radiovoltaische 633, 634
Konversion, thermoelektrische 633
Konversionselektronen 152, 153, 196, 201 ff., 215, 226, 230, 295
Konversionselektronen, Absorptionskurve 153
Konversionselektronen, Reichweite 153
Konversionsfaktor in Kernreaktoren 382, 386, 387
Konversionskoeffizient 203, 229, 230, 231, 339
Konversionskoeffizient, partieller 203
Konverter 386, 402
Konverter, thermionische 633
Kopplung, starke 38
Kopplung, schwache 38
Kopplungskonstanten 31, 222
Korngrenzendiffusion 593
Korrosionsbeständigkeit von Reaktorwerkstoffen 415
Korrionsvorgänge, Anwendung der Radionuklidtechnik 591, 621
kosmische Strahlung 1, 2, 605, 610, 611, 703, 704
Kosmochemie 298, 606 ff.
Kr-83 m 481
Kr-85 427, 475, 634
Kraftkonstante 56, 61
Kreuzbombardierung 250
Kristallbaufehler in Halbleiterdetektoren 176
Kristallisation 495
Kristallisation, fraktionierte 496
Kristallspektrometer 164, 183
Kritikalität 467
Kritische Deformation 281
Kritisches Organ 703
Kritisches System 377
Krypton 595
Kryptonate 566, 567
Krypton-Laser 100
kugelförmige Brennstoffelemente 400
Kugelhaufenreaktor 400, 410
Kühlkreisläufe von Kernreaktoren 409
Kühlmittel für Kernreaktoren 414 ff.
Kühlmittel in Kernreaktoren 377, 414, 415
Kühlung von Targets 483
kumulative Spaltausbeute 286
künstliche Elemente 6, 517 ff.
künstliche Kernumwandlungen 239, 250
künstliche Radioelemente 517 ff.

Kupfer, Aktivierung 264
Kupferisotope 89
Kupferphthalocyanin 473
Kurie-Aufzeichnung 218
Kurtschatovium 6, 519, 534
kurzlebige Radionuklide 499, 500, 503, 619, 623
kurzlebiges Mutternuklid 130
Kurzschreibweise für Kernreaktionen 240

La-140 214, 215, 253, 497
Laboratorien, kernchemische 710, 718, 720
Laboratorien, Klassifizierung 718, 719
Labormonitore 719, 720
Laborsystem 242, 246
Ladungsdispersion 286
Ladungserhaltung 34
Ladungsträger in Halbleiterdetektoren 174 ff.
Ladungsunabhängigkeit der Kernkräfte 30
Ladungsverschiebung bei der Kernspaltung 288
Ladungsverteilung bei der Kernspaltung 287, 288, 289
Ladungsverteilung im Kern 26, 41
Ladungszahl 45
Lagerräume 718
Lagerung radioaktiver Stoffe 710
Lagerung von Brennstoffelementen 421
Lagerung von radioaktiven Abfällen 429, 430, 431
LAMPF 449
langlebige Spaltprodukte 419
langsame Neutronen 245
Lanthanfluoridfällung 484
Lanthaniden 522 ff.
Lanthaniden, Absorptionsspektren 525
Lanthaniden, Carbide 526
Lanthaniden, Darstellung der Metalle 526
Lanthaniden, Farbe der Ionen 525
Lanthaniden, Fluoride 526
Lanthaniden, Hydride 526
Lanthaniden, Hydroxide 526
Lanthaniden, Ionenradien 525
Lanthaniden, Kristallgitter 526
Lanthaniden, magnetische Eigenschaften 526
Lanthaniden, Neutronenabsorption 477
Lanthaniden, Oxalate 526
Lanthaniden, Phosphate 526
Lanthaniden, Wertigkeit 524
Lanthanidenkontraktion 524, 526
Lanthanidentrennung 491
Lanthanoide 522
Larmor-Frequenz 40, 41
Laser 73, 74, 95 ff.
Laser, abstimmbare 95

Sachregister

Laser, Frequenzverdoppelung 95
Laser, gepulste 99
Laserentwicklung 95
Laser-induzierte Fusion 321
Laserspektroskopie 73
Lasersysteme 96
LAW 385
Lawrencium 6, 519, 533
Lawson-Kriterium 320
Lebensdauer angeregter Zustände 70, 201
Lebenswissenschaften 619
Lecksuche mit Radionukliden 622, 624
Legierungsbildung 621
Leistungsreaktoren 385, 386, 402, 405, 406, 407
Leitfähigkeitsband 173, 174, 175, 176, 177
Leitfähigkeitsdetektoren 178, 180
Leptonen 30, 32, 34
Leptonenzahl 34, 35
LET-Wert 364, 697
letale Dosis 706
Leuchtmasse 629
Leuchtstoffe 634
Leuchtzifferblätter von Uhren 705
Li-6 251, 511
Li-7 251
Li-9 298
Lichtgeschwindigkeit 639
Ligandenaustausch 583, 585
Ligandenfeldtheorie 583
Ligandenübertragung 584
Linearbeschleuniger 447 ff., 573, 578
Linearbeschleuniger für Elektronen 448
Linearbeschleuniger für Protonen 448, 449
Linie der β-Stabilität 12, 18, 195, 197, 198, 249, 283, 308, 538, 539
Linienbreite 274
Linienbreite, partielle 275
Linienspektrum 229
Linienverbreiterung 600
Lithium 180, 181, 571
Lithium-gedriftete Dektektoren 178, 180, 181
Lithiumisotope 77, 88, 89, 93, 94
Lithosphäre 606
Löschgas 168, 169
Löslichkeitsgleichgewichte, Anwendung der Radionuklidtechnik 578
Lösungsmittelwäsche bei der Wiederaufarbeitung 427
Lösungsreaktor, homogener 404, 405
„low-level"-Messungen 606, 611
„low-spin"-Komplexe 584, 585
Luft, Einwirkung ionisierender Strahlung 365
Lumineszenzerscheinungen 629

magische Zahlen 13, 231, 537, 607
magische Neutronenzahlen 13, 231
magische Protonenzahlen 13, 231
Magnesium, Bestimmung durch Aktivierungsanalyse 577
magnetische Aufspaltung im Mössbauerspektrum 602
magnetische Dipolwechselwirkung 602, 603
magnetische Feldkonstante 639
magnetische Kernresonanz 41
magnetische Multipole 225
magnetische Multipolstrahlung 224
magnetische Quantenzahl 39, 40
magnetischer Spektrograph 149, 155, 156
magnetisches Dipolmoment der Atomkerne 39, 49, 603
magnetisches Moment der Atomkerne 39, 40, 599
magnetisches Moment des Elektrons 39
magnetisches Moment des Neutrons 39
magnetisches Moment des Protons 39
makromolekulare Chemie 630
makroskopischer Wirkungsquerschnitt 259, 265
Manipulatoren 466
markierte Verbindungen 353, 504 ff., 623
markierte Verbindungen, Reinheit 505
markierte Verbindungen, Herstellung 505, 506
Markierung 559, 560, 621
Markierung durch Isotopenaustausch 508
Markierung durch strahlungsinduzierten Austausch 508
Markierungen mit At-211 513
Markierungen mit C-11 509
Markierungen mit I-123 512
Markierungen mit N-13 510
Markierung von Halogenverbindungen 508
Markierung unter dem Einfluß ionisierender Strahlung 355
Masse, bewegte 20
Masse, reduzierte 56, 62, 72
Masse des Wasserstoffatoms 639
Massenauflösungsvermögen von Massenspektrometern 465
Masse und Energie, Äquivalenz 20
Massenabsorptionskoeffizient für γ-Strahlung 158, 160
Massenausbeute bei der Kernspaltung 284
Massenbestimmung 18
Massendefekt 19, 20
Massendispersion 284, 286, 301, 302
Massendispersionskurve 285
Masseneffekt 69, 70
Masseneinheiten 18

Masseneinheiten, atomare 18, 19, 20, 639
Massenseparatoren 83, 465 ff., 540, 541
Massenspektrograph 8, 18, 59
Massenspektrometer 8, 18, 59, 82, 270, 465 ff., 561, 604, 605, 611
Massenspektrometrie 301
Massentrennung 540
Massenzahl 8, 10, 17, 18 ff., 67
Materialbilanz, Anwendung der Radionuklidtechnik 624
Materialflußmessungen 623
Materialtransport, Anwendung der Radionuklidtechnik 625
Matrixelemente 392, 398, 399, 400
Mattauchsche Regel 14, 520
MAW 385
maximale Aktivität 133
maximale Reichweite von β-Strahlung 152, 153
Maximalenergie von β-Strahlung 155
maximal zulässige Strahlenbelastung 704
Maxwellsche Geschwindigkeitsverteilung 317, 325
McKaysche Gleichung 581, 588, 589
Medizin, Anwendungen 619 ff.
medizinische Applikation von Radionukliden, Strahlenbelastung 703
medizinische Applikation von Röntgenstrahlung, Strahlenbelastung 703
Meerwasser, Isotopenverhältnis der Schwefelisotope 610
Meerwasser, Isotopenverhältnis der Wasserstoffisotope 608
Meerwasser, natürliche Radioaktivität 431
Meerwasserentsalzung 413
mehrere aufeinanderfolgende Umwandlungen 133, 136
mehrfacher Neutroneneinfang 541, 542
Mehrfachmarkierung 117
Melksysteme 503
Mehrkanalspektrometer 163, 173, 627
Mendelevium 6, 519, 531
Mesonen 29, 30, 31, 32, 449
Mesonentheorie der Kernkräfte 29
Meßanordnungen 186 ff.
Meßgenauigkeit von Massenspektrometern 466
Meßräume 718
Messung radioaktiver Strahlung 165 ff.
Messung von α-Strahlung 166, 167, 181, 186
Messung von β-Strahlung 166, 167, 171, 172
Messung von γ-Strahlung 171, 172, 174
Messung von Deuteronen 186
Messung von Neutronen 186
Messung von Protonen 186
Messung von Röntgenstrahlung 181
metallische Kernbrennstoffe 387, 392
metallisches Uran als Kernbrennstoff 393
Metalloberflächen 591
metastabile Zustände 11
Meteorite 604, 607, 610, 611
Meteorite, Bestrahlungsalter 611
Meteorite, Isotopenverteilung 611
Methan, Radiolyse 367
Methode der radiochemischen Indizierung 560
Mikrowellen-Spektroskopie 36, 39
Milchstraße 607
Mineralien 3, 608
Mineralogie, Altersbestimmungen 604
Mineralien, Entstehungsbedingungen 610
Mineralquellen, Radioaktivität 703
Mischkristalle 495
Mischkristalle, anormale 497
Mischvorgänge 621
Mitfällung 484, 485, 579, 595, 597
Mitfällung durch Adsorption 495, 496, 497
Mitfällung durch Bildung anormaler Mischkristalle 497
Mitfällung durch innere Adsorption 497
Mitfällung durch isomorphen Ersatz 495
mittlere Lebensdauer 115
mittlere Lebensdauer angeregter Zustände 599
mittlere Reichweite 146
mittlere Weglänge von Spaltneutronen 380
mittlere Weglänge von thermischen Neutronen 380
Mo-99 475, 503
Modell der unabhängigen Teilchen 48, 50, 51
Modellvorstellungen über die chemischen Folgen von Kernreaktionen 349, 350
Moderatoren 376, 414 ff.
Modifikationen des Urans 392
Modifizierender Faktor für Strahlung 697
Moleküle, angeregte 143
Moleküle, Potentialkurven 71, 72
Moleküle, Rotationszustände 71
Moleküle, Schwingungsenergie 56
Moleküle, Schwingungszustände 71
Molekularstrahlen 36
Molekularstrahlen, Ablenkung im magnetischen Feld 39
Molekülbruchstücke 345
Molekülspektren 71, 73
Monazit 2
Monazitsand 703
Mondforschung 611
Monitorfolien 270, 271
Monitorreaktionen 270, 299

mononukleare Reaktionen 111, 239, 240, 267
mononukleares Zeitgesetz für den radioaktiven Zerfall 113 ff.
Monopolwechselwirkung, elektrische 602
Moseley'sches Gesetz 5, 523, 627
Mössbauer-Effekt 39, 349, 599, 603
Mössbauer-Nuklide 599, 601, 603
Mössbauer-Quelle 601
Mössbauer-Spektroskopie, Absorptionslinie 601, 602
Mössbauer-Spektroskopie, Emissionslinie 601
Mössbauer-Spektrum 602
Multielementanalyse 576, 627
Multinukleon-Transfer 310, 311
Multiplikationsfaktor in einem Proportionalzähler 166
Multiplikationsfaktor in Kernreaktoren 375, 376, 380, 383
Multipole 224, 225
Multipolstrahlung 224, 225
Mutternuklid 122, 124, 130, 136
Myonen 31, 459
myonische Atome 35, 36
Myonneutrinos 612

N-12 298
N-13 574
^{13}N-Markierungen 510
N-15 619
N-16 298
N-17 298
n-Halbleiter 175, 180, 182
Na-24 253, 620
Nachweisempfindlichkeit der Indikatormethoden 579
Nachweisempfindlichkeit radioaktiver Strahlung 559, 560, 621
Nachweisgrenzen der Neutronenaktivierungsanalyse 569
Nachweisgrenze in Massenspektrometern 465
Natrium als Kühlmittel 411
Natriumiodid-Detektoren 183
Naturkonstanten 639
natürliche Kernreaktoren 382
natürliche Linienbreite der Spektrallinien 70
natürliche Linienbreite von γ-Linien 599
natürliche Radioaktivität 107, 431, 432, 561
natürliche Radioaktivität des Meerwassers 431
natürliche Radioelemente 517, 518
natürliche Strahlenbelastung 703 ff.
Natururan als Brennstoff 385, 415
Neutronenbeugung 443, 444
Natururan-Reaktoren 376

Natururan-Graphit-Reaktor 402
nasse Verfahren der Wiederaufarbeitung 423
Natrium-gekühlte schnelle Brutreaktoren 396
Nb-95 131
Nb-95 m 203
Ne-22 533
Nebelkammer 145, 151, 239
Negatron 31
Neonisotope 8, 81
Neptunium 6, 519, 528, 542, 549
Neptunium, Eigenschaften 547
Neptunium, Modifikationen 547
Neptunium-Familie 109, 111
Nernstsches Verteilungsgesetz 486
Nettobildungsrate 122, 138, 262, 266
Neutretto 32
Neutrino 32, 198
Neutrino, Rückstoßenergie 216
Neutrinoelektron 32
Neutrinohypothese 31, 215
Neutrinomyon 32
Neutron 9, 10, 32
Neutron, Entdeckung 251
Neutron, magnetisches Moment 39
Neutron, Ruhemasse 639
Neutron, Zerfall 46
Neutronen 144, 197, 239, 245, 442, 460, 461, 605, 612 ff.
Neutronen, Äquivalentdosisleistung 698
Neutronen, Einfangquerschnitt 376
Neutronen, elastische Streuung 246
Neutronen, energiereiche 442
Neutronen, Kernreaktionen 471 ff.
Neutronen, Messung 186
Neutronen, 14 MeV 464, 571, 578
Neutronen, Moderierung 628
Neutronen, prompte 282
Neutronen, Qualitätsfaktor 698
Neutronen, schnelle 375, 382
Neutronen, strahlenchemische Reaktionen 369
Neutronen, thermische 375, 382, 441
Neutronen, Verteilung im Kern 26
Neutronen, verzögerte 282, 283, 293, 380
Neutronenabsorption 272, 384, 628
Neutronenabsorption in Kernreaktoren 377
Neutronenabsorption in Moderatoren 414
Neutronenabsorption, Wirkungsquerschnitt 375
Neutronenaktivierung 568 ff., 611
neutronenarme Nuklide 296, 314
Neutronenausbeute bei der Kernspaltung 293, 294
Neutronenausbeute von Neutronengeneratoren 254, 462, 463
Neutronenausbeute von Neutronenquellen 461

757

Sachregister

Neutroneneinfang 260, 376 ff., 618
Neutroneneinfang, Anregungseffekte 336
Neutroneneinfang der Actiniden, Wirkungsquerschnitte 544
Neutroneneinfang, mehrfacher 528
Neutronenemission 273, 282, 292, 293
Neutronenemission bei der Kernspaltung von U-235 294
Neutronenemission, Rückstoßenergie 334, 335
Neutronenerzeugung 244, 253
Neutronenfluß in Kernreaktoren 264 ff., 439 ff., 568
Neutronenfluß in Neutronenquellen 461 ff.
Neutronengeneratoren 254, 444, 460 ff., 570, 578, 628
Neutronengeneratoren, Abschirmung 465
Neutronenquellen 247, 253, 460 ff., 626, 628, 629
Neutronenradiographie 629
neutronenreiche Isotope 528
Neutronenspektroskopie 183
Neutronensterne 614, 618, 619
Neutronenüberschuß 12, 16, 30, 44
Neutronenüberschuß der Spaltprodukte 283, 284
Neutronenverdampfung 232, 297, 304
Neutronenverluste in Kernreaktoren 377
Neutronenvermehrungszahl 375
Neutronenzahl 12
Ni-63 634
nicht gezählte Impulse 169
Niederenergie-Kernreaktionen 269 ff.
Niederenergie-Kernspaltung 279 ff.
Nielsbohrium 7, 519, 534
Niob als Hüllrohrwerkstoff 397
Nobelium 6, 519, 532
Np-239 528
nuklear reine Uranverbindungen 387, 390
nuklearer photoelektrischer Effekt 163
Nuklearmedizin 619, 705
Nukleogenese 611, 614
Nukleonen 9, 31
Nukleonen, Bindungsenergie 17, 20, 373
Nukleonentransfer 309
Nukleon-Nukleon-Zusammenstöße 277
Nuklide 8, 9
Nuklide, doppelt-magische 537
Nuklide, geschützte 286
Nuklide, instabile 12
Nuklide, isobare 10, 14
Nuklide, isotone 10
Nuklide, isotope 10, 14
Nuklide, natürlich radioaktive 10
Nuklide, radioaktive 10

Nuklide, stabile 10, 12, 13
Nuklide, unabhängiger Zerfall 119
Nuklidkarte 8 ff., 29, 248
Nuklidmasse 18 ff., 112
Nuklidsynthese 613, 614
Nuklidtabelle 641
Nullpunktsenergie 57, 60, 61, 67
nutzbare Energie der Kernspaltung 374
Nutzfaktor, thermischer 376

O-14 214, 215
O-15 574
O-16 318, 608
O-18 608, 619
Oberflächenanalyse 571, 628
Oberflächenäquivalent 592
Oberflächenbestimmung durch heterogenen Isotopenaustausch 591, 592
Oberflächenbestimmung mit Hilfe der Emaniermethode 598
Oberflächenenergie 15, 233
Oberflächenreaktionen 586 ff.
Oberflächen-Sperrschichtzähler 178, 182, 183, 308
Oklo-Reaktor 382
Oktupol 224
Ölprospektion, Anwendung der Radionuklidtechnik 628
„on line"-Verfahren 270, 308, 540, 541
Oppenheimer-Phillips-Reaktion 252
optisches Modell 51, 278, 313
optisches Modell, Potentialverlauf 278
optische Verfahren der Isotopentrennung 94 ff.
Ordnungszahl 8, 10
organische Verbindungen, strahlenchemische Reaktionen 367
Orthowasserstoff 53
Ortsdosisleistung 706
Oszillator, harmonischer 72
„overshoot"-Reaktionen 539
Oxidation, strahlenchemische 630
Oxidationsstufe, Änderung infolge von Kernreaktionen 349
Ozon 630

P-28 298
P-32 476, 619
P-P-Reaktionen 318
p-Halbleiter 175, 176, 179, 180, 182
p-i-n-Halbleiter 180, 181
p-n-Sperrschicht 178
p-n-Detektoren 179, 181
p-n-Sperrschichtzähler 181
p-Prozeß 618
Pa-231 389, 434, 604
Pa-234 226, 227
Pa-234 m 226, 227, 563
Paarbildung 161, 162, 222
Paarspektrometer 164
Paarungsenergie 15

Sachregister

Packungsanteil 22
Papierchromatographie 188
Parawasserstoff 53
Parität 35, 41 ff., 222, 231
Parität, Erhaltungssatz 43, 240
partielle Halbwertzeit 139
partielle Halbwertzeit für α-Zerfall 204
partielle Halbwertzeit für Spontanspaltung 204
partielle Linienbreite 275
partielle Zerfallskonstanten 203, 229
partieller Konversionskoeffizient 203
partieller Wirkungsquerschnitt 258
Pauli-Prinzip 34, 42
Pb-204   604, 605, 612
Pb-206   604, 605, 612
Pb-207   604, 605, 612
Pb-208   604, 605
Pb-210   389
Pb-212   593
Pechblende 2, 107
„pellets" 395
Penning-Ionenquelle 445, 450
Periodensystem der Elemente 3 ff., 536 ff., 552
Personendosis 699
Personendosismessung 710
Pertechnetiumsäure 522
PETRA 459
Pfropfpolymerisation 631
Phasenumkehr 90
Phasenumwandlungen 561
Phenol, strahlenchemische Herstellung aus Benzol 630
Phosphatgläser 430
Phosphor höherer spezifischer Aktivität 352
Phosphorsäureester als Extraktionsmittel 488, 493
Photoanregung 573, 574
Photochemie 359
photochemische Isotopentrennung 98, 100
photochemische Reaktionen 95, 100, 359
Photodissoziation 102, 103
Photoeffekt, innerer 200, 230, 341
photoelektrische Radionuklidbatterien 634
photoelektrischer Effekt 160
photoelektrischer Effekt, nuklearer 163
Photoelektronen 160, 174
Photoelemente 634
photographische Platte 190, 192
photographischer Film 190, 192, 235, 236
Photoionisation 99
Photokathode 171, 173, 174
Photonen 31, 34, 143, 612
Photonenaktivierung 573 ff.
Photonendichte 612

Photonenemission 341
Photopeaks 163
photophysikalische Verfahren der Isotopentrennung 98
Photoneutronenquellen 253
Photospaltung 573, 574
Photosynthese 609, 619
Planck-Konstante 639
Planeten 607
Plasma 318, 320, 612
Plutonium 6, 383 ff., 461, 486, 517 ff.
Plutonium, Abtennung durch Extraktion 488
Plutonium als Kernbrennstoff 383 ff., 401, 422, 425, 427, 435
Plutonium, Bestimmung kleiner Mengen 486
Plutonium, Eigenschaften 517 ff., 543, 547
Plutonium, Gewinnung 528, 529
Plutonium, Modifikationen 547
Plutonium, Verbindungen 549, 550
Plutonium, Vorkommen in der Natur 529, 543
Plutoniumdioxid 395
Plutoniummetall als Kernbrennstoff 394
Plutoniumzyklus 427
Pm-145   523
Pm-146   523
Pm-147   476, 632, 634
Pm-149   523
Pm-151   523
Po-210   205, 253, 497, 633, 704
Po-212   206, 207
Po-214   239
Poisson-Verteilung 189, 190
Polonium 6, 107, 461, 485, 518
Polonium-Beryllium-Neutronenquelle 253
Polyethylen 631
Polymerisation, strahlenchemisch 368
Polymethacrylsäuremethylester 631
Polystyrol 631
Positron 31, 32
Positronen 143, 197, 198, 612
Positronenemission 542
Positronium 32
Potentialbeschleuniger 446
Potentialkurve bei einer mononuklearen Reaktion 113
Potentialkurve beim radioaktiven Zerfall 112
Potentialkurven für Moleküle 71, 72
Potentialschwelle für den α-Zerfall 210
Potentialschwelle für die Kernspaltung 237, 291
Potentialschwelle für Kernreaktionen 246
Potentialtopf 209
Potentialverlauf beim optischen Modell 278

Potentialverlauf bei der Annäherung von zwei Nukleonen 28
Prädissoziation 102, 103
primäre Effekte von Kernreaktionen 326
primäre Isotopieeffekte 58
primäre Reaktionen in der Strahlenchemie 359
primäre Retention 328
primäre Spaltfragmente 282, 284
primäre Spaltprodukte 282, 284, 286
Primärkreislauf in Kernreaktoren 409
Produktionsüberwachung, Anwendung der Radionuklidtechnik 624
Produktkerne 240, 270
Promethium 517, 518, 522 ff.,
prompte γ-Quanten 282, 295
promte γ-Strahlung 373, 575, 629
prompte Neutronen 282
prompt kritische Systeme 381
prompt überkritische Systeme 381
prompt unterkritische Systeme 381
Proportionalzähler 165 ff., 186, 187, 308
Protactinium 6, 434, 518, 542, 548
Protactinium, Eigenschaften 547
Protactinium, Modifikationen 547
Proton 9, 10, 31, 32, 33
Proton, magnetisches Moment 39
Proton, Ruhemasse 639
Proton-Elektron-Hypothese vom Aufbau der Atomkerne 8, 39
Protonen 143, 247, 444 ff., 478, 571, 605, 612
Protonen, Äquivalentdosisleistung 698
Protonen in der Urmaterie 612
Protonen, Messung 186
Protonen, strahlenchemische Reaktionen 359, 369
Protonen, Verteilung im Kern 26
Protonen, Wirkungsquerschnitte 299
Protonenaktivierung 571
Protonenbeschleuniger 444, 446, 452, 455, 456, 459, 478
Protonenemission, Rückstoßenergie 334, 335
Protonen-induzierte Schwerionenreaktionen 541
Protonen-Synchrotron 456, 457, 458
Protonenzahl 12
Protonenzerfall 195, 197
Proton-Neutron-Hypothese vom Aufbau der Atomkerne 8, 9
Prozeßströme, Anwendung der Radionuklidtechnik 624
Pu-236 486
Pu-238 517, 529, 633, 635
Pu-239 280 ff., 376 ff., 434, 528, 529, 543
Pu-239, Entstehung aus U-238 381, 434

Pu-239, Kernspaltung 280, 281, 284, 286, 289, 292, 302
Pu-239, Spaltausbeute 286
Pu-239, Wirkungsquerschnitt für die Spaltung 376
Pu-239 als Kernbrennstoff 382, 385
Pu-239 in Uranerzen 543
Pu-242 302, 533
Pu-244 529
Pulsare 542, 619
Pulsbetrieb von Kernreaktoren 404
Pulsradiolyse 361
Punktquellen-Dosisfunktion für β-Strahlung 700, 701
Purex-Verfahren 426, 427, 429
pyrometallurgische Verfahren der Wiederaufarbeitung 428
p-Zustände, Aufspaltung 552

Quadrupol 224
Quadrupolaufspaltung 602, 603
Quadrupolmoment, elektrisches, der Atomkerne 41, 49, 290, 602
Quadrupolwechselwirkung, elektrische 602
Qualitätsfaktor für Neutronen 698
Qualitätsfaktor für Strahlung 697
Quantenausbeute bei photochemischen Reaktionen 359
Quantenzahlen 34 ff.
Quantenzahl, magnetische 39, 40
Quarks 35, 45
quasielastische Prozesse bei Schwerionenreaktionen 310, 311
Quasi-Spaltung 310, 313
Quecksilberisotope 100
Quellwasser, Radioaktivität 721

r-Prozeß 542, 618
Ra-226 253, 389, 461, 484, 496, 563, 597, 605, 704
Ra-228 563, 604, 629, 704
Rad 362, 694
Radikale bei strahlenchemischen Reaktionen 360
Radikalfänger 345, 346
radioaktive Abfälle 429 ff., 709, 718, 719, 721
radioaktive Abfälle hoher Aktivität 431
radioaktive Abfälle, Lagerung 431
radioaktive Abfälle, Lagerungszeit 430
radioaktive Abfälle mittlerer Aktivität 431
radioaktive Abfälle niedriger Aktivität 431
radioaktive Abfälle, Weiterverarbeitung 431
radioaktive Edelgase 596
radioaktive Elemente 6 ff.
radioaktive Indikatoren 494, 624
radioaktive Niederschläge 703, 705

Sachregister

radioaktive Nuklide 10 ff.
radioaktive Nuklide als Indikatoren 579
radioaktive Präparate, Schichtdicke 184
radioaktive Stoffe, Ausfuhr 709
radioaktive Stoffe, Einfuhr 709
radioaktive Stoffe in der Natur 1 ff.
radioaktive Stoffe, Lagerung 710
radioaktive Strahlung 143 ff., 559, 629
radioaktive Strahlung, Absorption 184, 185, 621, 624
radioaktive Strahlung, äußere Einwirkung 699 ff.
radioaktive Strahlung, innere Einwirkung 702 ff.
radioaktive Strahlung, Messung 165 ff.
radioaktive Strahlung, Streuung 621, 624
radioaktive Verschiebungssätze 107, 195, 197, 198, 527
radioaktive Zerfallsreihen 107, 108, 111
radioaktiver Zerfall 107 ff., 239
radioaktiver Zerfall, Energetik 111 ff.
radioaktiver Zerfall, Potentialkurven 112
radioaktiver Zerfall, Zeitgesetz 113 ff.
radioaktives Gleichgewicht 122 ff.
radioaktives Gleichgewicht, Einstellung als Funktion der Zeit 123, 125
radioaktives Gleichgewicht, Mengenverhältnis der Radionuklide 127
radioaktives Gleichgewicht, säkulares 124 ff.
radioaktives Gleichgewicht, transientes 128 ff.
Radioaktivität 1, 116
Radioaktivität durch Kernwaffenversuche 432
Radioaktivität, natürliche 107
Radioanalytik 560 ff.
Radiodünnschichtchromatographie 188
Radioelemente 7, 517 ff.
Radiofrequenz-Spektroskopie 36, 39
Radiogaschromatographie 188
Radiographie 629
Radiokolloide 497, 498
Radiologie 620
Radiolyse des Methans 367
Radiolyse des Wassers 366
Radiolyse in Kernreaktoren 417
Radiolyseprodukte bei der Wiederaufarbeitung 427
radiometrische Titration 567
Radionuklidanregung 625, 626
Radionuklidbatterien 632, 633, 634
Radionuklide 12 ff.
Radionuklide, Abtrennung aus Spaltprodukten 475, 476
Radionuklide, Abtrennung durch chromatographische Verfahren 493
Radionuklide, Abtrennung durch Ionenaustauschverfahren 493
Radionuklide, Anwendung in der Industrie 621 ff.
Radionuklide, diagnostische Anwendung 620, 705
Radionuklide, elektrolytische Abscheidung 485
Radionuklide, Gewinnung 471 ff.
Radionuklide, Gewinnung in Beschleunigern 478
Radionuklide, Gewinnung in Kernreaktoren 471
Radionuklide als Indikatoren 563 ff., 578 ff., 619 ff.
Radionuklide als Indikatoren in der Technik 621 ff.
Radionuklide durch Kernreaktionen mit Deuteronen 479, 480
Radionuklide, kurzlebige 499 ff., 619, 623
Radionuklide, medizinische Applikation 703
Radionuklide, Menge und Konzentration 494
Radionuklide, natürliche 606
Radionuklide als Strahlenquellen 360
Radionuklide, therapeutische Anwendungen 620, 705
Radionuklide, Toxizität 697, 702
Radionuklide, trägerfrei 493 ff.
Radionuklide, Trennung 483 ff.
Radionuklide, Trennung durch chromatographische Verfahren 492
Radionuklide, Trennung durch Destillation 486
Radionuklide, Trennung durch Extraktion 486, 487
Radionuklide, Trennung durch Ionenaustauschverfahren 490
Radionuklide in der Umwelt 498
Radionuklide, unabhängiger Zerfall 119 ff.
Radionuklidgeneratoren 500 ff., 521, 619, 622
Radionuklidquellen 625, 627
Radionuklidreinheit 120, 484, 503
Radionuklidtechnik 504, 559 ff.
Radioökologie 498
Radiopapierchromatographie 188
Radiopharmaka 509, 620
Radiotoxizität 702
radiovoltaische Konversion 633, 634
radiovoltaische Radionuklidbatterien 634
Radium 6, 107, 518, 561, 597, 610, 620, 703, 704
Radium-Beryllium-Neutronenquelle 253
Radiumbestimmung 127
Radiumgehalt, Bestimmung 563
Radiumisotope 595

Radon 6, 518, 563, 597, 610, 620, 703, 704
Radonisotope 595
Raumladung in Halbleiterdetektoren 177, 178
Rayleigh-Formel 84
Rayleigh-Streustrahlung 626
Rb-87   604, 605, 703, 704
Reaktionen, epithermische 327
Reaktionen, heiße 327
Reaktionen, Isotopen-selektive 98
Reaktionen, thermische 327
Reaktionen, thermonukleare 317, 318, 320
Reaktionsenthalpie 580
Reaktionsentropie 580
Reaktionsgeschwindigkeit 57, 58, 580
Reaktionskäfig 350
Reaktionskinetik 65, 580 ff.
Reaktionsmechanismen 561, 580
Reaktionsprodukte als Folge von Kernreaktionen 349
Reaktivität eines Kernreaktors 377
Reaktorchemie 373 ff., 416 ff.
Reaktoren, s. Kernreaktoren
Reaktorkern 402
Reaktorneutronen 568, 570
Reaktorperiode 380
Reaktortypen 401 ff.
Reaktorwerkstoffe 414 ff.
reduzierte Masse 56, 62, 72
Reflektor 377, 402, 414
Regenwasser 606, 721
Reichweite 146 ff.
Reichweite der Kernkräfte 27
Reichweite, extrapolierte 146
Reichweite, mittlere 146
Reichweite von α-Strahlen 145, 147, 148, 149
Reichweite von Konversionselektronen 153
Reichweite von Rückstoßatomen 594
Reichweite von Spaltbruchstücken 416
Reinelemente 8
Rekristallisation 590
relative biologische Wirksamkeit 695, 696
relativistische Korrektur 155
relativistische schwere Kerne 314
Relativitätstheorie 20
Relaxationsprozesse 603
Rem 696
Resonanzabsorption von γ-Quanten 600 ff.
Resonanzbereich 275
Resonanzdurchlaß-Wahrscheinlichkeit 376
Resonanzeinfang 376
Resonanzfaktor 275
Resonanz in den Wirkungsquerschnitten 290

Resonanzlinien 274, 602, 603
Resonanzlinien in den Anregungsfunktionen 273
Resonanzneutronen 245
Resonanzreaktionen 274
Resonanzstellen 260, 261
Resonanzstreuung von γ-Strahlung 628
Resonanzzustände 35
Resonatoren, supraleitende 460
Retention 328, 345, 347, 348
Retention, primäre 328
Retention, sekundäre 328
Rhenium 520, 521
Rhodium 431
Richtungsquantelung 37, 38
Rn-219   605
Rn-220   563, 704
Rn-222   563, 597, 605, 704
Rohrpostanlage 441, 500, 575
Röntgen 362, 695
Röntgenaufnahmen 705
Röntgenbremsstrahlung 143, 708
Röntgendiagnostik, Strahlenbelastung 705
Röntgendurchleuchtung, Strahlenbelastung 705
Röngenfluoreszenzanalyse 626, 627
Röntgeninstitute, Strahlenbelastung 706
Röntgenspektroskopie 183
Röntgenstrahlung 143, 157, 181, 695, 696, 697, 703, 706
Röntgenstrahlung, charakteristische 157, 198, 200, 202, 203, 230, 295, 338
Röntgenstrahlung, Energiebereich 157
Röntgenstrahlung, medizinische Applikation, Strahlenbelastung 703
Röntgenstrahlung, Messung 181
Röntgenstrahlung, monoenergetische 627
Röntgenstrahlung, Wellenlängenbereich 157
Röntgenstreustrahlung 626, 628
Rotationsenergie 57
Rotationsquantenzahl 57
Rotationsschwingungsspektren 71
Rotationsspektren 57, 72
Rotationszustände von Molekülen 71
Ru-103   475
Rubidiumisotope 99
Rubidium-Strontium-Methode 605
Rückhalteträger 485
Rückstoß 341, 600
Rückstoßatome 341, 347, 370, 551
Rückstoßchemie 326
Rückstoßdiffusion 595
Rückstoßeffekte bei Kernreaktionen 235, 271, 325, 328 ff.
Rückstoßenergie 328 ff., 595, 600, 630
Rückstoßenergie bei der Emission von Neutronen 334, 335

Sachregister

Rückstoßenergie bei der Emission von Protonen 334, 335
Rückstoßenergie bei der isomeren Umwandlung 332
Rückstoßenergie beim α-Zerfall 330, 334, 335
Rückstoßenergie beim β-Zerfall 330, 331, 334, 335
Rückstoßenergie beim γ-Zerfall 332, 333, 334, 335
Rückstoßenergie bei (n, γ)-Reaktionen 332
Rückstoßenergie bei (n, p)-Reaktionen 334
Rückstoß-Fließband-Technik 532, 533
rückstoßfreie Resonanzabsorption von γ-Strahlen 599, 601, 604
Rückstoßkerne 182, 361, 611
Rückstoßmarkierung 353 ff., 508, 509, 513
Rückstoßmethode 593, 594
Rückstoßprotonen 186
Rückstoßreichweite 347, 348, 595
Rückstoßtechnik 531
Rückstrahlmethode 624
Rückstreuung radioaktiver Strahlung 154, 184, 625, 626, 628, 629
Rückstreuung von β-Strahlung 155, 628
Rückstreuung von γ-Strahlen 629
Rudstam-Formel 306
Ruhemasse 20
Ruhemasse des Elektrons 197, 639
Ruhemasse des Neutrons 639
Ruhemasse des Protons 639
Runzelröhre 448
Ruthenium 431
Rutherfordium 7, 519, 534
Rutherfordsches Atommodell 25
Rutherfordsche Streuformel 25
Rydberg-Konstante 70

S-32 608
S-34 608, 610
S-35 471, 619
s-Elektronen 602
s-Prozeß 618
säkulares, radioaktives Gleichgewicht 124 ff.
Salzschmelzenreaktor 387
Sargent-Diagramme 217
Sattelpunkt 282
Sattelpunktsenergie 233
Sättigungsaktivität 263
Sättigungsstrom in einer Ionisationskammer 165
Sauerstoff, Bestimmung durch Aktivierungsanalyse 571
Sauerstoff, Bestimmung durch Photonenaktivierung 574
Sauerstoff, Häufigkeit 607
Sauerstoffisotope 85, 608
Sauerstoffisotope, Isotopenverhältnis 609
Sauerstoff-Verbrennung 617
Sb-124 253, 461
Sc-46 m 221
Scandium 522
Schädlingsbekämpung durch Bestrahlung 631
4 f-Schale 524
Schaleneffekte 537
Schalenmodell 13, 15, 48 ff., 224, 226, 233
Schalenstruktur 234
Schichtdicke radioaktiver Präparate 184
Schichtdickenbestimmung 625
Schiffsantrieb durch Kernreaktoren 413
Schilddrüsentest 620
Schmelzflußelektrolyse 88, 89, 546
Schmelzverfahren der Wiederaufarbeitung 428
schnelle chemische Operationen 551
schnelle Neutronen 245, 375, 382, 441
schneller Brüter 382, 407, 411
schnelle Reaktoren 402
Schnellvermehrungsfaktor 375
schwach angereichertes Uran 386
schwache Wechselwirkung 43, 44, 45, 222
schwarze Zwerge 619
Schwefelhexafluorid 103
Schwefelisotope 93, 608 ff.
Schwefelisotope, Isotopenverhältnis 609
Schwefelwasserstoff 91
Schwellenenergie 243
Schwellenenergie des radioaktiven Zerfalls 112, 113
Schwellenenergie für die Aktivierung mit geladenen Teilchen 571
Schwellenenergie für die Kernspaltung 544
Schwellenenergie für Kernreaktionen 247, 248
schwere Elemente 535
schwere Ionen 308, 448, 532, 611
schwere Ionen, relativistische 314
schwere Kerne 444, 536
schwerere Elemente, Synthese 615
schweres Wasser 55, 414
Schwerionenbeschleuniger 247, 307, 449, 538
Schwerionenforschung 313, 314
Schwerionen-induzierte Fusion 314, 321
Schwerionenreaktionen 296, 307 ff, 541, 542
Schwerionenreaktionen, Coulomb-Anregung 309
Schwerpunktsystem 242, 246
Schwerwasserreaktoren 404, 407
Schwimmbadreaktoren 403, 404, 440
Schwingungsenergie von Molekülen 56, 57

Schwingungsfrequenz 56, 61, 67
Schwingkondensatormeßverstärker 166
Schwingungsquantenzahl 56, 57
Schwingungsrotationszustände 101
Schwingungsspektren 57, 72
Schwingungszustände von Molekülen 71
sekundäre Effekte von Kernreaktionen 326
sekundäre Isotopieeffekte 58
Sekundärelektronenvervielfacher 171, 173, 174
sekundäre Reaktionen in der Strahlenchemie 359
sekundäre Retention 328, 347, 350
sekundäre Spaltfragmente 282
sekundäre Spaltprodukte 282, 283
Sekundärkreislauf in Kernreaktoren 409
Sekundärtargets 627
Selbstabschrimung 477
Selbstabsorption radioaktiver Strahlung 184ff.
Selbstdiffusion 593
Selbstdiffusionskoeffiezient 594
Selbstmarkierung 353ff., 508, 509
Selektivität von Trennungen 490
Selenisotope 610
Seltene Erden 522, 523
Seltene Erden in Kernreaktoren 377
Siedewasserreaktoren 377, 386, 402, 406ff.
Sievert (Einheit der Äquivalentdosis) 696
Silber 260
Silberiodid 500
Silberisotope 89
Silbernitrat, strahlenchemische Reaktionen 370
Silicagel 504
Silicium 174, 177, 182, 607, 634
Silicium, Bestimmung durch Aktivierungsanalyse 574, 577
Silicium-Detektoren 183
Silicium-Einkristalle 175, 176, 182
Siliciumisotope 610
Silicium-Sperrschicht-Detektoren 183
Sintern von Urandioxid 395
Sn-113   503
Sonne 607, 616
Sonneninneres, Temperatur 317
Sonnenoberfläche, Temperatur 317
Sonnensystem 607
Spallation 301 ff.
Spallationsprodukte 302, 305, 306
Spallationsreaktionen in Meteoriten 604
Spaltausbeute 232, 283, 285, 286, 419
Spaltausbeute für die Spaltung des U-233   286
Spaltausbeute für die Spaltung des U-235   287
Spaltausbeute für die Spaltung des Pu-239   286
Spaltausbeute, kumulative 286
Spaltausbeute, unabhängige 286, 287, 288
Spaltbarkeitsparameter 233, 235
Spaltbarriere 289, 290
Spaltbruchstücke 231
Spaltbruchstücke, Coulombsche Abstoßung 232
Spaltbruchstücke, kinetische Energie 292
Spaltbruchstücke, Reichweite 416
Spaltfragmente, primäre 282, 284
Spaltfragmente, sekundäre 282, 295
Spaltketten 283
Spaltneutronen, kinetische Energie 373
Spaltneutronen, mittlere Weglänge 380
Spaltprodukte 383, 384, 420ff., 474ff., 611, 630
Spaltprodukte, Abtrennung 430, 474ff.
Spaltprodukte bei der Wiederaufarbeitung 420ff.
Spaltprodukte, gasförmige 427
Spaltprodukte, kinetische Energie 373, 374
Spaltprodukte, Lagerung 429
Spaltprodukte, langlebige 419
Spaltprodukte, Neutronenüberschuß 283, 284
Spaltprodukte, primäre 282, 284, 286
Spaltprodukte, sekundäre 282, 283
Spaltprodukte, Verarbeitung und Lagerung 429ff.
Spaltprodukte, Winkelverteilung 291
Spaltprodukte, Wirkung in Kernreaktoren 383, 384, 418
Spaltproduktlösungen 429, 430, 493
Spaltproduktlösungen, Weiterverarbeitung 429
Spaltspurzählung 551
Spaltstoff 382, 387, 411
Spaltung, siehe Kernspaltung
Spaltung von U-233   284
Spaltung von U-235   284, 285
Spaltung von Pu-239   284
Speicherringe 459ff.
Speicherung von α-Teilchen 460
Speicherung von Antiprotonen 460
Speicherung von Deuteronen 460
Spektrallinien, Feinstruktur 36
Spektrallinien, Hyperfeinstruktur 69
Spektrallinien, Isotopenverschiebung 56
spektroskopische Isotopieeffekte 69
Sperrbereiche 706, 707, 710
Sperrschicht 182
Sperrschichtdetektoren 178ff.
Sperrschichtzähler 178ff.
Sperrspannung 178, 182
spezifische Aktivität 117, 471, 472, 494, 505, 565, 566
spezifische Aktivität bei der Rückstoßmarkierung 354

Sachregister

spezifische Aktivität bei der Selbstmarkierung 355
spezifische γ-Strahlenkonstante 699
spezifische Ionisation 145, 146, 150, 151, 165, 186, 361
spezifische Ladung des Elektrons 639
spezifische Oberfläche 595
spezifischer Energieverlust in Halbleiterdetektoren 175, 182
Spiegelkerne 44
Spin 38
Spinquantenzahl 35, 42, 43
spontanspaltende Isomere 235, 289, 290
Spontanspalter 570
Spontanspaltung 196, 204 ff., 231 ff., 279, 537, 538, 611
Spontanspaltung der Actiniden 543
Spontanspaltung, Halbwertzeit 234, 235, 538
Spontanspaltung, partielle Halbwertzeit 204
Spur bei strahlenchemischen Reaktionen 359
Spurenelementanalyse 560, 575, 576, 611, 619
Sr-85 499
Sr-87 605
Sr-90 429, 430, 431, 475, 488, 628, 632, 633, 635
stabile Elemente 6
stabile Isotope 561
stabile Kerne, Tal der 16
stabile Nuklide 10, 12, 13
Stabilität der Nuklide 12 ff.
Stabilitätsinseln 537, 538
Stahl als Hüllrohrwerkstoff 397, 411
Standardabweichung 189, 190
Standardpräparate 118, 127, 186, 485
Standards für die Aktivierungsanalyse 576
stark gedämpfte Stöße bei Schwerionenreaktionen 310
starke Wechselwirkung 43, 44, 45, 222
Statistik 35, 41 ff., 189 ff.
Statistik, Bose-Einstein 30, 34, 41, 42, 53
Statistik, Fermi-Dirac 34, 41, 54
statistische Reaktionen 274
statistische Theorie 276
statistische Thermodynamik 67
statistische Zählgenauigkeit 189
statistischer Fehler 189
Steinkohleeinheiten 413
Sterilisation durch Bestrahlung 631
Sterne 607, 614, 615, 616, 618
Sterne, Dichte 317
Sterne, Energieproduktion 616
Sterne, Entwicklungsphasen 614
Sterne, Hauptreihenphase 615, 616
Sterne, Kontraktion 614, 615, 617

Sterne, Kontraktionsphase 614, 615
Sterne, thermonukleare Reaktionen 614
Sternentwicklung 618
Sterntemperaturen 317, 612 ff.
Steuerstäbe in Kernreaktoren 407
Stickstoff, Bestimmung durch Photonenaktivierung 574
Stickstoff, Häufigkeit 607
Stickstoffdioxid, strahlenchemische Erzeugung 630
Stickstoffisotope 77, 92, 94, 103, 610
Störleitfähigkeit in Halbleiterdetektoren 176, 177, 178, 181
Stoßionisation 166
Stoßreaktionen 276
Strahlenabschirmung 708
Strahlenbelastung 703 ff.
Strahlenbelastung, berufliche 706
Strahlenbelastung, maximal zulässige 704
Strahlenbelastung, zivilisatorische 703, 705
Strahlenbelastung durch Radionuklide 620
Strahlenbiologie 695
Strahlenchemie 359 ff., 630
Strahlenchemie, Grundbegriffe 361 ff.
strahlenchemische Oxidation 630
strahlenchemische Polymerisation 368
strahlenchemische Reaktionen 359 ff., 629, 630
strahlenchemische Reaktionen in aromatischen Verbindungen 368
strahlenchemische Reaktionen in festen anorganischen Stoffen 369
strahlenchemische Reaktionen in Gasen 364
strahlenchemische Reaktionen in Halogenverbindungen 368
strahlenchemische Reaktionen in Kernreaktoren 417
strahlenchemische Verfahren 630
strahlenchemische Zersetzung des Wassers in Kernreaktoren 417
Strahlendosis 694 ff.
strahlenexponierte Personen, Dosisgrenzwerte 706
Strahlenexposition, berufliche 705
Strahlenquellen 625, 631
Strahlenquellen, Energiedosisleistung 701
Strahlenschäden in Brennstoffelementen 418
Strahlenschutz 694 ff.
Strahlenschutz, gesetzliche Bestimmungen 708 ff.
Strahlenschutz, kernchemische Laboratorien 718 ff.
Strahlenschutzbeauftragter 709
Strahlenschutzbereiche 707, 709, 710
Strahlenschutzgrundsätze 709

Strahlenschutzmaßnahmen 719
Strahlenschutzüberwachung 720
Strahlenschutzverantwortlicher 709
Strahlenschutzverordnung 706, 708, 709, 710
Strahlenschutzvorschriften 708
Strahlenschutzwände 467
Strahlentherapie, Strahlenbelastung 705
Strahlung, Absorption und Streuung, Anwendungen in der Technik 624 ff.
Strahlung, äußere Einwirkung 697, 699 ff.
Strahlung, Bewertungsfaktor 696, 697
Strahlung, innere Einwirkung 697, 702 ff.
Strahlung, kosmische 703, 704
Strahlung, modifizierender Faktor 697
Strahlung, natürliche 703
Strahlung, Nutzung 629 ff.
Strahlung, Qualitätsfaktor 697
Strahlung, radioaktive 143 ff.
Strahlung, terrestrische 703
Strahlung, Wechselwirkung mit Materie 143 ff.
Strahlungsarten 143 ff.
Strahlungsarten, biologische Wirksamkeit 695
Strahlungsarten im Magnetfeld 144
Strahlungsausheilung 347
Strahlungsdetektoren 165 ff.
strahlungsinduzierter Austausch 508
Strangeness 30, 35, 43 ff.
Strangeness, Erhaltungssatz 45
streifende Stöße bei Schwerionenreaktionen 310, 312
Streuexperimente mit schweren Kernen 536
Streuformel, Rutherfordsche 25
Streuprozesse an Atomkernen 241
Streuung, elastische 241, 242, 309
Streuung radioaktiver Strahlung 624
Streuung von α-Teilchen 25
Streuung von Elektronen 26
Streuung, unelastische 241, 242, 276
Streuung, Wirkungsquerschnitt 258
Streuversuche mit α-Teilchen 208
Stripper 450
Stripping-film 192
Stripping-Prozeß 447
Stromquellen 632
Strontium, Abtrennung durch Extraktion 487
substitutionsinerte Komplexverbindungen 583
substitutionslabile Komplexverbindungen 583
Substitutionsreaktionen 350, 354, 583
Substitutionsreaktionen an oktaedrischen Komplexverbindungen 584
Sulfochlorierung 630
Superactiniden 550, 552, 554

SUPERHILAC 451
Supermultipletts 35
Supernovae 542
Supernova-Explosion 617, 618
superschwere Elemente 314, 537 ff., 552
superschwere Elemente in der Natur 542
Superteilchen 35
Supraleitung 460
Symbole 723, 724
Symmetrieeigenschaften 35
Symmetrieenergie 15, 16, 197
Symmetriefaktor 68
Symmetriezahl 67, 68
symmetrische Kernspaltung 284, 285, 296
Synchrotron 453, 455 ff.
Synchrotron mit alternierendem Gradienten 458
Synchrotron, supraleitend 460
Synchrotonstrahlung 320
Synchrozyklotron 453 ff.
Synthese der Elemente 618
Synthese superschwerer Elemente 541
Synthese von markierten Verbindungen 506 ff.
Synthese von schweren Elementen 615
Szilard-Chalmers-Reaktionen 334, 345, 350 ff., 481, 488
Szilard-Chalmers-Reaktionen, Anreicherungsfaktor 351
Szilard-Chalmers-Reaktionen, Ausbeute 351
Szintillationszähler 163, 170, 171 ff., 184, 187, 620
Szintillatoren 172, 173

T-T-Reaktion 321
„tail-end" der Wiederaufarbeitung 427
Tal der stabilen Kerne 16
Tandem-Prinzip 447
Tankreaktor 404
Target 240
Targets, dicke 259, 265
Targets, dünne 259, 262, 265, 272
Taschendosimeter 720
Tätigkeitsverbot 709
Tauchzählrohr 171
Tc-97 520
Tc-99 429, 430, 475, 520
Tc-99 m 503, 521
Te-124 512
Technetium 431, 486, 503, 517, 518, 520 ff., 598
Technetium, Abtrennung durch Extraktion 487
Technetiumheptoxid 521, 522
Technik, Anwendungen 621 ff.
technische Strahlenquellen 706
Teilchenerhaltungssätze 34
Teilchengrößenbestimmung, Anwendung der Radionuklidtechnik 626

Sachregister

Teilkörperdosis 699
ternäre Kernspaltung 295, 296
terrestrische Strahlung 703, 704
Testbestecke 620
Textilien, Strahlenbehandlung 631
Theorie des α-Zerfalls 207
Theorie des β-Zerfalls 215
Theorie des γ-Zerfalls 224
Thenoyl-2-trifluoraceton als Extraktionsmittel 488
Temperatur auf der Sonnenoberfläche 317
Temperatur im Sonneninnern 317
Th-228 597
Th-230 389, 605
Th-232 296, 382, 434, 435, 605, 704
Th-232, Kernreaktionen 434
Th-234 562, 563
therapeutische Anwendung von Radionukliden 620, 705
therapeutische γ-Bestrahlung 705
therapeutische Röntgenbestrahlung 705
thermionische Konverter 633
thermische Anregung 177
thermische Ausheilung 347, 348, 370
thermische Neutronen 245, 375, 382, 441
thermische Neutronen, Absorption 443
thermische Neutronen, mittlere Weglänge 380
thermische Reaktionen 327
thermische Reaktoren 402
thermische Säule 441, 442
thermischer Brüter 382
thermischer Nutzfaktor 376
Thermodiffusion 80, 81
thermoelektrische Konversion 633
Thermodynamik, statistische 67
thermonukleare Reaktionen 317, 318, 320, 614
thermonukleare Reaktionen in Sternen 614
thermophotovoltaische Batterien 634
Thomsonsches Atommodell 25
Thomson-Streuung 163
Thorex-Prozeß 435
Thorium, 2 ff., 107 ff., 432, 518, 542 ff., 561 ff., 597, 604, 610, 618, 703, 704
Thorium, Abtrennung durch Extraktion 488
Thorium als Emanationsquelle 597
Thorium, Analyse auf Grund der natürlichen Radioaktivität 561, 563
Thorium, Beschuß mit Krypton 540
Thorium, Eigenschaften 542 ff.
Thorium, Entstehung des Elements 618
Thorium in der Natur 2 ff., 107 ff., 432, 518
Thorium, natürliche Radioaktivität 432
Thorium, natürliche Strahlenbelastung 703, 704

Thorium, Verbindungen 548 ff.
Thoriumbestimmung 127
Thorium-Blei-Methode 605
Thoriumdioxid 395, 409
Thoriumerze 2
Thorium-Familie 106 ff., 562
Thoriumhydroxid 598
Thoriumisotope 595
Thorium-Konverter 386
Thorium-Uran-Zyklus 432, 434
Thorium-Zerfallsreihe 106 ff., 195
Ti-46 221
tief-inelastische Stöße bei Schwerionenreaktionen 310, 313
tief-inelastische Prozesse bei Schwerionenreaktionen 311, 312
Tieftemperaturdestillation von Wasserstoff 86
Titandioxid 493
Titration, radiometrische 567
Tl-208 593, 594
Tochternuklid 122, 124, 130, 136
Toluol 344
totaler Wirkungsquerschnitt 258, 272
Totzeit 169, 183
Totzeit von Zählrohren 170
Totzeiteinheit 168
Totzeitkorrektur 169, 184, 185, 186
Toxizität von Radionukliden 697, 702
Tracer 494
Tracer-Methode 560
Träger 351, 485
trägerfreie Nuklide 351, 471, 474, 493
Trägheitsmoment 57, 67, 72
Transactinidenelemente 551 ff.
Transferreaktionen 276, 277, 310, 311, 539, 540
transientes radioaktives Gleichgewicht 124, 128 ff.
Transmissionskoeffizient 61
Transplutoniumelemente 431, 440, 461
Transportvorgänge 561, 594, 606, 608, 621
Transuranelemente 7, 111, 279, 422, 517, 527, 528
Transuranelemente, Gewinnung 527 ff.
Trenndüse 82
Trenneinheit 78, 79
Trennfaktor 78 ff., 86, 92, 93, 490, 491
Trennkaskade 78, 79
Trennrohr 80, 81
Trennsäulen 94, 500, 579, 580, 594
Trennung Spaltstoff/Brutstoff/Spaltprodukte 384
Trennung Uran/Plutonium/Spaltprodukte 384
Trennung Uran/Thorium/Plutonium/Spaltprodukte 384, 435
Trennung von Radionukliden 483 ff.
Trennverfahren bei der Urangewinnung 390

Sachregister

Trennvorgänge, Untersuchung mit Hilfe der Radionuklidtechnik 579, 621
Triga-Reaktor 403
Tritium, 2ff., 53, 172, 218, 342, 353ff., 427, 462ff., 474, 560, 571, 605, 619ff., 703ff.
Tritium, Anregungseffekte beim Zerfall 342
Tritium, Anwendung in Biologie und Medizin, 619ff.
Tritium, Anwendung in der Technik, 622ff.
Tritium, Datierung 605
Tritium, Gewinnung 253, 254, 264, 474
Tritium in der Natur 2, 3
Tritium in Leuchtmassen 629
Tritium in Radionuklidbatterien 634
Tritium, Isotopieeffekte 53
Tritium, Kurie-Aufzeichnung 218
Tritium, Messung 172
Tritium, natürliche Strahlenbelastung 703, 704
Tritium, Rückstoßmarkierung 353, 354
Tritium, Selbstmarkierung 354, 355
Tritiumgehalt im Wasser 606
Tritium-markierte Verbindungen 355
Tritium-Targets 462ff.
Tritonen 318, 442
Triuranoctoxid 550
trockene Verfahren der Wiederaufarbeitung 423, 428
Tröpfchenmodell 15, 28, 48, 50, 234, 291, 313
Tunneleffekt 113, 210, 309
Tunneleffekt bei Kernreaktionen 247
Tunneleffekt bei der Kernspaltung 234

U-232 633
U-233 281, 289, 302, 381ff., 434ff., 543
U-233, Kernspaltung 284
U-233, Spaltausbeute 286
U-234 604
U-234, Neutronenemission bei der Spaltung 294
U-235 279ff., 374ff., 403, 414, 435, 543, 612
U-235 als Kernbrennstoff 374, 385, 386, 435, 543
U-235, Energiebarriere für die Spaltung 381
U-235, Kernspaltung 279, 281, 284, 285, 289, 295, 302
U-235, langlebige Folgeprodukte 389
U-235, Spaltausbeute 285, 287
U-235, Wirkungsquerschnitt für die Spaltung 376, 378, 379, 414
U-238 233, 302, 376ff., 382, 433, 434, 527, 563, 604, 612, 704
U-238, Altersbestimmungen 604, 612
U-238 als Brutstoff 382, 433, 434

U-238, Bestrahlung mit Neutronen 527
U-238, Kernreaktionen 433
U-238, langlebige Folgeprodukte 389
U-238, natürliche Strahlenbelastung 704
U-238, Spaltbarkeitsparameter 233
U-238, Wirkungsquerschnitt für die Spaltung 376, 378, 379
u, g-Kerne 14, 37, 40, 538
u, u-Kerne 14, 37, 40
Übergangszustand 60, 61, 241
überkritisches System 377
Überschußreaktivität 377, 380, 418
Übertragung von Anregungsenergie 360
Übertragung von Elektronen 584, 585
Übertragung von Liganden 584, 585
Übertragung von Nukleonen bei Schwerionenreaktionen 309
Überwachungsbereich 708, 710
Überwachungsbereich, außerbetrieblicher 706, 707
Überwachungsbereich, betrieblicher 706, 707, 709
Uhren, Leuchtzifferblätter 705
Ultrazentrifuge 83ff.
Umgang mit Radionukliden 708
Umsatz bei Kernreaktionen 263
Umwandlung von Nukliden durch Kernreaktionen 248
Umwandlung von Nukliden, Regeln 14ff.
Umwandlungskette 269
unabhängige Spaltausbeute 286, 287, 288
unelastische Streuung 241, 242, 278
UNILAC 449
Unschärferelation, Heisenbergsche 35, 70, 273
Untergrund 118, 184, 185
unterkritisches System 377
Uran 2ff., 107ff., 386, 415, 425ff., 493, 518, 542ff., 561ff., 610, 618, 703ff.
Uran, Abtrennung aus Meerwasser 493
Uran, Abtrennung bei der Wiederaufarbeitung 425, 427
Uran, Abtrennung durch Extraktion 488
Uran als Kernbrennstoff 386, 415
Uran, Analyse auf Grund der natürlichen Radioaktivität 561, 562
Uran, anisotrope Ausdehnung 392, 393
Uran, Beschuß mit Uran 539
Uran, Beschuß mit Xenon 539
Uran, Bestrahlung mit Neutronen 527
Uran, Eigenschaften 518, 542ff.
Uran, Entstehung des Elements 618
Uran in der Natur 2ff., 107ff., 432, 518
Uran, Modifikationen 392, 547
Uran, natürliche Radioaktivität 432
Uran, Verbindungen 548ff.
Uran, Wertigkeiten 545

Sachregister

Uranbestimmung 127
Uran-Blei-Methode 604, 605
Urancarbid, Darstellung 396
Urandicarbid 396
Urandioxid 387, 392, 394 ff., 409
Urandioxid, Reduktion 391
Urandioxid, Rakristallisation 395
Urandioxid, Sinterung 395
Uranerze 2, 383, 387 ff., 703
Uranerze, alkalischer Aufschluß 388
Uranerze, Aufbereitung 388
Uranerze, saurer Aufschluß 388
Uran-Familie 106 ff., 562
Urangewinnung, Trennverfahren 390
Uranglimmer 2
Uran-Helium-Methode 604
Uranhexafluorid 80, 102, 103, 387, 392
Uranhexafluorid, Reduktion 391
Uranisotope 77, 80, 99, 100, 612
Uranisotope, Isotopenverhältnis 605
Urankonzentrate 387
Uran-Lagerstätten 387
Uranlegierungen als Kernbrennstoffe 393
Uranminerale 604
Uranmonocarbid 394 ff.
Uran-Plutonium-Zyklus 432, 434
Uran-Radium-Familie 106 ff., 562, 604
Uranspaltung 204
Urantetrafluorid 390 ff.
Urantrioxid 550
Uranverbindungen, nuklear reine 387, 390
Uranverbindungen als Kernbrennstoffe 398
Uranvorräte 388
Uranylionen 387
Uranylnitrathexahydrat 388
Uranylsulfat 392
Uran-Zerfallsreihe 106 ff., 195
Uranzyklus 427
Urexplosion 612, 614
Urmaterie 612, 613
Urmaterie, Abkühlung 612
Urmaterie, Expansion 612

$1/v$-Gesetz 260
Valenzband 173, 174, 175, 176, 177
Valenzelektronen 602
Valenznukleonen 50
Vanadin als Hüllrohrwerkstoff 397
van Arkel-Verfahren 546
van de Graaff-Generator 254, 446 ff., 571, 573
van de Graaff-Generatoren als Strahlenquellen 361
Varianz 189
Verarmungszone in Halbleiterdetektoren 178 ff.
Verbindungen der Actiniden 548
verbotene β-Umwandlungen 218, 220

Verdampfung von Neutronen 232, 297, 304
Verdampfung von Nukleonen bei Schwerionenreaktionen 312
Verdampfungsprozesse bei Hochenergie-Kernreaktionen 303, 306
Verdünnungsanalyse 270, 563 ff.
Verdünnungstechnik 623
Vergiftung in Kernreaktoren 418
Vergleichsmessungen 118, 184 ff.
Vermehrungsfaktor 375, 377, 382
Vermehrungsfaktor bei der Kernspaltung von U-235 379
Vermehrungsfaktor bei der Kernspaltung von U-238 379
Vernichtungsstrahlung 155, 161
Vernetzungsreaktionen, strahlenchemische 369, 630
Verschmelzung und Spaltung 311
Verteilung, heterogene, bei der Mitfällung 495, 496
Verteilung, homogene, bei der Mitfällung 496
Verteilungschromatographie 493
Verteilungsgleichgewichte 493, 578, 579
Verteilungsgleichgewicht zwischen Oberfläche und Bodenkörper 592
Verteilungskoeffizient, homogener 495
Verteilungskoeffizient, logarithmischer 496
Verteilungskoeffizient bei Ionenaustauschverfahren 489
Verunreinigung durch ein kurzlebiges Radionuklid 121
Verunreinigung durch ein langlebiges Radionuklid 121
Verweilzeitmessungen 623
verzögerte α-Emission 197
verzögerte γ-Strahlung 373
verzögerte Neutronen 197, 282, 283, 293, 380
verzögerte Protonen-Emission 197
Verzögerungszeiten in Kernreaktoren 380, 381
Verzweigung beim radioaktiven Zerfall 111, 136 ff.
Vier-Faktoren-Formel 377
Volumendiffusion 593
Volumenenergie 15
Vulkanisation, strahlenchemisch 631

Wahrscheinlichkeitsverteilung 189
Wärmeaustauscher 624
Wärmeentwicklung in Brennstoffelementen 420
Wasser, Radiolyse 366
Wasser, schweres 414
Wasserdampf, strahlenchemische Zersetzung 365
Wasserstoff 54, 607, 614 ff.

Sachregister

Wasserstoff, Fusion 315
Wasserstoff, Dampfdruckverhältnis 86
Wasserstoff, Tieftemperaturdestillation 86
Wasserstoffatom, Masse 639
Wasserstoffbombe 530
Wasserstoffisotope 91, 92, 101, 102, 608
Wasserstoff-Verbrennung 615
Wasserwirtschaft, Anwendung der Radionuklidtechnik 621
Wechselwirkung, Coulombsche 26
Wechselwirkung, direkte 250
Wechselwirkung, elektromagnetische 30, 43, 44, 45
Wechselwirkung, schwache 30, 43, 44, 45, 222
Wechselwirkung starke 30, 44, 45, 222
Wechselwirkung von Strahlung mit Materie 143 ff.
Wechselwirkung von β-Strahlung mit Atomkernen 154
Wechselwirkung von β-Strahlung mit Elektronen 153
Wechselwirkung von β-Strahlung mit Materie 150, 155
Weiterverarbeitung der Spaltproduktlösungen 429
Weiterverarbeitung von radioaktiven Abfällen 431
Weiße Zwerge 618, 619
Weizsäcker-Formel 15, 50, 197, 232
Wellenfunktion 42
Wellenlängenbereich der γ-Strahlung 157
Wellenlängenbereich der Röntgenstrahlung 157
Wellenmechanik 210
Werkstoffe für Kernreaktoren 415
Werkstoffprüfung, Anwendung der Radionuklidtechnik 624, 629
Wertigkeiten der Actiniden 544, 545
Wideröe-Beschleuniger 447
Wiederaufarbeitung 384, 412, 417 ff.
Wiederaufarbeitung, Dekontaminationsfaktoren 422, 427
Wiederaufarbeitung, elektrochemische Reduktion 427
Wiederaufarbeitung, Extraktionsmittel 425
Wiederaufarbeitung, Extraktionsverfahren 424, 425
Wiederaufarbeitung, Fällungsverfahren 423
Wiederaufarbeitung, Halogenierungsverfahren 428
Wiederaufarbeitung, „head-end"-Verfahren 422, 426
Wiederaufarbeitung, Ionenaustauschverfahren 424
Wiederaufarbeitung, Lösungsmittelwäsche 427
Wiederaufarbeitung, metallurgische Verfahren 428
Wiederaufarbeitung, nasse Verfahren 423
Wiederaufarbeitung, Radiolyseprodukte 427
Wiederaufarbeitung, Schmelzverfahren 428
Wiederaufarbeitung, „tail-end"-Verfahren 427
Wiederaufarbeitung, trockene Verfahren 423, 428
Wilzbach-Markierung 355
Winkelverteilung bei der Emission von Teilchen oder Quanten 599
Winkelverteilung bei einer Kernreaktion 244, 271
Winkelverteilung bei Hochenergie-Kernreaktionen 303
Winkelverteilung der Spaltprodukte 291
Wirkungsgrad der Energieumwandlung 634
Wirkungsquerschnitt 53, 256 ff., 262, 271, 280, 306, 319, 474, 568, 576, 577, 613
Wirkungsquerschnitt, Bestimmung 269
Wirkungsquerschnitt für die Kernspaltung 375, 544
Wirkungsquerschnitt für die Kernspaltung des Pu-239 376
Wirkungsquerschnitt für die Kernspaltung des U-235 376, 378, 414
Wirkungsquerschnitt für die Kernspaltung des U-238 376, 378
Wirkungsquerschnitt für die Streuung 258
Wirkungsquerschnitt, makroskopischer 259, 265
Wirkungsquerschnitt, partieller 258
Wirkungsquerschnitt, Resonanz 290
Wirkungsquerschnitt, totaler 258, 272
Wirkungsquerschnitte für die Absorption von Neutronen 375, 544
Wirkungsquerschnitte für die Bildung von schweren Kernen 540
Wirkungsquerschnitte für die Kernspaltung mit thermischen Neutronen 281
Wirkungsquerschnitte für Monitorreaktionen 299
Wirkungsquerschnitte für Reaktionen mit Deuteronen 481
Wirkungsquerschnitte für Reaktionen mit Photonen 482
Wirkungsquerschnitte hochenergetischer Protonen 299
Wirkungsquerschnitte im Resonanzbereich 275
Wirkungsquerschnitte von Kernreaktionen 256 ff.
Wischtests 721

Wismut als Absorber für γ-Strahlung 443
Wismutphosphat-Prozess 423

Xe-123 513
Xe-129 611
Xe-133 343, 475
Xe-133 m 203, 344
Xenon 595
Xenon-Entladungslampe 102
Xenon-Laser 100

„**yl**"-Ionen der Actiniden 548, 549
Yttererden 522
Yttrium 522
Yttrium, Abtrennung durch Extraktion 487

Zahl der Neutronen pro Spaltung 293
Zählausbeute 118, 164, 167
Zähldraht 166
2π-Zähler 167
4π-Zähler 167
Zählgas 167, 168
Zählrohr 168
Zeitauflösung in Halbleiterdetektoren 174
Zeitgesetz für den radioaktiven Zerfall 113 ff.
Zentrifugalschwelle bei Kernreaktionen 246
Zerfall, adiabatischer 338, 339
Zerfall, isothermer 338
Zerfallsenergie 47, 199

Zerfallskanäle 274, 275
Zerfallskonstante 113, 114, 115, 123, 125, 604
Zerfallskonstante für den β-Zerfall 219
Zerfallskonstanten, partielle 203
Zerfallskurve 120, 131
Zerfallsprozesse 195 ff.
Zerfallsrate 113, 138
Zerfallsreihe des Thoriums 195
Zerfallsreihe des Urans 195
Zerfallsreihen, radioaktive 107 ff.
Zerfallsschemata 45, 212, 221
Zerreißpunkt 281, 282
zerstörungsfreie Aktivierungsanalyse 576
Zinkisotope 89
Zinksulfid 147, 634
Zircaloy 397, 409
Zirkonium, Abtrennung durch Extraktion 487
Zirkonium als Hüllrohrwerkstoff 397
Zirkonium als Reaktorwerkstoff 415
Zirkoniumhydrid in Kernreaktoren 403, 404
Zirkoniumoxidhydrat 493, 503, 504
Zirkoniumphosphat 493
zivilisatorische Strahlenbelastung 703, 705
Zonenschmelzverfahren 175, 176
Zr-95 131, 475
Zündtemperatur für Fusionsreaktionen 319
Zustandssumme 62, 67
Zyklotron 451 ff., 578

Sachregister